中国安全生产年鉴

CHINA'S WORK SAFETY YEARBOOK

(2013)

煤 炭 工 业 出 版 社

·北 京·

图书在版编目（CIP）数据

中国安全生产年鉴．2013/国家安全生产监督管理总局组织编写．--北京：煤炭工业出版社，2014

ISBN 978-7-5020-4682-8

Ⅰ．①中…　Ⅱ．①国…　Ⅲ．①安全生产—中国—2013—年鉴　Ⅳ．①X93-54

中国版本图书馆CIP数据核字(2014)第236611号

煤炭工业出版社　出版
（北京市朝阳区芍药居35号　100029）
网址：www.cciph.com.cn
煤炭工业出版社印刷厂　印刷
新华书店北京发行所　发行
*
开本 889mm×1194mm 1/16　印张 30 1/4　插页 36
字数 928 千字
2014年12月第1版　2014年12月第1次印刷
社内编号 7537　定价 168.00 元

编辑委员会成员

编辑部成员

（以姓氏笔画为序）

特约撰稿人名单

（以姓氏笔画为序）

2013 年 1 月 17 日，全国安全生产电视电话会议在北京召开

2013 年 8 月 20 日，国务院安委会综合督查工作会在北京召开

2013 年 5 月 16 日，国务委员王勇在贵州省安顺市平坝县黄家庄煤矿井下掘进工作面调研安全生产工作

2013 年 5 月 16 日，国务委员王勇在中铝贵州分公司生产车间调研安全生产工作

2013 年 5 月 31 日，全国安全生产月活动动员视频会在北京召开

2013 年 6 月 17 日，全国“安全生产万里行”新疆行活动出发仪式、全国安全生产应急预案演练周启动仪式在新疆维吾尔自治区乌鲁木齐市举行

2013 年 6 月 25 日上午，第四届中国国际安全生产应急管理论坛暨应急技术与装备展览会在北京开幕

2013 年 9 月 27 日下午，国家安全监管总局党组书记、局长杨栋梁在山东能源新矿集团新阳煤矿井下工作面检查指导工作，并与矿工亲切交谈

2013 年 4 月 1 日，中国烟花爆竹协会成立大会暨第一次会员代表大会在北京召开

2013 年 4 月 16 日，全国非煤矿山安全生产工作暨安全生产标准化建设现场会议在河北省邯郸市召开

中国矿业大学

China University of Mining & Technology

中国矿业大学坐落于楚风汉韵、南雄北秀的历史文化名城徐州，是国家教育部门直属的全国重点大学，是国家"211工程"和"985优势学科创新平台项目"重点建设高校，是教育部门与江苏省、国家安全生产监管部门共建高校。

学校自1909年创办以来，走过了百余年的艰辛历程，现已形成了以工科为主、以矿业为特色，理工文管等多学科协调发展的学科专业体系和多科性大学的基本格局。在煤炭能源的勘探、开发、利用，资源、环境和生产相关的矿建、安全、测绘、机械、信息技术、生态恢复、管理工程等领域形成了优势品牌和鲜明特色。

学校现设22个学院(另有两个独立学院)，59个本科专业，35个一级学科硕士点，9个专业学位授权点，16个一级学科博士点，14个博士后科研流动站；有1个一级学科国家重点学科，8个国家重点学科，1个国家重点（培育）学科；8个"长江学者奖励计划"特聘教授设岗学科；4个省一级学科重点学科及6个"江苏高校优势学科建设工程"立项学科。在教育部2012年第三轮学科评估中，矿业工程、安全科学与工程、测绘科学与技术、地质资源与地质工程分别排名第一、一、三、四位。2012年，工程学ESI排名进入全球大学和科研机构的前1%。

学校拥有一支高水平的师资队伍，现有各类教职工3100多人。在1770余名专任教师中，有教授347人，副教授564人；博士生导师303名，硕士生导师812名，拥有博士学位的教师比例达60%。学校拥有1名中国科学院院士、15名中国工程院院士（其中外聘7名院士担任相关学院的院长），先后有1人获聘俄罗斯工程院外籍院士，3人获全国高等学校教学名师奖，11人获国家杰出青年科学基金。教师队伍中，有国家教学团队4个、国家自然科学基金委创新研究群体1个、教育部创新团队3个。

学校始终坚持以育人为本，致力于培养德智体全面发展、富有社会责任感、创新精神和实践能力的高素质人才，先后为国家和社会输送了20万余名毕业生。目前全校有全日制普通本科生25300余人，各类硕士、博士研究生10700余人，留学生180余人。

学校拥有较为完备的教学科研实验平台。现有3个国家实验教学示范中心、1个国家人才培养模式创新试验区，拥有2个国家重点实验室，2个国家工程（技术）研究中心，1个国家工程实验室、4个国家教育部门重点实验室、2个国家教育部门工程研究中心、23个其他省部级重点实验室和工程（技术）研究中心以及低碳能源研究院、物联网（感知矿山）研究中心、煤炭高效安全开发协同创新中心和矿山智能采掘装备协同创新中心。

源深流自远，行健天同功。学校改革和事业发展的战略目标是：经过坚持不懈的努力，使学校总体办学水平实现新的跨越提升，努力把学校建成特色鲜明、国际领先的高水平矿业大学。

面向煤炭行业开展协同创新

2013全国煤炭瓦斯防治学术会议

图文信息中心全景

矿业科学中心

百年学府 矿学之源

华润（集团）有限公司

环保 健康 安全　让工作更体面

与您携手 改变生活，健康的食品、安全的环境是高品质生活的基本要素

华润（集团）有限公司（以下简称华润集团）是我国53家国有重点骨干企业之一，是一家以实业为基础的多元化控股企业集团，主营业务涉及消费品（零售、啤酒、食品、饮料）、电力、地产、水泥、燃气、医药、金融等。目前，华润集团下设9个职能部室、7大战略业务单元、14家一级利润中心，拥有实体企业1664家，员工44万人。华润集团是全球500强企业之一，2014年公布的排名中位列第143位；在港5家上市公司中，有3家为恒指成份股（蓝筹股）；2005年起连续被国资部门评为A级企业，2013年央企综合业绩考核排名第6，利润总额排名第9。华润集团的零售、啤酒、燃气经营规模居全国前列，华润医药经营规模全国第二，雪花啤酒、怡宝水、万家超市、万象城、东阿阿胶等都享誉全国。

华润集团环境健康和安全部（简称EHS部）是集团安全生产、职业健康、环境保护和产品质量的主管部门，主要负责制定、实施华润集团环境保护、职业健康、安全生产和质量安全的职能战略规划与计划；完善华润集团环境保护、职业健康、安全生产和质量安全的政策、制度和标准；建立、落实华润集团环境保护、职业健康、安全生产和质量安全职能管控机制，推进本职能条线的队伍建设和能力建设等。

宝钢集团

安全生产管理情况

2013年，宝钢集团公司安全生产工作以提升安全管理体系能力为主题，以转变安全管理理念和管理方式为主线，以扭转安全管理被动局面为总目标，各级领导人员和全体员工对安全工作的认识有了提高，更加重视安全生产工作，安全生产工作的氛围正在改变；加强了责任落实，加强了危险源管理、隐患排查治理、高危作业安全管理等基础管理工作，强化了严格管理；在加强安全管理体系建设方面有了共识，积极探索研究形成了《关于优化和完善安全管理体系的指导意见》，构筑安全防线实现良好起步。

加强督查指导 加大推进工作力度

集团公司领导班子成员深入联系点督查指导安全工作，分管领导带队深入到58个厂部、分厂、作业区进行了安全工作督查调研。宝钢股份、宝钢化工等子公司领导加大力度推进了对本单位安全生产工作。党的群众路线教育实践活动开始后，就安全生产方面存在的形式主义进行了检查整改。

大力推进转变安全管理理念和管理方式

集团公司对转变安全管理理念和管理方式提出了“安全工作总体上从事后管理向事前管理转变，安全管理重点从管理事故向管理隐患转变，从管理应急向管理预警转变”“聚焦现场，聚焦危险源风险预控”“强化主体责任和一岗双责责任”“逐级培育提升安全管理能力”“转变作风从安全生产工作做起”等一系列要求。各子公司就“转什么”“怎么转”进行了研究，形成了具体方案，下力气推进了“两个转变”。

积极探索宝钢安全管理体系建设的路径方法在深入研究宝钢安全管理体系及学习借鉴部分央企安全管理经验基础上，形成了《关于优化和完善安全管理体系的指导意见》，明确了宝钢安全管理理念和安全管理体系建设的指导思想、总体

友爱的宝钢　有爱的家
友爱的宝钢　美好的财富
友爱的宝钢　更美的笑容

宝钢日报

安全是员工和企业最根本的利益

高性能海工配套块交付用户

设备运行状态实时掌控

展示亮点　曝光问题　自觉改善

八钢认真做好防暑降温工作

忙而有序　绿而有为

目标和主要措施，为有效构筑宝钢安全防线奠定了基础。

培育提升各级管理人员安全责任意识与履职能力

为提高基层安全管理能力，重点培训了安全部长、安全组长等安全管理人员。结合现场需求，自编教材，沪外子公司送教上门，组织1200名分厂（车间）级负责人系统性知识和能力专项培训，培训考核合格率为93.65%。

组织全覆盖安全大检查

按照“全覆盖、零容忍、严监管、重实效”的总体要求，开展了安全生产大检查。集团公司下发整改通知书12份，要求整改问题84项。开展了“高压用电”“涉及能介检修项目”“液氨安全管理”“气体切割、焊接作业和项目外包、劳务外协”等安全专项检查。

推进安全生产标准化达标创建活动

坚持扎实推进安全生产标准化达标创建工作，取得阶段性成果。钢铁业六个子公司的75个单元中，9个矿山已达标，66个冶金单元达标57个，其中43个一级、14个二级。5个多元产业子公司的66个单元中，达标54个，其中48个二级，6个三级。

开展了一个“主题活动”和四个“专项行动”

开展了“珍惜生命、反对违章”主题活动和“事故隐患排查治理”“协力安全管理”“检修安全管理”“治安保卫管理”四个专项行动。在年内各类检查及年度评价中，均把一个主题活动及四个专项行动的落实情况作为检查重点。

中铁三局集团电务工程有限公司

中铁三局集团电务工程有限公司（前身为铁道部第三工程局电务工程处，成立于1952年）于2000年12月19日正式注册成立，注册资本1亿元人民币，是经建设部门批准的铁路电务工程专业承包一级、铁路电气化工程专业承包一级、电信工程专业承包一级施工企业，还具有机电设备安装专业承包一级、公路交通工程专业承包通信、监控、收费综合系统工程资质、建筑智能化工程专业承包三级资质。通过电监会承装（修、试）电力设施许可。2003年9月获得国家认证认可监督管理部门批准的“中华人民共和国计量认证合格证书”，通过了ISO9001质量管理体系认证、ISO14001环境管理体系和OHSAS18001职业健康安全管理体系认证。

中铁三局集团电务工程有限公司是一个技术密集型的专业施工企业，2010年通过了高新技术企业认定，公司现有员工1200余人，其中专业技术人员500余人。拥有各类大型机械设备及专用高端仪器仪表400余台（套），年施工能力在15亿元以上。

公司成立以来，先后承建了100多条国铁干线及专用线工程，参加了秦沈、郑西、石太、昌九、柳南、郑开、成都至重庆等客运专线和高速铁路的建设。在胶济、朔黄、大秦、西安北环、襄胡、青藏、黔桂、达成、襄渝、沾昆、六沾、阜六、北同蒲等铁路建设中做出了突出贡献。公司还积极拓展路外和海外市场，参建了广州、深圳、上海、天津、武汉、成都、杭州、宁波、无锡、南京等城市的轨道交通工程以及济青、京沈、大运、太旧、青莱、永咸、唐曹、龙长、福乐机场、霍永、阳泉西环等高速公路工程。在信息产业、公路交通、广播电视等领域承建了联通、移动、网通、广电等单位的工程。圆满完成了坦赞铁路通信工程、赞比亚铁塔、吉布提铁塔、埃塞俄比亚GSM通信工程。

公司获得国家、铁道部、中国中铁股份公司、局级优质工程140余项，获得了国家守合同重信用企业、全国优秀施工企业、全国铁路安全生产先进单位、中华全国铁路总工会“火车头奖杯”等多项荣誉。银行信用等级连续23年被中国建设银行评为AAA级。

诚信拓展市场，共赢铸辉煌。中铁三局集团电务工程有限公司将秉持“诚信守约、服务用户、开拓创新、共创未来”的经营理念，诚信经营，竭诚服务，与社会各界朋友携手并进，共创美好未来。

唐曹高速公路机电工程

群安员检查设备运行情况

既有线天窗点内更换腕臂作业

客运专线接触网工程

恒张力作业车组架设接触线

牵扯引变所全景

华电潍坊发电有限公司

2013年度，潍坊公司在集团公司、华电国际、山东分公司的正确领导下，认真贯彻落实上级公司各项决策部署，以确保实现全年安全生产目标为工作重点，狠抓安全生产责任落实，大力实施安全管理基础建设，积极推行检修精细化和运行规范化管理，强化各项安全技术措施落实，严抓不安全事件防控措施落实及反违章管理，公司安全综合管理水平不断提升。截至12月31日，公司实现连续安全生产5262天，保持建厂以来较高纪录。

努力夯实安全生产基础，全面落实各级安全生产主体责任，不断完善制度约束长效机制，积极推行“监督考核与引导奖励相结合、职能管理与群众监督相结合、公司监督与部门自查相结合、安全监督职能与服务职能相结合”的安全管理思路，扎实开展安全性评价、季节性安全大检查以及各种安全专项隐患排查治理等活动，深入排查治理隐患，截至目前，通过开展定期季节性安全大检查及专项活动，累计检查整改问题1438项；针对集团公司内、外部发生的人身伤亡和设备事故，积极组织实施专项安全检查治理，共计查处安全隐患1100余项。大力实施安全生产标准化建设和企业安全文化建设，不断提高安全生产规范化水平，充分发挥安全文化引领、激励和约束作用，2013年，先后荣获“电力安全生产标准化一级企业”和“全国安全文化建设示范企业”荣誉称号。

总经理王涛为获胜部门汽机代表队发奖

职工在进行安全月签名活动

总经理王涛在安全月活动中签名

不断加大“非停”防控力度。创新实施“设备病历卡”管理，通过加强技术监督和设备巡检，建立设备健康档案，及早掌握设备劣化趋势并进行处理，将设备隐患消除在萌芽状态。今年，累计消除缺陷8700多条，4台机组等效可用系数完成87.17%，比计划值高2.28个百分点。狠抓检修全过程规范化管理，高效完成4台机组检修任务，及时处理4号汽轮机高调门阀座松动等重大缺陷，设备健康水平不断提高。坚持“逢停必查”，持续强化防磨防爆检查管理，加大人力物力投入，超前发现并处理水冷壁减薄等90余项典型缺陷，4台机组连续21个月未发生“四管”泄漏。以运行指标实时分析系统和值班员绩效评价系统为平台，深化运行规范化管理，不断细化掺配掺烧管理，4台机组连续19个月未发生锅炉灭火。认真开展防误操作专项检查，对机组保护、联锁及控制系统进行全面排查，修订完善防误操作的制度措施，并加大对运行人员“两票三制”执行情况的监督检查，杜绝了误操作事件的发生。迎峰度夏期间，组织生产人员对机组实施“特护”管理，公司4台机组未发生降出力事件，是山东电网仅有的少数几家单位之一，并且创造了单月发电量12.1亿千瓦时的优良绩效。

安全漫画展　　　　违章曝光栏

高度重视环保工作，成立环保中心，选拔优秀人才充实环保队伍，健全完善环保管理制度和工作标准，切实将环保设备的管理纳入主设备管理，加大运行维护管理力度，保证环保设施长期高效运行。4台机组脱硫投入率达99.97%，脱硫效率完成95.76%。积极推进环保技改工作，先后完成二期脱硫旁路拆除、GGH取消、临时烟囱加装、4号除尘器改造等技改项目；1号、4号机组脱硝系统建成投运，氮氧化物排放浓度优于特别限值排放标准，并顺利通过山东省环保厅验收。公司环保工作得到了各级政府和社会各界的一致好评。 8月4日，反映公司环保工作的新闻报道在中央电视台《新闻联播》栏目播出。

扎实开展节能评价工作，深入查找影响指标优化的深层次原因，2013年节能评价中查出的9项问题已全部整改完成，先后利用机组检修机会，完成3号机汽前泵节能改造、4号汽轮机汽封改造等节能项目，3号机汽前泵改造后用电率同比下降0.08个百分点，4号汽轮机汽封改造后真空严密性由160帕/分钟降至130帕/分钟，3号炉纯氧点火系统完善改造后，机组冷态点火启动用油仅27吨。深化能耗对标和节能“货币化”管理，累计实施自主降耗项目30项，年节约资金200余万元。扎实做好正平衡计算煤耗工作，修订完善指标管理办法，明确责任分工和工作要求，完成入炉煤化验楼综合改造，安装4台入炉煤端部采样机，升级入炉煤采制化设备，实现分炉计量和计量数据自动实时上传。通过加大管理和技改降耗力度，机组指标持续优化。1号、3号、4号机组被评为全国大机组竞赛优胜机组，其中，1号机组荣获二等奖，3号、4号机组荣获三等奖。

2013年安康杯知识竞赛现场

中化泉州石化有限公司

SINOCHEM QUANZHOU PETROCHEMICAL CO.,LTD.

中化泉州石化有限公司隶属于国有重要骨干企业、《财富》全球500强——中国中化集团公司，是集原油采购、运输、炼制及成品油销售为一体的大型炼化企业。

公司位于福建省泉州市泉惠石化工业园区。当期炼油项目年加工能力为1200万吨，是国家"十二五"规划重点建设项目，项目设有常减压蒸馏、加氢裂化、连续重整、催化裂化、延迟焦化、聚丙烯等19套生产装置以及配套的码头仓储设施，在装置规模、工艺路线、工艺组合、产品质量、产品适应性、环保设施、能耗水平等方面达到先进水平。项目于2014年全面投产运营，主要生产汽油、煤油、柴油、苯、甲苯、混合二甲苯、聚丙烯以及液化气、硫磺、化工轻油等产品，其中汽油、柴油全部达到欧V标准。

公司秉承中化集团"创造价值、追求卓越"的核心价值观，将中化企业文化内蕴于管理、服务和产品中，不断增强企业核心竞争力，致力打造"技术先进、资源节约、环境友好、可持续发展"的石化企业典范，努力为国家能源事业发展与海峡西岸经济区建设提供强劲支撑。

一、以人为本、科学严谨，确保项目实现安全环保生产

牢固树立"以人为本、安全第一、环保优先、综合治理"的理念，大力加强HSE体系建设和全员安全环保教育培训，深入开展行为安全改善等活动，不断提高全员安全环保意识。按照"谁主管、谁负责""管生产必须管安全""抓工作必须抓安全"原则，严格落实安全环保责任制，通过层层签订《安全环保生产责任书》，明确安全环保工作责任主体，加强生产过程管理，严格事故责任追究机制，促进压力逐级传递，确保安全环保责任落实到位。同时，通过强化承包商、服务商HSE监管责任，将承包商、服务商纳入公司HSE管理体系，做到统一标准、统一管理、统一考核，进一步提升公司整体HSE管理水平。

坚持从基层班组抓起，从每项细节抓起，通过实施安全环保生产目视化管理，完善安全生产操作规程，强化机、电、仪、管、操"五位一体"立体交叉科学巡检制度，加强生产过程监管，确保所有在运设备处于严密监控状态，及时发现和处理生产运行中出现的问题。通过定期开展安全环保桌面推演、实战模拟演练等不同形式的预案演练，不断完善安全与环保事故应急预案，提高队伍快速反应能力、应急救援能力和协同作战能力。通过加强安全环保隐患治理，按照"四定"工作要求，强化隐患治理措施落实，着力形成隐患排查、评估、治理、监控的长效机制，构建安全环保隐患排查治理体系，确保安全环保隐患问题查得出、抓得准、治到位，实现连续长效安全环保生产。

二、工艺先进、技术领先，确保项目实现优质高效运营

按照"大型、先进、系列、集约"原则，通过借鉴国内外大型炼油项目设计经验，采用环保型全加氢总工艺流程，对全厂进行联合化、露天化设计，所有工艺装

中化泉州1200万吨炼油项目全景

青兰山原油库区

中化泉州石化青兰山原油库区、码头

做人 诚信 合作 善于学习
做事 认真 创新 追求卓越

中化泉州石化有限公司组织当地民众参观厂区

中化泉州石化有限公司与当地民众定期开展座谈交流活动

中化泉州石化消防大队装备

中化泉州石化三艘消防拖轮

中化泉州石化原油卸油现场

置、储运系统、公用工程核心控制系统采用安全可靠、技术先进并具有成熟使用经验的分散型控制系统（DCS）进行集中控制，实现管控一体化，为项目安全环保发展提供硬件支撑。

1. 环保型全加氢总工艺流程。项目采用当前行业先进的“渣油加氢+延迟焦化+催化裂化”加工方案，加工重质、劣质原油能力强，原油资源可得到深度综合利用，所生产的汽柴油产品均达到国五标准。

2. 先进的生产装置。项目采用国内外先进技术组合，19套工艺装置中5套关键装置引进了国际先进的技术，其余14套装置均采用国内领先、国际先进的工艺技术。经英国KBC公司测评，项目能耗指标BT值为131.2%，处于行业领先水平。

3. 清洁的燃料工艺。项目采用当前世界先进的炼厂三废（废水、废气、固体废弃物）处理技术，环保措施先进可靠，所采用燃料全部是经过脱硫处理后的清洁气体燃料，烟气中污染物浓度远远低于国家规定排放标准值，达到国际清洁生产先进水平。

4. 完善的配套设施。项目采用国际先进的硫回收Claus工艺，使硫回收率提高到了 99.8%；配有国内先进水平的污水处理场，对各生产装置和辅助系统产生含油污水、含盐污水及船舶压舱水进行分质深度处理后回用，废水回用率达80%以上；码头、铁路、公路装车单元分别设有国内先进水平的油气回收系统，对装车过程中蒸发的油气进行回收，回收率达90%以上。

三、真诚沟通、履行责任，确保项目实现和谐发展

炼油项目投资大、建设周期长、涉及专业面广、不确定性因素种类繁多，为切实履行企业对国家、环境、社区等各方利益相关者的责任，公司高度重视与当地村镇居民真诚沟通，通过引入公众参与监督机制，努力获得当地群众对项目建设的理解和支持。

在项目管廊设计期间，公司积极与当地政府部门、村民代表沟通，多次联合组织现场勘察，争取当地群众支持。

在项目建设过程中，积极组织在周边村镇设置炼油环保知识宣传栏、发放宣传册、在当地电视台播放泉州石化项目环保宣传片，保证周边村民了解项目建设情况。同时，高度重视项目进度、质量、费用、HSE管控，加强风险辨识力度，积极开展风险排查工作，逐项制定应对措施，不断提高企业风险管理水平。以HSE管控为例，公司通过科学制定废水、防尘和固废控制管理等措施，有效降低了施工活动对当地环境和居民生活的影响。

投料试车期间，积极邀请公众入厂参观、举办座谈会，介绍炼油工艺流程、项目领先优势，详细介绍项目安全环保措施，解答与会人员提出的有关安全环保方面的问题，增进公众对石化企业的客观、全面了解，不断提高公司发展的透明度和社会认可度。

作为中化集团第三次创业和战略转型的重要骨干企业，中化泉州石化将以“一体化、基地化、差异化”为导向，在抓好当期1200万吨/年炼油项目优质、安全、稳定运行的基础上，致力建设成为具有3000万吨/年炼油、200万吨/年乙烯规模的世界级石化基地，努力实现中化泉州石化的绿色发展、和谐发展、科学发展，携手共建生态文明。

夯实安全基础 培育安全文化
全力打造本质安全型企业

中国平煤神马集团电务厂

电务厂党委书记孟宪利

电务厂厂长陶伟

中国平煤神马集团电务厂担负着平顶山矿区的供电任务，主要负责矿区供电系统日常运行管理、电力调度、电力设备维护检修、电能计量、电费回收结算等业务。目前拥有变电站24座，主变容量100.2万千瓦安；高压架空线路85条,总长330公里。

电务厂建厂50余年来，始终秉承“安全供电 服务矿山”的企业核心价值观，为矿区发展提供安全、优质、可靠供电保障，实现连续28年安全生产无事故。荣获国家级安全文化示范企业、全国煤炭系统地面文明单位、全国设备管理优秀单位、全国企业文化管理十佳单位等称号。

电务厂电力调度

电务厂龙门变电站五防手指口述

一、构建安全理念渗透机制，充分发挥“思想导向”作用。

广泛传播安全理念。建立了厂、区队（车间）、班组、个人四级安全愿景体系，提炼出“安全供电 共建小康”安全共同愿景，牢固树立集团“三不四可”安全指导思想，广泛传播“安全供电　万无一失”“安全是职工最大的福利”等安全理念。

特色载体营造安全氛围。建设安全文化长廊、开展安全累计日和倒计时、安全主题月系列活动，充分利用内部刊物《厂情通报》、OA、周安全活动日等载体广泛宣传，使安全文化理念普遍为广大职工所认知、认同和接受，化为行为习惯和价值取向，真正实现从“要我安全”到“我要安全”的有效转化。

二、创建特色安全文化体系，充分发挥“约束激励”作用。

纳入四大体系并行管理。先后通过中国质量认证中心的质量、环境、职业安全健康和党建质量管理体系的认证。在四大体系的统一框架下，相继完善安全生产责任制、安全生产考核及奖惩制度等，归纳总结出“一二三四五六”安全工作法、隐患治理“一库五制”、现场管理“五个到位”等特色工作法。

推行“五化”安全行为模式。形成以OPM精细化、日常工作军事化、岗位描述程序化、手指口述规范化、现场作业标准化的“五化”管理新格局，坚持每年开展全员军事化训练和抢险科目演练。

电务厂张庄变电站

强化干部管理机制。坚持每年开展“领导干部下基层当工人”活动，干部与普通职工同吃同住同劳动。制定车间及机关领导干部包保线路制度，增加线路受控时间。

三、加大安全物质文化建设，充分发挥“规范保障”作用。

加大电网改造力度，实现设备的本质安全。经过连年的电网标准化改造，综合自动化变电站达96%，实现开关设备无油化、供电线路铁塔化、继电保护微机化、电力调度自动化、设备监控可视化。供电质量标准化保持省一级标准，主要经济技术指标已达到或超过全国煤炭工业的先进水平。

实施“全员素质登高工程”，实现人的本质安全。注重抓好4个重点：(1)校企合作提升培训档次。与省电专联合，全脱产培训新进厂职工，在岗职工分工种进行岗位技能提升培训。(2)业技能大赛提升职工技术素质。每年组织职业技能大赛。(3)的促学机制激发职工学习热情。完善“学习+激励”机制，设立奖励基金40万元，推行“首席员工”制度，每人每月津贴1000元。(4)多方式增强培训专业性。

中国平煤神马集团电务厂

电务厂谢庄变电站

四、树立“大安全”思想，充分发挥“影响带动”作用。

持续开展“两大”主题活动。电务厂18年来坚持开展“主题年”活动，精神文明建设和物质文明建设每年一个主题，抓重点，抓关键，既互相支持，相得益彰，又有的放矢，步步提升。从“质量标准化年”到“安全技术管理年”，“现场精细化管理年”到“安全文化建设年”，一年一个主题，一年一个重点，一年一个台阶，环环紧扣，循序渐进。在潜移默化中培养和影响着电务厂职工的安全意识和安全行为。

电务厂月台变电站

创建“六位一体品质型班组”活动。着力培育员工安全品质、学习品质、创新品质、服务品质、感恩品质、快乐品质，切实提升了班组安保力、管控力、凝聚力、文化力、感恩力、亲和力；促进了职工队伍整体素质、技术技能水平进一步增强，班组在企业生产经营中的地位与作用进一步显现，“六位一体品质型”班组创建活动成为带动企业发展进步的重要力量。

电务厂广大干部职工将以更加昂扬奋进、厚积薄发的雄姿，向着安全可靠、经济运行、全国行业领先、和谐供电企业迈进，为集团早日跨入世界500强做出新的更大的贡献。

电务厂岳庄变电站

中铁三局运输工程分公司

中铁三局集团有限公司运输工程分公司是中国中铁股份有限公司旗下的三级子公司，组建于1972年，2002年8月15日完成公司制改革。公司机关所在地山西省晋中市。经过四十余年不断发展壮大，目前公司已成为一个集铁路运营服务提供商和建设施工合作商于一体的专业化公司。

公司铁路运营管理以经验丰富、机构健全、运输技术力量雄厚、运输组织能力强实、运营技术设备配套以及安全保障体系严密为特点，在同行业中处于领先地位。铁路运输系统拥有覆盖车务、机务、工务、电务、车辆五大专业的运输产业员工2600人；拥有各种型号的电力机车、内燃机车、大型机械养路捣固机120台；经营领域辐射神华、鲁能、伊泰、中国电力投资集团、中铁资源、陕煤集团、宁夏宁东铁路公司、集通公司、巴新铁路公司、广州地铁及自有焦煤发运十一个市场板块；运营管理神朔、朔黄、包神、准东、赤大白、郭白、大古、多丰、榆衡、河曲电厂专用线、修文铁路专用线等25条铁路，运营总里程达3300公里，年货物运输量连续3年超过1亿吨。具备万吨、两万吨重载列车牵引能力，超级超限货物

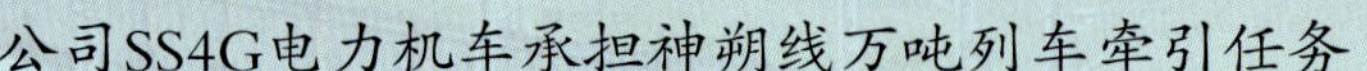
公司SS4G电力机车承担神朔线万吨列车牵引任务

赤大白铁路大型机械捣固机作业现场

深厚的企业文化　前瞻的发展理念

优秀的员工团队　科学的管理制度

运输能力，机车车辆修理能力，重载线路、地下铁道和“四电”设备维修养护能力以及大型技术作业站的组织管理能力。

公司工程产业在“运输、工程双轮驱动”战略指引下，先后参与了京九、黔桂、神朔、准池等三十余条国家重点铁路工程和地方专用铁路的建设；参与了京沪、武广、石太、广珠、大西、宝兰等十余条高速铁路和客运专线的建设；参与了三峡库区地质灾害整治、广州大学城、南车宁波轨道交通装备基地、太原东环、深圳盐坝等多项市政工程和高速公路的建设。公司在高铁、房建、钢结构、高速公路等施工领域积累了丰富的经验，年施工产值达到20亿元。

深厚的企业文化、前瞻的发展理念、优秀的员工团队、科学的管理制度，不断引领和推动公司在激烈的市场竞争中做优做强。公司先后荣获“中央企业先进集体”“全国企业文化建设百佳单位”“全国安全文化建设示范企业”“山西省模范集体”“山西省安全文化建设示范企业”“山西省守合同重信用企业”“山西省优秀建筑企业”等多项殊荣。

公司和谐号机车在朔黄铁路上线运营

山东京博控股股份有限公司

山东京博控股股份有限公司于1988年开始筹建，1991年动工兴建并投产。公司占地面积5400余亩，总投资130多亿元，员工8000余人，是一家涉足石油化工、精细化工、生物化工、艺术文化、置业、贸易等多个产业领域，销售收入过百亿元，利税超十亿元的大型民营企业。

公司始终坚持以员工和客户为经营原点，以市场为导向，走“突出主业，兼顾相关产业”的发展战略，紧跟市场，科学经营，不断提高企业综合管理水平和经济效益，在企业文化建设、企业运营管理等方面均处于全国同行业领先地位。

公司先后被授予“中国制造业企业 500 强”“中国化工企业 500 强”“国家级高新技术企业”“全国企业文化建设工作先进单位”，公司是国内同行业中较早获得ISO9000、ISO14000、OHSAS18000三位一体体系注册资格的企业之一。2013年被评为国家安全文化建设示范企业，2014年位居中国化工企业500强第10位。

新起点，新跨越。京博控股按照公司确定的中长期战略发展目标，强化学习力、执行力建设，充分发挥公司人才、技术、管理优势、瞄准高端，加快推进公司建设步伐，打造百年诚信京博，铸就百年京博品牌。

山东京博控股股份有限公司始终坚持“安全第一，预防为主，综合治理”的方针，积极组织开展安全标准化管理、安全文化建设，强化公司基层和基础工作，标本兼治，重在治本，打造企业本质化安全。

一、健全安全管理网络，完善安全管理制度

公司成立了以总裁为主任的安全消防与环保管理委员会,加强对公司的安全管理和指导，公司设安全管理部，作为公司安全监督管理机构，行使日常安全管理职责，并设有82人的专职消防队，作为应急救援专职机构；各车间均设专职安全员，形成了“横到边、纵到底”的安全管理网络。

依据国家各项安全生产法律法规，公司建立和完善了各项安全生产管理制度、岗位操作规程和应急救援预案，根据法律法规并结合公司实际出台了《安全生产禁令》。

公司认真贯彻落实国家安全法律法规和规定，强化以安全生产责任制为核心的安全工作责任制，每年初公司总经理同各车间签定安全生产责任书，各车间将安全目标再逐级分解落实到班组、从业人员，将安全管理目标量化细化，使每位员工在工作中明确责任，切实履行安全职责；同时公司利用“岗位安全风险管理奖励金”“班组安全标准化达标创建”等一系列行之有效的激励制度，创新安全分级管理，继续执行动态奖励机制，建立岗位安全达标考核标准，量化安全指标，层层落实安全生产责任制、安全标准化达标工作和考核，把考核同公司安全生产责任书、安全标准化达标考核等奖惩制度有机联系起来，引入动态奖励机制，使各级人员职责明确，各项工作做到有法可依、有章可循，全面提升各级人员的安全素质。

公司坚持召开每季安全生产例会制度，总结上季度安全管理情况及存在的问题，确定下季度安全工作重点，严格执行《安全生产法》规定，落实安全培训制度，积极参加安全生产监督管理部门组织的生产经营单位安全生产管理人员培训班，所有安全管理人员均取得了《生产经营单位安全生产管理人员安全资格证书》。

二、加强安全专项资金投入，夯实安全生产应急救援基础

公司严格执行《高危行业企业安全生产费用财务管理暂行办法》，建立健全内部安全费用管理制度，明确安全费用使用、管理的程序、职责及权限，接受安全生产监督管理部门和财政部门的监督，并按标准按时提取安全费用，做到专款专用。

为了进一步加大对重大危险源的监管力度，自2008年以来公司相继投资1000余万元对各公司生产装置、罐区等重大危险源全部安装了视频监控系统,确保发生隐患、事故、事件及时发现、反馈与追踪，做到防患于未然。

为了做好重大危险源的应急救援工作，公司组建专职消防队，并相继投资950余万元购买了16米、25米、32米3辆高喷消防车和1辆德国奔驰重型泡沫消防车，2009年投资100余万元购置移动消防炮、堵漏气垫、小孔堵漏枪、空气呼吸器以及重型防化服等应急救援装备；2013年年底公司新购置了1辆60米高喷消防车；1998年至今公司相继投资3800余万元建成7座消防泵站及覆盖全厂关键装置、重点部位的消防泡沫线、消防水线。同时今年公司将投资1000万元成立应急指挥救援中心，提高公司安全生产应急管理能力。

为了认真贯彻“以人为本”的原则，加强职业病和职业危害因素的管理工作。公司严格按照《职业危害因素分类目录》对职业危害因素进行了辨识，将存在的职业危害因素按要求备案。并在存在职业危害的作业场所设置了职业危害告知牌，告知员工注意事项、防护措施及应急处理，并定期针对现场职业危害因素进行监测。公司每年组织接触职业病危害因素的员工进行职业健康监护查体。按国家规定为员工配备空气呼吸器、洗眼器、防毒面具等劳动防护用品，并为全体员工交纳了工伤保险。

三、加强现场和重大危险源的应急和管理，保证生产平稳运行

现场管理是安全管理工作的重点和难点，是安全管理工作好坏的具体表现，也是各项规章制度落实成败的关键。为规范现场管理，公司制定了现场管理安全检查标准。坚持每月组织进行安全综合大检查、每季度组织安全学会专项大检查，并采取日常检查与职能部门 挂牌巡检检查相结合的措施，有效杜绝现场存在的安全隐患，并及时查处“三违”，及时整改，隐患整改率达到100%。同时公司领导严格执行值班制度，保证装置24小时有领导监督检查，确保生产平稳运行。

公司制定了《重大危险源管理制度》和《重大危险源应急救援预案》，建立事故应急救援体系，同时定期组织演练，不断增设救援设施，确保事故应急救援及时有效，并进行定期培训和演练。同时，建立重大危险源定期排查机制，为加强岗位安全巡回检查，公司重点推进电子巡检监控系统，实现层层监管，保障安全措施的落实；通过日常检查、集中检查、专项检查、重点抽查，实现隐患排查横向到边、纵向到底，做到全天候、全覆盖、无盲区。

四、加强公司安全文化建设，提高员工安全意识

公司每年充分利用全国“安全生产月”活动，开展系列安全生产竞赛、演讲比赛、安全歌咏比赛和“我为安全献一计”等各项活动，每年11月份组织全员“消防运动会”，截至2013年，公司已经连续举办了19届，真正做到全员参与消防工作。通过开展各种形式的安全活动，使每一位员工自觉遵章守纪，提高安全意识，形成良好的安全生产氛围，充分发挥员工对安全生产的参与和监督作用，促进企业安全文化的不断发展。

为更好地达到宣传效果，各车间设有黑板报，定期出版安全文化园地，在车间和班组活动场所、员工上下班通道、危险源部位及作业现场等显要位置设置安全警示语、危险标识、安全警示标志等，营造良好的安全文化氛围。

为有效地开展员工教育、搭建内部培训平台，公司成立了教官团队，现有各级教官662名，并计划打造一支千人的教官团队，加强对新员工和在职员工教育。公司制定专项培训计划，每月按计划实施培训工作；每季度组织全体员工进行一次安全考试，班组每月进行三次“班组安全活动”，新员工上岗前培训率100%，全员培训率达100%，特种作业人员持证上岗率达到100%。通过各种形式的培训教育，切实解决各类人员的“应知、应会”问题，使其熟练掌握安全技术操作规范，规范作业行为，增强安全意识和自我防范能力。

为进一步提高员工安全意识，让员工养成良好的安全行为，组织员工开展“班前、班后安全宣誓”和历史事故回顾活动，并将此活动制度化和常规化，达到班前讲安全，在岗要安全的氛围。为了打造公司亲情安全文化，公司在各车间操作室开展“温馨家园”建设活动，张贴员工全家福照片，通过亲人的一句安全寄语，树立员工“安全为自己，安全为家庭”的理念。

五、开展"安全标准化建设年"，强化安全管理水平

2014年公司将全面实现以“岗位达标和专业达标”为核心的安全生产标准化管理，在确保生产安全的同时，按照《国家安全监管总局关于进一步加强危险化学品企业安全生产标准化工作的通知》（安监总管三〔2011〕24号）要求，积极开展安全标准化创建达标工作，公司专门成立了以总经理为组长、安全总监为副组长的“安全标准化”领导小组，以及各公司主要负责人为成员的工作小组,并制定明确了各自在创建活动中应负的职责，并严格按照标准化的12个要素，逐项开展安全标准化工作，使其贯通于公司的各个部门，每一名员工，使安全标准化管理工作充分实施和落地，构建京博安全管理长效稳定的运行机制。

公司始终贯彻“安全发展理念”，将安全管理工作当做头等大事来抓，每年公司的1～5号红头文件都是专门强化安全生产的，并且每年都会依据国家新颁布的法律法规对文件进行修订。马韵升董事长亲笔写下“公司经营的第一要务是风控，风控的第一要务是生产安全，生产安全的第一要务是管理者内心的安全意识，管理者要把员工当作自己的孩子来对待”和“安全是天，生命重于泰山”的题词，作为京博人警示语，悬挂在各公司总经理办公室和各生产车间操作室中，是对全体京博人加强安全管理的激励和鞭策，也是京博安全管理的动力源泉！

华能大连电厂

安全就是效益

安全就是信誉

安全就是竞争力

1978年，改革开放的号角吹响。随着经济快速发展，电力短缺的矛盾日益突出。1984年，党中央作出了“利用外资，加快电力建设”的重大决策。1986年，华能大连电厂应运而生。电厂从一期工程开工，到一号机组并网发电，只用了24个月，创造了我国电力建设工期的良好成绩。从此，华能大连电厂作为我国改革开放以来早批商业性电厂，承担起引领中国电力行业改革和创新的历史使命！

从无到有的改革创新不仅体现出华能大连电厂的创业情怀，其在安全管理理念及制度标准方面的创新，更奠定了一个良好的发展根基。

设备可靠是机组安全稳定运行的基础。大连电厂早在1990年就开展了设备可靠性管理工作，制定了相关管理办法，成立了领导小组，构建了设备可靠性管理网。开展了国际标准的贯标认证工作，制定了《可靠性管理工作管理标准》，为全厂设备管理提供了技术支持。

在此基础上，大连电厂从提高机组检修质量、提高设备维护水平、提高运行管理精度三方面入手，开展集计划检修、状态检修、故障检修等多种检修方式于一体的优化检修管理，坚持推行“机组检修精品工程”战略，充分利用在线监测等手段对运行设备随时进行动态检修，及时消缺，规避风险。实行检修项目管理制，明确项目责任人，对设备检修进行全过程跟踪。

“求木之长者，必固其根本；欲流之远者，必浚其源泉”，企业安全生产的长久与否，制度是根本保障。大连电厂从岗位职责、违章分类、奖惩考核、激励机制等方面入手，对涉及到安全生产的所有文件进行了修订，深入贯彻和落实危险点分析和危险点预控措施，自上而下签订安全责任书，自下而上签订安全承诺书，将责任层层分解，压力层层传递。一改以往重奖重罚的传统做法，立足于技术分析、寻找对策，将对人员的考核重点放到失职、违规、违纪行为方面，改进管理制度和执行上存在的细节性缺陷，进一步提高安全生产管理水平。

建厂以来，大连电厂创造了诸多奇迹，成为我国电力行业的优秀企业。电厂1、2号锅炉20余年无“四管”泄漏，处国内同类型机组的领先地位，四台机组均实现了单机连续运行500天以上的佳绩。其中，1号机组连续运行712天，2号机组连续运行760天，创造了现役机组长周期安全运行的优异成绩。

锅炉厂房

汽机厂房

电气开关场

神华准能集团公司

神华准能集团有限公司（正在设立）为中国神华能源股份有限公司（以下简称股份公司）以管理为主要职能的全资子公司，在股份公司授权下，负责统一管理股份公司在准格尔地区已设立的神华准格尔能源有限责任公司、中国神华哈尔乌素煤炭分公司、神华准能资源综合开发公司和神华准池铁路公司。负责制定在准格尔地区产业发展战略，统筹煤炭、铁路、循环经济等业务发展规划及拓展，研究协调解决煤炭、铁路、循环经济一体化发展过程中遇到的问题，推进区域经济发展模式的不断创新。截至2012年12月，集团总资产317.9亿元,在册员工16000余人。

准格尔煤田位于内蒙古自治区鄂尔多斯市准格尔旗，地处蒙、晋、陕交界处，东临黄河，北距首府呼和浩特市120公里。煤田已探明地质储量267.6亿吨（公司拥有煤炭资源储量30.98亿吨），煤层平均厚度32.8米，属低硫、特低磷、高灰熔点、较高挥发份和较高发热量的长焰煤，应用基底位发热量为4000-5600大卡/千克，是优质动力和气化及化工用煤，以低污染而闻名，被誉为“绿色煤炭”。

目前，公司主营业务有煤炭开采、坑口电厂发电、铁路运输。随着公司粉煤灰提取氧化铝项目的积极推进，公司将煤炭开采、电厂发电、铁路运输一体化的产业结构模式延伸为由煤炭开采、铁路运输、循环经济一体化的产业结构模式。建立循环经济工业园区是准能公司转变经济发展方式的重大举措，是公司调整产业结构的重点建设目标，形成“煤炭开采—劣质煤及煤矸石发电—粉煤灰提炼氧化铝—电解铝”的产业链，实现煤炭资源的综合利用，大力发展循环经济，充分挖掘废弃物资源利用价值，打造环保新型的战略型产业，充分实现企业效益。

公司拥有年生产能力2500万吨的黑岱沟露天煤矿、洗选能力为2500万吨的选煤厂；受神华集团公司委托管理年生产能力2000万吨的哈尔乌素露天煤矿及配套的选煤厂和全长16.187公里的点（岱沟）-南（坪）运煤铁路专线;装机容量2×100兆瓦的坑口发电厂、装机容量2×150兆瓦和2×330兆瓦的煤矸石发电厂；正线全长264公里、年运输能力7000万吨的大（同）—准（格尔）电气化铁路专用线。2010年开工建设粉煤灰提取氧化铝工程中试工厂，目前工艺流程已全面贯通，正在筹备建设年产100万吨氧化铝示范厂；还有配套的供电、供水、通讯、计算机网络、污水处理等生产辅助设施。

公司目前拥有的年产4000吨的氧化铝中试厂。准格尔矿区产出原煤，通过运用已有的采矿及洗选加工控制技术，燃烧后产生粉煤灰中氧化铝含量可达50%左右，同时富含镓及硅资源。基于高铝富镓准格尔地区煤炭资源，中国神华从2004年开始自主研发粉煤灰制取氧化铝“酸碱联合法”、“水酸联合法”“一步酸溶法”等工艺技术及镓、硅提取技术。2010年10月18日，以“一步酸溶法”工艺技术为核心的循环流化床粉煤灰生产4000吨/年氧化铝工业化中试装置正式开工建设，工艺系统流程已于2011年8月25日一次性全面贯通，同年底在达产的同时品质达到国家冶金氧化铝一级品标准。公司煤炭伴生资源综合利用研发及工程示范中心为公司研发机构。主要进行循环流化床粉煤灰酸法生产氧化铝工艺系统参数进一步优化，煤粉炉粉煤灰生产氧化铝工艺技术深入研究，粉煤灰酸法生产的氧化铝电解工艺技术研究，以及镓系列产品、硅系列产品工艺技术研究等工作。

2012年，公司全年完成煤炭生产完成6383万吨，发电43.98亿度；铁路运输7769万吨。两公司主营业预计总收入195.84亿元，总利润46亿元，缴纳税费47亿元。

当前，公司鲜明的提出“4+3”七彩准能发展战略。“4”是四项产业，是公司发展的硬实力，即：黑色煤炭产业、白色氧化铝循环经济产业、金色铁路运输物流网络、绿色生态农牧业。“3”是三项工程，是公司发展的软实力，即：橙色管理提升再造工程、蓝色幸福员工工程、红色企地和谐共赢工程。探索一条煤炭企业“科技引领、绿色发展、低碳高效、综合利用、和谐共赢”的科学可持续工业化发展道路。最终形成国家转变经济发展方式形势下的准格尔煤炭开采、循环经济、铁路运输一体化区域经济升级模式，彰显准格尔区域经济一体化管理的竞争优势，为国家经济社会的发展做出新的更大的贡献。

江苏中烟工业有限责任公司淮阴卷烟厂

淮阴卷烟厂创建于1945年，为国有大型企业，全国烟草行业重点企业之一，是江苏中烟工业有限责任公司的重要组成部分。作为全国安全文化建设示范企业，淮阴卷烟厂高度重视安全文化建设工作，始终以国家和烟草行业安全生产工作要点和安全工作会议精神为指导，坚持“安全第一，预防为主，综合治理”的安全生产工作方针，着力强化员工安全意识，夯实安全生产基础管理，推进安全生产管理创新，加强安全生产宣传教育培训，为推动全厂安全管理、落实安全生产责任、实现本质安全提供了精神动力和思想保证。

自2011年开展安全文化建设工作以来，淮阴卷烟厂专门成立安全文化建设领导小组与推进办公室，构建了以“1-2-3-4-5”安全文化建设模式为核心的安全文化三年建设规划，导入了“有感领导”“属地管理”“直线责任”等管理方法，制定了《安全目视化》《部门（个人）安全行动计划》《安全经验分享》《行为安全观察》《事件管理》等多项管理制度，建立了安全可视化、安全绩效、安全标准化、安全培训与学习等多个系统，全年12个月分别开展以“冬季防火”“防雷防汛”“交通安全”等为主题的活动月，建设安全文化长效机制。同时，大力营造安全氛围，利用安全简报、展板、宣传栏、折页、多媒体电视等，持续对员工进行宣传教育，定期开展安全文化大讲堂活动，通过多种员工喜闻乐见的形式，普及安全理念与安全知识。

安全文化建设工作任重道远，是企业实现本质安全的重要保证。淮阴卷烟厂将以安全生产的长治久安，为企业又好又快发展保驾护航，为建设“严格规范、富有效率、充满活力”的江苏中烟作出新的、更大的贡献。

领导授课

安全宣传墙

消防技能训练

安全文化大讲堂

安全文化建设启动大会

中铁二十一局集团第一工程有限公司

【简况】中铁二十一局集团第一工程有限公司（以下简称“公司”）是中国铁建股份有限公司中铁二十一局集团所属的一家大型施工企业，也是中国铁建股份有限公司的一家驻疆单位。公司在建项目遍布全国各地，是具有大规模铁路新线建设、高铁施工、复杂桥梁、长大隧道、高层建筑、地铁、市政、各等级公路综合施工、铁路代维、采石爆破、试验检测、服装制作及多元化生产加工能力的综合工程公司。多年来，公司不断强化目标管理，严格监管监察，开展专项整治，狠抓隐患整改，安全、优质、高效地完成了各项生产任务。

【安全教育和培训】公司每年举办安全管理、应急处置知识培训班、消防知识培训班、新分配大学生现场培训班等，达到人员进场培训合格率100%、劳务人员岗前培训合格率100%、特殊工种持证上岗率100%、营业线施工管理人员接受铁路相关部门专业培训合格率100%，提升人员素质，保障安全管理工作有序推进。

【安全生产整治】公司不断完善安全生产责任体系，形成了公司领导班子主控、安全监控部门检查、现场自控的三级安全管理体系。以全国“安全生产月”“质量月”“打非治违”“安全隐患排查治理”“安全年”等活动为契机，积极开展“消防进企业”“青年安全文明示范岗”“职业病防治周”“安全标准化达标”等活动，检查出的安全质量隐患，及时下发《整改通知书》《安全监察通知书》，按照“定人、定时间、定措施”三定原则立即整改，整改率100%。针对新疆反恐维稳严峻形势，按要求加强对爆破作业及爆炸品的监控管理力度。同时加大安全生产费用投入，年预计超过2000万元。

营业线施工安全培训教育

【安全建设成果】近年来，公司所承担的各类工程项目合格率为100%，其中有多项工程被评为“部优”。自2008年起，连续6年获得“新疆维吾尔自治区安全生产目标管理”先进单位，在疆内外建筑市场树立了良好的企业形象。

“安全生产月”活动照片

诚信、创新永恒

精品、人品同在

荣获“鲁班奖”的乌鲁木齐铁路客运站房工程

福厦客专箱梁架设

乌精二线奎屯站改施工

新疆油田公司

新疆油田公司是中国石油天然气股份有限公司所属的地区分公司，总部位于新疆维吾尔自治区克拉玛依市，是伴随克拉玛依油田的勘探开发逐渐发展起来的。其前身是1950年成立的中苏石油股份公司，1955年交中方独资经营，1956年改称新疆石油管理局。2000年，新疆油田公司（以下简称公司）与新疆石油管理局分开分立，独立运作。2007年末，又与新疆石油管理局一体化重组整合。公司设机关处室26个，机关直（附）属单位18个，基层单位36个。另设相对独立的矿区服务事业部，设9个机关处室、4个直附属单位和6个基层单位。公司现有员工4.75万人，资产规模1185.8亿元。

1955年10月29日，克拉玛依1号井喷出高产油气流，宣告了克拉玛依油田的诞生，从此揭开了新中国新疆石油工业发展的序幕。1960年，原油产量达到166万吨，占当年全国原油产量的40%，是新中国成立后发现的早批大型油田之一。

公司主要勘探开发领域准噶尔盆地，油气总资源量107亿吨，其中石油86.8亿吨，天然气2.5万亿立方米。随着油田的不断发展壮大，勘探开发的范围从盆地西北缘逐步扩展到了全准噶尔盆地乃至整个北疆地区。截至2013年底，累计探明石油、天然气地质储量23.3亿吨、1972.7亿立方米，油气资源探明率分别为26.9%和7.9%，连续13年无生产亡人事故和环境污染事件。先后开发建设了克拉玛依、彩南、石西、石南、莫北、陆梁以及呼图壁、盆5、玛河、克拉美丽等29个油气田。2002年，公司原油年产突破1000万吨，成为中国西部千万吨大油田。1981—2008年，原油产量保持连续28年稳定增长。截至2013年底，新疆油田累计为国家生产原油3.18亿吨、天然气687.82亿立方米。2014年，新疆油田计划生产原油1180万吨、天然气27亿立方米。

进入21世纪以来，公司荣获全国五一劳动奖状、全国文明单位、改革开放35周年全国企业文化竞争力优秀单位等荣誉称号，石西油田开发建设项目获得全国十大“国家环境友好工程”称号，风城油田、呼图壁气田获得国家绿色矿山试点单位，陆梁油田获得全国矿产资源节约与综合利用先进适用技术推广应用示范矿山。

公司的发展始终得到了党中央、国务院领导的亲切关怀。近年来，多位党和国家领导人先后到公司视察，做出了一系列重要指示，极大地鼓舞了油田广大员工的斗志，指引公司在科学发展的道路上不断创造新的辉煌。

“十二五”期间，公司围绕建设现代化大油气田发展目标，坚持资源、科技、人本三大战略，做好发展、转变、和谐三篇文章，推进大科技、精细管理、三基、解困扭亏、和谐矿区“五大工程”，提升技术、管理和队伍素质，有序推进“新疆大庆”建设，实现有质量、有效益、可持续发展，着力打造绿色、智能、人文特征鲜明的现代化大油气田，为克拉玛依打造世界石油城、集团公司建成具有世界水平的综合性国际能源公司、新疆维吾尔自治区社会稳定和长治久安做出新的、更大的贡献。

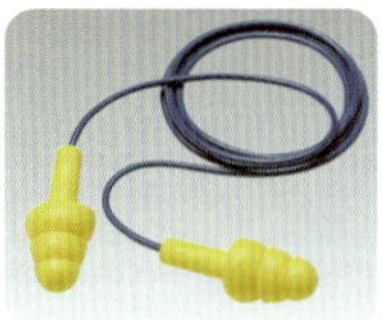

编辑说明

一、《中国安全生产年鉴（2013）》是由国家安全生产监督管理总局组织各省、自治区、直辖市和国务院有关部门编写的。它全面反映了2013年全国安全生产工作的深刻变化和所取得的成绩。《中国安全生产年鉴》是一本资料性的工具书，是政府有关部门、企业和安全科技人员以及大专院校有关专业师生和相关专业人员有关安全生产的重要参考用书。

二、本年鉴共分十七部分，即全国安全生产工作综述，安全生产法律、行政法规和国务院重要文件，党和国家领导人关于安全生产工作的讲话，国家安全生产监督管理总局负责人关于安全生产工作的讲话，安全生产综合监督管理，煤矿安全监察，安全生产应急管理，工会劳动保护，相关行业或领域安全生产工作，各省、自治区、直辖市及计划单列市安全生产工作，主要产煤省（自治区、直辖市）煤矿安全生产工作，重点中央企业安全生产工作，安全生产协会、学会工作，重特大事故案例，国务院、国务院办公厅和国务院安委会文件，有关部门和地方性规章及文件，安全生产大事记，全国事故与职业病统计资料。

三、有关事故及职业病统计资料部分，以国家安全生产监督管理总局等有关部门发布的数据为准。

四、本年鉴的编辑和出版工作是在全国和地方有关部门的大力支持下共同完成的。谨向为本年鉴提供稿件和资料的单位和有关同志表示衷心的感谢。

五、在编辑和出版过程中，出现的一些错误和不足之处，敬请读者批评指正。

用习近平安全生产思想指导安全生产工作实践

（代序言）

安全生产事关人民生命财产安全，事关改革发展稳定大局，事关党和政府形象与声誉，历来受到党中央、国务院的高度重视。2013 年 6 月以来，习近平总书记多次发表重要讲话，深刻阐述了安全生产的一系列重大理论和实践问题，提出了加强和创新安全生产工作的新思想、新观点和新要求。

一是牢牢坚守生命红线。强调要始终把人民群众的生命安全放在首位，发展决不能以牺牲人的生命为代价，这是一条不可逾越的红线。这个观念一定要非常明确、非常强烈、非常坚定。

二是大力实施安全发展战略。强调发展必须以人为本、以民为本，不能要带血的 GDP。要把安全发展作为科学发展的内在要求和重要保障，把安全生产与转方式、调结构、促发展紧密结合起来，从根本上提高安全发展水平。

三是建立健全安全生产责任体系。指出党委要管大事，发展是大事，安全生产也是大事。强调党政一把手必须亲力亲为、亲自动手抓，要求抓紧建立健全"党政同责、一岗双责、齐抓共管"的安全生产责任体系，切实做到管行业必须管安全、管业务必须管安全、管生产经营必须管安全。

四是强化企业主体责任。要求所有企业都必须认真履行安全生产主体责任，做到安全投入到位、安全培训到位、基础管理到位、应急救援到位，把问题解决在基层，把隐患消灭在萌芽状态。

五是加快推进安全生产领域的改革创新。强调安全检查要"全覆盖、零容忍、严执法、重实效"；要深化安全监管体制机制改革；要采用"四不两直"暗查暗访，防止形式主义和走过场；要坚持最严格的安全生产制度，加大安全生产指标考核权重，实行安全生产和重大事故风险"一票否决"；要加快安全生产法治化进程，完善安全生产法律法规体系；要严肃事故调查处理和责任追究；要用事故教训推动安全生产工作，做到"一厂出事故、万厂受教育，一地有隐患、全国受警示"。

六是全面构建长效机制。总书记指出，有的地方和企业对安全生产工作，东一榔头西一棒子，想抓就抓，高兴了就抓一下；过些日子，又三天打鱼两天晒网，一曝十寒。要坚持标本兼治、重在治本，建立长效机制，特别是要抓薄弱环节，抓那些还不够重视的行业领域。总书记还特别强调，安全责任重于泰山，如果一次又一次在同样的问题上付出生命和血的代价，那就不是工作态度和工作作风的问题了，而是草菅人命！

七是领导干部要敢于担当、勇于负责。总书记指出，领导干部一定要有忧患意识和戒惧之心。权力和责任是对等的，当干部不要当得那么潇洒，不要幻想当太平官。对各类事故要有所防范，坚决克服现阶段事故“不可避免论”，要经常临事而惧，要有睡不着觉、半夜惊醒的压力，坚持命字在心、严字当头，敢抓敢管、勇于负责，不可有丝毫懈怠。领导干部抓安全，重视抓、认真抓和不重视抓、不认真抓大不一样。只要大家严于履职、认真抓，就可以把事故发生率和死亡率降到最低程度。

总书记的这些重要论述，充满着战略思维、辩证思维、底线思维和马克思主义的科学思考方法，是指导新形势下安全生产工作强大的精神动力和思想理论武器，为我们做好安全生产工作，实现安全生产形势的根本好转指明了方向，提供了根本遵循。

一是深刻揭示了我国现阶段安全生产的规律特点。安全生产是一个国家和地区生产力水平、社会治理能力和国民素质的综合反映。发达国家安全生产普遍经历了从事故多发到基本稳定，到最终根本好转的发展周期，呈非对称抛物线函数关系（完成这一过程英国用了 70 年，美国用了 60 年，日本用了 26 年）。当前，我国正处在工业化、城镇化持续快速发展时期，安全生产面临诸多挑战。但近些年来的实践表明，只要各级党委政府领导有力、部门监管责任落实、企业主体责任到位，就能够有效防范遏制重特大事故，可以大大缩短事故多发的周期。全国事故死亡人数从 2002 年近 14 万人的最高点，2008 年出现拐点，下降到 10 万人以下，到 2013 年减少到 6 万多人，在此基础上持续努力，到 2020 年就能够实现全国安全生产状况根本好转的目标，达到中等发达国家水平。

二是充分体现了科学发展观“以人为本”的核心立场。生命对每个人都只有一次，以人为本首先要以人的生命安全为本。贯彻落实科学发展观，第一位的就是要保证劳动者和人民群众的生命安全。当经济社会发展与安全生产发生摩擦、遇到矛盾的时候，一定要鲜明地划出生命“红线”，勇于站出来说话，敢于亮剑，敢于关闭取缔，果断制止让职工用生命去冒险的任何行为。这是对我们各级领导干部的重要考验。

三是始终贯穿着立党为公、执政为民的崇高执政理念。我们的党是为人民谋利益的政党，我们的政府是人民的政府。为官一任，就要保一方平安。立党为公、执政为民就要求我们忠实践行全心全意为人民服务的根本宗旨，切实维护人民群众生命财产安全，让人民平安享有经济发展和社会进步的成果。总书记正是从这一崇高执政理念出发，思考安全生产问题，提出明确要求的。

四是总书记治国理政系列思想的重要组成部分。党的十八大以来，总书记相继发表了70多篇重要讲话，其中也包括总书记在视察青岛事故时的重要讲话。这些讲话，系统地反映了总书记在治国理政方面的深入思考和战略谋划，为中国特色社会主义理论体系注入了新的内涵。安全生产是推进国家治理体系和治理能力现代化的重要组成部分，也是执政水平的重要体现。如果群死群伤的事故频发，人民群众就会对我们党的执政能力、执政水平产生疑问，西方敌对势力也会以此来攻击我们的党和制度。各级党委、政府在发展经济、管理社会中必须把安全生产作为重点工作，在宏观调控、市场准入中严格把好安全关，多措并举，确保安全生产。

五是实现“中国梦”的应有之义。党中央向全国人民庄重承诺，在建党一百年时全面建成小康社会、在建国一百年时建成富强民主文明和谐的社会主义现代化国家。实现中华民族伟大复兴的中国梦，安全生产状况根本好转、人民群众平安幸福生活、广大劳动者安全健康地工作，是不可缺少的目标，是各级党委政府义不容辞的责任。

在党中央、国务院正确领导下，通过各方面的共同努力，全国安全生产工作不断得到加强，呈现总体稳定、持续好转的发展态势。一是事故总量连年下降。从2003年到2013年，国内生产总值从13.6万亿元增长到56.9万亿元，增长了大约4倍，全国事故死亡人数从13.7万人下降到6.9万人，减少了一半。二是重特大事故有所遏制。2008年至2012年5年间，重特大事故持续下降，年均发生76起，2013年下降到49起，2014年以来（截至3月底）发生了11起，同比减少6起。三是以煤矿为重点的工矿商贸领域安全状况明显改善。5年前全国煤矿年均发生特别重大事故5起以上，最近两年降到1起。目前已经一年多没有发生特别重大事故。非煤矿山、化工、烟花爆竹等行业领域安全状况持续好转。四是反映安全发展水平的主要相对指标趋好。与2008年相比，2013年亿元GDP事故死亡率由0.312下降到0.124，降幅60%；工矿商贸10万就业人员事故死亡率由2.82下降到1.52，降幅46%；道路交通万车死亡率由4.3下降到2.3，降幅47%；煤矿百万吨死亡率由1.182下降到0.288，降幅76%。

在充分肯定成绩的同时，更应当清醒地看到存在的差距和问题。一方面，事故总量仍然偏高。2013年全国共发生各类事故30.9万起，有6.9万人在各类事故中失去生命，平均每天发生800多起、死亡180余人，还有大量的伤残人员和职业病患者。另一方面，重特大事故尚未得到有效遏制。2013年全国发生重特大事故49起，平均每周发生一起。特别是煤矿瓦斯爆炸，工厂、库房、市场等各种火灾，输油管线和危化品运输车辆泄漏、爆燃，道路交通翻车、追尾和隧道交通等重特大事故，给人民生命财产带来重大损失，社会影响恶劣。

造成当前一些行业和地方事故多发、全国安全生产形势依然严峻的原因，客观上看，一是我国目前仍处在工业化快速发展时期，社会生产活动和劳动就业规模大，加大了安全生产工作的压力。二是经济结构不合理、发展方式落后，主要是采掘业、重化工、危险化学品、建筑业等高危行业比重过大，安全保障能力低，这些行业是转方式、调结构的重中之重。全国道路交通发展快、事故多，占各类事故的80%以上，每年有2亿多吨危险化学品南来北往、东拉西运。全国油气管道总里程超过10万公里，每千公里泄漏事故率为年均3次，远高于美国的0.5次、欧洲的0.25次，发生事故的概率很大。三是城镇化快速发展，城市地下管网、高层建筑、轨道交通等建设项目大量增加，规划设计的安全标准偏低，安全隐患突出。

尽管存在诸多客观因素，但最重要的还是主观努力不够。一个时期来发生的生产安全事故，都属于责任事故，说到底都是思想不重视，工作不落实，管理不到位的结果，都是可以避免的。从主观因素看：一是科学发展、安全发展的理念树立得不牢，吸取教训不深刻，防范措施不严密，导致同类事故重复发生。二是安全投入不足，安全基础薄弱。三是安全责任体系不健全、企业主体责任和管理不到位、应急处置不得力。四是监管执法不严，一些地方对事故查处和责任追究失之于软、失之于宽，非法违法、违规违章问题突出，打非治违任重道远。五是教育培训不到位，从业人员安全知识匮乏、安全意识淡薄。

我们要把思想统一到总书记对安全生产形势的分析判断和对安全生产工作的部署要求上来，认清存在的差距和问题，保持清醒头脑，坚持“长、常”二字，自觉做到警钟长鸣、常抓不懈，整合一切条件，尽最大努力、以极大的责任感来做好安全生产工作。

（一）以最坚决的态度，坚守红线，推进安全发展。“红线”就是“生命线”“高压线”。对“红线”要有敬畏之心、戒惧之心，必须以最坚决的态度牢牢坚守。一要解决“摆位”问题。真正把安全作为发展的前提、基础和保证，不要盲目追求GDP的增长，发展经济绝不要带血的GDP、招商引资决不能成为“招伤引灾”、增产扩能决不能埋下隐患，尤其是决不能以发展为借口，搞那些降低安全标准、违反安全规定的所谓“特事特办、一路绿灯”。二要强化安全保障。把安全生产与转变经济发展方式、产业结构调整升级、城镇化建设紧密结合起来，建立与经济社会发展相适应的投入机制，纳入中央和地方财政预算，随财政收入同步增长；加紧攻关一批当前急需的科研项目、转化一批创新性科技成果、推广一批先进适用技术、创建一批重点示范工程。三要夯实安全基础。实现安全管理、设备设施、作业现场、操作过程的标准化。四要强化源头治理。严把城乡布局建设、旧城改造和开发区、工业园规划、设计、建设中安全标准规范的审查关，及时消除隐患，确保城市安全运行、企业安全生产、公众安全生活。同时，要健全地方政府与企业应急预警和救援联动机制，加强应急知识和处置业务培训，定期开展应急处置评估和演练。

（二）以最严格的要求，强化安全生产责任落实。责任制是总书记重要讲话中贯穿的一条主线，是安全生产的灵魂。责任制严不起来、落实不下去是安全生产的主要矛盾，没有责任就没有压力，也就没有内在动力。

党委要强化对安全生产重点工作的领导，主要是五条：一要贯彻落实党的安全生产方针和重大决策部署，大力实施安全发展战略。二要加大安全生产在经济社会发展中的考核权重，把安全生产履职情况作为干部业绩考核和选拔任用、评优评先的重要依据，实行“一票否决”。三要把安全宣传教育培训纳入党委的宣传思想工作，不断提高党员领导干部抓安全、促发展的能力。特别是正确把握舆论导向，及时回应社会关切，避免不良炒作，确保社会稳定。四要在打非治违、整顿关闭、隐患治理、应急处置等安全生产重大问题上科学决策、靠前指挥、督促落实。五要切实加大对事故责任追究力度，严查事故背后的失职渎职和腐败行为。抓住了这五条，地方党委就能牢牢把握住安全生产工作的主动权。

政府要切实履行监管责任。一要建立健全政府系统安全责任体系，主要负责人担任安委会主任，承担安全生产第一责任人的责任，政府班子成员落实“一岗双责”，不留责任盲区。二要有效调配行政资源，强化安全监管执法力量，严格落实安全生产法律法规和规章制度。三要从严执法，组织开展隐患排查整改和“打非治违”专项行动，不留死角。四要研究解决安全生产重大问题，包括安全投入、政策制定、基础保障能力建设、重大危险源治理等。五要组织开展应急抢险救援和事故查处。

企业要切实履行安全生产的主体责任。安全不安全，企业最直接、基层最关键。大量事故表明，企业不消灭事故，事故就要消灭企业。要把历史上的事故当作今天的事故看待，把别人的事故当成自己的事故看待，把小事故当作大事故看待，吸取教训，举一反三，警钟长鸣。要认真落实企业法人（实际控制人）安全生产第一责任人的责任，加快建立与市场机制和现代企业制度相适应的安全生产管理体系，严格履行岗位职责，狠抓安全生产基层、基础、基本功“三基”建设，切实做到安全投入到位、教育培训到位、基础管理到位、应急救援到位。

（三）以最严厉的手段，深化隐患排查治理，严肃事故责任追究。一是完善隐患排查整改制度。建立国家和地方隐患动态管理数据库，三年内建成各相关安全监管部门与企业互联互通的信息化管理系统，实现隐患自查自报自改、分级分类、建档备案、闭环管理。层层建立和落实重大隐患挂牌督办、公告制度，对长期难以整改、危害公共安全等重大隐患和问题，由国务院安委会挂牌督办，对经整顿仍达不到安全条件的生产经营单位，坚决关闭取缔。继续深化“打非治违”，切实做到“四个一律”。要强化企业隐患排查治理的主观能动性，大到系统性的问题，小到班组岗位环节性的问题，都要认真细致排查治理，切实做到隐患整改措施、责任、资金、时限、预案“五落实”，严防事故发生。二是大力推进依法治理。安全生产必须纳入法治化轨道。作为安全生产工作的主体大法，《安全生产法》突出强调实施安全发展战略、强化企业安全生产主体责任、加大安全监管执法力度、提高对违法行为的惩处标准、落实行政审批改革要求等五个方面内容，特别是扩大安监部门查封、扣押等强制措施对象范围，赋予相关部门停电、停供民爆物品等强制执行权，向投资、国土、证券和金融机构通报严重违法行为并采取限制措施，鼓励生产经营单位参加安全生产责任保险等，都是首次在《安全生产法》中作出明确规定。颁布实施后，要全面做好宣贯工作，做到人人皆知、家喻户晓。同时抓紧制定相关配套法规规章，加强安全监管执法，提高安全生产法治化水平。三是事故查处和责任追究要严厉到位。我们遵照总书记重要指示，加大事故查处力度，去年发生的49起重特大事故，已经结案46起，平均结案时间每起缩短109天，共追究995人（其中移送司法机关314人、党纪政纪处分681人）。四川泸州桃子沟煤矿“5·11”重大瓦斯爆炸事故24人被追究刑事责任、21人受处分，矿主被判20年，是有期徒刑的最高限。对每一起事故，都要依法依规、从重从快严肃查处，让非法违法肇事企业和责任人付出沉痛代价，给事故遇难者和人民群众一个负责任的交代。同时，对所有事故的处理结果和调查报告全文及时向社会公布，让思想麻痹和心存侥幸的企业和责任人受到更大教育和震动，血的教训决不能再用血的代价去验证。

（四）以最有效的措施，营造安全生产的浓厚氛围。一要拓宽宣传渠道。把安全生产宣传纳入宣传工作总体安排，鼓励社会力量参与安全文化建设，培育发展安全文化产业。充分利用传统媒体和短信、博客、微博客、微信等新兴媒体，大力宣传安全生产方针政策、法律法规、决策部署及安全生产重大进展和经验做法。加强和规范安全生产信息发布工作，及时回应社会关切，有效引导舆论。二要加强警示教育。落实和完善安全生产举报奖励制度，加强安全生产社会监督、舆论监督和群众监督；坚持以案说法，通过公开曝光非法违法行为、公开宣判典型事故案件、召开事故现场分析会、通报事故和重大隐患等多种方式，切实做到“一厂出事故、万厂受教育，一地有隐患、全国受警示”。三要推进公益宣传。各级宣传、文化、新闻出版广电以及通讯通信、交通运输、城市建设等管理部门和新闻媒体，要充分利用各类宣传平台和资源，普及安全生产和避险防灾、逃生自救等知识，使科学发展、安全发展成为各级领导干部和人民群众的自觉遵循。四要强化安全培训。将安全生产纳入各级党校和行政学院授课内容；加强职工特别是农民工、劳务派遣工安全知识、技能教育培训，提高职工安全素质；积极推行变招工为招生、教考分离，提高企业劳动用工培训质量，增强从业人员安全操作技能。

（五）以最大的勇气，推进安全生产改革创新。一是深化行政审批制度改革，严格市场准入的安全标准。十八届三中全会明确提出，要减少行政审批、放开市场让企业依法依规自主决策，同时提出要强化安全等市场准入。这说明减少审批并不是弱化安全标准，放开市场也不是无条件的，在关系人民群众切身利益，尤其是生命安全这道关必须守住把严。一方面，该放的要放，该减的要减。今明两年总局将取消或下放19项行政审批，超过现有审批项目数的50%。另一方面，在推动经济转型升级过程中，安全生产的标准只能提高不能降低。要结合职能转变的要求，把安全监管的主要精力放在安全发展战略、安全规划、标准规章和政策措施的研究制定上，放在基础工作和长效机制建设上，放在严格执法检查、加强源头治理上来。二是创新安全监管模式，强化监督检查。实施分类指导、重点监管，切实抓住50个煤矿重点县、50个非煤矿山重点县、60个危化品重点县、22个烟花爆竹重点县，扎实推进安全生产治理整顿攻坚战。进一步规范完善安全生产大检查、专项督查、暗查暗访等制度，把“四不两直”（不发通知、不打招呼、不听汇报、不用陪同和接待，直奔基层、直插现场）制度化、常态化，增强监督检查的针对性和实效性。探索建立安全生产巡视制度，健全各重点行业领域安全生产专家库，定期对重点行业领域和企事业单位进行巡视督查，依靠专家会诊把脉，发现的重大问题要向本级党委政府报告。建立安全生产诚信体系，建立“黑名单”制度，在用地、立项、信贷、融资、保险等方面，依法惩戒失信企业。三是深化安全监管体制机制改革。要将安全生产监管监察部门列入政府执法序列，探索建立区域性执法机制。推进执法重心下移，以市县为重点，突出县乡镇，保障基层安全监管机构和人员编制、办公场所、经费装备，充实专业人员，强化安全生产基层执法力量，注重发挥乡镇、街道的协助执法作用。发挥市场机制推动作用，强化市场经济的激励手段。建立安全生产技术协作网络，采用政府购买服务的方式，发挥科研院所和相关协会、学会等机构及专家作用，为安全监管监察工作提供智力支持和技术服务。探索实施保险业、社团组织、专业机构等第三方监管、检查。支持社会机构和个人通过设立安全生产基金等形式，参与安全生产公益活动。

（六）以最严明的纪律，加强安全监管队伍建设。实现安全生产形势根本好转目标，队伍建设是保障。总书记讲“打铁还需自身硬”，我们这支队伍必须要有过硬的作风，根本解决执法不严、作风不实的问题。一要提高监管监察能力。要深入细致抓落实，做到情况明、信息准，下得去、蹲得住，抓得紧、见实效；要铁面无私严执法，不当老好人，不怕得罪人，对低标准、老毛病、坏作风，对隐患和问题要敢抓敢管、严格要求。二要提高应急处置能力。加强专业知识学习，强化业务能力培训，努力成为安全生产的专家、应急处置的内行。通过科学指挥、合理调度、沉着应对，防止事故升级扩大，造成更多人员伤亡。同时做到有喜报喜、有忧报忧，不能只报喜不报忧，更不能说假话甚至瞒报。三要提高宣传教育能力。安全生产必须大讲特讲，不厌其烦。每位同志都要当好宣传员，做好“扩音器”，发出安全生产的最强音。四要守住清正廉洁的底线。一些地区和执法人员腰杆不硬、执法不严，究其原因还是怕字当头、私心作怪、自身不净、授人以柄。每一名安监干部都要时刻绷紧这根弦，认认真真执法，干干净净做事，清清白白做人。通过不断加强队伍建设、作风建设，真正做到懂抓治本、会抓预防、善抓落实、敢于担当、自觉从严，不断提高安全监管监察的执法实效。(此为杨栋梁同志在“广东学习论坛”上的讲话稿，本刊登载时做了删节)

杨栋梁

2014 年 3 月 28 日

目　次

第一部分　全国安全生产工作综述

第二部分　安全生产法律、行政法规和国务院重要文件

第三部分　党和国家领导人关于安全生产工作的讲话

第四部分　国家安全生产监督管理总局负责人关于安全生产工作的讲话

第五部分　安全生产综合监督管理

第六部分　煤矿安全监察

第七部分　安全生产应急管理

第八部分　工会劳动保护

第九部分　相关行业或领域安全生产工作

第十部分　各省、自治区、直辖市及计划单列市安全生产工作

第十一部分　主要产煤省（自治区、直辖市）煤矿安全监察工作

第十二部分　重点中央企业安全生产工作

第十三部分　安全生产协会、学会工作

第十四部分　重特大事故案例

第十五部分　国务院办公厅、国务院安委会文件，有关部门规章、文件和地方性法规、规章及文件

第十六部分　安全生产大事记

第十七部分　全国事故与职业病统计资料

第一部分

全国安全生产工作综述

2013 年全国安全生产工作综述

2013 年是新一届政府开局之年，也是安全生产工作进一步加强和改进的一年。党中央、国务院高度重视安全生产。党的十八大、十八届三中全会、中央经济工作会议和城镇化工作会议，对安全生产作出一系列重大决策部署。习近平总书记、李克强总理多次作出重要指示批示。马凯副总理和郭声琨、王勇国务委员亲力亲为，抓得很实。特别是习近平总书记，2013 年 6 月作出重要批示，强调必须把人民生命安全始终放在首位，严守“发展决不能以牺牲人的生命为代价”这条红线；7 月两次主持召开政治局常委会研究安全生产工作，强调安全生产工作必须实行“党政同责、一岗双责、齐抓共管”；11 月 24 日又亲赴山东省青岛市“11·22”中石化东黄输油管道特别重大泄漏爆炸事故现场，指导事故救援、听取汇报并发表重要讲话，从坚持安全发展理念、健全完善责任体系、强化企业主体责任、改进安全监督检查、深刻吸取事故教训、加强隐患治理和安全防范等方面，提出了明确要求；在中央政治局常委听取“11·22”事故查处情况汇报的会议上，强调要大力实施安全发展战略，坚持标本兼治、重在治本，加快建立安全生产长效机制。习近平总书记、李克强总理等中央领导同志关于安全生产的重要指示，充分体现出新一届中央领导集体把人民群众生命安全放在首位，始终坚持科学发展观“以人为本”的核心立场，有力推动了安全生产思想理念、战略方略、体制机制等方面的创新和突破，为做好安全生产工作进一步明确了必须遵循的方针原则和努力方向。

各地区、各部门和各单位认真学习领会中央领导同志关于安全生产的重要指示，狠抓贯彻落实，迅速行动，广泛动员，强化安全生产“红线”意识，切实转变作风，求真务实、攻坚克难、突出重点、标本兼治，扎实有效地做好安全生产各项重点工作，取得了积极进展。

一、2013 年安全生产取得了显著成效

经过各方面的共同努力，2013 年安全生产工作取得了明显成效，全国安全生产形势持续稳定好转。主要表现在“四个下降”：

一是事故起数和死亡人数双下降。2013 年全国发生各类事故 30.9 万起、死亡 6.9 万人，同比分别下降 8.2% 和 3.5%。

二是重特大事故明显下降。全国发生重特大事故 49 起、死亡 865 人，同比分别下降 16.9% 和 5.9%。

三是反映安全发展水平的四项相对指标进一步降低。亿元 GDP 事故死亡率下降 12.7%，工矿商贸十万就业人员事故死亡率下降 7.3%，道路交通万车死亡率下降 8%，煤矿百万吨死亡率下降 23%。

四是绝大部分重点行业领域事故下降。其中煤矿、道路交通安全成效更为显著，煤矿发生各类事故 604 起、死亡 1067 人，同比分别下降 22.5% 和 22.9%；道路交通较大以上事故同比下降 18.3%。金属非金属矿山、危险化学品、烟花爆竹、水上交通、铁路交通等其他行业领域事故也明显下降，大部分地区安全生产状况比较稳定。

二、2013年安全生产重要工作

2013年，国家安全监管总局以学习贯彻中央领导同志关于安全生产的重要指示为动力，牢牢抓住深入开展党的群众路线教育实践活动所带来的有利时机，紧紧依靠各地党委政府，依靠国务院安委会各成员单位，依靠广大人民群众，转变作风、求真务实，标本兼治、攻坚克难，扎实有效地做好安全生产各项重点工作。

（一）认真学习贯彻三中全会和中央领导重要讲话精神

国家安全监管总局召开了三中全会《中共中央关于全面深化改革若干重大问题的决定》精神宣讲会，国家安全监管总局党组结合安全生产工作实际，深入进行解读。在统一思想、强化改革意识的基础上，紧紧围绕着改革安全监管体制、建立健全责任体系、完善考核评价机制、建立隐患排查治理体系、转变政府职能、发挥市场机制作用等重大课题，进行深入进行研究，进一步明晰了安全生产领域深化改革的目标任务、关键环节和主要举措。

为学习好、贯彻好习近平总书记、李克强总理关于安全生产的重要指示精神，多次组织专题学习研讨，不断加深理解。结合督查调研，深入基层进行传达贯彻。会同宣传部门和主流媒体，采取专题报道、新闻专访等，面向全社会广泛宣传。召开了省级分管领导座谈会，交流学习体会。各省、自治区、直辖市，各相关部门也都及时进行了学习传达和贯彻。各省、自治区、直辖市党政主要负责同志也就安全生产工作作出指示。一些地方已就贯彻落实安全生产“党政同责、一岗双责、齐抓共管”和“一票否决”等要求，拿出了实施方案。甘肃省明确地方各级党委对安全生产负总责，党委和政府主要负责人同为安全生产第一责任人。辽宁省明确了地方各级政府、各部门安全生产工作职责。广东、云南、陕西、甘肃所属市县全部实行党委常委、政府常务副职分管安全生产工作。山西、吉林、上海、浙江、湖南、广东、甘肃、新疆8个省、自治区、直辖市明确各级政府主要负责人担任安委会主任。四川等地将组织部门增列为安委会成员单位。从全国各地来看，对安全生产工作的领导力量逐步加强，对各级干部安全生产履职尽责的监督力度不断加大。各级主要领导对安全生产越来越重视，抓好安全生产工作的氛围和环境越来越有利。

（二）组织开展了彻底的安全生产大检查

这次大检查是习近平总书记、李克强总理亲自要求和部署的。一是总动员、全覆盖。各地党政主要领导站到了大检查和安全生产工作第一线，省级领导带队下基层检查达800多人次。国务院安委会组织了16个综合督查组，由部级领导带队，督查了200多个市县基层政府和近千家企业。绝大多数企业开展了自查自改。二是查实情、讲实效。把反“四风”、转作风的要求贯穿于大检查的始终，采用不发通知、不打招呼、不听汇报、不用陪同和接待，直奔基层、直插现场的“四不两直”方法，开展暗查暗访，沉到最基层，发现真隐患，解决真问题，以实际成效体现了教育实践活动的成果。三是零容忍、严执法。采取突击检查、现场巡查、交叉执法、联合执法以及发动群众举报等多种方式，铁腕打击非法违法和违规违章行为。四是重整改、重防范。坚持边查边改、立查立改。大检查期间全国重点行业领域共排查治理隐患681.5万项，整改率97.9%；其中重大隐患10596项，落实整改资金54.7亿元，整改率86.7%。五是抓治本、促攻坚。各地区、各部门利用大检查的有利时机，攻坚重点难点，健全制度措施，推动了安全生产长效机制建设。

（三）强力实施煤矿安全“双七条”

紧紧抓住矿长这个主要矛盾，在深入基层、认真调研的基础上，制定了188个字的《煤矿矿长保护矿工生命安全七条规定》（以下简称《七条规定》）。组织开展了“保护矿工生命，矿长守规尽责”主题实践活动。国家安全监管总局党组和国家煤矿安监局班子成员深入重点矿区，向矿长当面宣讲，现场签订承诺书12510份。开展了《七条规定》专项督查和异地交叉监察，切实做到“铁规定、刚执行、全覆盖、真落实、见实效”。为解决煤矿安全的政策性、全局性和深层次问题，研究起草了煤矿安全治本攻坚七条举措，以国办发99号文件下发。制定了贯彻落实的工作方案，逐条明确责任，设定完成时限和时间节点，实施跟踪督办。通过狠抓“双七条”的贯彻落实，有力促进了煤矿安全生产。特别是在整顿关闭小煤矿和瓦斯治理方面见到了明显成效，全年关闭小煤矿700余处，瓦斯抽采和利用量分别达到108.8亿立方米、36.4亿立方米，同比分别增长8.5%和12.6%。

（四）深入开展重点行业领域安全整治

制定出台了危险化学品、烟花爆竹企业安全保障“双十条”规定，对沿海11个省份石油化工企业、石油库和油气装卸码头以及全国近3万户涉氨企业实施了拉网式专项检查，深入开展提升危险化学品领域本质安全水平专项行动。实施了礼花弹、黑火药和引火线等高危产品专项治理。开展了非煤矿山整顿关闭攻坚战，2013年中央财政支持6.47亿元关闭小矿山1146处，安排14.83亿元专项资金对790个无主尾矿库进行了治理。开展了地下矿山防中毒窒息专项整治。加强职业卫生监督执法，组织开展了用人单位职业卫生基础建设活动，持续推进重点行业领域职业病危害专项治理。

相关部门互相支持、配合，深入开展“道路客运安全年”活动，严格落实卧铺客车暂停生产和长途客车夜间停驶规定，查处各类道路交通违法行为13万起；开展渡口渡船专项整治“回头看”和“救生衣行动”，对全国28.9万家水上企事业单位、66.5万个场所进行了检查；推广铁路道口安全视频监控系统，加强对事故多发路段综合整治；继续实施消防安全“防火墙”工程，开展了火灾隐患大排查大整治；深化建筑施工安全整治，集中治理起重机械、脚手架坍塌等安全隐患；加强民航从业人员资质能力建设，强化持续安全理念；加强农机和重点地区渔船安全监管；开展了民爆企业百日安全整治活动；加强军工企业安全生产标准化建设。水利、教育、特种设备、旅游等行业领域也都有针对性地开展了安全整治。

（五）深化“打非治违”和依法治理

一是严格落实停产整顿、关闭取缔、上限处罚、严厉追责“四个一律”打击措施。全国共查处6种共性非法违法行为112.5万起，治理纠正违规违章行为222.8万起。工作力度较大的北京、河北、山西、河南、湖北、湖南、浙江、重庆等省市，关闭非法违法企业9408家（占全国58.7%）。二是深化整顿关闭，推动淘汰落后产能。2013年全国关闭金属非金属矿山9055座，超额完成了年度目标。山西省列入计划的279座金属矿山、119座尾矿库已关闭到位。全国关闭转产和搬迁危险化学品企业855家，关闭退出烟花爆竹生产企业308家，北京、天津、山西、黑龙江、吉林、辽宁、上海、江苏、福建、广东、青海、西藏12个省、自治区、直辖市退出烟花爆竹生产。三是依法依规严肃查处事故。2013年全国查处结案重特大事故44起，追究责任948人，其中，给予党政纪处分649人，移交司法机关处理299人，查处结案时间同比缩短109天，做到了严厉及时追责，并在第一时间公布了事故调查报告，社会反响积极、正面、平稳。四是严肃认真核查举报信息。2013年，全国共接到事故、隐患、非法违法行为、职业病危害等方面的举报信息31253件，查实20630件，查实率70%，兑现奖励金额289.7万元。

（六）加大工作创新和基础建设力度

一是建立了安全生产工作绩效考核点评机制。对各地、各重点行业和中央企业的工作当面逐一点评，分类批评表扬。二是对重点地区实施重点监管。确定了50个煤矿、50个金属非金属矿山、60个危险化学品、22个烟花爆竹安全生产重点县（市、区），实行重点监控、直接指导。集中力量攻坚难点地区。三是加快安全生产科技进步。落实资金8.95亿元支持安全科技“四个一批”项目，取得研究成果89项，转化应用成果15项，推广应用先进适用技术13项，建设示范工程18个。落实中央预算内投资8.5亿元，为中西部2497个县级和289个市级安全监管部门配套各类执法装备14.96万台（套）。四是加强隐患排查治理体系和安全生产标准化建设。到2013年底，全国已有60个市（地）建成了隐患排查治理信息系统并投入运行。工贸行业安全生产达标企业已达22.4万家。五是加强应急管理。成功举办了第四届中国国际安全生产应急救援论坛及应急技术装备展览会。应急救援体系建设取得进展，7个国家矿山应急救援队全部建成，下达9.9亿元支持建设16支中央企业应急救援队伍和10个培训演练基地。2013年全国矿山、危化等救援队伍共搜救遇险人员5266人。

在推动安全生产工作创新方面，各地也都做出了积极探索。陕西省把安全生产基层基础建设作为“省长工程”每月督办跟进。河南等省按人均GDP一定比例提取安全生产专项经费。湖北省制定了63个行业隐患排查治理标准。天津市按危险程度将企业分为A、B、C三类，实施分类指导。一些地方把重大隐患治理不到位的企业列入“黑名单”，在项目核准、用地审批、融资信贷等方面给予约束和制裁。安徽等省创新检查方式，对监管检查工作任务细化量化，确保不漏矿（厂）、不漏项、不漏岗位。福建省建立了联网运行的省市县三级煤矿监控系统。

（七）深入开展教育实践活动

按照中央的部署和要求，紧密结合安监系统和安全生产工作实际，聚焦作风、对准“四风”，抓住执法不严格、作风不扎实这一突出问题，以及安全监管监察工作中存在的“五个了之”现象（隐患问题一罚了之、发生事故一停了之、事故查处挂牌督办一挂了之、视频会一开了之、事故通报一发了之），以整风精神在全系统深入开展了党的群众路线教育实践活动。国家安全监管总局党组带头搞好对照检查，深挖思想根源。派出 10 个督导组，加强对全系统教育实践活动的指导。要求全系统干部职工必须做到“四个零”（会员卡零持有、监管对象宴请送礼零接受、营业性娱乐场所零接触、非法违法违规违章行为零容忍）。坚持边查边改，教育实践活动以来直属系统会议同比减少 25.9%，会议经费减少 74%，文件减少 17.8%，出国团组和人数分别下降 19% 和 32%，“三公”经费减少 22.8%，清理超标办公用房 6909.3 平方米、超标公务用车 32 辆。

三、存在的主要问题和差距

安全生产工作虽然取得了一定成效，但形势依然严峻。突出表现在重特大事故尚未得到有效遏制。2013 年全国发生重特大事故 49 起，其中特别重大事故 4 起。特别是吉林省长春市宝源丰禽业公司“6·3”特别重大火灾爆炸事故造成 121 人死亡，山东省青岛市“11·22”中石化东黄输油管道泄漏爆炸特别重大事故造成 62 人死亡，教训十分深刻。

全国 32 个统计单位分为 4 种情况：一是没有发生重特大事故（9 个）；二是发生了 1 ~2 起重大事故（15 个）；三是发生了 3 起以上重大事故（8 个）；四是发生了特别重大事故（2 个）。

造成一些地区、一些行业领域事故多发的主要原因：

一是科学发展、安全发展理念没有牢固树立起来。一些地方和企业安全生产红线意识不强，片面追求 GDP 增长速度，对安全生产不重视，很多要求和措施仍然停留在会议上、文件上和口头上，没有真正落实。在招商引资、发展地方经济和城市规划建设中，不能严把安全生产关。许多不具备安全生产标准和要求的项目，特事特办、一路绿灯。大量隐蔽性致灾因素长期存在，得不到有效治理。一些地方的开发区、工业新区等，成为安全隐患集中区、事故多发区。

二是安全生产责任体系不健全。一些企业安全生产主体责任意识淡薄，基层一线安全责任和各项制度不落实。一些地方安全生产属地监管责任不落实。部分地方尚未形成“党政同责、一岗双责、齐抓共管”的责任体系，特别是有些基层县（区）、乡镇（街道）党委没有把安全生产作为大事来抓，没有建立健全协调配合、责权明确、行为规范、奖惩严明的安全生产责任制度，没有严格实行安全生产“一票否决”。一些地方政府安全监管权威不够，执行力不足。

三是安全生产基础比较薄弱。煤矿等高危行业结构调整滞后，小矿小厂比重仍然过大，机械化、自动化、信息化程度低下，安全保障能力不足。化工、道路交通、消防等行业领域安全基础设施建设滞后，油气管道、城市管网建设标准低，腐蚀老化以及违规占压等隐患突出，事故防范和应急处置能力不足。安全培训教育工作滞后，从业人员素质难以适应安全生产需要。职业病危害严重。

四是安全监管工作存在差距。一些地方安全监管不力，执法不严。一些地方安全监管力量薄弱。安监队伍中一些同志作风不扎实，工作不深入不细致；极个别的甚至失职渎职、以权谋私。

第二部分

安全生产法律、行政法规和国务院重要文件

中华人民共和国主席令

第 四 号

《中华人民共和国特种设备安全法》已由中华人民共和国第十二届全国人民代表大会常务委员会第三次会议于2013年6月29日通过，现予公布，自2014年1月1日起施行。

中华人民共和国主席 习近平

2013年6月29日

中华人民共和国特种设备安全法

第一章 总 则

第一条 为了加强特种设备安全工作，预防特种设备事故，保障人身和财产安全，促进经济社会发展，制定本法。

第二条 特种设备的生产（包括设计、制造、安装、改造、修理）、经营、使用、检验、检测和特种设备安全的监督管理，适用本法。

本法所称特种设备，是指对人身和财产安全有较大危险性的锅炉、压力容器（含气瓶）、压力管道、电梯、起重机械、客运索道、大型游乐设施、场（厂）内专用机动车辆，以及法律、行政法规规定适用本法的其他特种设备。

国家对特种设备实行目录管理。特种设备目录由国务院负责特种设备安全监督管理的部门制定，报国务院批准后执行。

第三条 特种设备安全工作应当坚持安全第一、预防为主、节能环保、综合治理的原则。

第四条 国家对特种设备的生产、经营、使用，实施分类的、全过程的安全监督管理。

第五条 国务院负责特种设备安全监督管理的部门对全国特种设备安全实施监督管理。县级以上地方各级人民政府负责特种设备安全监督管理的部门对本行政区域内特种设备安全实施监督管理。

第六条 国务院和地方各级人民政府应当加强对特种设备安全工作的领导，督促各有关部门依法履行监督管理职责。

县级以上地方各级人民政府应当建立协调机制，及时协调、解决特种设备安全监督管理中存在的问题。

第七条 特种设备生产、经营、使用单位应当

遵守本法和其他有关法律、法规，建立、健全特种设备安全和节能责任制度，加强特种设备安全和节能管理，确保特种设备生产、经营、使用安全，符合节能要求。

第八条 特种设备生产、经营、使用、检验、检测应当遵守有关特种设备安全技术规范及相关标准。

特种设备安全技术规范由国务院负责特种设备安全监督管理的部门制定。

第九条 特种设备行业协会应当加强行业自律，推进行业诚信体系建设，提高特种设备安全管理水平。

第十条 国家支持有关特种设备安全的科学技术研究，鼓励先进技术和先进管理方法的推广应用，对做出突出贡献的单位和个人给予奖励。

第十一条 负责特种设备安全监督管理的部门应当加强特种设备安全宣传教育，普及特种设备安全知识，增强社会公众的特种设备安全意识。

第十二条 任何单位和个人有权向负责特种设备安全监督管理的部门和有关部门举报涉及特种设备安全的违法行为，接到举报的部门应当及时处理。

第二章 生产、经营、使用

第一节 一般规定

第十三条 特种设备生产、经营、使用单位及其主要负责人对其生产、经营、使用的特种设备安全负责。

特种设备生产、经营、使用单位应当按照国家有关规定配备特种设备安全管理人员、检测人员和作业人员，并对其进行必要的安全教育和技能培训。

第十四条 特种设备安全管理人员、检测人员和作业人员应当按照国家有关规定取得相应资格，方可从事相关工作。特种设备安全管理人员、检测人员和作业人员应当严格执行安全技术规范和管理制度，保证特种设备安全。

第十五条 特种设备生产、经营、使用单位对其生产、经营、使用的特种设备应当进行自行检测和维护保养，对国家规定实行检验的特种设备应当及时申报并接受检验。

第十六条 特种设备采用新材料、新技术、新工艺，与安全技术规范的要求不一致，或者安全技术规范未作要求、可能对安全性能有重大影响的，应当向国务院负责特种设备安全监督管理的部门申报，由国务院负责特种设备安全监督管理的部门及时委托安全技术咨询机构或者相关专业机构进行技术评审，评审结果经国务院负责特种设备安全监督管理的部门批准，方可投入生产、使用。

国务院负责特种设备安全监督管理的部门应当将允许使用的新材料、新技术、新工艺的有关技术要求，及时纳入安全技术规范。

第十七条 国家鼓励投保特种设备安全责任保险。

第二节 生 产

第十八条 国家按照分类监督管理的原则对特种设备生产实行许可制度。特种设备生产单位应当具备下列条件，并经负责特种设备安全监督管理的部门许可，方可从事生产活动：

（一）有与生产相适应的专业技术人员；

（二）有与生产相适应的设备、设施和工作场所；

（三）有健全的质量保证、安全管理和岗位责任等制度。

第十九条 特种设备生产单位应当保证特种设备生产符合安全技术规范及相关标准的要求，对其生产的特种设备的安全性能负责。不得生产不符合安全性能要求和能效指标以及国家明令淘汰的特种设备。

第二十条 锅炉、气瓶、氧舱、客运索道、大型游乐设施的设计文件，应当经负责特种设备安全监督管理的部门核准的检验机构鉴定，方可用于制造。

特种设备产品、部件或者试制的特种设备新产品、新部件以及特种设备采用的新材料，按照安全技术规范的要求需要通过型式试验进行安全性验证的，应当经负责特种设备安全监督管理的部门核准的检验机构进行型式试验。

第二十一条 特种设备出厂时，应当随附安全技术规范要求的设计文件、产品质量合格证明、安装及使用维护保养说明、监督检验证明等相关技术资料和文件，并在特种设备显著位置设置产品铭牌、安全警示标志及其说明。

第二十二条 电梯的安装、改造、修理，必须由电梯制造单位或者其委托的依照本法取得相应许可的单位进行。电梯制造单位委托其他单位进行电梯安装、改造、修理的，应当对其安装、改造、修理进行安全指导和监控，并按照安全技术规范的要求进行校验和调试。电梯制造单位对电梯安全性能负责。

第二十三条 特种设备安装、改造、修理的施工单位应当在施工前将拟进行的特种设备安装、改造、修理情况书面告知直辖市或者设区的市级人民政府负责特种设备安全监督管理的部门。

第二十四条 特种设备安装、改造、修理竣工后，安装、改造、修理的施工单位应当在验收后三十日内将相关技术资料和文件移交特种设备使用单位。特种设备使用单位应当将其存入该特种设备的安全技术档案。

第二十五条 锅炉、压力容器、压力管道元件等特种设备的制造过程和锅炉、压力容器、压力管道、电梯、起重机械、客运索道、大型游乐设施的安装、改造、重大修理过程，应当经特种设备检验机构按照安全技术规范的要求进行监督检验；未经监督检验或者监督检验不合格的，不得出厂或者交付使用。

第二十六条 国家建立缺陷特种设备召回制度。因生产原因造成特种设备存在危及安全的同一性缺陷的，特种设备生产单位应当立即停止生产，主动召回。

国务院负责特种设备安全监督管理的部门发现特种设备存在应当召回而未召回的情形时，应当责令特种设备生产单位召回。

第三节 经 营

第二十七条 特种设备销售单位销售的特种设备，应当符合安全技术规范及相关标准的要求，其设计文件、产品质量合格证明、安装及使用维护保养说明、监督检验证明等相关技术资料和文件应当齐全。

特种设备销售单位应当建立特种设备检查验收和销售记录制度。

禁止销售未取得许可生产的特种设备，未经检验和检验不合格的特种设备，或者国家明令淘汰和已经报废的特种设备。

第二十八条 特种设备出租单位不得出租未取得许可生产的特种设备或者国家明令淘汰和已经报废的特种设备，以及未按照安全技术规范的要求进行维护保养和未经检验或者检验不合格的特种设备。

第二十九条 特种设备在出租期间的使用管理和维护保养义务由特种设备出租单位承担，法律另有规定或者当事人另有约定的除外。

第三十条 进口的特种设备应当符合我国安全技术规范的要求，并经检验合格；需要取得我国特种设备生产许可的，应当取得许可。

进口特种设备随附的技术资料和文件应当符合本法第二十一条的规定，其安装及使用维护保养说明、产品铭牌、安全警示标志及其说明应当采用中文。

特种设备的进出口检验，应当遵守有关进出口商品检验的法律、行政法规。

第三十一条 进口特种设备，应当向进口地负责特种设备安全监督管理的部门履行提前告知义务。

第四节 使 用

第三十二条 特种设备使用单位应当使用取得许可生产并经检验合格的特种设备。

禁止使用国家明令淘汰和已经报废的特种设备。

第三十三条 特种设备使用单位应当在特种设备投入使用前或者投入使用后三十日内，向负责特种设备安全监督管理的部门办理使用登记，取得使用登记证书。登记标志应当置于该特种设备的显著位置。

第三十四条 特种设备使用单位应当建立岗位责任、隐患治理、应急救援等安全管理制度，制定操作规程，保证特种设备安全运行。

第三十五条 特种设备使用单位应当建立特种设备安全技术档案。安全技术档案应当包括以下内容：

（一）特种设备的设计文件、产品质量合格证明、安装及使用维护保养说明、监督检验证明等相关技术资料和文件；

（二）特种设备的定期检验和定期自行检查记录；

（三）特种设备的日常使用状况记录；

（四）特种设备及其附属仪器仪表的维护保养记录；

（五）特种设备的运行故障和事故记录。

第三十六条 电梯、客运索道、大型游乐设施等为公众提供服务的特种设备的运营使用单位，应当对特种设备的使用安全负责，设置特种设备安全管理机构或者配备专职的特种设备安全管理人员；其他特种设备使用单位，应当根据情况设置特种设备安全管理机构或者配备专职、兼职的特种设备安全管理人员。

第三十七条 特种设备的使用应当具有规定的安全距离、安全防护措施。

与特种设备安全相关的建筑物、附属设施，应当符合有关法律、行政法规的规定。

第三十八条 特种设备属于共有的，共有人可以委托物业服务单位或者其他管理人管理特种设备，受托人履行本法规定的特种设备使用单位的义务，承担相应责任。共有人未委托的，由共有人或者实际管理人履行管理义务，承担相应责任。

第三十九条 特种设备使用单位应当对其使用的特种设备进行经常性维护保养和定期自行检查，并作出记录。

特种设备使用单位应当对其使用的特种设备的安全附件、安全保护装置进行定期校验、检修，并作出记录。

第四十条 特种设备使用单位应当按照安全技术规范的要求，在检验合格有效期届满前一个月向特种设备检验机构提出定期检验要求。

特种设备检验机构接到定期检验要求后，应当按照安全技术规范的要求及时进行安全性能检验。特种设备使用单位应当将定期检验标志置于该特种设备的显著位置。

未经定期检验或者检验不合格的特种设备，不得继续使用。

第四十一条 特种设备安全管理人员应当对特种设备使用状况进行经常性检查，发现问题应当立即处理；情况紧急时，可以决定停止使用特种设备并及时报告本单位有关负责人。

特种设备作业人员在作业过程中发现事故隐患或者其他不安全因素，应当立即向特种设备安全管理人员和单位有关负责人报告；特种设备运行不正常时，特种设备作业人员应当按照操作规程采取有效措施保证安全。

第四十二条 特种设备出现故障或者发生异常情况，特种设备使用单位应当对其进行全面检查，消除事故隐患，方可继续使用。

第四十三条 客运索道、大型游乐设施在每日投入使用前，其运营使用单位应当进行试运行和例行安全检查，并对安全附件和安全保护装置进行检查确认。

电梯、客运索道、大型游乐设施的运营使用单位应当将电梯、客运索道、大型游乐设施的安全使用说明、安全注意事项和警示标志置于易于为乘客注意的显著位置。

公众乘坐或者操作电梯、客运索道、大型游乐设施，应当遵守安全使用说明和安全注意事项的要求，服从有关工作人员的管理和指挥；遇有运行不正常时，应当按照安全指引，有序撤离。

第四十四条 锅炉使用单位应当按照安全技术规范的要求进行锅炉水（介）质处理，并接受特种设备检验机构的定期检验。

从事锅炉清洗，应当按照安全技术规范的要求进行，并接受特种设备检验机构的监督检验。

第四十五条 电梯的维护保养应当由电梯制造单位或者依照本法取得许可的安装、改造、修理单位进行。

电梯的维护保养单位应当在维护保养中严格执行安全技术规范的要求，保证其维护保养的电梯的安全性能，并负责落实现场安全防护措施，保证施工安全。

电梯的维护保养单位应当对其维护保养的电梯的安全性能负责；接到故障通知后，应当立即赶赴现场，并采取必要的应急救援措施。

第四十六条 电梯投入使用后，电梯制造单位应当对其制造的电梯的安全运行情况进行跟踪调查和了解，对电梯的维护保养单位或者使用单位在维护保养和安全运行方面存在的问题，提出改进建议，并提供必要的技术帮助；发现电梯存在严重事故隐患时，应当及时告知电梯使用单位，并向负责特种设备安全监督管理的部门报告。电梯制造单位对调查和了解的情况，应当作出记录。

第四十七条 特种设备进行改造、修理，按照规定需要变更使用登记的，应当办理变更登记，方可继续使用。

第四十八条 特种设备存在严重事故隐患，无改造、修理价值，或者达到安全技术规范规定的其他报废条件的，特种设备使用单位应当依法履行报废义务，采取必要措施消除该特种设备的使用功能，并向原登记的负责特种设备安全监督管理的部门办理使用登记证书注销手续。

前款规定报废条件以外的特种设备，达到设计使用年限可以继续使用的，应当按照安全技术规范的要求通过检验或者安全评估，并办理使用登记证书变更，方可继续使用。允许继续使用的，应当采取加强检验、检测和维护保养等措施，确保使用安全。

第四十九条 移动式压力容器、气瓶充装单位，应当具备下列条件，并经负责特种设备安全监督管理的部门许可，方可从事充装活动：

（一）有与充装和管理相适应的管理人员和技术人员；

（二）有与充装和管理相适应的充装设备、检测手段、场地厂房、器具、安全设施；

（三）有健全的充装管理制度、责任制度、处理措施。

充装单位应当建立充装前后的检查、记录制度，禁止对不符合安全技术规范要求的移动式压力容器和气瓶进行充装。

气瓶充装单位应当向气体使用者提供符合安全技术规范要求的气瓶，对气体使用者进行气瓶安全使用指导，并按照安全技术规范的要求办理气瓶使用登记，及时申报定期检验。

第三章 检验、检测

第五十条 从事本法规定的监督检验、定期检验的特种设备检验机构，以及为特种设备生产、经营、使用提供检测服务的特种设备检测机构，应当具备下列条件，并经负责特种设备安全监督管理的部门核准，方可从事检验、检测工作：

（一）有与检验、检测工作相适应的检验、检测人员；

（二）有与检验、检测工作相适应的检验、检测仪器和设备；

（三）有健全的检验、检测管理制度和责任制度。

第五十一条 特种设备检验、检测机构的检验、检测人员应当经考核，取得检验、检测人员资格，方可从事检验、检测工作。

特种设备检验、检测机构的检验、检测人员不得同时在两个以上检验、检测机构中执业；变更执业机构的，应当依法办理变更手续。

第五十二条 特种设备检验、检测工作应当遵守法律、行政法规的规定，并按照安全技术规范的要求进行。

特种设备检验、检测机构及其检验、检测人员应当依法为特种设备生产、经营、使用单位提供安全、可靠、便捷、诚信的检验、检测服务。

第五十三条 特种设备检验、检测机构及其检验、检测人员应当客观、公正、及时地出具检验、检测报告，并对检验、检测结果和鉴定结论负责。

特种设备检验、检测机构及其检验、检测人员在检验、检测中发现特种设备存在严重事故隐患时，应当及时告知相关单位，并立即向负责特种设备安全监督管理的部门报告。

负责特种设备安全监督管理的部门应当组织对特种设备检验、检测机构的检验、检测结果和鉴定结论进行监督抽查，但应当防止重复抽查。监督抽查结果应当向社会公布。

第五十四条 特种设备生产、经营、使用单位应当按照安全技术规范的要求向特种设备检验、检测机构及其检验、检测人员提供特种设备相关资料和必要的检验、检测条件，并对资料的真实性负责。

第五十五条 特种设备检验、检测机构及其检验、检测人员对检验、检测过程中知悉的商业秘密，负有保密义务。

特种设备检验、检测机构及其检验、检测人员不得从事有关特种设备的生产、经营活动，不得推荐或者监制、监销特种设备。

第五十六条 特种设备检验机构及其检验人员利用检验工作故意刁难特种设备生产、经营、使用单位的，特种设备生产、经营、使用单位有权向负责特种设备安全监督管理的部门投诉，接到投诉的部门应当及时进行调查处理。

第四章 监督管理

第五十七条 负责特种设备安全监督管理的部门依照本法规定，对特种设备生产、经营、使用单位和检验、检测机构实施监督检查。

负责特种设备安全监督管理的部门应当对学校、幼儿园以及医院、车站、客运码头、商场、体育场馆、展览馆、公园等公众聚集场所的特种设备，实施重点安全监督检查。

第五十八条 负责特种设备安全监督管理的部门实施本法规定的许可工作，应当依照本法和其他有关法律、行政法规规定的条件和程序以及安全技术规范的要求进行审查；不符合规定的，不得许可。

第五十九条 负责特种设备安全监督管理的部门在办理本法规定的许可时，其受理、审查、许可的程序必须公开，并应当自受理申请之日起三十日内，作出许可或者不予许可的决定；不予许可的，应当书面向申请人说明理由。

第六十条 负责特种设备安全监督管理的部门对依法办理使用登记的特种设备应当建立完整的监督管理档案和信息查询系统；对达到报废条件的特种设备，应当及时督促特种设备使用单位依法履行报废义务。

第六十一条 负责特种设备安全监督管理的部门在依法履行监督检查职责时，可以行使下列职权：

（一）进入现场进行检查，向特种设备生产、经营、使用单位和检验、检测机构的主要负责人和其他有关人员调查、了解有关情况；

（二）根据举报或者取得的涉嫌违法证据，查阅、复制特种设备生产、经营、使用单位和检验、检测机构的有关合同、发票、账簿以及其他有关资料；

（三）对有证据表明不符合安全技术规范要求或者存在严重事故隐患的特种设备实施查封、扣押；

（四）对流入市场的达到报废条件或者已经报废的特种设备实施查封、扣押；

（五）对违反本法规定的行为作出行政处罚决定。

第六十二条 负责特种设备安全监督管理的部门在依法履行职责过程中，发现违反本法规定和安全技术规范要求的行为或者特种设备存在事故隐患时，应当以书面形式发出特种设备安全监察指令，责令有关单位及时采取措施予以改正或者消除事故隐患。紧急情况下要求有关单位采取紧急处置措施的，应当随后补发特种设备安全监察指令。

第六十三条 负责特种设备安全监督管理的部门在依法履行职责过程中，发现重大违法行为或者特种设备存在严重事故隐患时，应当责令有关单位立即停止违法行为、采取措施消除事故隐患，并及时向上级负责特种设备安全监督管理的部门报告。接到报告的负责特种设备安全监督管理的部门应当采取必要措施，及时予以处理。

对违法行为、严重事故隐患的处理需要当地人民政府和有关部门的支持、配合时，负责特种设备安全监督管理的部门应当报告当地人民政府，并通知其他有关部门。当地人民政府和其他有关部门应当采取必要措施，及时予以处理。

第六十四条 地方各级人民政府负责特种设备安全监督管理的部门不得要求已经依照本法规定在其他地方取得许可的特种设备生产单位重复取得许可，不得要求对已经依照本法规定在其他地方检验合格的特种设备重复进行检验。

第六十五条 负责特种设备安全监督管理的部门的安全监察人员应当熟悉相关法律、法规，具有相应的专业知识和工作经验，取得特种设备安全行政执法证件。

特种设备安全监察人员应当忠于职守、坚持原则、秉公执法。

负责特种设备安全监督管理的部门实施安全监督检查时，应当有二名以上特种设备安全监察人员参加，并出示有效的特种设备安全行政执法证件。

第六十六条 负责特种设备安全监督管理的部门对特种设备生产、经营、使用单位和检验、检测机构实施监督检查，应当对每次监督检查的内容、发现的问题及处理情况作出记录，并由参加监督检查的特种设备安全监察人员和被检查单位的有关负责人签字后归档。被检查单位的有关负责人拒绝签字的，特种设备安全监察人员应当将情况记录在案。

第六十七条 负责特种设备安全监督管理的部

门及其工作人员不得推荐或者监制、监销特种设备；对履行职责过程中知悉的商业秘密负有保密义务。

第六十八条 国务院负责特种设备安全监督管理的部门和省、自治区、直辖市人民政府负责特种设备安全监督管理的部门应当定期向社会公布特种设备安全总体状况。

第五章 事故应急救援与调查处理

第六十九条 国务院负责特种设备安全监督管理的部门应当依法组织制定特种设备重特大事故应急预案，报国务院批准后纳入国家突发事件应急预案体系。

县级以上地方各级人民政府及其负责特种设备安全监督管理的部门应当依法组织制定本行政区域内特种设备事故应急预案，建立或者纳入相应的应急处置与救援体系。

特种设备使用单位应当制定特种设备事故应急专项预案，并定期进行应急演练。

第七十条 特种设备发生事故后，事故发生单位应当按照应急预案采取措施，组织抢救，防止事故扩大，减少人员伤亡和财产损失，保护事故现场和有关证据，并及时向事故发生地县级以上人民政府负责特种设备安全监督管理的部门和有关部门报告。

县级以上人民政府负责特种设备安全监督管理的部门接到事故报告，应当尽快核实情况，立即向本级人民政府报告，并按照规定逐级上报。必要时，负责特种设备安全监督管理的部门可以越级上报事故情况。对特别重大事故、重大事故，国务院负责特种设备安全监督管理的部门应当立即报告国务院并通报国务院安全生产监督管理部门等有关部门。

与事故相关的单位和人员不得迟报、谎报或者瞒报事故情况，不得隐匿、毁灭有关证据或者故意破坏事故现场。

第七十一条 事故发生地人民政府接到事故报告，应当依法启动应急预案，采取应急处置措施，组织应急救援。

第七十二条 特种设备发生特别重大事故，由国务院或者国务院授权有关部门组织事故调查组进行调查。

发生重大事故，由国务院负责特种设备安全监督管理的部门会同有关部门组织事故调查组进行调查。

发生较大事故，由省、自治区、直辖市人民政府负责特种设备安全监督管理的部门会同有关部门组织事故调查组进行调查。

发生一般事故，由设区的市级人民政府负责特种设备安全监督管理的部门会同有关部门组织事故调查组进行调查。

事故调查组应当依法、独立、公正开展调查，提出事故调查报告。

第七十三条 组织事故调查的部门应当将事故调查报告报本级人民政府，并报上一级人民政府负责特种设备安全监督管理的部门备案。有关部门和单位应当依照法律、行政法规的规定，追究事故责任单位和人员的责任。

事故责任单位应当依法落实整改措施，预防同类事故发生。事故造成损害的，事故责任单位应当依法承担赔偿责任。

第六章 法 律 责 任

第七十四条 违反本法规定，未经许可从事特种设备生产活动的，责令停止生产，没收违法制造的特种设备，处十万元以上五十万元以下罚款；有违法所得的，没收违法所得；已经实施安装、改造、修理的，责令恢复原状或者责令限期由取得许可的单位重新安装、改造、修理。

第七十五条 违反本法规定，特种设备的设计文件未经鉴定，擅自用于制造的，责令改正，没收违法制造的特种设备，处五万元以上五十万元以下罚款。

第七十六条 违反本法规定，未进行型式试验的，责令限期改正；逾期未改正的，处三万元以上三十万元以下罚款。

第七十七条 违反本法规定，特种设备出厂时，未按照安全技术规范的要求随附相关技术资料和文件的，责令限期改正；逾期未改正的，责令停止制造、销售，处二万元以上二十万元以下罚款；有违法所得的，没收违法所得。

第七十八条 违反本法规定，特种设备安装、改造、修理的施工单位在施工前未书面告知负责特种设备安全监督管理的部门即行施工的，或者在验收后三十日内未将相关技术资料和文件移交特种设备使用单位的，责令限期改正；逾期未改正的，处一万元以上十万元以下罚款。

第七十九条 违反本法规定，特种设备的制造、安装、改造、重大修理以及锅炉清洗过程，未经监督检验的，责令限期改正；逾期未改正的，处五万元以上二十万元以下罚款；有违法所得的，没收违法所得；情节严重的，吊销生产许可证。

第八十条 违反本法规定，电梯制造单位有下列情形之一的，责令限期改正；逾期未改正的，处一万元以上十万元以下罚款：

（一）未按照安全技术规范的要求对电梯进行校验、调试的；

（二）对电梯的安全运行情况进行跟踪调查和了解时，发现存在严重事故隐患，未及时告知电梯使用单位并向负责特种设备安全监督管理的部门报告的。

第八十一条 违反本法规定，特种设备生产单位有下列行为之一的，责令限期改正；逾期未改正的，责令停止生产，处五万元以上五十万元以下罚款；情节严重的，吊销生产许可证：

（一）不再具备生产条件、生产许可证已经过期或者超出许可范围生产的；

（二）明知特种设备存在同一性缺陷，未立即停止生产并召回的。

违反本法规定，特种设备生产单位生产、销售、交付国家明令淘汰的特种设备的，责令停止生产、销售，没收违法生产、销售、交付的特种设备，处三万元以上三十万元以下罚款；有违法所得的，没收违法所得。

特种设备生产单位涂改、倒卖、出租、出借生产许可证的，责令停止生产，处五万元以上五十万元以下罚款；情节严重的，吊销生产许可证。

第八十二条 违反本法规定，特种设备经营单位有下列行为之一的，责令停止经营，没收违法经营的特种设备，处三万元以上三十万元以下罚款；有违法所得的，没收违法所得：

（一）销售、出租未取得许可生产，未经检验或者检验不合格的特种设备的；

（二）销售、出租国家明令淘汰、已经报废的特种设备，或者未按照安全技术规范的要求进行维护保养的特种设备的。

违反本法规定，特种设备销售单位未建立检查验收和销售记录制度，或者进口特种设备未履行提前告知义务的，责令改正，处一万元以上十万元以下罚款。

特种设备生产单位销售、交付未经检验或者检验不合格的特种设备的，依照本条第一款规定处罚；情节严重的，吊销生产许可证。

第八十三条 违反本法规定，特种设备使用单位有下列行为之一的，责令限期改正；逾期未改正的，责令停止使用有关特种设备，处一万元以上十万元以下罚款：

（一）使用特种设备未按照规定办理使用登记的；

（二）未建立特种设备安全技术档案或者安全技术档案不符合规定要求，或者未依法设置使用登记标志、定期检验标志的；

（三）未对其使用的特种设备进行经常性维护保养和定期自行检查，或者未对其使用的特种设备的安全附件、安全保护装置进行定期校验、检修，并作出记录的；

（四）未按照安全技术规范的要求及时申报并接受检验的；

（五）未按照安全技术规范的要求进行锅炉水（介）质处理的；

（六）未制定特种设备事故应急专项预案的。

第八十四条 违反本法规定，特种设备使用单位有下列行为之一的，责令停止使用有关特种设备，处三万元以上三十万元以下罚款：

（一）使用未取得许可生产，未经检验或者检验不合格的特种设备，或者国家明令淘汰、已经报废的特种设备的；

（二）特种设备出现故障或者发生异常情况，未对其进行全面检查、消除事故隐患，继续使用的；

（三）特种设备存在严重事故隐患，无改造、修理价值，或者达到安全技术规范规定的其他报废条件，未依法履行报废义务，并办理使用登记证书注销手续的。

第八十五条 违反本法规定，移动式压力容器、气瓶充装单位有下列行为之一的，责令改正，处二万元以上二十万元以下罚款；情节严重的，吊销充装许可证：

（一）未按照规定实施充装前后的检查、记录制度的；

（二）对不符合安全技术规范要求的移动式压力容器和气瓶进行充装的。

违反本法规定，未经许可，擅自从事移动式压力容器或者气瓶充装活动的，予以取缔，没收违法充装的气瓶，处十万元以上五十万元以下罚款；有违法所得的，没收违法所得。

第八十六条 违反本法规定，特种设备生产、经营、使用单位有下列情形之一的，责令限期改正；逾期未改正的，责令停止使用有关特种设备或者停产停业整顿，处一万元以上五万元以下罚款：

（一）未配备具有相应资格的特种设备安全管理人员、检测人员和作业人员的；

（二）使用未取得相应资格的人员从事特种设备安全管理、检测和作业的；

（三）未对特种设备安全管理人员、检测人员和作业人员进行安全教育和技能培训的。

第八十七条 违反本法规定，电梯、客运索道、大型游乐设施的运营使用单位有下列情形之一的，责令限期改正；逾期未改正的，责令停止使用有关特种设备或者停产停业整顿，处二万元以上十万元以下罚款：

（一）未设置特种设备安全管理机构或者配备专职的特种设备安全管理人员的；

（二）客运索道、大型游乐设施每日投入使用前，未进行试运行和例行安全检查，未对安全附件和安全保护装置进行检查确认的；

（三）未将电梯、客运索道、大型游乐设施的安全使用说明、安全注意事项和警示标志置于易于为乘客注意的显著位置的。

第八十八条 违反本法规定，未经许可，擅自从事电梯维护保养的，责令停止违法行为，处一万元以上十万元以下罚款；有违法所得的，没收违法所得。

电梯的维护保养单位未按照本法规定以及安全技术规范的要求，进行电梯维护保养的，依照前款规定处罚。

第八十九条 发生特种设备事故，有下列情形之一的，对单位处五万元以上二十万元以下罚款；对主要负责人处一万元以上五万元以下罚款；主要负责人属于国家工作人员的，并依法给予处分：

（一）发生特种设备事故时，不立即组织抢救或者在事故调查处理期间擅离职守或者逃匿的；

（二）对特种设备事故迟报、谎报或者瞒报的。

第九十条 发生事故，对负有责任的单位除要求其依法承担相应的赔偿等责任外，依照下列规定处以罚款：

（一）发生一般事故，处十万元以上二十万元以下罚款；

（二）发生较大事故，处二十万元以上五十万元以下罚款；

（三）发生重大事故，处五十万元以上二百万元以下罚款。

第九十一条 对事故发生负有责任的单位的主要负责人未依法履行职责或者负有领导责任的，依照下列规定处以罚款；属于国家工作人员的，并依法给予处分：

（一）发生一般事故，处上一年年收入百分之三十的罚款；

（二）发生较大事故，处上一年年收入百分之四十的罚款；

（三）发生重大事故，处上一年年收入百分之六十的罚款。

第九十二条 违反本法规定，特种设备安全管理人员、检测人员和作业人员不履行岗位职责，违反操作规程和有关安全规章制度，造成事故的，吊销相关人员的资格。

第九十三条 违反本法规定，特种设备检验、检测机构及其检验、检测人员有下列行为之一的，责令改正，对机构处五万元以上二十万元以下罚款，对直接负责的主管人员和其他直接责任人员处五千元以上五万元以下罚款；情节严重的，吊销机构资质和有关人员的资格：

（一）未经核准或者超出核准范围、使用未取得相应资格的人员从事检验、检测的；

（二）未按照安全技术规范的要求进行检验、检测的；

（三）出具虚假的检验、检测结果和鉴定结论或者检验、检测结果和鉴定结论严重失实的；

（四）发现特种设备存在严重事故隐患，未及时告知相关单位，并立即向负责特种设备安全监督管理的部门报告的；

（五）泄露检验、检测过程中知悉的商业秘密的；

（六）从事有关特种设备的生产、经营活动的；

（七）推荐或者监制、监销特种设备的；

（八）利用检验工作故意刁难相关单位的。

违反本法规定，特种设备检验、检测机构的检验、检测人员同时在两个以上检验、检测机构中执业的，处五千元以上五万元以下罚款；情节严重的，吊销其资格。

第九十四条 违反本法规定，负责特种设备安全监督管理的部门及其工作人员有下列行为之一的，由上级机关责令改正；对直接负责的主管人员和其他直接责任人员，依法给予处分：

（一）未依照法律、行政法规规定的条件、程序实施许可的；

（二）发现未经许可擅自从事特种设备的生产、使用或者检验、检测活动不予取缔或者不依法予以处理的；

（三）发现特种设备生产单位不再具备本法规定的条件而不吊销其许可证，或者发现特种设备生产、经营、使用违法行为不予查处的；

（四）发现特种设备检验、检测机构不再具备本法规定的条件而不撤销其核准，或者对其出具虚假的检验、检测结果和鉴定结论或者检验、检测结果和鉴定结论严重失实的行为不予查处的；

（五）发现违反本法规定和安全技术规范要求的行为或者特种设备存在事故隐患，不立即处理的；

（六）发现重大违法行为或者特种设备存在严重事故隐患，未及时向上级负责特种设备安全监督管理的部门报告，或者接到报告的负责特种设备安全监督管理的部门不立即处理的；

（七）要求已经依照本法规定在其他地方取得许可的特种设备生产单位重复取得许可，或者要求对已经依照本法规定在其他地方检验合格的特种设备重复进行检验的；

（八）推荐或者监制、监销特种设备的；

（九）泄露履行职责过程中知悉的商业秘密的；

（十）接到特种设备事故报告未立即向本级人民政府报告，并按照规定上报的；

（十一）迟报、漏报、谎报或者瞒报事故的；

（十二）妨碍事故救援或者事故调查处理的；

（十三）其他滥用职权、玩忽职守、徇私舞弊的行为。

第九十五条 违反本法规定，特种设备生产、经营、使用单位或者检验、检测机构拒不接受负责特种设备安全监督管理的部门依法实施的监督检查的，责令限期改正；逾期未改正的，责令停产停业整顿，处二万元以上二十万元以下罚款。

特种设备生产、经营、使用单位擅自动用、调换、转移、损毁被查封、扣押的特种设备或者其主要部件的，责令改正，处五万元以上二十万元以下罚款；情节严重的，吊销生产许可证，注销特种设备使用登记证书。

第九十六条 违反本法规定，被依法吊销许可证的，自吊销许可证之日起三年内，负责特种设备安全监督管理的部门不予受理其新的许可申请。

第九十七条 违反本法规定，造成人身、财产损害的，依法承担民事责任。

违反本法规定，应当承担民事赔偿责任和缴纳罚款、罚金，其财产不足以同时支付时，先承担民事赔偿责任。

第九十八条 违反本法规定，构成违反治安管理行为的，依法给予治安管理处罚；构成犯罪的，依法追究刑事责任。

第七章　附　　则

第九十九条 特种设备行政许可、检验的收费，依照法律、行政法规的规定执行。

第一百条 军事装备、核设施、航空航天器使用的特种设备安全的监督管理不适用本法。

铁路机车、海上设施和船舶、矿山井下使用的特种设备以及民用机场专用设备安全的监督管理，房屋建筑工地、市政工程工地用起重机械和场（厂）内专用机动车辆的安装、使用的监督管理，由有关部门依照本法和其他有关法律的规定实施。

第一百零一条 本法自 2014 年 1 月 1 日起施行。

中华人民共和国国务院令

第 638 号

《国务院关于废止和修改部分行政法规的决定》已经2013年5月31日国务院第10次常务会议通过，现予公布，自公布之日起施行。

总理 李克强

2013年7月18日

国务院关于废止和修改部分行政法规的决定

为了依法推进行政审批制度改革和政府职能转变，进一步激发市场、社会的创造活力，发挥好地方政府贴近基层的优势，促进和保障政府管理由事前审批更多地转为事中事后监管，国务院对有关的行政法规进行了清理。经过清理，现决定：

一、废止《煤炭生产许可证管理办法》(1994年12月20日国务院公布)。

二、对25件行政法规的部分条款予以修改。

本决定自公布之日起施行。

附件：国务院决定修改的行政法规

附件

国务院决定修改的行政法规
（节　选）

二十一、将《乡镇煤矿管理条例》第四条、第十四条中的“煤炭生产许可证”修改为“安全生产许可证”。

二十二、将《煤矿安全监察条例》第三十七条、第四十三条中的“煤炭生产许可证”修改为“安全生产许可证”。

删去第四十七条中的“煤炭生产许可证”。

二十三、将《安全生产许可证条例》第四条修改为：“省、自治区、直辖市人民政府建设主管部门负责建筑施工企业安全生产许可证的颁发和管理，并接受国务院建设主管部门的指导和监督。”

删去第七条第二款中的“在申请领取煤炭生产许可证前”。

二十五、删去《国务院关于预防煤矿生产安全事故的特别规定》第五条第一款、第六条第一款、第八条第二款第十四项、第十一条第一款中的“煤炭生产许可证”。

删去第八条第二款第十三项中的“和煤炭生产许可证”。

中华人民共和国国务院令

第 639 号

《铁路安全管理条例》已经2013年7月24日国务院第18次常务会议通过，现予公布，自2014年1月1日起施行。

总理 李克强

2013年8月17日

铁路安全管理条例

第一章 总 则

第一条 为了加强铁路安全管理，保障铁路运输安全和畅通，保护人身安全和财产安全，制定本条例。

第二条 铁路安全管理坚持安全第一、预防为主、综合治理的方针。

第三条 国务院铁路行业监督管理部门负责全国铁路安全监督管理工作，国务院铁路行业监督管理部门设立的铁路监督管理机构负责辖区内的铁路安全监督管理工作。国务院铁路行业监督管理部门和铁路监督管理机构统称铁路监管部门。

国务院有关部门依照法律和国务院规定的职责，负责铁路安全管理的有关工作。

第四条 铁路沿线地方各级人民政府和县级以上地方人民政府有关部门应当按照各自职责，加强保障铁路安全的教育，落实护路联防责任制，防范和制止危害铁路安全的行为，协调和处理保障铁路安全的有关事项，做好保障铁路安全的有关工作。

第五条 从事铁路建设、运输、设备制造维修的单位应当加强安全管理，建立健全安全生产管理制度，落实企业安全生产主体责任，设置安全管理机构或者配备安全管理人员，执行保障生产安全和产品质量安全的国家标准、行业标准，加强对从业人员的安全教育培训，保证安全生产所必需的资金投入。

铁路建设、运输、设备制造维修单位的工作人员应当严格执行规章制度，实行标准化作业，保证铁路安全。

第六条 铁路监管部门、铁路运输企业等单位应当按照国家有关规定制定突发事件应急预案，并组织应急演练。

第七条 禁止扰乱铁路建设、运输秩序。禁止损坏或者非法占用铁路设施设备、铁路标志和铁路用地。

任何单位或者个人发现损坏或者非法占用铁路设施设备、铁路标志、铁路用地以及其他影响铁路安全的行为，有权报告铁路运输企业，或者向铁路监管部门、公安机关或者其他有关部门举报。接到报告的铁路运输企业、接到举报的部门应当根据各自职责及时处理。

对维护铁路安全作出突出贡献的单位或者个人，按照国家有关规定给予表彰奖励。

第二章　铁路建设质量安全

第八条　铁路建设工程的勘察、设计、施工、监理以及建设物资、设备的采购，应当依法进行招标。

第九条　从事铁路建设工程勘察、设计、施工、监理活动的单位应当依法取得相应资质，并在其资质等级许可的范围内从事铁路工程建设活动。

第十条　铁路建设单位应当选择具备相应资质等级的勘察、设计、施工、监理单位进行工程建设，并对建设工程的质量安全进行监督检查，制作检查记录留存备查。

第十一条　铁路建设工程的勘察、设计、施工、监理应当遵守法律、行政法规关于建设工程质量和安全管理的规定，执行国家标准、行业标准和技术规范。

铁路建设工程的勘察、设计、施工单位依法对勘察、设计、施工的质量负责，监理单位依法对施工质量承担监理责任。

高速铁路和地质构造复杂的铁路建设工程实行工程地质勘察监理制度。

第十二条　铁路建设工程的安全设施应当与主体工程同时设计、同时施工、同时投入使用。安全设施投资应当纳入建设项目概算。

第十三条　铁路建设工程使用的材料、构件、设备等产品，应当符合有关产品质量的强制性国家标准、行业标准。

第十四条　铁路建设工程的建设工期，应当根据工程地质条件、技术复杂程度等因素，按照国家标准、行业标准和技术规范合理确定、调整。

任何单位和个人不得违反前款规定要求铁路建设、设计、施工单位压缩建设工期。

第十五条　铁路建设工程竣工，应当按照国家有关规定组织验收，并由铁路运输企业进行运营安全评估。经验收、评估合格，符合运营安全要求的，方可投入运营。

第十六条　在铁路线路及其邻近区域进行铁路建设工程施工，应当执行铁路营业线施工安全管理规定。铁路建设单位应当会同相关铁路运输企业和工程设计、施工单位制定安全施工方案，按照方案进行施工。施工完毕应当及时清理现场，不得影响铁路运营安全。

第十七条　新建、改建设计开行时速120公里以上列车的铁路或者设计运输量达到国务院铁路行业监督管理部门规定的较大运输量标准的铁路，需要与道路交叉的，应当设置立体交叉设施。

新建、改建高速公路、一级公路或者城市道路中的快速路，需要与铁路交叉的，应当设置立体交叉设施，并优先选择下穿铁路的方案。

已建成的属于前两款规定情形的铁路、道路为平面交叉的，应当逐步改造为立体交叉。

新建、改建高速铁路需要与普通铁路、道路、渡槽、管线等设施交叉的，应当优先选择高速铁路上跨方案。

第十八条　设置铁路与道路立体交叉设施及其附属安全设施所需费用的承担，按照下列原则确定：

（一）新建、改建铁路与既有道路交叉的，由铁路方承担建设费用；道路方要求超过既有道路建设标准建设所增加的费用，由道路方承担；

（二）新建、改建道路与既有铁路交叉的，由道路方承担建设费用；铁路方要求超过既有铁路线路建设标准建设所增加的费用，由铁路方承担；

（三）同步建设的铁路和道路需要设置立体交叉设施以及既有铁路道口改造为立体交叉的，由铁路方和道路方按照公平合理的原则分担建设费用。

第十九条　铁路与道路立体交叉设施及其附属安全设施竣工验收合格后，应当按照国家有关规定移交有关单位管理、维护。

第二十条　专用铁路、铁路专用线需要与公用铁路网接轨的，应当符合国家有关铁路建设、运输的安全管理规定。

第三章　铁路专用设备质量安全

第二十一条　设计、制造、维修或者进口新型铁路机车车辆，应当符合国家标准、行业标准，并分别向国务院铁路行业监督管理部门申请领取型号合格证、制造许可证、维修许可证或者进口许可证，具体办法由国务院铁路行业监督管理部门制定。

铁路机车车辆的制造、维修、使用单位应当遵守有关产品质量的法律、行政法规以及国家其他有关规定，确保投入使用的机车车辆符合安全运营要求。

第二十二条 生产铁路道岔及其转辙设备、铁路信号控制软件和控制设备、铁路通信设备、铁路牵引供电设备的企业，应当符合下列条件并经国务院铁路行业监督管理部门依法审查批准：

（一）有按照国家标准、行业标准检测、检验合格的专业生产设备；

（二）有相应的专业技术人员；

（三）有完善的产品质量保证体系和安全管理制度；

（四）法律、行政法规规定的其他条件。

第二十三条 铁路机车车辆以外的直接影响铁路运输安全的铁路专用设备，依法应当进行产品认证的，经认证合格方可出厂、销售、进口、使用。

第二十四条 用于危险化学品和放射性物品运输的铁路罐车、专用车辆以及其他容器的生产和检测、检验，依照有关法律、行政法规的规定执行。

第二十五条 用于铁路运输的安全检测、监控、防护设施设备，集装箱和集装化用具等运输器具，专用装卸机械、索具、篷布、装载加固材料或者装置，以及运输包装、货物装载加固等，应当符合国家标准、行业标准和技术规范。

第二十六条 铁路机车车辆以及其他铁路专用设备存在缺陷，即由于设计、制造、标识等原因导致同一批次、型号或者类别的铁路专用设备普遍存在不符合保障人身、财产安全的国家标准、行业标准的情形或者其他危及人身、财产安全的不合理危险的，应当立即停止生产、销售、进口、使用；设备制造者应当召回缺陷产品，采取措施消除缺陷。具体办法由国务院铁路行业监督管理部门制定。

第四章 铁路线路安全

第二十七条 铁路线路两侧应当设立铁路线路安全保护区。铁路线路安全保护区的范围，从铁路线路路堤坡脚、路堑坡顶或者铁路桥梁（含铁路、道路两用桥，下同）外侧起向外的距离分别为：

（一）城市市区高速铁路为10米，其他铁路为8米；

（二）城市郊区居民居住区高速铁路为12米，其他铁路为10米；

（三）村镇居民居住区高速铁路为15米，其他铁路为12米；

（四）其他地区高速铁路为20米，其他铁路为15米。

前款规定距离不能满足铁路运输安全保护需要的，由铁路建设单位或者铁路运输企业提出方案，铁路监督管理机构或者县级以上地方人民政府依照本条第三款规定程序划定。

在铁路用地范围内划定铁路线路安全保护区的，由铁路监督管理机构组织铁路建设单位或者铁路运输企业划定并公告。在铁路用地范围外划定铁路线路安全保护区的，由县级以上地方人民政府根据保障铁路运输安全和节约用地的原则，组织有关铁路监督管理机构、县级以上地方人民政府国土资源等部门划定并公告。

铁路线路安全保护区与公路建筑控制区、河道管理范围、水利工程管理和保护范围、航道保护范围或者石油、电力以及其他重要设施保护区重叠的，由县级以上地方人民政府组织有关部门依照法律、行政法规的规定协商划定并公告。

新建、改建铁路的铁路线路安全保护区范围，应当自铁路建设工程初步设计批准之日起30日内，由县级以上地方人民政府依照本条例的规定划定并公告。铁路建设单位或者铁路运输企业应当根据工程竣工资料进行勘界，绘制铁路线路安全保护区平面图，并根据平面图设立标桩。

第二十八条 设计开行时速120公里以上列车的铁路应当实行全封闭管理。铁路建设单位或者铁路运输企业应当按照国务院铁路行业监督管理部门的规定在铁路用地范围内设置封闭设施和警示标志。

第二十九条 禁止在铁路线路安全保护区内烧荒、放养牲畜、种植影响铁路线路安全和行车瞭望的树木等植物。

禁止向铁路线路安全保护区排污、倾倒垃圾以及其他危害铁路安全的物质。

第三十条 在铁路线路安全保护区内建造建筑物、构筑物等设施，取土、挖砂、挖沟、采空作业或者堆放、悬挂物品，应当征得铁路运输企业同意并签订安全协议，遵守保证铁路安全的国家标准、行业标准和施工安全规范，采取措施防止影响铁路运输安全。铁路运输企业应当派员对施工现场实行安全监督。

第三十一条 铁路线路安全保护区内既有的建筑物、构筑物危及铁路运输安全的，应当采取必要的安全防护措施；采取安全防护措施后仍不能保证安全的，依照有关法律的规定拆除。

拆除铁路线路安全保护区内的建筑物、构筑物，清理铁路线路安全保护区内的植物，或者对他人在铁路线路安全保护区内已依法取得的采矿权等合法权利予以限制，给他人造成损失的，应当依法给予补偿或者采取必要的补救措施。但是，拆除非法建设的建筑物、构筑物的除外。

第三十二条 在铁路线路安全保护区及其邻近区域建造或者设置的建筑物、构筑物、设备等，不得进入国家规定的铁路建筑限界。

第三十三条 在铁路线路两侧建造、设立生产、加工、储存或者销售易燃、易爆或者放射性物品等危险物品的场所、仓库，应当符合国家标准、行业标准规定的安全防护距离。

第三十四条 在铁路线路两侧从事采矿、采石或者爆破作业，应当遵守有关采矿和民用爆破的法律法规，符合国家标准、行业标准和铁路安全保护要求。

在铁路线路路堤坡脚、路堑坡顶、铁路桥梁外侧起向外各1000米范围内，以及在铁路隧道上方中心线两侧各1000米范围内，确需从事露天采矿、采石或者爆破作业的，应当与铁路运输企业协商一致，依照有关法律法规的规定报县级以上地方人民政府有关部门批准，采取安全防护措施后方可进行。

第三十五条 高速铁路线路路堤坡脚、路堑坡顶或者铁路桥梁外侧起向外各200米范围内禁止抽取地下水。

在前款规定范围外，高速铁路线路经过的区域属于地面沉降区域，抽取地下水危及高速铁路安全的，应当设置地下水禁止开采区或者限制开采区，具体范围由铁路监督管理机构会同县级以上地方人民政府水行政主管部门提出方案，报省、自治区、直辖市人民政府批准并公告。

第三十六条 在电气化铁路附近从事排放粉尘、烟尘及腐蚀性气体的生产活动，超过国家规定的排放标准，危及铁路运输安全的，由县级以上地方人民政府有关部门依法责令整改，消除安全隐患。

第三十七条 任何单位和个人不得擅自在铁路桥梁跨越处河道上下游各1000米范围内围垦造田、拦河筑坝、架设浮桥或者修建其他影响铁路桥梁安全的设施。

因特殊原因确需在前款规定的范围内进行围垦造田、拦河筑坝、架设浮桥等活动的，应当进行安全论证，负责审批的机关在批准前应当征求有关铁路运输企业的意见。

第三十八条 禁止在铁路桥梁跨越处河道上下游的下列范围内采砂、淘金：

（一）跨河桥长500米以上的铁路桥梁，河道上游500米，下游3000米；

（二）跨河桥长100米以上不足500米的铁路桥梁，河道上游500米，下游2000米；

（三）跨河桥长不足100米的铁路桥梁，河道上游500米，下游1000米。

有关部门依法在铁路桥梁跨越处河道上下游划定的禁采范围大于前款规定的禁采范围的，按照划定的禁采范围执行。

县级以上地方人民政府水行政主管部门、国土资源主管部门应当按照各自职责划定禁采区域、设置禁采标志，制止非法采砂、淘金行为。

第三十九条 在铁路桥梁跨越处河道上下游各500米范围内进行疏浚作业，应当进行安全技术评价，有关河道、航道管理部门应当征求铁路运输企业的意见，确认安全或者采取安全技术措施后，方可批准进行疏浚作业。但是，依法进行河道、航道日常养护、疏浚作业的除外。

第四十条 铁路、道路两用桥由所在地铁路运输企业和道路管理部门或者道路经营企业定期检查、共同维护，保证桥梁处于安全的技术状态。

铁路、道路两用桥的墩、梁等共用部分的检测、维修由铁路运输企业和道路管理部门或者道路经营企业共同负责，所需费用按照公平合理的原则分担。

第四十一条 铁路的重要桥梁和隧道按照国家有关规定由中国人民武装警察部队负责守卫。

第四十二条 船舶通过铁路桥梁应当符合桥梁的通航净空高度并遵守航行规则。

桥区航标中的桥梁航标、桥柱标、桥梁水尺标由铁路运输企业负责设置、维护，水面航标由铁路运输企业负责设置，航道管理部门负责维护。

第四十三条 下穿铁路桥梁、涵洞的道路应当按照国家标准设置车辆通过限高、限宽标志和限高防护架。城市道路的限高、限宽标志由当地人民政府指定的部门设置并维护，公路的限高、限宽标志由公路管理部门设置并维护。限高防护架在铁路桥梁、涵洞、道路建设时设置，由铁路运输企业负责维护。

机动车通过下穿铁路桥梁、涵洞的道路，应当遵守限高、限宽规定。

下穿铁路涵洞的管理单位负责涵洞的日常管理、维护，防止淤塞、积水。

第四十四条 铁路线路安全保护区内的道路和铁路线路路堑上的道路、跨越铁路线路的道路桥梁，应当按照国家有关规定设置防止车辆以及其他物体进入、坠入铁路线路的安全防护设施和警示标志，并由道路管理部门或者道路经营企业维护、管理。

第四十五条 架设、铺设铁路信号和通信线路、杆塔应当符合国家标准、行业标准和铁路安全防护要求。铁路运输企业、为铁路运输提供服务的电信企业应当加强对铁路信号和通信线路、杆塔的维护和管理。

第四十六条 设置或者拓宽铁路道口、铁路人行过道，应当征得铁路运输企业的同意。

第四十七条 铁路与道路交叉的无人看守道口应当按照国家标准设置警示标志；有人看守道口应当设置移动栏杆、列车接近报警装置、警示灯、警示标志、铁路道口路段标线等安全防护设施。

道口移动栏杆、列车接近报警装置、警示灯等安全防护设施由铁路运输企业设置、维护；警示标志、铁路道口路段标线由铁路道口所在地的道路管理部门设置、维护。

第四十八条 机动车或者非机动车在铁路道口内发生故障或者装载物掉落的，应当立即将故障车辆或者掉落的装载物移至铁路道口停止线以外或者铁路线路最外侧钢轨5米以外的安全地点。无法立即移至安全地点的，应当立即报告铁路道口看守人员；在无人看守道口，应当立即在道口两端采取措施拦停列车，并就近通知铁路车站或者公安机关。

第四十九条 履带车辆等可能损坏铁路设施设备的车辆、物体通过铁路道口，应当提前通知铁路道口管理单位，在其协助、指导下通过，并采取相应的安全防护措施。

第五十条 在下列地点，铁路运输企业应当按照国家标准、行业标准设置易于识别的警示、保护标志：

（一）铁路桥梁、隧道的两端；

（二）铁路信号、通信光（电）缆的埋设、铺设地点；

（三）电气化铁路接触网、自动闭塞供电线路和电力贯通线路等电力设施附近易发生危险的地点。

第五十一条 禁止毁坏铁路线路、站台等设施设备和铁路路基、护坡、排水沟、防护林木、护坡草坪、铁路线路封闭网及其他铁路防护设施。

第五十二条 禁止实施下列危及铁路通信、信号设施安全的行为：

（一）在埋有地下光（电）缆设施的地面上方进行钻探，堆放重物、垃圾，焚烧物品，倾倒腐蚀性物质；

（二）在地下光（电）缆两侧各1米的范围内建造、搭建建筑物、构筑物等设施；

（三）在地下光（电）缆两侧各1米的范围内挖砂、取土；

（四）在过河光（电）缆两侧各100米的范围内挖砂、抛锚或者进行其他危及光（电）缆安全的作业。

第五十三条 禁止实施下列危害电气化铁路设施的行为：

（一）向电气化铁路接触网抛掷物品；

（二）在铁路电力线路导线两侧各500米的范围内升放风筝、气球等低空飘浮物体；

（三）攀登铁路电力线路杆塔或者在杆塔上架设、安装其他设施设备；

（四）在铁路电力线路杆塔、拉线周围20米范围内取土、打桩、钻探或者倾倒有害化学物品；

（五）触碰电气化铁路接触网。

第五十四条 县级以上各级人民政府及其有关部门、铁路运输企业应当依照地质灾害防治法律法规的规定，加强铁路沿线地质灾害的预防、治理和应急处理等工作。

第五十五条 铁路运输企业应当对铁路线路、铁路防护设施和警示标志进行经常性巡查和维护；

对巡查中发现的安全问题应当立即处理，不能立即处理的应当及时报告铁路监督管理机构。巡查和处理情况应当记录留存。

第五章　铁路运营安全

第五十六条　铁路运输企业应当依照法律、行政法规和国务院铁路行业监督管理部门的规定，制定铁路运输安全管理制度，完善相关作业程序，保障铁路旅客和货物运输安全。

第五十七条　铁路机车车辆的驾驶人员应当参加国务院铁路行业监督管理部门组织的考试，考试合格方可上岗。具体办法由国务院铁路行业监督管理部门制定。

第五十八条　铁路运输企业应当加强铁路专业技术岗位和主要行车工种岗位从业人员的业务培训和安全培训，提高从业人员的业务技能和安全意识。

第五十九条　铁路运输企业应当加强运输过程中的安全防护，使用的运输工具、装载加固设备以及其他专用设施设备应当符合国家标准、行业标准和安全要求。

第六十条　铁路运输企业应当建立健全铁路设施设备的检查防护制度，加强对铁路设施设备的日常维护检修，确保铁路设施设备性能完好和安全运行。

铁路运输企业的从业人员应当按照操作规程使用、管理铁路设施设备。

第六十一条　在法定假日和传统节日等铁路运输高峰期或者恶劣气象条件下，铁路运输企业应当采取必要的安全应急管理措施，加强铁路运输安全检查，确保运输安全。

第六十二条　铁路运输企业应当在列车、车站等场所公告旅客、列车工作人员以及其他进站人员遵守的安全管理规定。

第六十三条　公安机关应当按照职责分工，维护车站、列车等铁路场所和铁路沿线的治安秩序。

第六十四条　铁路运输企业应当按照国务院铁路行业监督管理部门的规定实施火车票实名购买、查验制度。

实施火车票实名购买、查验制度的，旅客应当凭有效身份证件购票乘车；对车票所记载身份信息与所持身份证件或者真实身份不符的持票人，铁路运输企业有权拒绝其进站乘车。

铁路运输企业应当采取有效措施为旅客实名购票、乘车提供便利，并加强对旅客身份信息的保护。铁路运输企业工作人员不得窃取、泄露旅客身份信息。

第六十五条　铁路运输企业应当依照法律、行政法规和国务院铁路行业监督管理部门的规定，对旅客及其随身携带、托运的行李物品进行安全检查。

从事安全检查的工作人员应当佩戴安全检查标志，依法履行安全检查职责，并有权拒绝不接受安全检查的旅客进站乘车和托运行李物品。

第六十六条　旅客应当接受并配合铁路运输企业在车站、列车实施的安全检查，不得违法携带、夹带管制器具，不得违法携带、托运烟花爆竹、枪支弹药等危险物品或者其他违禁物品。

禁止或者限制携带的物品种类及其数量由国务院铁路行业监督管理部门会同公安机关规定，并在车站、列车等场所公布。

第六十七条　铁路运输托运人托运货物、行李、包裹，不得有下列行为：

（一）匿报、谎报货物品名、性质、重量；

（二）在普通货物中夹带危险货物，或者在危险货物中夹带禁止配装的货物；

（三）装车、装箱超过规定重量。

第六十八条　铁路运输企业应当对承运的货物进行安全检查，并不得有下列行为：

（一）在非危险货物办理站办理危险货物承运手续；

（二）承运未接受安全检查的货物；

（三）承运不符合安全规定、可能危害铁路运输安全的货物。

第六十九条　运输危险货物应当依照法律法规和国家其他有关规定使用专用的设施设备，托运人应当配备必要的押运人员和应急处理器材、设备以及防护用品，并使危险货物始终处于押运人员的监管之下；危险货物发生被盗、丢失、泄漏等情况，应当按照国家有关规定及时报告。

第七十条　办理危险货物运输业务的工作人员和装卸人员、押运人员，应当掌握危险货物的性质、危害特性、包装容器的使用特性和发生意外的应急措施。

第七十一条 铁路运输企业和托运人应当按照操作规程包装、装卸、运输危险货物，防止危险货物泄漏、爆炸。

第七十二条 铁路运输企业和托运人应当依照法律法规和国家其他有关规定包装、装载、押运特殊药品，防止特殊药品在运输过程中被盗、被劫或者发生丢失。

第七十三条 铁路管理信息系统及其设施的建设和使用，应当符合法律法规和国家其他有关规定的安全技术要求。

铁路运输企业应当建立网络与信息安全应急保障体系，并配备相应的专业技术人员负责网络和信息系统的安全管理工作。

第七十四条 禁止使用无线电台（站）以及其他仪器、装置干扰铁路运营指挥调度无线电频率的正常使用。

铁路运营指挥调度无线电频率受到干扰的，铁路运输企业应当立即采取排查措施并报告无线电管理机构、铁路监管部门；无线电管理机构、铁路监管部门应当依法排除干扰。

第七十五条 电力企业应当依法保障铁路运输所需电力的持续供应，并保证供电质量。

铁路运输企业应当加强用电安全管理，合理配置供电电源和应急自备电源。

遇有特殊情况影响铁路电力供应的，电力企业和铁路运输企业应当按照各自职责及时组织抢修，尽快恢复正常供电。

第七十六条 铁路运输企业应当加强铁路运营食品安全管理，遵守有关食品安全管理的法律法规和国家其他有关规定，保证食品安全。

第七十七条 禁止实施下列危害铁路安全的行为：

（一）非法拦截列车、阻断铁路运输；

（二）扰乱铁路运输指挥调度机构以及车站、列车的正常秩序；

（三）在铁路线路上放置、遗弃障碍物；

（四）击打列车；

（五）擅自移动铁路线路上的机车车辆，或者擅自开启列车车门、违规操纵列车紧急制动设备；

（六）拆盗、损毁或者擅自移动铁路设施设备、机车车辆配件、标桩、防护设施和安全标志；

（七）在铁路线路上行走、坐卧或者在未设道口、人行过道的铁路线路上通过；

（八）擅自进入铁路线路封闭区域或者在未设置行人通道的铁路桥梁、隧道通行；

（九）擅自开启、关闭列车的货车阀、盖或者破坏施封状态；

（十）擅自开启列车中的集装箱箱门，破坏箱体、阀、盖或者施封状态；

（十一）擅自松动、拆解、移动列车中的货物装载加固材料、装置和设备；

（十二）钻车、扒车、跳车；

（十三）从列车上抛扔杂物；

（十四）在动车组列车上吸烟或者在其他列车的禁烟区域吸烟；

（十五）强行登乘或者以拒绝下车等方式强占列车；

（十六）冲击、堵塞、占用进出站通道或者候车区、站台。

第六章 监督检查

第七十八条 铁路监管部门应当对从事铁路建设、运输、设备制造维修的企业执行本条例的情况实施监督检查，依法查处违反本条例规定的行为，依法组织或者参与铁路安全事故的调查处理。

铁路监管部门应当建立企业违法行为记录和公告制度，对违反本条例被依法追究法律责任的从事铁路建设、运输、设备制造维修的企业予以公布。

第七十九条 铁路监管部门应当加强对铁路运输高峰期和恶劣气象条件下运输安全的监督管理，加强对铁路运输的关键环节、重要设施设备的安全状况以及铁路运输突发事件应急预案的建立和落实情况的监督检查。

第八十条 铁路监管部门和县级以上人民政府安全生产监督管理部门应当建立信息通报制度和运输安全生产协调机制。发现重大安全隐患，铁路运输企业难以自行排除的，应当及时向铁路监管部门和有关地方人民政府报告。地方人民政府获悉铁路沿线有危及铁路运输安全的重要情况，应当及时通报有关的铁路运输企业和铁路监管部门。

第八十一条 铁路监管部门发现安全隐患，应当责令有关单位立即排除。重大安全隐患排除前或者排除过程中无法保证安全的，应当责令从危险区域内撤出人员、设备，停止作业；重大安全隐患排除后方可恢复作业。

第八十二条 实施铁路安全监督检查的人员执行监督检查任务时，应当佩戴标志或者出示证件。任何单位和个人不得阻碍、干扰安全监督检查人员依法履行安全检查职责。

第七章 法律责任

第八十三条 铁路建设单位和铁路建设的勘察、设计、施工、监理单位违反本条例关于铁路建设质量安全管理的规定的，由铁路监管部门依照有关工程建设、招标投标管理的法律、行政法规的规定处罚。

第八十四条 铁路建设单位未对高速铁路和地质构造复杂的铁路建设工程实行工程地质勘察监理，或者在铁路线路及其邻近区域进行铁路建设工程施工不执行铁路营业线施工安全管理规定，影响铁路运营安全的，由铁路监管部门责令改正，处10万元以上50万元以下的罚款。

第八十五条 依法应当进行产品认证的铁路专用设备未经认证合格，擅自出厂、销售、进口、使用的，依照《中华人民共和国认证认可条例》的规定处罚。

第八十六条 铁路机车车辆以及其他专用设备制造者未按规定召回缺陷产品，采取措施消除缺陷的，由国务院铁路行业监督管理部门责令改正；拒不改正的，处缺陷产品货值金额1%以上10%以下的罚款；情节严重的，由国务院铁路行业监督管理部门吊销相应的许可证件。

第八十七条 有下列情形之一的，由铁路监督管理机构责令改正，处2万元以上10万元以下的罚款：

（一）用于铁路运输的安全检测、监控、防护设施设备，集装箱和集装化用具等运输器具、专用装卸机械、索具、篷布、装载加固材料或者装置、运输包装、货物装载加固等，不符合国家标准、行业标准和技术规范；

（二）不按照国家有关规定和标准设置、维护铁路封闭设施、安全防护设施；

（三）架设、铺设铁路信号和通信线路、杆塔不符合国家标准、行业标准和铁路安全防护要求，或者未对铁路信号和通信线路、杆塔进行维护和管理；

（四）运输危险货物不依照法律法规和国家其他有关规定使用专用的设施设备。

第八十八条 在铁路线路安全保护区内烧荒、放养牲畜、种植影响铁路线路安全和行车瞭望的树木等植物，或者向铁路线路安全保护区排污、倾倒垃圾以及其他危害铁路安全的物质的，由铁路监督管理机构责令改正，对单位可以处5万元以下的罚款，对个人可以处2000元以下的罚款。

第八十九条 未经铁路运输企业同意或者未签订安全协议，在铁路线路安全保护区内建造建筑物、构筑物等设施，取土、挖砂、挖沟、采空作业或者堆放、悬挂物品，或者违反保证铁路安全的国家标准、行业标准和施工安全规范，影响铁路运输安全的，由铁路监督管理机构责令改正，可以处10万元以下的罚款。

铁路运输企业未派员对铁路线路安全保护区内施工现场进行安全监督的，由铁路监督管理机构责令改正，可以处3万元以下的罚款。

第九十条 在铁路线路安全保护区及其邻近区域建造或者设置的建筑物、构筑物、设备等进入国家规定的铁路建筑限界，或者在铁路线路两侧建造、设立生产、加工、储存或者销售易燃、易爆或者放射性物品等危险物品的场所、仓库不符合国家标准、行业标准规定的安全防护距离的，由铁路监督管理机构责令改正，对单位处5万元以上20万元以下的罚款，对个人处1万元以上5万元以下的罚款。

第九十一条 有下列行为之一的，分别由铁路沿线所在地县级以上地方人民政府水行政主管部门、国土资源主管部门或者无线电管理机构等依照有关水资源管理、矿产资源管理、无线电管理等法律、行政法规的规定处罚：

（一）未经批准在铁路线路两侧各1000米范围内从事露天采矿、采石或者爆破作业；

（二）在地下水禁止开采区或者限制开采区抽取地下水；

（三）在铁路桥梁跨越处河道上下游各1000米范围内围垦造田、拦河筑坝、架设浮桥或者修建其他影响铁路桥梁安全的设施；

（四）在铁路桥梁跨越处河道上下游禁止采砂、淘金的范围内采砂、淘金；

（五）干扰铁路运营指挥调度无线电频率正常使用。

第九十二条 铁路运输企业、道路管理部门或者道路经营企业未履行铁路、道路两用桥检查、维护职责的，由铁路监督管理机构或者上级道路管理部门责令改正；拒不改正的，由铁路监督管理机构或者上级道路管理部门指定其他单位进行养护和维修，养护和维修费用由拒不履行义务的铁路运输企业、道路管理部门或者道路经营企业承担。

第九十三条 机动车通过下穿铁路桥梁、涵洞的道路未遵守限高、限宽规定的，由公安机关依照道路交通安全管理法律、行政法规的规定处罚。

第九十四条 违反本条例第四十八条、第四十九条关于铁路道口安全管理的规定的，由铁路监督管理机构责令改正，处1000元以上5000元以下的罚款。

第九十五条 违反本条例第五十一条、第五十二条、第五十三条、第七十七条规定的，由公安机关责令改正，对单位处1万元以上5万元以下的罚款，对个人处500元以上2000元以下的罚款。

第九十六条 铁路运输托运人托运货物、行李、包裹时匿报、谎报货物品名、性质、重量，或者装车、装箱超过规定重量的，由铁路监督管理机构责令改正，可以处2000元以下的罚款；情节较重的，处2000元以上2万元以下的罚款；将危险化学品谎报或者匿报为普通货物托运的，处10万元以上20万元以下的罚款。

铁路运输托运人在普通货物中夹带危险货物，或者在危险货物中夹带禁止配装的货物的，由铁路监督管理机构责令改正，处3万元以上20万元以下的罚款。

第九十七条 铁路运输托运人运输危险货物未配备必要的应急处理器材、设备、防护用品，或者未按照操作规程包装、装卸、运输危险货物的，由铁路监督管理机构责令改正，处1万元以上5万元以下的罚款。

第九十八条 铁路运输托运人运输危险货物不按照规定配备必要的押运人员，或者发生危险货物被盗、丢失、泄漏等情况不按照规定及时报告的，由公安机关责令改正，处1万元以上5万元以下的罚款。

第九十九条 旅客违法携带、夹带管制器具或者违法携带、托运烟花爆竹、枪支弹药等危险物品或者其他违禁物品的，由公安机关依法给予治安管理处罚。

第一百条 铁路运输企业有下列情形之一的，由铁路监管部门责令改正，处2万元以上10万元以下的罚款：

（一）在非危险货物办理站办理危险货物承运手续；

（二）承运未接受安全检查的货物；

（三）承运不符合安全规定、可能危害铁路运输安全的货物；

（四）未按照操作规程包装、装卸、运输危险货物。

第一百零一条 铁路监管部门及其工作人员应当严格按照本条例规定的处罚种类和幅度，根据违法行为的性质和具体情节行使行政处罚权，具体办法由国务院铁路行业监督管理部门制定。

第一百零二条 铁路运输企业工作人员窃取、泄露旅客身份信息的，由公安机关依法处罚。

第一百零三条 从事铁路建设、运输、设备制造维修的单位违反本条例规定，对直接负责的主管人员和其他直接责任人员依法给予处分。

第一百零四条 铁路监管部门及其工作人员不依照本条例规定履行职责的，对负有责任的领导人员和直接责任人员依法给予处分。

第一百零五条 违反本条例规定，给铁路运输企业或者其他单位、个人财产造成损失的，依法承担民事责任。

违反本条例规定，构成违反治安管理行为的，由公安机关依法给予治安管理处罚；构成犯罪的，依法追究刑事责任。

第八章 附 则

第一百零六条 专用铁路、铁路专用线的安全管理参照本条例的规定执行。

第一百零七条 本条例所称高速铁路，是指设计开行时速250公里以上（含预留），并且初期运营时速200公里以上的客运列车专线铁路。

第一百零八条 本条例自2014年1月1日起施行。2004年12月27日国务院公布的《铁路运输安全保护条例》同时废止。

第三部分

党和国家领导人关于安全生产工作的讲话

习近平总书记在青岛考察输油管线泄漏引发爆炸事故抢险工作时强调 认真吸取教训 注重举一反三 全面加强安全生产工作

（2013 年 11 月 24 日）

2013 年 11 月 24 日，中共中央总书记、国家主席、中央军委主席习近平来到山东考察贯彻落实党的十八届三中全会精神、做好经济社会发展工作，下午专程来到青岛市，考察黄岛经济开发区黄潍输油管线事故抢险工作。他强调，这次事故再一次给我们敲响了警钟，安全生产必须警钟长鸣、常抓不懈，丝毫放松不得，否则就会给国家和人民带来不可挽回的损失。必须建立健全安全生产责任体系，强化企业主体责任，深化安全生产大检查，认真吸取教训，注重举一反三，全面加强安全生产工作。

11 月 22 日上午，山东青岛黄岛经济开发区中石化黄潍输油管线泄漏引发重大爆燃事故，造成人民群众生命财产重大损失。

习近平得知消息后，立即作出批示，要求山东省和有关部门、企业组织力量排除险情，千方百计搜救失踪、受伤人员，并查明事故原因，总结事故教训，落实安全生产责任，强化安全生产措施，坚决杜绝此类事故，并要求国务院立即派出领导前往指导抢险搜救工作。

两天来，习近平一直关注着事故抢险工作，惦记着在事故中受到损失的群众。24 日下午，习近平一抵达青岛，就在山东省委书记姜异康、省长郭树清陪同下，来到青岛大学附属医院黄岛分院，看望慰问伤员、医护人员和遇难者家属。他走进病房，先后来到受伤群众姜瑞芬、薛淑美、徐之泰、孙桂山病床前，同他们亲切握手，仔细查看伤情，鼓励他们配合治疗、安心养病。习近平同医疗专家代表一一握手，肯定他们关键时刻迅速行动、连续作战、不怕疲劳的救死扶伤精神，希望他们劳逸结合、科学调度、再接再厉，确保每个伤员都得到精心治疗。习近平在看望遇难者家属时，对他们亲属的不幸遇难表示哀悼，希望他们节哀制痛、树立生活信心，表示党和政府一定会尽最大努力安排好大家工作生活。他要求有关部门要一家一家把善后工作做细做实。

随后，习近平主持召开会议，听取了国务院事故调查组组长、国家安全生产监管总局局长杨栋梁，事故现场总指挥部总指挥、山东省省长郭树清，中石化董事长傅成玉的汇报。

听取汇报后，习近平发表重要讲话。他表示，这次事故给人民群众生命财产造成严重损失，令人痛心。目前，经过国务院有关部门、山东省委和省政府、青岛市委和市政府以及有关方面共同努力，事故处理工作取得初步成效。下一步，要尽全力救治受伤人员，妥善安排遇难者后事，安慰好家属，安置好群众生活。对这次事故要抓紧调查处理，依法追究相关人员责任。

习近平指出，各级党委和政府、各级领导干部要牢固树立安全发展理念，始终把人民群众生命安全放在第一位。各地区各部门、各类企业都要坚持安全生产高标准、严要求，招商引资、上项目要严把安全生产关，加大安全生产指标考核权重，实行安全生产和重大安全生产事故风险“一票否决”。责任重于泰山。要抓紧建立健全安全生产责任体系，党政一把手必须亲力亲为、亲自动手抓。要把安全责任落实到岗位、落实到人头，坚持管行业必须管安全、管业务必须管安全，加强督促检查、严格考核奖惩，全面推进安全生产工作。

习近平强调，所有企业都必须认真履行安全生产主体责任，做到安全投入到位、安全培训到位、基础管理到位、应急救援到位，确保安全生产。中央企业要带好头做表率。各级政府要落实属地管理责任，依法依规，严管严抓。

习近平指出，安全生产，要坚持防患于未然。要继续开展安全生产大检查，做到“全覆盖、零容忍、严执法、重实效”。要采用不发通知、不打招呼、不听汇报、不用陪同和接待，直奔基层、直插现场，暗查暗访，特别是要深查地下油气管网这样的隐蔽致灾隐患。要加大隐患整改治理力度，建立安全生产检查工作责任制，实行谁检查、谁签字、谁负责，做到不打折扣、不留死角、不走过场，务必见到成效。

习近平指出，要做到“一厂出事故、万厂受教育，一地有隐患、全国受警示”。各地区和各行业领域要深刻吸取安全事故带来的教训，强化安全责任，改进安全监管，落实防范措施。

习近平最后指出，冬季已经来临，岁末年初历来是事故高发期。希望大家以对党和人民高度负责的态度，牢牢绷紧安全生产这根弦，把工作抓实抓细抓好，坚决遏制重特大事故，促进全国安全生产形势持续稳定好转。

张德江副总理在全国安全生产电视电话会议上强调 大力实施安全发展战略 加快实现安全生产形势根本好转

（2013 年 1 月 17 日）

2013 年 1 月 17 日，国务院召开全国安全生产电视电话会议。中共中央政治局常委、国务院副总理、国务院安全生产委员会主任张德江在会上强调，要认真学习贯彻党的十八大精神，大力实施安全发展战略，坚持依法治理，夯实安全基础，减少事故总量，坚决遏制重特大事故，为全面建成小康社会创造良好的安全生产环境。

张德江指出，五年来，各地区、各部门和各单位坚决贯彻落实党中央、国务院的决策部署，始终坚持把安全生产作为深入贯彻落实科学发展观的重要内容，紧紧抓住影响和制约安全生产工作的突出矛盾和问题，强化管理和监督，持续打击非法违法行为，大力推进安全生产专项整治，全国安全生产形势呈现出“三个大幅下降、一个明显提升”的特点：一是事故总量大幅下降，全国各类事故起数和死亡人数分别下降33.4%和29.1%，实现连续5年“双下降”；二是重特大事故大幅下降，重大事故起数和死亡人数分别下降 27.8% 和 29.5%，特别重大事故下降 66.7% 和 72.2%；三是主要相对指标大幅下降，亿元 GDP 事故死亡率、工矿商贸十万就业人员事故死亡率、道路交通万车死亡率、煤矿百万吨死亡率，分别下降66%、46%、51%和75%；四是安全生产整体水平明显提升，各省（区、市）的事故死亡人数下降幅度均超过10%。虽然近年来实现了安全生产形势持续稳定好转，但是，安全生产领域仍然存在一些问题，还有很大差距，事故起数和死亡人数仍处于高位，安全生产形势依然严峻。

张德江强调，今后几年是实现全国安全生产状况根本好转的关键阶段。要把思想和行动统一到党的十八大精神上来，科学把握安全生产工作的规律特点，深刻领会安全生产工作面临的新任务新要求。要全面落实安全生产责任，强化企业主体责任、政府和部门监管责任、属地管理责任，加强安全管理和监督。要突出重点行业领域，深化安全隐患排查治理，深入开展“打非治违”行动。要夯实安全生产基础，强化科技支撑作用，加强安全生产标准化建设，增强事故应急救援能力，着力构建安全防范体系。要严格查处并严肃追究事故责任，及时、准确公布事故信息和调查处理情况，主动接受群众和舆论监督。要切实转变工作作风，加强调查研究，深入基层、深入现场，狠抓各项工作措施落实。同时，要切实做好春节、全国“两会”期间的安全生产工作。

中央有关部门及部分中央企业负责同志出席了会议，各省（区、市）及有关部门负责同志在分会场出席会议。国家安全监管总局局长杨栋梁、公安部常务副部长杨焕宁在会上分别通报了有关情况。

马凯副总理在全国安全生产电视电话会议上的讲话（摘要）

（2013年6月7日）

今天凌晨，正在国外访问的习近平总书记从墨西哥传回重要批示：“在不到半个月时间里，吉林、山东、四川、辽宁、黑龙江、湖南、贵州接连发生8起重特大安全生产事故，造成重大人员和财产损失，必须引起我们高度重视。人命关天，发展决不能以牺牲人的生命为代价。这必须作为一条不可逾越的红线。请国务院有关部门将这些事故及发生原因的情况通报各地区各部门，使大家进一步警醒起来，吸取血的教训，痛定思痛，举一反三，开展一次彻底的安全生产大检查，坚决堵塞漏洞、排除隐患。要始终把人民生命安全放在首位，以对党和人民高度负责的精神，完善制度、强化责任、加强管理、严格监管，把安全生产责任制落到实处，切实防范重特大安全生产事故的发生。”总书记的批示十分重要，催人警醒，意义深远，深刻阐明了安全生产工作的极端重要性，再次敲响了安全生产的警钟，并为安全生产工作指明了方向，提出了明确要求，对做好当前和今后的安全生产工作具有十分重要的指导意义。

6月5日，李克强总理主持召开国务院常务会议，对安全生产工作作了专题研究部署，并决定召开全国安全生产电视电话会议。对开好这次电视电话会议，李克强总理作出重要批示，要求各地区、各部门按照国务院常务会议关于抓好安全生产工作的部署，深刻汲取近期连续发生安全生产事故的沉痛教训，以对人民生命高度负责的态度，扎扎实实开展好安全生产大检查，认真整改存在的问题，健全各项制度，切实维护人民群众的生命安全。

这次会议就是传达学习和贯彻落实习近平总书记的重要批示精神，按照李克强总理对开好这次电视电话会议的要求，动员部署在全国范围内集中开展安全生产大检查，深入排查治理安全隐患，铁腕打击非法违规生产经营建设行为，全面加强和改进安全生产工作。刚才，栋梁同志通报了近期重特大事故和安全生产情况，工业和信息化部、公安部、交通运输部负责同志汇报了有关情况。下面，我讲四点意见：

一、认真学习贯彻习近平总书记的重要批示精神，进一步提高对安全生产极端重要性的认识

习近平总书记的重要批示，充分体现了中央对保障人民生命安全的高度重视，充分体现了中央对安全生产工作的高度重视，充分体现了中央对严肃安全生产责任制的坚定决心，充分体现了中央对各地各部门齐抓共管促进安全生产形势好转的殷切期望。我们一定要认真学习、深刻领会、坚决贯彻落实，把思想、行动和措施统一到习近平总书记和党中央、国务院的要求上来，迅速组织开展全国安全生产大检查，进一步加强安全生产工作，切实把安全生产放在事关执政宗旨、事关科学发展、事关整个经济社会发展全局中来考虑，切实维护人民群众生命财产安全，真正做到“四个结合”：

一是把安全生产与科学发展结合起来。人的生命是最宝贵的，安全是底线。发展是第一要务，安全是第一责任。安全是科学发展的基础，没有安全就没有科学发展。要把是否抓好安全生产工作作为检验科学发展落实不落实的重要标志。

二是把安全生产与推进经济转型升级结合起来。安全生产是经济持续健康发展的基本前提，是中国经济转型升级的重要抓手。要利用提升安全生产水平这个倒逼机制，促进企业技术改造升级，不断提升企业经营管理水平。

三是把安全生产与落实为民务实的要求结合起来。安全生产的出发点和落脚点最后还是要以人为本，还是要为老百姓办实事，还是要解决老百姓最关心的切身利益问题。必须通过强化安全生产，把发展建立在安全保障能力不断增强、劳动者生命安全和身体健康得到切实保障的基础之上。

四是把安全生产与提升治国理政能力结合起来。安全生产搞得好不好，对我们执政的能力、治国理政的水平是一个重要考验。一个地区、一个行业甚至一个单位重特大事故频发，只会严重影响经济发展进程、严重干扰社会和谐稳定大局、严重损害人民群众利益、严重损害人民群众对党和政府的信赖。

为官一方，保一方平安，安全责任重于泰山。各地区、各部门要进一步提高对安全生产极端重要性的认识，始终把人民生命安全放在首位，以对党和人民高度负责的精神，完善制度、强化责任、加强管理、严格监管，把安全生产责任制落到实处，切实防范重特大安全生产事故的发生。

二、深刻吸取事故教训，清醒认识安全生产形势十分严峻

今年以来，按照年初召开的全国安全生产电视电话会议和最近召开的新一届国务院安委会全体会议的部署，各地区、各部门和各单位做了大量艰巨细致的工作，经过各方面共同努力，全国安全生产工作取得了一定成效。但是，进入3月中旬以来，事故多发频发，重特大事故呈上升趋势，安全生产形势十分严峻。一是事故总量仍处高位。1—5月，全国事故总起数是12.9万起，平均每天发生事故近千起；共死亡18269人，平均每天死亡近130人，数字触目惊心。二是重特大事故仍频繁发生。截至目前，共发生重大事故24起、特别重大事故3起，造成500多人死亡。特别是6月3日发生的吉林长春特别重大火灾事故，已造成120人遇难，这是近五年来死亡人数最多的事故。三是事发地区和行业领域相对集中。吉林省今年以来连续发生5起重特大事故，贵州六盘水市近期接连发生3起煤矿重大事故，中石油在大连市所属企业2010年以来先后发生5起同类燃烧爆炸事故。煤矿重特大事故出现反弹，共发生重大事故9起，死亡156人，同比分别上升28.6%和59.2%；发生特别重大事故1起，死亡36人。四是有些多年来比较平稳的行业领域发生重特大事故。山东省章丘市保利民爆济南科技有限公司“5·20”特别重大爆炸事故，打破了近年来民爆行业无重特大事故的局面。黑龙江中储粮林甸直属库“5·31”火灾事故，虽然没有造成人员伤亡，但是造成粮食重大损失，这也是多年来没有发生过的事情，令人十分痛惜。

深刻分析近期事故多发的原因，概括起来主要有以下五个方面：

一是思想认识不到位。一些地方领导干部安全发展意识淡漠，不能正确处理发展经济、提高效益与安全生产的关系。一些部门没有从抓工作落实上下功夫，也没有从防范事故上研究治本之策，更多地停留在口头上、会议上和文件上。一些企业在以人为本还是以利为本、安全第一还是生产第一这个原则问题上，存在着错误认识，往往违章指挥、冒险作业，并没有真正做到把人的生命放在首位。

二是主体责任不落实。一些企业不认真履行安全生产主体责任，规章制度形同虚设，导致同一地区、同类事故重复发生。一些小煤矿、小矿山安全投入不足，技术装备落后，安全保障根本无从谈起。一些企业现场管理混乱，重大隐患长期得不到有效治理，一旦发生事故又盲目施救造成伤亡扩大，有的还谎报瞒报，企图蒙混过关、逃避责任、避重就轻，影响十分恶劣。

三是打非治违不彻底。1—5 月，因非法违法行为造成的较大以上事故起数与死亡人数，分别占到 49.3% 和 47.6%；几乎所有事故都存在违规违章问题。山东章丘阜东黏土矿长期非法盗采煤炭，湖南邵东司马冲煤矿拒不执行停产整顿指令非法组织生产，导致重大透水和瓦斯事故发生。反映出一些地方和单位“打非治违”态度不坚决、工作不落实。

四是安全基础不扎实。一些地方和单位安全投入欠账较多，安全设施不健全，安全生产标准化和安全班组建设进展不平衡；安全培训教育滞后，高危行业从业人员技能素质偏低，专业技术队伍不稳定。职业病危害特别是尘肺病危害严重，职业卫生监管工作相对薄弱。

五是监督管理不得力。一些地方安全生产综合监管与专业监管、行业管理的关系尚未理顺，基层监管力量不足，监管手段落后。一些单位和企业没有依法设立安全管理机构。有的监管人员“怕”字当头，对存在的重大隐患视而不见、听而不闻，对非法违法行为姑息迁就；少数监管干部甚至失职渎职，一些事故背后存在以权谋私和腐败问题。

血淋淋的惨痛教训一再提醒我们，安全生产，人命关天，抓和不抓不一样，重视和不重视不一样，工作时紧时松、不抓不重视事故就会集中暴发，任何时候都不能马虎，时时刻刻都不能松懈，否则原来安全的也会不安全，不出事的也会出事。习近平总书记在批示中要求我们“进一步警醒起来，吸取血的教训”。同志们，我们都要扪心自问一下，在安全生产方面是否已经警醒起来，是否吸取了血的教训？我们一定要痛定思痛，举一反三，进一步增强做好安全生产工作的责任感和紧迫感，采取更加坚决、更加有力、更加有效的措施，全力抓好各项工作的落实，努力维护人民群众生命财产安全。

三、强化责任意识，迅速组织开展全国安全生产大检查

当前，针对严峻的安全生产形势，国务院决定在全国范围立即组织开展一次彻底的安全生产大检查，按照全覆盖、零容忍、严执法、重实效的总体要求，全面深入细致排查整治安全生产隐患，坚决堵塞安全生产监管漏洞，强化安全生产责任和措施的落实，坚决遏制重特大安全事故发生。

这次大检查，时间起止是，从 6 月初开始到 9 月底集中 3 个月时间。范围重点是，对全国所有地区、所有行业领域、所有生产经营单位和人员密集场所，都要进行全面检查，无一例外。重点检查煤矿、金属非金属矿山、尾矿库、石油天然气开采、危险化学品和烟花爆竹、冶金有色、消防、道路交通、水上交通、铁路、民航、建筑施工、水利、电力、农业机械、渔业船舶、特种设备、食品药品加工、民爆器材等行业领域。尤其要突出近期事故多发的重点地区，突出消防、煤矿、化工等重点行业，突出人员密集的学校、医院、宾馆、商场、车站等公共场所，突出劳动密集型和农民工等人员集中的重点企业及农民工集中住宿地，突出反复发生、长期未得到根治的重点问题开展检查。各地区、各部门和单位情况有所不同，要从各自实际出发，确定本地区、本系统、本单位的检查重点。主要目标是，通过安全生产大检查，全面摸清安全隐患和薄弱环节，落实整改责任和措施，彻底排除各类安全隐患，关闭取缔一批非法违法企业，增强全社会安全意识，进一步推动提高安全生产保障水平，有效防范遏制重特大事故发生。主要内容是，深入检查地方各级政府是否认真贯彻落实党中央、国务院有关决策部署和中央领导同志一系列重要批示指示精神，是否把安全生产工作放在首要位置来抓，安全生产管理的分工责任是否明确、是否清晰、是否落实，各类安全生产制度规定是否健全完善，各类生产经营单位安全生产主体责任是否落实到位，重点行业领域“打非治违”和专项整治是否取得实效，事故查处和责任追究是否严格依法，汛期各项安全防范措施是否落到实处。

为确保此次大检查顺利开展、取得实效，按照国务院常务会议部署和李克强总理的明确要求，我再强调几点：

一要加强组织领导。国务院安委会统筹安排部署大检查工作，各级安委会办公室要加强组织协调和指导督查。地方各级政府成立由政府负责同志牵头的安全生产大检查领导小组，制订具体实施方案，落实必要的人力、物力和财力保障，明确省、市、县、乡各级政府的责任，做到动员部署到县乡、责任落实到县乡、监督检查到县乡。国务院有关部门负责组织指导和规范监督本行业领域的安全生产大检查。

二要全面排查摸底。企业和有关单位是安全生产大检查的责任主体。主要负责人要亲自组织开展自查自纠，按照相关制度规定、规程规范和技术标准要求，严格细致，认真检查事故易发的重点场所、要害部位、关键环节，并列出清单、建立台账，及时上报当地安全监管和行业管理部门。

三要明确整改责任。坚持边检查边整改，以检查促整改。对检查出的问题实行“零容忍”，坚决做到不打折扣、不留死角、不走过场。对排查出的每一个隐患和薄弱环节，实行挂牌督办，做到整改措施、责任、资金、时限、预案“五到位”。整改结果主要负责人要签字画押，对隐患整改不到位或因工作不力导致事故发生的，都要倒查追究有关责任人的责任。对隐患严重、不能保证安全的生产经营的单位，要责令停产停业整改。各有关部门要将检查发现的重大问题及时通报有关地方政府，并做好跟踪督导。

四要加强督促检查。地方各级政府要组织安全生产综合监管和负有安全监管责任的相关部门加强检查抽查，特别要对近两年来因非法违规行为被处罚处理过的企业进行重点排查，在企业自行排查整治的同时，要采取明察暗访、抽查互查等方式加强检查。国务院各有关部门要组织督查组加强本行业本领域的全过程的督导、抽查、互查。在3个月的大检查中，国务院将派出督查组赴各地开展专项督查。

五要加强宣传发动。安全生产大检查的过程也是对全民安全意识教育的过程。要充分利用各种媒体，采取各种方式，对安全生产大检查进行广泛宣传，及时向社会公布安全生产大检查和隐患排查情况。要充分发动和依靠群众，设立隐患举报热线和举报奖励专项资金，引导广大企业职工和人民群众积极关心、支持和参与安全生产大检查工作。强化警示教育，抓住几个典型案例，在查明原因、认定责任的基础上，对相关责任人依法依规从严从重处理，并公开曝光。

六要建立长效机制。要在认真、深入检查的基础上，客观全面、实事求是地进行分析总结，建立健全隐患排查整改和日常监管的长效机制，推动建立企业、岗位日常排查整改制度，确保一旦出现事故苗头、安全隐患，能早发现、早报告、早处置，杜绝事故发生。

各地安全生产大检查工作方案，要于6月20日前报国务院安委会办公室备案。大检查结束之后，各省级人民政府和有关部门要客观全面、实事求是地进行总结、分析，形成总结报告，于10月15日前报送国务院安委会办公室。

四、狠抓措施落实，全面加强和改进安全生产工作

在做好这次安全生产大检查的同时，各地区、各部门要按照国务院常务会议和安委会全体会议的工作安排，全面加强和改进安全生产的各项工作，努力促进全国安全生产形势持续稳定好转。

（一）全面落实安全生产责任制

抓安全是各级政府的基本职责，是各级领导干部的第一责任。政府换届以后人员变动很大，许多分管安全生产的同志都是新人新手，但肩负的责任刻不容缓、不容推脱。地方各级政府“一把手”要亲自抓、负总责，分管领导要具体抓、专门盯，其他领导要履行“一岗双责”，铁令如山。相关部门要严格履行安全生产监管职责，加强工作指导和督促检查。企业要认真落实安全生产主体责任，将责任具体落实到各个环节、各个岗位、各个员工，杜绝责任盲区。对责任不落实、监管不到位、失职渎职的，要依法依规严厉问责、从重处罚，决不手软。

（二）铁腕打击非法违法和违规违章行为

“打非治违”工作要长期抓、全面抓、反复抓。一要继续深入下去，结合这次安全生产大检查，一户企业一户企业去排查，一个环节一个环节去落实，深入基层现场，严肃督促整改。二要切实严格起来，对隐患没有及时排查处理的，要视同事故予以严肃处理；要抓一批非法违法重特大事故的处理，严厉追究相关责任人的责任，协调组织公开司法审判，进行实况直播、通报全国，三要真正落到实处，对今年事故多发的吉林等省“打非治违”工作开展“回头看”，对发现的问题，严格按照

"四个一律"从严处理。

（三）大力推进煤矿安全治本攻坚

继续把小煤矿的整顿关闭、兼并重组和瓦斯综合治理作为煤矿安全的治本之策，严格落实《矿长保护矿工生命安全七条规定》，加大煤矿安全攻坚"七条举措"的落实力度，加大对煤矿瓦斯抽采利用的政策扶持力度，做到"应抽尽抽、先抽后采、不抽不采"。"十二五"期间，要全部关闭年产9万吨以下不具备安全生产条件的小煤矿，停止审批新建年产30万吨以下高瓦斯矿井、年产45万吨以下煤与瓦斯突出矿井。这个目标一定要实现。

（四）切实抓好重点行业领域安全整治

继续深入贯彻《国务院关于加强道路交通安全工作的意见》(国发〔2012〕30号)，严肃查处超载超限超速和疲劳、酒后驾驶等违法行为，加快"道路安全生命防护工程"建设。全力构筑社会消防安全"防火墙"工程，深入开展隐患排查整治，确保消防通道和安全出口畅通。深化民爆行业安全整治，加强物联网监控系统应用监管，切实做到联网到位、监控到点、责任到人。加快烟花爆竹减量退出，年内要将礼花弹生产企业由目前的95家减少到50家以内。组织实施好金属非金属矿山整顿工作，今年力争再关闭5000处不具备安全生产条件的小矿。加强对病、危、险尾矿库的治理和监控，严防溃坝垮坝事故。继续深化建筑施工、铁路和水上交通、特种设备等行业领域安全专项整治。

（五）严格监管执法和事故查处

安全生产的隐患在基层，事故的风险在一线。安全监管和行业管理部门必须关口前移，加强日常检查、专项督查和执法监察，覆盖生产经营各个环节，消除风险隐患。要严格安全准入和安全生产行政许可，对不具备条件的不准发证，安全生产条件恶化的要依法吊销证照。要创新监管方式，将企业安全生产与项目审批、信贷、保险费率等挂钩，建立失信惩戒机制。要彻查今年发生的重特大事故，对恶意非法违法生产经营、图财害命的责任人，要协调完善司法解释，加大惩罚和量刑力度，从重从严惩处。对事故背后的失职渎职及权钱交易、徇私枉法、包庇纵容等腐败行为，要一查到底，严惩不贷，以儆效尤。

（六）进一步夯实安全生产基础

一要进一步完善安全生产法律法规，继续推动标准化达标创建活动，对在规定期限内未能达标的企业，要依法停产整顿和关闭取缔。二要加快实施"科技强安"战略，推动安全科技"四个一批"项目，大力推进应急救援能力建设，提高应急处置效率。三要继续加强班组安全基础建设，把班组作为防范事故、保护工人生命安全的前沿阵地，搞好现场管理，加强职业危害防治。四要加强安全宣传教育和社会监督，强化从业人员的安全技能和安全意识，充分发挥新闻媒体的教育普及和舆论监督作用，建立健全职工群众参与和社会监督机制，鼓励、奖励举报非法违法、瞒报漏报行为及事故隐患。

汛期已经来临，暴雨、洪水、泥石流等季节性灾害因素增多。端午节也即将到来，人员出行也会增多。各地区、各部门和单位要深刻吸取近年来汛期和节假日发生的一系列重特大事故灾难教训，切实强化极端天气防范应对措施，健全预警预报联动机制，严防煤矿淹井、尾矿库溃坝等事故，遇重大险情预警要提前停产撤人。建筑施工、地质勘探、矿山等野外作业企业，都要加强自然灾害引发事故灾难的安全防范工作。

安全生产责任重大，任务艰巨，使命神圣。我们一定要紧密团结在以习近平同志为总书记的党中央周围，认真贯彻落实党的十八大和中央领导同志的重要指示精神，以更加求真务实的作风，真抓实干、攻坚克难、开拓创新，以扎实有效的工作，开展好安全生产大检查，有效防范和坚决遏制重特大事故发生，推进安全生产形势的持续稳定好转，为经济社会的平稳较快发展创造良好的安全生产环境。

第四部分

国家安全生产监督管理总局负责人关于安全生产工作的讲话

国家安全生产监督管理总局局长杨栋梁在全国安全生产工作会议上的讲话（摘要）

（2013 年 1 月 18 日）

昨天下午，国务院召开了全国安全生产电视电话会议，中共中央政治局常委、国务院副总理张德江同志出席会议并作了重要讲话。张德江副总理在讲话中充分肯定了安全生产工作已取得的成绩，指出了当前存在的差距和问题，对大力实施安全发展战略，加快实现安全生产形势根本好转，提出了明确要求。张德江副总理的讲话非常重要，我们一定要结合学习贯彻党的十八大精神，认真传达、贯彻、落实好。

这些年，张德江副总理带领大家认真贯彻落实党中央、国务院关于安全生产的一系列重大决策部署，用科学发展观统领安全生产工作全局，明确提出了安全发展战略。亲自下基层、下矿井调查研究、看望慰问一线职工，多次深入事故现场，指导抢险救援和事故调查工作。像在华晋焦煤公司王家岭矿“3·28”特别重大透水事故现场，果断提出抽水救人、通风救人、科学救人的要求，强调水要抽尽、泥要挖干、人要找到；奋战八天八夜，最后有 115 人生还，创造了煤矿事故救援史上的奇迹，得到了全社会的认可和好评。像“7·23”甬温线特别重大铁路交通事故，非常复杂，在张德江副总理的指导下，精心组织，科学施救，成立调查组把事故的原因、责任调查得清清楚楚，依法依规提出了妥善、正确的处理意见，保持了社会稳定，很不容易。所以我们深深感到，五年来，张德江副总理率领大家付出了艰辛的努力，取得了显著的成绩，为安全监管监察战线广大干部职工做出了表率。这五年来取得的成绩、行之有效的做法以及这些成功经验，我们一定要认真总结，坚持发扬下去。

下面，我讲三个问题。

一、要充分肯定成绩

2012 年，全国安全生产形势保持了持续稳定好转，各项指标显著下降，概括地讲：一个是“双下降”，即事故起数和死亡人数同比下降；一个是“三下降”，较大事故、重大事故、特别重大事故这三个方面下降，尤其是重大事故同比减少 13 起，特别重大事故同比减少 2 起（2011 年发生了 4 起），实现了马凯国务委员提出的全年事故总量下降、重大事故下降、特别重大事故少于上年“三项目标任务”；再一个是“四下降”，即四个相对指标均实现下降，亿元国内生产总值事故死亡率下降 18%，煤矿百万吨死亡率下降 34%，工矿商贸十万就业人员事故死亡率下降 13%，道路交通万车死亡率下降 11%。

特别要指出的是，2012 年煤矿事故起数下降了 35%，死亡人数下降了 30%（去年死亡 1384

人），下降幅度是比较大的。还有像三大石油公司、五大电力公司特别是国家电网公司，安全生产搞得好。国家电网公司共有 200 多万人的队伍，2012 年因生产安全事故死亡的只有 3 个人，这个水平是比较高的，他们坚持每天早晨八点半开安全生产碰头会，天天如此。其他一些中央大企业也都高度重视安全生产。

关于这五年取得的成绩，张德江副总理概括为“三个大幅下降，一个明显提升”，就是事故总量大幅下降、重特大事故大幅下降、主要相对指标大幅下降，安全生产整体水平明显提升。这些高度的概括，充分反映了 2012 年和本届政府取得的成绩，来之不易，我们必须认真总结。回顾过去的工作，我感觉有以下几个特征：

一是科学发展、安全发展的理念逐步确立起来。张德江同志提出安全发展战略，提出科学发展、安全发展理念以后，很快得到了各级党委、各级政府、各行各业、各个单位的积极响应，大家都拥护、赞成这样的战略、这样的理念。现在大家对安全生产、对“以人为本、生命至上”的理念认识更深化了，从理论到工作部署，到发展的规划、战略，都将其摆到了重要位置。现在各省（区、市）换届以后，主要领导同志一上手先开安全生产会议，先讲安全生产工作。各个行业、各个部门、各个企业也是一样，对安全生产问题不含糊，都认为安全发展是科学发展观的重要内容，关系人民群众生命财产安全，关系改革发展稳定大局，关系构建和谐社会和国计民生，在认识上逐步统一起来，形成高度共识。这个特征是比较突出的。

二是安全责任体系进一步完善。安全生产最关键的就是落实责任，我们这几年对安全生产责任毫不含糊，逐步形成了比较完备的安全责任体系。国家安全生产监督管理总局（以下简称总局）代表国务院对全国安全生产实施综合监管，还有部门行业监管、地方政府属地监管，企业承担主体责任，形成了一个比较完整的责任体系。有的地区做得更加到位，政府一把手任安委会主任，党委、政府的各级领导推行“一岗双责”，年度进行绩效考核，体现奖和惩，加大了安全生产绩效在全年干部政绩考核中的权重，这样整个责任体系越来越完备。

广大企业特别是中央企业做得比较好，把安全生产看成企业发展、生存之本，高度重视。昨天召开的全国安全生产电视电话会上，很多企业都是董事长、党委书记、总经理等一把手亲自参加会议，说明他们很重视安全生产，有责任感、责任心，安全责任意识强。

这几年我们安全监管监察机构也在不断地完善。现在省、市、县级特别是 97% 的县（市、区）都建立了安全监管部门，全国安全监管监察队伍去年又增加了 5000 多人，随着机构的健全，队伍的加强，整个责任体系进一步完善了。

我到总局工作这七、八个月深深地感受到，安全生产监管监察队伍是一支过硬的队伍，是一支政治强、思想好、作风硬、工作努力、懂专业、可信赖的队伍！我跑了 14 个省（区、市），每到一个省份第一站先去看望安全监管局和煤矿安监局的干部，和省（区、市）领导交流对这支队伍的认识和看法，也到过市、县、镇这样的安全监管监察机构去调研。我深深感觉到，这些年来我们这支队伍坚持“以人为本、生命至上”的理念，勤奋工作、扎实工作，经常不分昼夜，不知道什么时候就要奔赴事故现场，几十公里也好，几百公里也好，上千公里也好。我们的安全监管局局长、副局长，我们的煤矿安监局局长、副局长，都是在第一时间冲到第一线。他们经常感受事故伤亡带来的悲伤和痛心，经常经受救援过程中那种焦虑和期盼，经常要承受事故后领导的批评、指责甚至受处分的压力，当然也有看到救援成功了、人员生还后的那种欣慰。

安全生产工作确实太特殊了，这项工作本身就是高危行业，有极大的特殊性和风险性。安全生产只有起点、没有终点，任何时候都要从零抓起，任何时候都要有忧患意识，始终如履薄冰、如临深渊，始终有利剑高悬之感。搞安全生产的同志很少受到表扬、表彰，很难当先进，因为追求零死亡、零事故，无论事故死亡率下降多少，只要有死亡，哪怕死一个人也是差距，必须时刻找差距、保持清醒的头脑，不能盲目乐观。所以我觉得这支队伍真的了不起！不能忽视这支队伍的作用，不能忽视这支队伍的贡献，不能忽视这支队伍的付出和努力。我们总局历届党组成员、领导、老同志，包括各省（区、市）历届分管安全生产工作的领导和在座的同志们，大家都是一样，多年来付出了艰辛的努力，作出了无私的奉献。我也借这个机会，代表总局党组、代表总局向大家表示衷心的感谢和崇高的敬意！我也希望广大的新闻媒体、社会各方面对我们这支队伍多给一些理解、多给一些支持、多给一些鼓励，大家齐抓共管，把安全生产工作做好。

三是坚持依法治理，安全生产逐步走上法制化轨道。这些年安全生产法制建设抓得很好，先后制定了14部涉及安全生产的法律、19部行政法规、100多部规章以及300多项安全生产标准，安全生产法规政策体系不断完善，安全生产行政问责和事故责任追究工作也在不断深化。特别是“打非治违”工作抓得好。在全国范围内开展“打非治违”专项行动，这个决策是非常正确的，抓住了主要矛盾。抓不住主要矛盾，就把握不了工作的大局。“打非治违”，就是安全生产的主要矛盾，就是牵住了安全生产的“牛鼻子”。去年4月起开展“打非治违”专项行动，一直到现在没有停下来，这项工作在全国安全生产中发挥了牵一发而动全身的作用。2012年，共打击典型的非法违法行为144万余起，责令停产整顿企业10.2万多家，依法关闭非法违法单位4.2万多家。因非法违法行为造成的较大以上事故比重由2011年的72%下降到2012年的44%。2012年安全生产形势之所以这么好，“打非治违”关系重大。

四是煤矿安全生产形势进一步好转。我们把煤矿安全作为重中之重，深入开展煤矿瓦斯治理和整顿关闭两个攻坚战。2012年关闭628家小煤矿，近五年累计关闭小煤矿7800家；五年来瓦斯抽采和利用量分别增长2.85倍和3.08倍，瓦斯事故起数和死亡人数下降73.5%和67.7%。以防范治理瓦斯、水害、火灾等为重点，加大专项督查和监察执法力度，加强煤矿事故分析、通报、警示工作。特别是我们提出要“一矿出事故，万矿受教育”，现在整个煤炭行业用事故教训推动工作，用典型案例推动工作，已经逐步形成制度。

五是科技支撑作用进一步显现。这些年党中央、国务院高度重视科技强安，安全科技工作不断加强，科技投入不断加大，五年来通过150亿元国债资金带动地方和企业配套700多亿元，有力支持了煤矿安全技术改造。累计实施13个安全生产科技重点项目和72个重点课题，取得了100多项先进技术成果。围绕推进煤矿井下安全避险“六大系统”建设，发布了1022项重大事故防治关键适用技术和355项新型安全实用产品，对提升安全保障能力发挥了重要作用。

六是在预防和治本上见到了效果。这些年我们坚持安全第一、预防为主、综合治理，标本兼治、重在治本的方针，强化隐患排查治理，全面抓好制度、技术、管理等基础建设和宣传教育培训工作，努力构建安全生产长效机制。深入开展企业安全生产标准化创建活动和安全班组建设，每年培训高危行业“三项岗位”人员500多万人次、农民工1300多万人次、煤矿班组长13万人。组建了矿山等应急救援基地和救援队伍，建成了覆盖全国的安全生产应急管理和指挥体系，为安全生产提供长期保障。

二、存在的差距和问题

我们必须坚持“两点论”，既要看到成绩，还要看到存在的差距和问题。昨天张德江副总理在全国安全生产电视电话会议上概括了“四个不适应”，切中要害，现在安全生产形势依然严峻。

一是事故总量还是偏大。去年共发生33万起事故、死亡71983人。要全面建成小康社会，构建和谐社会，落实“以人为本、生命至上”的要求，必须把事故总量大幅降下来。二是重特大事故时有发生。去年是59起，平均6天左右发生1起，频率较高。三是相对指标还比较落后。虽然大幅下降，但与发达国家和中等发达国家相比，我们的数据还是落后，比如我国的煤矿百万吨死亡率现在是0.4左右，美国是0.02，澳大利亚是0.03，我国基本上是他们的10倍以上。美国一年生产10亿吨标准煤，仅死亡二三十个人；我们去年是产煤37亿吨，死亡1380人，差距还很大。四是隐患突出。在一些行业、领域、企业和单位，隐患大量存在，随时都可能引发重特大事故。

分析这些差距，有以下几个原因：

一是工业化、城镇化快速发展，安全生产保障水平不适应。中国有960万平方公里的土地，从南到北4000多公里，从东到西4000多公里，13亿多人，国内生产总值（GDP）总量去年底达到51万亿，为全球第二大经济体。更主要的是我们正处在工业化、城镇化加快发展阶段，处于事故易发多发时期。同一时刻，在公路上行走的有近1亿人，在地铁通行的有4000多万人，在建筑工地上施工的有4000多万人，在飞机上飞的有80多万人，在火车上行驶的有2000多万人，还有800多万人在煤矿、非煤矿山的井下作业，这些都是高风险区域，发生事故的概率很高。但我们现在的管理水平、科技水平、安全保障水平不高，事故还不能一下子得到有效控制。

二是经济结构不合理。现代经济一看总量，二看结构，结构有时候比总量还重要。我们现在的结构还是依靠工业拉动、投资拉动，采掘业、重化工业占的比重比较大，依靠资源能源消耗、劳动密集的产业比重较大，发生事故的概率较高。现在工业亿元增加值死亡率比服务业高0.02个百分点，服务业的亿元增加值死亡率只有0.006，但我国服务业比重低，工业比重高。另外，我国轻工业比重很低，重化工业和采掘业的死亡率远远高于轻工业死亡率。再加上资源、能源型产业有安全保障能力的产能还不够高。所以，加快经济结构调整、转变经济发展方式对安全生产至关重要，而且是治本之策。我们要全力推动、支持发展方式转变，推动结构调整，淘汰落后产能。

三是有些地区和单位对安全生产的认识还不够深刻，工作还没有摆到位。有的地区和单位不重视安全生产工作，有的只重视一阵子，出了事故才重视、不出事故不重视，甚至出了事故仍不重视的也大有人在。侥幸心理、麻痹思想是最大的隐患。谁不重视安全生产，谁就会吃苦头。只要高度重视、责任到位、措施落实，很多生产安全事故是完全可以避免的。现在十次事故九次非法，十次事故100%的违法违规。像四川省攀枝花市西区正金工贸公司肖家湾煤矿“8·29”特别重大瓦斯爆炸事故中，设计年生产能力为9万吨的煤矿，在批准的区域内只开采了1万多吨，超层越界盗采20多万吨。把批准的区域当成摆设，把没批准的区域作为主战场，搞两个假门，来检查的时候进入批准区域，很规范，管理也很好，可没批准的区域有41个工作面，无风、微风作业，通风系统根本不健全，瓦斯传感器根本就没装，工人连自救器都不带，虽然是低瓦斯地区，但不通风就使瓦斯聚集，最后发生了瓦斯爆炸，死了48人，属于典型的非法违法行为，所以这次事故处理是比较严的，近期将向社会公布。

四是部分行业、企业工艺落后，技术落后，管理水平低。我原来是搞石油化工的，最近我也加强对煤矿生产知识的学习。现在我们的国有大企业安全生产工作是比较好的，像神华集团、中煤能源集团、开滦集团、大同煤业集团等都很好，但是确有一批小煤矿，年产10万吨以下的还有7000多家，水平低，炮掘炮采，没有机械化、自动化，更谈不上信息化，有的还是手工开采，人拉肩扛，很落后，这种情况不可能不出事故。

五是安全基础工作薄弱。现在有些中小企业管理混乱，没有制度，有制度也不落实。用工直接把农民工招来，外包工、农民工根本就不培训，更谈不上持证上岗，安全意识淡薄、个人技术素质很低。这种用工制度不可能不发生事故。

六是有法不依，执法不严。我们现在发了不少的文件、开了不少的会，督查搞了不少，“打非治违”也搞了这么一大段时间，但是有些规定还是不落实，包括安全监管监察工作中也有监管不到位、执法不严的问题。我们必须正视安全监管监察队伍自身的问题，确有个别人不坚持原则，有法不依、执法不严。四川省攀枝花市肖家湾煤矿盗采了20多万吨煤，有的执法人员不知道下去检查了多少次，硬是发现不了，后来通过调查发现，不是发现不了，而是睁一眼闭一眼。究其原因，说到底还是“私”字在心、“怕”字当头，有个人利益在里面。这起事故背后也查出了行贿受贿问题，比如有人每月从矿里拿五千块钱，包括有的驻矿安监员也有问题。不敢抓、不敢管、严不起来，怎么能落实下去？所以我们的队伍一定要敢于坚持原则，敢于从严执法。

三、攻坚克难、重在突破，强化落实、重在效果

2013年的安全生产工作任务十分繁重，要实现“三个继续下降”：一是事故总量继续下降，二是重特大事故继续下降，三是主要相对指标继续下降。现在下降的难度越来越大，要求越来越高。我们要实现这一目标，关键是要攻坚克难，抓好落实。目前存在的问题都是难点，要有突破。抓落实不能停留在会议和文件上，要见效果，落实到基层才算真正落实。如何落实张德江副总理重要讲话精神，我考虑有以下几条措施。

第一，进一步依靠地方各级党委、政府和各行业各部门的领导推动落实。做好安全生产工作，地方党委、政府至关重要。领导不重视是不行的，一把手不上手，主要领导同志不讲话，工作很难抓上去。一是在座的各位省级安全监管监察局局长要动脑筋，回去后不要不吭气，只是把会议精神在安全监管监察系统内传达，一定要提升到党委和政府这个层面上。各省级安全监管局、煤矿安监局要给省级党委、政府写一个报告，汇报张德江副总理的重要讲话，汇报这次会议精神，同时汇报2012年安全生产情况和2013年工作任务及措施。要积极争取当面向党委、政府主要领导同志汇报，专题会议更好，党委常委会、政府常务会排上一个议题也行。要想方设法请书记、省长（主席、市长）在年初对安全生产工作有一个讲话或批示。总局还要给每个省（区、市）发一封函，去年7月发过一封，效果很好。今年我们再发一封，向省级党委、政府通报本省（区、市）2012年安全生产状况和2013年控制目标，提出落实张德江副总理讲话要求的工作建议，并抄送各省级安全监管局和煤矿安监局，我们上下共同配合起来。二是各省（区、市）要把"一岗双责"安全生产绩效考核方案报到总局来。"一岗双责"绩效考核方案很重要，现在大部分地区已经落实，但有的还没有落实，要抓紧。三是总局要在网站和中国安全生产报上开辟一个专栏，书记、省长、部长谈安全、抓安全，每期都要出。总的想法就是进一步依靠各级党委、政府，发挥他们的属地监管作用，进一步强化对安全生产的领导，只有这样，安全生产才能更有保障。四是进一步加强与各部委的联系。我已经跑了近20个部委，一家一家拜访，一家一家沟通，多沟通、多协调、多合作，少扯皮、少推诿、少依赖，形成合力，齐抓共管。会前我们还在商量，如何发挥人大、政协以及社会团体的作用，让全国各个方面都动起来，大家齐抓共管安全生产工作，才能到2020年实现安全生产形势根本好转的目标。只靠安全监管监察部门、安全监管监察队伍抓安全生产，单打独斗是远远不够的。

第二，"打非治违"要长期抓，深下去、严起来、抓典型、见实效。一是今年上半年要召开一次"打非治违"推动交流会，进行再总结、再交流、再动员、再部署、再督查，把"打非治违"工作继续推向深入。张德江副总理对"打非治违"工作要求很高，我们要不折不扣地落实，务求今年的"打非治违"行动力度更大、范围更广、力量更强、氛围更浓、效果更好。二是要组织部级领导带队开展新一轮督查。总局和国家煤矿安监局的领导，还有国务院安委会各成员单位负责同志，一个部级领导负责两三个省（区、市）。三是要组织主流媒体记者，通过"安全生产万里行"活动，总结正反两方面典型，明察暗访，及时曝光。今年的"安全生产万里行"活动一定要有声势、有震动、有效果。四是要按照"四不放过"的原则，依法查处每一起事故，特别是对迟报、瞒报事故的要严惩。对事故的处理，总局党组有一个共识，就是处理人不是目的，关键要吸取教训，举一反三，把事故教训真正提炼总结出来。用生命和鲜血换来的教训不能再用生命和鲜血验证。因此，我们对事故的处理不能简单化，不能只是调查处理和发文，向社会公布就结束，而是要总结透，真正吸取教训，做好举一反三、全面整改这篇文章。五是加快《安全生产法》的修订，在全国范围内大张旗鼓地进行安全生产法制宣传教育，增强全民的法制意识，使安全生产工作进一步走上依法治理的轨道。

第三，突出矿山安全整治。全国安全生产形势好坏与否，煤矿是标志、是重点，瓦斯治理是关键。我到总局工作后体会到，煤矿的关注度最高，领导关注，社会关注，新闻媒体关注。煤矿出一个事故，哪怕没有人员伤亡，只要有透水、瓦斯，立刻被曝光。这样也好，警钟长鸣。所以我想在煤矿的问题上做这么几件事。

一是最近总局局长办公会议讨论通过了《煤矿矿长保护矿工生命安全七条规定》，即将以总局局长令颁布。原想叫"铁律"，后来考虑有点生硬，还是叫"规定"好一些。这七条规定我们下了很大功夫，对矿长作的规定，很简单，也非常好记，不是最高最全的规定，而是基本规定、底线规定，但要刚性执行。第一条是必须证照齐全，严禁无证照或者证照失效非法生产。第二条是必须在批准区域正规开采，严禁超层越界或者巷道式采煤、空顶作业。第三条是必须确保通风系统可靠，严禁无风、微风、循环风冒险作业。第四条是必须做到瓦斯抽采达标，防突措施到位，监控系统有效，瓦斯超限立即撤人，严禁违规作业。第五条是必须落实井下探放水规定，严禁开采防隔水煤柱。第六条是必须保证井下机电、提升设备完好，严禁非阻燃、非防爆设备违规入井。第七条是必须坚持矿领导下井带班，确保员工培训合格、持证上岗，严禁违章指挥。凡违反以上七条规定之一者，均依法予以处罚；发生事故的，依法从严惩处。我们将把这七条规定以总局局长令的形式发到每一名矿长手中，不是一般性发放，不是层层往下传，而是要“一竿子插到底”，面对面发放。全国一万多个矿，大概有几万名矿长（包括董事长、总经理、党委书记、总工程师和实际控制人），以省（区、市）为单位，集中分批分期培训。先宣讲，再进行警示教育，然后颁发七条规定，最后签字画押、作出承诺。承诺书一式三份，矿长一份，省局一份，总局一份。这样分期分批地搞。全覆盖到所有的煤矿、所有的矿长，当面锣、对面鼓，落实到人。培训时，总局、国家煤矿安监局的领导要下去，一人负责两三个省（区、市），自始至终参加，跟矿长见面。抓落实要“一竿子插到底”，指挥不要越级，请示不要越级，但了解情况、调查研究、抓落实可以越级。我们上下互动，把这件事情做好。同时，我们还给矿长写了一封信。一封信、一份规定、一个承诺书，目的就是要依法治矿，从严治矿。

二是继续关闭不符合安全生产条件的小煤矿，一会儿付建华同志要具体部署。非煤矿山去年关了5000多家，今年还要再关5000多家。依法关闭关键是抓落实，切实做到资金、时限、责任、预案、措施“五落实”。

三是突出瓦斯治理。这些年搞瓦斯治理攻坚战成效很大，瓦斯事故死亡人数已经低于顶板事故死亡人数。当然，顶板事故也要抓。瓦斯治理还要从源头抓起。我同付建华同志多次研究，要搞隐蔽致灾因素的普查，把瓦斯气体在主流矿区的分布情况搞清楚。当然，水害、冲击地压这些灾害的分布情况也要千方百计搞清楚，做到心中有数。

四是要攻坚克难。抓安全生产不是轻而易举的，要动脑筋，采取攻坚克难的措施。总局党组列了几个难题，今年要攻坚克难，力争有突破。

第一个难题是提升准入门槛。现在最担心的就是小煤矿一边关闭，一边还在建设，新建煤矿、矿山是否符合安全标准。准入标准不能仅以能力、规模来衡量，还要提高机械化水平、技术水平的标准，提高能源采收率的标准。我国能源很紧缺，采收率一定要上去，采收率过低的不能准入。要突出安全标准，同国家发展改革委、国土资源部紧密结合，研究如何提高准入门槛。特别对高风险、地质复杂地区，要限制开采，什么时候技术成熟了、水平达到了，再去开采，留给下一代、留给后人。

第二个难题是普查问题。为此我专门与中石油物探公司的同志沟通。现在的三维地震、四维地震勘探技术，能够给地球做B超、做CT，1000米以下甚至1米的断层能查得一清二楚，包括构造、成因和应力的变化。煤矿采动变化之后，围岩应力也要发生变化，相互关系一清二楚。美国等很多发达国家都请我国石油公司的物探公司去勘探，我们也可以请他们来帮助。比如说水害，旁边有一个废弃矿井，里面有很多水，但却不知道，发生透水后把井淹了，人也被淹了，这种事故完全可以避免。我们的普查工作、源头治理工作还不够，抓源头一定要从这里抓。对此我们已经作了部署，最近物探公司和国家煤矿安监局进行了对接，先从灾害比较严重、复杂的地区开始，在一两个区域搞试点，条件成熟后推开。

第三个难题是大力推行机械化、自动化、信息化问题。现在有一个现象，就是本来可以正规开采的大煤田，结果被分割成若干个小煤矿开采，不利于推行机械化和自动化，而且浪费资源，要研究、制止这种现象。还有煤矿兼并重组方面，部分大集团重组小煤矿后，换汤不换药，仍然是多井口出煤，事故照样出，责任由大集团背着，钱却被小煤矿赚着，倒霉的是矿工。这些问题都要深入研究，要有人带队搞专题调研，拿出实打实的办法。还有技术改造问题，改造标准不能只是扩大产能，从年产6万吨扩大到15万吨就通过，这样不行。我们要的不是简单地扩大能力，要的是水平、是技术、是安全保障能力。煤矿井型太小，上不了综采，只能是落后的工艺，不可能不出事。

第四个难题是矿山的用工制度。现在中小企业的用工制度太随便、太混乱，农民工、外包工来了就上班，上班就下井，什么也不知道，连自救器是什么、怎么使用都一无所知，这种局面一定要改变。要培养训练有素、无私奉献、有组织有纪律、懂管理守制度的矿工队伍，像石油工人一样，坚持“三老四严”、“四个一样”，实行半军事化管理。现在大企业的用工制度还可以，但部分中小企业员工技术素质不高，安全意识淡薄，出了事故根本不知道自救。员工的人身安全，还是要靠自己保护自己。我们要成立一个小组，进行调查研究，改变这种用工制度，探索煤矿工人新的用工方式，怎么培训，怎么签订合同，怎么提高素质、留住人才，怎么提高收入、改变他们的工作环境，这是一个系统工程，要正规起来，我们要攻坚克难，一步一步地改革完善。

第五个难题就是安全设施。煤矿里的安全设施要匹配，井下监测监控、人员定位、压风、供水、通信、紧急避险“六大系统”的建设要不断完善，还要努力提高信息化水平。现在有的地区和煤矿对安全设施认识上有问题，投入上有问题，推广上也有问题。所以我们也要组织一个小组，搞调查研究，弄清楚问题到底在哪里，深入研究对策。

第四，依靠“四个一批”，提升安全保障能力。安全生产最终还得靠科技创新，没有科技创新，没有科学技术的重大突破，安全生产状况要实现根本好转是不可能的。总局最近制定了“四个一批”，即一批重点攻关的科研课题、一批可转化为现实安全保障能力的科研项目、一批先进适用技术、一批重点示范工程，现在杨元元同志正在牵头抓这件事。要通过“四个一批”推动安全科技、煤矿科技、救援科技，依靠科技创新提升安全保障能力。前一段时间到中国安全生产科学研究院、煤炭科学研究总院调研，我感到现在主攻安全科技重点领域的方向还不够明确，力量还不够集中，这就需要我们搭建一个平台，建立一笔专项基金，还要有一批人才、政策，鼓励安全生产领域的科技创新。最近我们准备搭建平台，没有平台不行，要有专门力量负责主攻。

第五，强化企业安全生产基础工作。基础工作就是企业安全生产标准化建设、企业达标、专业达标、岗位达标工作要继续进行。另外，岗位责任制很重要，要将责任严格落实到车间、班组，落实到每一个岗位、每一个环节、每一个人。要抓好全员培训，特别是班组长以上的管理人员培训，这次我们对煤矿矿长进行培训也是基于这一指导思想。要抓好关键岗位、高危行业人员的培训，做到依法培训、持证上岗。为此，最近国务院安委会专门印发了《关于进一步加强安全培训工作的决定》(安委〔2012〕10号)。还要强化安全文化建设和宣传教育，普及安全文化、安全技术、安全管理的知识。

第六，加强安全监管监察队伍的自身建设和转变工作作风。这是落实安全生产各项工作的保证。习近平总书记指出“打铁还需自身硬”，党的十八大对转变作风提出了新要求，中央也给我们作出了表率。我提五条：一是要强化责任意识。安全监管监察干部一定要有崇高的责任意识，有强烈的政治责任感，保护劳动者的生命是我们的最高职责，要带着深厚的感情做好安全生产工作。二是要抓落实，见实效。不搞形式主义，反对官僚主义，调查研究要善于从源头上发现问题，善于提出解决问题的办法，把我们的工作真正深入到一线，深入到实际，深入到车间、班组、岗位，真正做到下得去、蹲得住、盯得死、抓得准、搞得好。三是要说真话，报实情。安全生产统计一定要实打实，实事求是、客观准确、真实可靠，不许做假数，更不能虚报、瞒报、谎报。可信、诚信非常重要，工作一是一、二是二，有喜报喜，有忧报忧，不能只报喜不报忧，要从严执法。四是要廉洁自律，执法为民。我们安全监管监察队伍总体是好的，大家廉洁自律，党风廉政建设搞得也比较好，但是也有问题，个别人有行贿受贿、不廉洁的问题，要高度警惕，发现一起查处一起，警钟长鸣，树立安全监管监察队伍在全社会的良好形象。五是要支持爱护安全监管监察系统的基层干部。我们要一级支持一级，一级理解一级，一级帮助一级，尽可能地为基层同志多解决实际问题，减少他们的后顾之忧。最近安徽省合肥市肥西县安全监管局局长宣明星同志得了癌症，我们把他接到煤炭总医院治疗，从301医院请一些专家给他会诊，这样的同志我们不能不管。

总之，我们要居安思危、警钟长鸣，继续从零做起，从基础抓起，从源头抓起，在预防和治本上下更大的功夫，让安全责任这个永恒的主题，深深地印在我们每一个安全监管监察干部的脑海中，落实到行动上，让我们的每一天、每一刻都防患于未然，让我们的国家、人民平安、幸福！

国家安全生产监督管理总局局长杨栋梁在全国安全生产工作视频会议上的讲话（摘要）

（2013 年 7 月 30 日）

党中央、国务院高度重视安全生产工作。最近中央政治局常委会两次听取汇报，专题研究部署安全生产工作；习近平总书记、李克强总理等中央领导同志作出重要批示指示，为进一步加强安全生产工作，推动安全生产状况持续稳定好转，提供了重要的指导方针和强大的思想武器，也是对全国安全监管监察系统和安全生产工作战线的极大支持和有力鞭策，使我们备受鼓舞。我们一定要认真学习领会，坚决贯彻落实。

在党中央、国务院的正确领导下，经过地方各级党委政府、各相关部门的共同努力，特别是各地分管领导同志亲力亲为，广大安全监管监察干部忠于职守、尽职尽责，上半年安全生产工作取得新的进展，事故总量继续保持下降态势，全国各类事故起数和死亡人数分别下降 3.8% 和 13.9%（其中煤矿事故起数和死亡人数分别下降 34.8% 和 16.5%），重特大事故起数减少（减少 2 起，同比下降 6.5%），大部分地区、大部分行业领域安全生产状况比较稳定。但工作进展不平衡，重特大事故尚未得到有效遏制，一些地区、一些行业领域事故仍然多发，上半年发生了 3 起特别重大事故（其中吉林 2 起、山东 1 起），全国安全生产形势依然严峻。

下面，我讲两点意见。

一、上半年各地区安全生产工作基本情况

今年上半年，全国 32 个统计单位的安全生产情况大致可以分为三类。

第一类：没有发生重特大事故，而且事故总量和较大事故“双下降”。共 7 个单位，即北京、内蒙古、江西、广东、广西、陕西、西藏。特别是广东，经济总量全国第一，上半年没有发生重特大事故，并实现“双下降”，很不简单。内蒙古煤炭产量全国第一，煤矿安全形势始终保持稳定。上述 7 省（区），应予以重点表扬。

第二类：没有发生重特大事故，但事故总量或较大事故上升。共 11 个单位，即辽宁、上海、浙江、天津、山西、安徽、海南、重庆、青海、宁夏和新疆生产建设兵团。上海、浙江等都是经济大省，企业数量多，事故概率大，这些省（区、市）上半年在防范遏制重特大事故上取得了显著成效，应当予以表扬。

第三类：发生了重特大事故。共 14 个单位，即吉林、黑龙江、山东、湖南、湖北、贵州、江苏、福建、四川、河北、云南、甘肃、河南和新疆。特别要指出的是吉林，是今年上半年全国发生重特大事故最多的省份。在此提出批评，予以警示。

下面，我们对各省（区、市）和新疆生产建设兵团上半年的安全生产情况进行简要点评。

（1）北京市：上半年没有发生重特大事故。生产经营性事故起数和死亡人数同比分别下降 11.1% 和 10.8%。尤其是建筑施工安全成效明显，事故起数和死亡人数同比分别下降 37.5% 和 50%。下一步要突出抓好道路交通、城市轨道交通安全，严密防范人员密集场所火灾、民用燃气爆炸等事故。

（2）天津市：上半年没有发生重特大事故。生产经营性事故起数和死亡人数同比分别下降 21.7% 和 21.3%。但是事故总量同比增加。下一步要重点加强石油化工、危险化学品（以下简称危化品）安全监管，加强道路交通安全监管，进一步降低事故总量。

（3）河北省：上半年没有发生特别重大事故。全省各类事故起数和死亡人数同比分别下降7.4%和12.9%，较大事故起数和死亡人数同比分别下降25.0%和46.9%。发生了1起煤矿重大事故。要进一步加强煤矿、建筑施工、危化品和烟花爆竹安全工作。

（4）山西省：上半年没有发生重特大事故。生产经营性事故起数和死亡人数同比分别下降6.1%和6.2%。但事故总量同比增加。煤矿较大事故起数超控制指标进度目标。煤矿仍是山西安全生产工作的重中之重，同时要加强危化品安全监管。

（5）内蒙古自治区：上半年没有发生重特大事故，事故总量和较大事故“双下降”。保持了2011年以来未发生重特大事故的纪录。特别是煤矿事故死亡人数同比降幅超50%。要继续保持煤矿安全良好态势，同时要下力气解决金属非金属矿和建筑施工事故的反弹问题。

（6）辽宁省：上半年没有发生重特大事故。各类事故起数和死亡人数同比分别下降0.1%和10.8%，其中工矿商贸事故起数和死亡人数降幅均超过20%。但是发生了中石油大连石化分公司“6·2”火灾爆炸事故，这个事故影响是很大的。中石油在大连的两家企业，3年发生了5起事故。6月2日大连石化发生的这起事故，主要是4个问题：一是火票管理混乱，在罐区动火，没有按照特级动火的规定要求进行管理，随意降低动火监管的等级；二是没有对罐区气体泄漏情况进行监测，使泄漏的气体超过了爆炸极限，达到了1.2%以上；三是罐内没有进行清理和吹扫，动火的罐里有20多吨甲苯；四是非法转包，把这样一个高风险、高技术含量的施工任务，转包给当地一家只有建筑资质的施工单位，让这么一个单位来承包大型化工企业维修、在罐区电气焊，实属非法违法行为。上述四条导致了这次事故发生，燃烧后回火到罐内，造成爆炸，引燃了周边的3个罐，造成了4人死亡，影响很坏。辽宁省要切实加强对中央企业的监管，同时煤矿、危化品也是重点。

（7）吉林省：上半年发生重特大事故5起、死亡202人，同比增加4起、190人。相继发生了吉煤集团通化矿业集团公司八宝煤业公司“3·29”“4·1”重特大瓦斯爆炸事故和宝源丰禽业有限公司“6·3”特别重大火灾爆炸事故，造成重大人员伤亡和严重社会影响。特别是“6·3”火灾爆炸事故，死亡121人。这个企业是从外地招商引资到吉林省德惠市米沙子开发区的，特事特办，一站式服务，一路非法违法，一路绿灯，所有的监管部门都形同虚设。这种发展观为事故的发生埋下了深层隐患。前不久，事故调查组向国务院提交了事故调查报告。党中央、国务院高度重视，认真研究，批准了这个事故调查报告，对企业的主体责任进行了严厉追究，对政府相关监管部门包括公安消防部门的责任，也依法依规进行了追究。这个事故处理以后，吉林省委、省政府认识明确，态度端正，措施有力，决心很大，最近在全省开展了拉网式、彻底的安全生产大检查，效果是不错的，希望能常抓不懈，进一步抓好落实，遏制住重特大事故发生的态势。

（8）黑龙江省：上半年发生3起重大事故。事故总量和较大事故下降。金属非金属矿、道路交通和农业机械安全状况较好，事故死亡人数下降幅度均超过30%。当前工作重点仍然是防范煤矿事故。

（9）上海市：上半年没有发生重特大事故。事故死亡人数下降4.3%。工矿商贸事故起数和死亡人数均下降20.9%。但较大事故起数和死亡人数同比均上升。上海经济总量比较大的，抓到这个程度很不容易。下一步重点是抓好消防、化工等领域的安全生产工作。

（10）江苏省：上半年发生1起企业职工食堂燃气爆炸坍塌重大事故。各类事故起数和死亡人数同比分别下降2.1%和12.8%。工矿商贸事故起数和死亡人数同比下降均超过20%。下一步要彻底排查治理各类安全隐患，进一步加强危化品和道路交通安全工作。江苏有2620家危化品生产企业，一定要加强监管，确保安全。

（11）浙江省：上半年没有发生重特大事故。各类事故起数和死亡人数均下降。危化品安全成效明显，事故起数和死亡人数同比分别下降50%和69.2%。希望继续加强对民营企业的安全监管，重点抓好防火和危化品事故防范工作，同时防止道路交通事故发生。

（12）安徽省：上半年没有发生重特大事故。各类事故起数同比上升2.2%，死亡人数同比下降

5.1%。煤矿事故下降幅度超50%，金属非金属矿事故下降30%以上。下一步需要深入抓好煤矿安全生产，巩固瓦斯治理成果。安徽省的煤矿多数都是高瓦斯矿井，特别要加强瓦斯治理；要加强道路交通安全监管，降低事故总量。

（13）福建省：上半年发生1起重大事故，各类事故起数和死亡人数同比分别下降16.5%和30.1%。煤矿、金属非金属矿以及道路交通行业领域下降幅度较大。目前的工作重点，还是要加强煤矿、化工企业、建筑施工和道路交通安全。

（14）江西省：上半年没有发生重特大事故。事故总量、较大事故下降。但进入6月以来较大事故多发，应当引起重视。前不久国家安全监管总局暗查时，发现烟花爆竹企业非法违法生产情况严重。对暗查组发现的问题，省、市、县高度重视，积极整改。下一步应从根本上治理解决，对全省1450家烟花爆竹企业要逐一进行整顿。江西煤矿安全生产也需要进一步加强。

（15）山东省：上半年民爆行业发生1起特别重大事故。各类事故起数和死亡人数同比分别下降4.6%和8.5%。最近4年，山东金属非金属矿山相继发生重特大事故，这方面问题还是比较严重，希望引起重视。要切实加强煤矿、非煤矿山、道路交通安全监管。山东危化品生产企业将近3000家，要高度重视，认真做好危化品安全监管工作。

（16）河南省：上半年发生1起道路交通重大事故。各类事故起数和死亡人数同比分别下降14.1%和34.6%，较大事故下降幅度超过40%。河南煤矿基础条件较差，地质情况复杂，上半年全省煤矿没有发生死亡事故，很不简单。下一步要继续抓紧抓好煤矿安全生产，防止事故反弹；加强危化品和道路交通安全工作。

（17）湖北省：上半年发生3起重大事故，其中道路交通事故2起。各类事故起数和死亡人数同比分别下降4%和14.3%，煤矿、金属非金属矿、化工和危化品事故下降幅度均在20%以上。下一步要在防范煤矿和道路交通事故上继续狠下功夫。

（18）湖南省：上半年发生1起重大事故。各类事故起数和死亡人数同比分别下降2.3%和11.9%。煤矿安全状况好转，事故起数下降幅度超过20%。湖南煤矿是比较多的，有989家；烟花爆竹是最多的，有1700多家；危化品生产企业也不少，有515家。下一步要继续抓好煤矿、烟花爆竹和危化品安全生产。

（19）广东省：上半年没有发生重特大事故。各类事故起数和死亡人数同比分别下降5.3%和5.9%。但火灾较大事故同比上升。下一步要加强消防安全监管和道路交通、危化品安全监管。

（20）广西壮族自治区：上半年没有发生重特大事故。各类事故起数和死亡人数同比分别下降8.1%和19.8%。金属非金属矿、烟花爆竹事故下降幅度均在30%以上。但煤矿、建筑施工事故出现反弹，当前要抓住这两个重点，遏制事故反弹。

（21）海南省：上半年没有发生重特大事故，但事故总量同比增加。海南石油化工发展很快，而且都是易燃易爆。下一步要重点抓好石油化工企业的安全监管，同时加强道路交通、旅游景点、人员密集场所安全监管。

（22）四川省：上半年各类事故起数和死亡人数同比分别下降10.1%和19.8%。但发生了2起重大事故。特别是泸州市桃子沟煤矿“5·11”瓦斯爆炸事故，造成28人死亡、8人重伤，暴露出四川煤矿安全基础薄弱，非法违法问题严重。我参加了5月12日在泸州市召开的现场会，提出了具体要求。最近四川抓的力度比较大，特别是整顿关闭小煤矿，还有“打非治违”工作，取得了初步成效。下一步的工作重点，还是要严密防范、严厉打击煤矿非法违法行为，加大整顿关闭小煤矿力度。四川危化品生产企业有千家以上，危化品安全问题必须高度重视。同时，还要防止自然灾害引发的事故灾难。

（23）贵州省：上半年事故总起数和死亡人数同比分别下降16%和24%，但发生了4起重大事故。上半年重特大事故起数中，吉林排第一，贵州排第二。特别是六盘水市“1·18”和“3·12”两起煤与瓦斯突出事故，教训深刻。贵州煤矿数量是全国最多的，有1290家。下一步要在落实煤矿安全“双七条”上下大功夫，切实扭转煤矿事故多发状况。

（24）云南省：上半年发生2起重大道路交通事故。各类事故起数和死亡人数同比分别下降37.7%和36.7%。煤矿、金属与非金属矿、危化品事故下降幅度同比均达20%以上。云南的煤矿不少，有1160家。下一步要切实加强煤矿安全，加强道路交通和建筑施工安全生产。

（25）西藏自治区：上半年没有发生重特大事故，各类事故起数和死亡人数同比分别下降10.6%和35.1%。要防止自然灾害引发的工矿企业事故。

（26）重庆市：上半年没有发生重特大事故，各类事故起数和死亡人数同比分别下降5.4%和9.3%。其中煤矿、烟花爆竹事故起数均下降30%以上。但工矿商贸较大事故同比大幅度增加，较大事故增加。下一步要切实加强煤矿和道路交通安全。

（27）陕西省：上半年没有发生重特大事故，各类事故起数和死亡人数同比分别下降21%和29.5%。要继续加强煤矿、烟花爆竹安全监管，严防事故反弹。

（28）甘肃省：上半年发生1起重大事故。各类事故和死亡人数同比分别下降2.7%和14.6%。下一步主要是加强煤矿和道路交通安全。

（29）青海省：上半年没有发生重特大事故。各类事故起数和死亡人数同比分别下降14.8%和11.2%，煤矿事故起数和死亡人数同比均下降50%。要继续做好煤矿和非煤矿山等重点行业领域的安全生产工作。

（30）宁夏回族自治区：上半年没有发生重特大事故。各类事故和死亡人数同比分别下降24.8%和13.1%。下一步要加强建筑施工、道路交通安全监管，防止事故反弹。

（31）新疆维吾尔自治区：上半年发生1起道路交通重大事故。各类事故起数和死亡人数同比分别下降3.7%和11.2%。煤矿、金属非金属矿事故同比降幅均超过40%。下一步要重点抓好煤矿、石油化工和道路交通安全，加强建筑施工安全生产。

（32）新疆生产建设兵团：上半年未发生较大以上事故，各类事故死亡人数同比下降37.5%。下一步要继续抓好煤矿安全各项措施的落实，保持良好态势。

以上对32个省级统计单位的情况点评了一遍，突出感觉到，煤矿事故下降幅度还是比较大的，各省（区、市）煤矿安全形势进一步好转。这与今年的工作一上手，国家安全监管总局党组就下定决心，聚焦《煤矿矿长保护矿工生命安全七条规定》（国家安全监管总局令第58号），上上下下齐心协力、狠抓落实，强力推动煤矿安全治本攻坚各项举措的落实，是分不开的。但这些仅仅是初步的，煤矿安全仍然是重中之重，任何时候都不能麻痹和侥幸。

二、下半年全国安全生产总的要求和重点任务

总的讲，下半年全国安全生产工作就是要深刻领会、全面贯彻习近平总书记、李克强总理等中央领导同志重要指示精神，坚持始终把人民生命安全放在首位，坚持以人为本、安全发展，深刻吸取事故教训，更加警醒起来，开展彻底的安全生产大检查，推动煤矿安全治本攻坚，深化“打非治违”，加强重点行业领域安全整治和汛期安全防范，强化安全生产基础和科技支撑，确保实现今年年初确定的事故总量、重特大事故和四项主要相对指标“三个继续下降”。

要抓好以下6项重点工作：

（一）认真学习贯彻中央领导同志重要指示精神，进一步强化思想认识

刚才我们认真传达学习了习近平总书记在中央政治局常委会上的重要讲话精神。习近平总书记的讲话思想深刻，内涵丰富，为进一步加强安全生产、加快实施安全发展战略，指明了努力方向，提供了强大精神动力，意义重大。李克强总理，张高丽、马凯副总理，郭声琨、王勇国务委员等中央领导同志，最近都对安全生产工作作出了重要批示指示。我们要把思想和行动统一到中央领导同志重要指示精神上来。一是牢固树立以人为本、生命至上的理念，把维护人民群众的生命安全，作为各级政府、各类企业和安全监管监察战线广大干部的最高职责，增强抓好安全生产工作的责任感、使命感。二是牢固树立科学发展、安全发展的理念，这是发展观问题，将安全发展理念贯穿到经济社会发展和企业生产经营全过程，正确处理好安全生产与经济发展的关系，严守发展决不能以牺牲人的生命为代价这条红线，坚决不要带血的利润和带血的GDP。对招商引资的企业要把住安全关，不能以减少和免除安全门槛作为招商引资的优惠条件，否则就是最大的事故隐患。吉林省德惠市米沙子镇就是这样，对宝源丰禽业有限公司没有进行消防验收，就出具消防许可证，严重隐患长期在该企业存在，最后酿成大火。三是牢固树立综合治理、标本兼治的思想

观念，在防范遏制重特大事故的同时，抓紧安全生产长效机制建设，按照习近平总书记的指示要求，标本兼治、举一反三、建章立制，把安全生产同转变发展方式、调整经济结构、推进产业升级和城镇化建设等有机结合起来，提升安全发展水平。

（二）切实加强领导，强化各级政府安全监管责任

习近平总书记要求各级党委、政府必须增强责任意识，全面落实安全监管部门综合监管、行业主管部门直接监管、地方政府属地监管的责任，切实做到党政同责、一岗双责、齐抓共管。总书记指出，当干部要履责，责任重于泰山，当干部有风险，不要幻想当太平官。安全生产工作确实有风险，责任重大，舒舒服服是过不去的。一定要亲力亲为，忠于职守，尽职尽责。总书记要求各级领导干部一定要有担当意识、忧患意识和戒惧之心，在安全生产这类重大问题上，要如履薄冰，经常有睡不着觉、半夜惊醒的状态。总书记的这些要求，抓住了当前安全生产工作的关键和要害，具有很强的针对性和重要指导意义。安全监管监察系统全体同志以及地方政府分管安全生产工作的同志，一定要按照总书记的要求，加强领导，强化责任意识、忧患意识和担当意识，“严”字当头，敢抓敢管，狠抓落实；要进一步加大执法力度，依法严厉打击安全生产领域各类非法违法生产经营建设行为，坚决关闭取缔不具备安全生产条件的小煤矿等各类小矿小厂和小作业经营点；要落实安全生产属地管理责任，切实加强对中央企业及其子公司、分公司的安全监管；要坚持标本兼治，实施综合治理，构建安全生产长效机制。

这里特别强调，企业安全生产主体责任是首当其冲的，一定要强化企业主体责任。党委、政府要让企业增加安全生产的压力和动力。从这次大检查反馈上来的情况看，企业压力不够大、动力不够足、管理不严格，很多要求和规章制度在企业不落实，非法违法行为很严重，是当前存在的突出问题。党委、政府和安全监管部门要研究怎么样给企业施压，要让企业有压力、有动力。勇于担当，首先是企业担当起来。企业不消灭事故，事故肯定要消灭企业。企业不消除隐患，隐患迟早会毁灭企业。因此，我们要推动所有企业警醒起来、严格起来，真正承担起安全生产的主体责任。

（三）抓实抓好安全生产大检查

习近平总书记对安全生产大检查等重点工作，多次提出明确要求。6月份以来，部署在全国组织开展了安全生产大检查。国务院安委会组织了16个综合督查组。国家安全监管总局组织了16个专项督查组。按照“四不两直”（不发通知、不打招呼、不听汇报、不用陪同和接待，直奔基层、直插现场）的要求，国家安全监管总局和国家煤矿安监局组织对17个省（区、市）进行了暗查暗访，曝光了一些典型，取得了很好的效果。下一步：

一是加大安全生产大检查工作力度。省、市、县、乡各级政府都要行动起来，领导带队，专家检查，按照“全覆盖、零容忍、严执法、重实效”的要求，全面深入排查安全生产隐患。按照习近平总书记的要求，整治隐患，堵塞漏洞，强化措施，防患于未然，把问题解决在萌芽状态。

二是加大暗查暗访力度。国家安全监管总局和国家煤矿安监局要继续组织安全生产暗查，地方各级政府和相关部门都要开展暗查暗访，切实深入下去，真正把隐患挖出来，用“四不两直”的过硬作风来查实情、除隐患、追责任、促整改。其中，整改是核心。检查的目的就是要消除隐患，不能够只靠罚款，一罚了之，以罚代管。对发现的隐患不整改、不消除，检查就没有任何意义。我们一定要扎实推进这次大检查，按照深入开展党的群众路线教育实践活动、反对“四风”的要求，不走形式，不走过场，务求实效。这次大检查如果没有实效，那就是最突出、最现实的形式主义，就严重辜负了党中央、国务院的重托和中央领导同志的教诲，就会失信于社会、失信于民。因此必须下决心真抓实干，开展一次发现真情况、看到真问题、取得真成效的安全生产大检查。

三是认真检查落实汛期安全防范措施。入汛以来，各地区暴雨、雷电、高温、台风等极端天气频发，还发生了地震。要把汛期安全作为大检查的重要内容，指导督促基层政府和各类企业落实防范措施，尤其要对病、危、险尾矿库，外部水患严重的煤矿和非煤矿山，存在泥石流、洪水威胁的建筑施工工地等重点企业、重点部位，认真进行排查，加强安全监控，做好应急准备，严防自然灾害引发事故灾难。

四是开展沿海地区石油化工企业、石油库和油

气装卸码头安全专项检查。要深刻吸取中石油大连石化分公司“6·2”火灾爆炸事故教训，从7月中旬到9月底，在全国所有石油化工企业、石油库和油气装卸码头，重点是11个沿海省（区、市），组织专家从南到北，开展“拉网式”检查，全面排查治理隐患，堵塞漏洞，提高安全保障能力。

五是认真排查人员密集场所火灾隐患。要贯彻落实李克强总理在国务院常务会议上的重要指示精神，深刻吸取最近发生的一系列火灾事故、事件教训，加强对商场、酒店、餐馆、养老、幼教、食堂、宿舍等人员密集场所的消防安全检查，严防火灾事故。

（四）加快落实煤矿安全“双七条”，强力推进煤矿安全治本攻坚

《煤矿矿长保护矿工生命安全七条规定》颁布实施以来，见到了初步成效。不少省（区、市）上半年煤矿事故大幅度下降。这说明地方各级政府做了大量的工作，矿长安全生产履职尽责的状况有了很大改善，煤矿安全基础工作明显加强。但是不能满足、不能松劲，必须毫不松懈、一以贯之地抓下去，真正做到“铁规定、刚执行、全覆盖、真落实、见实效”。在此基础上，全面落实煤矿安全治本攻坚七项措施（一是加大小煤矿整顿关闭力度，二是严格煤矿安全准入，三是深化煤矿瓦斯综合治理，四是全面普查煤矿隐蔽性致灾因素，五是大力推进煤矿机械化、自动化和信息化，六是规范煤矿劳动用工管理，七是提升煤矿应急救援能力）。近期将把七项措施以国务院文件下发施行。

（五）严格事故调查和责任追究

吉林省八宝煤业公司“3·29”特别重大瓦斯爆炸事故、宝源丰禽业有限公司“6·3”特别重大火灾爆炸事故发生后，我们按照中央领导同志的指示精神，组织得力力量，在较短时间内完成了事故查处工作，及时公布了调查处理结果，社会反映积极、正面、平稳。

但是，也要看到各地区事故调查处理方面存在的问题。目前比较突出的，一个是结案时间太长，缺乏时效性；一个是责任追究偏松、偏宽。事故查处没有时效，责任追究不够严厉，就起不到震慑警示教育的作用。下一步的事故查处工作，要遵照中央领导同志的要求，审时度势，宽严有度，解决失之于软、失之于宽的问题。国家安全监管总局正在研究制定重大、较大、一般事故的调查处理时限规定。不能超过规定的查处时限，查处越及时越有效果，如果一拖半年、八个月、一年，甚至还有两年的，还有什么时效？各地区要对事故调查处理情况进行一次排查，认真查处每一起事故，而且要严厉追责。

（六）深入开展党的群众路线教育实践活动，切实改进工作作风

深入开展党的群众路线教育实践活动，对安全监管监察系统和安全生产工作战线来说，尤为重要、尤为迫切。形式主义、官僚主义是造成安全责任措施不落实的主要原因，是造成事故发生的深层隐患。享乐主义、奢靡之风，是涣散安全监管监察干部队伍作风的重要因素，也是影响队伍战斗力和威信的主要根源。要按照党中央的要求，借开展党的群众路线教育实践活动的东风，推动安全生产水平全面提高。安全监管监察系统的教育实践活动，必须聚焦作风，对准“四风”，切实解决执法不严格、作风不扎实的突出问题，以过硬的作风，加强监管执法，履行监管职责，使教育实践活动取得实实在在的效果。要把教育实践活动与当前工作更加紧密地结合起来，两手抓、两不误、两促进。

安全生产责任重大，使命光荣。我们要认真贯彻落实习近平总书记、李克强总理等中央领导同志重要指示精神，始终把人民生命安全放在首位，既敢于攻坚克难，又准备打持久战，持续努力，发奋工作，切实在防范遏制重特大事故上见到成效，加快实现安全生产形势根本好转，为全面建成小康社会作出应有的贡献。

国家安全生产监督管理总局局长杨栋梁在煤矿安全生产专题视频会上的讲话（摘要）

（2013 年 11 月 21 日）

今天这个会议开得非常好。常规的做法是在发生事故以后召开会议，而今天是在没有发生事故的情况下，利用2009 年黑龙江龙煤集团鹤岗分公司新兴煤矿“11·21”特别重大事故四周年的日子，召开全国煤矿安全生产视频会，并把新中国成立以来25 起百人煤矿事故（一次死亡100 人以上的事故，下同）做成了专题片，总结出六条教训，让大家警钟长鸣、引以为戒。这种做法本身就是抓预防、抓治本。

付建华同志刚才的讲话讲得很好，抓住了三个重点问题：一是煤矿安全“双七条”解读，解读得很到位、很清晰。二是部署50 个煤矿安全重点县（市、区，以下简称重点县）的攻坚战。全国有700 多个产煤县，我们找出事故发生概率高、死亡人数比较多的50 个县，集中力量打攻坚战，这叫抓重点。没有重点，眉毛胡子一把抓，一般性地抓，笼统地抓，或者平铺直叙地抓，就抓得不扎实、不深入，就没效果、没水平。三是总结了新中国成立以来25 起百人煤矿事故的六条教训，条条入脑，条条切中要害。现在国家煤矿安监局抓工作，懂抓治本，会抓预防，善抓落实，能抓遏制。这样工作就能有声有色，扎实有效。

现在党的群众路线教育实践活动已进入整改阶段。我们首先要从会风上整改。会议开得好不好，要看是不是言之有物，有没有实质性内容，有没有针对性，有没有实际效果。今天我们这样开会，就是认真整改了会风。

下面，我再强调三点意见。

一、深入学习领会十八届三中全会精神，把思想和行动统一到中央决策部署上来

刚刚闭幕的十八届三中全会，研究制定了全面深化改革的总体方案。全会对涉及经济社会各个方面重大问题的改革都作出了部署，明确了全面深化改革的指导思想、总体目标、方针原则、政策措施等，对安全生产工作也提出了具体明确的要求。习近平总书记在总结过去一年中央政治局工作时讲到：我们严肃查处重大安全事故，组织开展了安全生产大检查，加大惩治和预防危害生产安全犯罪的工作力度。这段重要论述，高度概括、充分肯定了今年以来安全生产重点工作，是对我们的巨大鼓舞和鞭策。

《中共中央关于全面深化改革若干重大问题的决定》从四个方面对安全生产领域全面深化改革作出了部署。一是强化安全等市场准入标准，建立健全防范和化解产能过剩长效机制。二是完善发展成果考核评价体系，纠正单纯以经济增长速度评定政绩的偏向，加大安全生产等指标的权重，更加重视劳动就业、居民收入、社会保障、人民健康状况。三是减少行政执法层级，加强安全生产等重点领域基层执法力量。四是深化安全生产管理体制改革，建立隐患排查治理体系和安全预防控制体系，遏制重特大安全事故。这四个方面可以说是统筹兼顾、切中要害，是全面深化安全生产领域改革的指导原则和行动纲领。我们一定要认真学习、深刻领会，用十八届三中全会精神指导安全生产工作，在改革创新上下功夫，在建立安全生产长效机制上见效果。

二、紧紧扭住煤矿安全“双七条”不放松，深入推进治本攻坚

煤矿安全是全国安全生产的重中之重，党中央、国务院历来高度重视。中央领导同志多次就煤矿安全生产作出重要指示。张德江同志分管安全生产工作期间，每年都要主持召开一次煤矿瓦斯防治工作会议，对煤层气抽采利用和瓦斯灾害治理作出安排部署。去年，马凯副总理亲自出席在神华集团召开的全国煤矿安全生产经验交流现场会并作出重要讲话。王勇同志分管安全生产工作后，相继深入河北开滦煤矿、贵州安顺的黄家庄煤矿等调查研究。所有这些，都有力地指导推动了煤矿安全生产工作。

我们遵照中央领导同志的重要指示精神，针对煤矿事故多发的情况，在深入基层、认真调研的基础上，制定了《煤矿矿长保护矿工生命安全七条规定》(以下简称《七条规定》)，以国家安全监管总局令第58号下发。又用了将近一年的时间，以国家煤矿安监局为主组织调研，研究起草了煤矿安全治本攻坚七条举措，并多次召开国家安全监管总局局长办公会，一条一条地研究，应该说研究得比较深、比较透；随后又提交国务院安委会研究，上报国务院审定；经国务院同意，以国办发〔2013〕99号文件下发。《七条规定》和煤矿安全治本攻坚七条举措，简称煤矿安全“双七条”，就是这样制定出台的。

今年以来全国安全生产形势总体平稳、持续好转。历时四个半月的全国安全生产大检查中，各地区、各部门和广大企业尽心尽力，扎实努力，发现和解决了一大批隐患和问题，促使全国安全生产形势呈现出“三个大幅下降，一个明显好转”（即：事故总量、较大事故、重大事故大幅下降，安全生产总体形势明显好转）。其中，煤矿安全表现更为突出：到今天为止已有7个半月没有发生特别重大事故；事故总量也有较大幅度下降，1—10月份全国煤矿发生事故504起、死亡899人，同比下降26.9%和25.3%。

但是我们分析全国安全生产形势，最不放心、最揪心、最担心的，还是煤矿。当前煤矿安全生产形势依然十分严峻。刚才付建华同志做了分析，各类隐患还大量存在，基础工作仍然比较薄弱，有的甚至相当薄弱。小煤矿数量多，大量不符合安全生产条件的小煤矿令人担心。这些煤矿机械化程度太低，有的根本无法实现机械化、自动化，更实现不了信息化。有的完全是人工开采，井型小，地质条件复杂，通风系统不健全，《七条规定》不能落实，安全状况让人很担心。现在煤炭市场企稳回升，价格反弹，一些已经关闭取缔的小煤矿有死灰复燃的迹象，容易发生事故。第四季度是煤矿事故相对集中的时段。所以我们选择这个时机召开专题视频会，提醒大家在目前形势下必须保持高度警觉，必须强化忧患意识，决不能掉以轻心。要有利剑高悬之感，靠我们扎实的工作，把各项部署落实到位，这样很多事故是可以避免的。刚才分析了新中国成立以来25起百人煤矿事故，都是人为因素造成的，都是非法违法、违规违章的恶果，都是责任事故，没有哪一起是不可以避免的。只要把工作做到位，把安全规定落实到位，就能够避免这些悲剧。

煤矿安全“双七条”，可以说是被事故倒逼出来的，是我们从事故教训中总结出来的。煤矿安全的各项规定很多，但是关键点在哪里，怎样才能够便于遵循、便于执行、便于落实、便于操作？我们在深入思考、认真研究的基础上，归纳提炼了“双七条”，其中《七条规定》只有188个字，七条举措篇幅也很短，这样易于掌握，便于贯彻落实。“双七条”看起来简单，但是内涵丰富，条条都是生命线、条条都是红线。抓“双七条”是推进煤矿安全生产的关键一招，一定要扭住不放、一抓到底，以抓铁有痕、踏石留印和钉钉子的精神，坚定不移地抓好贯彻落实。对此，我在付建华同志刚才讲话的基础上，再讲几个具体事情。

第一件事，宣贯要全覆盖。方方面面都要重视起来，领导要带头宣传贯彻“双七条”。一个时期以来煤矿安全生产形势持续稳定好转，与我们下决心狠抓《七条规定》的贯彻落实有很大关系。下去调研发现，《七条规定》在很多煤矿落实得相当好，但很不平衡，有死角、有盲区。要采取多种形式，把“双七条”宣传贯彻到每一位矿长、每一位矿工、每一位从事煤矿安全监管监察工作的同志，做到全覆盖。国家安全监管总局党组考虑，还要对各地区分管省长、市长、县长进行系统培训，今天会议后要立马行动。

第二件事，开展“保护矿工生命、矿长守规尽责”安全生产活动年。张德江委员长十分牵挂安全生产工作，要求我们坚持始终把人民生命安全放在首位，深入开展“保护矿工生命、矿长守规尽责”活动，把“双七条”真正落到实处，推动利学发展、安全发展。为此我们考虑，明年要用一年时间，在煤矿安全领域深入开展“保护矿工生命、矿长守规尽责”安全生产活动年。

这项活动怎么搞？一是办培训班。以省（区、市）为单位，排出计划和时间表，把所有矿长轮训一遍，每期1~2天、100人左右，由分管领导、部门领导和专家讲课。这是一项扎实有效、治本攻坚的工作。二是建立与矿长直接对话机制。现在煤矿安全的主要矛盾是什么？是安全规定不落实。为什么不落实，是谁的问题，是矿工的问题，是政府的问题，还是矿长的问题？我们认为是矿长的问题，矿长是主要矛盾的主要方面。抓主要矛盾，抓矛盾的主要方面，就是要抓矿长。矿长怎么抓？也不能总是检查，一味地查查查。要探索建立对话机制，建立沟通渠道，跟所有的矿长谈话。要有这个决心。谁来谈？政府来谈。国家、省、市、县，再加上乡，那就是五级政府。五级政府能不能组织5千名懂煤矿安全的同志，来做这项工作。对话谈什么？谈习近平总书记对安全生产的重要指示精神，谈十八届三中全会对安全生产的要求，谈煤矿安全的重要性，谈《七条规定》和七条举措，并对矿长提出要求，让每位矿长签字画押、立下保证，建立谈话台账。这件事情从我做起，先给我排50个矿长，我带头，我先谈。教育实践活动正处于整改阶段，转变工作作风、密切联系群众要落到实处。找矿长谈话、对话，就是密切联系群众，就是整改。领导干部不能总愿意发号施令，总愿意开会、发文件，不愿意接触群众做耐心细致、面对面的思想工作，不愿意亲力亲为。安全生产工作没有捷径可走，不可能投机取巧，就得要有钉钉子的精神。所以，我建议五级政府特别煤矿安全监管监察人员行动起来，与矿长对话。煤矿安全是重中之重，重中之重不是口号，要切实摆到这个位置上。请国家煤矿安监局来组织，建立当面锣、对面鼓直接对话机制。这是一项艰苦而细致的工作。只要我们上下一起努力，一定可以完成好。三是典型引路。“保护矿工生命、矿长守规尽责”安全生产活动年结束后，要评选表彰守规尽责、成效显著的矿长，严肃查处不守规不尽责、发生事故的矿长。神华集团在管理矿长方面有一套独到做法，首先是做好培训，然后有待遇有政策，较大事故扣票子、重大事故摘帽子、特别重大事故戴铐子。这种依法治矿、从严治矿的经验，很有效果。

第三件事，要建立“一矿出事故、万矿受教育，一地有隐患、全国受警示”的机制。要用信息化技术建立一张网，每个省（区、市）都要有一张网。国家安全监管总局、国家煤矿安监局也要有这张网，纲就放在领导的桌面上。发生事故以后，纲举目张，一矿出事故，万矿立马就知道，知道事故教训是什么、整改措施是什么。对新中国成立以来的25起百人煤矿事故，要经常拿出来说一说、讲一讲。要以史为镜，不忘历史上发生的事故教训。刚才播放的这个警示教育片做得很好，要在煤矿安全领域内大量宣传。对任何国家和地区发生的事故，都不能有“事不关己，看热闹”的思想，都要认真吸取教训。只有这样，才能避免别人的悲剧在自己身上重演。要把历史上的事故当成今天的事故看待，警钟长鸣；把别人的事故当成自己的事故看待，引以为戒；把小事当成重大事故来分析，举一反三；把隐患当成事故看待，防止侥幸心理酿成大祸。上述“四个看待”，从这个警示教育片也要体现出来。

第四件事，50个重点县煤矿安全攻坚战要抓好、抓出效果。50个重点县煤矿事故死亡人数占全国的四分之一，重特大事故占全国的近三分之一。王德学同志、付建华同志已经组织召开了50个重点县主要负责人专题会议，现在大家都很重视，摩拳擦掌。我们在政策上要倾斜、要支持，支持他们关闭小煤矿，支持改造提引煤矿安全生产水平。付建华同志刚才布置得很详细。现在国家安全监管总局每周调度会上，都要对这50个重点县的安全生产情况分析一次。在国家层面每周过一次，这是很大的工作量。因为事关重要，工作量再大也得做，加班加点也得做。抓安全生产不能大而化之，必须抓具体、具体抓，抓反复、反复抓，这样才能有好的效果。

第五件事，整顿关闭小煤矿和瓦斯治理。一是领导要高度重视。关闭小煤矿是七条举措之首，一定要重视，决心要下死。不管困难多大，必须坚持原则，坚持目标不放松。现在各地区重视程度普遍提高了，一些省委书记、省长表示困难再多，也都要推进整顿关闭。但也有个别地方有为难厌战情绪。要严肃对待这个事情，这不是一件小事。小煤矿特别是不符合安全条件的小煤矿，你如果保留了它，就埋下了深层次隐患，就意味着矿工要拿生命去冒险，意味着要带血的 GDP，意味着要越过“不可逾越的红线”。所以各地负责同志一定要想明白，一定要下决心。有困难我们一起克服，但是落后小煤矿不能不关，不关危害太大。党中央、国务院一再强调的整顿关闭工作，不只是一个单纯的安全生产问题，同时也是一个重要的经济问题、民生问题、社会稳定问题和政治问题。各级领导干部一定要高度重视，排出计划，列出时间表和路线图，创造条件，配套政策，扎实推进。现在国家政策都已经有了，关闭一个小煤矿如何奖励、如何补贴都很明确。当然光靠中央财政的钱是远远不够的，还要靠地方想办法，调动各方积极性。二是要关实关住，不能死灰复燃。小煤矿采出率很低，不足 30%，浪费资源，污染环境，还容易造成群死群伤。现在煤炭市场供大于求，办煤矿没有多少经济效益，是关闭的有利时机。要把资源留给下一代，将来技术发展了，生产水平上去了，再开采也为时不晚。三是要加强瓦斯治理。在关闭小煤矿的同时，瓦斯治理仍然是我们的重中之重。25 起百人矿难中 90% 为瓦斯事故，瓦斯还是煤矿的“第一杀手”。要按照已经做出的安排部署，加大瓦斯治理力度，做到抽采达标，不抽不采，监测监控到位，通风系统完备，有效防范瓦斯事故。

第六件事，开展专项检查。明年适当时机，要按照“全覆盖、零容忍、严执法、重实效”的总要求，在全国开展煤矿安全“双七条”贯彻落实情况的专项检查，重点是检查督导“双七条”是不是落地了，是不是见行动、见效果了。要实地察看，现场督导，不能够凭想象，不能够想当然。

三、深入开展党的群众路线教育实践活动，加强安全监管监察队伍自身建设

党的群众路线教育实践活动已经进入整改落实阶段。全国安全监管监察系统一定要按照中央的要求和国家安全监管总局党组的部署，紧密联系思想和工作实际，聚焦作风，对准“四风”，自觉整改存在的形式主义、官僚主义、享乐主义和奢靡之风“四风”问题，切实转变我们的作风，扎实推动安全生产工作。要坚持边查边改，立查立改，尽快见到效果，让群众满意。要通过整改，着力提升“五个能力”：一是坚守“红线”的能力。抓安全生产工作，必须旗帜鲜明、态度坚决，敢于说话，敢于坚持原则。今天这个视频会就是有批评、有表扬。批评也是指名道姓，谁的工作做得好、做得不好，都点了名。二是勇于负责、敢于担当的能力。“双七条”不是那么简单的，要落到实处，必须勇于负责，严字当头，敢抓敢管，亲力亲为。三是善抓落实的能力。落到实处才见真功夫，见到实效才是真本领。四是改革创新的能力。安全监管方式方法要大胆改革创新。转变职能，不仅要应对当前，更要考虑长远，抓治本，抓预防，抓长效机制建设。五是廉洁自律和反腐败的能力。我们这支队伍的主流是好的，但问题也不能低估。煤矿文工团原团长张成祥的问题就是一个典型例子，国家安全监管总局党组已做出决定，免去其党内外职务，接受审查。希望大家引以为戒，严格遵守中央八项规定和反腐倡廉各项要求，牢记“打铁还需自身硬”。只有我们自身硬，才能挺起腰杆履行安全监管监察执法职责。

冬季历来是煤矿事故高发时段。煤矿事故有一半发生在第四季度。希望大家克服松懈麻痹思想，时刻绷紧煤矿安全这根弦。要针对年底抢产量、抢工期的特点，加强对超能力、超强度、超定员组织生产的打击，严防因非法违法行为导致事故发生。要提前安排节假日期间煤矿安全工作，严格落实停产安全保障措施，防止因放松安全管理而酿成事故；严格复产验收，未经验收或验收不合格的煤矿不得恢复生产。

我们要深入贯彻落实十八届三中全会精神，以强烈的进取意识、机遇意识、责任意识，紧紧抓住煤矿安全“双七条”，转变作风，真抓实干，扎实做好煤矿安全生产各项工作，坚决遏制重特大事故，为促进全国安全生产形势进一步稳定好转作出贡献。

国家安全生产监督管理总局副局长杨元元在全国安全生产工作会议上的总结讲话（摘要）

（2013 年 1 月 19 日）

经过大家的共同努力，为期一天半的全国安全生产工作会议圆满完成了预定任务。之前，国务院安委会召开全体会议，国务院召开全国安全生产电视电话会议，中共中央政治局常委、国务院副总理张德江同志发表了重要讲话。昨天上午，杨栋梁同志代表总局党组作了工作报告，付建华同志对煤矿安全工作作了总结部署。昨天下午，与会代表结合学习张德江副总理的重要讲话和杨栋梁、付建华同志的报告，紧密联系本地区、本部门和本单位工作实际，进行了分组讨论。大家在座谈发言中一致认为，这次会议主题鲜明、内容丰富、会风务实、指导性强，大家普遍反映贯彻落实党的十八大精神、进一步加强安全生产工作的思路更加清晰，目标任务更加明确，政策措施更加有力，感到收获很大。刚才，几个单位的负责同志作了经验介绍，并提出了下一步工作打算，很有借鉴意义。下面我就抓好会议精神的贯彻落实，讲三点意见。

一、全面把握会议主题精神，切实把思想行动统一到部署要求上来

在全面贯彻落实党的十八大精神的开局之年，国务院安委会全体会议、全国安全生产电视电话会议和全国安全生产工作会议，紧紧围绕贯彻落实党的十八大精神，密切联系安全生产工作实际，作出了进一步加强安全生产工作的一系列重要决策部署。要认真学习领会会议精神，深刻把握精神实质，统一思想认识，全面抓好贯彻落实。

（一）牢牢把握近年来积累的宝贵经验，进一步增强做好安全生产工作的信心和决心

张德江副总理全面总结了五年来安全生产工作，概括了探索积累的宝贵经验，系统形成了“六个必须坚持”，指出必须坚持科学发展、安全发展，必须坚持选好抓手、强化实效，必须坚持预防为主、防治结合，必须坚持突出重点、标本兼治，必须坚持依法治理、科教兴安，必须坚持齐抓共管、形成合力。杨栋梁同志强调，这“六个必须坚持”具有珍贵的实践意义和指导作用。各地区的经验做法也表明，安全生产工作任重道远，但只要不断创新，坚持不懈，狠抓落实，就一定能够实现安全生产形势的持续稳定好转。我们一定要坚定维护人民群众生命财产安全这个信念不动摇，进一步发扬成绩，对照经验找差距，按照会议的部署要求完善相关政策措施，争取更大的进步。

（二）统一对安全生产形势的认识，切实履行所肩负的崇高职责

五年来，在党中央、国务院的坚强正确领导下，通过全社会的共同努力，实现了“三个大幅下降、一个明显提升”的突出成效。同时会议还强调，对安全生产形势要保持“清醒认识”。张德江副总理提出了“四个不适应”，要求我们清醒认识安全生产存在的问题依然突出、面临的挑战仍然严峻、经济社会发展对安全生产工作提出的更高要求。杨栋梁同志从影响安全生产的深层次矛盾，以及基础薄弱，特别是宏观经济发展的新情况等方面作了深入细致的分析。集中一点就是提醒大家，在成绩面前要务必看到，安全生产的长期性、复杂性和艰巨性还很突出，进一步减少事故总量、有效防范和坚决遏制重特大事故，始终是摆在我们面前的主要任务，始终是对我们各级领导干部的履职考验。希望大家要切实把维护人民群众生命安全作为我们的最高职责，针对不同地区、不同行业领域的具体情况，抓住影响安全生产的要害之处，攻坚克难，奋发有为，不断提高安全生产工作能力和水平。

（三）紧紧围绕实施安全发展战略，强化重点工作措施落实

从党的十六届五中全会提出“安全发展”理念以来，经过几年来的积极探索和实践，国务院将安全发展上升为国家战略。但从基层反映的情况看，安全发展理念和战略在全社会上还没有普遍唱响。一方面总局要组织力量认真研究，赋予安全发展战略实质性的内容，大家在讨论中也提出了这方面的建议。另一方面各地区、各有关部门也要站在经济社会发展的全局高度审视安全生产工作，自觉地把安全生产纳入经济社会一体化进程中，正确处理好安全与发展的速度、质量和效益的关系，创新工作。在强化责任落实上，要突出企业安全生产主体责任；在隐患排查治理上，要突出事故集中的地区和行业领域；在安全监管执法上，要突出“打非治违”；在构建安全防范体系上，要突出安全生产基层基础建设；在强化安全保障上，要突出依靠先进的安全生产技术和装备；在事故查处上，要突出责任追究和警示教育相结合，坚决防止同类事故重复发生。

（四）切实抓住煤矿这个重中之重，严格加强安全管理和监督

通过持续不懈的努力，2012 年煤矿事故大幅下降，煤矿百万吨死亡率创出了历史最好水平，在所有事故总量中比重明显减少，但仍然是重特大事故多发和社会广泛关注的行业领域，近五年来每年都发生过特别重大事故，并且还发生了一次死亡百人以上的矿难。对煤矿安全生产必须高度重视，紧紧抓住，决不能有一丝一毫的放松和懈怠。对此，张德江副总理在讲话中作了突出强调，杨栋梁和付建华同志在工作报告中提出了明确要求。煤矿安全生产涉及安全生产综合监管、安全执法监察和行业管理等多个部门，必须从不同角度强化责任落实，从瓦斯综合防治、小煤矿整顿关闭、现场技术管理、班组安全建设等方面，加强协调联动，落实相关经济政策和防范措施，强化风险预控管理，加大瓦斯、透水、火灾和冲击地压等灾害治理力度，为有效防范和遏制重特大煤矿事故奠定坚实基础。

二、紧密结合实际贯彻落实会议精神，切实在安全生产综合治理措施上取得新成效

会议开得好不好，能否落实至关重要，就像杨栋梁同志讲的那样，“关键抓落实，重在见效果”。各地区、各有关部门和单位要紧密结合各自实际，加紧研究制定贯彻落实会议精神的具体措施，并把相关工作任务层层分解落实到有关部门和企业，确保会议精神得到有效贯彻落实。在此基础上，我再补充强调以下几点：

（一）积极推进安全生产法制建设

新修订的《安全生产法》今年将颁布实施，这是我国新时期安全生产法制建设的一件大事。要认真做好宣传贯彻，并抓好《矿山安全法》《煤矿安全监察条例》《安全生产应急管理条例》等法律法规以及相关规章和标准制度的制定修订工作。要加强执法工作研究与创新，按照党的十八大要求做到严格、规范、公正、文明执法。要严格执行事故查处分级挂牌督办制度，确保件件有回音。要在依法严肃追究事故责任的同时，进一步完善事故调查处理报告，注重细化针对性强的整改措施建议，并及时制定修订相关法规制度，建立更加规范的安全生产法治秩序。

（二）加快落实安全生产规划

今年是“十二五”规划的第三年，是各项重点工程任务实施的攻坚期。要抓好规划实施情况的中期评估，对“六大体系和六个能力”、“九项重点工程”进展情况进行集中检查，促进各地区和有关部门加快建设步伐。要认真抓好国家发展改革委与总局联合印发的《安全生产监管部门和煤矿安全监察机构监管监察能力建设规划（2011—2015年）》（发改投资〔1012〕611 号）的实施工作，加强与当地政府和相关部门的沟通协调，按规划落实工程项目配套资金，抓紧做好各项前期工作，加快开工建设进度。要突出抓好安全科技等专项规划，按照实施“四个一批”的要求，大力推进科技强安。要加强产业政策引导，积极淘汰落后技术、工艺和装备，持续加大安全投入，完善有利于安全生产的财政、税收、信贷等经济政策，提足用好安全生产费用，推进安全生产自动化、信息化和机械化建设，提高安全技术和装备保障水平。

（三）深化职业病危害防治工作

随着经济社会发展，人民群众对职业病危害及其防治的关注度越来越高，舆论呼声越来越强烈。目前，我国已进入职业病多发期，工作场所的预防任务非常艰巨。各地区要在当地政府的领导下，认真贯彻落实《职业病防治法》，加快职业卫生职责

的划转，抓紧职业卫生监管队伍建设，抓好职业卫生技术服务组织的管理，建立各部门协调联动机制，共同做好防、治、保工作，维护职工安全健康权益。严格职业病危害项目申报和建设项目职业卫生“三同时”制度，推进技术支撑体系建设，突出职业病危害严重的行业领域，进一步深化执法监督，不断提高监管效能。

（四）认真研究会议分组讨论中提出的相关重点问题

大家在会议分组讨论过程中，都对张德江副总理的讲话给予非常高的评价，一致认为五年来安全生产工作取得的成绩确实来之不易。通过参加昨天的会议，大家切实感受到，今年的工作会有“短、实、新”的特点，即会期短、措施实、风气新，为各地区作出了表率。尤其是杨栋梁同志带头转变会风、改变文风，言真意切地脱稿总结了安全生产工作，分析了形势任务，安排部署了重点工作，处处讲到要害、抓住关键。大家还特别谈到，从杨栋梁同志的讲话中真切地体会到总局党组对基层安全监管监察人员的关心和爱护。同时，讨论中大家从关心安全生产事业的角度出发，提出了许多很有针对性的意见建议。总局能够解决的，将尽快解决；需要协调有关部门解决的，将积极反映、争取给予最大支持，推动解决。

三、扎实做好春节和“两会”期间安全生产工作，确保全年安全生产工作良好开局

2013年春节将至，全国“两会”召开在即。要认真贯彻落实《国务院安委会办公室关于做好冬季和2013年元旦春节期间安全生产工作的通知》（安委办明电〔2012〕29号）要求，进一步做好以下几个方面的工作：

（一）加强组织领导，集中开展安全检查和专项治理整顿

要把握季节性规律和特点，切实加强煤矿、道路交通、非煤矿山、危险化学品、烟花爆竹等重点行业领域安全监管，集中开展安全大检查和专项治理整顿，严厉打击治理非法违法、违规违章行为，及时发现安全隐患、整改到位。对存在重大安全隐患、严重危及安全生产的，要责令其停产整顿直至关闭取缔。

（二）加强监管监察，抓好人员密集场所安全管理

加强与相关部门的配合，认真开展高层建筑、在建工程、地下工程等重点监管对象，以及学校、医院、宾馆饭店、商场、网吧、娱乐场所人员密集场所的消防安全管理和隐患排查，严格执行大型集会、烟花集中燃放等群众活动审批制度，制定并落实安全防范措施，严防火灾和拥挤踩踏等群体性事故发生。

（三）狠抓责任落实，强化煤矿等重点行业领域安全生产工作

要严防煤矿企业在用煤高峰为抢产量、抢效益，突击生产而引发事故。春节期间正常生产的煤矿，要严格执行安全生产规章制度，严格执行领导干部带班下井制度，加强现场管理。认真开展非煤矿山特别是尾矿库安全巡查，防止溃坝等事故发生。针对烟花爆竹生产经营旺季的实际，严厉打击非法违法违规违章生产、经营、运输、储存烟花爆竹行为，严肃整顿规范烟花爆竹市场经营秩序。进一步加强危险化学品和民用燃气安全监管，严防泄漏、爆炸、火灾和中毒事故。全面落实建筑施工、冶金、电力、民用爆炸物品、旅游等其他行业领域的安全防范措施，督促企业认真组织开展自查自纠，及时整改消除安全隐患，切实做到不安全不生产。

（四）严格复产验收，认真做好安全生产保障工作

相关部门要加强安全监督检查，严格落实节日期间停产检修和节后复工复产各项安全生产规定，严格按标准组织验收，未经验收或验收不合格的一律不准恢复生产，对擅自复产或关闭后死灰复燃的要严肃查处。

（五）强化应急值守，严防自然灾害引发生产安全事故

要认真落实联动机制，进一步完善应急预案并加强演练，健全应急协调联动和快速反应机制，落实极端天气下的安全防范措施。要加强值班值守，严格执行领导干部到岗带班、关键岗位24小时值班制度和事故信息报告制度，一旦发生事故或紧急情况，要立即报告，及时有效开展应急救援和处置工作，切实维护人民群众生命财产安全。

国家安全生产监督管理总局副局长王德学在全国安全生产综合监管工作现场会上的讲话（摘要）

（2013 年 4 月 2 日）

今天，我们在湖南长沙召开全国安全生产综合监管工作现场会。会议的主要任务是：深入贯彻党的十八大和全国安全生产电视电话会议、全国安全生产工作会议精神，回顾总结 2012 年安全生产综合监管工作，分析近年来重点行业领域安全生产情况及当前形势，安排部署 2013 年的工作任务，推动各地区、各有关部门和单位认清形势、明确任务，同心协力、攻坚克难，进一步开创各项工作的新局面。

下面，我代表总局讲三个方面的问题。

一、2012 年安全生产综合监管工作取得了新的进展

2012 年，各地区、各有关部门认真贯彻党中央、国务院关于加强安全生产工作的一系列重要决策部署，按照总局党组的工作安排，坚定信心、开拓进取、狠抓落实，各项工作取得了明显成效。回顾 2012 年走过的历程，我们重点抓了以下六个方面工作：

（一）切实履行综合监管职责，推动重点行业领域安全生产综合整治措施进一步落实

综合监管重点行业领域涉及多个部门，必须各司其职、齐抓共管、形成合力。去年广州会议以来，各级安全监管部门以事故易发多发的道路交通、建筑施工和消防安全为重点，充分发挥综合指导协调作用，通过联合分析、联合部署、联合检查，推动相关行业领域进一步强化措施、落实责任、源头治本、成效明显。一是牵头组织制定了国务院关于加强道路交通安全工作的意见。为认真贯彻落实国务院安委会全体会议要求，总局会同公安部等相关部门，在对全国 10 个重点省道路交通安全工作进行实地调研的基础上，牵头起草并以国务院名义印发了《国务院关于加强道路交通安全工作的意见》（国发〔2012〕30 号），这是国务院出台的道路交通安全工作方面第一个综合性指导意见，对全方位推动和落实道路交通安全工作具有重要意义。在此基础上，牵头制定并以国务院办公厅名义印发了落实《国务院关于加强道路交通安全工作的意见》分工方案，把 75 项工作落实到 25 个行业部门，并推动相关部门陆续推出了驾驶人培训新规、设立“全国交通安全日”、暂停卧铺客车生产、长途客车夜间停驶及接驳运输等更新、更实、更管用的工作措施。各省级安全监管部门积极协调推进，分别以省政府名义或联合相关部门出台了具体实施方案，有力促进了道路交通安全长效机制建设。二是进一步完善了事故调查工作机制。为深入贯彻落实《国务院关于进一步加强企业安全生产工作的通知》（国发〔2010〕23 号）精神，切实发挥好事故调查在推进综合监管工作中的作用，国务院安委会办公室专门印发了《关于进一步做好重大事故查处挂牌督办工作的通知》（安委办〔2012〕30 号），对调查组织、协调机制、调查时限、督办程序等进一步细化。各地区结合实际进一步完善了重大事故调查处理和较大事故挂牌督办工作制度，推动事故调查工作进一步规范。三是在消防领域全面推行了网格化管理。总局联合中央综治办、公安部等五部门印发了《关于街道乡镇推行消防安全网格化管理的指导意见》（公通字〔2012〕28 号），指导全国 8597 个街道、33796 个乡镇构建了“全覆盖、无盲区”的消防管理网络。四是地方综合监管制度建设取得新进展。各地区认真履行综合监管职责，在制度创新方面进行了积极探索，结合实际进一步健全完善了综合监管工作机制。北京市制

定了《关于进一步加强本市安全生产综合监管工作的意见》，探索建立了4种综合监管模式，完善了12项安全生产综合监管工作制度。上海市修订了《关于进一步加强城市运行安全和生产安全的工作意见》，完善了确保城市运行安全和生产安全保障的制度措施。湖南省探索实施网格化监管模式，建立了由区（县）到街道（乡镇）再到社区（村）的网格单元逐级管理模式，实现了安全生产无盲区管理。内蒙古、福建、安徽等省（区）也出台了加强本地综合监管工作的指导意见，进一步完善于综合监管各项制度。通过一系列综合监管机制制度的建立，进一步促进了部门监管、属地管理和企业主体责任的落实。

（二）加强部门协调联动，推动“打非治违”、隐患排查和专项整治工作取得明显成效

国务院部署在全国集中开展安全生产领域“打非治违”专项行动以来，各地区、各有关行业领域按照统一部署，把“打非治违”专项行动作为工作的重中之重，把各项要求贯穿到相关行业专项整治行动中，取得了明显成效。一是联合开展了“道路客运安全年”活动。总局会同公安部、交通运输部部署开展了长途客车、旅游包车和“三超一疲劳”专项整治，严厉打击道路交通非法违法行为，并联合开展了针对重点时段、重点地区、重点车辆的督导检查。经过努力，全年因非法违法行为导致的道路交通事故同比下降了7%。河北、山西、辽宁、吉林、浙江、湖北、江西、贵州等省结合实际，分别开展了治理超限超载专项整治、平安牵手活动、三轮摩托车专项整治、农村客运车辆专项整治等活动，进一步规范了道路交通安全秩序，促进了道路交通安全形势的稳定好转。二是在工程建设领域联合开展了预防施工起重机械脚手架等坍塌事故专项整治。总局会同住房城乡建设部、交通运输部、铁道部、水利部、南水北调办、电监会等部门以国务院安委会办公室名义印发了整治方案，督促指导相关部门分行业进行了部署实施。通过专项整治，有效遏制了建筑施工事故高发的势头，2012年全国各类建筑坍塌事故起数和死亡人数同比分别下降了13.9%和21.7%。三是强力推进消防安全专项整治。地方各级安全监管部门会同公安部门在全国开展了“清剿火患”专项行动和十八大消防安全保卫战，并按照总局、公安部、中央综治办等五部门部署，积极推进消防安全网格化管理和重点单位“户籍化”管理，全国共有40余万家重点单位建立了消防“户籍化”档案，有效夯实了消防安全基础。2012年全国火灾事故同比大幅下降，特别是较大事故和重大事故起数同比分别下降了26.3%和80%。四是开展了水上交通渡口渡船专项整治。总局会同交通运输部、农业部联合部署开展打击“三无”渡船和渡船超载、混载等严重违法行为，全面落实渡船安全航行责任制。

此外，各地区还根据实际情况，开展了一系列专项整治活动，取得明显成效。山东省将2012年确定为“安全生产基层基础强化年”，对道路交通等10个重点行业领域百处重大隐患进行了挂牌督办，并从省级安全生产专项资金中拿出1000万元用于奖励先进。四川省进一步加强公路波形护栏等安全防护设施建设，完成了盆周山区各县每年至少10公里、平原丘陵各县每年至少6公里的波形防护栏安装任务。吉林、河北、辽宁、内蒙古、河南、湖北、江苏、广东、青海等省（区）也分别开展了安全生产百日提升行动、机场净空安全专项整治、城市轨道交通安全执法检查、铁路道口和高铁安全专项整治等专项治理工作。

（三）加大动态监控系统推广应用力度，推动科技防控事故能力进一步提升

国务院领导同志对动态监控工作高度重视，时任国务院副总理张德江同志曾先后两次作出重要批示，要求加大推广力度。各级安全监管部门把动态监控系统推广作为“十二五”时期的一项重要工作，作为预防重特大事故的有效举措，加大指导协调和督促检查力度，动态监控系统安装应用工作取得明显进展，在事故预防方面发挥了重要作用。一是完成了“两客一危”车辆动态监控系统安装和监控平台联网工作。全国共有25万辆“两客一危”车辆安装了CPS卫星定位装置，建立了国家、省、市、企业四级监控平台。动态监控系统在预防超速和疲劳驾驶方面的作用愈加明显，2012年因超速和疲劳驾驶违法行为导致事故起数和死亡人数同比分别下降了17%和14%。二是联合推动渔船安装防碰撞自动识别系统。总局会同农业部在沿海14个省推进渔船防碰撞系统安装应用工作，目前全国75.9%的60马力以上机动渔船安装了防碰撞系统，对预防船舶碰撞起到了积极作用，2012年

较大以上渔船碰撞事故同比减少了34%。此外，一些省（区、市）在渡口、渡船上安装了视频监控系统，进一步规范了渡运安全管理。湖南省实现了水上交通视频监控系统全省覆盖，对日渡运量300人次以上的重要渡口全部实施了实时视频监控。三是积极推进大型起重机械安装安全监控系统试点工作。总局会同质检总局研究制定了《起重机械安全监控管理系统》国家标准，在28家企业开展了试点工作，并召开了现场会进行了总结推广。通过动态监控系统的推广，道路交通、水上交通、渔业船舶、建筑施工等重点行业领域事故防控能力得到进一步提升。

（四）加强“平安创建”和安全生产标准化建设，安全生产基层基础得到进一步夯实

“平安创建”和安全生产标准化建设，是从源头上落实企业主体责任的重要载体。总局和地方各级安全监管部门近年来一直努力推动此项工作，并把创建范围从道路交通逐渐扩大到全部重点行业领域。2012年，地方各级安全监管部门积极协调配合公安、交通、农业、电力等部门，持续开展了“平安畅通县市”“平安农机示范县”“文明渔港”“平安工地”等创建活动，先后有117个县被评为“平安畅通县市”、105个县被评为“平安农机示范县”，沿海20个渔港被评为“全国文明渔港”，69个公路和水运项目被评为“平安工地”示范项目，82家发电企业被评为一级安全生产标准化企业。一些地区还结合实际出台了推动重点行业安全生产标准化工作的具体规定。山西省出台了《山西电力安全生产标准化达标工作方案》，江苏省制定了《交通运输企业安全生产标准化考评管理办法》。此外，各地区还积极推动重点行业领域建设项目严格履行安全设施“三同时”备案程序，在200多个军工、电力、码头、港口等建设项目安全评价报告审核中，安全评价机构专家共查出4300多条安全隐患，提出了1200多条整改意见，为从源头上消除安全隐患发挥了积极作用。

（五）注重典型引路，及时对各地典型经验在全系统进行宣传推广

总局先后对福建、宁夏、重庆等省（区、市）道路交通安全工作进行了调研，以国务院安委会办公室的名义转发了《福建省道路交通安全综合整治“三年行动”实施方案和福建省道路交通安全集中整治大会战实施方案》《宁夏回族自治区公共安全保障工程的实施方案》，形成了重庆市道路交通工作做法的调研报告。各地区也加大调查研究力度，查找重点领域安全生产工作的深层次问题，为出台治理措施提供依据。北京市组织对30多家物业服务企业开展了集中检查调研，形成了《北京市物业管理区域内安全生产管理调查评估报告》，这是全国第一个针对物业管理区域安全生产工作的调研报告。浙江省在全省范围内选取了18个项目开展重点行业领域安全生产事故防范创新体系建设试点工作，积极探索安全生产事故防控的有效途径。重庆市完成了《重庆市农村道路客运现状及对策研究报告》课题，提出了农村客运安全发展治本措施。这些调研报告和典型经验，为政策决策提供了第一手翔实资料，为制定有针对性的工作措施奠定了基础。

（六）严抓事故查处和整改措施落实，事故查处在促进安全监管工作中的作用得到进一步发挥

事故调查处理是推动综合监管工作的重要抓手，也是安全监管部门的一项义不容辞的职责。各地区认真贯彻落实事故调查相关法律法规，按照国发〔2010〕23号文件和《国务院安委会办公室关于进一步做好重大事故查处挂牌督办工作的通知》要求，在对35起重点行业领域重大事故调查处理中，各级安全监管部门的同志不辞辛苦、连续作战、不畏困难、积极探索、勇于担当，推动事故调查处理工作取得新的成效。一是事故调查机制进一步完善。各级安全监管部门在事故调查中的牵头地位得以确立，目前全国道路交通、建筑施工、消防等重点行业领域重大事故全部实现了由安全监管部门牵头调查。特别是北京、天津、黑龙江、湖北、上海、新疆等地区对此作出了明确规定。二是事故调查水平进一步提升。各地区更加注重加强与总局的沟通，广西、海南、云南、西藏、陕西、甘肃、新疆生产建设兵团等25个省（区、市）安全监管局负责同志专门到总局汇报重大事故调查进展情况，共同研究推进事故调查处理工作，进一步增强了系统上下齐心合力抓好事故调查处理工作的合力，事故调查报告的质量和水平有了明显提高。三是事故调查时效性进一步提高。地方各级安全监管部门充分发挥事故调查的牵头作用，加强部门间的沟通协调和督办，及时协调解决影响事故调查进度

的重大问题，事故调查时效得到明显提升。2012年发生的35起重点行业领域重大事故中，有29起已调查结束，结案率同比提高了12%。四是事故整改措施落实力度进一步强化。包茂高速陕西延安"8·26"特别重大道路交通事故发生后，根据时任国务委员马凯同志的重要批示要求，总局会同公安部、交通运输部及时召开了全国交通安全紧急电视电话会议，要求全国认真吸取教训，全面贯彻国发〔2012〕30号文件要求，部署开展道路交通安全大检查和客运安全专项整治，特别是严格执行长途车辆凌晨2点到5点停车休息制度，全国各地区及时出台了实施细则，有效防范和遏制了长途客运车辆夜间行驶重大以上事故的发生。

二、清醒地认识到当前面临的新形势新挑战

2012年，在各地区、各有关部门的共同努力下，道路交通、建筑施工、铁路、消防等重点行业领域安全生产形势继续保持了总体稳定、趋于好转的态势。一是道路交通事故死亡人数连续8年保持下降。全国道路交通事故起数和死亡人数与2011年同比分别下降3.1%、3.8%；较大事故起数和死亡人数同比分别下降15.2%、15.9%；重大事故死亡人数下降13%；特别重大事故同比减少1起。二是建筑施工事故继续保持"三个同时下降"。在2011年首次实现建设施工事故总量、较大事故、重大事故"三个同时下降"的基础上，2012年事故起数和死亡人数同比分别下降7.2%、7.7%；较大事故起数和死亡人数同比均下降7.1%；重大事故起数和死亡人数同比分别下降40.0%、25.7%。三是火灾事故降幅尤为明显。全国火灾事故死亡人数首次下降到千人以下；较大火灾事故起数和死亡人数同比分别下降26.3%、30.7%；重大火灾事故同比分别下降80%、86.1%。四是水上交通、渔业船舶、铁路、民航、农机等行业领域安全生产形势继续保持了平稳。水上交通事故总量和死亡人数同比分别下降9.4%、4.8%；渔业船舶事故死亡人数下降了8.4%；铁路事故起数和死亡人数同比分别下降6.2%、6.7%，没有发生重特大事故；农业机械事故起数和死亡人数同比分别下降2.7%、33.9%。

回顾近十年来安全生产综合监管工作，在人、车、路增长1.5倍，建筑施工面积增长2.8倍、从业人员增加1400万人，高层、超高层建筑大量增加，水上运输客货运总量持续上升的情况下，重点行业领域安全生产形势呈现了"三个持续大幅下降，一个显著改善"的特点。一是事故总量和死亡人数持续大幅下降。2003年到2012年十年间，道路交通事故总量和死亡人数从66.8万起、10.4万人下降到20.4万起、6万人，分别下降69.5%和42.3%；火灾事故起数和死亡人数分别下降了52.4%和66.6%；水上交通事故起数和死亡人数分别下降了57.4%和44.3%。二是重大事故大幅下降。综合监管行业领域重大事故总量由2004年最高的66起，下降到2012年的35起，下降47%（其中道路交通重特大事故从2004年最高的55起下降到2012年的25起，下降54.5%）。三是特别重大事故大幅下降。道路交通、建筑施工，铁路、消防、水上交通等重点行业领域特别重大事故总量由最高2004年的6起，下降到去年的1起（其中从2005年以来水上交通领域杜绝了特别重大事故，2008年以来建筑施工领域未发生特别重大事故）。四是主要相对指标下降明显，重点行业领域安全生产水平显著改善。建筑施工每十万从业人员死亡人数由10.93人下降至6.32人；道路交通万车死亡人数从10.81降到2.51。

但是我们同时也清醒地看到，当前重点行业领域安全生产面临诸多新问题、新压力、新挑战，安全形势依然严峻。一是重点行业领域事故总量占全国比例仍然较大，且在连续多年大幅下降后降幅趋缓。道路交通事故位居各类事故首位，死亡人数占全国总量的83%；建筑施工位居工矿商贸首位，事故起数占其总量的29%。特别是道路交通等重点行业领域事故总量随着持续多年的大幅下降后，降幅开始趋缓，继续下降的空间减小。二是与国外发达国家相比，相对指标仍然较高。道路交通万车死亡率是美国的2倍；建筑施工每10万工人死亡率是英国的2.5倍；10万渔船船员死亡率是世界平均水平的2.6倍。三是行业发展迅速与安全监管能力不适应的矛盾依然突出。机动车辆驾驶人每年增加2700万人、公路每年增长7万公里、机动车每年增长1500万辆；轨道交通用10年时间走过了发达国家100年的发展历程，目前全国已批复34个城市、154条线路、5100公里的建设规划；建筑施工面积每年增加10亿平方米；全国共有高层建筑约30万栋（其中超高层建筑超过2500栋）。与此快速发展相比，相应安全监管能力和水平不适应的问题越发突出。四是在新媒体条件下，随着经济社会的发展和社会文明的进步，公众对事故关注程度加大。长途卧铺客车、高铁、地铁、校车、商场火灾等与广大人民群众日常生活息息相关，随着人民群众对安全生产工作期望值的不断提高，对上述行业重特大事故的容忍度降低，对综合监管工作提出了更高要求。五是影响安全生产的痼症顽疾尚未得到根治。事故中普遍暴露出的企业安全管理混乱、主体责任缺失，现场作业人员安全意识不强、违规违章行为严重，行业部门执法不严、监管不到位，地方属地管理责任落实不力等问题，依然大量存在。六是行业新变化带来一些新问题。国家不断加大强农惠农政策力度，持续推进“村村通”公路建设和汽车摩托车下乡，农村出行量加大，交通工具多元化，特别是价格低、容量大的“面包车”增长迅速，每年约增长100万辆，这些车辆超员、超速违法行为多发，由此引发的事故大量上升。随着区域振兴规划的实施，公路建设、铁路建设逐步向西部山区等自然环境恶劣地区转移，施工风险显著增加，对安全监管带来新的挑战。

三、扎扎实实地做好2013年的重点工作

党的十八大报告中提出要“强化公共安全体系和企业安全生产基础建设，遏制重特大安全事故”，这为当前和今后一个时期安全生产工作指明了方向。2013年，我们要在深入贯彻落实党的十八大精神的基础上，继续深入贯彻落实国发〔2010〕23号文件、《国务院关于坚持科学发展安全发展促进安全生产形势持续稳定好转的意见》（国发〔2011〕40号）和全国安全生产电视电话会议、全国安全生产工作会议精神，紧紧围绕事故预防这条工作主线，以道路交通、建筑施工、水上交通、消防等事故易发领域为重点，以“打非治违”、专项治理、科技预警、基础建设、事故整改为着力点，推动相关部门和企业进一步落实责任、加强监管、增强合力，提升安全管理水平，有效防范和坚决遏制重特大事故发生。要重点做好以下六个方面工作：

（一）突出综合监管体系建设，狠抓安全生产“三个责任”落实

各级安全监管部门要紧紧围绕推动责任落实来进一步加强综合监管体系建设，既要继续坚持各项行之有效的工作制度，更要大胆探索新思路、新机制、新方法，实现新突破。一是推动各级属地监管责任落实。各地区要充分发挥安委会办公室的平台作用，加强对地方的指导协调和监督检查，推动市、县、乡落实政府负责人“一岗双责”制度，把安全责任落实到主要负责人和行业分管负责人。二是推动行业部门监管责任落实。各级安全监管部门要进一步加强部门协调联动，健全完善部门联合部署、联合分析、联合督导、联合检查、联合通报、联合约谈等工作机制，把党中央、国务院的重要决策部署、指示要求和总局部署安排、工作思路落实到各行业领域，形成各司其职、各负其责、协同作战的工作格局。三是推动企业主体责任落实。要积极指导配合相关行业主管部门按照分级属地原则，督促企业加强内部安全管理，落实好领导现场带班、人员培训教育、隐患排查治理等各项制度，不断强化企业安全基础。

（二）突出专项整治，狠抓重点行业领域“打非治违”和隐患整治工作

当前要紧紧抓住事故易发多发的道路交通、建筑施工、消防和水上交通等重点行业领域，突出重点地区、重点环节、重点行为，把专项整治与“打非治违”工作有机结合，持续保持高压态势，严厉打击非法违法行为，有效防范和坚决遏制重特大事故。一是以长途客运为重点，继续深入开展“道路客运安全年”活动。总局和公安部、交通运输部近日将联合部署开展深化“道路客运安全年”活动，对加强道路交通安全工作作出具体安排。各地区要把道路交通作为综合监管工作的重中之重，紧紧围绕贯彻落实国发〔2012〕30号文件这条工作主线，以开展“道路客运安全年”活动为契机，从“人、车、路、管理”这四个要素入手，采取综合治理措施，在降事故总量、防重特大事故方面下更大功夫、实现更大突破、取得更大成效。要继续强化对“三超一疲劳”非法违法行为的打击力度，严格落实“打非治违”的“四个一律”要求；要进一步加大对长途卧铺客车的安全监管力度，严格执行凌晨2时至5时停止运行的规定，加快推进接驳运输试点工作，有效防范因疲劳驾驶引发的重特大道路交通事故。国务院安委会办公室将适时组织对各地区贯彻落实国发〔2012〕30号文件情况的监督检查。二是以规范现场管理为重点，深入开

展施工现场安全专项整治。各级安全监管部门要会同住房城乡建设等部门加强对在建工程施工现场涉及的深基坑、高大模板、脚手架、建筑起重机械设备等重点部位和重点环节的监督检查，特别要持续开展深化预防施工起重机械、脚手架等坍塌事故专项整治，严厉整治“三违”行为。三是以人员密集场所和高层地下建筑为重点，深入开展消防安全专项整治。要会同公安消防部门持续组织开展排查易燃可燃材料装修装饰、疏散通道和安全出口封堵、自动消防设施损坏等隐患的专项治理，推动地方政府加强街道乡镇消防安全网格化管理，构建“全覆盖、无盲区”的消防管理网络。四是以落实县乡政府监管责任为重点，深入开展渡口渡船专项整治“回头看”。总局会同交通运输部印发了开展渡口渡船专项整治“回头看”的通知，希望地方各级安全监管部门加强与交通海事、农业部门的协作配合，加大对渡口渡船非法违法行为的打击力度，严厉整治“三无”渡船、渡船超员和混载等严重违法行为，全面落实渡船安全航行责任制，确保水上交通运输安全形势进一步稳定好转。

（三）突出科技预防，狠抓动态监控系统的安装应用工作

今年要继续毫不松懈地抓好推进和落实，既要重视推动动态监控系统的安装，又要出台措施确保应用效果，实现安装率和使用效果双提升。一是在道路交通领域重点推动动态监控系统的规范使用。尽管目前全国“两客一危”车辆已全部安装了监控装置，但从一些事故中发现，有些企业没有管好用好这些装置，有些企业甚至故意遮挡或损坏装置，以逃避监管。因此，今年要重点抓好动态监控系统的“真装真用”。总局将会同交通运输部、公安部等部门联合出台部门规章，强制运输企业通过动态监控系统对车辆进行实时动态监控，同时推动公安交管部门利用动态监控平台开展日常执法检查，切实发挥动态监控系统在监控超速超员和疲劳驾驶方面的作用。二是在建筑施工领域重点研究推动防坍塌监控预警系统的应用。总局今年将会同有关部门在中央建筑施工企业率先开展试点，在施工风险较大的地铁和隧道施工现场安装防坍塌预警装置，在施工现场重点部位和环节安装远程视频监控装置，有效防范坍塌和坠落事故。三是在水上交通领域重点推动渔船防碰撞自动识别系统安装。要继续加快推进提升60马力以上机动渔船防碰撞自动识别系统安装率，今年争取达到90%，同时推动在远洋渔船安装和使用船位监测设备，提高远洋渔船遇险救助能力。四是在民爆行业重点推广生产经营动态监控信息系统和工业炸药现场混装车动态监控信息系统。在工业炸药和雷管生产线上，配备电子视频监控系统，实施全程监控。地方各级安全监管部门要根据实际情况，会同相关行业主管部门共同研究综合监管领域动态监控系统推广应用的措施，真正发挥好科技手段在预防事故中的作用，实现事故预防质的飞跃。

（四）突出安全生产标准化建设和“三同时”管理，狠抓企业基层基础工作

在这三项工作开展过程中，各行业领域的安全基础有差异，工作进展不平衡。因此，继续深化的空间很大。我们要充分发挥综合监管部门统筹全局的优势，善于总结归纳具有普遍性、指导性的好经验，推动各行业领域基层基础建设。一是深化交通运输、建筑施工等行业领域安全生产标准化工作。推进第三方机构在客运企业开展安全管理规范评估，并作为客运企业线路审批的重要依据；开展施工企业现场安全生产状况分级考核，并将结果与工程建设招投标管理和诚信体系考核相结合；继续推进船舶、电力、军工等行业标准化工作，提高企业安全管理规范化和科学化水平。二是推动落实安全设施“三同时”备案制度，从源头上提高企业安全保障能力。地方各级安全监管部门要进一步加强港口码头、电力、军工、城市地铁、公路等行业领域建设项目安全设施“三同时”预评价和安全评价工作，加强程序管理，严把备案关，推动企业加强安全生产基础建设，从源头上消除安全隐患。三是深化平安创建，发挥典型引路和示范作用。要继续在道路交通、建筑施工、水上交通等行业领域深化“平安交通”、“平安畅通县市”、“平安工地”、“平安渔业示范县”、“文明渔港”、“平安农机示范县”等创建活动，及时“推出一批典型、抓好一批试点”，以点带面、推动全局。

（五）突出吸取教训，狠抓事故整改措施的落实

各级安全监管部门要切实发挥好在事故调查处理工作中的牵头作用，严格贯彻“四不放过”原则，强化警示教育，严格责任追究，特别是要加强

事故整改措施的督促落实，紧盯存在同类问题的企业，隐患不除，决不罢休。一是完善事故警示教育制度，重点抓好事故教训的及时通报。要通过政府网站和高效快捷的信息化手段，及时将重大以上事故和较大典型事故通报到相关部门和有关企业，切实把“一地出事故，全国鸣警钟”的要求落到实处。二是完善现场督导制度，重点抓好企业安全隐患的及时整改。在对生产安全事故现场督导过程中，不仅要会同有关部门查现场，还要查企业，及时发现企业安全管理上存在的问题，督促主管部门和企业立即采取措施，切实消除安全隐患。三是完善事故挂牌督办机制，重点抓好事故调查时效的切实提高。总局近期正在会同有关部门研究制定异地重大道路交通事故调查处理指导意见，从调查组织、技术原因调查、管理原因调查、异地沟通协调机制等方面提出要求，推动各地区进一步提高事故调查的时效性。希望各地区按规定切实抓好非法违法较大事故查处和挂牌督办工作，依法严肃追究事故相关责任单位和责任人。同时，要对本地区影响事故调查时效的突出问题进行认真分析，尤其要建立与相关部门的沟通协调机制，提高各个环节的工作效率，确保事故按期结案。四是加强跟踪督办，重点抓好整改措施的真正落实。要认真分析每一起重大事故的直接原因、间接原因、主观原因、客观原因，找准核心原因，督促下级政府制定针对性强的整改措施，做到查处一起事故、整改一批隐患、警示一批企业、教育一批从业者，切实把事故查处的重心放在吸取教训和整改措施的落实上来，放在督促企业落实主体责任上来。

（六）突出作风转变，狠抓队伍自身建设

各级安全监管部门要以深入学习贯彻党的十八大精神为契机，深入贯彻落实以习近平同志为总书记的党中央关于转变工作作风的各项要求，进一步加强队伍建设，增强干部队伍凝聚力和战斗力，确保完成综合监管各项工作。一是进一步转变工作作风。要进一步增强大局意识、主动意识、创新意识、服务意识，把工作思路从被动的事故查处向主动预防转变，增强预见性和前瞻性，统筹推进综合监管工作。与此同时，要进一步加强调查研究，带着问题深入基层调研，掌握第一手资料，提高政策措施的针对性和可操作性。二是进一步强化基本功训练。“打铁还需自身硬”。各级安全监管干部都要有一种“本领不够”的危机感，针对监管工作面广、事故多、难度大，特别是一些新兴行业专业性强、社会关注度高的特点，进一步加强安全生产法律法规和业务知识的学习，提高破解综合监管工作难题的能力，更好地履行好综合监管职责。三是进一步提高工作执行力。要时刻牢记习近平总书记“空谈误国，实干兴邦”和李克强总理“喊破嗓子不如甩开膀子”的重要指示，充分认识增强执行力的重要性，按照杨栋梁局长提出的“强化抓落实，重在见效果”的要求，以更加求真务实的工作态度、更加雷厉风行的工作作风，切实提高执行力，不折不扣地抓好各项部署的贯彻落实，确保完成综合监管各项工作任务。

全面建成小康社会要求安全生产形势必须实现根本好转，而道路交通、建筑施工、消防、水上交通等重点行业领域的安全生产状况如何，直接关乎全国安全生产形势大局。我们一定要在以习近平同志为总书记的党中央坚强领导下，以党的十八大精神为指引，进一步明确任务、突出重点，开拓创新、攻坚克难，夯实基础、狠抓预防，推动安全生产综合监管工作再上新台阶，为加快实现全国安全生产形势根本好转作出新的更大贡献！

国家安全生产监督管理总局副局长孙华山在全国安全生产标准化建设现场推进会上的讲话（摘要）

（2013年11月20日）

经国家安全监管总局党组同意，今天召开全国安全生产标准化建设现场推进会，主要任务是，深入贯彻落实习近平总书记、李克强总理等中央领导同志关于安全生产工作的重要批示指示精神，认真贯彻落实党的十八大、十八届三中全会和中央经济工作会议精神，总结交流安全生产标准化（以下简称安全标准化）建设工作经验，分析存在的问题，研究对策措施，以改革创新精神，进一步开创安全标准化建设工作新局面。

下面，我讲三点意见。

一、全国安全标准化建设取得明显成效

安全标准化建设作为强化企业安全生产基层、基础和基本功的有效抓手，越来越受到全国各地区、各有关部门和广大企业的重视，思路口趋清晰，工作日趋深化，为安全生产形势持续稳定好转，实现本地区和企业的科学发展、安全发展发挥了重要促进作用。

（一）安全标准化已成为推动安全发展的有力支撑

牢固树立科学发展、安全发展理念，实施安全发展战略，就是要在发展国民经济、加快城乡建设、推进企业改革发展过程中，始终坚持安全生产高标准、严要求，在招商引资、上项目、促发展时严把安全生产准入关，切实把安全生产纳入地方经济社会发展大局之中。作为严把安全生产准入的重要抓手，《国务院关于坚持科学发展安全发展促进安全生产形势持续稳定好转的意见》（国发〔2011〕40号）把安全标准化建设纳入实施安全发展战略的重要内容，进行了统筹考虑、明确部署。按照国发〔2011〕40号文件要求，国务院安委会办公室在全面推进企业安全标准化建设的同时，还组织开展了安全发展示范城市创建工作，确定北京市朝阳区、顺义区等10个城市先行先试，把加强安全标准化作为安全发展示范城市建设的重点任务和基础工程，着力发展本质安全型企业和本质安全型行业，实现企业标准化生产经营建设与区域安全发展的有机结合。

（二）安全标准化已成为加强企业安全生产基础的有力载体

实践证明，安全生产的关键是企业基础扎实、基层健全、基本功过硬；强化企业安全生产基础建设的关键是企业安全生产主体责任的落实；企业安全生产主体责任落实的关键是安全标准化建设的深入开展。安全标准化的内容和要求，是在深刻分析我国企业现状、认真总结我国传统安全管理经验、充分借鉴吸收国外先进安全管理理念和方法的基础上提出的，包涵了企业安全生产基础建设的核心和关键内容，是将安全生产法规标准要求在企业落地执行的有效载体，是确保企业安全投入到位、安全培训到位、基础管理到位、应急救援到位的有效途径，是不断提升本质安全水平、促进安全绩效持续改进、建立安全生产长效机制的科学手段。江苏省将创建工作定位为基础性、长效性、本质性的重点工作，作为本省安全生产工作“四大体系”建设的重要内容。这次全国安全大检查中看到，凡是安全标准化工作开展得好的地区、行业、领域、企业，整体水平就较高，安全管理就较规范，安全生产基础就较牢固。

（三）安全标准化已成为建立健全隐患排查治理和预警机制的有力推手

一是通过安全标准化创建促进安全隐患排查治理，一大批隐患在创建过程中得以消除。福建省工贸行业累计排查安全隐患37万余项，投入整改资金8.5亿多元。中国铁路总公司仅用于水害复旧和专项整治的投入就达56亿元。二是以信息化促进标准化，企业隐患排查治理自查自报信息化管理系统建设全面展开，全国已有60个地区建立了隐患排查动态管理数据库，逐步形成隐患自查自报自改闭环管理，有力督促了企业全面排查隐患，及时整改消除隐患。三是运用新理念、新技术、新方法，建立完善安全生产动态监控及预警预报体系，有针对性地采取预防措施，企业安全生产工作重点从事后转变为事前，事故防范工作的主动权得到更有效把握。宁波万华等企业根据安全隐患排查数据，绘制安全"气象图"，建立安全预警机制，同时对生产装置在线实时监测，对主要风险点和关键参数进行监控，及时掌握动态，确保了各项生产活动安全进行。

（四）安全标准化已成为科学监管、重点监管的有力依据

安全标准化的创建等级，客观反映了企业安全生产水平。创建级别越高，安全生产水平就越好，安全保障能力就越强。基于此，各级安全监管部门普遍实施了分级分类动态监管，通过制定有效的监管执法检查计划，集中力量，突出重点，把监管重心放在创建等级低和未开展创建的企业，进一步提高了安全监管工作的针对性和科学性。河南省洛阳市对不同等级的企业实行不同的监管和服务措施，对于安全标准化一级、二级企业，以专家服务咨询为主，帮助其提升水平；对于三级企业，以执法检查为主，督促其加快改进。

（五）安全标准化已成为促进安全生产状况持续稳定好转的有力保障

安全标准化建设不断深化的过程，也就是安全生产状况不断好转的过程。2010年以来，冶金、机械行业、危险化学品领域安全生产状况明显改善，冶金行业事故起数和死亡人数分别下降34%、28.9%，机械行业分别下降72.6%、49.2%，危险化学品领域均分别下降26.7%。湖北省连续8年无重特大非煤矿山事故，事故起数和死亡人数逐年减少。山东省诸城市参与创建的2206家企业，3年来没有1家发生过重伤以上责任事故，事故起数年均下降37%，死亡人数持续为零。江苏省无锡市连续8年实现非煤矿山零死亡、危险化学品项目建设过程零死亡，去年首次实现化工企业涉危事故零死亡。云南磷化公司自2006年开展创建以来，连续7年百万工时死亡人数为零，百万工时负伤人数逐年大幅下降。

目前，在各地区、各有关部门和各单位的共同努力下，全国安全标准化建设已进入了快车道，实现了全行业覆盖，创建企业数量高速增长。全国非煤矿山已完成安全标准化创建企业43062家，其中一级59家、二级1851家、三级41152家；危险化学品已完成创建企业50546家，其中二级3875家、三级46671家；工贸行业已完成创建企业120402家，比2010年增加了11万多家，其中一级359家、二级16308家、三级103735家，正在创建的有61949家；电力系统已完成创建500余家，索道运营已完成创建24家，1.69万家道路、水路运输企业和危险货物运输企业在今年将完成创建工作。全国安全标准化建设之所以取得这样的成效，概括起来主要有以下经验：

第一，各单位积极协作配合，为安全标准化建设提供了组织保障。近年来，各地区、各有关部门和各单位认真贯彻落实国务院相关文件精神，按照国务院安委会的统一部署，成立了由地方政府领导牵头的专项组织机构，制定工作方案和政策措施，明确目标任务，把创建工作纳入各级单位和企业目标责任考核的重要内容，层层跟进落实。尤其是党的十八大明确提出要强化企业安全生产基础建设，为推进安全标准化建设注入了强大动力。今年初，国家安全监管总局会同工业和信息化部等七部门联合印发《关于全面推进全国工贸行业企业安全生产标准化建设的意见》（安监总管四〔2013〕8号），明确了八项工作措施，并召开会议进行了部署。这些措施对其他行业领域开展安全标准化创建工作，同样起到了很好的借鉴作用。

第二，健全完善全过程管理要求，为安全标准化建设提供了规范依据。基本形成了以《企业安全生产标准化基本规范》（AQ/T 9006—2010）为核心的安全标准化建设与考评体系，制定出台了一系列配套文件，实现了创建模式、建设内容、评审依据、创建等级、考评形式"五个统一"。注重实施科学化的评审管理，对申请、受理、评审、公告、证书和牌匾颁发等作出了明确规定，培育了一批高水平的评审队伍和专家队伍，形成了较为规范的管

理模式，努力做到公开透明，自觉接受社会监督。

第三，突出典型示范和激励约束，为安全标准化建设提供了机制保障。国家安全监管总局着力抓好沈阳、宁波、广州、北京顺义和山东诸城5个示范试点城市创建工作，及时总结推广示范地区有效的经验做法。各省（区、市）也确定试点样板地区，通过抓典型、树标杆，加快了创建进程。一是将安全标准化建设与促进产业结构调整、转型升级和企业技术改造、淘汰落后产能有效结合。湖北省要求露天矿山必须采用中深孔爆破、分台阶开采和机械铲装，地下矿山必须推行尾砂胶结充填采矿技术，实现了与科技强安的“两促进”。江苏省常熟市注重与危险化工工艺自动控制改造相结合，3年内关闭淘汰小化工企业260家。二是将安全标准化建设与企业缴纳工伤保险、安全责任保险和风险抵押金挂钩，与企业年检和申请驰名著名商标、申报质量奖励和优秀品牌等资格和荣誉挂钩，并作为企业信贷信用等级评定的重要参考依据。江苏省实施了工伤保险缴纳优惠政策，对安全标准化创建企业的工伤保险费率按照不同等级分别下调20%至50%。三是制定政府奖励机制。湖北省每年安排500万元专项资金。山东省诸城市设立200万元专项资金，对一级、二级企业分别奖励30万元和5万元，市财政全部负担企业三级评审费用。四是与行政许可密切结合。各地区、各有关部门将安全标准化创建作为行政许可的硬性要求和前置条件，有效提升了企业的主动性。国防科工局将安全标准化工作与武器装备生产许可证挂钩，有力推进了创建工作。

第四，深入开展宣传教育培训，为安全标准化建设创造了良好氛围。创新方式方法，广泛开展卓有成效的宣传教育培训，对于统一思想、统一认识、统一行动具有重要作用。北京市顺义区制定了规范的创建指导手册，采取书面和上机培训的方式，开展了全覆盖、全方位培训。山东省诸城市积极开展安全标准化知识进企业、进社区、进学校、进家庭“四进”活动，将安全标准化纳入全市干部轮训的重要内容，已培训企业6600多家次，培训员工36万多人次。国家能源局（原电监会）开发了涵盖安全标准化的信息化管理平台，实现了创建工作全流程信息化管理，有效提高了效率和透明度。

第五，推动企业自主开展创建，为安全标准化建设增添了内生动力。企业通过开展安全标准化创建活动，对内提高了安全生产水平、履行了保护员工职业安全健康的职责，对外赢得了荣誉、履行了社会责任，提升了企业的形象和竞争力，切实得到了实惠。中国建材集团将安全标准化作为企业管理整合的有效抓手，通过安全标准化管理模式的复制，对新进入企业从制度建设到现场管理进行了规范整合，迅速实现了消化吸收，改善了各成员企业安全生产环境，保障了集团大规模联合重组的顺利实施，为企业健康、可持续发展发挥了积极作用。中国黄金下属57家矿山企业全部开展了创建工作，其中一级5家、二级24家、三级28家。蒙牛乳业各生产基地按照中粮集团的部署，主动争创一级企业，已有22个单位通过一级评审。北京顺鑫农业创新食品公司与创建前的2011年相比，今年的合作商数量增长了一倍，销售收入增长了38%。

二、安全标准化建设工作中存在的突出问题

通过方方面面的努力，全国安全标准化建设成效显著。同时，我们也要清醒地看到，我国正处在工业化、城镇化的快速发展阶段，处在生产安全事故的易发高发期。采掘业、重化工、制造业和建筑业比重过大，产业结构不合理，相当一部分中小企业现场管理混乱、安全生产基础薄弱，大量企业达不到要求，安全标准化建设任务繁重，制约影响创建工作的问题突出。

第一，对安全标准化重要性的认识还不到位。党的十八大报告指出要“强化公共安全体系和企业安全生产基础建设，遏制重特大安全事故”，充分强调了当前和今后一个时期加强企业安全生产基础建设的极端重要性。只有企业安全生产基础牢固了，安全生产的可靠性才有了真正保证，才能真正坚守红线，才能实现到2020年全国安全生产状况根本好转的目标。实践证明，安全标准化是强化企业安全生产基础建设，提升企业安全管理水平的重要抓手，是牵一发而动全身的系统工程。但是，一些地方、部门和企业还没有深刻认识到这一点，没有认识到安全标准化的基础性、长远性、关键性作用，缺乏战略思维，缺乏抓预防、抓治本、抓长效的工作思路，对安全标准化创建工作还仅停留在会议上、文件上和口头上，思想认识和工作方法还习惯于依靠行政手段，个别省（区）创建企业数量还是个位数。有的地方部门负责同志，对创建文件不学不看，对相关要求政策不清不楚，对工作落实不闻不问。有的企业认为搞创建需要增加投入，提高了生产成本，积极性不高；有的把创建当作“运动”“终身制”，有的仅仅依靠安全监管一个部门和少数负责人，没有做到全员、全过程参加等。这些认识上的不足和偏差，必然会导致工作上的不努力、不到位、不见效。

第二，安全标准化创建责任还不落实。安全标准化建设是整顿关闭不具备安全生产条件企业的重要标准，是国家《安全生产“十二五”规划》部署的重要工程，是政府强制推行的重要工作，已纳入正在修订的《安全生产法》。但在实际工作中，还存在责任不够落实的问题。一是督促责任不落实。对国家相关文件规定落实不到位，没有把安全标准化建设列入各地区、各有关部门的考核内容，没有建立起向各单位通报创建进展情况和向社会公开相关信息的制度机制，对企业创建完成之后的动态监管手段不足、规范指导不够。二是考评责任不落实。有的地方评审组织单位和评审单位专业技术力量不足，管理不严，存在评审过程不规范、评审报告照搬照抄、生搬硬套等问题。三是企业主体责任不落实。部分企业等待观望思想严重，不主动响应，简单认为创建工作既花钱又费事，创建主体责任不落实；有的企业重评审、轻建设，重结果、轻过程，把重点放在了如何做好表面文章、通过考核评审上。

第三，安全标准化创建进展还不平衡。这次安全大检查中，全国重点行业领域共排查治理隐患545万项，其中重大隐患8557项，这也说明全国重点行业领域创建工作不够平衡，企业水平参差不齐，大量企业还没有达到要求，安全隐患依然普遍存在。一是各地区工作不平衡。在非煤矿山行业，黑龙江、吉林、福建、江苏、广西、陕西、宁夏等7个地区已完成了创建任务，安徽、山东、湖南、重庆、贵州等5个地区创建完成率超过90%，河南、西藏、新疆等3个地区创建完成率不足50%。在工贸行业，江苏、福建、广东、浙江、辽宁、山东、北京等地区创建工作进展较好，而西藏、青海、海南、宁夏、陕西、新疆兵团等地区创建企业完成数量不到100家。二是各企业类型不平衡。创建企业集中以中央企业、大型国有企业、中外合资企业以及经济效益好的重点企业为主，数量巨大的中小企业创建工作刚刚开始，有的地方甚至还在探讨阶段。三是各行业领域推动力度不平衡。矿山、危险化学品等行业领域有安全许可手段，推动力度较大；而工贸等行业企业数量多，无安全许可手段，推动工作难度较大。

第四，安全标准化法规标准体系还不完善。虽然经过努力，安全标准化法规标准体系取得了长足进步，基本建立了较为完善的法规标准体系。但与不断出现的新情况、新挑战、新要求相比，依然还有较大差距，在法规政策措施体系的权威性、制约性、统筹性、发展性方面需要努力。

第五，安全标准化市场导向机制还不健全。安全标准化创建中市场的推动力量还没有充分发挥，不同创建等级的企业品牌效应还没有显现出来，知名度还没有叫响，影响力还不够广泛，社会各界深度参与、舆论密切关注引导的机制需要进一步强化。

三、全力加快推进安全标准化建设工作

在党中央、国务院的高度重视和正确领导下，今年全国安全生产形势继续保持稳定好转势头，各项工作取得了积极进展。11月中旬召开的党的十八届三中全会，对我国政治、经济、文化、社会、生态和党的建设、国防建设等各个领域进行了全面部署，对深化安全生产领域改革也提出了具体要求，提出要强化安全生产准入标准，加大安全生产考核指标权重，加强安全生产领域基层执法力量，深化安全生产管理体制改革，建立隐患排查治理体系和安全预防控制体系，遏制重特大安全事故。这四个方面可以说是统筹兼顾、切中要害，是全面深化安全生产领域改革的指导原则和行动纲领，对于全面推进安全标准化建设具有重要指导意义。

下一步，安全标准化建设的总体思路是：以党的十八大、十八届三中全会和中央经济工作会议精神为指引，认真贯彻落实习近平总书记、李克强总理等中央领导同志关于加强安全生产工作的重要指示精神，立足当前，面向长远，用改革创新的措施办法，在确保质量、加快进度、提升水平三个方面取得更加明显成效，努力到2020年完成安全标准化创建任务，为实现安全生产状况根本好转，为全面建成小康社会、实现中华民族伟大复兴的中国梦提供良好稳定的环境作出贡献。

要重点抓好以下五个方面的工作。

（一）牢固树立坚守红线意识，增强做好安全标准化工作的责任感、紧迫感

习近平总书记在中央政治局常委会上、特别是在考察山东省青岛市“11·22”中石化东黄输油管道泄漏爆炸特别重大事故抢险救援现场时所发表的重要讲话，为做好全国安全生产工作提供了明确的指导思想和强大的精神动力。我们一定要按照习近平总书记的要求，不断提高工作的自觉性和主动性，认真贯彻党中央、国务院有关安全生产工作的一系列决策部署，牢固坚守“发展决不能以牺牲人的生命为代价”这一不可逾越的红线，着力落实市场准入和绩效考核“两个一票否决权”，健全“党政同责、一岗双责、齐抓共管”的安全生产责任体系，把开展安全标准化建设摆在更加重要的位置，以安全隐患排查治理体系建设为重点，更加注重源头预防，强化企业基层、基础和基本功，创新推动安全标准化建设，实现安全管理、操作行为、工艺设备、作业环境标准化，全面提升企业安全保障水平，增强坚守红线能力，在防范遏制重特大事故上见到更大成效。

（二）注重实效，切实强化工作责任落实

一是落实政府责任。各省（区、市）安委会要继续深入贯彻落实国务院有关文件精神，推动地方各级政府将安全标准化建设纳入目标考核，加大以安全标准化促进落后产能淘汰退出、引领企业技术改造和转型升级、推动区域产业结构调整的工作力度，持续强力推进，层层抓好落实。二是落实部门责任。推动各相关部门按照有关部署要求，强化对本行业领域安全标准化建设的监督指导，落实好各项措施，齐抓共管，形成合力。三是落实企业责任。推动企业落实主体责任，健全安全标准化建设责任制，以安全标准化为主要手段，提升安全生产准入门槛，对没有按要求创建的企业，限期停产整顿乃至依法关闭。四是落实评审责任。建立考评机制，实施动态管理，及时清理不负责任、弄虚作假的评审单位和机构，扎实做好评审管理工作，确保安全标准化工作的质量和效能。

（三）健全法规标准，不断完善激励约束机制

一是系统总结推广各地区的好经验、好办法，并根据工作需要和现实发展状况，及时制修订有关法规标准制度，综合应用法律手段、经济手段和必要的行政手段，持续推进安全标准化创建工作。二是建立工作通报机制，将企业安全标准化结果向银行、证券、保险、担保等主管部门通报，纳入社会信用体系建设范畴，作为企业绩效考核、信用评级、投融资和评先推优等的重要依据。三是建立考核点评机制，定期通报、点评地方各级政府、有关部门和企业创建进展情况，表扬先进，督促落后。四是建立市场推进机制，充分发挥市场配置资源的导向作用，采取政府购买服务的方式，鼓励中介机构和社团组织积极参加创建工作。五是建立分级分类监管机制，进一步提高安全监管的科学性、针对性和实效性，以监管执法促进企业提高创建动力。

（四）严格评审要求，努力提升创建工作质量和水平

一是按照实事求是、讲求实效的原则，更加科学地开展考评工作，精简材料，简化程序，减轻企业负担。二是对创建企业进行动态管理，组织专家和评审人员现场抽查指导，并与分级分类监管有机结合，督促企业持续改进。三是一级企业必须建立科学有效的预警预报机制，并率先同国际先进安全生产标准进行对比分析，明确水平差距，明晰努力方向，确保一级企业达到甚至引领国际先进水平。四是分类实施全覆盖、全员化教育培训，加强专家队伍和评审人员的培训与管理，建立评审专家库，所有评审人员必须先培训、后上岗。五是实行全过程信息化管理，指导帮助评审组织单位、评审机构和企业在线开展工作，不断提高效率和服务水平，进一步增加透明度。六是严格评审收费管理，杜绝政府部门在创建过程中有任何收费行为，防止乱收费，禁止咨询和评审捆绑收费。

（五）建立安全隐患排查治理体系，夯实企业创建基础

排查治理隐患是安全标准化建设的重要内容。通过建立隐患排查治理体系，企业由被动接受监管向主动开展管理转变，由政府行政强制其排查隐患向企业主动自觉地排查隐患转变，实现隐患排查治理常态化、规范化、制度化，推动安全监管从传统方式转变到现代管理手段上来，从而为安全标准化建设奠定坚实基础。在财政部的大力支持下，国家安全监管总局争取到了财政专项资金支持各地区开展隐患排查治理体系建设。各地区、各有关部门要把隐患排查治理体系建设与安全标准化建设有机结

合起来，列入重要议事日程，统筹规划，分工负责，加快建设进度，充分发挥已建体系的功能与作用，真正把隐患控制在萌芽、消除在萌芽，不断提高防范事故的能力与水平。

做好安全标准化建设工作意义重大，任务艰巨。我们要以贯彻落实党的十八大、十八届三中全会、中央经济工作会议以及中央领导同志重要批示指示精神为动力，紧紧依靠地方党委、政府的领导，在各有关部门的密切支持和配合下，进一步坚定信心，扎实工作，开拓创新，全面推进各行业领域安全标准化创建工作，为实现全国安全生产形势持续稳定好转作出新的贡献！

国家安全生产监督管理总局副局长付建华在煤矿安全生产专题视频会上的讲话（摘要）

（2013 年 11 月 21 日）

今天召开专题视频会，主要任务是深入贯彻落实党的十八届三中全会精神，按照《中共中央关于全面深化改革若干重大问题的决定》的总体要求，创新推动煤矿安全生产工作，采取更加切实有效的措施，防范遏制重特大事故，促进煤矿安全生产形势持续好转。

刚才，大家一起观看了煤矿百人事故警示教育片，想必会受到极大的震动。下面，我就全面宣传贯彻落实《国务院办公厅关于进一步加强煤矿安全生产工作的意见》（国办发〔2013〕99 号，以下简称《意见》），深入开展50 个重点县煤矿安全攻坚战，深刻吸取煤矿百人事故教训，切实抓好冬季煤矿安全生产工作，讲几点意见。国家安全监管总局党组书记、局长杨栋梁同志还要作重要讲话，我们一定要认真学习领会、抓好贯彻落实。

一、全面宣传、贯彻落实《意见》精神，大力推动煤矿安全治本攻坚

煤炭是我国的主体能源，煤矿安全生产事关煤炭工业持续健康发展和国家能源供应，事关500 多万矿工生命安全与健康。党中央、国务院高度重视煤矿安全生产工作，习近平总书记多次强调，要始终把人民生命安全放在首位，坚守发展决不能以牺牲人的生命为代价这条红线；要把安全作为结构调整、化解产能过剩的重要手段。李克强总理也指出，要始终绷紧安全生产这根弦，在预防和治本上下更大功夫，开展煤矿安全治本攻坚，建立健全煤矿安全长效机制。按照党中央、国务院的部署，杨栋梁局长组织制定了《煤矿矿长保护矿工生命安全七条规定》（国家安全监管总局令第 58 号，以下简称《七条规定》），进一步明确了矿长保护矿工生命的主体责任；国家安全监管总局、国家煤矿安监局针对煤矿关闭退出、安全准入、瓦斯治理、隐蔽致灾因素普查、劳动用工管理、煤矿“四化”建设、应急救援等七个方面开展专题调研，提出了七项治本攻坚举措。经国务院安委会审议，国务院应急办与相关部委以及重点产煤地区反复沟通，并报请国务院领导同志同意后，以国务院办公厅名义印发了《意见》。这个重要文件，是煤炭行业坚守红线和煤矿安全生产治本攻坚的行动指南，是煤炭工业转方式、调结构和化解产能过剩的有力举措，是深入开展党的群众路线教育实践活动的重要成果，是贯彻落实十八届三中全会全面深化改革部署的具体行动。《意见》坚持实事求是、分类指导、与时俱进，针对性、可操作性都很强，充分体现了改革创新精神。

（一）关于加快落后小煤矿关闭退出

目前全国仍有年产 9 万吨及以下的煤矿 7501 处，占煤矿总数的 57%，产能 4.42 亿吨，仅占总量的 12%；但事故起数和死亡人数均占总量的 70% 左右，煤矿百万吨死亡率是大中型煤矿的

4倍。为此，《意见》首先明确了关闭对象，要求到2015年底全国再关闭2000处以上小煤矿，地方各级人民政府负责本地区煤矿整顿关闭工作。《意见》印发后，各产煤省（区、市）政府高度重视，积极采取措施贯彻落实，我们也在积极推动，一些重点产煤地区研究制定了小煤矿关闭退出方案，辽宁、湖南、贵州、四川、重庆等省（市）态度坚决、进展较快。但仍有个别省份煤矿数量多、灾害严重，近年来发生了多起重特大事故，却没有实质性进展，还在等待观望。如此下去，其煤矿安全生产工作难度势必加大，甚至可能成为全国煤矿事故最多的地区。希望这次会议能引起各产煤省（区、市）政府的高度重视，切实抓好煤矿整顿关闭工作。

（二）关于严格安全准入

一些地区还存在小煤矿前关后建的问题；中小型矿井煤与瓦斯突出灾害无论从技术还是从经济上看都很难有效治理；冲击地压等灾害严重矿井超能力生产极易引发重特大事故。因此《意见》提出，一律停止核准新建30万吨/年以下的煤矿，暂停核准90万吨/年以下的煤与瓦斯突出矿井，冲击地压等灾害严重的矿井要重新核定生产能力；《意见》要求，煤矿企业必须具备相应的灾害防治能力，按规定数量配足安全管理和技术人员；明确了颁发安全核准、项目核准和采矿许可证的先后顺序。各地区要认真贯彻执行，严禁新建和变相新建小煤矿，严禁突出矿井批大建小。河南义煤集团千秋煤矿2011年发生“11·3”重大冲击地压事故后，我们在该事故批复中专门就重新核定矿井生产能力，降低开采强度提出了要求。各地区冲击地压等灾害严重的煤矿都要按照《意见》要求重新进行生产能力核定，降低开采强度。江西省10多年来坚持在小煤矿数量上只做减法、不做加法，禁止小煤矿开采煤与瓦斯突出煤层，各类事故明显下降。甘肃省委、省政府2013年9月30日印发的《关于进一步加强安全生产工作的意见》提出：今后坚决禁止核准120万吨/年以下新建煤矿项目，对于兼并重组矿井、2015年达不到15万吨/年、改扩建矿井达不到45万吨/年的煤矿，将不再办理采矿许可证延期手续，工作力度很大。辽宁抚顺老虎台煤矿近年来坚持压产减人，降低产量，冲击地压灾害威胁明显减小。各地区、有关煤矿企业要学习借鉴他们的做法。

（三）关于瓦斯治理

瓦斯仍是煤矿安全“第一杀手”。今年以来重特大瓦斯事故起数和死亡人数，同比分别上升80%和43%。发生瓦斯事故，核心的问题还是通风系统不完善、瓦斯管理混乱、瓦斯治理不到位，措施不落实。为此，《意见》重申加强瓦斯治理工作，严格瓦斯防治能力评估，提高瓦斯评估标准、落实评估责任。全国煤矿企业要切实加强通风瓦斯管理，落实“瓦斯超限就是事故”原则，加大瓦斯治理工作力度，坚决防范遏制瓦斯事故发生。近期我们组织对发生过重大煤与瓦斯突出事故的一个国有大矿进行暗访，该矿在不到3个月的时间内相继发生2起重大突出事故，但至今没有吸取事故教训，矿井主要负责人竟然说不清自己矿井发生这2起事故的原因和教训，检查中还发现该矿防突措施仍不落实，舍不得花钱，怕影响生产，但矿井突出危险性是自然存在的，不采取防范措施极易发生事故。一旦发生事故，不仅经济损失大，还要停产整顿，甚至要关闭矿井，到那时候后悔就晚了。各地区要及时对安全生产大检查发现的瓦斯防治方面的问题进行“回头看”，抓紧整改治理。要认真抓好《国务院办公厅关于进一步加快煤层气（煤矿瓦斯）抽采利用的意见》（国办发〔2013〕93号）的贯彻落实，促进煤矿瓦斯抽采工作。

（四）关于普查隐蔽致灾因素

2005年以来，煤田地质勘探工作随着煤炭工业快速发展暴露出一些问题，加之多年来小煤矿滥采乱挖遗留下大量的采空区，且缺少技术资料，老窑、采空区的积水、瓦斯积聚等情况不清，给生产煤矿留下了重大隐患。由于勘探程度不高，没有查明隐蔽致灾因素，一些煤矿在生产或建设期间发生了透水和煤与瓦斯突出事故。基于这种状况，《意见》提出，未查明隐蔽致灾因素的煤矿，不得划定矿区范围，不得建设和生产。我们正在会同国土资源部门修改《煤、泥炭地质勘查规范》，已启动了《煤矿安全规程》修订工作，正在研究制定《煤矿地质规程》，这些都将对矿井设计、建设和生产期间的隐蔽致灾因素勘察工作提出要求。我们也转发了内蒙古自治区鄂尔多斯市组织普查煤矿采空区和江西省小煤矿隐蔽致灾因素普查与防治的经验和做法。各有关地方政府要学习、借鉴这些经验和做法，在煤矿集中的矿区组织开展区域性水文地质条件普查，彻底查清隐蔽致灾因素，真正做到防患于未然。

（五）关于煤矿“四化”建设

我国相当数量的小煤矿开采方式落后，机械化水平低，质量标准化也不达标。全国现有30万吨/年以下的小型矿井9834处，其中仅有1300余处实现了机械化开采，占13%，而且机械化程度相当低，自动化、信息化基本为零。大中型煤矿的自动化、信息化水平也不平衡，目前还有部分大型矿井靠人海战术维持生产，每班入井人数近2000人，一旦发生事故，后果不堪设想。小煤矿安全质量标准水平整体不高，相当一部分的小煤矿还没有实现正规开采，仍然使用仓储式、巷道式等非正规的采煤方法。为此，《意见》要求大力加强煤矿“四化”建设，鼓励和扶持30万吨/年以下的小煤矿进行机械化改造，对于企业在产业政策规定范围内实施的机械化改造提升，将通过生产能力核定办法认可新增产能。各级煤炭行业管理部门和煤矿安全监察机构要严格落实《意见》，对未采用机械化开采的煤矿建设项目不予核准。地方各级政府要积极培育发展或建立区域性技术服务机构，为煤矿“四化”建设提供技术服务；县级煤矿安全监管部门要与煤矿企业安全生产综合调度信息平台实现联网，随时掌握和监控煤矿安全生产状况。

（六）关于强化煤矿矿长责任和劳动用工管理

部分煤矿矿长责任不落实，不执行国家有关法律法规、政策标准，对隐患熟视无睹，违章指挥，甚至强令冒险作业。煤矿非法违法开采行为仍然较为严重，有的是在证照不全、证照过期的情况下仍组织生产；有的私挖盗采、以探代采，或是超层越界、以各种名义违法露天开采；有的在井下做假密闭规避检查；有的拒不执行监管执法指令。与此同时，井下从业人员素质不高的问题仍然突出，初中及以下文化程度的矿工占从业人员总数的60%。煤矿农民工昨天种地、今日下井的现象依然存在。此外，矿工常年在井下劳动，工作环境差，劳动时间长、强度大，煤矿企业劳动用工管理不规范，培训流于形式，矿工收入明显偏低，且大部分小煤矿没有依法与矿工签订劳动合同、为矿工购买社会保险，没有开展职业病防治工作，矿工合法权益没有得到保障。针对上述问题，《意见》提出了严格要求，特别是将《七条规定》的内容上升到国务院文件。地方各级煤矿安全监管监察部门要严格执法，对达不到《七条规定》要求的煤矿，一律依法责令停产整顿。地方各级煤炭行业管理部门要积极协调人力资源和社会保障部门，切实规范煤矿劳动用工管理，真正做到“五统一”；要通过地方工会组织，协商确定矿工小时最低工资标准，并保证煤矿在停产整顿期间按期发放矿工工资。各地区要将煤矿农民工培训纳入本地区促进就业规划和职业培训扶持政策范围，努力做到所有煤矿从业人员考试合格后持证上岗。

（七）关于提升煤矿安全监管和应急救援科学化水平

目前，部分地区煤矿安全监管科学化水平不高，多头监管、重复执法，特别是对停产整顿煤矿验收的责任不明确、不落实；煤矿应急救援力量不足，一大批小煤矿自己没有建立救援队伍，也没有签订救护协议；没有在煤矿集中的地区储备足够的应急救援装备和物资。近期几起事故的救援工作中暴露出在预案、物资准备、应急处置等多方面存在问题，导致发生事故后几天内无法正常展开救援工作，严重影响事故救援效果。《意见》对停产整顿煤矿验收、中央企业煤矿安全监管等进行了明确界定，提出了提升应急救援科学化水平的要求；明确了煤矿安全监管、煤矿安全监察、国土资源、公安、电力、建设、投资主管等部门在煤矿安全工作中的监管职责。地方各级政府要切实履行分级属地监管职责，真正落实属地监管和“一岗双责”，严格明确停产整顿煤矿的验收程序，不得将中央企业煤矿安全监管权下放到县（市、区）监管；要督促煤矿企业加快应急救援能力建设，加强煤矿应急救援装备建设。

近期，国家安全监管总局、国家煤矿安监局领导同志将带队分赴各重点地区实地宣讲，解读《意见》具体条文，将《意见》迅速传达贯彻到各产煤地区、地方各级政府及其有关部门和所有煤矿企业。国务院安委会将制定印发国务院11个部门贯彻落实《意见》任务分工，按照职责分工研究制定配套政策措施，成熟一个发布一个。国家安全监管总局、国家煤矿安监局也将制定内部分工，深入推进《意见》落实到位。各省级人民政府要结合实际尽快制定实施办法，明确主要任务、具体工作、部门分工、时间安排、保障措施；特别要对照《意见》中明确的小煤矿关闭对象，全面摸清底数，分类排队，明确具体的关闭目标和规划，并加快组织实施。各省级人民政府制定的实施办法，要于今年12月底前报国家安全监管总局和国家煤矿安监局。国家安全监管总局、国家煤矿安监局将加强对各地区落实《意见》情况的督促、指导，各驻地煤矿安全监察机构要将贯彻落实《意见》作为工作重点，督促各地区大力宣传、严格监督、加强考核，真正把《意见》落实到基层，落实到企业。

二、选准突破口、找准关键点，大力开展50个重点县煤矿安全攻坚战

目前，全国共有26个产煤省（区、市，含新疆生产建设兵团），226个产煤市（地、州、盟），772个产煤县（市、区）。我们对2008年至2012年五年间772个产煤县（市、区）的煤矿伤亡事故情况进行统计分析，确定了11个省（区）、31个市（州）的45个县（市、区）和重庆市的5个区（县）为全国煤矿安全重点县。换句话说，这50个重点县也是全国煤矿安全的“重灾区”。其中，湖南10个，云南、四川各8个，贵州6个，重庆、黑龙江各5个，吉林、河南各2个，河北、广西、陕西、甘肃各1个。应当讲，抓好50个重点县的煤矿安全生产工作，就是抓住了全国煤矿安全生产工作的“牛鼻子”，就能实现煤矿安全生产的重点突破。因此，国家安全监管总局、国家煤矿安监局决定在全国50个重点县开展以落实“双七条”为主要内容的煤矿安全攻坚战，近期拟以国务院安委会办公室名义将工作方案印发给12个省（区、市）。今天的专题视频会，也是50个重点县煤矿安全攻坚战的启动会。

（一）关于攻坚战的目标、时间和规定任务

一是攻坚战的目标。就是要通过贯彻落实《七条规定》、实施治本攻坚七条举措，使50个重点县煤矿重特大事故得到有效遏制，到2015年底，50个重点县煤矿死亡人数比前五年（2008—2012年）平均死亡人数下降50%以上。二是攻坚战的时间界限。从今年11月开始，到2015年底结束，要在2年多的时间内完成既定目标。三是攻坚战的9项规定动作。即：组织对实际控制人（包括主要投资人、法定代表人或矿长）开展再教育再培训；对煤矿实施真查、真停、真盯、真改、真验；关闭淘汰小煤矿；严格准入，重新核定生产能力；开展普查治理水害；大力推进信息化平台建设；全面启动机械化升级改造；严格规范劳动用工管理；严厉打击无证非法采煤、超层越界开采行为。

（二）关于攻坚战的组织领导

一是各重点县要成立攻坚战领导小组，由县委书记或县长担任组长，研究制定实施方案并组织落实，确保完成攻坚战任务。二是省、市（地）两级政府要联合成立若干包片督导小组。原则上每个市（地）一个小组，省级煤矿安全监管部门、煤炭行业管理部门、煤矿安全监察局等部门主要负责同志担任组长，重点县所在市（地）级政府分管领导同志担任副组长。三是重点县较多的湖南、云南、四川、贵州、黑龙江等省和重庆市，要成立攻坚战领导小组。建议由省（市）政府分管领导同志担任组长，邀请省（市）组织部、纪检委和检察院、法院、总工会有关负责同志参加，指导协调监督各包片督导小组的工作。四是国家安全监管总局、国家煤矿安监局将成立督导巡查组，由国家安全监管总局和国家煤矿安监局有关领导同志担任正副组长，指导各领导小组和包片督导小组的工作，督查抽查50个重点县攻坚战开展情况，并将每半年向省（区、市）党委、政府通报其辖区内重点县攻坚战进展情况。

（三）关于责任追究和政策扶持

国家安全监管总局和国家煤矿安监局研究制定了《50个煤矿安全重点县（市、区）遏制重特大事故攻坚战工作方案》，分别对县级领导小组、包片督导小组和国家督导巡查组提出了具体明确的工作要求。对发生较大以上事故的煤矿、实际控制人和有关部门负责人，要依法从严追究责任。同时，要研究提出国家层面扶持50个重点县煤矿安全生产工作的专项政策措施，实施重点帮扶。对完成任务的包片督导小组和县级领导小组进行表彰，并向省（区、市）党委、政府通报。

三、深刻吸取煤矿百人事故教训，始终保持高度警醒

新中国成立以来，我国煤矿共发生25起百人事故。4年前的今天，黑龙江龙煤集团鹤岗分公司新兴煤矿发生特别重大事故，造成108人遇难。我们选择今天召开专题视频会，既是向遇难矿工兄弟表示追悼和怀念，也是为了深刻吸取事故教训，提醒地方各级党委、政府及煤矿安全监管监察部门和广大煤矿企业干部职工居安思危，痛定思痛，警钟长鸣，采取更加切实有效的措施抓好煤矿安全生产工作，坚决防范遏制煤矿重特大事故发生。

时至今日，25 起百人事故暴露出的问题在一些煤矿企业仍然反复出现，很多事故原因相同，性质同样恶劣。对这些反复出现的重大隐患，必须高度警惕。

（一）非法违法组织生产

四川肖家湾煤矿越界非法开采，多煤层、多头多面多个作业点滥采乱挖，采用假密闭，弄虚作假，逃避监管，无风微风作业、电气设备失爆，引发瓦斯爆炸，酿成“8·29”特别重大事故，死亡 48 人。四川桃子沟煤矿擅自在界外组织生产，采用“两本账”、“两张图”、不发人员定位系统识别卡、不安设安全监控系统、提前封闭、设置栅栏等一系列非法手段掩盖真相，无风微风作业、违章爆破引发瓦斯爆炸，酿成“5·11”重大事故，造成 28 人死亡。这两起事故都与山西瑞之源煤业公司“12·5”百人事故暴露出的问题相同。

（二）通风瓦斯管理混乱

湖南司马冲煤矿回采工作面没有形成通风系统，用局部通风机向回采工作面送风，工作面没有安装瓦斯传感器，瓦检员无证上岗且不按规定进行瓦斯检查，违章放炮引发瓦斯爆炸，酿成“6·2”重大事故，死亡 10 人。吉林庆兴煤矿拒不执行政府指令，以停代整、违规生产，无风微风作业，在没有检查瓦斯的情况下，违章放炮引发瓦斯爆炸，酿成“4·20”重大事故，死亡 18 人。这两起事故都与河北刘官屯煤矿“12·7”百人事故暴露出的通风系统管理混乱问题相似。

（三）综合防突措施不落实

贵州盘江响水煤矿瓦斯抽放钻孔弄虚作假、瓦斯抽采不达标，违规使用风镐诱发煤与瓦斯突出；同是该企业的金佳煤矿没有吸取事故教训，仍然是瓦斯抽放钻孔弄虚作假、瓦斯抽采不达标，今年 1 月 18 日也因违规使用风镐诱发煤与瓦斯突出，死亡 13 人。贵州马场煤矿无防突机构，仅有 1 名防突技术人员，在揭穿不明煤层、出现喷孔等突出征兆后，不查明原因、不补充勘探、不编制防突专项设计，不采取防突措施，继续冒险作业，造成“3·12”煤与瓦斯突出事故，死亡 23 人。如果这 3 起事故突出后引发瓦斯爆炸，就是河南大平煤矿“10·20”和黑龙江新兴煤矿“11·21”百人事故的重演。

（四）机电设备管理混乱

山东枣庄防备煤矿在井下使用从旧货市场上买来的、无煤矿矿用产品安全标志的废旧空气压缩机，使用过程中发生火灾，酿成“7·6”重大火灾事故，死亡 18 人。黑龙江龙山镇煤矿十井井下机电设备管理混乱，长期不检查维修机电设备，导致变压器至馈电开关之间电缆绝缘损坏，相间短路、电缆着火，引燃周边可燃物，酿成“9·22”重大火灾事故，死亡 12 人。这两起事故与辽宁抚顺胜利煤矿“3·16”百人事故暴露出的机电设备管理混乱问题相同。

（五）防治水工作不落实

山西王家岭矿未探明回风巷掘进工作面附近小煤窑老空区积水情况，且在发现透水征兆后未及时撤出井下作业人员，酿成“3·28”特别重大透水事故，造成 38 人死亡。黑龙江鹤岗峻源二煤矿因开采造成地面下沉并形成较大面积的塌陷坑，连续下雨导致塌陷坑里充满积水，该矿没有执行探放水措施，也没有排查和处理地面塌陷坑的隐患，采煤工作面放顶作业导通地表塌陷坑，酿成“5·2”重大透水事故，死亡 13 人。这两起事故与广东大兴煤矿“8·7”、山东华源矿业公司“8·17”百人事故暴露出探放水措施不落实和对地面塌陷坑不进行有效治理的问题一模一样。

（六）隐蔽致灾因素排查治理不力

神华集团骆驼山煤矿建设期间地质情况不清，掘进工作面遇隐伏陷落柱，导致奥陶系灰岩水从煤层底板涌出，酿成“3·1”特别重大事故，死亡 32 人。华能白龙山煤矿地质情况不清，在掘进瓦斯抽采巷时，因遇到断层导致煤与瓦斯突出，死亡 9 人。这与黑龙江新兴煤矿“11·21”百人事故暴露出的地质情况不清的问题类似。

通过百人事故案例警示片反映出的问题看，大型矿井系统复杂、入井人员多，一旦发生事故，危害性更大，易造成群死群伤。今年发生的 13 起重特大煤矿事故中，国有重点煤矿占了 8 起，充分说明了这一点。目前，一些国有煤矿管理不严，安全投入不足，必须引起高度重视。大型煤矿是发展的方向，必须要有与之相匹配的严格管理制度，认真落实安全生产主体责任，进一步强化技术管理和现场管理。煤矿安全监管监察部门要加强对国有大矿的监管监察，切实防范大矿出大事故。

第四季度历来都是事故高发期，近期煤炭市场有所回暖，部分煤矿出现超能力、超强度、超定员组织生产的苗头，容易出现片面追求产量、追求效益，抢工期、赶进度，忽视安全管理的问题，这也往往会成为重特大事故发生的诱因。25 起百人事故中，有 12 起发生在第四季度，一定要引起高度重视。煤矿企业越是在煤炭市场偏热的时候，越是要加强安全生产管理，尤其是要杜绝“三超”和突击生产。煤矿安全监管监察部门要采用暗查、抽查、突击检查等方式，加大执法力度，严厉打击煤矿“三超”等违法违规行为，确保冬季煤矿安全生产。

总之，煤矿安全生产工作责任重大、任务艰巨。我们一定要以党的十八届三中全会精神为指导，按照杨栋梁局长的工作要求，坚定信心，攻坚克难，狠抓落实，切实吸取事故教训，认真宣传、贯彻落实《意见》精神，坚决抓好 50 个重点县煤矿安全治本攻坚，有效防范遏制重特大事故，努力实现煤矿安全生产形势继续稳定好转，为全国安全生产状况持续稳定好转作出新的更大的贡献。

国家安全生产监督管理总局纪检组组长赵惠令在全国安全监管监察系统党风廉政建设工作视频会议上的讲话（摘要）

（2013 年 4 月 2 日）

这次会议的主要任务是：以党的十八大精神为指导，深入贯彻落实中央纪委二次全会、国务院第一次廉政工作会议和全国安全生产工作会议精神，总结 2012 年党风廉政建设和反腐败工作，研究部署 2013 年的工作任务。总局党组书记、局长杨栋梁同志，中央纪委常委、监察部副部长姚增科同志还将对我们的工作提出明确要求，我们要认真学习领会，深入贯彻落实。

一、2012 年党风廉政建设和反腐败工作的回顾

2012 年，按照中央纪委监察部和总局党组的统一部署，各单位紧密联系实际，真抓实干，全系统的反腐倡廉工作取得了一定的成绩，主要有以下几点：

（一）对安全生产重大决策部署落实情况的监督检查有所加强

根据国务院领导同志的批示，我们会同监察部深入各地开展安全生产责任制和责任追究落实情况的调研，向国务院提交了调研报告。参加了中央加快转变经济发展方式第十督导组对西藏和宁夏两个自治区的监督检查。按照总局党组安排，我们会同有关部门，加强对“打非治违”、煤矿整顿关闭等重点工作落实情况的监督检查，加强对国家矿山应急救援队建设和其他重点投资项目实施情况的监督检查，及时发现和纠正存在的问题。配合开展重特大事故责任追究落实情况专项检查，严肃查处了四川省攀枝花市肖家湾煤矿“8·29”特别重大瓦斯爆炸事故背后的腐败问题。

（二）查办案件工作有所突破

2012 年，总局和国家煤矿安监局机关、各直属事业单位、各省级煤矿安监局共受理信访举报 265 件（次），初核违纪线索 65 件，立案 12 起，结案 10 起，给予党纪政纪处分 17 人。26 个省级煤矿安监局中有 19 个开展了初核工作。与 2011 年相比，受理信访举报件数增长 9.7%，初核件数增长 22.6%，新立案起数增长 100%。其中，驻总局纪检组监察局在有关部门和省局的配合下，立案查处了华北科技学院原党委书记刘咸卫虚报冒领科研经费、违规招生等问题的案件，总局党组已讨论决定，给予其党政纪重处分，正按程序报批；查处了国家煤矿安监局两名司局级干部的违纪案件，一名因以权谋私问题给予党内警告处分，一名因乱搞两性关系给予撤职处分。这表明办案工作有了一定进步。

（三）巡视监督工作成效明显

2012年，总局党组抽调江苏、四川等煤矿安监局有关同志带队，与总局人事司、机关党委和驻总局纪检组监察局的同志组成4个巡视组，对山东、内蒙古、江苏和甘肃煤矿安监局及机关服务中心、报社、职研所、信息研究院等8个单位进行了巡视。根据巡视发现的问题，总局党组对全局性工作研究提出了10条整改意见,对被巡视单位提出责令整改建议31条,核查违纪线索3件,对3个被巡视单位主要领导同志进行了诫勉谈话,总局党组分管领导同志亲自督办整改。通过开展巡视工作，对提高机关管理的规范化法制化水平、深入考察了解领导班子建设情况、及时发现和解决问题等发挥了积极作用。如总局党组最近印发了《直属事业单位负责人收入分配管理办法（试行）》(安监总人事〔2013〕33号)，就是根据巡视整改建议制定的。

（四）专项整治和警示教育活动深入开展

在煤矿安全监管监察领域开展了“教育规范整治”活动，认真排查廉政风险，核查煤矿安全许可、安全执法、中介机构监管等方面工作，整改违规审批、违规处罚等问题709个，对5.07亿元行政罚款作了重新审核。在全系统开展“警示教育周”活动，各单位党政“一把手”带头讲专题党课，全系统约有15万名党员、干部参加了这次教育活动。

在上述两个活动中，一些单位还清缴礼金、有价证券等77.715万元，查处收受礼金的党员干部14人，其中给予纪律处分4人。四川省安全监管局、四川煤矿安监局下大功夫抓了这个问题，很有成效。共有32人次上缴“红包”、礼金18.32万元，有244人次自觉拒收。要求党员干部凡收到当场无法退掉的礼金的，24小时内向单位报告并及时上缴，否则，按规定严肃查处；对企业实行廉洁失信黑名单制度，凡给监管人员送礼金的，一经查实，就将该企业列入重点监管名单并定期公布。去年以来，四川局处理收受礼金的党员干部8名，将8家企业列入了重点监管名单。

（五）大力改进会风文风

与2011年相比，总局去年减少全国性会议24个、下降53.3%，减少文件236件、下降11.4%，其中，驻总局纪检组监察局下发文件简报减少53份，下降了70%。从严控制经费开支，精简各类公务活动。勤俭节约风气进一步得到弘扬。

另外，在惩防体系建设方面和加强对纪检监察干部队伍的业务培训方面也做了一些工作，取得了一定实效。

但是，必须清醒地看到，我们的工作还有许多不得力不适应的地方，离中央纪委监察部和总局党组的要求还有很大差距。我们对安全监管监察系统党风廉政建设和反腐败工作的特点和规律研究得不够，把握得不准；有些单位领导尤其是党政主要领导，抓业务工作得心应手，但抓反腐倡廉工作主动性不强，办法也不多；现从事纪检监察工作的同志大多对纪检监察业务不够熟悉，尤其是办案水平不高的问题十分突出；监督工作尤其是对单位主要领导的监督仍然比较薄弱。群众对我们安全监管监察系统在行政审批、资质审定、行政处罚等方面的意见较多，领导干部尤其是司局级干部违纪违法案件时有发生，特别是省级安全监管监察机构的主要负责人，如原河南省安全监管局、河南煤矿安监局局长李九成，原湖南省安全监管局、湖南煤矿安监局局长谢光祥和去年发生的陕西省安全监管局原局长杨达才案件，给我们系统的形象造成了非常不良的影响。据了解，2008年以来，总局直属事业单位和各省级煤矿安监局共处分党员干部98人，其中司局级7人、处级63人，占受处分总人数的71.4%，占全系统处级以上干部总人数的3%。尤其是，受到刑事处罚的43人，占受处分党员总数的43.9%。与其他各系统相比，这个比例也是高的。这说明，安全监管监察系统反腐倡廉形势依然严峻、任务依然繁重，绝不可掉以轻心，必须下大气力抓紧抓好。

二、2013年党风廉政建设和反腐败工作的重点任务

根据中央纪委二次全会和国务院第一次廉政工作会议精神，在总局党组的领导下，结合我们安全

监管监察系统实际，今年要重点抓好以下七项工作：

（一）要把严明政治纪律放在突出位置来抓

严明党的政治纪律，加强监督检查，确保党的路线方针政策和中央重大决策部署贯彻落实，在思想上政治上行动上与以习近平同志为总书记的党中央保持高度一致，是维护党的集中统一的需要。要加强对学习贯彻党的十八大精神情况的监督检查，严肃查处违反政治纪律行为。紧紧围绕安全生产中心任务，配合有关部门，加强对总局“打非治违”、矿山整顿关闭、落实煤矿“双七条”规定举措等重要决策部署执行情况的监督检查，保证政令畅通。配合开展安全生产“十二五”规划中期评估工作，对安全监管监察能力建设和国家、区域矿山应急救援队建设项目实施情况加强监督，严肃查处违纪违法行为。

（二）要把中央八项规定精神落到实处

结合开展党的群众路线教育实践活动，下气力解决作风飘浮、管理松弛、消极懈怠等问题。继续精简会议活动和文件简报。认真落实习近平同志关于厉行勤俭节约、反对铺张浪费的重要批示精神，严格控制行政经费支出，公务接待等活动一律从简，严肃整治公款大吃大喝行为。落实中央八项规定精神和总局党组的六条要求，一定要领导带头，从严把握，不允许任何单位任何人强调任何理由搞变通，更不允许顶风作案。对胆敢以身试法者要从严从重处理，同时要对相关领导严肃问责。坚定不移地维护中央八项规定精神的严肃性，坚定不移地维护安全监管监察队伍形象。

（三）要进一步推进惩防体系建设

建立健全惩治和预防腐败体系，是中央从全局和战略高度做出的一项重大决策，也是新形势下反腐倡廉建设的重点任务。惩治和预防腐败的关键是把权力关进制度的笼子里，用制度管权管钱管人。一是认真贯彻落实《建立健全惩治和预防腐败体系2013—2017年工作规划》。认真落实总局承担的牵头和协办任务。二是深化行政审批制度改革，做好行政审批清理，减少、下放和规范审批事项，减少资质资格许可和认定。严格安全评价报告评审制度，防止行政权力对中介市场活动的违规干预。按照中央纪委的统一部署，组织开展安全中介领域突出问题专项治理。三是加强廉政风险防控管理。完善干部选拔任用工作监督机制，加强对拟提拔干部的廉政考察，提高选人用人公信度。建立健全财务预算管理制度，加强对重点专项资金和重大投资项目的审计，加强对事业单位的财务监督。四是要组织开展事业单位制度廉洁性的评估工作。督促各事业单位切实查找现有规章制度中的不廉洁、不合法、不规范等问题，并进行认真修订。个别规定已过时的，应予以废止。在查处刘咸卫案件时，除了发现刘咸卫虚报冒领科研经费等问题，也发现了该单位的有关制度不合法、不廉洁的问题。据调查，华北科技学院在制定的《科技管理暂行办法》中，自行规定引进院外横向项目，可提取经费的10%作为引进费由课题组支配，并实行经费报销项目负责人审核制，避开了财务部门的审核，公然违反了教育部和财政部的有关规定。要建立完善反腐倡廉规章制度，促进事业单位的健康发展。

（四）要继续加大查办案件工作力度

查办案件是贯彻从严治党治政方针的重要体现，是惩治腐败和端正党风政风的重要措施，是最直接最有效的警示教育，是我们纪检监察干部特别是领导干部的天职。据查，近5年来，我们查处的党员干部中，由各省（区、市）纪检监察机关和检察机关作出处理决定后，移交给我们作党纪政纪处分的占85.7%，我们自己调查处理的仅占14.3%。去年，某煤矿安全监察分局几个干部被当地检察院传讯调查，省局、分局领导都毫不知情，直到一个多月后检察院移交案件时，省局、分局领导才知道。这说明，我们对干部的监督是不力的，主动发现问题是不够的。各单位要进一步提高对查办案件工作重要意义的认识，改进方法，加大力度，不断取得办案工作的新进展、新突破。对群众反映的问题，有可查线索的一定要认真核查，发现违纪违法问题的一定要严肃处理，不论涉及谁，都要彻查严办，决不手软。要突出办案重点，严肃查办发生在领导干部中的滥用职权、贪污贿赂、失职渎职案件，严肃查办发生在安全执法、行政审批、中介机构监管等重点环节的腐败案件，严肃查办事故背后的腐败问题和为企业非法违法行为提供“保护伞”等案件，严肃查办党员干部在煤矿等企业、市场中介组织违规投资入股的案件。纪检监察部门要提高办案水平，依纪依法、安全文明办案。同时要着力整合全系统的办案力量，组建强有力的办案队伍，注意与地方纪检监察机关和检察院的密切配合，形成突破案件的整体合力。

（五）要进一步加强巡视工作

对去年巡视过的8个单位存在的问题，要跟踪整改。今年还要对北京、福建、湖北、广西、青海煤矿安监局和中国煤矿工人北戴河、大连、昆明疗养院等8个单位开展巡视。巡视工作要突出重点，在发现和解决问题方面下功夫。把领导班子及其成员尤其是党政“一把手”作为重点对象，把“三重一大”事项和改进作风、选人用人、廉洁从政等情况作为重点内容。对群众意见较大、存在问题多的领导班子，尤其是主要领导，要进行必要的调整；对存在违纪违法行为的领导干部，要严肃查处。进一步拓宽监督渠道，发挥群众监督和舆论监督作用，让监督无处不在，让权力在阳光下运行。

（六）要深入开展执法监察工作

近年来，我们系统查处的受贿收礼等腐败问题，大多数是安全执法过程中形成的权钱交易问题。我们系统从事纪检监察工作的同志大都熟悉安全监管监察业务，要发挥这一优势，重点加强对安全监管监察执法单位及其工作人员安全执法过程的监督检查。要主动追踪和发现案件线索，严肃查处违规行使“自由裁量权”、随意实施行政处罚、擅自变更行政处罚等问题，更重要的是，要深挖细查隐藏在这些行为背后的利用执法权以权谋私、受贿索贿等腐败问题。同时，要注意发现、表彰和保护认真履行职责的干部，严惩失职渎职者，促进公正廉洁执法。

（七）继续深化警示教育和领导干部廉洁自律工作

主要做好三方面工作：一是继续组织开展反腐倡廉“警示教育周”活动。驻总局纪检组监察局要统一安排一些集中教育活动内容，各单位要根据工作实际，在7—8月相对集中一段时间开展活动。各省级安全监管局可以按照所在省（区、市）党委、纪委的安排，结合自身实际情况开展活动。二是按照中央纪委的统一部署，开展领导干部报告个人有关事项制度抽查核实工作。三是继续清理党员干部收受礼金和有价证券等问题。

三、多措并举，把党风廉政建设和反腐败工作任务落到实处

今年安全生产任务很重，纪检监察工作任务也很重。各单位一定要紧密联系实际，创造性地开展工作。各省级安全监管局要按照所在省（区、市）党委和纪委的要求，结合安全生产工作任务，统筹安排好今年的反腐倡廉工作。要注意把握以下几点：

第一，纪检监察部门要在党组（党委）领导下，紧紧围绕安全生产中心任务开展工作。各纪检组（纪委）要紧密结合所在单位的实际，把监督和查处问题寓于各项业务工作之中，找准监督和查处问题的着力点和切入点，把握好监督和办案的节奏和力度，使反腐倡廉工作更好地融入全系统的工作大局，融入所在单位中心工作。

第二，要严格落实党风廉政建设责任制。各单位党政主要负责人和班子成员要切实担负起反腐倡廉工作的政治责任，履行好第一责任人的职责和“一岗双责”，把反腐倡廉工作同安全监管监察业务工作一起部署、一起检查、一起落实、一起总结。纪检组长（纪委书记）要发挥组织协调作用，切实搞好党风廉政建设和干部队伍建设。要进一步加强对各单位纪检监察工作的考核，强化考核结果运用，努力把平时考核、年度考核与任期考察、任职考察结合起来，形成完善管用的考评机制。总局党组研究制定的反腐倡廉工作年度考核意见已经下发，要把文件精神落到实处，发挥其应有的作用。凡当年评为较差等次的单位，对党政主要负责人、纪检组长（纪委书记）要诫勉谈话；对连续两年评为较差等次或者多年从未查处案件的单位，要对其党政主要负责人、纪检组长（纪委书记）严肃问责，直至给予免职或党政纪处分。

第三，要严格把握政策。党风廉政建设和反腐败工作是政治性和政策性很强的工作，必须严格依纪依法办事。对犯错误同志的处理，要持慎之又慎的态度，本着“惩前毖后、治病救人”的方针，既要维护党纪政纪的严肃性，又要关心爱护干部，并做到“事实清楚、证据确凿、定性准确、处理恰当、手续完备、程序合法”，绝不可滥施纪律，坚决杜绝冤假错案。对反映问题失实的要及时澄清，消除影响。对诬告陷害他人的要追究责任，严肃处理，保护党员干部干事创业积极性。

第四，要提高纪检监察干部政治素质和业务能力。纪检监察干部是党纪政纪的维护者和执行者。要公道正派，敢于坚持原则，敢于查处问题。要严格要求自己，重实际、讲实话、办实事、求实效，自觉接受来自各方面的监督，真正做到可亲可信可敬。对不适合纪检监察工作岗位的，要坚决调离。

今年的党风廉政建设和反腐败工作任务繁重而光荣，我们要按照中央纪委、监察部和总局党组的工作部署，按照杨栋梁同志和姚增科同志的讲话要求，在总局党组的领导下，紧紧围绕安全生产工作大局，恪尽职守、扎实工作，圆满完成今年安全生产和反腐倡廉各项工作任务！

国家安全生产监督管理总局副局长徐绍川在全国金属非金属矿山50个重点县（市、区）安全生产攻坚克难工作座谈会上的讲话（摘要）

（2013 年 12 月 5 日）

在总局党组高度重视下，在辽宁省政府和辽宁省安全监管局大力支持下，通过全体与会代表共同努力，全国金属非金属矿山 50 个重点县（市、区，以下简称重点县）安全生产攻坚克难工作座谈会较好地完成各项重要议程，就要结束了。

下面，围绕深入学习贯彻党的十八届三中全会和习近平总书记、李克强总理等中央领导同志一系列重要讲话精神，全面落实本次会议特别是王德学同志的讲话精神，切实做好 50 个重点县金属非金属矿山安全生产攻坚克难和今冬明春非煤矿山安全生产重点工作，我讲 5 点意见，供同志们在实践中参考。

一、深刻领会中央关于加强安全生产工作的重要思想，进一步增强安全生产机遇意识和担当能力

党中央、国务院历来高度重视安全生产工作。党的十八大以来，习近平总书记、李克强总理等中央领导同志作出了一系列重要指示。习近平总书记 6 月 7 日对安全生产工作作出重要批示；7 月份两次主持召开中央政治局常委会议听取安全生产工作汇报并作重要讲话；11 月 24 日亲临山东省青岛市“11 · 22” 中石化东黄输油管道泄漏爆炸特别重大事故抢险救援现场，并作出重要指示。李克强总理也多次对安全生产工作作出重要指示。

我体会，党的十八大以来习近平总书记、李克强总理等中央领导同志关于安全生产的一系列重要讲话和指示，创新提出了 7 个方面的重要思想。一是发展决不能以牺牲人的生命为代价，这必须作为一条不可逾越的红线的重要思想。二是必须坚持党政同责、一岗双责、齐抓共管的重要思想，强调安全生产工作不仅政府要抓，党委也要抓，党委要管大事，发展是大事，安全生产也是大事，要求党政一把手必须亲力亲为、亲自动手抓，必须坚持管行业必须管安全、管业务必须管安全，管生产经营必须管安全。三是必须始终有如履薄冰、睡不着觉、半夜惊醒的状态的重要思想，不能热衷于忙无关紧要的事，不知安全生产工作利害，必须纠正单纯以经济增长速度评定政绩的偏向，加大安全生产等指标的权重，实行安全生产和重大安全生产事故风险“一票否决”。四是各类企业必须落实安全生产主体责任的重要思想，要求所有企业必须做到安全投入到位、教育培训到位、基础管理到位、应急救援到位，推动企业履职尽责，确保安全生产；中央企业要带头作表率。五是深入开展安全大检查、彻底治理安全隐患的重要思想，要求必须做到全覆盖、零容忍、严执法、重实效，必须采取不发通知、不打招呼、不听汇报、不要陪同和接待、直奔基层、直插现场，以前所未有的力度进行全面深入排查，把问题解决在基层，把隐患消灭在萌芽状态，建立安全生产检查工作责任制，实行谁检查、谁签字、谁负责。六是举一反三、深刻汲取事故教训的重要思想，要求抓紧调查事故，对责任单位和责任人要打到痛处，强调如果一次又一次在同样的问题上付出生命和血的代价，那就不是工作态度和工作作风问题，而是草菅人命。强调要做到“一厂出事故、万厂受教育，一地有隐患、全国受警示”；强调发生生产安全事故亡羊补牢可以，但每次都说亡羊补牢，最后什么也没补上，这就不行。七是在目前阶段生产安全事故“不可避免论”是非常错误的重要思想。指出安全生产工作抓与不抓大不一样，认真抓、重实抓和不认真抓、表面抓大不一样，必须时时敲响警钟，绷紧安全生产这根弦，整合一切条件，尽最大的努力，健全最严格的安全生产制度，建立长效机制，经常抓、长期抓，把事故发生率、死亡率降到最低程度。

习近平总书记、李克强总理等中央领导同志对安全生产工作的重要思想和决策部署，为安全生产工作指明了方向，提供了强大动力和基本原则，是建立党政同责、一岗双责、齐抓共管责任体系，完善和构建“党政统一领导、部门依法监管、企业全面负责、群众参与监督、社会广泛支持”的安全生产工作格局，深入排查治理隐患，健全安全生产长效机制，开创安全生产工作新局面千载难逢的历史机遇。希望各级安全监管部门和50个重点县党委、政府深入学习贯彻习近平总书记、李克强总理等中央领导同志对安全生产工作的一系列重要指示精神，时刻牢记安全生产责任重于泰山，当干部要履责、当干部有风险；牢记当干部不能太潇洒，不能幻想当太平官；要摒弃“现阶段事故不可避免”的错误观念，时刻从零做起、向零进军，不能把不受事故责任追究作为工作的出发点和落脚点，不能低境界、低标准，更不能敷衍塞责、应付了事、得过且过；要推动党政主要领导亲自抓，把党政同责、一岗双责、齐抓共管具体化、有形化、程序化，让党委、政府、各有关部门和企业在安全生产上都有责任、都有压力、都有动力；要严字当头，敢抓敢管，勇于负责，当地方经济社会发展与安全生产发生摩擦、遇到矛盾的时候，一定要守住“红线”，严格准入、严格执法，特别是招商引资、上项目时绝不能降低安全标准搞特事特办，否则必将后患无穷。

二、强力推进金属非金属矿山整顿关闭攻坚战

去年11月《国务院办公厅转发安全监管总局等部门关于依法做好金属非金属矿山整顿工作意见的通知》（国办发〔2012〕54号）印发以来，各地区高度重视，精心部署，层层分解指标任务，强化责任，狠抓落实。据初步统计，截至今年6月底，全国已公告关闭金属非金属小矿山7070处，实现关闭9184处，整顿关闭工作取得初步成效。但对这方面的成绩不能估价过高，一些地方对整顿关闭的必要性认识不足，或者口头上赞同，但思想上没有真正搞通，顾虑较多、态度消极甚至观望、拖延、抵触；一些地方矿山关而不死，没有真正落实国务院安委会办公室明确的6条标准，一旦市场回暖，随时可能死灰复燃；一些地方以整合和改扩建为名拖延逃避关闭，有的新建项目把关不严、标准偏低，存在小矿山边关边建、矿山数量居高不下的不正常现象。总局党组要求，到2015年底，全国关闭矿山要达到2万座以上，50个重点县矿山总量要下降30%以上、事故死亡人数要下降50%，实现这样的目标任务很重、责任很大，必须采取切实有效措施。

（一）要坚定整顿关闭的意志和决心

不符合安全生产条件的小矿山破坏资源、污染环境，不符合产业政策，历来是安全生产的重灾区。各地经验表明，关闭小矿山与经济发展并不对立，通过关闭小矿山，可以促使矿山等资源向优势企业集中，大幅度提高资源利用率和经济效益，推进环境保护和产业结构调整优化，促进地方经济发展。当前，各类有色金属价格总体处于历史最低谷，多数中小矿山处于停产或半停产状态，是整顿关闭难得的历史机遇。希望大家特别是50个重点县的县长要认清关闭小矿山的必然性，认清小矿山潜伏的危机，系统地算好小矿山对本地区GDP、财政收入、环境保护、群众安全、社会和谐以及自身政治生命有多大贡献这本账，切实把非法违法、落后的小矿山视为危害生命、影响可持续发展、影响产业升级、影响环境保护、影响干部政治生命的高悬利剑，警钟长鸣，提高认识，进一步坚定整顿关闭小矿山的信念和决心。不能等事故发生了再后悔、再下狠心，绝不能总让事故推着我们走。

（二）要进一步明确关闭对象

今年12月底之前，请各地区务必在当地主要媒体公告今年关闭矿山名单，集中报总局备案。要按照国办发〔2012〕54号文件明确的3个方面20

种关闭的情形，对辖区内矿山进行再次排查认定，2014 年 1 月底要再次确定 2014 年计划关闭矿山数量和名单。各地区关闭矿山数量不能局限于原来已经上报的数量，凡属 20 种类型之一的，都要列为关闭对象。所有 50 个重点县的关闭矿山名单要于明年 1 月底前报省级安全监管局和总局备案。要加大整合升级力度，推动一个矿体多个开采主体、开采范围及规模小、相邻开采相互影响的矿山整合重组，升级改造。特别是 50 个重点县的工作更要超前完成。

（三）要抓紧建立健全整顿关闭联合执法机制

要细化矿山关闭工作程序，把发布公告、送达通知、收缴各类证照、停止供电、封存收缴火工产品，以及拆除设备、摧毁井筒、填平场地、消除隐患、组织验收等所有环节的工作任务，落实到部门和人头，哪个环节拖延贻误，就追究相关部门和人员的责任。要加强协调沟通，理顺矿山证照管理各方面的关系，规范程序、统一标准、简化手续，使合法矿山持续生产、安心生产。请 50 个重点县主要领导同志牵头组织公安、国土、安全监管、电力等部门，在春节前后普遍开展一两次联合执法行动，对拆除设备、炸毁井筒、拉倒井架、填平场地等现场全程录像，在新闻媒体深入宣传，形成强大声势和威慑力；50 个重点县关闭矿井现场和联合执法录像要于明年 3 月上旬报省级安全监管局和总局。

（四）要严格控制矿山总量

各重点县要对现有基建、改扩建矿山安全设施“三同时”等情况组织一次全面核查和“回头看”，在媒体上公布非法违法建设的矿山项目名单，依法严肃处理。要研究出台主要矿种最小开采规模和最低服务年限的标准，从源头上提高产业准入门槛。要制定矿山总量控制计划，防止边关边建、前关后建、越关越多。从现在起，50 个重点县的新建矿山原则上都要报省级安全监管局和总局备案。要对纳入整合的矿井进行一次核查，坚持先关闭、后整合原则，坚决杜绝假整合、以整合逃避关闭现象。

三、通过淘汰落后工艺、技术和装备，全面提升金属非金属矿山本质安全水平

（一）要依法限期强制淘汰

要坚决强制淘汰危及安全的露天矿山硐室爆破、掏挖开采，继续推行中深孔爆破技术，实行自上而下的分台阶（分层）开采；强制淘汰人力、畜力装载运输，强制推行机械铲装；强制淘汰大块矿岩二次爆破，推行机械二次破碎；强制淘汰火雷管、导火索，推行非电安全起爆系统。地下矿山要坚决按照总局 9 月上旬发布的《金属非金属矿山禁止使用的设备及工艺目录（第一批）》，按照期限要求和标准，强制淘汰非定型竖井罐笼、带式制动提升绞车等 7 项提升设备，10 项非阻燃材料及落后设备，以及横撑支柱采矿法等 2 项作业工艺。要坚决重点做好地表堆存尾矿的减量化工作，通过制作建筑材料等尾矿综合利用和井下空区充填，从根本上减少直至消除尾矿库事故隐患。

（二）要强力推进技术进步和产业升级

露天矿山边坡特别是高坡边坡，要采用安全监测监控技术，通过安全科技预防边坡垮塌，杜绝重特大事故发生。地下矿山要加快研发和应用全尾砂膏体充填技术，大力推广充填采矿法，治理井下空区、减少地表尾矿堆存；鼓励和支持使用经济适用、安全可靠的小断面采掘、运输机械设备，符合条件的矿山要推广使用凿岩台车、铲运机、撬毛机等机械设备。总局正在组织开展超大规模超深井金属地下矿山安全开采关键技术研究，解决深井提升、地压、高温等问题。各地区也要根据本地区实际，通过科研、示范，大力推广适合小型矿山的安全生产先进适用技术。要进一步完善、提升尾矿库在线安全监测监控技术，充分利用监测数据，着眼事故预测预警，形成安全监测与预警预报系统，真正为尾矿库安全生产发挥作用。

（三）50 个重点县要率先行动

请各重点县抓紧对本区域内所有企业还在使用的落后工艺、技术、装备进行拉网式摸底，建立台账，有的放矢地开展工作；要指导督促辖区内矿山企业制定淘汰和更新改造计划，提出 1 ~ 2 个“五化”本质安全示范矿山建设名单，报省级安全监管局和总局备案；要抓紧启动修改有关文件制度，将安全生产先进适用技术和装备作为矿山新建项目安全设施“三同时”审查的必备条件，列入安全生产许可证颁发和年检换证的重点内容。

四、立足防范重特大生产安全事故，加大金属非金属矿山专项整治力度

（一）深入开展防中毒窒息专项整治

一是要建立完善的机械通风系统，强制安装通风机，并设置风门、风桥等通风构筑物；独头采掘工作面和通风不良的采场必须安装局部通风机；井下废弃巷道必须及时封闭，并设置明显的警示标志。二是要强化通风安全管理，落实应急措施。所有通风机必须安装开停传感器；主要通风机必须安装风压传感器；回风巷必须设置风速传感器；每年至少要进行一次反风试验；必须制定火灾和中毒窒息事故现场处置方案，在井下主要通道明确标示避灾路线。三是要严格配置相关装备设备。矿山企业必须为每一位入井人员配备自救器；必须为每一个班组配备便携式气体检测报警仪；井下必须使用阻燃的电线电缆、风筒皮带；坚决淘汰容易引起火灾的老旧设备和主要井巷木支护。前一阶段总局组织6个非煤矿山专题调研督导组赴12个省（区），发现部分地区专项整治进展缓慢，部分企业自查不彻底、整改不落实。各地区要按照总局的统一部署和时限要求，结合安全避险“六大系统”建设，12月底前完成重点抽查和督查工作。对检查中发现的问题要抓住不放，对于没有配备自救器、便携式气体检测报警仪等问题，要责令立即整改；对于使用非阻燃材料、通风机未安装监测监控装置等问题，情况严重的，要责令立即停产整改，其他的也要督促并盯住企业限期整改到位；对于未安装主要通风机等问题，要责令立即停产，整改不合格不得生产。

（二）深入开展防井下火灾爆炸事故专项整治

近年来的事故统计分析表明，井下火灾事故的发火诱因主要有三点：一是井下违规动火作业，焊渣引燃可燃物；二是电器设备老化，电线电缆过流过载，非阻燃材料是罪魁祸首；三是井下吸烟和违规用电。各地区要从源头上防范井下火灾事故，严格遵守井下动火作业审批制度和作业程序，强化动火票管理，杜绝井下违规用电取暖、生火、做饭；限期淘汰非阻燃材料和设备，新建和改扩建工程项目严禁使用非阻燃材料和设备，主要巷道不得使用木支护；矿山井下必须全面禁烟。炸药库是重大危险源，加强炸药库的管理和使用，是严防重特大事故的重中之重，各地区一定要进一步强化监管力度，督促企业建立健全并严格落实各项安全管理制度，强化从业人员的安全教育和培训，确保消防设备、通信设备、报警装置齐全有效，严格爆炸物品出入库管理，严禁超库容量储存爆炸物品，严禁用灯泡烘烤爆破材料。

（三）深入开展防坠罐跑车专项整治

一要加强法规宣贯和监督检查，强令矿山企业按期淘汰7类提升设备，严把新建和改扩建工程项目安全设施设计审查关，不得选用淘汰的7类落后提升设备。二要强化企业安全管理情况的督查检查，检查提升设备日常维护保养的安全记录和隐患整改记录，杜绝提升设备带病运行。三要加强对主提升机操作工等特种作业人员的培训，强化考核颁证，提高特种作业人员应对紧急状况的处置能力。四要加强对矿山提升设备设施检测检验的监管，严格要求企业定期对钢丝绳、防坠器、提升容器等进行检测检验，检验不合格的立即停产整改。五要加强对安全检测检验机构的监管，对提供虚假检测检验报告的机构要依法严厉查处，直至吊销资质。建议对10人以上和双层罐进行全面摸底，进行更加严格的检查，严防发生重特大事故。

（四）深入开展防透水和塌陷专项整治

一方面要积极推行充填法开采工艺，确保矿山井下不产生新的空区，对不采用充填法采矿的地下矿山新建项目，要慎重审批；另一方面，要加强对老空区的探测和治理，加大空区充填力度，对不能充填的空区要采取监测措施，坚决遏制因空区引发的群死群伤事故。要因地制宜，引导地下矿山企业配置小型探空、探水钻机，加强采掘作业中的探空、探水管理。对不具备条件的企业，要委托安全技术服务机构进行老空区、老空区水的探测、监测；历经多年开采的重点矿区，历史上形成的采空区纵横交错，各地区要高度重视，认真开展采空区治理，摸清现状，制定有针对性的监测和治理措施，严防井下透水和地表塌陷。

（五）深入开展露天矿山防坍塌专项整治

当前很多大中型露天矿山逐渐进入深凹露天开采，地质条件恶化，边坡稳定性问题越来越突出。要严格执行开采设计，确保台阶和边坡参数符合设计要求；要积极推行边坡安全监测技术，对边坡变形、渗流、爆破及水文气象等内容进行及时监测，尤其要对高陡边坡进行实时在线监测；要特别重视露天转地下开采矿山的安全，在安全预评价、安全设施设计审查中，高度关注地下开采活动对地表边坡，特别是对高陡边坡的影响，督促企业强化监测手段，采取切实可行的措施防范边坡坍塌事故。

（六）深入开展防尾矿库溃坝专项整治

要及时掌握尾矿库的安全生产运行情况，定期组织专家分析确定尾矿库安全度，对危库、险库要实行隐患挂牌督办制度，切实督促整改到位，及早消除隐患；对一时不能治理消除的重大隐患，要采取切实措施、落实责任、加强防控，制定应急预案，并组织好定期演练，严防溃坝事故。要高度重视极端气候影响，充分认识极端气候对尾矿库安全威胁的严重性，有效防范和应对自然灾害引发的事故灾难。要严格对尾矿回采工程项目进行安全审查，凡未消除隐患的危库、险库，不能进行回采作业。

（七）深入开展防盲目施救专项整治

要完善事故应急预案，做好现场处置方案、专项应急预案和综合应急救援预案的衔接，并按照要求进行演练，提高应急救援能力；要组织没有应急救援组织的小型矿山，与就近的矿山专业救护队签订救援协议，以保证事故发生后专业救援队伍快速到位；要督促矿山企业配备必要的个人防护装备和应急救援器材设备，实现事故初期企业自救的基本保障；要认真学习贯彻总局近期印发的《非煤矿山外包工程安全管理暂行办法》（国家安全监管总局令第62号），强化外包队伍管理，强化外包队伍全员安全教育培训。

五、把50个重点县安全生产攻坚克难工作抓紧抓实抓好

金属非金属矿山50个重点县的矿山数量占全国总量的5.9%，事故死亡总人数却占全国的19.3%，其中重特大事故占54.9%。应当讲，抓好了50个重点县，就抓住了全国金属非金属矿山安全生产工作的牛鼻子，就能实现金属非金属矿山安全生产的重点突破。王德学同志上午的重要讲话，是做好50个重点县安全生产攻坚克难工作的基本原则。随后，我们将以国务院安委会办公室名义印发《金属非金属矿山50个重点县（市、区）安全生产攻坚克难工作方案》。简而言之，总局抓50个重点县攻坚克难工作的总体思路是：高标准、严要求，盯住问题、攻坚克难，标本兼治、重在治本，整合力量、狠抓落实。工作着力点是：全面加强矿山企业规模化、标准化、机械化、信息化、科学化，重点完成21项具体任务。时间界限是：2013年12月开始，到2015年底结束。要达到的目标是：（1）矿山总量下降30%以上；（2）事故死亡人数比前5年平均水平下降50%以上，有效遏制重特大事故；（3）探索形成一批可普遍推广的典型经验。这几个方面，构成了50个重点县攻坚克难工作的鲜明特点。希望各地区特别是50个重点县在明年第一季度之前重点做好以下几件事：

第一件事，认真学习动员。请各省级安全监管局及时召开领导班子会议，各重点县及时召开县委常委会议、政府常务会议和辖区内所有矿长参加的矿山安全生产动员会议，认真学习贯彻习近平总书记、李克强总理等中央领导同志关于加强安全生产工作的重要指示精神及本次会议精神，对攻坚克难工作作出全面安排部署。请各省级安全监管局制定攻坚克难工作督导措施。请各重点县制定具体的攻坚克难工作方案，成立县委书记或县长为组长的攻坚克难工作领导小组，经省级安全监管局审核后报总局备案。总局监管一司将逐一审查各重点县工作方案。

第二件事，对所有矿山进行彻底的专家会诊。请总局监管一司和相关省级安全监管局支持指导，各重点县根据矿山类型，分别组织专家组，抓紧对辖区内的所有矿山进行专家组会诊式安全隐患排查。要按照谁检查、谁签字、谁负责的要求，建立台账和信息数据库，落实责任、签字画押、公示公告，并跟踪督办，限期整改安全隐患。

第三件事，认真培训矿长和安全监管人员。请各省级安全监管局组织对辖区内重点县所有矿长和安全监管人员开展一次专题培训和考试，请各重点县指导督促企业或直接送教上门，对辖区内所有矿山企业从业人员进行一次专题培训和考试，所有企业对新员工必须实行师傅带徒弟制度，并建立培训考试档案。总局将向中组部申请，适时举办50个重点县县长培训班，并编印金属非金属矿山事故系列警示片和安全生产应知应会读本，免费向重点县提供。

第四件事，更加注重依靠媒体和信息公开推动工作。要在地方主要媒体公开合法矿山、非法矿山、整顿矿山、关闭矿山名单，公布重大隐患和重大危险源，公布上级和县委、县政府关于金属非金属矿山安全生产的政策措施，进一步畅通“12350”电话等安全隐患、事故举报监督渠道，对举报属实的实行奖励，切实尊重人民群众安全生产工作主体地位。要加大整顿关闭联合执法行动、处理非法违法责任人及宣传报道先进企业工作力度，切实营造良好舆论氛围。50 个重点县要指导督促建立企业负责人、工会、共青团、妇联和职工代表五方安全生产定期议事机制，安全生产投入和重大决策要经五方委员会议定，隐患排查治理情况、岗位危险危害因素、职工安全生产合理化建议采纳、被政府部门处罚等情况，要向职工公开。请各重点县及时把好做法报省级安全监管局和总局，我们将组织中国安全生产报等新闻媒体进行宣传报道。

第五件事，要加大处罚和责任追究力度。要严厉追责，推动企业落实安全生产主体责任，推动党委、政府及有关部门落实监管责任。要坚守红线、关口前移，从严从快，及时公告每一处隐患、每一起事故。对这些存在安全隐患和问题的干部及企业，最有力有效的关心支持就是对他们进行早教育、早批评、早处分、早警醒。

金属非金属矿山安全生产工作虽然保持了总体稳定趋于好转的态势，但矿山数量多、安全保障能力低、事故总量大、重特大事故时有发生的状况还没有得到根本改善，在 50 个重点县，问题更加突出。我们要深入学习贯彻习近平总书记、李克强总理等中央领导同志一系列重要指示精神，认清形势、明确任务，以更加奋发有为的精神状态，更加求真务实的工作作风，勇于担当、敢于负责，开拓进取、主动作为，特别是 50 个重点县要带好头，切实做好非煤矿山安全生产各项工作，为遏制重特大事故，促进全国安全生产形势持续稳定好转乃至根本好转而不懈努力！

国家安全生产监督管理总局总工程师王树鹤在煤矿安全生产工作会议上的讲话（摘要）

（2013 年 9 月 5 日）

内蒙古煤矿安监局组织召开这次全区煤矿安全生产工作会议非常重要。最近一个时期，习近平总书记、李克强总理等中央领导同志多次就安全生产工作做出重要指示批示，中央政治局常委会两次听取汇报，专题研究部署安全生产工作，内蒙古自治区认真学习贯彻，工作抓得很紧。今天召开此次会议，又是一次煤矿安全生产工作的深化和推动，刚才曹晓斌秘书长的讲话和杨泽余局长的讲话很好，很有针对性，听了很受启发和鼓舞。会上还要进行案例分析和经验交流，相信这次会议会进一步推进内蒙古自治区煤矿安全生产工作取得新的成绩。

受国家安监总局杨栋梁局长、煤矿安监局付建华局长的委托参加今天的会议，我感到非常高兴。杨栋梁局长对内蒙古自治区煤矿安全生产高度肯定、寄予厚望，对参加这次会议专门批示指出内蒙古自治区“全国产量第一，安全生产抓得好，任务艰巨，争取更长时间的稳定”。我感到栋梁局长的批示高度概括了内蒙古自治区煤矿安全生产工作的成效、面临的任务和今后的工作要求，我们要认真贯彻落实好。

贯彻栋梁局长的要求，我与大家做三个方面的交流。

一、内蒙古煤矿安全生产工作抓得好，成效显著，要总结好、发扬好

自治区党委、政府始终高度重视安全生产工作，认真贯彻落实党中央、国务院关于安全生产工作的各项决策部署，尤其把煤矿安全生产作为重中之重来抓，采取一系列坚强有力、行之有效的政策措施，推动煤矿安全生产水平不断提升，实现了煤炭工业的科学发展、安全发展。

总结起来，可以用 5 个“好”来概括：一是煤矿结构调整好。提升煤矿整体生产力水平，是安全生产的根本保障。一个时期以来，自治区依托大企业，不断加大整顿关闭、资源整合、技术改造和兼并重组的力度，淘汰落后产能，立足于建设安全高效矿井。全自治区煤矿10年来数量减少了七成，产量增加了15倍多，新增产能主要是大型现代化矿井，矿井平均生产能力达到160多万吨/年，建成了一批具有国际先进水平的特大型现代化矿井，其中露天开采占的比重有较大幅度的提升，安全生产的基础不断夯实。二是煤矿技术装备好。技术进步是根本途径。自治区大力推进煤矿现代化、机械化、信息化和自动化，淘汰落后采煤方式，实施综合机械化、自动化采掘工艺，加强矿井信息化管理，全自治区煤矿机械化采煤高达96%以上，很多煤矿的装备管理水平都达到了国内乃至国际先进水平，大大提升了生产作业的安全性。三是重大灾害源头治理好。重大灾害必须坚持源头治理，自治区各级政府和煤矿企业注重标本兼治，重在治本，加大安全投入力度，建设了全区煤矿双回路供电系统和煤矿安全监测监控系统联网工程。鄂尔多斯市等地开展了采空区普查，摸清地质状况，超前预防水害事故。大力推进煤矿安全质量标准化、安全保障体系建设，不断提高煤矿本质安全水平，提高瓦斯防治、火灾等矿井灾害的防御能力。四是安全监管监察好。提高安全生产依法依规是安全生产的重要途径。内蒙古煤矿监管监察队伍始终坚持严格执法、保持“打非治违”的高压态势，深化隐患排查治理，有效开展瓦斯综合治理和一通三防等专项行动，形成了良好的安全生产法制秩序，有效遏制非法违法生产行为和防范重特大事故。五是安全生产状况好。通过全区上下和煤矿企业的共同努力，全区连续3年未发生特别重大事故。在“十一五”事故起数和死亡人数连年大幅下降的基础上，去年同比继续下降33%和34%，今年上半年又同比下降23%和42%。去年煤炭生产百万吨死亡率0.031，比全国平均水平低92%，今年1—8月份仍保持了百万吨死亡率为0.033的水平，不仅在国内，即使在国际上，这也是个较高的水平。

内蒙古自治区煤矿安全生产取得的好成效对国家贡献大，工作经验对全国煤矿安全生产工作起到了引领和示范作用，我们要很好地总结发扬。希望自治区各地和企业也要很好总结成功的经验做法，形成系统的长效机制，各地和企业之间要加强学习，向先进看齐，先进向更先进看齐，推进全自治区煤矿安全生产工作不断进步和发展，安全生产形势持续稳定好转。

二、内蒙古煤矿安全生产面临诸多新挑战，任务繁重，必须时刻保持清醒认识，加强针对性措施

今年1—7月，全国煤矿共发生各类事故359起，死亡693人，事故起数和死亡人数同比分别下降30.0%和15.2%，煤矿安全生产形势总体保持了持续稳定的发展态势。但是，重特大事故仍未得到有效遏制，发生了10起重大事故，1起特大事故，教训极为深刻，必须引起我们的高度警醒。煤矿是高危行业，矿井各种灾害客观存在，并且具有隐蔽性和突发性，这就决定了安全生产任何时候都不能放松、不能懈怠。必须充分认识煤矿安全生产工作的长期性、艰巨性、复杂性和反复性，特别是在安全相对稳定的时候，决不能盲目乐观，掉以轻心，始终坚持从零开始，常抓不懈。刚才几起事故案例作得很好，给我们敲了警钟：一起透水事故，死亡6人；一起瓦斯爆炸事故，死亡9人；一起顶板事故，死亡5人；一起机电事故，教训非常深刻。

内蒙古煤矿安全生产工作基础是好的，但是我们也必须清醒看到全自治区随着煤炭开采强度的加大和矿井采深的延伸，煤矿灾害日趋加剧，煤矿安全生产任务日益繁重。突出表现为5个繁重：一是瓦斯防治的任务更加繁重。一些矿井瓦斯明显加大，部分矿井出现了瓦斯超限和瓦斯动力现象，有的矿井已成为煤与瓦斯突出矿井。今年全国煤矿发生的11起重特大事故中，有8起是瓦斯事故，瓦斯仍然是煤矿安全的“第一杀手”。所以，必须充分认识煤矿瓦斯灾害面临的严重性，高度重视和加强瓦斯防治工作。二是矿井水害防治的任务更加繁重。自治区一些矿井既有复杂的老塘水威胁，也存在有承压水的威胁，矿井涌水量明显增加。小矿老空水危机四伏，有的矿井和地面河道相通，有的矿井承压水带压开采，个别煤矿还发生了重大透水事故。对煤矿水害问题，必须提高认识，稍有疏忽，就可能引发事故，务必加强措施，防患于未然。三是顶板管理的任务更加繁重。一些矿区顶板好，但不易垮落，大面积采空区隐藏着严重的安全隐患，处置不当，会发生大面积垮落和有害气体喷出，这样的事故已发生多起。四是防治矿井火灾的任务更加繁重。自治区多数矿区煤层易自然发火，措施不到位会引发着火。大量被关闭小煤矿采空区存在自然发火等多种隐患，有的与生产矿井连通，随时都可能发生火灾事故。五是矿井提升运输安全的任务更加繁重。自治区一些矿井采取长距离下山平硐开拓，胶轮车运输，长距离较大坡度上、下坡的运输方式，对车辆设备和驾驶人员的要求高，否则，就会造成运输事故，今年已发生几起此类较大事故。当前煤矿还遇到煤炭价格下降、经济运行困难等现实问题，安全投入受到影响，安全生产的压力增大。这些都对做好煤矿安全生产提出了新的挑战，因此，我们大家一定要保持清醒的认识。

希望各地有关部门、各煤矿企业要深入勘察、观测和分析本地区、本企业矿井灾害的发展变化情况和防治措施执行效果情况，确保采取针对性措施到位，有效防范事故。要做到5个到位：一是瓦斯防治要到位。要切实做到通风系统可靠，采掘工作面风量充足，监控系统完善可靠；对瓦斯要先抽后采、抽采达标，实现抽掘采平衡；突出煤层必须先采取区域措施，消除突出危险性后再安排采掘，确实做到不掘突出头，不采突出面；要实施现场瓦斯零超限管理，瓦斯超限不仅要立即停产撤人，还必须按事故进行分析，追究责任。二是矿井水害防治工作要到位。要学习鄂尔多斯的做法，对生产矿井采空区、含水层进行补充勘探，做到水文地质情况清楚，提前采取防治措施；要落实"三专探放水"（专业人员做专项设计后由专业队伍专业人员使用专用探放水钻机探放水）的规定，坚决防止采掘工作面透水事故。三是顶板管理工作要到位。采用先进采煤方法，首选高强度液压支架。要加强顶板支护，杜绝无支护空顶作业；大面积顶板不落必须制定强制放顶措施并同时采取防有害气体压出的安全措施；空顶面积上限应有严格规定，顶板不落不能生产。周边有老采空区的矿井要采取提前充填等措施，否则不得接近和开采。四是防治矿井火灾工作要到位。要树立确保不发生煤层自然发火的理念，健全防灭火工作机构，配足管理、专业技术、检测和施工人员，确保防治资金投入到位和责任制度落实；要建立自然发火早期预测预报监控系统，实时检测和发现气体浓度、温度变化情况；要制定防止采空区自然发火的封闭及管理专项措施，确保所有采空区及时有效封闭，并动态达标；井下发现明显自然发火预兆或预警指标超过临界值时，必须停止作业，撤出人员，立即封闭发火危险区域。五是矿井提升运输安全工作要到位。使用的提升运输设备必须质量合格，严禁使用非标产品和质量不合格产品；严格落实设备检修查验制度，确保设备完好，保护齐全，制动有效；要特别加强斜下山平硐车辆的管理，保持车辆完好，同时搞好司机的培训和管理，严禁超载超速和疲劳驾驶。同时要强调，在当前煤矿遇到暂时困难的时候，更要始终高度重视和落实安全生产工作，保证安全投入和队伍稳定，要坚决杜绝带隐患生产和超能力超强度生产，确保安全的稳定。

三、内蒙古煤矿有条件有能力争取安全生产更长时间的稳定，要进一步提升理念，加强工作创造新业绩

最近一个时期，习近平总书记、李克强总理等中央领导同志对安全生产工作作出重要指示批示，中央常委会连续两次研究安全生产工作，指出，人命关天，发展决不能以牺牲人的生命为代价，这必须作为一条不可逾越的红线，要始终把人民生命安全放在首位，要求开展全面彻底安全生产大检查，完善制度，强化责任，加强管理，严格监管，把安全生产责任制落到实处。这充分体现了中央对保障人民生命安全的高度重视，对安全生产工作的高度重视，对严肃安全生产责任制的坚定决心，对充分依靠各地、各部门和各单位齐心协力促进安全生产形势不断好转的殷切希望。为我们进一步加强安全生产工作、推动安全生产状况的持续稳定好转提供了强大的思想武器，指明了工作的前进方向。我们要深入学习和领会习近平总书记、李克强总理等中央领导同志关于安全生产工作的重要指示批示精神，进一步提高对安全生产极端重要性的认识，把思想和行动统一到中央精神上来，进一步增强做好安全生产工作的自觉性、坚定性。要牢固树立生命高于一切的理念，严守发展经济不能以牺牲人的生命为代价这条红线。下一步工作就是要认真贯彻落实党中央、国务院的决策部署，以贯彻落实煤矿安全"双七条"为主线，以"打非治违"和安全生产大检查为抓手，标本兼治、综合治理，推动煤炭产业发展规模化、机械化、信息化和科学化，大幅度降低煤矿事故总量，有效防范遏制重特大事故，加快实现煤矿安全生产状况的根本好转。

（一）要进一步认真落实安全责任

要进一步提高对安全生产责任重于泰山的认

识，增强紧迫感、危机感，增强搞好安全生产的动力；要加强领导，强化责任意识、忧患意识和担当意识，“严”字当头，敢抓敢管，狠抓落实，切实做到党政同责、一岗双责、齐抓共管，全面落实安全监管部门综合监管、行业主管部门直接监管、地方政府属地监管、监察机构严格执法责任；要进一步健全和完善联合执法工作机制，改进执法检查的方式方法，形成合力、从严执法，注重发现问题、解决问题，提高执法效率；安全生产归根结底要靠企业，各煤矿企业要自觉把安全生产摆在重中之重的位置，把安全发展的理念贯穿到企业生产经营全过程，正确处理好安全生产与经济发展、企业扩张、利润增长的关系，杜绝压指标、超能力生产。加强组织领导、建立健全责任体系，加大安全投入、推进科技进步，改善安全条件、夯实安全基础，提高本质水平、提升保障能力，确保安全生产。

（二）继续深入开展安全生产大检查工作

前不久，国务院召开了大检查和综合督查工作汇报会，国务委员王勇同志对下一阶段的工作提出了明确要求。煤矿是安全生产大检查的重点行业，希望大家一定要高度重视起来，按照“全覆盖、零容忍、严执法、重实效”的要求，认真组织实施，严禁走过场、留死角、存盲区，把本县区、本单位的安全生产大检查抓实抓细，抓出成效，并持之以恒地抓下去。前一阶段国家安监总局和国家煤监局按照“四不两直”（不打招呼、不发通知、不听汇报、不用陪同和接待，直奔基层、直插现场）的要求，开展了暗查暗访，取得了很好效果。希望各级部门都要这样做，用“四不两直”来查实情、除隐患、追责任、促整改。要把“打非治违”工作作为大检查的重点，坚决落实对非法违法行为关闭取缔、上限处罚、停产整顿、追究法律责任等“四个一律”打击措施。要坚持边查边改，对发现的隐患和问题进行梳理，分清轻重缓急，实施分级挂牌督办，切实落实到煤矿企业和有关部门，盯住不放，一抓到底。所有隐患的整改，必须做到责任、措施、资金、期限和应急预案“五落实”。隐患严重的煤矿要坚决停产整顿，在规定期限内达不到整改要求的，要依法关闭取缔。对存在重大隐患、拒不整改的煤矿，要严厉追究责任。

（三）认真贯彻落实《煤矿矿长保护矿工七条规定》

188 个字的《七条规定》，是国家安全监管总局、国家煤矿安监局建局以来发布实施的最简单明白的部门规章。它不是煤矿安全生产的最高标准和最高要求，而是必须严格遵守、不得逾越的底线，是矿工的生命线。今年以来全国煤矿事故总量下降幅度很大，这与从年初开始，全国上下深入贯彻落实《七条规定》是分不开的。要继续加强对矿长的教育培训，让每一名矿长树立以人为本、生命至上的理念，真正把保护矿工生命安全作为自己的最高职责，任何时候都不能不顾安全、追指标、抢产量，决不能带着隐患问题组织冒险作业；要继续加大对《七条规定》的宣传教育力度，让每个矿工都熟知，共同监督落实；要继续开展七条规定专项执法，并把《七条规定》的落实情况作为安全生产大检查和“打非治违”的重要内容，加强督促检查，严格行政执法，尤其对违反《七条规定》而导致事故发生的要严肃查处，真正做到“铁规定、刚执行、全覆盖、真落实、见实效”。

（四）强力推进治本攻坚七条举措

为切实解决影响煤矿安全的深层次问题，国家安全监管总局和国家煤矿安监局提出了煤矿安全治本攻坚七项措施，近期将以国务院文件下发施行。这七条举措对于煤矿安全工作具有特殊重要的意义。要加大小煤矿整顿关闭力度，下定决心，彻底关闭一批不具备安全生产条件的小煤矿，从源头上消除事故隐患；要严格煤矿安全准入，在批准新建、改扩建煤矿项目上，要格外慎重、严格把关，决不能为了追求速度而放低安全门槛，不具备瓦斯防治能力的要坚决依法关闭退出；要大力推进煤矿机械化、自动化和信息化，这是煤炭产业发展的趋势和保障煤矿安全的根本出路，要坚定不移地推动实施；要规范煤矿劳动用工管理，站在以人为本和关爱生命、保障安全的高度，深入改革煤矿用工制度，矿工要经过严格培训持证上岗，彻底改变当前农民工、协议工、外包工等临时性用工仍然占很大比例的现状；要提升煤矿应急救援能力，根据实际，采用政府、企业共同建设等方式，加强煤矿应急救援队伍建设，提升装备水平、提升技术水平、提升管理水平，保证每个矿井都有应急救援预案和基本救援保障。

（五）加强安全基础和长效机制建设

一个地区煤矿的长治久安，最终还是要靠扎实的基础和健全的长效机制。要认真开展煤矿安全质量标准化建设，切实加强现场管理，全面提升煤矿尤其是小煤矿的整体安全生产水平；要加强规章制度和责任体系建设，切实做到有章可循、有规可依、责任明晰，并大力提高执行力，真正把规章制度和责任落实下去；要强化以农民工、班组长和“三项岗位”人员为主的全员培训；要加强预测和治理煤矿瓦斯、水害的先进实用技术的研究，不断推进技术进步。同时，要加强尘肺病等职业病防治等工作。

（六）严格事故调查和责任追究

目前事故调查处理方面比较突出的问题，一个是结案时间太长，缺乏时效性；一个是责任追究偏松、偏宽。事故查处没有时效，责任追究不够严厉，就起不到震慑警示教育的作用。下一步的事故查处工作，要遵照中央领导同志的要求，审时度势，宽严有度，解决失之于软、失之于宽的问题。国家安全监管总局正在研究制定重大、较大、一般事故的调查处理时限规定。各地区和部门要对事故调查处理情况进行一次排查，认真查处每一起事故，而且要严厉追责，用事故教训推动工作。

安全生产责任重大，使命光荣，我们一定要认真贯彻落实习近平总书记、李克强总理等中央领导同志的重要指示精神，认清严峻形势，强化职责使命，敢于负责，勇于担当，发奋图强，真抓实干。要以这次全区煤矿安全生产工作会议为新起点，推进煤矿安全生产工作再上新台阶，再创新的佳绩。

国家安全生产监督管理总局总工程师黄毅在全国安全生产工作会议上的讲话（摘要）

（2013年1月19日）

2013年1月15日，杨栋梁同志主持召开总局局长办公会议，审议并原则通过了《煤矿矿长保护矿工生命安全七条规定》（以下简称《七条规定》）草案。此前，付建华同志主持召开国家煤矿安监局局长办公会议，对草案进行了讨论和修改。《七条规定》将作为部门规章，以总局局长令下发施行。

《七条规定》的主体内容，就是“七个必须、七个严禁”，即：一是必须证照齐全，严禁无证照或证照失效非法生产。二是必须在批准区域正规开采，严禁超层越界或巷道式采煤、空顶作业。三是必须确保通风系统可靠，严禁无风、微风、循环风冒险作业。四是必须做到瓦斯抽采达标，防突措施到位，监控系统有效，瓦斯超限立即撤人，严禁违规作业。五是必须落实井下探放水规定，严禁开采防隔水煤柱。六是必须保证井下机电和所有提升设备完好，严禁非阻燃、非防爆设备违规入井。七是必须坚持矿领导下井带班，确保员工培训合格、持证上岗，严禁违章指挥。

制定这部规章，是总局党组在谋划今年安全生产工作总体思路过程中，进一步突出煤矿安全这个重中之重而采取的一项重要举措，是坚持以人为本、执法为民的必然要求，是落实煤矿矿长安全职责、保护矿工生命的必然要求，是强化安全监管监察、促进煤矿安全生产形势持续稳定好转的必然要求。

为了起草好这个文件，起草组多次研究讨论，分析了近些年来煤矿重特大事故发生的主要原因、关键环节，梳理出容易导致重特大事故的40多个突出问题，反复提炼归纳，最后确定了七个主要方面，有针对性地作出硬性规定。为使《七条规定》更切合实际，于1月5日专门组织召开座谈会，邀请14个省（区）不同类型煤矿的矿长和部分煤矿安监分局的同志，广泛听取他们的意见。大家一致认为，这七条规定切中要害，是每个矿长必须做到而且能够做到的，只要做到了，就能有效遏制重特大事故，应尽快出台实施，并作为今年煤矿安全生产工作的有力抓手。大家结合实际，也提出了一些修改建议。会后，起草组又进一步推敲完善，并由总局政法司作了合法性审核。

《七条规定》作为部门规章，主要有以下特点：

一是以人为本，宗旨鲜明。这部规章的立法宗旨，核心就是保护矿工生命安全。因为矿工常年在井下作业，牺牲了应该享受的阳光，而把光和热奉献给人民，他们理应受到全社会的尊重和关爱。作为煤矿的一矿之长，一定要满怀深厚的感情，把矿工当亲人、当兄弟，从心底深处和各项工作中关心爱护他们的生命健康，为他们撑起一片安全蓝天。

二是依法依规，言之有据。《七条规定》中的每一个必须、每一个严禁，均依据安全生产相关法律法规和煤矿安全规程，都是有法可依的。凡违犯以上七条规定之一者，均依法予以处罚，发生事故的，依法从严惩处，也都有法律法规依据。

三是突出重点，切中要害。《七条规定》突出了制约煤矿安全生产的关键环节，也是近些年导致煤矿重特大事故的主要因素。概括讲就是，证照、采界、通风、瓦斯、水患、火灾、运输、人员。只要把这几个要素抓住，就可以有效防范和遏制重特大事故。

四是简明扼要，耳熟能详。《七条规定》全文只有300多个字，作为总局部门规章，是文字最少的一部。而且七条内容只有200多个字，一看就明白，非常容易记住，也便于操作。

《七条规定》作为今年煤矿安全生产工作的重要抓手和有效载体，作为深化煤矿安全专项整治、强化“打非治违”的重要举措，作为煤矿安全监管监察执法的重要依据，正式颁布之后，要做好相关的宣传贯彻和落实施行工作。

第一，集中当面发放。要以省（区、市）为单位，把全省（区、市）的煤矿矿长，包括煤矿法定代表人、实际控制人和党委书记等煤矿负责人，分期分批召集到省会城市，由总局、国家煤矿安监局和省局的负责人，面对面向各位煤矿矿长发放总局、国家煤矿安监局《致煤矿矿长的信》以及《七条规定》，并当场签订《承诺书》。

第二，集中培训考核。在当场签订《承诺书》之后，利用半天时间立即组织培训。以宣传贯彻《七条规定》为主体内容，由总局、国家煤矿安监局领导和省局领导讲话，宣讲《七条规定》的具体要求。讲授之后即进行考试，并将考试结果作为以后申办煤矿矿长任职资格证的重要依据。

第三，开展系列宣传。总局要召开专题新闻发布会，作客主要网站访谈，组织相关主流媒体集中进行报道。要通过多种行之有效的宣传教育，营造浓厚的舆论氛围，让全国所有煤矿矿长对《七条规定》烂熟于心，让全社会家喻户晓、广为传知。同时，在全国煤矿矿长中开展以“守铁律、尽职责、严管理、树形象”为主要内容的宣传教育活动，选树先进标杆矿长，作为矿长学习的楷模。

第四，组织专项监察。各地区要把贯彻落实《七条规定》作为今年煤矿安全监管监察的重点内容，加强督促检查。总局、国家煤矿安监局将选择适当时机，对全国各地区、各煤矿企业贯彻执行《七条规定》情况组织一次专项督查。

第五部分

安全生产综合监督管理

安全生产宣传和安全文化建设工作

国家安全生产监督管理总局人事司（宣教办）

2013年在国家安全监管总局党组的正确领导下，在安全生产宣教战线全体同志的共同努力下，宣教工作成效是显著的。对于牢固树立安全发展理念、着力培养安全生产红线意识、不断增强全社会的安全意识和安全素质，起到了有力的推动作用。

一、重点工作

（一）紧紧围绕安全生产大局开展宣传教育工作

一是认真学习贯彻党的十八大和十八届二中、三中全会精神以及习近平总书记、李克强总理等中央领导同志重要讲话精神，贯彻落实国务院安委会全体会议和全国安全生产电视电话会议精神，着力把党中央、国务院的决策部署宣传到位。二是紧密配合贯彻落实全国安全生产工作会议以及由国家安全监管总局党组决定召开的安全生产重大专题会议、季度视频会议开展宣传教育工作，着力促进安全生产各项部署和要求向实践转化。三是紧紧围绕安全生产大检查、煤矿安全生产“双七条”宣贯、安全生产专项督查等重大安全生产监管监察活动开展宣传教育工作，着力打造声势、营造氛围，促进活动深化。四是紧密围绕党的群众路线学习教育实践活动开展宣传教育工作，着力反映总局和全系统“反四风、转作风”的思想、制度和实践成果，促进作风转变。

（二）把强化安全生产政府信息公开作为安全生产宣传教育工作的重要抓手

一是坚持依法公开。先后印发两份旨在落实国务院有关政府信息公开的要求和《安全生产监管监察部门信息公开办法》的指导意见，突出事故调查和应急救援信息公开，着力推动主动公开。二是多渠道公开。通过政府网站公开信息2.1万条，出版《公告》12期、公开各类文本文件179篇，并多次通过新闻发布会、网络在线交流等形式进行政策解读，答疑解惑、回应群众关切问题。三是强化全面公开。对30件涉及公民、法人和其他组织的切身利益的安全生产制度、标准和工作部署面向社会征求意见，强化了决策过程公开；向社会公开了48位司局级干部的任免决定，强化了人事信息公开；向社会发布了总局2013年部门预算、2012年部门决算和三公经费预（决）算情况，强化了财务信息公开。对5起由国家安全监管总局任调查组长的特别重大事故的调查报告进行了全文公布，发布了38起重大安全事故挂牌督办信息和16起较大事故跟踪督办信息，强化了事故消息公开。在2013年挂牌督办的事故中，有3起较大事故和23起重大事故实行了调查报告全文公开。在社科院组织的国务院部门透明指数测评中，国家安全监管总局列第二位，比2012年上升两位。

（三）突出“安全生产月”“安全生产万里行”等安全宣传教育等重要品牌活动

2013年开展的第十二个“安全生产月”活动紧紧围绕“强化安全基础、推动安全发展”的主题，深化煤矿安全“双七条”专题宣贯、扎实开展安全生产事故警示周、安全生产咨询日、安全文化周、预案演练周等活动，各类活动参与人次累计超过3亿。第十六次“安全生产万里行”突出媒体发声，中央和省级媒体分别在报纸发表稿件80篇，在电台、电视台发表新闻消息33条，相关网页达27.3万篇。“安全生产月”和“安全生产万里行”已经成为全国安全生产宣传教育工作的两个重要品牌。

（四）不断强化安全生产宣传教育工作的支撑平台

一是不断强化国家安全监管总局政府网站建设。2013年采访报道国家安全监管总局重要会议、事故现场、暗查暗访及各项重大活动174场，发布政务信息2.1万条，网站日平均访问量达到1.8万次，在71家部委政府网站绩效评估中列第16位，无障碍评估列第一名。二是充分发挥《中国安全生产报》和《中国煤炭报》等报刊杂志的喉舌作用。《中国安全生产报》发行超过37万份，增幅6.14%；《中国煤炭报》发行超过5万份，增幅9.14%。三是扎实推动传统媒体与新媒体的融合发展。加强国家安全生产宣教网等网站群建设，发挥国家安全监管总局直属单位宣教支撑作用。国家安全监管总局政务微博被人民微博评为十大部级微博之一；安全生产舆情检测分析系统实现对主流媒体、商业网站、博客、微博、论坛、贴吧、视频网站等网络媒体有关安全生产舆情的24小时跟踪分析；总局手机报、政务微信开通试运营。

（五）深入开展安全文化进矿山、进企业、进社区、进学校、进家庭等文化落地活动

一是安全文化示范工程建设扎实推进。全国有7个城市（区）以党委政府名义出台了创建安全发展示范城市的意见和方案，相关工作全面展开；全国安全文化示范企业总数达到235个，金川模式在全国得到推广；安全社区建设继续深化，2013年新命名全国安全社区22家。二是各类安全生产公益广告开始占领车站、地铁、公交、商场等人员密集场所，成为城市文化新的风景线。三是创造了一批质量高、安全特色鲜明、群众喜闻乐见的影视及文艺作品，并将安全公益广告作品送进了电影院线，良好的安全文化氛围正逐步形成。

二、存在不足

（一）认识不到位

还有不少同志尤其是部分领导同志对加强安全生产宣传教育工作的重要性、必要性认识不足。存在两怕，一怕被说成是给自己树碑立传，二怕前边说成绩，后边出事故。究其原因，就是没有充分认识宣传教育工作在安全生产工作当中的重要位置，没有把加强宣传教育工作视为重要治本之策。

（二）存在应急宣传和预防宣传“一条腿长、一条腿短”的问题

甚至有的地方和单位，只有出了事才被迫宣传。应急宣传是应急处置的重要内容，必须做好。但是，与应急宣传相比，预防性宣传永远都应当是第一位的。预防性宣传多一点，事故就会少一点，就会有更多的生命得到保护。进一步加强预防性宣传，是我们面临的一项重要任务。

（三）新媒体运用明显不足

随着互联网的不断普及，随着微博、微信等新媒体的崛起，互联网已经成为宣传教育的主战场。但是，我们在新媒体运用上明显滞后，不论是微博群、微信群等基础建设，还是善于使用新媒体开展安全生产宣教工作的队伍建设，都处于自发和起步状态，不适应时代发展的要求。

（四）宣传的有效性和针对性不足

主要是不善于策划，不善于挖掘新闻、设定议题，不善于研究和把握受众，满足于电视上有影、报纸上有字、电台上有声，费劲不少，效果不佳。

规 划 科 技 工 作

国家安全生产监督管理总局规划科技司

2013 年，按照国家安全监管总局党组的部署和安排，规划科技司为坚决遏制和有效防范事故发生提供支撑保障，较好地完成了以下重点工作任务：

一、《安全生产“十二五”规划》实施成效突显

《安全生产“十二五”规划》实施中期评估结果表明，规划目标实施取得良好效果，规划的重大工程和重点任务稳步推进。一是纳入规划考核范围内的13 项约束性指标全部实现中期目标。其中，各类事故死亡人数、较大事故、重大事故、特别重大事故四项相对指标实现连续下降。同 2010 年相比，预计 2013 年各类事故死亡人数下降 13%，较大事故起数下降 30.8%，重大事故起数下降 37.8%，特别重大事故起数下降 63.6%，煤矿百万吨死亡率下降 59.5%，亿元 GDP 死亡率下降 40.3%，工矿商贸十万人死亡率下降 29.6%，道路交通万车死亡率下降 25%。二是隐患排查治理和行政执法工作成效明显。共监督监察企业 1087.5 万次，打击各类非法违法、治理纠正违规违章行为 3742 万起，查处事故隐患 909.7 万项、重大事故隐患 2.2 万项，实施行政处罚 35.3 万次，责令停产整顿企业 3.4 万家，提请关闭企业 0.9 万家，暂扣、吊销安全生产许可证企业 5327 家，处罚罚款 44.9 亿元，查处事故 1.6 万起。三是安全生产监管监察体系逐步健全。省、市两级安全监管机构实现全覆盖，98.6% 的县级政府设置专门的安全监管部门，省市县三级安全监管部门人员达 6.0 万名；26 个省、93.4% 的地市、85.8% 的县已成立安全执法机构，省市县三级安全生产执法人员达 2.5 万名。四是加强了安全监管部门和煤矿监察机构执法能力建设。新建、改建、扩建执法设施 101.7 万平方米，配备各类装备 20.5 万台套；启动华北、中南、西南 3 个国家安全监管监察人员综合实训基地建设，推动建设 18 个中央企业培训演练基地；100% 的省、90.4% 的地市、36.2% 的县建立安全生产应急管理机构，纳入统计的 50 家中央企业全部成立应急管理机构，各类机构和企业共编制 592.6 万个应急预案，开展应急演练 120.3 万次，参演人员 1919.6 万人。五是安全产业稳步发展。全国从事安全产业的企业达 1500 多家，销售收入 2066 亿元，实现利润 179.3 亿元。六是规划 9 项重点工程全面推动。其中，以企业实施为主体的企业安全生产标准化达标、煤矿安全生产水平提升、非煤矿山及危险化学品等隐患治理与监控、职业危害治理等 4 项重点工程累计投入 1636.8 亿元；以政府实施为主体的道路交通安全生命保障、监管监察能力建设、安全科技研发与技术推广、应急救援体系建设、安全教育培训及安全社区和安全文化建设等 5 项重点工程累计投入 704 亿元。

二、争取中央加大投资力度，切实提升执法能力

联合国家发改委，加大监管监察系统基层基础保障能力建设投入。一是争取到将安全监管监察能力建设首次纳入中央投资重点安排领域建设范畴，中央预算内投资项目增设了“监管监察能力建设”科目。二是争取专项用于基层安全监管部门执法能力建设资金 8.5 亿元，较 2012 年增加 4.5 亿元，为 289 个市级、2497 个县级安全监管部门配备各类执法装备 149574 台（套）。三是争取国家安全监管总局中央投资基数 2.9 亿元，较 2012 年增加 1 亿元，为 7 个省级、区域煤监机构新改扩建 11679 平方米执法场所；启动了 13 个省级煤监机构直属单位建设项目，新增技术业务用房 61008 平方米；组织实施了 12 个国家安全监管总局直属单位科研服务项目，新增技术业务用房 44567 平方

米，专业设备235台（套）。四是积极推动重点项目。落实了矿用新装备新材料安全准入分析验证中心实验室、国家安全工程技术实验与研发基地、国家安全监管监察执法综合实训基地、国家矿山应急救援开滦实训演练基地等项目国家评估前期综合建设条件。五是制定印发了《2013年工程建设领域突出问题专项治理方案》《安全监管总局2013年政府投资项目后评价计划》《停止新建楼堂馆所和办公用房的通知》等7个文件，规范项目管理。

三、安全科技支撑能力明显加强

按照国家安全监管总局党组关于加强安全科技创新工作的决定，大力实施“科技强安”战略，努力推动科技创新与进步。一是第一批安全科技“四个一批”项目成效显著。首批69个项目共落实资金8.95亿元，已产生研究成果89项，申请专利318项，已批准和授权121项；转化成果15项，在2374个企业（矿井）中得到转化应用；推广先进适用技术13项，在1352个企业（矿井）中得到应用；建设示范工程18个，应用新技术、新装备54项，形成标准规范28个。二是从面向社会征集的720个项目中，遴选并发布实施第二批“四个一批”项目117个。三是积极组织和争取国家科技计划支持。2013年国家重点基础研究发展（973）计划、高技术发展（863）计划、科技支撑计划、重点新产品计划、火炬计划和软科学研究等国家重点科技计划共安排安全生产项目49个，同上年比增加69%；国拨经费近10亿元，同比去年增加140%。其中，启动实施的国家科技支撑计划“煤矿突水、火灾等重大事故防治关键技术与装备研发”项目总经费1.18亿元。四是征集并发布了国家安全监管总局2013年度安全生产重大事故防治关键技术科技项目682个，调动企业投入安全科技研发资金33.9亿元。五是突出煤矿安全科技的重要性。会同国家煤矿安监局技装司，组织召开了首批安全科技“四个一批”项目成果推广交流现场会，交流经验、展示成果；制定了瓦斯、水害等防治切实可行科技路线图，推动煤矿安全科技顶层设计。六是深化与航天科技集团、航天科工集团、中国电信集团的战略合作，积极加强与中国矿大、河南理工大学、河北联合大学等高校横向合作，强化了政产学研用协同创新体系建设。确定中煤科工集团重庆研究院等22家单位为安全生产科技支撑平台创建单位。

四、信息化建设与应用工作稳步推进

以推进“安全生产监管信息化工程”立项为重点，强化安全生产信息化顶层设计、以用促建，以建保用，为安全生产大检查、“打非治违”、企业安全生产标准化建设等重点工作提供强有力的信息化手段支撑。一是安全生产监管信息化工程立项工作取得重大进展。国家发展改革委确定国家安全监管总局为项目牵头单位，会同工信部、住建部等7个共建部门，完成了《安全生产监管信息化工程需求分析报告》，通过了国家发展改革委专家组评审。二是完善了信息化顶层设计和标准规范。组织编制了《安全生产信息化建设总体方案》，强化安全生产信息化顶层设计，目前正在作进一步修改完善；发布了《隐患排查治理数据规范（试行）》等4项指导性技术文件；在物联网煤矿安全监管监察与事故应急处置系统试点成功基础上，制定了《物联网远程监管监察系统标准规范》等5个技术标准。三是加快推进已建业务系统应用。推进非药品类易制毒化学品综合管理信息系统、非煤矿山企业安全生产许可证统一配号系统等已建19个业务系统的应用，并在11个试点市（区）开展隐患排查治理信息联网共享试点工程建设。四是组织神华集团、中煤能源集团等企业，争取到“国家矿井安全生产监管物联网应用示范工程”国拨资金1亿元；争取到国家发改委批复，由国家安全监管总局通信信息中心和中国安科院共建“国家安全生产物联网检测认证公共服务平台”，为物联网技术切实转化为安全生产有效生产力奠定了基础。

五、专业服务机构防范事故作用得到发挥

强化专业服务机构监管，切实发挥其防范安全生产事故的支撑服务作用。一是完善安全评价机构监管制度。印发了《国家安全监管总局关于进一步规范安全评价机构监管工作的通知》，明令禁止评价机构跨省作业层层备案、评价报告收费评审等行为。二是提前谋划应对行政审批改革。通过7次集中座谈、到21家单位实地调研、发放1540份调查问卷等方式，着手研究“放得下、管得住、管得好”的新型专业服务机构监督管理办法。三是加强督查和考核。商请专业司局在日常监督检查、“三同时”审查、事故查处等工作中，将安全评价检测检验机构执业情况纳入综合监管；会同有关专业司局，组成7个督查组，组织2次专业服务机构专项督查，加大监管力度，进一步规范专业服务机构行为；组织抽查了14个省市67家安全标志企业和357个批次的呼吸类劳动防护产品，撤销了8家企业和相关产品的安全标志证书；在全国安全评价、检测检验机构中开展了“防范事故见成效”活动，总结了一批好的专业服务典型经验，切实起到了提升防范事故支撑服务作用的效果。四是持续推进专业服务机构信息公开。在国家安全监管总局政府网站建立了评价信息地理查询系统，增设了违规曝光台专栏；依托中国安科院网站，建立了检测检验机构管理信息系统；开展了安全评价报告信息网上公开专项检查，并进行通报。

六、队伍凝聚力和执行力明显提升

一是深入学习贯彻党的十八大、十八届三中全会精神以及习近平总书记等中央领导同志重要讲话和指示批示精神，全司政治理论水平和政治素养有了新的提升，“红线”意识进一步深化，全司8人，先后16次赴6省（区）参加安全生产大检查和明察暗访，督促地方落实监管责任，推动企业落实主体责任；曝光一批重大隐患，促进隐患排查治理，消除事故隐患。二是扎实开展党的群众路线教育实践活动，反对“四风”，切实改进作风。全司发文数量、会议数量与规模同比减少了三分之一，2013年专项业务工作经费同比下降27%。三是制定了《规划科技司2013年党建工作要点》，参加了国家安全监管总局机关“宣贯十八大党员在行动”实践评选、党建工作创新评选、优秀工会组织和个人评选等活动，多项活动受到表彰。四是坚决贯彻落实《2013年党风廉政建设任务分工》，结合“警示教育周”活动，专题深入学习传达《中共中央关于薄熙来严重违纪违法案及其教训的通报》等，突出加强对关键环节、重点岗位和人员的监督和约束，构筑反腐倡廉牢固防线。五是积极派员参加国家安全监管总局党校脱产学习、司局级干部选学，认真组织和参加各类培训和讲座，不断提升全司人员业务能力，强化大局意识、责任意识，增强了凝聚力和执行力。

非煤矿山安全监督管理工作

国家安全监督管理总局监管一司

2013年，监管一司认真贯彻落实党中央、国务院关于加强安全生产工作决策部署，以及习近平总书记、李克强总理等中央领导同志关于安全生产工作的重要指示精神，按照国家安全监管总局党组和地方各级党委、政府的安排部署，转变作风、真抓实干，改革创新、攻坚克难，扎实有效地做好非煤矿山安全生产各项重点工作。2013年，全国非煤矿山共发生各类事故658起，死亡790人，同比减少79起、139人，分别下降10.7%和15.0%。其中较大事故19起，死亡74人，同比减少15起、50人，分别下降44.1%和40.3%；重大事故3起，死亡30人，同比增加2起、17人。特别重大事故1起，死亡62人。

一、推进金属非金属矿山整顿关闭攻坚战

建立金属非金属矿山整顿工作部际联席会议制度，召开第一次联席会议和视频会议，深入推进工作。将整顿关闭小矿山列入中央财政关闭小企业补助资金范围，2013年列入1146家，中央财政补助6.47亿元（平均每矿56.4万元）。组织联席会议成员单位联络员带队，对河北等10个重点地区整顿关闭工作进行调研督导。2013年全国实际关闭9034座。

二、强化重点地区安全监管工作，全面推进非煤矿山安全生产标准化和地下矿山安全避险“六大系统”建设

印发《金属非金属矿山50个重点县（市、区）安全生产攻坚克难工作方案》（安委办函〔2013〕83号），组织召开座谈会，推动工作落实。召开重点地区金属非金属矿山安全生产工作座谈会，剖析事故案例，分析事故原因，提出防范措施。组织召开非煤矿山安全生产工作暨标准化建设现场会。印发《石油行业地球物理勘探安全生产标准化评分办法》(安监总厅管一〔2013〕16号)等9个石油行业评分办法和《选矿厂安全生产标准化评分办法》(安监总厅管一〔2013〕152号),审核公告了第二批26家一级安全生产标准化矿山名单。截至2013年底,37480家企业达到安全生产标准化等级,达标率84.2%,其中一级安全生产标准化企业59家。5700余座地下矿山完成安全避险“六大系统”建设工作,完成率超过80%。

三、开展尾矿库隐患综合治理和地下矿山防中毒窒息专项整治

会同国家发展改革委启动无主尾矿库隐患综合治理项目工程,790个项目争取中央财政支持资金14.83亿元。经国务院同意,印发《深入开展尾矿库综合治理行动方案》(安监总管一〔2013〕58号),督促指导相关地区制定了实施方案。组织召开全国尾矿库专项整治行动工作协调小组第七次全体会议,印发《全国尾矿库专项整治行动工作总结及下一步尾矿库综合治理行动重点工作安排的通知》(安监总管一〔2013〕99号)。印发《国家安全监管总局关于开展金属非金属地下矿山防中毒窒息专项整治的通知》(安监总管一〔2013〕32号),通过专项整治,地下矿山中毒窒息事故比例同比下降33.0%。

四、完善非煤矿山法规标准体系,强化科技支撑,淘汰落后技术装备

制定发布《非煤矿山外包工程安全管理暂行办法》(总局令第62号)和《非煤矿山外包工程安全管理协议》文本,研究起草《陆上石油天然气安全生产监督管理规定》,修订《海上固定平台安全规则》。完成《爆破安全规程》修订工作,研究制定《锰渣库安全技术规程》等13项标准。开发《非煤矿山安全生产法律法规和标准数据库》,组织编写《石油天然气安全生产法律法规汇编》,完成《非煤矿山安全许可制度评估》《“非煤矿山安全生产‘十二五’规划”中期评估》等工作。组织召开《超大规模超深井金属矿山开采安全关键技术研究》项目专家研讨会和项目启动会,全面实施非煤矿山安全科技“四个一批”项目。开展《金属非金属矿山安全生产状况根本好转对策研究》《上游法高速率堆坝尾矿库安全管理与技术研究》等课题研究工作。印发《国家安全监管总局关于发布金属非金属矿山禁止使用的设备及工艺目录(第一批)的通知》(安监总管一〔2013〕101号),启动淘汰落后工作。会同人事司和应急指挥中心争取中央财政对中央企业16支应急救援队伍和10个应急培训演练基地支持9.89亿元,2011—2013年累计支持资金29.64亿元。

五、强化监督检查,切实履行职责

组织9个督查组,对河北省等16个矿山数量较大以及尾矿库隐患治理项目较多的省(区)进行汛期安全生产专项督查,检查了107座矿山(尾矿库),查出安全隐患227项,下发了16份整改函。组织19个督查组,对海上、陆上石油天然气和长输管道开展安全生产大检查,分别召开专题汇报会,下发了19份整改函。对内蒙古等6个地区安全生产工作进行暗访抽查,共检查50座矿山(含尾矿库、选矿厂、石油天然气企业),查出隐患254项,责令停产15座,分别下发了整改函。组织6个督导调研组,对12个重点地区工作开展情况进行调研督导。印发《国家安全监管总局办公厅关于规范非煤矿山新建工程项目安全设施竣工验收工作的通知》(安监总厅管一函〔2013〕42号)等3个规范性文件,编制《金属非金属地下矿山建设项目安全设施目录》,进一步规范安全许可工作。研究制定金属非金属地下矿山、露天矿山、尾矿库企业保障生产安全规定。审查批复14个建设项目安全专篇,对6个建设项目进行了竣工验收,审核发放80个中央企业和海洋石油企业安全生产许可证,对6家海洋石油专业设备检测检验机构进行换证审核。对26起较大以上事故跟踪督导;对3起重大事故进行挂牌督办,全部按时结案;完成山东青岛“11·22”特别重大事故调查处理工作;对2起非法违法较大事故进行跟踪督办,结案1起;对11件群众举报进行核查,其中对2件进行现场核查;起草印发2个事故通报;对11起典型事故发送警示短信;开展山西襄汾“9·8”尾矿库溃坝事故5周年和重庆开县“12·23”硫化氢中毒事故10周年警示教育活动。约谈云南省安全监管局、中国建筑材料集团有限公司、中国黄金集团公司。研究回复各地工作请示5件。会同人事司和培训中心组织开展了2期安全监管干部培训班；组织开展中欧合作项目非煤矿山培训、示范企业调研工作。开发《全国非煤矿山安全生产许可证统一配号系统》《安全生产标准化评审管理系统》《海洋石油生产设施、人员培训取证及安全生产许可证发放信息管理系统》；组织编写《非煤矿山班组长培训教材》。

交通运输等有关行业领域安全监督管理工作

国家安全生产监督管理总局监管二司

2013年以来，监管二司认真学习党的十八大、十八届三中全会精神，深刻领会习近平总书记重要批示指示精神，按照国家安全监管总局党组的工作部署，紧抓事故预防，强化综合监管，加强部门联动，深入开展安全生产大检查，完成了各项工作任务。

一、加强综合指导协调，督促落实国务院关于加强道路交通安全工作的意见

一是督促公安部、交通运输部、工信部、工商总局、质检总局等部门制定了具体实施办法，推动相关部门落实了出台驾驶人培训新办法、卧铺客车暂停生产和长途客车夜间停驶、打击客车非法改装等一系列工作措施。以国务院安委会办公室名义部署各地对贯彻落实国务院30号文件情况进行自查、抽查、督查，并会同公安部、交通运输部等部门对16个重点省市进行了专项督查。

二是落实中央领导同志重要批示精神，在国务院应急办的统一组织下，会同交通运输部、公安部等部门，对10省市道路安全生命防护工程进行了专题调研，起草调研报告并上报国务院，为以国务院名义印发道路安全生命防护工程实施意见奠定了基础。

三是联合交通运输部等部门，继续开展“道路客运安全年”活动，联合开展了三次专项督查检查。通过“道路客运安全年”活动，各地共查处道路交通违法行为13万起，教育培训营运驾驶人600余万人，行经高速公路客运车辆安全带安装率达到100%，使用率超过85%。

四是会同交通运输部、公安部研究起草了《道路运输企业动态监控管理办法》(草稿)，对运输企业规范使用GPS提出了明确要求；会同国家旅游局、交通运输部、公安部联合印发《加强旅游包车安全管理工作规定》，加大对旅游包车的监管力度，进一步落实旅游包车客运企业、旅行社的安全生产主体责任。

二、以建筑施工起重机械脚手架为重点，深化预防坍塌事故专项整治工作

一是以国务院安委会名义部署开展工程建设领域预防施工起重机械脚手架等坍塌事故专项整治工作。结合全国安全生产大检查，组织对重庆、四川、内蒙古、陕西等10余个省份和中化建、中铁建等4家中央企业专项整治情况开展督查检查。通过专项整治，有效遏制了建筑施工坍塌事故多发的势头，尤其是杜绝了起重机械、脚手架重大坍塌事故。

二是组织相关部门对重点地区专项整治情况进行“四不两直”暗访检查。以国务院安委会办公室名义组织住建部、交通运输部、水利部、能源局、质检总局、铁路局、南水北调办等7个行业主管部门，按照“四不两直”标准，对湖北、山东、安徽、重庆等8个重点省份开展专项整治情况进行了暗访暗查。共检查了17个地市各类建筑工地72个、发现隐患860条，对问题比较突出的11个工程项目下达了停工整改通知书。

三是联合质检总局开展“大型起重机械安装安全监控管理系统”试点工作，共同组织对有关地区进行了检查调研，督促17家试点单位和验证机构全部落实安装安全监控系统的主体责任及保障措施。

四是举办全国安监系统建筑施工安全业务培训

班，取得了较好的效果，提升了安监系统监管人员的业务能力。

三、以消防安全“网格化”管理为重点，全面开展消防安全专项整治

一是贯彻落实国务院关于加强和改进消防工作的意见，会同公安部等部门研究制定消防工作考核实施方案，首次提出每年对省级政府消防工作进行考核，将考核情况作为省级政府主要负责人和领导班子综合考核评价的重要依据。进一步深化“网格化”管理和“防火墙”工程，全面落实社会单位消防安全管理主体责任。

二是会同公安部部署开展了为期四个月的消防安全大排查大整治活动，以人员密集场所，高层、地下建筑、建设工程施工工地，“三合一”“多合一”场所，易燃易爆危险品生产、经营、储存单位为重点，全面排查整治火灾隐患，严厉查处消防违法违规行为。各地共检查单位216.9万家，在互联网公布检查单位情况157.4万家，督促整改火灾隐患302万处，责令“三停”2.9万家，临时查封3.4万家，罚款9.04亿元，依法行政拘留11158人。

四、联合部署水上交通和渔船专项整治，深入开展水上安全大检查

一是会同交通运输部部署开展渡口渡船专项整治“回头看”和“救生衣行动”，会同农业部开展重点地区渔业安全督查。督促各地对28.9万家水上企事业单位、66.5万个场所进行了检查。

二是联合农业部对2012—2013年度全国“平安渔业示范县”进行考核评审。对全国23个省（区、市）上报的44个示范县进行了认真审核和现场考察。截至发稿时，全国共有89个县区获得全国“平安渔业示范县”称号，未发生一起重大渔船安全责任事故；共有37个渔港获得全国“文明渔港”称号。

五、切实转变工作方式和工作作风，从严从紧抓好事故调查和挂牌督办工作

一是认真组织吉林长春“6·3”和山东保利民爆“5·20”两起特别重大事故调查工作。全司12名同志一直盯在现场，扎实做好事故调查各个阶段工作，在较短时间内圆满完成了事故调查工作任务，及时向社会全文公布了事故调查报告。

二是健全完善重大事故挂牌督办专人专盯、每周调度、全程督导、联合约谈等工作制度，2013年12月之前的17起重大事故已全部结案，较2012年缩短了89天；平均每起事故处理人数同比增加70%；企业主要负责人移交司法机关处理率增加65%；地方政府分管负责人责任追究率增加30%。

三是开展联合约谈、督促责任落实。为督促地方政府和中央企业及时吸取事故教训，监管二司组织相关部门先后对四川、安徽、上海、重庆、云南等5省市政府以及中储粮、中储棉、中交建等5家中央企业进行了约谈，督促落实属地监管责任和企业主体责任，共同研究采取针对性措施，防范类似事故再次发生。

四是做好特别重大事故警示通报和整改措施情况暗访检查。在包茂高速陕西延安“8·26”特别重大道路发生一周年之际，向各地印发了该起事故的警示通报，督促交通运输部门面对面、手递手传发到4万多家道路运输企业主要负责人；组织公安部、交通运输部对内蒙古进行了暗访暗查，督促地方政府和企业切实将整改措施落到实处。会同工业和信息化部对山东民爆企业吸取“5·20”事故教训工作进行了暗访，并将发现的24项隐患及时通报地方政府和行业主管部门。

六、完成了国务院领导同志重要批示件的办理工作

一是落实国务院领导同志关于轨道交通问题的两次重要批示精神，赴北京市召开两次座谈会，研究进一步加强轨道交通建设和运营安全的针对性措施；组织召开了《城市轨道交通安全预评价细则》和《城市轨道交通安全验收评价细则》两项标准的修订工作专家论证会。

二是贯彻落实国务院领导同志关于总结重庆道路交通安全工作经验的重要批示精神，牵头组织公安部、交通运输部等部门赴重庆进行了调研，形成了经验材料，印发了《推广重庆道路交通安全工作做法的通知》，并在相关媒体进行了宣传报道。

危险化学品和烟花爆竹安全监管以及非药品类易制毒化学品监督管理工作

国家安全生产监督管理总局监管三司

2013年，监管三司在国家安全监管总局党组的正确领导下，按照总局年度工作部署，继续深化国发〔2011〕40号、国发〔2010〕23号文件及“十八大”精神落实，认真组织开展安全大检查、“打非治违”专项行动、沿海石化企业石油库油气装卸码头安全专项检查和明察暗访工作，全面开展安全生产标准化工作，推进提升危化品领域本质安全水平专项行动，深化专项治理，强化企业安全生产主体责任落实，着力构建危险化学品安全生产长效机制，有力促进了全国危化品和烟花爆竹行业领域安全生产形势持续稳定好转，非药品类易制毒化学品监管工作取得新进展。

2013年全国共发生化工和危化品事故142起、死亡207人，同比减少45起、60人，分别下降24.1%、22.5%。其中一般事故127起、死亡150人，同比减少44起、41人，下降25.7%、21.5%。较大事故14起、死亡47人，同比起数减少1起，下降6.7%，死亡人数持平。重大事故1起、死亡10人，同比起数持平，死亡人数减少19人，下降65.5%。2013年未发生化工和危险化学品特别重大事故。全国共发生烟花爆竹生产经营事故55起、死亡112人，同比减少12起、15人，分别下降17.9%、11.8%。其中，一般事故42起、死亡50人，同比减少16起、27人，分别下降32.3%、35.1%；较大事故12起、死亡50人，同比增加8起、28人，分别上升200%、127.3%；重大事故1起、死亡12人，同比起数持平、死亡人数减少16人；未发生特别重大事故。

一、推进法规标准体系建设取得新进展

（一）继续推进部门规章体系建设

一是颁布《化学品物理危险性鉴定与分类管理办法》(总局令第60号)；组织起草完成《危险化学品企业安全生产监督管理规定（送审稿)》，并提交政法司。二是完成《烟花爆竹经营许可实施办法》(总局令第65号）修订、颁布工作，落实国务院关于行政审批制度改革要求，进一步规范了烟花爆竹经营许可及相关监督管理工作。三是制定了《危险化学品安全使用许可适用行业目录(2013年版)》《危险化学品使用量的数量标准(2013年版)》《危险化学品安全使用许可文书和许可证样式及说明》等国家安全监管总局57号令实施所需的配套文件；成立化学品物理危险性鉴定与分类技术委员会。四是组织制定并印发了《化工行业安全发展规划编制导则》。五是完成了《危险化学品目录（征求意见稿)》，并向社会征求意见。

（二）加快标准体系建设

一是开展了化学品领域和烟花爆竹行业国内外安全标准对标工作。化学品安全领域共收集了国内外化学品安全法规标准3000余项，详细梳理了美国、欧盟等化学品安全法规标准体系特点及标准制定与监督体系，同时对国内外部分先进化工企业化学品安全管理特点进行了研究及对比分析。对181项烟花爆竹安全管理法规、技术标准、产品标准，及其生产、储存、运输和燃放环节政府安全监管方式方法等内容进行了对比分析，研究我国烟花爆竹安全法规、标准与欧美差异，提出了标准制修订建议。二是指导危化品分标委完成《化工企业定量风险评价导则》等9个安全生产行业标准（AQ）颁布工作；组织制定《化学品生产单位特殊作业安全规范》等8项国标，并报国标委；完成3项标准征求意见，完成13项标准立项审查工作。三是指导烟花爆竹分标委完成了《烟花爆竹 单基火药安全要求》等4项安全生产行业标准AQ标准的

审查、修改和报批工作，督促有关单位完成了《烟花爆竹工程设计安全审查规范》等5项AQ标准送审稿，参与了《烟花爆竹　组合烟花》等6项GB标准修订工作。

（三）制定化工和烟花爆竹安全生产“双十条”

突出遏制事故的关键要素，以总局令形式颁布《化工企业保障生产安全十条规定》和《烟花爆竹企业保障生产安全十条规定》，明确了化工企业和烟花爆竹企业生产安全应抓住的主要矛盾和关键问题，提出企业保障生产安全的最基本、最重要规定。

（四）大力开展新规章标准宣贯工作

一是宣贯《烟花爆竹安全与质量》，印发《国家安全监管总局办公厅关于认真贯彻落实国家标准〈烟花爆竹安全与质量〉的通知》，以视频讲座形式向全系统及企业讲解该标准。二是针对石油化工企业石油库和油气装卸码头安全专项督查中发现的突出问题，指导化学品分标委及时举办化工行业安全标准宣贯会，对《化学品生产单位动火作业安全规范》等标准进行宣贯。三是对新颁布的危化品和烟花爆竹两个部门规章进行解读。组织召开烟花爆竹安全生产相关规章宣贯会议，结合当前行业存在的突出问题和烟花爆竹安全监管要点，部署全面开展宣贯培训活动。

二、指导督促企业落实主体责任取得新成效

（一）指导企业加强安全生产基础工作

一是督促指导企业贯彻执行《危化品企业事故隐查排查治理实施导则》，组织安科院、化学品登记中心研发危化品隐患排查治理信息系统。二是制定《关于加强化工过程安全管理的指导意见》，加强化工企业安全基础工作，提升过程安全管理水平。三是会同住建部联合印发了《关于进一步加强危险化学品建设项目安全设计管理的通知》，组织制定并印发了《危险化学品建设项目安全设施设计专篇编制导则》，重点加强危化品安全设计的管理。四是会同教育部组织起草了《关于加强化工安全人才培养工作的指导意见》。五是研究起草《关于加强化工企业泄漏管理的指导意见》。六是会同中国气象局印发了《关于加强烟花爆竹企业防雷工作的通知》。

（二）全面推进危化品和烟花爆竹企业安全标准化创建工作

一是推动危化品标准化企业示范工作有序开展，制定了标准化一级企业培植方案、评审工作程序等，确定培植企业名单；组织召开了中央企业危险化学品安全生产工作暨全国安全生产标准化一级企业培植工作现场会；督促指导中国安全生产协会完成了7家一级安全生产标准化企业的评审工作，第二批10家一级安全生产标准化企业的评审工作已展开。二是全面推进烟花爆竹企业安全生产标准化工作。每季度对全国烟花爆竹企业安全生产标准化工作进展情况进行了统计分析和梳理，结合各地标准化工作进展情况，指导督促推进烟花爆竹企业安全生产标准化二、三级达标示范企业创建工作。三是加快推进标准化工作信息化，督促指导各地充分运用安全生产标准化信息系统。

全国已有86.8%的危化品生产企业已开展了标准化工作，达标企业共计50546家，其中二级达标企业3875家，三级达标企业46671家；已有3014家烟花爆竹生产企业和3532家批发企业开展了标准化工作（分别占总数的61.7%和86.5%），共4840家企业（生产2195家、批发2645家）取得达标证书。

（三）全面开展了石化企业石油库和油气装卸码头安全专项督查

一是印发了《国务院安委会办公室关于组织开展石油化工企业石油库和油气装卸码头安全专项检查的通知》，部署专项检查，明确了检查重点内容、时间安排和工作要求，确定辽宁、河北、天津、山东、江苏、上海、浙江、福建、广东、广西、海南11个沿海省份为开展专项检查的重点地区。二是7月24日，国务院安委办召开全国视频会，对专项检查工作进行动员部署。工业和信息化部、公安部、环境保护部、交通运输部、国务院国资委、质检总局、国家能源局的负责人就本部门本系统开展专项检查提出了具体要求。三是国务院安委办两次组织13个督查组对11个沿海省份的63家石油化工企业、82家石油库共计145家（158家次）企业进行了检查，检查结束后，向11个重点省份的省级安委会和7个中央企业总部下发整改督办函34份。全国共检查石化企业和石油库2938家。

（四）明察暗访相结合开展专项督查

一是组织开展7次明察暗访。按照国家安全监管总局总体安排，监管三司派出7个暗查组，以“四不两直”的方式，在端午节、国庆节及周末分别赴河南、山东、河北、辽宁、江苏、湖南、江西、陕西、甘肃等10省23个市、县的53家危化品、烟花爆竹企业和2个石油库开展暗查，共查出并督促落实整改隐患问题300余项。二是配合中央综治委、公安部等有关部门对北京等11个地区进行调研督导、专项督查。

（五）积极参加特别重大事故调查处理工作

先后参加了山东保利民爆济南科技有限公司“5·20”特别重大爆炸事故、吉林省长春市宝源丰禽业有限公司“6·3”特别重大火灾爆炸事故和山东省青岛市“11·22”中石化东黄输油管道泄漏爆炸特别重大事故的调查处理工作。

（六）做好事故挂牌督办和跟踪督办工作

挂牌督办了中石油大连石化公司“6·2”闪爆事故、山东省博兴县诚力供气有限公司“10·8”重大爆炸事故和广西壮族自治区梧州市岑溪市三堡镇炮竹厂“11·1”重大爆炸事故，对事故调查报告进行严格审核，形成了督办情况报告。跟踪督办了3起危化品事故和6起烟花爆竹非法违法事故。

（七）严格执行事故单位约谈制度

按照年度工作安排，对山西、辽宁、湖北等省安监部门和中国化工集团、中国化学工程集团等中央企业实施约谈。对辽宁省、山东省和中国化工集团事故频发的情况，印发了事故警示通报。

三、突出并强化安全监管重点取得新进展

（一）加强危化品“两重点一重大”安全监管

公布了第二批重点监管危险化工工艺和第二批重点监管的危化品名录，指导各地进一步加强“两重点一重大”企业的安全监管。

（二）研究确定危化品和烟花爆竹安全监管重点地区

一是在充分研究各地危化品和烟花爆竹行业状况和安全生产形势的基础上，明确了60个化工（危险化学品）安全监管重点县以及6个省（区、市）、12个设区的市、22个县（市、区）为烟花爆竹安全监管重点地区，并在此基础上，将11个烟花爆竹重点市、县建议列入中央综治办挂牌整治单位。二是组织召开地方政府主要负责人参加的烟花爆竹重点地区安全监管工作座谈会，邀请部际联系会议主要成员单位参加，研究落实强化烟花爆竹安全监管措施，部署重点地区旺季安全监管工作。三是召开了电石重点地区安全管理协作组第四次会议。

四、推动科技进步工作取得新进步

（一）组织开展有关安全生产新课题研究，积极推广应用新技术

对第一批“四个一批”项目进展情况及时进行了跟踪了解，遴选了第二批“四个一批”项目；完成了高含硫油品加工安全技术研究项目；形成危化品生产、储存装置外部安全防护距离课题研究报告；指导中国化学品安全协会开展HAZOP的推广工作。

（二）推进烟花爆竹生产安全科技进步

一是大力推进烟花爆竹生产机械化。以办公厅文印发《加强烟花爆竹生产机械设备使用安全管理工作的通知》，对机械设备的技术鉴定和安全论证、配套基础设施的安全审查、机械设备使用的监督管理等提出要求。指导有关单位开展爆竹机械装药工房爆炸破坏特性研究。二是跟踪推进“新型无硫发射药研究与应用”等烟花爆竹科技成果，向北京市人民政府印发了《国务院安委会办公室关于积极倡导燃放无硫微烟等安全环保型烟花爆竹的函》。三是完善烟花爆竹流向管理信息系统，研究开发了烟花爆竹企业安全标准化管理系统。

五、深入开展专项行动和专项治理取得明显成效

（一）全面推进提升危化品领域本质安全水平专项行动

一是城镇人口密集区域搬迁、转产、关闭危化品企业855家，其中搬迁企业446家、关闭企业335家。二是涉及“两重点一重大”的12672家危化品企业完成自动化控制系统改造，达到年初既定目标。三是3960个未经正规设计的危化品生产储存在役装置开展了安全设计诊断工作。四是19个省份完成了158条穿越公共区域危化品输送管道专项普查工作。

（二）深化“打非治违”专项行动

扎实推进“打非治违”专项行动，每周汇总各地先进经验和做法。依托部际联席会议制度，完善部门联动机制，会同相关部门重点打击危化品非法建设、生产、经营行为，加大对重点地区烟花爆

竹“打非”工作督导力度，将烟花爆竹生产企业转包分包和非法委托加工纳入“打非”重点内容。根据群众举报，督促相关省（区、市）对“非法违法”行为进行查处。

（三）深入开展礼花弹和黑火药、引火线等高危产品专项治理

一是部署开展黑火药、引火线专项治理。会同公安部联合印发《关于开展黑火药和引火线专项治理的通知》，明确专项治理工作目标、任务措施和方法步骤；明确了黑火药和引火线企业的基本安全生产条件，下达企业数量分省控制目标；配合公安等部门进一步加强黑火药和引火线包装、流向和道路运输的监管。二是深化礼花弹专项治理。在湖南浏阳组织召开礼花弹专项治理工作现场会，解读《礼花弹生产安全条件》，总结交流经验；督促指导9个有礼花弹生产企业的省（区、市）制定专项治理方案，明确将全国礼花弹生产企业数量从现有95家进一步减少到50家以内的工作目标；委托中国烟花爆竹协会组织专家对5个省（区、市）35家礼花弹生产企业安全生产条件进行了抽查。三是继续开展烟花爆竹药物安全抽检。通过开展专项治理，大力推进烟花爆竹生产企业关闭退出，2013年1—10月，全国又退出（关闭）烟花爆竹生产企业208家，注销安全生产许可证147个。

六、加强两个部际联席会议作用平台作用

（一）依托两个部际联席会议推动9项议题落实工作

会同发改委、工信部等危化品部际联席会议成员单位，推动深化提升危化品领域本质安全水平专项行动、进一步强化危化品道路运输的监督管理等6项议题；会同公安部等烟花爆竹部际联席会议成员单位，推进烟花爆竹产业转型升级等9个专项议题的落实。

（二）在重点时段部门协作开展烟花爆竹安全监督检查

在2013年春节期间，部际联席会议主要成员单位对重点地区开展联合督查，会同公安部对北京及周边地区进行重点检查；2013年12月初，六部门联合印发了《关于做好烟花爆竹旺季安全生产工作的通知》，对今冬明春烟花爆竹安全监管重点工作进行了强调，部署开展联合督查检查。

（三）部门联合推动烟花爆竹行业安全生产工作

会同工信部运用中央财政关闭小企业补助资金支持政策，积极推进烟花爆竹产业转型升级；根据公安部对陕西省暗访发现的问题、河南义昌大桥“2·1”事故暴露出的问题以及河南“4·22”非法运输烟花爆竹案件侦破情况，向陕西、河北两省发函督促两省落实隐患和问题整改。

七、进一步加强非药品类易制毒化学品监管工作

（一）开展培育非药品类易制毒化学品管理示范企业工作

指导推动江苏省局带头开展示范企业工作，选择确定了2家生产企业（南通、张家港各1家）先行试点；组织制定《非药品类易制毒化学品管理示范企业指南》，现已完成。

（二）开展非药品类易制毒化学品管理二期信息系统实施工作

调研总结二期信息系统试点地区工作情况，对信息系统做进一步修改完善。制定二期信息系统实施方案。以国家安全监管总局办公厅《关于印发非药品类易制毒化学品综合管理信息系统（第二期）实施方案的通知》，组织举办二期信息系统实施专题学习班，全面启动实施工作。组织通信信息中心做好二期信息系统实施的技术服务工作，推动开展二期信息系统使用的继续培训和数据交换平台的实际应用。从10月8日在全国开始投入运行，至目前已有23个省（区、市）安全监管部门在使用二期信息系统，有1032家企业通过二期信息系统网上办理非药品类易制毒化学品许可或备案业务，标志这项信息化工作步入新阶段。

（三）积极配合国家禁毒办等部门的有关易制毒化学品监管工作

参与有关易制毒化学品法规修订和制度制定工作，参与品种目录的调整工作，配合国家禁毒办等部门共同向国务院提出了关于溴代苯丙酮α－氰基苯丙酮增列为管制易制毒化学品的建议；配合“6·26”国际禁毒日，举办了安全监管部门易制毒化学品监管工作全国视频专题讲座。继续参与了国家履行斯德哥尔摩公约工作协调组，参与环境保护部等七部委联合开展环保专项行动的有关工作。

工贸行业安全监督管理工作

国家安全生产监督管理总局监管四司

2013年以来，监管四司紧紧围绕国家安全监管总局党组的工作部署，认真学习贯彻落实党的十八大、十八届三中全会、中央经济工作会议和习近平总书记一系列重要讲话和批示指示精神，以深入开展党的群众路线教育实践活动为契机，转变作风，狠抓落实，在国家安全监管总局人事司、机关党委、监察局等各相关司局单位的支持帮助下，全体同志团结协作、攻坚克难、无私奉献，圆满完成了年初确定的各项工作，取得了优异成绩，促进了全国工贸行业安全生产形势持续稳定好转。在2012年工贸行业事故降幅首次超过10%（12.6%、10.8%）的基础上，2013年1—11月，全国冶金等工贸行业共发生生产安全事故1183起，死亡1296人，同比分别下降10.4%和10.6%。

2013年重点抓了以下六方面的工作：

一、认真开展安全生产大检查和专项治理

（一）认真开展安全生产大检查

一是按照国务院及总局关于集中开展安全生产大检查的工作部署，制定了《工贸行业安全生产大检查工作实施方案》，细化了检查的范围、重点环节、主要内容和检查方法，加强对各地的督促指导和专项督查。二是制定了炼铁、炼钢、机械、纺织等24个重点行业的安全检查表。三是按照国家安全监管总局党组的统一部署，派员参加国务院安委会和总局组织的综合督查。四是针对涉氨制冷企业、有限空间作业环节等事故易发多发的情况，按照“四不两直”的工作要求，由司领导和有关专家、新闻媒体记者组成暗查组，对辽宁、河北、山东、重庆、福建五省（市）进行了暗查暗访，对发现的隐患和问题以国务院安委会办公室名义印发了督办通知，并通过央视等新闻媒体曝光。五是跟踪检查整改情况，整改措施都已及时落实到位。

（二）针对事故易发多发的重点环节开展专项治理

一是深刻吸取2012年山西省晋中市“11·23”液化石油气泄漏爆炸重大事故教训，配合办公厅印发了《国务院安委会关于深入开展餐饮场所燃气安全专项治理的通知》（安委〔2013〕1号），督促指导各地制定具体实施方案，切实推动餐饮企业加强安全生产基础建设。二是组织开展煤气从业人员素质提升工程，不断深化冶金煤气安全专项治理。在江西、福建、湖北三省举办了4期专题培训班，340名煤气安全管理人员、煤气现场监测人员、煤气区域生产管理人员、煤气防护人员等参加了培训。通过2012年和2013年两年12期的专题培训，共培训1682名煤气管理作业人员，全国冶金重点省份的大部分中小型钢铁企业及工贸行业涉及煤气作业的企业都参加了培训，使参训企业的煤气安全管理水平得到提高，减少了煤气安全事故（2010年较大以上煤气生产安全事故6起，2011年以来每年2~3起）。三是认真总结2012年开展的有限空间和粉尘作业专项治理工作。2013年2月印发了专题通报，就继续深化工贸企业有限空间和粉尘作业专项治理提出了明确要求，对除西藏和新疆生产建设兵团外的30个省级单位分为15个组进行了交叉检查。制作了《工贸企业有限空间作业视频教学片》，编制了《工贸企业有限空间作业宣传手册》，举办了4期工贸行业有限空间作业安全监管业务培训班，培训省、市级安全监管人员300多人。四是深刻吸取上海翁牌冷藏实业有限公司“8·31”重大氨泄漏事故的教训，在全国深入开展涉氨制冷企业液氨使用专项治理。总局与工业和信息化部等8部门联合召开视频会作出工作部署，并通过举办专题讲座、组织专家研讨、印发培训教材提纲、执法检查表、企业自查自改表和技术指导书，实施冷库液氨泄漏智能监测预警应急处置示范

工程等，督促指导各地按照“三个全覆盖”和“三个一批”的总要求，抓出成效。司领导班子成员分别带队，赴广东、浙江等重点省份进行督查检查，对发现的隐患和问题以国务院安委会办公室名义印发了督办通知，目前正在跟踪整改。同时，商请公安部、农业部、商务部和质检总局有关司局牵头，组成4个检查组，对辽宁、福建、山东、广东、浙江、北京、河南、海南等8个省（市）进行了回访检查和抽查。

（三）做好事故跟踪督办工作，注意规律性研究

一是对2013年以来发生的31起较大事故全都进行了跟踪，详细了解事故过程和原因，分析存在的问题，帮助指导基层安监部门做好事故应急和调查处理工作。对其中5起进行了现场督导，指导地方做好事故调查处理工作。二是对2012年山西省晋中市“11·23”液化石油气泄漏爆炸重大事故和2013年上海翁牌冷藏实业有限公司“8·31”重大氨泄漏事故进行现场督导和挂牌督办，2起事故均已结案。按照“科学准确、快速高质、严肃问责”的要求，“8·31”重大氨泄漏事故调查处理结案仅用13天时间，大大缩短了事故调查处理周期。三是建立健全冶金、有色、机械、纺织等行业企业安全监管工作信息平台。利用总局安全生产短信发布系统发布警示短信9次，把有关事故情况和工作要求，用短信及时传达到32个省级安全监管局业务处室和471个市、县级安全监管局负责人，以及2200多家企业相关负责人，切实做到“一厂出事故，万厂受教育；一地有隐患，全国受警示”。

（四）严格安全生产准入管理

根据国家安全监管总局第36号令的规定和总局领导的批示精神，对首钢迁安钢铁有限公司800万吨钢铁生产工程公辅配套项目等9个项目进行了安全设施竣工验收或安全专篇、安全预评价报告、安全验收评价报告备案。

二、抓企业安全生产标准化建设，强化企业安全生产基础，落实企业安全生产主体责任

通过各地各级的共同努力，工贸行业企业安全生产标准化建设取得新成效。到目前，已达标企业共计120402家，比2011年增加11万多家，其中，一级达标企业共计359家，二级达标企业共计16308家，三级达标企业共计103735家。正在申请一级、二级、三级达标的共有61949家。

（一）增强推进安全生产标准化建设合力

国家安全监管总局与工业和信息化部、人力资源社会保障部、国务院国资委、国家工商总局、国家质检总局、银监会联合印发了《关于全面推进全国工贸行业企业安全生产标准化建设的意见》（安监总管四〔2013〕8号），并联合召开视频会作出部署，形成了有效的工作合力。在江苏无锡组织召开了全国安全生产标准化建设现场推进会，对标准化工作再部署再推进再加力。

（二）进一步完善标准体系建设

在2012年印发23项工贸企业标准化评定标准的基础上，2013年又印发了石膏板、饮料、调味品、酒类、服装生产和酒店业企业等6项安全生产标准化评定标准。起草完成了耐火材料、日用硅酸盐制品、制糖、化学纤维制造企业等4项安全生产标准化评定标准，即将印发。

（三）推进小微企业标准化建设工作

制定了《工贸行业小微企业安全生产标准化评定标准》，帮助指导各地制定小微企业通用考评标准，简化程序，注重实效，减轻企业负担，把重点放在现场安全管理和岗位达标上。

（四）加强评审管理工作

一是督促指导各地加强工贸企业安全生产标准化达标信息管理系统的应用，实现了工贸行业企业安全生产标准化建设网上申报、评审受理、公告发布和证书管理等有关工作流程的信息化管理，提高工作效率和透明度。二是开展一级企业评审人员培训工作。安全生产标准化一级企业评审单位的负责人、评审组长及有关人员共80余人参加了培训。三是严把一级企业申请的准入关，提高一级企业的创建质量，指导帮助各地开展二、三级企业标准化评审工作。组织安全生产标准化一级评审组织单位、评审单位和企业进行了现场交流和抽查，指导督促评审组织单位和评审单位加强内部管理，不断提升评审人员的素质和能力。

（五）认真开展国内外安全标准对比研究和安全审计工作，不断提升我国企业安全生产标准化建设水平

为准确把握我国冶金、有色、建材、机械等行业安全标准与国外先进水平差距，提高安全生产标

准和标准化建设等工作水平，组织5个研究小组，开展冶金、有色重金属、有色轻金属、建材和机械5个行业领域的国内外安全标准对比研究工作，收集、翻译了国外的先进安全标准。组织国际钢铁协会等单位的专家对武汉钢铁集团公司、南京中联水泥有限公司的相关企业进行安全审计，学习借鉴国外安全管理方法。

（六）切实加强标准化建设的监督检查和指导服务工作

司领导经常带队到各省（区、市），深入基层，深入企业，了解标准化建设开展情况，研究解决困难的措施办法，狠抓国家安全监管总局等七部门联合发布的《关于全面推进全国工贸行业企业安全生产标准化建设的意见》（安监总管四〔2013〕8号）、视频会和全国安全生产标准化建设现场推进会精神的落实，督促指导各地结合实际出台具体的实施办法。组织编写了《工贸企业安全生产标准化建设工作指引》，进一步明确了标准化建设工作的基本要求和工作流程。制作了服装生产和酒店业安全生产标准化评定标准视频教学片。对2012年各地开展安全生产标准化建设的情况进行了认真梳理，总结各地的好做法好经验，分析存在的主要问题，对下一步工作提出了明确要求，并通报全国，把各项工作引向深入。

三、抓隐患排查治理体系建设，创新安全监管方式

（一）顶层设计，突破难点

按照国家安全监管总局领导要求，监管四司会同通信信息中心、安科院等单位，完善顶层设计，统一技术标准，编制了总局隐患排查治理体系信息化管理系统（试用版）和可供各地使用的信息系统模板，印发了《工贸行业事故隐患排查上报通用标准（试行）》（安监总厅管四〔2013〕149号），开发了安全生产信息数据交换机，实现覆盖全系统的安全生产监管信息互联互通奠定了基础。

（二）加强培训，做好指导

在厦门、成都组织了两期事故隐患排查治理体系建设专题宣贯班，并对总局隐患排查治理体系信息化管理系统（试用版）进行了演示，培训有关安全监管人员400多人。2012年以来共培训安全监管人员近1500人。多次派出专业技术人员对一些地方的体系建设进行现场指导。

（三）抓好示范，典型引路

在督促指导各地做好企业基本情况摸底调查等工作的基础上，全国确定了一批样板示范地区，2012年底总局完成了10个重点示范地区的联网工程的基础上，把示范地区扩大到了52个，印发了《关于进一步做好隐患排查治理常态化机制建设试点工作的通知》（安监总厅管四〔2013〕148号），要求以冶金等工贸行业规模以上企业、直接监管的行业领域、危险有害因素较多的企业作为重点，率先开展隐患自查自报，积累经验，逐步扩大到其他行业领域和企业，分步骤完成从重点行业、重点企业到区域全覆盖的隐患排查治理常态化机制建设工作。

（四）多措并举，全力推动

按照国家安全监管总局领导同志在诸城现场会议上的部署，监管四司一直把隐患排查治理体系建设作为重点工作之一。分别在河南洛阳、安徽马鞍山召开了隐患排查治理体系建设重点示范地区工作座谈会，总结隐患排查治理体系建设试点工作经验，研究解决各示范地区信息系统建设和数据联网共享存在的问题。一些地方从建章立制开始，采取了一系列行之有效的办法。

据初步统计，目前全国共有60个市（地）的隐患排查治理信息系统投入实际运行，12个市（地）的隐患排查治理信息系统正处于调试阶段，其中吉林、黑龙江、湖北、四川等4省（市）建立了全省（市）统一的隐患排查治理信息系统，北京市顺义区、广东省珠海市及江苏省无锡市等部分地区已将辖区所有企业纳入隐患排查治理体系中。

四、抓法规标准制修订，加快建立工贸行业安全监管法规标准体系

一是制定出台了《工贸企业有限空间作业安全管理与监督暂行规定》（国家安全监管总局令第59号），完成了《工贸企业安全生产标准化建设暂行规定（送审稿）》《食品企业安全生产监督管理规定（送审稿）》，并经国家安全监管总局局长办公会议审议原则通过，完成了《纺织企业安全生产监督管理规定（征求意见稿）》的起草工作。

二是把握安全监管重点环节，加快制修订行业安全标准。及时将相关规范性文件上升为AQ标准，制定出台了《机械制造企业安全生产标准化规范》《家具生产企业安全生产标准化规范》。组织完成了《有限空间作业安全技术规程（征求意见稿)》和《制浆造纸企业安全技术规程（征求意见稿)》等AQ标准的起草工作。

五、加强基础调研，为安全监管提供决策依据，根据调研成果争取国家政策支持

围绕工贸行业企业发展现状、安全生产管理情况和安全生产标准化工作进展情况，以及存在的主要问题，对全国各地开展调研，并注意采用座谈、问卷、交流互动等多形式和方法，了解实情、分析问题、研究对策、指导和推动基层工作。组织开展纺织行业安全生产现状调研及对策研究、纺织行业安全生产法律法规标准体系建设研究，完成了研究报告，基本掌握了纺织行业安全生产状况、存在的主要问题及原因，为进一步加强纺织行业安全监管工作和法规制度建设提供了依据。

在调查研究基础上，积极向国家财政部门反映情况、提出建议，并获准设立工贸行业强化企业安全基础建设专项资金专项，为工贸行业企业安全生产监管工作创造了条件，也为国家安全监管总局整体强化企业安全基础工作开了一个好头。

六、抓班子，带队伍，深化创先争优

（一）加强政治理论学习和业务知识学习

组织全司党员干部深入学习党的十八大、十八届三中全会和习近平总书记一系列重要讲话精神以及总局党组的各项要求，以“建设一流班子，带出一流队伍，力创一流业绩”为目标，充分发挥党支部的战斗堡垒作用和党员干部的先锋模范作用，引导党员干部不断增强创造良好工作业绩的自觉性、坚定性，增强做好安全监管工作的责任感、使命感。

（二）深入开展党的群众路线教育实践活动

按照中央和总局党组的要求，认真完成了教育实践活动各个环节的工作。针对“四风”方面存在的突出问题，司领导班子对下一步整改工作进行了深入研究，明确了努力方向和改进措施，决心认真学习贯彻习近平总书记等中央领导同志和国家安全监管总局局长杨栋梁一系列重要讲话精神，按照中央和国家安全监管总局党组的一系列决策部署，进一步加强政治理论学习，坚定理想信念，强化作风转变，增强工作实效，保持清正廉洁，认真抓好整改落实、建章立制工作，确保教育实践活动善始善终、善作善成，以作风建设的新成效推动各项工作上水平。

（三）大力转变工作作风

认真贯彻落实中央八项规定和总局党组实施办法，坚持边查边改、立行立改。进一步改进调查研究，切实改进会风、文风，厉行勤俭节约，严格遵守廉洁从政有关规定，敢于动真碰硬，注重实效。按照国家安全监管总局统一安排部署，在全国安全大检查中司领导班子成员全部参加，在综合督查、专项督查、突击抽查和暗查中，坚持做到“四不两直”，典型案例通过中央电视台等新闻媒体曝光，同时跟踪检查整改情况，确保整改落实到位。

（四）加强党风廉政建设

把党风廉政建设与日常工作同时研究、部署、检查、落实。认真落实党风廉政建设责任制和“一岗双责”制度，严格执行廉洁从政准则以及总局党组制定的安全执法人员“九条纪律”“四个零”要求。结合开展党的群众路线教育实践活动，紧密围绕“深入贯彻落实中央八项规定精神，切实转变作风，促进廉洁自律”的主题，认真开展反腐倡廉警示教育和会员卡专项清退活动。没有发现违规违法违纪谋取不正当利益等方面的问题和接到相关信访举报的问题。

职业安全健康监督管理工作

国家安全生产监督管理总局职业安全健康监督管理司

2013年，全系统上下认真贯彻落实党的十八大、十八届三中全会精神，以深入贯彻落实《中华人民共和国职业病防治法》和《国家职业病防治规划（2009—2015年）》为工作主线，着力抓好用人单位基础建设、监管体系建设、技术支撑体系建设、职业卫生培训、“三同时”管理和监督执法等方面的工作。各地区、各单位按照总局的统一部署，紧密结合本地区、本单位的实际，扎实抓好各项工作落实，推动全国职业卫生工作取得了新进展。

一、积极做好职能划转和队伍建设，建立和完善职业卫生监管体系

一是努力推进职能划转工作。总局通过召开监管工作会议、开展调研督导、召开培训座谈会、发简报等多种方式，努力推动各地职能划转工作。在总局和地方共同努力下，截至2013年底，全国29个省级单位完成了职业卫生监管职能划转，86%的地市和75%的县区完成了职能划转，职业卫生监管体制进一步理顺。其中，北京、上海、天津、重庆、甘肃、海南、河北、湖北、江苏、辽宁、陕西、西藏、新疆13个省（区、市）完成了省、市、县三级职能划转。

二是监管队伍不断壮大。各地采取多种措施扩大职业卫生监管队伍，截至2013年底，职业卫生监管人员达到6000余人，较2012年增加了近1000人。河北、广东、重庆等省市在乡镇街道设置职业卫生专管员，将职业卫生监管工作延伸到乡镇街道。

三是组建和完善专家队伍。总局积极发挥职业卫生专家在各项监管工作中的技术支撑作用，指导和推动各地做好专家队伍建设。目前全国27个省级单位、251个地市和312个县区建立了职业卫生专家队伍，分别占84.6%、55.8%和10.7%。其中，安徽、北京、内蒙古、黑龙江、江苏、河南、湖北7个省（区、市）和地市两级都建立了职业卫生专家队伍。

四是积极推动职业卫生监管机制建设。各地在做好职能划转和队伍建设的同时，探索创新工作机制，推动工作落实。不少省市建立了安监、卫生、人力资源社会保障、工会等多部门参加的联席会议制度，形成了工作合力，有力地推动了职业卫生监管工作的开展。

二、积极开展用人单位职业卫生基础建设活动，不断提升职业卫生管理水平

国家安全监管总局决定从2013年到2015年在全国开展用人单位职业卫生基础建设活动，并研究制定了用人单位职业卫生基础建设主要内容及检查办法。活动开展以来，各地区、各单位高度重视，结合实际研究制定具体实施方案。通过多种形式广泛宣传，发动所辖地区和用人单位积极投入到基础建设活动中来。江苏从十几个重点行业中筛选出293家用人单位作为职业卫生基础建设活动示范用人单位，以点带面，发挥示范引领作用。四川编印了《用人单位职业卫生基础建设指南》，指导用人单位开展职业卫生基础建设工作。北京按照职业病危害程度“先严重、后较重、再一般”的原则，率先完成了40%用人单位达标目标。山东将济南、青岛等6市作为基础建设活动试点地区，确定85家中央驻鲁和省属用人单位率先开展建设活动。湖北、辽宁、河北、河南、云南等省市将职业卫生纳入安全生产考核，通过考核推动工作落实。

三、深入开展职业卫生监督执法，严肃查处违法违规行为

一是积极开展职业卫生监督执法。全国各地共监督检查用人单位228864家，发现问题和隐患467207项，责令当场改正194309项，责令限期改正264972项，对22590家用人单位给予警告，罚款5337万元，责令停产整顿1531家，提请关闭2244家。河北检查各类企业18220家，整改问题隐患5万余条，罚款1827万元，关闭取缔企业621家。

二是开展暗查暗访工作。国家安全监管总局派出小组，按照“四不两直”的要求，对浙江省温州矾矿炼矾厂和杭州市两家石灰窑企业进行了暗查，就暗查发现的职业卫生问题，起草了安委会办公室明电，浙江省政府主要领导高度重视，作出批示，要求省安委会办公室督促整改。

三是开展省际职业卫生交叉检查工作。国家安全监管总局部署30个省级安全监管部门开展了职业卫生交叉检查活动，各地之间交流了工作经验，推动监督执法工作的深入开展。内蒙古、四川等省区组织地市间开展了职业卫生交叉检查。

四是严肃查处职业病危害事故。各级安全监管部门积极履行职责，依法依规严肃查处了一批职业病危害事故，并利用事故教训对用人单位开展警示教育。江西先后查处了江西银河表计有限公司“8·26”职业卫生中毒事故和江西晨飞铜业有限公司“9·1”苯胺中毒事故。贵州对凯里市化冶总厂存在重大职业病隐患进行了查处，责令企业停产整顿。重庆及时查处了江津四维陶瓷厂尘肺病事件和巴南区佛耳岩码头搬运工人急性职业中毒事件，并以此为契机对用人单位开展警示教育。

四、加强职业卫生法规标准建设，完善职业卫生监管法规标准体系

一是加强法规制度建设。国家安全监管总局按照国务院法制办的要求，组织起草了《高危粉尘作业与高毒作业职业卫生管理条例（草案）》，并通过赴各地调研、网上公布和召开座谈会等形式广泛征求社会各界意见。制定印发了《职业卫生档案与劳动者职业健康监护档案管理规范》，进一步规范对用人单位职业卫生档案和劳动者职业健康监护档案的管理工作。湖南在《安全生产行政处罚自由裁量权细则》中将《职业病防治法》和相关法规规章主要条款以表格形式予以细化。江苏下发了《关于做好职业病诊断、鉴定过程中现场调查等相关工作的通知》，对现场调查工作进行了规范。

二是组织制定了一批防尘防毒技术标准并加强宣贯。2013年国家安全监管总局发布实施职业卫生行业标准7项，组织起草了《用人单位职业病危害现状评价技术导则》等26项标准报送安标委审查。组织编印了《石英砂（粉）厂、滑石粉厂防尘技术规程实施指南》与《陶瓷生产防尘技术规程实施指南》，举办了陶瓷生产企业职业卫生标准宣贯班。山西、北京等省市出台了《用人单位职业病危害现状评价导则》，指导和规范地方现状评价工作。安徽结合专项治理出台了铅酸蓄电池和石英砂加工企业职业病危害防治工作指南2个地方标准。

五、深入开展职业病危害严重行业领域专项治理，继续做好职业病危害项目申报工作

一是积极组织开展专项治理。总局组织有关单位对山东、云南等6个省的31家水泥制造企业和20家石材加工企业粉尘危害进行了调研检测，针对两个行业领域粉尘危害治理情况，国家安全监管总局要求各地用一年时间对水泥制造和石材加工行业开展专项治理。各地区、各单位按照国家安全监管总局的统一部署，在认真抓好两个行业专项治理的基础上，紧密结合本地区职业病危害实际开展专项治理工作。北京开展了机动车维修行业专项治理行动。吉林开展了加油站、油库、采油企业职业病危害专项治理。广西开展了陶瓷制造、船舶制造领域职业病危害调研检测工作。湖北在专项治理中坚持做到“四个一批”：树立一批规范化管理的正面典型企业、治理一批职业病危害严重企业、关闭一批职业卫生不达标的企业、曝光一批在职业病危害专项治理中无动于衷的企业。

二是推动做好申报工作。国家安全监管总局定期对各地开展职业病危害项目申报情况进行通报，目前各地申报用人单位数53万余家，较去年上升40%，劳动者总人数达5400万人，其中接触职业病危害人数达1300万人。广东、江苏、山东申报工作居前三位，分别为7.9万、6.5万、5.1万家。重庆组织区县、乡镇两级对本辖区内存在职业危害的企业逐一摸底排查。西藏2013年完成申报460余家，实现了申报零的突破。

六、积极开展职业卫生宣教培训工作，营造职业病防治工作氛围

一是积极开展职业卫生宣传工作。国家安全监管总局以“防治职业病，幸福千万家”为主题，组织开展了2013年职业病防治法宣传周活动。编印下发了《职业病防治手册》与《职业病防治宣传挂图》各1万册（套），制作宣传动画短片，在政府网站、《劳动保护》杂志、《中国安全生产报》上开辟专栏，宣传职业病防治法律、法规、规章、标准、职业卫生基本知识以及总局和各地区职业卫生监管工作的重要举措及经验。山东在《职业病防治法》宣传周期间，部署开展了集中申报、送法进机关、进企业等6项活动。内蒙古一些盟市持续开展“一个基地、两块牌子”建设（职业卫生教育培训基地，公告栏、警示标识），推动做好职业病危害警示告知工作。

二是积极抓好培训工作。国家安全监管总局组织了4期职业卫生监管执法业务培训班，共培训省级及部分市（地）级职业卫生监管人员423名。地方各级安全监管部门共举办监管人员职业卫生业务培训班1010期，培训监管人员45958人，居前三位的分别是广东、山东、湖北，分别达7192、5062和4989人。各地区共组织企业负责人和职业卫生管理人员培训班5215期，培训508922人，居前三位的是广东、山东、河北，分别达到9.1万、6.6万和6.3万人。北京公布了23家职业卫生培训机构供用人单位自主选择培训，并结合实际编制了培训教材和培训大纲，构建较为完善的职业卫生培训体系。

七、强化职业卫生技术服务机构监管，不断提升职业卫生技术服务水平

一是积极推进资质认可和换证工作。2013年国家安全监管总局新认可职业卫生技术服务甲级机构15家，目前全国共有甲级机构63家。推动27个省级单位完成了1060家职业卫生技术服务机构换证工作，目前全国共有乙级机构1205家。山东在换证审核工作中严格标准和程序，对42家不具备条件的机构不予换证，取消了20家机构的放射资质。

二是加强机构监管制度建设。国家安全监管总局制定印发了第50号令第30条和第37条法规咨询，组织有关省级安监局研究起草了《职业卫生技术服务机构监督检查办法》《职业卫生技术服务机构工作规范》。四川出台了《职业卫生技术服务机构管理办法（试行）》，建立“记分制黑名单”管理制度、实验室间盲样检测制度、违法违规行为抄送（抄告）制度，同时对服务机构每年最低开展工作数量、出具法律责任承诺书等做出规定。

三是强化机构监督检查。国家安全监管总局组织专家对部分地区技术服务机构规范执业及监管工作进行了督查，开展了技术服务收费标准、创新机构监管方式等调研工作，对两家甲级机构的违规行为进行了调查处理。黑龙江对存在数据失真、从业不规范等行为的4家乙级机构进行了约谈。上海、广西组织专家对各类评价报告进行盲审，并对结果进行了通报。

四是推进行业自律工作。指导成立了中国职业安全健康协会职业卫生技术服务分会并召开了第一次会员代表大会，分会现有正式会员单位197家，委员单位62家，已建立了有关工作制度及运行机制，为逐步推进技术服务机构的行业自律管理奠定了基础。

八、强化建设项目职业卫生“三同时”监管，加大职业病危害源头控制力度

一是进一步完善“三同时”监管制度。国家安全监管总局以法规咨询文件下发了《建设项目职业卫生“三同时”监督管理暂行办法》13条施行说明，对建设单位、技术服务机构、设计单位、施工单位、监理单位以及安全监管部门在建设项目职业病危害预评价、职业病防护设施设计、施工、监理和竣工验收等各个环节中落实主体责任、技术服务质量、设计质量、施工质量、监理责任和监管责任作出规定。湖北、辽宁出台文件将职业卫生“三同时”审查纳入建设项目前置审批条件。

二是推动做好“三同时”审查工作。2013年，国家安全监管总局完成预评价报告审核（备案）169项，职业病防护设施设计审查9项，竣工验收（备案）69项。地方各级安全监管部门共完成建设项目职业卫生“三同时”审查8272项，其中预评价报告审核（备案）4677项，职业病防护设施设计审查994项，竣工验收（备案）2601项。江苏、河北、四川3个省完成职业卫生“三同时”项目分别为1113、870、623个，占地方完成“三同时”项目总数的32%。

安全培训教育工作

国家安全生产监督管理总局人事司

2013年，认真贯彻落实党中央、国务院及国家安全监管总局党组关于加强安全培训工作的决策部署，牢固树立“安全培训不到位是重大安全隐患”的理念，深化改革创新，大力推进安全培训教育工作，在深入宣传贯彻落实《关于进一步加强安全培训工作的决定》(简称《决定》）精神、领导干部教育培训、安全资格考试体系和培训信息化建设等方面取得了新成效。

一、深入贯彻落实国务院安委会《决定》精神，全面推动安全培训工作

一是推动全国32个省（区、市）制定了贯彻落实《决定》的实施意见；组织编印《决定》学习读本，免费向省级监管监察部门及中央企业发放6000册；在全国范围内开展了集中宣讲《决定》的活动，截至9月已宣讲4.1万场次、培训440.5万人次；会同安报进行了专题报道。二是分4个片区召开了人事培训处长座谈会，总结经验，分析问题，听取意见，推动各省安监局抓好《决定》的贯彻落实。三是总局牵头，徐绍川副局长带队对福建省开展第七次农民工工作督察。会同人社部办理人大代表关于农民工工作建议答复2份。

二、积极开展处级以上干部学习贯彻党的十八大精神集中轮训等工作

一是组织开展了国家安全监管总局系统处级以上干部学习贯彻十八大精神集中轮训，2400余人参加学习，集中开展5次专题讲座、5次分组研讨和1次统一考试，遴选汇编917篇优秀学习体会文章。二是深入学习贯彻习近平总书记系列讲话精神，组织3位部级领导到中央党校参加专题研讨班；起草了国家安全监管总局系统学习贯彻通知；制定了处级以上干部集中轮训方案。三是向中组部报送了2008年以来干部教育培训工作情况总结和2013年工作总结；落实中组部《2013—2017年全国干部教育培训规划》精神，研究设计调查问卷，启动安全监管监察系统干部培训规划编制工作。四是组织27名司局级以上领导干部参加中央党校等“一校四院”调训，53名司局级干部参加选学，115名处级干部参加国家安全监管总局党校春、秋季进修班学习；制定了2013—2017年省部级干部脱产学习进修计划。

三、强化省（区、市）分管领导干部和监管监察人员业务培训，不断提高干部履职尽责能力

一是积极协商中组部，将安全生产专题纳入中央党校市地党政主要领导干部任职培训班课程。二是组织9名新任分管安全生产副省长专题座谈；统计分析了2012年以来新任市、县级政府分管领导专题培训情况；举办了1期市（地）级分管领导干部专题研究班，42名副市长及省局负责人参加学习。三是举办了市地级安监局长、煤监分局负责人研究班各2期，培训284人；援助新疆、西藏、青海各举办了1期执法资格培训班，培训312人。四是采取网络学习和集中辅导相结合的方式，举办了2期安全监管、1期煤矿监察执法资格班，培训358人；举办各类专题业务培训班18期、培训1620人。五是举办了5期中央企业安管人员资格班，培训545人。六是利用国家安全监管总局视频系统，举办8期知识讲座，培训6万余人次。

四、深化安全培训教育改革，加快推进安全生产资格考试体系建设

一是下发《关于进一步加强安全培训管理工作的通知》，印发《关于广东省东莞市安全监管局原局长陈建国等安全培训违法违规行为的通报》，推动培训机构资质许可取消后安全培训工作有序开展。二是研究出台《安全生产资格考试与证书管理暂行办法》，发布了答记者问，召开专题会议统一部署，推进全国安全生产资格考试体系建设。三是启动5类53个考试题库开发和特种作业人员实操考试标准制定工作，计划年底前完成。

五、加快推进信息化建设，进一步提高安全培训工作科学化、信息化水平

一是启动实施全国安全培训信息化项目，采集860.67万条安全培训信息数据并进行了统计分析，组织开展项目建设需求和安全等级论证，开发了系统原型和数据交换平台，年底前完成测试版。二是修改完善《安全监管监察系统干部网络在线教育培训工作的意见》(稿)，推动建设煤监、安监人员和企业“三项岗位人员”等三个网络学院；煤监干部网络学院已开通，拥有视频课程110门。三是编制信息管理平台总体实施方案，会同培训中心赴山西、贵州、江苏开展了专题调研，计划2014年分3个批次开展试点和全面推进。

六、加强法规制度建设，进一步规范安全培训工作

一是会同政法司对涉及培训机构资质认定的相关文件进行了清理，报请国家安全监管总局审定发布了《关于修改〈生产经营单位安全培训规定〉等11件规章的决定》(总局令第63号)。二是印发了冶金企业主要负责人、安管人员安全培训大纲和考核标准，启动修订电工等41个特种作业人员安全技术培训等大纲标准。三是会同华北科技学院，启动修订《生产经营单位安全培训规定》(国家安全监管总局令第3号)，研究起草《安全培训违法违规行为责任追究办法》。

七、加强基地、师资、教材建设，进一步健全安全培训保障体系

一是基地建设方面，会同财政部研究确定2013年央企培训演练基地支持计划，召开现场会议推进2011年、2012年支持的18家培训演练基地建设；召开了中欧安全培训基地建设研讨会议；配合推进华北、中南、西南安全监管监察人员综合实训基地建设。二是师资建设方面，举办了5期师资培训班，培训安全培训机构负责人和教师383人；发布了安全培训教师讲课大赛和优秀课件评选结果。三是教材建设方面，召开教材编审委第二次全体会议，审定了特种作业人员安全技术培训教材、危险化学品等行业应知应会读本和事故案例警示教育片39种。

国际交流与合作

国家安全生产监督管理总局国际合作司

2013年，国家安全监管总局国际交流合作工作认真贯彻落实党的十八大精神，以科学发展观为指导，紧紧结合安全生产中心工作，不断扩大安全生产领域的对外开放，拓宽国际合作领域，增强合作成效，不断提高外事管理和服务水平，圆满地完成了全年的各项工作任务。

一、进一步规范国家安全监管总局系统因公临时出国（境）管理，加强外事管理和服务能力建设

按照中央《关于进一步规范省部级以下人员因公临时出国的意见》及进一步规范外事管理工作全国电视电话会议要求，及时向机关司局和在京事业单位及社团组织传达了中央文件和会议精神，起草印发了《国家安全监管总局关于进一步规范因公临时出国管理的通知》，进一步完善和规范总局系统因公临时出国管理。制订了国家安全监管总局《因公临时出国（境）审批管理实施细则》，加强国家安全监管总局系统因公出国团组的审核和管理。编印了外事工作规程，加强外事规范化和程序化建设。严格执行中央八项规定，加强对出访团组报批材料的审核，从源头加强控制，实施出国（境）公示制度，逐步建立事前审批、事中监督、事后考核的工作机制。全年共审核审批各类出国（境）团组99个、806人次，实际执行团组89个、642人次，其中，本系统人员372人次（机关人员90人次，事业单位147人次，省级煤矿安监机构135人次），外系统270人次，团组数量和人数同比下降。严格执行各项外事管理制度，加强外事队伍能力建设，提高外事服务能力和水平，确保国家安全监管总局系统外事工作进一步规范，确保年度外事出访任务能够顺利执行。

二、进一步加强政府间和多边交流与合作

一是发挥政府间工作组机制作用，扩大政府间合作。认真落实国家安全监管总局与美国、欧盟、加拿大、法国、俄罗斯等签订的合作备忘录或协议；召开了第二届中美安全健康对话、第四届中欧安全生产对话、第一届中俄安全生产高层对话和中加安全健康部级定期会议,组织了赴法国化学品安全交流,组织参加了第十九次中德经济合作联委会煤炭工作组会议;通过政府间对话和工作组机制,交流了经验和做法,探讨了合作意向,增进了解和互信,搭建了重要平台,促进了双方的安全健康工作。

二是组织实施了中欧高危行业职业安全与健康合作项目、中美职业健康项目、中日加强职业卫生能力建设项目、中日煤矿安全技术培训项目等4个政府间合作项目，学习借鉴国外先进技术和经验。

（1）中欧高危行业职业安全与健康项目。组织安全监管监察人员和安全培训师资4批70余人次赴芬兰、波兰、德国、法国、荷兰等欧盟国家进行了安全监管监察和安全师资调研和培训；在南京化工园区开展了危化行业安全师资培训；召开了欧盟国家三方协调机制经验座谈会和南京化学工业园区三方座谈会；开展危化品行业安全培训教材设计与开发；邀请专家开展知识共享在线交流平台设计、煤矿及非煤矿山行业差距调研分析和煤矿行业案例学习设计工作。

（2）中美职业健康项目。组织职业安全健康监管人员和试点企业安全管理人员2批16人次赴美国、加拿大进行职业卫生监管和企业职业卫生管理技术交流,学习国外先进经验;组织中美职业健康专家赴试点企业开展现场调研、交流和研讨;学习借鉴美国职业健康管理和粉尘与有毒有害物质控制经验。

（3）中日煤矿安全技术培训项目。组织煤矿安全监察人员和煤矿企业管理人员3批56人次赴日本进行煤矿安全监察和管理培训，学习日本煤矿安全管理先进技术和管理经验；邀请日方专家赴黑龙江、山东、广西、湖南、贵州等地开展煤矿安全管理和技术培训，培训煤矿安全监察人员和煤矿管理技术人员1255人次。

（4）中日职业卫生能力建设项目。组织27人次赴日本和马来西亚进行“职业卫生管理行政指导”“卫生工程学的卫生管理”研修和“局部通风装置培训实例”考察（马来西亚，3人）；在苏州开展企业职业卫生管理人员培训，培训企业相关人员74人；完成项目中期评估调查；邀请日方短期专家来华进行技术指导；完成了《职业卫生监管人员培训教材》《企业职业卫生管理人员培训教材》和《工业企业防尘防毒通风技术培训教材》等教材的编写工作，开展示范地区建设工作。

三是与国际劳工组织联合举办了“世界安全生产与健康日”（每年4月28日）主题报告会，推进安全文化建设；组织我国安全监管监察人员赴国际劳工组织都灵培训中心交流研修，举办国际劳工组织监察员培训合作项目总结和推广会，学习国际劳工组织和其他国家先进的安全监察经验；积极参加国际劳动监察协会年会、执委会会议，宣传我国安全生产工作取得的进展，进一步促进与相关国际组织之间的交流与合作。

四是组织参加了第二十一届海峡两岸及香港、澳门地区职业安全健康学术研讨会和第七届粤港澳安全知识竞赛，进一步加强了与港、澳、台地区的联系与合作。

五是加强与国外知名企业合作交流。组织了赴美建筑安全法规标准与安全管理交流；做好与美国陶氏公司合作三期项目的方案制定和备忘录签署工作；支持协助文工团、华北科技学院等单位开展了文化艺术民间交流、中外校际和科技信息交流，扩大了安全生产领域民间交流。

三、成功举办了第四届中国国际安全生产应急管理论坛暨展览会等重大国际性活动

第四届中国国际安全生产应急管理论坛暨展览会于2013年6月25日至27日在北京成功举办。杨栋梁局长出席开幕式并致辞，王德学副局长发表主旨演讲。这次论坛暨展览会以“以人为本，科学施救”为主题，深入交流世界各国应急管理的新理念、新方法，广泛分享各国应急管理法制体制机制建设的新进展、新经验，集中展示各国应急救援的新技术、新装备。共有来自美国、俄罗斯、德国、南非、澳大利亚等12个国家以及国际劳工组织、联合国开发计划署、国际矿山救援组织等3个国际组织的45位政府官员、国际组织代表和企业代表在论坛上发表演讲，500余人参加论坛，125家国内外企业集中展示应急救援技术和装备，展览面积1.5万平方米。这次论坛暨展览会的成功举办，为全球安全生产应急管理事业的发展进步创造了更加广阔的合作机遇，提供更加有力的支持保障，促进了我国安全生产应急管理工作。

第一届中国国际化工过程安全研讨会暨石油化工安全新技术新产品展览会于2013年9月3日至5日在山东青岛举办。孙华山副局长出席会议并讲话，山东省副省长邓向阳、中国石化股份公司总裁李春光、国际化学品制造商协会主席张康明、中国石油大学（华东）校长山红红出席会议并致辞。本次研讨会为期2天，主题是“过程安全在中国”，来自美国、英国、韩国等国的专家学者，国内部分地方政府安全监管部门以及化工企业、科研院所、安全服务咨询机构的500余位代表参加了研讨会，围绕过程安全方面的13个分主题进行了交流；展览会为期3天，中外36家单位参加了展览。通过本次研讨会的成功举办，对于加快提高我国化工过程安全管理能力，推动我国化工行业安全生产状况的持续好转具有重要意义。还配合化学品协会组织召开大型石油储罐火灾安全国际研讨会。

另外，还于2013年4月16日至17日在北京成功举办了第十一届中国国际煤炭会议。本次会议的举办，进一步推进了我国煤炭产业结构优化升级和转变煤炭工业发展方式，促进了我国煤矿安全生产形势持续稳定好转，为实现煤炭工业科学发展、安全发展和可持续发展作出积极贡献。

四、组织实施引智培训工作，为加强安监队伍建设、提高监管监察人员履职能力服务

全年共派出17个培训团组330人次赴国外进行安全生产法律法规、事故统计、危险化学品安全、职业卫生监督、应急管理、瓦斯防治等方面的专题培训，学习了国外先进技术和管理经验。继续邀请了150位国外高水平专家来华讲座和授课，培训国内安全监管监察人员和企业安全管理人员。通过引智培训，为全国安全监管监察系统培训了一批管理干部和专业技术人员，为学习借鉴国际先进理念和经验，不断提升安全监管监察队伍能力和水平，加速推动安全生产工作创新发展发挥了积极作用。

五、开展了国外安全健康制度和经济政策研究

结合安全生产重点工作和国际合作项目，开展了国外安全生产投入与伤亡损失关系、指标体系研究、国外煤矿事故案例研究、国外煤矿安全信息化技术现状研究，编译了新西兰派克河谷煤矿事故、美国UBB煤矿事故调查报告。编印《安全生产国际交流与合作通讯》、安全生产《国外要闻》，开展国外安全健康经验研究，及时掌握国外安全生产最新动态和发展趋势，为安全生产重大问题提供决策参考和支持。

六、组织开展了国外重点专题调研和参加重要国际活动

一是安排国家安全监管总局和煤监局3位领导出访。2013年安排了国家安全监管总局副局长王德学赴美国、加拿大出席中美安全与健康对话会议和中加安全健康年度会晤，安排了国家安全监管总局副局长孙华山赴欧盟总部出席中欧安全生产对话，安排了国家安全监管总局副局长付建华出席中俄煤矿安全高层对话，安排中国安全生产协会会长赵铁锤和副会长杨富赴香港出席第二十届海峡两岸四地研讨会和第七届粤港澳安全知识竞赛，通过高层交流，促进国家安全监管总局与国外政府机构和港澳台地区的交流与合作。

二是积极参加重要国际活动。组织参加了国际劳工组织安全大会、第八届世界采矿大会、2013年国际矿山救援大会、国际海上监管者安全论坛、世界安全社区大会等重要国际活动，学习借鉴了国外先进经验。

三是组织开展专题调研。赴美国、韩国开展了安全生产统计指标体系专题调研，学习国外先进做法；配合商务部，派员参加赴中东国家开展了境外中资企业安全生产工作巡查和调研，督促境外中资企业全面加强和持续改进安全生产工作。

四是安排国家安全监管总局领导参加重要外事会见活动。安排了杨栋梁局长先后会见了美国佛罗里达州前州长杰布·布什、美国豪士科集团首席执行官察尔斯·休斯、香港劳工福利局局长张建宗等，安排王德学副局长会见了南非矿产资源部副部长戈弗雷、美国特雷克斯和豪士科高级管理人员，安排孙华山副局长先后会见了美国劳联－产联主席查德·乔姆卡、欧盟就业、社会事务和机会均等委员拉兹罗·安德、美国安全委员会主席麦肯特等，安排付建华副局长会见了俄罗斯联邦环境、技术与核能监督总局和劳动就业局代表团，进一步推动了国家安全监管总局与国外政府部门、协会组织和知名跨国企业的交流与合作。

第六部分

煤矿安全监察

安全监察工作

国家煤矿安全监察局安全监察司

2013年以来，监察司围绕国家安全监管总局、国家煤矿安监局确定的中心工作，按照总局党组和国家煤矿安监局的统一部署，有序完成了各项工作任务，有力支撑了全国煤矿安全生产形势持续稳定好转。

一、积极宣贯《煤矿矿长保护矿工生命安全七条规定》，严格监察执法，提高执法效能

以推动在全国煤矿开展“保护矿工生命，矿长守规尽责”主题实践活动为主线，进一步探索异地交叉监察执法新举措，提升执法水平和效能，努力把宣贯《七条规定》提出的“钢执行、全覆盖、真落实、见实效”要求落到实处。一是按照国家安全监管总局、国家煤矿安监局统一安排部署，抽调人员参加了对江西、贵州、四川、山东、河南、北京等省的《七条规定》集中宣讲活动。二是指导帮助辽宁煤监局结合实际，制定完善了《〈煤矿矿长保护矿工生命安全七条规定〉监察实施细则》，并以国家煤矿安监局文件进行了转发，指导各地煤监机构因地制宜，加大监察执法工作力度，推动煤矿落实《七条规定》。三是组织开展了《七条规定》贯彻落实情况专项监察和异地交叉监察活动。为保证活动取得实效，活动开始前召开了动员视频会议，进行了动员部署，活动结束后及时召开汇报会，听取活动情况汇报，并针对活动中发现的突出问题以及如何遏制煤矿重特大事故，印发了《国家煤矿安全监察局关于〈煤矿矿长保护矿工生命安全七条规定〉专项监察情况的通报》(煤安监监察〔2013〕24号)，对下一步深入落实《七条规定》、开展煤矿安全生产大检查等工作提出了要求。此次专项监察活动进一步探索了异地交叉监察执法新举措，取得了较好的效果。各级煤监机构在活动中共监察矿井2110个，查出隐患15715项（重大隐患602项，一般隐患15113项），经济处罚6277.34万元。

二、积极组织开展严格准入、整顿关闭两大课题研究，为国家安全监管总局、国家煤矿安监局提出煤矿安全生产治本攻坚重大举措提供决策依据

一是会同国家安全监管总局研究中心成立了煤矿安全准入工作课题组，先后深入到部分省区和煤矿企业进行调研，并结合工作实际，提出了进一步严格煤矿安全准入的工作思路、重点内容和相关措施，形成了《关于严格煤矿安全准入工作的研究报告》。二是为了总结煤矿整顿关闭工作取得的成效和经验，梳理分析当前煤矿整顿关闭工作面临的主要问题，研究提出“十二五”后三年的工作目标、任务和政策措施，推进煤矿整顿关闭工作深入开展，会同国家安全监管总局研究中心组成专题调研组，先后赴黑龙江、湖北、湖南、四川、云南等小煤矿较多的省份，就“十二五”后三年关闭小煤矿计划进行了调研和沟通协调。在此基础上，经过分析研究和多次讨论修改，形成了《关于深化煤矿整顿关闭工作的调研报告》。

两个研究报告为国家安全监管总局、国家煤矿安监局制定七项治本攻坚措施发挥了重要作用，为国务院出台《国务院办公厅关于进一步加强煤矿安全生产工作的意见》(国办发〔2013〕99号)提供了依据。

三、积极组织开展煤矿安全生产大检查活动，深入推进煤矿打非治违工作，坚决遏制煤矿重特大事故

一是参加起草制定《国家安全监管总局 国家煤矿安监局关于印发〈煤矿安全生产大检查工作方案〉的通知》(安监总煤办〔2013〕71号)，专门抽调人员参加总局“打非治违”专项行动工作组的工作。二是积极开展煤矿安全大检查活动，带队或派人参加赴四川、陕西、黑龙江暗访督查煤矿企业安全生产工作，积极参加国务院安委会组织的对云南、四川、山东、甘肃、河南、贵州、山西、河北、重庆、新疆和兵团的督查。三是配合国家能源局印发了《国家能源局 国家煤矿安全监察局关于开展煤矿生产建设秩序检查的通知》(国能煤炭〔2013〕189号)，并对内蒙古等省区开展督查，指导和组织各地严厉打击煤矿非法违法生产建设行为。四是组织煤监机构开展煤矿建设项目安全专项监察和煤矿企业安全生产许可证持证条件专项监察，巩固安全生产大检查活动成果，切实做好安全生产大检查“回头看”工作。在煤矿建设项目安全专项监察活动中，各省煤监局及所属分局共监察煤矿建设项目826处，共查处非法违法项目106处、存在重大隐患项目45处，经济处罚2510.92万元；在煤矿企业安全生产许可证持证条件专项监察活动中，各省煤监局及所属分局共监察煤矿954处，查出隐患6341项（重大隐患97项，一般隐患6234项)，经济处罚1402.56万元。通过两次专项监察活动，进一步推进煤矿打非治违行动，巩固和发展了煤矿安全生产大检查成果。

四、大力推进小煤矿整顿关闭工作，加快煤炭工业结构调整，进一步提升煤炭工业整体安全生产水平

一是在调研和听取各地工作情况汇报、汇总分析研究各地上报的关闭小煤矿工作计划的基础上，年初会同国家能源局印发了《关于做好2013年煤炭行业淘汰落后产能工作的通知》(国能煤炭〔2013〕145号)，向各地下达了2013年关闭小煤矿509处的计划任务；随后又联合印发了《关于做好2013年煤矿整顿关闭工作的通知》(煤安监监察〔2013〕15号)，督促各地落实目标任务。二是对四川、重庆、贵州、云南、湖南、黑龙江、湖北、辽宁8个重点省（市）分别进行了督导调研，及时召开了全国煤矿整顿关闭工作汇报会，听取各地工作进展情况汇报，督促指导各地积极推进小煤矿整顿关闭工作。三是落实财政奖励资金，支持各地做好整顿关闭工作。为落实《财政部国家能源局国家煤矿安全监察局关于支持煤炭行业淘汰落后产能的通知》(财建〔2012〕818号)，会同财政部、国家能源局印发了《关于进一步做好煤炭行业淘汰落后产能检查验收工作的通知》(国能煤炭〔2013〕87号)，就淘汰煤炭落后产能工作验收、奖励资金申请、审核工作进行了部署，并与财政部、能源局联合完成了2011年和2012年煤炭行业淘汰落后产能奖励资金审核工作，配合财政部下达了2011年和2012年煤炭行业淘汰落后产能奖励资金10.96亿元。四是在调研的基础上，推广重庆市的好做法，印发了《国务院安委会办公室关于转发重庆市有关煤矿整顿关闭工作三个文件的通知》(安委办〔2013〕15号)，供各地学习借鉴。五是组织召开了煤矿整顿关闭部际联席会议联络员会议和第七次煤矿整顿关闭工作部际联席会议，对拟由部际联席会议成员单位联合印发的《关于进一步深化煤矿整顿关闭工作的通知》进行了审议，加强部门联动，进一步完善小煤矿整顿关闭配套措施。六是牵头组织召开了全国50个煤矿安全重点区县安全生产工作座谈会，分析了重点区县事故多发的原因，对重点区县进一步加大力度，加快进度，采取有效措施，严格落实煤矿安全“双七条”，抓好煤矿安全生产工作进行了安排和部署。经过各方面的共同努力，2013年全国共关闭小煤矿711处，超额完成今年下达的计划任务，为完成“十二五”后三年关闭2000处小煤矿的总体目标打下了较好基础。

五、认真组织开展煤矿建设项目安全核准和“三同时”审查验收工作，严把准入关口，切实提升在建煤矿安全保障能力

一是在汇总分析2012年全国煤矿建设项目安

全监察工作情况的基础上，起草印发了《国家煤监局关于2012年煤矿建设项目安全监察工作情况的通报》(煤安监监察〔2013〕8号)，对做好2013年煤矿建设项目安全监察工作提出了明确的要求，指导各级煤监机构加强煤矿建设项目安全监察，严格安全准入。二是严格按照规定程序、相关标准和要求，认真组织开展重大煤矿建设项目安全核准工作。全年共组织完成重大煤矿建设项目安全核准11处、新增能力4470万吨/年。三是严格按照规定程序、相关标准和要求，认真组织开展大型煤矿建设项目安全“三同时”工作。全年共审查大型煤矿建设项目安全设施设计39项、新增能力9995万吨/年；验收大型煤矿建设项目安全设施16项、新增能力4680万吨/年。

六、落实计划监察制度，创新监察执法方式，着力推动煤矿安全监察执法工作规范、有序、高效发展

一是在汇总分析各省级煤矿安监机构上报的2012年度煤矿安全监察执法工作情况总结的基础上，下发了《国家煤矿安全监察局关于2012年煤矿安全监察执法工作情况的通报》，对2013年煤矿安全监察执法工作进行了安排部署，提出了具体要求。二是组织各级煤监机构编制并实施年度监察执法计划。根据国家安全监管总局和国家煤矿安监局2013年工作要点，下发了《国家煤矿安全监察局关于做好2013年煤矿安全监察执法计划编制工作的通知》；召开了监察执法计划审查（汇报）会，完成了相应审批备案工作，编印了《2013年煤矿安全监察执法计划汇编》。通过组织煤监机构编制年度监察执法计划，把国家安全监管总局和国家煤矿安监局工作要点落实到具体的监察执法计划之中，保证了监察执法工作有序开展。三是组织召开了2013年煤矿安全监察执法座谈会，交流经验，总结工作，分析形势，明确工作重点，并就进一步规范监察执法工作和创新监察执法工作，提高监察执法效能和质量进行部署，提出具体要求。四是加强煤矿监管监察执法新经验、好做法的总结和交流，组织编印了《创新煤矿安全监察监管执法工作经验汇编》，推动煤矿安全监管监察工作创新发展。

七、组织开展提升监察执法科学化水平课题研究，为全面加强监察执法工作奠定理论基础

会同国家安全监管总局信息院组织开展《提升煤矿安全监察执法科学化水平》课题研究，立足当前，着眼长远，对煤矿监察执法工作规律进行探索和研究，提出进一步加强监察执法工作，提高执法效能的工作措施，为下一步做好监察执法工作顶层设计提供理论支持。

事故调查工作

国家煤矿安全监察局事故调查司

2013年以来，事故调查司认真贯彻落实年初“三个重要会议”以及党中央、国务院关于加强安全生产工作的一系列重要批示指示精神，按照国家安全监管总局、国家煤矿安监局统一部署，进一步细化分解《2013年煤矿安全工作要点》，结合事故调查司实际，明确领导班子和处室责任工作任务分工，突出抓好“严肃事故调查、加强执法监督、强化水害防治和推进煤矿职业安全健康”4项中心任务，把依法从严从快查处事故作为从严执法的切入点，以事故调查处理按期结案、“越快越好”为主线，以挂牌督办、跟踪督办和落实“四项制度”为主要抓手，进一步加大事故查处督办力度，坚持用事故教训推动工作，团结协作、埋头苦干，较好地完成了全年各项重点工作任务。

一、2013年全国煤矿事故简要情况

2013年以来（截至12月15日），全国煤矿共发生死亡事故556起、死亡995人，同比减少192起、347人，分别下降25.7%和25.9%。其中：较大事故44起、死亡206人，同比减少28起、141人，分别下降38.9%和40.6%；重大事故发生13起、死亡208人，同比减少2起、17人，分别下降13.3%和7.6%；特别重大事故发生1起、死亡36人，同比起数持平，人数减少12人、下降25%。

二、重点工作完成情况

（一）严肃事故查处，从严从快完成煤矿事故调查处理结案工作

一是完成了2起特别重大事故的调查处理结案工作（四川省攀枝花市2012年“8·29”特别重大瓦斯爆炸事故和吉林省吉煤集团通化矿业集团公司八宝煤业公司“3·29”特别重大瓦斯爆炸事故，这两起特别重大事故共造成84人死亡，直接经济损失9689万元。），对130名事故责任人进行了责任追究，其中对47人移交司法机关追究刑事责任，83人受到党政纪处分，经济处罚1400万元。二是完成了21起煤矿重大事故的审核、批复结案工作。三是严格审核事故调查报告。针对湖南省娄底市新华县温塘镇共升煤矿“7·24”瓦斯爆炸瞒报事故（死亡8人），责任人处理失之于软的问题，已要求退回重新研究，加大处理力度；针对黑龙江龙煤集团鹤岗分公司振兴煤矿“3·11”透水事故（死亡18人）责任追究不到位的情况，赴黑龙江省协调督办、加重处理力度。四是对2013年以来（截至12月15日）发生的44起较大事故进行了跟踪督导，及时分析事故原因。五是加快结案进度。2013年以来，事故调查司认真落实杨栋梁局长“要及时结案”的要求，重特大事故调查处理平均结案期缩短到3.3个月，较2012年加快了51%。对每起事故均按照要求督促有关省局全文公开事故调查报告，落实责任追究。

（二）开展警示教育，坚持用事故教训推动工作

为深刻吸取事故教训，落实好“一矿出事故，万矿受教育”，事故调查司制定并严格执行事故警示通报制度。一是向全国煤矿累计发送事故警示短信32次，约60万条。针对一些地区事故反复发生的特点，共4次向全国下发事故通报。坚持日跟踪、周汇总，对60起较大及以上事故进行了跟踪分析。二是为配合《煤矿矿长保护矿工生命安全七条规定》宣贯、50个重点区县座谈会、吉林八宝煤矿事故、百人以上事故警示教育专题视频会等工作，先后制作完成了4部警示教育片，在全国煤矿进行警示教育，引起了热烈反响，取得较好的效果。三是采取“请上来”和“走下去”的方式，对贵州、河北、黑龙江等部分地区以及华能等部分中央企业有关负责人采取座谈等方式进行约谈，分析事故原因，提出相关要求。四是组织完成了《2012年全国煤矿事故分析报告》《2012全国各省煤矿事故分析报告汇编》《2012年煤矿水害事故分析和典型案例汇编》《全国50个煤矿安全重点县基础资料汇编》《2010—2012年煤矿重大事故案例汇编》等相关资料。

（三）加大督办力度，积极协调督促有关省煤监局加快事故调查结案

进一步加大重大事故和非法违法较大事故的挂牌督办和跟踪督办力度。一是完成了21起挂牌督办的重大事故调查处理结案工作，这21起重大事故共造成341人死亡，直接经济损失4.3亿多元。共对451名事故责任人进行了责任追究，其中对143人移交司法机关追究刑事责任，294人受到党纪、政纪处分，实行经济处罚9003.4万元，关闭矿井11处。二是对3起非法违法典型较大事故下达督办通知进行督办和跟踪督办。分别是：河南省郑宏恒泰（新密）煤业有限公司“7·19”瓦斯燃烧事故、湖南省新化县共升矿业公司“7·24”瓦斯突出事故和云南省昭通市昭阳区北闸镇一非法煤窑“8·5”较大瓦斯爆炸事故。

（四）认真核查事故举报

坚持有案必查、查实必处。认真抓好煤矿事故瞒报谎报的举报核实。2013年以来及时处理事故举报信件36起，已完成核查26起，其中有3起举报属实，及时要求地方政府有关部门开展事故调查，依法严肃查处。

（五）强化水害防治

一是对全国煤矿水文地质类型划分结果进行统计分析，形成了《全国煤矿水文地质类型划分结果统计分析报告》，划分结果已通报各地，要求对复杂、极复杂矿井进行重点监管监察。二是督促各地认真贯彻落实《2013年煤矿水害防治工作指导意见》，特别在暴雨期间要停产撤人。三是对《煤矿地质规程》上网征求意见并召开专家座谈会，已经国家煤矿安监局局长办公会审议，正在行文走程序，将尽快出台实施。

（六）积极推进煤矿职业安全健康工作

一是重点在制度法规上下功夫。完成了《煤矿工作场所职业病危害防治规定（送审稿）》。研究起草了《煤矿建设项目职业病危害防护设施设计及竣工验收试行办法（送审稿）》。起草了《煤矿甲级职业卫生技术服务机构专业能力审查内容评审标准及工作程序（初稿）》。二是完成了国家煤矿安监局认定的煤矿职业卫生专家名单（第一批）的公示，并下发了通知，建立了国家煤矿职业卫生专家库。三是组织专家对国家安全监管总局职业安全卫生研究中心、世纪万安（北京）科技有限公司、吉林省安全生产检测检验中心、江苏省安全生产科学研究院、江苏国恒科技有限公司、四川省安全生产检测检验研究院6家甲级资质的职业卫生技术服务机构进行了专业能力审查。

（七）积极做好相关工作

一是参与协调指导了21起煤矿事故抢险救援工作，成功救出75名矿工。二是安排9人，分别赴河南、贵州、内蒙古、辽宁、山西、河北、黑龙江、吉林、云南、广西等10省区参加煤矿安全大检查；完成了全国煤矿安全大检查调度统计工作，汇总编发了13期全国《煤矿大检查周报》，供领导决策参考。三是按照总局统一部署，在云南、贵州、四川3省开展了3次暗查暗访，取得了实效。四是赴内蒙古、云南等省区，开展“同执法、交朋友、听意见、提建议”活动，听意见、察实情。

（八）扎实开展党的群众路线教育实践活动

按照国家安全监管总局开展总体部署和要求，事故调查司认真组织学习、努力提高认识，广泛征求意见，重点聚焦“四风”立行立改。召开专题民主生活会，深入查摆了事故调查司“四风”方面10条问题，深刻剖析原因，提出了4个方面、13条整改方案和措施。认真贯彻落实中央八项规定和国家安全监管总局党组实施办法，加强调研、勤政廉政、勤俭节约、杜绝铺张浪费、坚决不参加公务宴请。通过开展教育实践活动，坚定了党员干部的理想信念，增强了宗旨意识、党性观念和政治纪律，着力解决形式主义、官僚主义问题，努力克服享乐主义和奢靡之风，有力促进了工作职能、工作作风和工作方法的“三个转变”。

（九）切实加强队伍建设和廉政建设

认真贯彻落实党中央、国务院、中央纪委和国家安全监管总局关于党风廉政建设的要求，从严教育、从严监督、从严管理，把队伍建设与反腐倡廉工作相结合，实现两促进。班子成员带头遵守廉政准则，落实“一岗双责”，模范地遵守执行《中国共产党党员干部廉洁从政若干准则》和国家安全监管总局党组“九条纪律”“四个零”规定。规范自身行为，坚持勤俭节约，反对铺张浪费。扎实开展“五型”机关创建，积极开展反腐倡廉“警示教育周”活动，把作风建设与“创先争优”常态化活动相结合，实现两推动。探索创新“支部工作法”。坚持政务公开、过程“阳光”，增加透明度。

科技装备工作

国家煤矿安全监察局科技装备司

2013年，在国家安全监管总局党组和国家煤矿安监局的正确领导下，科技装备司全司认真学习贯彻党的十八大精神，坚持以科学发展观为指导，按照“照镜子、正衣冠、洗洗澡、治治病”的总要求，认真开展党的群众路线教育实践活动，切实转变工作作风；以“一树立、三坚持、三强化”为总要求，认真贯彻落实全国安全生产电视电话会议精神，紧紧围绕煤矿安全生产“三个继续下降”的目标，以落实煤矿安全“双七条”为抓手，以抓源头、强基础、治根本、重预防为重点，深入开展调查研究，严格煤矿安全监察执法，狠抓煤矿瓦斯综合治理、煤矿安全法规标准完善、煤矿安全科技装备水平提升等重点工作措施落实，为实现煤矿安全生产形势持续稳定好转提供了保障。重点完成以下几个方面的工作。

一、深入开展调查研究，为制定和完善煤矿安全相关政策措施提供依据

一是组织开展煤矿瓦斯治理对策措施研究，推进出台促进煤矿瓦斯抽采利用相关政策。深入总结“十一五”以来煤矿瓦斯防治工作的成效和面临的问题，提出完善煤矿瓦斯抽采利用的相关经济政策以及严格准入、加快淘汰9万吨/年及以下不具备瓦斯防治能力小煤矿等措施，会同有关部门提请国务院办公厅印发了《关于进一步加快煤层气（煤矿瓦斯）抽采利用的意见》(国办发〔2013〕93号文件)。

二是开展煤矿隐蔽致灾因素普查对策措施研究，组织试点推动工作。组织开展煤矿隐蔽致灾因素普查调研和技术研讨会，总结分析煤矿隐蔽致灾因素普查工作现状和问题，研究提出开展煤矿隐蔽致灾因素普查的工作思路和对策措施；组织开展煤矿隐蔽致灾因素普查试点工作，确定贵州盘江矿业集团等4家企业作为第一批示范工程建设单位，建立示范工程协调小组等推进机制；总结推广江西省小煤矿隐蔽致灾因素普查与防治的经验，组织编写《煤矿隐蔽致灾因素普查技术指南》。

三是研究完善煤矿安全避险“六大系统”建设相关政策，完善工作推进机制。深入开展“六大系统”建设调研工作，系统梳理六大系统建设的发展进程和存在的问题，印发了《关于加快推进煤矿井下紧急避险系统建设的通知》，调整煤矿紧急避险系统相关政策，组织召开视频会议宣贯；完善工作推进机制，建立煤矿井下紧急避险系统建设进展情况月报告和季报告制度，组织专家深入部分地区开展技术指导，全国生产矿井已经基本完成监测监控等“五大系统”建设完善，截至2013年9月底，在全国5655个正常生产矿井中，已有3012个煤矿建成井下紧急避险设施，1695个煤矿正在建设，其余948个矿井已经基本完成设计和论证工作。

四是开展煤矿井下辅助运输安全技术现状调研，提出加强辅助运输安全管理对策措施。针对煤矿辅助运输事故多发，组织开展以防范斜井人车、无轨胶轮车、架空乘人装置、新技术新装备和辅助运输事故为重点的专题调研，深入分析现有装备和使用管理存在的问题，研究提出推广先进技术、淘汰落后装备和加强使用维护管理的对策措施，启动提升辅助运输装备水平相关标准制定工作。

二、突出重点环节和问题，进一步深化瓦斯综合治理

一是进一步加强国有重点煤矿煤与瓦斯突出防治工作。针对国有重点煤矿突出事故多发，研究分析国有重点煤矿存在的问题，组织召开加强国有重点煤矿防突工作座谈会，提出针对性措施要求；为吸取贵州响水煤矿“11·24”煤与瓦斯突出事故教训，组织开展加强煤与瓦斯突出事故预（报）警课题研究，下发《关于完善煤与瓦斯突出事故监控和报警系统建设工作的通知》。

二是进一步加强煤与瓦斯突出鉴定工作。针对事故反映出突出矿井鉴定中存在的问题，对突出鉴定机构2011年以来鉴定工作开展情况进行调查，排查出97处矿井的鉴定报告存在问题并进行通报、提出整改意见。针对贵州金沙县黄水坝煤矿“11·2”煤与瓦斯突出事故暴露出的问题，会同规划科技司下发《关于进一步加强和规范煤与瓦斯突出矿井鉴定工作的通知》，停止中国矿业大学（北京）煤与瓦斯突出矿井鉴定资质，责成贵州省有关部门认真吸取事故教训并采取针对性措施。召开矿井瓦斯等级鉴定工作座谈会，完成《全国煤矿矿井瓦斯等级鉴定信息管理系统》研发、上线和使用培训，实现煤矿瓦斯等级动态管理。

三是组织推广煤矿瓦斯防治技术和经验。组织开展煤矿瓦斯防治先进技术和经验筛选工作，会同中国煤炭工业协会召开煤矿瓦斯抽采利用和通风安全现场会，会同煤炭信息研究院组织召开煤层气和煤矿瓦斯抽采利用技术交流会，宣贯国办发93号文件，交流瓦斯抽采先进技术和经验，推进瓦斯综合防治。2013年，共发生瓦斯事故59起、死亡348人，同比减少13起、2人，分别下降18.1%和0.6%。

三、不断推进煤矿安全法规标准制修订工作

一是完成《煤矿安全规程》全面修订前期调研，全面启动修订工作。收集了近10余年来煤矿安全生产政策法规等资料，深入分析国内外矿山安全法律法规体系及规程的历史沿革和面临的问题，广泛征集煤矿安全监管监察机构和企事业单位意见(1074条)，提出全面修订的指导思想、框架结构等建议意见。制定全面修订工作方案，确定修订工作原则、指导思想、完成时限和组织机构，拟定规程结构框架，组建由科研院所、煤炭企业和监察机构等的280多名专业人员构成的16个编写组，审定了各编审组工作计划。

二是组织开展部分规章修订制定工作。认真分析《防治煤与瓦斯突出规定》施行中存在的问题，多次组织召开技术认证会，研究提出《防治煤与瓦斯突出规定》部分条款的修订意见，提请国家煤矿安监局局长办公会进行了审议，并配合国家安全监管总局政法司开展了法审工作；为吸取吉林八宝煤矿“3·29”特大瓦斯爆炸事故教训暴露出的煤层自然发火防治问题，组织专家编写完成《防治煤层自然发火规定》送审稿。

三是研究提出加强煤炭行业标准制修订工作措施。针对目前标准工作存在的问题，提交《关于煤炭行业标准和煤矿安全标准制修订工作总结和下步工作思路的报告》。审议审核《煤矿安全生产标准体系研究（初稿）》和《2013年煤炭行业标准制修订项目计划》，确定了85项标准项目。认真组织开展煤炭行业标准复审工作。落实了2013年煤炭行业标准制修订工作补助经费150万元。认真做好相关法规征询意见回复工作，对吉林省能源局、云南省工信委等多个部门就瓦斯等级鉴定、审批权限等事项进行了反馈。

四、推进煤矿安全科技“四个一批”项目落实，强力提升煤矿安全科技装备水平

一是认真组织落实煤矿安全科技“四个一批”项目。以组织实施“十二五”国家科技支撑计划“深部及中小煤矿灾害防治关键技术研究与示范”项目为抓手，组织开展煤矿安全关键技术研发工作，该项目中9个课题已经取得阶段性成果。组织开展科技成果交流和展示活动，开展煤矿安全科技进企业活动，组织专家深入贵州、新疆等地，宣传煤矿安全科技成果，开展产学研用结合，有力地推进了煤矿安全科技“四个一批”项目落实。截至10月底，共落实资金7.16亿元，申请专利223项（94项已获得专利）；9个科研攻关课题共取得47项技术成果；15项安全科技成果和先进适用技术在2000多个企业（矿井）中得到应用，销售额近20亿元；已建7个安全生产技术示范工程项目，应用新技术、新装备15个，形成标准（规范）4个。

二是充分发挥煤矿安全改造专项资金作用。2001年至2013年13年来，国家共安排中央预算内专项资金319亿元（其中，2001—2004年总计59亿元，2005—2013年总计260亿元），带动地方和企业安全投入991亿元；为进一步发挥煤矿安全改造专项资金作用，多次与国家发展改革委、国家能源局沟通和协商，把“煤矿隐蔽致灾因素普查治理示范矿井建设、50个煤矿安全重点区县煤矿安全瓦斯治理、中小煤矿水害治理示范工程建设、煤矿安全监管部门建设煤矿安全监控运行信息化平台及中小煤矿安全技术服务机构”等纳入2014年煤矿安全改造重点支持方向，启动了2014年煤矿安全改造项目申报工作。

三是强化煤矿安全监察人员业务培训工作。编写全国煤矿用空压机和煤矿安全监控系统监察技术培训教材，开展煤矿空压机、煤矿安全监测监控系统监察业务技能培训，共培训385名全国各省级煤矿安监局及监察分局监察业务骨干，并将培训教材、课件及讲课录像等放在总局网站，供各地下载开展普及和后续培训使用，提高了煤矿安全监察人员的业务水平。

四是推进煤矿安全监察信息化建设工作。按照《关于推进煤矿安全监察信息化应用工作的方案》，组织做好对现有煤矿安全生产许可证综合管理数据库的改造和相应信息的填报更新，有序推进煤矿企业安全生产许可证网上申报审批和煤矿安全监察执法系统的应用，提升了煤矿安全监察效能。组织研发煤矿安全监控系统监察执法工具，重点解决对煤矿安全监控系统运行中存在的诸如系统中断运行、传感器监测数据异常等非正常情况缺乏便捷有效的检查工具等问题。

五、不断强化煤矿安全监管监察工作

一是严格落实“四不两直”检查制度。组织开展了对黑龙江省煤矿安全生产的突击暗查，并参加了对陕西省煤矿安全生产的暗查。针对发现的问题，严格执法、严格处罚，并向地方有关部门进行了通报。积极派员参加《煤矿矿长保护矿工生命安全七条规定》和国办99号文件宣贯、督导调研和安全生产大检查工作，先后督导检查了宁夏、新疆等10多个省（自治区、市）。组织专家赴阳煤集团开展了瓦斯治理专项监察。组织专家赴阳煤集团开展了瓦斯治理专项监察，现场检查了7个采煤工作面、10个掘进工作面，发现问题78条，责令停止生产矿井2处，责令采掘工作面停止作业5处，行政罚款194万元。

二是组织开展煤矿设备安全专项监察。认真吸取井下空压机火灾事故教训，组织开展全国煤矿井下空压机安全专项检查，通过专项检查，各地已全部淘汰井下滑片式空压机，全国共有井下空压机3155台，其中螺杆式2576台、占81.6%，活塞式579台、占18.4%。组织开展煤矿淘汰落后设备专项检查，推进了煤矿落后设备工艺的淘汰工作，据统计，前三批《禁止井工煤矿使用的设备及工艺目录》共涉及设备及工艺59项，其中工艺5项，第一、二批42项已淘汰完成90%以上，第三批正稳步推进。组织有关省级煤矿安全监察局及时查处4起群众举报煤矿设备违法问题。

六、以深入开展党的群众路线教育实践活动为重点，加强队伍建设

一是认真开展党的群众路线教育实践活动。按照中央部署及国家安全监管总局党组要求，认真制定活动方案，组织开展自学和集中学习，召开民主生活会，展开批评和自我批评，深入查摆问题、分析原因、建章立制落实整改措施；到河南煤矿安监局豫南、豫北分局与基层同志开展了“同执法、交朋友、听意见、提建议”和“我当一天瓦检员”“我当一天安检员”等活动，深入基层和煤矿企业，查处安全隐患31条、收集整理意见建议近90条，既听取了意见、掌握了实情、体验到甘苦、看到了差距，也接受了教育、受到了触动、引发了思考。通过教育实践活动，全体人员思想上有大提高、作风上有大转变、工作上更加务求实效。

二是不断加强党建工作，厉行反腐倡廉。认真开展反腐倡廉警示教育活动，支部书记给全司党员干部上了以“保持队伍纯洁、促进个人廉洁”为主题的专题党课；抓住煤矿安全改造项目审查、新技术装备推广应用、“六大系统”建设和专项经费管理等重点环节，研究提出煤矿安全改造项目审核“四坚持、四不准”，推进“六大系统”建设反腐倡廉“四项要求”，煤矿安全科技成果推广反腐倡廉“三项规定”和出差管理反腐倡廉“三项要求”；《加强反腐倡廉制度创新创建为民务实清廉安监机构》获国家安全监管总局直属机关党建创新一等奖；参加工会之家评选活动，获“优秀工会小家”称号。

行业安全基础管理指导工作

国家煤矿安全监察局行业安全基础管理指导司

2013年以来，行管司认真贯彻落实国家安全监管总局、国家煤矿安监局的总体工作部署，围绕《七条规定》和“七条举措”，深入开展煤矿安全生产大检查活动，积极宣贯国办发99号文件，研究落实50个煤矿安全重点县攻坚战方案，强化治本攻坚，持续推进煤矿安全基层基础建设，取得一定成效。

一、深入开展党的群众路线教育实践活动

按照中共中央“照镜子、正衣冠、洗洗澡、治治病”的总要求，和国家安全监管总局党的群众路线教育实践活动的统一部署，扎实开展群众路线教育实践活动。一是坚持开门搞活动，虚心听取意见。广泛征求煤炭行业管理部门、监管部门、煤监机构和中央企业的意见，共发放征求意见表74份，收到各类意见69条。二是紧密联系思想和工作实际，聚焦“四风”，深入查找存在的形式主义、官僚主义、享乐主义和奢靡之风，行管司领导班子和班子成员都认真撰写对照检查材料。三是结合安全生产大检查，开展“同执法、交朋友、听意见、提建议”活动。四是在教育实践活动中，坚持边查边改，将收集到的意见和建议进行梳理归纳，明确整改责任人和整改期限。五是以揭短亮丑的勇气开展了批评与自我批评，达到了红红脸、出出汗、治治病的目的。六是充分准备，召开了专题民主生活会。七是对领导班子及其成员存在的“四风”问题和整改落实工作进行了分析研究，结合学习贯彻党的十八届三中全会精神，在前期边整边改的基础上，制定了整改方案，逐条落实责任人和具体落实处室及整改期限。

二、积极开展全国安全生产大检查

一是派7人参加了国家安全监管总局统一部署的全国安全生产大检查4个督查组的工作，按照“全覆盖、零容忍、严执法、见实效”的要求，赴7个省进行了督查。二是派3人参加了全国煤矿安全生产大检查领导小组办公室统计组工作，每周对大检查情况进行统计分析，共编发简报13期，基本摸清了产煤省、市县情况。三是结合安全生产大检查，在所到省与煤监分局、市县煤管局的基层人员中，开展了“同执法、交朋友、听意见、提建议”活动，收到了“听真话、看真情、见实效”的效果。

三、贯彻落实“双七”工作

（一）抓好《七条规定》相关工作

一是起草了《七条规定》；二是起草了《七条规定》宣贯提纲，并制作成PPT，供各督导调研组宣贯时使用；三是准备了3套考试试题；四是派员赴5个省参加了《七条规定》的宣贯工作；赴黑龙江和江西开展了《七条规定》专项督查（交叉检查）；五是配合《七条规定》宣贯工作，组织向全国各产煤省及有关中央企业征集、筛选了10名矿长决心书、10名矿工倡议书、10名矿难家属建议书，在《中国安全生产报》《中国煤炭报》、国家安全监管总局政府网站、中国安全生产网等媒体进行了宣传报道，并选派1名矿长和矿工代表参加总局《七条规定》宣讲团赴贵州进行宣讲。六是在开展安全生产大检查以及“同执法、交朋友、听意见、提建议”等活动中，持续不断对七条规定进行宣讲。七是收集汇总矿长承诺书签订情况。

（二）抓好“七条举措”相关工作

一是承担了煤矿安全生产七大攻坚举措中2个课题的调研工作，分别是煤矿机械化、自动化和管理信息化（以下简称“三化”）以及煤矿劳动用工管理，组织人员进行了调研，经过多次修改完善，形成了研究报告，提出了推进煤矿“三化”建设和加强煤矿劳动用工管理的具体措施和建议。在国家安全监管总局、国家煤矿安监局局长办公会上作了汇报，研究成果已纳入《国务院办公厅关于进一步加强煤矿安全生产工作的意见》（国办发〔2013〕99号）。二是积极派员参加国办99号文件的起草工作。三是赴黑龙江、吉林、甘肃、重庆、云南等5个省开展99号文件宣贯工作。

四、开展50个煤矿安全生产重点县攻坚战

贯彻落实杨栋梁重要指示，在全国50个煤矿安全重点县开展以落实“双七”条为主要内容的遏制重特大事故攻坚战。一是通过多次调研、座谈、征求意见，起草完成了50个县攻坚战工作方案，并以国务院安委会办公室的名义印发，督促各有关地方制定方案、细化措施，全面推进攻坚战工作。二是配合国家安全监管总局分别在上海、成都召开的各省（区、市）分管安全生产工作负责人座谈会，组织50个重点县县委书记（县长）参会，深入宣讲贯彻习近平总书记关于安全生产工作的重要讲话精神，进一步提高思想认识、抓好安全生产各项措施的落实，推动全国安全生产形势的持续稳定好转。三是牵头组织成立50个县攻坚战督查巡检组，起草印发了《50个县攻坚战工作分工方案》，完善机构、明确相关分工和职责。四是会同国家安全监管总局通信信息中心开设了50个县攻坚战网站专题，对攻坚战情况进行宣传。五是在2013年末召开了4个省20个重点县的座谈会，宣贯攻坚战方案，检查工作进展情况，督促攻坚战的落实。

五、推进煤矿安全基础管理工作上台阶

（一）推进煤矿安全质量标准化

一是出台了新标准，对2004年以来执行的标准进行了全面修订，印发了《煤矿安全质量标准化考核评级办法（试行）》和《煤矿安全质量标准化基本要求及评分方法（试行）》；二是对20个省（区、市）报送的2012年度国家级安全质量标准化煤矿申报材料进行审查，并赴新疆、山西、安徽、江苏等省等部分省份进行了抽查，经网上公示后，公布了符合条件的427处国家级安全质量标准化煤矿名单，其中，国有重点煤矿333处，地方国有煤矿53处，乡镇煤矿41处；三是召开了安全质量标准化工作座谈会，听取了全国26个产煤省份和新疆生产建设兵团的2012年煤矿安全质量标准化工作情况汇报，汇总、分析存在的问题，并座谈讨论了新标准的评审管理办法，同时对新标准的宣贯落实及信息化建设等工作进行了安排和部署；四是开展新标准的宣贯活动。委托中国煤炭工业协会进行了4期煤矿安全质量标准化新标准的宣贯，共计有20个省（区、市），51个市（县），170余家企业的近800人参加了新标准的宣贯。并组织有关人员，先后赴云南、贵州、吉林等煤矿安全基础薄弱、市（县）级煤矿安全管理水平相对较低的省份以及河南省等煤炭大省，进行新标准的宣贯及标准化工作调研，对4省所有产煤市（县）级标准化主管部门及煤矿企业的近1700名有关人员，就如何做好标准化考核、评审工作进行了培训；在成都召开了西南地区8省及晋、陕、蒙3省参加的质量标准化推进座谈会，指导各地有关部门和企业进一步宣贯、执行新标准。五是建立了“煤矿安全质量标准化信息管理系统”，并与各省级质量标准化部门实现了联网运行，年度考核工作实现了省级至国家局的网络申报和评审，提升了信息化管理水平。同时丰富完善了总局网站的“煤矿安全质量标准化”专题网页的各项栏目，建立了良好的信息通告发布平台。六是组织有关专家就煤矿安全质量标准化新标准与《煤矿安全风险预控管理体系规范》进行了现场对标考核。七是对山西省煤矿安全质量标准化工作经验进行了总结，下发各地学习借鉴，并在国家安全监管总局网站、《调查研究》及《中国煤炭报》等媒体进行了登载宣传。八是对黑龙江部分煤矿安全质量标准化达标情况进行了专项检查。

（二）督办煤矿隐患排查治理体系建设

对国有重点煤矿安全隐患排查信息管理系统建设进行了摸底调研，了解国有重点煤矿隐患排查信息管理系统建设情况，进一步督促煤矿企业开展风险预控管理，强化隐患排查治理。

（三）加强中央企业煤矿安全生产管理

一是召开了两期中央企业煤矿安全生产形势座谈会，通报全国煤矿事故情况，听取中央企业煤矿安全生产情况及面临的困难，并与国资委有关部门进行沟通。二是收集汇总上年度中央企业煤矿安全生产情况，并编印成册，供各涉煤中央企业参考；三是召开中央企业煤矿联络员会议，及时发现新问题，掌握新情况，研究改进措施。四是组织召开了2013年中央企业煤矿安全生产工作座谈会，分析煤矿安全生产形势，听取中央企业煤矿安全生产情况，研究部署下一阶段重点安全工作。五是对国投集团进行了煤矿事故约谈，分析其事故多发的原因，帮助督促其制定相应措施，并对落实情况进行了“回头看”，现场督导检查。督促中央企业煤矿高标准、严要求办矿，发挥安全生产带头作用。

（四）继续推动煤矿班组“三优”创建活动

一是为进一步发挥煤矿班组、班组长和群监员在煤矿安全生产工作中的基础作用，强化安全生产现场管理，联合中华全国总工会在全国煤矿深入开展争创优秀安全班组、优秀班组长和优秀群监员（“三优”）活动。组织人员对全国24个产煤省区市报送的2011—2012年度“争创三优”活动的资料进行了审查，提出了十佳和优秀名单，并经中华全国总工会书记处会议通过，以国家安全监管总局、中华全国总工会、国家煤矿安监局的名义对先进单位和个人进行通报表彰。二是对国投塔山“人人都是班组长”班组建设经验进行总结，印发各地学习借鉴。三是联合中国煤炭工业协会举办了班组建设培训班。四是各地积极开展“争创三优”活动，涌现出了华润天能、神东“八型班组”建设经验。

（五）全力推进煤矿生产能力核定工作

组织人员对煤矿生产能力进行了充分调研，本着严格安全标准、发挥市场作用、鼓励先进、淘汰落后、加快机械化改造和解决群众反映强烈的突出问题等原则，对煤矿生产能力管理办法、煤矿生产能力核定标准进行了修订。一是增加了瓦斯抽采达标生产能力核定章节；二是根据国办发99号文件要求，对冲击地压矿井进行调研，增加了冲击地压核定的内容；三是增加了生产能力公示公告制度，强化社会监督；四是在对某些条款进行了修改完善，并在部分煤矿进行了试套；五是按照国办发99号文件要求，鼓励煤矿进行机械化改造，对实施机械化改造的提升的能力，通过生产能力核定予以认可，效果已初步显现。

（六）加强煤矿安全培训

一是转变思路，全面落实安全培训主体责任。认真落实企业安全培训主体责任，特别是小煤矿安全培训主体责任的落实，在云南、四川、黑龙江三地召开了小煤矿比较集中的9省市煤矿安全培训工作座谈会，听取了培训工作情况汇报，总结了经验做法，分析了存在的主要问题，提出了进一步强化小煤矿培训工作的措施和建议。指导地方各级政府相关部门转变思路，减少对培训班的直接参与，由办培训向管培训、管考试、监督培训的转变。召开了煤矿安全培训工作研讨会，就培训机构资质许可取消后如何开展培训工作，建立煤矿安全培训考核体系，提升考核水平，以考促培，制定特种作业实操考核标准等工作进行了研讨。二是改做法，全面落实持证上岗和先培训后上岗制度。按照中央关于简政放权的有关精神，配合人事司研究取消了煤矿安全培训机构资质认可，修改了《煤矿安全培训规定》，指导各地尽快转变安全培训管理方式，确保安全培训工作不断档、不间断，平稳有序开展工作。重点抓好“三项岗位人员”安全培训。指导和监督各地严格考核、严格发证。据初步统计，2013 年全国共培训、复训“三项岗位人员”71.2 万人，其中：主要负责人 1.7 万人，安全管理人员 19.5 万人，特种作业人员 48.7 万人，煤矿矿长 1.3 万人。进一步实施“教考分离”。在煤矿特种作业人员网络考试平台的基础上，将主要负责人和安全生产管理人员考试也纳入网络考试平台，并进行了试点，为明年全面实现煤矿“三项岗位人员”考试计划申报、计划审批、在线考试、信息查询、统计分析等全国联网奠定了基础。举办了 4 期煤矿企业高层管理人员安全资格培训班，共培训 420 人。三是注重基础，进一步提高安全培训质量。召开了 3 次“三项岗位人员安全培训教材”审核会，完成了煤矿“三项岗位人员”全国统编培训教材初稿。继续抓好“两项万名工程”。3 年将全国总工程师培训一遍的目标顺利完成，2013 年培训总工程师 9529 名（其中，地方培训 8891 名，国家局委托矿大培训 638 名），3 年共培训总工程师 29371 名（其中，地方培训 27270 名，国家安全监管总局委托培训 2101 名）。进一步加大煤矿班组长安全培训工作力度，下发了《关于利用全国煤炭行业现代远程教育培训网开展煤矿班组长安全培训的通知》，使班组长培训方式和范围实现了多样性、大覆盖，今年全国共培训煤矿班组长 22.3 万人。同时还拓展了培训范围和内容，举办了 3 期职业卫生培训班和 1 期班组建设研讨班。四是加强煤矿安全培训监督检查。督促各级煤矿安全监管监察部门把安全培训的持证、抽考应知基本知识等作为日常执法的必查内容列入年度执法计划，定期开展安全培训专项执法。针对事故调查中发现部分煤矿企业、特别是私营小煤矿人、证、岗不符问题，对 26 个产煤省（区、市）煤矿企业主要负责人和安全生产管理人员安全资格证使用管理情况进行了调查摸底，并赴黑龙江和江西进行了重点抽样调研，提出了加强安全资格证管理的建议，纳入国办发 99 号文件中。

六、完成领导交办的其他工作

（1）开展千米深井安全开采课题调研。一是对全国千米深井有关情况进行了初步调查摸底；二是在山东泰安召开了千米深井安全生产座谈会，听取了深井煤矿安全生产有关情况汇报，分析了深井开采对安全生产的影响，讨论研究对策及防治方法。

（2）按照国家安全监管总局办公厅统一安排，承办了两件十二届全国人大一次会议代表建议答复工作，与人大代表进行了多次沟通，赴河南进行了专题调研，起草了人大建议答复，按程序进行了答复，得到了代表的满意反馈。

（3）对京煤集团昊华能源公司机械化开采情况进行了调研、总结，印发了京煤集团昊华能源公司实现复杂地质条件下机械化安全开采经验材料，下发各地学习借鉴。

（4）赴陕西省白水县对煤矿非法违法生产情况进行调查，并以国务院安委会办公室名义向陕西省安全生产委员会下发了《关于严厉打击煤矿非法违法生产建设行为的函》，以国家安全监管总局名义向国家有关领导作了专题汇报。

（5）派员赴江西开展了为期 11 天的《七条规定》交叉监察执法，同时对江西煤矿严控突出矿井准入、水灾防治、煤矿关闭退出等情况进行了调研、总结，形成了《关于江西省加强煤矿安全管理基本做法的报告》。

（6）按照国家安全监管总局统一安排，组织暗访组对黑龙江、吉林省煤矿安全生产情况进行了暗访，并对查出的问题进行了跟踪督办。

（7）派员参与了水利部牵头组织的“淮河流域沉陷对防洪安全影响情况”调研，联合国家能源局组织开展“煤矿企业供电电源及自备应急电源配置情况”调研。

（8）按照杨栋梁、付建华的批示要求，组织开展煤矿劳保用品调研，委托中国职业安全健康协会组织 4 个组分赴 8 个省对劳保用品生产、使用、监测情况进行了调研，分析其安全性，提出改进意见和建议。

第七部分

安全生产应急管理

安全生产应急管理工作

国家安全生产应急救援指挥中心

2013年，各地区、各有关部门和单位认真贯彻落实党中央、国务院的一系列重要决策部署以及习近平总书记、李克强总理等中央领导同志关于加强安全生产和应急管理的一系列重要指示精神，突出重点，真抓实干，攻坚克难，强化落实，各项工作取得了新的进展。

一、应急体系建设步伐明显加快

一是重点行业领域应急救援体系建设取得重大进展。7支国家矿山应急救援队全部建成，14支区域矿山应急救援队建设全面展开，16支中央企业应急救援队和10个培训演练基地建设投资全部下达到位，整个建设稳步推进。河北、山西、黑龙江、内蒙古、云南、甘肃、新疆等地以建设国家、区域矿山应急救援队为契机，大力推进矿山应急救援体系建设，进展明显。水上搜救、海上溢油、电力等其他行业的专业救援体系不断完善。截至2013年底，全国安全生产应急救援队伍已达35万余人。二是省（区、市）、市（地）及重点县（市、区）的安全生产应急管理机构（以下简称应急管理机构）逐步建立健全，人员得到充实，职能逐步强化。特别是辽宁、北京、重庆、广东、江苏、天津等地在推进安全监管体制创新中加强应急管理机构建设，逐步延伸至乡镇。三是应急平台建设取得新的进展。全国省级安全生产应急平台建设已全部纳入国家安全监管监察能力建设规划，18个省（市）、19家中央企业和部分地方大中型企业的应急平台建成投入运行，11个省级安全监管局、7支国家矿山应急救援队与国家安全监管总局应急平台实现了互联互通，还有39台应急指挥车系统分布在全国各地，有效保障了日常应急救援工作需要。道路交通、水上交通、铁路运输、民航飞行等其他行业领域和一些重点中央企业的应急平台体系日趋完善。四是科技支撑基础越来越扎实。第一批安全科技“四个一批”项目中的应急救援项目顺利实施，完成了重大矿山事故钻孔救援关键技术与配套装备研究攻关课题；面向全国征集了安全生产应急救援关键技术项目88个、新技术新成果79个；地面大口径快速钻机、大重量提升装置、矿用潜水电泵、涡喷消防车等一大批新型救援装备得到推广运用。同时，从全国遴选了矿山、危险化学品、建筑、交通、医疗等10大行业领域310名应急救援专家入库管理。

二、应急预案演练和培训宣教工作深入推进

一是应急预案工作进一步强化。各地区、各有关部门和单位开展了应急预案完善工作，应急预案编制与应用工作得到普遍重视，社会化效应越来越好。国家安全监管总局颁布实施了《生产经营单位生产安全事故应急预案编制导则》（GB/T 29639—2013），从政策层面进一步规范了应急预案的编制工作，应急预案体系建设进入了“从有到优”的新阶段。在矿山、危险化学品等9大重点行业领域组织部分企业开展了现场处置方案编制的试点工作，推动预案向标准化、简明化、牌板化和卡片化发展，提高预案的针对性、操作性和政企预案的衔接性。2013年全国2713742个企业编制预案总数达5963241个，其中综合预案1756720个，专项预案1633641个，现场处置方案2572880个。二是应急演练得到普遍重视。2013年全国共开展安全生产应急演练793754次（其中综合演练147057次，专项演练646697次），采用现场演练方式6143085次，桌面演练方式179449次。参演人员达10851179人次，直接投入160996万元。交通运输部、国家安全监管总局会同有关地区和单位分别组织了海上重大溢油应急处置、重大危险化学品道路运输事故处置综合演练，探索了复杂条件下多部门联合应对事故灾害的方法和途径。部分省（区、市）和中央企业组织的演练要素很全、实战性强、效果明显。三是应急管理培训工作逐步加强。各地区、各有关部门和单位注重将应急管理纳入安全生产培训，统一计划、统一管理、统一推进，取得了很好效果。部分省（区、市）还组织了对安全监管监察系统、安委会成员单位、高危行业企业的应急管理人员和应急救援队伍指战员进行培训，使各种形式的应急培训逐步向横向扩展、纵向延伸。国家安全监管总局联合国家行政学院举办了社会组织灾害响应高级研修班，增强了各类应急管理人员风险防范意识。四是应急管理宣传教育工作不断深化。各地区、各有关部门和单位结合实际，组织开展了形式多样的应急管理宣传教育活动，尤其是利用“安全生产月”“防灾减灾日”等重要时段，通过举办应急管理专题报告、主题活动、知识竞赛，开展现场咨询、牌板展览和发放应急知识宣传资料等，宣传应急管理，普及应急知识，提高公民应急意识和技能。国家安全监管总局组织了生产安全事故施救不当电视片拍摄、应急知识读物编制和国家队建设成果宣传工作，进一步提高了安全生产应急管理的社会影响力。五是应急管理国际交流与合作持续推进。成功举办了第四届中国国际安全生产应急管理论坛暨应急技术与装备展览会，15个国家、国际组织和国内代表1500多人次参加论坛；国内外39名政府官员、专家和学者进行了演讲；中国、美国、德国、澳大利亚等8个国家的130家企业先进技术设备参展；组团赴美国、加拿大就加强矿山应急救援工作等进行了沟通交流，达成了合作共识。

三、应急法制机制建设得到加强

一是完善了应急处置规定。为深刻吸取事故教训，解决地方和企业存在的应急主体责任不落实、救援指挥不科学、救援现场管理混乱等突出问题，国家安全监管总局组织起草并以国务院安委会名义印发了《关于进一步加强生产安全事故应急处置工作的通知》(安委〔2013〕8号)，从政策和制度层面规范了事故应急处置工作，堵塞了存在的漏洞。二是推进了立法和制度建设。交通运输部、国土资源部、环境保护部、国务院国资委、国家能源局等部门制定出台了加强应急管理工作的规定、制度和办法，修订了事故应急预案；国家安全监管总局组织开展了安全生产应急管理条例立法研究和《煤矿安全规程》《矿山救护规程》修订工作。一些地区和企业也加强了应急法规制度建设。江西省出台了《江西省突发事件应对条例》，湖北省确定了矿山救护服务收费标准，河南省在安委〔2013〕8号文件出台后一个月内就制定印发了《河南省生产安全事故应急处置评估办法》，山东、安徽、青海、浙江、上海、贵州、广西、吉林等地也出台了一系列救援队伍管理、预案管理、应急机制建设、应急物资储备等方面的制度。三是加强了应急联动机制建设。国家和地方各个层面的应急机制建设有了新的进步，事故应急处置指挥更加统一有序，应急响应更加快速有效，应急资源协调更加灵活有力，部门之间、区域之间的协作配合更加成熟默契，在预防和应对事故灾难中发挥了重要作用。同时，国家安全生产应急救援指挥中心会同广东省安全监管局组织开展了广东大亚湾化工园区应急管理创新试点工作，从体制机制上探讨了新形势下加强园区应急管理的方法和途径。

四、应急队伍素质能力大幅提升

一是思想建设明显加强。国家和省级应急管理机构利用开展党的群众路线教育实践活动的契机，在强化理论学习的基础上，深入查找队伍建设存在的问题，深入分析原因，制定整改措施，做到立查立改、立改立行，端正了思想、振奋了精神、鼓舞了士气，理想信念进一步坚定、宗旨意识进一步增强。二是作风建设明显改观。各级应急管理机构认真贯彻中央各项规定和国家安全监管总局党组及地方党委、政府的具体规定，切实转变作风，减少文山会海、改进调查研究、树立良好形象，爱岗敬业、勇于拼搏、雷厉风行、求真务实的优良作风得到了进一步弘扬。三是履职能力明显提高。各级应急管理机构牢固树立“以人为本、安全第一、生命至上”的理念，狠抓业务建设，加大落实力度，依法开展应急管理，坚守安全红线的能力有了大幅提高。同时，各级应急管理和救援人员积极参加全国安全生产大检查和“打非治违”行动，年内仅各级应急管理机构就有3400余人次参加检查督导和事故处置，在实践中锻炼了队伍、提升了能力。四是应急救援队伍战斗力明显增强。在队伍功能方面，逐步实现了集救援、培训、储备和科研为一体；在思想建设方面，强化了理论武装和思想政治教育，着力培养队伍的责任意识、奉献意识和使命意识；在队伍技战术方面，在抓好常规救援装备训练的基础上，进一步加大了新技术新装备训练力度，一些地区和企业还采取以赛促训、以演促训的方法提升应急救援能力，年内有230余支队伍共计6800余人参加了技术比武和救援演习活动；在队伍作风锤炼方面，突出在救援实践中使指战员经受血与火的考验和战斗洗礼，着力培养敢打硬仗、敢于拼搏、敢于胜利的作风；在管理方面，加强了军事化管理，狠抓了制度落实，规范了工作秩序。国家安全生产应急救援指挥中心还依托6支国家矿山应急救援队，共对1582名矿山救援队指战员进行了集中轮训，进一步培育了指战员服从命令、听从指挥的意识和在事故灾难抢险救援中的指挥及作战能力。

五、应急处置效果明显提高

一是强化了应急值守工作。各地区、各有关部门和单位高度重视安全生产应急值守工作，完善工作制度，规范工作流程，坚持“应急值守无小事”的思想，及时准确地接报处理各类事故救援信息，始终保持了高度灵敏和快速反应态势。国家安全生产应急救援指挥中心全年共接处事故救援信息1036起、灾害预警信息386份。二是强化了预报预警工作。各地区、各有关部门和单位进一步加强了应急信息沟通和信息共享工作，尤其是气象、海洋、防汛、安监等部门密切配合，针对极端天气、汛期及时发布预报预警信息，指导相关地区和单位做好自然灾害引发事故灾难的应对工作。国家安全监管总局完善了预警短信平台，健全了预警工作制度和机制，全年共发出安全生产预警信息21次，在防范应对灾害性天气引发生产安全事故方面发挥了重要作用。三是强化了事故预防工作。各级安全监管监察部门充分发挥安全生产应急救援队伍专业技术优势，积极组织应急救援队开展预防性安全检查，全年达265580队次，参与人数950897人次，查出隐患630969项，协助整改602266项，整改率达95.45%，为服务企业及时发现隐患、排除隐患和把事故消灭在萌芽状态提供了有力支持。四是强化应急救援工作。各地区、各有关部门和单位以安委〔2013〕8号文件精神为指导，进一步明确了应急救援工作责任、完善了工作机制、规范了工作程序，努力提高应急救援工作成效。各级各类应急救援队伍不怕困难、英勇善战，闻警必出、逢灾必救，在事故救援和灾害抢险中发挥了骨干作用、做出了突出的贡献。2013年，国家安全生产应急救援指挥中心共派员110人次赴52起事故现场协调指导事故救援，特别是在西藏墨竹工卡“3·29”山体滑坡事故、吉林“6·3”火灾事故和青岛“11·22”爆炸事故救援中发挥了重要作用；全国安全生产应急救援队伍共参与事故救援14601起，抢救遇险被困人员33932人（直接抢救生还1708人）；公安消防部队共接警出动97.7万起，抢救遇险被困人员17.1万人；海上搜救机构共处置水上险情2169起，成功搜救海上遇险船舶1750艘、20712人。

第八部分

工会劳动保护

工会劳动保护工作

中华全国总工会劳动保护部

2013年，工会劳动保护工作坚持认真学习贯彻党的十八大、十八届三中全会和习近平总书记系列讲话精神，在中华全国总工会（简称全总）书记处的领导下，按照中国工会十六大的部署要求和全国工会劳动保护工作会议提出的各项任务，积极进取，主动作为，各项工作取得明显成效。

一、贯彻习近平同志重要讲话和指示精神，组织职工群众为安全生产形势好转做贡献

为贯彻落实习近平总书记在国家安全监管总局"2013年5月以来重特大事故简要情况"上的批示和在中办信息综合室《紧急信息值班报告》第18期"吉林省德惠市宝源丰禽业有限公司冷库爆炸造成多人伤亡"信息上的批示精神，针对一个时期以来重特大生产安全事故频发，特别是连续发生吉林通化矿业（集团）"3·29"特别重大瓦斯爆炸事故、山东保利民爆"5·20"特别重大爆炸事故和吉林德惠宝源丰"6·3"特别重大火灾事故情况，全总及时下发了《关于充分发挥工会劳动保护监督检查作用 促进企业安全生产的紧急通知》(工发电〔2013〕14号，简称《紧急通知》)，要求各级工会充分认识到做好工会劳动保护监督检查工作对促进企业安全生产的重要性和紧迫性，充分发挥工会组织"群众监督参与"的作用，努力为防范和遏制当前重特大事故频发势头，促进安全生产形势根本好转，维护职工队伍以及社会和谐稳定作出积极贡献。要求各级工会立即行动，结合全国安全生产大检查，在所有地区、行业（领域）的生产经营单位，开展群众性安全生产监督检查活动，全面排查、消除隐患，完善措施、督促整改。要求企业工会要强化安全生产群众监督，督促企业落实安全生产主体责任，切实为职工提供安全健康的作业环境。同时，要加强职工特别是农民工和青年职工的劳动安全卫生宣传教育，不断提高劳动安全卫生素质，增强应对突发事故的能力。

《紧急通知》下发后，各省（区、市）总工会高度重视，认真组织学习习近平总书记重要批示精神，贯彻落实《紧急通知》要求。湖北、吉林等省总工会召开主席办公会议，对贯彻落实工作进行专题研究部署；辽宁、福建、重庆等省（市）总工会主要负责同志作出批示，要求切实抓好贯彻落实。内蒙古自治区总工会组成以副主席为组长的劳动保护监督检查组，深入呼和浩特、包头等地，对矿山、粮储、石油、建筑、化工、民爆等重点行业开展劳动保护监督检查，及时发现并督促解决企业在安全生产过程中存在的问题。浙江省总工会先后赴2个市的4个县（市），在13个镇（街道）、19家企业进行了隐患排查督导，并组织省政协工会界委员赴宁波市和象山县开展安全生产和劳动保护视察；继续推广以"查找隐患、平等协调、签订协议、跟踪落实、持续改进"为基本内容的主动参与机制建设，指导和推进非公中小企业工会建立“主动参与”机制，扎实推进群众性隐患排查治理活动。

根据《国务院办公厅关于集中开展安全生产大检查的通知》和《国务院安委会安全生产大检查工作实施方案》的要求，8月18日—9月30日，时任全总副主席、书记处书记、党组副书记张鸣起率领国务院安委会第十四综合督查组，分别对天津市和辽宁省进行了两轮综合督查。督查组采取听汇报、看资料、查记录、问卷调查、实地督查、随机抽查等形式，对天津市南开区、咸水沽镇、辽宁省沈阳市、金州新区、马桥子街道等37个市县乡镇以及中石油大港石化公司等42家企业进行了督查检查，并与两省市政府交流反馈了督查意见。从两省市安全生产工作的总体情况、存在的主要问题和改进工作的意见、建议等方面向国务院安委会提交了督查报告。

二、召开全国工会劳动保护工作会议

5月16—17日，全国工会劳动保护工作会议在宁夏银川召开。会议的主要任务是深入学习贯彻党的十八大和习近平总书记在劳动模范座谈会上的重要讲话精神，落实全总十五届七次执委会议和全国安全生产电视电话会议总体部署要求，总结交流两年多来各级工会开展劳动保护工作的情况和经验，分析当前工会劳动保护面临的形势，研究部署今后一个时期全国工会劳动保护工作重点任务。张鸣起同志出席会议并发表讲话。张鸣起要求，各级工会劳动保护干部要认真学习贯彻习近平总书记在劳模座谈会上的重要讲话精神，奋发进取，攻坚克难，不断开创工会劳动保护工作的新局面。张鸣起还充分肯定了近两年来工会劳动保护工作取得的成绩，并提出了今后一个时期工会劳动保护工作的重点工作任务。宁夏回族自治区党委常委、常务副主席袁家军出席会议并致辞，国家煤矿安全监察局副局长兼总工程师王树鹤出席会议并讲话。辽宁、四川、天津、山东、浙江5省总工会和神华宁夏煤业集团公司在会上做了经验介绍。与会代表还到宁东煤化工基地现场进行了参观学习。各省、自治区、直辖市总工会分管劳动保护工作的副主席、劳动保护部部长，各全国产业工会、新疆生产建设兵团工会相关负责同志近100人参加了会议。

三、加强调查研究，强化源头参与

全总劳动保护部针对近年来工会小组劳动保护检查员队伍变动、业务能力、作用发挥等方面出现的新情况、新问题，先后对四川、湖北、湖南、福建4省13市，有针对性地选取不同行业、不同所有制企业，通过座谈会、调查问卷、访谈等形式，对工会小组劳动保护检查员作用发挥情况进行了专题调研，形成了《关于工会小组劳动保护检查员作用发挥情况的调查报告》。针对四川省推进劳动安全卫生专项集体合同情况进行专题调研，详细了解四川省开展劳动安全卫生专项集体合同工作进展情况，总结梳理了其主要做法和工作启示，形成了调研报告。山西省总工会针对职工职业心理健康、安康文化建设、安康杯竞赛、煤矿井口群众安全工作站等情况进行调研，并分别形成调研报告；内蒙古自治区总工会深入包头、乌海两个地区的9个企业开展职业病防治工作调研，并在走访有关厅局、充分了解基层实际情况的基础上形成了《内蒙古自治区职业病防治状况的调研报告》；浙江省总工会围绕镇（乡、街道）工会和中小企业开展劳动安全卫生工作进行了调研，形成了《浙江省中小企业劳动安全卫生工作调研报告》。

积极参与职业安全卫生法律法规政策制修订工作。全总先后对《安全生产法》《矿山安全法（修订送审稿）》《国务院办公厅关于进一步加强煤矿安全生产工作的意见》等提出了工会的修改意见，强调要重视工会组织在国家安全生产工作格局中的作用，充分发挥职工群众监督参与作用；参与《职业病目录》修订工作，围绕目录调整原则、职业病遴选范围等内容，推动出台了《职业病分类和目录（征求意见稿）》；向全国两会提交了《关于切实解决尘肺病农民工医疗和生活救助问题的提案》和《关于加强高寒天气作业职工劳动保护的提案》，呼吁全社会关注职业病患者救助和职工劳动保护。各级工会积极参与了《浙江省加强职业卫生监管工作的意见》《江苏省职业病诊断与鉴定管理办法》《江苏省重特大生产安全事故应急预案》《广东省安全生产条例》《广东省安全生产责任保险实施办法》《重庆市防暑降温措施管理办法》《四川省职业病防治条例》《四川省安全生产条例》《四川省较大安全生产事故调查处理挂牌督办办法》等一批地方性政策法规的制修订工作，着眼工会实际和职工职业安全健康需求，提出工会的主张和建议。通过参与政策法规制修订工作、提交两会提案建议等途径，从源头上维护职工安全健康合法权益。

四、深入开展群众性安全生产活动

2013年，全国安康杯竞赛坚持“安全第一、预防为主、综合治理”的安全生产方针，以“弘扬企业安全文化，加强班组安全管理”为竞赛主题，全面推进安全文化建设，引导职工积极参与企业安全生产民主管理、民主监督等实践活动，继续加大活动参与力度，全年参赛企业数达43.6万家，参赛职工突破1亿人。

为进一步推动安康杯竞赛在工业园区、乡镇、街道、社区以及旅游行业的开展，北京大兴区医药产业基地、浙江宁波匡堰镇、江苏江阴市、福建石狮市、安徽黄山市分别建立了市、镇、村、园区试点单位，试点单位分别成立了行政“一把手”挂帅的安康杯竞赛组委会，制定了竞赛活动方案，开展了一系列活动，并在江苏常州召开了试点单位阶段竞赛工作情况总结与交流会，为试点工作全面展开提出指导意见。同时，开展了全国安康杯竞赛互查和全国检查，成立14个检查组，对黑龙江、浙江、重庆、山西等省份开展了全国检查，相互学习，相互促进，推动了安康杯竞赛健康发展。积极倡导企业开展安全文化建设，推动企业建立安全文化宣传阵地，继续开展班组安全文化展板竞赛和全国企业班组安全建设和管理成果展示活动，总结交流全国优秀成果100多项。进一步加强全国安康杯竞赛活动的指导和考核力度，对2012年度全国安康杯竞赛活动先进集体和个人进行了年度审核和情况通报，对10家全国安康杯竞赛优胜单位和10个全国安康杯竞赛优胜班组和3名个人分别授予了“全国五一劳动奖状”、“全国工人先锋号”和“全国五一劳动奖章”。

继续与国家安全生产监管总局、国家煤矿安监局联合在全国煤矿开展争创优秀安全班组、优秀班组长和优秀群监员活动，不断加强班组安全建设，注重发挥班组长和特聘煤矿安全群众监督员作用，推进煤矿现场安全管理水平提升、促进煤矿企业安全生产状况持续稳定好转。对活动中涌现出的先进班组、班组长和特聘群监员进行了通报，授予开滦集团钱家营矿业公司掘进一区张文市班组等10个班组“全国煤矿十佳安全班组”的荣誉称号，授予齐海臣等10人“全国煤矿十佳班组长”的荣誉称号，授予孙翔宇等10人“全国煤矿十佳特聘群监员”的荣誉称号；授予开滦能源化工股份有限公司吕家坨矿业分公司综采三队韩宝柱班组等88个班组“全国煤矿优秀安全班组”的荣誉称号，授予周荣富等97人“全国煤矿优秀班组长”的荣誉称号，授予袁献锋等99人“全国煤矿优秀特聘群监员”的荣誉称号。

五、进一步做好工会参与职业病防治工作

全总劳动保护部对辽宁、福建、河南和上海等省市工会参与职业病防治工作进行了专题调研，研究分析各地工会开展劳动安全卫生专项集体合同的经验做法，听取基层工会对做好工会参与职业病防治工作模式推广工作的意见建议，并组织有关职业卫生专家为基层工会开展职业病防治工作提供专业咨询。贯彻落实李建国主席对《扎实推进工会劳动保护工作，有效维护职工安全健康权益》(四川省总工会《工作专报》总第1期）的批示精神，召开部分省市工会参与职业病防治工作座谈会，对四川省实施职业病防治专项集体合同、加强职业病防治平台建设、建立劳动保护工作专家指导委员会和健全煤矿安全群众监督制度等做法进行总结交流，并向全总书记处上报了《我国职业病防治现状及工会参与职业病防治工作有关情况的报告》。推动各地工会贯彻落实《防暑降温措施管理办法》，加强对高温天气作业场所劳动保护工作的监督检查，有效预防和控制高温中暑及高温作业引发的各类事故。全总与中国疾控中心职业卫生所联合开展“中小企业职业安全卫生防护‘工具包’适用性研究与推广应用”项目，分别在山西大同、湖北武汉开展了两期项目师资培训和专题研讨，组织翻译出版了《国际劳工组织工效学检查要点》。

六、积极参与特别重大事故的调查处理

积极参与特别重大的事故调查处理。全总分别派人参与吉林省吉煤集团通化矿业集团公司八宝煤业公司“3·29”特别重大瓦斯爆炸事故、山东保利民爆济南科技有限公司“5·20”特别重大爆炸事故、吉林德惠宝源丰禽业有限公司“6·3”特别重大火灾事故和山东青岛中石化东黄输油管道泄漏“11·22”特别重大爆炸事故的调查处理。在事故调查处理过程中，认真履行职责，依法严肃追究有关责任人的责任，依法维护职工合法权益。及时赶赴中国黄金集团华泰龙矿业开发公司甲玛矿区“3·29”山体滑坡现场，了解灾情，并拨款100万元慰问遇难职工家属。

为进一步规范事故报告和调查处理工作，发挥工会在伤亡事故调查处理中的作用，更好地维护职工安全健康合法权益，制定了《全国总工会劳动保护部事故报告和调查处理规定》，对事故报告、参与特别重大事故调查处理的人员安排、事故调查及其后续工作等作出了规定。

七、加强劳动保护宣传教育

全总继续开展全国职工安全卫生知识普及教育活动，受教育职工达5000万人次；在《工人日报》开设了“关注职业安全健康”专栏，普及职业病防治知识，宣传工会参与职业病防治工作的做法和成效；向基层职工免费发放10万册《职业中毒防护知识职工普及读本》、1500套《班组安全管理标准化作业》光盘和4000套宣传挂图；配合国家相关部门组织开展“职业病防治法宣传周”“安全生产月”“安全生产万里行”等活动。各级工会组织也高度重视教育培训工作，江苏省全面实施“全省百万职工安全生产和职业病防治知识普及教育工程”，牢固树立培训不到位是重大安全隐患的理念，全面普及职业安全卫生知识，全省247.8万名职工受到系统教育。河北省总工会加大对县级工会劳动保护干部教育培训力度，有计划、有步骤地对全省172个县（市）、区工会分管劳动保护副主席和劳动保护干部轮训一遍；同时，下基层送教上门，全年培训职工达55万人次。

第九部分

相关行业或领域安全生产工作

道路交通运输安全工作

公安部交通管理局

2013年，全国公安交通管理部门认真贯彻习近平总书记、李克强总理等中央领导同志关于加强道路交通安全工作的一系列重要批示、指示精神，积极推动贯彻落实《国务院关于加强道路交通安全工作的意见》(国发〔2012〕30号，以下简称国务院《意见》)，按照国务院安委会全体会议、全国安全生产工作会议要求，紧紧围绕保安全、保畅通、防事故的目标，坚持底线思维、问题导向，坚持科学研判、标本兼治、综合治理，扎实落实交通管理各项措施，在全年汽车增加1651万辆、驾驶人增加1790万人，交通管理压力持续加大、安全风险不断增多的情况下，较好完成了全年工作目标，多项安全纪录创新水平，道路交通安全形势保持稳定。

一、全国道路交通安全基本情况

2013年，全国共发生涉及人员伤亡的道路交通事故19.8万起，造成5.9万人死亡、21.4万人受伤。与2012年同期相比，分别下降2.8%、2.4%和4.7%。其中，发生较大事故818起，同比减少178起；发生重大事故16起，同比减少9起。未发生特别重大事故。道路交通事故万车死亡率为2.34，同比减少0.16。实现了“三个首次”：一是实现了重大事故起数首次降至20起以下，创历史最低，是1990年有重特大事故统计以来起数最少的一年。二是实现了全年未发生重大事故的月份首次达到6个，创历史最多。其中，第二季度、第四季度分别取得了连续88天和98天未发生重大事故的好成绩，也是1990年有重特大事故统计以来从未有过的。三是实现了我国实行“黄金周”14年以来首次全部节假日均未发生重大事故，创历史“零”纪录。

事故统计数据显示，2013年事故预防工作呈现许多积极进步和向上向好的趋势，主要表现在：一是重点区域大事故防控进展可喜。2013年，全国有21个省（区、市）未发生重大交通事故，较2012年增加8个省份，为历年最多，特别是一些道路环境差、近年来大事故易发多发的省份，都不同程度减少。二是重点车辆安全监管成效明显。客运车辆事故同比下降12.9%，导致重大事故8起，同比减少5起；全年未发生校车、危险品运输车重大事故；农村面包车超员导致的重大事故得到有效遏制；货运车辆导致的较大以上事故同比下降16.7%。三是重点交通违法肇事大幅减少。2013年，全国因“三超一疲劳”严重交通违法行为导致的交通事故同比下降55.8%，其中，超速违法肇事同比下降61.9%。四是重点公路管控有效。2013年，国省道发生重大交通事故8起，同比减少11起，下降57.9%。其中，高速公路发生4起，同比减少4起，下降50%。

二、主要工作措施

（一）深入开展道路交通安全大检查活动

按照国务院安委会和公安部统一部署，全国公安交通管理部门以客车、货车、危险品运输车、校车、农村面包车为重点，开展了为期6个月的道路交通安全大检查活动，坚持“严”字当头，紧紧围绕严防重特大事故的目标，全面排查严重安全隐患、突出安全问题、防范管理的关键性环节，严厉整治突出交通违法行为，坚决堵塞漏洞，加强安全监管，有效防范重特大事故的发生，道路交通事故起数、死亡人数同比分别下降14%、19.9%，较大道路交通事故同比减少89起，重特大道路交通事故同比减少4起。

（二）大力强化重点车辆安全管理

针对客车，以落实客运企业安全主体责任为重点，开展“道路客运安全年”活动，加强进出站安全检查、安全告知，强化GPS动态监管。全国84.5万辆客运车辆，2013年发生事故的1.4万辆，占1.7%，同比下降19.2%；客车肇事重大交通事故8起，同比减少5起。针对货车，以整治货车通行秩序为重点，开展为期6个月的“大排查、大教育、大整治”专项行动，重点整治强行超车会车、闯红灯等“十大野蛮驾驶行为”。期间，全国711万辆重中型货车，肇事车辆有1.3万辆，占0.2%，同比下降4.9%；导致的较大事故下降16.7%。针对农村面包车，以提高有效管控率为重点，开展摸底调查、登记造册，将725万辆农村面包车全部纳入管理视线，因地制宜建立专兼职管理力量，定期组织学习宣传教育，在县乡道路上加强劝导检查，宣传教育面从53%提升至93%，农村面包车重大交通事故高发势头得到有效遏制，同比下降60%。针对校车和危化品运输车，以排隐患、治源头为重点，开展“四个一”专项检查，对所有车辆进行一次排查，对所有驾驶人进行一次教育提示，对所有交通违法行为进行一次清理处罚，对所有安全隐患全部向党委政府领导进行一次专题报告并向有关部门通报，切实从源头消除安全隐患。全国共排查校车7.7万辆、接送学生车辆14.7万辆、剧毒化学品运输车9.2万辆，清退不合格接送学生车辆驾驶人8201人，查扣“黑校车”6784辆，对249辆非法运输剧毒品车辆依法予以处理。2013年，没有发生校车、危化品运输车导致的重大交通事故。

（三）大力推动危险路段治理

各地公安交通管理部门共排查高速公路、山区道路、农村道路及通行班线客车道路15万条，发现道路安全隐患8.1万处，其中急弯陡坡、临水临崖、高落差、视距不良等高危隐患路段7.4万处、6.5万公里，提请党委政府协调交通运输、安全监管部门逐一落实整改，对责任不清、时限不明、措施不力的，提请政府挂牌督办，未整改到位的竖立警示标牌。

（四）加强车驾管基础业务，全面完善更新机动车和驾驶人数据

主动适应车辆人员大流动对动态管理的需求，全面加强机动车和驾驶人基础数据完善管理工作，全国大中型客货车检验率、报废率，所有人和驾驶人联系方式准确率，农村面包车所有人联系方式准确率明显提高，并完成了全国6.8万辆校车及校车驾驶人、随车照管人员的信息采集工作，为开展点对点服务和宣传教育管理工作奠定了坚实基础，源头管理得到有效加强。

（五）严查严重交通违法行为

坚持突出重点、分类指导，始终保持对严重交通违法的严厉执法态势。其中，城市重点整治酒后驾驶、违反规定停车和工程运输车交通违法，高速公路重点整治超速行驶和不按规定车道行驶，国省道重点整治违法超车和客车超员，县乡道重点整治涉牌涉证交通违法。2013年，全国共查处各类交通违法5.28亿，同比上升12.9%。其中，查处超速行驶1.1亿起，违反规定停车4905万起，不按规定车道行驶1859万起，酒后驾驶53万起，涉牌涉证1435万起，导致的交通事故同比分别下降61.9%、13.6%、40.2%、13.6%、5.5%。严格执行交通违法记分的规定，共有1.3亿起交通违法被记分，同比上升42.4%，其中一次记12分的182万起，同比上升3倍。

（六）调动社会力量全面开展宣传教育

加强部门沟通、协调，建立更加密切的部门合作协作工作机制。与22家中央媒体和一批新媒体建立了紧密的沟通协调机制，形成了交通安全宣传新格局。全年央视滚动播发“公安部交管局提示”9000次，公益广告5000次，相关新闻680条，央广直播连线750人次，播出公益提示1200条，还通过各媒体先后集中向社会公布了十大危险路段、

货车十大违法行为肇事、非法改装等典型案例。充分利用“122”全国交通安全日，组织开展“摒弃交通陋习，安全文明出行”宣传活动。根据城市、农村、运输企业特点分别确定主题，突出宣传重点，策划组织社会大宣传、媒体大传播、群众大参与。主动设置议题，有效引导“中国式过马路”大讨论，不断推动全社会对不安全车、不安全路段和交通陋习的议论、揭露和反思，调动社会各方重视交通安全、共同推动隐患治理，有力促进交通参与者自我约束、自我规范，增强文明交通安全意识。

（七）全力确保恶劣天气、节假日交通安全

恶劣天气对道路交通安全影响重大，节假日出行集中，超速、超员、疲劳驾驶违法行为多发，事故易发多发。各级公安交通管理部门坚持提前分析预判，提前发布安全预警，落实“两公布一提示”制度，遇恶劣天气、节假日，提前通过媒体公布易堵点段、绕行路线，危险路段、事故多发点段，及时提示、引导驾驶人安全驾驶，引导群众科学合理安排出行时间、路线，文明出行。经过全国公安交通管理部门的努力，全年雨雪雾等恶劣天气条件下重大事故同比减少4起；全年2个七天长假、5个三天小长假，车流量6.4亿辆次、客流量25.6亿人次，均未发生重大交通事故。

（八）全面加强应急管理

“4·20”四川芦山地震、“7·22”甘肃岷县地震和“8·16”辽宁抚顺特大暴雨洪灾等重大自然灾害发生后，灾区和全国各地公安交通管理部门在公安部的统一调度指挥下，加强区域协作，加强灾区及周边省份道路管控疏导，确保救灾生命通道畅通，确保救灾物资运输车辆优先通行。同时，全年还圆满完成了全国“两会”、十八届三中全会、亚青会、全运会、亚欧博览会等重要会议、重大活动及暑期交通安保任务，既确保了会议、赛事安全顺利进行，又最大限度减少了对群众出行的影响。

水上交通运输安全生产工作

交通运输部安全与质量监督司

2013年，全国交通运输系统坚决贯彻落实党中央国务院的决策部署和习近平总书记等中央领导同志的重要指示批示精神，牢固树立安全生产“红线、底线”思维，坚持以科学发展安全发展为主题，以“平安交通”建设为主线，把保障人民群众生命财产安全作为践行群众路线的首要任务，重点解决存在的突出问题和薄弱环节，始终绷紧安全生产这根弦，实现了交通运输安全生产形势稳定向好。

一、安全生产总体情况

2013年，交通运输领域共发生较大以上等级营运车辆事故193起，死亡926人，分别同比下降42.0%和42.8%，其中重大事故17起，死亡216人，分别同比下降19.0%和32.5%。运输船舶共发生事故257.5件，死亡失踪262人，分别同比下降4.4%和5.4%，其中重大事故4件，死亡失踪55人，分别同比下降27.3%和17.9%。交通运输工程建设领域共发生事故56起，死亡89人，分别同比上升36.6%和下降10.1%，其中，重大事故1起，死亡11人，事故起数与去年持平，死亡人数下降45%。

二、安全生产重点工作

（一）部署谋划交通运输科学发展安全发展

一是坚持顶层设计。出台了《交通运输部关于进一步加强安全生产工作的意见》，明确了当前和今后一段时期交通运输安全生产工作目标任务、总体思路和主要内容，部署了为期五年的“平安交通”创建活动。

二是强化组织领导。制定了《交通运输系统“平安交通”创建活动实施方案》，确定了“平安公路”“平安车船”“平安港站”“平安渡口”“平安工地”等重点建设内容。交通运输系统各部门、各单位均成立了由主要领导任组长的组织领导机构，并按照工作职责和管辖范围，分层、分类制定了具体实施方案，明确了责任单位、责任人和工作措施，基本实现了全系统、各领域的全面覆盖。

三是开展宣传活动。交通运输系统各部门、各单位突出“安全第一”和“以人为本”理念，大力营造“平安交通、人人有责”氛围，开展了一系列内容新颖、形式多样、社会积极参与有特色的宣传教育活动。特别是结合“道路安全客运年”“安全生产月”等活动，创新宣传内容，丰富宣传内涵，做到有声有色、有形有实、有质有效。据统计，2013 年，交通运输系统共制作“平安交通”专题宣传栏、标语、安全旗等 58 万个，向行业内外发放宣传画册 132 万个，撰写新闻作品 32 万篇，组织开展各类宣讲宣贯、演讲比赛、知识竞赛等活动 3 万场次，“平安交通”创建活动扎实推进，“平安交通、人人有责”的理念逐步深入人心。

四是突出创建特色。从全国来看，“平安工地”建设活动在前三年已取得工作成效的基础上，2013 年又丰富了建设内容，强力实施。部各业务司局结合各自的业务实际，加大了“平安公路”“平安车船”“平安港站”“平安渡口”等的推进力度。江苏、北京等地先期已开展了“平安交通”建设，2013 年又按照交通运输部的要求进行了融合和优化，阶段性成果明显。浙江、湖南、重庆等地开展的水上交通安全示范区建设，正在发挥“平安航区”建设的试点示范作用。部直属海事、救捞、航务、船检等单位结合各自特点，专项“平安交通”创建活动开展得有声有色。同时，很多部门和单位将“平安交通”创建工作作为绩效考核的重要内容，加大了考核权重，与评优、评先、晋升、收益相挂钩，促进了创建工作的开展。

（二）着力推进安全生产法规制度标准规范建设

一是完善法规制度。制定出台了《交通运输安全生产挂牌督办办法》《交通运输安全生产重点监管名单管理规定》《港口危险货物重大危险源监督管理办法（试行）》《重点跟踪船舶监督管理规定》《道路运输车辆动态监督管理办法》《救捞系统重大事故隐患挂牌督办办法》等，组织修订了《公路工程竣（交）工验收办法》。

二是健全标准规范。制修订了《干线公路灾害防治工程技术指南》《公路水运工程施工安全标准化指南》《城市轨道交通运营管理规范》《道路旅客运输企业安全管理规范》《道路运输车辆卫星定位系统北斗兼容车辆终端技术规范》《汽车客运站营运客车安全例行检查及出站检查工作规范》等。

三是完备应急机制预案。完善了《国家海上搜救、重大海上溢油应急处置部际联席会议工作制度》等 5 项工作制度，修订完善《交通部防抗台风等极端天气应急预案》，组织制定长江干线、西江航运干线、京杭运河、黑龙江干线突发事件应急预案，着力推进《国家处置城市轨道交通运营突发事件应急预案》《国家重大海上溢油应急处置预案》的制定工作。

（三）大力夯实交通运输安全保障基础

一是加强安全基础设施建设。组织开展 G108 和 G205 国道改造示范工程，继续加大了危桥改造和渡改桥工作力度，强化了桥梁养护管理。据初步统计，到 2013 年底，累计投入 108 亿元资金，对 3730 座危桥进行改造。大力实施公路安保工程，到 2013 年底，累计投入 54.8 亿元资金，改善国省干线公路和农村公路安全防护设施 6.2 万公里。加强灾害防治工程的推进力度，预计至 2013 年年底，累计投入 11.3 亿元资金，改造灾害易发路段 3825 公里。全面开展沿海老旧码头结构加固改造工作，强化了水运基础设施建设安全评估审查。

二是加强安全监管和应急设施装备建设。继续加大了水上安全监管、救助打捞船艇、飞机、基地的建设力度，一系列先进船艇、飞机的相继投入建设和使用，增强了保障海上人命财产安全的硬实力。

三是加强安全生产信息化建设。积极推进省级安全畅通与应急处置工程信息化建设。开展部省路网管理与应急处置平台联网示范工程，推进部省平台联网建设。大力推进“两客一危”道路营运车辆监控平台建设，实施全国联网联控，开展全国重点货运车辆监控监测平台建设。继续开展沿海和内河 AIS 岸基网络系统完善工程建设，建设“全国渡口渡船管理信息系统”，推进“长江危险化学品运输安全监管信息平台”“海上险情上报与查询分析系统”和北斗“海上搜救综合服务系统应用示范项目”建设，升级海上应急事件和极端天气预警信息发布平台。

（四）深入开展企业安全生产标准化建设

2013年，交通运输部加大了对各地标准化建设工作的督导力度，建立了标准化建设工作月度统计制度，重点跟踪督促工作进展缓慢、业务量大、有影响的省区。及时收集了解标准化建设中存在的问题及相关建议，及时出台有关解释性说明，进一步规范考评工作。加强了考评员和考评机构的管理，确保考评活动的规范性、公正性和有效性。

在交通运输部的统一指导下，各省级交通运输管理部门积极开展了标准化建设宣贯、考评员培训考试、考评机构认定和达标考评等工作。截至2013年底，全行业共开展考评员培训23655人次，发证19883人次。已认定一级考评机构23家，二级考评机构326家，三级考评机构966家。完成了1.22万家客运、危险化学品运输企业的达标考评，还有6376家企业已经完成申报等待考评。通过标准化建设工作的开展，企业的安全生产主体责任得到了进一步落实，安全生产水平得到了明显提升。

（五）认真开展安全生产教育培训

与美国运输部、美国驻华使馆、美国海岸警卫队以及美国贸易发展署在青岛联合举办了中美港口安全生产与水上应急管理研讨班，组织了一期国外交通运输安全监管与事故调查培训班。召开了全国机动车驾驶员培训工作会，组织开展了水路运输易流态化固体散装货物安全管理规定、港口危险货物安全管理规定、“平安工地”考核评价、公路桥梁养护管理和公路水运工程施工安全标准化等宣贯培训，敦促各地强化从业人员，特别是关键岗位作业人员、新进转岗人员的安全意识教育和技能培训。

（六）切实加强重要领域和重点时段安全监管

将道路水路客运、城市客运、渡口渡船、危化品运输以及大型交通运输工程施工等作为安全监督和管理重点，大力开展了一系列专项行动和专项活动。一是“打非治违”专项行动。按照全国“打非治违”工作推进会议部署和要求，交通运输部在全国交通运输系统深入开展了“打非治违”专项行动，组织召开了全国交通运输行业公路执法专项整改电视电话会，进一步加大了超限超载治理力度，对车船非法载运旅客的行为进行了严厉打击。二是“道路客运安全年”活动。会同公安部、国家安全监管总局，联合印发了《2013年“道路客运安全年”活动方案》，严格旅游包车管理，扩大接驳运输试点范围，大力实施客运站安全营运管理规范，开展“安全带—生命带”专项活动，督促客运企业严格落实“六不出站”的要求。三是“渡口渡船安全管理专项整治回头看”活动。开展渡运安全暗访，全面排查渡口渡船安全隐患，巩固专项整治成果，并开展“救生衣行动”，向义渡、半义渡船舶发放约6万件救生衣。四是琼州海峡客滚运输安全整治。开展了安全整治情况专题调研，召开了整治工作推进会议，进一步规范了运输市场，各项整治工作取得了进展。五是长江危化品运输安全监管。交通运输部联合工信部、住建部、环保部、国家安全监管总局开展了调研，重点分析了长江沿线危化品生产、运输现状和趋势，并就建立沿江危化品水上运输安全监管长效机制提了相应的措施意见。六是“防坍塌、防坠落、反三违”专项整治。组织开展高速公路和大型水运工程“防坍塌、防坠落、反三违”专项整治活动，继续加大对坍塌事故和高处坠落事故的治理，不断强化对施工现场“三违”行为和事故隐患的排查治理。

狠抓了重要节假日和重点时段的安全工作，提前部署、超前防范、及时检查、狠抓落实，并注重将重点时段的安全稳定与日常的安全工作紧密结合起来。成功防御了“菲特”、“海燕”等多起热带风暴的袭击，确保了春运、“十一”、十八届三中全会等重大会议和重大节假日的安全稳定。

（七）集中开展“百日安全生产大检查”活动

按照国务院“全覆盖、零容忍、严执法、重实效”的总要求，围绕“大检查、大整改、大宣传、大提高”的目标，狠抓了“百日安全生产大检查”各项工作的落实。部党组各位成员亲自带队，深入基层一线开展了综合督查；交通运输部内各业务司局结合其业务实际，开展了专项检查；交通运输系统各部门、各单位按照国务院的要求和交通运输部的工作部署，加强了百日安全生产大检查的组织领导，主要领导亲自挂帅，制定了工作方案，明确了工作任务和责任分工，狠抓了各项工作的落实。针对排查出的每一个安全隐患和问题，研究制定了具体解决办法，明确了责任分工、整改时限和整改要求，加强了对整改工作的跟踪督办，确保隐患及时整改，问题得到有效解决。同时，加强日常安全监管，有效减少了新的隐患和问题的发生。百日大检查期间，全国交通运输系统共组织检查督查组7.7万个，参加检查督查人员71万人次，共督查企事业单位28.9万家、场所66.5万个。6—9月，交通运输行业发生事故起数和死亡人数较去年同比分别下降42.15%、45.93%，其中，重特大事故起数和死亡人数较去年同比分别下降33.33%、42.36%，未发生特别重大事故，交通运输安全生产形势明显好转。

（八）深入探索交通运输安全生产特点和规律

组织开展了“平安交通”建设、安全风险管理、道路生命防护工程、城市轨道交通安全运营、水上交通示范区、长江危化品安全运输等专题调研活动，加强了安全生产统计分析和形势研判，按季度编写了安全生产形势分析报告和事故统计分析报告，深入分析安全生产特点，总结事故规律，查找事故原因，为完善安全生产措施、遏制各类事故的发生提供了决策信息支撑。

三、主要经验和做法

（一）领导重视，坚决贯彻落实党中央国务院的决策部署，是做好安全工作的前提

交通运输部领导高度重视安全生产工作，由部长亲自分管，及时主持召开部务会、安委会、专题会等会议，认真学习和贯彻落实习近平总书记等中央领导同志重要批示、指示精神，按照国务院关于安全生产工作的要求，牢固树立“安全第一”理念和“红线、底线”思维，着力从顶层进行设计，全面系统谋划交通运输安全工作，并将安全生产工作作为党的群众路线教育实践活动的重要内容，狠抓了各项安全工作的落实，实现了2013年交通运输安全生产形势的明显好转。

（二）落实责任，坚持恪尽职守、真抓实干，是做好安全工作的核心

进一步建立健全了安全生产责任体系，完善了安全生产责任链条，狠抓了安全生产第一责任人、部门负责人、关键岗位人员责任的落实。将严格督促企业落实安全生产主体责任和强化安全生产监管责任的落实作为重中之重，加大了安全工作督导力度，增加了安全生产目标的考核权重，强化安全生产激励约束机制，严格了事故的调查处理和责任追究，保证了2013年交通运输安全生产各项工作的扎实开展。

（三）打牢基础，增强安全生产硬实力，是做好安全工作的保障

进一步推进了公路水路运输、城市客运、交通运输建设工程施工等领域的法规制度、标准规范建设，加大了公路养护、公路安保工程、危桥改造、航道疏浚以及安全监管装备设施的投入，督促交通运输企业进一步改善安全生产条件，提高车船安全技术性能，注重科技兴安，新技术、新装备、新工艺、新材料和现代信息化技术在交通运输领域进一步应用。2013年交通运输安全生产的硬实力得到了大幅提升。

（四）夯实基层，不断提高从业人员安全应急知识和技能，是做好安全工作的根本

围绕“平安交通，人人有责”主题，加大安全生产宣传教育力度，建立健全安全生产培训教育制度，加强了关键岗位人员、特殊工种从业人员、新进和转岗人员的安全知识和技能培训，督促企业扎实推进安全生产标准化建设，健全安全生产制度，完善安全生产操作规程，强化基层一线安全生产现场管理。实现了关口前移、重心下移，从业人员安全生产意识和安全应急技能得到了明显提升，安全生产的第一道防线更加牢靠。

（五）突出重点，着力解决安全生产深层次问题，是做好安全工作的关键

扎实开展“打非治违”专项活动，集中开展“百日安全大检查”行动，制定出台并严格执行了交通运输安全生产挂牌督办和重点监管名单制度，进一步加强了长途客运、危险化学品运输、渡口渡船、重大工程施工等重点领域安全监管。积极探索安全生产规律，开展了交通运输重特大事故成因专题研究和内河客渡船舶事故原因分析和对策研究。

铁路交通运输安全工作

中国铁路总公司安全监督管理局

一、安全生产总体情况

2013年，是铁路改革发展进程中极不平凡的一年，按照中央关于铁路管理体制改革的决策部署，组建了中国铁路总公司（以下简称总公司）。新的总公司党组站在实现铁路科学发展、安全发展的战略高度，始终把安全作为铁路的生命线，要求全路干部职工必须牢固树立安全第一、安全无小事、安全问题必须立即解决的“三点共识”，牢牢把握客车安全、安全基础管理和狠抓落实“三个重中之重”，以确保高铁和客车安全为重点，突出“管理问题是主要安全风险源”，深入推进安全风险管理，强化安全基础建设，大力排查整治安全隐患，通过全路上下的不懈努力，铁路运输安全保持了基本稳定，没有发生旅客列车较大及以上事故，没有发生重大和特别重大事故。

二、安全生产重点工作

（一）确保铁路管理体制改革期间安全平稳

全路把确保运输安全作为改革推进过程中最关键、最重要的工作，总公司成立后立即部署开展安全大检查，组织各级干部深入一线，强化对安全工作的检查督导，集中精力排查和消除安全隐患，狠抓高铁、客车、施工、防洪等安全重点风险控制。采取积极措施，统一思想认识，理顺管理关系，明确各层级职能定位，研究建立总公司管理框架、工作职责和基本管理制度，充实安全监督管理力量，保持了安全管理链条不断、力度不减，为改革顺利推进创造了安全稳定的良好环境。

（二）深入推进安全风险管理

2013年，总公司在“三点共识”“三个重中之重”基础上，全面推行安全风险管理，并把2013年确定为安全风险管理年。坚持安全第一的指导思想，突出“管理问题是铁路的主要风险源”，全面推进作业标准化和安全管理规范化，强化管理基础、过程控制和应急处置，构建全面、全员、全过程的安全风险控制体系，从源头上消除安全隐患，推动铁路安全管理步入规范、高效、有序、可控的良性运行轨道，全面提升铁路安全工作水平，确保铁路运输安全持续稳定。一是以管理规范化为重点，加强安全基础管理。重新修订总公司各部门、路局、站段的安全生产责任制，进一步明确了安全管理责任，明晰路局领导、机关部门各部门和各单位领导的安全职责。按路局和站段、车间3个层面，分别梳理各项管理工作，对所有管理岗位重新制定工作标准。围绕安全管理“干什么、怎么干、干不好怎么办”，进一步健全检查、考核、评价机制。二是以作业标准化为重点，强化安全风险过程控制。总公司各专业部门、各铁路局分别制定了推进作业标准化的指导意见，按照“健全标准、以点带面”的思路，突出主要工种、岗位，分专业、分系统建立健全和完善各工种、各岗位的作业标准，规范制定作业指导书，优化作业流程，并纳入企业标准体系，确保每个岗位和作业环节有岗有责，有标可依，不断健全岗位作业标准体系。三是加强企业安全文化建设。将安全文化建设与安全管理相融合，积极培育“安全生产大如天”“安全是铁路的‘饭碗’工程”的安全理念，坚持严格管理和人文关爱相结合，构建具有中国铁路特色的安全文化体系，调动全体干部职工的工作积极性，营造良好的安全生产氛围，在全路形成确保运输安全的强大合力。

（三）扎实开展安全生产大检查

按照国务院部署要求，结合铁路系统改革和安全生产实际，自3月14日起，在全路开展了多次安全生产大检查，解决了一批影响铁路运输安全的隐患和问题。一是广泛宣传动员，营造浓厚氛围。总公司党组书记、总经理盛光祖同志亲自组织召开党组会议，召开全路电视电话会议，认真学习习近平总书记、李克强总理等中央领导同志的重要指示，研究部署铁路系统的安全大检查活动。二是突出活动重点，细化实施方案。全路按照“全覆盖、零容忍、严执法、重实效”的总体要求，以查班组作用、管理基础和领导作风为重点，以挂牌督办、广泛谈心、专项整治为抓手，从总公司机关、铁路局机关、基层站段到车间班组和生产作业岗位，逐级细化内容，层层落实责任，做到了全员参与、全员排查、全员整改。三是广泛开展谈心，解决实际问题。以总公司各部门负责人，路局、站段领导班子成员为谈心活动主体，开展了谈心活动，各级领导干部深入基层，采取面对面、一对一的方式，重点了解一线班组长的思想动态、班组建设及工作生活等情况，对安全管理工作的意见建议及时梳理分析，研究解决方案，增强了安全大检查的针对性和实效性。总公司、路局各级干部与生产一线车间主任、书记和班组长谈心 22 万余人次，共征求意见和建议 16 万余条。四是实施重点整治，解决安全难点。总公司运输局、各铁路局、生产站段都建立了重要安全问题的挂牌督办制度，对挂牌督办和安全专项整治实行项目管理，按阶段要求和时间节点组织推进，集中人力、物力、财力解决了一批影响安全的突出问题。在安全大检查期间，总公司挂牌督办项目 12 项，各铁路局挂牌督办安全突出问题 346 项。重点推进防洪安全、施工安全、客车安全、防火防爆、货运安全、运输环境等 6 个突出风险的安全专项整治，对整治效果进行跟踪督查、评估验收，确保整治一项、巩固一项，使专项整治任务得到了有效落实。五是坚持边查边改，促进问题整改。坚持把安全大检查与问题整改有机结合起来，对安全检查出的问题及时梳理分析，制定措施，全面整改。分系统、分层次建立安全问题库，按照“问题在现场、原因在管理、根子在干部”，将安全大检查查出的各类问题进行汇总分析，分析安全基础、机制建设、标准管理和工作落实方面存在的深层次原因，有针对性地抓好整改落实。六是落实督导机制，注重工作实效。总公司党组成员结合开展党的群众路线教育实践活动分片联系包保，深入生产一线，检查督导各单位扎实开展安全大检查活动。总公司及所属各单位成立了安全生产大检查领导小组，主要负责人亲自组织，坚持“领导包片、专业包保、系统检查”，明确安全工作职责，实施全覆盖包保检查，指导活动推进和问题整改，一级抓一级，层层抓落实，确保安全大检查措施和要求有效实施。七是认真组织开展“回头看”工作。总公司结合查摆“四风”问题开展自查，重点检查“调度集中统一指挥”“行车单一指挥”的落实情况，对行车基本规章、文电和应急处置等有关办法和规定，进行全面检查清理，对违反基本规章的“土政策”“土规定”，与现场脱节、相互抵触、无法落实、存在管理漏洞的制度办法，加以整改和纠正。总公司组成 9 个检查组，对 18 个铁路局“回头看”活动情况开展为期 1 个月的全覆盖式督导检查。督导重点隐患、突出问题的整改情况。

（四）强化高铁安全工作

一是保证高铁设备质量安全可靠。在固定设备管理方面，坚持运用高速综合检测列车每 10 天对高速铁路全面检查监测一次，按周期对高铁设备进行静态检查，掌握线桥隧涵、通信信号、牵引供电等设备运用状态和变化规律。坚持每天夜间安排 4 小时的垂直天窗专门用于设备的维修和调试，每天天窗施工结束后，对材料、工具、人员进行清点和销记，并坚持全线首趟开行空载动车组作为确认车对行车设备进行全面检查。在移动设备运营维护管理方面，加强动车组运用检修和定期检修，依据走行公里和时间，严格实行五级修程管理，严格按照检修规程及技术标准执行。加强动车组列车运行安全监控功能的运用和管理，对重要运行部件和功能系统进行实时监测、报警和记录。二是对高铁主要岗位人员素质严格把关。严格执行高铁主要岗位人员选拔任用制度，制定了动车组司机、高铁调度指挥人员和关键设备维修运用人员等主要岗位职工的选拔任用标准，明确选拔任用的任职资格。不断提高主要岗位人员业务技能，严格新职人员到学校进修、进厂培训、现场跟班作业等岗前培训制度，考试合格后持证上岗。完善和落实主要岗位人员作业标准，修订职工作业标准，完善职工作业指导书，强化对作业标准化执行情况的检查监督，对现场作业实行严格控制，严肃查处违章违纪行为。三是强化高铁灾害防范。建立高铁防灾监测系统，构建了对风、雨、异物侵入等灾害的防灾监测体系，制定防灾系统技术标准，完善预警信息处理流程，健全防灾监测系统管理办法，完善铁路局、站段、车间三级应急救援网络，建立救援基地，配齐应急救援装备，修订完善高铁应急救援管理办法，细化高铁防灾应急预案，加强实操演练，提高应急指挥和现场作业人员的应急反应能力。四是健全了高铁规章制度，总公司制定了时速 200～250 公里、时速 300～350 公里高铁技术管理规章和相关专业技术规章，相关铁路局制定了高铁行车组织细则等制度办法，初步形成了我国高铁技术规章制度体系。五是强化安全问题信息管理。对高铁、动车和客车安全高一格，严一档。总公司和各铁路局都建立了高铁、动车、客车专项分析制度，指定专人负责，每天对涉及高铁、动车、客车的全部安全信息要一条不漏地进行收集统计分析，保证高铁、动车、客车的安全信息畅通、全面准确。每周梳理汇总分析全路高铁、动车和客车安全情况。每天对发生的高铁、动车、客车的每一件设备故障、安全信息都比照事故进行认真调查分析，查明原因，严格定责，落实整改。六是严格安全责任追究。对发生高铁、动车、客车事故及其他严重事故的相关责任人，坚持原因没有查清不放过，安全措施没有制定不放过，问题没有解决不放过，责任没有追究不放过的原则，认真分析事故中暴露出的管理问题，严肃追查管理环节中的失职失责行为，做到责任事故件件追究问责，严格定责，严肃追究管理人员和作业人员责任。对发生严重安全问题的责任单位，及时实施动态安全预警提示。

（五）扎实开展安全专项整治活动

年初，总公司确定了动车所段管理、列控车载设备和无线闭塞中心、调车作业、机务操纵和超劳、客车径路线路质量、新线隧道和高铁路基、货物装载加固和危险品运输、自轮运转设备、轨道电路、接触网设备 10 项安全专项整治项目。同时，结合季节性和阶段性重点和专业特点，以季度为阶段，逐项制定安全生产专项整治实施方案，明确责任部门、责任人员、整治内容、整治目标、整治步骤、监督检查、完成期限、验收标准及资金保障措施，分系统、分专业分别进行了细化，定期对各专项整治开展情况等进行评估检查和通报，对每个专项整治，做到“有目标、有检查、有通报、有评估、有验收”。每月分析安全专项整治工作开展情况和整治效果，保证专项整治工作按计划推进，整治项目按期完成。全年共计整治动车组源头质量问题 181 项，更换客车径路上的道岔 3184 组、木枕 18 万根，整治高铁路基病害 1750 处、新线隧道 7311 处，更换纯铜承力索 2020 条公里，高铁接触网接地装置整治 20 余万处，整治轨道电路分路不良区段 1162 个，ATP 设备故障率同比下降 40%，加装和谐型机车车载安全防护系统 1850 台，机车防雾闪技术改造 785 台，加装高铁刺丝滚笼 2840 公里、贯通地线防盗措施 8000 余公里，实施道口平改立 163 处。

（六）抓好重点时段安全工作

一是抓好防洪安全。2013 年汛期，全路范围内极端天气多、降雨强度大，铁路沿线每小时降雨量超过 50 毫米的强降雨和极端灾害性天气达 953 次，全路平均降水量 463 毫米，较常年偏多 10.3%。山区铁路塌方落石、水冲线路等灾害较多，全路有 41 条线路累计水害断道 113 次 1666 小时 27 分钟，暴雨封锁 2883 次 4425 小时 7 分钟，直接经济损失 57.39 亿元，灾情较常年同期明显偏重，铁路防范安全压力很大。面对严重的灾情，总公司全力以赴，精心组织，严密防范，科学有效地做好防洪工作。总公司高度重视防洪安全，盛光祖总经理多次做出明确指示，亲自与有关铁路局主要领导通话，部署抗洪抢险工作。总公司通过多种形式对全路防洪形势进行跟踪分析，提出阶段性工作要求。全路广大干部职工昼夜奋战在抗洪抢险第一线，各部门、各工种密切配合、团结协作，联防联控，在全路形成了全员防洪、全年防洪的良好氛围。2013 年，全路围绕防洪工作先后召开 173 次专题会议，组织开展 82 次平推检查和 276 次防洪演练，派出工作组 500 多人次，为保障汛期防洪安全做了大量的卓有成效的工作。汛前坚持开展深入细致的防洪隐患风险排查，详细调查掌握铁路周边安全环境变化情况，研判周边环境对铁路防洪安全带来的风险。通过全员普查、专家诊断、机构检测评估、路地联合排查等多种方式，掌握了大量的铁路防洪第一手资料，防范的针对性明显提高。坚持超前有效的监测预警。全路探索总结出了“观云追雨”的实战经验，不再被动地等降雨，而是超前把握雨势。通过动态掌握气象雷达、卫星云图等实况雨情信息，结合铁路沿线地形、地质实际情况，提前预判可能发生的灾害，及时传递预警信息。雨情严重时，安排专人进驻当地防汛指挥部，第一时间了解雨情、水情，及时进行应急处置，达到了事半功倍的效果。汛期，全路共发出各类预报预警信息37.7万余条，预报预警指导作用十分明显。结合近年来铁路水害教训，总公司逐步探索出台了一系列防洪制度和措施，实行了防洪地点分级管理，雨量分级警戒，山区铁路暴雨时客车双司机值乘，大雨及以上天气夜间客车趟趟有干部添乘，汛期实行车机、守机联防联控，高危防洪地点大到暴雨时客车限速60公里运行等制度和措施，实施了全员、全天候、全覆盖检查监控。特别是在防洪重点地段，对暂时无法整治的重大防洪危险处所，强调实施“严看死守”，情况不明时该封锁就封锁、该限速就限速，宁可错停不可盲行，宁可错拦不能错放。遇有大范围、灾害性强灾害天气，采取停运措施，确保客车特别是动车组运行安全。2013年汛期全路共及时发现严重水害6400多处，及时扣停拦列车443次（其中客车190次），温福、福厦、海南东环等沿海铁路在台风登陆期间采取了停运措施，最大限度地降低了行车风险。总公司在财力十分紧张的情况下，始终坚持加大防洪整治资金投入，保证主要干线防洪隐患的整治。从2010年至2013年4年间，总公司用于水害复旧和专项整治的资金投入达56亿元，消除了一大批水害隐患。

二是加强施工安全风险防控。严格落实天窗修制度，牢固树立“施工不行车，行车不施工”的观念，严格界定天窗点外作业项目，对影响线路稳定、易造成列车特别是旅客列车刮碰的作业设定“高压线”，加大检查和考核力度。严格施工作业流程控制，对所有施工和日常维修作业项目的流程和安全控制标准进行全面梳理优化，明确各节点安全重点和卡控关键，把作业标准化的“自控、互控、他控”责任明确到具体岗位和个人。严格现场作业监控，以客车安全为重点，严格作业工点设置，并按分级管理的要求安排施工作业负责人及监护干部。把变更作业地点、扩大作业范围、申请故障修、小车上道等关键环节，作为非正常情况严格控制管理。加强施工现场防护，防止施工过程中发生人身伤亡事故。严格邻近营业线施工监管，把邻近既有线施工纳入营业线施工安全管理范畴，采取与既有线施工一致的安全措施，加强邻近既有线施工安全监控检查的专门力量。相关设备管理单位加强巡查，主动介入，对大型机械、线上、架空等作业进行重点监控，防止侵限和对既有线路基、线路造成影响。严格落实施工安全责任，切实发挥干部监控把关的作用，进一步明确计划审批、方案制定、施工准备、施工防护、开通把关等关键环节的责任部门和责任人，把监控检查责任落实到位。对责任不明确、监控把关不到位，导致发生严重安全问题的，严肃追究有关干部和单位领导的责任。

三是抓好春运、暑运和黄金周运输安全。每年在春运、两会、“五一”和“十一”黄金周、暑运等关键时期，全路坚持开展安全大检查活动，对重点单位、重要岗位、关键环节进行专项重点督查，及时发现和解决影响运输安全的突出问题，发挥了很好的作用，取得了很好效果。加强对客车特别是旅游列车和临客的安全监控，重点对客车走行、制动和电气等部位全面检修，消除设备隐患，达不到质量标准的杜绝上线运行。根据客流情况，及时调整客车开行方案，加强调度指挥和运输组织，做到平稳有序。对主要旅游景点和客流比较集中的车站，增派工作人员，搞好旅客候车、进出站、上下车的引导，特别是列车到发相对集中的阶段，在站台、天桥、地道等关键部位安排专人维护秩序，防止发生拥挤踩踏事故。各铁路局都成立了假日运输领导小组和办公室，随时掌握假日运输情况，针对行车事故、自然灾害、设备故障、列车晚点、客流积压等突发情况，制定和完善应急处置预案，做好应急处置工作。节假日期间，全路各级干部主动放弃休息，深入一线，深入车间班组，指导帮助基层单位做好节日运输工作，保证节日运输安全有序。

（七）强化运输安全监督检查工作

总公司安全监督管理局自成立以来，积极探索铁路改革新形势下加强铁路安全监督管理工作的新思路，围绕全路安全重点工作，加强监督检查和自身建设，不断提升安全监督管理水平，确保运输安全稳定。一是加强日常检查监督。全路安监系统围绕确保春运、两会、暑运、黄金周以及汛期等关键时期的安全，多次集中组织开展安全检查监督活动，加强对重点处所、关键环节的全面盯控，确保了关键时期的运输安全。二是加强安全信息的跟踪分析。建立了每日安全信息跟踪分析制度，坚持每天从大量、纷繁的安全问题信息入手，关口前移，抓小防大，超前防范。引导各局牢固树立“管理是最大的风险源”，增强管理问题意识和“抓小防大、超前防范”的忧患意识。三是加强事故管理。严格执行《铁路交通事故调查处理规则》，严格事故调查分析，严肃事故责任追究，总公司对责任一般A类以上行车事故做到了件件追责。同时，加强对事故的深度分析，按照“问题在现场，原因在管理，根子在干部”的思路，从管理源头入手，查找规章制度、办法和措施，科技保安、结合部管理、劳动组织、业务技能、设备质量、作业标准和工艺流程、监督检查、应急处置等方面的漏洞和问题，促进各局的安全管理水平不断提升。四是加强运输安全环境治理工作。以净化高铁运输安全环境为重点，全面排查铁路沿线安全隐患，强化安全防护设备设施，加大对危及运输安全特别是危及高铁客车安全的非法违法行为的打击力度。

民航交通运输安全工作

中国民航局航空安全办公室

2013年，民航全行业实现运输飞行691万小时、308万架次，同比分别增长11.7%、10.7%，通用航空飞行60万小时，同比增长8.1%。未发生运输飞行事故；发生通用航空事故10起。发生运输航空事故征候265起，其中严重事故征候6起，同比减少了45%，人为责任原因事故征候26起，同比减少了24%，各项主要安全指标均较好的控制在年度安全目标范围内，安全运行品质稳步提升。自2010年8月25日至2013年12月31日，运输航空连续安全飞行40个月、2050万小时。2009年以来，中国民航亿客公里死亡人数为0.002(世界平均水平为0.009)，运输航空百万架次重大事故率为0.08(世界平均水平为0.42)。上航、厦航、中货航等34家运输航空公司未发生责任原因事故征候。飞行学院获得飞行训练安全“五星”奖。

面对复杂的反恐和空防形势，民航围绕“防劫机、防炸机、防袭击”的工作核心，深入开展风险防控和应急处突工作，持续实现空防安全年。民航共保障专包机警卫任务2781架次，圆满完成第十二届全运会、第三届亚欧博览会等重大活动的航空运输安保任务。

一、提升宏观安全掌控水平

按照国务院推进行政体制改革的要求，民航妥善处理好市场调节与政府调控的关系，发挥政策引领作用，实施适度的总量调控措施，适当减缓飞机引进速度，实现安全管理能力与发展速度的基本平衡。修订“十二五”运输机队规划滚动调整方案，预计2014—2015年比航空公司所报计划少引进134架。认真践行中央“八项规定”及群众路线教育实践活动，系统谋划民航安全发展长远规划和重点任务，完成《中国民航安全与发展的关系研究》课题；强化和规范基层调研，发挥各安全系统、平台功能，注重激发基层群众参与安全的动力和活力；加强安全长效机制建设，按时分析研判安全运行形势，实施安全事项督办制度，及时消除重大安全隐患；定期发布安全预警信息，警示行业存在的运行风险，牢牢把握安全发展主动权。

综合运用运输航空公司飞行总量增量、飞机日利用率和飞行疲劳指数等重要指标，鼓励安全基础稳固的公司优先发展，对安全形势出现反复，或者发展速度过快的单位采取了严格的监控措施。严把航空运输市场安全准入关，对设立航空公司和设立分（子）公司合理控制，施行安全一票否决制度。

二、注重加强行业安全监管

民航地区管理局与辖区各单位签订安全责任书，不断完善考核办法。开展监管局安全监管绩效考核和安全监管体系评估试点工作。建立民航安全能力建设资金，深入开展安全保障财务考核，增加了对安全管理的支持力度。飞行标准监督管理系统（FSOP）投入使用，实现了监察任务统一分配、局方监管绩效统一管理等功能，完成对121部航空公司8514次监察。建立飞行人员安全记录管理制度，加强了执照管理和安全相关记录的可追溯性。积极开展“一证多地”和“维修工程外委”试点工作，实现了维修领域跨地区监管模式创新。

针对南航湖北“2·25”、成都航“4·5”和华夏航飞行员超时的违规违章行为，对责任单位采取削减飞行总量，暂停新飞机引进、行政约见主要责任人、开展SMS专项审核等措施，对当事机长分别采取停止商业飞行资格、禁止在中国境内从事商业飞行、暂扣执照的处理。加大对无后果违章的处罚力度，警示行业违章代价。发布《航班备降工作规则》，对航班备降保障不力的杭州机场、上海机场和华东空管局进行了行政约见。

三、进一步深化重点专项治理

针对安全生产中的问题，民航组织开展了客舱应急、超高障碍物、鸟击及外来物防范（FOD）、旅客携带锂电池乘机等专项整治，取得了预期成效。实施危险品违规运输处罚定期公布制度，暂停新增货运代理人审批，强化现有货运代理人资质和安全能力管理，对6家违规的货运代理进行特别公示，发挥舆论监督作用，提高违法成本。联合工信部和质检总局，对锂电池制造和运输的安全标准进行专题调研，从生产源头规范安全管理。投资12亿元更新改造105个机场除冰雪设施设备。落实民用机场管理条例，与地方政府协调，共查出796处超高障碍物。组织27家航空公司的122套机组进行联合应急演练，强化了机组的应急处理能力。开展全国机场鸟情预警系统建设，加大鸟害治理力度，对14个机场的鸟害防范工作进行第三方评估，改进了防范措施。声波驱鸟、夜间激光驱鸟等新技术得到应用。加强导航设施设备验证工作，完成1153台套设备的校验。通过对运输航空发动机空中停车事件的专项督查整治，事件数量同比下降了67%。继续深入开展以乘务、安检、通导、气象、油料等为重点的从业人员资质排查工作，专业人员能力素质普遍提升。

民航系统确定了以查主体责任、人员资质、规章落实等“六查”为核心的行业安全检查方案，结合国务院“全覆盖、零容忍、严执法、重实效”的要求，各单位积极查找问题，治理隐患，在安全大检查期间，各类事故征候指标均呈现下降趋势。民航全行业深刻吸取“11·22”青岛中石化输油管线爆炸事故教训，开展了以排查航油管线安全为重点的检查工作。

四、不断加大科技支撑力度

民航推进航行新技术应用，按照PBN实施规划，完成30个机场PBN飞行程序设计，国内60%的机场具备了RNAV/RNP程序。拉萨、邦达、林芝等6个机场全面实施RNP AR单一运行模式，九寨机场顺利实施世界首个公共RNP AR程序，安全裕度显著提升，航班正常、运行效率等大幅提高。投资近5亿元对574架飞机的RNP机载设备进行改装。按照《飞机平视显示器（HUD）发展应用路线图》要求，加快HUD技术的应用。引导航空公司开展电子飞行包（EFB）应用，东航、南航、海航等8家公司已开展EFB项目。积极开展国产民机事故故障数据库开发、中国民航飞行品质监控系统等研究工作。

民航自主研制的跑道拦阻系统（EMAS）首次在腾冲机场应用，安全裕度显著提升，建造成本大幅降低。启动了黎平、攀枝花等机场EMAS设计工作。完成空中交通管制安全评估系统和实时运行风险管理系统的验收，完成了安全评估工具以及安全运行风险管理平台建设；升级空管安全信息和运行品质检测系统，初步实现对区域性安全运行状况的掌控。

五、着力强化安全基础建设

民航规章标准体系进一步完善，共颁布6部规章和33份技术标准，另有26部规章在审，下发65件规范性文件及指导材料。截至目前，民航各类现行有效规章122部，其中安全相关的规章92部。成立民航行业标准化推进委员会，密切跟踪国际标准动态，推进行业政策法规的研究和制定。按照中央精简行政审批事项的部署，梳理涉及飞标、机场等安全相关的行政审批7项，对取消或已下放的审批，出台了必要的等效措施。

安全体系建设进一步加强，着力促进SMS效能发挥，推动SMS体系建设从审定向审核转变。完成对长沙机场的SMS审核。空防安全系统对航空公司的SeMS审定与安保审计有机结合，提高了安保监管效率，避免了重复审查。在国际民航组织第38届大会上推荐我国SMS审核的做法，得到各国积极评价。航空安全信息系统共收到14368条事件信息，为行业趋势分析、安全决策提供依据。海航建立运行控制风险管理系统，初步实现签派放行量化风险评估。落实《民用航空安全培训规定》的要求，全年共培训2061人次。完成民用航空器事故调查沙漠地区专项演练。参与印尼新舟60飞机着陆坠损事故和韩亚航空B777旧金山事故的调查工作。

适航审定能力进一步提高，落实中央领导同志“适航攻关”要求，成立适航攻关领导小组，全面加强适航审定能力建设。贯彻落实国家大飞机战略，推进ARJ21飞机型号合格审定，完成试飞科目总数的48%。组织对B787飞机适航审定，这是我国民航首次对国外新机型进行的全面认可审定，提出了包括锂电池系统在内的技术关注37项，推迟飞机交付8个月，避免了航空公司飞机引进后停场造成的重大损失。适航双边国际合作取得新进展，完成中俄、中澳等国家适航备忘录签订，启动中欧适航双边谈判工作。航宇嘉泰公司成为我国首个波音飞机客舱座椅改装的供应商之一，迈出了融入世界航空产业链的实质性步伐。

面对严峻复杂的空防安全形势，民航成功处置120起威胁民航空防安全的虚假恐怖信息，积极协调公安部、最高法、最高检分别出台相关司法解释及处置程序，遏制了此类违法犯罪行为的发生。妥善处理“7·20”首都机场事件，部署推进“平安机场”建设专项活动，不断加强机场公共区域治安管控。全面加强与情报信息部门及地方政府部门的协调配合，及时调整，并发布空防安全预警等级，前移空防安全防范关口。针对新疆民航空防安全工作面临形势，协调公安部、新疆维吾尔自治区政府开展系统调研，拟定改进和加强疆区民航反恐和空防安全防范措施。

建筑施工安全生产工作

住房和城乡建设部工程质量安全监管司

2013年，建筑施工安全监管各项工作积极有序推进，主要表现在以下几个方面：

一、加强工作部署

一是年初组织召开第十六次全国建筑安全生产联络员会议，总结2012年建筑安全生产工作、部署安排2013年建筑安全生产工作。二是6月中旬组织召开全国建筑安全生产电视电话会议，姜伟新部长、郭允冲副部长就贯彻落实党中央国务院的决策部署，加强建筑安全生产管理提出工作要求。三是9月初组织召开部分地区建筑安全生产工作汇报会，听取了部分地区建筑安全生产工作的汇报，王宁副部长在会上对下一阶段重点工作做出部署。四是按照国务院安委会要求，积极部署开展建筑施工领域“打非治违”活动、预防建筑起重机械及脚手架等坍塌事故专项整治工作、“安全生产月”活动以及一系列建筑安全生产大检查等工作。

二、完善规章制度

一是起草部门规章《建筑施工企业主要负责人、项目负责人和专职安全生产管理人员安全生产管理规定》，进一步完善对建筑施工企业“三类人员”的安全生产管理工作。二是印发《房屋市政工程生产安全事故报告和查处工作规程》《关于贯彻落实国务院安委会关于进一步加强安全培训工作的决定的实施意见》《关于开展建筑施工安全生产标准化考评工作的指导意见》等文件。三是按照推进行政审批制度改革促进政府职能转变的要求，将住房和城乡建设部负责的中央管理的建筑施工企业安全生产许可证管理工作下放至省级住房城乡建设主管部门负责；配合中编办研究推进建筑起重机械检验检测机构改革工作。四是经研究对《安全生产法》《特种设备安全法》等重要法律法规提出修改意见，并及时反馈全国人大、国务院法制办等部门。

三、强化事故通报

一是按月度和季度通报全国各地房屋市政工程生产安全事故情况。二是对2013年发生的较大事故进行网上通报，曝光企业名称及法定代表人、项目经理、项目总监姓名。三是下发较大事故查处督办通知书，要求事故发生地住房城乡建设部门严格做好事故查处及相关材料的报送工作。四是对各地事故查处情况进行汇总分析，印发《关于2012年全国房屋市政工程生产安全事故查处情况的通报》。

四、开展监督检查

一是在5月组织开展了对建筑安全生产形势较为严峻的4个地区的建筑安全生产工作督查，对督查的有关情况采取专家现场讲解的教学方式进行反馈，取得较好效果。二是在6月底至7月底组织开展了对全国26个城市轨道交通工程和保障性安居工程的质量安全督查，对存在重大质量安全隐患的工程项目下发执法建议书。三是在9月至11月组织开展了建筑施工安全生产专项督查，对2013年以来安全事故多发频发或发生较大事故的12个地区进行重点督查。各地住房城乡建设主管部门按照住房和城乡建设部部署，积极开展自查及监督检查工作，据不完全统计，全国各地住房城乡建设主管部门共检查在建工程项目约19万个，下发隐患整改通知书9.3万余份，要求停工整改的项目1.55万余个，建筑安全生产督查工作取得良好成效。

五、推进长效机制

一是组织开展对建筑起重机械安全监管、建筑安全生产监管职责、建筑安全生产标准化考评、建筑安全生产教育培训、建筑模板支撑体系安全性能、建筑安全事故案例分析等6项课题研究，积极研究探索加强建筑安全生产监管工作的相关措施。二是启用新版事故信息报送及统计分析系统，进一步完善和增强了事故信息报送及统计分析功能。为便于各地了解新版的相关情况，专门组织召开了系统应用说明会进行部署。三是按照《“十二五”国家政务信息化工程建设规划》，为进一步加强建筑施工安全生产信息化工作，组织编制《建筑施工安全监管信息化工程需求分析报告》及项目建议书。

2013年，在各级住房城乡建设主管部门及广大建筑企业的共同努力下，全国建筑安全生产形势保持总体稳定。根据统计，2013年全国共发生房屋市政工程生产安全事故528起、死亡674人，同比分别上升8.42%和8.01%。其中,一次死亡3人以上的较大事故共25起、死亡102人,同比分别下降13.79%和15.70%;未发生重大及以上事故。

消防安全工作

公安部消防局

2013年，公安部认真学习贯彻党的十八大、十八届三中全会精神和习近平总书记关于加强安全生产工作的重要指示，深入落实《国务院关于加强和改进消防工作的意见》(国发〔2011〕46号)文件精神，创新消防治理，打造消防铁军，夯实消防基础，努力提升社会防控火灾水平。

一、持续排查整治火灾隐患

把维护消防安全形势稳定作为重中之重，建立落实消防安全形势分析研判和综合评估制度，始终保持排查整治火灾隐患高压态势，相继开展了“除火患、保平安”专项行动、消防安全大排查大整治活动，全国共检查单位511.6万家，督促整改火灾隐患659.5万处，各级政府挂牌督办整改重大火灾隐患单位6884家，省市县三级“96119”举报投诉中心共核实查处火灾隐患4.5万起。12月19日至2014年全国“两会”结束，公安部又组织在全国开展火灾隐患排查整治行动，集中解决了一批消防安全突出问题。

二、推动落实消防工作责任

提请国务院办公厅出台《消防工作考核办法》，考核结果与领导干部政绩挂钩，健全政府主导的消防工作考核评价机制。全国31个省（区、市）政府全部出台消防工作考核实施办法，并要求市级政府对本行政区域内各级政府消防工作进行考核。公安部会同8个部委制定考核省级政府工作方案，并组织对部分省份进行模拟考核。同时，每季度召开相关部委消防安全监管司局级联席会议，会同教育部在广西召开现场会推进消防知识进学校，会同文化部发布公共娱乐场所消防安全提示，联合工信、质检、工商、安监等部委开展消防产品质量、电动自行车、粮库等消防安全督导，推动住建、民政、卫生、商务、国资等部门抓好本系统消防安全，落实部门行业的消防管理责任。

三、推进消防工作社会化

公安部出台指导意见推动建立建设工程消防质量终身负责制，在全国建立消防安全不良行为公布制度，在部分地区推行消防行政审批制度改革。积极实施注册消防工程师制度，联合人社部认定首批一级注册消防工程师。推进社会消防培训，开展消防职业技能鉴定质量评估，全国已设立消防职业技能鉴定站 27 个，累计鉴定 30 万余人。审议通过《社会消防技术服务管理规定》，制修订国家和行业消防标准规范 19 项，继续指导北京、上海、重庆、广州、大连、武汉等6个试点大城市制定实施更加严格的消防标准。在基层持续推进消防安全网格化管理、在单位深化“四个能力”建设、在重点单位实行户籍化管理、在高危单位推行评估制度，进一步提升社会消防管理水平。同时，组织评选首届全国 119 消防奖；广泛开展《全民消防安全宣传教育纲要》颁布两周年、生命通道体验、119 消防日等主题宣传活动，会同央视等制作刊播消防公益广告和提示，命名消防教育示范学校 538 所，中国消防博物馆接待参观人员 9.8 万人次。

四、加强城乡消防基础建设

以贯彻国务院加强城市基础设施建设意见为契机，推动各地编制和实施城乡消防规划，加强消防队站和消防供水、通信、通道等公共消防设施建设。全国新建现役消防队站 23 个、市政消火栓 6 万个，新增政府专职消防队 500 个、队员 2.5 万人和消防文员 0.6 万人。落实《地方消防经费管理办法》，中央和地方财政全年消防投入近 490 亿元。“十一五”消防信息化建设项目通过验收，9 个科研项目获部科技奖，6 项成果实现产业化，消防科技和信息化技术在防灭火领域得到广泛运用。

五、提升灭火和应急救援水平

公安消防部队深化执勤岗位练兵，加强熟悉演练，开展比武竞赛，组织消防水源调查和防排烟装备测试，创新实战操法，创建星级铁军中队。组织评估论证 330 个城市消防装备建设，新增消防车 2781 辆、抢险救援器材 31.6 万件（套），为中西部及国家扶贫开发工作重点县配备装备抢险车、主战消防车，示范性配备新式灭火防护服和一级防化服。深化综合应急救援建设，组建专业救援队 1507 个，6 个国家陆地搜寻与救护基地投入使用，6 个进口装备区域维修中心初步建成。公安部会同民政部、外交部在浙江举办“上合组织”联合救灾演练，展示了我国灾害事故救援能力和水平。全国消防队伍共接警出动 101.4 万余起，抢救遇险群众 17.4 万人，有效处置了四川芦山和甘肃岷县地震、东三省洪灾、青岛中石化输油管道泄漏爆炸等重大灾害事故。

公安部深入贯彻习近平总书记加强安全生产工作的重要讲话精神，认真落实国务院《关于加强和改进消防工作的意见》（国发〔2011〕46 号）和国务院办公厅《消防工作考核办法》（国办发〔2013〕16 号）的文件精神，组织开展省级政府消防工作考核，推动健全消防责任体系；坚持依法治理、系统治理、综合治理和源头治理，加大火灾隐患整治力度，推进消防工作社会化，改善消防安全环境；结合新型城镇化建设，推进城乡公共消防基础建设，夯实火灾防控基础；深入打造公安消防铁军，提升灭火和应急救援能力，有效维护消防安全形势的持续稳定。

工业和通信业安全生产工作

工业和信息化部安全生产司

2013 年，工业和信息化部认真贯彻落实党中央和国务院关于安全生产工作的一系列重要决策和部署，结合工业产业结构调整和转型升级，以行业准入、标准、规划等为抓手，积极培育安全产业发展，大力强化民爆行业安全监管，通过推动技术进步、加强两化融合，促进工业通信业、民爆行业提升本质安全水平。

一、加强工业和通信业安全生产指导

（一）加强安全生产标准制修订

组织开展了 19 个行业安全生产标准体系的现状清理及现有标准适用性分析；完成了工业行业安全生产标准体系建设；研究制定了《工业和通信业安全生产领域技术标准体系建设方案》；提出了 396 项 2013—2015 年需制定的标准；完成了化工、钢铁等行业安全生产标准的报批工作。

（二）推动高危行业企业提升本质安全水平

积极争取将保障高危行业（领域）安全的先进安全生产设备、安全监控预警装备、应急救援装备等列为 2014 年产业振兴和技术改造专项重点专题。将加强工业、通信业安全生产工作与产业结构调整紧密结合起来，关停和淘汰严重缺乏安全生产条件的小企业、小作坊；指导地方工信管理部门组织落实烟花爆竹生产企业关闭专项资金支持政策，引导烟花爆竹企业兼并整合或有序退出。

（三）推进重点行业安全生产信息化建设

把加强民爆行业安全生产监测监管、提高重点高危行业安全生产水平，纳入信息化和工业化深度融合专项行动计划（2013—2018 年）。利用物联网专项资金支持危化品运输监控区域性和全国性物联网系统建设，选择大型危化品运输企业开展危化品运输监控应用示范。

（四）“两客一危”道路运输安全监控信息系统研究

组织开展了“两客一危”道路运输安全监控信息系统初步调研工作和软课题研究工作。指导中石油运输公司、千方集团公司等 3 家企业开展了“车联网”试点工作。形成了《“两客一危”道路运输安全监控信息系统专题研究报告》，并与中央政策研究室、国家安监总局、公安部就道路车辆运输安全监控进行了交流沟通，为实现千万辆级营运车辆使用“北斗”系统进行信息化监控开展了初步研究。

（五）锂电池安全专项工作

组织开展了锂电池行业基本情况调查工作、企业专项调研工作和软课题研究工作。完成了《锂电池行业发展分析报告》《锂电池安全性研究报告》《锂电池火灾危害控制技术应用效果研究报告》《锂电池企业安全准入条件及准入管理办法（征求意见稿）》《锂电池安全标准体系框架》。在与国家民航局就锂电池航空运输安全管理进行深入交流过程中，希望我部从源头加强对锂电池行业的安全准入管理，公告符合安全准入条件的企业名单，供民航运输企业采用。

二、大力加强民爆行业安全监管

民爆行业发生重特大安全生产事故 1 起，死亡 33 人，给人民生命财产造成了重大的损失，教训极其惨痛和深刻。工业和信息化部对造成事故的直接间接原因、主观客观原因进行全面认真的分析，深入查找民爆行业安全存在的问题和漏洞，并采取及时有效的措施，坚决遏制重特大事故的再次发生。

（一）加强民爆行业重点地区安全督察

一是春节及两会期间，以定期（每 10 天）专题调度安全生产工作的形式，对黑龙江、吉林、辽宁、内蒙古、河北、陕西、新疆、山西八省（区）进行了专题安全生产工作督查。期间，共专题调度安全生产工作情况7次，汇总形成了安全生产工作简报。

二是两会期间，组成两个专题督查组，以部省联合方式，对北京、天津、河北、陕西四省（市）进行了专项安全督查，督促落实并检查企业安全保障措施，现场查处了企业违法违规行为。

三是深刻吸取山东保利民爆济南科技有限公司“5·20”事故教训，召开加强民爆行业安全监管紧急工作会议，按照《国务院办公厅关于集中开展安全生产大检查的通知》要求，部署开展“民爆行业百日安全生产专项整治”行动。通过各省自查、重点省区互查、整改提高等三个阶段（6—9月），严查“四超”、“三违法”等违法违规行为，核查民爆企业属地安全监管责任落实情况，检查日常安全监管工作开展情况等。

四是开展安全生产突击检查工作。6月18—19日，联合国家安全监管总局二司，以不预先通知的方式，对山东省民爆生产企业进行了安全生产突击检查。

五是自8月初起，组成4个安全督查组赴山东、重庆、四川、陕西、安徽、湖南、辽宁等省进行了安全督查。

（二）推动民爆行业生产全过程信息化、自动化技术应用

一是组织召开了民爆行业信息化建设和安全生产工作会议。研究提出了推进民爆行业生产线全过程信息化、自动化技术应用实施方案，2013年启动乳化炸药生产线试点并推进完成30条乳化炸药生产线全过程自动化，同时推动雷管装填工序自动化试验应用。

二是启动信息化试点工作并推动实施。选择山东银光科技有限公司、重庆顺安民爆有限公司、广东天诺公司兴宁分公司和河北云山民爆集团开展了生产线自动化、信息化改造建设试点。

三是组织制定并下发了《关于进一步加强民用爆炸物品生产线视频监控工作的通知》（工信厅安〔2013〕173号）、《关于增补完善民爆生产线安全监控手段的通知》，对加强民爆企业信息化建设，落实地方民爆行业管理部门安全生产属地监管责任提出了明确要求。

（三）制定提升震源药柱生产线本质安全水平的对策措施

在山东“5·20”事故调查工作期间，现场组织全国民爆行业专家召开了震源药柱生产线安全研讨会，剖析生产线安全问题（包括配方、工艺、设备、产品结构、废料回用等方面的安全风险因素、安全措施）；研讨提高生产线本质安全技术水平和加强安全监管的对策措施。

（四）推进民爆行业结构调整、优化产业布局

通过强化政策引导，继续推动民爆企业重组整合，推广现场混装车先进生产方式，同时继续推进民爆产能向中、西部等产能需求旺盛地区转移。

三、认真做好安委会部署工作

按照国务院安委会的统一部署，组织制定了国务院安委会第三综合督查组工作方案，在苏波副部长带领下，于8月上旬和9月下旬对江苏、山东两省人民政府开展了两轮安全生产综合督查工作。

按照《国务院安全生产委员会全体会议纪要》（国阅〔2013〕43号）确定的工业和信息化部安全生产重点任务分工，逐一落实提高面包车防撞等安全标准、加强物联网监控信息系统在民爆行业的应用监管、加大物联网监控系统在其他行业的推广应用；严格贯彻执行危化品罐车、校车、长途客车强制标准，建立全挂车准入管理制度和车辆生产企业退出机制，加大生产一致性监督检查和处罚力度。

农业安全生产工作

农业部安委会办公室

2013年，农业部按照党中央、国务院关于加强安全生产工作的一系列部署要求，深入贯彻落实科学发展观，紧紧围绕农业农村经济社会发展中心工作，全面落实“安全第一、预防为主、综合治理”方针，狠抓政策措施落实，着力构建长效机制，农业安全生产工作取得了明显成效，保持了农业安全生产的平稳态势。

一、农业安全生产基本情况

2013年，全国农业安全生产形势总体平稳，农机、渔业行业没有发生特别重大安全事故，重大安全事故得到有效遏制。

全年累计发生国家等级公路以外的农机事故1733起，死亡432人，受伤631人，直接经济损失1711.65万元，同比分别下降17.1%、37.57%、33.09%、23.67%。累计发生渔业船舶水上事故325起，死亡（失踪）425人。其中，生产安全事故268起，死亡（失踪）214人，同比分别增加4起、27人；水上交通事故17起，死亡（失踪）60人，同比分别减少2.5起、26人；自然灾害事故39起，死亡（失踪）151人，同比分别减少1起、增加72人；特殊船舶事故1起。全国共发生草原火灾90起，受害面积35077.3公顷，受伤1人，同比分别减少20起（其中重特大火灾减少6起）、92055.7公顷。

二、开展的主要工作

（一）切实加强组织领导

农业部高度重视安全生产工作，始终将安全生产工作摆在重要位置，精心部署，扎实推进。部安委会多次组织召开会议，第一时间传达贯彻党中央、国务院关于安全生产工作的方针政策、工作部署和指示精神；先后组织开展了“安全生产大检查”“安全生产月”“打非治违专项治理”等工作；加强安全生产监管，将安全生产工作列入绩效管理核心指标体系，进一步强化责任意识和危机意识。各级农业部门结合工作实际，精心组织，周密安排，扎实推进，落到实处。

（二）深入开展安全生产大检查

深入贯彻落实国务院部署要求，强化督导检查力度，大力排查整治安全隐患，纠正违法违规行为。农机部门重点围绕人员持证、机车上牌、年度检验开展安全大检查，严厉打击农业机械无牌行驶、无证驾驶、未检验作业等行为；各地加强协调配合，强力整治农机非法违法生产经营、治理纠正违规违章行为，形成“打非治违”高压态势和长效机制。2013年全国出动农机执法69.8万人次，检查农业机械628.2万台，纠正无牌无证及未检审等违章行为59.5万起，排查安全隐患47.7万起，整改率达96.8%。渔业部门全年组织督查检查17批次，重点加强对“三无”及套牌渔船、安全设施配备情况、渔船船员持证情况、渔船和船用产品生产企业资质情况的检查，指导地方渔业部门和生产经营单位开展行业自查，纠正违法违规行为，有效防范了事故发生。

（三）积极开展宣传教育培训

按照“形式多样、突出重点、注重实效”的原则，农业部组织开展了一系列安全生产科普宣教活动。农机、渔业等行业根据自身特点，组织开展了“农机安全生产事故警示周”“农机安全宣传咨询日”“为渔民群众办实事、让安全产品上渔船”等安全宣传活动，发放各类安全宣传资料1500余万份，发送手机安全短信2000余万条，受益人数超过2500万人次，培训农机驾驶操作人员234.8万人次。各级农业部门通过网络、报纸、宣传栏等多种形式，开展丰富多彩的宣教活动，有效提升了农民群众的安全生产意识和生产操作技能。

（四）深入开展平安创建活动

农业部积极会同有关部门，深入开展平安创建活动，切实通过抓点带面，创新机制，推动责任落实，探索构建安全生产工作长效机制。渔业系统截至2013年底共创建“平安渔业示范县”88个，“文明渔港”37个。农机系统深入开展以“争创群众满意窗口、争创优质服务品牌、争创优秀服务标兵”为主题的农机安全监理“为民服务创先争优”示范窗口创建活动，共创建111个示范窗口和202个岗位标兵。部系统各单位以开展“平安单位”创建活动为载体，健全安全管理制度，落实安全保卫责任制，提高人防、物防、技防水平，强化消防安全管理“四个能力”建设，进一步加强危险化学品、出租房屋和建筑施工场所管理，确保安全稳定。

水利安全生产工作

水利部安全监督司

2013年，水利安全生产工作牢固树立“科学发展安全发展”理念，围绕水利中心工作，大力实施水利安全发展战略，以保障水利“四个安全”为中心，以减少死亡事故、提高安全生产监管水平为主线，突出预防和治本，坚持依法治理，强化安全基础，统筹管好部属单位和指导好行业安全生产两大任务，加强对水利重点领域、关键环节和重要时段的安全监管，水利安全生产工作取得了积极的进展和成效。全年水利行业共发生生产安全事故15起，死亡24人，其中较大事故6起，未发生重特大事故。同比2012年事故起数持平，死亡人数上升2人。在大规模水利建设全面展开的形势下，水利安全生产继续保持总体持续稳定向好的态势。

一、认真贯彻落实党中央、国务院的决策部署，落实各项工作措施

2013年水利部认真学习领会习近平总书记、李克强总理等中央领导同志重要指示批示和讲话精神，全面贯彻落实国务院安委会的各项工作部署，切实做好水利安全生产工作。一是陈雷部长多次对水利安全生产工作做出重要批示，要求认真贯彻落实党中央、国务院关于安全生产工作的决策部署，并在多次会议上强调加强水利安全生产监督管理，切实防范重特大安全事故的发生。二是4月和6月召开了2次全国水利安全生产视频会议，矫勇副部长出席会议并作重要讲话，对水利安全生产和大检查工作做出全面部署，提出明确要求。1月、5月、8月和12月，矫勇副部长4次主持召开部安全生产领导小组全体会议，迅速传达贯彻全国安全生产电视电话会议和国务院安委会全体会议精神，部署安排水利安全生产有关工作。三是认真贯彻落实国务院安委会有关文件精神，印发了《关于贯彻落实国务院安全生产会议精神　进一步加强水利安全生产工作的通知》《关于进一步加强水利安全培训工作的实施意见》《关于进一步加强水利安全生产应急管理　提高生产安全事故应急处置能力的通知》，制定了《2013年水利安全生产工作要点》等一系列文件，进一步加强水利安全生产工作。

二、以安全生产大检查为契机，全面开展事故隐患排查治理和专项整治

一是根据《国务院办公厅关于集中开展安全生产大检查的通知》精神和国务院安委会的有关工作部署，按照“全覆盖、零容忍、严执法、重实效”的要求，从2013年6月至2014年1月，组织开展全国水利安全生产大检查及其“回头看”工作。水利部先后派出37个督查组，对全国32个省级水行政主管部门以及部直属单位和工程，开展了全覆盖监督检查。各地各单位共排查出一般事故隐患62519项，重大事故隐患480项。同时，积极参加国务院安委会组织的大检查综合督查工作，由水利部矫勇副部长和汪洪总工程师带队，完成了对湖北、重庆安全生产大检查2轮综合督查工作。二是根据4月全国“打非治违”工作推进视频会议精神，继续深入开展“打非治违”专项行动，进一步深化水利工程建设、河道采砂、农村水电等重点领域“打非治违”工作，严格按照“四个一律”要求加大打击力度。2013年初水利部与交通运输部召开了两部合作机制领导小组办公室会议，组织长江水利委员会在“两会”前开展长江河道采砂暗访行动。针对暗访发现的问题，长江水利委员会制定了省际边界重点河段采砂管理联合执法工作方案，对边界河段水域内的非法采砂行为进行打击，确保长江干流河道采砂管理秩序。三是部署开展汛前水利安全生产检查活动。印发了《关于开展汛前水利安全生产重点检查的通知》和《转发国务院安委会办公室关于做好汛期安全生产工作的通知》，以水利工程建设和运行、农村水电、水文工程与水文测验等领域为重点，安排部署了为期3个月的汛前水利安全生产检查活动，并对部分省份、工程和单位进行重点检查，监督指导各单位切实抓好汛期安全生产工作。四是按照国务院安委会的统一部署，继续深化水利工程建设领域预防施工起重机械脚手架等坍塌事故专项整治工作，水利部制定了专项整治工作方案，积极推进专项整治工作深入开展。同时，积极参加国家安全监管总局组织的检查督导工作，由水利部牵头组成检查组对江西省预防坍塌事故专项整治工作进行了检查。五是健全和完善隐患排查治理责任体系，加大事故隐患排查整改力度。对在各类检查中发现的不能立即整改的41项重大事故隐患，印发了《水利部关于对水利安全生产重大事故隐患挂牌督办的通知》，实行水利部、流域机构、省级水行政主管部门分级挂牌督办，切实做到治理措施、资金、期限、责任人和应急预案“五落实”。

三、切实落实监管责任，加大水利重点领域安全生产监管力度

一是进一步强化水利各级监管部门的监管责任和各生产经营单位的主体责任。督促各地各单位签订安全生产责任书，逐级、逐岗、逐人落实安全生产责任，重点强化了重大隐患排查治理企业主体责任人、行业监管责任人和政府属地管理责任人的落实。二是开展安全生产监管工作考核。制定印发了流域机构和省级水行政主管部门安全生产监督管理工作考核标准，组织12个考核组对7个流域机构和32个省级水行政主管部门进行2012年度水利安全生产监督管理工作的全面考核，有力地促进了流域和地方水利安全生产监管职责的落实和工作水平的提高。三是强化各专业部门监管职责的落实。组织开展了全国水库蓄水安全专项检查，排查水库90221座，发现问题30976个。在“打非治违”专项行动中，对长江宜昌至荆州水域开展了代号为“亮剑行动”的打击非法采砂专项执法行动。开展了农村饮水安全项目专项检查、黄土高原淤地坝汛前专项检查、防汛防御山洪灾害和台风专项检查。落实农村水电安全生产“双主体”责任，在水利部网站对全国19821座500千瓦以上已建农村水电站安全生产“双主体”责任人进行了公示，并对全国1391座1万千瓦以上农村水电站“双主体”责任人进行了公告，开展了农村水电增效扩容，集中消除老旧电站工程安全隐患。

四、按照“四不放过”原则，严格事故通报督导和责任追究

一是加强水利生产安全事故防范。印发了《转发国务院安委会办公室关于切实加强近期生产安全事故防范应对工作的通知》，积极做好重点领域、重要时段和关键环节的事故预防工作。对2013年水利生产安全事故进行了通报，并抄送省政府，要求水利行业各单位引以为戒，深刻吸取事故教训，举一反三，切实加强事故防范。二是强化事故应急处置和跟踪督导工作。对山西、新疆、黑龙江、贵州、甘肃等地发生的水库溃口及闸门失稳等事故，及时派出工作组，赶赴现场提供技术支持和指导应急处置，认真分析查找事故原因，积极协助地方做好事故调查处理工作。三是加强较大以上事故查处督导工作。对广东化州长湾河水库电站等发生的较大事故，及时派出督导组赶赴现场，认真了解事故情况，按照“四不放过”的原则，对地方事故处理情况及时进行跟踪督导，提出相关处理建议，严格事故查处和责任追究。

五、夯实安全基础，着力于安全生产长效机制建设

一是加快安全生产制度建设。积极推进《水库大坝安全管理条例》《水利安全生产监督管理规定》等规章制度和《水利工程施工安全管理导则》《水利工程施工安全防护设施技术规范》等技术标准的制修订工作。二是认真做好全国大型水库大坝安全调研报告起草工作。在深入实地调研的基础上，多次组织专家对调研报告进行反复论证和修改，并积极协调国家能源局、国家安全监管总局等相关部委，征求有关专家的意见，不断完善水库大坝安全调研报告。三是全面推进水利安全生产标准化建设工作。印发了《水利安全生产标准化评审管理暂行办法》《农村水电站安全生产标准化达标评级实施办法（暂行）》，制定了水利工程项目法人、施工企业、管理单位和农村水电站等4项评审标准，完成了标准化评审培训工作。四是积极落实水利建设项目“三同时”制度。制定了《水利水电建设项目安全预评价指导意见》和《水利水电建设项目安全验收评价指导意见》，全面推进大型水利枢纽建设项目安全评价工作。五是加快安全生产信息化建设步伐。按照国家发展改革委、国家安全监管总局关于全国安全生产监管信息化工程建设的有关要求，积极推进水利安全生产监管信息化建设有关工作，编制完成了水利安全生产信息化工程项目需求分析报告和项目建议书。

六、加大安全宣教培训力度，不断提高全员安全素质

一是深入开展水利“安全生产月”活动，组织开展了全国水利安全生产知识网络竞赛、厅局长谈安全生产、水利安全生产有奖征文等活动，水利职工广泛参与，竞赛人数达到69.8万人次，被国家安全监管总局等7部委授予“优秀组织单位”荣誉称号，黄河水利委员会安全监督局及宁夏、广西水利厅被授予“2013年全国安全生产月先进单位”荣誉称号。二是深入贯彻落实《国务院安委会关于进一步加强安全培训工作的决定》，大力加强行业安全生产培训，强化施工企业“三类人员”培训考核，水利部本级全年共举办培训班72期，培训考核7200余人。组织编印了“三类人员”培训教材，启动了安全生产远程网络培训教育。三是加强安全生产信息宣传工作。及时向国务院报送政务信息，向国务院安委会和国家安全监管总局报送水利行业贯彻落实安全生产有关工作情况，充分利用《中国水利报》、水利部网站进行宣传报道，及时印发《安全生产简报》。

特种设备安全监察工作

国家质检总局特种设备安全监察局

2013年，在国务院安委会的正确领导下，在国家安全监管总局的大力支持和指导下，国家质检总局特种设备安全监察局不断加大特种设备安全监察与节能监管工作力度，全系统以党的十八大精神为引领，围绕“抓质量、保安全、促发展、强质检”的工作方针，按照“创新发展、真抓实干、稳中求进”的基本要求，细化措施，狠抓落实，扎实推进各项工作，圆满地完成了各项任务。主要工作情况如下：

一、大力宣传贯彻《特种设备安全法》

2013年6月29日，第十二届全国人大会常务委员会第三次会议通过《中华人民共和国特种设备安全法》(以下简称《特种设备安全法》)，自2014年1月1日起施行。《特种设备安全法》的颁布标志着我国特种设备安全工作向科学化、法制化方向迈进了一大步，全系统高度重视《特种设备安全法》的宣传贯彻工作。主要有以下几个方面：

一是开展学习贯彻。8月22日，国家质检总局召开贯彻实施《特种设备安全法》电视电话会议，国务委员王勇同志出席会议并作重要讲话。全系统采用集中培训、专题研讨等方式，开展安全监察人员、检验检测人员、企业安全管理人员等培训，累计培训12万多人。

二是开展广泛宣传。全系统利用电视、网络、广播、报刊等媒体，运用访谈、讲座、播放宣传片、发放宣传册等多种形式，以“进企业、进社区、进校园”活动、“电梯安全宣传周”、“质量月”等活动为载体，多层次、多角度宣传《特种设备安全法》，累计发放宣传资料100万余份。国家质检总局联合教育部组织启动了“百城万校”儿童安全乘梯流动宣传活动，河南省局联合河南影视集团启动了特种设备安全电影科教片的拍摄工作。

三是完善配套制度。国家质检总局拟定了《特种设备目录》，待报国务院批准后颁布；组织开展了特种设备缺陷产品召回、压力管道监管等规章的起草调研；配合全国人大常委会法工委编制了《特种设备安全法释义》。围绕贯彻落实《特种设备安全法》，各地加快建立特种设备安全的综合协调、联合监管等工作机制。

二、开展隐患排查和治理

一是集中开展安全生产大检查。按照国务院统一部署，总局组织开展了特种设备安全生产大检查，对 24 个省大检查情况进行了督查；全系统共出动检查人员 377355 人次，检查相关企业 237415 家，累计发现和督促整改安全问题和隐患 117803 个。

二是开展专项治理。按照国务院安委会统一部署，总局组织开展了餐饮场所燃气安全专项治理，共检查餐饮场所、充装单位、检验单位 12.23 万家，发现隐患 2.35 万个、处理不合格气瓶 14.5 万只；开展了氨制冷装置特种设备、长输（油气）管道等专项排查治理；参加了工程建设领域施工起重机械、石油化工企业石油库和油气码头等专项安全督查。

三是开展重点风险防范。按照国家质检总局统一部署，全系统组织开展了小型锅炉、快开门式压力容器和烘缸（筒）的专项整治；针对电梯、大型游乐设施等事故情况，组织开展了隐患排查；深入开展了“打非治违”行动。国家质检总局主动派出专家参与吉林“6·3”火灾等事故的应急处置与调查处理，得到了国务院安委会和国家安全监管总局的表扬与肯定；各地积极推动地方政府建立特种设备重大安全隐患挂牌督办制度。

三、推进安全监察职能转变

一是推进行政审批改革。国务院批准下放了特种设备改造许可和安全管理人员、作业人员资格认定等许可项目。国家质检总局拟定了《特种设备行政许可项目及实施主体》，进一步减少、下放行政许可项目；取消了特种设备出口产品强制监督检验，取消了起重机械、大型游乐设施制造监督检验。

二是推进检验机构改革。统一了对检验工作改革的认识，提出了检验工作改革的思路，制定了检验检测机构整合的初步方案，启动了检验检测机构改革相关配套制度的制修订工作。

三是推进电梯等监管方式改革。以电梯监管方式改革为突破口，不断推进特种设备监管方式改革。更换电梯使用标志，进一步明确了使用单位管理责任；联合商务部门，组织开展商业公共场所电梯安全监管；广东大力推进“明确电梯首负责任、构建电梯维保体系、推进电梯检验社会化、推广电梯责任保险”等改革措施，杭州、南京、广州等地建立完善“96333”应急处置平台；北京市推动相关部门出台住宅维修资金简化提取机制，促进老旧电梯更新改造。各地积极探索物联网技术在电梯、起重机械、气瓶等监管中的应用。全系统深入推进特种设备使用单位安全管理标准化和分类监管，不断推进不同设备、地区的分类监管。

四、服务经济社会发展

一是扎实开展节能监管工作。燃煤锅炉节能环保综合提升工程被列入国务院发展节能环保产业的重点任务。全系统认真开展锅炉节能标准执行情况监督检查，有效落实锅炉设计文件节能审查、锅炉型号定型测试、在用锅炉能效测试等工作任务。

二是努力服务地区经济发展。国家质检总局特种设备局将河南长垣县质监局作为党支部基层联系点，支持长垣起重机械产业聚集区质量提升活动；积极扶持和促进苏州吴江、湖州南浔等地电梯整机产业发展。上海局主动服务迪士尼乐园项目建设，浙江、河北等地质监部门不断推进压力管道元件集聚区质量提升活动。

五、不断加强基础建设

一是不断完善工作体系。确立了安全技术规范制修订规划，并取得突破进展；组织开展了客运索道应急救援现场演练。“十二五”国家科技支撑计划项目子课题稳步开展，全国特种设备科技协作平台的作用进一步发挥。各地积极推动将特种设备安全与节能工作纳入地方政府考核指标，不断推进安全监察机构的绩效考核。

二是不断加强队伍建设。国家质检总局组织开展了全国安全监察机构主要负责人培训班，各地不断完善省、市、县三级安全监察工作规范，加大对安全监察人员、装备的投入，安全监察能力进一步提升。国家质检总局和各省局扎实开展党的群众路线教育实践活动。

六、全面完成国务院安委会下达的事故控制指标

通过全系统的共同努力，全国未发生特种设备重特大事故，未出现重大负面影响事件，特种设备安全状况总体平稳。

2013 年，全国共发生特种设备事故 227 起、死亡 289 人、受伤 274 人，与 2012 年相比，事故起数减少 1 起，下降 0.44%；死亡人数减少 3 人，下降 1.03%；受伤人数减少 80 人，下降 22.60%。2013 年，全国万台设备死亡率 0.46、较 2012 年下降 11.03%，较好地实现了国务院安委会下达的万台设备死亡人数不超过 0.51 的控制目标。

电力安全监管工作

国家能源局电力安全监管司

一、电力安全监督管理工作总体情况

2013 年是国家推进机构改革和职能转变的关键时期。各级电力安全监管人员按照国务院安全生产工作的总体部署，认真履行安全监管职责，继续将“保人身、保电网、保大坝”作为工作重点，组织开展电力行业安全大检查、“安全生产月”活动和防范电力人身伤亡事故、电网安全风险管控、燃气机组运行安全、电力建设施工安全、网络与信息安全等专项监管工作，全力以赴做好四川芦山“4·20”强烈地震、甘肃岷县漳县 6.6 级地震、台风暴雨洪水的应急救援保电工作，在机构改革重组期间，各级电力安全监管队伍确保了人心不散、队伍不乱、工作不断。在与电力企业的共同努力下，2013 年全国没有发生重大以上人身伤亡事故，没有发生电力安全事故及较大以上设备事故，也没有发生水电站大坝漫坝、垮坝以及对社会有较大影响的电力安全事件，电力安全生产形势持续稳定好转，满足了经济社会发展和人民生活对电力的需求。

二、电力安全监管重点工作

（一）梳理完善规章制度

对照能源局“三定”方案和电力安全监管工作职责定位，对原电监会期间出台的 68 项电力安全监管规章和规范性文件进行了认真梳理，逐项落实制修订责任部门和工作时限。重点开展电力安全生产监管、水电站大坝运行安全监管、电力二次系统安全防护、电力可靠性监督管理、电力建设工程施工安全监督管理和电力工程质量监督管理等方面规章，以及配套规范性文件的制修订工作，为依法依规监管奠定基础。加强对取消的发电企业整体安全性评价、电力安全生产标准化达标评级审批、电力二次系统安全防护规范和方案审批、水电站大坝运行安全信息化和安全监测系统检查验收等四项职能的后续监管，印发《关于做好已取消电力安全监管审批事项有关工作的通知》，及时制修订管理制度，优化和规范工作程序，加强政务信息公开和信息披露，确保职能转变工作取得实效。

（二）强化电网安全风险管控

针对远距离大容量电能输送、交直流混联运行电网中存在的风险以及局部电网输电瓶颈、边远地区电网薄弱等问题，组织开展了电网安全风险管控专项监管工作，编制《2013 年电网安全风险管控分析报告》和《电网安全风险管控暂行规定》，全面梳理电网运行安全风险，从风险识别、分级、监视、控制等环节，建立电网安全风险全过程闭环管控常态机制。

（三）开展防范电力人身伤亡事故专项行动

认真落实国务院继续依法治理、强化“打非治违”工作部署，深入分析近年来电力人身伤亡事故情况，部署开展防范电力人身伤亡事故专项监管工作，开展电网企业、发电企业、电力建设项目反违章工作情况调研，通报人身伤亡事故等典型案例，编制完成了《关于防范电力人身伤亡事故的指导意见》，指导、规范电力企业人身伤亡事故防范工作。

（四）加强发电设备设施安全工作

针对近年来燃气机组事故频发情况，以遏制燃气发电机组事故多发为重点，部署开展燃气发电机组运行安全专项监管工作，编制《燃气发电安全监管报告》，披露燃气机组安全运行中存在的问题，提出措施建议，提高燃气机组安全运行水平；组织开展贮灰场安全等专项检查工作，提高设备设施安全水平；编制完成光伏发电站并网安全条件及评价规范，依规开展光伏电站并网安评工作；编制完成小水电发电机组并网安全条件及评级规范，简化小水电机组并网安评程序，有效开展小水电安全监管。

（五）加强电力工程质量监督管理和电力建设工程安全监管

针对新增加的电力建设工程质量监督工作，广泛开展调研，走访相关行业主管部委，了解其他行业工程质量监督工作管理方式，与财政部中编办进行沟通，明确了全国电力工程质量监督机构设置等问题，研究提出电力工程质量监督管理体制改革和经费解决方案。制定完成火电工程、输变电工程质量监督检查大纲，规范工程质量监督工作。深入开展电力建设工程施工安全专项监管工作，重点检查电力建设施工安全和燃煤发电企业脱硫脱硝系统改造施工安全。针对电厂脱硫、脱硝、除尘改造工程伤亡事故多发情况，印发了《国家能源局关于进一步做好脱硫、脱硝、除尘改造工程施工安全专项监管的通知》，通报发电企业脱硫、脱硝、除尘改造工程情况，提出改进措施和要求。

（六）组织开展电力行业安全生产大检查

按照“全覆盖、零容忍、严执法、重实效”的总体要求，全面部署开展电力行业安全生产大检查工作，建立安全大检查组织体系，建立信息交流工作制度，定期向国务院安委会报送工作信息。派出四个督查组，会同相关派出机构历时三个月，分三个阶段督查了 17 个省（直辖市）的电力企业 87 家，约谈电力企业总部 6 家，区域电力企业 63 家，对 240 多家电力企业进行通报；大检查期间全国 1500 多家电力企业排查隐患 48123 项，整改 42499 项，整改率达 88.45%，工作成效显著。参加国务院 4 个督查组工作，对上海、浙江、福建、山西、内蒙古、宁夏、广西、云南 8 个省份的生产经营单位进行安全督查；牵头组织了天津、河北、湖北、贵州等省的石化企业石油库安全、建设工程预防坍塌事故、金属非金属矿山整顿专项督查，深入督查单位看真相、查问题、挖隐患、促整改，检查工作得到了国务院安委会的充分肯定。

（七）开展电力行业迎峰度夏和防洪度汛工作

为做好电力行业迎峰度夏和防洪度汛工作，印发《关于做好 2013 年电力防汛工作的通知》和《国家能源局综合司关于开展 2013 年电力行业迎峰度夏和防洪度汛安全检查工作的通知》，全面部署开展电力行业迎峰度夏和防洪度汛工作，加强对电力设备和水电站大坝防洪度汛工作的监督检查，积极开展汛期台风、暴雨、洪水等恶劣气候的应急救援保电工作，发布 10 次灾害预警，成功应对 3 次较大地震灾害，9 次台风灾害和夏季洪涝、高温、干旱等自然灾害，加强信息报送和灾后评估，保证了迎峰度夏和汛期电力系统安全稳定运行和电力可靠供应。

（八）有序推进安全生产标准化达标评级工作

按照国务院关于安全生产标准化工作的总体要求，继续推进发电企业安全生产标准化达标评级，组织编制了小型发电企业安全生产标准化达标管理办法，规范小型发电企业标准化达标工作；开展了部分已达标的发电企业的突击性检查，保证达标工作效果。稳步推进电网企业安全生产标准化达标评级工作，公布标准化评审机构和现场评审人员名单，督促指导输电企业和地市级以上供电企业做好自查自评和现场评审各项工作。总结电力建设项目达标评审工作经验，开展了电力建设施工企业、勘测设计企业的安全生产标准化规范及达标评级标准制定和试评审工作，为电力施工企业标准化达标评级工作奠定基础。根据国务院机构改革和职能转变要求，对《电力安全生产标准化达标评级管理办法》和《电力安全生产标准化达标评级实施细则》进行修订完善，印发《关于电力安全生产标准化达标评级修订和补充的通知》，进一步规范达标评级工作进行。向银监会、证监会、保监会等有关单位通报 2012 年达标的电力安全生产标准化一级企业名单。截至目前，全国共有 500 多个电力企业和电力建设项目实现安全生产标准化达标，另有约 500 个企业和建设项目的达标工作正在进行中，有 700 多个企业和建设项目正在前期准备中。

（九）做好电力应急管理和重大活动保电工作

为了加强应急制度和体制机制建设，编制印发了《关于加强地质灾害防范工作指导意见》，起草了国家能源局重大突发事件应急响应工作制度，做好能源局防灾减灾应急工作小组办公室工作，制定相关工作规则。配合国务院应急办继续组织修订《国家处置电网大面积停电事件应急预案》，加强应急联动，防范电网大面积停电。联合国家煤矿安监局开展了煤矿重要电力用户供电电源及自备应急电源监督管理调研工作，为下一步指导规范性监管措施打下良好基础。完成了15个派出机构区域《电力行业反恐怖防范标准（试行）》的宣贯，促进电力企业规范开展反恐怖防范工作。会同信息中心大力推进安全监管信息建设，共同参加国家安监总局牵头的电力安全生产监管信息化工程建设并取得阶段性成果。

（十）加强水电站大坝安全监管

强化水电站大坝安全监管，在国务院行政审批下放和取消过程中，研究并提交关于保留“水电站大坝安全注册”行政审批的有关意见和建议材料，将此项工作由非行政许可行政审批项目转变为行政许可审批项目。公布了全国水电站大坝运行单位安全责任人名单，进一步完善水电站大坝安全责任制，确保大坝运行安全和社会公共安全；对未注册（备案）的水电站大坝情况进行了通报，督促未注册（备案）的水电站大坝限期完成注册（备案）工作；加强丰满水电大坝重建工程安全监管，召开了丰满大坝重建工程安全工作会议，明确了工作措施和要求；继续督促白云、浮石、下六甲水电站安全隐患治理工作，强化挂牌督办，落实防洪度汛等各项措施要求；加强水电站大坝安全监管国际交流，组织开展了赴美国、瑞士等地的学习和经验交流活动。

（十一）开展电力可靠性监督管理工作

认真开展可靠性评价和数据核查工作，在以往对30万千瓦、60万千瓦机组和城市供电可靠性评价的基础上，开展了对百万千瓦机组和含农村的全口径供电评价，引导可靠性管理由传统优势领域向薄弱领域延伸，形成了对供电企业可靠性的完整、客观考评；召开了电力可靠性指标发布会，公布2012年度火力发电可靠性金牌机组和供电可靠性金牌企业，发布2012年度全国电力可靠性指标，促进可靠性统计信息共享以及可靠性技术手段和指标在电力安全生产中的应用；开展供电可靠性调研，强化数据准确性管理；发布直流输电系统、抽水蓄能、燃气机组可靠性分析等专项分析报告，强化可靠性数据在设计、选型、生产、营销等环节的指导作用。

（十二）开展电力行业“安全生产月”活动

认真落实七部委文件精神，印发了《国家能源局综合司关于开展2013年电力行业“安全生产月”活动的通知》，举办了电力行业“安全生产月”启动仪式，部署开展“安全生产月”活动。期间，组织开展了以“学习安全法规，落实安全责任”为主题的第三届全国电力安全生产知识网络竞赛活动，吸引了1万余家单位、32万人次参与，有效普及了安全生产知识，促进了电力安全法规标准的学习应用。开展“强化安全基础、推动安全发展”主题征文活动，连续在《电力报》刊登入选征文70余篇，调动了广大干部职工参与安全生产的积极性和主动性，营造了有利于安全生产的良好氛围。组织开展电网抗冰技术经验交流会，对电网差异化设计和改造、冰灾监测预警、受灾情况下的电网运行管理、除冰与融冰技术、抗冰应急管理等方面内容进行研讨交流，形成加强电网抗冰能力技术经验交流会论文集，推广成功经验，提高电网抵御雨雪冰冻等自然灾害的能力。

国防科技工业安全生产工作

国家国防科技工业局安全生产与保密司

2013 年，国防科技工业安全生产工作按照习近平总书记、李克强总理等中央领导同志的重要指示精神，紧紧围绕国务院安委会的统一部署和局领导的指示要求，大力狠抓四项重点工作落实，全面开展安全生产大检查，积极推进安全生产标准化达标建设，认真组织重大危险源梳理摸底，圆满完成了年度计划的各项工作任务。全年共发生武器装备科研生产事故 4 起、死亡 4 人，没有发生较大以上事故，安全生产形势保持平稳。

一、强力推进四项重点工作

国防科工局紧密结合国防科技工业实际，扎实推进“安全闭环管理、杜绝违章作业、开展班组达标、签订零死亡责任状”四项重点工作，将四项重点工作执行率作为军工单位的重要考核指标。规范安全技术说明书编制及交付流转工作，落实闭环管理事项和安全责任制；各军工单位建立违章行为数据库，完善检查和奖惩制度，提高反违章能力；将辨识岗位风险和执行危险作业审批流程作为班组建设重点，不断强化班组安全管理，推进班组达标工作；组织各军工集团层层签订零死亡责任状 60 余万份，覆盖面达到 100%。

二、大力开展安全生产大检查工作

按照国务院部署和局领导指示，结合军工系统特点，确定了 8 类共 48 项重点检查内容，印发了《国防科工局关于集中开展军工系统安全生产大检查的通知》(科工安密〔2013〕736 号)。由局领导和各军工集团领导带队，全面深入开展安全生产大检查和交叉检查，共排查整改隐患 8 万余项，向全行业实名通报 24 家存在突出问题的单位，起到了很好的督促警示作用。大检查期间，国防科工局向国务院安委办上报了 14 期工作简报，并按期上报月度报告和工作总结。国务院安委办印发的《全国安全生产简报（安全生产大检查专刊第 18、80、129 期)》选登了国防科工局报送的大检查工作信息。

三、扎实推进安全生产标准化建设

国防科工局多次组织行业内专家、集团公司和评价机构有关人员召开军工系统安全生产标准化工作推进会，明确工作目标和要求，开展考评标准和机构的审核工作，加强评审人员培训，先后核准了 10 套军工标准和 37 家评审机构，培训了 2000 余名具有高级职称的评审人员。为进一步规范考评程序和要求，国防科工局印发了《军工系统安全生产标准化考核评级办法释义》，为军工系统安全生产标准化工作有序开展奠定了坚实基础。经过全行业各部门、各单位的共同努力，军工系统安全生产标准化建设工作有序、高效开展，2013 年达标单位共计 310 家，提前完成了年度达标率 40% 的工作目标。

四、开展重大危险源（点）和 10 人以上危险作业场所调查摸底

为了全面掌握军工系统开展重大危险源（点）和 10 人以上危险作业场所的数量、分布、类型及防控措施，国防科工局印发了《关于开展军工系统重大危险源（点）和 10 人以上危险作业场调查摸底工作的通知》(科工安密〔2013〕497 号)，组织开展重大危险源摸底统计工作，核准全系统共有重大危险源点和 10 人以上危险作业场所 1061 处，完善了军工企业、集团公司和国防科工局三级数据库。在调查摸底工作的基础上，国防科工局组织召开国防科技工业重大危险源审查及安全管理研讨会，研究制定了标准化、信息化“两化”管理工作思路，为进一步加强监管、遏制重特大事故发生打下良好的基础。

五、开展“安全生产月”活动

按照国家安全监管总局等七部委的统一部署，

国防科工局印发了《关于印发2012年国防科技工业“安全生产月”活动方案的通知》(科工安密〔2012〕330号)，各部门、各单位积极响应，开展了主题突出、内容新颖、形式多样、各具特色的活动，强化了安全理念和安全意识，弘扬了安全文化，营造了浓厚的安全生产氛围。“安全生产月”活动期间，军工系统各部门、各单位共发表文章、论文1200余篇；组织各种会议和专业培训7000余场（次），参加人员45万人次以上；组织开展应急救援演练5500次以上，参加演练的人数达15.6万余人；共组织安全检查1万余次，整改隐患1.1万余项。在全国“安全生产月”活动表彰大会上，国防科工局被评为“安全生产月活动先进单位”和“安全生产月活动优秀组织单位”，连续三年受到表彰。同时，还有9家军工单位获奖。

六、调整充实安全生产专家库

为加强国防科技工业安全生产监督检查和业务研究工作，充分发挥系统内专业骨干的作用，国防科工局印发了《关于调整充实国防科技工业安全生产专家库的通知》(局安密函〔2013〕151号)，对国防科技工业安全生产专家库进行调整充实。专家库分为综合管理，试验管理（发射、飞行试验、试飞、试航、试车等），火工弹药（含固体/液体推进剂、危险化学品及有毒有害物质等），机电工程（机械、电气和特种设备等),工程建设和作业环境,职业卫生等6个专业组。在各工办、各军工集团公司推荐意见的基础上,审核公告了218名专家。

七、持续强化安全生产培训工作

国防科工局认真贯彻《国务院安委会关于进一步加强安全培训工作的决定》，严格落实年度培训计划，深入了解培训需求，精心组织多位专家编写培训教程和授课大纲，严肃学习纪律和考试流程，确保培训质量。全年共组织21期安全生产管理培训班，共培训有关军工单位主管领导、安全生产管理人员共1580人，提高了各类人员的安全生产责任意识和管理能力。在做好培训工作的同时，国防科工局在每次期培训班结束后均向全体学员征求意见，不断提高培训工作水平。

第十部分

各省、自治区、直辖市及计划单列市安全生产工作

北京市安全生产工作综述

一、安全生产总体情况

2013年，全市共发生道路交通、生产安全、火灾、铁路交通死亡事故937起，死亡1032人，同比分别减少45起41人，下降4.6%和3.8%。其中：发生生产安全死亡事故91起，死亡95人，事故起数同比增加8起，上升9.6%，死亡人数同比减少4人，下降4%；发生道路交通死亡事故791起，死亡860人，同比分别减少54起58人，下降6.4%和6.3%（其中生产经营性道路交通事故193起214人）；发生火灾死亡事故32起，死亡53人，同比增加8起27人，分别上升33.3%和103.8%（其中生产经营性火灾事故4起15人）；发生铁路交通死亡事故23起，死亡24人，同比减少6起5人，分别下降20.7%和17.2%；未发生农业机械死亡事故。2013年，全市亿元地区GDP生产安全事故死亡率为0.058，工矿商贸企业从业人员10万人生产安全事故死亡率为0.94，道路交通万车死亡率为1.58，煤矿百万吨死亡率为0.40。均控制在国务院安全生产委员会下达的指标范围内，全市安全生产形势总体稳定受控。

二、安全生产重点工作

（一）认真学习贯彻党的十八大精神和贯彻落实北京市委十一届一次、二次全会有关安全生产工作的部署和要求

全市各区县、各有关部门深入学习贯彻党的十八大和北京市委十一届一次、二次全会精神，2013年2月，分别召开了全市安全监管监察系统会议和全市安全生产工作会议对党的十八大和北京市委十一届一次、二次全会精神进行贯彻部署。结合实际，进一步明晰了区县、行业年度安全生产工作思路和重点。制定并下发了年度工作要点和年度执法计划，下达了全年安全生产控制指标，就安全综合监管、道路交通、建筑施工安全和职业卫生监管等，相继召开会议，研究部署相关行业领域的安全生产工作。各区县结合地区安全生产工作实际，制定了2013年年度重点工作任务，细化具体工作落实措施，坚持将安全生产纳入区县政府年度工作目标，明确责任分工，健全各种保障和考核奖惩机制。

（二）坚持顶层设计，大力加强法规制度建设

1. 北京市安全生产“一岗双责”暂行规定发布实施

2013年12月6日，市政府印发了《北京市安全生产“一岗双责”暂行规定》（京政发〔2013〕38号）（以下简称《规定》）。《规定》明确各级政府主要负责人是本地区安全生产工作第一责任人，对本行政区域安全生产工作全面负责，担任本级安全生产委员会主任，每季度研究部署隐患治理重点工作，定期深入基层开展督促检查和专项整治工作，发生事故时组织指挥救援和善后处理工作。同时明确各级行业部门和国有企业主要负责人是本部门（行业领域）安全生产工作的第一责任人，对本部门的安全生产工作全面负责，并列入年度绩效考核。严格安全生产事故问责，对于履职不到位、

因工作失职、渎职而发生安全生产事故的，进行责任倒查，依法追究有关人员和领导的责任。

2. 制定发布三个地方标准

一是发布了《地下有限空间作业安全技术规范第2部分：气体检测与通风》（DB 11/852.2—2013）。这是在第1部分基础上对于气体检测与通风方面的进一步的细化、明确和补充，重点解决如何操作能够实现第一部分的要求的问题。规定了地下有限空间气体检测和通风作业具体的安全技术要求，主要适用于电力、热力、燃气、给排水、环境卫生、通信、广播电视等设施涉及的地下有限空间常规作业及其管理。其他地下有限空间作业可参照本部分执行。共包括5个部分，分别为范围、规范性引用文件、术语与定义、气体检测和通风。经北京市质量技术监督局批准，于2013年5月1日起实施。二是发布了《机动车维修场所职业卫生技术规范》（DB 11/947—2013）。这是在全国首次对机动车维修场所职业卫生进行规范，规定：机动车维修企业建设中，凡产生职业病危害的工艺和设备都应设置职业病危害防治设施，使用新工艺、新化学品时应进行职业病危害因素辨识和评估。维修所使用的漆料、油料等原辅料产品质量，应遵循无毒产品代替有毒产品，低毒产品代替高毒产品的原则进行选择。机动车维修企业每年还应至少对维修场所进行1次职业病危害因素检测，定期进行工作场所监测，还要为接触职业病危害因素的作业人员建立职业健康监护档案，不应安排有职业禁忌症的作业人员从事所禁忌的作业或相关作业。经北京市质量技术监督局批准，于2013年5月1日起实施。三是发布了《液氨使用与储存安全技术规范》（DB 11/1014—2013）。规定了液氨使用与储存的一般要求、安全技术要求和特定场所安全要求。共包括6个部分，分别为范围、规范性引用文件、术语和定义、一般要求、安全技术要求和特定场所安全要求。经北京市质量技术监督局批准，于2014年2月1日起实施。

3. 行政审批制度改革取得重要进展

成立了行政审批制度领导小组及办公室，全面梳理许可事项和政策法规依据，研究确立全局行政审批事项，制定了《北京市安全生产监督管理局行政审批工作管理暂行办法》《北京市安全生产监督管理局行政许可事项办理暂行规定》两个重要文件。建立了行政审批处，规范了行政审批工作秩序，设立的行政许可大厅已于2013年6月正式对外办公，行政许可专门处室、专门人员开始履行职责，网上许可办理信息系统也已基本建成运行。

4. 完成了安全生产“十二五”规划中期评估

针对规划提出的目标和任务，完成了规划实施情况中期评估。规划中7项相对指标有序推进、稳定受控，各项重点工程大多数已开工建设，部分建成投入使用，投入资金4.27亿元，投资效益初步显现。

（三）坚持并不断强化创新意识，着力构建安全生产长效监管工作机制

1. 安全生产委员会机制运行顺畅

制定《安委会议事规则》，规范了工作程序、工作内容和工作方法；市安委会每年平均召开20多次安委会会议或专题会议，部署重大行动，研究解决重大疑难问题，推动了“隐患排查治理专项”“安全生产大检查”“餐饮场所燃气安全专项整治”等活动。制定《安全生产形势分析制度》，开展形势分析和风险预测预断，有针对性地指导行业和区县安全监管工作；目前，各级安委会得到充实加强，议事协调、综合调度和考核奖惩作用不断强化。安全生产综合监管、行业和专项监管、属地监管相结合的监管体系基本形成，安全生产综合监管机制基本建立。

2. 安全生产综合监管工作格局不断完善

近年来，北京市安全监管局和各区县局通过积极探索创新，安全生产综合监管的方式方法和手段途径更加科学、更加有效。在坚持和巩固综合监管成熟做法的基础上，进一步强化了安委会的综合调度和指导监督作用，研究制定了安全生产综合监管工作指导意见，进一步明确了综合监管的基本要素、工作模式和责任体系，完善了12项综合监管工作制度。在深化对区县政府综合考核的同时，开展了对市政府有关部门的综合考核，并将考核结果与评优评先挂钩，有力地推动了各行业监管（管理）职责的落实，为全市安全生产形成齐抓共管的工作格局奠定了基础。2013年，北京市安全监管局充分发挥综合监管在城市运行安全监管中的作用，结合年度重点执法计划，部署了安全生产大检查以及燃气、建设领域、交通、商品交易市场等13项专项治理行动，取得了显著成效。通过商品

市场安全专项整治，约谈了丰台大红门地区商品市场的属地政府、19家连锁经营企业负责人，推动了动物园地区、大红门地区市场经营业态的升级调整和外迁；相继开展了管道燃气、京港地铁和农村领域建设施工等行业领域的安全管理调查评估工作，一方面找出政府安全监管层面存在的问题，另一方面针对监管空白明确了相关领域安全监管职责以及监管重点和措施，逐步破解影响首都城市运行安全的监管难题。

3. 拓宽群防群治领域，畅通广大市民参与安全生产工作的渠道

2009年底，北京市安全监管局在全国率先开通"12350"安全生产举报投诉电话。电话开通以来，为有效打击安全生产领域非法违法生产经营行为，及时发现安全生产事故隐患，减少事故发生，发挥了重要作用。2013年，市、区两级举报投诉部门共接听市民来电44976个，其中12350举报中心接听电话12804个，收到群众举报3207件，受理有效举报2978件，立案查处2978件，立案查处率100%。接收咨询建议9697件，均已进行了及时办理和回复。

（四）深化重点行业（领域）安全专项整治，年度重点执法计划全面完成

1. 矿山安全监管监察迈上新台阶

向京煤集团派驻安全督查工作组，开展"京西煤矿安全生产保障行动"，各矿井5大系统建设基本完成，机械化水平、信息化建设、矿山无废化治理等方面有了进一步提升；印发《关于进一步深化金属非金属矿山专项整治工作的通知》，持续推进非煤矿山整合关闭，淘汰了一批安全生产条件差的非煤矿山企业，持续推进非煤矿山"安全·和谐"示范矿山建设。

2. 危险化学品和烟花爆竹安全监管科学化、精细化水平得到新的提升

以提高准入门槛，突出动态管理，强化现场审核为重点，修订了危险化学品生产经营许可办法，对1413家危险化学品生产经营单位集中开展专项整治和执法检查。组织开展了危险化学品、涉氨制冷企业、输油燃气管线专项整治工作，成品油库、加油站本质安全水平得到了提升。在烟花爆竹安全管理中积极创新，零售网点实施视频监控、批发仓库运用物联网技术对产品进行流向监控，建立并推行烟花爆竹安责险制度，烟花爆竹安全监管水平不断提高。

3. 职业卫生监管进一步深化

会同市卫生局、人力社保局、总工会等部门，针对用人单位和接触职业病危害的从业者，组织开展了《职业病防治法》宣传周系列宣贯活动，提高广大从业者对职业病防治工作重要意义的认识；印发《北京市安全生产监督管理局关于加强职业卫生培训工作的通知》（京安监发〔2013〕26号），要求2013年用人单位主要负责人和职业卫生管理人员培训率要达到90%以上；组织全市70余名职业卫生监管干部进行了专题培训，提升了职业卫生监管干部的业务素质，为履行新的监管职能奠定了基础；强化执法检查，2013年，全市共检查存在职业危害的用人单位进3650家次，下达执法文书3249份，查出职业危害隐患4711项，处罚金额160.415万元。

（五）加大安全生产执法和事故查处力度，促进安全生产各项措施的落实

1. 执法检查计划任务圆满完成

通过制定并组织实施安全生产执法检查计划，以计划统筹引领安全生产执法工作的新格局初步形成。市局和各区县按照各自的执法计划开展工作，参与执法的市属部门单位达30个，检查范围涉及危险化学品、建筑施工、人员密集场所等10多个行业领域。2013年，全市安全生产监管监察系统检查各类生产经营单位88487家，发现隐患131295个，整改121867个，下达行政执法文书113186份。其中：限期整改58259个，强制措施决定书522份，处罚4442次，罚款2311.72万元。

2. 安全生产大检查圆满完成

贯彻习近平总书记要求和市委市政府工作部署，按照"全覆盖、零容忍、严执法、重实效"的要求，全市集中开展了安全生产大检查工作。这次大检查，市委市政府高度重视，郭金龙书记和王安顺市长均做出重要批示，先后6次会议研究部署大检查工作。市安委会成立了17个督查组，每月对各区县大检查情况开展一次督查。大检查期间，全市共组织检查组41798个，监督检查单位187265家，整改隐患217051项。共责令改正违法行为80669起，责令停产停业单位2366家，暂扣吊销许可证125个，关闭企业980家，罚款3251万元。

通过大检查，有力地打击了非法违法生产经营建设行为，安全生产事故得到有效遏制，本质安全水平得到了大幅提升。

3. 落实事故查处，有效打击了安全生产不法行为

修订了《北京市生产安全事故统计报告制度》，制定了《北京市生产安全事故责任追究工作联席会议暂行办法》，严肃事故责任追究。2013年，市、区（县）严格按照“四不放过”和“依法依规、实事求是、注重实效”的原则查处每一起生产安全事故，并将事故调查处理情况及时向社会公布。全年，共查处生产安全事故59起，结案30起，移送司法机关追究刑事责任23人，行政罚款398.5万元。

（六）加强安全生产基础工作，全面提升安全保障能力

1. 安全生产标准化达标创建活动稳步推进

印发《北京市人民政府办公厅关于进一步推进企业安全生产标准化建设工作的意见》，明确了“政府推动、行业指导、企业主体、社会参与”的标准化工作指导原则，建立了工作制度和评审体系，研发了达标创建管理信息系统，全市标准化建设工作格局初步形成。目前，各区县和广大企业对安全生产标准化工作认识统一，行动积极，成效明显。2013年，全市标准化达标企业数量已达8538家，其中：一级标准化企业17家，二级标准化企业287家，三级标准化企业3305家，小微企业达标4929家。

2. 安全生产信息化建设取得积极进展

安全生产信息化“京安工程”基本建成。依托全市电子政务专网等信息化基础设施，构建起了3级网络、4级平台，实现了与行业、属地、企业的互联互通。隐患自查自报、执法检查、投诉举报、综合指标等13个业务系统基本建成；结合监管实际，制定了一整套安全生产信息化建设和管理的标准、规范和制度，保证了信息化建设和应用的有序开展。

3. 安全生产应急救援管理工作逐步规范

编制了《北京市安全生产监督管理局生产安全事故应急救援物资储备和使用管理办法》，加强应急救援物资的管理；印发《北京市生产安全事故应急预案备案程序》，对生产经营单位应急预案备案管理工作进行了规定和要求；与市公安局消防局建立了北京市突发危险化学品事件应急联动工作机制，签订了《关于建立生产安全事故应急救援联动机制的会议备忘录》。与市民防局建立了应急移动指挥通信系统联动工作机制，提升救援现场处置能力；积极推进属地政府重大危险源“一对一”应急预案编制工作，加强企业预案与政府相关应急预案的衔接，完善安全生产应急预案体系建设；开展企业专兼职应急救援人员培训和演练，提升应急救援队应急反应和抢险救援能力。

4. 安全生产培训考核不断规范

根据特种作业考核管理的现状，认真调研，深入研究，进一步调整改进了本市特种作业培训考核管理工作机制。全面推行特种作业理论计算机考试，提高考试的科学性。2013年，共完成各类人员安全培训近29万人次。在培训对象方面，完成了670名煤矿、非煤矿山主要负责人和安全管理人员的安全培训；完成了3460名危险化学品、烟花爆竹单位负责人及安全生产管理人员的安全培训；完成了135891人特种作业取证、复审培训和考核；举办了区县局级领导干部、处级干部、科级干部和执法行为规范等14期培训班，培训2200人次。

（七）深入开展宣传教育，关爱生命、关爱健康的氛围不断浓厚

1. 把握舆论导向，加大宣传力度

组织北京电视台、《北京日报》等新闻媒体，围绕“职业病防治”“突查网吧安全隐患”“防汛安全”等工作进行宣传报道。策划开展了“安全生产走基层”集中采访活动，宣传基层安全监管组织和企业一线在安全生产制度建设落实，方法手段创新、科技应用研发等方面取得的显著经验和成果。充分运用北京电视台《大家说法》安全生产专题节目、城市服务管理广播《安全新干线》栏目、《北京日报〈安全生产视点〉》等平台，持续巩固安全生产宣传阵地。2011年，率先在全国安监系统开通“北京安监”官方微博，搭建起与市民沟通交流的平台。共计发布博文1772篇，收到网友转发、评论共计9539条，粉丝数量合计572278人。

2. 创新宣传机制，扩大宣传覆盖面

深入开展主题为“强化安全基础，保障城市运行安全”这一具有首都特色的安全月活动。把

市应急办、市民防局纳入北京市安全月活动组委会，联合12部门制定了《2013年北京市安全生产月活动方案》以及《安全生产月活动考核办法》。举办了北京市安全生产月宣传咨询日、大型公开课、“安全在我身边”巡回演讲和“直击安全现场活动”等活动。组织开展了专业性和综合性应急演练，提高了专业救援能力以及公众和从业人员的自救意识和自救常识。

3. 安全文化示范企业和安全社区建设步伐加快

目前，评选出市级示范企业36家，推荐国家级示范企业14家。全市已建成安全社区43个，其中，“全国安全社区”38个，“国际安全社区”22个。

（八）深入开展党的群众路线教育实践活动

贯彻落实中央和市委的总体部署，北京市安监局从2013年7月中旬开始，在全局范围内深入开展了党的群众路线教育实践活动。按照“照镜子、正衣冠、洗洗澡、治治病”的总体要求，以为民务实清廉为主要内容，以领导班子和领导干部为重点，以创建“五型机关”和“争做安全发展忠诚卫士，创建为民务实清廉安监机构”主题实践活动为载体，严格按照“学习教育、听取意见”“查摆问题、开展批评”“整改落实、建章立制”3个环节，抓好各项工作的落实，北京市安监局教育实践活动取得积极成果：

一是对照要求，从行政管理、财务制度、会议制度、执法效能、人事制度等方面进行认真的对照检查，开展了检查督办，在会议、印刷、公务接待、车辆管理、出国（境）管理等方面制定了更严格的实施细则。

二是严格执行严禁公款吃喝、严禁违规收受赠送礼品等“七个严禁”，全面清退会员卡并实行零报告制度，狠刹中秋、国庆公款送月饼送节礼等不正之风。

三是坚持深入一线，进一步转变作风。局班子成员带队执法轻车简从，坚持“四不两直”的方式，不发通知、不打招呼、不听汇报、不用陪同和接待，直奔基层、直插现场，确保每次督查和执法取得实效。

四是制定整改落实方案。制定了《局领导班子整改方案》的研究起草工作。方案根据反“四风”改作风推进安全生产工作3方面整改事项，确定了3项整改任务19条措施，明确了每项任务措施的责任领导、责任单位和完成时间，确保具体可行。

五是强化制度建设。从改进作风入手，制定了《改进作风制度建设计划》，对已有制度进行全面梳理，提出废、改、立。强化制度建设工作安排，明确了主要任务、工作分工、时间安排和具体要求。

天津市安全生产工作综述

一、安全生产总体情况

2013年，天津市委、市政府高度重视安全生产工作，市委书记孙春兰每次会议都要强调安全生产工作，一年以来先后3次召开市委常委会议，听取安全生产工作汇报，对安全生产工作提出了一系列明确要求。市委副书记、市长黄兴国每个季度都要召开市政府常务会议研究安全生产工作，青岛黄岛输油管爆炸事故发生后，又专门召开市长办公会议专题研究安全生产工作。分管安全生产工作的何树山副市长定期组织召开安委会扩大会议或专题会议，对当前工作进行具体部署，并多次亲自带队，深入企业和基层单位检查指导安全生产工作。全市上下认真贯彻落实国家安全监管总局和市委、市政府关于安全生产工作的指示精神，以落实安全生产责任制为主线，以深入开展安全生产大检查和“打非治违”专项行动为抓手，积极推进各项安全生产措施落到实处，保持了全市安全生产形势的基本稳定。2013年全市共发生各类（工矿商贸、生产经营性道路交通、铁路交通、农业机械）死亡事故366起、死亡410人；同比：事故起数减少20起、下降5.18%，死亡人数减少26人、下降5.96%；占全年控制指标的89.71%，在控制指标进度目标之内，少47人。没有发生重大以上安全生产事故。

二、安全生产重点工作

（一）狠抓安全生产责任制落实

2013年初，组织召开了全市安全生产工作会议，16个区县政府和16个市政府部门向市长递交了安全生产责任书。全市各级各部门认真贯彻落实《天津市安全生产责任制规定》，各区县与所属部门及街镇、各街镇与所属企业层层开展了安全生产责任状签订活动，将安全生产责任落实到基层。市安委会办公室分解下达了2013年安全生产控制考核指标。组织对16个区县政府、16个市政府有关部门以及国资委所属各集团公司2012年度安全生产责任制落实情况的考核，各地区、各部门安全生产责任制落实情况较好。

（二）深入开展安全生产隐患排查和“打非治违”专项行动

按照市委、市政府领导的指示要求和国家安全监管总局深入开展隐患排查治理行动的部署安排，突出春季、暑期、冬季和节日等重点时段，对全市危险化学品、建筑施工、人员密集场所、特种设备等重点行业领域开展了全面的隐患排查治理。市安委会先后组织开展了预防硫化氢中毒、防施工坍塌以及涉氨企业、石油库、液化气钢瓶、成品油LNG等专项督查检查活动，青岛“11·22”油气管道特别重大事故后，迅速开展了油气及危险品长输管线专项整治，防止同类事故在我市发生。据统计，一年来全市各相关部门共检查企业119130家次，发现一般事故隐患236018项，已整改228529项，发现重大隐患376项，已整改317项，落实隐患治理资金6.16亿元。同时，全市各级、各部门以危险化学品、非煤矿山等行业和领域为重点，认真开展了严厉打击非法违法生产经营建设行为的专项行动，责令停产、停业、停止建设723起，关闭非法违法企业167家，行政拘留49人，共处罚款2449.8万元。

（三）强力推进全市安全生产大检查

吉林德惠“6·3”特大火灾事故后，天津市安监局按照“全覆盖、零容忍、严执法、重实效”的总要求，在全市范围内开展了安全生产大检查。各区县、各部门、各单位党政一把手和分管领导亲自带队，采取“四不两直”（不发通知、不打招呼、不听汇报、不用陪同和接待，直奔基层、直插现场）的方式，深入一线暗查暗访，督促企业排查治理隐患。大检查期间，全市共组织督查检查组21415个，参加检查人员177921人次，监督检查企事业单位和场所113609家，责令改正、限期整改、停止违法行为共104629起，责令停产、停业、停止建设的共1075家，关闭非法违法企业150家，共处罚款2078.71万元。

（四）持续开展重点行业安全标准化和分级分类工作

不断加快全市危险化学品和冶金等工贸企业安全生产标准化的推进速度，在持续推动A类危险化学品企业达标和升级的同时，加大B类危险化学品企业开展三级安全生产标准化达标推动的力度；制定了工贸企业、油气开采等行业的标准化实施方案及行业标准，推动各重点行业安全标准化不断深化。加强对重点行业的分级分类和差异化监管，对危险化学品、冶金、涉氨等重点行业企业开展了分级分类。截至发稿时，全市已完成危化品企业分级分类1542家，确定优等企业248家，良等企业562家，中等企业593家，差等企业139家；冶金和涉氨等企业的分级分类也已完成165家。同时，加大了对标准化不达标企业和中、差等高危企业的执法检查力度，迫使部分差等企业改造升级或退出高危行业。

（五）努力构建安全生产长效机制

结合党的群众路线教育实践活动，市安委会制定完善了《天津市安全生产重大隐患挂牌督办暂行办法》《天津市生产安全事故查处挂牌督办办法》等一系列制度和措施，对重大隐患进行市、区两级挂牌督办，对2人以上死亡或多人重伤、有迟报瞒报情节事故和社会影响较大的事故进行挂牌督办，完善和规范安委会的运行机制。同时加强和创新安全监管手段，大力开展安全监管的标准化、信息化建设，在津南区召开现场会，推广安全生产信息化管理的经验，利用信息化监管系统和企业隐患自查自报机制，提升安全监管效能。

（六）加强安全生产宣传培训工作

组织开展了“安全生产月”、安全生产咨询日、“安康杯”等一系列宣传教育活动。向社会发放各类宣传资料35万余套；组织应急演练1300余次；在电视、广播等媒体插播安全生产公益广告，在机关楼宇和社区 LED 屏播放安全警示语，邀请媒体记者在我市安全生产大检查期间，进行随行采访报道。加强对企业重点人员的培训教育，共计培训特种作业人员 74783 人，生产经营单位主要责任人 8487 人，安全管理人员 24956 人。同时强化领导干部和安全监管人员的培训教育，聘请国内知名专家，组织开展了面向各区县分管负责同志及安监干部的安全生产系列专题讲座。

河北省安全生产工作综述

一、安全生产总体情况

2013 年，全省事故总量保持平稳下降，较大事故下降，但部分行业事故多发，部分地区事故反弹，重大事故仍有发生。

（一）全省安全生产总体情况平稳

2013 年，全省事故总量和死亡人数双下降。共发生各类事故 9886 起，同比减少 60 起，下降 0.6%；死亡 2895 人，同比减少 3 人，下降 0.1%；受伤 4220 人，同比减少 207 人，下降 4.7%；造成经济损失 25625 万元，同比增加 6135 万元，上升 31.5%。发生较大事故 26 起、死亡 112 人，同比减少 2 起、8 人，分别下降 7.1% 和 6.7%。发生重大事故 1 起，同比持平，死亡 13 人，同比减少 16 人，下降 55.2%。未发生特别重大事故。自 2 月以来，全省事故起数和死亡人数连续 11 个月保持了双下降。从 2013 年事故月份分布情况看，12 月事故起数和死亡人数最多；2 月事故起数和死亡人数最少。从各市情况看，保定事故最多，邯郸死亡人数最多；秦皇岛事故起数和死亡人数均最少。其中，12 月全省共发生各类事故 1081 起，同比增加 69 起，上升 6.8%；死亡 293 人，同比减少 41 人，下降 12.3%。发生较大事故 5 起、死亡 22 人，同比增加 3 起、13 人，分别上升 150% 和 144.4%。与 11 月相比，12 月全省事故起数环比上升 32%，死亡人数环比上升 45.8%。

（二）多个行业（领域）事故下降

2013 年，全省煤矿、道路交通、农业机械和冶金有色建材行业（领域）事故起数和死亡人数同比双下降，事故起数分别下降 4.3%、1.6%、25% 和 10%，死亡人数分别下降 7.9%、0.04%、37.2% 和 3.4%；烟花爆竹事故起数同比下降 25%，死亡人数同比持平；金属与非金属矿事故死亡人数同比下降 7.1%；危险化学品事故死亡人数同比下降 69%。

（三）全省较大事故下降

2013 年，全省较大事故起数和死亡人数同比双下降。从行业（领域）分布情况看，全省煤矿、金属与非金属矿和铁路交通 3 个行业（领域）未发生较大事故；建筑较大事故同比减少 1 起、4 人，分别下降 33.3% 和 30.8%；道路交通较大事故同比减少 5 起、19 人，分别下降 31.3% 和 29.2%。从各市分布情况看，邢台、张家口和衡水 3 个市未发生较大事故；秦皇岛、邯郸和沧州 3 个市较大事故起数和死亡人数同比双下降。

（四）多数地区安全生产状况稳定

2013 年，全省多数地区安全生产状况稳定。石家庄、唐山、邢台、保定和沧州 5 个市事故起数同比下降，降幅为 18.3% ~2.3%，石家庄降幅最大；石家庄、秦皇岛、邢台、沧州和衡水 5 个市死亡人数同比下降，降幅为 22% ~0.4%，秦皇岛降幅最大；石家庄、邢台和沧州 3 个市事故起数和死亡人数同比双下降。

（五）部分行业（领域）事故上升

2013 年，全省工矿商贸和铁路交通事故起数、死亡人数均同比上升，事故起数分别上升 15.6% 和 11.5%，死亡人数分别上升 1.1% 和 18%。工矿商贸各行业中，建筑和工商贸其他行业事故起数、死亡人数均同比上升，事故起数分别上升 63.3% 和 2%，死亡人数分别上升 39.1% 和 8.5%；金属与非金属矿事故起数同比上升 14.3%；危险化学品事故起数同比上升 600%（2012 年发生 1 起重大事故，死亡 29 人）。危险化学品、工商贸其他行业、生产经营性消防火灾和农业机械较大事故起数、死亡人数均同比上升；烟花爆竹较大事故死亡人数同比上升。这些行业（领域）中，危险化学品、生产经营性消防火灾和农业机械去年同期均未发生较大事故。其中，12月全省共发生较大事故5起，分别是建筑事故2起、死亡9人，生产经营性火灾事故2起、死亡10人，道路交通事故1起、死亡3人。这些行业（领域）中，建筑和生产经营性消防火灾去年同期均未发生较大事故。全年发生一起煤矿重大事故，即2月28日，位于张家口市怀来县的冀中能源张矿集团艾家沟煤矿井下发生火灾事故，造成13人死亡。

（六）部分地区事故上升

2013年，全省部分地区事故多发。秦皇岛、邯郸、张家口、承德、廊坊和衡水6个市事故起数同比分别上升9.5%、4.2%、66.3%、11.9%、9.2%和2.1%，张家口升幅最大；唐山、邯郸、保定、张家口、承德和廊坊6个市死亡人数同比分别上升6%、0.9%、1.8%、23.5%、23.8%和4%，承德升幅最大；邯郸、张家口、承德和廊坊4个市事故起数、死亡人数同比双上升。全年共有8个设区市发生较大事故，其中石家庄较大事故最多，共发生7起，邯郸4起，唐山、保定和承德各3起，沧州和廊坊各2起，秦皇岛1起；石家庄和保定较大事故起数、死亡人数同比双上升，唐山、承德和廊坊去年同期未发生较大事故。

（七）全省控制指标执行情况

2013年国家下达河北省的14项绝对控制指标中，10项在全年控制指标以内，4项超出全年控制指标。在控制指标以内的：工矿商贸、生产经营性道路交通、铁路交通和农业机械4项合计的事故共死亡1339人，占全年控制指标（1373人）的97.5%；工矿商贸事故死亡268人，占全年控制指标（270人）的99.3%；煤矿事故死亡35人，占全年控制指标（45人）的77.8%；金属非金属矿山事故死亡26人，与全年控制指标（26人）持平；危险化学品事故死亡9人，占全年控制指标（15人）的60%；生产经营性道路交通事故死亡972人，占全年控制指标（979人）的99.3%；农业机械事故死亡27人，占全年控制指标（61人）的44.3%；共发生较大事故26起，占全年控制指标（32起）的81.3%；发生重大事故1起，与全年控制指标（1起）持平；未发生煤矿较大事故，在全年控制指标（3起）以内。超出控制指标的：建筑事故死亡64人，超出全年控制指标（60人）4人；烟花爆竹事故死亡7人，超出全年控制指标（3人）4人；冶金机械等五行业事故死亡80人，超出全年控制指标（75人）5人；发生煤矿重大事故1起，超出全年控制指标（0起）1起。（注：2013年度全省事故统计中，石家庄统计数据含辛集市，保定统计数据含定州市。）

二、安全生产重点工作

2013年，全省各级安监部门按照国家和省委、省政府的部署，重点抓了安全生产大检查、煤矿整合关闭、尾矿库及其他高危行业专项整治、职业健康监管、应急救援基地建设、基层基础等工作，取得了较好成效。

（一）深入开展安全生产大检查

这是2013年的一项中心工作，也是投入人力、精力最多的一项工作。一是高度重视、立即行动。国务院作出开展安全生产大检查的部署后，省安监局按照省政府的要求，连夜召开党组扩大会，认真传达学习中央和省领导的批示指示要求，分析形势，查找问题，研究措施，制定并报省政府印发了37个专项检查方案，并对各市、省安委会有关成员单位的专项检查方案进行了审定。二是广泛宣传、营造氛围。省安监局抽调109名骨干，组成50个宣传组，深入到11个设区市，57个重点县（市、区）、112个乡镇、1000多家企业进行宣讲，并以省安委办的名义向全省重点行业企业的负责人和管理人员发送手机短信50.7万多条。《河北安全生产》杂志免费发放大检查活动特刊30万份。并指导各地各企业开展了广泛深入的宣讲活动。三是齐抓共管、重点整治。按照“全覆盖、零容忍、严执法、重实效”和“重在落实责任、重在整改隐患、重在防范事故”的要求，以省政府名义下发了大检查方案，开展了矿山、危化、消防、道路交通、建筑施工等17个专项整治行动，对煤矿、非煤矿山、尾矿库、危化、烟花爆竹、涉氨涉氯等行业领域的2万多家企业、17.8万家社会单位、15万台特种设备逐一进行了检查。四是积极调度、强化督查。以省安委办名义先后召开两次全省大检查工作调度会。各级各部门共组织召开了85次调度会、30次视频会、11次现场会，直接参会人员1.6万人次；编发通报、简报1260余期。全省各级各部门共组织督查组、暗访组、执法组1.7万个，参加检查人员 25.3 万人次，直接检查单位和场所 16.5 万个，查处违法行为 13.9 万起，治理事故隐患 68.5 万处，实施经济处罚 6865.2 万元。五是积极响应、真查真改。各企事业单位认真落实安全生产主体责任，积极向当地政府呈报自查自改承诺书、责任状、自查方案。召开全员教育动员会，主要负责人亲自动员，现场宣读自查自改承诺书，向全体员工发放自查告知书和明白卡，全面组织开展自查自改活动。严格落实“全覆盖、零容忍”要求，对排查出的隐患和问题全部建立台账，张榜公布，制定整改方案，做到了“五落实”。

（二）大力推进煤矿安全生产工作

始终把煤矿作为安全生产重中之重。为克服煤矿整合重组工作中遇到的一些体制机制因素的影响，有效解决办证过程环节多、时间长、难度大等问题，3 月 14 日，省政府办公厅组织召开了全省煤矿整合重组专题会议，对办理采矿许可、环评、法人企业名称预核准等相关事项提出了具体要求。省安委办多次组织召开煤矿整合重组工作推进会，督促各市和各整合主体企业抓好落实。全省 268 处煤矿中，正常生产矿井 74 处，6 处已公告正在实施关闭，8 处矿井通过了竣工验收，有 13 处矿井正在实施整合技改，其余 137 处已被大矿接管。在瓦斯治理方面，省瓦斯督导组全年共检查 671 矿（次），检查工作面近 1000 个（次），发现和整改问题 8000 多条，停产整顿矿井两处。煤矿安全生产形势总体平稳，但也发生了一起重大事故，即冀中能源张矿集团怀来艾家沟矿业有限公司“2·28”重大火灾事故。2013 年 11 月，财政部对河北省关闭小煤矿工作奖补 15420 万元。

（三）集中力量推动尾矿库整治

按照《河北省尾矿库安全专项整治工作方案》要求，全省各地采取政府与整治责任单位签订承诺书、地方政府领导包库等方式，积极筹措整治资金，协调解决整治过程中村民阻工等历史遗留问题，有效推动了尾矿库整治工作。2013 年，全省需要整治的 1242 座尾矿库中已完成整治施工 1100 座，其中关闭 550 座；全省 614 座“头顶库”中需整治的 429 座，全面完成了整治任务。在财政资金使用方面，按照“以奖代补”的支持方式，省财政分 3 批下拨了 9690 万元，支持 224 座尾矿库和 30 座金属非金属矿山的关闭和整治。

（四）认真开展其他高危行业安全整治

危险化学品行业：在推动企业自动化控制改造方面，重点是涉及“两重点一重大”（重点监管危险化工工艺、重点监管危险化学品、危险化学品重大危险源）未实现自动化控制的相关企业，到年底，已有 60% 的相关企业按计划实现了自动化控制。在设立化工园区方面，全省已设立化工园区（化工集中区）83 个，其中省级 26 个，地市级 8 个，县级 49 个，多数为工业园区的化工集中区。在安全距离不足的企业搬迁方面，全省 45 家防护距离不足的危险化学品企业已有 40 家实施了停产、转产、搬迁，尚有 5 家需要进一步落实搬迁工作，其中石家庄市 2 家，衡水市 3 家。

烟花爆竹行业：全面开展了黑火药引火线、氯酸钾、礼花弹、双响、内筒型组合烟花、烟花爆竹包装等 6 个方面的专项治理活动，督促烟花爆竹生产、经营企业按照专项治理方案实施改建、调整工房布局和生产、经营范围，全面排查整治存在的隐患和问题。

非煤矿山行业：继续打好金属与非金属矿山整顿关闭攻坚战，全省共排查矿山 2545 座，其中，拟在 3 年整治期间取缔 10 座、关闭 605 座、整合 235 座、整改提升 1695 座。圆满完成了 2013 年关闭 300 座的任务。对于关闭的矿山，县级政府公告了关闭的名单，相关部门吊销了相关证照，按照“三不留、一毁闭”的标准实施了关闭。

冶金行业：组织开展了较大风险作业岗位专项整治，全省共辨识出较大风险设备 200 余种，较大风险作业 160 余种，较大风险作业岗位 100 余种，涉及较大风险作业岗位员工 4 万余人。对有关人员进行了培训，对风险大的设备和岗位制定了防范措施。

2013 年，还组织开展了涉氨涉氯企业安全生产专项整治活动，依法取缔非法涉氨涉氯生产经营单位 258 家，责令停产停业整改 559 家，对停产整改仍不符合安全生产条件的 426 家依法实施了关闭。从 12 月初开始，按照国家和省政府的统一安排部署，在全省开展了管道管网隐患排查专项治理行动。相关部门开展了“道路客运安全年”活动、工程建设领域预防施工起重机械脚手架等坍塌事故安全专项整治、消防安全“防火墙”工程等，道路交通、建筑施工、人员密集场所等行业领域安全生产形势进一步好转。

（五）进一步强化了职业健康安全监管

继续在水泥、石材、制革、玻璃钢、玻璃纤维、电子等行业开展了职业病危害专项治理行动，共治理各类企业1.8万家，关闭取缔了1938家企业。全省37781家企业申报了职业危害因素，5089家企业完成了职业病危害现状检测和评价。在箱包、制鞋行业发放职业卫生许可证108家，阶段性完成了相关工作。

（六）全力开展安全生产执法

把执法作为消除隐患、防范事故最直接、最有效的手段，巩固深化“打非治违”成果，扎实推进安全生产大检查，依法执法、严格执法、保持严管重罚的高压态势。全省安监系统共检查生产经营建设单位11.7万家，查处、整改销号24.2万条隐患，实施经济处罚1.5亿元，暂扣安全生产许可证226家，责令停产、停业、停建整顿572家，为全省安全生产形势持续稳定好转做出了积极贡献。

（七）加快了安全生产应急救援体系建设

2013年2月25日，省应急救援指挥中心（救援训练基地）正式开工建设，年底，指挥中心大楼、教学培训楼两部分主体结构均已封顶。国家安全监管总局已将河北省安全生产应急救援指挥中心（救援训练基地）列为国家级危险化学品应急救援基地。在应急演练工作方面，组织开展了“安全生产月”应急演练周活动，全省共组织演练7000余场，演练投入2000多万元，参演30余万人，修订各类预案1000余份；组织开展了河北省2013年钢铁焦化企业煤气防护救护队比武，共39支队伍、351名救护队员参加了理论考试和比武活动。完成了1100多家重大危险源企业、5000余处重大危险源点的评估、备案工作。

（八）强化事故查处和责任追究

加大对重大事故和瞒报、迟报事故的挂牌督办力度，依法从严查处每一起事故。加强对事故情况的跟踪督办和统计分析，用事故教训推动安全生产工作。2013年，由安全监管部门牵头查处生产安全事故189起，事故结案率96.8%，结案周期由平均75天缩短为41天。移送司法机关42人，党纪处分49人，政纪处分167人，诫勉谈话26人；依法取缔企业3家，处罚事故责任人517.1万元，处罚事故责任单位2963.3万元。

（九）加强安全生产保障能力建设

实行了干部联系基层制度、督导检查制度、执法监察制度，开展了全省性的执法案卷评查活动，安全监管监察工作更加规范。坚持以企业标准化建设为核心，以“三项制度”建设和隐患排查治理体系为重点，以企业安全生产诚信体系建设为保障措施和工作手段，全面启动了新一轮安全生产承诺制建设，组织11.6万家企业签订了新的承诺书；扎实推进企业安全生产标准化建设，发布了旅游行业标准化创建地方标准，完成了学校、医院、人员密集场所等企业安全质量规范编制，到2013年年底，全省共有7076家达到标准化等级，其中一级22家，二级981家，三级6073家。科学改进目标责任管理考核工作，注重日常考核和过程考核，通过考核企业来考核政府，促进了各级政府及相关部门安全监管责任的落实。省安委会印发了《关于进一步加强安全培训工作的决定》，全省共培训高危行业生产经营单位主要负责人、安全管理人员6.3万人，培训特种作业人员13.5万人，培训农民工等其他从业人员153万人。积极争取中央财政资金1.12亿元，首批安全生产执法装备已开始发放。大力推进安全文化建设，积极开展“安全生产月”“安康杯”竞赛、安全社区创建等活动，启动了以“助力安全生产，守护平安河北”为服务宗旨的安全生产志愿者工作，首次命名35家企业为省级安全文化建设示范企业。

山西省安全生产工作综述

一、安全生产总体情况

2013年全省全面完成国家下达的安全生产控制指标，实现了“六个下降”。一是各类安全生产事故死亡人数同比继续下降。各类事故死亡2327人，同比死亡人数减少192人，下降7.62%。二是各类生产经营性事故起数、死亡人数同比继续呈现双下降。同比事故起数减少167起，下降7.29%；死亡人数减少115人，下降9.05%。三是一次死亡3人以上事故起数、死亡人数同比继续呈现双下降。全省发生一次死亡3人以上事故46起，死亡175人，同比事故起数减少9起，下降16.36%；死亡人数减少76人，下降30.28%。其中：一次死亡3人以上生产经营性事故17起，死亡76人，同比事故起数减少7起，下降29.17%；死亡人数减少41人，下降35.04%。四是发生一次死亡10人以上事故起数、死亡人数同比呈现双下降。同比事故起数减少2起，下降66.67%；死亡人数减少30人，下降75.00%。五是部分重点行业领域事故起数、死亡人数同比呈现双下降。道路交通事故起数、死亡人数同比分别下降5.08%、7.02%。其中，生产经营性道路交通事故起数、死亡人数同比分别下降9.67%、8.21%；冶金等工贸行业事故起数、死亡人数同比分别下降36.36%、46.67%。特种设备事故起数、死亡人数同比分别都下降50.00%；工商贸其他行业事故起数、死亡人数同比分别下降41.18%、55.56%。六是四项相对指标继续下降。煤矿百万吨死亡率、亿元GDP死亡率、道路交通万车死亡率、工矿商贸就业人员10万人死亡率下降幅度都超过10%。

二、安全生产重点工作

（一）深入学习贯彻重要指示，牢固树立安全发展理念

2013年以来，省委、省政府多次召开会议，专题组织传达学习习近平总书记、李克强总理等中央领导关于加强安全生产的重要指示精神，制定下发《山西省人民政府办公厅关于贯彻落实习近平总书记重要讲话精神切实加强当前全省安全生产工作的通知》等文件，对传达学习做出具体安排部署。各级、各部门和各企业认真学习贯彻落实党中央、国务院指示精神，根据省委、省政府决策部署，以“三个敬畏”（敬畏生命、敬畏责任、敬畏制度）的态度，按照“三个绝不能过高估计”（绝不能过高估计全省安全生产形势，绝不能过高估计干部群众对安全生产重要性的认识，绝不能过高估计各级各部门各企业安全生产能力和水平）的要求，较好地统一了抓好年度安全生产工作的思想认识。通过举办“安全生产月”“三晋安全行”、新闻发布会等系列宣教活动，广泛宣传安全发展理念和安全生产各项政策措施，动员全社会支持安全生产工作，形成了安全标准更高、安全管理更严、安全责任更细、安全措施更实的齐抓共管氛围。

（二）明确年度任务，强化监管责任落实

2013年初，山西省政府召开安委会，并以晋政发〔2013〕1号文件下发《山西省人民政府关于做好2013年安全生产工作的通知》，确定2013年为安全生产“责任落实年”，对全省安全生产工作进行了全面安排部署。针对部分行业领域职责不清的问题，制定下发《关于进一步明确部分行业领域安全生产监管职责的通知》，对16个行业领域安全监管责任进行细化分解。以安全生产目标责任考核为抓手，制定《山西省人民政府办公厅关于印发山西省安全生产考核指标和考核办法的通知》，重新修订11个市政府、33个省直部门和11个市安监局、16个大型企业的年度安全目标责任书，并组织逐个签订，强化目标责任落实。认真执行安全生产“三落实”、安全生产挂牌责任制、安全监管五人包保等制度，省政府下发明电，从工作实际出发，对煤矿安全生产挂牌责任制实施落实规定进行了修订，确定每位挂牌责任人挂牌煤矿数原则上不超过12座。

（三）彻底开展安全生产大检查，及时消除事故隐患

根据国务院统一部署，从6月10日到9月30日，按照“全覆盖、零容忍、严执法、重实效”要求，在全省开展了彻底的安全生产大检查，之后，又进行了一个半月的大检查“回头看”。省政府成立以省长为组长、各位副省长为副组长，省直各有关部门负责人为成员的全省安全生产大检查领导组。各级、各部门都成立了以“一把手”为组长的领导机构，制定了大检查方案，在全面检查的同时，针对山西省事故多发行业领域，突出重点，边查边改，排查治理安全隐患20.2万处，纠正违规违章行为78万起。在日常巡查、交叉检查、异地检查、专项督查、联合执法等多种方式的基础上，采取突查夜查、有奖举报、直插基层、直奔现场等方式开展检查。省政府安委办组织成立4个督导组，对全省11个市和省直各部门大检查工作情况开展不间断的督导，各市、县区和省直各厅局都对下级政府及其部门进行督查检查。大检查期间，全省共组织督查、检查组9454个，其中，暗查、突击督查组3174个，交叉检查组1612个，出动检查人员20万人次，检查企事业单位和场所19.8万家（次）；责令改正、限期整改、停止违法行为103102起；责令停产、停业、停止建设4475家；暂扣或吊销有关许可证、职业资格236个；关闭非法违法企业1238家；处罚罚款8034万元。通过大检查工作，促进了全省安全生产形势持续好转。国家人社部杨志明副部长两次率领国务院安委会督导组对山西省进行督查，均给予了充分肯定。

（四）强化重点行业领域监管，有效防范重特大事故

把煤矿安全作为山西省安全生产工作的重中之重，深入落实《煤矿矿长保护矿工生命安全七条规定》，扎实推进“七大攻坚举措”，推行瓦斯防治“20条”针对性措施；3月21—22日，在西山煤电集团组织召开宣贯会，对1004名矿长和281名董事长、总经理进行宣贯，当场签订承诺书，现场组织考试；开展“百日煤矿安全集中整治行动”和煤矿安全生产突查行动，扎实排查治理安全隐患；进一步加强教育培训工作，实施煤矿从业人员素质提升工程，变招工为招生，先培训、后上岗，煤矿安全保障水平明显提升。

积极推进金属非金属矿山整顿关闭工作，列入关闭计划的119座尾矿库，目前已闭库115座。针对露天矿山防范高陡边坡排土场垮塌、地下矿山中毒窒息和片帮冒顶、尾矿库洪水漫顶和溃坝等事故风险，分别开展了专项整治。突出防汛、度汛工作，专门下发安全度汛通知，对非煤矿山和尾矿库逐一进行排查，落实监管责任，通过短信平台，及时发布气象信息，对重点库实施专人盯守。7月12日，国家安全监管总局在代县召开全国重点地区金属非金属矿山安全生产工作座谈会，充分肯定了山西省整顿关闭的成绩，在全国推广了山西省尾砂综合利用方面的经验。大同市坚持一矿一库的政策，尾矿库数量由560座压减到21座。

积极推进危险化学品安全监管，加强建设项目安全设施“三同时”管理。组织开展了提升危险化学品领域本质安全水平专项行动，积极推进涉及第二批重点监管危险化工工艺自动化改造和未经正规设计危险化学品生产储存在役装置诊断工作，涉及首批“两重点一重大”（重点监管的危险化学品、重点监管的化工工艺、重大危险源）危化企业自动化改造基本完成，对排查出的应搬迁的13户企业，已有7户搬迁或停产，其余6户2015年底完成搬迁整治工作。

积极推进冶金等工贸行业煤气区域、交叉检修、有限空间、高温液态金属吊运、粉尘爆炸、餐饮场所燃气等较大安全风险作业和场所的专项治理，在全省12家试点冶金企业开展了自动报警与安全联锁专项改造，提升了煤气安全管理水平。

积极推进职业危害申报工作，全省累计申报存在职业危害的企业9684家；以焦化、水泥、石材加工等行业为重点，深入开展职业危害专项治理，责令停产整顿39家，提请关闭41家。

积极推进道路安全生命防护工程，开展了“道路客运安全年”活动和集中整治客货运车辆交通违法行为等专项行动。狠抓事故多发点、易发段整改，对全省11个市、58个县区的159处国省道交通事故多发点、易发段，逐一制定了整治方案，对5处省级事故多发路段进行联合复核和挂牌督办。深入实施“文明交通行动计划”，有效提高了全民交通安全意识。

另外，建筑施工、燃气、民爆、教育、水利、消防、特种设备、电力、农机等行业领域主管部门

都采取针对性措施，扎实开展安全生产工作，较好地确保了本行业领域的安全生产。

（五）从严查处安全生产事故，用事故教训推动工作

认真汲取国内外典型事故教训，2013年元旦，省长召集各市、各有关部门和企业负责人在中铁隧道集团瞒报事故现场召开会议，剖析事故原因，汲取事故教训。将山西省连续发生的几起典型事故制作成警示教育片，在全省安全生产工作会议上播放和点评，并下发各级、各部门和各企业组织观看。针对美国德州化肥公司硝铵爆炸、山东保利民爆济南科技有限公司爆炸、吉林禽业火灾等事故，省政府安委办召开会议，下发通知，组织开展长输管道、液氨、民爆、燃气、化工、仓储等行业的专项治理。青岛“11·22”输油管线爆燃事故发生后，李小鹏省长带队到阳煤化工企业检查调研，并安排4位省领导立即带队深入到油气管网进行突查，努力做到“别人犯过的错我们不能再犯，自己犯过的错我们不能重犯”。对瞒报事故实行“零容忍”，对“12·25”中铁隧道集团爆炸事故、“12·31”潞安天脊苯胺泄漏等瞒报、迟报事故，提高事故调查等级，由省级调查处理。省政府安委办对17起生产经营性较大事故进行了挂牌督办。严格约谈制度，省政府安委会主任对连续发生较大事故的阳泉市政府、潞安集团等单位负责人进行了约谈，省政府安委办对太钢负责人进行了约谈。为规范事故报告工作，省政府办公厅下发《关于进一步做好生产安全事故报告工作的通知》，规范了事故报告主体、报告程序和内容。严格事故责任追究，2013年全省各级安全监管监察部门共查处各类事故55起，结案48起，给予党纪政纪处分336人，移送司法机关追究刑事责任29人。

（六）加强安全生产基层基础，提高安全生产保障能力

在全省广泛组织开展了以“知责、履责”为主题的安全生产无事故竞赛活动，各级、各部门、各企业都制定了方案，进行了部署，各企业都进行了安全承诺，组织了岗位达标活动。朔州市组织6个督查组，督导全市100多个企业开展“知责、履责”竞赛活动，发放奖金60多万元，活动成效比较明显。按照省政府118条规定，各级对企业落实领导现场带班制度、煤矿“六大员”、非煤矿山“五大员”等进行了认真督导，有效促进了企业安全管理。在全省各行业企业全面开展安全标准化建设，将全年目标层层分解，把达标数量下达到基层，全省生产煤矿矿井全部达标、2100多座非煤矿山和尾矿库、4100多家危险化学品和烟花爆竹企业、2200多家冶金工贸企业达标，有效提高了企业安全生产水平。加强各级各类人员的教育培训，全年全省培训党政干部400多人，企业从业人员61万人（次），有效提高了各级领导干部和从业人员的安全技能。全省共建成20749个“安全乡村”，占总数的68.23%，全面完成了年度目标。11个市、78个县建立了安全生产应急管理机构，组织开展应急演练3342次，应急管理水平得到了较大提高。

内蒙古自治区安全生产工作综述

一、安全生产总体情况

2013年全区安全生产形势继续保持了持续稳定向好的态势。一是事故总量和死亡人数实现“双下降”。2013年全区发生各类生产安全事故7994起，死亡1412人，同比分别下降4.54%和9.02%。其中生产经营性事故5204起，死亡706人，死亡人数占全年控制指标（775人）的91.10%。二是重特大事故得到有效遏制，全区连续3年没有发生1次死亡10人以上重特大事故。2013年国务院安委会对全国32个统计单位分4类进行点评，内蒙古自治区在第一类9个省市区中列第二位。三是反映安全发展水平的12项指标进一步趋好。其中亿元GDP生产安全事故死亡率为0.080，同比下降了18.37%；煤炭百万吨死亡率为0.029，同比下降6.45%；工矿商贸企业10万人死亡率为3.234，同比下降20.07%；道路交通

万车死亡率为2.041，同比下降14.89%。四是主要工作目标任务取得积极进展。取得安全生产许可证的重点行业企业全部达到安全标准化建设三级以上水平；共创建344个安全示范班组；企业法人承诺制度体系建设验收合格率达到87.4%；职业病危害项目申报率达70.12%；对较大事故全部实行挂牌督办，事故调查按期结案率实现100%；全年共培训三类人员80401人（次）。

二、安全生产重点工作

（一）贯彻落实中央领导同志关于安全生产重要指示精神情况

党的十八大以来，习近平总书记等中央领导同志多次就安全生产工作作出重要指示、发表重要讲话，站在全局和战略的高度，提出了一系列加强和创新安全生产工作的新思想、新观点、新要求，是指导新形势下安全生产工作强大的精神动力和思想理论武器，为我们做好安全生产工作，实现安全生产形势根本好转目标指明了方向，提供了根本遵循。

为切实抓好贯彻落实工作，自治区党委书记王君3次作出批示，要求迅速传达贯彻，并对照总书记讲话精神查找差距和不足，明确责任，完善制度，强化措施，确保人民群众的生命财产安全；先后两次主持召开党委常委会，学习传达中央领导同志重要指示精神，明确提出具体工作要求。同时，王君书记就深入学习贯彻习近平总书记重要讲话精神，发表署名文章，并在《中国安全生产报》全文刊登。自治区政府先后召开全区安全生产电视电话会议、政府常务会议和安全生产工作会议，学习传达贯彻中央领导同志重要指示精神，研究部署相关工作。各盟市、旗县区党委、政府均进行了专题学习，并通过报纸、电视、简报等多种形式广泛开展宣传教育，确保相关精神传达到最基层。自治区安委会就学习传达贯彻情况进行了专项督查。

（二）强化安全生产责任制的落实

按照“党政同责、一岗双责、齐抓共管”的要求，对发生较大以上事故、伤亡人数超过控制指标进度、重大隐患得不到及时整改、非法违法生产经营建设行为严重的旗县（区）党政主要领导进行约谈，推动属地党政主要领导坚守安全红线，亲力亲为解决安全生产突出问题。2013年已对11个旗县党政主要领导同时进行了约谈。进一步加大对企业主体责任的落实力度。视行业情况，凡是发生一次死亡1~2人事故的，责令停产整改3~6个月；发生3人以上（含3人）事故的，责令停产整改6~12个月，验收合格方可恢复生产，倒逼企业落实主体责任，强化安全投入、安全培训、基础管理和应急救援。

（三）坚决实行安全生产“一票否决”制

加大安全生产考核权重，发生重大以上事故，取消评优资格；不论招商引资还是改扩建项目，不具备安全生产条件的一律否决。

（四）切实提高预案操作性和救援实战能力

委托中国安全生产科学研究院对全区应急能力进行评估，在此基础上，进一步整合现有资源，填平补齐，加快建设与危化、矿山等行业相适应，平时参加隐患排查，战时抢险救援，“平战结合”的应急救援队伍，确保关键时候“拉得出、派得上、打得赢”。

（五）加强风险管控和隐患排查治理工作

突出企业风险源防控和隐患排查治理主体作用，做好风险源的辨识、评估、建档和管控，并建立完整的隐患自查、自报、自改、复查、销号机制，推动工作重心由事后查处向事前防控转变。2013年，全区开展安全生产隐患排查治理的生产经营单位70209家，共排查一般隐患146568项，已整改145955项，整改率99.5%；排查重大隐患60项，已整改57项，整改率95%；列入治理计划的重大隐患3项，落实治理资金4612.6万元。

（六）集中开展安全生产大检查

按照“全覆盖，零容忍，严执法，重实效”的总要求，结合“打非治违”、专项整治，全面开展大检查工作。全区共组织督查组3569个，参检人员6万余人次，检查单位和场所69042家，排查隐患13.1万项，整改率97.9%。其中重大隐患62项，落实整改资金4493.9万元，整改率96.7%。

（七）深入开展重点行业领域专项整治

在矿山、危险化学品、道路交通、建筑施工、人员密集场所、冶金8大行业等重点行业领域开展了专项整治。在双节、两会、十八届三中全会等重要时段，开展了专项督查，确保无重大生产安全事故发生。青岛中石化东黄输油管道“11·22”泄漏爆炸特别重大事故发生后，内蒙古自治区党委、政府高度重视，王君书记、巴特尔主席作出批示，要求立即行动，迅速部署，深入开展专项整治。研究制定了专项整治工作和督查工作方案，成立了专门领导小组，进一步明确了各部门的职责。能源部门负责油气管道规划设计、立项方面的安全把关；国土部门负责妥善处理管道用地纠纷，解决占压、安全距离不足等问题；住建部门负责城市燃气管网规划设计方面的安全把关；质监部门负责压力管道、压力容器的安全检查；安监部门负责安全许可及生产安全事故处理；公安部门负责盗窃、破坏管线管网设施等案件的查处，以及消防安全方面的工作。各地将辖区内所有的油气管线、管网形成明确的地理信息图，全面掌握管线、管网布局，逐点、逐段进行排查，分别造表成册，逐条、逐项进行整治。目前全区共有油气输送管线 29 条，总长度 5150 公里，场站阀室 320 座，油气输送企业 49 家；城市燃气管网共计 5180 公里，均绘制了平面分布图。

经过排查，油气输送管线共查出隐患 477 处，整改 378 处，正在整改的 99 处，（占压 30 处，安全距离不足 17 处，其他隐患 52 处）；城市燃气管网共查出隐患 1103 处，整改 670 处，正在整改的 433 处（占压 394 处，安全距离不足 39 处）。

（八）夯实安全生产基层基础

充分发挥安委办作用，督促有关地区认真落实《内蒙古自治区人民政府关于切实加强当前安全生产工作的通知》（内政发电〔2013〕30 号），要求加强基层基础工作，各旗县（市、区）人民政府原则上都要设置独立的安全生产监管机构和执法机构，并配备与安全生产监管任务相匹配的、符合监管工作需要的专业人员。经过积极协调，2013 年共为全区市县级安监部门争取中央预算投资建设项目 7020 万元，配置监管执法专业装备 5944 台（套）。大力推进安全标准化建设、安全文化建设示范企业创建、重点行业职业危害普查申报工作。2013 年，全区完成非煤矿山企业标准化建设 1749 户，达标率为 84.05%；危险化学品生产、经营企业标准化建设 3748 家，达标率达 93.8%；冶金工贸等行业规模以上企业标准化建设 1036 家；3 家企业被命名为国家级示范企业，14 家企业被命名为自治区级示范企业；在国家安全监管总局备案管理系统中注册申报的用人单位达到 7012 户，同比增加 160%。

（九）加强安全宣传教育培训

一是以事故案例宣传教育为切入点，先后在内蒙古电视台专栏播出《关爱生命、关注安全》大型公益宣传片、《珍爱生命谨防毒气》等 4 部公益广告宣传片，举办了 3 期事故案例讲座和培训，用惨痛的教训警示广大从业者提高安全意识。在全区组织开展了“安全在我心中”演讲比赛、“打非治违”安全知识有奖答题等方式多样、内容丰富的宣传教育活动。二是“教考分离”、电子考务等工作全面铺开，进一步增强了从业人员安全自我防范意识和处置能力。2013 年共培训主要负责人 5219 人（次），安全管理人员 11616 人（次），特种作业人员 63566 人（次）。

（十）坚持依法行政，严格事故查处和责任追究

一是编制了《内蒙古自治区安监局 2013 年度安全生产行政执法工作计划》，组织开展了行政执法案卷评查，细化了相关内容和标准，不断提高行政执法工作水平。二是全区全部开通了“12350”举报投诉电话，对充分发挥社会监督和舆论监督力量，保护人民群众生命和财产安全，起到了更加积极有效的作用。2013 年共受理 69 起举报投诉，现已结案 52 起，其余 17 起案件正在查处中。对调查属实的，责令属地监管部门给予涉案企业及有关人员严厉惩处，并向实名举报人答复，做到件件有落实，事事有回音。三是强化挂牌督办，严格事故查处实效性。2013 年共对 8 起较大生产安全事故实施了挂牌督办。事故发生后，第一时间挂牌督办，不定时到现场督办，及时通报事故查处情况，确保事故按期结案。对事故调查报告，局务会审核把关，并就落实情况进行督查。四是严肃责任追究。2013 年在非煤矿山、危险化学品、烟花爆竹、八大行业等重点行业领域，共罚款 2880.03 万元。在工矿商贸领域（煤矿除外），共调查处理生产安全事故 188 起，移送追究刑事责任的 13 人，建议给予行政处分的 38 人。

（十一）深化安全生产管理体制改革

2013 年自治区依法取消了砖瓦用黏土矿等危险性较小的矿山安全生产许可和培训机构设立许可，下放了危险化学品经营许可、烟花爆竹经营（批发）许可，简化了小型危险化学品建设许可，对保留的许可事项全部在网上公开，进一步提高了

工作效率，强化了监督。2014年，自治区安监局要将25%以上的行政审批事项委托盟市安监部门受理；改进督查落实方式，加大“四不两直”检查力度，暗查暗访率达到30%以上。

辽宁省安全生产工作综述

一、安全生产总体情况

2013年，全省发生各类事故2007起，死亡1239人，同比分别下降9.3%和5.5%。工矿商贸、非煤企业、经营性道路交通等行业领域事故起数和死亡人数双下降。发生较大事故27起，死亡117人，事故起数同比减少2起，死亡人数同比减少6人，分别下降6.9%和4.9%。没有发生重大、特别重大事故。全省安全生产形势创近十年来同期最好水平。

二、安全生产重点工作

（一）省委、省政府高度重视安全生产工作，深化落实各级政府安全生产责任

2013年，省委书记王珉、省长陈政高多次对安全生产工作做出重要批示指示。陈政高省长4次主持召开全省安全生产工作会议，专项部署安全生产工作。在一个月的时间里，省委、省政府连续3次召开省委常委会、省政府常务会议，集体学习习近平总书记有关安全生产的批示和在中央政治局第28次常委会上的重要讲话精神，专题研究部署安全生产工作。省政府常务会议审议通过了《辽宁省各级政府及部门安全生产工作职责规定》（辽政发〔2013〕37号），在全省各级政府及有关部门实施安全生产“一岗双责”制度，进一步明确责任分工，形成横向到边、纵向到底、权责明确、部门联动的责任体系。省委常委会决定，省委、省政府拟出台《关于推进安全发展长效机制建立的意见》，进一步明确各级党委、政府的安全生产工作职责，增强各级党委、政府的责任意识，实行“党政同责”“一岗双责”、齐抓共管。11月28日，在距青岛中石化输油管道爆炸事故发生不到一周的时间里，陈政高省长带领省政府班子集体召开全省安全生产紧急电视电话会议，各市、县政府领导集体参加，学习领会习近平总书记的重要讲话精神，吸取事故教训，部署开展输油管线、城市管网隐患排查整治工作。反应迅速、决心强大，其重视程度和力度是前所未有的。主管安全生产工作的潘利国副省长多次主持召开省安委会成员单位、煤矿安全、危险化学品安全、消防安全、交通安全等会议研究部署各重点时段和重点行业领域安全生产工作，亲自带队到各市检查指导安全生产工作。省政府出台了《辽宁省民用机场净空安全保护办法》（省政府令第284号），明确了民用机场净空安全管理职责，为下一步规范机场净空安全监管奠定了法制基础。按照国务院安委会和省委、省政府的部署，省安委会将安全生产重点工作要求纳入2013年度的安全生产目标管理责任书，下达给各市政府和省（中）直有关部门，推动全省安全生产工作的深入开展。各省各地认真贯彻落实省委、省政府的工作部署，贯彻《辽宁省各级政府及部门安全生产工作职责规定》，制定或修改本市的相关规定，推进各级政府及有关部门的安全生产职责落实到位。

（二）强化隐患排查治理，深入开展安全生产大检查

持续组织开展了春节和“两会”期间安全生产大检查，春季开（复）工、复产验收安全生产专项检查和重点行业领域专项安全整治、百日安全生产大检查、事故隐患大排查大整治和全省输油气管道、危险化学品输送管道及城市地下管网为重点的隐患排查治理行动。各地按照“全覆盖、零容忍、严执法、重实效”的要求，采用不发通知、不打招呼、不听汇报、不用陪同和接待，直奔基层、直插现场的“四不两直”方法，深入企业明察暗访，推动百日安全生产大检查的深入开展。省政府组成14个督查组以定点包市的方式，到各市开展督查行动。百日安全生产大检查期间，全省共组成各类督查检查组6354个，出动人员9.61万人次，邀请各类专家1357人，检查各类单位及场所

17.1万个，共查出各类事故隐患31.4万项，完成隐患治理30.9万项，治理率达到98.4%。各地广泛运用突击检查、现场巡查、交叉执法、联合执法以及发动群众举报等多种方式，铁腕打击非法违法和违规违章行为。全省打击各类非法违法、治理纠正违规违章行为78922余件，责令停产停业整顿单位（场所）3221个，暂扣或吊销许可证129个，关闭非法违法单位（场所）3500个，问责224人，对企业单位经济处罚8321.72万元。安全生产大检查推动了隐患排查治理工作。大连市局向重点企业派驻安全监管人员跟踪督办，强化企业承包商资质和重大检维修事项的监管。牵头完成9家穿越公共区域的危险化学品输送管道治理工作，督促大石化投资4800万元对临近学校、居民区的安全隐患进行整改。完成大化集团场院内43户居民搬迁，解决了存在的重大安全隐患。丹东市加强对五龙金矿陷落区重大隐患的治理，完成井下采空区封闭、塌陷区回填、危险区域封闭、透水隐患区防治等工作，搬迁塌陷区波及的居民。2013年在我省出现历史罕见的暴雨灾害情况下，辽宁省无一座尾矿库发生漫坝、溃坝、坍塌，非煤矿山、危险化学品等企业也未因暴雨、洪水、滑坡、泥石流等自然灾害引发生产安全事故，实现了工矿企业安全度汛。同时，为全国“十二运”在辽宁省的顺利召开和圆满闭幕创造了安全稳定的社会环境。

（三）深化“打非治违”和依法治理，开展重点行业专项整治

全面开展非煤矿山整顿关闭攻坚战。在各级政府的统一领导下，有关部门协调配合，整顿关闭工作取得明显成效。全省已关闭非煤矿山312家，超额完成任务89家。本溪市取缔非法盗采点132处，炸毁矿井7处，罚没非法盗采设备82件，对不具备安全生产条件的3家非煤矿山和4家尾矿库依法予以关闭。开展地下矿山中毒窒息专项整治，集中开展了石油化工企业、石油库和油气装卸码头以及涉氨制冷企业液氨使用拉网式专项检查。针对化工企业检维修作业易发生事故的问题，省安全生产监督管理局下发了《关于加强全省化工企业检维修作业安全管理的转变政府职能指导意见》，从落实检、维修作业职责等10个方面对辽宁省化工企业安全管理工作提出明确的要求，有效地防范同类事故的发生。

（四）严格实施安全生产许可制度，转变职能简政放权

全省各级安全生产监管部门认真履行职责，在规范程序、严格标准上做了大量卓有成效的工作，对不符合安全生产条件的新建项目不予审批发证，加强对已取证企业的日常监督检查，严肃查处关闭后擅自从事生产经营活动和许可证期满不办理延期手续仍继续从事生产的行为。按照国务院和省政府有关进一步转变政府职能、简政放权，规范行政审批，强化服务基层的要求，取消安全培训机构资质认定、四级矿山救护队资质认定等4项行政职权；下放烟花爆竹经营（批发）许可证核发、危险化学品经营许可证（甲种）核发等4项行政职权。减少了审批、审查环节，减轻企业负担。在简政放权的同时，做好取消和下放行政职能的衔接工作，做到平稳过渡。辽宁省安监局专门下发通知，针对安全生产工作的特殊性提出具体要求。加强放权后的监督措施，要求各市严格烟花爆竹批发经营企业的总量控制，遵守全省统一的布点规划，防止随意增加，确保放得下，管得住。

（五）深入开展安全生产宣传教育和培训，提高全社会安全意识

组织全省开展以“强化安全基础　推动安全发展”为主题的“安全生产月”活动，省委宣传部、省安全生产监督管理局等9个部门联合下发了“安全生产月”活动方案。组织开展安全生产书法、绘画、摄影比赛和“打非治违”知识竞赛等形式多样的宣传活动。沈阳市、鞍山市、丹东市、营口市安全生产监督管理局4个单位获得2013年全国“安全生产月”活动先进单位称号。省安监局、省总工会等8个单位被评为安全生产领域“打非治违”知识竞赛先进单位。推动安全文化和安全社区建设，省安全生产监督管理局向各市下达年度安全文化示范企业创建工作指导计划，对3家国家级安全文化建设示范企业进行复审，组织国网沈阳市供电公司等3家企业申报国家级安全文化建设示范企业，命名表彰40家企业为省级安全文化建设示范企业。省安全生产监督管理局举办了安全社区建设实务培训班，将已经启动安全社区建设的街道社区同志进行了培训。2013年有44个街道被命名为全国安全社区。充分发挥电视、报纸、广播等媒体的作用，普及安全发展理念和安全生产知

识，宣传安全生产先进典型，曝光安全生产违法行为。各类媒体相互配合，优势互补，“网、报、刊”联动，在全省形成了重视安全生产、宣传安全生产的强大声势。在《辽宁日报》连续刊发3个专版，专题报道全省安全生产百日大检查的相关情况，营造舆论氛围。各地积极发动群众举报非法违法和违规违章行为，广泛宣传“12350”安全生产举报投诉电话，提高公众参与意识。加强安全生产培训。全年培训考核企业主要负责人28598人、安全生产管理人员45371人、特种作业人员73823人、安全生产监管人员1505人、农民工486495人。举办全省市、县领导干部安全生产培训班，邀请副省长潘利国同志、国务院参事闪淳昌教授为大家讲课，300多名市县分管领导同志和市县安全生产监管局局长参加，收到良好效果。

（六）做好安全生产规划和科技工作，大力提升安全保障和应急救援能力

组织开展安全生产“十二五”规划中期评估工作。完成2012年县级安全监管部门监管执法专业装备项目招标采购、验收及建设项目的审计工作。积极推进省和市县两级安全生产监管部门监管执法专业装备项目建设。在2012年为全省42个重点县区投入1680万元资金，购置6251台（套）安全监管执法专业装备的基础上，2013年又安排资金3560万元，为全省14个市、100个县区配备监管执法专业装备。进一步完善安全评价、检测检验技术服务机构监管工作制度，规范全省技术服务机构执业行为。

全省安全生产信息化和应急救援能力进一步提升。新建大连市非煤矿山、阜新市非煤矿山两支救护队，全省共有8支三级资质非煤矿山救护队伍。认定一批辽宁省骨干危险化学品应急救援队伍，指导朝阳矿山应急救援基地和抚顺矿山救援基地建设。强化全省应急预案管理工作。加强汛期安全生产应急管理工作。积极应用信息化提升安全监管能力。沈阳市建成“一台三网四库”（即建设应急救援指挥平台、安全生产信息网、办公自动化网、重大危险源监测网、企业基础信息库、事故隐患信息库、重大危险源数据库、安全生产专家库）。鞍山市计划在“十二五”期间投入7000多万元，用于安全监管执法能力建设、应急指挥机构建设、安全监管信息系统建设等4个重点工程，提升全市安全监管执法效能。阜新市完善事故隐患排查治理系统，建立事故隐患数据库。铁岭市全面启动安全生产信息化管理平台建设，实时显示企业安全状况、隐患排查、危险源监控等情况，实现安全生产动态化管理。

（七）依法查处各类事故，强化事故报告和调度统计

强化日常事故报告和较大以上事故报告工作，第一时间接报各类事故，并及时向省委、省政府和国家安全监管总局报送较大以上事故快报、续报。对发生的较大以上事故及时跟踪调度，确保信息渠道畅通。定期开展事故统计分析工作，通报全省事故报告情况和结案备案情况。

依法严肃查处重大生产安全事故。及时做好鞍钢集团重型机械有限公司铸钢厂“2·20”重大爆炸事故、大连保税区“4·7”重大道路交通事故调查处理结案工作。完成对大连金州新区“11·28”重大沉船事故调查工作，省政府已经批复事故调查报告。做好鞍山市“5·21”较大道路交通事故、本溪市“5·24”较大道路交通事故、昌图县“5·24”一氧化碳中毒事故等较大事故的督办。2013年辽宁省安监局共接听“12350”举报电话1618次，有效投诉事项162件，全部按规定处理。组织查处建筑企业不依法组织培训、人员无证上岗、未按规定配备劳动防护用品以及迟报、漏报谎报事故等违法行为。

（八）加强安全生产综合监管及铁路道口安全管理工作

组织开展“十二运”主火炬总体安全评估工作，提出“人火”“人烟”和“烟火”分离的建议，充分保证了主火炬点火和燃烧安全。协调解决绿城沈阳全运村项目超高影响桃仙机场净空安全问题，督促沈阳市市政府落实相关整改要求。与省住建厅、公安厅联合开展全省城镇燃气安全大检查，完成全省城镇燃气安全专项治理工作。与省公安厅、交通厅、教育厅、农委联合组织开展全省农村道路交通安全集中整治专项行动。组织开展全省道路交通安全专项督查、全省大型游乐设施安全专项检查。积极推动全省游（客）船安全隐患排查整改工作。

组织开展铁路道口安全目标管理考核。会同沈阳铁路局下发铁路道口监护员岗位作业标准，规范

监护员安全培训考核工作。针对两节、两会和“十一”黄金周等期间群众出行相对集中、交通流量明显增加的特点，全面开展铁路道口安全大检查活动。加强铁路道口工程项目建设，及时下达3批铁路道口工程建设项目，共安排项目272个，总金额335.9万元。做好“十二运”安保工作，对自行车公路赛赛道经过两处监护道口的铺面实施改造，确保比赛的顺利进行。

（九）加强职业卫生监管工作，履行好安委会办公室职能

组织开展用人单位职业病危害大检查，规范用人单位职业病危害现状评价工作。加强职业卫生“三同时”监管，出台职业卫生技术服务机构监督管理细则。组织开展全省水泥生产、石材加工、陶瓷制造和金属船舶修造等4个行业企业职业卫生基本情况摸底调查，摸清了从业人员接触粉尘情况。继续推进全省职业病危害项目申报工作。组织开展全省职业卫生技术机构检测能力实验室间比对活动，共有62家机构参加了实验室间比对，占机构总数的95.3%，整体提升全省职业卫生技术机构检测能力。

认真履行安委会办公室职能，每季度召开一次安委会扩大会议、全省安全生产电视电话会议。组织协调开展安全生产大检查、督查，组织隐患排查治理和“打非治违”信息统计并做好总结，编辑《辽宁省安全生产简报》19期，报辽宁省委、省政府主要领导同志，下发省、市各安委会成员单位。

（十）推进企业安全生产标准化建设，提高企业安全生产管理水平

辽宁省安监局会同省经信委、人社厅、财政厅等11个部门联合下发了《辽宁省全面推进工贸行业企业安全生产标准化建设的实施意见》，规定了各有关部门推动企业安全生产标准化建设的工作职责，明确了扶持政策，激发企业做好安全生产标准化的内在动力。全省非煤矿山、危化品生产经营、烟花爆竹、冶金等工贸行业、铁路道口、交通、电力、军工民爆等近20个行业领域开展了标准化建设。共有3826家非煤矿山企业、882家危险化学品企业、123家烟花爆竹批发经营企业、3194家冶金机械等工贸企业完成安全生产标准化达标验收，超额完成年初制定的指标。积极推进安全生产责任保险，发挥保险的风险控制功能，减轻参保企业的事故风险，保障职工的合法权益。

（十一）加强安全监管队伍建设，深化“两转变、一整治”

按照《中共中央关于全面深化改革若干重大问题的决定》中有关加强安全生产等重点领域基层执法力量的精神和省委常委会的决策部署，经省政府同意，省安全生产监督管理局与省编办联合下发《关于加强县乡两级安全生产监管队伍建设的意见》（辽安监办〔2013〕259号），明确加强县（市、区）本级安全监管部门及安全生产监察执法部门的人员力量，人员配备不低于20人，乡（镇、街道）专兼职人员不少于2人。从根本上解决了县乡两级安全监管力量薄弱，专业力量缺失，疲于应付的被动局面，促进安全监管关口前移、重心下移。

在开展党的群众路线教育实践活动实践中，辽宁省安监局深化“两转变、一整治”，切实转变作风，提升安全生产监管效能。认真清理辽宁省安全生产地方性法规和政府规章，做到立、改、废相结合。加强机关制度建设，制定并完善了安全生产暗查暗访工作制度、安全生产约谈办法、文明上岗制度、首问负责制度、限时办理制度、一次性告知制度等10余项办法和制度，调整理顺了处室职能。沈阳市安监局、大连市安监局坚持寓监管于服务之中，推行说理式柔性执法。大连市还组建了危险化学品监管局，创新执法机制，推进安全监管工作的有效开展。

吉林省安全生产工作综述

一、安全生产总体情况

2013年，全省发生各类事故15071起，死亡1773人，同比增加6392起，多死亡154人，分别上升73.6%和9.5%；全省控制考核范围内事故死亡667人，占全年控制考核指标的97%。工矿商贸事故143起、死亡234人，比2012年增加27起、多死亡67人，分别上升23.3%和40.1%（其中煤矿事故15起，死亡83人，比2012年减少8起、多死亡24人，分别下降34.8%和上升40.7%；金属与非金属矿事故16起、死亡30人，比2012年增加2起、多死亡14人，分别上升14.3%和87.5%；建筑施工事故61起、死亡64人，比2012年增加23起、多死亡19人，分别上升60.5%和42.2%；冶金机械等八行业事故17起、死亡17人，比2012年增加1起、少死亡1人，分别上升6.3%和下降5.6%。化工及危险化学品企业事故1起，死亡1人，2012年同期无亡人事故；特种设备事故2起、死亡2人，事故起数与2012年持平、少死亡1人，下降33.3%；其他行业事故31起、死亡37人，比2012年增加8起、多死亡11人，分别上升34.8%和42.3%）。道路交通事故2457起、死亡1345人，比2012年减少364起、少死亡44人，分别下降12.9%和3.2%。消防火灾事故12384起、死亡137人，比2012年增加6724起、多死亡134人。铁路交通（路外）事故81起、死亡55人，比2012年增加16起、少死亡4人，分别上升24.6%和下降6.8%。农业机械事故5起、无死亡，比2012年减少12起、少死亡1人，分别下降70.6%和100%。水上交通事故1起、死亡2人，2012年无事故。

全省发生一次死亡30人以上重特大事故2起、死亡157人，2012年无重特大事故。3月29日通矿集团八宝煤矿瓦斯爆炸事故，死亡36人；6月3日长春宝源丰禽业火灾事故，死亡121人。

全省发生一次死亡10～29人重大事故3起、死亡45人，比2012年增加1起、多死亡13人，分别上升50%和40.6%。1月14日桦甸市老金厂金矿火灾事故，死亡10人；4月1日通矿集团八宝煤矿瓦斯爆炸事故，死亡17人；4月20日和龙市庆兴煤矿瓦斯爆炸事故，死亡18人。

全省发生一次死亡3～9人较大事故20起，死亡77人，比2012年减少2起、少死亡4人，分别下降9.1%和4.9%。

全省控制考核范围内事故死亡667人，占全年控制考核指标的97%。其中，工矿商贸企业事故死亡234人，占全年控制考核指标的141.8%；生产经营性道路交通事故死亡376人，占全年控制考核指标的83%；铁路交通事故死亡55人，占全年控制考核指标的84.6%。全省10个统计单位中，吉林市突破全年控制指标，高于全年控制指标25.9%，其他地区均控制在全年考核指标以内。

二、安全生产重点工作

（一）安全生产基础建设

一是建立了“党政同责、一岗双责、齐抓共管”的责任机制，实行党委领导、政府负责、党政同抓、分工负责，省委、省政府和省安委会先后28天召开会议专题研究安全生产工作，省委书记王儒林集中5天时间赴延边、吉林等地专题调研煤矿安全生产工作，省长巴音朝鲁担任煤矿企业兼并重组推进组组长。重新调整省安委会，巴音朝鲁省委担任主任，其他副省长任副主任，成员单位由51个扩大到60个，增加了省委组织部等重要部门。坚持“属地管理与分级管理相结合，以属地管理为主”和“管行业必须管安全”的原则，厘清了属地监管、综合监管、行业监管的职责，实现了安全监管责任全覆盖。二是行政审批工作。创新审批方式，对危险化学品生产企业安全生产许可证核发和非煤矿矿山企业安全生产许可证核发两项许可开通网上预审工作。开展“走进企业，服务项目”活动，深入基层主动服务企业、服务项目。

进一步压缩审批时限、简政放权，取消行政审批项目1项、下放2项、部分下放7项。省安全监管局将原来由审批办负责的审批事项全部纳入各相关业务处，实行“归口管理”，进行流程再造。全年办理各类行政审批事项2341件，按时办结率为100%，群众满意率为100%，平均办理时限14.9个工作日，提前办结率为55.31%。三是安全生产文化。下发了《2013年全省“安全生产月”活动方案》，召开了全省“安全生产月”活动启动视频会议，举行了“安全生产咨询日”活动，通过电视、广播等媒介，固定时段播放或发送安全生产公益广告、滚动字幕和安全常识、警示用语。开展安全文化示范企业创建活动，推广了“全国安全文化建设示范企业”——华能集团长春热电厂安全文化建设的经验做法，对吉林板庙子矿业公司、珲春大唐发电厂、长白山旅游公司、白山市江源区公交客运公司、吉化辽源化工公司、麦达斯铝业公司等6户企业参评的省级安全文化建设示范企业进行了初审，推荐白石山林业局、富维－江森公司、黄龙公司等3户企业参加国家级安全文化建设示范企业的评选。

（二）安全生产隐患排查治理

一是安全生产大检查。坚持日常检查与重点督查相结合，突出春季、汛期和两节、两会等重要时段，在全省范围内组织安全生产大检查工作。6月8日—9月30日在全省开展了安全生产隐患大检查大整改活动，制定了实施方案、实施细则、工作意见等5个规范性文件，全面落实专家查隐患、明察暗访、群众举报、停产整顿、责任追究关口前移等措施和制度。6位副省长分片负责10个地区的督促指导，开展督查17次，检查县（市、区）36个、重点企业78户。吉林省委和省政府督查室、省纪委、省安委会办公室、省安监局等部门共组成12个督查组，抽查各类单位532家，排查各类隐患和问题1609项，并在全省进行通报。吉林省安委办成立3个常设暗访组，暗访企业92户，下达行政执法文书320份，处罚202万元；全省各地组成暗访组5610个，暗访抽查企业和场所41468户，排查隐患52037项。为巩固大检查工作成果，吉林省安委会从10月初部署开展了为期3个月的安全生产隐患大检查大整改“回头看”工作。全年，全省共排查各类单位43.1万户（次），查出隐患56.8万项，整改53.4万项，整改率94%。二是重点行业专项整治。八宝煤矿事故发生后，立即对全省所有煤矿实施停产整顿，紧急下发《煤矿企业停产整顿验收及强化安全监管暂行办法》《煤矿企业停产整顿复产验收细则》《煤矿企业停产整顿工作实施方案》等规范性文件，逐级成立巡视组和驻矿包保组，达不到标准化三级以上坚决不予恢复生产，做到“真停、真查、真整、真改”。实施煤矿兼并重组，193户煤矿企业重组为44户，企业规模全部达到30万吨/年以上，产业集中度大幅提高，为煤矿企业实现“脱胎换骨”改造奠定了基础。全年关闭小煤矿33处，淘汰落后产能254万吨，超国家计划23处。制定了《吉林省金属非金属地下矿山矿长保护矿工生命安全十条规定》《吉林省金属非金属露天矿山矿长保护矿工生命安全十条规定》，开展地下矿山防中毒窒息专项整治，85座金属非金属地下矿山完成“六大系统”建设任务，全省所有16座三等以上尾矿库建成在线监测系统并投入使用。开展石油天然气长输管道、危险化学品输送管道专项检查，强化推进危险化学品和烟花爆竹企业安全生产条件整顿工作。全省唯一的烟花爆竹生产企业长岭宝隆花炮厂退出生产领域，全省实现烟花爆竹生产企业整体退出。44户涉及15种重点监管危险工艺的74套装置，完成自动控制装置改造安装。开展涉氨制冷企业液氨使用专项治理，排查隐患4850项，整改4147项，依法取缔关闭160户，责令停产整顿135户，限期整改193户。三是“打非治违”工作。在全省范围集中部署开展了“打非治违”专项行动，落实省直各重点部门工作责任和整治任务，组织省安委会成员单位、10个市（州）和60个县（市、区），突出非法违法行为易发多发高发的重点区域、重点行业和重点时段，采取全面自查、行业联查、“回头看”再检查、跟踪督查等形式，不断加大打击治理力度。落实“四个一律”整治措施，对非法生产经营建设和经停产整顿仍未达到要求的，一律关闭取缔；对非法违法生产经营建设的有关单位和责任人，一律按规定上限予以处罚；对存在违法生产经营建设的单位，一律责令停产整顿，并严格落实监管措施；对触犯法律的有关单位和人员，一律依法严格追究法律责任，始终保持高压态势。全年全省共打击非法违法、治理纠正违规违章行为637630

起，其中证照不全或过期等23981起、关闭取缔后擅自生产经营建设的47起、非法用工或无证上岗的2566起、隐患排查治理制度不健全或责任不明确和整改不到位的6188起。

（三）安全监管防控体系建设

在全国首创了“四化融合”“三位一体”的安全监管防控体系。“四化融合”即网格化管理、标准化建设、信息化控制、社会化监督，通过“四化融合”的深入开展，做到属地监管、行业监管、直接监管责任“三位一体”，实现监管责任全覆盖、无死角。一是安全生产标准化建设。以企业安全生产标准化建设为主线，全面开展安全生产隐患大检查、大整改，推动企业落实主体责任。对照标准化要求，由县（市、区、开发区）对所有企业进行100%验收，市（州）按10%的比例进行复验，省直行业部门对市（州）复验的企业按10%的比例进行抽检，未通过验收的企业，一律停产整顿。全年共有220377户企业通过县（市、区、开发区）验收，验收率97.2%；市（州）抽检24844户，抽检率11%。二是安全生产网格化监管。按照全覆盖、全过程、全员、全方位“四全”的要求，以县（市、区）为主体，对所有单位实行网格化管理。每个网格都要明确政府负责人、行业监管人、综合监管人、专家服务人“四个责任人”，网格责任人要与单位签订安全目标责任状，做到事事有人管、责任有人担。高危行业和消防安全重点单位必须由县级以上政府相关部门监管。建立了安全生产网格化监管信息平台，融合企业主体责任网格化、政府监管责任网格化、差别化监管网格化、动态化监管网格化等4大功能，覆盖省、市、县、乡四级监管部门和所有生产经营单位，省直有关部门已经完成61类10000余条企业隐患自查标准的编制工作。全省建立网格责任片区34504个，落实网络责任片区专管人员49919人，落实网格责任片区专家2392人，初步实现了省、市、县、乡“四级网格”全覆盖。三是安全生产信息化建设。制定了《吉林省安委会关于进一步加强全省安全生产信息建设的意见》，以“统筹规划、分步实施，需求主导、注重实用，统一标准、信息共享，整合资源、保障安全”为基本原则，利用2年时间，基本建成覆盖安全监管核心业务和各级安全监管机构的信息平台和数据中心。2013年，完成了3G监管隐患排查和执法信息平台建设、吉煤集团相关监控信息接入工作，长春市开发了隐患自查上报系统，实现企业隐患自查自报自改的网络化管理；四平市建立了预警预报和信息快速报送网络系统，对隐患进行动态管理；通化市投入2800余万元建立了综合信息化平台，整合气象、国土等部门信息资源，200多个责任部门、1800余户企业和所有学校、医院、养老院全部入网，实现了实时数据监测与视频监控和信息互联互通；辽源市投资900万元建设了数字安监监控中心，对重点企业实行在线监控。四是安全生产社会化监管。在县级以上安全监管部门全面开通“12350”安全生产特服举报电话。出台了《安全生产事故隐患和非法违法行为举报、核查及奖励暂行办法》，对举报给予现金奖励，充分调动广大群众参与安全生产的积极性。

（四）安全生产应急管理

一是应急预案管理。扎实推进应急预案评审备案工作，向国家推荐了18名煤矿、金属非金属、危险化学品及重点行业应急专家。针对电力行业体制改革实际，吸收3名电力专家充实专家库，全省应急专家库拥有具有理论和实践经验的专家160余名。建立了应急预案备案登记档案，对市州安监局及中省直企业的备案文本实行分户归档，制定了备案登记办法，规范了应急预案申请、报送、审核和备案登记程序和管理制度。9个地区及长白山管委会综合应急预案已在省安监局备案。省安监局直接监管的14户企业有13户企业完成了应急预案评审工作。二是应急演练。制定2013年应急演练计划，与重点地区和重点企业多次衔接沟通，督促指导各地落实应急演练项目。省安监局下达的74个综合和专项应急演练项目全部组织了实施。印发了《关于组织做好安全生产月应急预案演练周活动的通知》，对演练周活动进行部署。制定了《全面开展生产经营单位安全生产应急演练活动方案》，全省各级安全监管部门组织协调举办安全生产综合应急演练321项，开展矿山、危险化学品、人员聚集场所防火逃生等专项应急演练2320余项，参演人员约97000人次。三是应急救援队伍。深入延边、白山等地区和吉煤集团，开展情况调研，进一步了解掌握全省矿山和危险化学品救护队队伍建设、装备建设及体制机制建设等基本情况，研究提出全省应急救援体系建设意见。积极推进吉煤集团、白山市矿山救护大队应急救援装备建设。积极协调帮助延边州建立了3户非煤矿山救护队。四是事故应急处置。八宝煤矿“3·29”特别重大瓦斯爆炸事故、和龙市庆兴煤矿“4·20”重大瓦斯爆炸事故、长春市宝源丰禽业公司“6·3”特别重大火灾爆炸事故等重大以上事故发生后，各级领导第一时间赶赴事故现场，全面部署和指挥抢险救援。共调集3100名医护人员、紧急协调1400名武警官兵，强力高效施救。及时开展善后工作，组成包保组做好抚慰工作。准确及时发布信息，加强舆论引导，保持了社会大局稳定。立即组织核实事故情况，深入调查事故原因，依法依规严肃追究一批事故责任人责任，起到了警示和震慑作用。

（五）安全发展长效机制建设

省委、省政府制定出台了《关于加快构建安全发展长效机制的意见》，从构建责任体系、提升监管能力、推进责任落实、强化社会监督等方面，明确了22项工作措施。在《省委、省政府关于建立强化工作落实长效机制的意见》中，把安全生产纳入年度目标，实行“单独考核、单项表彰”，重大安全责任问题实行“一票否决”，对省公安厅、省安监局、吉林市、白山市、延边州进行一票否决。出台了《吉林省安全生产委员会工作规则》《吉林省安全生产综合监管办法》《吉林省安全生产事故隐患排查治理责任追究暂行规定》。省安委会办公室制定了《吉林省重点行业（领域）安全生产暗查暗访工作制度》，并建立了定期查访、案件移送、情况报告、通报曝光、责任追究工作机制。出台了《吉林省安全生产事故隐患和非法违法行为举报奖励暂行办法》。制定了专家查隐患奖励政策，实行补助加奖励，鼓励专家参与隐患排查工作。省编制委员会批准在省工信厅、商务厅、民政厅、教育厅、粮食局、机关事务局等6个厅局设置安全监管处，省级以上开发区设置安全监管机构，工业集中区加挂安全监管机构牌子，乡镇（街道）加挂安全监管办公室牌子，有14个省级以上开发区设置了安全监管机构，10个工业集中区加挂了安全监管机构牌子。

（六）职业健康监管

一是职业健康基础建设。省编办印发了《关于职业卫生监管部门职责分工的通知》，明确了省安监局在职业卫生监管方面的职责分工。组织各地不断加强职业卫生监管机构建设，9个市（州）成立了职业卫生监管机构，配备2～3人。60个县（市、区）中有43个成立了专门机构，有17个县（市、区）在相关科（室）加挂了职业卫生监管科的牌子或配备专人负责此项工作。二是职业病危害专项治理。开展水泥生产、木质家具制造、井工开采非煤矿山等十大行业（领域）企业职业病危害专项治理“回头看”活动。推进加油站、油库、采油企业职业病危害专项治理工作。检查水泥、非煤矿山、木质家具制造、玻璃、冶金和医药等行业（领域）2731家用人单位，发现问题和隐患5367项，责令当场改正3182项、限期改正2028项，警告37家，罚款116.4万元，责令停产整顿12家。

黑龙江省安全生产工作综述

一、安全生产总体情况

2013年，在省委省政府的高度重视和坚强领导下，全省深入学习贯彻习近平总书记关于安全生产的重要批示指示和讲话精神，认真落实宪魁书记和陆昊省长关于安全生产的重要批示和讲话要求，积极推进责任落实，深入开展安全大检查大整顿，扎实开展隐患排查治理和安全专项整治，全面加强基层基础建设，促进全省安全生产形势持续稳定好转。全省共发生各类事故18954起（火灾统计口径发生变化），死亡1471人，伤3446人，直接经济损失27596万元，可比口径（火灾统计口径发生变化，不列入同比范围）同比减少104起、65人、88人和705.1万元，分别下降2.85%、4.33%、2.51%和4.50%。

二、安全生产重点工作

（一）省委省政府高度重视安全生产工作

省委省政府高度重视安全生产工作，把安全生产工作作为重要民生问题，列为省委十大民生工程重要内容和省政府30件民生实事之一，多次召开会议安排部署。省委书记王宪魁、省长陆昊和副省长张建星同志对安全生产工作作出重要批示指示149次。按照6月5日全省安全生产紧急工作会议和10月15日省委十一届第42次常委会议要求，积极推动各地党委加强对安全生产工作的领导，全省有10个市（地）分管安全生产工作的领导由党委常委或常务副市长担任。6月25日，组织各市（地）分管领导和省政府安委会成员单位负责同志安全培训班，认真学习贯彻习近平总书记重要讲话精神，增强安全生产“红线”意识和抓科学发展安全发展能力。省政府设立安全生产专项资金，每年投入2500万元用于加强安全监管能力建设。省政府安委办坚持事故控制指标月通报、季公告、半年检查和年终考核制度，推动责任落实。

（二）认真组织开展大检查大整顿及“回头看”工作

成立由副省长张建星同志任组长，省长助理赵杰、副秘书长齐峰和省政府安委办主任杨宝田同志任副组长，省安监局、公安厅、交通运输厅等23个部门负责同志为成员的全省大检查大整顿领导小组。领导小组办公室设在省政府安委办。全省各市（地）、县（市、区）、乡（镇）全部成立安全生产大检查大整顿领导小组。省政府办公厅下发《关于集中开展全省安全生产大检查大整顿的通知》，对大检查大整顿做出具体安排。省委宣传部印发《全省安全生产大检查大整顿宣传报道方案》，在《黑龙江日报》、黑龙江省安全生产信息网、《龙江安全》开辟安全生产大检查大整顿专栏，在广场、机场等人员集中区域设置LED屏，在省电视台滚动播出大检查大整顿相关信息。省安监局组织7次全省综合督查、专项检查和突击检查。全省组织督查组10178个，暗查和突击检查组3682个，督促检查企事业单位和场所14.7万余家，责令改正、限期整改、停止违法行为45万起，责令停产、停业、停止建设1992家，暂扣或吊销有关许可证、职业资格2449个，关闭非法企业245户，处罚1.15亿元，在《黑龙江日报》分4批公开曝光隐患和问题企业36家。

（三）煤矿安全生产工作成效明显

全省发生煤矿事故19起、死亡53人，创1994年煤矿安全统计归口管理20年以来最好水平。积极推进全省小煤矿关闭整治整合达标工作，成立黑龙江省煤矿安全整治整合工作领导小组，10月15日省委十一届第42次常委会议决定，省煤矿安全整治整合达标工作领导小组办公室由省煤管局调整为省安监局直接领导。制定《黑龙江省关闭不达标小煤矿工作方案》(黑政办发〔2013〕24号)，下发《关于下达2013年全省煤矿关闭计划的通知》(黑煤安整发〔2013〕4号)，确定关闭数量，全年关闭煤矿30处。下发《2013年煤矿瓦斯防治工作要点》和《黑龙江省煤矿企业瓦斯防治能力评估实施细则》，瓦斯抽采量3.9亿立方米。组织各类执法督查20次，查出安全隐患822项，督促整改743项，整改率达90%。围绕“双七条”加强宣贯培训，举办矿长培训班9期，培训矿长677人、培训特种作业人员18771人。

（四）强力推进非煤矿山安全监管工作

制定下发《2013年全省金属非金属矿山整顿关闭实施方案》，组织召开全省整顿关闭工作汇报会和整顿关闭领导小组联络员会议，全省关闭矿山202座，超额完成国家下达180座关闭任务。制定下发《黑龙江省2013—2015年尾矿库综合治理实施方案》，对全省56座生产运行的尾矿库安全度进行再认定，无危库和险库。三等以上尾矿库7座，除2座因矿产资源枯竭停止使用外，其余全部安装在线监测监控系统。制定下发《金属非金属地下矿山防中毒窒息专项整治方案》《基建矿山建设项目专项整治方案》，开展地下矿山防中毒窒息专项整治和基建矿山建设项目专项整治工作。下发《关于进一步加强非煤矿山安全标准化建设工作的通知》，全省538户持证生产金属非金属矿山中，通过三级标准认定的企业527户，通过二级标准化认定的企业11户，安全标准化创建率100%。9户石油天然气企业完成一级标准化自评，27户石油天然气企业完成二级标准化自评。组织开展6次专项检查，发现隐患和问题309项，完成整改305项，整改率98.7%。

（五）危险化学品和烟花爆竹安全基础进一步提升

下发《危险化学品经营许可证管理办法实施意见》《危险化学品安全使用许可实施意见》。开展危险化学品提升本质安全水平专项行动，加大危险化学品“两重点一重大”企业监管力度，提高自动化控制水平，第二批重点监管危险化工工艺改造完成率75%、重点监管危险化学品及危险化学品重大危险源监控、自控改造完成率分别为72%和84%、在役装置安全设计诊断工作开展率100%，全部完成国家规定工作目标。3家企业开展一级标准化达标工作，5家企业达到二级标准，39家企业达到三级标准。制定下发《关于加强化工企业装置检维修作业安全管理工作的通知》，省内3家中直大型石油化工企业同时检修，检修投入资金30多亿元，检修项目3000多项，检维修期间未发生生产安全事故。下发《烟花爆竹经营许可办法实施意见》，持续开展烟花爆竹经营批发企业整顿提升，推行安全、标准、集约化运营模式。组成4个联合督查组对12个地市开展烟花爆竹销售燃放旺季督查工作，发现隐患和问题113项，全部整改。开展烟花爆竹药物安全年度抽检工作，对全省106家烟花爆竹批发企业进行抽检，抽检率达81%。

（六）综合监管力度不断加大

印发《黑龙江省关于全面推进工贸行业企业安全生产标准化建设的实施意见》，创建一级9户，二级240户，三级1681户。规模以上企业达标780户，达标率98.5%；规模以下企业达标1149户，达标率12.3%。举办涉氨制冷企业液氨使用专项治理视频讲座，开展涉氨制冷企业专项治理工作，责令停产停业整改10户企业。下发《黑龙江省人民政府关于加强道路交通安全工作的实施意见》(黑政发〔2013〕1号)，将加强道路交通监控体系建设纳入“30件民生实事”重点推进。省交通运输厅推动危险品运输车辆、旅游车辆、班线客车安装安全带和GPS监控系统；深入开展渡口渡船专项整治“回头看”，组织水上交通安全检查77次，查出各类安全隐患443个；投入资金4.6亿元改造国省干线四、五类危桥115座，1.55亿元改造国省道与农村公路平交道口1406处，1.17亿元安排安保工程项目100项。省消防总队先后组织开展消防安全隐患专项整治行动等10个专项整治行动，净化消防安全环境。省住建厅开展以建筑起重机械和建筑施工脚手架为重点的建筑施工安全专项整治，收到明显效果。哈尔滨市深入开展地下经营场所消防安全“六清六建”专项整治，为历年来投入资金最多、治理力度最大、整改最为彻底。

（七）职业健康安全监管取得新进展

在石棉制品等10个重点行业1126家企业开展职业卫生基础建设活动。深入推进金属制品加工和建筑混凝土搅拌企业职业病危害治理，完成3347家金属制品加工和419家建筑混凝土搅拌企业职业危害项目申报。全省累计申报职业病危害项目企业20052户，超额完成年度目标。组织开展产业园区职业病危害治理专项检查，共检查园区125个，企业1922家，发现隐患和问题160项。印发《关于规范职业卫生检测评价技术服务机构从业行为的通知》(黑安监发〔2013〕6号)，规范从事职业卫生检测评价人员资质管理和现场采样检测数据工作。组织全省职业卫生检测评价人员资格考试，659人参加，194人成绩合格。

（八）不断加强安全生产基础工作

完成隐患排查治理信息系统软件研发，4个省级试点单位实现隐患自查自报。全省136217家企事业单位开展隐患排查治理，排查各类隐患175878项，整改率99%，其中重大隐患7项，整改率100%，各地投入隐患治理资金26036.3万元。全面完成省级应急平台软硬件开发建设，13个市（地）完成应急平台硬件建设。完善8个省级救援基地和16支地方骨干救援队伍建设，省政府投入1.03亿元补充5个省级矿山救援基地装备，危化品、油气田、水上3个省级基地投入建设资金2428万元用于装备采购和基础设施建设，相关市（地）政府匹配16支地方骨干队伍建设资金5975万元，有15支完成建设任务。积极开展应急资源和重大危险源普查工作。全省共成立应急机构848个，新录入应急预案1321部，专兼职救援队伍254支，大型物资装备948台（套），专兼职应急专家255人，统计上报重大危险源320处。完成2012年国家执法装备招标采购，向52个重点县（区）及时发放7047台（套）执法装备。积极做好2013年市、县两级安全监管部门执法装备项目申报，申请并及时下拨中央预算资金4360万元。省级财政投入2500万元专项补助资金，提高基层执法装备水平。征集上报安全生产重大事故防治关键技术科技项目，8项通过国家安全监管总局评审。省安监局会同省人保厅开展注册助理安全工程师职业资格认定，3824 人通过认定。

（九）扎实开展行政执法工作

将安全设施设计审查职业病防护设施设计审查、职业病危害评价报告备案与国土部门用地审批、发改部门选址审批和环保部门环境影响评价审批并列为固定资产投资项目立项后的第一个审批环节，在省政府网上政务服务中心网站上公布。省安监局和气象局联合下发《关于进一步加强建设项目防雷安全设施“三同时”监督管理工作的通知》，开展专项检查。省安监局制定《开展安全生产暗查抽查工作制度》（黑安监办发〔2013〕16号）和《安全生产监管执法工作计划编制和实施暂行办法》（黑安监办发〔2013〕5 号），建立集中人员、集中时间、减少频次的联合执法机制。开展三个阶段安全生产集中“打非治违”执法行动，检查各类企业 22416 家，发现各类隐患 38751 项，下达责令限期整改指令书 8973 份。查处举报投诉案件 44 件，奖励 4 起查实案件举报人 23000 元。2013 年度，全省安全监管系统共实施行政处罚 3111 起，其中经济处罚 1709 起，罚款 3130.19 万元，责令停产停业 165 起，暂扣和吊销许可证 38 起。

（十）广泛开展宣传教育培训工作

3 月 21 日，省安委办制定《全省“安全生产月”活动考核实施办法》，4 月 28 日，省安监局会同黑龙江煤监局和省煤管局等共 9 部门联合印发《关于开展 2013 年黑龙江省“安全生产月”活动的通知》，扎实开展第 12 个“安全生产月”活动。5 月 31 日，召开省“安全生产月”活动动员部署视频会。6 月 9 日，在鸡西市举行第 12 个“安全生产月”活动全省启动仪式，省电视台现场直播，座客省电视台直播间讲解现场活动，介绍全省安全生产工作情况。编印活动宣传手册，制作发放“强化安全基础、推动安全发展”主题邮资封和宣贯《煤矿矿长保护矿工生命安全七条规定》系列明信片，印制“致全省人民群众的一封信”随《生活报》发放 18 万订户。全省开展安全生产法律知识竞赛活动，6 月 28 日，举办全省决赛，15 支代表队参赛。在鸡西市举办 2013 年全省应急预案演练周启动仪式，全省开展政企联动应急演练 136 次，参演人员近 2 万人次。省安监局被评为全国“安全生产月”活动优秀组织单位，《黑龙江省动员部署“安全月”活动》新闻报道获全国“安全生产月”和“安全生产万里行”好新闻三等奖，哈尔滨市、鸡西市、大兴安岭地区和方正县安监局被评为先进单位。在双鸭山市主办全省“安全科技活动周”活动，全省各地播放专题节目、制作安全公益广告、电子显示屏、张贴安全标语、宣传画等，发放科普宣传单 12 万份，设立咨询台 90 处，制作板报 750 块，悬挂横幅 1785 幅。省安监局向省政府报送信息 1465 篇，采用 950 篇，均位列省政府直属厅局排名第二位，在国家和省主要媒体宣传报道安全生产工作稿件 200 余篇。全省举办各类安全培训班 1811 期，培训“三项岗位”人员 5.7 万人，培训执法监察人员 1000 余名。

（十一）积极推进安全文化建设重点工程

国务院安委会办公室下发《关于开展安全发展示范城市创建工作的指导意见》（安委办〔2013〕4 号）确定大庆市为全国 10 个安全发展示范试点城市（区）之一，大庆市启动安全发展示范试点城市创建工作。9 月 29 日，大庆市政府印发《大庆市安全发展示范试点城市建设规划》和《大庆市创建国家安全发展示范城市实施方案》。省政府安委办新增 5 家安全社区试点创建单位，达到 21 家。在大庆市召开全省安全社区建设工作会议，全面启动安全社区建设工作，提出到“十二五”末有 300 个以上创建单位开展安全社区建设工作，有 100 个创建单位创建为省级安全社区，有 20 个创建单位创建为国家级安全社区。印发《关于开展 2013 年度省级安全文化建设示范企业评选的通知》，正式启动省级安全文化建设示范企业创建活动。全省上报 32 家企业，向国家安全监管总局推荐 3 家参加国家评选。

上海市安全生产工作综述

一、安全生产总体情况

2013年全市安全生产形势总体稳定受控。生产经营性道路交通、铁路交通、工矿商贸、农业机械4类事故实际死亡总人数为509人，占指标总数的91.88%。发生生产安全（工矿商贸）死亡事故208起，死亡236人，死亡事故起数比上年下降9.96%，死亡人数比上年下降4.84%。发生一次死亡3～9人的较大生产安全事故9起，死亡34人，比上年下降35.71%和35.85%。发生一起死亡16人的重大事故。亿元国内生产总值生产安全事故死亡率为0.057，比上年相比下降5%；工矿商贸企业从业人员10万人死亡率为2.29，比上年下降2.18%；道路交通万车死亡率为3.2，比上年下降8.57%。

二、安全生产重点工作

（一）持续强化安全综合监管

提请市政府印发了《关于进一步强化地区安全生产工作责任的意见》，明确“重心下移、关口前移、齐抓共管”安全监管总体要求，为进一步加强属地监管、明确地区监管责任提供了依据和指导。市安委会修订印发了《上海市区县人民政府安全生产控制指标绩效考核办法》《上海市安全生产委员会成员单位安全生产工作职责》，进一步明确了区县政府及市政府有关部门的安全监管责任。继续抓好市政府与区县政府、相关委办局和相关行业集团主要负责人签约，分解下达控制考核指标，对区县人民政府和行业集团公司开展了履职督查。按照《上海市较大以上生产安全事故查处督办办法》规定，对2起较大事故查处实施了挂牌督办。有效发挥市安委会办公室平台作用，集中开展了石油化工企业石油库和油气装卸码头安全专项检查、涉氨制冷企业液氨使用专项治理、餐饮场所燃气安全专项治理和石油天然气、城镇燃气、危险化学品管道等重点安全检查，进一步强化安全生产重点治理。对4项市级挂牌督办治理和1项市级重点协调推进的重大事故隐患项目实施挂牌督办，并完成整改。

（二）持续强化危险化学品综合管控

继续落实《上海市禁止、限制和控制危险化学品目录（试行）（第一批）》管控措施，启动第二批目录制定。完成31家非工业园区危险化学品企业布局调整工作，减少危险化学品生产、使用量89.75万吨。制定《上海市危险化学品集中交易市场规划》，启动奉贤、闵行、金山、青浦区危险化学品集中经营试点。全面开展危险化学品使用单位排查，排查单位7398家，建立完善“一企一档”，提出“兜底管理”的具体措施。组织督促38家危险化学品生产、使用企业完成在役化工装置设计诊断。督促涉及重点监管危险化学品生产装置和生产工艺的21家企业实施自动化控制系统改造。落实市级危险化学品安全监管联席会议制度，召开27个成员单位参加的年度全体会议，联合加强本市道路危险货物运输、剧毒化学品、废弃危险化学品等社会面的安全管理，深化协同监管机制。执行各项危险化学品行政许可和备案，全年共完成235个危险化学品建设项目安全审查，新颁发、延期、变更危险化学品安全生产许可证136张（累计472家），不予颁证4家；经营许可证3014张（累计6535家），不予颁证32家。全面推广危险化学品安全责任保险，年内投保企业1332家、保费999.73万元，至年底累计投保企业4495家、累计保费5273.59万元，生产、储存企业和构成重大危险源的使用单位基本全覆盖。

（三）持续强化职业卫生监管

细化《上海市职业病防治预防环节监管三年行动计划（2013—2015年）》，明确了13项重点任务和34个分阶段实施项目。以通过年审的工商注册企业名单作为底数，组织开展职业病危害项目申报核查工作，建立和完善职业病危害项目的管理档案。共排查出职业病危害严重企业3466家，申报企业2948家，申报率达85.1%，较核查前52.0%的申报率提高33.1个百分点；进行职业危害因素检测的企业1685家，检测率48.6%，较核查前33.7%的检测率提高14.9%；进行现状评价的企业393家，评价率11.3%，较核查前6.7%的评价率提高4.6%。开展存在电焊烟尘、硅尘、铸造粉尘及使用纯石英、石棉或含石棉产品的用人单位摸底调查工作，依托社会机构对195家存在电焊烟尘的企业进行了监督性检测。完成18家特种劳动防护用品安全标志认证企业、4家生产企业和使用企业抽样调查。完成146个建设项目职业卫生“三同时”审查。加强职业卫生技术服务机构日常监管，对34家机构技术服务报告开展盲评并网上通报，对外省市9家甲级职业卫生技术服务机构在沪服务实施备案管理。全年共组织5期安监系统职业卫生监管人员培训，培训职业卫生监管人员510人；组织6期职业卫生技术服务人员资质培训，培训1058人次，共有707人取得上海市职业卫生技术服务人员资质证书。

（四）持续强化安全生产执法监察

修订完善本市《安全生产行政执法程序规定》和《安全生产行政处罚法律依据指引》，进一步规范安全生产行政执法行为。在全市范围内组织开展安全生产日常检查和专项检查，始终保持安全生产执法检查高压态势。各级安全监管部门全年出动检查40.7万余次，检查生产经营单位37.4万余家。查出隐患并要求整改308199项、年内实际完成整改291002项、整改率94.4%。实施行政处罚1169次，同比增加4.47%。其中：对生产经营单位处罚915次，对主要负责人处罚254次。实施罚款1076次，比2012年增加4.26%。其中：事故罚款417次，监督监察罚款659次。全年罚款金额4262.84万元，比2012年增加5.76%。年内实际收缴罚款3887.75万元，收缴率91.2%。提请市政府办公厅印发《关于集中开展安全生产大检查的通知》(沪府办发〔2013〕37号)，在全市范围内集中开展安全生产大检查工作。大检查期间，全市道路交通、建筑施工、消防、危险化学品和烟花爆竹、民爆器材、食品药品加工、冶金有色等行业领域共组织督查组18657个，参加检查人员294952人次，监督检查企事业单位和场所207359家；责令改正、限期整改、停止违法行为122361起，责令停产、停业、停止建设569家，暂扣或吊销有关许可证、职业资格990个，关闭非法违法企业219家，处罚罚款3023万余元。组织10个综合督查组对大检查开展情况进行了督查。根据国务院安委会第十三综合督查组督查反馈意见，切实抓好整改落实，推动大检查工作取得实效。重点针对城乡结合部、人员集聚地等事故多发易发和隐患较多区域，加强安全生产交叉执法、联合执法和专项执法，铁腕打击非法违法生产经营行为。深入开展了重点行业领域“打非治违”专项行动，共查处各类非法违法行为1009.4万起。

（五）不断深化安全生产行政审批改革

根据国务院和上海市进一步深化行政审批改革、简政放权的要求，对18项行政审批事项提出了精简内容、权限、材料，优化审批条件、方式等一系列具体措施。进一步规范和完善建设项目安全和职业卫生“三同时”审查流程，实现建设项目安全和职业卫生审查的“一口受理、同步审查、一口批复”。在上海化工区试点开展危险化学品建设项目安全与职业卫生前置审查工作，优化项目审查工作流程。加强安全生产专业服务机构监管，引导和培育安全生产、职业卫生方面的社会组织，印发《关于鼓励本市专业服务机构优化发展的指导意见》，鼓励、扶持专业服务机构具备安全评价和职业卫生评价双重资质，提高安全生产社会管理效能。实现了技术服务机构资质许可网上审批。修订《上海市安全生产专家管理办法》，调整充实上海市安全生产专家库，组织召开全市第三届核心专家聘任会，聘请专家参与安全生产行政审查、专项检查、应急救援等技术服务活动，充分发挥专家在安全生产管理中的技术支撑作用。根据国务院取消行政审批事项的决定，取消全市二、三级安全培训机构资格认可事项。推进安全培训教考分离工作，推进特种作业人员应会考试分中心建设。

（六）加强事故查处和应急救援

全年全市安全监管部门共查处生产安全事故313起，给予行政处分118人，给予党纪处分4人，移送追究刑事责任29人。对事故责任单位罚款3358.9万元，占全部收缴罚款的86.4%。快速妥善处置并依法依规严肃查处上海翁牌冷藏实业有限公司“8·31”重大氨泄漏事故和3起较大生产安全事故。做好突发事件的新闻发布工作，以

"快报事实、慎报原因"为原则，及时发布准确事故信息，加强舆情引导和掌控。组织开展全市安全生产应急资源普查。充实危险化学品道路运输事故应急救援力量，新增2支企业应急救援队伍。全年共审核企业应急预案16552份，其中督促修改1786份。组织举办"安全生产应急演练周"活动，期间举行了2013年危险化学品事故应急处置综合演练，全市共举办各类应急预案演练6900多次，参演人数25万余人，投入资金超过1400万元。

（七）夯实安全生产基础工作

继续深入推进企业安全生产标准化建设，全年工贸企业达标1924家（累计达标2725家，其中一级达标131家，二级达标1180家、三级达标1414家）；危险化学品企业达标16家（累计达标648家，其中生产企业434家、储存企业76家、使用企业221家、经营企业17家）。以"城市·美丽家园"、"城市·不能忘记"、"城市·责任在肩"三大板块为核心，组织开展"安全生产月"系列活动。认真落实"一厂出事故、万厂受教育，一地有隐患、全国受警示"相关要求，以安全生产公益广告片、案例教育片、事故警示片，宣传画，画报，国内外安全生产动态为媒介，以"三不伤害"为主题，加强安全生产宣传警示教育，普及安全知识，培育安全文化，积极营造全社会"关爱生命、关注安全"的安全文化氛围。发放50万《致全市各企业法定代表人的公开信》，增强企业法定代表人安全生产责任意识。全年共培训农民工317129名，超额完成市政府实事项目30万农民工安全培训目标。培训特种作业人员119213名，生产经营单位负责人20139名，安全生产管理人员34146名。培训危险化学品生产经营单位负责人2869名，安全生产管理人员4781名，其他从业人员21619名。全市累计15个区县的84家街镇启动安全社区创建工作，其中"上海市安全社区"68家、"全国安全社区"40家，加入"国际安全社区网络成员单位"20家。

江苏省安全生产工作综述

一、安全生产总体情况

2013年，江苏省认真贯彻中央和省委、省政府关于安全生产的各项工作部署，从制度化、规范化、长效化入手，狠抓安全生产责任网、监督网和保障网体系建设，以"双降"（事故起数和死亡人数双下降）、"双控"（较大事故和重大事故数量双控制）、"一杜绝"（杜绝特别重大事故）为目标，集中开展安全生产大检查，全面加强责任落实和基层基础建设，扎实有效地推进了安全生产各项工作的落实，有力地促进了全省安全生产形势持续稳定好转。

二、安全生产重点工作

（一）健全安全生产责任体系

省政府每个季度选择1个市召开安全生产工作点评会，对各市和各行业领域安全生产状况进行逐一通报和点评，不回避矛盾，不掩盖问题，促进了安全生产属地管理责任和行业监管责任的落实。严格安全生产年度目标考核责任制，对2013年发生重大事故的市实行"一票否决"，对主管行业领域内发生重大事故的省级部门考核成绩降低1～2个等次。坚持党政同责、一岗双责、齐抓共管，严格安全生产领导责任制，做到有职必担当、问责必从严。加大生产安全事故责任追究力度，按照"四不放过"原则严肃查处每一起事故，事故查处问责的教育警示作用得到充分发挥。2013年，全省共查处各类生产安全事故295起，对153人进行了刑事追责和党纪政纪处分。

（二）深入开展安全生产大检查

根据党中央、国务院统一部署，从2013年6月开始，江苏省开展了以"全覆盖、零容忍、严执法、重实效"为总要求的安全生产大检查。省、市、县各级政府和相关部门都成立了领导小组，党政主要负责人亲自深入大检查和安全生产工作第一线。省政府成立了13个督查组，邀请安全生产专家一道，分赴13个市、52个县市和乡镇、200多家企业和生产经营性场所开展综合督查，并同步组织暗查暗访活动，对发现的重大隐患进行了公开曝光。全省所有地区、所有行业领域、所有生产经营单位、所有人员密集场所都开展了自查自纠，基本达到了全覆盖的要求。大检查期间，全省共组织督查组3.15万个，检查生产经营单位30.6万家，责令改正、限期整改、停止违法行为34.7万起，堵塞了一大批安全漏洞，为全省经济社会发展营造了良好的安全环境。国务院安委会第三综合督查组对江苏省安全生产大检查工作给予了充分肯定。

（三）深化重点行业领域安全整治

按照重在平时、重在持续、重在长效的要求，推进重点区域、重点行业、重点企业安全专项整治。2013年，江苏省政府先后对道路交通、煤矿、水上交通、消防、危险化学品、海洋渔业、农机、建筑施工、特种设备、非煤矿山等10个安全生产重点行业领域开展专项督导，推动了行业领域的安全治理。江苏省政府召开全省实施交通安全生命保障工程暨加强农村道路交通安全工作现场会、校车安全管理电视电话会议，出台《关于加强道路交通安全工作的实施意见》，严厉查处各类道路交通违法行为，全年因超速和疲劳驾驶导致的事故同比下降70%以上。认真吸取外省重特大事故教训，在全省范围内及时部署开展涉氨制冷企业液氨使用、石油化工企业石油库和石化码头、石油天然气长输危险化学品输送及城市燃气管网管道等专项治理行动，有效防止了悲剧重演。深化消防“网格化”管理和“防火墙”工程，集中整治建筑施工起重机械、脚手架坍塌等安全隐患，取得了明显成效。

（四）加强安全生产基层基础建设

科学运用省级安全生产专项资金，推动各市专项资金同比增加1639万元，直接带动安全投入9亿元。全省安全生产标准化达标企业已达3.97万家，其中煤矿等7个行业企业全部达标，冶金、机械等工贸行业规模以上企业基本实现全覆盖。在稳步推进煤矿、非煤矿山、职业危害三大省级安全技术中心实验室建设的同时，启动“感知矿山”实验基地和安全科技支撑基地项目建设，全省100个县（市、区）和20个国家级开发区全部完成隐患排查治理信息系统联网建设，58个化工集中区建成专门消防站。江苏省政府在南通成功举办了历史上规模最大、层次最高、参演人数最多的南黄海综合搜救演习，南京、扬州、镇江等地组织开展了重点体育赛事、油田突发火灾、燃气泄漏等突发事件应急演练。截至2013年底，全省职业病危害项目申报企业总数已达6.47万家，位居全国前列。

（五）安全生产控制指标取得明显成效

一是各类事故起数和死亡人数“双下降”。全年全省各类事故死亡5207人，下降1.27%，其中生产经营性事故3323起，死亡2052人，同比分别下降5.68%和2.1%，连续12年实现“双下降”。二是较大以上事故防控得到加强。全年全省共发生较大事故43起，死亡166人，同比分别下降12.24%和7.78%。发生重大事故1起，连续12年杜绝特别重大事故。三是反映安全发展水平的四项相对指标趋好。亿元GDP安全生产事故死亡率、工矿商贸十万从业人员事故死亡率继续好于全国水平，煤矿百万吨死亡率为零，处于历史最好水平。四是大多数行业领域和地区安全生产形势稳定。道路交通事故起数和死亡人数分别下降0.82%和1.04%，未发生重特大事故。危险化学品、民爆、农机等行业领域事故稳中有降。全省绝大多数地区安全生产状况稳定。

浙江省安全生产工作综述

一、安全生产总体情况

2013年，在国家安全监管总局大力指导下，全省各地、各部门和单位认真贯彻落实党中央、国务院和省委、省政府一系列工作部署，严守“发展决不能以牺牲人的生命为代价”这条红线，牢固树立“生命至上、安全第一”的理念，以深入开展党的群众路线教育实践活动为动力，全面落实政府、部门和企业安全生产“三大责任”，深入开展安全生产大排查大整治专项行动，不断深化打非治违、隐患排查和专项整治活动“三大硬战”，积极推进科技兴安、企业基础、保障能力“三大建设”，安全生产形势继续保持稳定好转态势。2013年，全省共发生各类事故18933起、死亡5518人、直接经济损失28531.4万元，同比分别下降5.0%、2.2%和8.4%，全年未发生一次死亡10人以上的重特大安全生产事故。

二、安全生产重点工作

（一）强化对安全生产工作的领导，推动党政同责齐抓共管

吉林“6·3”和青岛“11·22”特大事故后，习近平总书记关于安全生产工作的多次批示并讲话，以及十八届三中全会提出的安全生产工作要求，彰显了党中央对安全生产工作的重视和“以人为本、关注民生”的执政理念。全省各级安监部门以务实的作风，迅速把思想、行动统一到总书记的重要讲话和指示精神上来，着力解决安全生产“党政同责、一岗双责”贯彻落实推进过程中遇到的问题。通过共同努力，各级党委、政府领导安全生产红线意识明显增强。6月以来，各级党委政府多次召开会议，专题学习习总书记讲话精神，研究部署安全生产工作。夏宝龙书记、李强省长多次就加强安全生产工作作出重要指示批示，李强省长等省领导亲自率队检查安全生产工作；王辉忠副书记、毛光烈副省长等省领导亲自指导解决重大安全生产难点问题。在省委、省政府领导的带头示范下，各市、县（市、区）党委、政府抓安全的主动性明显增强、抓安全的工作氛围日益浓厚、抓安全的工作能力明显提升，切实解决了一些影响当地安全发展的重大难点问题，为做好安全生产工作创造了有利条件。

（二）深入开展大排查大整治专项行动，进一步优化安全生产环境

根据中央和省委、省政府决策部署，浙江省迅速行动、周密部署，按照“全覆盖、零容忍、严执法、重实效”的要求，深入开展全方位、立体式、全覆盖、高强度的大排查大整治专项行动。一是领导重视、亲力亲为。吉林“6·3”火灾事故发生前后，夏宝龙书记两次就安全生产工作作出重要批示。李强省长第一时间对大排查大整治活动作出批示，主持召开省政府常务会议和省安委会全体成员会议，动员部署安全生产大检查工作，并亲自带队检查安全生产工作。毛光烈副省长多次作出批示、指示，认真研究方案、带队深入检查，其他省领导按照“一岗双责”的要求，切实抓好各自分管领域的安全生产工作。二是精心部署、组织得力。浙江省是全国率先开展安全生产大排查大整治专项行动的省份，在国务院作出部署之前，省政府成立了由毛光烈副省长任组长的全省安全生产大排查大整治工作领导小组，全面组织协调和指导推进全省的专项行动。国务院安全生产电视电话会议结束后，浙江省又及时召开省政府常务会议和省安委会全体成员会议，全面部署工作。省政府共派出11个督查组，由厅局“一把手”带队赴全省各地开展第一轮督查，快速推进各地、各部门开展安全生产大排查大整治活动；第一轮督查结束后，省政府又分别召开安全生产大排查大整治活动督查专题汇报会和全省安全生产工作电视电话会议。省安委会组织11个督查组，对各地的专项行动开展情况进行“回头看”，并结合国务院安委会综合检查组对浙江两次督导检查和国家安全监管总局多次组织对浙江省综合、石油化工、液氨制冷等专业检查要求开展落实整改。紧锣密鼓、环环相扣的组织保障，确保了大排查大整治活动的深入推进。三是重点突出、成效明显。各地、各部门充分发挥“网格化管理”的作用，积极动员县乡政府及其有关部门对所有行业领域生产经营单位，进行全覆盖、高强度的大排查，重点检查涉及液氨制冷工艺行业、道路交通、消防、渔业船舶、建筑施工、危险化学品和非煤矿山、水上交通、机械制造、特种设备等行业领域，全面排查和整治小作坊、小加工厂。全省共组织各类检查组4万多个，其中暗访、突击检查组8千多个，交叉检查组3千多个，参加检查人员32万多人次，检查各类企业和场所近40万家；关闭非法违法企业近2千家，责令停产整顿近5千家，处罚罚款6800万元，责令改正、限期整改、停止违法行为30多万起。青岛“11·22”事故后，浙江省安监局又联合公安、能源等部门及时部署开展全省油气、化工管道安全专项整治，基本摸清了全省油气管道底数，并逐项落实整改措施。我省安全生产大检查工作得到了国务院安委会综合督查组的充分肯定。

（三）推进诚信机制和标准化建设融合发展，进一步提升企业本质安全水平

安全生产诚信机制和标准化建设是提高企业本

质安全水平的重要抓手。省安监局积极探索安全监管工作整合增效的路径，推进诚信机制和标准化建设融合发展，以安全生产诚信机制建设力推企业安全生产主体责任落实。7月9日，省安监局在湖州召开诚信机制和标准化融合暨安监局长座谈会，交流各地工作做法，推广湖州安吉经验，从工作内容、推动力量、信息平台和运行机制等4方面融合寻找突破口。在充分调研的基础上，制定出台了《关于开展企业安全生产诚信机制建设和安全生产标准化建设相互融合推进的工作意见》和《企业安全生产诚信等级分类评估（参考）标准》，在全省范围内全面推进两项工作的融合。为了更好地推进融合工作，开发建设了安全生产诚信管理信息系统，截至2013年底，全省已经评定A类企业1637家，B类企业7096家，C类企业731家，D类企业14家，黑名单企业8家，诚信机制和标准化融合工作在全省得到全面推进。

（四）积极开展综合整治试点工作，进一步破解安全生产难点热点问题

针对当前安全生产工作中涉及多部门、跨区域的安全监管难题，开展安全生产综合整治试点工作，切实解决安全生产监管难题。5月，在温州组织召开了综合整治长效机制建设现场会，安监、经信、公安、建设、工商、消防、电监办、电力等省级有关部门结合“三改一拆”“腾笼换鸟”、环保整治、淘汰落后产能等工作，合力探索安全生产长效综合治理模式。在全省确定11个安全生产综合整治试点县，积极推广安全生产综合整治的瓯海模式。按照综合整治试点三年计划，2013年的主要任务是完成试点，总结经验。各试点单位根据省政府的要求，紧密结合当地“三改一拆”、“四边三化”等行动，以强基础、建机制、促转型为出发点和落脚点，以拆违章、查无照、除隐患为手段，一些行业领域和区域安全生产突出问题得到整治，安全环境有所改善。12月，省安委会召开全省安全生产综合整治工作座谈会，对各地试点工作开展情况进行了总结，部署下阶段的工作任务。

（五）推进事故防范创新体系建设，进一步提高安全防控能力

为更加广泛和深入地推进安全生产领域的社会管理创新，不断增强从源头上治理生产安全事故的前瞻性、针对性和实效性，我局在2012年试点工作的基础上，继续大力推进安全生产事故防范创新体系建设。一是及时评估、全面提高。8月，省安监局召开全省安全生产事故防范创新体系建设试点工作座谈会，对全省18个试点项目进行总结评估，交流各地开展试点工作经验，探讨在试点工作中存在的困难。通过推广个别地区在试点工作开展方面的先进经验，加强事故防范创新体系建设的技术辅导，全面深化试点工作的开展。与此同时，召集相关厅局开展事故预防试点工作座谈会，对省级部门承担的事故防范创新体系试点项目开展评估，促进项目的进一步开展，使创新试点的触角在广度和深度上得到延伸。二是创新理念、力求实效。在试点工作开展过程中，各地依靠理念创新，带动事故防范的主体创新、方式创新、环节创新、手段创新和制度创新，使得事故防范取得明显成效。比如杭州市电梯安全试点项目，构建了电梯乘客、生产单位、使用管理单位、检验单位和政府各相关监察管理部门“五位一体”的长效联动监管机制，电梯安全事故同比下降33.3%。舟山市认真分析事故原因，不断提升科技手段在事故防范中的作用，船舶修造行业事故起数和死亡人数分别同比下降33.3%和11.1%。三是形成体系、持续改进。在已经开展的试点项目中，着力于注重实效，着力于推动各类事故的不断下降，删选出一批实用技术，建立一套简明、管用、易操作、可推广的事故防范有效模式，努力减少各类事故。将事故防范的控制节点数据化、制度化和手册化，并加强对体系运行和绩效监督、测量和评价，确保系统的绩效逐年得到持续的、动态化的改进。

（六）推进安全生产网格化管理，进一步规范基层安全监管模式

2013年，浙江省各级安监部门以理顺体制、健全机构、增编补员为重点，强化“四级机构、五级网络”建设，安全生产监管队伍不断壮大。截至2013年底，全省县级以上安监机构人员编制总数达2374名，其中安监支队（大队）703人；全省1368个乡镇（街道）中已有1351个建立或确定了乡镇一级安全监管机构，配备了4300余名专职或兼职安全监管人员。面对全省众多中小企业安全基础薄弱、历史欠账较多、本质安全水平低、事故隐患多等现状，省安监局积极推进安全生产网格化管理，使安全监管从运动式、突击式的治理模式

向重视基础工作、规范基层管理转变，提高事故防控能力。10 月，在台州召开全省网格化管理工作现场会，推广温州市和台州路桥在网格化建设方面的经验，要求全省各地尽快开展安全生产网格化建设，落实各方安全生产监管责任，弥补安监力量不足，扫除安全监管盲点和死角。11 月，制定出台了《关于推行基层安全生产网格化管理的指导意见》，明确了网格划分原则、网格划分、职责定位及实施步骤，指导各级政府、安监部门实施网格化管理。

（七）积极推进行政审批制度改革，提高行政审批工作效能

2013 年是浙江省集中开展行政审批制度改革，实现转变政府职能的攻坚时期，其中涉及全省安监系统的内容多、时间紧、任务重。浙江省安监局按照“能放尽放、全面下放”和“便民高效”的原则，积极推进行政审批制度改革。一是梳理行政许可事项，细化法定职责。针对全省各级安监部门对行政许可、非行政许可审批、委托行政许可事项等疑难问题，省安监局根据现行有效的法律、法规，并按照《中华人民共和国行政许可法》的规定，梳理了省、市、县三级安监部门的行政许可事项，将梳理的结果报送省法制办并向社会公告。二是积极整合处室职能，方便企业办事。省安监局根据实际情况，明确安全生产标准化工作由一个处室总牵头，将油气管网监管职能整合到一个处室，方便了基层，提高了效率。三是积极实施权力下放，提高审批效率。按照十八届三中全会精神和浙江省总体部署，省安监局组织各相关处室开展部门职责清单和企业投资项目负面清单梳理工作，多次研究商讨行政审批事项下放的意见，将危化品建设项目安全审查和安全生产许可证审批以委托形式下放给绍兴市，同时向省行政审批制度改革办公室报送了涉及安全生产方面的关于赋予舟山群岛新区行政审批事项、省一级直接委托嘉兴市各县市区实施审批的事项清单。同时，认真做好行政审批服务工作，提高办事效率，树立安监良好形象。强化办事窗口服务意识，努力减少审批时间，对于材料不齐全的实行一次性告知制度。2013 年全局共受理各类行政审批事项 2237 件，办结 2237 件，按时办结率 100%。

（八）积极开展安全生产宣传教育，进一步推进安全文化建设

积极开展“安全生产月”活动，通过举办政策法规咨询、知识宣传、文艺表演、图板展览、万人签名、有奖猜谜、消防演练、播放安全生产警示片、征集安全生产合理化建议、召开新闻发布会、摄影比赛、征文活动等多渠道、多层次、多形式的安全生产宣传教育主题活动，在全社会大力营造“关注安全、关爱生命”的良好氛围。加强与主流媒体沟通合作，继续在《浙江日报》《浙江工人日报》开办安全生产宣传专栏专题，强化安全生产宣传，提高全民安全意识。为进一步促进企业安全生产管理规范化、制度化和科学化，在全省范围首次组织开展了安全文化建设示范企业创建工作，从各地申报企业中评选出 26 家安全文化示范企业，促使安全发展这一重要思想和理念真正落实到企业生产经营建设的每一个环节，促进企业落实安全生产主体责任。与此同时，全省各级安全监管部门积极开展安全生产知识培训教育活动，制定了全年的培训计划，抓好安全生产全员培训工作，尤其加强对外来务工人员和农民工的培训，并积极组织实施“安全培训千百万计划”和“安全文化示范创建活动”，杭州市被国家安全监管总局确立为国家级安全文化创建示范城市。

（九）积极实施科技兴安战略，进一步提升安全生产保障水平

立足科技兴安，不断加强安全生产支撑体系建设，推进安全生产先进技术应用，加强安全生产科研能力建设，提升安全生产保障水平。一是完善顶层设计。制定出台了《关于进一步推进浙江省安全生产信息化工作的指导意见》，以“一个中心、三个平台、五大体系”作为全省安监系统信息化建设的基本框架，完善全省安全生产信息化建设总体部署；加强信息化制度建设，编制了浙江省安全生产监督管理局信息化建设管理办法等 13 项管理制度。二是加强重点项目建设。组织开展省级安全生产科技计划项目立项研发，确定 18 个项目作为 2013 年浙江省安全科技计划项目，积极向国家安全监管总局推荐报送科技项目。完成省市视频会议系统、重大危险源监管信息系统、标准化管理信息系统等应用系统建设；积极推进“智慧安监”试点工作，指导杭州市加快建设工地可视化管理系统、塔吊安全监控系统、电梯物联网科技监管系统、工程车超载超速监控系统等项目开展。三是积

极推进安全生产先进适用技术。继续强力推进涉及“二重点一重大”的危化企业自动化控制和紧急切断系统，推广使用车辆GPS行驶监控技术以及易燃易爆场所可燃气体报警设备、阻隔防爆技术等科技成果。督促露天矿山采用规范的分台阶开采技术，支持和推进渔船安全救助信息和防碰撞系统建设，取得明显实效。四是加快推进技术支撑体系建设。浙江省以浙江省安全生产科学研究院为建设主体，投资1500万元建设的安全工程与技术研究省级重点实验室通过验收。省安科院预算投资9700万元的科技创业园建设方案已通过初步设计评审，并进入实施阶段中，国安全生产科学研究院浙江应用技术研究院也已经启动建设。中国安全科学研究院宁波分院的筹建工作正在积极地进行之中，全省安全生产技术支撑能力进一步增强。

（十）深入开展党的群众路线教育实践活动，进一步树立为民务实清廉的形象

作为省委常委、公安厅长刘力伟同志的联系点，浙江省安监局按照排头兵和示范点的要求，紧密结合安监工作的特点和实际，严格按照中央和省委关于党的群众路线教育实践活动的统一部署，扎实做好规定动作，务实创新做好自选动作，坚持“两手抓、两不误、两促进”，提高了全局党员干部特别是领导干部贯彻落实群众路线的执行力和创新力，解决了一些“四风”方面存在的突出问题，达到了“照镜子、正衣冠、洗洗澡、治治病”的总要求。一是加强学习。坚持把理论武装摆在首位，把学习教育与查摆问题、解决问题、建章立制结合起来，通过集中辅导、支部学习讨论、晚上学习、网络学习、观看影片多种学习方法，较好地解决工学矛盾，确保时间、内容、人员三落实，切实提高学习教育的成效。二是听取意见。一方面，积极向省级有关单位和各市安监局书面征求意见建议；另一方面，局领导带头深入基层，开展“三百”走亲连心活动，在一线倾听民声、融洽感情、破解难题；另外，通过召开座谈会，当面听取机关干部、退休老同志、基层安监干部和“两代表一委员”的意见，先后召开不同层面座谈会67场次，征集梳理反映“四风”和工作问题的各类意见建议155条次，及时向领导班子和班子成员反馈。三是即知即改。按照“照镜子、正衣冠、洗洗澡、治治病”的要求，采取群众提、领导点、自己找、互相帮的方式，认真查找在“四风”方面存在的问题。10月15—16日，以3个半天时间召开局领导班子民主生活会，广泛开展批评与自我批评，共查找出4个方面15条意见。为了确保能够更好地整改存在的问题，对各项整改措施进行了细化，明确了具体措施、整改时限、责任人和责任处室，以表格形式予以下发，确保整改落到实处、取得实效。

安徽省安全生产工作综述

一、安全生产总体情况

2013年，全省共发生各类事故8570起，死亡1600人，同比分别下降6.1%、2.6%。其中：生产经营性火灾事故3369起、死亡10人；生产经营性道路交通事故4801起、死亡1191人，同比事故起数下降8.9%、死亡人数上升3.0%；水上交通事故4起、死亡14人，同比分别下降60.0%、44.0%（其中：长江事故2起、死亡12人，同比分别下降60.0%、36.8%；内河事故2起、死亡2人，同比分别下降60.0%、66.7%）；铁路交通事故86起、死亡75人，同比事故起数分别下降19.6%、25.0%；农业机械事故47起、死亡10人，同比分别下降43.4%、33.3%。渔业船舶、农电未发生事故，民航飞行未发生事故或事故征候。

2013年，全省亿元GDP事故死亡率0.164，工矿商贸十万从业人员事故死亡率1.069，道路交通万车死亡率2.187，煤矿百万吨死亡率0.158，同比分别下降13.7%、14.5%、16.2%和33.0%。

2013年，全省工矿商贸事故263起、死亡300人，同比分别下降9.0%、10.7%。其中：煤矿事故21起、死亡22人，同比分别下降12.5%、

37.1%；金属与非金属矿事故30起、死亡32人，同比分别下降30.2%、47.5%；建筑业事故96起、死亡109人，同比分别下降10.3%、6.0%；烟花爆竹事故3起、死亡4人，同比分别下降50.0%、63.6%；工矿商贸其他事故113起、死亡133人，同比分别上升5.6%、20.9%；危险化学品未发生事故。

2013年，全省共发生较大事故48起、死亡178人，同比分别下降2.0%、5.3%。其中，道路交通事故37起，生产经营性火灾事故1起，煤矿、金属与非金属矿、建筑业事故各1起，工矿商贸其他事故8起，长江水上交通事故2起。

2013年，全省共发生重大事故3起、死亡30人，同比事故起数上升50.0%、死亡人数下降23.1%。3起重大事故的原因都是运输企业安全生产主体责任不落实，超速、超载，驾驶人违法违规操作，相关部门安全监管不到位。全省没有发生特别重大生产安全事故。

二、安全生产重点工作

（一）切实加强对安全生产的组织领导和强化安全生产责任制

省委、省政府一直高度重视安全生产工作，把安全生产纳入各级党委政府重点工作，纳入全省经济社会发展的总体规划，统筹部署和推进，并作为政府目标管理和干部政绩业绩考核的重要内容，严格执行安全生产“一票否决”制度。各级政府及其部门实行“一把手”负总责、分管领导具体抓、其他领导各负其责的安全生产“一岗双责”制。省委书记张宝顺、省长王学军高度重视安全生产，作的重要指示和批示达25次，亲自调研督导安全生产工作。省政府常务会先后2次听取安全生产工作汇报，省政府召开4次专题会议部署安全生产工作。分管省长和省委、省人大、省政府、省政协其他领导都切实加强了对安全生产工作的领导。全省各级党委、政府及其相关部门对安全生产工作高度重视、大力支持，各级各方面齐抓共管安全生产的格局进一步强化。

加强安全生产目标任务的分解和落实，除继续对各市（直管县）和4个矿业集团实施安全生产目标管理考核外，增加对9个省直单位实施安全生产目标管理考核，全省安全生产责任体系进一步健全完善，形成“横向到边、纵向到底”和网络化管理体系，层层传递安全生产工作压力，加强对安全生产控制指标实施进展情况的监督检查，进行月分析、季通报，定期在全省主要新闻媒体公告全省安全生产形势，通报各地指标控制情况，发布《2013年全省安全生产白皮书》，分析查找问题，提出改进工作的意见和措施。

（二）集中开展全省安全生产大检查和“回头看”工作

按照国务院办公厅的部署和要求，省政府下发了关于集中开展安全生产大检查的通知，将大检查工作分成四个阶段，分步实施，有序推进。按照“全覆盖、零容忍、严执法、重实效”为总原则，坚持举措创新、制度创新、内容创新，制定下发安全生产大检查工作实施方案，组织全省所有市、县、乡镇，以及所有行业领域、所有生产经营企事业单位和人员密集场所，集中开展全省安全生产大检查。省政府分管领导亲自带队，多次采取“四不两直”的方式进行暗访检查。各地党委、政府主要负责人和分管负责人分别带队对辖区内有关行业领域进行督查检查。省直有关部门共组织40多个暗访组对重点行业和领域进行执法检查，并邀请新闻媒体参与暗访活动，对典型问题进行通报和曝光。2013年6—9月，全省共组织各类督查组1.7万多个，参加人员近12万人次，监督检查企业8万多家，排查隐患16万多条，关闭非法企业315家，责令停产停业整顿企业1359家，暂扣和吊销1475家企业的有关证照，经济处罚8700多万元。省大检查工作领导小组组织召开4次全体会议进行专题研究部署，同时组织了43个督查组对全省进行了3轮督查。期间共召开4次安全生产形势分析会及新闻通气会，编印安全生产大检查专刊40期。大检查活动的广泛开展推动了各级、各部门、各单位和全社会对安全生产工作的重视，促进了安全生产工作建章立制和方式创新，摸清了全省安全生产状况，夯实了安全生产基础，成效十分显著，先后两次得到国务院安委会第九督查组的充分肯定。

同时，全省迅速开展安全生产大检查“回头看”活动，该项部署在全国属于起步较早的。按照《关于开展全省冬季安全生产大检查及“回头看”综合督查工作的通知》，省政府安委会已组织9个督查组，对全省各地各行业领域开展冬季安全生产大检查情况、安全隐患整改情况、“打非治违”情况，以及近期重点工作部署的贯彻落实情况等进行重点督查检查。

（三）全面深入开展安全隐患排查治理和重大事故挂牌督办

省政府安委会办公室对2013年初省政府督查组查出的256项安全隐患和问题，要求各地政府实施分级挂牌督办和跟踪督查，并每半个月调度一次整改进度，整改完成率已达到95.8%。对在2013年安全生产大检查中发现的399项重大隐患和问题，督促各地严格落实整改责任和措施，并及时调度整改进度，整改完成率已达到97.7%。截至2013年底，全省54236家工矿企业共排查一般隐患13.16万条，整改率达99.1%；排查重大隐患44项，已完成整改40项，整改率达90.9%。77075家交通运输等重点行业领域企业和单位共排查一般隐患31.59万多条，整改率达98.8%。

（四）持续不懈地开展“打非治违”专项行动和整顿关闭工作

建立健全“打非治违”制度化、常态化的工作机制，持续开展联合执法检查。加强对地方政府特别是县、乡两级政府“打非治违”工作的监督检查，督促落实“四个一律”措施。截至2013年底，全省共打击非法违法行为90.9万多起，其中取缔无证无照和超范围生产经营行为37428起，关闭取缔企业1779家，责令停产整顿企业892家，查处非法用工和无证上岗6193起。同时，强力推进高危行业整顿关闭。进一步调整优化高危行业产业结构，淘汰落后生产能力，提升安全生产保障水平。关闭小煤矿16对、非煤矿山224个，退出烟花爆竹生产企业37家。

（五）进一步夯实安全生产基础和强化安全生产应急演练

积极推进安全生产支撑能力建设，下发省级财政贴息资金1400万元，带动企业投资6.1亿元用于安全生产隐患排查治理和技术改造。推动企业开展安全生产标准化建设，截至2013年底，全省安全生产一级标准化企业14家、二级标准化企业310家、三级标准化企业3213家。大力推进安全文化建设和安全社区创建，命名省级安全文化示范企业39家、省级安全社区20个。

按照应急预案“简明化、图表化、程序化”工作，编印了《安徽省金属与非金属矿山生产安全事故应急救援预案》等6个专项预案简化本，使预案更加简化，应急处置程序更加清晰，进一步提高了预案的可操作性。去年安全生产月期间，全省开展演练5200余次，参演人数近23万人，应急演练直接投入2200多万元。其中，省安监局、马鞍山市政府和马钢集团公司联合举办了危险化学品事故应急演练，在全省起到了良好的示范推动作用。

（六）强化生产安全事故和严肃查处和警示教育

完善落实“四不放过”和“依法依规、实事求是、注重实效”的事故调查处理原则，加大跟踪督办力度，严肃事故查处，严格责任追究。全省依法依规查处结案2013年发生的事故188起，结案率63%，追究刑事责任54人，给予党纪政纪处分274人（其中，县处级干部8人、乡科级20人），行政处罚670人，罚款4018多万元。省安监局牵头组织调查5起较大事故和3起重大道路交通事故，已结案7起，追究刑事责任23人，行政处分63人，处罚19人，罚款482万多元。省政府安委会办公室对今年以来发生的较大以上事故全部实行挂牌督办，对事故频发、多发的有关地方政府进行警示通报或约谈，共发出警示通报10件。举办了2期事故案例学习班和3个行业现场会，进一步强化警示教育。建立完善安全生产信息平台，覆盖全省各级政府、有关部门、高危行业主要负责人和安全管理人员1.4万多人，发送安全生产警示教育等信息。

（七）加强安全生产宣传培训和强化安全监管队伍自身建设

全省安全生产宣传教育和安全生产月活动丰富多彩，亮点纷呈。组织开展以“强化安全基础，推动安全发展”为主题的全国安全生产月等宣传教育活动，受到了中宣部、国家安全监管总局等7部门的联合表彰；还先后荣获了全国安全生产“打非治违”知识竞赛、全国安全生产书画和摄影展等活动的优秀组织单位。省政府安委会办公室先后组织召开了4次安全生产形势分析会暨新闻通气视频会，引起各大主流媒体广泛宣传和社会各界的大力关注。900多名安全监管人员通过行政执法资格考试，近6000名安全监管人员、企业主要负责人和安全管理人员参加培训，60000多名特种作业人员参加在线考试。

进一步加强作风建设，大力加强安全监管部门思想作风、业务能力和党风廉政建设。按照中央提出的“照镜子、正衣冠、洗洗澡、治治病”的总体要求，重点解决形式主义、官僚主义、享乐主义和奢靡之风方面的突出问题，制定了省安监局《关于开展党的群众路线教育实践活动实施方案》，扎实开展党的群众路线教育实践活动，巩固政风行风建设成果，提高依法行政水平，机关作风呈现出崭新的精神风貌，省安监局连续3届被评为“省直文明单位”。同时，着力宣传典型，大力弘扬安全监管队伍的先进事迹，激发了全省安全监管系统干部职工无私奉献、勤奋敬业的奋斗精神。在优化服务环境，深化行政审批改革中，实行窗口“首席代表制”。按照“简化审批程序、减少审批环节、提高审批效率”的原则，发挥行政审批职能归并优势，最大限度地为监管对象提供方便。对涉及省局的行政审批项目进行了认真清理，逐项汇制了行政审批流程图，进一步巩固效能建设成果，全面落实首问负责制、限时办结制、岗位责任制、一次性告知制、行政执法责任制、服务承诺制，努力打造一支为民、务实、高效、清廉的安全生产监管队伍。

福建省安全生产工作综述

一、安全生产总体情况

2013年，全省发生各类事故12110起、死亡2475人、受伤9563人、直接经济损失13975万元，同比分别下降10.4%、10.2%、16.5%和1.5%。发生较大事故39起，同比减少12起，下降23.5%，创2001年以来最好水平。发生重大事故1起，减少2起，下降66.7%。亿元GDP生产安全事故死亡率0.115，下降14.2%；工矿商贸十万就业人员事故死亡率1.05，下降13.9%；道路交通万车死亡率2.7，下降7.2%；煤矿百万吨死亡率0.476，下降4.6%。各项指标均控制在国务院安委会下达的目标责任范围内，连续8年全面下降。从行业领域看，工矿商贸事故起数和死亡人数分别下降7.4%和4.4%，其中烟花爆竹没有发生死亡事故；火灾事故起数和死亡人数分别下降0.6%和5.4%；道路交通事故起数和死亡人数分别下降14.2%和13.5%；水上交通事故起数上升60%，死亡人数下降35.7%；铁路交通事故起数上升31%，死亡人数持平；农业机械事故起数和死亡人数分别下降33.9%和35%；渔业船舶事故起数下降23.3%，死亡人数上升81.8%。从区域情况看，各设区市事故死亡人数同比均下降、平潭区上升，厦门、泉州、南平、龙岩、宁德较大事故起数同比下降，有60个县（市、区）没有发生较大事故、20个县（市、区）没有发生工矿商贸死亡事故。

二、安全生产重点工作

（一）强化中央领导同志指示批示精神贯彻落实

省委书记尤权、省长苏树林分别在6月9日省委常委会、8月16日省委第九届九次全会、11月26日省委第九届十次全会和9月27日省政府常务会、10月23日省政府安全生产专题务虚会上集体传达学习习近平总书记、李克强总理等中央领导同志重要指示批示精神，研究贯彻落实意见，并经常对安全生产工作作出指示批示。10月9日，苏树林省长亲自到省安监局、福建煤监局调研，要求各级安全监管监察部门认真贯彻落实习总书记、李总理重要指示批示精神，强化责任落实，加强宣传教育，推进安全生产科学管理和主动服务，提升本质安全水平。省委在贯彻党的十八届三中全会精神全面深化改革的《中共中央关于全面深化改革若干重大问题的决定》中，要求不断深化安全生产管理体制改革，完善“党政同责、一岗双责、齐抓共管”机制，建立隐患排查治理体系和安全预防控制体系，加大安全生产在发展成果考核中的权重，强化安全市场准入标准，加强安全生产领域基层执法力量建设，推进安全生产标准化管理，积极构建安全生产长效机制。各级党委、政府领导也分别召开会议、作出批示，对贯彻落实中央领导同志重要指示批示精神提出具体要求。

（二）强化安全生产“一岗双责”落实

省政府安委会进一步健全完善了“一岗双责”工作机制，对安全生产目标责任检查考核、激励奖惩、责任追究和重点工作跟踪督办等作出明确要求。各级各部门按照“一岗双责”规定和管行业必须管安全、管业务必须管安全、管生产经营必须管安全的原则，认真落实行业主管部门直接监管、安全监管部门综合监管、地方政府属地监管责任。同时，深入贯彻生产安全事故报告和调查处理条例，认真落实事故查处挂牌督办制度，按照“四不放过”和科学严谨、依法依规、实事求是、注重实效的原则，严肃认真地调查处理每一起生产安全事故。全年省级挂牌督办较大事故25起、办结21起，移送司法机关16人，纪律处分59人，处罚单位17家、个人11人；调查处理重大事故1起，追究刑事责任4人，党政纪处理13人。

（三）强化安全生产目标责任落实

省政府根据国务院安委会下达的年度安全生产控制目标，紧密结合福建实际，认真进行细化分解，将贯彻落实中央领导同志指示批示精神情况和安全生产大检查、安全生产标准化建设、道路交通安全综合整治、打非治违等重点工作纳入目标责任范围，同安全生产控制目标一起，于年初向各设区市政府（含平潭区）和30个省单列考核单位下达。各责任单位逐级分解下达年度控制目标，落实到基层政府、单列考核单位和重点企业，纳入各级干部政绩业绩考核范围，实现了安全生产目标责任的全覆盖。各级政府安办切实加强目标责任的跟踪管理和监控约束，强化预警通报、重点整治、挂牌督办、半年督查和年终考评等措施落实，确保了年度各项指标的有效管控。经综合评定，4个设区市政府评为先进单位、6个设区市（含平潭区）评为达标单位（同时授予其中1个设区市工作创新奖）；30个省单列考核单位中，12个评为先进单位、13个评为优良单位、5个评为达标单位，省级财政安排专项资金进行奖励。

（四）强化安全生产大检查

下发了《福建省人民政府办公厅关于集中开展安全生产大检查的紧急通知》和《福建省安全生产大检查工作实施方案》，并成立了以徐钢副省长为组长的大检查领导小组，领导小组办公室下设综合、宣传、统计、督导4个小组，抽调专人脱产集中办公。各级各部门结合危险化学品、尾矿库、煤矿、建筑施工、燃气与消防、道路交通6个重点行业领域安全生产重点整治“百日行动”，按照“全覆盖、零容忍、严执法、重实效”和“政府督查、行业检查、企业自查”3个“全覆盖”的要求，认真组织开展全面彻底、扎实细致的安全生产大检查。期间，全省共组织大检查督查组5.61万个，参加检查人员35.46万人次，检查督查单位和场所19.95万家，责令改正、停止违法行为18.05万起，责令停产停业、停止建设2774家，暂扣或吊销有关许可证、职业资格1705个，关闭非法违法企业604家。国务院安委会督查组和国家安全监管总局专项督查组通过督查后，认为福建省大检查工作考虑细、抓得实、站位高、力度大、有亮点、有特色、效果好。大检查集中统一行动结束后，认真总结大检查经验做法，制定出台了安全生产暗查抽查工作制度，督促各级各相关部门采取“四不两直”的方法，开展随机抽查、突击检查，切实增强检查工作的针对性和实效性，消除安全生产工作的死角和盲区。

（五）强化安全生产标准化建设

省政府安委会于2013年初下发5号文件，并召开标准化建设推进会，认真加以部署安排。9月17日，省政府再次召开标准化建设推进会，徐钢副省长对标准化建设提出明确要求。各级各相关部门积极创新工作方式方法，认真对接“国标”，在保质量、抓完善、促提升上狠下功夫，持续推动达标创建工作。省安监局、经信委等7部门下发文件，将工贸企业达标情况作为企业绩效考核、投融资、信用分类等依据；省交通运输厅创下了标准化工作全国同行业“四个第一”；泉州市安全发展示范城市试点走在全国前列，并将标准化建设纳入其中；莆田市有292个村居实现安全管理标准化创建三级达标；南平市把标准化建设纳入市直相关部门绩效考核内容；宁德市建立标准化工作末位督办“一票否决”制度；省高速公路公司编制的高速公路建设施工标准化指南被交通运输部转发。到年底，全省应达标的13.8万家企事业单位全部达标（其中一级企业28家），其中有1864家规模（限额）以上工贸企业对照国标完成自评并在网上申报评审、1348家评审达标，另有17.65万家个体工商户达标。

（六）强化道路交通安全综合整治

省委常委会、省政府常务会多次听取道路交通安全综合整治专题汇报，书记、省长要求综合整治必须干满3年，结束后还要继续干。省委省政府将道路隐患整改纳入为民办实事项目，徐钢副省长具体协调抓落实，对6处高速公路长下坡隐患路段逐个调研论证，并先后在泉州晋江、漳州长泰召开现场会，推进渣土车、农村道路交通整治。漳州市建立了乡镇道路交通安全综合整治工作过错责任追究规定；泉州市积极开展渣土车整治，公检法采取“三个一律”措施，加大酒驾、醉驾查处力度；交警部门每月组织3次全省统一行动；交通运输部门严格落实客运驾驶员“不适岗名单”制度和客运车辆凌晨2—5时停止运行及接驳运输试点；省道安办、安办会同相关部门制定了重点车辆、农村客运、道路建设项目安全设施“三同时”等10项配套文件。到年底，全省共整治道路隐患3.3万多处，完成国省道安保工程8238公里、农村公路安保工程1.78万公里；纳入省委省政府为民办实事项目的1561处道路隐患完成整治1540处，6个高速长下坡隐患路段完成整治2处，其余4处正在有序推进；道路交通事故死亡人数下降13.5%，特别是较大事故23起，下降37.8%，创2009年以来最大下降幅度。

（七）强化重点行业领域安全整治

结合安全大检查和“打非治违”工作，持续深化矿山、危化品、消防、建筑施工、渔业生产等安全专项整治。煤矿以宣贯落实《煤矿矿长保护矿工生命安全七条规定》为主线，以“一通三防”和防治水为重点，推进“六大系统”建设。全年发生煤矿事故4起、死亡8人，分别下降42.9%和20%；非煤矿山结合标准化建设，切实加强监督检查，推进整顿关闭工作，深化地下矿山“六大系统”建设，推广应用先进适用技术。全年因非煤矿山事故死亡25人，下降3.8%；危险化学品深入开展提升本质安全水平三年行动，实施危险工艺自动化改造，组织开展油库、液氯企业专项督查，全年事故死亡1人；消防持续开展“清剿火患”战役，推进消防安全“网格化”建设和“户籍化”管理。全年开展监督检查13万家（次），督促整改26万处，责令“三停”1452家；建筑施工持续深化模板工程、外脚手架和起重机械等专项整治，强化土方车等管理；油气管道领域深刻吸取青岛“11·22”输油管道事故教训，省政府成立了油气输送管线等安全专项排查整治领导小组，下发工作方案，全面进行大排查大整治；渔业船舶与水上交通结合“护渔2013”“平安渔业县”创建等，严厉打击“三无”船舶和非法载客行为，全年实施海上搜救190次，成功救助船舶162艘、遇险人员1800人。

（八）强化安全生产宣传教育培训

苏树林省长在省政府安全生产专题务虚会上强调：安全生产宣传教育要从幼儿园、小学，甚至从胎教开始抓起，培养安全意识。各级各部门充分发挥安全生产宣传教育联席会议制度作用，整合资源，统筹安排，抓好宣传教育。省政府安办组建了安全文化建设专家库，会同相关部门在省电视台制作播出“安全在线”宣传专题34期，组织开展了“平安福建·安全生产”网媒互动访谈、海西安全发展行、安全生产知识网络竞赛等系列活动，并在安全大检查期间，在省主要媒体设立红、黑榜，宣传了13家正面典型、曝光了56家问题单位；教育部门把道路交通安全教育列入学生学习课时，开展交通宣传教育10万多课时；省交警总队建成了全国首个交通安全短信宣传平台，发送短信1.5亿条；宁德市编写的中小学生、幼儿《交通安全常识读本》，获全国评选二等奖、全省一等奖。全年命名“福建安全社区”37个、“福建安全园区”21个、省级安全文化示范企业26家，思明筼筜街道、新罗西城街道分别获得国家级“安全社区”称号。同时，认真抓好县级政府分管领导、安全监管人员和“三项岗位”人员的安全培训教育，全年受训人员近10万人次。

（九）强化安全生产科学管理主动服务

省安监局深入贯彻落实苏省长10月9日到省安监局、福建煤监局调研时的重要指示精神，制定出台了强化安全生产科学管理主动服务《若干措施》，将所有行政许可审批事项纳入行政服务中心窗口，并将危险化学品企业经营许可证颁发和除在闽央企、省属企业含其控股公司、剧毒危险化学品生产企业外的危险化学品安全生产许可证颁发、变更、延期，特种作业人员操作资质认定，除央属、省属、跨设区市外的非煤矿山安全生产许可和除省级审批核准、备案的省属非煤矿山建设项目安全设施“三同时”审查审批外100%委托或下放各设区市，100%取消非煤矿山建设项目（除尾矿库）试生产备案，100%取消二、三级安全培训机构资质审批，着力推进安全生产科学管理，强化主动服务。

（十）强化安全监管队伍和装备建设

切实加强安全监管执法人员的权力规范运行，编写了《安全生产行政处罚自由裁量标准》《安全生产行政执法文书使用指南》等，要求各级安全监管执法人员认真贯彻执行。同时，坚持以党的群众路线教育实践活动为契机，不断加强各级安监队伍的思想政治建设、党风廉政建设和工作作风建设。省安监局在省直机关率先召开了“开放式”民主生活会，并结合贯彻落实中央“八项规定”，提出了“八个零”的要求，集中开展了“门难进、脸难看、事难办”专项整治，全面推行“马上就办、办就办好”，健全完善了以加强作风建设和密切联系群众为重点的18项规章制度。继续推进基层安全监管执法能力建设，加强各级安全监管监察人员岗位津贴制度督促落实，省级为49个财力保障县配备安全监管执法用车66辆，争取中央支持原中央苏区、革命老区县级安全监管装备能力建设资金4682万元，争取国家支持泉港化工基地应急救援装备5230万元。

江西省安全生产工作综述

一、安全生产总体情况

2013年，全省安全生产形势保持总体平稳。突出表现为“三下降、一控制、一平稳”：各类事故总量和死亡人数下降，发生各类事故3149起，死亡1639人，同比少203起，少38人，分别下降6.06%和2.27%。较大事故起数下降，发生较大事故54起，死亡205人，同比少8起，少36人，同比分别下降12.90%和14.94%。多数行业（领域）事故死亡人数下降，金属与非金属矿山、烟花爆竹、建筑业、道路交通、铁路交通、水上交通、农业机械等领域，事故死亡人数同比均有不同程度下降。控制指标实施良好，全省列入考核的安全生产指标均在国务院安委会下达的控制考核范围内，其中事故总死亡人数为控制指标的87.64%；重大事故起数为100%；较大事故为83.08%；工矿商贸为96.30%，其中，建筑业100%，冶金机械等八大行业91.23%，煤矿91.11%，非煤矿山88.89%，化工和危险化学品81.25%，烟花爆竹68.0%；铁路交通为97.96%；生产经营性道路交通为86.28%，农业机械为11.11%。

二、安全生产重点工作

（一）强化责任落实

省委、省政府带头示范，认真学习贯彻习近平总书记等中央领导关于安全生产重要指示精神，省委书记强卫专门著文并深入烟花爆竹企业和交通一线调研和检查安全生产；省长鹿心社两次主持省政府常务会议，研究安全生产工作。中共江西省委《贯彻落实〈中共中央关于全面深化改革若干重大问题的决定〉的实施意见》强调，要深化安全生产管理体制机制改革，实行安全生产和重大安全生产事故风险“一票否决”。省安委会召开4次成员会议，开展5次全省性综合督查；省安委办督办7起较大事故，约谈3地市、县（区）政府有关负责人，第一批挂牌督办的9家城区危化企业全部完成搬迁改建或依法实施关闭。依法严肃查处各类事故，南丰县“7·23”重大道路交通事故和丰城矿务局曲江煤矿“9·30”重大煤与瓦斯突出事故已结案，移送司法机关12人，给予党纪政纪处分34人。

（二）着力治理隐患

按照“全覆盖、零容忍、严执法、重实效”总要求，江西省突出“五查”（查非法、查管理、查资料、查设施、查落实）内容，在6—9月集中开展安全生产大检查，共组织暗查、突击督查组3859个，交叉检查组1904个，责令改正、限期整改、查处违法行为3.85万起，责令停产、停业、停止建设2170家，暂扣或吊销有关证照516个，关闭非法违法企业268家。随后，省安委会11个综合督查组不撤，并组织安排7个专项督查组、1个暗访组，认真开展“回头看”，巩固大检查成果。扎实开展了大货车大排查大整治、火灾隐患大排查大整治。2013年，全省共排查企业7.99万家（次），其中，一般隐患13.87万项，整改13.52万项、整改率达97.48%；重大隐患575项，整改521项、整改率达90.61%。

（三）深化专项整治

突出重点领域，先后开展了煤矿瓦斯防治、非煤矿山整顿关闭、在役化工装置安全设计诊断、烟花爆竹违法分包转包、车用甲醇燃料非法经营、餐饮场所燃气安全、涉氨制冷企业液氨使用、油气输送管线、预防施工起重机械及脚手架等坍塌事故的专项治理，广泛开展“文明交通行动计划”活动、“平安农机”和“平安渔业”示范县创建。深化“打非治违”专项行动，累计打击非法违法、治理纠正违规违章行为15.27万起。

（四）拓展宣传教育培训

精心组织以“强化安全基础，推动安全发展”为主题的第12个“安全生产月”活动，省安监局荣获优秀组织单位；首次在江西卫视、江西教育电视台播放《关注安全，关爱生命，我们一起行动》等3则公益广告；建立新闻发言人制度，开通安全生产政务微博，建立安全生产舆情应对处置引导机制；省安监局负责同志两次做客人民网江西频道，与网民在线交流；成功举办新任县级政府分管领导干部及安监局长安全生产专题研讨班，首次举办全省危化品监管干部业务专题研讨班；扎实推进安全培训工作，累计培训100多万人（次）。编写了《金属非金属矿山班组长安全管理读本》（共五册），由煤炭工业出版社出版，开创江西省安全培训教材全国公开发行的先例。选送的《低压带电作业安全事故案例分析》等作品，分获全国安全培训讲课、优秀课件比赛一、二、三等奖，省安监局荣获优秀组织奖称号。

（五）提升安全保障水平

推进安全生产标准化创建，出台《江西省小微型工贸企业安全生产标准化评分办法（试行）》，截至2013年底，非煤矿山、危险化学品、工贸三大行业企业达到一级20家、二级357家。推广先进适用技术和装备，非煤矿山巩固中深孔爆破技术应用，86家非煤矿山企业建成“六加一”系统；危化企业完成重大危险源监测监控系统改造108家，三、四级重大危险源改造基本完成；烟花爆竹生产企业应用爆竹配装封一体机1200台以上。江西省起草的《钨矿山地下开采安全生产规范》（GB/T 29521—2013）国家标准正式发布；制定《采掘施工队伍安全生产标准化实施规范》等3个地方安全标准。《一种降低烟火药机械感度的钝感剂》获国家发明专利。《新型高氯酸钾引火线》等3个项目，被定为2013年度国家安全生产重大事故防治关键技术重点科技项目。加强应急管理工作，建立安全生产预警信息反馈机制，发布各类预警信息21次（期），筹资800余万元加强矿山专业骨干救援队伍装备建设，修订《江西省安全生产事故灾难应急预案》《防范和应对因地震引发生产安全事故应急预案》。新版“危险化学品登记信息管理系统”已开始运行。

（六）推进职业卫生监管

全面启动职业病危害三年专项整治活动，突出“六查”内容重点检查职业病危害较重、严重的用人单位和建设项目4000多家（个），责令停产整顿1家、提请政府关闭3家；组织开展用人单位职业卫生基础建设活动，18家企业被授予“江西省职业卫生先进企业”称号；精心组织职业病防治法宣传活动，举行现场咨询活动100多场，发放宣传资料16万余份；认真抓好工作场所职业病危害项目申报，截至2013年底，全省网上申报且完成备案企业8860家，同比新增909家；严格落实职业卫生“三同时”制度，完成“三同时”审查和验收项目139个，同比新增133个；加强职业卫生技术服务机构监管，组织开展全省职业卫生检测能力实验室间比对活动。

（七）加强监管效能建设

以党的群众路线教育实践活动为动力，大力弘扬江西安监精神，整体推进绩效管理、“服务发展作贡献、守护平安当卫士”“五型”团队创建等活动，进一步优化了行政审批，取消安全培训机构资格认可，将烟花爆竹批发许可、经营领域烟花爆竹建设项目“三同时”审查验收下放市安监局实施；进一步转变了作风、改进了文风、改进了会风，促使安监干部腾出更多精力强化一线监管；进一步改善了监管执法，对上栗县花炮企业生产情况进行暗访暗查，并在省电视台曝光。《赣县盛发肥业精致有限公司危险化学品安全生产许可案卷》等2个执法案卷荣获全省2013年优秀行政执法案卷三等奖；进一步推进了监管监察能力建设，市、县两级安监部门监管装备配备资金达3160多万元；进一步加强了党风廉政建设，树立起安监部门为民务实清廉的良好形象。

山东省安全生产工作综述

一、安全生产总体情况

2013年，全省纳入考核统计范围的8个行业（领域）累计发生各类生产安全事故3386起，死亡1752人，事故起数与2012年同期相比下降了7.2%，死亡人数与2012年同期相比上升了3.4%，全省事故总量持续下降，事故死亡人数和较大事故起数，均控制在国务院安委会下达的控制指标以内。

二、安全生产重点工作

（一）认真学习贯彻习近平总书记重要讲话精神，强化红线意识

2013年，习近平总书记多次对安全生产工作作出重视指示，强调“发展决不能以牺牲人的生命为代价是条不可逾越的红线”，强调安全生产实行“党政同责、一岗双责、齐抓共管”。省委、省政府先后5次召开重要会议学习贯彻。全省安监系统深入学习习近平总书记的重要讲话精神，目前省安监局正在着手起草省委、省政府《关于进一步加强安全生产工作的决定》，市、县两级安监部门正在提出贯彻落实意见。

（二）精心组织，开展彻底的安全生产大检查

一是成立机构。在省安监局和各市、县（市、区）安监局都设立了大检查办公室，建立了工作例会、典型宣传、信息交流、跟踪督办、隐患举报、统计调度、总结报告等工作制度。二是开展多种形式的检查督查活动。大检查期间，全省共派出各类检查组19319个，参加检查人员达14.48万人次，共查处和纠正各类违法行为、事故隐患12.72万起，暂扣或吊销有关许可证1309个，关闭非法违法企业119家。三是严格治理重大安全隐患。省政府安委会对100处重大隐患进行挂牌督办，目前已整改隐患97处。各地对辖区内的重大隐患也都进行了挂牌督办，共挂牌督办了427处重大隐患，落实整改资金1.38亿元。四是开展大检查“回头看”。10月下旬，在全省开展了为期一个月的“回头看”。从11月下旬到春节期间，在全省继续深入开展大检查。

（三）深入开展“打非治违”，不断加大工矿商贸领域安全监管和治理力度

2013年全省部署开展了“打非治违”和隐患排查治理专项行动，共打击非法违法、治理纠正违规违章行为50.09万起。各级安监部门扎实做好工矿商贸企业的安全监管和专项治理。在非煤矿山领域，狠抓了地下矿山安全避险“六大系统”建设。制定下发了《严厉打击非煤矿山非法违法开采实施整顿关闭工作方案》，关闭矿山406家，对达不到开采规模的158家地下矿山进行了停产整顿。制定《矿山、尾矿库、石油天然气开采企业安全生产检查表》，制定地下开采铁矿、金矿、石膏矿和黏土矿的办矿标准。在危险化学品领域，组织专业机构和专家，对845家化工企业的生产装置进行了安全诊断，对诊断发现的975套未经正规设计的化工装置，已督促企业整改824套；强化“两重点一重大”化工企业安全监管，组织专家对全省1441家危化企业的1665个重大危险源进行安全评估。在烟花爆竹领域，对全省34家生产企业进行了全面检查，共查处违规企业3家；检查经营单位2.5万家，停产停业整顿3家、吊销零售许可证16家。会同有关部门取缔非法生产经营业户403家。在冶金等工商贸行业，深入开展有限空间作业、铝镁品机加工、液氨制冷企业安全专项治理，共检查企业4102家，排查治理隐患4689项。在职业卫生工作中，进一步理顺体制，全省17个市全部完成职能划转，对全省731名职业卫生监管人员进行了培训，培训企业管理人员6.6万人次；深入开展高危粉尘、高毒物品职业病危害治理。

（四）加强安全生产法制建设，严格执法监察

起草了《山东省危险化学品安全管理条例（送审稿）》，已进入省政府立法程序。会同省质量技术监督局对15项安全生产地方标准进行了审查。严格执法监察，2013年各级执法监察队伍共检查工矿企业32.04万家（次），实施行政处罚5.48万次，罚款5643万元。开展执法队伍标准化建设活动，全省有6个支队、47个大队达到了建设标准。从省级安全生产资金拿出1710万元，用于基层安监执法队伍装备建设。认真做好事故调查处理工作，积极配合国务院事故调查组对"5·20""11·22"特别重大事故进行调查处理。省政府成立"5·23""10·8"重大事故调查组，对14名责任人追究法律责任，对29人给予党纪政纪处分，并公开处理结果。加强安全生产举报核查工作，全省共受理群众举报1952件。

（五）加强安全生产基础建设，促进企业主体责任落实

一是严格落实企业主体责任。认真贯彻《山东省生产经营单位安全生产主体责任规定》，在省政府网站发布解读文章，在主流媒体进行宣传，举办宣传贯彻学习班。二是加强安全生产宣传工作。会同省委宣传部联合下发了《关于进一步加强安全生产宣传工作的实施意见》，制作3个专题片在山东卫视轮流播出，在大众网和《齐鲁晚报》开辟专栏，开通省安监局政务微博，做好"齐鲁民声网"上线工作。在临沂市举行了全省"安全生产月"活动启动仪式暨宣传咨询日活动，组织开展了落实企业主体责任知识竞赛等活动。三是深入开展班组安全建设、安全文化示范企业和安全社区创建工作。对100个全省安全生产优秀班组和十佳班组、十佳班组长进行了表彰，分别获得"工人先锋号""富民兴鲁劳动奖章"和山东省青年安全生产示范岗、标兵等荣誉称号。对50家企业授予省级安全文化示范企业，对90个社区授予"省级安全社区"称号。四是加快企业安全标准化建设。积极推进非煤矿山、危险化学品、烟花爆竹、冶金工贸等行业领域的安全标准化建设。全省通过达标的企业已达1.37万家。五是加强安全教育培训。狠抓"三项岗位人员"的教育培训，共培训企业负责人和安全管理人员8.45万人、特种作业人员8.38万人。六是加强应急救援工作。对山东省非煤矿山、危险化学品、烟花爆竹重特大生产安全事故应急预案进行了修订，组织开展了"应急预案演练周"活动，共组织演练2.9万场次，参演人员达80.5万人次。完善短信预警机制，共发布预警短信87期，受用人数达13万余人次。七是大力推进"科技兴安"。组织开展了我省首届安全生产科技成果奖评选工作，有16项成果获奖。向国家安全监管总局推荐了186项重大事故防治关键技术和科技项目。分3年安排省级安全生产资金3425万元。

（六）以党的群众路线教育实践活动为抓手，狠抓作风建设和队伍建设

一是认真开展教育实践活动。全面排查省安监局机关和安监系统"四风"问题，对梳理出的52条意见和建议，逐项落实责任进行整改。二是认真开展"作风年"主题实践活动。省安监局制定实施意见，组织机关党员干部深入开展作风"摆、清、查、改"活动。三是狠抓党风廉政建设。修订了《加强党风廉政建设和反腐败工作的组织领导和责任分工实施意见》，对党风廉政建设作出具体部署。四是加强行风建设。推进办事公开、服务承诺等制度的落实。组织开展两个文明建设，省安监局继续保持省级文明单位称号。

河南省安全生产工作综述

一、安全生产总体情况

2013年，全省共发生各类伤亡事故10804起，死亡1951人，同比减少381起、71人，分别下降3.41%和3.89%。连续11年保持了事故起数和死亡人数"双下降"态势。其中，发生一次死亡3~9人较大事故38起，死亡160人，同比减少8起、31人；发生一次死亡10人以上重大事故2起，死亡24人，同比减少2起、40人。未发生一

次死亡30人以上的特别重大事故。

二、安全生产重点工作

（一）认真学习贯彻习总书记重要指示，全面加强对安全生产的组织领导

坚持将学习贯彻习近平总书记、李克强总理等中央领导重要指示精神作为一项政治任务，郭庚茂书记、谢伏瞻省长5次作出批示，省政府接连召开4次电视电话会议、1次工作会议、2次安委会全会和4次片区会议，陈雪枫、李亚、张维宁等领导同志亲自宣讲辅导，督促市县召开党委常委会议、政府常务会议、安委会全会进行集中学习，并采取组织宣讲团、举办培训班、召开座谈会等方式，迅速将中央领导重要指示传达到企业和基层一线。通过宣贯，各级领导干部对安全生产重视程度进一步提高，形成了把人民生命安全放在首位、发展决不能以牺牲人的生命为代价、坚守安全生产红线等共识，生产至上安全第一、科学发展安全发展、事故可防可控等理念更加牢固，管行业必须管安全、管业务必须管安全、管生产经营必须管安全等要求得到有效贯彻，安全生产党政同责、一岗双责的齐抓共管体制逐步建立，对安全生产的组织领导更加坚强有力。

（二）深入开展安全生产大检查，全面排查治理事故隐患

吉林宝源丰禽业公司“6·3”火灾事故发生后，河南省迅速预警反应，组织专家分析研判安全生产形势，在6月4日召开电视电话会议进行针对性安排部署，迅速组织开展了全省安全生产大检查大整顿活动。6月7日国务院电视电话会议后，河南省立即召开贯彻会议，将大检查活动时间从原来的1个月延长到9月底，迅速修改完善大检查工作方案，明确省直20个部门牵头负责，制定了39个领域专项检查实施方案，下发12份明电进行详细安排。8月8日省政府召开全省安全生产工作会议，对贯彻落实国务院督导组反馈意见、加强和改进安全生产大检查进行针对性安排部署，并组织18个省政府综合督导组、9个省安委会专项督导组，采取“四不两直”等方法深入各地进行明察暗访。截至10月底，全省共有20多万家企业参与安全检查，查改各类隐患55多万项。各级政府共组织综合督导组和专项督查组19230个，检查单位和场所27万家次，责令改正、限期整改、停止违法违规行为17万起，责令停产、停业、停止建设2027家，暂扣或吊销许可证照816个，关闭非法违法企业761家。安全生产大检查活动的深入开展，有效防范和遏制了事故的发生，6—11月全省工矿商贸事故死亡人数同比下降19.33%。国务院综合督导组对河南省安全生产检查工作充分肯定，称赞预事早、反应快、措施实、效果好。

为深化和巩固检查成效，确保十八届三中全会期间安全稳定，河南省接连召开3个省辖市分管领导片区座谈会和1个中央驻豫、省管企业主要负责人座谈会，并在11月7日再次召开电视电话会议，在全省启动了安全生产大检查“回头看”活动，时间一直持续到年底，要求省直各厅局、市县乡政府按照“全覆盖、零容忍、严执法、重实效”要求，全面深化39项专项检查，对前期检查不彻底的行业领域进行集中“补课”，针对冬季安全特点采取进一步严格有效措施。11月22日青岛黄岛经济开发区中石化黄潍输油管线特大爆燃事故发生后，河南省又迅速启动了石油天然气管输管线、城区燃气管线和危险化学品输送管线专项治理活动。目前，大检查“回头看”活动和管线专项治理活动正在紧张有序开展。

（三）强力推进“打非治违”专项行动，全面深化重点领域治理整顿

结合安全生产大检查活动，深入开展安全生产专项执法，强力推进安全生产专项整治，持续深化“打非治违”专项行动，有效推动了重点领域安全生产防控。在专项执法方面，尾矿库专项执法完成了对下游有居民和重要设施的240余座尾矿库汛前安全评估，进行了隐患整治和除险加固，从严强化领导包库、干部驻库、现场值守和应急演练，确保了安全度汛；对全省23家石油化工生产企业、66家石油库开展专项检查，排查治理隐患1552处；液氨专项执法对427家存在工艺隐患的企业实施了集中整顿，组织专家对693家涉氨企业进行安全评估，排查治理隐患7538处；非煤矿山专项执法对矿长带班下井、地下矿山通风系统、自救器配备、采掘施工备案等进行了整顿，共检查833个露天矿山（金属矿山28个，非金属矿山805个），202个地下矿山（金属矿山151个，非金属矿山51个）。在打非治违方面，全省共责令改正、限期整改、停止违法违规行为为171055起，责令停产、停业、停

止建设2027家，暂扣或吊销各类许可证816个，关闭非法违法企业761家。在重点领域专项整治方面，对煤矿狠抓了“七项举措”落实和兼并重组煤矿内部融合，全省共发生煤矿伤亡事故8起，死亡10人，同比起数增加3起，死亡人数减少2人，事故起数上升60.00%，死亡人数下降16.67%。其中，发生一次死亡3人以上事故1起，死亡7人，同比起数持平，死亡人数减少2人；对非煤矿山强力推进整合关闭和采掘队伍整顿，整顿关闭非煤矿山185座，比国家下达任务多10座，登记备案施工队伍31家、施工项目278个；危险化学品整治，144家企业未经过正规设计的148套在役装置已全部完成安全设计诊断和改造；烟花爆竹整治，生产企业21家进行改造提升，批发企业检查复查1100家次，查处隐患520条，立案查处6家；职业卫生整治，检查复查企业4496家，发现整改问题8268条，责令停产整顿162家，提请关闭取缔67家。与此同时，省安监局积极履行综合管理职能，按照省政府领导指示开展了道路交通和建筑施工专项调研，会同公安、消防、建设等部门组织开展了相关领域的专项治理整顿，并组织对连霍高速义昌大桥“2·1”重大运输烟花爆竹爆炸事故、信阳市光山县“8·12”重大道路交通事故等进行了调查处理，完成了舞阳“4·23”、连霍高速三门峡段“8·31”、商丘市民权县“12·9”重大道路交通事故和周口市淮阳县东屯花炮厂“6·18”重大烟花爆竹爆炸事故的报批结案和督促落实工作，追究责任人员81人，其中追究刑事责任35人，党政纪处分46人。

（四）开展安全河南创建示范活动，全面强化安全生产基层基础

始终坚持将安全河南创建作为打基础、谋长远的重要载体，重点组织实施了3项工程：一是素质提升工程，一方面大力提升全民安全素质，以“强化安全基础　推动安全发展”为主题，组织开展了《国务院安委会关于进一步加强安全培训工作的决定》集中宣讲、第12个“安全生产月”宣传教育活动和煤矿安全“双七条”专题活动、安全生产事故警示教育周、安全生产宣传咨询日、安全文化周、安全生产应急预案演练周等专题活动，建成一批社区安全文化街道、农村安全文化大院和企业事故警示教育室。今年全省共发放各种安全宣传资料1235万册，组织各种应急演练16520场次，教育培训企业“三项岗位”人员263808人次。另一方面，大力提升全省安监队伍素质，努力适应经济社会发展新需要，在省局开展年轻干部培养计划和全员培训教育活动，在全省依托河南理工大学组织安监干部脱产轮训。二是公共安全保障工程，强力推进危险化学品生产、储存企业进园区，组织对28个化工园区进行了安全容量评估，督促城区化工企业外迁和尾矿库下游村镇搬迁。66家城区化工企业除7家已经关闭注销外，都采取了监控防范措施，26家制定了明确的搬迁计划。192处下游有居民的尾矿库和427家涉氨企业全部进行了安全评估，并明确专人实行现场24小时严防死守。三是村镇创建示范工程，制定下发了安全创建优秀示范村镇社区验收办法，在1966个村镇、1635个社区开展了创建示范，并总结推广郑州“网格化”管理经验，支持乡镇街道对基层的安全、消防、治安、信访等力量进行整合，实施“一体化”管理。年底前将对一批优秀示范社区进行表彰挂牌。

（五）强力推进安全风险预控和安全生产标准化，全面提升本质安全水平

将安全风险预控管理体系作为重要抓手，在2012年举办700名矿长专题培训的基础上，2013年又与中国矿业大学签订合作协议，投资150万元分3期举行安全风险预控专题培训，培训企业负责人和安全监管人员1080人，并在宁夏举办2期煤矿矿长培训班，对神华集团宁煤公司风险预控管理进行现场观摩。目前，全省共选定137家试点企业，其中煤矿企业全部参加，生产矿井已经初步建成安全风险预控体系。强力推进安全生产标准化管理，476家金属非金属矿山企业、1214家工贸企业、734家化工企业达到安全标准化等级。

（六）加强安全科技保障建设，全面提升基层安全监管能力

结合国家安全监管监察能力建设五年规划，完成了64个重点防控县每县40万元专业装备的采购，并为全省159个县区在2013—2014年度争取60万元专项装备补助。加大关键课题研究攻关，组织煤业集团联合河南理工大学对煤矿深部开采、冲击地压防控等技术进行研究攻关。总结推广先进适用技术，煤矿瓦斯煤尘抑爆、尾矿库在线监测、灾害监测预警保护、化工自动化监控等先进适用技

术在企业进一步普及应用。加强安全技术服务机构建设，选聘910名专家成立省政府安委会第二届专家组，并申请50万元作为专家工作经费。

（七）强化党风廉政和精神文明建设，全面加强队伍建设

深入开展群众路线教育实践活动，对照“六问六带头”认真查摆“四风”方面问题，广泛征求各方面意见建议，积极开展批评和自我批评，全面加强安全监管队伍思想作风建设。在活动中，共梳理归纳15条问题，确定整改事项24项，完善规章制度10项，在建立领导干部直接联系基层机制、推行“四不两直”暗访暗查工作法、强化普通工矿商贸行业安全监管、指导企业安全生产风险预控管理体系建设、提升监管队伍素质、提高案件调查处理速度、发放基层安全津贴、取消安全培训机构资格认可、简化办事服务程序、清理办公用车用房、规范“三公”经费使用、整顿文风会风等12个方面进行了立行立改。群众评议总体满意率97.5%，经验做法5次被省委活动办《简报》刊发在全省范围交流。深入开展以“公正廉洁执法，促进安全发展”为主题的纪律作风整顿活动，提高监管人员宗旨意识、责任意识、大局观念、群众观念、法纪观念。认真贯彻执行中央“八项规定”和省委省政府20条意见，完善机关管理措施9项。加强党风廉政经常性教育和警示提示，明确廉政责任和工作目标，组织开展专项监督检查，确保党风廉政建设各项措施落到实处。深入开展精神文明和政风行风省市县乡“三级联创”，组织开展创建群众满意基层安监站所等活动，树立了安全监管执法良好形象。

湖北省安全生产工作综述

一、安全生产总体情况

2013年，湖北省安全生产形势持续稳定好转，呈现“三个下降、一个良好”的态势（事故总量持续下降、较大事故大幅下降、大部分地区和行业事故持续“双下降”，事故控制指标实施情况良好），各类生产安全事故死亡人数降幅达到10.02%，全省纳入国家考核的4大类事故实际死亡人数比国家下达湖北省控制数减少272人。王勇国务委员、国家安全监管总局杨栋梁局长专程就安全生产工作莅临湖北调研考察，对湖北省构建安全生产长效机制建设给予充分肯定。

二、安全生产重点工作

（一）学习贯彻习近平总书记重要批示和讲话精神

湖北省认真制定宣贯方案，组织召开电视电话会、视频会，下发文件安排部署，面向全省广泛宣传总书记重要讲话和指示精神，营造安全发展氛围。特别是10月31日组织召开包括市、县两级党政主要领导同时参加的电视电话会议，专题学习传达总书记重要讲话精神，15000多人参加会议。全省各地迅速行动，召开各种会议，采取多种形式，学习宣传总书记重要讲话精神，同时，抢抓宝贵机遇，从政策措施、机构建设、工作环境等方面，积极争取党委政府的大力支持。宜昌、黄石、林区党委政府出台了加强安全生产工作的意见，襄阳、随州修订完善了安全生产“一票否决”的实施意见，荆州、十堰、孝感、荆门、天门等地工作经费等得到大幅度提升。建始县设立了10个乡镇安监所，分别落实3~5名工作人员，由县安监局垂直管理。

（二）狠抓安全生产责任体系建设

湖北省扎实推进年度目标考核方式改革，实现“两个首次”：首次区分政府、安监局两个层级考核市州安全生产，完善分级考核体系；首次在《湖北日报》公告了市州政府和省直部门上年安全生产目标考核结果，在全国安全生产战线引起了强烈反响。起草了《湖北省安全生产党政同责、一岗双责、齐抓共管暂行办法》并经省政府常务会议通过，已报请省委研究。提请省政府在《关于进一步强化制度建设确保安全生产的决定》（鄂政发〔2013〕34号）中对高危行业企业、规模以上企业落实主体责任情况目标考核作出规定。大部分市州对县市区领导班子和领导干部履职考核作出了

制度规定，孝感、十堰、鄂州大幅提升了考核规格和力度，由组织部、目标办、安委办三家联合组织实施，鄂州还制定了《安全生产日常工作绩效管理制度》，日常考核结果占总考核的40%。黄冈在县（市、区）组织考核的基础上，由市政府分别通报全市“十佳”乡镇和“十差”乡镇。

（三）狠抓安全生产大检查

自2013年6月起，湖北省各地各单位认真组织开展了安全生产大检查和“回头看”，受到国务院领导同志充分肯定。省、市、县三级共组织检查组23004个，投入检查力量176772人次，检查企事业单位和场所295328家次，排查一般隐患529221条、重大隐患920条，并全部整改。先后组织开展3轮暗访督查，随机抽查生产经营单位215个，提请省安委会对16处重大隐患实行挂牌督办，纳入年度目标考核内容，有力推进了沪渝高速鄂西段45座隧道消防隐患等一大批老大难问题整改。各地高度重视大检查工作，切实加强组织领导。黄石、孝感两地纪委对重大隐患治理实行跟踪督办。潜江市委主要领导亲自担任大检查领导小组组长。仙桃市委主要领导主持召开全市大检查动员大会。天门市以市委市政府的名义下发大检查方案。恩施州对非法开采矿山企业采取停止供电、停供火工品等硬措施，大力整顿安全生产秩序，全州2013年安全事故死亡人数同比下降13.59%。

（四）狠抓重点行业领域专项整治

大力推进并提前完成煤矿兼并重组和非煤矿山整顿关闭年度任务。在全国率先组织宣贯了《煤矿矿长保护矿工生命安全七条规定》，并研究制定和大力宣贯了非煤矿山、危险化学品、烟花爆竹、建筑施工等高危行业企业保护职工生命安全的规定，受到国家安全监管总局充分肯定。大力推进重点行业领域职业病危害专项治理，全省30634家用人单位完成职业病危害项目申报，申报数量由2011年全国排名第16位跃升到现在的第5位。省政府组织开展了道路交通安全集中整治“十大行动”和“平安”系列消防安全整治集中行动，有力遏制了事故频发势头。2013年下半年以来，全省又先后启动涉氨制冷企业液氨使用、油气输送管线等专项整治，取得了阶段性进展。武汉市突出抓好5类重点地区、5种重点企业和5个重点时段专项整治，在全市推进大建设、大发展进程中，实现了全年安全生产事故4项指标全面下降。

（五）狠抓安全生产监管执法

湖北省安监系统共监督监察74268个生产经营单位，实施行政处罚2509次，拓展了监督监察覆盖面。湖北省安全生产执法监察总队首次在烟花爆竹、职业卫生两个行业实施了过程执法。省安监局共对12起较大事故调查处理实行挂牌督办，会同监察、检察等部门严肃查处了恩施“2·19”、荆州“3·12”、襄阳“4·14”等3起重大事故和老河口“2·27”、南漳“11·20”两起较大事故。在《湖北日报》、省安监局网站刊登了3起重大事故查处情况。全省较大以上事故共有147人受到责任追究，其中移送司法机关追究刑事责任41人，受到党纪政纪处分84人（其中正厅级1人，县处级14人）。2013年是湖北省安全事故查处力度最大、被问责干部级别最高、问责人员最多的一年。

（六）狠抓安全生产科技工作和标准化建设

安全科技工作扎实有效，全省289家煤矿实施了技术改造，52家省级试点企业全部完成“六大系统”建设，44家金属非金属矿山率先启动尾砂充填采矿技术试点，8家矿山已于年内实施充填采矿。249处危险化学品重大危险源实施自动监控系统改造，占全省应改造总数的70%。企业安全生产标准化建设稳中有进，全省共有3832家企业达到三级以上标准化水平，其中一级企业77家，全省非煤矿山全部达到三级以上标准化水平。

（七）狠抓安全生产宣传教育

省安监局成立安全文化宣传办公室，打造了《安监月报》《安全监视角》等电视栏目。开展第十二个“安全生产月”、安全科技周、“安康杯”竞赛、职业病防治法宣传周等活动。宜昌市、黄冈市、恩施州安监局荣获全国“安全生产月”活动先进单位。率先在全国开展了“寻找最美基层安全卫士”大型公益活动，评选出10名“最美基层安全卫士”并同时授予“湖北五一劳动奖章”，产生了广泛的社会影响。开通全省安全资格网上考试系统和远程教学系统，有效提升安全培训信息化水平。深入开展安全文化示范创建，推荐6家企业参评全国安全文化示范企业，8个乡镇（街办）纳入国家级安全社区创建备案。

（八）狠抓安全生产长效机制建设

认真贯彻落实十八届三中全会精神，不断推进监管体制、监管方式创新，省安监局组织制定了《关于全面深化安全生产领域改革的意见》，全省安全生产长效机制建设在三个方面取得了重要进展。一是隐患排查治理“两化”（标准化、数字化）体系建设步入正式推行阶段。这项重要改革举措得到各地积极响应，十堰、黄石主动把推行范围扩大到全市所有县市区，林区政府主要领导亲自动员，随州市政府领导带队到鄂州学习。正式推行的市县由原定的54个扩展到87个，完成调查摸底企业92625家，注册企业25323家，运行状况良好。王勇国务委员、杨栋梁局长对湖北省这一创新做法给予高度评价，要求在全国推广。二是安全生产网格化管理体系建设试点工作稳步推进。恩施州、黄梅县两地试点效果明显，有力推进了区域监管全覆盖。宜昌市夷陵区、伍家岗区、西陵区等地区也大力推进网格化管理。三是安全生产法规制度建设取得丰硕成果。省政府先后出台省政府364号令、鄂政发〔2013〕34号等重要文件，出台数量在省直机关中位居前列。部分市州积极探索创新安全监管方式，鄂州开发区实行财政出资、委托中介机构为小微企业提供安全生产管理专业服务，帮助企业加强现场安全管理，受到企业好评。

湖南省安全生产工作综述

一、安全生产总体情况

2013年，湖南省各级各部门各单位认真贯彻落实党中央、国务院和国家安全监管总局关于加强安全生产工作的决策部署，切实加强领导，严格落实责任，强化监管执法，安全生产工作取得明显成绩，安全生产形势继续保持稳定向好。

（一）事故总量及行业领域和地区事故分布情况

2013年，全省累计发生各类生产经营性安全事故5855起（道路交通事故包括未涉及人员伤亡的事故，下同），同比减少250起，下降4.1%；事故死亡1069人，同比少死亡265人，下降19.9%。工矿商贸事故起数和死亡人数分别下降6.5%和16%，其中煤矿事故死亡人数下降17.6%，非煤矿山下降15.1%，建筑业下降12.3%。亿元GDP事故死亡率0.099，工矿商贸十万从业人员事故死亡率1.25，道路交通万车死亡率2.15，煤矿百万吨死亡率1.32，分别下降15.4%、16.7%、6.5%和20.96%。全省有12个市州事故死亡人数同比下降，其中株洲市、益阳市、永州市、岳阳市、湘西自治州、怀化市、衡阳市、邵阳市降幅超过25%；纳入统计的11个行业中有10个事故死亡人数下降，其中危险化学品未发生一起死亡事故，农业机械降幅达70.6%，水上交通、铁路运输、工商贸其他下降25%以上。

（二）较大事故情况

2013年，全省发生生产经营性较大事故40起，死亡172人，同比减少9起、34人，分别下降18.4%和16.5%。其中，道路交通23起，烟花爆竹6起，水上交通4起，煤矿3起，建筑业2起，非煤矿山和消防火灾各1起。发生3起及以上较大事故的市是：常德市5起，娄底市4起，长沙市、永州市各3起。

（三）重大事故情况

2013年，全省发生重大生产安全事故1起（邵东县周官桥乡司马冲煤矿“6·2”重大瓦斯爆炸事故），死亡10人，同比减少4起、61人，下降80%、85.9%，重大事故起数从上年全国第1位后移至第23位。

连续3年没有发生特别重大生产安全事故。

2013年，是湖南省历年来安全生产形势最好的一年，事故死亡人数最少的一年，重特大事故起数最少的一年。

二、安全生产重点工作

（一）深入宣传贯彻中央、国务院和省委、省政府关于安全生产的一系列重要精神

湖南省委常委会、省政府常务会专题学习习近平总书记关于安全生产重要讲话精神和中央对安全生产的新要求，牢固树立安全生产“红线意识”，强调“党政同责、一岗双责、齐抓共管”“管行业

必须管安全、管业务必须管安全、管生产经营必须管安全”，加大安全生产指标考核权重，推动企业安全生产主体责任和“主管部门直接监管、安监部门综合监管、地方政府属地监管责任”的落实。省委书记徐守盛、省长杜家毫就落实习近平总书记重要讲话精神、切实抓好安全生产大检查等重点工作作出一系列指示批示，逢会必讲安全生产，反复强调不要带血的GDP，不要带血的财政收入，坚决守住安全生产这条红线，并亲自调研督导，解决实际问题。盛茂林副省长多次专题研究贯彻措施，并到省委党校作安全生产专题报告，积极推动总书记重要讲话精神进党校。其他省领导结合分管工作切实加强对安全生产工作的领导和宣传。省安委办采取以会代训、专题讲座等多种形式，推动各级各部门深刻领会中央、国务院和省委、省政府关于安全生产的决策部署和指示精神，深化对安全生产重要性、紧迫性的认识，加强对安全生产形势的分析研判，提高抓好安全生产的积极性、主动性和自觉性。

（二）进一步强化安全生产责任体系

省委、省政府在全国率先出台安全生产“一岗双责”暂行规定，修订完善安全生产监督管理职责规定，建立健全“党政同责、一岗双责、齐抓共管”的安全生产责任体系。省委书记徐守盛明确要求各级党委要有一名分管或联系安全生产工作的领导，保持安全生产分管领导的连续性、稳定性，市州、县市区调整安全生产分管领导要报上级党委备案和同意。各级党委、政府结合实际，出台相应规定，完善责任制度，主要领导亲力亲为，狠抓落实。省安委会充分发挥综合协调、督促指导作用，运用目标考核、奖惩激励、责任追究、警示约谈、挂牌督办、督促检查等手段，强力推动各项工作落实。各部门各司其职、协调联动，形成了齐抓共管的工作格局。

（三）扎实开展安全生产大检查

按照“全覆盖、零容忍、严执法、重实效”的要求，采取“不发通知、不打招呼、不听汇报、不要陪同，直奔基层、直插现场”的方式，组织3.2万个检查组，对23.9万家企事业单位进行彻底检查，责令改正、限期整改、停止违法行为157820起，责令停产、停业、停建8074家，暂扣或吊销有关许可证、职业资格2614个，关闭非法违法企业2421家，罚款6761.6万元，排查整改重大隐患10183处。坚持视隐患为事故，严格实行警示约谈、通报批评和事前问责，大检查期间全省共集中约谈5批次、21个单位，抓捕犯罪嫌疑人415人，问责工作不力领导干部237人。积极推行“全覆盖、深排查，填表格、建台账，签责任、严追究，下文书、速交办，促整改、抓到底”大检查五步工作法，规范安全生产执法检查方式和流程，确保大检查落到实处。

（四）强力推进“打非治违”专项行动

年初省政府统一部署，省直相关厅局领导带队，对23个安全生产重点县市区“打非治违”实行驻点督导、包干负责，明察暗访、现场交办，有效遏制了非法违法现象，减少了事故发生。耒阳市、涟源市、嘉禾县、辰溪县煤矿整治，花垣县、苏仙区、零陵区、慈利县非煤矿山整治，浏阳市、醴陵市、祁阳县、临湘市烟花爆竹整治，云溪区和洪江区危险化学品整治，永顺县和凤凰县农村道路交通整治，汨罗市、湘阴县、安化县、沅江市、湘乡市水上交通及河道采砂整治，芦淞区和雨花区消防安全整治进展顺利，一批安全生产“顽症痼疾”问题得到有效解决。

（五）继续深化重点行业专项整治

狠抓煤矿安全专项整治，耒阳市等重点地区取得阶段性成效。全面启动非煤矿山整顿关闭攻坚战，年内关闭非煤矿山874家。扎实推动尾矿库综合治理，全年争取国家投入专项治理资金1.56亿元。深入开展“道路客运安全年”活动和水上安全整治，益阳、岳阳等重点水域运砂船超载得到有效整治。强力推进铁路安全生产专项整治和“修桥涵、封栅栏、保安全”专项行动，铁路交通安全形势明显好转。人员密集场所消防安全、城市工业灾害防治、餐饮场所燃气安全专项治理、烟花爆竹运输、建筑施工、涉氯及涉氨制冷、油气管道、职业危害等专项整治有序推进。

（六）广泛开展全民安全教育培训

各级党委（党组）深入开展安全生产“两个规定”中心组专题学习，各级安监部门领导讲授安全生产课400多堂，近2万名党政干部和企业负责人接受安全教育。认真宣贯《煤矿矿长保护矿工生命安全七条规定》，制定并大力宣传湖南省非煤矿山、危险化学品、烟花爆竹企业主要负责人保护职工生命安全四个“七条规定”，推动企业主体责任落实。精心组织第12个“安全生产月”活动，免费印发安全知识宣传年画630万张、安全生产风险防控宣传挂图10万张、矿山应急救援常识手册5万本、保护员工生命安全“七条规定”标牌7626块、四个“七条规定”宣讲资料2万本，发送安全常识公益短信6000多万条；安全公益广告、“安康杯”、青安岗、职业病防治周等各项宣教活动平稳推进。加强安全生产宣传阵地建设，改版升级省安监局门户网站，规范改制《湖南安全与防灾》杂志社，加强与主流媒体的协调联动。深入开展全员安全培训，积极推行教考分离，培训管理、培训质量得到新提升，全年共培训县市区党政领导143人，安全监管人员2716人，企业负责人和安全管理人员56731人，特种作业人员62266人，企业班组长49742人，农民工85万人。

（七）着力夯实安全生产基层基础

坚持时间服从质量、进度服从标准，严格安全生产标准化考核把关，全省747对煤矿矿井达到三级以上标准，3103家非煤矿山（含尾矿库114座）、408家危险化学品生产企业、2016家烟花爆竹企业、2313家工贸企业通过安全标准化评审，企业本质安全水平稳步提高。深入开展安全生产示范乡镇创建，新增省级示范乡镇99个。积极推进安全生产风险社会化防控机制建设，安监系统直管行业参加安全生产责任保险企业29120家，参保率58.24%，煤矿、道路交通、建筑施工、民用爆炸物品等高危行业领域安责险全面启动。加大安全生产科技推广力度，非煤矿山“六大系统”建设、尾矿库在线监控、烟花爆竹机械化研发及药物性能改良、安全监管信息化建设等安全技术示范工程稳步推进，科技支撑保障能力逐步提高。

（八）切实加强安全生产应急管理

大力加强安全生产救援体系建设，12个市州、35个县市区成立应急管理机构，矿山救援基地和队伍建设步伐加快，应急指挥协调和协作联动机制日益健全，应急保障能力不断提高。加强安全生产应急预案管理，修订印发《湖南省安全生产事故应急预案》，省政府成功组织全省危险化学品长输管线泄漏爆炸事故应急预案综合演练，全省开展各类应急演练3万余次，应急管理水平和救援能力进一步提高。年内安监部门启动省级安全生产应急救援预案2次，启动市级预案43次，出动应急救援115队次、809人次，抢救遇险人员152人，生还23人。

（九）严肃事故查处和责任追究

坚持“四不放过”和依法依规、实事求是、注重实效的事故调查处理原则，加大跟踪督办力度，严肃事故查处，严格责任追究。年内全省共立案查处生产安全事故201起（不包括一般和较大道路交通事故），其中一般事故181起，较大事故19起，重大事故1起。已经结案196起，共追究责任人员306人，其中给予党纪政纪处分261人，追究刑事责任39人；被追责人员中，科级干部49人，处级干部27人。另有1108人因道路交通事故被追究刑事责任。其中，邵东县周官桥乡司马冲煤矿“6·2”重大瓦斯爆炸事故，国家煤矿安全监察局已经批复结案，移送司法机关依法追究刑事责任10人，给予党纪政纪处分16人。

（十）加快推进安全监管能力建设

深入研究安全生产和安全监管的深层次矛盾和突出问题，大胆改革创新，及时调整工作思路，改进方式方法，逐步理顺安全标准化建设、安责险推广管理、行业安全监管、示范创建、安全培训、行政审批等体制机制，安全监管工作实效明显提高。启动实施事故调查、职业健康、综合监管、行政执法、应急救援、技术支撑、宣传教育、培训考试、防灾防损等部分省局内设机构职能调整，充实人员配备，进一步明晰职能、落实责任、提高效率、形成合力。各级安全生产监督管理相关部门职能职责不断完善，机构队伍建设得到加强。落实国家支持中西部地区市县级安监部门执法装备建设项目和资金，首批52个重点县配备到位，第二批84个市县配备纳入计划，安监机构执法装备水平普遍提高。积极争取各级财政加大安全生产投入，重点支持重大安全隐患治理、安全生产示范创建和应急救援体系、执法监管体系、安全生产信息化建设。

（十一）狠抓作风建设推动工作落实

深入开展党的群众路线教育实践活动，认真整改安全监管工作中存在的“四风”突出问题，切实改进文风会风，规范公务接待，发文数量同比精简42%，简报期数精减46%，会议经费减少29%。加强作风建设、制度建设，贯彻落实中央“八项规定”、省委“九项规定”和省安监局作风建设23条规定，推行安监机关工作人员“约法五章”，打造“认真负责、求真务实、雷厉风行、艰苦朴素”的安监作风。开展纠正安全生产领域损害群众利益行为专项治理，着力解决安全生产行政不作为、慢作为、乱作为，监管执法不严、执法不公，责任追究不到位等群众反映强烈的问题。

2013年湖南省安全生产工作虽然取得了很大成绩，但依然存在不少困难和问题：一是传统高危行业和涉危企业仍然较多，安全隐患和危险因素大量存在，安全生产“基础脆弱、基层薄弱”的现状短期内难以改变，党政干部抓安全生产的积极性、企业抓安全生产的主动性、员工遵章守纪的自觉性仍然不能估计过高，随时面临事故反弹的巨大压力。二是一些地方和企业安全意识淡薄，仍然重发展、重效益、轻安全，企业主体责任不落实，打非治违任务任重道远。三是安全监管体系不健全，县乡基层执法能力偏弱，与繁重的监管任务不适应。

广东省安全生产工作综述

一、2013年全省安全生产总体情况

2013年，广东省安全生产形势总体稳定，连续第九年完成国家下达广东省的各项安全生产控制指标。全省共发生各类事故46933起，死亡6287人，受伤28682人，直接经济损失59705万元，其中：生产经营性事故11862起、死亡2319人，受伤5407人、经济损失48387.7万元，同比分别下降4.7%、0.8%、13.6%和13.8%。大部分主要行业（领域）事故同比呈下降趋势。2013年，全省发生工矿商贸企业生产安全事故401起，死亡408人，同分别下降1.5%和4.2%；发生道路交通事故25414起，死亡5647人，同比分别下降1.1%和1.2%；生产经营性道路交通事故5223起，死亡1806人，事故起数同比下降10%，死亡人数上升1.1%；发生水上交通事故41起，死亡25人，同比下降24.2%，发生铁路交通事故13起，死亡12人，同比分别下降40.9%和42.9%；发生渔业船舶事故44起，死亡17人，同比下降22.7%。较大以上事故同比减少。2013年共发生较大事故89起，死亡326人，同比分别下降10.1%和6.1%。

二、2013年安全生产重点工作

（一）安全生产责任制深入推进落实

2013年，全省各地、各有关部门和单位继续深入推动党政领导干部安全生产“一岗双责”的实施，实现了“四个首次”突破，一是首次在省委常委会、省政府常务会上专门传达习近平总书记关于安全生产工作讲话精神，研究安全生产工作议题。省委、省政府原则同意加强党委对安全生产的领导、完善责任体系、健全奖惩制度、加强机构队伍建设等改进安全生产工作的措施。二是首次以省委省政府名义召开全省安全生产工作会议。2月，朱小丹省长主持召开了全省安全生产工作会议，并对2013年全省安全生产工作做出重要部署。三是首次以省委省政府名义表彰年度安全生产责任制考核优秀对象。在省委、省政府清理省级表彰考核项目时，仍保留了安全生产责任制考核表彰。四是首次以省委省政府名义与各市和各有关部门签订安全生产责任书，明确年度安全生产控制指标目标和重点工作要求。通过做好重大事故备案工作，加强对各级党委政府研究解决安全生产重大问题情况的跟踪指导，根据《广东省地级以上市、顺德区党委政府研究解决安全生产重大事项备案制度》的要求，收到各地备案材料200份。

（二）“全覆盖”开展事故隐患排查整治

按照“全覆盖、零容忍、严执法、重实效”的要求，开展安全生产检查督查活动。印发《广东省人民政府办公厅关于立即全面开展安全生产检查督查活动的通知》，刘志庚副省长担任省安全生产检查督查专项行动工作领导小组组长，全省各地各部门均成立了由政府和单位负责领导担任组长的领导小组；共有21位各地党政主要领导、92位党政副职领导赴企业生产一线督导安全生产检查工作。公安交管部门集中排查货运企业、货运场站安

全隐患和整治公路危险路段，共排查企业1.4万多家，整改危险路段607处；公安消防部门重点开展“三小”场所违规住人专项行动，迁出住宿人员26万多人；安全监管部门深入开展危险化学品、职业卫生等行业领域打非治违行动；教育部门重点开展校园安全教育和整治不合格校车，共排查中小学、幼儿园接送车2.3万辆；住建部门推进工程建设领域防施工起重机械、脚手架坍塌事故专项整治；质监部门全面开展特种设施事故隐患排查整治，共检查企业2万多家，整治隐患8000多处；国土资源部门严厉打击非法采矿行为和全面排查地质灾害隐患；农业部门全面提高农机挂牌率、年检率、持证率，推进拖拉机安装“三灯”和粘贴反光贴；水利部门全力做好汛期水利工程安全检查；海洋与渔业部门重点推广渔业船舶卫星定位系统等信息代化技术应用等。省安全监管局创新方式，确保发现真实问题，开展“飞行突查行动”，组织飞行突查组，聘请专家，采取“七不”原则（即不事先通知、不听取有准备的汇报、其他部门及人员不得陪同、不接受任何单位接待、不代替日常监管执法、不代替各专业行业安全检查、不代替省政府或省安委会组织的综合性检查督查），不间断明察暗访，重点检查企业，倒查当地政府及相关部门监管工作落实情况。安全生产检查督查活动期间，全省共组织检查组107612个，出动检查人员1053970人次，检查生产经营场所799262家，排查事故隐患612362处，整改率达95%；责令改正、限期整改、停止违法行为567446起，停产停业、停止建设8968多家，关闭非法违法企业1519多家，实施经济处罚2亿多元。同时，还扎实开展安全生产领域“打非治违”活动。全省全年打击非法违法、治理纠正违规违章行为137万处，其中关闭取缔非法违法生产经营建设企业3317家，取缔违章操作、违章指挥和违反劳动纪律的40500起。全省全年共排查一般隐患1144675项，已整改1122274项，整改率98.01%；其中，重大隐患1773项，已整改1562项，整改率88.1%，均高于全国平均水。

（三）深化企业安全生产主体责任落实

一是加大投入。2013年省级安全生产专项资金由2012年的1.05亿元提高到1.1亿元，下达给52个地区和部门共计123个项目，主要用于公共安全设施及监管监察装备建设、安全生产应急救援体系建设、安全生产安全培训及宣传教育、重大事故隐患整改以及安全生产技术推广和改造等方面投入。二是推进企业安全生产安全标准化建设进程。省安监、经信、人力资源、国资、国税、工商、质监、银监、保监等联合制定了《关于共同推进工贸行业企业安全生产标准化建设的工作意见》，省安全监管与质监部门联合在客运索道运营企业领域开展安全生产标准化标创建活动，广东省工贸行业、客运索道运营等重点行业的安全生产标准化建设得以推进。截至第三季度，全省完成达标建设企业累计31484家，比2012年底增长83.1%，全年数是上年的两倍。三是构建安全生产标准化工作技术支撑体系。依托省安全生产技术中心组建了广东省安全生产标准化技术委员会，初步建立起广东省安全生产标准化专家队伍。四是建设隐患排查治理长效机制。在广州南沙区、珠海保税区、清远清新区开展县（区级）企业隐患排查治理系统试点工作，以点带面，推动全省安全隐患排查治理体系建设，同步推进全省安全生产标准化建设与隐患排查治理体系建设工作。

（四）安全生产监管长效机制建设取得新进展

一是2013年9月27日，省十二届人大常委会四次会议高票表决通过《广东省安全生产条例（修订草案）》。新《条例》建立了生产经营单位负责、政府监管、职工参与、行业自律和社会监督的机制，细化了安全生产“一岗双责”制度和生产经营单位安全生产主体责任等内容。二是重点行业领域专项整治见成效。2013年4月，省安委办出台《广东省安全生产行政执法监察联合行动实施办法》，建立健全政府统一领导、部门联合行动、各自依法严惩的“打非治违”执法联合行动机制，解决了“打非治违”工作中职能交叉、合力不强的难题。省安全监管与公安、检察院等部门联合出台《关于在查处安全生产违法犯罪工作中协调配合的暂行规定》，充分发挥相关部门职能，及时有效查处安全生产违法犯罪行为，较好地解决了行政执法与刑事司法两罚衔接的问题。在2013年安全生产专项资金中安排专门经费，集中用于支持事故隐患排查治理系统建设和重大事故隐患治理。三是安全生产日常管理规范化。结合习近平总书记关于安全生产工作的讲话精神，研究起草《广东省安全生产责任制度》、修订省安委会成员单位职责，进一步厘清党委、政府及负有安全监管职责部门的安全生产工作职责，为构建“党政同责，一岗双责，齐抓共管”责任体系奠定制度条件。四是创新安全文化宣贯。围绕“强化安全基础、推动安全发展”的主题，组织开展“安全生产月”，成立宣讲团集中宣讲《国务院安委会关于进一步加强安全培训工作的决定》；全年共举办34期安全监管干部业务培训班，培训4829人次。在传统媒介宣传的基础上，创新使用发布手机信息、设立体验教育基地、制作动漫、微博互动、的士公交等流动车辆宣传等方式，将安全生产宣传渗透到各个领域。

（五）职业危害控制取得新进展

2013年，佛山、肇庆、珠海等3个地市已于2013年完成职业健康监管职能调整。全省22个地级以上市（含顺德区）中已有19个地市（深圳市实行大部制，江门市、顺德区正在进行职能调整）和大部分县区调整了监管部门职责。全面推进职业病危害申报工作，2013年完成申报备案企业共7.9万家，数量位居全国第一。

（六）应急管理再上水平

2013年，省政府发布《广东省生产安全事故应急预案》，修订印发《广东省非煤矿山重大生产安全事故应急预案》和《广东省危险化学品重大生产安全事故应急预案》两个专项预案。省矿山救援清远、韶关基地一期工程已投入使用并开展二期建设，梅州基地已开始施工建设；惠州大亚湾化工园区安全生产应急管理创新试点工作顺利推进，预计2014年5月投入使用。清远、韶关市矿山救护队参与“1·23”湛江吴川市石场滑坡事故、“3·17”韶关市武江区非法锑矿冒顶事故、“5·16”韶关市曲江区山体滑坡事故和连南瑶族自治县“8·18”山体滑坡抢险救援工作，受到事发当地政府的高度评价。11月19日，省安委办联合广州市政府组织一次液氨泄漏事故应急演练，提高了应对重大生产安全事故能力及应急队伍实战能力，为全省处置类似事故起到示范作用。

（七）严肃事故调查和责任追究

加强较大生产安全事故调查处理挂牌督办工作，督促各市政府按照较大事故的调查处理的程序组织事故调查组，按照“四不放过”的要求开展事故调查，查明原因、分清责任、严肃处理相关责任单位和责任人，落实好各项整改措施，及时向社会公布调查处理结果。2013年共督办事故71起，占较大事故总数的79.8%，审核事故79起/次。严肃追究事故责任。加大较大以上生产安全事故查处情况的跟踪落实，将2011年以来发生事故的责任追究落实情况的检查纳入全省安全生产检查督查活动综合督查内容，认真核查事故责任人相关处分和经济处罚落实情况，确保事故责任追究落实到位。2013年共查处结案较大以上生产安全事故65起（含2012年发生、2013年结案的事故），共追究相关责任人269人，其中移送司法机关88人，党政纪处分119人，经济处罚62人。

广西壮族自治区安全生产工作综述

一、安全生产总体情况

2013年，全区共发生各类安全生产事故1593起、死亡1265人、受伤1122人、直接经济损失11143万元，事故起数、死亡人数、受伤人数分别同比下降5.23%、5.60%和11.72%，直接经济损失同比上升49.02%。一次死亡3～9人的较大事故54起、死亡198人，分别同比下降31.65%和29.03%。一次死亡10人以上的重大事故1起，在国务院安委会下达的控制指标内。没有发生一次死亡30人以上的特别重大事故。自2004年起国家实行安全生产控制指标制度以来，连续10年较好地完成了国务院安委会下达的安全生产控制指标。较大事故控制指标在全国排名前10位，是自2004年国家实施控制指标以来排名取得的最好成绩。

二、安全生产重点工作

（一）各级党委、政府高度重视安全生产工作

全年，自治区彭清华书记对安全生产工作作了11次重要批示，主持3次党委常委会研究安全生

产问题；陈武主席作了17次重要批示，主持5次政府常务会听取安全生产工作汇报，部署安全生产工作。分管安全生产的陈刚副主席多次召开专题会议，专门听取安全生产工作情况汇报，并研究部署安全生产工作。14个地级市多次召开市委常委会、政府常务会学习习近平总书记关于安全生产工作的指示批示，听取安全生产工作汇报，部署本地区安全生产工作。全区全部14个地级市、109个县（区、市）长均按照区党委9号文件要求担任了安委会主任，大部分市、县（区）以政府或政府办名义印发安全生产“一岗双责”实施办法。各级党委政府高度重视，为全区安全生产工作提供了根本保证。

（二）全面彻底开展安全生产大检查及“回头看”活动

6月3日吉林宝源丰公司发生特大火灾事故后，自治区人民政府于次日召开全区安全生产电视电话会议部署大检查工作，下达《全区集中开展安全生产大检查实施方案》，要求所有市、县、乡镇和企事业单位，必须按照中央“全覆盖、零容忍、严执法、重实效”的总要求，完成自治区政府提出的“各生产经营单位都必须对本单位安全生产工作进行全面深入、细致彻底的大检查，覆盖率必须达到100%；各乡（镇）人民政府组织检查组对本辖区各类单位逐一进行全面检查，检查率要达到100%；各县级人民政府负责组织检查组对本辖区乡（镇）和各类单位逐一进行全面检查，检查率要达到100%；各级各行业领域主管部门对所管辖的各类单位进行督查，对直属各类单位督查率要达到100%；对主管行业领域的各类单位抽查率不低于30%；市政府负责组织督查组对辖区县（市、区）和各类单位进行督查，对辖区县级人民政府和市属各类单位督查率要达到100%，对辖区各类单位抽查率不低于30%”（简称“五个100%、两个不低于30%”）的目标任务。各地迅速行动，市县及有关部门层层召开动员大会，迅速组织本行政区域的企事业单位开展自查自纠。各级负有安全监管任务的部门认真履行大检查牵头职责，分头对管辖行业领域开展检查行动。自治区17个牵头部门分别组织督查组检查本行业领域企事业单位。从6月到12月，广西安监局每月派出7个由局领导带队的督查组和5个业务处长带队的暗查组，采取不发通知、不打招呼、不听汇报、不陪同接待，直奔基层和企业的“四不两直”方式，开展督查、暗访。大检查活动采取抓两头带中间、抓点带面促平衡发展的工作方法来推动，多次召开工作汇报会、现场促进会、检查通报会、经验交流会推广先进经验，对安全生产活动开展得好、成效显著的单位和企业，及时总结推广、通报表扬。对督查暗访发现的隐患和问题实行“零容忍”，逐项督促整改，做到能立即整改的立即整改，一时整改不了的做好整改计划限期整改，对隐患和问题实行“零容忍”，绝不留隐患。对重视不够、落实不力的单位和企业，依法依规下整改通知、约谈、通报批评、媒体曝光等。全区共排查事故隐患208118项，整改203206项；国务院安委会综合督查组三轮督查及国家安全监管总局专项督查发现隐患和问题186项，全部完成整改；全区共打击非法违法、治理纠正违规违章行为76007起，责令停产（业）、暂扣或吊销有关许可证、职业资格证1141个，关闭取缔企业451家，行政拘留19人，移送追究刑事责任5人。活动结束后及时开展“回头看”，重点看认识是否到位、大检查是否达到“全覆盖”、隐患整治是否做到“零容忍”、看是否建立检查台账、是否做到“严执法”。

（三）突出抓好重点行业领域专项整治和事故隐患排查治理

煤矿：以雨季“三防”为重点，杜绝较大以上事故。非煤矿山：以防尾矿库垮坝为重点，切实抓好矿山安全度汛。烟花爆竹：以推动生产企业落实超温时间、雷暴雨时段停产制度、落实驻厂安全员现场监督责任为重点，切实抓好恶劣气候条件下的事故防范工作。危险化学品：加强对容易发生火灾、爆炸、泄漏中毒危险化学品的安全监控，严防危险化学品生产和运输泄漏事故。道路交通、水上交通、建筑施工：着力抓好汛期事故防范工作。重大安全隐患分级监督整治：逐级确定年度重点监督整治的重大隐患项目，严格按照五级隐患监督整治管理制度要求，明确隐患整治责任单位和责任人，确保重大隐患监督整治到位。“打非治违”：下发《关于深入开展安全生产领域“打非治违”工作的通知》，强化县乡政府“打非治违”工作责任，充分运用部门牵头联合执法、地方政府综合执法手段，取缔非法违法生产经营建设行为，整顿和规范安全生产管理秩序。至2013年底，自治区全面完成了尾矿库安全环境隐患大排查大整治行动任务，全区尾矿库实现零事故目标；超额完成了非煤矿山整顿关闭任务；完成了石油化工企业、石油库和油气装卸码头安全专项检查任务；完成了使用液氨的非化工企业安全专项检查任务；完成了礼花弹、餐饮场所燃气、石油天然气和城镇燃气管道、高铁沿线路外的专项整治。全区27处煤矿生产矿井、2213座持证非煤矿山和尾矿库全部达标；394家危险化学品生产企业、155家烟花爆竹生产企业、1758家其他工贸行业企业达标。

（四）着力推进高危行业整顿关闭和产业结构调整提升

煤矿：认真贯彻落实国办发〔2013〕99号文件，组织制定《关于进一步加强煤矿安全生产工作的实施意见》和《广西煤炭产业结构调整方案》，确保煤矿资源整合整顿工作落实到位，4处设计能力在6万吨/年以下的小煤矿被依法关闭。非煤矿山：逐个落实整顿关闭的非煤矿山名单，下达整顿关闭计划，596座规模小、开采安全条件差的采石场、金属非金属矿山被依法关闭。危险化学品：全面贯彻落实《广西危险化学品安全生产发展规划》，以推动城区防护距离不足的化工企业搬迁为重点，将列入搬迁计划的19家城区化工企业全部落实搬迁或转产工作。烟花爆竹：按照国家安监总局提出的“五化”要求，推进烟花爆竹企业安全生产基础设施整顿改造提升；对不符合产业政策和当地城乡规划、厂房布局不合理、与周边安全距离不符合国家标准要求、生产工艺落后、规模较小的企业实施淘汰关闭；2013年底持证的烟花爆竹生产企业为112家。

（五）切实抓好安监队伍和职业卫生技术支撑体系建设

全区103个县（市、区）建立了安全生产执法监察大队、74个乡（镇）成立安全监管机构，10个设区市、28个县（市、区）独立设置职业卫生监管机构。1100多名职业卫生技术服务人员取得了上岗资格，1家甲级机构、8家乙级机构通过了职业卫生技术服务资质评审。争取到国家预算内建设资金5600万元，为市、县两级安监部门配置专业执法装备。争取到国家应急救援扶持资金1700多万元，用于矿山救护装备能力建设。广西安全生产技术中心项目已完成项目可研报告和评审，项目建设用地基本落实。自治区财政安排专项资金4000万元，用于安全生产隐患整治和能力建设项目。

（六）认真抓好应急管理和事故调查处理工作

自治区安监局把应急值守作为事故防范的一项重要任务来抓，坚持领导班子成员轮流带班值班，实行24小时值守调度，强化重点时段的应急管理。严格按照“四不放过”和“依法依规、实时求是、注重实效”的原则狠抓事故查处工作，组织查处了大化“12·28”重大道路交通事故、岑溪“11·1”烟花爆竹爆炸重大事故并结案。

（七）创新开展“安全生产月”活动

自治区安委会在安全生产月期间组织开展全区安全生产“打非治违”乡村宣传活动、配合广西电视台开展安全生产非法违法新闻调查活动、宣贯煤矿“双七条”专题活动，组织中央和自治区主流媒体记者深入基层开展安全生产“巡访”活动。企业普遍开展安全生产“五个一”活动。全区参加“安全生产月”活动的职工达到317.6万人。

海南省安全生产工作综述

一、安全生产总体情况

2013年，全省没有发生重特大事故，是全国没有发生重特大事故的9个省份之一。安全生产控制指标实施良好，发生较大事故10起，占全年控制指标的62.5%；工矿商贸、生产经营性道路交通、铁路交通、农业机械4个行业的事故死亡185人，占全年控制指标的78.1%，全国排位均居中上水平。

尽管海南省安全生产状况保持平稳，但是形势不容乐观，监管任务依然繁重。一是事故总量同比增加。2013 年发生各类事故 3359 起，同比上升 32%，特别是火灾、道路交通和工商贸其他事故起数同比上升幅度较大，因非法违法行为导致的事故仍占 60% 以上。二是较大事故时有发生。海口、乐东、保亭 3 个市县各发生较大事故 2 起，三亚、儋州、文昌、陵水 4 个市县各发生较大事故 1 起。三是部分行业监管任务重。海南省的石油化工、旅游等行业发展较快，工程建设开工量大，车流、人流、物流剧增，石油化工、道路运输、建筑施工、渔业生产、旅游、人员密集场所消防等行业领域的安全监管压力大。四是责任体系有待健全。部分市县、部门和单位的安全生产红线意识不强，“党政同责、一岗双责、齐抓共管”责任体系尚未形成，特别是乡镇（街道）党委政府没有把安全生产作为大事来抓，“严格不起来、落实不下去”的问题仍然突出，企业主体责任没有得到很好落实。五是安全生产基础较为薄弱。部分行业的安全生产标准化建设进展缓慢，事故防范和应急处置能力不足，宣传培训教育质量不高。乡镇（街道）安监机构缺乏专业监管人员，部分市县仍未成立安全生产执法机构，仍然存在监管不力、执法不严、作风不实的现象。

二、安全生产重点工作

（一）深入开展安全生产大检查和“打非治违”行动

省政府成立了以李国梁副省长为组长的领导小组，专门制定工作方案，召开视频会议，迅速部署全省安全生产大检查。18 个市县和洋浦经济开发区、26 个有关部门和单位成立领导小组，结合实际制定方案，按照“全覆盖、零容忍、严执法、重实效”和“四不两直”的工作要求，采取全面排查、明察暗访、专家会诊等方式，开展全方位安全生产大检查。各企业认真落实主体责任，深入排查隐患，抓好自查自改，基本做到全覆盖。大检查期间，全省组织 3800 个检查督查组，检查生产经营单位和场所 2.86 万家次，排查治理隐患 7.9 万项，责令改正、限期整改和停止违法行为 1.3 万起。结合大检查工作，通过联合执法、跟踪执法、专项督查等措施，开展安全生产领域“打非治违”专项行动，按照“四个一律”的要求，责令停产、停业整顿和停止建设企业 488 家，关闭取缔企业 276 家，行政处罚企业 1108 家，罚款 5850 万元。

（二）深入开展重点区域、行业和时段安全督查

国务院安委会连续 7 次到海南省督查检查工作，抽查 12 个市县区、103 家单位和企业，共发现问题和隐患 145 项。省安委会统一部署，各市县、各部门组织力量，以琼州海峡、洋浦经济开发区、老城经济开发区、东方工业园区和东环高铁、油气管道为重点区域，以道路交通、建筑施工、危险化学品、烟花爆竹、非煤矿山、消防为重点行业领域，组织开展 15 次专项督查；在党的十八届三中全会、博鳌亚洲论坛年会、欢乐节、国庆节等重大会议和节假日期间，组织开展 6 次综合督查，共发现问题和隐患 1086 项。对国家和省级两个层面督查发现的隐患，以省安委办名义给相关市县政府、部门和企业下发整改通知书，抄送市县党委政府主要负责人，送达企业主要负责人，限期落实整改。结合安全生产大检查“回头看”活动，按照“重大隐患不整改视为责任事故”的要求，对 2012 年以来下达整改通知书的 1988 项隐患治理情况进行复查。各市县、各部门和各企业认真制定整改方案，落实整改措施，隐患整改率达 99%，有效预防和坚决遏制了重特大事故发生。

（三）深入开展安全生产专项整治

各级安委会加强统筹协调，各市县、各部门采取措施，大力推进重点行业领域的安全整治。安监、发改、住建、工信、质监、消防等部门联合开展油气管道安全专项排查整治，深入管道沿线的 11 个市县和 16 家重点企业，排查治理隐患 156 项。交通、公安、教育、安监等部门开展“道路客运安全年”活动、重点营运车辆 GPS 专项治理、校车及通行线路安全专项整治、货车违法行为“大排查、大教育、大整治”专项行动，查处非法违法车辆 12.9 万辆次。海事、交通、渔业、安监等部门及海口、文昌、澄迈、临高等市县联手整治琼州海峡通航环境，清理碍航渔网 436 张。安监、住建、商务、工信、农业等部门联合开展餐饮场所燃气安全、涉氨企业液氨使用安全专项治理，责令关停燃气、液氨使用单位和场所 133 个。消防部门深化火灾防控专项行动，建立 3024 个重点单位消防安全户籍档案，对 152 家单位消防安全不良行为进行网上公布。继续开展“平安渔业”“平安农机”创建活动、重点行业领域粉尘和高毒物品危

害治理，旅游、特种设备、民航、铁路、电力等行业领域也结合实际开展专项整治，确保了行业安全生产。

（四）加强安全生产基层基础建设

各市县、各部门和各单位认真贯彻落实省政府《关于进一步加强安全生产工作的意见》精神，多方采取措施夯实安全基础。18个市县都明确安监部门为同级政府的工作部门，设立乡镇（街道）和工业园区安全监管机构217个，13个市县成立安全生产执法机构，全省共增加安监人员编制713人。交通、水务、住建、渔业、质监、消防等部门设立安全监管机构，26个行业主管部门指定了专职监管人员。各市县政府主要负责人均担任安委会主任，并与副职领导、乡镇农场和职能部门主要负责人签订责任书，水务、农业、住建等部门逐级落实安全生产“一岗双责”制度，基本建立了覆盖各级政府及其有关部门的安全监管网络和责任体系。落实安全监管装备资金900万元，给22个市县（区）配置安全检测、执法和办公设备657台套。三亚、万宁、澄迈、文昌等市县配备乡镇执法装备和交通工具，提高了基层安全监管能力。推进企业安全生产标准化建设，623家危险化学品、烟花爆竹、非煤矿山企业达到了三级标准化以上水平。中海石油化学公司、华润水泥公司2家企业率先通过了一级达标考评。283家交通运输、建筑施工、水利、电力企业开展标准化建设，提高了企业安全管理水平。

（五）加强安全生产宣传培训和应急管理

认真贯彻落实《国务院安委会关于进一步加强安全培训工作的决定》，制定出台海南省的《贯彻落实〈国务院安委会关于进一步加强安全培训工作的决定〉实施意见》，持续开展安全生产“大宣传、大教育、大培训”活动。以开展“安全生产月”活动为载体，举办社会公益性宣传活动252场次，投放媒体和户外宣传广告2.1万条，发送短信760万条，受教育人员达160万人次。以宣贯省政府《关于进一步加强安全生产工作的意见》为契机，举办各类培训班2130个，培训各级领导干部、安全监管人员、企业负责人、安全管理人员、特种作业人员和高危行业从业人员15.1万人次。推进“两重一高”（重大隐患、重大危险源和高风险点）信息督导监管平台建设，开展全省应急资源普查，督促市县、部门和企业完善安全生产应急预案，组织开展应急演练102场次，参加演练和观摩人员达10万人次。海洋渔业、海事等部门成功处置“9·29”西沙渔民遇险重大险情，三亚开展应急演练评比活动，洋浦建成全省首个海陆消防站，继续完善一体化应急救援体系，进一步提高了应急处置能力。

（六）加强安全监管队伍自身建设

以党的群众路线教育实践活动为动力，进一步转变作风、改进文风会风，促使安监系统干部腾出更多精力强化一线监管、提供安全服务，共跟踪落实重点和民生项目建设安全服务133项。实行办公自动化，提高办文办事效率。积极推进审批制度改革，取消安全培训机构资质认可等7个审批事项，对所有审批项目实施网上审批和监督，优化审批程序，提高审批效率，全年办结审批事项2.57万件，实现零投诉、零举报，政风行风测评群众满意度明显提升。省安全生产稽查总队挂牌运作，对全省执法人员进行轮训，增强了安全监管执法力量和业务能力。进一步加强党风廉政建设，有效防控廉政风险，树立了安监部门为民务实清廉的良好形象。

重庆市安全生产工作综述

一、安全生产总体情况

2013年，全市共发生生产安全事故1346起，死亡1499人；发生较大事故25起，重大事故1起。安全生产呈现出“三个持续下降、两个稳定向好”的良好态势。“三个持续下降”：即生产安全事故起数、死亡人数、较大事故起数同比分别下降8.1%、8%、13.8%。“两个稳定向好”：即多数区县和行业安全形势稳定向好。43个统计考核单位（区县、经开区）中事故死亡人数同比下降或持平的35个；危险化学品和渔业船舶实现“零死亡”；烟花爆竹、一般道路交通、煤矿、高速公路、工商贸其他、冶金建材等6个行业领域事故同比下降；消防和水上交通2个行业事故同比持平。

二、安全生产重点工作

（一）全面落实安全生产责任

市委、市政府高度重视安全生产工作，市委常委会、市政府常务会多次学习贯彻习近平总书记、李克强总理等中央领导同志重要讲话和批示指示精神，安排部署阶段性重点工作任务。孙政才书记强调务必“严字当头、落实到位”，黄奇帆市长要求实施源头治理，努力改善安全保障基本面。市委、市政府把安全生产工作纳入深化平安重庆建设统筹推进，制定了未来四年加强安全生产“三基”工作方案。各级各部门认真落实党政同责和“一岗双责”、地方政府属地监管、安监部门综合监管、行业部门直接监管等责任；各级党政干部亲力亲为，亲自检查，分兵把口，强化责任落实和工作落实，安全生产“红线”意识、大局意识、责任意识和“半夜惊醒”意识明显增强。

（二）切实加强基层基础建设

一是加大资金补助。制定了加强区县安全监管部门监管能力建设资金补助方案，补助第一批区县建设资金1654万元。组织编制《2013—2014年重庆市区县安全监管部门监管执法专业装备建设项目可行性研究报告》，争取国家安全监管装备建设补助资金2560万元。二是完善装备设备。投入1676万元，完成市非煤矿山、危化事故救援队装备配备。投入470万元，配备完善安监、煤监、交警等行业主管部门装备设备。三是规范执法行为。修订出台《重庆市安全生产检查督查办法》《乡镇安全生产“一岗双责”制度实施意见》。编制安全生产行政执法年度计划。实施行政执法岗位责任制以及过错责任追究。全面规范委托乡镇（街道）执法工作。

（三）大力推进标准化创建和“回头看”

把安全标准化建设作为落实企业主体责任的重要抓手。启动340家道路运输企业、89家城市客运企业标准化考评。实施建设项目“平安卡”实名制诚信评价管理制度。建成5个一级、180个二级煤矿安全质量标准化矿井。启动11家石油天然气企业安全标准化创建工作。完成30个危险化学品生产企业、9个烟花爆竹生产企业、12个烟花爆竹经营企业的达标验收。启动工贸行业安全标准化建设2152家。开展2.4万家高危企业安全标准化建设“回头看”，实行动态分类管理，实施“黑名单”约束制度。

（四）持续深化重点行业（领域）专项整治

将“打非治违”和重点行业专项整治有机结合，统筹推进。全市共纠正非法违法行为14.4万起，暂扣或吊销许可证及各类执照1628个，取缔关闭各类非法违法企业445家，行政拘留532人，刑事处罚346人。全面开展道路交通“两化一整治”“客运安全年”和交通安全大检查，查处各类交通违法437万余起。持续开展建设施工防范高处坠落、防危险性较大的分部分项工程管理缺陷导致的群死群伤事故“两防”专项整治。严格落实《煤矿矿长保护矿工生命安全七条规定》，制定小煤矿关闭工作方案，关闭煤矿68个，淘汰落后产能355万吨。深化危险化学品“四化”和烟花爆竹“五条规定”专项整治，排查整治隐患1478项，停产整改6家。开展人员密集场所、“三合一”场所、高层建筑、建设工地消防安全集中整治，临时查封2011处，责令“三停”1681家。同时，特种设备、非煤矿山、工贸、水上交通、民爆、铁路、民航、水利、电力、旅游和中小学校等结合实际开展专项整治。

（五）不断加强安全保障能力建设

一是加大安全生产投入。各级政府安全专项资金投入增加，健全多元化投融资体系。投资108亿元，推进《重庆市安全保障型城市发展规划》确立的76个独立项目建设。稳步推进中国西部安全（应急）产业基地建设、国家安全监管监察执法综合实训西南基地建设。组建安全产业发展集团，加大安全科技研发、成果转化。二是大力推广先进适用技术。道路防护工程向县乡道延伸，完成安保工程1300公里，累计完成1.5万公里，国家安全监管总局、公安部、交通运输部联合推广重庆道路“生命工程”经验。建成营运驾驶人安全信用信息管理系统，客运车辆GPS运用率达100%。建筑施工实行主城区新开工项目100%电子监控，六大区域中心城市房屋建筑面积达到2万平方米以上或市政基础设施工程造价2000万元以上的施工现场实行电子监控。全面推进煤矿“六大系统”建设，大力推进煤矿安全科技“四个一批”工作。非煤露天矿山全部实现机械铲装、分台阶（分层）开采，地下矿山全部建成“六大系统”建设，完成天然气管道隐患整治20处。完成134个重大危险源自动化监测监控系统建设和38个加油站阻隔防爆技术改造。三是加强信息化和应急救援体系建设。建设区县应急指挥车3G通信专网，实现事故现场与市级指挥平台无缝连接和图像传输。在永川、黔江、巴南等推广应用《烟花爆竹企业防伪及产品流向监管系统》《毒害、可燃、易爆气体安全监控预警系统》等科技成果。加强应急预案管理，建立应急预案备案情况季报制度，举办首届应急救援大集训大比武活动，积极参与雅安地震抢险救援行动。

（六）扎实开展安全生产大检查

将国务院安全生产大检查安排部署细化为我市大排查大整治大执法大督查“四大行动”。一是实现“全覆盖”。坚持企业自查、乡镇普查、区县复查、专家协查、市级部门抽查、市政府综合督查“六查并举”，全面开展安全生产大排查。以企业为主体，全面开展自查自纠，做到方案、记录、隐患建档登记、法人代表签字确认“四有”，共出动检查执法人员4.1万人次，排查生产经营单位5.9万家。二是实现“零容忍”。加大隐患排查治理力度，把隐患当事故查处，对排查出的隐患做到整改方案、责任人员、整改资金、整改期限和应急预案“五落实”，共排查一般隐患17.6万项，整改率100%，严格执行重大隐患挂牌督办制度，排查重大隐患74项，整改65项，限期整改9项，实现“零容忍”。三是实现“严执法”。坚持走出机关、严格执法，抓住重点行业和重点环节，组织开展道路交通4次“交安”集中执法行动、建筑施工防控重特大事故专项行动、煤矿“四个突出”专项整治、消防今冬明春火灾防控专项行动、输油气管道和市政管网专项整治行动，各级安监部门对安全隐患现场排查、现场整治、现场处罚、严厉追究。四是实现“重实效”。坚持政府督查与行业专项督查并重，市政府8个常态督查组每月深入区县开展一轮综合督查，传导压力、跟踪督办，共检查督查企业848个，现场督促整改1968个，发出整改指令150余份，约谈区县15个，实现“重实效”。市安监局创新实施“四不两直”“六个三”检查督查方式，实现督查与执法互动、考核与追责并行。

（七）不断加强安全文化建设

一是加大安全社区创建力度。大力开展以乡镇（街道）为单位的安全社区建设，初步形成了政府执法主体、企业责任主体、社会服务主体“三足鼎立”、协作推进的安全发展工作格局。全年共指导认证市级安全社区118个、全国安全社区10个、全国安全文化示范企业1个。二是加大教育培训力度。全面加强企业从业人员培训力度，实行培训、考试、发证三分开制度。分行业、分层次开展安全管理和操作技能培训，培训企业负责人、管理人员、执法人员、班组长、特种作业人员255期；组织开展特种作业人员、企业主要负责人、安全管理人员考试15.6万人次。三是提升全民安全素质。充分利用“三报、一栏目、一网”核心宣传平台，开展安全公益宣传活动，提升公众安全意识。开展“安康杯”竞赛、“安全在我心中”美术书法大赛、安全知识“十进”“寻找最美安全员”等活动。成功举办2013年“安全生产月”、安全生产“渝州行”宣传活动。充分发挥“12350”举报投诉平台作用，共接信访件3470件，已办结3461件，办结率为99.74%。

四川省安全生产工作综述

一、安全生产总体情况

2013年全省实现地区生产总值(GDP)26260.77亿元，同比增长10.0%。发生各类安全事故17067起，死亡3334人，同比分别减少533起、159人，分别下降3.0%和4.6%。其中，纳入考核的生产经营性安全事故2674起、死亡1478人，同比减少418起、187人，分别下降13.5%和11.2%。全省共发生较大事故64起、死亡241人，同比减少19

起、62 人，分别下降 22.9% 和 20.5%；发生重大事故 3 起、死亡 60 人，事故起数同比持平，死亡人数同比增加 19 人，上升 46.3%；未发生特别重大事故。纳入国家考核的四项相对指标均同比持续下降，亿元国内生产总值生产安全事故死亡率 0.13，下降 13.3%；工矿商贸就业人员 10 万人生产安全事故死亡率 1.73，下降 21.4%；道路交通万车死亡率 2.15，下降 8.5%；煤矿百万吨死亡率 0.967，下降 56.2%。全省 21 个市（州）中 17 个市（州）生产经营性事故起数、死亡人数同比双下降，其中，自贡、攀枝花、广元、遂宁、内江、雅安等 6 个市未发生较大以上事故；纳入考核的生产经营性道路交通、工矿商贸、铁路交通、农业机械事故死亡人数同比全面下降。

二、安全生产重点工作

（一）建立健全安全生产责任体系

2013 年，四川省先后召开 2 次省委常委会、3 次省政府常务会、6 次全省电视电话会及多次专题会，研究部署安全生产工作。省政府首次与各市（州）政府签订了《安全生产工作目标和任务责任书》，省政府办公厅印发了 30 项重点工作任务。先后修订了《四川省安全生产目标管理考核办法》《四川省较大安全事故调查处理挂牌督办办法》和《四川省安全生产举报奖励办法》，制定了《四川省安全事故警示通报制度》《四川省安全生产约谈制度》《四川省安全事故隐患排查治理监督管理办法》等。各级各部门强化了对安全生产工作的领导，市（州）、县（市、区）均召开了党委常委会和政府常务会研究安全生产工作，省级有关部门和各地主要负责人亲自带队检查、调研，地方各级政府安委会充分发挥职能作用，积极开展日常监管、重点督查和专项检查，各级各单位积极参与安全生产工作，初步形成了“一岗双责、齐抓共管”的良好工作格局。

（二）全面开展安全生产大检查和“打非治违”行动

2013 年 2 月 6 日，省长魏宏带头开展了全省统一、集中的安全生产大检查。6 月至 10 月底，各级、各部门按照国务院的总体部署和“全覆盖、零容忍、严执法、重实效”的总体要求，深入开展安全生产大检查。省委书记王东明、省长魏宏和副省长刘捷等省领导先后作出批示指示。省长魏宏专题部署，副省长刘捷任领导小组组长，全程指导。省委、省政府组织 21 个由省级部门主要负责人带队的综合督查组，先后两轮对全省 21 个市（州）大检查工作进行督查。各地、各部门共组织检查督查组 27957 个，参加人员 208643 人次，监督检查各类企事业单位和场所 145000 家（次），责令企业改正、限期整改、停止违法行为 168341 起，责令停产、停业、停止建设 2319 家，暂扣或吊销有关证照 851 个，关闭非法违法企业 227 家，共处罚款 3570 余万元。国务院安委会综合督查组对四川省安全生产大检查工作给予了充分肯定。在春节、“五一”、国庆等重点节日和全国“两会”等重大活动以及“4·20”芦山强烈地震、汛期等特殊时段，开展暗访暗查，对发现的问题采取“罚点球”的方式，向相关市（州）发出督办函，

在以往专项行动的基础上，探索“打非治违”常态化。结合实际，每季度确定 1～2 个“打非治违”重点行业（领域），省级相关职能部门共同参与，先后在煤矿、道路交通、烟花爆竹和建筑施工等行业（领域）开展“打非治违”联合执法行动。据不完全统计，全省打击各类非法违法、治理纠正违规违章行为 218501 起。

（三）扎实推进重点行业领域专项整治及标准化建设

一是坚决推进煤矿整顿关闭和煤矿企业兼并重组工作。省委省政府出台一系列配套政策，层层签订责任书，省级财政筹措资金 30.4 亿元，采取以奖代补的方式用于煤矿整顿关闭工作，2013 年度关闭到位煤矿 424 处。开展了《七条规定》和煤矿安全生产“七大攻坚举措”落实情况以及防范顶板事故的专项执法活动。创新制定并实施了煤矿安全隐患排查整治跟踪监管、暗访倒查监管等“八条刚性措施”。二是大力开展道路交通安全综合整治。针对全省山高坡陡、通车里程长、车辆保有量大、道路交通事故频发的现状，深刻吸取达州市渠县“9·15”重大道路交通事故惨痛教训，迅速开展全省道路交通安全综合整治攻坚行动，实施货车超限超载、超员超速、酒后驾驶等道路交通违法行为综合整治，在高速公路入口全面启动对货车计重的通行方式；落实省级财政资金，加大省内国省干道、县乡道路 3 米以上临崖、临水、危险路段路侧护栏建设力度。三是切实加强其他重点行业

（领域）专项整治和安全监管。及时开展油、气、危化品输送管道安全大检查、隐患大整治；认真开展尾矿库、危险化学品、学校、消防、医疗机构、特种设备、轨道交通、水电站大坝、餐饮场所燃气安全等行业（领域）专项治理；扎实推进金属非金属矿山整顿关闭，共关闭（退出）916 座，完成年初任务的 120.8%。四是强化企业安全生产达标创建。全省所有煤矿生产矿井质量标准化均达三级以上，4164 个金属非金属矿山（尾矿库）、636 家危化生产企业、77 家烟花爆竹生产企业完成达标建设。

（四）深入推进安全社区建设

省委、省政府将安全社区纳入民生工程，省安监局专门成立了推进办公室，各地采取措施大力推进。2013 年，全省共启动备案国家级安全社区建设 132 个、省级安全社区建设 392 个，已建成 10 个国家级和 137 个省级安全社区，分别占目标任务的 125% 和 274%。省级用 1500 万元专项资金，调动市（州）、县（市、区）、乡（镇）三级投入宣传等配套资金 8000 余万元，累计投入项目建设资金 129 亿元，实施促进项目 2435 个，排查整改各类隐患 24307 条，覆盖 21 个市（州）、126 个县（市、区）。根据对全省已建成的 147 个基层建设单位的不完全统计分析显示：与 2012 年相比，交通安全事故起数下降 30.98%，消防安全事故起数下降 39.9%，工作场所事故起数下降 43.75%，校园安全事故起数下降 33.29%，社区居民安全满意度平均提高 13 个百分点。

（五）切实强化宣传教育

在《华西都市报》开设安全生产专栏 50 期。节假日在主流媒体刊发安全提示公益广告，向手机用户发送安全提示公益短信 2000 余万条。制作的《夺命氨气》《窒命煤气》和《关爱生命　拒绝违章》公益广告片分别获得全国第四届安全生产电视作品展映活动一等奖和二等奖。拍摄制作了安全生产警示教育专题片，免费发放 2500 套，并上传到知名网站。在新华社、中新社、《四川日报》、四川电视台等媒体推出了 300 余篇报道。以“安全生产月”为载体，组织一线操作人员开展“安全生产天府行—安全责任落到操作层”巡回报告，3000 余人次现场参加；开展了“寻找最尽职的安全操作手、最负责的安全管理者、最履职的安全监管者”活动，举行有奖征文，收回 3400 篇；组织万人安全签名、创建“平安校园”等活动，普及安全知识、传播安全文化。

（六）扎实开展安全培训

全省共组织培训各类人员 126.13 万人次。其中，“三项岗位”人员（企业主要负责人、安全管理人员、特种作业人员）42.52 万人次，其他从业人员 74.01 万人次（含农民工 59.4 万人次），企业班组长 7.75 万人次。建立了安全监管监察干部“1＋N”调训模式（函授学历教育培养为“1”，业务技能培训为“N”）。首次将安全生产纳入各级党政干部培训计划，举办了全省市（州）、县（市、区）政府分管安全生产负责人专题培训班，首次举办了全省行政机关公务员管理者培训班，首次组织 107 名煤矿安全监管监察人员到中国矿大参加业务能力提升专题培训，首次对全省市（州）、县（市、区）安监局长及有关分管局长进行了集中培训，援助培训“4·20”地震重灾区安全生产特种作业人员 900 人，举办全省乡（镇）领导安全生产专题培训班 8 期、培训 1893 人。

（七）加强职业健康监管

开展《四川省职业病防治条例》调研起草工作；推进职业危害申报，截至 2013 年底已有 2 万余家企业（其中，煤矿企业 1278 家）申报职业危害；强化建设项目职业卫生“三同时”监管，加大职业病危害源头控制力度；在水泥制造和石材加工等职业危害重点行业开展专项治理工作。积极开展用人单位职业卫生基础建设活动，制定细化了用人单位职业卫生基础建设主要内容及检查办法。吸取甘洛硅肺病患者事件教训，做好关闭煤矿职工离岗时职业健康体检工作，深化煤矿职业危害防治工作专项检查。成功研发了“平安卡”技术，建立个人职业健康档案、创建从业人员数据信息，对职业病形成过程实现全过程监控和可溯源，为职业病预防、诊断、治疗及责任划分提供了可靠的依据。

（八）着力提升应急救援处置能力

除自贡、达州、德阳外，18 个市（州）建立了应急管理机构，各市（州）安全监管部门、中央在川和省属重点企业加强了应急预案的编制和修订，加快推进国家矿山救援芙蓉队等重点骨干队伍建设；省安监局、公安厅、卫生厅、交通运输厅、省气象局等部门形成了应急联动机制，建立了信息报告、处置决策、力量协调、现场指挥协调制度，完善省、市、县三级应急联动和跨区域、跨行业协调合作机制。完成了《四川省安全生产应急救援体系建设项目可研报告》，投入1400万元加强应急救援设施设备建设。编制并发布了《兼职矿山救护队考核办法》，完成了全省三、四级资质矿山救护队质量标准化考核。开展全省安全生产应急救援综合演练和煤矿抢险排水实战演练。

（九）依法严肃事故查处和责任追究

对发生安全生产事故的责任单位和责任人坚决依法严惩，以严格的问责机制推动安全生产工作的全面落实。按照“四不放过”的原则，严肃查处每一起事故，及时向社会公布事故调查进展和查处结果。全省事故查处结案率达97.5%，累计追究处理191人，移送司法机关追究刑事责任97人。省政府安委会对4起事故查处实施挂牌和跟踪督办，对8个单位负责人进行了约谈，对发生重大事故的2个市进行警示通报。

（十）积极参与芦山“4·20”地震抢险救援及灾后安全工作

芦山“4·20”地震发生后，紧急通知灾区及受影响的矿山企业停产撤人，雅安市全部煤矿（117个）在地震中无人员遇难。调派33支安全生产应急救援队伍828名指战员参加了抢险救援，共搜救出36名被困人员（其中34人生还，2名遇难；以3.94%的救援力量完成了10.63%的救生任务），救治伤员360名，组织转移群众556名；矿山救护队作为第一支徒步到达宝兴县受灾最严重的灵关镇开展救援的专业救援队伍，在规定时限内参与完成了设置直升机临时起降场的任务。组织专家帮助灾区开展安全隐患排查，指导抓好防范次生灾害工作。到灾民安置点开展了安全检查和安全知识教育宣传，编印安全知识挂图5000份。派出3个工作组实地指导灾区复工复产和灾后重建安全生产工作。

贵州省安全生产工作综述

一、安全生产总体情况

（一）全省安全生产事故总体情况

2013年，全省全年共发生各类生产安全事故1399起（不含消防火灾一般事故起数）、死亡1156人，同比分别下降13.3%和11.1%，占控制考核指标90.3%。其中：较大事故61起、死亡248人，同比增加1起、多死亡9人、分别上升1.7%和3.8%，占控制考核指标（事故起数）74.4%；重大事故4起、死亡62人，同比起数持平，死亡人数减少3人，下降4.6%。

（二）各行业领域安全生产事故情况

工矿商贸事故97起，死亡206人，同比减少99起、少死亡90人，分别下降50.5%和30.4%，占控制考核指标64.4%。其中：煤矿事故21起，死亡105人，同比减少37起、少死亡12人，分别下降63.8%和10.3%，占控制考核指标76.6%；非煤矿山事故7起、死亡8人，同比减少18起、少死亡26人，分别下降72%和76.5%，占控制考核指标17.7%；化工和危险化学品事故2起，死亡3人，同比减少2起、少死亡1人，分别下降50%和25%，占控制考核指标60%。建筑业事故53起、死亡74人，同比减少3起、减少7人，分别下降5.4%和8.6%，占控制考核指标83.3%；冶金等8行业事故12起，死亡13人，同比减少19起、少死亡25人，分别下降61.3%和65.8%，占控制考核指标65%；工商贸其他事故60起、死亡71人，同比减少39起、减少46人，分别下降39.4%和39.3%。

道路交通事故1241起、死亡847人，同比减少119起、少死亡84人，分别下降8.8%和9%，占控制考核指标84%（按生产经营性事故指标计算）。铁路运输事故59起、死亡34人，同比增加13起，上升28.3%，少死亡4人，下降10.5%，占控制考核指标85%。农业机械事故2起，死亡3人，同比减少9起、少死亡2人，分别下降81.8%和40%，占控制考核指标50%；消防火灾死亡66人，同比增加35人，上升112.9%。烟花爆竹、渔业船舶、水上交通、其他水上行业领域未接到事故报告。

（三）安全生产四项指标完成情况

安全生产四项相对指标在2012年提前三年完成贵州省“十二五”规划目标的基础上，2013年又继续实现了大幅下降。其中，亿元GDP死亡率为0.135，同比下降29.8%，比“十二五”规划目标（0.22）低0.085；煤矿百万吨死亡率0.5，同比下降22.6%，比“十二五”规划目标（1）低0.5；工矿商贸从业人员10万人死亡率为1.77，同比下降38.5%，比“十二五”规划目标（6.72）低4.95；道路交通万车死亡率为2.103，同比下降19.6%，比“十二五”规划目标（2.4）低0.297。

二、安全生产重点工作

（一）强化组织领导和管理

一是省委、省政府先后召开3次省委常委会、3次省政府常务会和12次全省安全生产电视电话会议，研究部署安全生产工作。印发了《关于学习贯彻习近平总书记和李克强总理重要指示的通知》(黔委发电〔2013〕1号)《关于学习贯彻习近平总书记重要指示精神进一步加强全省安全生产工作的通知》(黔委发电〔2013〕2号)，要求始终把“人命关天，发展决不能以牺牲人的生命为代价”作为一条不可逾越的红线，切实抓好安全生产工作。二是在2012年各类事故死亡人数大幅下降的基础上，自我加压，提出了全省安全生产严控目标（全省生产安全事故起数、死亡人数大幅下降，有效控制较大及以上事故），其中：全省事故死亡人数控制在1150人以内（降幅大于等于10%）。道路交通事故死亡人数控制在881人以内（降幅5.4%）。煤矿事故死亡人数控制在93人以内（降幅20.5%）。较大事故起数控制在58起以内（降幅3.3%），安全生产“四项”指标进一步缩小与全国平均水平的差距（其中煤矿百万吨死亡率控制在0.5以下）。三是省政府分别与9个市（州）政府、省安委会有关成员单位签订了全年和一季度目标责任书，分解下达了各类目标任务。省安监局、煤监局会同省能源局、省国资委与15家国有及国有控股煤矿企业签订了煤矿安全生产工作目标责任书，对国有及国有控股煤矿企业实行单列考核。四是为深入贯彻《国务院关于坚持科学发展安全发展促进安全生产形势持续稳定好转的意见》，省政府研究制定了《贵州省安全生产三年攻坚实施方案》，分年度提出了从2013年起到2015年3年的工作目标，明确了7项重点任务和4条保障措施，并实行月调度、半年通报、每年小结的工作制度。煤矿、道路交通等行业领域也分别制定了加强安全生产工作的具体措施。省政府组织5个安全生产专项督查组到9个市（州）就贯彻落实情况开展了督查。五是围绕国家和省的总体部署和要求，制定了《2013年安全生产工作要点》，梳理了10个方面37项重点工作，明确了工作要求及目标、分管领导和责任处室。

2013年，省安监局、煤监局共办理省政府交办的人大建议、政协提案13件，其中：人大建议7件、委员提案4件、党派提案2件。同时，接待群众来访139人次，受理来信115件（含其他群众来信6件），对核查属实的47件进行了处理，实际兑现举报奖励6人（次），发放奖金16000元。

（二）深入开展安全生产大检查

按照国务院安委办的统一部署，省政府办公厅下发了《关于集中开展全省安全生产大检查的通知》，明确从6月7日起到9月30日，按照“全覆盖、零容忍、严执行、重实效”的要求，分3个阶段在全省范围内组织集中开展安全生产大检查。省安委会组织9个省级综合督查组和28个省级专项检查组，制定了《贵州省28个重点行业领域安全大检查方案》；省安委办成立了安全生产大检查办公室，建立了大检查信息报送和信息通报等工作制度。同时，省有关部门分行业领域制定并实施了安全大检查方案。在各级、各部门和单位的共同努力下，全省安全生产大检查工作组织有序、检查有力、成效明显：一是实现了“四个全覆盖”。全省121159个生产经营企事业单位全部完成自查自纠、县级对辖区所有生产经营企事业单位检查全覆盖、市（州）对23879个市级重点单位检查全覆盖、省28个行业专项检查组对2657个省级重点单位检查全覆盖，并在此基础上启动了大检查“回头看”。二是暗访、抽查比例高。按照“四不两直”的要求，全省各级、各部门、各单位共开展暗访、突击检查22747组次，占检查组次总数的20%，开展交叉检查3982组次。三是“四个一律”落实到位。全省共停产、停业、停建企业908家，依法关闭取缔企业62家，罚款8519.6万元，追究法律责任158人。四是隐患排查治理深入全面。全省共排查重大隐患 271 项，整改率 87.5%。未整改的重大隐患均按“五落实”的要求，分级挂牌督办、专人跟踪督促；排查一般隐患近 60 万项，整改率 99%。五是宣传教育面广、力度大。全省共宣传先进经验和曝光反面典型 1305 条，开展警示教育 5981 次，进一步提高安全生产大检查社会知晓率和支持率。六是事故到期结案率 100%。截至 12 月 31 日，2011 年以来较大及以上事故 190 起，结案 190 起，结案率 100%。

大检查结束后，结合贵州省安全生产实际，省政府又及时启动了安全生产大检查“回头看”活动，进一步深化安全生产大检查工作，有效地巩固了大检查取得的成效。特别是 12 月，省委常委和省政府副省长还分别亲自带队，深入基层、深入企业现场开展了安全生产工作督促检查。

（三）严厉打击非法违法生产经营建设行为

针对贵州省安全生产的实际要求和形势所需，省安监局、煤监局把“打非治违”作为重点工作、常态化工作，持续深入推进，并确保取得实效。一是省安委办制定下发了《关于进一步推动全省安全生产领域“打非治违”常态化的通知》，从组织领导、机制制度、打击重点和舆论监督等方面进行了明确规定。二是针对煤矿行业非法违法行为严重的问题，制定了深化煤矿领域“打非治违”专项行动实施方案，明确了 8 个方面 32 项打击重点，确定了 10 家重点部门的职责分工，实行了更加严厉的处罚和责任追究。三是对煤矿非法违法典型案例，及时通过省内主要新闻媒体进行了曝光。2013 年，全省打击非法违法、治理纠正违规违章行为 564203 起（其中道路交通占 82.9%），均分类予以处理。

（四）突出狠抓煤矿安全生产工作

瓦斯治理：一是围绕国家下达的 2013 年煤矿瓦斯抽采利用目标，结合本省实际，研究制定了贵州省 2013 年煤矿瓦斯抽采利用目标，并分解下达到各市（州）和国有及国有控股企业。二是针对贵州省瓦斯灾害严重、瓦斯事故频发的事实，省政府出台了《关于进一步加强煤矿瓦斯治理工作的意见》(黔府办发电〔2013〕4 号)，提出了严于国家标准的区域防突措施。同时，省安监局、煤监局会同省能源局制定了《关于加强煤与瓦斯突出源头管理工作的通知》(黔安监煤矿〔2013〕201 号)和《关于贯彻落实国家煤矿安监局督促贵州省加强煤与瓦斯突出防治工作有关意见的实施方案的通知》(黔能源科技〔2013〕332 号)，提出了加强煤与瓦斯突出防治基础工作的 13 项措施，切实加强防治煤与瓦斯突出源头管理。三是加强瓦斯治理经验的交流与学习。组织煤矿监察人员、煤矿企业技术负责人赴安徽淮南矿业集团公司及其所属的潘一东矿、潘二矿井进行考察学习瓦斯治理经验，取长补短。通过学习淮南矿业集团公司瓦斯治理的理念、政策、管理、技术、装备、培训、机构等各方面好的做法，在工作中借鉴推广淮南经验，有效地推动了贵州省煤矿瓦斯治理工作。四是加强瓦斯抽采数据统计工作，确保数据真实、准确。指派专人负责全省瓦斯抽采计量统计工作，每月按时向国家煤矿安监局、国家能源局上报瓦斯抽采报表。2013 年，全省抽采瓦斯 20.13 亿立方（占全国抽采量的 20%）、利用瓦斯 6.66 亿立方，同比分别增加 10.3% 和 13.6%。

整顿关闭：一是坚持把小煤矿的整顿关闭、兼并重组、淘汰落后产能作为煤矿安全的治本之策，结合贵州省煤矿实际，编制了《贵州省“十二五”后三年关闭退出落后产能煤矿计划》和《贵州省 2013 年关闭退出落后产能煤矿工作方案》，明确提出“十二五”后三年煤矿关闭退出的工作目标、主要措施和工作原则，并以黔煤安监办 6 号文件呈报国务院安委办审核。二是围绕省委、省政府提出的通过加强煤矿企业的兼并重组，淘汰关闭落后产能，将全省煤矿数量控制在 800 个以内的要求，积极、主动配合有关部门推进全省煤矿企业兼并重组工作取得了实质性进展，形成了完善的兼并重组方案和政策支持体系。三是加大煤矿安全质量标准化工作力度。全年全省通过三级及以上煤矿安全质量标准化达标验收的矿井 652 处，其中，二级 177 处，三级 428 处，申报一级（原国家一级）的 47 处，申报数量比去年同期增加 38 处。四是积极推进煤矿井下紧急避险系统建设工作。全省 803 对生产矿井，已有 677 对建成紧急避险系统。五是启动西南地区煤矿隐蔽致灾因素普查工作，选取水矿集团马场煤矿和盘江精煤公司火铺煤矿开展了示范工程建设。六是对 2013 年发生事故的安顺市平坝县大山煤矿、黔南州瓮安县运达煤矿、毕节市金沙县石板坡煤矿、贞丰县小河沟煤矿等 4 家，按照相关程序依法实施关闭。2013 年，全省共公告关闭煤矿 132 处。

安全监管监察：一是开展保护矿工生命安全特别行动。省政府制定了《贵州省保护矿工生命安全特别行动方案》（黔府办发电〔2013〕68 号），成立了以分管副省长为组长的领导小组，从 4 月 16 日起至 12 月 31 日，以落实《煤矿矿长保护矿工生命安全七条规定》和“七大攻坚举措”为重点，在全省范围内组织开展保护矿工生命安全特别行动。各地结合实际制定了本地区保护矿工生命安全特别行动方案，认真执行月例会、周通报、信息报送、跟踪督办和责任追究等制度，深入推进特别行动落到实处、取得实效。二是进一步规范煤矿安全监管工作。相继制定了国有煤矿企业“双包保、双挂钩”制度，煤矿矿长记分和黑名单管理制度、煤矿安全条件签字确认制度、煤矿产量限额红线管理制度、煤矿事故“说清楚”制度，出台了进一步加强和规范煤矿驻矿安监员和煤矿安全生产包保责任人管理办法，健全完善了“部门主导，重点整治，执法同步”的煤矿安全监管监察“三位一体”执法机制。三是加强国有煤矿企业安全管理。出台了《关于加强国有煤炭企业安全生产工作的通知》，组织全省 18 家国有和国有控股煤矿企业主要负责人召开了煤矿安全生产工作座谈会，开展了国有煤矿企业领导班子成员安全思想大整顿活动和“敬畏生命”大讨论活动。四是强化煤矿驻矿安监员队伍建设。制定驻矿安监员分级管理办法和培训管理办法，对驻矿安监员实行分级管理，公布驻矿安监员名单，强化全社会的监督。截至 12 月 31 日，全省驻矿安监员已达 2585 名。五是部署推进重点产煤县攻坚工作。贯彻落实国家安全监管总局、国家煤矿安监局《50 个煤矿安全重点县（市、区）遏制重特大事故攻坚战工作方案》，将国家确定的 6 个重点攻坚县（市）扩大为 10 个，成立了工作领导小组，制定了工作方案，明确了目标责任，力争在两年内使这 10 个县的煤矿安全生产形势有一个根本改观。六是严格执行煤矿安全执法监察计划，组织开展了以煤矿节后复产（工）、汛期安全，水害防治、建设项目为重点的安全专项监察。组织 6 个煤矿安全重点督查组节假日不休在全省范围内开展煤矿安全重点督查，对煤矿企业贯彻落实《煤矿矿长保护矿工生命安全七条规定》等情况进行了专项监察。

据不完全统计，一年来，全省共检查煤矿 17133 矿次，查出安全隐患 93588 条，其中：一般隐患 93508 条，重大隐患 80 条，对 218 处煤矿下达停产（建）指令，暂扣煤矿证照 42 个，处罚金额 2178.06 万元。贵州煤监局共开展监察执法 1124 矿次。其中：煤矿安全“三项监察”1055 矿次，完成全年计划的 170.1%；煤矿企业（集团公司）安全检查 69 家次。

（五）扎实推进重点行业和领域专项整治

2013 年，全省各级、各部门以隐患排查治理为重点，继续深化了道路交通等重点行业领域的安全专项整治。

道路交通：一是开展了道路交通安全百日整顿、冬季攻坚、摩托车治理等专项行动。在百日整顿期间，各地、各有关部门与单位、企业签订承诺书 2.8 万份，与驾驶员签订交通安全承诺书 384.68 万份（全省实有机动车驾驶人 389.8 万人），签订率达 98.69%；共排查临水、临崖、急弯、陡坡以及视距不良、路侧险要、平交道口等危险道路 15420 处，立即整改安全隐患 6361 处，纳入限期整改计划 8256 处，增设交通安全防护设施 2834 处，增加各种交通安全警示标志标牌 5744 个；拆除、劝退违法加水点 600 余处、违法摊点及违法构筑物 300 余处；排查专业运输企业 907 家，排查货运场站 9688 家，发放货车隐患排查表 88694 份，限期整改车辆 723 辆，停运车辆 108 辆，强制报废车辆 118 辆。同时，出台了客运车辆“五个严禁”措施，共处理客运车辆 221 辆，停班 207 辆次，取消经营权 14 辆次，责令客运企业解聘驾驶员 209 名，取消驾驶员从业资格 14 名。二是进一步夯实全省道路交通安全基础。以开展百日整顿活动契机，全省成立了 1517 个乡镇（含社区）道路交通安全管理办公室，并按每 50 公里增配 1 名专职道路交通安全协管员的要求，增配了 5029 名交通协管员，极大地充实了农村交通管理力量，切实加大了治理非法营运、非法载客查纠力度。三是深入开展公路交通安全隐患排查治理，对 28 处公路危险路段治理工作进行了省级挂牌督办。四是开展道路交通安全调研。配合中国安全生产协会编制了《贵州省道路交通事故成因及对策研究报告》，从人、车、路、环境、气候和管理等多方面对贵州省道路交通安全进行了全面分析，指出了存在的问题，提出了相应的对策措施。五是会同公安、交通等单位对发生较大交通事故的遵义市、毕节市、黔东南州、铜仁市、黔南州和正安县、织金县、三穗县、凤冈县、三都县两级政府分管领导和相关部门负责人进行了约谈。

非煤矿山和尾矿库：深入开展非煤矿山安全专项整治，完成了636家非煤矿山关闭任务和中央财政支持的12座尾矿库隐患治理工作。启动全国金属非金属矿山攻坚克难重点县区红花岗区、七星关区的相关工作，制定了方案，提出了具体目标。制定《贵州省金属非金属矿山最小开采规模和最低服务年限及安全生产管理制度（试行）》，规定了18种矿产的最低开采规模和最短服务年限。会同省质监局、瓮福集团编制了《磷石膏堆存安全技术规程》。截至12月31日，全省已有1122处非煤矿山达到标准化三级及以上标准。

危险化学品和烟花爆竹：深入开展危险化学品领域本质安全水平三年专项行动，建立了全省涉及"两重点一重大"（重点监管的危险化工工艺、重点监管危险化学品、危险化学品重大危险源）的企业台账。制定实施《贵州省化工建设项目安全设施"三同时"监督管理暂行办法》，规范了化工建设项目安全要求。组织开展了石油库和石油化工企业专项检查、成品油等危险化学品输送管道的专项检查、烟花爆竹销售旺季专项检查，共组织检查66次，其中暗访9次，检查企业162家，其中重点企业87家（对重点企业的检查覆盖率达到100%），排查一般隐患515项，重大隐患4项，已整改496条，整改率达96.31%。与省公安厅联合制定下发了《贵州省黑火药和引火线专项治理实施方案》，切实加强黑火药、引火线生产、销售、运输环节的安全监管工作。截至12月31日，烟花爆竹企业全部达到三级标准化水平，危险化学品生产经营企业达标进度与全国同步。

冶金等工贸行业：制定了《贵州省工贸行业领域涉氨制冷企业安全管理规定》《贵州省白酒生产企业安全生产管理工作指导意见》和《贵州省白酒生产企业安全生产现状调查》。组织开展了使用氨制冷系统企业安全专项检查，整治各类违法违规违标违章隐患296条。开展了餐饮场所燃气安全专项治理，检查餐饮经营单位、公共娱乐场所、瓶装可燃气体生产充装企业和供应企业1.6万余家（次），查处隐患16774处，印制燃气安全常识宣传资料24万余份。切实加强项目安全设施"三同时"备案工作，为省内92家工贸企业的111个建设项目办理了备案手续。截至12月31日，全省1436家规模以上工贸企业均开展了安全生产标准化创建工作，达标395家，其中，一级达标企业7家、二级达标企业53家、三级达标企业335家。

职业卫生方面：加强职业病危害重点行业的监管，确定金属非金属矿采选等7个行业为贵州省职业病危害高危重点监管行业。开展了全省职业病危害项目申报登记工作，全省共申报职业病危害企业13245家，申报劳动者总数727167人（接触职业病危害因素劳动者380894人）。严格执行职业卫生"三同时"规定，全年共完成职业病危害预评价审核备案39个，控制效果评价审核备案10个，设计专篇审查22个，竣工验收、备案项目36个。选择瓮福集团作为试点单位，完成了职业病危害在线监控管理系统试点建设工作，总投入287万元，其中：省技改资金100万元，企业自筹187万元。

此外，积极配合有关部门，开展了建筑施工、铁路交通、水上交通、消防、特种设备、电力、教育、旅游、民航等行业和领域的安全生产专项整治和隐患治理。

（六）加强安全生产应急救援管理工作

一是为推进专、兼职矿山救护队建设工作，制定了《贵州省矿山应急救援队伍规划建设实施方案》，组织开展了煤矿兼职矿山救护队建设专项检查。二是加强矿山救护队资质管理和质量标准化考核。完成了8支救护队资质颁证、13支救护队资质延期或变更。截至12月31日，全省取得资质的矿山救护队有49支（其中一级资质3支，二级资质4支，三级资质38支、四级资质2支），专职矿山救护指战员3200人。三是参与了凯里市龙场镇渔洞村"2·19"山体崩塌、麻江县湾寨采石场"3·9"坍塌事故、沪昆高铁隧道（平坝县境内）"3·30"冒顶片帮事故、思南县304省道"4·22"山体滑坡等抢险救援工作，共抢救生还13人，引导脱险54人。四是编制全省93种主要危险化学品应急处置方案。健全全省危险化品重大危险源、危险化学品应急救援队伍装备数据库，组织编制了全省93种主要危险化学品应急处置方案，建立了化工事故资料库。五是举办了贵州省第九届矿山救援技术竞赛，从全省47支矿山救护队中选拔出28支精英队伍进入决赛，共有224人同场竞技。此外，出台了《贵州省生产安全事故灾难应急救援专家组管理办法（暂行）》和《贵州省煤矿应急救援储备物资管理办法》，完成省财政投入1000万元补充安全生产保障能力建设矿山应急救援装备招标采购。

（七）加强安全生产宣传和教育培训工作

一是组织开展了第十二个“安全生产月”活动。活动期间，向全省发送安全生产公益短信80余万条，悬挂各类安全生产标语6.5万余幅，张贴、悬挂各类宣传品16万余件，发放宣传资料300余万份，设置展板4万多块，播放警示教育片500余部。在2013年全国“安全生产月”活动评比中，省安全监管局荣获“2013年全国‘安全生产月’活动优秀组织单位”，贵阳市安监局、遵义市安监局、毕节市安监局、贵州电监办、贵州电网公司荣获“2013年全国‘安全生产月’活动先进单位”称号。二是在《中国安全生产报》《中国煤炭报》上发表全省安全生产新闻稿件280余篇，同比增长12.8%。三是加快推进安全文化示范创建工程，完成各类安全文化示范创建215个。四是深入宣传贯彻煤矿“双七条”。全省共组成1047个《煤矿矿长保护矿工生命安全七条规定》宣讲工作组，制定宣贯方案1010个，举行宣贯会1491场，培训考试煤矿企业负责人、管理人员10.4万人，1.6万人签订了承诺书，发放事故案例警示教育光碟1200余张，向矿工家属发出222035封《致全省广大矿工家属的信》。五是认真落实国家安监总局《关于开展〈进一步加强安全培训工作的决定〉集中宣讲活动的通知》（安监总厅培训〔2013〕82号），组织200余人收看国家安监总局宣贯视频会，并对各市（州）、各县（市、区）安全监管局、煤炭管理部门和二、三级培训机构负责人2048人进行了宣贯。六是完成市、县、乡三级安全监管执法人员执法培训2552人，完成高危行业生产经营单位主要负责人和安全管理人员安全资格证培复训考核颁证14390个，完成特种作业人员培复训考核颁证52124个，培复训安全师资颁证311个，开展6期注册安全工程师继续教育培训工作，培训299人。

（八）全面推进“科技兴安”战略

一是加大安全生产投入的力度。争取中央预算内投资项目10项，总投资66642万元，落实中央投资14961万元。部署省级专项资金项目75项，总投资69241万元，安排落实补助资金9100万元。完成汪家寨煤矿斜井瓦斯综合治理“五零”目标示范建设等10项民生工程项目投资3774万元，占年度投资计划的124.8%。二是推广应用安全生产先进技术。安排煤矿安全专项资金450万元，引进光纤检测、煤层瓦斯压裂预抽等技术，在黔西青龙煤矿、安顺轿子山新井等5对矿井开展示范应用。协助国家煤矿安监局举办了“煤矿安全科技进贵州”活动。在林华煤矿、义忠煤矿和黔金煤矿开展了国家科技“十二五”支撑计划项目——西南（贵州）地区中小煤矿防突技术体系研究。组织举办了第十二届煤矿安全生产技术装备展，展出国内外的523家企业煤矿、非煤矿、应急救援等产品1000多种，观展人数达3.8万人。三是加快安全生产监控信息化建设。盘县、遵义县、金沙县等48个产煤县（市、区）实现煤矿安全监控系统县级联网，六盘水、遵义、安顺、毕节基本完成矿、县、市三级联网。盘江、水矿2家省属国有企业，以及永贵能源、华电华荣等50余家集团公司，实现了集团公司内部矿井的安全监控系统联网。在水城县攀枝花煤矿和盘县矿区开展了贵州数字矿山安全生产信息系统试点应用。四是启动了2013年安全生产重大事故防治关键技术项目研究工作，推荐“综采机防尘监控”等安全科技“四个一批”项目12项。

（九）严格安全生产行政许可

按照“严格标准、严格准入、严格把关”的要求，认真开展安全行政许可工作，一律不予审批45万吨/年以下煤与瓦斯突出矿井和30万吨/年以下高瓦斯矿井及瓦斯矿井的安全设施设计；对不符合规定标准的行政许可项目，一律不予通过审批。2013年1—12月，省安监局、煤监局全年各类行政许可共受理606件（含新办证、换证、建设项目），发证450件，其中：煤矿受理309家，核准226家；非煤矿山受理73家，核准53家；危险化学品生产企业受理97家，核准70家；烟花爆竹生产企业受理74家，核准63家；安全培训机构受理7家，核准2家；矿山救护队受理27家，核准27家。

（十）严格事故查处和责任追究

联合省有关部门建立了《贵州省查办和预防安全生产领域渎职犯罪工作联席会议制度（试行）》，制定了《关于进一步规范煤矿较大事故查处工作程序的通知》（黔煤安监调查〔2013〕43号）。按照“一矿出事故，万矿受教育”的要求，将我省近两年来发生的煤与瓦斯突出、瓦斯爆炸、透水、顶板及机电运输等方面的6起典型煤矿事故案例刻制成动画演示光碟，认真开展煤矿警示教育活动。2013年，对全省发生的61起较大事故按要求进行了严肃查处；对4起重大事故及时开展事故调查并按程序上报，并已全部批复结案。全年煤矿事故到期应结案24起（含2012年4起），实际结案24起，到期结案率为100%，共追究煤矿事故责任人194人。在严查事故的同时，把重大隐患下的非法违法生产建设行为比照为事故来处理，开出大额罚单，给予严厉惩处。

（十一）加强安全监管监察队伍建设

一是强化思想政治建设。组织9名局领导分5期（每期3天）到省委党校参加“深入学习贯彻党的十八大精神轮训研讨班”脱产学习。组织全局干部职工参加了5次“学习贯彻党的十八大精神集中轮训”视频辅导讲座，666人次参加学习。收集汇编了216名干部职工学习十八大的心得体会文章。与省人社厅联合表彰了70个“贵州省安全生产先进集体”、130名“贵州省安全生产先进个人”。二是加强监管监察业务培训。先后8次组织局机关、监察分局、局属事业单位、市州安全监管局及部分企业共1549人次参加总局专题视频讲座。委托毕节学院对全省市、县非专业煤矿安全监管人员进行两期业务培训，培训了143名煤矿安全监管人员。三是严格落实党风廉政建设责任制。召开全省安全监管监察系统党风廉政建设工作会，细化分解5项29条党风廉政建设任务分工，层层签订目标责任书。组织机关干部职工参加省委、总局廉政有关警示教育会议，集中观看《守住第一次》《红包炸药包》《“蚁贪”之害》等7部警示教育片。开展了会员卡清退活动，全局416名干部职工作出会员卡“零持有”报告。四是加强制度建设。一年来，相继制定《改进工作作风密切联系群众实施办法》《机关工作人员作风问题处理办法》《改进工作作风密切联系群众监督检查办法》《机关工作人员收受礼品礼金登记上交管理办法》《关于做好厉行节约压减预算支出的通知》等20余项制度，修改完善了《关于印发公务接待费管理暂行办法的通知》《关于印发会议费管理暂行办法的通知》等10余制度，汇编印制了《2008—2012年惩治和预防腐败体系建设制度汇编》。

与此同时，全省安全生产监管机构和执法队伍建设也取得了长足进步。截至2013年12月31日，省、市、县三级安全生产监管机构编制2661名（行政编制1017名），实有人员2435人；省、市、县三级安全生产执法队伍编制1459名（行政编制75名，其余为事业编制），实有人员927人；乡镇安监站（办）人员编制6155名，实有5030人；乡镇安全生产执法队伍编制314名（均为事业编制），实有人员260人（以上数据均不含驻矿安监员）。

云南省安全生产工作综述

一、安全生产总体情况

2013年云南省安全生产形势持续稳定好转，实现“三降一低两最好”。各类伤亡事故总量下降：全年发生事故12848起、死亡2260人，同比分别下降1.94%、1.53%；事故考核指标下降：列入考核指标的生产经营性事故起数、死亡人数同比下降10.26%、16.72%；较大事故下降：较大事故起数、死亡人数同比下降21.25%、24.79%；全年死亡人数低于控制指标64人，16个州市及各行业领域各类事故死亡人数均在控制指标内；煤矿实现“1110”历史性最好：煤炭产量突破1亿吨、事故死亡人数控制在100人以内、百万吨煤死亡率降到1以下、10人以上事故起数为零；烟花爆竹领域实现零死亡的最好成绩。

二、安全生产重点工作

（一）认真学习宣传贯彻习近平总书记重要讲

话精神

2013年，习近平总书记两次就安全生产发表重要讲话、多次作出重要批示，云南省委、省政府召开专题会议组织学习，部署贯彻落实工作。省政府印发了《全省安全生产重点监管行业领域省人民政府领导职责分工》，按照“一岗双责”要求进一步明确细化省政府领导和有关部门的工作职责。刘慧晏副省长组织召开省安委会全体会议学习贯彻习近平总书记重要讲话和省委、省政府专题会议精神，省安委办组织8个宣贯组深入各州市和重点县区，面对面向地方党政主要领导进行宣讲，督促各级党委政府牢固树立“底线”思维和“红线”意识，严格按照“党政同责、一岗双责、齐抓共管”和“管行业必须管安全、管业务必须管安全、管生产经营必须管安全”的要求，落实行业主管部门直接监管、安全监管部门综合监管、地方政府属地监管的责任。各地、各部门和单位及时学习传达贯彻，主要领导亲自批示、制定方案、落实措施，安全生产工作力度不断加大。

（二）扎实开展安全生产大检查

云南省政府2013年第11次常务会议专题研究安全生产大检查工作，及时召开全省电视电话会议安排部署，李纪恒省长亲自作动员。按照“全覆盖、零容忍、严执法、重实效”的总要求，省政府提出了“100%企业全覆盖检查、100%隐患挂牌整改、100%建立安全检查档案”的工作目标。为防止大检查搞形式、走过场，采取了表格式、精细化的检查方式，层层签字认可检查结果，逐一建立检查档案，实行严格的痕迹管理。8个省级部门各分片包干2个州市，由厅级领导带队深入基层检查督促。在推进面上检查工作的同时，积极探索购买专家服务、组织专家检查的工作机制，不发通知、直插企业，真查、实查，做到点面结合，有力推动了大检查工作扎实有效开展。各级政府及有关部门共组织了4746个督查组，开展了5517次督查，抽查企业36916户。全省统计上报的46643户企业、69634个重点行业领域监管单位均100%开展了自查，共查出一般隐患22.02万项、重大隐患592项，重大隐患100%落实挂牌督办。查处非法违法行为4438起，取缔关闭企业326户，停产整顿企业457户、单位187个，限期整改企业2602户、单位3184个，实施经济处罚1920.15万元，追究责任132人。针对大检查发现的一系列突出问题，省政府第20次常务会议进行专题研究，按照从严治理的原则，明确了各监管部门的工作责任和具体要求。从10月初开始，全省又开展了大检查“回头看”，特别是集中力量深查油气管道、城市燃气、涉氨制冷、成品油和烟花爆竹等重点行业领域的隐蔽致灾隐患，进一步推动了大检查工作落实。通过开展“回头看”，全面梳理检查情况，进一步理清核实省、州、县及各行业领域监管对象的范围和基本情况，明晰了监管边界，明确了监管要求。

（三）深入推进各项重点整治工作

一是抓安全标准化创建。全省813对煤矿矿井、4402座非煤矿山、2814户危险化学品企业、134户烟花爆竹企业、1516户工贸行业企业达到三级以上安全标准化。二是抓安全技术装备改造。1066对井工煤矿建成安全监控、通讯联络、压风自救、供水施救、人员定位系统，215对煤矿矿井建成紧急避险系统；226座非煤地下矿山建成安全避险“三大系统”，34座三等以上尾矿库建成在线监测系统；对45户涉及危险化工工艺的生产企业实施关闭、转产、搬迁和自动化改造；完成了“两客一危”车辆卫星定位系统更新年度目标任务。三是抓重大隐患整改。狠抓主要行业领域重点隐患三级政府挂牌督办制度的落实，2013年省政府挂牌督办52个重大隐患，已逐一明确责任单位，按照整改措施、责任、资金、时限、预案“五落实”要求开展整治。国务院安委会第一督查组查出的66项安全隐患和问题已全部整改完毕，国家发改委连维良副主任跟踪督办的危及铁路交通安全的5项隐患已整改完成3项。2013年省财政投入5000万元，拉动企业和各级各部门投入隐患整改资金6.052亿元，整治了一批重大隐患，改善了安全生产条件。四是抓煤矿“双七条”规定和国办发99号文件精神落实。开展了“保护矿工生命，矿长守规尽责”主题实践活动，组织全省所有煤矿矿长学习宣贯《煤矿矿长保护矿工生命安全七条规定》和《落实煤矿安全生产七大攻坚举措的意见》并签订承诺书，在师宗县召开了贯彻落实“双七条”现场推进会。将“双七条”落实情况作为煤矿安全大检查的重点，并纳入日常监管执法范围，对推进工作不力、存在问题较多的地方政府进行督办、通报和约谈。定期召开煤矿安全监管联席会议，就煤炭行业淘汰落后产能工作组织赴省外专题调研，开展了煤矿安全生产项目建设秩序专项检查，对资源整合重点矿区实施驻矿监察。省政府印发了《关于进一步加强煤矿安全生产工作的实施意见》。五是抓重点行业专项整治。根据国家安全监管总局确定的对云南省8个煤矿、4个金属非金属矿山重点县（市、区）实行重点监控的工作部署，省安委会分别印发了工作方案，明确了治本攻坚的目标任务和责任分工，制定了整顿关闭、改造升级和综合治理的具体措施，采取包片督导、跟踪督办、定期通报等方式狠抓落实。六是抓应急能力建设。全省16个州、市均设立了安全生产应急管理机构，共有各类安全生产应急救援队伍2697支，应急救援人员28702人，其中，专职救援队伍107支、1584人。全年各类应急救援队伍参加抢险救援1330次，救出1549人，生还1407人。七是抓职业卫生监管。完成了省级和6个州（市）、72个县（市、区）职业卫生监管职能的划转，开展了职业病危害申报和建设项目职业卫生“三同时”审查，启动了重点行业领域职业卫生基础建设活动和专项整治。八是抓安全宣传教育。全省各地各有关部门和企业开展了各类人员安全培训教育，共培训99370人（次），省安全监管局分行业、分系统举办了25期专题培训班，共培训4633人（次）。深入开展了“安全生产月”等活动，全省共130余万人（次）接受教育，26家企业被评定为省级安全文化建设示范企业。

（四）严肃查处生产安全事故

2013年，全省各级安全监管部门共查处各类生产安全事故234起，结案217起，结案率93%，给予党纪政纪处分101人，实施行政处罚499人，共处罚款3298.48万元，移送司法机关追究刑事责任14人。省安委办对17起较大事故的查处工作进行挂牌督办，对工作不落实的地区、部门和企业进行约谈30次，发出督办指令、警示32个。

（五）创新完善安全监管措施

一是创新检查工作方式。为克服安全检查不深、不细、不实的问题，建立了规范化、精细化、表格式的安全生产检查工作制度，并利用安全监管信息平台，逐一建立企业档案，公开查询检查记录。二是建立专家检查工作制度。依托大专院校、科研院所、国有大型企业和安全生产专业技术服务机构的技术力量，采取政府购买服务的方式，聘请专家排查隐患、指导整改。三是强化举报奖励制度。出台了《云南省安全生产监督管理局安全生产举报奖励办法》，设立举报箱、举报电话，充分调动全社会力量举报安全生产非法违法行为和重大安全隐患。全年共接到各类信访举报和投诉271件（次），办结264件（次），对举报有功人员给予奖励。

（六）全面提升安全监管能力

一是深入开展党的群众路线教育实践活动，省安全监管局制定了64条整改措施，制定和修订了8个规章制度，通过开展教育实践活动，强化责任落实、推动作风转变、推进监管方式创新，对照检查、反思不足，整顿“四风”、务求实效。二是积极争取中央预算内投资和省级财政投入6910万元用于市、县两级安全监管执法专业装备建设，基层监管能力得到进一步加强。三是省安全生产监管信息平台一期项目已投入使用，与省政府应急平台实现了互联互通，正在有序推进二期项目建设工作。

西藏自治区安全生产工作综述

一、安全生产总体情况

2013年，西藏自治区共发生各类生产安全事故847起、死亡315人，占控制指标的70%，同比分别下降8%和12%，未发生重大安全生产事故，实现了“坚决杜绝重特大事故，有效遏制较大事故，严防一般事故”目标要求，并呈现出“三个全面下降、三个明显好转”的特点。

二、安全生产重点工作

（一）深入贯彻落实中央领导同志的指示批示和一系列重要讲话精神，全面做好全区安全生产各

项工作

2013年以来，习近平、李克强等中央领导同志就安全生产工作作出了一系列指示批示和重要讲话，自治区党委、政府也高度重视安全生产工作，陈全国书记、洛桑江村主席等多次作出重要指示批示，自治区政府二次召开常务会议听取和研究安全生产工作，对安全生产作出一系列重大决策部署。自治区党办、政办连续下发了5个关于贯彻落实中央和自治区领导指示批示及讲话精神的指导性文件，自治区先后召开了4次全区安全生产电视电话会议、5次区安委会全体会议及6次专题会议研究部署安全生产工作，并对学习贯彻中央和自治区领导同志重要指示批示和讲话精神作出部署，提出明确要求。

（二）以目标考核为抓手，在推动责任落实上取得新进展

积极抓好国务院安委会下达自治区2013年安全生产各项工作目标任务的分解落实，对7地（市）、18家中（区）直单位安全生产目标责任书考核内容进行了认真协调分解。制定了《2013年西藏自治区安全生产工作责任目标考核评分实施细则》，把安全生产“一岗双责”制度、企业安全生产标准化建设等工作列入全年安全生产目标责任考评内容，把安全生产专项整治工作列入地（市）政府的综合绩效考评。严格落实季度通报、挂牌督办、约谈诫勉、日常监督、综合督查、考核奖惩、责任追究和实行安全生产一票否决等制度，形成了一级抓一级、一级促一级，一级对一级负责的安全生产责任制格局。继续坚持安全生产情况通报制度、事故查处督办制度、重大隐患挂牌督办制度，每季度把各地（市）安全生产形势和控制指标执行情况及时通报给地（市）、县（市、区）两级党委、政府的主要领导、分管领导和区安委会成员单位，对安全生产形势严峻的地（市）和行业主管部门及时发出预警通知，强化日常监控跟踪。

（三）以“打非治违”和安全生产大检查为重点，在深化行政执法上取得新进展

一是制定下发了《全区2013年集中开展安全生产领域“打非治违”专项行动方案》，从3月20日至9月底，分4个阶段以道路交通、非煤矿山、水上交通、建筑施工、危险化学品、民用爆炸物品、消防、特种设备等8个高危行业（领域）为重点，继续深入开展“打非治违”专项行动，共查处“三违”行为163339起，对各类违法违规违章行为保持了高压严打态势，全区安全生产秩序得到进一步规范。二是按照“全覆盖、零容忍、严执法、重实效”的总体要求，制定印发了全区安全生产大检查活动方案，明确了大检查的目标要求、方法步骤、重点任务和保障措施，从6月至9月利用3个月时间，分3个阶段，在全区所有地区和行业领域、所有生产经营单位，开展安全生产大检查活动。整个大检查活动期间，全区共组织出动各类检查、督导组3562余个，出动各类检查人员83245人次，检查各类生产经营单位和人员密集场所等58950家次，共排查各类安全隐患55155处，投入整改资金7000多万元，已整改落实51327处，整改率达93%，查处各类违法违规行为163339起，停产停业整顿146家，关闭取缔105家，行政拘留96人，罚款100余万元。

（四）强化专项整治，全面推进重点行业领域安全监管

以道路交通、公众聚集场所、建筑施工等行业领域为重点，大力推进重点行业、重点领域、重点区域、重点时段的“十二项”专项整治。突出道路交通“双下降”专项行动，深入开展“大排查、大教育、大整治”货车违法行为专项整治、“道路客运安全年”和道路交通安全百日大整治专项行动，强化路面管控措施，严厉打击各类违法违规违章行为，积极推进道路交通科技管控手段，强化专项督查，确保措施落实到位。依法取缔、关闭、整合不具备安全条件、破坏生态、污染环境的各类小矿山5家。先后组织各地（市）安全监管局11次深入地下矿山企业进行督导检查，对不符合规范的全区27家矿山企业进行了跟踪督办。着力抓好危险化学品专项整治，组织开展了餐饮场所燃气、液氨使用企业、油气及供暖管线专项排查整治，对8家烟花爆竹企业给予停业整顿。狠抓油（气）库领域安全整治，严格落实实名登记加油制和零散成品油销售有关制度。消防总队联合相关部门积极开展“除火患、保平安”冬春专项行动及自治区“油气领域”消防安全专项整治行动，共检查单位52104家（次），发现火灾隐患29985处，责令“三停”单位188家。住房和城乡建设厅组织相关专业人员共检查房屋市政工程992个、项目2130

项，排查隐患143项，对272家建筑企业进行摸底，实现动态管理。同时，自治区相关部门积极组织开展了特种设备、旅游市场、环保、民爆物品、铁路、民航、电力等专项整治，及时消除和整治了一批安全隐患。

（五）以地质灾害排查为重点，在严密防范因自然灾害引发公共安全事故上取得新进展

根据自治区人民政府统一部署，政府办公厅、监察厅、交通运输厅、公安厅、安全监管局、消防总队等部门组成的全区安全生产督导组于4月22—28日赴拉萨、日喀则、山南、林芝、昌都对矿山安全及周边地质灾害隐患排查、重点建设项目安全、道路交通安全为重点，深入开展了安全生产督查调研。共发现194处安全生产问题和隐患，同时，下发了《自治区安委会办公室关于督办事故隐患的通知》（藏安委会办〔2013〕36号），对存在的194处隐患进行了挂牌督办，明确整改责任主体和单位，规定了整改期限，提出了整改措施建议和要求。现有180处隐患已经整改完毕，剩下14处隐患正在积极整改中，整改率达92.8%。

（六）以规范企业安全生产为目标，在推进安全生产标准化达标建设上取得新进展

积极推进矿山安全生产标准化和地下矿山安全避险“六大系统”建设，现有8家矿山企业已完成安全标准化考评和6家矿山企业完成安全避险“六大系统”建设。扎实推动危险化学品安全标准化建设，先后4次组织危险化学品经营单位、标准化评审单位对全年任务进行了研究和安排部署，对中石油拉萨分公司28家加油站、中石化8家加油站完成标准化评审工作。稳步推进烟花爆竹领域标准化建设，拉萨市、林芝地区9家烟花爆竹批发企业已基本完成企业自评和评审单位的评审。

（七）以提高安全意识为目的，在加强宣传教育培训上取得新进展

顺利举办了第12个安全生产月系列活动，共悬挂宣传横幅、标语9500余条（幅），设置咨询台310多个，摆放宣传展板、挂图4200块，发放各类安全生产宣传资料、宣传品5万多套，受教育群众3万多人次。积极开展安全生产培训，举办了一期全区企事业单位职业健康专题知识培训班，培训企业事业单位负责人和职业安全管理人员290余人；举办了2期安全监管系统监管监察人员执法资格培训班，共培训191人；培训矿山、危险化学品企业负责人、安全管理人员和特种作业人员1692人；对723名全区建筑施工企业负责人、技术负责人、项目负责人、专职安全人员进行了初始教育、继续教育培训，其中576人取得了安全生产考核合格证。

（八）以基层基础建设为保障，在提升监管能力上取得新进展

在财政、发改等部门的大力支持下，完成了30个重点防控县安全监管部门监管执法专业装备配备工作；落实了7地（市）、44个县安全监管部门监管执法专业装备5000万元建设资金。编制了《交通运输安全生产和应急保障“十二五”规划》，填补了交通运输行业安全保障规划的空白。建立了自治区安全生产应急指挥中心监控中心平台，7地（市）二级监控平台已投入运营；建立了矿山企业、危化企业的定期会商制度，协调110、120、119、112等平台，推动四台合一，深入开展了电力、交通、消防等5次综合应急预案演练，指挥和协同处突能力进一步增强。积极做好职业病危害项目申报工作，在全区范围内下发了《关于开展职业病危害项目申报工作的通知》，对350多家企业进行了网上申报。

陕西省安全生产工作综述

一、安全生产总体情况

2013年，陕西省安全生产工作在省委、省政府的领导下，以“三基”建设为重点，坚持“八强化、八促进”，全面完成了各项任务，有力维护了广大人民群众的生命安全和社会稳定。

二、安全生产重点工作

（一）以深入学习贯彻习近平总书记重要讲话精神为主线，安全生产责任制得到有效落实

全省上下把学习贯彻习总书记关于安全生产工作的重要讲话作为政治任务抓紧抓好。省委、省政府召开常委会、常务会多次听取汇报，专题研究安全生产工作，省委常委会讨论通过了《关于进一步加强安全生产工作的意见》。省政府出台了落实相关部门安全监管责任的文件。赵正永书记多次批示，反复强调要强化责任，坚守“红线”，落实“企业安全生产、群众平安生活”的理念。娄勤俭省长亲自带队深入企业检查、指导安全生产工作。李金柱副省长对安全生产工作亲抓力行。其他分管领导按“一岗双责”的要求，切实履责。西安、咸阳、渭南等市建立了市委、市政府领导包抓县区安全生产工作责任制。省公安厅、住建厅、交通运输厅、水利厅严格落实“一把手”负责制，强化检查督查。省安委办进一步加大事故督办力度，截至2013年底20起较大以上事故已全部批复结案17起，责任追究68人，其中移送司法机关21人，党政纪处分47人。

（二）以“三基”工作为重点，基层基础建设进一步加强

省政府印发了《关于进一步加强安全生产“三基”工作的意见》，将“三基”工作列为省长督办事项。市、县两级政府基本实现了由市县长或常务副职担任安委会主任或主管安全生产工作，基层安全监管机构明显加强，经费保障显著提升。榆林、汉中单设了市安委会办公室；商洛、安康等8个市和70%的县区成立了安全生产执法监察机构；9个市的乡镇（街办）设立了安监站，配备了专职人员；争取国家专项资金7320余万元，为市、县两级安全监管部门配备了执法装备；全省2000多名安监干部落实了专项津贴。深入开展“安全社区”创建和“安全生产月”活动，安全文化建设进一步加强。

（三）以安全生产大检查为载体，隐患排查治理效果明显

围绕重要节日、重大活动，全省先后安排了4次安全大检查和6次专项检查活动。特别是按照国务院和省政府统一安排，集中4个月时间，以“全覆盖、零容忍、严执法、重实效”为要求，采取“四不两直”（不发通知、不打招呼、不听汇报、不用陪同和接待，直奔基层、直插现场）的方法，开展了全省安全生产大检查。共成立检查督查组3725个，暗查暗访组2611个，通过发动企业职工查报、发动基层干部上报、发动社会群众举报，检查企事业单位和场所8万余家，排查隐患20余万项，治理率达98%；由省安委办督办的两个100项重大隐患，已治理197项。两会、春节、国庆等特殊时段未发生较大以上生产安全事故，有效维护了社会安全稳定。

（四）以夯实企业主体责任为根本，企业本质安全能力得到提升

专题召开了落实企业安全生产主体责任视频会，大力推行企业安全评估工作，全省81%的高危企业形成了评估报告。狠抓企业安全生产标准化建设，全省3953家工矿商贸企业实现了三级以上标准化达标。召开了全省矿山企业过程控制和精细化管理现场会，下发了《关于推进企业安全生产过程控制和精细化管理的意见》，树立了红柳林煤矿、王村煤矿、黄陵一号矿等一批过程控制和精细化管理先进典型，对推动全省标准化建设起到了引领和带动作用。

（五）以打非治违和整顿关闭为抓手，深入推进重点行业领域专项整治

煤矿领域，认真贯彻“双七条”规定，突出对瓦斯和冒顶的整治，全年关闭小煤矿31处。金属与非金属矿山全面完成年度整顿关闭任务，关闭小矿山535座，占计划数163%。道路交通狠抓“客运安全年”“平安畅通县市”“平安农机”等活动，全省183处危险路段全部治理完毕。危险化学品领域开展了企业本质安全水平提升行动，对运行五年以上危险化学品企业在役装置进行了诊断评估，对液氨生产使用、成品油长输管道进行了安全专项整治。烟花爆竹全面完成涉药工序机械化改造，集中开展了专项整治，关闭注销不符合安全生产条件的烟花爆竹生产企业86家。建筑施工、消防领域，深入开展了预防脚手架坍塌、公众聚集场所火灾防控等专项整治。职业卫生领域以落实监督管理八条措施为着力点，集中开展了40天专项治理和检查督查。应急管理完成了省级指挥平台建设，与国家安全监管总局、省政府应急办和各设区市实现了互通，举行了重大危险化学品泄漏闪爆事故应急救援演练，救援能力不断增强。

（六）以贯彻八项规定和开展群众路线教育为契机，狠抓安全监管队伍建设和作风建设

严格落实中央“八项规定”，在安监系统开展了以“四严一优”为主要内容的作风建设和纪律作风整顿活动；以“三下三访三登门”为载体，扎实开展党的群众路线教育实践活动；在全省安监系统开展了向“用生命守护安全”的优秀安监干部李晓敏同志学习活动，重塑了安监干部忠于职守、勤奋敬业、无私奉献的形象；狠抓党风廉政建设，严肃查处了个别安全评价机构弄虚作假案件，对评价机构和培训机构进行了集中整顿；进一步转变职能，取消、下放了3项行政审批事项，提高了行政效率。

通过努力，2013年陕西省实现了“一个严格控制，四个持续下降”。一是安全生产考核指标严格控制在国务院下达指标以内。全省生产经营性事故死亡835人、较大事故19起，分别占国务院安委会控制指标的74.7%和63.3%。二是较大事故起数和死亡人数分别下降29.6%和52.3%。三是亿元GDP死亡率、煤矿百万吨死亡率、道路交通万车死亡率、工矿商贸10万就业人员死亡率4项相对指标全面下降。煤矿百万吨死亡率0.06，远远低于0.288的全国平均水平。四是煤矿、非煤矿山、道路交通、建筑施工等重点行业领域事故起数和死亡人数全面下降。五是各设区市事故起数和死亡人数普遍下降，铜川、延安、杨凌没有发生较大以上事故。全省主要考核指标在全国32个统计考核单位中分别排第5位和第8位。

甘肃省安全生产工作综述

一、安全生产总体情况

2013年，全省共发生各类生产安全事故4960起，死亡1510人，受伤3336人，直接经济损失11484.9万元。与2012年相比事故起数减少130起，下降2.6%；死亡人数减少129人，下降7.9%；受伤人数减少67人，下降2.0%，直接经济损失减少5273.3万元，下降31.5%。特别是煤矿事故大幅度下降，全年发生事故10起，死亡14人，同比减少34人，下降70.8%。2013年较2012年，全省安全生产死亡人数减少129人，下降7.9%。除庆阳市外，其他13个市州各类生产安全事故死亡人数均有不同程度下降。工矿商贸事故起数下降11.2%，死亡人数下降20.5%；道路交通事故起数下降3.7%，死亡人数下降2%；铁路路外事故起数下降20%，死亡人数下降15.8%；农机事故起数下降9.7%，死亡人数下降33.3%。全省各类生产安全事故死亡人数、较大事故起数和重大事故起数控制在国家下达的年度控制指标之内，死亡人数低于控制指标10.4%，较大事故起数低于控制指标3.6%，重大事故起数低于控制指标50%。

二、安全生产重点工作

（一）责任体系建设取得突破

省委省政府出台了《关于进一步加强安全生产工作的意见》（以下简称《意见》），各地各单位认真贯彻落实《意见》精神，建立了“党政同责、一岗双责、齐抓共管”的安全生产责任体系，明确了党政主要领导对本地安全生产负总责，行业主管部门负直接监管责任、安全监管部门负综合监管责任，企业负主体责任，健全完善了管行业必须管安全、管业务必须管安全、管生产经营必须管安全的工作制度，得到了国务院领导和国家安全监管总局的高度肯定。

（二）“三项行动”扎实有效

一是打非治违成效显著。按照“四个一律”和“六个一批”的要求，深入开展了为期9个月的打非治违专项行动。在《甘肃日报》先后2批集中对取缔关闭的407户和责令停产整顿的484户生产经营单位进行了公示，将3户违法企业纳入“黑名单”，有力地震慑了安全生产领域非法违法行为。二是专项整治不断深化。煤矿以停产整顿、安全质量标准化和“六大系统”建设为重点，大力开展安全整治，煤炭百万吨死亡率降低到0.215，创历史最低。非煤矿山以“防中毒窒息、防透水、防坠罐、防跑车”为重点，强化隐患排查治理，关闭72户矿山企业。危险化学品以生产、经营、仓储、使用、道路运输企业和剧毒化学品、非药品类易制毒化学品的安全管理为重点，全面排查和治理安全隐患。烟花爆竹持续开展生产、存储、运输、经营等环节隐患整治，连续5年未发生安全事故。道路交通强化危货运输车辆、长途客车、旅游包车、校车、大型货车、农用车安全专项整治，突出“三超一疲劳”治理，安全事故呈下降趋势。建筑施工、油气管道、水利、农牧、旅游、消防、铁路、民航、有色冶金、建材、机械、特种设备、电力、通信、气象、人防等行业领域针对薄弱环节、关键部位开展了隐患整治及职业危害整治，取得明显成效。三是安全生产大检查效果显著。各级各部门按照“全覆盖、零容忍、严执法、重实效”和“四不两直”要求，开展了全方位安全生产大检查。在为期4个月的检查中，省委督查室、省政府督查室等部门组成7个省级督查组，全省共组成1429个暗访组、检查组，开展检查25000多次，检查企事业单位和作业场所27000多户（处），责令整改隐患10万余条，责令停产停业停止建设292户，吊销有关许可证、职业资格证24个，关闭非法违法企业52户，实施经济处罚1870余万元。省安委办组织对10个市州、27个县区、77户企业进行了暗访，对发生较大事故的2户企业和所在地县区政府主要负责人进行了约谈。安全生产大检查工作得到了国务院安委会综合督查组的充分肯定。

（三）事故责任追究力度不断加大

2013年，省级挂牌督办查处的8起工矿商贸事故，有7起已结案。其中有12人被移送司法机关追究刑事责任、46人受到行政处分、15人受到党纪处分，罚款1298万元。特别对宁县“2·1”重大道路交通事故，协调河北方面追究了16名相关责任人的责任，其中4人被追究刑事责任，12人受到党纪政纪处分。这些事故的处理结果已向社会公布，接受监督，起到了很好的警示作用。

（四）基层基础建设得到加强

一是法规制度建设进一步完善。围绕贯彻落实省委省政府《意见》精神，省政府、省安委会相继修订出台了《甘肃省生产安全事故应急预案》《甘肃省安全生产约谈制度》《甘肃省安全生产“黑名单”管理制度》等一系列安全生产综合性规章制度；省安监局、省直有关部门和市州陆续修订完善了各自行业和地区贯彻落实的配套措施，安全生产制度体系进一步健全。二是安全生产标准化建设有了新进展。矿山、交通运输、建筑施工、危险化学品、烟花爆竹、民用爆炸物品、冶金等行业领域安全生产标准化建设全面推进。危险化学品企业和烟花爆竹企业全部达标，煤矿生产矿井达标41处，非煤矿山企业达标1620户，冶金等工贸行业企业达标747户，夯实了安全管理基础。三是基层监管能力建设得到加强。落实中央资金3140万元，为14个市州、86个县市区配备各类执法装备3241台套。省级安全生产监测检验、职业危害监测实验室投入使用，考试中心建设全面启动；14个市州应急指挥平台和15个省级应急救援基地建设有序推进；大多数市州、县市区较好地落实了安全生产专项资金；安监系统三级机构四级网络监管体系基本形成，安监队伍建设有了长足进步。

（五）安全生产氛围更加浓厚

一是大力开展安全宣传活动。全省以“强化安全基础，推动安全发展”为主题，以安全生产咨询日、安全陇原行、警示教育周、应急演练周、知识竞赛及摄影书画展等为载体，开展了形式多样的安全生产月活动。刘伟平省长在《甘肃日报》上发表了题为《筑牢安全基础推动安全发展 为全省转型跨越发展提供安全保障》的署名文章，郝远副省长亲临活动现场检查指导，全省近10万人参加了活动，有力营造了“关爱生命、关注安全”的良好氛围。二是大力实施安全培训工程。对153名市县级党委政府负责人和1571名安监执法人员进行了专业培训；89268名企业“三项岗位”人员参加了培训考核，并取得安全资格证。特别是在习近平总书记重要讲话和省委省政府《意见》精神的专题学习宣讲中，通过新闻发布会、电视专访、报刊登载等形式，对《意见》进行全方位立体式宣传，并按照“党政领导干部全覆盖、企业管理人员全知晓”的要求，组成7个宣讲组，深入市州进行培训，6000余人参训。三是有效推进安全文化建设。大力推进安全文化示范企业、安全社区、安全园区创建活动，金川集团公司的“五阶段梯进式”安全管控模式得到了国家安全监管总局的充分肯定，并向全国宣传推广。

青海省安全生产工作综述

一、安全生产总体情况

2013年，事故总量、死亡人数和较大事故起数、死亡人数实现“四下降”。全省共发生伤亡事故538起，死亡632人，同比分别下降4.94%和3.22%。发生较大事故17起，死亡66人，同比分别下降5.56%和8.33%。道路交通等重点行业领域安全生产状况保持稳定。道路交通、农业机械领域分别死亡532人、21人，同比下降0.37%和16%。民航、旅游业未发生生产安全事故。“十二五”规划重点指标执行情况良好。2013年亿元GDP生产安全事故死亡率为0.3，同比下降23%；工矿商贸企业十万人死亡率为3.66，同比上升7%；煤矿百万吨死亡率为0.278，同比下降16%；道路交通万车死亡率为6.3，同比下降8%，均控制在安全生产“十二五”规划的目标范围以内。全省各类事故死亡人数占年度指标的80%，较大事故起数占年度指标的85%，未发生重大及以上事故，各项指标连续10年控制在国务院安委会下达的目标范围之内，连续3年未发生重大及以上事故。受到了国务院安委会的重点表扬。

二、安全生产重点工作

（一）狠抓落实，认真学习贯彻习近平总书记重要讲话精神

为认真贯彻落实中央领导同志的一系列重要讲话精神，省委书记骆惠宁、省长郝鹏多次作出重要批示指示，要求全省上下认真学习贯彻习总书记等中央领导同志重要批示、讲话精神，精心组织开展好安全生产大检查工作，全力以赴做好我省安全生产工作，严防重特大安全事故的发生，确保全省安全生产形势持续稳定向好。省委十二届四次全体会议、省政府第二次全体会议及第八、十、十八次常务会议研究部署安全生产工作，安排开展安全生产大检查、重点行业领域和输油输气、城市管网安全生产专项检查等工作，要求实行严格的责任制，对安全隐患开展拉网式排查，解决突出问题，确保较大以上事故得到有效遏制，确保不发生重特大事故，确保安全生产形势持续稳定好转。省委常委、常务副省长骆玉林和副省长刘志强等领导亲自研究部署重点工作，省政府各位副省长多次深入基层和企业督导安全生产工作，有力地推动了安全生产工作的健康发展。各地区、各部门迅速行动，周密部署，全面贯彻落实中央和省委、省政府领导的重要讲话及批示指示精神，省安委会先后3次召开全体会议，5次召开全省安全生产工作电视电话会议，省安委会办公室多次召开成员单位联络员会议和相关行业联席会议，及时安排部署全省阶段性安全生产重点工作，通过向市州主要领导发送亲启信、建立手机短信平台等方式，积极督促各地党委、政府领导进一步提高对安全生产工作极端重要性的认识，全面落实属地监管责任。并加大协调、沟通力度，监督指导各级安全监管部门、行业管理部门认真履行综合监管、行业监管职责，形成安全监管的合力，推动了安全生产工作的健康稳定发展。各市州党委、政府分别召开党委常委会议、政府常务会和专题会议，传达学习习近平总书记的重要讲话精神，研究解决安全生产工作中存在的突出问题，并将讲话精神层层传达到县（市、区、行委）和乡镇（街道办事处）、企业，形成了全省上下齐抓共管的良好局面。“11·22”特别重大事故发生后，省安委会召开全体（扩大）会议，省安委会办公室及时下发紧急通知，在全省部署开展涉油涉气和化工企业安全检查。共组成4个综合督查组和1个专项督查组，采取“四不两直”的方式，利用半个月时间，深入8个市州、100多家企事业单位，对2013年以来落实中央领导和省委、省政府领导一系列重要讲话和批示精神情况、组织开展安全生产大检查和“回头看”活动以及开展重点行业领域和冬季专项检查、开展涉油涉气、市政管网、输油输气管线专项检查等情况进行了督查，共排查隐患305条，取得了初步成效。

（二）周密部署，全面深入开展安全生产大检查

国务院办公厅《关于集中开展安全生产大检查的通知》下发后，省政府及时召开常务会议和全省安全生产大检查动员电视电话会议，研究部署全省安全生产大检查工作，成立了由省委常委、常务副省长骆玉林任组长，副省长、省公安厅厅长刘志强任第一副组长的全省安全生产大检查工作领导小组和4个综合督查组、16个专项检查组，下发了《全面深入开展安全生产大检查工作的实施方案》，明确"全覆盖、零容忍、严执法、重实效"的总体要求，提出"全面摸清薄弱环节，及时消除各类安全隐患，坚决关闭取缔非法违法企业，夯实安全基础，确保全省安全生产形势持续稳定"的工作目标，采取"四不两直"的方式，在全省所有地区、行业、生产经营单位和人员密集场所、重大赛事活动场所全面开展了安全生产大检查。在为期3个月的安全生产大检查中，全省各地区、部门和单位认真开展自查自纠、互检互查、专项检查和综合督查活动，安全生产大检查工作取得了显著成效，得到了国务院安委会的充分肯定。全省共组织督查组1826个，参加人员达2万多人（次），监督检查企事业单位和场所33556个，责令改正、限期整改、停止违法行为31354次，责令停产、停业、停止建设646家，暂扣或吊销有关许可证、执业资格324个，关闭非法违法企业23家，罚款520.75万元。省、市州政府检查覆盖率达98.2%，隐患整改率达99.6%，检查覆盖率和隐患整改率在全国名列第二。全省各类事故起数和死亡人数同比分别下降1.3%和13.7%，较大事故起数和死亡人数同比分别下降75%和85%，工矿商贸事故起数和死亡人数同比分别下降7.7%和11.8%。大检查期间，国务院安委会第16综合督查组两次来我省督查，深入5个市州的37个企事业单位进行了督查和抽查，充分肯定了我省大检查工作取得的成效。为巩固大检查取得的成果，从9月底开始，利用1个月时间，在全省范围内组织开展了安全生产大检查"回头看"活动，重点对大检查中尚未覆盖到、大检查期间发生事故和大检查行动迟缓、工作进展不平衡、效果不明显的地区和生产经营单位进行"回头看"，进一步巩固了安全生产大检查工作的成果。

（三）强化监管，推动工矿商贸安全生产形势好转

认真履行工矿商贸领域安全监管监察职责，在着力强化安全生产许可和"三同时"管理的基础上，加大标准化建设力度，集中开展各类安全生产专项整治活动，强化基层基础工作，取得了一定成效。一是先后召开全省安全生产工作会议、全省危险化学品和烟花爆竹安全监管工作会议、全省职业卫生监管工作会议、全省煤矿安全生产工作会议、青海省宣贯《七条规定》会议、全省金属非金属地下矿山安全避险"六大系统"现场会等一系列专项工作会议，研究制定煤矿、非煤矿山、危险化学品和烟花爆竹等相关行业年度执法工作计划、量化工作目标和开展安全生产大检查、打非治违等专项工作方案，明确目标任务，细化工作措施，规定时间进度，为各项工作任务和目标得到落实奠定了基础。二是严把准入关，全年颁发、延期、变更安全生产许可证232家（处），其中煤矿7处、非煤矿山企业210家、危险化学品企业15个。对186家煤矿、非煤矿山、工贸企业、地质勘探和危险化学品、化工企业建设项目安全设施和26个建设项目职业病防护设施进行了"三同时"审查。三是在煤矿、金属非金属矿山、化工等重点行业开展了安全标准化达标活动。全省共有71家安全生产许可证在有效期内的非煤矿山、18家规模以上工贸企业完成了安全生产标准化建设，5座尾矿库完成了全过程在线监控系统建设，239家危险化学品安全标准化从业单位实现达标，所有煤矿生产矿井均通过了省级煤矿质量标准化达标验收。通过召开现场会，推动了全省金属非金属地下矿山安全避险"六大系统"建设。四是投入资金2460万元，改善了8个市州和17个重点县安监局装备条件，提高了安全生产监管监察能力。

（四）简政放权，不断提高安全生产服务水平

转变工作作风，简化安全生产行政许可流程、提高行政效能，为监管对象提供优良服务。制定下发了《关于委托木里煤田管理局行使木里煤田规划区域范围内安全生产监督管理职权的通知》，将木里煤田规划区域范围内的安全生产监督管理职权委托木里煤田管理局行使。制定下发《关于进一步做好安全生产行政许可等有关事项的通知》，将小型露天采石场等危险性小的非煤矿矿山企业的安

全生产许可证颁发管理工作委托给市州安全监管局实施，将有关非煤矿山建设项目安全设施设计、竣工验收审批工作和安全预评价报告备案工作委托市州安全监管局实施；依法将危险化学品经营许可证、危险化学品使用许可证、烟花爆竹经营（批发零售）许可证的颁发管理和有关生产备案证明下放市州安全监管部门实施，进一步强化了属地监管责任。组织技术专家深入国家重点项目、中小微企业现场开展调查研究、排查隐患，积极帮助企业解决安全生产基础薄弱，抗风险能力低等问题。先后为青海盐湖镁业金属镁一体化项目、青海桂鲁化工、青海盐湖海纳化工、西宁曹家堡机场二期项目等重点工程项目提供安全评价技术服务50余次，编制技术报告31份；为各类企业提供检测检验技术服务108项，出具技术报告134份。同时，围绕重点工作，针对不同宣教对象，利用微博、QQ群等新媒体，灵活多样地开展宣传教育活动。在中石油青海销售公司组织开展了“防止职业病，幸福千万家”专题宣传教育活动，参与人数约500人次；组织专家免费为56家企业和200多人提供安全技术咨询服务，帮助解决安全生产方面存在的问题。

（五）深化治理，进一步规范安全生产秩序

充分发挥省安办的综合协调作用，突出交通运输、建设施工、消防、特种设备等重点行业领域，分别组织开展了“道路客运安全年”“查隐患、促整改、保安全”道路交通安全隐患专项整治、“两客一危”专项整治、“重点营运车辆卫星定位系统监控使用情况专项检查和“深化工程建设领域预防施工起重机械脚手架等坍塌事故专项整治”、餐饮场所燃气安全专项治理等一系列整治活动和打非治违专项行动，针对存在的突出问题，采取有效措施，排查治理各类安全隐患，整顿关闭和取缔不具备基本安全生产条件的小厂、小矿和经营网点，有效防范了重特大生产安全事故的发生。全省共打击各类非法违法生产经营建设行为17366项，将5家施工监理企业清退出青海建筑市场，注销金属非金属矿山和危险化学品非法违法企业安全生产许可证36家，进一步规范了安全生产秩序。

（六）增强意识，宣传教育培训工作呈现新亮点

以安全生产大检查活动为契机，在组织开展“安全生产月”、宣传咨询日等活动的基础上，创新形式，丰富内容，投入专项资金55万元，进一步加大宣传工作力度，提升了安全生产工作的社会影响力。一是公布举报电话，通过门户网站领导信箱、事故举报、在线咨询等栏目，畅通信息交流和举报投诉渠道，动员社会各界积极参与安全生产工作。二是充分发挥媒体作用，扩大社会宣传覆盖面，在青海卫视、青海广播电台、《青海日报》上以专题节目、专栏方式，滚动播出安全生产大检查信息，总共达71期；将《青海安全生产》杂志由季刊调整为双月刊，并增发《安全生产大检查》专刊，发行范围扩大至县、乡、镇和小微企业，发行量增加至1500册。三是建立了安全生产手机短信发布平台，面向各级政府、安委会成员单位、乡镇（社区、街道）和生产经营单位负责人发布各类安全生产信息达10872条次。四是创新形式，深入基层一线开展培训工作。投入专项资金35万元，举办安全监管人员执法资格培训和职业健康、安全生产统计、危化品安全监管、工贸企业安全标准化等5期培训班，培训各级监管人员713人次。组织专家编印安全生产知识读本3万余册，免费发放到各地区和基层单位。深入全省7个市州，为乡镇街道社区、小微企业免费举办13期“安全知识培训班”，培训1574人，县（区、市、行委）和乡（镇、街道）培训覆盖率分别达到93%和90%，提高了各类人员的安全素质和工作技能。

宁夏回族自治区安全生产工作综述

一、安全生产总体情况

（一）全区生产安全事故总体情况

2013年，宁夏回族自治区共发生各类生产安全事故3161起，同比减少1063起、下降25.2%；死亡473人，同比减少15人、下降3.1%；受伤2195人，同比减少46人、下降2.05%；直接经济损失3410.54万元，同比减少245.36万元、下降6.71%。事故起数和死亡人数两项指标实现连续11年下降。发生较大事故6起、死亡20人，分别下降50%和48.7%；重大事故得到有效控制，8年来第一次未发生重大事故。

（二）各行业领域生产安全事故情况

工矿商贸发生事故49起，死亡56人，受伤14人，直接经济损失1694万元，同比分别下降19.7%、26.3%、74.6%和21%，比控制考核指标少29人，且未发生较大及以上事故；道路交通发生事故1793起，死亡400人，同比分别下降0.22%和1.48%，低于控制考核指标；消防火灾发生事故1332起，继续保持零伤亡；铁路交通发生事故8起（其中较大事故1起）、死亡10人，同比起数下降33.3%，人数增加100%，超控制考核指标2人。煤矿、非煤矿山、危险化学品、烟花爆竹、建筑等重点行业领域安全形势稳定。

（三）控制考核指标完成情况

全区安全生产各项年度考核指标得到有效控制。其中，生产经营性事故死亡248人，比控制考核指标少28人，占控制指标的89.9%；反映安全发展水平的四项相对指标全部低于控制考核指标，并实现两位数下降，亿元GDP、工矿商贸十万就业人员和道路交通万车死亡率分别下降26.7%、46.1%和12.5%；煤矿百万吨死亡率0.023、下降77%，继续领先全国。

二、安全生产重点工作

（一）安全生产责任体系不断完善

全区上下认真贯彻落实习近平总书记关于构建“党政同责、一岗双责、齐抓共管”安全生产责任体系的重要指示，按照自治区党委、政府主要领导关于做好安全生产的一系列批示要求，进一步完善了自治区人民政府关于安全生产监管责任、生产经营单位主体责任“两个规定”，报请以政府规章正式发布，推进安全生产责任法定化进程。不断加大市县政府和自治区有关部门安全生产考核力度，严格落实“一票否决”。各市县党委、政府强化了政府层面安全生产“一岗双责”的责任分工，自治区交通、住建、公安、经信、水利、农牧、教育、旅游等部门调整了行业安委会或安全生产领导小组，加强了对部门内部和系统安全生产工作的统筹。通过在六个县（区）开展试点工作，总结提炼了企业安全生产主体责任“五个到位”规定，“管行业必须管安全、管业务必须管安全、管生产必须管安全”的原则得到了较好的贯彻落实。

（二）重点领域安全生产状况进一步好转

按照国务院和自治区的统一部署和要求，立足全面覆盖，突出高危行业，组织开展了两个“百日”安全生产大检查和7个专项整治，消除了大量安全隐患，促进了全区安全生产形势的进一步稳定好转。一是严格落实停产整顿、关闭取缔、上限处罚、严厉追责“四个一律”打击措施，扎实开展安全生产“打非治违”专项行动，全区共查处工矿企业非法违规行为12万余起，查处道路交通违法行为277.4万起，捣毁非法采矿点103处，炸封矿洞15个。二是严格执行“全覆盖、零容忍、严执法、重实效”要求，全面深入开展安全生产大检查和“回头看”。通过突击检查、“四不两直”暗访暗查、交叉督查检查，沉到最基层，发现真隐患，解决真问题，全区检查各类企业、场所15811家，查处违法行为为16717起，责令企业“三停”352家、关闭81家，安监部门实施经济处罚1465万元。三是不断强化隐患排查治理。各地各部门深入实施“公共安全保障”工程，投入15.7亿元整改了道路交通、消防设施、水利设施、校舍校车、城市运行5大领域公共安全隐患368处；各类企业排查事故隐患80722项，投入整改资金1.06亿元，隐患整改率达99.44%，19项重大隐患全部整改完毕。

（三）安全生产长效机制逐步建立

一推制度建设。修订了《道路交通安全管理条例》，启动了《安全生产条例》修订工作，出台了《安全生产举报奖励办法》《企业班组安全管理规范》《化工园区（聚集区）风险评价与安全容量分析导则》等一系列安全生产规章制度、地方标准，安全生产管理制度化、规范化、标准化建设步伐加快。二助达标生产。安监、经信、人保、国资、工商、质监、银监等7部门制定了支持企业安全标准化达标政策，各市县和行业主管部门强力推进，企业达标创建工作明显提速。全年创建各类标准化企业487个，标准化工地80个，是前几年达标企业的总和，首批参评的113户交通运输企业全部完成了自评。三抓准入许可。严格落实建设项目安全设施“三同时”制度，确保企业具备法定安全生产条件。强化对取得安全生产许可证企业的动态管理，按季度开展专项清查，推进了企业安全条件的保持和持续改善。坚决关停取缔不具备安全条件的企业，全年共注销危险化学品和非煤矿山企业安全许可证240个。四促改造提升。组织实施了安全生产共性问题和关键技术攻关，强力推广安全新技术运用，促进高风险企业本质安全水平提升。全区50%涉及危险化工工艺的企业完成了自动化控制改造，104个重大危险源完善了远程监控，7821辆“两客一危”车辆接入公共服务平台，加强了日常安全监管。

（四）公众安全意识明显提高

以“五个一”活动为抓手，深入实施“公众安全教育”工程。自治区安委办全年制作播出《平安宁夏》电视栏目52期208次；组织巡演《平安是福》舞台剧71场，观众5.2万余人；免费发放《公民安全生产生活知识读本》30万册；开展专家安全知识巡讲31堂，听课人员1万余人；组建乡村、街道安全生产服务站501个。公安交管部门在全区主干道路沿线开展了“四大宣传攻势”，交通运输部门积极推行道路客运安全告知制度，国土资源部门联合气象部门发布地质灾害预警预报32次，银川、石嘴山等市也在当地电视、报刊等媒体开辟专栏，大力强化安全生产宣传。安监部门组织培训企业负责人、安全管理人员和各类特种作业人员5.3万余人，有限空间作业人员1264人。全区创建安全文化示范企业10家、全国“平安农机”示范县6个，长庆燕鸽湖基地被认定为国家级安全社区。国务院安委办推广了宁夏回族自治区实施“公众安全教育”工程经验。

（五）安全监管能力稳步提升

紧扣“为民务实清廉”主题，扎实开展了党的群众路线教育实践活动，不断深化作风能力制度“三项建设”，推动各级安监队伍转变作风，提高素质。深入查找、广泛征集四风问题200余条，制定了《转变职能服务发展若干意见》和针对性整改措施。大力实施行政审批改革，取消许可审批事项3项、下放11项、合并2项，简化流程、压缩办理时限63%。修订完善《廉政风险防范管理手册》《八项规定实施细则》《不良行为问责暂行办法》等5项制度规定。争取中央预算内投资2320万元，配套自治区财政专项资金，完成15个县安监局执法装备基本配置，实施了其他市县及工业园区安监队伍执法装备配备，启动了应急指挥、行政执法、隐患治理等监管信息化建设。不断强化事故应急、职业卫生和技术检验工作，规范了应急预案报备管理，理顺了职业卫生监管体制，建立了安全生产专家库，不断加强中介机构监管。各市、县及有关部门也都创造了不少有效的监管经验，安全生产监管监察能力稳步提升。

2013年，全区安全生产工作取得了近年来最好的成效，但安全生产形势依然严峻，4个方面的突出问题还需要下大力气加以改进和提升。一是安全生产基础比较薄弱。全区中小微企业占比高，机械化、自动化、信息化程度不高，安全保障能力不足。化工、道路交通、消防等行业领域安全基础设施建设滞后，油气管道、城市管网建设标准低，腐蚀老化隐患突出，事故防范和应急处置能力不足。安全培训教育工作滞后，从业人员素质难以适应安全生产需要。大多数存在职业危害因素的企业防控措施落实不到位。二是科学发展、安全发展理念还不牢固。一些地方和企业安全生产红线意识不强，对安全生产重视程度不够，很多要求和措施仍然停留在会议上、文件上和口头上，没有真正落实到位。在招商引资、发展地方经济和城市规划建设中，对安全生产把关不严，致使一些不具备安全生产标准和要求的项目投产运行，大量隐蔽性致灾因素长期得不到有效治理，一些工业园区成为安全隐患新的集中区。三是科学规范的防控体系尚未建立。一些企业安全生产意识淡薄，主体责任落实不到位，基层一线安全责任和各项规章制度不落实，安全生产可控性不高。一些市、县没有严格落实安全生产属地监管责任。全区安全生产责任体系还没有完全建立，安全监管机构队伍建设相对滞后，重点乡镇安全监管尚未延伸，监管信息化水平十分落后。四是安全监管工作存在差距。基层监管部门协调不力、监管不到位、执法不严格等情况较为普遍。个别市县和部门“打非治违”流于形式，“四个一律”成为口号，一些县区安全监管力量严重不足。监管队伍中一些同志作风不扎实，工作不深入不细致，不敢碰硬，不能担当，履职意识和能力严重欠缺。

新疆维吾尔自治区安全生产工作综述

一、安全生产总体情况

2013 年，全区共发生各类生产经营性安全事故 6917 起，死亡 1073 人，受伤 1592 人，直接经济损失 12921.94 万元，同比分别下降 4.24%、4.96%、5.85% 和 26.13%（新疆生产建设兵团 13 起，死亡 22 人）。其中，发生较大事故 48 起，死亡 214 人，同比减少 10 起、24 人（新疆生产建设兵团 2 起，死亡 10 人）。发生重大事故 2 起，死亡 37 人，同比增加 1 起、26 人。

二、安全生产重点工作

（一）安全生产责任制

2013 年，自治区党委、政府更加重视和支持安全生产工作，召开了 2 次党委常委扩大会议、7 次政府专题会议，认真学习贯彻习近平总书记关于安全生产一系列重要讲话精神，分析研究安全生产形势，对全区安全生产工作做出决策部署。各地、各部门、各单位按照自治区统一安排，强化安全生产责任，狠抓工作落实，严密防范安全生产事故，实现了自治区安全生产形势持续稳定好转。

（二）安全生产目标管理

自治区在年初将全年安全生产控制目标细化为 67 项具体任务，分解下达各地、各有关部门和单位，并逐级层层分解落实，细化目标任务，加强对安全生产目标任务落实的全过程控制。严格安全生产目标管理考核，2013 年评为自治区安全生产目标管理先进单位 64 个，其中，地州市人民政府（行署）10 个，自治区厅局 11 个，企业 43 个；评为不合格单位 4 个，其中，地州市人民政府（行署）2 个，企业 2 个，实行“一票否决”。

（三）安全生产行政审批

为更好地服务企业、服务基层，提高行政审批效率，改善发展环境，按照自治区减少行政审批事项、下放审批权限要求，2013 年，自治区把“烟花爆竹经营（批发）许可”等 7 个审批事项下放地州市，把危险化学品试生产备案、重大危险源备案、应急预案备案等事项交由县市区统一实施，并取消了“安全培训机构资质认可”“第一类非药品类易制毒化学品生产经营许可”等 4 个审批事项。乌鲁木齐市等地州市把一些安全生产审批事项下放到了县市区。

（四）安全生产大检查

根据自治区人民政府的统一安排部署，各地、各部门按照“全覆盖、严执法、见实效”的要求，组成 4804 个督查组，对全区安全生产大检查活动情况进行检查。突出做好第三届中国亚欧博览会期间的安全检查，对会展中心区域开展网格化隐患排查，对存在较大安全隐患的企业，实施临时停产停业，确保了亚欧博览会期间安全生产形势平稳。吸取山东青岛“11·22”输油管道特大事故教训，组织开展了油气、危险化学品输送管道和城市管网专项检查，保障了能源通道和城市管网的安全运行。据统计，全区 400 余名厅级领导带队、6 万余人次参加了安全生产大检查，84017 家重点监管企业全部开展了自查自纠，共查出各类隐患 19 万余项，整改率95%；各级政府对查出的47项重大隐患进行了挂牌督办，已整改34项。

（五）安全生产专项整治

不断深化重点行业领域安全生产专项整治。一是组织开展道路交通专项整治行动，查处超速行驶5877起、超载9797起。二是开展“道路客运安全年”活动，对5650家隐患严重的运输企业单位责令停产停业。开展危险路段的专项整治，排查事故多发危险路段隐患528处，治理500处。三是开展了“除火患、保平安”专项行动，共检查单位14万家次，查封3198家，行政拘留394人。四是开展煤矿安全“一矿一策”专家会诊，从主要设备、采掘生产运行、火工品管理等方面进行排查治理隐患，6处挂牌督办的小煤矿全部关闭。五是推进金属非金属矿山整顿关闭工作，关闭金属非金属矿山160个。完成了16套生产装置、25个重点储存设施、148家重大危险源自动化系统升级改造。积极推进烟花爆竹连锁经营，深入开展烟花爆竹“打非治违”专项行动，严格查处各类非法违法行为154起，收缴非法烟花爆竹6787件。六是开展以起重机械、脚手架、高支模、深基坑为主要内容的建筑安全生产专项整治，查出一般隐患6758项，整改6683项。七是对3083家特种设备使用和生产企业进行专项检查，发现隐患1447项，整改1328项。推进车用气瓶电子监管系统建设，建成17个车用气瓶检验站，规范车用气瓶检验机构和车用气瓶安全管理。民航、铁路、旅游、农机、水利、林业等其他部门结合本行业领域特点，开展了专项治理行动。

（六）安全生产执法

加强日常监督检查，严格按照执法计划开展执法工作，全区安全监管部门共制作各类执法文书4.4万余份，责令停产整顿单位353个，提请关闭单位35个，罚款1849.66万元。依法查处各类生产安全事故，全区共查处工矿商贸企业事故197起，处理责任人员145人。查处各类非法违法行为11万余起，责令1834家企业停产停业，关闭取缔224家。全区共查处1801起事故，行政处罚604人，追究刑事责任56人。对昌吉州“6·18”重大路外交通事故的16名责任人员（包括1名副厅级干部和3名处级干部）和4家事故责任单位予以严厉处理。

（七）企业安全生产基础建设年活动

2013年自治区组织开展了“企业安全生产基础建设年”活动，各类企业围绕“改善基础条件、规范安全管理、提高人员素质”3个重点方面，投入20多亿元完善了安全设备设施，改善了作业环境。全区工贸行业4261家企业达到三级以上安全标准化，规范了企业安全管理工作。阿勒泰、塔城、克拉玛依危化企业和阿勒泰、哈密规模以上非煤矿山全部完成达标创建。矿山安全避险“六大系统”建设、危险化学品金属万向管道充装系统等一批先进适用技术在企业得到推广应用。

（八）全国“安全生产万里行”活动

按照2013年全国“安全生产月”活动总体安排和全国“安全生产万里行”活动组委会的统一部署，6月17—27日，自治区联合中宣部、国家安全监管总局等7部委开展了全国“安全生产万里行”新疆行活动。万里行活动团队由组委会成员、安全生产专家及中央14家媒体、自治区和兵团12家媒体的记者共75人组成，分成3个组分别深入自治区乌鲁木齐市、克拉玛依市、塔城地区、昌吉州、巴州和新疆生产建设兵团第八师、第四师、第五师等地基层单位、企业开展活动。长途跋涉1万多公里，深入基层、深入一线参观采访51家单位，采访、宣传、总结提炼了一批基层创造的鲜活经验和优秀典型，充分展示了近年来新疆安全生产工作取得的显著成效及实施安全发展战略方面的有效经验。活动期间，中央媒体在报纸累计发表稿件70篇，电视台、广播电台发表各类消息36条，网络发表原创消息和图片101条（幅），互联网显示2013年全国“安全生产万里行”活动相关网页2.7万余篇。自治区和地方媒体开设了20多个安全生产活动专栏，播放了《今日聚集》等18期专题节目，刊发了12篇专题文章和130余篇新闻稿件，在全社会形成了浓厚的安全生产舆论氛围。

（九）安全生产应急救援

编制了《自治区安全生产应急管理“十二五”规划》。自治区人民政府、国家安全监管总局、中国石油天然气集团公司共同在乌鲁木齐市举办了全国规模最大的危险化学品道路运输重大事故综合应急演练活动，动用16支专业救援队伍220余人和1架直升机、53台救援车辆，实现了企业、县、市、自治区政府四级联动，锻炼了队伍、检验了预案，演练实景在全国同步播出，全面展示了新疆安全生产应急管理水平，为全国安全监管系统应急演练起到了示范作用。全区矿山、危险化学品、冶金等行业共组织应急演练1.7万余次，参演人数近20万人。举办了自治区首届危险化学品应急救援技术比武竞赛活动。建立了应急管理和救援统计制度，完善了预警短信发送程序，发布各类自然灾害预警短信12万余条次。全区矿山、危险化学品等应急救援队伍共参与救援312次，共有690名遇险人员成功脱险。

（十）安全生产监管能力建设

安全监管机构队伍建设取得新进展，据统计，全区现有安全监管人员2475人，比2012年增加194人，8个地州市单设职业健康监管机构，比2012年增加5个地州市。加强监管装备设施建设，为全区安全监管系统重新核定车辆编制331辆，配备了37部执法车辆。申请下达2013年各地安全监管部门专业装备建设项目中央预算资金3530万元，为地州市和工业园区安全监管部门配发安全监管执法专业装备11119台套。着力提升支撑服务能力，建成自治区安全生产信息管理系统，已进入实质性应用阶段。完成了自治区第三届安全生产专家换届，发展安全生产、职业卫生技术机构10家。充分发挥中介机构的专业技术服务作用，参与安全生产大检查等工作。开展安全生产“十二五”规划中期评估，规划确定的13个指标平均进度82.75%。大力推进安全生产责任保险工作，3838家企业为31670名从业人员投保。

（十一）安全文化示范创建

修订了《自治区安全生产监管示范县市区标准》，制定了自治区安全文化建设示范企业、社区、校园创建标准。全区60个县市区通过监管示范验收，30家企业、20所中小学校、10个社区被命名为自治区安全文化建设示范单位。

（十二）安全生产宣传工作

以“强化安全基础，促进安全发展”为主题深入开展“安全生产月”活动，组织主题咨询、演讲比赛、文艺汇演、知识竞赛等系列活动，深入宣传安全知识和文化。自治区和地方媒体开设了20多个安全生产专题专栏，对安全生产重点工作、热点问题进行重点宣传、跟踪宣传。组织安全生产演讲比赛，全区1.2万余名选手参加，超过150万余名职工和亲属聆听了主题宣讲活动。乌鲁木齐市安监局、克拉玛依市安监局、阿克苏地区安监局、伊犁州安监局等4个安全监管局被评为全国安全生产月活动先进单位，新疆维吾尔自治区安监局连续两年被评为全国安全生产月活动优秀组织单位。

（十三）安全生产教育培训

开展了地、县两级领导干部安全生产专题培训，51名地厅、80名县市领导干部参加安全生产专题培训；加强安全监管人员执法培训，89名安全监管人员接受执法业务培训。加快安全生产专业人才队伍培养，出台了注册助理安全工程师执业资格考试和注册办法。出台《自治区安全生产资格考试与证书管理实施细则》，将职业卫生纳入安全生产资格考核内容。强化“三项岗位”人员安全资格考核，全年有近13万人取得相关资格。

新疆生产建设兵团安全生产工作综述

一、安全生产总体情况

2013年，新疆生产建设兵团（以下简称兵团）安全生产工作在兵团党委和兵团的正确领导下，在国家安全监管总局的指导下，在各师、各行业主管部门的共同努力下，兵团的安全生产形势总体保持稳定。2013年兵团统计范围内共发生13起生产安全死亡事故，死亡22人。金属与非金属矿山、烟花爆竹、冶金机械、特种设备和其他行业未发生生产安全死亡事故。兵团统计范围内死亡人数与国家下达的控制指标对比，占控制指标的81.5%，在控制指标时间进度以内。全国8个省和兵团未发生重大以上事故，受到了国务院安委会通报表彰。

二、安全生产重点工作

（一）提升安全生产认识

2013年习近平总书记针对安全生产发表了一系列重要批示指示和讲话，习近平总书记批示：人命关天，发展决不能以牺牲人的生命为代价，这必须作为一条不可逾越的红线。各级党委和政府要增强责任意识，落实安全生产负责制，落实行业主管部门直接监管、安全监管部门综合监管、地方政府属地监管，坚持管行业必须管安全、管业务必须管安全、管生产经营必须管安全，而且要党政同责、一岗双责、齐抓共管。

兵团党委第25次常委会集体学习了习近平总书记关于安全生产工作一系列重要批示指示和讲话精神，并对学习贯彻作了安排部署。兵团安委会召开全体会议，对总书记重要批示指示和讲话精神进行了传达和学习，对学习贯彻做了安排部署，分3个片区集中师、团、重点企业分管安全生产工作领导进行了面对面宣讲。各师党政主要领导召集师有关部门、团场主要领导对总书记重要批示指示和讲话精神进行了宣传贯彻。兵团党委常委、安委会主任田建荣同志亲自带队，深入四、六师、建工师等单位对企事业单位人员进行宣讲。通过层层宣讲，兵团上下对学习贯彻总书记重要批示指示和讲话精神形成了共识，各级党政对安全生产工作极端重要性的认识明显提升，更加重视安全生产工作，有力地推动了兵团安全生产各项工作。

（二）集中开展安全生产大检查

为认真贯彻落实习近平总书记、李克强总理等中央领导同志重要批示指示和国务院常务会议要求及关于加强安全生产工作的一系列决策部署，国务院安委会安排在全国集中开展安全生产大检查。兵团按照全覆盖、零容忍、严执法、重实效的总要求，集中开展了安全生产大检查和“回头看”工作，严厉打击了“非法违法”生产经营行为。兵、师、团共组成了566个检查组，参加4173人次，开展了明察暗访检查。抽查3445家企业（场所），发现隐患35548处，已整改隐患34525处，整改率97.1%。对产煤师进行重点督导19次，行政处罚12次，责令停产整顿14矿次，停止采掘工作面和建设施工项目20处，限期整改141矿次，暂扣煤矿企业安全生产许可证14个；通报6个单位，责令整改违法行为5810起，停止违法行为3834起，责令停产停业停止建设302家，暂扣许可证5个。关闭了2家烟花爆竹生产企业，取缔了67家烟花爆竹零售点，收缴非法经营烟花爆竹247件，大检查期间累计经济罚款800.92万元，上缴率达100%。

（三）安全生产宣传培训工作

兵团宣传部、安监局、公安局、工会、团委、妇联6部门联合下发了《关于开展“全国安全生产月”活动的通知》，指导各师、有关部门和各单位，重点开展了安全生产事故警示教育周、安全生产宣传咨询日、安全文化周、安全生产应急预案演练周等活动。全国安全生产月活动组委会首次走进兵团开展了“兵团安全生产万里行”活动，对四师、五师、八师主要领导进行专访，参观采访企业、社区、施工现场、学校和应急救援队伍33处，举办安全生产演讲活动，大力宣传普及安全生产知识。四、五、八、十三师得到国家安全监管总局、兵团安委会的通报表彰。兵团安委会印发了《关于进一步加强安全培训工作的实施意见》，将安全培训纳入党校、干部学院培训计划和内容。组织各类专题培训和视频培训400余人。举办各类安全培训班107期，累计培训各类人员3848人。

（四）煤矿安全监察执法工作

兵团开展了《七条规定》宣贯签约活动，集中与煤业公司党委书记、董事长、总经理、矿长、实际控制人签订承诺书，覆盖面达100%。深化了煤矿瓦斯治理和整顿关闭两个攻坚战，加快了煤矿井下紧急避险系统建设，开展隐蔽致灾因素普查、作业场所职业危害防治的专项监察，查处各类隐患，落实逐级挂牌督办措施。严格执行煤矿安全监察执法计划，开展重点监察、专项监察和定期监察，继续强化煤矿现场监察工作，实行了片区监察和个人重点盯防责任制，开展了解剖式、集中式、示范式等监察工作，实现了兵团煤矿检查全覆盖。积极落实煤矿科技援疆项目，加快推行煤矿“四个一批”科技成果应用和转化，继续开展专家会诊和依托国有重点煤炭科研单位参与整治重大隐患工作。

（五）安全生产标准化建设

组织企业开展安全生产达标工作。7家危险化学品从业单位达到安全标准化二级企业，12家金属与非金属矿山、276家危险化学品从业单位、9家烟花爆竹从业单位达到安全标准化三级企业，冶金等工贸行业2家单位达到安全标准化二级企业，

81家单位达到安全标准化三级企业。所有煤矿生产矿井均达到了三级或三级以上安全质量标准化，达标率100%。严格安全生产准入。共换发金属与非金属矿山企业《安全生产许可证》3家；换发《危险化学品经营许可证》123家；换发《烟花爆竹批发经营许可证》12家，新审批安全项目许可55项，职业危害申报备案220余家。

（六）安全生产保障能力建设

兵团安排安全生产专项措施经费2000万元，用于重点行业企业安全技术改造，争取落实了中央资金4330万元，加快师团安全生产执法装备建设。各师、团继续将安全专项措施经费纳入本级财政预算，师每年不少于200万元，团场不少于50万元，用于本师、团安全生产能力建设。国家安全监管总局、财政部对二师金川矿业公司国家级区域救援基地进行了验收，达到了安全生产标准化二级标准。兵团重点建设了天业危险化学品救援基地，在救援装备和训练设施上给予了资金支持。兵团的6支矿山救援队伍和2支危险化学品救援队伍全部通过安全生产标准化达标验收。八师天富电力（集团）有限责任公司南山矿山救护队参加了昌吉州呼图壁县白杨沟煤炭有限责任公司煤矿“12·13”重大瓦斯煤尘爆炸事故的抢险救援，得到自治区煤炭管理部门的通报表彰。

（七）生产安全事故查处

2013年，严格事故调查处理和责任追究。凡是发现非法、违法生产经营行为或重大隐患未及时整改的企业均严格按照上限进行处罚，对事故单位严格按照“四不放过”和科学严谨、依法依规、实事求是、注重实效的原则调查处理，对事故责任者依法进行了责任追究。每季度在兵团日报上发布安全生产情况公告，接受社会监督。起到警示教育的作用，生产安全事故结案率100%。对2起较大生产安全事故负有责任的二师、十师、建工师、建设局主要领导、分管领导和事故单位进行了约谈问责，查处事故责任人员33人，其中建议移交司法机关处理8人，政纪处分11人，经济处罚25人，7名团级干部受到处理，认真落实了“一矿出事故、万矿受教育；一地有隐患，全国受警示”的规定，用事故教训有力地推动了安全生产各项工作的落实。

深圳市安全生产工作综述

一、安全生产总体情况

2013年，深圳市安全生产总体形势继续保持平稳。全年累计发生各类安全事故3482起，死亡559人，受伤976人，直接经济损失5453.22万元。其中，生产经营性事故1516起，死亡229人，受伤251人，直接经济损失2761.01万元；亿元GDP生产安全事故死亡率下降到0.0385，道路交通万车死亡率下降到1.93。

二、安全生产重点工作

（一）进一步健全完善安全生产“一岗双责”责任体系

深圳市颁发了《深圳市党政部门安全管理工作职责规定》(深办〔2013〕1号)，以强化各有关部门的安全生产管理责任和安全生产责任制为主线，以推进建立安全生产监管体系为方向，重点厘清了各部门安全监管职责，明确了职责边界，有效促进了“党政同责、一岗双责、齐抓共管”安全生产监管格局的形成。完成省委、省政府2011—2012年度安全生产责任制年度考核的迎检工作；深圳市市委、市政府领导班子被评为“优秀”，考核成绩位列全省第三；王荣、许勤等7位接受考核的市领导也均被评为“优秀”；组织开展了深圳市2011—2012年度党政领导班子和领导干部安全生产责任制考核工作，对全市10个区（新区）、11家市直单位和74名局级领导干部进行了考核，并在全市通报考核结果，发挥了表彰先进、鞭策后进的作用。

（二）组织开展安全生产大检查，彻查彻改事故隐患

一是组织开展全国安全生产大检查。自2013年6月起，深圳市组织开展为期3个半月的全市安全生产大检查专项行动以及“回头看”活动，认

真贯彻落实“全覆盖、零容忍、严执法、重实效”的要求，并坚持做到“全”“细”“严”“实”，即：安全检查范围和覆盖面更全，检查项目和内容更细，检查执法和处罚更严，检查工作的责任和效果更实。王荣书记、许勤市长等市领导分别带队检查、督查安全生产工作；市安委会、各行业管理部门和各区政府（新区管委会）组织开展专项督查、飞行检查和交叉督查，督促基层单位切实做到检查全覆盖、隐患零容忍。据统计，大检查期间深圳市共组织督查组4353个，其中暗访突击督查组423个，交叉督查组234个，参加检查人员87498人次，检查企事业单位和场所62005家，排查出事故隐患71813处，责令限期整改22951起，责令停业整改347起，暂扣或吊销资格13起，关闭违法企业144家。

二是吸取事故教训，开展消防安和生产安全大排查大整治。“12·11”重大火灾事故后，全市上下深刻吸取事故教训，立即开展消防安全和生产安全大排查大整治。市公安局会同各区政府、各新区管委会在全市开展为期一个月的消防安全大排查大整治，对集贸市场、“三小场所”、“三合一”场所等进行调查摸底，排查整改火灾隐患。凡“三合一”的场所，一律拆除硬件设施；凡不按标准整改的，一律关停。各区政府、各新区管委会和各有关部门也迅速开展了安全生产大排查、大整治。光明新区从12月11日起开展消防隐患“三合一”场所整治“百日攻坚行动”，分动员整治、集中整改、检查验收三个阶段，按照“三清”（清人、清物、清源）、“三改”（改铁皮、改夹板、改电线）和“三管”（管巡逻、管报警、管清除）的要求，全面落实安全治理工作。消防安全大排查期间，全市共排查各类隐患场所148857处，整改隐患111191处，查封场所1772家，拆除“三合一”阁楼4715处。

（三）开展城市公共安全评估，发布公共安全白皮书

公共安全评估和《白皮书》编制被列入2013年全市重点工作和民生实事。深圳市遵循“先全面体检、后对症下药”的工作思路，依托专业机构和科学评估方法，对自然灾害、事故灾难、公共卫生事件、社会安全事件等4大类突发事件风险进行了调查、识别和评估。全市共识别出138项公共安全风险，其中极高等级风险5项（包括台风致灾、高层建筑火灾、三小场所火灾、城中村火灾和建筑工程坍塌事故），高等级风险46项。根据评估工作成果，形成4大类评估报告和评估意见书，编制了《深圳市公共安全白皮书》，以市政府公报形式发布。该白皮书以风险管理为导向，确定了“三个优先”（优先加强预防工作、优先采取消除风险措施、优先治理高风险）工作原则，确立了到2020年完善城市公共安全“六大体系”（齐抓共管的责任体系、全面系统的预防体系、及时准确的预警体系、高效联动的应急体系、健全严格的法治体系、广泛深入的文化体系），是预防和应对各类突发事件，推动城市安全发展，保护公众生命财产安全的指导文件，是未来3～5年，乃至更长一段时间，推进深圳平安建设的行动方案。

（四）建立安全生产事故隐患排查治理体系

2013年初，深圳市在盐田区进行了事故隐患企业自查自报和部门巡查制度试点工作。在盐田区成功试点的基础上，制定了《深圳市安委会办公室关于建立事故隐患排查治理体系的实施方案》，在全市范围推广建立事故隐患排查治理体系。深圳市隐患排查治理体系建设以信息系统建设为核心，重点突出以下特点：一是统一标准，全面覆盖。统一编制了工业、商贸、交通和建筑等4大类隐患排查标准，确保隐患排查治理的针对性、有效性和权威性。二是摸清底数，掌握情况。在工商信息的基础上，要求企业如实填报企业危险特性、职业危害等安全生产基础信息以及隐患自查、整改情况。各级政府和行业部门通过系统能够对本辖区、本行业领域的企业数量、行业分布、规模大小等基本情况做到心中有数，能够及时掌握企业的隐患排查治理动态情况，也能对各自安全总体现状有全面准确的把握。三是落实责任，齐抓共管。系统可将同一隐患分流到包括属地部门、行业部门和专项监管部门在内的3类部门，这3类部门均有义务通力合作督促企业整改隐患，避免了隐患在部门之间来回移送或相互扯皮，实现了隐患排查治理工作的“齐抓共管”。四是量化考核，支持决策。系统对各区设置了7个考核指标，对市各部门设置了9个考核指标。该考核与安全生产责任制考核紧密结合，可促使各区、各部门将更多的精力转移到预防工作上来，真正体现“安全第一，预防为主”的方针。

（五）开展安全生产“打非治违”行动和专项整治

泥头车专项整治方面，通过采取提高行业准入门槛，推行“两牌两证”制度，实施不良行为记录处罚机制，建立健全常态化的执法联合联动机制等措施，实现了涉及泥头车交通责任死亡事故同比下降38.46%，死亡人数同比下降50%，全年未发生泥头车较大及以上交通安全事故的较好成效。

地面坍塌防治方面，专门设立了专项工作领导小组办公室，协调推进排查整治工作；各级各部门通力配合，在隐患整治和险情处置方面取得了一定成效。其中，市交通运输部门组织近3000人次排查了6000多公里道路，发现的621处安全隐患已整治591处，其余正在修缮。全年有效处置了100余起地面坍塌险情，最大限度地控制灾情和减少损失。

“打非治违”方面，以道路、轨道及水上交通、建筑施工、消防、危险化学品、烟花爆竹、民用爆炸物品、特种设备、冶金、旅游等行业领域为重点，严格督促落实“四个一律”措施，深挖严打非法违法行为“保护伞”，实施标本兼治，检查力度前所未有。如市住房建设局制定了37项打非治违重点检查项目，明确规定对安全检查有1项不合格的企业责令整改，有两项不合格的企业责令停工，有3项不合格的企业同时给予该企业及相关人员黄色警示，有4项及以上不合格的企业同时给予该企业及相关人员红色警示3~6个月，发现有安全生产违法行为的一律予以行政处罚。全年合计共开展专项安全生产联合执法行动22次，累计打击非法违法、治理纠正违规违章行为122081起。

除此之外，全市还重点开展了油气输送管线、石油化工企业和油气装卸码头、液氨使用、餐饮场所燃气使用、工程建设领域预防机械坍塌事故等各类安全生产专项整治行动。

（六）不断创新工作举措，扎实开展公共安全宣传教育

一是充分发挥深圳市现代安全实景模拟教育基地宣传教育功能。全年共接待了约22万多人次参观学习，同比上升11%，基地还举办了地震、消防安全等公共安全论坛及讲座共7场，进一步扩大了影响力。二是宣传普及公共安全常识。官方微博平台设置“常用自救互救须知”，发布应急自救互救宣传知识，开设了地震安全、儿童安全、消防安全、冬季安全、春节安全、暴雨安全、驾驶安全等宣传主题。三是精心组织公共安全宣传活动。第十二届安全生产月期间，发放宣传资料超100万份，举办咨询活动200多场，举办文艺演出、播放安全电影约500场；第四届百人百场应急知识宣讲活动有声有色，现场互动交流，气氛热烈；第七届广东省安全知识竞赛取得较好成绩。四是拓展公共安全宣传渠道。在深圳广播电台新闻频率投放系列安全生产公益广告，指导深圳供电局和深圳晚报开展“安全用电知识达人竞赛”活动，取得了良好的宣传效果。五是开展“安全文化建设示范企业”创建工作，共为182家通过评审的企业命名授牌，其中18家企业获得“省级安全文化示范企业”称号，其中深圳市燃气集团有限公司还获得“国家级安全文化示范企业”荣誉称号。

（七）依法依规开展生产安全事故调查处理

一是加强制度建设。研究制定了《深圳市生产安全事故调查处理工作规范》《深圳市一般生产安全事故调查处理挂牌督办办法》及其细则、《深圳市生产安全事故调查处理和责任追究工作联席会议制度》等，对市、区生产安全事故调查的工作程序、工作要求等方面分别作出了明确规定，进一步统一规范了全市事故调查工作的组织开展。二是开展业务培训。组织举办了“深圳市生产安全事故调查处理工作培训班”，邀请有关领导和专家授课，对全市120余名从事事故调查工作的人员进行了业务培训。三是严格事故调查。坚持“四不放过”和“科学严谨、依法依规、实事求是、注重实效”的原则，严格开展事故调查处理和责任追究。全年组织了“5·13”“12·10”“12·16”“12·20”等4起较大道路交通事故调查，严肃处理违规部门和人员；配合省政府调查组完成光明新区“12·11”重大火灾事故调查处理。

大连市安全生产工作综述

一、安全生产总体情况

2013年，大连市安全生产监督管理工作在市委、市政府的正确领导下，认真学习贯彻党的十八大精神，以科学发展观为指导，以推进“三基”建设（基层、基础、基本功）、继续深入开展安全生产年活动为主题，大力实施安全发展战略，狠抓事故防范工作，持续深入开展安全生产大检查和隐患大排查、大整治行动，深入推进安全生产重点工作落实，进一步强化依法治理、基础建设、科技支撑、应急保障、教育培训工作，大力推进安全生产“十大体系”建设，坚决防范和遏制较大以上和各类有影响事故发生，安全生产工作取得明显成效。

2013年，全市各类事故总死亡人数、较大事故起数，以及各行业领域事故死亡人数均控制在省政府考核进度内，特别是工矿商贸企业事故死亡人数同比下降20%，全市安全生产形势总体稳定。

二、安全生产重点工作

（一）采取有力措施，推进依法行政工作

加强行政立法工作，为依法行政提供法制保障。安全生产法律法规及其配套制度，是实现安全发展的基石，是安全生产监管部门履行安全生产监管监察职责、开展安全生产工作的根本依据和重要保障。大连市安监局一直致力于提高安全生产监督管理制度化、法制化建设水平，不断完善安全生产制度。2013年，在原有34个规范性文件基础之上，依据安全生产相关法律的规定，结合大连市安全生产监管新形势需求，制发了《大连市危险化学品经营许可证颁发管理实施细则》《大连市劳务公司外协队伍安全生产管理规定》等4个规范性文件。这些文件的出台，规范了安全生产监督管理工作和企业的安全生产行为，健全、完善了安全生产政策法规体系，为依法行政提供了依据。不断加大培训力度，为执法人员依法行政提供能力保障。采取以案说法、专题辅导、现场业务观摩学习、建立网上学习平台等灵活多样的形式，开展对执法人员的培训。通过学习，提升了全系统人员的依法行政素质和依法行政能力。

（二）成立大连市危险化学品监督管理局，依法加强危险化学品监督管理

2013年7月，在全市机构人员编制总体压缩的情况下，市委、市政府批准成立大连市危险化学品监督管理局，为大连市安全生产监督管理局派出机构，是大连市正局级建制单位，人员编制24人，主要职责是依法对全市危险化学品安全实施监督管理。危险化学品监督管理局的成立，是大连市在全国率先作出的举措，为大连市实施危险化学品监督管理奠定更加坚实的基础。

（三）强化制度建设，促进安全生产责任落实

建立落实安全生产党政同责、一岗双责制度，市委、市政府出台了《关于进一步加强安全生产工作的意见》。及时吸取事故教训，堵塞安全管理漏洞，针对企业外包队伍和重点行业安全管理问题，修订完善了《劳务公司、外协队伍安全生产管理规定》，制定出台了《修造船企业分承包商安全生产标准化评审办法》。围绕加强基层安全监管力量，制定《安全生产“三基”建设年工作方案》《推进乡镇（街道）安监站标准化建设工作指导意见》全面落实，完善了《安全生产目标管理考核办法》《政府部门安全生产职责规定》，会同燃气管理部门出台了《加强城镇燃气安全管理工作的意见》。这些制度的出台实施，有力保证了安全生产责任的落实。

（四）强化安全大检查，推动隐患治理常态化

2013年，按照国务院、省政府和市委市政府的部署，市安监局会同各地区、各部门，在两节、两会、“十二运”、达沃斯年会等重要节日、重点时段、重大活动，持续开展安全督查检查活动。4月初，组织开展了危化品输送管道安全专项整治和春季安全生产百日执法检查专项行动；6月初到9月底，全面、彻底地开展了安全生产大检查；10

月，开展冬季事故隐患大排查大治理行动；11 月，集中开展了涉氨制冷企业液氨使用，以及油气输送管道、危化品管道和城镇管网事故隐患排查治理专项行动。全年累计排查治理事故隐患近 16 万项，各行业领域安全生产大检查和专项整治取得明显成效。

（1）年初以来，先后开展了非化工物流园区、修造船、冶金制造、非煤矿山、建筑施工、电力水利、道路交通、城市燃气、旅游卫生、液氨使用等单位进行了专项检查，夜间安全生产专项执法检查等行政执法检查。共检查 351 次，查出问题总数 1801 个，发现隐患 202 项，下达执法文书 1133 份，查封单位 3 个，下达整改指令 530 份，发生事故 17 起，处罚单位 58 个，处罚个人 80 人，罚款金额达 1314 万元。

（2）突出重点敏感时段，着力抓好安全生产专项执法行动。为深入贯彻落实《国务院关于坚持科学发展安全发展促进安全生产形势持续稳定好转的意见》（国发〔2011〕40 号）和《大连市人民政府关于进一步落实企业安全生产主体责任的决定》（大政发〔2010〕38 号）精神，及大连市委、市政府关于进一步做好 2013 年春节、“五一”全市安全生产工作的指示要求，杜绝各类生产安全事故发生，市安全生产监察支队执法人员在认真组织开展日常执法检查的同时，采取超常措施，先后两次对大连市化工、热电、建材、机械、轻工等 5 个行业的 20 家（次）夜间生产企业进行了安全生产专项执法检查。

两会召开期间，大连市安全生产监察支队一大队对松木岛、大孤山半岛、长兴岛临港工业区及市属签状单位等共 23 家危化生产企业进行了专项执法监察，发现问题 91 项，下达了责令限期整改指令书 14 份。监察二大队对全市各区市县、先导区的 20 个非化工工业园区及园区中的 27 家生产企业进行了执法检查，查出隐患问题 85 项，下达限期整改指令 17 份，立案 4 起，对 4 家企业进行了经济处罚，罚款人民币 5 万元。

（3）组织开展了日常性“打非治违”专项安全生产执法监察行动。依据年度执法监察工作计划安排，上半年市安全生产监察支队先后对 9 个行业的 284 家生产企业进行了“打非治违”专项执法检查，发现隐患问题 527 项，下达整改指令 145 份，查封厂房、设备 1 处，立案 22 起，对 22 家单位进行了经济处罚，罚款人民币 26 万元。

（4）组织开展了工矿商贸企业建设项目安全设施“三同时”的专项执法行动。印发《开展工矿商贸企业建设项目安全设施“三同时”专项检查方案》和《大连市关于立即开展建设工程安全“三同时”专项普查暨迅速报送普查情况的通知》，对“三同时”专项执法行动进行了部署安排，5 月，安全生产监察支队召开“三同时”专项执法行动工作推进会，通报了各单位“三同时”专项执法行动开展情况，着重指出了存在的问题，并将《市安监局关于全市安全生产经营性建设项目履行安全设施“三同时”手续调查摸底情况的报告》（大安监发〔2013〕203 号）上报大连市人民政府。

（五）强化事故研判和警示教育，落实各项整改措施

积极推进事故分析研判制度化，每季度安委会都要专门听取安监部门事故分析报告，深挖事故原因，研究具体防范措施，紧紧抓住“6·2”爆炸事故、“4·8”塔吊倾覆事故等典型事故案例不放，对相关责任单位和责任人依法从严从重处罚，并通过新闻发布会、媒体通报等形式，面向全社会开展警示教育。市安监局将全市发生的各类事故案例印发到各地区、各生产经营单位予以警示，推动事故防范和整改措施落实。

（六）与中国安科院合作，助推我市安全发展

2013 年 5 月 30 日，大连市政府与中国安全生产科学研究院安全生产战略合作框架协议在北京举行。协议规定，双方以实施安全发展战略、建设安全保障型社会为目标，以建立有效的重大事故预防控制的法制、体制、机制为重点，力求在重点行业、重点领域、重点项目上率先取得突破，构建具有大连特色的安全生产长效机制，并将在大连市安全发展示范城市创建、安全生产一体化管理示范化工园区创建、安全产业发展规划编制、安全监管执法手段创新和安全生产培训教育基地建设方案策划等方面进行全面合作。

（七）组建大连市第一支非煤矿山专业救援队，救援水平显著提高

2013 年 7 月 1 日，大连市首支非煤矿山专业救援队通过省级安监部门验收，正式挂牌成立。全

市203家非煤矿山企业有了专业的事故救援队伍。这支非煤矿山专业救援队36名成员由大专以上人员组成，该救护队依靠辽宁水文地质工程地质勘察院，拥有了的“千米钻”“破拆机”等救援设备具有国内领先水平，可及时为井下遇难人员提供空气和氧气。大连市从安全生产应急专项资金中拨付300万元组建这支专业救援队，队员24小时值守，为非煤矿山企业的安全生产，包括日常的安全检查以及应急培训提供援助。

（八）强化职业卫生监管，有效预防和控制职业病危害

全面开展石材、修造船、水泥生产行业职业病危害专项检查，继续深化石英砂、木质家具制造、石棉矿山和石棉制品、金矿开采职业病危害专项治理，全年排查治理职业病危害因素检测超标、劳动者未进行职业健康检查等职业病隐患5849项。完成了陶瓷、金属船舶、印刷等行业职业病危害基本情况调查，规模以上企业职业病危害项目申报数量和质量居全省首位。

（九）强化安全基础建设，提升本质安全水平

2013年，市政府连续3次召开市长办公会、政府常务会议，专题研究安全生产重大基础建设问题，整合加强危化品监管力量，组建了市危化品监管局，理顺了职能，加强了组织机构和监管力量，规划部署安全生产一体化管理化工示范园区创建工作，松木岛、西中岛安全体系和一体化建设积极推进，为提升化工园区本质安全水平和综合防控能力奠定了坚实基础。

深入推进安全生产标准化创建工作，完成冶金、机械等工贸行业企业标准化创建456家，省政府考核指标超额完成。全市30%以上有储存危化品经营企业标准化创建工作全面完成。

加强应急体系建设，继续完善大孤山化工园区应急响应中心功能，深入开展重大危险源监控监管专项检查，探索化工园区专业应急救援队伍和应急响应中心管理社会化运作新模式。

深入推进安全社区创建工作。2013年，大连市庄河蓉花山镇、普兰店太平街道等20个街道荣获“全国安全社区”称号，另有10个单位通过评定等待正式命名，长海县、花园口经济区整建制成为“全国安全社区”，全市有9个区（县）整体获得全国安全社区称号，104个乡镇街道获全国安全社区称号，约占全国安全社区总数的1/4。安全社区创建工作继续走在全国前列。

继续加强安全生产教育培训，全年培训企业负责人、安全管理、特种作业，以及企业班组长、农民工等人员16万余人次，30家企业分别通过国家、省市安全文化示范企业验收。

青岛市安全生产工作综述

一、安全生产总体情况

2013年，全市安全生产形势严峻。全市共发生各类生产安全事故629起，死亡237人，伤400人，直接经济损失81257.16万元。其中发生特别重大事故1起，死亡62人，较大事故7起，死亡22人。

二、安全生产重点工作

（一）顶层设计

围绕贯彻总书记讲话精神和“发展决不能以牺牲人的生命为代价”的指示精神，制定《关于明确党委政府及其部门安全生产监督管理职责的规定》，以市委市政府名义印发，建立健全“党政同责”的安全生产领导体制和责任体系，进一步强化党委对安全生产工作的领导，对各级党委政府和部门的安全生产职责进行明确细化和规范，解决安全生产监管职责不清、职能交叉、监管缺位等问题。围绕落实安全生产责任，将区市、部门、镇街、村居、企业，以及各级领导、工作岗位的安全生产工作纳入网格化监管平台，每年初分解下达控制指标，逐级签订安全生产目标责任书，在网格化平台上进行公示、督导落实。落实工作报告、工作会议、督查检查和安全月、安全周等制度，向市委常委会报告工作3次，向市政府常务会议报告工作2次，协调、组织安委会和电视会议21次；组织

开展安全生产督查检查和暗访7次，理顺安全生产工作脉络，较好解决安全生产千斤重担“谁来挑、挑什么、怎么挑”的问题。

（二）宣传教育

围绕强化全民安全意识，启动全国第十二个“安全生产月”活动，组织开展9个专题宣传教育活动，在电视、广播、网络等主要媒体开设专栏或专题，利用公交移动传媒、户外电子显示屏等设施，全天候播放《职业病防治法》和安全生产公益广告，广泛普及安全知识。创建安全文化主题公园、安全文化长廊等物态载体76处，集中开展安全文化“进企业、进学校、进社区、进乡村、进家庭”活动，通过制作典型事故警示片等多种方式，对职工、群众和学生进行安全知识普及教育、警示教育和应急演练常态化实训。围绕解决企业主要负责人安全意识不到位这个最大隐患，采取政府买单培训费用，对企事业单位主要负责人进行安全生产底线教育、行业风险教育和警示教育，2013年安排资金565万元，分行业举办培训班212期，培训29个行业企事业单位主要负责人17969人，并对无故不参加培训、替训的公开曝光，使这些有投资决定权、能改变规则和说了算的人真正得到培训。围绕检验安全文化创建成果，制定《“问安青岛”安全文化建设目标管理考核细则》和验收标准，通过现场观摩实施效能评估。在青岛电视台第一频道黄金时段，采取每日播放安全知识题、奖励前三名的方式，开展全民安全知识竞赛；编制《市民安全知识百题》，全市印发150多万份，并在《青岛早报》《青岛晚报》刊发，运用城市调查系统进行抽样测评。经过一年多精心设计，精心组织、精心实施，“问安青岛”安全文化建设更加贴近实际、贴近基层、贴近百姓。

（三）隐患排查治理工作

1. 精准防治

围绕实现风险隐患“精准防治”，颁布隐患排查治理市长令，按照“全覆盖、零容忍、严执法、重实效”的要求，以6804条隐患查纠指导标准为底线，推动企业开展隐患自查自纠、上报隐患信息45万余项；采取不发通知，不打招呼，不定路径，不要陪同，直插基层，直奔现场的“四不两直”方式，组织安全生产大检查和暗查暗访，共检查企业43249家，整改隐患40165处；全市非煤矿山、烟花爆竹、危险化学品3大高危行业安全检查覆盖率100%。

2. 安全生产顽症治理

围绕治理安全生产顽症，聘请安全专家参加安全生产督查检查和暗访暗查，在高危行业推行“保健式”服务，每月由安全专家对重点监控企业进行诊断检查。对104家企业实施安全设计诊断发现的681项隐患一一落实整改。组织区市、部门每季度排查重大隐患，对171处重大隐患实施“3+X”挂牌督办，协调全市铁路道口全部设置防护设施，责令存在安全隐患的水陆两用旅游项目——“欢乐鸭”退出市场；建立重大安全风险排查评估制度，督促区市、部门定期梳理上报重大安全风险，组织专家进行风险评估。2013年排查重大安全风险32处；完成新河化工区和131处重大危险源风险评估和安全评价。针对大货车、餐饮场所、涉氨单位等隐患较多、事故多发的领域，牵头制定3个政府通告，连续下发6个涉氨单位监管检查文件，督促多部门联合、严管严查大货车非法违法行为，持续对740多家涉氨单位逐户检查，较好地解决燃气安全“九龙治水”、职责不清、监管不到位的问题。

3. 非法违法行为打击

围绕打击非法违法行为，突出18个行业领域、76种重点打击对象，逐级落实打非责任，结合“12350”有奖举报，采取“地毯式”排查、“铁腕式”整治和“围剿式”打击，严格落实“四个一律”措施，构建“打非治违”群防体系。全市累计打击非法违法行为4万余项，公开曝光安全隐患48处，依法关闭非法土炼铝、采矿企业9家；取缔无证经营餐饮业户439家，对26家无证液化气站和车用气瓶充装站落实停产或关闭措施；大检查期间，对群众举报的2家无证销售液化气的“黑窝点”，从接报不到1小时内迅速捣毁，震慑了非法违法行为。群众咨询举报量剧增3倍多，依法查处量增加7倍多，奖励举报人241名，兑现举报奖金20余万元。

（四）基层基础工作

1. 企业安全生产标准化达标

围绕提高企业安全管理规范化水平，积极推行企业安全生产标准化，制定小型危险化学品从业单位、加油加气站和工贸行业小微企业安全生产标准化评审标准，填补我市空白。全市非煤矿山、烟花爆竹、危化品生产储存企业全部实现三级以上达标，290 多家加油站开展创建工作，1283 家工贸行业企业通过达标验收。

2. 源头治本

从规划布局入手，落实源头治本之策，推进市级化工园区规划建设和城区老化工企业搬迁改造，建立专家审查和地下矿山、高危低效高能耗企业和不良市场主体退出机制，组织专家评审审查各类行政许可事项 156 个，对 25 个项目实施“一票否决”；依法注销危化品企业 289 家，矿山企业 48 家。积极争取国家安全监管总局、省政府支持，落实国家实物支持资金 6000 多万元，推进国家危险化学品应急救援基地建设。

3. 示范群体创建

从居民日常生活中的风险防控、提升企业班组岗位风险防控和事故预防能力、从小培育良好的安全生活习惯入手，大力开展示范群体创建活动，累计培育市、省、国家和国际安全社区 476 个，市、省和国家安全文化示范企业 62 家，市、省安全生产优秀班组 440 个。

4. 职业卫生监管

以确保不发生群体性职业中毒或职业中毒死亡事故为重点，创建职业病危害基础信息库和职业卫生分类分级管理系统，完成 10229 家职业病危害申报企业审查备案，对 8000 多家企业实施职业卫生分级分类差异化监管，职业卫生监管工作全国领先。

（五）队伍建设

1. 标准化执法检查队伍创建

围绕创建标准化执法监察队伍，有效落实每月一讲、拜师学艺、帮带执法等工作制度，连续七年开展“岗位练兵”活动，实施全员量化执法和异地交叉执法，推动市级 70%、区市 80%、镇街 90% 的执法人员向一线集中，推进区市执法检查业务的相互学习、观摩和交流。全市所有监察大队和 60% 的监察中队通过达标验收，获得全省安监系统岗位练兵比武活动总成绩第二名。

2. 作风培树

围绕创建“学习型、服务型、效能型、创新型、廉洁型”团队，连续 4 年开展“学李适、创五型团队”活动，实施岗位廉政风险提示、工作督办等制度，严格执行中央“八项规定”，下基层调研检查，一律轻车简从、不打招呼。上级来青检查、考察和指导工作，一律在政府指定接待场所，实行工作餐制度，严控陪餐人数和接待标准。采取座谈调研、基层挂点，党员进社区、结穷亲等方式，听取基层声音，解决基层难题。在全面办结上年度市民意见建议、吸纳改进工作的基础上，挂点联系镇街、社区、企业 136 家，对口帮扶 42 户低保特困家庭。组织各类座谈会 30 多个，征求有价值的意见建议 20 多条；参加行风在线、民生在线、网络问政等与群众的互动活动 8 次，接收、答复和处理群众意见 127 个。

（六）应急处置

为保证一旦发生事故能及时上报和救援，建立实行严格的值班制度，要求全体工作人员 24 小时通讯畅通，什么等级的事故、什么人在什么时间必须到达现场，都有明确的预案和规定。在这一方面，不论白天还是深夜、平时还是节日、酷暑还是严寒，一有事故报告，都能在第一时间赶到现场救援处理。

厦门市安全生产工作综述

一、安全生产总体情况

2013 年，在厦门市委、市政府的坚强领导下，全市各级各部门认真按照党的十八大提出的“强化公共安全体系和企业安全生产基础建设，遏制重特大安全事故”的要求，牢牢抓住开展党的群众路线教育实践活动的有利契机，集中开展安全生产大检查和专项整治，全面排查治理安全隐患，建立健全安全监管机制，不断创新安全监管方式，促进安全生产形势持续稳定好转。厦门市共发生各类生产安全事故 213 起、死亡 79 人、受伤 155 人、直接经济损失366.97万元，与2012年同期相比，分别下降10.13%、1.25%、17.99%、14.76%；发生1起较大事故，同比下降66.67%。

二、安全生产重点工作

（一）健全完善安全生产“一岗双责”工作机制

市安委会出台《关于进一步健全完善安全生产“一岗双责”工作机制的实施意见》，提出了安全生产责任落实、目标责任跟踪考核、重点工作报告通报、点评警示约谈、事故查处和重大事项督办、激励约束等6项机制、12条意见，对年度内发生较大生产安全事故、一般生产安全事故超过控制目标2起、年度安全生产目标责任制考核不达标、谎报或隐瞒不报一般以上生产安全事故且造成恶劣影响的各区政府、市直有关部门和单位实行安全生产评先评优“一票否决”。

（二）集中开展安全生产大检查

6月至9月底，按照“全覆盖、零容忍、严执法、重实效”的总要求，结合“安全生产重点整治百日行动”，在全市所有行业领域、所有生产经营企事业单位和人员密集场所开展安全生产大检查，共检查企事业单位和场所12087家，排查治理隐患11459条。一是强化组织领导。市委常委会、市政府常务会专门研究部署安全生产大检查工作，市、区、镇（街）三级成立了以政府主要负责人为组长的领导小组，形成层层抓落实的工作局面。二是实施整体推进。把国务院办公厅部署的19个重点行业领域扩大至36个，并将任务具体分解落实到36个责任单位，基本做到不留死角和盲区。三是创新工作机制。市安委办成立了督查指导、明察暗访、落实整改、服务企业、长效机制、技术支撑、宣传统计和综合保障8个功能组，先后开展4批次暗访暗查行动，突击检查企业104家，排查安全隐患244项；分别在7、8、9月组织3个阶段督查，强化大检查工作过程管控。四是督促隐患整改。采取“企业整改、专家会诊、部门检查、政府督查”的方式，抓好安全生产大检查期间和国家、省12批次督查、暗查及调研发现的安全隐患整改工作，对问题突出的翔鹭石化股份有限公司实行政府挂牌督办，并督促企业举一反三，排查整改其他隐患和问题。

（三）积极推进“打非治违”专项行动

各区、各部门采取有力措施，以非煤矿山、道路交通、水上交通、建筑施工、消防、危险化学品、烟花爆竹、民爆物品、特种设备、冶金10个行业领域为重点，突出工程建设、工贸企业有限空间等事故多发领域，严厉打击未经批准擅自施工、未经培训无证上岗、未制定措施从事危险作业等违法行为。2013年，全市共出动检查人员35423人次，检查企业12748家次，打击非法违法行为14万余起。

（四）着力深化重点行业领域专项整治

第一，突出抓好油气输送管线安全专项治理。为深刻吸取青岛“11·22”输油管道爆炸事故教训，按照国家、省、市领导重要指示批示精神和有关部署，刘可清市长主持召开第40次市政府常务会议，专题研究安全生产工作。一是及时安排部署。青岛“11·22”输油管道爆炸事故发生后，市安委办立即召开会议，分析安全生产形势，采取有力措施，在全市范围内开展石油、天然气、危险化学品输送管道安全专项治理，明确经发、环保、港口、安监、海事、消防、应急等部门及中石油、中石化、中航油、中海油等企业的职责分工。二是扎实有序推进。市安委办会同环保、港口、消防等部门及安全生产专家，相继对油库汽柴油输油管道、航油管道、码头、罐区等重点部位安全管理情况、管道设施设备运行及应急预案演练等工作落实情况进行检查，研究解决企业提出的管线安全管理中存在的问题；市政部门组织召开由道路管理部门、施工单位、管线单位参加的管线安全工作联席会议，并组成一支100余人的专业燃气管道巡检队伍，对天然气门站、调压站、燃气管道等设施进行拉网式检查。三是强化应急管理。12月17日，举行厦门市2013年度油气管道事故应急救援演练，模拟因施工不慎挖破油气管道导致泄漏等情境，集美区政府、应急、环保、卫生、消防、经贸、建设、水务、电力、中石化、华润燃气等单位参加，演练全面检验了厦门市油气管道突发事故应急联动、多部门协同作战、现场组织指挥等多方面机制，有效磨合了企业预案与政府预案、专业救援队伍与地方救援队伍的衔接。

第二，扎实推进道路交通安全综合整治。以保障人民群众平安出行为目标，全力推进道路交通安全综合整治，全面改善和提升道路行车安全条件，确保全市道路交通安全形势总体平稳。一是狠抓源头管控。加强摩托车、渣土车、大中型客货车、拖拉机等重点车辆管理，995 辆渣土车全部安装卫星定位装置，拖拉机上牌率、持证率、检验率均超额完成全年指标任务，交通事故起数同比下降26.95%。二是加强隐患排查。全面排查并完善道路特别是校园周边道路的交通标志、标线和红绿灯设置，推进在事故易发多发的国、省、县道设置中间隔离护栏等交通安全设施，强化道路物防、技防建设以及农村公路安保工程建设，排查隐患路段405 处，整治 383 处，整改率 94.57%；列入省委省政府重点整治的 7 处事故多发路段和危险路段，已整改 6 处。三是强化路面管控。开展货车、酒驾毒驾、超载超限、非法营运等多个专项整治行动，共查处各类道路交通违法行为 380 万余起，其中严重道路交通违法行为 36 万余起，有效规范道路交通秩序。

第三，持续抓好重点行业领域安全监管。消防领域，多警种联动，依托派出所强大警力，先后组织开展了 17 次消防安全专项整治行动、5 次“零点”清查行动和 90 余次夜查行动，共检查单位12792 家，督促整改火灾隐患和消防违法行为21300 处，临时查封 129 家，责令“三停” 137家，罚款 956.01 万元，消除了一大批火灾隐患和消防违法行为。危险化学品领域，开展餐饮场所燃气安全专项整治，液氨使用企业安全专项检查等，共出动检查人员 3812 人次，检查企业 1669 家次，查究各类隐患 1202 条，罚款 158.98 万元。特种设备领域，重点对车站、码头、游乐场等人员密集场所电梯、大型游乐设施等进行专项检查，共出动安全监察人员 4133 人次，现场监察特种设备使用单位 1373 家，消除隐患设备 600 多台（套）。非煤矿山领域，采取有计划复查、不定期抽查、延期换证核查等方法，对持有安全生产许可证的 18 家非煤矿山企业进行检查，共开展联合执法行动 5 次、检查企业 95 家次，排查整治安全隐患 228 项，其中责令现场整改 105 处、委托区局责令整改 123处，隐患整改率 100%。渔业船舶领域，重点检查渔业船舶证书、船员配备及救生、消防等安全设备配置情况，共开展执法巡查 1368 次，检查渔船2953 艘，处罚违规渔船 199 艘。农业机械领域，严厉打击农业机械无牌行驶、无证驾驶、未检验作业等行为，共排查治理隐患单位 672 个，整治一般隐患 95 项。同时，建筑施工、旅游、烟花爆竹、水上交通、民航、民爆、电力、水利等行业领域也深入开展安全隐患排查整治行动，确保重点行业领域安全稳定。

（五）进一步夯实安全生产基础

第一，深入开展企业安全生产标准化创建。在上一轮安全生产标准化基本完成自评的基础上，市安委办于 2013 年 7 月全面启动新一轮规模或限额以上工贸企业安全生产标准化创建。一是成立组织机构。成立标准化创建工作领导小组，下设办公室，有力推动工作深入开展。二是摸清行业底数。会同相关部门，对全市规模或限额以上工贸企业展开调研。三是确定政策体系。先后下发《关于新一轮安全生产标准化创建工作的实施意见》《关于进一步加强规模或限额以上工贸企业安全生产标准化建设工作的意见》，明确工作目标、任务分工和序时进度。四是合理有序推进。根据专家专业特长，优化组成 9 个评审组，按行业、区域、评审倒排时间表，将参评工贸企业落实到各评审组，有序、有效推进评审进度。五是落实奖励措施。厦门市政府拨付 300 万元专项资金，不收取创建企业的任何费用，减轻企业负担；思明区安排 60 万元专项资金用于专家咨询、评审补助、政策调研等环节；翔安区对完成三级达标的企业补助 1 万元、二级的补助 3 万元、一级的补助 5 万元；海沧区对达标创建的生产经营单位安全员实施奖励，进一步调动企业及相关工作人员的积极性。截至 2013 年底，厦门市共评审企业 208 家，其中 191 家达标（二级达标 10 家，三级达标 181 家），占应达标企业总数的 12.4%，比福建省安委办下达的年度任务高出2.4 个百分点。

第二，着力推动安全文化示范企业创建。一是明确创建目标。市安委办拟制下发《关于开展安全文化建设示范企业创建活动实施意见》，力争到“十二五”末全市有 150 家以上企业达到市级安全文化建设标准，有 20 家以上企业达到省级安全文化建设标准，有 3～5 家企业达到国家级安全文化建设标准。二是确立评审标准。按照国家、福建省安全文化示范企业创建要求，制定市级安全文化建设示范企业评价标准，从安全承诺、安全制度、安全环境、安全行为、学习培训等方面规范安全文化示范企业创建方式方法。三是组织评审活动。按照全面审核、落实整改，组织抽查、考评验收，综合会审、总结提高3个阶段,组织专家评审组,对创建安全文化示范企业进行全过程指导、考核。目前,厦门市有1家企业被命名为全国安全文化建设示范企业,3家企业被命名为省级安全文化示范企业,17家企业申报2013年市级安全文化建设示范企业。

第三，切实加强安全社区创建。以筼筜街道成功创建“全国安全社区”为契机，在各区全面推进安全社区创建工作，通过着力完善社区安全基础设施、改造社区环境和公共设施、广泛开展安全社区创建宣传培训等措施切实加快创建步伐。全市37个镇（街）有14个镇（街）开展安全社区创建工作，其中筼筜街道成为全省首个“全国安全社区”，海沧、集美、湖里、嘉莲、中华、梧村、鼓浪屿、滨海、鹭江9个街道被评为“福建省安全社区”。思明区安全社区创建工作获得省政府安办肯定，并在全省发文推广。

另外，市安委办结合我市实际，研究拟制《厦门市开展安全发展示范城市创建工作实施方案》并多次征求意见，明确了总体要求、奋斗目标、重点任务和工作步骤，目前创建工作正在有序推进中。

（六）广泛开展安全生产宣传教育

以强化安全意识、提高安全素质为着眼点，深入开展安全生产宣传教育活动。一是整合社会资源。建立安全生产宣传教育工作局际联席会议制度，由李栋梁副市长担任总召集人，宣传部、文明办、财政局等20个单位组成，明确各成员单位职责分工，形成全社会共同参与的安全生产大宣传格局。二是拓展宣传网络。在继续依托电视、电台、报纸等传统平台广泛宣传安全生产的同时，积极拓展面向社会大众的移动电视、短信平台等宣传渠道。市安委办于9月在厦门移动电视推出《安全视角》专题节目，进一步延伸安全生产宣传教育的触角，促进安全宣传教育贴近群众、贴近基层；交警部门启动微信公众服务平台，推送260期道路交通安全管理信息。三是开展规模化宣传。精心组织开展“安全生产月”活动，举办警示教育周、应急救援周等13类21项全市性活动；开展安全宣教进企业、进社区、进农村、进学校“四进”活动，做到学校开学第一课和放假前最后一课都是安全教育课。据不完全统计，全市全年直接参与安全生产培训、演练、竞赛、教育等活动人数达36万余人次。

（七）不断创新安全监管方式

第一，建立企业安全生产情况动态管理制度。市安委办开发建设厦门市企业安全生产管理系统（简称“数字安监”），并结合全市实际，设计《厦门市企业安全生产管理季度报表》，督促全市企事业单位每季度通过“数字安监”填报教育培训、安全检查、事故处理等日常安全工作，有利于生产经营单位主要负责人掌握本企业安全生产情况，便于行业领域主管部门实施分类分层监督检查。截至2013年底，全市共有1167家企业注册“数字安监”系统，收到报表1662份。

第二，开展“两月一督查”联合执法行动。结合安全生产季节性、阶段性特点，由市安委办牵头组织相关部门每2个月对1个重点行业领域进行专项整治，采取各生产经营单位自查与部门抽查相结合、专项督查与细分项目督查相结合的方式，分别对春运和烟花爆竹、小微企业、重点车辆、高空作业和有限空间作业、重点工程安全施工、港口港区作业等方面开展安全生产专项督查。

宁波市安全生产工作综述

一、安全生产总体情况

2013年，宁波市安全生产工作紧紧围绕安全发展战略，以群众路线教育实践活动为动力，全力以赴开展大排查大整治专项行动，着力强化基层基础，切实加强重点领域监管，顺利完成市政府确定的安全生产两大民生实事工程，全市共发生各类生产安全事故2866起、死亡745人、受伤2833人、直接经济损失3007.9万元，同比分别下降9.4%、

3.1%、9.1%、9.8%，四项事故指标连续第九年下降。

二、安全生产重点工作

（一）齐抓共管，全面落实“党政同责、一岗双责”和“三个必须”安全生产责任制

市委、市政府多次听取研究安全生产工作，把安全生产摆到经济社会发展和民生事业更加突出的位置，把关乎安全生产基础的标准化、公共安全教育基地建设列入2013年市政府民生实事项目。市委刘书记采取“四不两直”方式，即不发通知、不打招呼、不听汇报、不用陪同和接待，直奔基层、直插现场，亲赴石化区夜查企业安全生产；卢市长上任伊始就专题听取研究安全生产工作，在《宁波日报》发表了题为“强化安全基础，推动安全发展”的署名文章，还多次带队赴基层企业检查安全生产工作；王勇副书记和其他多位市委常委、所有副市长也都深赴基层一线检查指导安全生产工作。各县（市）区党政主要领导、各安全生产重点行业部门主要负责同志也都亲自带队督查，研究协调解决了一批安全生产重点难点问题，总书记提出的“党政同责、一岗双责、齐抓共管”要求得到了很好的贯彻落实，“主要领导亲自抓、分管领导为主抓、其他领导分头抓、职能部门具体抓”的合力推进机制得到了进一步强化。

（二）行动迅速，深入开展全市安全生产大排查大整治系列专项行动

根据党中央、国务院的统一部署，按照“全覆盖、零容忍、严执法、重实效”的总体要求，在全市范围内组织开展了“大排查大整治”“打非治违”等专项行动，覆盖之广、力度之大为历年之最，有效消除了一大批隐患，坚决遏制了重特大事故，全社会安全生产意识有了明显提高。据统计，全市全年共组织近5万个督查检查组，其中暗访突击检查组6000多个，抽查单位15万余家，责令改正违法行为9.1万起，处罚1.5亿元，吊（扣）证照8800多个，责令停产（业）907家，关闭取缔2621家，有力地消除了一大批安全生产隐患，净化了全市安全生产环境，夯实了安全生产工作基础。宁波市安全生产大排查大整治工作得到了国务院、省安委会综合督查组的充分肯定。

（三）突出重点，着力提升本质安全和风险防范水平

全市各级各相关部门牢牢把握主要矛盾，密切配合，联合行动，持续深化强化重点行业、重点企业、重点区域安全专项整治，不断加大危化、消防、交通、建设、涉氨制冷、海洋渔业、城镇燃气、特种设备等重点领域整治力度。全年累计开展危化专项检查2848家、整改隐患384项、关停小化工（企业）184家；检查消防单位10万多个、停产整顿228家、拘留86人；排查整治公路安全设施1万多公里、工地6000多个；全面排查涉氨制冷企业431家、责令关停单位50家；排查餐饮燃气等场所1.5万家、关停单位121家；检查锅炉1958台（套）、整改隐患253项；清理整顿渔船2646艘、拆解违规渔船328艘。此外，全市各地结合淘汰落后产能、“腾笼换鸟”“三改一拆”等重点工作，及时整治了一批安全条件差、事故隐患多的生产经营单位，有力地提升了重点行业领域的风险防范水平，促进了本质安全水平的整体提高。7月，浙江省“三无”渔船拆解现场会在象山召开，宁波市相关经验做法得到了省领导的高度肯定。

（四）夯实基础，着力提升安全生产管理能力

全面深化安全生产标准化建设，分别在15个行业（领域）广泛开展标准化创建活动，在7个行业13类企业积极探索小微企业四级标准化建设，累计创建达标单位6353家，全面完成“全国企业安全生产标准化示范”创建任务。5月，全国危险化学品安全生产标准化一级企业培植工作现场会在宁波召开，宁波市在会上作了典型经验交流。深入推进安全诚信机制建设，率先把安全诚信机制建设范围扩大到工业、交通、特种设备、建筑施工等领域，强化工伤保险等综合激励约束措施，并纳入“信用宁波”体系。广泛开展宣传教育培训，在浙江省内首创开展公共安全宣传教育基地建设，先后创建市级基地11个，累计接受教育达20多万人次。积极组织开展安全生产系列宣传活动，大力实施全员安全培训工程，共培训各类从业人员87万人次。8月，全国“安全生产月”总结交流会在宁波召开，宁波市被评为全国安全生产宣传工作先进单位。加强基层基础建设，积极开展安监站（所）规范化三年创建活动，当年达标率42%；全面推进消防安全“网格化”建设，全市各地乡镇（街道）现已建成消防工作站152个。建立市安全生

产应急管理中心，加强化工等专业应急队伍建设；修订重特大事故应急预案，完成企业预案评审备案1018家、增长32.2%；连续第四届举办职工应急技能大赛，组织开展“甬舟跨海大桥危化品运输”“石化开发区危险化学品”等大型应急演练，全市应急管理能力和水平得到了明显提高。

（五）探索创新，积极构建完善安全生产事故防范机制

坚持以贯彻落实市政府《关于坚持科学发展安全发展促进安全生产形势持续稳定好转的实施意见》为总要求、总抓手，相继研究制定了加强危化、矿山、交通、消防、城镇燃气、特种设备安全生产等一系列政策文件，改进了安全生产考核指标和考核办法，进一步形成了较为科学完善的安全生产政策体系及管理机制。坚持关口前移，积极探索建立企业工商登记与安全生产同步告知制度，把对企业负责人的安全教育工作前置，进一步推动企业主体责任的落实。着力完善县、乡、村三级联动整治机制，建立健全“月查月报”“网格巡查”“安全托管”等基层安全管理和隐患排查长效机制。积极探索多主体大型市场或高层楼宇事故防范创新工作，为进一步治理相关领域群体伤亡安全隐患问题，提供了有益的借鉴。深化油气管道、轨道交通事故防范创新体系建设，全市累计整改完成油气管道隐患708个，进一步健全了两大领域事故防范体系制度。此外，北仑、大榭等地针对突出问题，开展区域风险评估与安全协作，积极探索化工园区安全管理新模式，取得了显著成果。

第十一部分

主要产煤省(自治区、直辖市)煤矿安全监察工作

北京市煤矿安全生产工作综述

一、煤矿安全生产总体情况

2013 年，北京市现有北京京煤集团、北京昊华能源公司所属 4 个国有重点煤矿，原煤产量 500 万吨/年。截至 12 月底发生生产安全事故 2 起、死亡 2 人，百万吨死亡率为 0.4。

2013 年，共完成“三项监察”51 矿次，完成计划 113.3%。其中完成重点监察 29 矿次，专项监察 16 矿次，定期监察 6 矿次。共查出问题和隐患 413 条，整改率 100%；下达执法文书 230 份。其中现场检查笔录 51 份，现场处理决定书 51 份，立案决定书 13 份，行政处罚决定书 27 份，实施经济处罚 97.6 万元。

二、煤矿安全生产重点工作

(一) 建立 10 项重点工作，确定全年工作目标和任务

研究制定了《2013 年煤矿安全监管监察重点工作》(京安监发〔2013〕2 号) 文件，确定了抓源头管理，强化基础安全建设，进一步提升机械化生产水平等 10 项重点工作：一是坚持科技兴安，用物联网信息化技术提升企业安全管理水平；二是坚持装备强安，着力提高机电运输和采掘工作面等辅助环节的机械化水平；三是坚持文化创安，不断创新深化安全文化体系建设；四是坚持安全质量标准化工作，持续推进点、线、面达标体系建设；五是建立防治“三违”的制度体系，实现事前防控；六是建立科段隐患排查与矿级专业隐患排查相结合的工作机制，落实科段安全管理责任；七是加强班组安全建设工作，持续推进“安全·和谐”班组创建工作；八是加强工作面现场管控，不断提高工作面正规循环率；九是加强安全理念的培训，进一步提高培训工作的针对性和信息化水平；十是开展安全警示教育活动，提高全员自我保护能力。

为确保每项重点工作落到实处，取得实效，确定了各项工作牵头部门，明确了全年、季度各阶段任务目标。同时要求昊华能源公司和各矿制定落实 10 项重点工作的实施方案，明确责任人。每季度监督检查煤矿重点工作完成情况，组织召开一次协调会，总结各项工作完成进度，解决难点问题，对下一阶段的工作进行再部署。

(二) 深入贯彻落实《七条规定》，建立安全生产岗位“红线”制度

一是加强学习宣传。制定宣传贯彻工作方案，及时组织召开煤矿学习贯彻《七条规定》专题会。煤矿企业以各种形式学习宣传《七条规定》，各煤矿矿长分别与科段队代表和班组长代表签订了煤矿管理人员安全承诺书，将《七条规定》制成卡片发放给每位员工；二是建立“红线”制度。为进一步深入贯彻落实《七条规定》，通过深入调研，结合实际，北京煤监局制定了《北京市煤矿管理人员岗位禁止性规定（红线）》(京安监发〔2013〕54 号)。“红线”涵盖了煤矿各层级（煤矿副总以上（不含矿长）管理人员、科段长、队长、班长，安监站监察员等各层级的岗位）管理人员，各专业（采、掘、开、机、运、通等专业）管理人员

等七个方面、36 个岗位、277 条禁止性要求。通过建立“红线”制度，进一步落实各级管理人员的岗位责任，特别是段长、队长以及班组长的现场管理责任，切实将《七条规定》精神实质落实到最基层的每一个工作岗位，有效预防和减少事故的发生；三是严格监督检查。制定了《北京煤监局关于煤矿贯彻落实七条规定专项监察工作方案》，多次组织开展对辖区内 4 个煤矿贯彻执行情况的专项监察，确保各煤矿认真贯彻落实，严格执行。开展专项监察共查出各类问题和隐患 18 条，立案调查 1 矿次，罚款 2.8 万元。

(三) 扎实开展安全生产大检查

贯彻落实国家安全监管总局、国家煤矿安监局和北京市委、市政府的统一部署，制定大检查工作方案，明确检查的时间、内容和责任分工。严格按照“全覆盖、零容忍、严执法、重实效”和“四不两直”的要求开展检查。组织集中检查、交叉互检和聘请专家等多种方式进行，确保每周有一组检查一个煤矿。检查前，制定详细的检查预案，对检查的地点、检查的内容等提前策划，事先不通知、突击检查、随机抽查工作面。大检查期间，共查出各类问题和隐患 147 条，实施处罚累计 12 万元。

(四) 强化安全警示教育，牢固树立“安全第一、生命至上”的理念

一是认真组织开展“敬畏生命”大讨论活动，牢固树立“安全第一、生命至上”理念，按照集团公司、煤矿、科段 3 个层面开展，讨论内容与煤矿各级管理人员关心的问题紧密结合，包括：如何正确处理安全生产与经济效益的关系，真正做到“安全第一，生命至上”；如何坚持做到不违章指挥、不违章作业、不违反劳动纪律；如何吸取近期全国煤矿事故以及我市煤矿发生的事故教训；如何将《七条规定》真正落到实处等；二是加强监督指导，确保大讨论活动取得实效。我局积极参加集团公司，各煤矿的现场讨论活动，现场总结点评安全生产问题。通过大讨论，深入查找了煤矿在安全发展理念和安全管理和制度上存在的问题，进一步强化了责任意识、生命意识、守法意识，牢固树立了“安全第一，生命至上”的理念，坚定了做好煤矿安全生产工作的信心和决心；三是认真组织开展煤矿“百日安全警示教育活动”，提高煤矿全员自我保护能力从 2013 年 2 月下旬开始，在全市各煤矿集中开展“百日安全警示教育活动”。制定了《关于开展煤矿“百日安全警示教育活动”的通知》(京安监发〔2013〕4 号) 文件，明确开展活动目的、内容和时间要求。

按照北京煤监局要求，各煤矿组织召开了警示教育专题会议，播放警示教育专题片；每月由矿长或党委书记剖析点评典型事故案例；现身讲解身边的事故和近几年来煤矿发生事故的教训等多种形式警示教育活动。通过警示教育活动，突出用事故案例教育人，用事故案例警示人，用事故案例提升人的安全意识。对杜绝人的不安全行为，防控“三违”，减少事故，取得了一定成效。

(五) 加强安全基础建设，提高标准化生产水平

一是坚持推进煤矿安全质量标准化工作。加强宣传和培训。组织昊华能源公司及煤矿学习研究国家安全监管总局新修订的《煤矿安全质量标准化考核评级办法（试行）》和《煤矿安全质量标准化基本要求及评分方法（试行）》。根据国家安全监管总局的要求，及时修订完善北京市《煤矿安全质量标准化考核评级办法（试行）》和《煤矿安全质量标准化基本要求及评分办法（试行）》。细化完善岗位达标、班组达标、科段达标的具体内容和检查考核项目，进一步健全完善“点、线、面”达标体系和检查考核工作体系。加强监督指导。市有关部门每半年抽查一次；昊华能源公司每季度对专业达标进行一次全面检查，每季度对岗位达标、班组达标和科段达标进行一次抽查，每年对煤矿企业达标进行一次全面检查；二是着力推进煤矿紧急避险系统建设。2011 年，北京市煤矿井下监测监控、压风自救、供水施救、通信联络、人员定位等五大系统已建设完成并通过验收。2013 年，根据国家安全监管总局加强推进井下紧急避险系统建设工作的要求，结合京西煤矿实际情况，本着科学合理、因地制宜、简单实用、安全可靠的原则，结合“先逃生，后避险”的理念，经多次与有关专家研讨论证，北京煤监局提出北京市煤矿井下紧急避险系统建设采用自救器接续站 + 避难硐室的方式。并经国家煤矿安监局批准，北京煤监局制定了《京西煤矿井下紧急避险系统建设规范》，要求各煤矿严格按照文件要求组织施工、上报建设进度，确保

按期完成；三是积极开展煤矿“安全·和谐”示范班组建设工作，筑牢煤矿安全生产的第一道防线。北京煤监局与市总工会联合下发了《关于进一步加强煤矿班组安全建设工作的通知》(京安监发〔2013〕5号）文件，将安全生产工作的重心下移至现场、关口前移至班组，通过班组人人安全，实现煤矿安全生产。要求煤矿以“作风优良，技能过硬，管理严格，生产安全，团结和谐”为总要求，以创建“安全·和谐”班组为抓手，充分发挥典型示范带动作用，做到科段有亮点、煤矿有典型、公司有先进，全面提升班组安全管理水平。

（六）强化措施，组织对重点煤矿开展重点安全督查

制定了《北京煤监局对昊华能源公司长沟峪煤矿开展安全督查工作方案》，成立了以分管局领导为组长的督查工作领导小组，确定了督查的重点内容和督查方式，督查工作组每月对长沟峪煤矿开展一次全面检查。每次的督查都抽调昊华能源公司其他煤矿安全技术专家参加，对煤矿采、掘、机、运、通等各系统进行全方位、全覆盖检查。每月还参加1次煤矿安全办公会或安全例会、1次科段级安全例会、1次班组会，及时发现煤矿安全管理工作存在的问题。通过重点督查，查找了煤矿安全管理、制度建设、现场管理等不足和漏洞，积极提出整改措施，全面促进了该矿精细化管理水平的提高。

（七）严执法、重实效，认真开展“三项”监察执法

全年以“三项”监察为主线，紧密结合10项重点工作，重点时段和国家安全监管总局部署的工作任务，全覆盖、零容忍，严格执法。全年共计开展以下10项重点专项监察。

一是开展贯彻落实《七条规定》的专项监察。重点检查了煤矿制定宣贯方案情况，有无超层越界或者巷道式采煤、空顶作业，通风系统、局部通风是否安全可靠，机电运输设备是否完好、“一炮三检”制度是否落实，矿领导下井带班是否符合规定，员工和“三项”岗位人员是否培训及持证上岗等内容。

二是开展顶板管理专项监察。重点检查了煤矿顶板安全管理有关制度的建立和落实情况，工作面顶板支护、矿压监测及预警、压力集中区的工作面顶板安全管理的专项技术措施制定和落实等情况，督促煤矿加强工作面顶板管理，严防冒顶片帮事故的发生。

三是开展机电运输和采掘工作面等辅助环节机械化专项监察。重点检查了煤矿制定综采工作面物料提升、带式输送机运输等方面的安全技术措施情况；提升、运输设备运转是否安全可靠，安全防护装置是否符合要求、是否定期检修、检验。监督指导煤矿对机电运输和采掘工作面等辅助环节机械化管理，不断提升这些环节的机械化、自动化水平。

四是开展正规循环作业重点监察。重点检查了煤矿企业正规循环作业考核管理制度制定和落实情况，生产工艺是否科学合理，劳动组织是否符合规定要求，作业规程是否与实际相符等。督促煤矿加强技术力量，强化劳动组织管理，优化采掘布局，切实提高采掘工作面正规循环作业率。

五是开展科段责任制专项监察。重点检查了煤矿科段责任制、管理制度的建立和落实情况，科段值派班管理，隐患排查治理，开展安全培训等情况。督促加强科段管理层的安全责任。

六是开展隐患排查治理专项监察。对煤矿企业落实有关隐患排查治理政策情况，《煤矿较大事故隐患分级分类排查治理和督办管理办法》建立落实情况，隐患治理督察反馈体系的运行情况，隐患排查工作情况。督促指导煤矿企业加大隐患排查治理，严格隐患排查治理五落实，有效防范较大以上事故发生。

七是开展汛前安全专项监察。按照早部署、早计划、早预防工作原则，重点检查了煤矿各项防汛制度建立情况，汛期应急预案制定情况，对周边采空区、废弃井巷积水及地面塌陷等的排查治理情况；井下排水设施设备检修情况；严格执行“预测预报，有疑必探，先探后掘，先治后采”作业情况和对职工进行防汛和避灾知识教育培训等。

八是开展井下空气压缩机安全专项监察。通过检查摸清了辖区内煤矿使用空压机情况，井下空压机房共有13个，空气压缩机共有56台，其中固定式螺杆空压机有51台，移动式螺杆空压机4台，移动式活塞空压机1台。各煤矿井下空压机运行良好未发现有较大安全隐患和禁止使用的滑片式空压机。

九是开展煤矿职业危害防治工作专项监察。重点检查煤矿执行《煤矿作业场所职业危害防治规

定（试行）》文件情况，煤矿企业管理人员和接触粉尘危害人员参加职业卫生知识培训情况；个体防护用品发放、使用和管理情况；作业场所设置职业危害警示标识情况；定期开展粉尘监测、检测情况和粉尘控制措施落实等。

十是开展全国“两会”期间及煤矿春节后复工验收专项监察。重点检查了煤矿复工措施、两会期间安全措施的制定及落实情况，两会期间应急值守工作等情况。监督煤矿企业严格按照停复工标准和程序认真组织验收，加强两会期间煤矿的安全生产工作。

（八）严格事故查处，用事故教训推动安全工作

坚持“四不放过”原则，认真调查分析，对木城涧煤矿“5·31”事故从现场管理、作业规程、管理制度及领导责任等方面，深查事故原因。及时组织召开事故分析会，认定事故性质和责任，并提出针对性的整改措施。事故结案后，在较大范围内通报事故调查处理结果，使更多单位和人员吸取事故教训。

责任追究情况：木城涧煤矿“5·31”事故中，对木城涧煤矿罚款10万元，对矿长罚款15.6万元；责成木城涧煤矿免去副段长职务；给予1名段长、副总工程师行政记大过处分，各处罚0.8万元；给予1名安全副总工程师、木城涧煤矿副矿长行政记过处分，各处罚0.8万元；给予总工程师行政记过处分，处罚0.8万元。

（九）加强学习，提高干部队伍建设水平

1. 深入开展十八大精神学习活动

制定了《北京煤监局处级以上干部学习贯彻十八大精神集中轮训工作方案》，明确了自学内容、研讨内容、时间阶段和学习研讨参加人员范围。特别是针对北京煤监局人员较少，要求全体干部参加学习研讨活动。紧密结合实际，确保取得成效。学习研讨紧密结合煤矿安全监察工作、结合当前突出问题、结合个人岗位，按照科学发展安全发展观的要求，查找不足，提出改进措施方法。同时，在规定研讨题目的情况下，增加如何深入贯彻落实好《七条规定》、开展好“敬畏生命”大讨论活动等内容。通过十八大集中轮训活动，有效提高了干部群众思想认识水平，坚定了理想信念，增强了责任意识、使命意识，有力地促进了煤矿安全监管监察工作。

2. 深入开展党的群众路线教育实践活动

一是学习内容丰富。学习了党章和党的十八大报告，习近平总书记重要讲话精神，以及国家安全监管总局领导和市委市政府领导指示精神和中央八项规定，深入学习了《论群众路线——重要论述摘编》《论群众路线教育实践活动学习文件选编》、《厉行节约反对浪费——重要论述摘编》等3本书；二是学习形式多样。开展集中学习、总支（支部）学习、组织观看了《周恩来的四个昼夜》、复兴之路展览、反腐倡廉警示教育基地等，邀请专家、学者做专题报告。创造性地开展了“向党说说心里话”活动。全员完成开展教育实践活动学习效果100题自测答题活动。

聚焦“四风”，解决作风不实、执法不严的问题。这次教育实践活动的主要任务聚焦到作风建设上，集中解决形式主义、官僚主义、享乐主义和奢靡之风这“四风”问题。通过教育实践活动，机关作风明显改变：一是提高了服务意识。机关在接待来访人员杜绝门难进、脸难看。到基层监察执法多宣传法规政策、多提出措施办法、多解决实际问题，寓执法于服务之中；二是认真梳理了机关各项规章制度，缺什么补什么，提高了制度建设的针对性、有效性；三是精简了会议、文件，能不开的坚决不开，开短会、说短话，提高政务效率；四是严格“三公”等经费支出。加强车辆管理，实行一车一卡，定点两个加油站加油。开会议强调节俭。全年会议费等经费比同期均明显下降；五是关口前移、重心下移。局领导以身作则，经常深入基层、深入井下参加监察执法和调查研究。各监察室认真贯彻落实《煤矿安全监察执法计划（年度）》，到矿监察必下井检查，严格执法。

河北省煤矿安全生产工作综述

一、煤矿安全生产总体情况

2013年，河北省共发生煤矿事故11起、死亡23人，发生一起重大事故，未发生较大事故，事故死亡人数控制在国家下达的考核指标（45人）以内，煤矿百万吨死亡率为0.33，低于国家下达的0.51考核指标，全省煤矿安全生产形势实现了持续稳定好转。

二、煤矿安全生产重点工作

（一）坚持加大安全执法力度，不断提升监察执法效能

坚持落实监察责任，明确分工，确保了各项监察执法工作扎实开展。一是严格推行计划监察。坚持科学合理地编制了年度监察执法计划，在执法实践中不断提高执法计划的执行力，按照“查大系统、治大隐患、防大事故”的要求，重点对煤与瓦斯突出、高瓦斯、水文地质条件复杂矿井加大监察执法力度，严查煤矿重大安全隐患和非法违法行为，严防煤矿重特大事故发生；重点对2012年所有事故矿井组织开展了有针对性的监察执法，查处安全隐患204条，实施行政处罚101万元；坚持统筹协调省煤监局与各监察分局执法计划，有序开展了煤矿“一通三防”、建设项目“三同时”、安全生产许可证、淘汰设备及工艺、紧急避险系统等专项监察，共监察356矿次，实施行政处罚236万元。两节、两会期间，按照省政府统一部署，与省煤管局联合组成了4个执法督导组，对全省4个产煤市和所有煤矿企业进行了为期近2个月的执法检查，确保了煤矿安全生产。二是加大了执法处罚力度，持续对煤矿违法违规行为保持高压整治态势。强化依法行政意识，始终做到执法必严、违法必究，做到了每次下矿预案先行、程序严密、监察严细、环节闭合，主动查大隐患、办大案件。2013年计划监察649矿次，实际监察1013矿次，计划完成率156%；查处安全隐患2583条、同比上升24.5%，使用执法文书9880份、同比增长21.7%，实施行政处罚475次，实施经济罚款2761.33万元，为近年来行政执法处罚力度最大的一年。三是不断规范监察执法工作。坚持完善监察执法制度体系，研究制定了《局机关监察执法办法》《行政执法文书考核标准》《七条规定安全监察要点》等制度，修订完成了《煤矿安全监察行政执法综合考核办法》《行政执法监督办法》《监察执法文书制作规范》等制度。坚持抓好重大案件的审查审理和批复，定期在系统内通报3万元以上行政处罚案件，及时在网上公示重大处罚案件办理情况，接受社会监督。坚持加强执法文书考核，推行现场随机抽取执法案卷的方式，变评比为现场考核，促进了执法文书制作质量的提高。

（二）扎实开展落实《七条规定》专项监察和安全生产大检查，积极推进煤矿安全“双七条”贯彻落实

为贯彻落实中央领导同志关于安全生产工作的一系列重要指示，按照国家总局和省委省政府的统一部署要求，一是扎实开展了《七条规定》专项监察。在《七条规定》出台后，督促各煤矿企业广泛深入地开展了《七条规定》宣贯活动，扎实开展了“保护矿工生命，矿长遵规守则”主题实践活动，切实将《七条规定》的要求贯彻到每一名管理人员、每一名矿工。同时，制定印发了专项监察工作方案，局领导带队分片深入到全省4个产煤市进行监察执法，各监察分局也结合实际组织了专项监察活动，共监察煤矿52处，查处问题和隐患189条，实施行政罚款273.6万元。此外，配合吉林煤矿安全监察局对河北省贯彻落实《七条规定》情况进行了专项监察。二是集中开展了安全生产大检查。为认真贯彻落实6月7日全国、全省安全生产电视电话会议精神，按照《国务院办公厅关于集中开展安全生产大检查的通知》《河北省煤矿安全生产大检查实施方案》的要求，省煤监局和各监察分局迅速成立了大检查领导小组，召开

了动员部署会议，制定了工作方案。为确保安全大检查收到实效，局领导带队与省煤管局联合组成4个执法督查组，分片深入到全省8个产煤市开展了安全大检查，坚持从细检查、从严处罚，始终把“零容忍、严执法”贯穿于安全大检查中，共查处煤矿安全隐患和问题1561条，责令停工停建7件，实施经济处罚528万元；坚持采取“四不两直”方式，组织开展突击检查、暗访复查活动，加强对辖区煤矿安全动态情况的检查执法，先后对阜平县炭灰铺、秦皇岛柳江等煤矿进行暗访抽查38次；坚持做到与深化“打非治违”专项行动相结合，各监察分局与地方政府有关部门多次实施联合执法，集中力量彻底查处煤矿存在的安全隐患；与落实监察执法计划相结合，把重点和专项监察融入安全大检查之中，实现了有序衔接、强化执法；与开展事故案例警示教育相结合，落实杨栋梁局长提出的“一矿出事故，万矿受教育”要求，分片组织召开了4次事故案例警示教育会议，督促煤矿企业深刻吸取典型事故教训，及时消除各类安全生产隐患。此次安全大检查效果明显，共监督检查了8个市、27个县（市、区）政府煤矿安全监管工作，覆盖率均为100%，现场检查生产矿井124矿次，抽查停产整顿矿井203矿次，覆盖率均为100%。三是深入贯彻落实煤矿“双七条”。国家安全监管总局2012年出台了《七条规定》，2013年国务院办公厅印发了《关于进一步加强煤矿安全生产工作的意见》(以下简称《意见》)，明确提出了7项煤矿安全治本攻坚举措。煤矿“双七条”特别是国办《意见》，是煤炭行业坚守安全生产红线的根本要求，更是推进煤矿安全攻坚克难的治本之策。为贯彻落实煤矿“双七条”，省煤监局与省煤管局加强工作协调配合，共同研究制定了落实国办《意见》的实施意见，明确了河北省在煤矿关闭退出、安全准入、瓦斯治理、隐蔽致灾因素普查、劳动用工管理、煤矿“四化”建设、应急救援等方面的政策和措施要求，并已启动了张家口市蔚县煤矿安全攻坚战，认真开展了省政府和有关部门领导与煤矿矿长谈心对话活动。

（三）加强安全重点整治，有效遏制和防范煤矿重特大事故

为切实推进煤矿瓦斯和水害防治工作，坚持认真组织煤矿“一通三防”和防治水专项监察，依法督促各煤矿企业强化安全隐患排查治理，不断加大安全整改落实力度，持续提升安全生产保障能力，安全生产状况明显得到好转，2013年全省煤矿杜绝了水害事故。一是加强煤矿瓦斯防治工作。坚持把“一通三防”专项监察融入安全大检查工作中，集中监察力量对所有煤与瓦斯突出、高瓦斯矿井严格监察执法，依法督促落实《煤矿瓦斯抽采达标暂行规定》以及煤矿瓦斯防治工作“十条禁令”，切实做到先抽后采、抽采达标，严格落实“两个四位一体”综合防突措施。其中，针对部分煤矿开采过程中有瓦斯动力现象和瓦斯等级升高的问题，果断下达严厉指令，依法督促煤矿进行突出鉴定，有5个矿经鉴定升级为煤与瓦斯突出矿井，为提高升突矿井的安全管理水平，对升突矿井逐矿组织开展专项监察执法，共查出安全隐患和问题116条，及时向所属集团公司下达监察指令，依法督促整改到位。二是推进水害防治工作。坚持在安全大检查工作中组织开展防治水专项监察，以督促水文地质条件极复杂矿井完善增建潜水泵排水系统为抓手，依法督促各煤矿企业严格执行防治水“十个一律”规定，落实各项防治水措施，重点检查是否严格执行探放水制度、建立探放水专业队伍、落实综合防治水措施等情况，共查处安全问题97条，实施行政处罚102万元。三是加强地方煤矿整合技改期间的安全监察工作。在监督检查地方政府煤矿安全监管工作中，重点依法督促各地方政府按省政府45号文件要求，对未列入保留范围的地方煤矿依法关闭到位，关实关死，严防私挖盗采非法行为；对所有停产整顿矿井严格落实“双停”监管措施，严防擅自生产或施工等非法违法问题。同时，督促各整合主体企业加快重组整合进度，切实对整合矿井实施管理管控。吸取张矿集团艾家沟煤矿“2·28”重大火灾事故教训，省煤监局与省煤管局联合开展了煤矿井下空气压缩机的专项监察。

（四）严格安全生产许可，从严把好煤矿安全生产准入关口

围绕省委省政府开展的“两个环境”建设和“双提双减”活动，坚持行政许可一个窗口、集中办理，做到公开透明，全年行政许可办理中心受理各类行政许可审批事项161件，办结141件，在办17件，不予许可3件。一是加强煤矿安全生产许可证动态监管。坚持督促各煤矿企业严格落实

《关于加强煤矿企业安全生产许可证动态管理的意见》，持续符合安全生产条件要求。坚持定期对全省煤矿持证情况进行清理，发现证照过期及时下达停产指令。为加强煤矿安全生产许可证审查审批工作，制定完善了相关制度，明确许可审查必须进行现场检查执法，发现重大问题的及时暂扣安全生产许可证。二是加强煤矿建设项目“三同时”工作。坚持及时受理煤矿建设项目安全设施设计审查申请，重点抓好煤矿整合技改项目的安全设施设计审查和竣工验收工作，全年完成煤矿建设项目安全设施设计审查和竣工验收10处，完成兼并重组煤矿安全设施设计审查51处、竣工验收8处。并召开了全省煤矿建设项目安全管理座谈会，认真摸清掌握全省煤矿建设项目的底数情况。三是全面推进煤矿职业危害防治工作。在全国职业病危害防治工作现场会召开后，督促指导煤矿企业认真推进职业危害防治工作。按照专项监察方案要求，对邯郸市、唐山市部分煤矿进行了职业病危害防治专项监察，查处隐患和问题436条，实施行政罚款113万元。为积极推进全省煤矿职业卫生技术服务机构建设，制定了服务机构乙级资质专业能力审查办法，对2家服务机构乙级资质进行了审查验收，向河北煤矿矿用安全产品检验中心颁发了全省第一家煤矿乙级资质证书。为推进煤矿建设项目职业卫生“三同时”工作，制定了审查和验收程序、设计专篇编制细则和竣工验收细则，全年组织煤矿建设项目职业卫生“三同时”设计审查16件、批复18件、防护设施竣工验收3处。四是加强安全技术培训考核发证工作。坚持创新培训教学方法，加强考试题库建设，全面推行机考模式，全年组织煤矿三岗人员培训25741人（其中，主要负责人158人，其他安全生产管理人员8325人，特种作业人员17258人），组织2期煤矿救护队员培训919人。

（五）推进安全基础管理，加强煤矿安全技术支撑体系建设

一是积极推进煤矿安全避险“六大系统”建设，贯彻国家煤矿安监局视频会议要求，坚持认真调度企业建设情况，依法督促加快紧急避险系统建设，全省81处应建紧急避险系统矿井中有80处已经完成并验收通过，1处完成建设待验收，全省4处新建改扩建矿井3处完成了紧急避险系统设计。二是积极推进煤矿企业安全质量标准化建设，坚持督促各煤矿企业进一步规范动态达标管理工作，切实做到岗位达标、专业达标、系统达标和企业达标，通过监察执法不断推进各煤矿质量达标常态化建设。三是加快推进煤矿应急救援体系建设，协助国家安全监管总局应急救援指挥中心完成了应急平台建设应急资源的普查工作，组织开展了河北省第四届矿山救援技术竞赛活动，对全省煤矿应急救援工作及区域应急联动情况进行了调研，完成了河北省煤矿应急管理专家的建库工作，公布了86名煤矿安全生产应急管理专家。重点加强了救护队资质的监管工作，对全省16支矿山救护队资质进行了认定，对不具备资质条件的进行注销和降级处理，规范了地方煤矿的应急救援工作，对张矿集团救护队因救援工作不力进行了全省通报批评，并作出暂扣资质证处理。四是坚持加强中介机构监管。对全省安全检测检验和安全评价机构加强了监督检查、监督评审及年度考核工作，认真组织开展了“防范事故见成效”活动，依法对一出具错误检测报告的机构进行严肃处理。同时，不断强化检测检验机构安全和质量意识，督促做到安全设备应检尽检，2013年全省共检测设备材料45074台件，其中检测到不合格设备材料1630台件，促使煤矿企业淘汰更换维修设备设施1635台件，整改各类安全隐患1836条，为煤矿安全生产工作提供了有力的技术支撑。五是做好煤矿安全文化示范企业创建工作。修订了《河北煤矿安全文化建设示范企业标准》，召开了全省煤矿安全文化建设示范企业授牌视频会，授予6家煤矿示范企业称号。

（六）严厉查处煤矿事故，坚持用事故教训推动煤矿安全工作

始终按照“四不放过”和“科学严谨、依法依规、实事求是、注重实效”的原则，严肃查处煤矿事故。一是加强事故调查处理和责任追究，2013年应结案11起，实际结案11起，按期结案率为100%。在已结案的事故中，有91名事故责任者受到处理，其中给予行政处分87人，其他处分2人，给予党纪处分11人，对事故单位罚款236万元。重点加大对冀中能源张矿集团艾家沟煤矿“2·28”重大火灾事故的调查处理力度，在国家煤矿安全监察局批准延期结案的申请后，继续开展调查补证工作，经调查取证提交了事故调查报告，根据国务院安委会办公室的事故批复意见，认

真落实和督办对责任单位和有关责任人的处理意见，及时在网站公布事故调查报告。二是科学严谨地做好非责任事故认定工作。严格落实河北煤监局下发的169号文件，对2012年秦皇岛市抚宁县“5·7”非责任事故进展情况进行了督导督办，对邯矿集团亨健煤矿、峰峰集团万年矿等5起因病死亡事故进行了认定和批复。其中，认真严肃对冀中股份东庞煤矿“6·4”事故进行调查核实，并依法责令全矿井撤出生产作业人员，进行停产整改3天。三是加强事故举报的核查力度。全年接到各类煤矿事故举报案件43件，责成有关监察分局对举报内容进行了认真核实、调查取证。其中，邯郸监察分局规范煤矿瞒报事故核查办法，积极探索举报事故核查的有效手段，实行了对当事人全程录音录像、张贴征集举报线索启示、恢复人员定位和视频监控系统等措施。

（七）深入开展党的群众路线教育实践活动，积极转变队伍作风，进一步推进党风廉政和队伍建设

为深入扎实开展党的群众路线教育实践活动，河北煤监局党组研究制定了实施方案，组织召开了动员大会，精心安排部署了教育实践活动。一是认真征求意见和建议。发放征求意见表37份，局领导班子成员亲自召开座谈会26次，征求意见和建议114条。二是认真对照查摆问题。局领导班子带头对照分析，查摆出“四风”方面12大项48条问题，对照检查材料进行了7次修改，并对各级班子和党员干部撰写对照检查和党性分析材料提出了具体要求。三是认真召开了专题民主生活会和专题组织生活会。每名党员干部都严肃认真地开展了批评和自我批评，达到了“照镜子、正衣冠、洗洗澡、治治病”的目的。四是认真抓整改落实。局领导班子认真研讨撰写了整改方案，确定了7大项整改任务、40条整改措施，各单位和所有处级干部也都制定了整改措施，整改工作已初见成效。通过教育实践活动，进一步提高了党员干部的思想认识，转变了工作作风，密切了党群干群关系，树立了为民务实清廉形象。

认真贯彻落实党的十八大精神，进一步加强了党风廉政建设和队伍建设。一是全面落实党风廉政责任制，逐级签订了廉政责任状，党员干部人人签订了廉洁自律承诺书。二是完善反腐倡廉制度机制，研究制定了考核评价办法，加强了廉政工作考核。加强了执法监察，抽查分局行政执法案卷64套，提出意见和建议12条；对行政许可审批事项进行专项检查，提出建议4条。三是深化廉政教育。开展了先进典型示范教育和反面教材警示教育活动，坚持用身边事教育身边人。四是抓好创先争优活动。开展了学习贯彻十八大精神集中轮训工作，开展了解放思想大讨论活动。参加了河北省基层建设年活动，3名同志在沧州市献县前张乡村开展了一年的帮扶建设，被推荐为省级先进工作组。五是严格执行中央八项规定，工作纪律和作风明显转变，班子成员带头深入基层，轻车简从，加强督查调研。切实改进了会风文风，会议数量同比减少12个，费用减少4.43万元，会期减少10天，发文减少6%。六是严格按照规定程序和步骤选拔使用干部，全年选拔任用处级干部1人、科级以下5人，交流处级干部3人。七是后勤服务保障、离退休老干部工作取得新进展。完成了红旗大街住户暖气改造工程，争取国家财政资金完善了4处老干部活动场所的设备设施。

山西省煤矿安全生产工作综述

一、煤矿安全生产总体情况

2013年，山西煤监机构深入学习党的十八大和十八届三中全会精神，认真落实习近平总书记、李克强总理等中央领导同志一系列重要批示指示精神，强化“底线”思维和“红线”意识，认真贯彻国家安全监管总局、国家煤矿安监局、山西省委省政府关于安全生产工作的重大决策部署，以贯彻落实煤矿治本攻坚“双七条”为抓手，以切实增强本安能力和推动安全发展为重点，以着力防范煤矿事故为核心，咬定目标、落实责任，完善机制、

强化监察，有力地促进了全省煤矿安全生产形势持续稳定好转，为山西综改试验区建设和经济社会转型跨越发展提供了安全保障。1—12 月，全省煤矿累计生产原煤 9.6 亿吨左右，发生伤亡事故 40 起、死亡 75 人，比控制指标少死亡 31 人，死亡人数同比下降 9.64%；其中较大事故起数下降 28.57%、死亡人数同比下降 32.43%；煤矿百万吨死亡率 0.078，比控制指标低 0.047。

二、煤矿安全生产重点工作

（一）健全完善行政执法责任体系

召开全省煤矿安全监察工作会议，回顾总结、分析形势，安排部署了今年的总体工作，明确了“三个继续下降”的总目标，确立了八项重点任务。完善目标责任考核办法，更加突出安全指标控制、下井现场检查、执法行为规范、执法力度加大、党风廉政建设，逐步建立了以监察员综合考核为基础，以三个评估为切入点，以三个目标责任考核办法为载体的网络式监控监察机制。严格编审执法计划，责任分解到组到人，明确各监察分局（站）局长是执法第一责任人、书记是监督主要负责人，对完成情况实行每月分析、按季滚动、半年考核、全年总评。

（二）紧紧抓住突出问题开展安全大检查

开展了全省煤矿安全隐患集中整改百日专项行动省级督查，由 5 个局领导带队，分别深入 5 个辖区煤矿现场抽查，查处的隐患和问题按分级监管权限，分别移交市县煤矿安全监管部门或 5 大煤炭集团公司限期复查、监督整改。开展了煤矿安全突击检查、联合执法，按照安全生产“打非治违”工作实现“四个结合”、实行“四个一律”、坚持“五落实”要求，严肃查处非法违法和违规违章生产建设行为。开展了煤矿安全大检查省级督查，坚持“全覆盖、零容忍、严执法、见实效”的总要求，按照“四不两直”和暗查暗访的方法，对全省市县政府及其煤矿安全监管部门、主体企业、保留煤矿为期 4 个月的彻底的煤矿安全生产大检查情况进行了随机抽查。

（三）始终围绕隐患整改提高效率

提高现场检查的针对性，合理确定监察重点、有效工日、执法力量、监察定额、矿次统计，将“三项监察”执法计划制版上墙，推进有序实施。实行计划完成奖惩激励，强调计划编制、执行的严肃性，超工日 100% 以上者考核减分，超矿次加分上不封顶，鼓励下井检查和精细监察。推进“三项监察”点、线、面有机结合，对高瓦斯矿、突出矿、事故矿、水文地质类型复杂矿重点监察，对建设项目安全设施、矿井防治水、矿领导带班下井、安全费用、安全培训、斜井人车、安全避险“六大系统”建设完善、职业危害防治、瓦斯抽采系统、安全设备等开展专项监察，对重大隐患治理跟踪定期监察。

（四）着力提升煤矿安全保障能力

严格安全准入，建设项目安全设施设计审批和竣工验收到现场，确保与主体工程“三同时”，省局受理安全专篇审批、安全设施验收申请 82 个；对申领、换发安全生产许可证的 322 各煤矿企业进行现场检查，达不到安全生产条件的，不予发放申请书，开展了安全生产许可网上办理试点和首期培训。大力推进煤矿井下紧急避险系统建设，要求制定规划、限期承诺、按时完成，实行定期报表制度，及时掌握工作动态。开展了安全评价机构年度考核和典型案例分析，实行评价报告网上公开；制定安全检测机构检验目录，培训检测人员、规范检测行为，充分发挥中介机构技术支撑作用。召开了煤矿安全科技论坛暨新技术新产品推介会、科技工作座谈会，下发了 2013 版山西煤矿安全先进适用技术成果和新型适用装备产品指导目录 28 项。加强安全培训机构建设，开展了教师岗位培训和继续教育、安全培训机构专项监察。开展事故应对评估、应急预案修订、救援队伍达标、41 个队伍资质认定、应急预案演练、应急知识竞赛，提高突发事件应急处置水平，2013 年 13 支队伍出动 300 人次，抢救遇难者 37 人、遇险人员 9 人。

（五）广泛开展“双七条”宣传贯彻

开展了“七条规定”宣贯专题培训、现场考试、公开承诺、调研督导，制定实施细则，开展专项监察、交叉监察、摸底调查，促进煤矿企业扎实开展“保护矿工生命，矿长守规尽责”主题实践和“敬畏生命”大讨论活动。围绕“强化安全基础、推动安全发展”主题，突出警示教育、应急演练、文化建设 3 个重点，开展了“安全生产月”期间的 7 项集中宣教活动。利用培训讲台、现场检查、情况通报、知识竞赛、案例宣讲、技术培训等阵地和载体，宣传党中央国务院重大决策部署，营造良好氛围、凝聚思想共识、推动安全发展。举办煤矿安全文化建设专题培训，完善创建办法、召开推进会议、开展论文征集、举行专家讲座、组织现场考评等，推进示范创建和安全文化建设。举办了煤矿安全治本攻坚“七项举措”视频宣传。

（六）不断夯实安全监察执法基础

开展了2012年以前伤亡事故分析，充分认识现阶段稳定从业队伍、提高队伍素质对改善煤矿安全生产状况的极端重要性。组织档案知识竞赛、征文评比、专项检查，强化档案意识、发挥鉴往作用，提高档案资源化水平。编制了山西煤矿职业卫生统计分析报告，开展了煤矿职业卫生技术培训、技术服务机构资质认可，建立了专家库。编印了防突手册、开展矿井防突研讨和设备技术培训，提高了监察实效，部分监察分局（站）还编印了辖区煤矿分布图册，反映灾害特点和基本情况，有效指导监察执法实践。出台了煤炭与煤层气协调开发意见，推进实施煤层气地面抽采企业安全行政许可。尝试了煤矿总工授课交互式静态监察。

（七）严肃追究事故企业主体责任

严格执行“四不放过”和“依法依规、实事求是、科学严谨、注重实效”的原则，严肃查处40起事故，对典型事故提高调查组规格。实行事故查处审议制，一般事故审议备案、较大事故审议批复、重大事故审议上报，不仅查找造成事故的直接、主要原因，还要查找事故中暴露出的重大隐患和迟报、瞒报行为，实行上限处罚，规范事故查处行为，提高事故查处质量。严格按照2006年省安办52号文件规定，督促举报事故的核查。更加注重提高结案时效，严格执行省政府办公厅2012年34号文件规定，多种追究方式并用，对事故矿井吊销矿长两证、限期停产整顿，2013年已结案36起事故，追究了513名事故责任人的责任。

（八）持续提高煤监队伍执法能力

贯彻中央“八项规定”精神，结合实际制定了贯彻八项规定精神实施办法，陆续制定或修订完善了局会议管理制度、文件管理制度、经费审批管理制度、领导干部联系点制度等制度规定，明确、细化了有关的规定要求和检查标准，增强了针对性和可操作性。认真开展重点问题治理，重点抓了“三个严禁”和“三个下降”，加强思想教育和监督检查，促进了抵制公款吃喝、厉行倡俭治奢的风气形成。继续深化反腐倡廉建设，认真开展警示教育，组织学习了本系统腐败现象分析通报和警示教育案例选编，深入剖析山西省煤监队伍发生的腐败案件，以身边事教育身边人；开展了清退会员卡活动和违规用车清退活动。开展了专项检查工作，检查出低限处罚较多等6个方面的问题，逐项提出整改纠正意见并进行了公开通报；开展了事业单位制度廉洁性评估工作，对78项制度提出评估意见106条，对评估结果进行了公开通报，各单位按照要求逐项进行了整改，立足及时发现和纠正苗头性问题，制定了廉政风险防控管理、“四个零”实施办法，扎实推进和深化风险防控工作。认真开展教育实践活动，以“为民务实清廉”为主要内容，以领导班子和处级以上领导干部为重点，按照“十二字”的总要求，扎实开展学习教育、听取意见，查摆问题、开展批评，整改落实、建章立制3个环节的活动，聚焦“四风”，查摆出省局班子21个突出问题，班子成员个人114个问题，有针对性地制定了班子整改方案、专项治理方案、制度建设计划和个人整改措施，并扎实抓好全系统教育实践活动，制定了队伍建设意见、开展了干部选任民主测评，着力解决了煤监队伍作风不实、执法不严的问题。

内蒙古自治区煤矿安全生产工作综述

一、煤矿安全生产总体情况

2013年，内蒙古煤监局深入学习贯彻党的十八大精神和国家安全监管总局、国家煤矿安监局以及自治区党委、政府关于加强煤矿安全生产工作的各项部署，围绕《七条规定》和煤矿安全生产“七项攻坚举措”，落实企业主体责任，夯实企业安全基础，强化监察，严格执法，各项工作取得明显成效，有力地促进了全区煤矿安全生产形势稳定好转，实现了死亡人数和百万吨死亡率“双下降”，继续保持全国领先水平。2013 年，全区生产原煤 99437.8 万吨（调度数），同比减产 6756 万吨，发生死亡事故 22 起，死亡 29 人，同比死亡人数减少 4 人，未发生重特大事故。百万吨死亡率 0.029，同比下降 0.002。

二、煤矿安全生产重点工作

（一）抓执法，圆满完成各项监察任务

2013 年，内蒙古煤监局机关及四个监察分局共监察生产经营单位 1342 矿次，监察覆盖率 100%；下达执法文书 4812 份；查出一般隐患 4321 项，限期内应完成整改 4272 项，已完成整改 4272 项，整改率 100%；查出重大隐患 50 项，限期内应完成整改 47 项，已完成整改 47 项，整改率 100%。在完成执法计划的同时，2013 年的监察工作呈现出以下几个新特点：一是监察种类多、重点突出、针对性强。先后开展了“春季煤矿安全隐患百日大检查”“煤矿井下空气压缩机”专项监察、井下紧急避险系统专项监察、地方煤炭集团公司安全管理专项监察、《七条规定》专项监察、雨季三防专项监察、“一通三防”专项监察、建设项目安全专项监察、安全生产许可证持证条件专项监察和安全生产大检查，有针对性地消除了一大批安全隐患。二是监察时间长、规模大、覆盖率高。4 月 22 日到 7 月 28 日开展的“一通三防”专项监察，监察覆盖率 100%，查处“一通三防”方面的隐患和问题 378 条，其中重大安全隐患 4 条，停产整顿矿井 6 处，暂扣安全生产许可证 2 矿次。7 月 8 日到 9 月 30 日开展的全区煤矿安全生产大检查和督导工作，分 4 组 3 批 12 个小组，对全区煤矿进行了彻底检查，监察覆盖率 100%，发现隐患 1089 条，其中重大安全隐患 17 条，停产整顿矿井 5 处，停止作业矿井 7 处，停止非法建设矿井 4 处、停止施工矿井 2 处，暂扣安全生产许可证 1 矿次，有效预防了重特大事故的发生。三是监察方式新、质量高、效果好。在安全大检查和煤矿安全监察执法过程中，按“四不两直”方式对煤矿企业进行随机抽查、突击夜查、明察暗访、回头复查、交叉检查，收到较好效果。乌海分局研究制定了《井工煤矿安全监察要素》，开展了审计式监察，体现了监察的系统性；鄂尔多斯分局开展了“集中示范式精细化监察”，强化了企业主体责任落实；赤峰分局实施表格化监察，确保监察不留死角；呼伦贝尔分局采取了集中、解剖、约谈、示范式监察，提高了执法质量。

（二）抓重点，大力解决重点难点问题

2013 年，内蒙古煤监局始终把瓦斯和水害作为“三项监察”工作的重点。开展了为期 3 个月的“一通三防”专项监察，下发了《关于做好雨季三防工作的通知》。各分局也都采取了针对性措施，呼伦贝尔分局分两个监察组，对辖区煤矿“一通三防”、瓦斯治理和防治水工作进行了拉网式专项监察；乌海分局结合辖区内矿井灾害情况合理制定监察计划，适时开展专项监察，有效提升了煤矿“一通三防”和防治水管理水平和安全保障能力，辖区实现全年零死亡；鄂尔多斯分局对确定存在水害隐患的矿井逐矿开展安全检查，下达暴雨期间停产撤人指令 34 次，有效确保了煤矿安全度汛。2013 年全区因瓦斯和水害死亡 4 人，同比减少 6 人。同时，还下大力气对一些长期制约自治区煤矿安全生产的难点问题采取了针对性措施。针对非法违法建设行为屡禁不止的问题，开展了历时 22 天的建设项目专项监察，监察各类煤矿建设项目 193 处，其中新建煤矿监察覆盖率 100%。对煤矿建设项目进行了拉网式的摸底调查，逐矿填写了《煤矿建设项目现场检查表》，全面摸清建设项目的现状和工程进度，累计查出各类问题和隐患 89 条，下达停止施工作业命令 20 处。针对专项监察中发现的问题，对 29 家非法违法在建煤矿主管单位负责人和设在自治区的分公司、煤矿建设项目主要负责人共 73 人进行了安全约谈，围绕决策权，直接约谈非法违法在建煤矿主管单位，重点解决停不下来的问题；围绕法律法规，面对面宣讲国家关于煤矿建设项目安全管理有关规定，重点解决为什么停的问题；围绕执法监察，当面向非法违法在建煤矿主管单位下达《加强和改善煤矿安全管理意见书》，重点解决必须停下来的问题；围绕习近平总书记的重要讲话精神和自治区党委书记王君的指示，对下一步煤矿建设项目安全管理提出具体要求，重点解决如何停的问题。截至发稿时，被约谈单位均制定了整改措施，向内蒙古煤监局报送了整改报告，承诺非法建设矿井全部停工。

（三）抓协作，积极落实地方监管责任

2013 年，内蒙古煤监局针对对地方政府煤矿

安全监管工作监督检查这一职能“短板”，经积极协调，在自治区政府的同意下，自治区安委会印发了《切实加强对地方政府煤矿安全监管工作监督检查实施意见》，要求内蒙古煤监局通过定期召开联席会议、通报执法情况等多种方式履行对地方政府的监督检查职责。内蒙古煤监局不断加强与安全监管、煤炭管理等部门的协调合作，增强工作合力。全年联合下发文件52件，开展全区性安全大检查3次。各分局也都积极探索，将现场监察与指导地方煤矿安全监管工作相结合，重点督查地方监管部门落实煤矿企业安全生产各项规章制度情况，突出解决落实不下去，严不起来的问题，推进地方政府及有关部门进一步落实监管责任。四个分局全年对地方政府及煤矿安全监管部门监督检查74次，召开联席会议35次，开展联合执法118次，向地方政府提出加强和改善安全管理建议书30份，促进了煤矿安全生产齐抓共管，地方监管责任进一步落实。

（四）抓基础，强化技术支撑作用

2013年，内蒙古煤监局不断加大煤矿安全基础建设力度，强化技术支撑作用。一是建立完善了煤矿安全生产许可证数据库。数据库包含全区所有煤矿的基本信息情况，并根据煤矿停产、整合和再建设，及时准确进行数据更新，为煤矿安全监察工作提供了有效的参考依据。二是积极落实“科技兴安”战略，组织开展了2013年安全生产重大事故防治关键技术科技项目征集工作，对煤矿隐蔽致灾因素地面普查现状和需求情况进行了调查。三是认真贯彻落实《国务院安委会关于进一步加强安全培训工作的决定》，全年培训39102人，同比增加4340人。和自治区煤炭工业局在培训中心共同举办了煤管干部及煤矿企业负责人参加的干部轮训学习班。四是全力推进职业危害防治工作，职业危害检测中心与全区359家煤矿签订了职业危害检测评价技术服务合同，已完成检测评价合同345家，为86家煤矿企业提供了职业危害全员培训，培训人数达到25986人，帮助企业有效预防了职业病的发生。五是发挥技术支撑作用，促进煤矿安全精细化管理。局技术中心为煤矿检测设备19803台套，消除安全隐患3.8万项，检测维护安全监控仪器10万多台件，检测维修个体安全防护仪器及自救器9.6万台件，有效地保障了煤矿安全监控系统及重要设备的安全运行。六是应急救援工作取得新进展。全年组织全区煤矿救护队开展安全预防性检查4253队次，抢险救援233起，抢救生还人员69人，搜救遇难人员20人。全区形成了以8个区域救援基地为主干网络的应急救援体系，煤矿行业整体救援工作具有了基本队伍保障。七是加强安全技术体系建设与管理，对区内的两家甲级安全评价公司和4家乙级安全评价公司、区外在自治区备案的9家甲级安全评价机构进行了监督检查与考核，对5家煤矿安全评价机构进行了乙级资质重申换证审查。

（五）抓服务，不断改进行政许可等各项工作

2013年，内蒙古煤监局在继续严把安全许可关的基础上，围绕提高服务水平、减轻企业负担，不断改进安全许可工作。一是结合内蒙古自治区煤炭产业逐步规范、煤矿规模不断增大、安全状况显著改善的现状，将安全生产许可证的有效期按照国家有关规定统一确定为3年，精简了办事程序，减轻了企业负担。二是下发了《关于进一步做好煤矿企业安全生产许可证颁发管理工作的通知》，从职责划分、办理程序和所需资料等各方面进行了规范，经过一段时间的实施，取得了良好的效果。三是针对建设项目“三同时”的受理审查、安全生产许可证管理和不按规定注销安全生产许可证等问题，分别下发了《关于进一步规范煤矿安全监察行政许可等工作事宜的通知》和《关于做好煤矿企业安全生产许可证注销工作的通知》。全年共办结各类行政许可事项1067件，其中，安全生产许可证406件；安全设施设计审查102件；安全设施及条件竣工验收34件；建设施工企业安全资格证190件；矿山救护队资质认定9件；中介机构资质认定10件；职业危害申报316件；注销了13处煤矿的安全生产许可证。各监察分局也采取了多种形式对煤矿企业提供服务，赤峰分局针对平庄煤业公司古山矿矿压集中显现问题，邀请了北京科技大学的专家进行了会诊和讲座，同时邀请国内煤矿紧急避险系统权威专家讲解了井下避灾系统建设和管理的有关知识。呼伦贝尔分局对技术和管理力量较薄弱的矿井，采用示范和解剖监察的方式，让这些矿井能够找到自身存在的差距，强化安全管理。

（六）抓事故，不断加强事故查处与警示教育

2013年，内蒙古煤监局严格执行国家有关法

律法规，认真查处煤矿生产安全事故。全年发生的22起事故现已全部结案，共处理事故责任人201人，其中移交司法机关8人，经济处罚1724.5万元。全年共受理举报煤矿事故10起，全部进行了立案调查，其中查证核实1起，处理责任人13人，经济处罚626.3万元；不属于煤矿安全生产事故2起；正在调查中2起；其余5起没有查实。对造成事故的重大安全隐患全部按照规定进行了处罚，并向事故单位现场剖析事故原因，对频繁发生事故的煤矿实施了约谈。同时还加大了对瞒报和迟报事故的查处力度，严格按规定进行处罚。严格事故查处的同时，还认真落实“一矿出事故、百矿受教育，一地出事故、全区鸣警钟”的警示要求，不断加大事故警示教育力度。要求发生事故的煤矿必须将事故发生经过利用三维动画形式进行模拟，制作警示教育片，由事故调查组同事故报告一起审核通过。定期将事故警示片制作成光盘发放给煤矿和煤炭管理部门，要求煤矿在班前会、井下候车室等有电视的地方播放。

（七）抓宣传，强化安全生产的“红线”意识

2013年，为把中央领导的重要指示以及国家安全监管总局、国家煤矿安监局和自治区党委、政府关于安全生产的方针政策贯彻到煤矿企业，内蒙古煤监局通过多种形式大力开展宣传工作。一是认真宣传贯彻《七条规定》，扎实开展主题实践活动。《七条规定》下发后，按照国家安全监管总局和国家煤矿安监局要求，认真开展了“保护矿工生命，矿长守规尽责”主题实践活动。与自治区安监局、煤炭工业局联合下发了《贯彻落实〈七条规定〉实施意见》，制定了《关于对违反〈七条规定〉违法违规行为处罚适用法规的意见》和《露天煤矿矿长保护矿工生命安全七条规定》。在国家安全监管总局组织宣贯之前，各监察分局先行组织辖区所有煤矿管理人员进行了传达和讲解，随后又同国家安全监管总局、地方政府一起召集全区所有煤矿进行了一次彻底的宣传贯彻，给煤矿发放了宣传手册，签订了《承诺书》并进行了现场考试。二是组织召开了全区煤矿安全生产工作会议。自治区各产煤盟市及部分旗（县、区）煤矿安全监管部门主要负责人、自治区煤矿企业和部分煤矿主要负责人共240人参会。国家安全监管总局总工程师王树鹤和自治区政府有关领导出席会议并将国家的政策和自治区的工作思路现场传达给了煤矿。会上播放了自治区近期4起事故和吉林八宝煤矿事故警示教育片，并将教育片光盘发放给所有煤矿企业，会议还交流了一些煤矿的典型经验，听取了当前煤矿安全生产存在的问题，安排了2013年后4个月的安全生产工作。三是加大了政务信息报送力度，2013年内蒙古煤监局向国家安全监管总局的信息报送量首次进入煤监系统前5名。同时为进一步加强宣传工作，还设立了中国煤炭报驻内蒙古记者站，充实了宣传人员队伍。

辽宁省煤矿安全生产工作综述

一、煤矿安全生产总体情况

2013年，辽宁煤监局在国家安全监管总局党组和辽宁省委、省政府的正确领导下，以深入开展党的群众路线教育实践活动为契机，以深化“打非治违”专项行动为主线，以贯彻落实煤矿安全“双七条”为抓手，积极转变监察执法方式，扎实推进隐患排查治理，不断加大监察执法力度，狠抓基础工作和队伍建设，促进了全省煤矿安全生产形势持续稳定好转。全年共发生事故21起，死亡39人，同比减少1起、少死亡26人，较好地完成了上级下达的控制指标，杜绝了重大、特别重大事故，煤矿安全创历史最好水平。

二、煤矿安全生产重点工作

（一）认真履行监察职责，突出抓好“三项监察”工作

科学制定监察执法计划。2013年初，在对辖区煤矿安全生产状况、灾害程度、装备和管理水平等全面客观分析的基础上，结合不同时期煤矿安全生产工作的特点，精心编制年度监察执法计划，明确“三项监察”主要内容，严格确定不同类别矿

井的监察频次、监察方式和监察重点，合理调配监察力量，确保了全年监察执法工作有序开展。

认真组织开展“三项监察”。“三项监察”是煤矿安全监察机构的重要职责。按照国家煤矿安监局批复的监察执法计划和国家安全监管总局、辽宁省委省政府各个时期的工作部署，逐月对年度监察执法计划进行分解落实并制定具体的监察方案，以“查大系统、治大隐患、防大事故”为原则，有针对性地开展重点监察、专项监察和定期监察。全年累计监察矿井1847矿次，查出安全隐患和问题4826条，下达各类执法文书2539份，暂扣煤矿安全生产许可证50矿次，停止采掘工作面69个，责令停止生产59矿次，行政罚款总计1754万元。“三项监察”计划完成率112%。

（二）规范安全生产秩序，持续开展“打非治违”行动

明确“打非治违”工作重点。煤矿“打非治违”常态化、制度化是监察执法工作的一项重点任务，全年确立了煤矿证照不全或过期违法生产、未经验收擅自复工复产、超层越界开采、以技改名义组织生产以及利用假密闭逃避检查等为“打非治违”重点内容，同时确定了重点地区。“打非治违”工作目标明确，重点突出。

从严查处违法违规行为。“打非治违”行动中，对重点地区采取了不定时间、不定矿井、不定地点的“三不定”监察方式，适时组织开展集中检查、分片检查，突击巡查，发现非法违法行为按照“四个一律”要求严肃处理。针对煤矿存在的非法违法行为及时下发了监察通报，督促地方政府建立了煤炭、国土、公安等部门联合“打非治违”工作机制，私挖滥采行为得到有效控制，整顿了煤矿安全生产秩序。开展了春节期间煤矿停产情况的突击检查，对4家未经主管部门验收擅自组织生产的煤矿，总计罚款142万元，同时依法暂扣安全生产许可证，在当地产生了极大的震慑作用。

深入开展安全生产大检查。按照国家安全监管总局、辽宁省委省政府的安排部署，会同省煤炭工业局开展了3次安全生产大检查及“回头看”活动，先后对9个产煤市、5个国有重点煤炭企业进行了不间断的督导检查。在安全生产大检查活动中，局主要领导亲自挂帅，局长、副局长任各督查组组长，带队深入各地区开展安全大检查。检查前精心编制、制定现场检查方案，明确检查重点内容，使检查更具有针对性和实效性，保证了大检查效果。对检查中发现的隐患和问题，及时下达监察执法文书，依法给予相应处罚，并向地方政府、监管部门或集团公司通报，提出整改意见和建议，做到了“全覆盖、零容忍、严执法、重实效”。在全国集中开展安全生产大检查期间，辽宁省煤矿杜绝了3人以上事故，取得连续99天安全生产无事故的好成绩。

（三）突出监察工作重点，扎实开展隐患排查治理

强化隐患的源头治理。为确保煤矿通风、采掘等主要生产系统完善、可靠，专门制定了《国有重点煤矿提前介入采区设计监察暂行办法》，完善了国有煤矿新水平、新采区设计编制、审批、施工和验收的相关要求，督促煤矿企业从设计入手，统筹规划生产布局、采掘接续、系统设置等，杜绝因设计不合理造成的安全隐患，保证了采区投产后系统合理性、可靠性。

强化隐患的自主排查治理。为进一步做好乡镇煤矿隐患排查治理工作，帮助乡镇煤矿及地方监管部门解决安全隐患“不知查什么”、“不知怎样查”的问题，制定了《全省地方乡镇煤矿隐患排查重点内容及治理情况汇总表》，分系统、分专业、突出重点地列出了隐患排查的项目、具体内容、相关标准，并印制成《辽宁省地方乡镇煤矿隐患排查治理自检自查手册》发放到煤矿及地方监管部门，要求煤矿企业对照表中所列的重点内容，定期组织开展分系统、分专业的隐患排查治理，解决了查什么、怎样查的问题，调动了煤矿企业自觉排查、自觉整改隐患的积极性。

强化隐患的跟踪治理。以瓦斯治理、水害、防灭火、冲击地压防治等为重点，对隐患严重矿井实施了全年跟踪监察。先后对多处煤矿存在的重大安全生产隐患，责成有关集团公司、地方政府实施挂牌督办，明确整改措施、资金、时限、责任、预案，并跟踪落实，确保整改到位，从而保证了隐患得到及时有效治理、消除。

（四）落实企业主体责任，狠抓《七条规定》贯彻执行

认真抓好宣贯工作。《七条规定》出台以后，利用政府网站及时进行宣传，组织全局在开展煤矿安全大检查、督查和监察过程中，对《七条规定》进行全面贯彻。对地方乡镇煤矿和国有重点煤矿分别下发了开展“保护矿工生命，矿长守规尽责”主题实践活动的通知，要求煤矿企业真正做到了“铁七条、刚执行、全覆盖、真落实、见实效”。

制定实施细则。将《七条规定》中“七个必须、七个严禁”主要内容进行细化分解，制定了《煤矿矿长保护矿工生命安全“七条规定”监察实施细则》，进一步明确了煤矿必须严格遵守的内容和违反《七条规定》的处罚标准，国家煤矿安全监察局给予充分肯定并以文件进行了转发。

扎实开展专项监察。在开展《七条规定》贯彻落实情况专项监察中，共计检查地方政府及煤矿安全监管部门34个，省属国有煤业集团4家，检查煤矿93矿次，其中省属国有重点煤矿10矿次、地方乡镇煤矿83矿次。查出问题及隐患403条，行政处罚91万元，暂扣安全生产许可证4矿次，责令停止采掘作业4矿次，责令停止工作面作业10个，责令停止使用设备30台次。

（五）严把安全准入关口，积极推进小煤矿有序退出

严格安全准入。组织各监察分局对煤矿建设项目安全设施设计审查和竣工验收实施办法进行了修改和完善，将《七条规定》“安全质量标准化”“安全避险六大系统建设”等纳入初审条件，进一步规范了审查、验收环节，按照“谁审查、谁验收、谁发证、谁负责”的原则，全面落实行政审批责任制。

严格安全许可。专门制定下发了《关于强化地方煤矿安全生产许可证申报材料复核管理的通知》，并对安全生产许可证实行动态管理，开展了煤矿安全生产许可证持证条件专项监察，凡是已取得安全生产许可证的煤矿，安全生产条件滑坡的，严格依据《安全生产许可证实施办法》依法暂扣安全生产许可证。

积极推进煤矿整顿关闭。利用“安全生产大检查”“打非治违”专项行动、“监督检查指导”之机，积极宣传贯彻国家和省政府关于煤矿整顿关闭的相关规定，发现不具备安全生产条件的小煤矿及时向地方政府报告。主动协助省市两级政府制定煤矿整顿关闭计划，明确关闭目标和时限，对已经决定关闭的小煤矿及时注销安全生产许可证。2013年共注销104处煤矿安全生产许可证。

（六）加强监督检查指导，落实地方政府安全监管责任

严格复产复工验收工作。为认真吸取煤矿复工复产期间事故多发的教训，制定下发了《辽宁煤监局关于加强煤矿复工复产验收工作的监察意见》，严格督促各产煤市按照《辽宁省停产煤矿复产验收程序和标准的通知》规定的标准、程序组织验收，做到合格一个、验收一个，确保复产验收的质量。同时组织监察分局对辖区已经复产的煤矿进行抽查，发现问题一律严肃处理。在抽查中发现辖区一些煤矿复产验收工作不符合程序，及时向地方政府进行了通报，督促监管部门下达停产停工指令、停发火工品，并按程序重新组织验收。

建立评分考核机制。组织分局制定了辖区地方政府煤矿安全监管工作监督检查考评办法，制定了量化评分表，将监督检查内容分项细化，进一步规范了监督检查工作。

改进检查指导方式。在总结完善过去监督检查工作的基础上，2013年对9个产煤市安全监管工作监督检查，采取与安全生产大检查相结合的方式进行，根据大检查发现的问题，有针对性对地方政府监管工作提出监督检查意见，促进了地方监管工作的有效开展。

（七）创新监察执法方式，不断提高监察执法效能

创新监察执法方式。各煤监分局根据辖区煤矿实际，积极探索与“查大系统、治大隐患、防大事故”相适应的监察方式，从监察“有效”和“管用”入手，积极创新安全监察工作的新思路。根据国家安全生产有关法律法规，编制了“煤矿安全监察现场监察要素表”，实现了现场监察表格化。制定了“煤矿安全监察执法流程图”，做到了检查执法程序化、规范化。对国有重点煤矿创造性地开展夜班抽查，改变了以往单一、固定的监察模式，实现静态监察与动态监察的有效结合。同时对辖区所有煤矿的基本情况进行了全面收集、整理，汇编成涵盖矿井历史沿革、采掘工作面布置、瓦斯治理抽采、水害防治、历年事故情况内容的“辖区矿井基本情况电子手册”，使每位监察员能够随

时查阅辖区煤矿各方面的资料；分局下矿监察不事先通知，更加有效地发现煤矿存在的隐患和问题，提高了监察质量和效果。

创新执法监督模式。成立执法效能监察组，对监察执法工作进行监督、监察，对事故处理、执法文书等方面存在的问题及时下发情况通报。组织开展了监察执法文书评比活动，对评选出的优秀执法文书、事故报告在全局执法座谈会上给予了点评。通过效能监察和文书评比，规范了监察执法行为，提高了监察执法人员对法律法规的理解和运用能力和法律文书制作水平。

（八）强化事故责任追究，依法从严查处煤矿事故

严肃查处责任事故。在事故处理中，按照“四不放过”的原则，依法依规严肃查处，确保事故单位和责任人受到惩处和教育。2013 年发生的生产安全事故全部按期结案。

严厉打击隐瞒事故行为。2013 年累计受理群众举报案件 19 件，其中举报隐瞒事故 6 件，举报非法生产 13 件，举报案件全部进行了核查并严格依法处理。

坚持用事故教训推动工作。对发生较大事故的抚顺、丹东、朝阳市政府和地方监管部门、阜新矿业集团公司负责人进行了约谈，深刻剖析事故原因，找出存在问题和工作漏洞，提出整改要求。制作了案例警示教育片到煤矿进行巡回宣讲，督促煤矿吸取事故教训，起到很好的预防和警示作用。

（九）切实改进工作作风，不断加强监察队伍建设

加强作风建设。2013 年初，辽宁煤监局党组一号文件专门就全面加强作风建设提升煤矿安全监察执法能力做出安排，以“治庸、治懒、治浮、治散”为切入点，提出改进作风具体措施。同时，制定了《贯彻落实中央政治局关于改进工作作风密切联系群众八项规定实施细则》，对接待、用车等相关内容作出了明确规定。党的群众路线教育实践活动开展以来，辽宁煤监局领导班子严格按照国家安全监管总局党组的要求，认真查找“四风”方面存在的问题，诚恳开展批评与自我批评，认真制定整改措施并分工落实，主动接受监督，作风建设取得良好效果。

加强能力建设。为提高监察执法人员依法行政的能力和水平，利用春节期间小煤矿停产放假时机，邀请省政府法制办专家开展了为期 2 天的行政执法专项培训，机关处室、各监察分局监察执法人员全部参加了培训，局班子成员带头参加学习并亲自参加了笔试答题。

加强制度建设。在全局范围内开展了制度修订、完善工作，对监察分局“队伍建设”“监察执法”“内务管理”3 个方面 30 项制度进行修订。新制定了《辽宁煤矿安全监察局执法效能监察办法》《转变作风开展煤矿安全生产暗查抽查实施办法》《辽宁煤矿安全监察局（机关）工作规则》等多个规范性文件，进一步完善了用制度管权、管人、管事机制。

加强廉政建设。下发了《2013 年纪检监察工作要点》，召开了党风廉政建设工作会议，对全局反腐倡廉工作做出了具体安排，提出了具体要求，局党组与各单位签订了反腐倡廉工作责任状。集中组织开展了以“深入贯彻落实中央八项规定精神，切实转变作风，促进廉洁自律”为主题的反腐倡廉警示教育活动，不断加强对监察执法人员执行《廉政准则》、国家安全监管总局“九条纪律”和辽宁煤监局“十不准”情况的监督，进一步健全党风廉政建设责任制，落实“一岗双责”，严格执行安全执法人员履职行为“四个零”规定，树立了煤矿安全监察机构良好的执法形象。

吉林省煤矿安全生产工作综述

一、煤矿安全生产总体情况

2013年，吉林省煤炭产量2329.41万吨，比2012年减少2016.71万吨，减幅为46%；发生死亡事故15起、死亡83人（其中较大以上事故3起、死亡71人），比2012年减少8起、多24人，事故起数下降35%，死亡人数上升41%；百万吨死亡率为3.52，比2012年上升2.16，升幅为159%。吉煤集团煤炭产量2006万吨，比2012年减少1600万吨，减幅为44%；发生死亡事故12起、死亡63人（其中特别重大事故1起、死亡36人，重大事故1起、死亡17人），比2012年增加5起、多56人，分别上升71%和800%；百万吨死亡率3.14，比2012年上升2.95，升幅为1553%。乡镇煤矿煤炭产量323.41万吨，比2012年减少416.71万吨，减幅为56%；发生死亡事故3起、死亡20人（其中重大事故1起、死亡18人），比2012年减少13起、少32人，分别下降81%和62%；百万吨死亡率6.18，比2012年下降0.85，降幅为12%。

二、煤矿安全生产重点工作

（一）全面实施煤矿停产整顿和兼并重组

吉林省委省政府深刻汲取八宝煤矿“3·29”“4·1”和庆兴煤矿“4·20”3起重特大事故教训，痛定思痛，对全省所有煤矿进行停产整顿和兼并重组，力推“脱胎换骨”改造，打造煤炭产业“升级版”。省委书记王儒林集中5天时间专题调研煤矿安全生产，亲自撰写调研报告，提出攻坚治本的思路和对策。省长巴音朝鲁亲自担任煤矿企业兼并重组推进组组长、省安委会主任，签发《安全生产指令》。省政府重新修订《吉林省煤矿企业兼并重组实施方案》，印发《吉林省煤矿企业停产整顿工作实施方案》《吉林省煤矿企业停产整顿复产验收细则》《吉林省煤矿企业停产整顿验收及强化安全监管暂行办法》等规范性文件。

一是真停、真查、真改、真验。省安委会组成13个巡视组，各市（州）、县（市、区）成立201个驻矿督导组，驻矿督导组人员1109人，24小时驻矿把住井口、看住出口、收回炸药，保证全省煤矿全部停产到位。地方政府组织91个专家组，为煤矿排查治理隐患提供咨询服务和技术支持，坚持一矿一策，对照《七条规定》和安全质量标准化标准，全面排查隐患，制定整改方案，并由地方驻矿督导组和专家组对整改情况实施全过程监督。规范复产验收程序，严格执行具有资质的中介机构对照安全质量标准化标准逐一对照验收、市县两级政府常务会议审批程序，层层把关。

二是淘汰落后产能，优化产业结构。吉林煤监局联合省直有关部门，集中精干力量，逐市听取汇报，督促各地因地制宜、因企施策制定工作方案。举办兼并重组和提能矿井培训班，重点对申办安全生产许可证的流程、条件、要件和注意事项进行了宣讲解读。组织开展4次调研督导，先后到辽源市、吉林市和延边州现场办公、解惑答疑，加快工作进度。截至2013年底，全省恢复生产矿井全部达到安全质量标准化Ⅲ级及以上，复产能力占全省煤矿总能力的65.87%。通过兼并重组煤矿企业数由2013年初的193家减少到44家，生产规模都在30万吨/年以上，关闭小煤矿33处，淘汰落后产能254万吨。全省煤矿的安全保障能力得到较大幅度提高，为实现“脱胎换骨”改造奠定了基础。

（二）强力推进落实煤矿安全“双七条”

强力推进《七条规定》(国家安全生产监督管理总局令第58号）和《国务院办公厅关于进一步加强煤矿安全生产工作的意见》(国办发〔2013〕99号）（简称煤矿安全“双七条”）。组织开展“保护矿工生命，矿长守规尽责”主题实践活动，采取专题培训、专家解读、专项测试等方式，与1658名煤矿矿长、区队长及班组长面对面宣讲《七条规定》。制定《违反〈七条规定〉行政处罚适用法律法规依据及标准》，组织开展专项监察，对白山市某煤矿巷道式采煤等违反《七条规定》的行为，处以103万元的大额罚款。国办99号文件出台后，12月18日组织召开全省宣贯视频会，结合吉林省煤矿安全特点规律，对煤矿安全“双七条”进行逐条逐句的宣贯解读。下发《关于对全省所有煤矿矿长进行安全生产约谈的通知》，建立地方政府分级约谈机制，与全省所有煤矿矿长谈心对话，坚持不懈贯彻落实煤矿安全“双七条”，使之入脑入心，人尽皆知。

（三）集中开展煤矿安全隐患大检查大整改

按照国家安全监管总局、国家煤矿安监局的统一部署，吉林煤矿安监局印发《煤矿安全生产隐患大检查行动方案》，局班子成员分工、分片负责，带领4个检查组深入基层进行巡回督导检查。编制《生产矿井检查内容表》《停产矿井检查内容表》《建设矿井检查内容表》和《安全管理内业检查目录》。现场检查前，先由矿井填写隐患自查自纠情况，在检查时对照验证其真实性。对隐患排查不全面、治理不彻底的严肃处理，推动煤矿企业自查自纠。制定《暗查抽查工作制度》，不发通知、不打招呼、不听汇报、不用接待和陪同，直奔基层、直插现场进行抽查暗访。借鉴贯彻“八项规定”的做法，加大事前责任追究力度，与省纪委、监察、安监、公安等部门组成3个督查组，暗访督查各类企业64个，对不排查、不整改、不落实的15户企业、13个监管单位进行通报批评，着力解决“不落实”这一顽症。发挥事故教训的推动作用，制作和发放八宝煤矿、庆兴煤矿事故警示教育片，两次到吉煤集团交换意见，分区域组织召开5次专题座谈会；对3起重大事故进行了公开处理，并在局政府网站全文公布事故调查报告；及时通报分析历史的、省外的煤矿事故案例，吸取历史的、别人的教训，改进自身的工作。制定《对地方政府煤矿安全监管工作监督检查表》，对8个产煤市（州）和2个省直管县政府煤矿安监工作进行“表格化”监督检查。首次开展对省级煤矿安监部门的检查指导，促进地方监管责任落实。

（四）改进监察方式加大执法力度

实行约谈式监察。对国有煤矿企业进行预防性约谈，防止生产接续紧张、违规布置采掘工作面的问题；对隐患严重、事故多发矿井进行诫勉性约谈，查找认识差距和管理漏洞，防止同类隐患、同类事故重复发生。实行宣讲式监察。及时总结一些煤矿的经验教训，把监察执法的过程，当做贯彻法规标准、宣讲典型案例的过程，促进煤矿企业知法、守法意识的提高。实行表格化监察。把监察内容细化分解，制成表格，集中监察力量，配齐专业人员，按照表格项目逐一对照监察。监察工作有抓手，对照监察不漏项。结合党的群众路线教育实践活动，召开规范执法行为、加大执法力度座谈会，制定推进严格执法的具体措施。对违法违法行为“零容忍”，坚持原则敢于说“不”，进一步加大处罚力度。2013年，吉林煤矿安监局监察矿井406矿次，查处隐患1449条，制作各类执法文书1716份，执法处罚金额达1789.96万元，比2012年增加726.9万元，增幅为68%。

（五）严格煤矿安全准入

认真落实国家有关要求，将煤矿领导入井带班、安全质量标准化和“六大系统”建设完善纳入许可证审查内容。在审查颁证过程中，做到严把“五关”，一是申办材料审查关，对每份申报材料都对照国家标准进行认真审查；二是评价报告审查关，对每份评价报告的内容、真实性、评价结论等进行审查；三是现场管理审查关，集中专业人员对井上下、各系统的安全生产条件进行全面审查；四是审查结果签字关，坚持“谁审查、谁负责”，把责任落实到人；五是例会审批程序关，严格执行审批小组例会制度，由审批小组作出颁证或不予颁证的决定。同时针对煤炭生产许可证取消的现状，根据吉林省安委会的要求，充分依托地方政府技术力量，对申办企业的安全许可条件进行前置审查，并实行“凡许可必核查”的做法，无论是具备直接延期条件的矿井，还是具备材料审查延期的矿井，或是初次办证的矿井和企业，一律到现场核查，强化源头治理。依据《煤矿企业安全生产许可证实施办法》并在总结多年经验的基础上，绘制“煤矿安全生产许可证审批内、外部流程图”，明确审批依据、条件、程序、期限以及需要提交的全部材料、注意事项，张贴在政务大厅，实行一次性告知，规范审批行为，提高行政效率，方便群众办事。深化政务公开，主动接受监督，每月清理一次许可证档案，对安全生产许可证超期矿井予以注销，函告各监察分局（站）和各产煤市（州）煤矿安全监管部门；每季度向各产煤市（州）政府通报煤矿安全生产证持证情况，同时在局政府网站发布，协同地方、借助舆论严防无证、证照不全矿井违法组织生产。

黑龙江省煤矿安全生产工作综述

一、煤矿安全生产总体情况

2013年，全省煤矿发生各类事故19起、死亡53人，百万吨死亡率为0.66。与2012年同期事故41起、死亡81人、百万吨死亡率0.86相比，事故起数减少22起、下降53.7%；死亡人数减少28人、下降34.6%；百万吨死亡率下降0.2。其中三人以上事故3起、死亡35人，与2012年同期4起、死亡41人相比，事故起数减少1起、下降25%；死亡人数减少6人、下降14.6%，再创历史最好水平。

二、煤矿安全生产重点工作

（一）采取强力措施，狠抓整改整治

针对年初龙煤集团鹤岗分公司发生两起较大事故，全省煤矿深刻汲取事故教训，采取强力措施，狠抓整改整治，确保安全生产。特别是龙煤集团把吸取事故教训作为推动全年安全生产工作的大事来抓，全集团所有煤矿停产一周，从设计、管理、规程、地质保障等多方面排查安全隐患，强化了治瓦斯、防冲击、防透水为重点的灾害治理，进一步规范了安全生产秩序。同时加大三大工程建设力度，截至2013年底，全集团已累计用3年时间完成投资58.6亿元，其中瓦斯治理工程10.5亿元，安全补欠工程33.7亿元，安全高效矿井建设工程14.4亿元。矿井接续紧张状况得到改善，机械化装备水平明显提高，综采机械化程度由55.2%提高到66.3%，提高11.1个百分点；综掘机械化程度由9.5%提高到18.8%，提高9.3个百分点。全集团抽采系统能力提高到8160立方米/分，10个高突矿井建立了双地面抽采系统，32个矿井实现地面固定和井下移动联合抽采，瓦斯抽采量年均增长1169万立方米，抽采率年均增长1.6%，连续3年杜绝了瓦斯事故。

（二）深入开展安全警示教育活动

全省煤炭行业紧紧围绕“呵护生命，警钟长鸣”这一主题，深入开展了形式多样、内容丰富的安全警示教育活动。龙煤集团党委专门召开会议研究部署，组织力量编制警示教育片，并深入基层指导和推进教育活动。通过观看安全警示教育片和座谈交流，煤矿员工纷纷表示：“要牢记血的教训，绝不能让悲剧重演。只有实现安全生产，职工才有幸福可言。”同时，煤矿各级管理干部结合自身工作进行安全反思：在安全生产组织调度上有没有抢产量的思想和行为、有没有不尊重科技单凭经验作业的情况、有没有不按规程冒险作业的行为和现象、有没有默许矿工破坏或关闭信息监控系统行为、是否真正把《七条规定》落到了实处等，进一步澄清模糊认识，摆正安全态度，排查思想隐患。

在安全警示教育月期间，龙煤集团及各分子公司安全生产包保组深入到矿井上安全教育课，各煤矿矿长普遍到段队班前参加了一次班前安全警示教育活动，围绕集团的安全工作部署讲一次安全大课，贴近矿工传递安全思想和信息，把集团的“顶层设计”“安全声音”传导到基层干部员工中，使广大员工产生思想共鸣，增强了做好安全生产工作的自觉性和积极性。同时，在广大干部员工中组织开展了安全“八个一”活动，即：观看一部安全教育片、讲清一个事故教训、发现一个安全隐患、提出一条安全合理建议、进行一次安全反思、践行一个安全承诺、提示同伴一次不良行为、参加一次安全行为演练。各分子公司还组织开展了安全事故模拟演示、安全现身说法、安全警示日、安全警卫、“零点行动”等活动。充分利用矿工报、有线电视、网站等媒体，宣传安全警示教育活动动态和典型做法，宣传安全法规和知识，营造了安全生产的浓厚氛围。

（三）进一步推进班组建设

特别是国有重点煤矿，进一步明确了班组长是班组安全管理的第一道防线的主题认识，通过抓实

"五个落实到位"，充分发挥班组长兵头将尾的作用，切实解决现场"三违"的问题，实现矿井长治久安。

一是安全生产责任制落实到位。本着"谁的事情谁主管"的原则，以根治"责任制不清，责任心不强"的问题为主线，进一步强化了班组长对小班的安全工作负总责的意识，将安全指标下放到班组长，使小班安全奖落实到小班全体员工，真正使安全责任制落实到位，从而加强了班组整体的安全意识。

二是安全管理措施落实到位。重点强化执行力建设，要求现场施工必须按照规程措施进行。严格执行现场二次班前会，班组长执行首人制，现场发现的不安全行为进行互保提醒。各级干部现场检查做到了严细认真，严格对现场兑规作业情况进行监督。

三是安全防范技能落实到位。煤矿干部员工坚持做到持证上岗率达到100%。突出一职多能员工的培养，打造综合素质高班组。同时，安全培训中心有针对性开展教育，进一步确保了安全防范技能落实到位。

四是安全文化落实到位。坚持以循环梯进式安全行为养成为主体，把安全文化融入班组建设当中。严格执行班前"五步骤"和井下二次班前会流程，确保人员状态良好和熟知工作重点；把采掘工作面不安全行为确认标准136条融入施工现场，及时纠正现场存在的不安全行为，为班组安全生产提供保障。

五是民生关怀落实到位。在班前活动室设立了员工全家福、家庭档案、企务公开等设施，积极营造家的氛围。同时，在班前设立了医保箱，备齐常用药品以及简单医务必需品等，让员工在班组能够感受到家的温暖。在井下设立了补给站，使员工能够吃上热饭以及更多的食品，解决井下班中餐单一的问题。

（四）专题研讨煤矿瓦斯灾害综合治理

针对黑龙江省煤炭具有百年以上开采历史、煤与瓦斯突出矿井多达百余处的现状，由省煤炭协会和有关科研院校、煤矿企业、行业管理部门、监管监察部门共同主办，开展了全省煤矿瓦斯综合治理研讨活动，有关单位和部门的专业领导、专家学者、科技工作者以及工程技术人员积极参与，共同专题研讨各单位在瓦斯治理方面形成的先进治理理念、科学的管理体系、完善的管理制度、有效的治理技术、治理方法及治理效果。重点针对深部矿井煤与瓦斯突出防治关键技术的相关内容进行研究。同时，积极探索煤与瓦斯突出防治及瓦斯抽采新技术、新工艺和新途径。通过开展此项研讨活动，有效提高了全省煤矿煤与瓦斯突出防治水平，提升了综合治理能力。

（五）加大政府监管力度

一年来，黑龙江省政府对煤矿安全监管力度不断加大。采取多项强力措施，保证煤矿安全生产。特别进入年底之际，黑龙江省认真贯彻落实习近平总书记重要讲话精神，从全省煤矿安全生产实际出发，研究进一步加强煤矿安全生产的措施和办法，确保煤矿安全稳定。重点按照省委书记王宪魁、省长陆昊的一系列要求，就抓好年末及元旦、春节期间煤矿安全的新办法、硬举措进行部署。

省政府要求，要正确处理好生产和安全的关系，坚决杜绝违规违章生产行为，坚决打击非法违法开采矿井；坚决把停工停产矿井看住管好，每处矿井都要做到责任到人，落实到位；要加大打击力度，对非法违法矿井做到发现一处、打击一处、关闭一处；要把煤矿关停与煤矿关闭整治整合达标结合起来，坚决完成国家下达我省的关闭指标。申请开工生产的煤矿，必须以安全达标为首要前提，严格落实验收责任，履行市地"一把手"签字手续，做到"谁签字、谁负责"。

省政府强调，由于黑龙江省大部分地区包括四煤城遭受了特大暴雪袭击，加之周边地区发生地震灾害，在一定程度上会对煤矿安全造成影响，各产煤市地和煤矿企业必须高度重视。要强化安全生产应急处置，加强值班值守，党政主要领导、分管领导要坚守岗位，无特殊情况，不得离开当地。各级安全包保人员要深入一线，密切注意煤矿井下动态。煤矿企业要减少井下人员，加强对供电、通风、运输等关键环节的安全检查。要加强对极端天气的预警预报，加强与气象部门联系和沟通，完善应急预案，储备充足的应急装备和物资。

（六）严格准入条件

2013年，黑龙江省加快推进小煤矿关闭整治整合。由省国土资源厅牵头采取多项措施加快推进小煤矿整治整合工作，严格规范煤炭采矿权管理。

1. 严格受理准入条件，确保小煤矿关闭整治整合期间煤炭采矿权审批规范有序

对小煤矿采矿权延续申请，各地逐一审查，以市（地）党委、政府（行署）或煤矿安全整治整合领导小组正式文件上报省煤矿安全整治整合工作领导小组审核；对“十一五”期间已取得省煤管局和省国土资源厅资源整合联合批复但未完成变更登记发证的整合矿井，各市（地）重新确认并报省领导小组审核；对独立矿井扩储的，扩储后生产规模必须达到年产 15 万吨及以上；现有生产规模在年产 15 万吨以上的标准矿井及现有生产规模在年产 9 万吨以上的极薄煤层矿井的采矿权实行常态化管理。整治整合期间，各级国土资源主管部门不受理煤矿企业自行申报。

2. 简化审查程序，缩短审批时间，提高小煤矿关闭整治整合期间煤炭采矿权审批效率

简化审查报件，对煤炭采矿权延续、划定矿区范围、变更矿区范围和生产能力等有关报件进行适当简化、调整。下放审查权限，由各市（地）国土资源部门负责终审，实行终审负责制。压缩审批时限，划定矿区范围和采矿权登记会审时间由过去 7 个工作日缩短至 3 个工作日；矿产资源储量核实评审由国家规定的 60 个工作日压缩至 30 个工作日；储量核实备案时间由国家规定的 30 个工作日压缩至 10 个工作日；采矿权价款评估机构由过去省内 7 家调整至全国范围内的 95 家。减少会审处室，参加会审的处室必须在 3 个工作日内将会审意见反馈给主办处室。

3. 超常规运行，确保小煤矿关闭整治整合期间煤炭采矿权审批顺利进行

对小煤矿关闭整治整合期间，由于按照省政府要求暂停煤炭采矿权审批导致部分煤矿采矿许可证过期的，暂不将采矿许可证是否在有效期内作为采矿权延续、年检、储量核实评审备案、采矿权价款评估的前置条件。严格落实审查责任制，确保全省小煤矿关闭整治整合期间煤炭采矿权审批质量。按照简政放权、简化程序、关口前移、责任下放的原则，坚持“谁上报，谁负责；谁审查，谁负责；谁签字，谁负责”的审查、审核、审批制度，实行审查、审核、审批终身负责制。杜绝带问题上报，更不允许把问题上交。整治整合期间，对责任心不强、把关不严、推诿扯皮、敷衍塞责、效率低下等影响报卷质量和审批效率的主管人员和直接责任人要严肃处理；具有相应资质的单位或中介机构在承担矿产资源储量核实、储量检测、矿产资源开发利用方案编制工作中弄虚作假的，一经发现，省国土资源厅将严肃处理；将不及时汇交地质资料的地勘单位或弄虚作假、蒙混过关的矿山企业，列为日常重点监控和监管对象，提高督查、检查频次，对于该单位或企业提出的诉求不予支持，对相关审批事项暂停办理。情节严重的，列入失信企业名单。

（七）进一步加大煤矿安全监察力度

2013 年，黑龙江煤矿安全监察机构针对全省煤矿安全生产总体形势，严肃认真地贯彻落实国家安全监管总局、国家煤矿安监局和黑龙江省委、省政府对安全工作的部署，突出重点，做好各项工作。

1. 深化“三项监察”，明确着力点

认真开展了煤矿瓦斯、冲击地压治理、防灭火、防治水、矿井建设“三同时”、煤矿设备安全、从业人员持证上岗、领导干部带班入井、煤矿职业危害防治、矿井持证条件等专项、重点和定期监察。继续对作业人员集中、生产环节复杂、灾害严重的矿井实行覆盖式监察，防止安全标准滑坡、安全管理放松和“三超”现象。坚持对隐患整改跟踪问效，对部分国有重点煤矿企业的主要负责人进行约谈，各分局（站）每年至少一次集中全部监察力量，进行全面细致的解剖式监察，对重大隐患依法实施大额处罚，保持高压态势。一年来，计划监察矿井 666 矿次，实际监察矿井 671 矿次。发现查处问题和隐患 2013 条，实施行政和经济处罚 485 矿次。2013 年，重点产煤地市没有发生 3 人以上事故，百万吨死亡率再创历史最好水平，取得了煤矿安全统计归口管理 20 年来的最好成绩。

2. 强化对地方政府的监督检查，推进“打非治违”专项行动

通过专项督导检查等方式，分析问题和漏洞，找准影响制约因素，及时向各级政府及有关部门提出意见和建议，推动建立“打非治违”良好运行机制。一年来，煤监机构向省政府提出专项监察报告 7 次，由省政府主管领导亲自组织专题研究整改意见 2 次。积极参与地方政府组织的各项活动，充

分发挥机构人员的专业特长，组织多个部门联合执法，形成了良好的执法合力。积极参与推动煤矿关闭整治整合工作，帮助市地联系引进省外大企业参与本省的煤炭资源整合，推动煤矿标准化建设。在关闭非法矿井、吊销证照、停产、数额较大的经济处罚、事故调查处理等重大问题上，充分征求当地政府及有关部门的意见，联合行动，震慑和整治了煤矿违法非法生产行为。

3. 深入开展安全生产大检查，促进隐患排查治理

省局、分局两级煤监机构坚持把贯彻攻坚治本“双七条”和国办发 99 号文件精神与监察执法工作同步安排、同步实施、同步检查推进。深入开展了“保护矿工生命矿长守规尽责”百日宣教活动，与地方政府共同研究对策，督促其在安全攻坚治本上下真功夫，做到“铁七条、刚执行、全覆盖、真落实、见实效”。安全大检查以来，累计监察 139 次，出动监察人员 1627 人次，监察矿井 334 矿次；省局监督检查市地政府 20 个/次，占应监督检查总数的 200%；各分局（站）监督检查区（县）级地方政府 55 个/次，占应监督检查总数的 148.6%。共发现查处各类安全隐患和问题 294 条，下达执法文书 329 份，向地方政府和煤炭企业提出加强和改善安全管理的意见和建议 15 份。通过“回头看”活动，跟踪复查煤矿隐患整改情况，促进了两个主体责任的落实。

4. 坚持依法行政，提高了安全许可水平

针对地方煤矿整顿关闭、资源整合的实际，按照国家安全监管总局提出的新要求，从 4 月开始，对未经省煤矿安全整治整合工作领导小组批复同意资源整合的矿井，能力在年产 9 万吨以下的煤矿企业，安全生产许可证延期、变更等申请不予受理，从源头配合、推进整治整合工作。发挥“阳光大厅”作用，严肃执行许可程序和纪律，做到了受理审批分开，严格审核、集体决策、限时办结、及时颁证，体现了为企业服务的宗旨。在“入口把关”和“动态管理”两方面适时跟进，对行政许可情况及时进行公告，有效制止煤矿安全生产条件滑坡。一年来，共受理许可证申请事项 143 个，依法吊销安全生产许可证 4 个、注销 33 个，暂扣 103 个矿/次。对 15 处煤矿分别进行了新建和改扩建项目、变更设计安全专篇审查，对 6 处矿井的安全设施进行了竣工验收。公布了黑龙江煤矿职业卫生检验评价项目目录。对 6 家检测机构和 4 家评价机构进行了资质延续现场评审，新增检测检验项目 29 个。批准了 1 处职业卫生技术服务机构乙级资质，完成了 2 个安全评价机构的甲级资质延续工作。严格安全培训考试发证工作。一年来，培训和复训安全管理人员 4203 人，安全资格、培训教师资格考试发证、复训审核、安全管理人员证件变更总计达 6894 人。

5. 坚持“四不放过”原则，严格事故责任追究

按照“科学严谨、依法依规、实事求是、注重实效”和“四不放过”的原则，严肃查处事故，认真执行事故通报、约谈、分析和跟踪督导“四项制度”，对较大以上事故调查处理结果全部在网站公布，着力用事故教训推动安全工作。一年来对应当结案 17 起事故全部结案，结案率 100%。共有 82 名事故责任者受到处理，其中追究刑事责任的 6 人，给予行政处分的 63 人，给予党纪处分的 2 人，其他处理 12 人。对事故单位罚款 274 万元，责令关闭矿井 2 处。对 16 件举报案件及时受理核查反馈，没有出现积压、迟报的情况。

6. 统筹兼顾，开创了各项工作新局面

加强了对事企业单位的业务、制度、规范和基础设施建设，为监察执法主干线工作提供优质服务和可靠保障。一年来，检验检测各类煤矿设备 12000 台（套），对全省 9 万吨以上的矿井开展了职业卫生检测、评价工作，对 25 个煤矿进行了安全项目及水患专项评价；对全省 14 处已完工的新建、改扩建矿井进行了工程质量认证；信息统计和调度工作在基础数据、数据汇总、统计分析、反馈整改 4 方面提高了质量；积极推进了煤矿应急体系建设，开展了应急预案的检查、演练，使应急培训和救护队质量标准化建设工作走向正轨；积极落实国家安全监管总局安全科技“四个一批”项目，为煤矿安全发展提供了技术支撑。

为确保监察执法到位，两级煤矿安全监察机构继续加强煤监队伍的政治建设、作风建设和业务建设，提高执法能力。把执法监督工作摆在突出位置，保持清醒头脑，负起执法责任，把握执法重点环节，认真研究问题，提高执法的准确性，降低执法成本，全面提高煤矿安全监察执法效能。

江苏省煤矿安全生产工作综述

一、煤矿安全生产总体情况

2013年，江苏省认真贯彻落实《七条规定》，严格落实煤矿安全“七大攻坚举措”，紧紧抓住瓦斯、水害、冲击地压等防治重点，创造性地开展煤矿安全监察执法工作，实现了江苏煤矿安全生产形势的持续稳定好转。2013年，全省煤矿未发生生产安全事故，创江苏煤矿历史最好水平。

二、煤矿安全生产重点工作

（一）科学制定监察执法计划和工作要点

结合江苏煤矿安全生产工作实际，科学编制年度监察执法计划，确立了“一杜绝、二控制”工作目标：杜绝较大及以上生产安全事故，控制死亡人数和百万吨死亡率。确定全年法定工作日3500个，其中“三项监察”698个。明确全年煤矿安全监察执法6个方面、36项工作要点。重点是严格执法、提升安全监察质量；突出重点，强化灾害的专项治理；依法治安，推进煤矿安全生产法制化建设；分类指导，督促企业加强安全生产基础管理；发挥科技支撑作用，强化煤矿安全保障能力；加强能力建设，提高安全监察执法效能等。

（二）开展大检查和“保护矿工生命，矿长守规尽责”主题实践活动

安全生产大检查成效明显。按照“全覆盖、零容忍、严执法、重实效”的总要求，江苏煤监局研究制定了全省煤矿大检查工作方案，提出了“消除大隐患，杜绝大事故，实现零死亡”的总目标。大检查期间，实施每月一调度，每月一通报，每月一总结。设立煤矿安全首席监察员和责任区。首席监察员在大检查期间定期调度、全面掌握所负责煤矿的安全状况；督促所负责的煤矿矿长认真组织开展安全隐患的排查和整改，按照“措施、责任、资金、时限、预案”五落实的要求进行整改，并每月书面报告所盯守煤矿的安全管理状况。安全生产大检查期间，全省煤矿实现了零死亡。

“保护矿工生命，矿长守规尽责”主题实践活动有声有色，做到了“3个100%”。一是全员知晓率100%。江苏煤监局多次召开专题会议、制定专项活动方案，细化、硬化主题实践活动集中宣传、自查整改、检查抽查、总结提高等四个阶段的具体措施，确保《七条规定》明确的“七个必须，七个严禁”贯彻落实到每一个矿长、每一个职工，使之内化于心。江苏卫视、省电台、新华日报等新闻媒体集中报道《七条规定》宣传提纲、各单位活动方案，发掘先进典型，对相关领导和矿工进行访谈。江苏安全生产网开辟《七条规定》宣贯专栏，发布相关活动信息，对各地区、单位活动开展情况进行展示，介绍好的经验和做法。《江苏煤矿安全专刊》全文刊发《七条规定》、总局黄毅总工程师的解读和全省19名矿长的承诺书。开展《七条规定》进基层、进区队、进场所、进井下活动。江苏煤监局向全省煤矿384名副总工程师以上干部发放了《七条规定》座右铭牌。二是考试合格率100%。组织全省煤矿企业主要负责人、分管负责人和各煤矿矿长等29人参加了《七条规定》考试，平均得分97.9分，其中满分17人。省局组织了各煤矿副总工程师以上领导考试，各煤矿企业对区队长以上干部进行了考试，各煤矿对全体工人进行了考试，考试合格率100%。三是执行到位率100%。各煤矿企业把《七条规定》作为工作中的生命线、底线、红线、高压线，对照《七条规定》，认真排查“证照、采界、通风、瓦斯、水患、火灾、运输、人员”等方面存在的主要问题和薄弱环节，制定具体实施细则并分解落实。徐州煤监分局、徐州市安监局开展《七条规定》贯彻落实情况联合执法，制作现场检查笔录18份，查出各类隐患41条，提出监察意见及建议10条。

（三）强化“三项监察”，做到责任落实、措施到位

突出瓦斯防治、水害治理，强化重点监察。立足“抓大隐患，防大事故”，以贯彻执行《防治煤与瓦斯突出规定》和《煤矿防治水规定》为抓手，加大对高、突矿井、受水害威胁严重矿井以及冲击地压灾害严重矿井的重点监察。一是通过瓦斯治理重点监察，强力推进先抽后采、综合治理的治本措施，深化煤矿瓦斯防治。二是以通风系统为监察重点，通过监察督促煤矿企业改造、优化系统，提高矿井的防灾、抗灾能力。三是加大水害防治重点监察力度，督促企业健全机构、完善制度、充实队伍、落实规定。四是加强安全基础薄弱矿井和资源枯竭矿井重点监察，督促企业强化安全基层基础工作，推动全省煤矿安全管理水平整体提高。

针对煤矿主要灾害，深化专项监察。组织开展了“一通三防”、顶板管理、提升运输、冲击地压防治、矿井防灭火等专项监察活动。一是对辖区煤矿全覆盖进行了“一通三防”及矿领导带班下井专项监察。二是开展了以大倾角采煤工作面为重点的顶板管理专项监察。三是严格执行《国有煤矿瓦斯治理安全监察规定》和《煤矿瓦斯抽采达标暂行规定》的要求，组织开展瓦斯抽采达标专项监察，并每半年组织辖区内的夹河、张集、张小楼等煤矿召开一次瓦斯治理汇报会。四是以冲击地压防治为重点，深入调查研究，强化现场监察。五是针对监察区域多次发生煤层自燃现象，适时开展防灭火专项监察，查出未设置消防材料库或消防材料库材料缺失、煤炭自燃预测预报执行不严格、采区设计未要求设置防火门墙等46条安全隐患。各相关煤矿均按“三定”要求进行了整改。六是组织开展矿用产品安全标志、安全培训、职业危害防治、煤矿建设工程“三同时”、生产计划与生产布局、紧急避险“六大系统”建设等专项监察。

结合阶段性安全重点工作，开展定期监察。一是做好春节、国庆及年终的定期监察。针对年底及春节期间安全管理相对松懈，检修项目相对集中，安全风险高，组织对辖区煤矿全覆盖定期安全监察。国庆期间，组织了煤矿领导干部下井带班、应急值守和检修项目技术措施编制执行情况等方面的安全监察。二是全国两会及党的十八届三中全会召开前后，实行24小时值班，监察人员深入基层，深入采掘一线，督促煤矿企业及时消除重大安全隐患，做到每周一调度、半月一分析、每月一总结。三是定期对公司层面进行监察通报，推进矿井普遍问题在公司层面整体解决。

（四）深化解剖式监察，推进监察执法创新

深化解剖式监察。2013年8月，江苏煤监局印发了《江苏煤矿解剖式安全监察实施办法》，将其制度化、规范化。徐州分局每季度解剖式监察一个矿井，省局定期对煤矿企业进行了解剖式监察。

实行突击监察、蹲点监察。现场监察采取“三不一直”（不发通知、不打招呼、不听汇报，直奔现场）的方式，对煤矿开展突击监察，查处违章违规效果十分明显，起到了常规监察难以起到的效果。徐州分局针对中、夜班事故发生率高的特点，每月安排1~2个矿井，进行中夜班蹲点监察。

注重源头治理。发挥好省级安全生产专项资金的效能。省政府每年安排省级安全生产专项资金用于隐患排查治理。2013年省级财政投入100万元，带动煤矿投入952.44万元的投入，彻底整改了因历史原因和外部条件变化而导致的四个重大隐患。

提高监察效能。将“三项监察”中查出的安全隐患，按类进行甄别，分析此类问题存在的共性特征，剖析产生问题的根本原因，并在矿区进行通报，达到“一点突破，整体推进”“一处矿井有问题，所有矿井受教育”，大幅提高了煤矿安全监察效能。2013年，先后将专项监察中的发现的风筒传感器、矿井降温装置MA标志、自制斜巷跑车防护装置等存在的问题，通报至每一个煤矿，自查自纠，整改提高。

安徽省煤矿安全生产工作综述

一、煤矿安全生产总体情况

2013年，安徽煤监局按照国家安全监管总局、国家煤矿安监局和安徽省委、省政府的安全工作决策部署以及“抓大、管中、关小”煤炭行业发展思路，强化瓦斯综合治理和水害防治监察，深入推进煤矿整顿关闭，深化“打非治违”专项行动，扎实开展煤矿安全生产大检查，积极组织党的群众路线教育实践活动，不断加强队伍思想、组织、作风、能力、廉政建设，提升依法行政水平和干部职工综合素质，全省煤矿安全生产形势持续稳定好转。2013年，全省煤炭产量13960万吨，共发生死亡事故21起、死亡22人，百万吨死亡率0.158，同比下降了34%，没有发生一次死亡3人以上事故，再创安徽煤矿安全历史最好纪录。

二、煤矿安全生产重点工作

（一）煤矿安全生产制度建设和法律法规宣贯工作

进一步健全煤矿安全生产制度体系，与安徽省经信委等部门联合印发了《安徽省煤矿防治水和水资源化利用管理办法》《安徽省煤矿矿工珍爱生命七条守则》《安徽煤矿安全文化建设示范矿井创建工作考核办法》等18项规定；制定、修订了《煤矿安全现场监察工作方案编制指导意见》等34项监察执法、队伍建设制度。积极开展了《国务院办公厅关于进一步加强煤矿安全生产工作的意见》和《七条规定》宣讲、与部分产煤市县长安全对话以及第12个“安全生产月”活动，汇编发放了《煤矿技术和管理人员必读（1～5）》2.1万册，充分发挥《中国安全生产报》《中国煤炭报》《中国企业报》《安徽日报》、人民网、中安在线等媒体及法律顾问的作用，宣传了“红线”意识和底线思维。

（二）煤矿瓦斯治理和防治水监察执法工作

组织开展了以煤矿企业贯彻落实《国务院办公厅关于进一步加强煤矿安全生产工作的意见》《七条规定》等情况为主要内容的重点监察，以加大瓦斯治理“五项指标”和抽采达标监察力度，督促企业落实两个“四位一体”综合防突措施为主要内容的专项监察，利用“两图两系统”适时了解瓦斯超限情况，及时督促了3起瓦斯高值超限事故的查处。2013年，安徽四大矿业集团开采保护层工作面45个，面积682万平方米；瓦斯抽采95574万立方米，同比增加10.5%；瓦斯超限8次，同比下降27%。认真吸取桃园煤矿“2·3”突水事故教训，加强防治水措施落实、水害防治效果等监察，督促煤矿企业加强隐伏构造探查，建立水害预警系统、三维地震工作站、水化学实验室，落实防治水专业技术人员、专职队伍、专用设备“三专”要求；举办了全省煤矿防治水培训班；开展了水害应急演练，着力构建“探查预测、水害治理、效果检验、评估审查”防治水工作体系。煤矿防治水技术服务工作进一步规范。

（三）煤矿安全准入和退出机制

全年新颁煤矿安全生产许可证4个、延期安全生产许可证18个、变更安全生产许可证22个、注销安全生产许可证12个；严格落实“三同时”制度，核准了5个煤矿建设项目，审查了8个建设项目安全专篇，验收了4个建设项目安全设施。全年共关闭小煤矿16对，池州、安庆市小煤矿全部退出。完成了6个煤矿建设项目职业病防护设施设计审查和竣工验收，备案审查了3家职业卫生技术服务机构、技术评审了2家职业卫生技术服务机构、评估检查了4家职业卫生技术服务机构，加强了煤矿职业危害申报和统计分析工作，举办了《中华人民共和国职业病防治法》宣传周活动，召开了全省煤矿职业病防治工程和技术现场会。

（四）煤矿安全保障能力建设

全省煤炭企业提取安全费用55亿元，其中用于“一通三防”资金35亿元。组织人员调研了外省市“六大系统”建设的先进经验，制定了安徽省紧急避险系统建设标准，督促企业加快建设，39对国有重点煤矿和25对地方煤矿完成“六大系统”建设任务并通过验收，组织了机电装备调研。组织开展了救护队资质复查和质量标准化达标检查，建成了安徽省煤矿安全生产应急救援专家库，举办了两期煤矿救护队中小队长培训；监督指导煤矿企业安全生产事故应急预案演练，指导救护基地建设和功能拓展。召开了全省煤矿安全培训工作座谈会，举办了煤矿安全培训机构师资培训班，组织了市、县（区）煤矿安全监管干部专题培训。组织审核了6家乙级检测检验机构，调查统计了10家中介机构基本情况；审查了66家（次）申报安标产品企业，吊销了2家企业安标证书，否决了2家企业评审。

（五）监察执法和事故调查

2013年，安徽煤监局共完成监察工作日11685个，完成计划的108%；“三项监察”638矿次、4801工作日，分别完成计划的109%和107.6%。对6个产煤市、10个产煤县区煤矿安全监管工作开展了监督检查。深入开展煤矿安全生产大检查和“回头看”活动，组织开展专业检查、专家会诊、政府督查、暗查暗访等，立案查处136起安全生产违法违规行为。全年共监察819矿次，查处事故隐患4354条，下达各类执法文书4059份，责令108个采掘工作面停止作业、83台（套）设备停止使用，罚款1644万元。

组织召开煤矿事故调查处理工作视频会、煤矿事故分析会，开展了事故调查处理工作专项检查；审查了5起事故调查报告，公开了事故调查处理信息，完成了9起事故动画片制作；全年共查处事故21起，处理责任人256名。

（六）信息化系统优化升级

升级了信息网络配置，完善了“两图两系统”和办公OA系统，改进了视频会议系统，启用了安徽煤矿安全生产短信平台，开发了“一矿一档”煤矿基础信息系统，实现了信息化监察、数字化执法、远程化事故应急处置和无纸化办公系统的优化升级。

（七）监察执法队伍建设

在3个党组织（总支、支部）、207名党员中间以反“四风”及“执法不严格、作风不扎实”为重点，以加强作风建设为着力点，分“学习教育、听取意见”“查摆问题、开展批评”和“整改落实、建章立制”3个环节深入开展党的群众路线教育实践活动，认真落实整改措施，着力构建反“四风”的长效机制，取得了实实在在的成效。认真组织学习贯彻党的十八大和十八届三中全会精神，首次召开了依法行政工作会议，启动了为期一年的运用法治思维法治方式推动安全发展系列法律知识学习教育活动。持续推进创先争优活动，积极开展“社会主义核心价值体系践行年”活动，有效践行“安徽煤监精神”先后选派了33名干部参加总局党校、省直党校及监察干部和执法资格证培训，组织了20人参加安徽省干部在线教育培训。加强文明创建工作，安徽煤监局获省直文明单位，淮南、皖南监察分局获省直厅局直属文明单位，安监二处、纪检监察室获省直机关文明处室；何中平荣获省直机关“首届道德模范”称号，淮南监察分局荣获省直机关“五一劳动奖状”。

福建省煤矿安全生产工作综述

一、煤矿安全生产总体情况

2013年，福建全省煤矿发生死亡事故4起、死亡8人，百万吨死亡率0.476，同比分别下降43%、20%和6%，煤矿安全形势持续稳定好转。

二、煤矿安全生产重点工作

（一）深入开展主题实践活动，全面贯彻《七条规定》

1. 快部署，行动落实到位

成立以省政府分管领导为组长的领导小组，在福建煤监局设立办公室，编制实施方案，全面开展主题实践活动，提出“六个必须”贯彻措施。2月份，福建煤监局领导分别带3个督查组深入主要产煤地区、煤矿一线开展学习贯彻《七条规定》专项督查。立足省情矿情，福建煤监局、省安监局、经贸委和国土厅联合下发《关于进一步强化煤矿安全生产工作的意见》，明确各级煤矿安全监管职能部门工作职责，确定7项重点12类严打范围，进一步深入推动《七条规定》贯彻落实。

2. 全覆盖，宣传贯彻到位

2月26日—3月1日，配合国家煤矿安监局在龙岩煤矿、三明煤矿组织2场《七条规定》宣贯大会，全省298家煤矿企业的矿长、法人代表和各产煤市、县（区）及乡镇（街道）政府分管领导、煤矿安全监管部门主要负责人共578人参加，参会率100%，覆盖全省煤矿矿长、法人代表、地方政府分管领导和煤矿安全监管部门主要负责人。参会人员认真聆听国家煤矿安监局副局长李万疆宣贯《七条规定》精神，集中观看警示教育片，煤矿矿长代表进行倡议发言，所有煤矿企业代表现场签订承诺书并参加专题考试，平均考试成绩达97.7分。

3. 刚执行，监察执法到位

按照“铁七条、刚执行、全覆盖、真落实、见实效”要求，制定专项监察方案，明确工作目标、责任、要求，督促煤矿企业落实安全生产主体责任。一是开展专项监察。采取“企业自查、地方抽查、省级督查”模式，开展解剖式、示范式专项监察执法。围绕《七条规定》要求编制包括内业、地面、井下等检查要素表开展专项监察，规范检查，标准执法。二是交叉互检。组织产煤市、县（区）煤炭行业管理部门开展落实《七条规定》交叉互检，有效推动基层煤炭行业管理部门的监管执法工作，加强各地矿安全监管部门间的学习交流。三是异地监察。积极配合青海煤监局对福建省煤矿开展《七条规定》专项监察执法，监察煤矿6家，发现各类隐患18条，均已整改到位。对北京市4对煤矿进行异地监察检查，发现问题和隐患7类22条，责令停产采煤工作面1个。四是信息化管理。将《七条规定》内容及时更新到福建省煤矿隐患排查治理信息系统中，督促各生产矿井每日必须对照《七条规定》进行逐项排查，及时发现隐患，及时整改。

4. 两提升，实践活动到位

分阶段、按步骤在全省煤矿开展以“十个一”（举办一次安全承诺活动、组织一次全员培训、组织一次专题考试、组织一次安全形势分析、组织一次巡回宣讲、开展一次案例警示教育培训、开设一个安全文化长廊、聘请一批安全督导队、组织一次示范式安全检查、开展一次专题督导监察活动）为重点的主题实践活动，促进全省煤矿实现“两提升、三下降”（广大煤矿从业安全意识和矿井安全管理水平明显提升，煤矿事故起数、死亡人数和百万吨死亡率明显下降）。活动期间，开展专项或示范式监察7次，监察煤矿12家；举办3场巡回宣讲、12场事故警示教育等专题活动，全省煤矿企业法人代表、矿长等共1100多人次参加。

（二）全面开展煤矿安全大检查和“全省煤矿安全生产重点整治百日行动”

从6月开始，按照“全覆盖、零容忍、严执法、见实效”要求，开展了全省煤矿安全生产大检查和“煤矿安全生产重点整治百日行动”（以下简称大检查），实现政府、部门、机构督查“全覆盖”和省、市、县、煤矿四级自查、检查“全覆盖”，取得阶段性成果。大检查期间，各级各部门检查煤矿737矿次，督查地方政府、煤炭行业管理、国土等部门和安全评价检测机构52家，其中突击式检查、明察暗访煤矿20多矿次，累计排查各类隐患4029条，已整改3860条，整改率95.8%；尚未整改完成的，按照“五落实”要求采取有效防范措施；责令停产整顿（改）、停止建设48家，暂扣安全生产许可证4本，撤销煤矿建设项目18个；立案查处20起，行政罚款258.985万元；15家煤矿列入黑名单。

1. 力度大

6月6日，省政府召开安全生产工作专题会，部署开展安全生产重点整治百日行动。6月18日，福建煤监局联合省经贸委在将乐县召开全省煤矿动员部署大会，要求逐矿过关，逐条整改，铁腕执法，严肃追责。建立了例会、动态通报、责任约谈和事故预警等制度，及时了解掌握进展动态，部署下阶段工作。第一时间在各产煤地区开展专题宣贯和突击式检查。福建煤监局领导带队深入龙岩等主要产煤地区召开专题宣贯会4场次，全省所有煤矿主要负责人和各级煤炭行业管理部门人员500多人次参加。组织突击检查6次，责令1个煤矿建设项目停建整改，对1家煤矿立案查处并进行通报。对4个产煤市、县（区）政府及煤炭行业管理部门进行约谈，下发《加强和改善安全管理建议书》1份，下达事故预警1次。

2. 覆盖全

一是对象全。提出政府、部门、煤矿和技术支撑单位“四个全覆盖”要求，将各产煤市、县（区）政府、煤炭行业管理、国土资源、安全评价检验检测、培训机构纳入大检查范围。二是范围全。在现场检查时，对煤矿所有作业场所、采掘工作面、机房硐室、设备设施、“六大系统”和内业资料等进行全面检查。三是方法全。以随机抽查、突击检查、交叉检查、集中检查和明察暗访等方式开展检查，按照“分级管理、属地管理”原则，建立地方煤炭行业管理部门与所在地省属煤矿开展定期交叉检查制度。

3. 检查细

一是细化内容。将“双七条”和《煤矿安全规程》等法规和技术标准细化分解，制定全省统一的煤矿、政府及部门、中介服务机构等3类大检查表和煤矿自检表，煤矿按内业、地面、井下3个部分22大项90小项检查，突出水害防治等内容；政府及部门突出落实“一岗双责”和完善煤矿安全监管体系；中介服务机构突出严把标准和提高服务质量。二是细化方案。充分做好检查前准备，根据被检查对象制定具体方案，熟悉相关情况，准备好相关器材。三是细化路线。科学合理安排检查路线，全面覆盖矿井上下作业场所，检查档案一律留档备查，确保了各类检查对象全覆盖。四是服务基层。组织百名煤矿安全专家参加大检查，对煤矿安全现状进行评估，并提出具体意见和建议。

4. 执法严

按照“六个一批”“四个一律”要求，对煤矿违法违规行为实行“零容忍”，采取不发通知、不打招呼、明察暗访等方式，直奔现场，严查真管，查处违法违规行为，并在媒体上公开曝光。大检查期间，福建煤监局每月至少组织明察暗访2次以上，对4家煤矿予以停产停建并立案查处，经济处罚195.585万元。针对国家安全监管总局第13专项督查组对福建省检查发现的问题，及时督促被检查单位限期整改，整改率100%，并下发通报要求各地举一反三，提高大检查质量。

5. 宣贯广

充分利用报纸、电视、广播和网站等媒体，采取新闻专访、专题报道和定期通报等形式，报道各地在大检查期间的好经验、好做法；编印专题简报4期，在《安全与健康》等杂志上刊登煤矿红榜、黑榜3期，15家煤矿被列入黑榜。鼓励通过“968199”和“12350”举报电话举报安全隐患和安全事故，并组织调查核实，对1起基本属实的举报立案查处，行政罚款和没收违法所得71.785万元。

（三）强化煤矿安全监察执法，推进煤矿“打非治违”行动

1. 严格煤矿安全监察执法

制定《福建省煤矿安全监管监察行政执法手册》，结合国家局、省政府不同阶段的工作部署，针对各时段重点工作，编制月度监察执法计划，有序开展“三项监察”执法。截至11月底，完成三项监察执法69矿次，占全年计划的141.7%，其中重点监察13矿次、专项监察47矿次、定期监察9矿次；对地方安全监管部门监察指导25次；发出现场检查笔录等执法文书308份，排查各类安全隐患493条，通过跟踪落实，隐患整改率100%；实施行政处罚7起，罚款人民币193.79万元。

2. 创新监察执法方式

集中监察力量和专家，从机构和制度建设、人员配备、技术管理、生产系统、安全设施、质量标准化等方面对被监察煤矿开展重点执法、解剖执法或交叉执法检查。加大明察暗访、突击性检查力度，开展明察暗访6矿次、突击性检查2矿次，对3家煤矿立案查处。以推动落实煤矿“双七条”为着力点，印发《福建煤监局关于做好煤矿安全监管监察“大综合、大执法”工作的通知》，由单一执法向综合执法转变，建立“纵向到底、横向到边、综合监管”的大执法格局，逐步完善政府主导、部门联动、综合执法的工作机制。

3. 监督指导地方监管

每月至少对2家基层煤矿安全监管部门开展监督检查，组织全省煤炭行业部门开展交叉执法检查2次。各级煤炭行业管理部门加强监管执法，立案查处16起，实施经济处罚63.4万元，3家煤炭行业管理部门实现行政处罚“零突破”。

4. 严格煤矿事故责任追究

全年查处煤矿事故4起，均按期结案，结案率100%；依法追究42名事故责任人的责任，其中建

议追究刑事责任4人、移送纪检监察机关予以党（政）纪处分10人；撤销安全资格证8本，对6名事故责任人、3家事故责任单位依法实施行政罚款233.35万元。制作近年来全省发生的煤矿事故案例专题教育课件，开展事故案例专题讲座7场次，扩大事故警示教育范围，做到一矿出事故、全省矿井受教育。

5. 健全完善信访工作机制

规范完善信访接待、登记、审批、核查、处理、反馈等制度，做到举报信件件有落实、有反馈。今年接到国家局转发件和群众举报信件、举报电话53件，已核查44件次，另9件在核查中。严查严处事故瞒报行为，对查实的两起历年发生的瞒报事故依法追究责任，实施经济处罚447.8万元。对存在非法开采、违法生产和违法违规行为的，及时采取措施予以严厉打击或依法查处。

（四）突出重点，强化煤矿安全生产基础建设

1. 推进安全质量标准化建设

编制《福建省煤矿安全质量标准化考核评级办法（试行）》《福建省煤矿安全质量标准化基本要求及评分方法（试行）》，严把质量关，确保安全条件和设施验收合格一个、安全质量标准化达标一个。全省质量标准化矿井二级57家、三级145家，同时取消2家煤矿的二级质量标准化资格。

2. 加强隐患排查治理

完善《福建省煤矿安全生产事故隐患排查治理暂行办法》《福建省煤矿安全生产事故隐患分类分级标准（试行）》等标准，对煤矿隐患按照4大类45小类487种进行科学化、规范化管理。研发福建省煤矿企业安全生产事故隐患排查治理信息系统并在全省生产矿井联网运行，初步实现隐患排查治理登记、处置和上报自动化、网络化，施行一般监控、重点监控和特别监控三级响应制度。

3. 加强煤矿水害治理

针对岩溶水对煤矿安全的影响，组织全省煤矿水文地质类型划分工作“回头看”，对煤矿水害情况全面梳理、分类指导、分片督导，坚决执行“十个一律”，督促煤矿企业水害防治实现“五个到位”。成立煤矿水害工作小组，组织专家论证，研究制定更有力、更科学、更有效的治理方案。开展密闭管理、工作面布置专题调研，着手推动试点建设，严厉查处以虚假密闭躲避监管监察及以假图纸、假资料申办延期换证的非法违规行为。

4. 加强瓦斯综合治理

配合省经贸委开展瓦斯综合治理工作体系建设，严格执行瓦斯防治工作“十条禁令”，按照“采掘布局合理、通风可靠、监控有效、管理到位”要求，强化瓦斯综合治理措施落实。开展瓦斯等级鉴定机构认定和鉴定工作，配合省经贸委对全省10家瓦斯等级鉴定机构进行审查，推动年度瓦斯等级鉴定工作。督促全省煤矿抓好风门联锁、风井防爆门等问题的整改，切实加强煤矿瓦斯管理。

5. 巩固煤矿整顿关闭

贯彻落实国家关于煤炭行业淘汰落后产能有关要求，配合省经贸委推进煤炭资源整合、煤矿兼并重组、关闭退出等工作。已关闭矿井4处，另9处正在实施关闭。同时，督促地方政府加强对已关闭煤矿的日常巡查，防止关闭矿井“死灰复燃”。

6. 全面推进“六大系统”建设

督促煤矿建设完善井下安全避险“六大系统”，生产矿井的安全监控、人员定位系统均与省、市、县三级监控中心联网运行。强化系统日常运行巡查，联合市、县两级监管部门开展专项检查、突击检查或远程监察。推进省、市、县级监控中心建设，建成省级监控中心平台和市、县级分控中心10个。督促指导煤矿做好井下紧急避险系统的建设规划、建设类型划分、方案设计和审查、实施建设等工作，大部分煤矿按划分认定的建设类型完成建设。全省各煤矿均为入井人员配备自救器，额定防护时间不低于45分钟，并有一定备用量。

7. 强化公共安全体系建设

一是推进培训教育体系建设。严把安全培训，完成76期三项岗位人员培训，培训合格并发证4238人。大力推进教考分离，推进网络考试平台建设。二是强化煤矿应急救援体系建设。加强对龙岩、三明2家地方救护队的现场检查指导和三级资质认定，定期开展事故应急救援演练，提高救援队伍战斗力。三是推动安全文化和技术人才支撑体系建设。推动全省煤矿开设安全文化长廊，强化煤矿安全文化动态考评，评选表彰10家省级煤矿安全文化建设示范企业。采取校企合作、联合办学等模式，协调省内3所高校开办煤矿主体专业，5年来招收煤矿专业学生894名，已毕业566名，为乡镇煤矿提供人才保障。

8. *广泛开展宣传教育活动*

定期召开新闻通气会，及时通报全省煤矿安全生产情况。广泛开展“安全宣传月”活动，加大安全生产宣传教育力度，联合地方煤管部门、国有煤矿举办安全生产宣传咨询日、煤矿事故案例展览、观看安全警示教育片、煤矿应急预案演练、安全科技活动周、安全劝导、“送安全科技知识进矿山”等宣传教育系列活动。抓好煤矿政务信息报送工作，截至12月5日，累计向国家安全监管总局和福建省委、省政府等上报煤矿安全政务信息篇1176条，被采用683篇（条），总积分在全国省级煤监系统中位居第二。

江西省煤矿安全生产工作综述

一、煤矿安全生产总体情况

2013年，全省煤矿共发生事故23起，死亡41人，比2013年安全生产考核控制指标少4人，全省煤矿安全生产形势保持稳定。

以“四不两直”为总要求，采取随机抽查、突击夜查、交叉检查、联合执法、明察暗访等方式抽查煤矿安全生产，特别是针对煤矿非法违法生产建设行为以及矿领导带班下井、瓦斯超限管理等情况，查处了一批日常监察不易发现的问题和隐患，监察执法效果好、效能高。另外，对未落实安全生产主体责任的、发生事故的、落实监察指令不力的，以及组织开展安全大检查不深入不全面的煤矿企业主要负责人，实施了约谈警示，共21矿次、84人次，引起了地方政府及其监管部门和煤矿企业的高度重视。

立足查大系统、查大隐患、防大事故，把煤与瓦斯突出矿井、高瓦斯矿井、管理滑坡和受水患威胁的矿井作为执法的重中之重，实施重大隐患跟踪问效。全年共监察矿井960矿次，督促完成整改隐患3949条、整改率97.3%，责令停产整顿矿井26矿次，向地方政府下达加强和改善煤矿安全监管建议书23份。

针对江西省小煤矿开采的实际情况，围绕防治瓦斯和水害两个关键致灾因素，江西煤监局联合省直有关部门采取了一系列源头治理的强制性措施，取得了实效，并形成了《江西省小煤矿隐蔽致灾因素普查与防治的经验和做法》，经国家局印发在全国推行。

在国家安全监管总局的直接关心下，经多方协调努力，理顺了省属国有煤矿的安全监管体制，促进了安全生产属地管理责任的落实。

二、煤矿安全生产重点工作

（一）狠抓“双七条”的宣贯落实

一是积极宣贯落实“铁七条”。按照“铁规定、刚执行、全覆盖、真落实、见实效”的总体要求，组织开展了“保护矿工生命、矿长守规尽责”主题实践活动，采取召开宣贯会、发放单行本、收看警示片、签订承诺书、集中搞培训等方式，在全省煤矿安全监管监察及行业管理部门、煤矿企业广泛开展《七条规定》宣贯，并将正确默写出《七条规定》作为参加安全资格考试的前置条件，增强了宣贯效果。特别是组织省属煤矿企业领导层开展“敬畏生命”大讨论，共组织4场，37位矿长做了主题发言，参加人员近600人。根据国家局统一部署，派员赴辽宁异地交叉监察、配合甘肃煤监局来赣监察，同时在全省组织开展了《七条规定》落实情况专项监察，覆盖8个产煤地级市12个县（市、区）19处小煤矿和8个省属国有煤矿，有力推动了《七条规定》落实。二是切实抓好《国务院办公厅关于进一步加强煤矿安全生产工作的意见》(国办发〔2013〕99号）的宣贯，积极配合国家安全监管局在宜春片区开展宣讲，邀请省政府分管领导参加，并分片区组织召开了宣贯会，有关产煤设区市地方政府及煤矿安全监管、行业管理部门分管负责同志，以及省煤炭集团公司、地方煤矿企业负责人等，共计700余人参加了宣贯会。

（二）积极开展煤矿安全生产大检查

对全部8个产煤设区市和40个产煤县（市、区）的煤矿安全监管工作监督检查全覆盖，对所有37个省属国有煤矿监察执法全覆盖。大检查中坚持严格执法、注重实效，对查处的违法行为实施零容忍，共监察241处矿井，责令停产整顿矿井9处、停止作业头面56个，责令停止建设矿井8处，对涉嫌越界开采的4个煤矿向地方政府国土资源部门进行了移送，提请地方人民政府关闭煤矿1处，并选送了9起典型案例上报国家安全监管总局。期间还代表省安委会对宜春市进行了两轮4次安全生产综合督查，覆盖了宜春市所有县（市、区）。

（三）深化煤矿安全专项治理

一是强化瓦斯防治工作，以“落实两项制度、建设一个系统、实现一个目标”（即：落实突出矿井生产方案监察制度、抽采达标情况和瓦斯重大隐患排查治理报告制度，建设高瓦斯矿井地面固定瓦斯抽采系统，实现瓦斯零超限目标）为抓手，督促煤矿企业落实国办发26号文、《防突规定》《抽采达标暂行规定》及国家安全监管总局“十条禁令”，2013年实现抽采瓦斯量13203.9万立方米，同比增长6.2%，利用量4649.1万立方米。二是加大水害防治工作力度，组织开展防治水专项监察，推进“三条举措”，即：针对水害严重、情况不明的矿井，督促搞好物探和水患论证；针对水患区域煤矿，督促继续完善相邻矿井开采关系拼图，建立邻近矿井图纸交换制度；督促煤矿企业严格执行探放水“三专”规定。三是抓好矿井火灾防治工作，督促煤矿建立防灭火制度，坚决取缔非阻燃电缆和不合格的井下移动压风机；督促煤矿进行反风演习，确保矿井反风设施正常完好。四是推进职业危害防治工作，以13个示范矿井建设典型引路，结合法规宣讲、专题培训、专项监察，督促煤矿企业完善管理、落实责任，提高职业危害防治意识和防范能力。五是强化建设矿井的安全监察，下发了《关于进一步加强市县国有及乡镇煤矿建设项目安全设施竣工验收工作的通知》，结合开展煤矿生产建设秩序检查，组织了煤矿建设项目安全设施“三同时”专项监察，加大了对煤矿建设项目非法违法生产建设的打击力度。

（四）强化依法治安

一是严格安全准入，抓好煤矿安全生产许可证延期及管理工作，全年共对32处矿井进行延期，变更31处，补办1处，暂扣1处，注销1处。二是严肃事故查处，按照“四不放过”原则，认真分析原因，从严追究责任，并积极开展事故警示教育、事故案例分析，全年共对23起事故立案，按期结案21起，查实举报事故2起，依法从严处罚。特别在丰城矿务局曲江公司“9·30”事故调查处理中，依法移送了5名涉嫌犯罪责任人，在省属国有煤矿系统引起震动。三是加强安全培训，积极宣贯《国务院安委会关于进一步加强安全培训工作的决定》，大力推进培训信息化建设，取消了培训机构资质审批，以严格发证审核、开展专项监察推动“三项岗位人员”持证上岗。

（五）认真开展党的群众路线教育，切实转变机关作风

一是突出“四个坚持”开展党的群众路线教育实践活动。坚持搞好学习和思想发动，提高了全体干部职工的思想认识；坚持开门纳谏，多方征求意见和建议75条，梳理归纳为15条，形成了局班子对照检查材料；坚持整风精神，开好民主生活会，动真碰硬开展批评和自我批评，并明确了26条整改措施，落实了牵头责任人和部门；坚持务实原则，以制度建设为切入点，完善长效机制狠抓整改。二是落实八项规定精神转变工作作风。以规范监察执法行为、建设节约型机关为着力点，强化督查促进落实，一年来，召开会议同比减少58.3%、公文同比减少24.8 %、公务接待费用同比下降46.3%、公车费用同比下降20.7%、办公经费同比下降29.9%。三是狠抓党风廉政建设。落实党风廉政建设责任制，将年度工作任务分解落实到机关各处室和局属各单位，组织开展了督导检查和量化考核；开展“珍惜岗位、廉洁从政”警示教育活动，通过廉政党课、警示片、专家讲座、案例学习、廉政知识测试、红包专项治理等活动，提高拒腐防变能力；加强廉政监督和执法监察工作，突出对重点对象和关键环节的监督，并探索开展了对分局的现场执法监察，对发现的问题及时通报情况、下达监察建议、责令限期整改。

（六）各项工作实现统筹发展

救援中心强化应急管理，对全省16支救护队和41家省属煤矿的应急预案进行备案，“应急演练周”期间组织演练95场，参加演练人员1832人次，并以矿山救护队质量标准化考核为抓手，积极推动煤矿兼职救护队建设；统计中心认真开展安全

事故和监察执法统计工作，确保统计、报送的数据准确、及时，加强值班值守，确保信息畅通；服务中心强化后勤保障，规范车辆管理，扎实做好综治工作，完成节能减排控制指标；检验中心不断优化服务质量，稳步推进检测检验业务，全年共出具检测报告3696份；培训中心狠抓培训质量，加强培训信息平台建设，内部推行绩效工资，在全年培训总量大幅下降的环境下，培训“三项岗位”、应急救援等人员15178人次，中心工作迈出了新步伐；排水站加强内部管理，提升业务能力，积极拓展业务渠道；庐山疗养院外抓市场，内抓管理，在宾招市场严重萎缩的情况下，取得营业收入突破千万的好业绩。同时，以经营管理、财务管理、收入分配等方面为重点，着力推进事业单位制度建设。

此外，严格管理政务，做好机要、档案、公文、信访等工作，积极报送政务信息，充分利用局网站和《江西煤矿安全》等平台做好宣传工作；强化财务管理，抓好预算管理、“三公”经费管理，充分发挥财务审计监督职能，贯彻落实财经法规制度；积极引导广大老党员学习党的十八大精神，组织多种文体活动及健康老人评选，进一步丰富老同志的晚年生活。

山东省煤矿安全生产工作综述

一、煤矿安全生产总体情况

2013年，全省煤矿安全生产形势达到历史最好水平，实现了年初国务院安委会确定的“三个继续下降”的目标要求。煤矿生产原煤1.5亿吨，发生死亡事故12起、死亡12人，百万吨死亡率0.08。与2012年相比，死亡人数减少18人，事故起数、死亡人数和百万吨死亡率分别下降20%、60%和60%，安全生产达到历史最好水平。

全省煤矿企业已拥有3个国家级和16个省级企业技术中心。全年科技装备投入58.86亿元，创新驱动能力显著增强。煤矿采掘机械化程度分别达到90.5%和95.9%，远高于全国平均水平，所有生产矿井“六大系统”全部建设到位。安全生产1000天以上的矿井有170处，占生产矿井的85%。

安全大检查成效明显，监察执法力度再创历史新高，国家安全监管总局、国家煤矿安监局下文推广了山东煤监局的经验做法。

二、煤矿安全生产重点工作

（一）强化“四个执法”，提高坚守“红线”能力

1. 坚持科学执法

结合山东煤矿灾害和事故特点，年初确定重点监控对象，突出重点、盯住难点、抓住薄弱点；开展技术基础监察，从开拓布局、生产接续、安全投入等源头入手，超前防控。在严格事故查处的同时，实施安全约谈，对倾向性、苗头性问题及时警示，做到“一矿出事故、全省受教育”，用事故教训推动工作。例如，3月，某煤矿发生瓦斯燃烧事故，虽然只是3人受伤，但事故中暴露的问题非常典型、非常严重，组成事故调查组进行深入调查，对政府部门及企业主要负责人进行了约谈，责令该矿停产7天，罚款135万元，并下发事故通报。针对某地级市区域内零打碎敲事故和涉险事故多发的问题，严肃约谈了6处煤矿主要负责人。

2. 坚持规范执法

规范执法内容，对原有12类要素表进行修订完善，制定出台《煤矿安全监察执法检查表》，涉及17个专业、175项重点项目，明确处罚标准和依据，探索“电子化执法”、电脑“量罚”；推行“五查、五监督”模式，促进执法到位；推行“查、罚”分离制度，查问题与实施行政处罚由不同的监察人员来完成，有效避免了执人情法、关系法、面子法的情况。一年来，严格按规定对11处煤矿安全设施设计进行了审批，对8处煤矿安全设施及条件进行了竣工验收和批复；办理安全生产许可证延期事项162件，变更事项62件，新颁许可证2个，暂扣许可证14矿次，注销许可证23个。

3. 坚持严格执法

深化“打非治违”，严格落实停产整顿、关闭取缔、上限处罚、严厉追责“四个一律”打击措

施。依法依规严肃查处事故，认真核查举报信息。强化执法监督，积极推行“前有监察、后有督查”工作模式，有效破解了“严不起来、落实不下去”的问题。全年共监察各类矿井573矿次，监察覆盖率为276.8%；制作笔录性文书1042份，决定性文书1286份；停头、停面72个；依法处罚，保持安全生产高压态势。

4. 坚持廉洁执法

健全完善并严格落实执法监督、带队人负责、一票否决、廉政“六卡”等行之有效的廉政制度。建立电子监察系统及行政执法网络平台，行政审批事项全部通过网上办理，确保权力在阳光下运行，树立了煤监机构的执法权威和良好形象。

山东煤监局“坚持四个强化、提高四种能力”的监察执法经验在中央主流媒体发表，被国家安全监管总局、国家煤矿安监局行文转发全国学习借鉴，并成为国家安全监管总局党组解决安全监管监察系统“五个了之”问题的典范。

（二）强化持续创新，提高履职能力

1. 高标准落实“双七条”

国家安全监管总局2013年初出台的《七条规定》和年底制定的煤矿安全治本攻坚“七条举措”，以国办发99号文件下发后，山东煤监局坚持多措并举，高标准推进文件落实、政策落地。一是提高宣贯落实的积极性、主动性和自觉性。针对《七条规定》颁布之初，个别煤矿企业认识有偏差，重视程度不够的情况，采取多种形式分析当前山东省煤矿“安全基础不牢固、安全生产无把握”的现状，特别是邀请省内和行业内主流媒体参加，召开了2012年3起煤矿较大事故通报会，深刻查找事故中违反《七条规定》的问题，发挥事故警示作用，及时纠正3种错误认识，牢固树立3种理念。同时，坚持高标准，将《七条规定》作为煤矿安全监察执法的重要内容之一，而不是全部内容；作为最低要求，而不是最高要求，督促煤矿企业把落实《七条规定》与推进安全质量标准化、促进科技创新、实施7大攻坚举措等相关工作有机结合起来，努力构建安全生产长效机制。二是强化宣贯。在配合国家安全监管总局完成煤矿矿长宣贯的基础上，及时成立《七条规定》宣讲团，局领导带头解读，周周有检查、有宣讲，分片对副矿长以上人员进行集中宣贯，共召开宣贯会11场、参加人员1200多人。利用两个月的时间举办了专题培训班，对全省2500多名副总以上人员全部轮训一遍。由各监察分局负责对煤矿区队长、班组长等中层管理人员进行宣贯，各煤矿企业对全体职工进行宣贯，确保从矿长到一线职工，都能牢记《七条规定》，并严格落实，真正做到了“铁七条、刚执行、全覆盖、真落实、见实效”。各主流媒体详细报道了《七条规定》在山东煤监系统融入日常监察、在基层开花结果的良好局面，杨栋梁局长批示要求全国学习。三是以严格执法推动落实。把《七条规定》纳入了全年执法计划，并在《煤矿安全监察执法检查表》中专门列出了《七条规定》的内容，逢矿必查，从严处罚违规行为。四是在全国较早通过制定规范性文件，进一步强化对国办发99号文件的落实，代省政府办公厅起草了山东省实施办法，同步制定了山东煤监局的实施细则。

2. 高质量开展安全大检查

一是“兵团式”作战，真正全覆盖。机关处室和监察分局上下联合、协同行动，集中近120名监察人员参加，采取“大规模、兵团式”作战，省局由局领导带队，成立2个重点检查组、1个执法督查组、1个宣传组，分局成立13个检查组，采取企业自查自纠、省局重点督查、分局覆盖检查、异地交叉检查、专家安全评估、执法监督检查等多种方式方法，确保做到对地方煤矿监管部门、煤矿企业和井上下的3个全覆盖。二是专家式剖析，确保零容忍。每个监察组由10人组成，每个矿2~3天，对矿井进行全方位“CT”、解剖式分析，查大系统、治大隐患、防大事故，真正把问题看准、查实，让企业心服口服。同时，树立“隐患就是事故”的理念，对各类隐患和问题从严处罚，决不姑息迁就。安全大检查期间，共查处各类隐患和问题2246条，制作笔录性文书312份，决定性文书426份，停头、停面30个，与2012年同期相比行政罚款数额大幅增加。三是表格式检查，做到严执法。事前制定了详细的安全大检查方案，对市、县煤矿安全监管部门梳理了9项重点检查内容，对煤矿企业严格按照《煤矿安全监察执法检查表》，分17个方面、175项重点项目开展对表检查，对应每一项内容都明确了监察方法、监察依据和具体处罚。一表在手、有的放矢，真正实现了查细、查实、查深、查透。四是闭合式管理，推动责任落实。在安全大检查中，把推进煤矿企业主体责任落实作为首要任务，对发现的隐患和问题进行分级，一般性隐患由当地煤矿监管部门督促整改；重大隐患由属地监察分局跟踪落实，真正做到项项有着落、件件有回音，取得了实实在在的效果。五是实施“四不两直”暗查抽查，提高监察效能。制定《转变作风开展煤矿安全生产暗查抽查工作制度》，把暗查抽查列入监察执法年度、月度工作计划，突出重点矿井，采取“四不两直”方式，省局和监察分局定期开展。在党的十八届三中全会召开期间，山东煤监局组织80余名监察人员、成立11个检查组和1个督查组，对35处煤矿进行了暗查抽查，查处隐患473条、停止全矿采掘作业1次和6个采掘工作面作业、暂扣安全生产许可证1个，罚款42万元，确保了关键时期全省煤矿安全生产形势持续稳定。六是创新监察方式，推动大检查深入开展。在日常监察执法和深入开展全省煤矿安全大检查中，各单位、部门不断创新方式方法，努力提高执法效能。表格式监察得到杨栋梁局长的充分肯定；坚持“四个强化”，提高“四种能力”的经验做法国家安全监管总局下文全国学习借鉴；在全国率先制定出台煤矿企业安全生产诚信建设评估办法，深入推进企业诚信建设；各监察分局创新实施了“五查、五监督”、隐患整改落实“五步”工作机制、交叉换位式监察、菜单式监察、隐患预警提醒通知等执法方式方法，各项工作继续走在全国前列。

3. 高起点推进煤矿职业卫生监管工作

率先在全国设立职业健康处，坚持防范事故与保护职业健康并重，积极协调、顺利完成职能划转。制定了《山东煤矿职业卫生技术服务机构乙级资质认可实施办法》和《山东煤矿职业卫生专家库管理办法》，组建40人的职业卫生专家库，对3个乙级煤矿职业卫生技术服务机构资质进行了发证，对16处煤矿职业病防护设施设计进行了审查批复，对3处煤矿职业病防护设施竣工进行了验收批复。组织开展建设项目职业卫生“三同时”、作业场所粉尘危害防治专项监察，大力推行无尘化生产和绿色开采，职业危害防治监察工作步入规范化轨道。

（三）强化基层基础，提高煤矿安全保障能力

1. 推进科技兴安，促进煤矿机械化、自动化和信息化建设

积极推进，有5个项目列入总局第二批安全科技“四个一批”项目，为全国同行业最多。强化对116个重大事故防治关键技术项目的跟踪督导，目前已完成40个，其中已鉴定23个，已验收2个，已完成验收申请15个。加强技术服务机构监管，充分发挥技术支撑作用。积极争取国家批准煤矿安全改造项目21个，总投资3.2亿元，其中争取中央预算内资金6490万元，目前这些项目均在有序实施。

2. 推进安全文化和安全诚信建设，促进企业本质安全管理水平提升

强化措施，努力探索把安全文化和诚信引入安全生产领域的有效途径和办法，积极推进煤矿安全文化示范企业和安全生产诚信示范矿井创建活动，命名表彰了2012年度10家省级煤矿安全文化建设示范企业和21家省级煤矿安全生产诚信建设示范矿井。向国家安全监管总局推荐6家企业参选国家级安全文化示范企业，数量为全国最多。在全国率先制定出台的《安全生产诚信建设示范矿井评估办法》，作为山东煤监局第一份规范性文件以省政府公报形式向社会公布。

3. 推进应急管理，促进应急体系建设

组织开展了应急资源普查工作，对全省12支专业救护队进行了全面摸底。积极推进兼职矿山救护队伍建设。截至发稿时，除拟关闭和停产矿井以外，其他生产矿井均已建立兼职矿山救护队。制定出台了煤矿企业兼职救护队验收办法，编写完成了《山东省煤矿兼职救护队员培训教材》。组织全省矿山救护独立中队救援技术比武活动，提高了救援队伍技战术水平。督促各救护队投入资金6600多万元，基础设施和装备水平明显提升。健全完善应急预案，强化应急演练。全省煤矿共组织综合演练112次，专业演练125次，现场处置演练468次，快速反应和科学处置能力显著增强。

河南省煤矿安全生产工作综述

一、煤矿安全生产总体情况

2013年，全省共生产原煤15330万吨，发生死亡事故4起、死亡10人，同比增加1起、上升33.3%，死亡人数减少2人、下降16.7%。其中，发生较大事故1起、死亡7人，事故起数持平，死亡人数减少2人，下降22.2%；连续两年杜绝了重大以上伤亡事故。百万吨死亡率0.065，同比减少0.014，下降17.6%。

二、煤矿安全生产重点工作

（一）规范监察执法，提高监察工作成效

一是落实执法计划，完成目标任务。以年度计划为导向，突出工作重点，根据煤矿实际，按照法律标准，严格执法程序，扎实开展重点监察、专项监察和定期监察，注重通报监察情况、约谈企业负责人、督促隐患整改，推动了煤矿企业依法生产。全年监察矿井320处、743矿次，完成执法计划的107.2%，使用执法文书6185份，实施行政处罚679次。二是创新监察方式，提高监察效能。持续推进示范式、解剖式、集中式等监察方式。6月，组织开展了全省煤矿安全监察执法集中行动。抽调机关和分局64人，组成5个监察组，监察矿井61处，查处隐患842条，严厉查处一批违法违规行为，促进了全省煤矿安全形势持续稳定。郑州分局、豫西分局开展跟踪监察，对重大隐患立案调查、倒查问责；豫南分局开展会审式监察，尝试对区域公司监察；豫北分局、豫东分局分别开展了“2013·雷霆行动”和“固安行动”，均收到了较好效果。三是强化执法监督，规范执法工作。围绕执法计划、执法文书、执法程序、执法权力开展执法监督，推进执法制度和流程落实，开展2次执法案卷集中评查活动，检查案卷306卷、文书3077份，督促整改问题126条，进一步规范监察执法工作，提高行政执法水平。

（二）加强监督检查，推动全省煤矿安全工作

一是按照监察职责，开展监督检查。把兼并重组、六大系统、小煤矿机械化、七条规定等细化到检查内容，制定了9大项38子项的检查标准，规范监督检查工作。上半年，成立5个监督检查组，对地方政府安全监管工作开展集中监督检查，督查了11个产煤地市、4个直管县、31处煤矿，查出问题57条，提出建议45条，将检查情况上报国家安全监管局和省政府并向全省通报，得到省政府领导的肯定。在春节、两会、十八届三中全会等重点时段，成立9个督查组，对监管责任和防范措施的落实情况开展督查。在十八届三中全会期间，加强监察执法和监督检查，要求企业严格落实主体责任，监管部门加强监督管理，监察分局一律不休息、集中精力开展重点监察，河南煤监局领导带3个督导组进行检查指导，确保了重要时段的煤矿安全生产。二是按省政府要求，6—9月，河南煤监局牵头组织全省煤矿安全生产大检查。制定实施方案，要求县级政府、骨干煤炭企业开展全覆盖检查，地市政府对煤矿抽查不少于30%，各煤矿开展井上下地毯式隐患排查。根据国家煤监局部署，按照“全覆盖、零容忍、严执法、重实效”要求，组织煤监系统开展安全大检查，严厉打击非法违法行为。省政府成立5个督查组开展全省督导，局领导带队到分局督导，全省成立200余个工作组，参与2万余人次，检查矿井3663矿次，查出隐患28723条，责令停产矿井85处、暂扣安全许可证2个、停止采掘头面17个，消除了大批隐患，确保了安全生产。三是坚持多措并举，推动“双七条”贯彻落实。把《七条规定》纳入监察内容，开展了《七条规定》专项督查；按照国家煤矿安监局安排，开展了落实《七条规定》跨省交叉专项监察；第四季度协助省政府召开了全省煤矿安全工作座谈会，张维宁副省长出席并讲话，开展了与矿长对话活动，对贯彻国办发99号文件进行了专题安排部署，促进了“双七条”的贯彻落实。

（三）以防大事故为核心，推动重大灾害治理工作

一是深入骨干煤炭企业开展防突工作调研，编

印了焦煤公司古汉山煤矿等6处矿井防突经验，发挥先进典型引领作用。二是召开全省防治煤与瓦斯突出区域治理工作推进会，交流防突经验，听取专家讲座，研讨防范措施，提出指导意见，推动区域治理工作。三是通过许可审查、督查指导等方式，督促煤与瓦斯突出矿井推广使用井下钻场视频监控系统，全省投入3674万元，54处突出矿井建成了井下打钻视频监控系统，防止钻孔不到位、措施不落实，提高了瓦斯治理水平和效果。四是注重超前预防，根据水害情况，针对兼并重组煤矿开展防治水专项监察，查处隐患120余条，聘请专家会诊、授课，督促隐患整改。同时，按照“物探先行、钻探验证”要求，督促地方煤矿开展全井田地面物探，全省170处煤矿投入1600万元进行地面物探，为防治水工作提供了可靠的基础资料，促进水害防治能力提升。

（四）严格安全条件，严把安全准入关口

按照审批程序，严格审查标准，搞好各类审批、许可。在条件审查中，查处问题1310余条、实施处罚7次、不予批准3个，吊销救护队资质4家，约谈企业负责人2次，督促3家煤矿重新进行突出危险性鉴定，2家升级为突出矿井，促使安全条件不断提高。全年新办、变更、延期安全许可证165个，办理建设项目安全设施、职业病防治设施设计审查和竣工验收14个，升级、延期矿山救护队资质26个，办理安全评价、检测检验、职业卫生技术服务机构资质8家，办理安全管理人员资格证25714人次。

（五）实施科技兴安战略，提高科技支撑能力

一是编制实施了2013年煤矿安全科技发展计划，向国家安全监管总局推荐事故防治关键技术科技项目77项，列入全国首批“四个一批”科技成果13项。二是开展煤矿隐蔽致灾因素普查，收集普查报告200多份，积极争取国家资金支持，在郑煤集团推进隐蔽致灾因素普查示范工程建设。三是强化中介机构监管。制定了检测检验报告规范和行业自律公约，开展“防范事故见成效”活动，督促检测机构自查自纠，持续保持资质条件；按照10项标准，组织评查8份评价报告，查出问题119条，提出意见21项，提高了安全评价质量。四是继续推进六大系统建设。召开3次推进会，落实月报告制度，定期通报建设情况，采取许可、监察、督查等方式，强力推进“六大系统”建设完善工作。全省生产矿井全部建成监测监控、人员定位等五大系统，139处煤矿建成紧急避险系统并通过验收，新建、改建矿井六大系统随建设进度同步推进。

（六）加强支撑体系建设，搞好煤矿安全专业化服务

一是加强煤矿安全监察支撑体系建设。5个中心建立了绩效工资考核分配机制，严考核真兑现，调动了职工积极性。培训中心完成了基地建设并投入使用，技术中心建成了职业卫生实验室，为业务拓展提供支持。统计中心科学调度、创新统计，救援中心强化指导、科学指挥，为服务监察工作发挥重要作用。二是加强煤矿安全支撑体系建设。通过强化培训、督促检查、资质管理等工作，完善支撑体系。全省现有煤矿安全培训机构130余家、评价机构4家、检测检验机构18家、职业卫生技术服务机构6家、矿山救援队伍25家，为煤矿安全工作提供了专业化支撑服务。全年各类专业技术服务机构组织煤矿安全培训404期、4.38万人次，其中，培训中心自办班培训53期、4195人次；检测检验安全设备1.5万余台（件），其中，技术中心检验四大件设备2781台；矿山救护队开展预防性检查2.56万人次，查出隐患4.1万余条。

（七）严肃事故查处，发挥警示作用

一是按照“四不放过”原则，严肃事故查处。二是进一步规范煤矿事故报告程序，强化煤矿事故报告工作。召开事故调查工作座谈会，总结分析工作情况，研究有关问题处理措施。三是严格事故举报核查。全年受理煤矿事故举报70件87起，结案55件68起，查实死亡事故1起、死亡7人，重伤事故3起、受伤4人，对限期办理举报件，及时上报核查结果。四是积极开展警示教育。总结近年来全省较大以上事故教训，利用培训、会议、监察、调研等渠道宣讲典型案例，制作事故动画发给监管部门和煤矿企业，促进了事故防范意识和水平提高。

（八）搞好宣传教育，推进煤矿安全文化建设

一是改进宣传方式，积极联系新闻媒体，通报煤矿安全形势、监察执法及事故查处等情况。二是扎实开展安全生产月和安全科技活动周活动，督促全省煤矿深入开展事故警示教育周、安全生产咨询

日、应急预案演练周以及丰富多彩的安全科普活动。三是结合河南实际，制定了省级安全文化建设示范企业评价标准，组织对2家2010年度国家级安全文化建设示范企业复审，评出10家省级示范企业，向国家安全监管总局推荐2家国家级示范企业。

湖北省煤矿安全生产工作综述

一、煤矿安全生产总体情况

2013年，在国家安全监管总局、国家煤矿安监局和省委、省政府的正确指导下，湖北煤矿安全监管监察人员牢固树立科学发展、安全发展的理念，积极践行群众路线，努力减少和控制事故，严格监察执法，强化指导服务，深入开展“安全生产年”“打非治违”、《七条规定》宣贯等一系列活动，全省煤矿安全生产形势实现了持续稳定好转。一是煤矿安全状况持续好转。2013年，全省煤矿发生死亡事故23起，死亡33人，同比减少12起9人，起数和人数分别下降34.29%和21.43%，连续4年大幅下降。按进度计算，比国家下达的控制指标少死亡19人。二是监察执法效果明显增强。积极开展“三项监察”，全年对宜昌、恩施、黄石、荆门、荆州、襄阳、咸宁开展了20次监察执法活动，监察矿井86处，完成全年监察执法计划的123%，下达隐患整改指令939条，暂扣安全生产许可证5个，停产整顿矿井9处，对15处矿井实施经济处罚157万元。三是事故责任追究更加规范。全年批复结案事故11起，按期结案率100%。移送司法机关追究刑事责任1人，党纪政纪处分15人，撤销安全资格证17人，给予罚款31人次，计62.45万元。对11个事故矿井共罚款223万元，暂扣安全生产许可证11个。四是整体办矿水平稳步提升。大力推进煤矿兼并重组、技改扩能和“六化”建设，全省395处煤矿重组为68家集团公司，309处矿井实施或正在实施技术改造，煤矿单井生产规模提升到平均7.5万吨/年，办矿水平进一步提升。

二、煤矿安全生产重点工作

（一）强化组织领导，深入贯彻煤矿安全工作部署

省委、省政府高度重视煤矿安全生产工作，李鸿忠书记指出“安全发展事关科学发展、安全生产就是民生、安全生产是政治问题”，要认真落实党委政府责任、部门监管责任和企业主体责任，用“铁的面孔，铁的标准，铁的手腕”抓好安全生产工作。王国生省长指出“安全生产是政府的第一责任，煤矿安全是安全生产工作的重中之重”。分管副省长许克振要求全省上下坚定信心和决心，全面深入贯彻落实《国务院办公厅关于进一步加强煤矿安全生产工作的意见》(国办发〔2013〕99号)，坚决关闭淘汰落后产能和不具备安全生产条件的矿井。省委召开了安全生产专题会议，深入学习习近平总书记、李克强总理关于安全生产工作的重要批示，研究部署安全生产大检查工作。省政府召开了全省煤矿安全生产专题电视电话会议，深入学习国办发〔2013〕99号文件精神，省政府办公厅印发了《湖北省“十二五”后三年煤矿整顿关闭工作方案》，整体推进全省煤矿安全治本攻坚。局领导多次带队对全省产煤地区贯彻落实“双七条”情况进行检查督办，确保了国家安全监管总局、国家煤矿安监局和省委、省政府关于煤矿安全生产工作重大决策部署的落实，全面完成了煤矿安全生产各项工作目标。

（二）创新宣贯方式，扎实推进《七条规定》贯彻落实

全省高度重视，周密部署，扎实开展了“保护矿工生命、矿长守规尽责”主题实践活动。一是加强组织领导。省政府成立了分管省长任组长的实践活动领导小组，制定了工作方案，在全国率先启动《七条规定》宣贯工作，召开了全省400家煤矿法人代表、矿长参加的宣贯大会，集中宣讲，统一考试，统一签订承诺书；分级组织了煤矿企业管理人员、班组长、矿工全员学习；印制了5万张便携卡发放到每一名矿工；邀请音乐人谱写了

《煤矿安全七条规定之歌》教矿工传唱，做到了宣教活动四个全覆盖。二是制定工作措施。为指导全省工作，省安委会制定了《贯彻落实〈七条规定〉的实施意见》，将落实情况纳入地方政府绩效考核重要内容，湖北煤监局制定了《贯彻落实〈七条规定〉的实施细则》，明确了违反规定的具体行政处罚标准。三是实施分兵把守。省安委会加强督办督查，厅局级领导带队对6个产煤市州、20个县市开展了专项督查，监察矿井48处，对工作开展不力的两个县级政府进行了约谈。我局将《七条规定》纳入监察执法、行政许可、事故调查重要内容，严格执法，促进了《七条规定》的深入贯彻落实。地方政府落实属地监管责任，将《七条规定》宣贯情况纳入节后复工复产验收标准严格把关。煤矿企业落实主体责任，对照标准开展《七条规定》日过关活动，加强现场管理，深入排查治理隐患，保证安全生产。四是开展异地交叉执法。根据国家煤矿安监局的安排，配合广西煤监局对湖北省的检查，参加了对青海省的《七条规定》异地监察执法。检查前制定了《湖北省赴青海省煤矿交叉执法工作预案》，检查后向国家煤矿安监局上报了监察执法报告。此次交叉执法共监察青海省煤矿7处，下达执法文书22份，发现安全隐患57条，实施经济处罚12万元。

（三）突出工作重点，全面开展安全生产大检查

根据国务院、省政府的部署，按照“全覆盖、零容忍、严执法、重实效”的要求，全省从6月起开展了为期4个月的煤矿安全生产大检查，做到了“三个到位”：一是领导重视，部署到位。省委、省政府先后召开安全生产专题动员会，成立了分管省长任组长的安全生产大检查领导小组，组成了12个综合督查组对各市（州）开展为期4个月的安全生产大检查。制定了《全省煤矿安全生产大检查工作方案》，明确了检查范围、方式和重点。二是强化责任，检查到位。各级政府成立了专班，制定了方案，对辖区所有煤矿实现了安全检查全覆盖；对煤矿安全12个方面进行表格化检查；对8类矿井一律停产整顿，并逐矿建立安全检查档案；湖北煤监局对8个产煤市（州）的36处煤与瓦斯突出矿井进行了督导检查全覆盖，并召开了地方政府、监管部门、企业负责人参加的全省情况通报会和专题讲座，进一步明确落实监管措施，确保检查不走形式，不走过场，不留死角，不留盲区。三是强化措施，落实到位。通过普查与抽查相结合、明察与暗访相结合、井下与地面检查相结合、监察执法与专家会诊相结合、属地监管和交叉检查相结合等方式，全省累计检查煤矿854矿（次），其中市（州）、县（市、区）共检查矿井779矿（次），覆盖率100%，省煤矿安全大检查领导小组检查矿井75矿（次），公告关闭矿井5处，一大批隐患得到有效整改。

（四）严格源头管理，严把安全准入关口

认真履行“三项监察”和行政许可职责，坚持依法行政，严格安全许可，不断提高煤矿安全保障能力。一是严格许可证颁发。严把资料审查和现场核查两道关口，持续保持生产矿井安全生产条件。全年颁发煤矿（矿井）安全生产许可证70个，其中矿井62个，集团公司8个，对确定关闭的6家煤矿依法吊销了煤矿安全生产许可证。二是严格建设项目管理。严格审批煤矿建设项目安全设施设计，加强对建设项目工期监管。全年审查建设项目安全专篇113矿次，竣工验收矿井31处，新增能力114万吨，全省309个矿井进行了技术改造，其中竣工验收矿井136个，正在进行的矿井173个，建设规模1119万吨。对22处安全生产许可证过期和44处超工期建设的矿井进行了通报，责令停止生产和建设。三是严格培训考核。按照教考分离的原则，培训考核煤矿“三项岗位”人员3530人，颁发安全资格证和特种作业人员操作证2501个。其中煤矿主要负责人培训263人、安全管理人员培训945人、煤矿特种作业人员培训2322人。

（五）严肃事故查处，坚决遏制重特大事故发生

严格落实事故责任追究制，紧紧揪住事故做文章，通过事故教训推动工作，坚决遏制重特大事故发生。一是严格事故审查。成立事故调查报告审查小组，对事故调查的组织、原因分析、责任划分、整改措施制定等进行审查，有效提高了全省监管监察部门的事故调查水平。二是严格责任追究。对发生死亡事故的矿井，依法暂扣安全生产许可证，严格经济处罚，依法追究事故相关责任人的党纪政纪和刑事责任。三是严格返证核查。对发生事故的生

产矿井，及时下达执法文书，暂扣安全生产许可证，督促整改，达到规定B级安全生产条件，并进行现场核查，逐级检查验收，方返还安全生产许可证。四是严格警示教育。举办了2期事故防范专题学习班，127名事故煤矿主要负责人和安全管理人员按照集体忏悔、个体承诺、理论培训、现场参观“四位一体”的方式进行反思再教育。通过短信平台发布警示短信20次，通过局内外网发布全省煤矿事故信息17条，免费向各产煤市（州）、县（市、区）安监局、培训机构及煤矿企业等发放警示教育片500套，发放《煤矿安全知识顺口溜100句》培训教材12000册。五是强化应急救援。狠抓救护队员的训练和管理，不断加强救援装备建设、全省煤矿救援水平有了明显提高。局领导亲临事故现场，指导救援，成功救出2名被困人员，有效防止了次生事故的发生，受到省政府的表彰。

（六）深化指导服务，提高煤矿整体办矿水平

针对湖北煤矿基础薄弱的状况，进一步深化监察指导服务。一是推进扩能技改。督促企业完善生产系统及安全设施，采用正规采煤方法，应用锚网喷支护、吊挂人车、机械装研等先进技术，实现减员增效。二是推进“六化”建设。在全省煤矿企业推行煤矿安全管理制度化、生产系统规范化、采掘工艺机械化、工程质量标准化、灾害治理科学化、矿区建设园林化建设。组织召开了全省推进煤矿“六化”建设现场会，制定了《湖北省煤矿“六化建设”标准及评分办法》，明确了创建目标、评定办法、认定程序。同时邀请了中煤装备及其3家下属煤矿机械厂对我省薄煤层机械化开采技术进行了专题调研，并将帮助推进薄煤层开采机械化纳入了与湖北省政府战略合作的重要内容。三是建立现场办公制度。深入产煤县（市、区）及时研究基层煤矿安全监管工作遇到的困难和问题，督促落实企业主体责任和地方政府监管责任。四是加强基层安全监管人员专业培训。为解决基层安全监管干部专业不专、工作效能不高等实际问题，湖北煤监局在重庆工程职业技术学院举办了为期1个月的全省煤矿安全监管人员专业知识学习班。全省各产煤市州县的60名安全监管干部进行了煤矿开采、矿井通风、煤矿灾害防治等11个专题的系统理论学习，掌握了煤矿安全监管所必需的专业知识，提高了基层队伍的监管执法能力和工作水平。此外，通过组织企业走出去、请进来的方式，举办了3期煤与瓦斯突出防治专题学习班，通过现场讲解、现场操作的方式组织教学，取得了良好的效果。

（七）坚持从严务实，认真开展群众路线教育实践活动

按照国家安全监管总局党组的统一部署，湖北煤监局党组在国家安全监管总局第四督导组的指导下，深入开展党的群众路线教育实践活动，成立了活动领导小组，制定了活动方案，制定了活动3个环节的具体任务计划表，组织全局同志认真学习了《论群众路线》等3本书和重要著作。在查摆问题和整改落实环节，抓好“三个深入”：一是深入查摆，触及灵魂。制定了“四风”问题对照检查表，列举了6个方面66个问题，全局对照检查。局党组5次召开会议修改局党组对照检查材料，班子成员先后11次修改个人剖析材料，共查出“四风”方面问题29个，查摆问题深刻。二是深入批评，不留情面。在局党组民主生活会上，班子成员之间都能敞开心扉、坦诚相待，相互开展了批评，提出批评意见27条，没有官话套话，都是在推心置腹地交流意见、沟通思想。言者无私无畏，听者从善如流。三是深入整改，建章立制。把整改作为整个活动的落脚点，坚持边学边改、边查边改、边谈边改、边批边改，对于在理论学习、对照检查、批评与自我批评等阶段发现的问题立即整改，先后制定了32条具体的整改措施，建立和修订了《领导联系点制度》等12项制度。通过开展教育实践活动，全局“四风”方面存在的问题得到了有效改进，2013年，局领导带队深入基层调研、检查20次，检查煤矿75矿次，充分发挥了示范带头作用。

（八）加强队伍建设，促进全局各项工作顺利开展

强化领导班子和队伍建设，从思想、能力、作风、制度和廉政建设等方面严格要求，狠抓落实。一是加强思想政治建设。以提高干部思想政治素质为目标，组织机关干部认真学习党的十八大和十八届三中全会精神，深入开展党的群众路线教育实践活动，坚持中心组集中学习、支部生活制度和个人学习相结合的学习方法，加强理论学习，进一步增强了干部队伍的理论素质和责任意识。二是加强干部选拔任用。2013年，全局提拔了4名处级干部

和6名科级干部，招考了1名公务员，公开招聘了4名局属事业单位工作人员，全省煤矿监察力量得到了进一步充实。在干部选拔任用工作中，严格遵守《党政领导干部选拔任用工作条例》，通过党组酝酿、民主推荐、研究决定、公示、上报批准（备案）等程序，做到了公平公正、任人唯贤。三是加强作风建设。围绕“八项规定”和“四风”问题，研究制定了《湖北煤监局党组关于改进工作作风、密切联系群众的实施办法》，要求全局干部从点滴做起，从日常工作做起，严格落实，全局党员干部工作作风和服务基层的理念得到根本性转变。据统计，2013年，全局共减少文件43份，同比下降12%；文印费支出2.47万元，同比下降8.85%；承办大型会议2个，同比减少2个，会议费用同比下降10.3%；公务接待费用14.61万元，同比减少44%；车辆运行费同比下降13%；车辆运行维护费30.25万元，同比减少3.23%。四是加强制度建设。注重建章立制，坚持用制度管事，用制度管人。修订《公务用车管理制度》《会议管理制度》等12项制度，补充制定《工作督办制度》等5项制度，完善了政务公开和财务公开制度，主要工作上网公布，财务收支定期公开，加强了财务支出预算审批管理，严格支出审批权限和程序，有力地提高了执行力。五是加强廉政建设。严格落实党风廉政建设责任制，认真贯彻落实中央“八项规定”，紧密结合实际，深入开展反腐倡廉教育，精心组织了警示教育主题活动，坚持把廉政工作和中心工作紧密结合，实行“一岗双责”，与处室签订了《党风廉政建设目标管理责任书》，开展了制度廉洁性评估，对2010年以来制定且仍在执行的各类规章制度71项进行了评估。认真组织了执法监察，共检查了58份执法案卷和24份执法文书，检查出各类问题98条。开展了治理收受红包礼金和会员卡清退行动，强力推进了党风廉政建设的落实。党组成员严于律己，廉洁奉公，作出了表率，全体监察人员严格执法、公正执法、廉洁执法，没有发生违规违纪案件，维护了机关整体形象。

湖南省煤矿安全生产工作综述

一、煤矿安全生产总体情况

2013年，湖南煤监局认真按照国家安全监管总局和湖南省委、省政府的部署，扎实推进各项工作，有力促进全省煤矿安全生产形势持续好转。2013年，全省共发生各类煤矿事故76起，死亡112人，同比少死亡25人，下降18.2%。其中发生较大煤矿事故3起，死亡20人，同比少死亡27人，下降57.4%；发生重大事故1起，死亡10人，同比少死亡5人，下降33.3%。

二、煤矿安全生产重点工作

（一）扎实开展党的群众路线教育实践活动

认真按照国家安全监管总局党组和湖南省委的要求，采取领导授课专题学、举办骨干培训班重点学等方式，局机关集中学习8次，开展面对面谈心活动230余人次，召开各类座谈会37次，收集意见建议300多条，经整理汇总“四风”方面的问题52条。同时建立教育实践活动联系点制度，坚持边学边查边改，制定完善作风建设10项要求和财务管理、公务接待、公务用车管理等14项制度。

（二）全面开展安全生产大检查

按照国务院安委会和湖南省委、省政府的统一部署，成立领导小组，制定工作方案，对照隐患排查整治“7类20条”要求开展煤矿安全大检查，共检查煤矿437处，查处重大安全隐患259条。对13个产煤市州52个产煤县市区开展监督检查，做到了对市、县政府煤矿安全监管工作监督检查“全覆盖”。对耒阳市、攸县、永兴县等重点产煤地区及部分国有煤矿开展暗访督查，以9万吨/年及以下煤与瓦斯突出矿井为重点，开展暗访暗查18次，严厉打击了煤矿非法违法生产行为。

（三）着力规范和严格监察执法

全年监察矿井598矿次，查处重大隐患258条，实施行政处罚392矿次，责令停产整顿矿井87矿次，提请关闭矿井2处。大力推行《煤矿安全监察执法行为规范》，严格安全准入，总结推行“说理式执法”，定期对各分局监察执法工作进行考核，对重点工作进行督办，务实开展执法监督工作，监察执法更严格、更规范。

（四）强化事故教训推进工作

坚持科学严谨、依法依规、实事求是、注重实效的原则，共查处事故67起，责令停产整顿事故矿井41矿次，提请关闭矿井4处，决定罚款1413.3万元，处理事故责任人员240人（其中建议给予党纪、政纪处分146人，移送司法机关追究刑事责任20人）。同时认真落实对事故煤矿责令停产、暂扣安全生产许可证、督促煤矿开展安全检查、整改事故隐患的“停扣查改”工作措施，切实加强警示教育，有效杜绝了事故矿井重复发生事故的现象。

（五）努力提高煤矿安全保障能力

组织力量深入重点地区、矿区开展瓦斯治理和抽采利用专题调研，联系中煤科工集团重庆分院、湖南煤研所等单位开展专题研究，着力促进煤矿落实瓦斯防治措施。对全省煤矿“六大系统”建设进行摸底调查，加大监察执法力度，促使煤矿不断改善安全基础条件。着力推进应急救援、信息化建设、安全技术、安全培训和煤矿职业危害防治等工作，煤矿安全监察工作支撑保障能力不断增强。

（六）加强监察队伍建设和内部管理

扎实推进学习型机关建设，加强干部职工教育培训工作，选送47人次参加国家安全监管总局党校、省委党校处级干部进修学习。坚持用制度管权管人管事，清理规章制度79项，重新修订、制定34项。切实加强“三公”经费和办文、办会的管理，与2012年比较，全系统会议数量减少35%，会议费用减少39.8%；局机关文件数量减少30%；“三公”经费减少32.5%。

三、存在的主要问题

一是煤矿事故总量仍然偏高，较大、重大事故没有得到有效遏制。2013年，湖南煤矿事故死亡人数居全国第一，是全国9个发生煤矿重大及以上事故的省份之一。二是煤矿安全基础条件滑坡、非法违法生产严重。在煤矿整顿关闭期间，大部分煤矿抱着等待、观望的态度办矿，舍不得投入，不敢加大必要的投入，有的甚至不投入，机械化、安全质量标准化、信息化和“六大系统”建设停滞不前，诱发较大及以上事故的潜在威胁加大。三是严格执法、规范执法、公正执法、文明执法和廉洁执法还有差距，低水平重复执法的问题没有得到根本解决。

广西壮族自治区煤矿安全生产综述

一、煤矿安全生产总体情况

2013年，广西煤监局认真贯彻落实上级有关会议及中央领导同志重要讲话精神，在国家安全监管总局、国家煤矿安监局和广西壮族自治区党委政府的正确领导下，以全面贯彻落实《七条规定》和国办发99号文件精神（简称“双七条”）为主线，推动企业主体责任和地方监管责任的落实，深化打非治违，强化水害、瓦斯、火灾防治，不断夯实煤矿安全基础，有效防范了煤矿较大以上事故，实现广西煤矿安全生产形势的稳定好转。2013年，广西共发生煤矿安全生产事故15起，死亡16人，占全年控制指标的80%，没有发生较大以上事故和非法盗采死亡事故。

二、煤矿安全生产重点工作

（一）积极推动以“保护矿工生命，矿长守规尽责”主题活动的深入开展

《七条规定》公布实施后，广西煤监局及时下发了《关于做好煤矿矿长保护矿工生命安全七条规定》宣贯工作通知，地方各级政府、各有关监管部门及煤矿企业按照国家安全监管总局部署和广西煤监局的安排，分别制定了学习宣传和贯彻落实《七条规定》的活动方案并认真抓好落实，掀起了学习宣传和贯彻落实《七条规定》的热潮。国家安全监管总局纪检组赵惠令组长率领的第六督导调研组在南宁召开了广西《七条规定》宣贯大会上，全区煤矿企业、111处矿井的董事长、总经理、矿

长在会上面对面签订了《贯彻落实七条规定承诺书》，并当场进行了《七条规定》知识内容考试。为确保《七条规定》落到实处，广西煤监局领导多次带队分别对各产煤市、县（市、区）各煤矿企业宣传贯彻落实《七条规定》及“保护矿工生命、矿长守规尽责”主题实践活动的情况进行督查监察。对煤矿企业、矿井领导班子成员及煤矿实际控制人学习情况进行检查，先后现场面试笔试2000多人次。下发了广西煤矿安全监察局《〈煤矿矿长保护矿工生命安全七条规定〉监察执法实施细则》，督促各煤矿企业把《七条规定》印发到职工手上，做到人手一张；利用调度会、座谈会、班前会、学习日、碰头会等时间，采取集中学习、座谈研讨、警示教育等多种形式深入学习，使学习活动深入区队、车间、班组，做到《七条规定》在企业内家喻户晓、人人皆知，确保《七条规定》切实做到“铁七条、刚执行、全覆盖、真落实、见实效”。

（二）认真组织开展煤矿安全生产大检查工作

从6个方面抓好大检查工作：一是成立机构。成立了由局主要负责人担任组长、其他局领导任副组长的集中开展煤矿安全生产大检查工作领导小组，从机关各处（室）抽调精干人员参加这次大检查活动。二是明确重点区域。在认真研究分析广西煤矿安全生产状况的基础上，把矿井水文地质情况比较复杂的来宾市合山矿区、河池市宜州拉浪矿区、六桥矿区、都安那精矿区和高瓦斯矿井比较集中的河池市罗城矿区及瓦斯涌出异常、煤层易自然发火的百色市右江矿区作为集中开展安全大检查的重点。三是明确重点内容。把贯彻落实《七条规定》和煤矿安全七项治本攻坚举措，私挖盗采、超层越界开采，超能力组织生产、隐患排查治理，停产整顿的小煤矿复产验收，汛期水害防治特别是采空区、相邻矿井及废弃老空区积水防治，煤矿瓦斯和火灾防治，“六大系统”建设工作，特别是紧急避险系统的建设，煤矿企业及其所属矿井安全管理机构设置及人员配备，职工安全培训，特别是“三项岗位”人员、班组长、新工人培训情况等作为这次大检查重点。四是明确检查方法。在统计分析被检煤矿近年来的安全生产事故、安全技术装备投入、专业技术人员配备、安全技术管理水平等情况的基础上，按照一矿井一预案的做法，把检查的内容和标准要求制成检查表格，实行“菜单式”检查，达到检查内容不漏项、煤矿安全隐患一目了然的效果。五是明确反馈整改要求。派出5批次15个安全检查组，分别由局领导带队，深入75对矿井进行了现场检查。明确规定安全检查组到煤矿检查后，要组织召开由被检煤矿企业所在矿区煤矿的矿长、总工、实际控制人、地方政府及有关部门参加的情况反馈会议，通报检查发现的问题，提出整改的意见和建议。明确规定大检查中发现的问题必须书面反馈给煤矿企业所在地政府相关部门，提出监管工作意见和建议。明确要求地方政府部门督促企业抓好隐患整改，在煤矿企业营造了一种安全生产的高压态势，增强了企业安全生产责任感，进一步推动了煤矿企业主体责任的落实。六是严肃处理违法违规行为。各检查组在检查中严格按裁量标准对违法违规行为进行处罚。在集中开展煤矿安全生产大检查中，注销了2对矿井的安全生产许可证，暂扣了3对矿井的安全生产许可证责令进行停产整顿；对2对技改矿井实施停工整改，分别责令3个回采工作面、5个掘进工作面实施停产停工整改。立案查处右江矿务局那读煤矿超层越界的违法行为，依法责令该矿停产整顿，对广西右江矿务局有限公司处以60万元人民币罚款，对有关责任人员进行相应处理，在广西各产煤市、县安全监管、行业管理部门及煤矿企业进行通报，对全区煤矿产生了较大的震动。

（三）扎实开展煤矿安全监察工作，有效消除煤矿生产安全事故隐患

根据国家煤矿安监局批复广西煤监局的“2013年煤矿安全监察执法计划”，广西煤监局结合各阶段的工作重点，认真组织实施，突出专项监察为主，全力推动做好集中监察、表格式监察、示范性监察，不断提升监察执法的效率和效果。全年实际完成监察82矿次，其中重点25矿次、专项46矿次、定期11矿次。在执法中共查出一般事故隐患532条，限期内实际完成整改532条，使用各类监察执法文书176份。

在瓦斯防治监察执法方面：在督促煤矿企业严格执行《煤矿瓦斯防治工作“十条禁令”》的同时，严格要求各煤矿企业。一是确保矿井通风系统完善可靠，加强对盲巷、扩散通风、残采工作面通风、临时串联通风的管理，防止瓦斯积聚。二是配

足瓦斯检查员、定点蹲守检查；安全监控系统保持正常、准确、有效，做到人员、监控双保险。三是要求矿井瓦斯超限立即撤人，严禁违规作业。全年共监察高瓦斯和瓦斯异常的矿井15矿次。对存在通风和瓦斯隐患的1对矿井共罚款9万元，责令2对矿井停产整顿或限期整改。截至发稿时，全区煤矿没有发生瓦斯事故。

在煤矿防治水工作方面：按照上级要求并结合广西煤矿水害的特点开展了煤矿防治水工作。一是认真学习《煤矿防治水规定》(总局令第28号)、《国家煤矿安全监察局关于2013年煤矿水害防治工作指导意见》(煤安监调查〔2013〕6号）等文件精神，对全区煤矿防治水情况进行分析研究，明确防治水工作重点。二是提早部署全区煤矿防治水工作，下发了《关于进一步加强雨季煤矿防治水工作的通知》，要求各地特别是水害比较严重的地区要高度重视雨季煤矿防治水工作，要加强对煤矿雨季防治水工作的监管，督促煤矿企业认真落实雨季各项防治水措施。三是将煤矿防治水工作列入“三项监察”计划，将对水文地质条件为复杂、极复杂矿井实施专项监察。四是认真组织实施水害防治的监察执法。2013年来，先后对水文地质条件相对复杂或涌水量较大的共24对矿井进行防治水害监察，其中专项监察15矿次，重点监察9矿次，查处各类水害隐患95条，下达监察文书48份，责令存在水害隐患的矿井立即整改或限期整改，有效遏制水害事故发生。

在开展“打非治违”专项行动方面：认真落实“四不两直”的要求，结合安全生产大检查活动，由广西煤监局领导带队赴百色、河池、来宾等重点产煤的市、县（市、区）开展“打非治违”专项行动。严查煤矿企业“三超”“三违”行为，对4处矿井给予停产停工整顿或经济处罚，有力地打击或纠正了部分矿井生产经营建设中的违法违规行为。同时，广西煤监局领导亲自带队深入南宁市、来宾、河池等地区明察暗访非法盗采煤炭情况，对南宁市青秀区等地方政府下达了《加强和改善安全管理建议书》，督促地方政府加大对非法采矿的打击力度，打击煤矿非法违法工作机制得到了进一步完善。在广西煤监局的直接督促指导下，捣毁非法小煤窑80多处。

在加强对地方政府煤矿安全监管工作的监督检查方面：广西煤监局班子成员带领6个工作组，对百色、来宾、河池等3个主要产煤市地方政府煤矿安全监管工作进行全面的监督检查和指导，指导帮助各级煤矿安全监管部门开展安全监管工作，并向有关地方人民政府及其有关部门提出了加强煤矿安全监管工作的意见和建议，收到了良好的效果。

（四）坚持“四不放过”原则，认真查处煤矿事故

一是严格事故的查处工作。2013年共组织调查煤矿事故15起，按期结案率100%。对事故责任人提出处理意见48人次，制作调查笔录141份，提出事故防范措施52条。二是开展事故统计分析工作。对2006年以来煤矿顶板事故分析、运输事故分析以及2008年以来发生的一次死亡2人、7~9人、27~29人事故及2013年以来广西煤矿事故情况进行分析并形成分析报告。从8月开始进行事故月分析并形成事故简报，为领导决策提供依据。三是落实事故通报、约谈制度。为贯彻落实国家安全监管总局“一矿出事故，万矿受教育”要求，广西煤监局对相关事故煤矿企业进行了严肃的查处，并在全区进行了通报。召开了约谈警示会，通报分析全区小煤矿顶板事故多发的原因，提出整改措施。四是以事故教训推动工作。针对2013年顶板事故多发情况，组织人员反复研究分析查找顶板事故发生的深层次原因，形成了《关于进一步加强煤矿顶板管理工作的通知》，与自治区安监局、自治区工信委等部门联合下发实施，推动煤矿顶板管理工作上台阶，坚决遏制顶板事故多发的势头。

（五）大力推进煤矿“三化”工作，夯实煤矿安全基础

继续加快推进小煤矿机械化、安全质量标准化和信息化工作，一是严格准入标准，强力推进机械化。对建设矿井没有采用机械化开采设计施工的，一律不予评审，一律不能通过安全设施竣工验收。完成了13对矿井的机械化改造工作；已通过机械化改造设计审查批复的矿井有60对；正在进行机械化改造设计的矿井有27对，全区煤矿安全生产保障能力明显提高。二是积极推进煤矿安全信息化建设。明确专业人员深入企业推动煤矿监管平台建设，百色矿务局所属各矿，罗城县合城煤业及其所属3对生产矿井、伟隆煤业公司及其所属8对生产建设矿井、环江县红山矿区3对煤矿等已建成煤矿

安全监控联网监管平台，煤矿的安全监控、人员定位、视频监控等数据已传至互联网平台，在接通互联网的地方，广西煤监局人员均可对以上各煤矿的实时数据和历史数据进行查阅。三是推进“标准化”建设。对1对没有通过安全质量标准化验收的生产矿井和2对没有按照设计标准施工的技改矿井进行了停产整顿；对2对技术改造方案没有采用机械化开采和运输的矿井，不予通过安全设施设计审批。

（六）加强技术支撑体系建设，发挥安全保障作用

一是抓好煤矿安全生产调度统计工作。完善了《应急值班工作制度》，配足配齐专职值班员，加强了日常应急值班和重大活动（节假日）应急值守值班工作。加强机关值班室的日常管理，确保全局应急值班值守工作有序正常进行。开展煤矿安全生产事故、执法监察、职业卫生、举报信息等调度统计工作，并按时统计、收集、汇总、报送和归档，实现了煤矿安全生产调度统计工作的归口统一管理。二是完善应急管理体系，提高应急救援水平。建立和完善了《煤矿安全生产事故信息报告工作制度》《煤矿安全生产统计工作制度》《广西煤矿安全监察局生产安全事故应急预案》《广西煤矿安全监察局应急救援专家组管理办法》《煤矿矿山救护队资质认定管理办法》《关于保护煤矿生产安全事故和事故隐患举报人具体实施意见》等工作制度。审查核发了6家煤矿救护队资质。6月，指导百色矿务局那怀矿开展煤矿火灾事故应急救援模拟演练，提高了矿井在事故发生时的指挥、协调、组织和应急能力，检验了火灾事故应急救援预案的科学性和可操作性。三是加强煤矿安全技术服务体系建设。加强煤矿安全评价、职业卫生技术服务、检测检验机构日常监管，加大煤矿安全评价、职业卫生技术服务、检测检验等机构和注册安全工程师、安全评价师从业行为的监督检查。2013年，新审批1家煤乙级矿安全检测检验机构资质；7月审查1家乙级检测检验机构乙级资质换证（延期）申请；8月审核1家煤矿安全评价机构乙级资换证（延期）申请，因不符合条件取消资质并限时进行整改后重新申报；11月新审批1家职业卫生技术服务机构乙级资质；及时受理注册安全工程师初始注册、变更注册和重新注册2批次的审核上报工作。四是稳步推进煤矿职业健康工作。开展煤矿职业危害项目申报统计工作，2013年广西煤矿职业病累计31例（新增5例）。制定了《广西煤矿职业卫生服务机构乙级评审方案》。

（七）加大宣传工作力度，推动煤矿安全生产各项政策措施的落实

2013年，通过广西煤监局网站、政务公开网站和《广西煤矿安全》等相关载体，开辟专栏认真宣传贯彻全国安全生产电视电话会、全国安全生产工作会议精神、习近平总书记重要讲话精神和国办发99号文件精神；大力宣传贯彻《七条规定》和煤矿安全攻坚克难“七大举措”。配合上级部门集中深入开展以“保护矿工生命，矿长守规尽责”为主题的百日宣教活动。编印了相关政策文件学习资料200多套，免费发放给煤矿安全监管部门和煤矿企业；组织监察人员和专家，并深入矿区分片召开会议，进行重点宣传学习辅导，使广大煤矿职工全面把握有关政策文件的基本精神和主要内容。组织开展了“安全生产月”活动，发放宣传资料500多册，对宣传“安全发展”理念，弘扬煤矿安全文化，形成关爱生命、关注煤矿安全的良好氛围，大力普及煤矿安全生产知识，提高煤矿工人安全生产技能起到了积极的作用。

（八）加强干部队伍建设，提高煤矿安全监察执法效能

以开展党的群众路线教育活动和总局巡视组到本局开展巡视工作为契机，建立和修订完善机关、直属事业单位人事、财务、后勤服务、行政许可、事故调查、反腐倡廉、会议管理等规章制度（办法）20多项，进一步规范了机关运作。制定下发了《广西煤矿安全监察局局副处级以上干部学习党的十八大精神集中轮训工作实施方案》，组织全局副处级以上干部参加国家安全监管总局学习党的十八大精神集中轮训。按照全覆盖、零容忍、严执法、重实效和“四不两直”的要求开展工作，在2013年的煤矿安全大检查和煤矿安全专项监察活动期间，与去年同期相比，检查矿井数增加30%，暗访数增加200%，发出整改指令数增加30%，经济处罚增加231%。出台了《关于改进工作作风、密切联系群众、厉行勤俭节约的十条意见》，就加强会风文风建设、严格公务接待管理等10个方面作出严格要求并认真执行。加大党的基层组织建设

工作力度，吸引了党外人士向组织靠拢。一年来，培养了4名入党积极分子，审议通过了1名预备党员转正。筹备组建机关党委的工作得到了自治区直属机关工委的大力支持，已批复同意广西煤监局成立机关党委，筹建工作正在进行中。

2013年，广西壮族自治区煤矿安全生产工作尽管取得了一些成绩，但与国家安全监管总局、国家煤矿安监局、广西壮族自治区党委政府的要求和人民群众的期望相比，跟先进兄弟省市相比，还有很大的差距。一是广西大部分煤矿地质条件复杂，安全基础比较薄弱，矿井科技含量还比较低、保障能力还比较差。二是煤矿企业投资者和管理者依法办矿意识还不够强，违章指挥、违法生产情况还时有发生。三是广西煤矿安全发展不平衡，总体技术装备水平低、从业人员、监管人员素质低的问题仍然十分严重。四是水害防治仍是自治区煤矿安全的薄弱环节，科学探水、科学治水杜绝煤矿重特大事故的把握性还不大。五是广西煤炭产量不高，顶板等一般事故时有发生，事故总量仍然较大，百万吨死亡率偏高。

重庆市煤矿安全生产工作综述

一、煤矿安全生产总体情况

2013年，全市煤矿事故起数、死亡人数、百万吨死亡率自2006年以来，连续8年均保持了两位百分数下降。2013年，全市煤矿发生死亡事故64起，死亡92人，同比91起105人，减少27起13人，分别下降29.7%和12.4%，全市生产原煤3942万吨，煤矿百万吨死亡率2.33，同比2.73，减少0.40，下降14.65%，全年死亡人数首次控制在100人以内。

二、煤矿安全生产重点工作

（一）全面贯彻落实《七条规定》

一是出台了《〈煤矿矿长保护矿工生命安全七条规定〉实施细则》，逐条逐项分解细化矿长职责。二是深入开展了“保护矿工生命，矿长守规尽责”主体实践活动，组织召开了全市集中培训大会，广泛组织开展了“七个一”宣传教育活动，对全市1233名煤矿矿长、业主进行了统一培训，并现场进行了考试。三是在全市国有煤矿层层开展了“敬畏生命”安全大讨论，组织重庆能源集团、矿业公司及国有煤矿三级主要负责人，召开了市级“敬畏生命”大讨论座谈会。四是不断加强对《七条规定》的落实检查力度，累计查处矿长不带班下井17班次，吊销矿长安全资格17人次。五是印发了《重庆市煤矿安全重点区县遏制重特大事故攻坚战实施方案》（渝安委〔2013〕17号），启动了重点产煤区县攻坚战。

（二）强力推进煤矿整顿关闭攻坚战

制发了《重庆市人民政府办公厅关于进一步做好全市煤矿整顿关闭工作的通知》（渝府办〔2013〕17号）、《关于做好“十二五”后三年全市煤矿整顿关闭工作的通知》（渝煤整关办〔2013〕4号）和《关于印发重庆市煤矿整顿关闭专项资金管理办法的通知》（渝财企〔2013〕278号）3个文件，扎实推进了“三个一批”。一是淘汰落后关闭一批。制定了“十二五”全市煤矿整顿关闭工作实施规划，2013年确定关闭40个煤矿，实际关闭到位68个煤矿，占年度计划的170%，超额完成28个，淘汰落后产能355万吨。二是整合技改优化一批。加大了小煤矿改造升级工作力度，新建矿井18个、改扩建矿井90个、资源整合矿井45个，合计新增产能540万吨、淘汰落后产能200万吨。三是兼并重组做强一批。采取“以试点带示范，以示范促全面”的工作方法，组建了重庆永川区渝西矿业集团有限公司等15家管理规范、法人治理结构完善的现代煤矿企业，兼并重组小煤矿45个，淘汰落后产能90万吨。

（三）不断夯实巩固煤矿安全生产基层基础基本功

一是深入开展落实煤矿企业安全生产主体责任行动。建立了安全生产主体责任安全级别动态评估制度，全市煤矿企业评定为AB级629家，占93.9%；消灭了D级企业。创建了南桐矿业矿业公司鱼田堡煤矿等94家落实安全生产主体责任优秀煤矿企业。二是扎实推进煤矿安全质量标准化建设。举办了10期煤矿安全质量标准化培训班，全面贯彻落实新修订的《煤矿安全质量标准化考核评级办法（试行）和煤矿安全质量标准化基本要求及评分办法（试行）》。进一步健全完善了“五级联创”、“四抓四建”工作机制，建成5个一级、180个二级安全质量标准化矿井，其余矿井全部达到三级安全质量标准化水平。三是持续深化职业病危害防治工作。全市所有国有煤矿和500余个乡镇煤矿均建立和完善了13类职业危害防治管理制度，设立了防治工作机构，并以综合防尘为重点实际开展了工作。将永川职业病医院列为中国煤矿尘肺病防治基金会尘肺病治疗定点医院，并积极借助社会力量募集资金开展尘肺病康复工程，全年募集资金248.5万元，治疗煤矿尘肺病职工180例。四是局领导带队帮扶区县和煤矿企业。组成8个市级督导帮扶工作组，由局领导带队，沉到区县蹲点帮扶，深入煤矿解剖检查，帮助煤矿企业解决实际问题，助推煤矿安全监管工作上台阶。

（四）深入开展煤矿安全生产“打非治违”专项行动

一是不断健全完善“打非治违”长效机制。充分发挥了市级部门煤矿安全“打非治违”专项行动“16671”联动机制作用，积极牵头组织8个市级部门扎实开展了煤矿安全“打非治违”联合执法行动，查处了3个煤矿超层越界非法开采行为，提请云阳县政府关闭了该县大岩洞煤矿。二是深入开展煤矿安全隐患排查治理。制发了《关于进一步加强煤矿重大安全隐患治理管理工作的通知》，严格实施整改措施、责任、资金、时限和预案“五落实”，累计查处一般安全隐患42854条，整改率100%；查处并分级挂牌督办重大安全隐患46条，已经整改46条，整改率100%。三是持续深化煤矿瓦斯、顶板、水害三项主要灾害治理。累计建成瓦斯治理工作体系示范区县20个、示范矿井150个，大力推广应用了瓦斯治理中风压钻进、水力压裂增透卸压等一系列治理瓦斯技术，大幅提高了瓦斯抽采和综合利用率，得到了国家能源局的高度肯定，全年计划抽采瓦斯5亿立方，计划利用瓦斯3.6亿立方，累计抽采瓦斯5.25亿立方，完成率105%；综合利用3.65亿立方，完成率101%。严格“六个一律”工作措施，开展了顶板管理专项整治，发生顶板事故33起死亡39人，同比减少14起16人，下降29.78%和29.09%；严格执行了“掘进作业防治水允掘通知单”制度，开展了水害专项整治，发生水害事故1起，死亡2人，没有发生较大及以上水害事故。

（五）扎实开展煤矿安全执法专项行动

一是深入开展“百日安全”活动。针对2013年一季度全市煤矿安全事故频发的严峻形势，从4月25日至8月5日，在全市深入开展落实《七条规定》大宣教、大排查、大整治、大执法百日安全活动，采取“五查四严”的工作方法，重点排查整治5个方面26类安全隐患。截至活动结束，重庆煤监局共出动监察监管人员737人次，对全市29个产煤区县、5个市属矿业（煤电）公司和125个煤矿进行了督导检查，责令停产矿井41个，停采掘工作面42个，立案调查61件，有效地遏制了事故反弹的被动局面。

二是扎实开展煤矿安全生产大检查。下发了《关于集中开展煤矿安全生产大检查的通知》，出台了《重庆煤矿安全生产暗访抽查工作制度》，严格企业自查、区县普查、分局抽查、市局督查，坚持边查边改，实施分级挂牌督办，努力查实情、除隐患、追责任、促整改。同时，严格落实“四不两直”的工作要求，开展暗查抽查和安全大检查“回头看”活动。全市各级煤矿安全监察监管部门累计检查煤矿1486矿次，覆盖率100%；全局出动891人次，暗查抽查297矿次；累计查处并整改一般隐患28175条，查处重大隐患25条，整改23条，整改率92%。

（六）不断强化煤矿安全公共保障六大体系建设

一是健全安全监管体系。进一步落实《关于完善区县煤炭行业监管体制的指导意见》，完成了全市20个标准化煤管局、5个标准化煤监分局（办事处）建设工作。进一步强化了煤矿安全生产责任制落实，对市属国有煤矿属地监管有关情况向重庆市政府进行了专题汇报，向区县政府分别进行了明确。同时，还积极推进了《重庆煤炭条例》立法工作。

二是健全科技创新体系。组织召开全市推广应用先进适用技术装备现场会2次，补助资金162万元，专项支持14个重点煤矿科技项目。在全市791矿次，强制推广应用了水治瓦斯系列技术、安全信息化综合管理系统等15项先进适用的新技术新装备，集中开展了薄煤层综采自动化配套设备技术研发和急倾斜极薄煤层无人工作面开采技术研发。煤矿安全井下避险“六大系统”初步建成，符合条件的470余个矿井已建成紧急避险系统。

三是健全教育培训体系。充分发挥重庆能源工业职业技术教育集团平台作用，形成了大、中、高职院校，科研机构和社会服务团体相互融合、资源互补的多层次人才供给体系。严格落实了“三项岗位”人员持证上岗制度，共培训煤矿矿长资格1938人，主要负责人安全资格培训1938人，安全生产管理人员资格培训3699人，培训煤矿特种作业人员21087人；开展防突管理、水害治理等专项培训班38期，培训各类人员3164人；对10个区县共2432人进行了职业技能鉴定培训。积极开展了送培训“到基层、下煤矿”活动，举办了4起煤矿安全监管执法培训班，分4个片区培训全市基层执法人员366人。

四是健全应急救援体系。落实了3300万专项资金加快推进国家区域矿山救援重庆天府（安稳）队基地建设，强化了市、区县、煤矿三级煤矿事故应急预案管理工作，推进了煤矿应急救援指挥管理平台建设。全面开展了矿山救护队质量标准化建设，全市17支专职救护队，建成特级1支、一级4支、二级12个。在全市28个产煤区县建成170支兼职救护队，开展救援演练17次，应急出动抢险救援10次，紧急赶赴四川省芦山县地震灾区实施抗震救援。

五是健全安全投入保障体系。争取中央国债和地方财政配套资金2亿元，用于国有煤矿安全技术改造；争取中央财政投入4386万元，专项支持瓦斯治理示范矿井建设；争取中央和市财政投入5266万元，用于国家区域救援重庆天府（安稳）基地和全市应急救援装备建设；争取市财政投入煤炭发展专项资金7000万元，不断提升全市煤矿安全基层基础水平。

六是健全技术服务体系。加快推进了市煤矿安全执法业务保障基地项目建设，2014年将全部建成。在安全评价等专业服务机构中，开展了“防范事故见成效”专项整治活动，严格实施了安全评价机构年度考核工作。重新选聘了303名专家，更新完善了重庆市煤炭行业专家库。

（七）严格实施煤矿安全监管监察执法

一是严格煤矿安全监管监察执法。创新监察执法方式方法，对监察分局（办事处）实行了年度工作目标考核，积极探索推行了防突管理“十严格十严禁”、通风管理“十做到”和通风设施管理“十六必须”的煤矿通风瓦斯监察方法，并被编入了国家煤矿安监局2013年《创新煤矿安全监察监管执法工作经验汇编》。严格执行了3项监察执法计划和3项监管执法计划，全局累计实施煤矿安全监察监管执法1261矿次，计划完成率220%，实施行政处罚337矿次，行政罚款3098万元。

二是严厉查处煤矿安全事故。健全完善了煤矿安全事故“通报、约谈、分析、督办和查处”的追查追责机制，依法查处煤矿安全生产事故59起，事故罚款1792.32万元，建议给予行政处分46人、党纪处分2人，移送追究刑事责任30人。建立健全了“一矿出事故，矿矿受教育”的警示教育机制，统一制作了《全国煤矿事故分析暨警示教育会》及近年5起典型较大事故警示教育专题光盘共计2800套，免费向全市煤矿安全监管部门和所有煤矿企业发放。

三是严肃核查煤矿安全举报。坚持“件件有落实，事事有回音”，妥善处理安全生产信访举报案件，全年群众举报煤矿安全事项82件次、直接答复14件次、受理68件次、办结66件次，办结率97.06%。同时，变上访为下访，指导和协调解决区县煤矿安全生产工作突出问题，全力维护社会安全稳定工作。

四是严谨实施煤矿安全执法监督。加大了政务公开力度，规范了煤矿安全执法监督程序、内容和标准，努力促进科学执法、规范执法、严格执法和廉洁执法。全年对地方政府煤矿安全监管工作监督检查指导179次，对区县煤矿监管部门实施了年度工作考核，向16个区县政府下达煤矿安全监察建议书，向20个区县监管部门下达煤矿安全监察意见书，向1个区县监管部门下达煤矿安全监管意见书。

重庆煤矿安全生产工作虽然取得了明显成效，但与党和国家的要求，与广大人民群众的期望，还有很大的差距，依然存在着以下主要问题和不足：一是煤矿安全生产形势严峻。尽管全市煤矿安全主要指标自2006年以来连续实现“八连降”，但煤矿安全事故总量、百万吨死亡率仍然较大，与全国平均水平存在一定差距。煤炭赋存条件和开采条件差，自然灾害严重，煤矿安全生产基层基础薄弱。二是煤矿企业安全生产主体责任不落实的问题依然存在。煤矿安全管理机构不完善，没有配备足够的专业技术人员，部分煤矿企业主要负责人安全生产责任不落实，重生产、轻安全，非法违法、违规违章生产建设行为依然存在。三是基层一线监管部门执法能力仍然较弱。区县监管部门煤炭专业的安全监管力量不足，一线监管队伍整体素质不高，监管能力不强的问题仍然比较突出。

四川省煤矿安全生产工作综述

一、煤矿安全生产总体情况

2013年，全省煤炭产量4550.39万吨，同比减产2012.67万吨。全年煤矿共发生各类事故54起，死亡94人，同比减少65起、106人，分别下降54.62%和53%。其中：在建矿井（新建、技改扩能、资源整合矿井）事故20起，死亡50人，分别占事故总量的37.04%和53.19%；生产矿井事故34起，死亡44人，分别占事故总量的62.96%和46.81%。煤矿百万吨死亡率0.967，同比下降56.23%。在119起事故中，较大事故为1起、死亡7人，同比减少3起，12人，分别下降75%和63.16%。发生1起重大事故，为5月11日，泸州市泸县桃子沟煤业有限公司重大瓦斯爆炸事故，死亡28人。

按事故煤矿性质分：国有重点煤矿、国有地方煤矿、乡镇煤矿生产原煤分别为1621.54万吨、191.39万吨、2737.46万吨，分别占全省总产量的35.64%、4.2%和60.16%。国有重点煤矿百万吨死亡率为1.110，同比上升23.13%；国有地方煤矿百万吨死亡率0，同比下降100%；乡镇煤矿百万吨死亡率0.950，同比下降63.51%。

按事故类别分：顶板事故33起，死亡38人，同比减少36起、37人，分别下降52.17%和49.33%；运输事故10起，死亡10人，同比减少6起、5人，分别下降60%和50%。瓦斯事故4起，死亡37人，同比减少3起、44人，分别下降42.86%和54.32%；机电事故4起，死亡5人，同比增加6起、5人，分别下降60%和50%；爆破事故无，同比减少4起、4人；其他事故3起，死亡4人，同比减少2起、1人，分别下降40%和20%。

按事故区域分：在15个产煤市（州）中，12个市（州）事故同比下降，自贡、德阳、绵阳、眉山、巴中5市未发生伤亡事故。

在控制指标方面，国务院安委会下达四川省2013年煤矿死亡人数控制指标为190人，实际全年全省煤矿事故死亡人数94人，占全年控制指标的49.47%；下达四川省煤矿较大事故起数控制指标为5起，实际发生煤矿较大事故1起，占全年控制指标的20.00%；发生重大事故1起，占年度指标的100.00%。15个产煤市（州）中，除泸州市外，其余14个市（州）指标均控制在省政府安委会分解下达的年度指标内；省属重点企业均控制在年度指标内。

二、煤矿安全生产重点工作

（一）全力推进小煤矿整顿关闭和兼并重组

泸县桃子沟煤矿“5·11”重大瓦斯爆炸事故发生后，省委、省政府痛下决心，作出了全省煤矿停产整顿、在第一批完成国家下达关闭120处矿井的基础上，2013年再关闭280处矿井的决定。省政府成立了以常务副省长为组长，分管能源、国土、工业的省长为副组长的省煤矿企业兼并重组工作领导小组，研究制定煤矿整顿关闭和兼并重组重大决策，协调解决重大问题。建立省级部门分片联点负责制，经信、国土、安监、煤监、能源、工商等主要涉煤管理部门实行分片包干责任制，各负责督促、指导3~4个产煤市（州）煤矿整顿关闭及兼并重组工作。建立“三级五人”签字负责制，为积极、稳妥推进煤矿整顿关闭工作，在煤矿关闭完成后，被关闭煤矿业主、关闭煤矿工作组、专家组、县（市、区）人民政府主要负责人、市（州）人民政府主要负责人共同在关闭验收档案上签署意见，县级人民政府同时报请同级党委主要负责人签署意见。严格规定小煤矿复工复产的条件，要求以市（州）为单位，第一批关闭到位、第二批关闭矿井名单落实且小煤矿兼并重组方案上报审批。2013 年，全省共关闭煤矿 424 处。

（二）开展《七条规定》主题实践活动

省政府安委会印发了《四川省煤矿开展“保护矿工生命，矿长守规尽责”主题实践活动方案》，对四川省开展《七条规定》主题实践活动进行了安排部署，并将《七条规定》纳入对市（州）政府考核的内容之一。一是对全省所有煤矿的矿长、法人统一进行了培训，副省长刘捷在开班仪式上作了动员报告。二是组织修订煤矿安全生产岗位责任制和各工种的操作规程，并印制 2000 本，刻录光盘 1500 张，发放到每个煤矿企业。同时将《七条规定》印制成张贴式通告 2000 份，张贴到每一个煤矿井口。三是全省每个煤矿确定了一名矿工作为群众监督员，将省、市、县举报电话纳入矿务公开，张贴在井口。四是全省每个煤矿从体制、机制、技术和管理等方面分别制定了落实“七条规定”的实施方案。五是把开展主题实践活动与“打非治违”专项行动结合起来，组织联合执法；与煤矿整顿关闭和兼并重组、瓦斯防治、安全质量标准化建设、机械化改造、安全技能培训等工作结合起来；与节后煤矿复产验收工作结合起来，凡矿长未培训、矿长未组织签订内部责任书、未制定实施方案、未在井口张贴《七条规定》和举报电话的、未落实群众监督员的煤矿，一律不予复产。六是通过互联网、报纸等多种途径对《七条规定》进行宣传，由四川省安全监管局、四川煤监局与四川省总工会联合印发了《关于进一步推进〈煤矿矿长保护矿工生命安全七条规定〉贯彻落实的通知》，进一步推动《七条规定》的贯彻落实。七是对 43 个产煤县（市、区）、4 个国有重点煤矿企业集团、109 对矿井开展了《七条规定》专项监察，责令限期整改 32 矿次，责令停工停产 21 矿次，立案调查 7 对矿次，责令停止局部区域生产作业 6 矿次，责令封闭废弃巷道 1 矿次，责令停止使用落后淘汰设备 1 矿次，实施行政处罚 215.1 万元。

（三）开展煤矿安全生产大检查

按照国务院安全生产大检查的总体部署和“全覆盖、零容忍、严执法、重实效”的总体要求，在煤矿行业制定《四川省煤矿安全生产大检查工作方案》，成立了以刘捷副省长为组长的领导小组。大检查期间，省安监局、四川煤监局由局领导带队，对 15 个产煤市（州）的督查实现了“全覆盖”；5 个煤监分局对全省 60 个产煤县（市、区）煤矿安全生产大检查实现了“全覆盖”；根据四川省小煤矿全面停产整顿的特点，重点对 39 个国有重点煤矿及省属矿的监察实现了“全覆盖”，并针对监察中发现的 806 条隐患和问题，结合党的群众路线教育实践活动，在“开门听意见、全面排查、重点整顿”基础上，采取罚点球的方式，召开座谈会 10 余次，逐矿、逐条指出问题，帮助剖析深层次原因，研究制定针对性措施，督促问题和隐患的整改。据统计，2013 年 6—9 月，全省共组织煤矿检查督查组 1631 个，参加人员 9776 人次，监督检查各类企事业单位和场所 2978 家（次），责令企业改正、限期整改、停止违法行为 1259 起，责令停产、停业、停止建设 241 家，暂扣或吊销有关证照 32 个，关闭非法违法企业 8 家，共处罚款 264.9 余万元。为进一步巩固煤矿安全生产大检查成果，省政府安委会及办公室先后印发了《关于继续深入开展道路交通　煤矿重点行业（领域）安全生产大检查的通知》《四川省继续开展煤矿安全生产大检查暨煤矿百日安全活动方案》，要求对全省所有煤矿进行安全生产大检查至 2014 年 3 月 31 日。

（四）扎实开展煤矿“打非治违”专项行动

2013 年，四川省将煤矿“打非治违”常态化，按照“突出重点、全面推进、严格执法、严打强治”的思路和“四个一律”的要求，编制了具体实施方案，并与煤矿整顿关闭督导等工作相结合。先后查处了乐山市峨边县大堡煤矿非法生产，泸州市古蔺县龙洞煤矿与广安市前锋区小井乡长胜煤矿违规整改，达州市大竹县清塘坝煤矿违规存放炸药等非法违法行为，责成地方人民政府依法关闭峨边大堡煤矿、中共峨边县委书记向省委作出书面检查，峨边县人民政府县长停职检查，撤去峨边县人民政府分管副县长、峨边县安全监管总局党组书记和局长的职务，免去峨边县安全监管局分管副局长的职务（行政），对井下违规存放炸药的大竹县清塘坝煤矿给予了34万元罚款的经济处罚。针对国家安全监管总局对四川省凉山州、攀枝花市暗访发现的问题，立即对暗访督查发现的问题进行了处置，对凉山州会理县白果湾乡村煤矿“停产停风、瓦斯检查制度执行不严格”等违法行为对煤矿罚款16万元，对煤矿主要负责人罚款1万元；对四川川煤华荣能源股份公司小宝鼎煤矿“通风设施不可靠”等安全违法行为，责令煤矿停产整顿，暂扣安全生产许可证并处罚款53万元；同时对矿长处罚款7万元。2013年，煤矿行业共打击非法违法、治理纠正违规违章行为14057起。

（五）强化煤矿安全行政执法工作

以“三项监察”为抓手，突出抓好煤矿安全监察。重点开展了对灾害较重的宜宾市、泸州市、达州市等市（州）和兴文县、筠连县、宣汉县、荥经县、仁和区、西区等重点地区，省煤炭产业集团、省古叙煤田开发有限公司等重点企业的重点监察；突出抓好节假日、“两会”等重点、特殊时段的监察执法工作。先后组织开展了《七条规定》专项监察、全省煤矿空压机专项检查、整顿关闭兼并重组交叉异地监察、国有重点煤矿重点安全监察、煤矿建设项目的专项监察、复产复工的专项督查等专项监察和督查，并组织重庆专家对我省煤矿复产复工情况进行专项检查。2013年各煤监分局共监察各类煤矿矿井738处，监察覆盖率58.1%。监察矿井次数1251矿次，监察复查率为69.5%，使用各类执法文书3445份。煤矿“三项监察”实际监察矿井551次，其中，重点监察242矿次，专项监察209矿次，定期监察100矿次，煤矿“三项监察”计划完成率101.6%。实施行政处罚445次，其中，对煤矿矿井处罚294次，对矿井主要负责人处罚146次，责令停产整顿矿井189处，暂扣安全生产许可证43个；实施经济处罚265次，罚款2746.25万元，实际收缴罚款2528.45万元，收缴率92.06%。其中监察罚款1175.7万元，占罚款总额的42.81%，实际收缴监督监察罚款1016.9万元，监察罚款收缴率86.49%；事故罚款1570.55万元，占罚款总额的57.19%，实际收缴事故罚款1511.55万元，事故罚款收缴率96.24%。全省各地煤矿企业责令停产整顿生产经营单位189个。查处煤矿生产安全事故54起，应结案52起，实际结案52起，按期结案率100.0%。

（六）持续推进煤矿安全质量标准化工作

修订了《四川省煤矿安全质量标准化考核评级办法》和《四川省煤矿安全质量标准化基本要求及评分方法（试行）》，并在全省宣传贯彻。2013年，全省煤矿安全质量标准化达标矿井143处，生产矿井达标率95.97%。其中：二级安全质量标准化矿井24处，三级安全质量标准化矿井119处。

（七）强力推进小型煤矿机械化和建设安全高效矿井工作

将推进小型煤矿机械化、建设安全高效矿井作为2013年全省煤矿行业重点工作纳入《2013年四川省安全生产工作重点任务分解表》，结合全省煤矿企业兼并重组工作，大力推进小型煤矿采煤机械化和掘进装载机械化程度，建设矿井必须按机械化要求进行设计和建设。全省小煤矿已使用采煤机403台（套），596对小煤矿使用掘进机和装岩机，掘进装载机械化达到52%。

（八）扎实推进煤矿瓦斯综合治理

3月28日，召开全省煤矿瓦斯综合治理工作推进会。审查全省最后一批28个还未进行瓦斯综合治理工作体系建设的产煤县瓦斯综合治理工作体系建设方案；继续实行定点联系和督促瓦斯综合治理体系建设县制度；严格煤矿瓦斯等级鉴定和煤层突出危险性鉴定报告待评审工作，强力推进煤矿瓦斯综合治理工作体系建设和瓦斯抽采工作。2013年，全省煤矿抽采瓦斯38771.72万立方米，瓦斯利用量18422.16万立方米（其中发电13551.54万立方米，民用4870.62万立方米），利用率47.51%，瓦斯利用率较2012年同期增长7.84%。

（九）强力推动“六大系统”建设

2013年2月7日，根据煤矿井下紧急避险系统建设实际情况，出台了《四川省安全生产监督管理局　四川煤监局关于煤矿井下紧急避险系统建设的指导意见》（川安监〔2013〕23号），实行煤矿井下紧急避险系统建设进度情况月报制度，同时将煤矿井下紧急避险系统建设完成作为煤矿复产的条件，强力推进煤矿井下紧急避险系统建设。2013年，全省141对矿井完成煤矿井下紧急避险系统建设。

（十）积极开展水文地质普查和水患现状调查

成立了四川省矿山防治水中心，积极开展全省煤矿水文地质普查和水患现状调查工作。截至

2013年底，全省共有958个煤矿开展水文地质普查和水患现状调查工作，编制印发了4万册《煤矿防治水基本常识》，发放到全省各产煤市（州）、县（区）及煤矿企业。

贵州省煤矿安全生产工作综述

一、煤矿安全生产总体情况

（一）贵州省煤矿基本情况

截至2013年底，贵州省各类煤矿1700处，设计生产能力33401万吨/年，其中：生产矿井859处，设计生产能力18011万吨/年；新建矿井293处，设计生产能力6204万吨/年；改扩建矿井548处，设计生产能力9186万吨/年。

按矿井类别分：国有煤矿192处，设计生产能力9173万吨/年，其中：生产矿井124处，设计生产能力6002万吨/年。乡镇矿井1508处，设计生产能力24228万吨/年，其中：生产矿井735处，设计生产能力12009万吨/年。

（二）贵州省煤矿事故情况

2013年，全省共发生煤矿事故21起、死亡105人，同比减少37起、减少12人、分别下降63.8%和10.3%，其中：较大事故8起，死亡44人，同比增加2起，多死亡13人，分别上升33.3%和41.9%；重大事故3起，死亡50人，同比增加1起、多死亡16人，分别上升50%和47.1%；全年未发生特别重大事故。

按事故类别分：

顶板事故8起，死亡14人，同比减少21起、减少23人，分别下降72.4%和62.2%；分别占总事故的38.1%和13.3%。

瓦斯事故10起，死亡77人，同比增加5起、多死亡44人，分别上升100%和133.3%；分别占总事故的47.6%和73.3%。

水害事故2起，死亡13人，同比起数持平，死亡人数减少6人，下降31.6%；分别占总事故的9.5%和12.4%。

运输事故1起，死亡1人，同比减少13起，减少14人，分别下降92.9%和93.3%；分别占总事故的4.8%和1%。

全年未接到机电事故、爆破事故和其他事故报告。

2013年，全省煤矿事故死亡人数比国家下达的控制考核指标少32人，全省9个市（州）中有7个实现了事故起数和死亡人数“双降”目标，其中3个市（州）保持了零事故；有7个市（州）事故死亡人数在控制考核指标范围以内；全省全年实际原煤产量为1.91亿吨，煤炭百万吨死亡率为0.5，比2012年同期低0.146，下降22.6%，比“十二五”规划目标低0.5。

但全省煤矿安全生产形势依然十分严峻，与国家安全监管总局、国家煤矿安监局的要求相比仍然有较大差距，主要表现为：一是煤矿生产安全事故总量仍然很大，煤矿事故死亡人数仍在百人以上。二是煤矿较大及以上事故仍然多发、频发，并呈现出“双上升”势头。三是瓦斯治理工作效果不明显。瓦斯仍是造成煤矿群死群伤事故的主要灾害，3起重大事故全是瓦斯事故。究其原因主要有以下几方面：

一是一些煤矿企业安全生产主体责任落实不到位。随着煤矿企业兼并重组的深入开展，一半以上的矿井面临兼并重组、整合关闭，煤矿企业观望情绪明显，安全投入不到位，安全管理水平滑坡，安全隐患整改治理不深入，有的甚至蔑视安全生产法律法规，无视监管监察、逃避监管，有令不行、有禁不止，突击非法违法生产、超层越界盗采现象严重。同时，一些煤矿特别是集团公司层面安全管理机构不健全，人员不足，不能满足对所属煤矿安全监督的需要，加之从业人员多为农民工，素质参差不齐，缺乏应有的安全意识、安全技能和自保互保能力。

二是一些地方和部门对煤矿安全生产工作重视程度不够。未牢固树立科学发展、安全发展理念，未树立正确的政绩观、业绩观，保护矿工生命安全的意识不强，不能正确处理煤矿安全生产与发展经济、与提高效益的关系，重速度效益、轻安全生产，重安排部署、轻落实执行等现象依然比较突出，工作敷衍了事、得过且过、进展迟缓。同时，在打击非法违法、治理违规违章、整顿关闭和安全专项整治等方面，要求不高、执法不严、治理不力，没有严格落实“四个一律”措施，对检查发现的隐患和问题，后续监管监察和督促整改存在薄弱环节，未形成闭合，导致非法违法事故频发，造成非法违法、违规违章行为屡禁不止。

三是煤矿瓦斯治理工作仍需进一步加强。一些煤矿安全设施设计、防突专项设计修改完善工作滞后，或者设计达不到规定的新标准要求，矿井采掘失调，调整采掘布局、实施开采保护层或专用瓦斯抽采巷穿层钻孔预抽煤层瓦斯的区域防突措施落实不到位，消突效果不达标和瓦斯抽采不达标的情况下组织采掘作业。金佳煤矿“1·18”、马场煤矿“3·12”重大煤与瓦斯突出事故，均是区域防突措施落实不到位导致的。

四是煤矿安全监管人员不能满足实际工作所需。大部分地方煤矿安全监管部门的监管执法人员专业没有覆盖煤矿主体专业，缺乏实践经验，对国有企业的监管底气不足，部分基层监管部门还存在车辆、安全监管检测设备不足等问题。驻矿安全监管员制度和包保责任制度也存在落实不到位的情况。同时，由于贵州省煤炭产业政策持续调整，兼并重组需要减少的矿井数量大，煤矿关闭压力大、矛盾突出，业主上访态势明显，监察计划外的工作任务繁琐且工作量很大，不同程度地影响了煤矿安全监察各项工作正常、有效的开展。

五是煤炭产业结构仍不合理。贵州省煤矿数量多、规模小、标准低、灾害重的现状仍未得到根本改变，资源整合、整顿关闭工作仍需进一步加大力度，煤矿抵御风险、防范事故的能力十分薄弱，安全生产压力大。截至2013年12月31日，贵州省高瓦斯和突出矿井共有1122处，设计生产能力26024万吨/年，分别占全省煤矿的66%和77.9%。

二、煤矿安全生产重点工作

（一）继续深化瓦斯治理工作

一是围绕国家下达的2013年煤矿瓦斯抽采利用目标，结合本省实际，研究制定了贵州省2013年煤矿瓦斯抽采利用目标，并分解下达到各市（州）和国有及国有控股企业。二是针对我省瓦斯灾害严重、瓦斯事故频发的事实，省政府出台了《关于进一步加强煤矿瓦斯治理工作的意见》（黔府办发电〔2013〕4号），提出了严于国家标准的区域防突措施。同时，省安全监管局、贵州煤矿安监局会同省能源局制定了《关于加强煤与瓦斯突出源头管理工作的通知》（黔安监煤矿〔2013〕201号）和《关于贯彻落实国家煤矿安监局督促贵州省加强煤与瓦斯突出防治工作有关意见的实施方案的通知》（黔能源科技〔2013〕332号），提出了加强煤与瓦斯突出防治基础工作的13项措施，切实加强防治煤与瓦斯突出源头管理。三是加强瓦斯治理经验的交流与学习。组织煤矿监察人员、煤矿企业技术负责人赴安徽淮南矿业集团公司及其所属的潘一东矿、潘二矿井进行考察学习瓦斯治理经验，取长补短。通过学习淮南矿业集团公司瓦斯治理的理念、政策、管理、技术、装备、培训、机构等各方面好的做法，在工作中借鉴推广淮南经验，有效地推动了贵州省煤矿瓦斯治理工作。四是加强瓦斯抽采数据统计工作，确保数据真实、准确。指派专人负责全省瓦斯抽采计量统计工作，每月按时向国家煤矿安监局、国家能源局上报瓦斯抽采报表。2013年，全省抽采瓦斯20.13亿立方（占全国抽采量的20%）、利用瓦斯6.66亿立方，同比分别增加10.3%和13.6%。

（二）扎实推进煤矿整顿关闭和标准化建设工作

一是坚持把小煤矿的整顿关闭、兼并重组、淘汰落后产能作为煤矿安全的治本之策，结合贵州省煤矿实际，编制了《贵州省“十二五”后三年关闭退出落后产能煤矿计划》和《贵州省2013年关闭退出落后产能煤矿工作方案》，明确提出“十二五”后三年煤矿关闭退出的工作目标、主要措施和工作原则，并以黔煤安监办6号文件呈报国务院安委办审核。二是围绕省委、省政府提出的通过加强煤矿企业的兼并重组，淘汰关闭落后产能，将全省煤矿数量控制在800个以内的要求，积极、主动配合有关部门推进全省煤矿企业兼并重组工作取得了实质性进展，形成了完善的兼并重组方案和政策支持体系。三是加大煤矿安全质量标准化工作力度。全年全省通过三级及以上煤矿安全质量标准化达标验收的矿井652处，其中，二级177处，三级

428 处，申报一级（原国家一级）的 47 处，申报数量比 2012 年同期增加 38 处。四是积极推进煤矿井下紧急避险系统建设工作。全省 803 对生产矿井，已有 677 对建成紧急避险系统。五是启动西南地区煤矿隐蔽致灾因素普查工作，选取水矿集团马场煤矿和盘江精煤公司火铺煤矿开展了示范工程建设。六是对 2013 年发生事故的安顺市平坝县大山煤矿、黔南州瓮安县运达煤矿、毕节市金沙县石板坡煤矿、贞丰县小河沟煤矿等 4 家，按照相关程序依法实施关闭。2013 年，全省共公告关闭煤矿 132 处。

（三）深入开展煤矿安全生产专项整治

一是全面开展贵州省保护矿工生命安全特别行动。贵州省政府制定了《贵州省保护矿工生命安全特别行动方案》（黔府办发电〔2013〕68 号），成立了以分管副省长为组长的领导小组，从 4 月 16 日起至 12 月 31 日，以落实《七条规定》和“七大攻坚举措”为重点，在全省范围内组织开展保护矿工生命安全特别行动。全省各地结合实际制定了本地区保护矿工生命安全特别行动方案，认真执行月例会、周通报、信息报送、跟踪督办和责任追究等制度，深入推进特别行动落到实处、取得实效。二是深入开展煤矿安全生产大检查。按照《国务院办公厅关于集中开展安全生产大检查的通知》（国办发明电〔2013〕16 号）要求，贵州省安委办出台了《全省煤矿领域安全生产检查工作方案》（黔安办〔2013〕47 号），明确从 6 月 7 日至 9 月 30 日，按照“全覆盖、零容忍、严执法、重实效”的检查要求，与特别行动结合起来，在全省范围内开展煤矿安全大检查。大检查中，坚持煤矿检查周调度等制度，及时掌握检查进度；坚持隐患挂牌跟踪制度，及时督促隐患治理销号；坚持采取“四不两直”（不发通知、不打招呼、不听汇报、不用陪同，直奔基层、直插现场）的方式，紧盯夜间、周末、节假日等安全监管薄弱时段，加大暗查暗访力度，切实处罚了一批煤矿、停产整顿了一批煤矿、公布了一批“黑名单”、曝光了一批案例，挂牌督办一批隐患。三是组织开展 60 天煤矿安全生产专项检查。针对贵州进入 10 月以来，煤矿较大事故多发频发的严峻形势，贵州省政府办公厅下发了《关于集中开展 60 天煤矿安全生产专项检查的通知》（黔府办发电〔2013〕236 号），明确从 11 月至 12 月底集中开展 60 天煤矿安全生产专项检查。同时，贵州省安监局、贵州煤监局制定了《贵州省煤矿安全生产条件确认办法》（黔安监煤矿〔2013〕188 号），明确在 60 天煤矿专项检查中，按照“谁检查、谁签字、谁确认、谁负责”的原则，分级对全省所有煤矿企业进行安全生产条件确认。对于未经过确认的煤矿，必须停产整改，对于不具备安全条件通过确认的，严格倒查责任。

据不完全统计，一年来，全省共检查煤矿 17133 矿次，查出安全隐患 93588 条，其中：一般隐患 93508 条，重大隐患 80 条，对 218 处煤矿下达停产（建）指令，暂扣煤矿证照 42 个，处罚金额 2178.06 万元。

（四）加大煤矿安全监管监察工作力度

一是进一步规范煤矿安全监管工作。相继制定了国有煤矿企业“双包保、双挂钩”制度，煤矿矿长记分和黑名单管理制度、煤矿安全条件签字确认制度、煤矿产量限额红线管理制度、煤矿事故“说清楚”制度，出台了进一步加强和规范煤矿驻矿安监员和煤矿安全生产包保责任人管理办法，健全完善了“部门主导，重点整治，执法同步”的煤矿安全监管监察“三位一体”执法机制。二是加强国有煤矿企业安全管理。出台了《关于加强国有煤炭企业安全生产工作的通知》，组织全省 18 家国有和国有控股煤矿企业主要负责人召开了煤矿安全生产工作座谈会，开展了国有煤矿企业领导班子成员安全思想大整顿活动和“敬畏生命”大讨论活动。三是强化煤矿驻矿安监员队伍建设。制定驻矿安监员分级管理办法和培训管理办法，对驻矿安监员实行分级管理，公布驻矿安监员名单，强化全社会的监督。截至 12 月 31 日，全省驻矿安监员已达 2585 名。四是部署推进重点产煤县攻坚工作。贯彻落实国家安全监管总局、国家煤矿安监局《50 个煤矿安全重点县（市、区）遏制重特大事故攻坚战工作方案》，将国家确定的 6 个重点攻坚县（市）扩大为 10 个，成立了工作领导小组，制定了工作方案，明确了目标责任，力争在两年内使这 10 个县的煤矿安全生产形势有一个根本改观。五是严格执行煤矿安全执法监察计划，组织开展了以煤矿节后复产（工）、汛期安全，水害防治、建设项目为重点的安全专项监察。组织 6 个煤矿安全重点督查组节假日不休在全省范围内开展煤矿安全重点督查，对煤矿企业贯彻落实《七条规定》等情况进行了专项监察。一年来，贵州煤监局共开展监察执法1124矿次。其中：煤矿安全“三项监察”1055矿次，完成全年计划的170.1%；煤矿企业（集团公司）安全检查69家次。

（五）认真开展煤矿安全生产许可工作

按照“严格标准、严格准入、严格把关”的要求，认真开展安全行政许可工作，一律不予审批45万吨/年以下煤与瓦斯突出矿井和30万吨/年以下高瓦斯矿井及瓦斯矿井的安全设施设计；对不符合规定标准的行政许可项目，一律不予通过审批。2013年1—12月，贵州省安全监管局、贵州煤矿安监局受理煤矿行政许可309家(含新办证、换证、建设项目),核准226家;安全培训机构受理7家,核准2家;矿山救护队受理27家,核准27家。

（六）加强煤矿安全宣教培训工作

一是为深入宣传贯彻煤矿“双七条”，全省共组成1047个《矿长保护煤矿矿工生命安全七条规定》宣讲工作组，制定宣贯方案1010个，举行宣贯会1491场，培训考试煤矿企业负责人、管理人员10.4万人，1.6万人签订了承诺书，发放事故案例警示教育光碟1200余张，向矿工家属发出222035封《致全省广大矿工家属的信》。二是《国务院办公厅关于进一步加强煤矿安全生产工作的意见》(国办发〔2013〕99号）下发后，为切实抓好贯彻落实，贵州省安全监管局、贵州煤矿安监局专门召开全省安全监管监察系统电视电话会议，对国办发99号全文进行了传达学习。同时，结合本省煤矿安全生产实际，研究起草了《省人民政府办公厅关于贯彻落实〈国务院办公厅关于进一步加强煤矿安全生产工作的意见〉的实施意见》，并由贵州省政府办公厅以黔府办发〔2013〕60号文件印发实施。三是加大“三岗人员”培训力度。一年来，按照“考培分离、持证上岗”的要求，全省共培训复训煤矿企业主要负责人和安全管理人员2742人和7143人，煤矿企业特种作业人员18768人。

（七）进一步推进“科技兴安”战略

一是加大安全生产投入的力度。争取中央预算内投资项目10项，总投资66642万元，落实中央投资14961万元。部署省级专项资金项目75项，总投资69241万元，安排落实补助资金9100万元。完成汪家寨煤矿斜井瓦斯综合治理“五零”目标示范建设等10项民生工程项目投资3774万元，占年度投资计划的124.8%。二是推广应用安全生产先进技术。安排煤矿安全专项资金450万元，引进光纤检测、煤层瓦斯压裂预抽等技术，在黔西青龙煤矿、安顺轿子山新井等5对矿井开展示范应用。协助国家煤矿安监局举办了“煤矿安全科技进贵州”活动。在林华煤矿、义忠煤矿和黔金煤矿开展了国家科技“十二五”支撑计划项目——西南（贵州）地区中小煤矿防突技术体系研究。组织举办了第十二届煤矿安全生产技术装备展，展出国内外的523家企业煤矿、非煤矿、应急救援等产品1000多种，观展人数达3.8万人。三是加快安全生产监控信息化建设。盘县、遵义县、金沙县等48个产煤县（市、区）实现煤矿安全监控系统县级联网，六盘水、遵义、安顺、毕节基本完成矿、县、市三级联网。盘江、水矿2家省属国有企业，以及永贵能源、华电华荣等50余家集团公司，实现了集团公司内部矿井的安全监控系统联网。在水城县攀枝花煤矿和盘县矿区开展了贵州数字矿山安全生产信息系统试点应用。四是启动了2013年安全生产重大事故防治关键技术项目研究工作，推荐“综采机防尘监控”等安全科技“四个一批”项目12项。

（八）强化矿山应急救援队伍建设

一是为推进专、兼职矿山救护队建设工作，制定了《贵州省矿山应急救援队伍规划建设实施方案》，组织开展了煤矿兼职矿山救护队建设专项检查。二是加强矿山救护队资质管理和质量标准化考核。完成了8支救护队资质颁证、13支救护队资质延期或变更。截至12月31日，全省取得资质的矿山救护队有49支（其中一级资质3支，二级资质4支，三级资质38支、四级资质2支），专职矿山救护指战员3200人。三是举办了贵州省第九届矿山救援技术竞赛，从全省47支矿山救护队中选拔出28支精英队伍进入决赛，共有224人同场竞技。四是出台了《贵州省生产安全事故灾难应急救援专家组管理办法（暂行）》和《贵州省煤矿应急救援储备物资管理办法》，完成省财政投入1000万元补充安全生产保障能力建设矿山应急救援装备招标采购。

（九）严肃查处各类煤矿事故

联合省有关部门建立了贵州省查办和预防安全

生产领域渎职犯罪工作联席会议制度（试行），制定了《关于进一步规范煤矿较大事故查处工作程序的通知》（黔煤安监调查〔2013〕43号）。同时，按照“一矿出事故，万矿受教育”的要求，将贵州省近两年来发生的煤与瓦斯突出、瓦斯爆炸、透水、顶板及机电运输等方面的6起典型煤矿事故案例刻制成动画演示光碟，认真开展煤矿警示教育。对3起重大事故及时开展事故调查并按程序上报，并已全部批复结案。2013年，煤矿事故到期应结案24起（含2012年4起），实际结案24起，到期结案率为100%，共追究煤矿事故责任人194人。在严查事故的同时，把重大隐患下的非法违法生产建设行为比照为事故来处理，开出大额罚单，给予严厉惩处。

云南省煤矿安全生产工作综述

一、煤矿安全生产总体情况

2013年，在全国煤炭市场呈低位运行的态势下，全省煤矿生产原煤11036万吨，同比增加651万吨，原煤产量连续两年突破亿吨大关。全省煤矿共发生死亡事故57起，死亡91人，死亡人数同比减少19人、下降17.3%；发生较大事故5起、死亡31人，同比减少2起、5人，分别下降28.6%和13.9%；原煤生产百万吨死亡率0.825，同比减少0.234、下降22.1%；杜绝了10人以上重特大事故发生。与国务院安委办和省政府下达的年度控制指标100人、较大事故8起、重大事故1起、百万吨死亡率0.909相比，全省煤矿事故死亡人数减少9人、较大事故少3起、重大事故少1起、百万吨死亡率少0.084。全省煤炭产业首次实现了“1.1.1.0”（即原煤产量达到1亿吨以上、煤矿事故死亡人数控制在100人以下、原煤生产百万吨死亡率控制在1以内、重大以上事故为零）的奋斗目标，创历史最好水平。

二、煤矿安全生产重点工作

（一）加强煤矿安全监察

2013年，国家煤矿安监局下达云南煤监局计划监察矿井724矿次，云南煤监局实际监察矿井766矿次；制作下达执法文书4886份，查出各类事故隐患5531条，按期整改率100%；全局共实施行政处罚625次，实施行政处罚罚款3865.87万元，实际收缴3338.35万元，收缴率86.3%。同时，制定了《机关监察执法工作暂行办法》《煤矿停产整顿公告制度》《重大行政处罚备案办法》等多项监察执法制度，全局安全监察执法更加科学；集中力量开展了以复产验收、“一通三防”、水害防治、基本建设项目等为主要内容的督查，配合上级部门开展了安全生产综合督查和煤矿生产建设秩序、整顿关闭等专项督查，完成了国家煤监局组织的交叉监察，安全督查全面加强，覆盖了全省16个州（市）30余个县（市、区）；与全省各级煤炭行业管理、煤矿安全监管、国土资源等部门多次开展联合执法，并采取了驻县监察等方式，严厉打击违法违规行为，云南煤监局主要领导带队对楚雄市、泸西县、弥勒市等私挖滥采比较突出的地区进行督查，约见地方政府主要领导，督促采取有效措施，促进“打非治违”工作深入开展；健全完善了煤矿建设项目安全设施设计、职业卫生“三同时”审批机制，加强了行政审批动态管理，实行了安全生产许可证预警制度，坚持开展持证条件专项监察，全年累计办理各类行政许可业务1576件，对28个煤矿的安全生产许可证进行了公告注销。

（二）“双七条”宣传贯彻

通过转发文件、发送信息、制作宣传卡片、重点培训、签订承诺书、组织专项监察等措施，督促煤矿企业认真落实《七条规定》和“七项举措”，并将《七条规定》中“七个必须、七个严禁”行政处罚自由裁量标准进一步分解细化为“十二查、十二防止和十二做到”，制成监察表格进行专项监察督查。共组织了6个专项监察组监察矿井231矿次，查出事故隐患1774条，实施行政处罚25次，罚款581.9万元，暂扣安全生产许可证16个，责令5个煤矿停产整顿。

（三）安全生产大检查

按照省安委会的部署和安排，2013 年 6—9 月，每月均分别由一名省局领导带队，对昭通、玉溪两市开展安全生产大检查，并先后组织 19 个督查组对云南省 14 个产煤州（市）、70 个产煤县（市、区）进行了全覆盖监察。期间，共监察矿井 311 矿次，查出事故隐患 2373 条，实施行政处罚罚款 538 万元，责令 9 个煤矿停产整顿，暂扣煤矿安全生产许可证 19 个。10—12 月，认真组织开展了安全大检查“回头看”，督促隐患整改 2232 条，按期整改率 94.1%。

（四）检查指导地方政府煤矿安全生产工作

充分发挥国家监察职能，积极向国家安全监管总局和省政府汇报，努力推动云南省煤炭行业管理体制改革；云南煤监局领导班子主动与曲靖市等新一届党委政府领导班子进行交流座谈，研究煤矿安全生产工作，指导制定煤炭产业安全发展措施；召开了云南煤化工集团公司兼并重组及整合托管煤矿安全生产工作座谈会，向云南煤监局、省工业和信息化委和云南煤化工集团公司下达了加强和改善安全管理监察意见书，督促明确国有企业监管责任主体；全年向地方政府下达《加强和改善安全管理建议书》15 份，向煤炭行业管理、煤矿安全监管部门和国有重点煤矿企业下达《加强和改善安全管理监察意见书》16 份，并向省国土厅送达了加强煤炭资源勘查探矿井安全管理建议的函，督促加强探矿井安全监管。

（五）事故查处和事故警示教育

对全省发生的 57 起各类煤矿事故严格遵循“四不放过”和“依法依规、注重实效、科学严谨、实事求是”的要求进行了查处；至 12 月 31 日应结案的 55 起，均已按期结案；根据事故报告批复，建议追究刑事责任 13 人，建议给予党纪政纪处分 48 人，暂扣吊销各类证照 7 个，给予煤矿企业行政罚款 1422.9 万元，责令停产整顿矿井 2 个，关闭矿井 2 个、停止建设矿井 1 个；每起事故都公开处理，依法严格追究责任，严肃约谈事故单位、涉及的监管部门及地方政府，及时公布较大事故调查报告，加强跟踪落实。坚持召开每年一次的事故煤矿座谈会；发放了新中国成立以来 25 起煤矿百人以上事故警示教育光盘，最大限度地发挥事故的警示教育作用。

（六）煤矿安全基础工作

进一步强化瓦斯治理，组织专家对高、突矿区和瓦斯事故多发地区进行调研，出台了加强煤与瓦斯突出防治工作新规定，对煤与瓦斯突出防治工作各个重点环节提出了“十个必须”要求，并组织开展专项监察；督促进行瓦斯防治能力评估，2013 年评估矿井 47 对。大力推进煤矿机械化改造，与省工信委、安监局、国土厅共同研究制定下发了《关于贯彻落实云南省人民政府关于加快推进煤矿机械化意见的通知》，制定措施，明确要求，推动煤矿机械化改造工作加速；组织召开了煤矿机械化改造工作调研座谈会，对全省 14 对煤矿的机械化改造项目进行了验收。积极开展“六大系统”建设、质量标准化工作，除紧急避险系统外，监测监控、通信联络、压风自救、供水施救和人员定位五大系统完成率均达到 96% 以上；安全质量标准化工作全省有 4 个矿井达到省一级标准、77 个矿井达到省二级标准、888 个矿井达到省三级标准；稳步推进煤矿整顿关闭工作，与省能源局等 4 部门联合下发了 2013 年煤炭行业淘汰落后产能及现场核实和验收工作的文件，并牵头组织了玉溪市、昭通市煤炭行业淘汰落后产能情况的现场核实验收，及时注销有关证照，有力促进了煤矿整顿关闭、淘汰落后产能工作的开展。

（七）技术支撑能力提升

坚持全员培训，全力抓好“三项岗位人员”培训的同时，有效实施群监员、班组长、兼职救护队员培训，重点开展了《七条规定》、煤矿职业危害防治、应急管理、煤与瓦斯突出防治等专题培训，省局安技中心全年累计培复训各类人员 75312 人。积极推进专业救护队伍建设，新组建的两支矿山救护队已通过资质认定，全省专职矿山救护中队已达 28 支，兼职救护小队达 1266 支，组建了云南煤矿应急救援专家组，开展了应急预案编制工作，初步建成省、市、县、乡、企业五级应急救援信息网络，应急救援能力进一步提高。大力推进职业健康管理体系建设，积极督促煤矿企业建立健全机构和制度，扎实推进职业危害防治工作，截至 12 月 31 日，累计颁发职业卫生安全许可证 859 个，煤矿职业安全健康等工作走在全国前列。加快安全科技工作步伐，正式启动实施“云南省煤炭科学技术奖”，认真组织开展了“四个一批”项目建设、科技活动周、第十届中国西南国际采矿及矿山安全技术设备展览会等活动，全省有两项研究成果已被国家安全监管总局列为2013年安全生产重大事故防治关键技术项目。

（八）党的群众路线教育实践活动

深入开展了党的群众路线教育实践活动，广泛进行宣传动员，全面查摆“四风”问题，认真召开以“为民务实清廉”为主题的局党组专题民主生活会和各基层党组织生活会，认真制定整改措施并逐一进行整改。新建和修订了《关于改进工作作风密切联系群众六项规定》和《“三公”经费及会议费管理暂行办法》等22项内部管理制度，不断完善内部管理，强化公务接待事前申报审批，从严管控经费支出。全局“三公”经费支出比2012年同期减少222万元、下降32.75%；文件（含简报）数量比2012年同期减少176件、下降19.62%，文件（含简报）印刷费用比2012年同期减少17.21万元、下降49.78%；全局性会议比2012年同期减少1次，费用减少75.4万元、下降44.69%。

（九）队伍建设和党风廉政建设

大力加强队伍思想政治建设和党的基层组织建设，深入开展了党员承诺践诺、“三亮三比”“当先锋走前头”“道德讲堂”和“爱读书读好书善读书”活动、“创先争优”评选表彰等活动；围绕教育培训、选拔任用、监督管理等重点环节，进一步健全完善干部管理体制机制，不断深化干部人事制度改革，召开了第一次交流干部座谈会；认真开展规范执法专项检查以及执法文书、事故案卷评比活动，并针对监察执法、行政审批等14个方面开展了执法监察；全面落实党风廉政建设责任制，扎实开展反腐倡廉警示教育；进一步强化监督制约，督促严格落实“四个零”规定；认真开展会员卡专项清退活动、“三公经费”专项检查、廉政谈话和局属事业单位制度廉洁性评估工作。

陕西省煤矿安全生产工作综述

一、煤矿安全生产总体情况

2013年，在国家安全监管总局、国家煤矿安监局和陕西省委、省政府的坚强领导下，陕西煤监局及其各监察分局以事故预防尤其重特大事故预防为主线，以隐患排查治理为抓手，突出“两个活动”，围绕“三个下降”，强化“四个专业监察”，细化措施、落实责任，积极作为、扎实工作，较好履行了煤矿安全监察职责，促进全省煤矿安全形势持续稳定好转，实现事故起数、死亡人数和百万吨死亡率“三个下降”。发生事故28起、死亡31人、百万吨死亡率0.063，同比分别下降15.15%、36.73%和40.57%。死亡人数占全年控制指标65人的40%，百万吨死亡率是全年控制指标0.13的45.38%。煤矿百万吨死亡率首次降到0.1以下，连续7年杜绝特别重大事故，连续2年杜绝重大事故，安全状况创出新水平。

二、煤矿安全生产重点工作

（一）强化“三项监察”，着力防范重特大事故

严格落实执法计划，本着“查大系统、治大隐患、防大事故”的原则，继续把“瓦斯防治、防灭火、防治水、防治顶板灾害”4个专业作为全年执法重点，印发《监察方案》，明确重点监控矿井55处，集中业务骨干，对位监察，摸清查实，做到“三个到位”，即执法文书到位，行政处罚到位，督促整改到位。同时兼顾机电运输、职业危害防治、“六大系统”建设、资源整合、安全生产许可证管理、井下空气压缩机、煤层气抽采及煤矿洗选等专项监察和节后复产、两会、“五一”“十一”期间的定期监察。累计监察矿井1372矿次，执法计划完成率126.2%，下达执法文书3837份，实施行政处罚130次，罚款5146万元。

注重超前防范，重新修订了《煤矿安全隐患排查治理监察办法》，进一步落实分级报告制度，推进煤矿隐患排查治理的制度化和常态化。在监察中，对存在采掘布局不合理、通风系统不完善、瓦斯治理不到位、防突措施不落实、探放水制度不执行、防灭火措施跟不上、超层越界等重大隐患的矿

井，严格按照规定上限处罚、停产整顿、暂扣证照、提出建议、跟踪督办。查处安全隐患5312条，按期整改5255条，按期整改率98.93%；督办重大隐患19条。

（二）强化安全准入，着力提升煤矿办矿水平

坚持“一个窗口”和“四个集中”的有效做法，认真做好安全生产许可证颁发延期工作共延期34处，颁证49处，变更50处。完成了安全生产许可证网上申办试点工作，举办培训班4期，51处煤矿完成了网上资料录入，12处完成了网上审查，基本实现延期和新颁证矿井在纸质文件申报的同时，同步网上资料录入、网上签字审核，走在了全国前列。坚持聘请专家参与审查，分解权力，落实责任，完成安全设施设计审查60处、竣工验收44处，完成职业病防护实施竣工验收45处。认真做好中介机构的资质认定和监管工作，制发《职业卫生技术服务机构监督管理办法》，组织互查、比对和考核，实行末位淘汰机制，不断规范中介机构从业行为。继续扎实推进了煤矿安全文化建设示范企业创建工作，开展评查督导，召开现场推进会，命名表彰10个省级示范企业，推荐2个国家级示范企业，不断发挥文化引领作用，唱响安全发展主旋律。

（三）强化事故调查，着力警示教育用事故教训推动工作

认真贯彻落实“四不放过”和“科学严谨、依法依规、实事求是、注重实效”原则，落实事故分析会制度，召开片区座谈会，严肃事故查处，严格责任追究，做到“四个延伸”：向事前问责延伸、向警示教育延伸、向反思监察工作延伸、向核查瞒报事故举报延伸。全年查处事故23起，已结案20起，按期结案率100%，党政纪处分64人；查实瞒报事故5起5人；约谈矿井25处，约谈相关负责人41名。

（四）强化矿长责任，着力落实《七条规定》

《七条规定》下发后，及时印发每一位监察员，要求强化学习领会，做到记在心里，抓在手上，落实到行动上。积极配合总局组织全国煤矿“保护矿工生命，矿长守规尽责”主题实践活动（陕西）启动大会，提前定制600幅《七条规定》宣传铜牌免费发放给煤矿企业，与全省546名煤矿矿长签订了承诺书，对1100余人矿长、法人和实际控制人进行了集中培训考试，做到面对面、全覆盖。同时，下发了《关于贯彻落实〈国务院安委会办公室关于在全国煤矿开展“保护矿工生命，矿长守规尽责”主题实践活动的通知〉的意见》，制定了《〈七条规定〉监察执法实施细则》，加强宣传贯彻，严格监察执法，随机组织考试，抽查管理人员和矿工贯彻落实情况，做到铁规定、刚执行，全覆盖，见实效。

（五）强化监督检查，着力开展安全生产大检查活动

按照“全覆盖、零容忍、严执法、重实效”的总体要求，下发了《关于在全省范围集中开展煤矿安全生产大检查工作的通知》，采取深入现场、召开座谈会、听取汇报、“四不两直”等方式，组织764人次认真开展了煤矿安全生产大检查活动，对10个产煤市、37个产煤县（区）政府和煤矿监管部门、476家煤矿企业开展了督查和监察，查出各类安全隐患1898条，整改1891条，整改率99%，下达监察建议书和意见书25份，责令限期改正400处，停止生产或停止建设75处，暂扣安全生产许可证14处，行政处罚846.4万元。同时，按照省政府部署，牵头组织了省政府第七综合督查组督查活动，先后6次对榆林市及其5个县（区）各行业领域安全生产进行了检查督查，发现安全隐患128条，下达执法文书28份，罚款208万元。

（六）强化应急管理，着力提高应急救援能力

出台和实施《陕西煤矿救护队管理办法》《陕西煤矿救护培训管理暂行办法》和《陕西煤矿矿山救护队出动报告工作制度》，完成20支救护队资质认定工作，救护队资质监管工作进一步规范。开展应急救援人员业务培训，选送74名中队长参加国家应急救援指挥中心培训，培训副中队长以下指挥员170名，培训专兼职救护队员1200名，现场应急救援技战术能力进一步提高。组织开展救护队质量标准化达标活动，全省矿山救护队有7支达到国家特级、2支达到国家一级、2支达到国家二级、6支达到国家三级。

（七）强化基础建设，着力提升技术支撑保障能力

积极推进煤矿安全“四个一批”项目实施，征集项目17个，上报国家安全监管总局13个。对113处矿井开展煤矿隐蔽致灾因素现状调查，掌握

了大量一手资料。强力推进“六大系统”建设，生产矿井未按期建成投入使用的，一律暂扣安全生产许可证，申报安全生产许可证延期的矿井不予延期；凡新建、改（扩）建、资源整合矿井申请安全设施竣工验收，“六大系统”未按规定建成的不予验收。强化职业危害防治监察工作，制定了《生产煤矿职业病危害防治监察办法》和《煤矿建设项目职业病防护设施竣工验收办法》，汇总了224处煤矿企业的职业病危害因素申报。继续开展对口专业化技术打包服务，完成了检测、评价和技术服务705矿次，发现隐患447条，提出整改建议455条，出具不合格设备（仪器仪表）报告381份，为煤矿安全超前预防和事前控制提供强有力的技术支撑。

（八）强化队伍建设，着力提升履职能力

从2月下旬到5月下旬，对处级以上干部采取自学、集中辅导和分组研讨相结合的方式进行集中轮训，深入学习贯彻党的十八大精神。认真贯彻落实中央政治局关于改进工作作风密切联系群众八项规定，出台实施细则，改进调查研究，简化接待工作，严格控制会议经费，不断改进工作作风。重视制度建设，先后出台《监察工作要点责任分工意见》《局内设处室、部门责任制》《年度工作考核办法》等相关制度，进一步落实责任，强化考核，确保全局各项工作扎实有序开展。加强党风廉政建设，深入开展廉政风险排查防控工作，坚持工作日期间严禁饮酒规定，推行行政执法党风廉政反馈卡制度和纪检监察全程参与行政许可现场验收，不断规范约束权力运行。

严肃认真开展党的群众路线教育实践活动。按照国家安全监管总局党组的统一部署，聚焦作风、对准“四风”，紧紧围绕执法不严格、作风不扎实这一突出问题，深入开展了党的群众路线教育实践活动。加强学习教育，集中学习14次，筑牢思想基础；坚持开门搞活动，深入征求意见，广泛开展谈心；召开专题民主生活会，开展批评与自我批评，敢于揭短亮丑；坚持边查边改，立改立行，调整局领导分工，配齐事业单位班子。教育实践活动整改方案确定的24项整改措施中，需2013年完成的19项已全部落实。同时把重点放在制度建设上，新出台了《煤矿建设项目安全设施和职业病防护设施联合竣工验收实施办法》《监察执法工作分级管理规定》《安全生产暗查抽查工作制度》等7项新制度，修订了《党组工作规则》《局工作规则》《公务车辆使用管理办法》等11项制度，废止5项和保留26项制度，真正把整改措施用制度固化下来，从根本上解决“四风”问题，做到了教育实践活动与监察执法工作两手抓、两促进。

甘肃省煤矿安全生产工作综述

一、煤矿安全生产总体情况

（一）矿井情况

2013年初，全省共有各类矿井274处，年内整合关闭矿井3处，新增矿井2处，截至2013年底全省共有各类矿井273处。

按隶属关系划分：中央在甘煤矿企业16处，占5.86%；国有重点煤矿14处，占5.13%；地方国有煤矿53处，占19.41%；乡镇煤矿190处，占69.6%。

按矿井性质划分：生产矿井196处，生产能力5201万吨/年，其中中央在甘煤矿企业10处，生产能力2140万吨/年；国有重点煤矿13处，生产能力1523万吨/年；地方煤矿173处，生产能力1538万吨/年。

新建矿井17对，设计生产能力2021万吨/年，其中中央在甘煤矿企业6处，设计生产能力1370吨/年；地方国有煤矿5处，设计生产能力540万吨/年；乡镇煤矿6处，设计生产能力111万吨/年。

扩建矿井56处，设计生产能力681万吨/年，其中地方国有煤矿3处，设计生产能力120万吨/年；乡镇煤矿53处，设计生产能力561万吨/年（资源整合矿井48处，设计生产能力462万吨/年）。

改建矿井4对，设计生产能力216万吨/年，其中国有重点煤矿1对，设计生产能力180万吨/年；乡镇煤矿3对，设计生产能力36万吨/年。

按井型划分：年生产能力大于等于120万吨的大型矿井23处，生产能力5280万吨；年生产能力大于30万吨小于120万吨的中型矿井19处，生产能力1130万吨；年生产能力小于等于30万吨的小型矿井231处，生产能力1709万吨。

按瓦斯等级划分：突出矿井5处，其中煤与瓦斯突出矿井1处，煤与二氧化碳突出矿井4处；高瓦斯矿井7处；瓦斯矿井267处，其中：瓦斯按高瓦斯管理矿井1处。

（二）煤炭产量情况

2013年，全省共生产原煤4680.49万吨，同比减少197.59万吨，下降4.05%。其中：中央在甘煤矿1801.33万吨，同比增加48.16万吨，增长2.75%，占38.49%；国有重点煤矿1709.69万吨，同比减少21.47万吨，下降1.24%，占36.53%；市县国有煤矿415.49万吨，同比减少303.70万吨，下降42.23%，占8.88%；乡镇煤矿753.98万吨，同比增加79.42万吨，增长11.77%，占16.11%。

（三）事故情况

2013年，全省煤矿共发生死亡事故10起，死亡14人，与2012年17起、48人相比减少7起、34人，分别下降41.18%和70.83%。事故起数、死亡人数和煤矿百万吨死亡率均控制在国家下达的控制指标以内，煤矿安全生产形势创历史最好水平，具体呈现以下特点：

（1）事故总量同比下降幅度较大。全省各类煤矿共发生死亡事故10起，死亡14人，与2012年同期17人、48人相比，减少7起、34人，分别下降41.18%和70.83%，死亡人数占全年控制指标43人的32.56%。

（2）有效遏制了重大事故和瓦斯事故。全年共发生较大事故1起，死亡4人，控制在国家下达的2起指标以内；未发生重大及重大以上事故，同比减少2起、30人，控制在国家下达的2起指标以内。未发生瓦斯事故，同比减少2起、4人。

（3）百万吨死亡率首次低于全国平均水平。全省各类煤矿共生产原煤4680.49万吨，同比减少197.59万吨，下降4.05%。全省煤矿百万吨死亡率0.214，同比下降71%，控制在国家下达的0.86控制指标以内，首次低于全国平均水平。

（4）大部分市州安全生产状况稳定。全省10个产煤市州中，张掖市发生事故3起、死亡6人，白银市发生4起、死亡4人，兰州市发生2起、死亡3人，平凉市发生1起、死亡1人，酒泉、武威、金昌、陇南、甘南、庆阳6个市州未发生煤矿死亡事故，安全生产状况基本稳定。

（5）地方国有和乡镇煤矿事故总量大幅下降。10起事故中，地方国有煤矿发生2起、死亡2人，与上年同期6起、17人相比，减少4起、15人，分别下降66.67%和88.24%；乡镇煤矿发生2起、死亡5人，与2012年同期7起、27人相比，减少5起、22人，分别下降71.43%和81.48%。

二、煤矿安全生产重点工作

（一）坚持抓主抓重工作思路，严格履行监察职责

科学制定监察执法计划，突出抓好重点时段、重点地区、重点矿井、重点专业，组织开展重点督查、监察和煤矿建设项目、防治水、“一通三防”、机电运输、作业场所职业健康和《七条规定》落实情况等专项监察；配合国务院安委办和国家安全监管总局督查组，先后开展了两次综合督查和两次专项督查；配合国家煤矿安监局开展了暗查抽查工作。全年共实施“三项监察”275处730矿次，监察计划完成率120%，覆盖率100%，复查率165.4%；共查处一般事故隐患1713项、重大事故隐患24项；下达安全监察执法文书1634份，责令停产整顿生产经营建设单位27个，实施行政处罚128次，经济处罚102次。

（二）认真贯彻落实省长座谈会精神，扎实开展“三个宣贯”工作，为安全稳定奠定了基础

认真贯彻落实国务院、国务院安委办和国家安全监管总局先后召开的3次省长座谈会精神，扎实组织开展了“三个宣贯”活动：一是扎实开展了《七条规定》的宣贯活动。积极配合国家安全监管总局开展了推进落实《七条规定》督导调研活动，分东、西两个片区召开了宣贯培训会议，组织全省煤矿矿长签订了承诺书、参加了《七条规定》考试；二是扎实开展习近平总书记重要讲话精神的宣贯活动。先后3次召开党组中心组（扩大）学习会议学习传达；积极配合省政府在甘肃煤监局召开

了宣贯大会；根据省政府安排，完成了全省分片宣讲大会任务。三是扎实开展了国办99号文件的宣贯活动，及时召开专题会议进行传达学习并组织参加总局宣贯会议。积极推进企业安全文化建设，召开了全省煤矿安全文化建设推进会，选树并命名了全省11户安全文化建设示范企业；加强了与省检察院的联系沟通，召开了联席会议，加强了“双法”衔接工作，促进了信息交流共享。

（三）突出抓好“四个阶段”的监察执法，确保全年安全稳定

一是年初通过对2012年白银市“9·25”重大运输事故和2013年初张掖市“1·3”较大水害事故的从严调查处理，全面开展警示教育和隐患排查治理，严防各类事故发生，保证了一季度的安全稳定，为全年工作开好局打下了坚实的基础。二是从二季度开始，通过严格贯彻落实《七条规定》，制定了甘肃煤监局《〈七条规定〉监察执法实施细则》，并组织开展了专项监察；向江西省派出监察组并配合河北煤监局开展了交叉监察执法活动。三是从7月开始，牵头成立了煤矿安全专项督查组，深入开展了为期3个多月的煤矿安全大检查和集中监察执法行动，对全省各产煤市州、县区政府及其监管部门和煤矿企业实现督查监察全覆盖。四是从11月下旬开始，分6个组，分别由局领导带队，全面开展了煤矿安全大检查“回头看”活动，确保了全年的安全稳定。

（四）强化对地方政府的督促检查，推进监管责任落实到位

加大了对市州、县区党委、政府及其监管部门的监督检查力度，推动了“党政同责、一岗双责”安全生产责任制和中央在甘、省属煤矿企业属地监管责任的落实。督促被列入全国50个重点产煤县区的平川区和白银市党委、政府逐级落实攻坚战责任和包片督导责任。积极配合省上有关部门，确定了我省15个重点产煤县区并召开了安全生产工作座谈会，推动企业安全生产的主体责任、各级党委政府的领导和监管责任的落实到位。

（五）严格煤矿建设项目的安全准入，着力提升煤矿安全基础

一是制定了煤矿建设项目安全核准实施办法，全省煤矿建设项目安全核准工作正式启动实施。二是严格落实建设项目安全设施设计“三同时”工作，严格安全专篇审查，严把安全设施设计审查与竣工验收关口。三是进一步强化了对煤矿职业病危害项目申报、建设项目职业卫生“三同时”审查及监督检查，全省煤矿职业卫生工作走上正轨。四是进一步完善制定了煤矿安全生产许可证颁发管理规定，加大了持证矿井的日常检查和延期换证矿井的现场核查力度，安全许可工作更加严格透明。五是积极配合相关部门，完成煤矿兼并重组和产能3万吨/年及以下煤矿的淘汰关闭工作，为今后全省煤矿安全生产形势的根本好转奠定了基础。

（六）坚持清廉务实，党风廉政建设和队伍建设不断加强

一是高质量地完成了十八大精神集中轮训活动，干部队伍思想政治建设进一步加强。二是严格执行中央“八项规定”，坚持厉行勤俭节约，大力压缩“三公经费”，各项费用与去年同比明显下降。三是扎实深入开展党的群众路线教育实践活动。按照中央要求和总局党组的部署，紧密结合煤矿安全监察工作实际，聚焦作风，对准“四风”，抓住执法不严格、作风不扎实以及“五个了之”等问题，以整风精神开门搞活动，深入对照检查，扎实落实整改，教育实践活动取得突出成效。四是党风廉政建设取得新成效。全面梳理了惩防体系建设第一个五年规划期间执行的51项制度，不断深化“年有教育周、月有警示片、网站有专栏、节日有提醒、个人有承诺、任前有谈话测试”的反腐倡廉教育长效格局。

青海省煤矿安全生产工作综述

一、煤矿安全生产总体情况

2013年，在国家安全监管总局、国家煤监局的正确领导下，青海煤矿安全监察局紧紧围绕青海省经济社会发展目标任务，依法履行煤矿安全国家监察职责，全面加强监察执法，着力推动煤矿整顿关闭和安全基础管理，深入开展煤矿“三项监察”等专项行动，有效落实煤矿企业主体责任和地方各级政府煤矿安全监管职责，严格责任追究，坚决遏制重特大安全事故，积极服务于青海省经济社会发展和监察对象，青海省煤矿安全生产保持了总体稳定、趋向好转的发展态势。

全省煤矿发生生产安全事故6起，死亡5人，重伤2人，同比事故起数增加1起、死亡人数持平，未发生较大以上生产安全事故，百万吨死亡率0.278，低于全国平均水平。

二、煤矿安全生产重点工作

（一）加强组织协调，全面开展“保护矿工生命，矿长守规尽责”主题实践活动

一是制定印发“保护矿工生命，矿长守规尽责”主题实践活动的实施方案，成立由省政府有关领导任组长的主题实践活动领导小组。各产煤地区和各煤矿企业制定相应的工作方案及实施细则，成立领导机构，为《七条规定》的落实到位提供了有力的组织保障。二是组织全省所有煤矿矿长集中签订承诺书，面对面发放、宣讲《七条规定》并当场进行考核。同时组成宣讲团，赴主要产煤地区和重点矿区，通过召开动员大会和宣讲会，向地方政府有关部门负责人和煤矿企业主要负责人及班组长以上管理人员共计350多人宣讲《七条规定》，产生了积极效果。三是在煤矿相对集中的海西州大柴旦地区，建立贯彻落实《七条规定》省级联系点，制定联系点工作方案，明确职责，落实责任，全面加强贯彻落实《七条规定》的组织领导和协调管理，强化对《七条规定》落实情况的监督检查，以点带面，全面推开，示范引路，为活动的广泛深入开展起到了有力的推动作用。四是开展贯彻落实《七条规定》专项监察活动，组成专项监察执法组，深入各产煤地区和煤矿企业开展贯彻落实《七条规定》监察执法活动，查处煤矿违法违规行为30多项，并对部分煤矿企业实施责令停产整顿和行政罚款。通过开展实践活动，有力推进了煤矿企业和煤矿矿长落实安全生产主体责任，提高了全面排查治理安全隐患的自觉性和责任感，有效促进了煤矿安全生产工作。

（二）突出工作重点，深入开展安全生产大检查工作

召开全省煤矿安全生产大检查动员大会，成立由省政府分管领导任组长的大检查领导小组，全省形成了组织严密、上下协调、积极有效的大检查工作机制和政府督导、部门监管、企业负责、员工参与的大检查工作格局。采取部门巡查、联合执法等方式，各产煤地区州（市）级对地方国有煤矿监督检查覆盖率达到200%以上，县级对辖区内所有煤矿监督检查覆盖率达到300%以上，查处煤矿各类安全隐患共计420余项，整改率达到96%。深入开展省级督查，组成省级督查组，采取召开专题会议、重点抽查、暗查暗访等方式，对有关地方政府大检查以来煤矿安全监管工作情况进行了检查指导，全覆盖达到100%，对地方国有和其他煤矿全面开展执法检查，全覆盖达150%，查处违法违规行为65项，下达执法文书26份。

（三）规范工作程序，强化安全监察执法

严格制定落实年度监察执法计划，明确目标，落实责任，规范程序，细化措施，规定进度，认真组织开展了重点监察、专项监察、定期监察“三项监察”活动，排查整改各类煤矿安全隐患420余项，制作和下达监察执法文书26份，对5处煤矿实施行政处罚，责令停产停工整顿煤矿4处。

（四）强化基础建设，提高本质安全水平

深入推进煤矿瓦斯治理攻坚战，初步建成了

“通风可靠、抽采达标、监控有效、管理到位”的煤矿瓦斯综合治理工作体系，杜绝了瓦斯事故。推进安全标准化工作，督促和引导煤矿企业严格按达标要求实现动态持续达标，全省所有生产矿井全部实现达标，提升了煤矿本质安全水平，推动了煤矿风险预控体系建设。继续加强煤矿安全避险“六大系统”建设，所有生产矿井监测监控、人员定位、压风自救、供水施救和通信联络等系统建设完善任务全部完成。开展煤矿职业危害防治安全监察工作，依法对青海省内12家新、改、扩建煤矿分别进行了职业病危害防治预评价备案、职业病危害控制效果与防护设施竣工验收。实施煤矿机械化改造，基本淘汰了落后的生产工艺和设备，矿井通风、工作面支护、提升运输、防排水等重要生产系统广泛运用了技术先进、性能可靠、安全高效的新型设备和管理流程，矿井提升运输机械化率基本实现了100%。

（五）实施整顿关闭工作，支持经济社会发展

认真落实煤矿整顿关闭职责，把关闭小煤矿和资源整合作为提升全省煤矿安全生产工作的重要举措，坚持整顿关闭和规范提高两手抓，继续压减小煤矿比重，调整煤炭产业结构，重点督促有关地区关闭生产能力小、安全管理水平低的乡镇小煤矿，关闭了5处6万吨/年煤矿，彻底关闭1处死灰复燃的小矿井。

（六）严格事故查处，强化煤矿安全生产责任

进一步健全完善煤矿事故调查处理协调工作机制，规范煤矿生产安全事故调查工作。按照“四不放过”原则和“科学严谨、依法依规、实事求是、注重实效”基本要求，严肃事故查处，有效促进了地方政府和煤矿企业落实煤矿安全监管责任及主体责任。依法查处了6起煤矿一般生产安全事故，分别对有关煤矿企业和21名事故责任人给予行政处罚。坚持执行事故通报、约谈、分析和跟踪督导4项制度，对发生事故的企业主要负责人进行约谈，通过认真分析事故原因，及时下发事故通报，利用全省煤矿事故警示教育和安全生产信息平台，深入开展事故警示教育，逐步建立完善了“一矿出事故，百矿受教育；一地有隐患，全省受警示”的警示教育机制。

（七）加强教育培训，强化安全操作技能

通过组织开展“安全生产月”“双七条宣贯”等活动，大力宣传煤矿安全生产法律法规和行业规定，提高煤矿企业从业人员安全意识，营造了良好社会氛围。以3家三级培训机构为依托，开展煤矿特种作业人员计算机网络化考试平台建设工作，为全面开展煤矿特种作业人员网络化考试奠定了基础。加大煤矿安全培训机构的资质管理力度，严格执行“考培分离”制度，监督指导培训机构规范开展安全培训，共培训1950人，发证1924人。通过强化煤矿“三项岗位”人员安全培训、班组长安全培训、新工人入井前的安全培训工作，煤矿从业人员安全知识和业务素质得到了有效提高。

宁夏回族自治区煤矿安全生产工作综述

一、煤矿安全生产总体情况

2013年，宁夏煤监局以贯彻落实煤矿“双七条”为主线，深入开展煤矿安全大检查，不断加大“打非治违”和依法治理力度，推进企业排查治理重大隐患，督促企业强化安全生产基础建设，煤矿安全呈现“一升、两控、三下降”的态势，宁夏煤矿安全生产取得了好成绩。

——产量升：2013年宁夏煤矿生产原煤8844.74万吨，同比增长2.87%。

——两控制：2013年国家下达给宁夏的煤矿安全控制指标是：死亡人数控制在12人以内，百万吨死亡率控制在0.150以下。绝对和相对两项指标均控制在国家下达的指标之内。

——三下降：事故起数、死亡人数、百万吨死亡率实现了三个下降。2013年宁夏煤矿发生事故2起，死亡2人，同比起数减少1起、死亡人数减少1人，下降33.3%；百万吨死亡率为0.023，同比下降35.2%。银北分局辖区煤矿连续两年实现了零死亡。

二、煤矿安全生产重点工作

（一）强化贯彻落实党的十八大精神，大力实施科学发展、安全发展战略

一是紧密联系实际，把党中央、国务院关于坚持科学发展、安全发展的重大决策部署，把习近平总书记等中央领导同志关于加强安全生产工作的重要指示精神进一步落到实处，强化安全生产底线思维和红线意识，以安全生产工作的新成效作为检验工作的新标准。二是把安全发展理念贯穿到煤矿建设、生产的全过程，利用监察执法的手段，强化政策引导，推动责任落实，使煤矿发展与安全有机结合。三是与自治区有关部门密切配合，采取联合执法的形式，形成合力，抓好工作推动，强化责任落实，深入推进实施安全发展战略。四是认真吸取2013年全国煤矿接连发生多起重大事故的教训，进一步研究和把握宁夏煤矿安全生产的规律、特点，从瓦斯防治、隐患排查、现场管理、应急救援、教育培训等方面，加强监督检查，强化风险预控，在预防和治本上下更大的功夫。五是推进《煤矿矿长保护矿工生命安全七条规定》的宣贯落实。制定了方案，利用集中宣贯、分期办班等多种方式，面对面宣讲，煤矿矿长和安全管理人员经过考试并签订了承诺书。编印了宣传资料免费发放到各煤矿企业供职工学习。同时，结合实际制定了《露天煤矿保护矿工生命安全七条规定》。全年执法中将“铁七条”作为重点内容，利用执法的手段，推动煤矿企业落实“铁七条”规定。

（二）强化监察计划的制定执行，落实监察执法责任

一是坚持统筹兼顾、突出重点的原则，认真编制年度计划。做到年度有部署、月度有计划、每周有安排。在计划的执行上“严标准、依程序、重细节、求闭合”，全年累计监察矿井606矿次，完成全年监察计划的110.8%。二是按照“四个一律”的要求，落实监察责任。杜绝执法走过场，每次执法必须下达文书，对存在的问题一律要求跟踪复查。全年实施行政处罚44次，行政罚款563.15万元，同比增长365%，罚款收缴率100%。三是推动监管责任的落实。在监察中发现的重大隐患和问题，向地方政府、监管部门和企业主管部门下达加强和改善安全管理建议书、意见书共11份，推动政府监管部门落实监管责任。四是严格事故查处工作。依照“科学严谨、依法依规、实事求是、注重实效”和“四不放过”的原则，认真查处事故，用事故教训推动工作。五是开展了执法监督。对行政许可和“三项监察”工作进行了监督检查，主动查找执法工作中在制度、程序、实体等方面不足，分析原因，提出整改意见，进一步规范了行政许可和监察执法行为。

（三）强化安全生产大检查，推动落实企业主体责任

一是统筹制定大检查方案。会同自治区安全监管、煤炭行业主管部门，集中力量，细化方案，组成两个检查组，由局级领导带队，对宁夏煤矿开展了彻底的安全生产大检查。二是转作风，求实效。把反“四风”转作风的要求贯穿于大检查，始终坚持“四不两直”的做法，沉到基层，最大限度地排除执法干扰，力求查出真问题、发现真隐患。三是突出重点，创新方式。按照“全覆盖、零容忍、严执法、重实效”的要求，把手续不全的矿井、隐患和问题较多的矿井、发生事故的矿井列为重点，采取随机抽查、突击夜查等方式进行检查。两个分局之间进行交叉互检，按照“六个一批”的要求，对17处矿井下达了停产、停止施工指令，对一些煤矿违法违规行为实施了大额经济处罚，单笔罚款50万元以上的五次，其中100万元以上的两次。

（四）强化“打非治违”工作，推进隐患排查治理

一是贯彻落实上级部署，联合地方政府有关部门开展了煤矿“打非治违”专项行动。明确由企业自查自纠、地方煤矿安全监管部门督促检查、自治区联合检查组抽查的工作方式。在专项行动中，坚持高标准、严要求，严格落实“四个一律”的打击措施，对违法违规行为始终保持高压态势。去年查处事故隐患1991条，实际完成整改1878条，隐患按期整改率99.1%。二是开展事故警示教育。在专项行动中，配合总局督查组召开吉林八宝煤矿事故警示教育大会，组织煤矿主要负责人收看专题视频会议，将事故通报材料发送至各矿，要求各矿对照事故发生的原因，排查自身存在的隐患，认真吸取事故教训，防范同类事故的发生，坚持“一矿出事故、万矿受教育”，用事故教训推动安全生产工作。三是认真核查安全生产举报。接到群众举报或国家安全监管总局转交的举报15件，对每一

件举报都进行了认真核查，并出具核查结果，实名举报的都及时向举报人反馈了结果。

（五）强化基础建设，夯实煤矿安全根基

一是组织开展了新版《煤矿安全质量标准化考核评级办法》的宣贯。会同自治区有关部门编写了《宁夏煤矿安全质量标准化考核评级办法》，报自治区政府批转执行。年底组织开展了生产矿井安全质量标准化工作考核验收，其中申报国家一级矿井7处，考核评定二级14处，三级17处。二是把煤矿安全质量标准化工作与安全设施竣工验收、煤炭建设工程质量监督结合起来。将标准化达标、建设工程质量认证审核作为安全设施竣工验收的必备条件。组织开展了煤矿在建工程质量大检查，开展了工程质量认证审核，确保安全设施竣工时安全标准化达标、工程质量符合要求。三是推进煤矿紧急避险系统建设完善。2013年初召开会议进行了再部署，年中组织开展专项监察进行了再督促。按照国家安全监管总局10号文件的新要求，与煤矿设计部门沟通，制定了紧急避险系统验收标准，规范了验收程序，明确了完成期限。四是开展“三项岗位人员”培训。加强培训机构的监督管理，严格考试发证，确保培训质量。全年培训煤矿“三项岗位”人员14282人，考试发证13531人，考核合格率96.09%。五是做好煤矿职业卫生工作。与自治区卫生厅协调沟通，完成了宁夏煤矿职业卫生监管工作的交接。及时制定了宁夏煤矿建设项目职业卫生“三同时”管理规定等三项制度，建立了煤矿职业卫生专家库，使职业卫生工作有规可循，有据可依。

（六）强化应急管理，提升科技支撑能力

一是协助国家应急救援中心组织神华宁煤集团救护总队开展了重大瓦斯事故演练活动。组织救护总队为其他救护队开展培训，锻炼队伍，提升应急处置能力。二是强化24小时应急值班值守，保证了安全生产信息上传下达。加强统计分析工作，为监察执法提供决策依据。三是在国家安全监管总局发布的安全科技“四个一批”项目中，遴选了符合宁夏煤矿实际情况的成果项目，在全区煤矿推广使用。四是积极与科研院所联系，努力推广新技术新装备在煤矿的使用。与宁夏煤炭工业协会、宁夏煤田地质局共同举办了“煤矿高效预抽及防突新技术研讨会”，与沈阳煤炭研究院举办了“低浓度瓦斯管道输送安全保障系统研讨会”，均取得了较好的效果。五是加强科技支撑体系建设。安技中心组建以来，开展了煤矿主要设备的检测检验、仪器仪表的计量鉴定等工作，发挥技术支撑的作用。

新疆维吾尔自治区煤矿安全生产工作综述

一、煤矿安全生产总体情况

（一）煤炭产量创历史新高

新疆原煤产量14683.72万吨（含兵团1017.70万吨），列全国第七位，与2012年相比增加765万吨、增长5.50%。其中，国有重点煤矿产量达到5368.09万吨，占总产量的36.55%，同比增长4.59%；地方国有煤矿产量1911.26万吨，占总产量的13.02%，同比增长42.91%；乡镇煤矿产量7404.37万吨，占总产量的50.43%，同比下降0.59%。

（二）煤矿安全生产指标控制在目标之内

全区各类煤矿及洗（选）厂发生生产安全事故27起、死亡50人，与2012年相比，事故起数减少6起、下降18.2%；死亡人数增加4人、上升8.7%；未发生较大事故，同比减少3起、减少15人，均下降100%；发生1起重大事故、死亡22人，同比增加1起、增加22人。死亡人数占国务院安委会下达新疆煤矿安全生产控制指标的71.4%，煤炭百万吨死亡率为0.37，两项煤矿安全生产指标均控制在考核进度目标之内。20个统计单位中，阿勒泰地区、哈密地区、喀什地区、和田地区、克孜勒苏柯尔克孜自治州、监狱管理局、潞安新疆公司、保利集团新疆公司等8个统计单位全年未发生各类煤矿生产安全事故，百万吨死亡率为0。

（三）煤层气开发利用取得新成效

准南煤田阜康白杨河煤层气小井网最高日产量达7000立方米，乌鲁木齐河东矿区煤层气预探项目获得突破。阜康格林斯德2×3000千瓦矿井抽采瓦斯发电项目已并网发电；龙煤新疆公司西山煤矿2×500千瓦矿井瓦斯发电项目投产。瓦斯治理工作取得新进展，全年瓦斯抽放累计5894.36万立方米，瓦斯利用（发电）550.33万立方米。

（四）煤矿安全监察执法取得实效

全区各类煤矿401处，实际监督监察煤矿335处，监察覆盖率83.54%；实际监督监察煤矿654矿次，监察计划完成率151.39%；煤矿事故27起，应结案20起，实际结案25起，结案率达125%；实施行政处罚次数96次，其中对生产经营单位处罚25次；实施经济处罚次数113次，其中事故罚款92次、监督监察罚款21次，总计罚款1642.88万元；下达各种执法文书合计2302份。

二、煤矿安全生产重点工作

（一）全力实施煤矿安全“双七条”

学习宣传《七条规定》，制定下发了《〈煤矿矿长保护矿工生命安全七条规定〉细化要求》。对493名企业负责人进行了宣讲，对434名企业负责人进行了考试，与317位矿长签订了承诺书。自治区人民政府组织制定印发了《贯彻落实国务院办公厅关于进一步加强煤矿安全生产工作意见的实施意见》，提出了煤矿安全治本攻坚7条29项举措。深入开展“保护矿工生命，矿长守规尽责”主题实践活动和“敬畏生命”大讨论活动。

（二）加强和改善煤炭行业管理

强化对重点企业和重点项目的跟踪调度、督促和服务，推进了一批百万吨、千万吨级煤矿高标准建设。制定了《新疆维吾尔自治区现代化标准煤矿建设管理办法》(简称《办法》)；自治区人民政府召开第13次常务会议，对《办法》进行了专题研究讨论。推进煤矿机械化改造，各主要产煤地（州、市）均已完成第一批生产矿井机械化改造任务。全区煤矿采煤机械化程度达71.7%，综合机械化程度达70.5%，掘进装载机械化程度达75.9%，掘进综合机械化程度达41.9%。加强技改矿井能力核定，新增生产能力843万吨/年。推进煤炭产业结构优化升级，完成全区煤炭产业结构优化升级方案的编制和审查工作。提高洁净煤生产水平，加大煤炭洗选加工力度，全区已建成洗（选）厂25家，年洗（选）能力5676万吨；2013年入选原煤4300万吨，入选率为29.3%。培育发展中介服务机构，提高服务水平，全区从事科研设计咨询、能力核定、安全评价、检测检验、工程监理、安全培训、职业卫生技术服务等中介服务机构64家，从业人员2300人。

（三）全面落实“六个一批”工作措施

在“打非治违”专项行动集中整治阶段，严格按照“四个一律”的要求，全面落实“六个一批”的工作措施。一是依法关闭一批煤矿。按照2013年煤矿整顿关闭工作方案，关闭矿井6处并进行了公告，淘汰落后产能18万吨/年。针对2011—2012年淘汰的11处煤矿，积极争取到位中央财政奖励资金960万元。二是依法处罚一批煤矿。共出动监管、监察人员5127人次，累计查出各类隐患8762条，应完成整改隐患8509条，按期整改隐患8294条，隐患整改率为97.5%；查出重大事故隐患19条，应整改13条，按期整改11条，整改率84.6%；针对重大隐患，依法实施经济处罚267.8万元。对严肃查处并结案的25起煤矿生产安全事故中，处理各类人员171人，其中经营单位主要负责人71人、行政领导干部22人；依法对事故煤矿及相关责任人实施经济处罚1375.08万元。三是依法停产整顿一批煤矿。责令停产矿井25处；暂扣安全生产许可证企业6个；停止60个采煤工作面回采；停止94个掘进工作面掘进。四是依法督办一批煤矿。对6处存在重大隐患的矿井，进行全疆通报，并报请自治区人民政府进行挂牌督办。五是依法曝光一批案例。对米泉铁厂沟镇西湾煤矿、沙沟卧龙煤矿进行暗查，发现违规作业行为。新疆电视台新闻联播对暗访情况进行了及时曝光；新疆卫视一套《今日聚焦》栏目播放了煤矿安全大检查专题访谈。制作事故案例警示片、案例汇编等，加强警示教育。六是宣传一批先进典型。河南煤化集团新疆公司音西铁列克厄肯煤矿率先使用《煤矿安全生产监管录播系统》和《现场管理视频系统》，创新了煤矿安全管理方式。

（四）创新监管监察执法工作方式

全面落实监管责任。各地层层签订了安全监管责任状，地县两级煤管局班子成员采取分片包干办法，负责监督煤矿隐患排查治理工作。哈密、阿勒泰地区和南疆三地州强化监督检查、落实监管责任，实现了生产安全无事故。创新安全监管监察执法工作。采取不发通知、不打招呼、不听汇报、不用陪同接待，直奔基层、直插现场的“四不两直”及暗查暗访、突击检查和抽查等方式，实施监管监察执法。持续开展“一矿一策”专家会诊活动。对42处矿井进行了专家会诊，出动专家200余人次，共查出隐患1484条，逐条分析根源、提出解决办法、确保整改到位。加强煤矿安全生产异地交叉检查执法。组织全区主要产煤地（州、市）煤炭管理部门成立8个检查组，开展互检、互学、互帮、互促活动，查处各类安全隐患和问题，提高了各地煤炭行业管理和煤矿安全监管能力。严肃查处煤矿生产安全事故。依法从严、从重、从快查处事故，事故调查处理平均结案期缩短到29天。编印发放事故案例汇编，制作警示教育片，举办事故煤矿矿长培训班，剖析事故原因，以事故教训推动煤矿安全生产工作。强化社会监督，认真核查群众举报信息。接受举报信息27件，已核查结案25件，核查属实11件；对瞒报事故违法行为的矿井及责任人进行了严肃处理，对部分举报人进行了奖励。

（五）提升煤矿安全生产保障能力

加大科研项目推进力度。以国家煤矿安监局煤矿安全科技援疆活动为契机，掀起学科技、用科技高潮。瓦斯防治、综合防尘、灾害预报与控制、冲击地压灾害防治等4个安全科技“四个一批”项目得到了国家安监总局的批复；瓦斯抽采技术研究与示范、不规则煤层开采技术示范工程2个项目获自治区科技厅批准并给予80万元资金支持。自治区煤田地质局《新疆地区煤炭与煤层气资源聚集规律及勘查评价》项目被评为2013年度自治区科技进步一等奖。加快煤矿安全避险“六大系统”建设步伐。已建成矿井70处，正在施工矿井46处，完成专项设计矿井132处。阿克苏地区提前半年完成25处生产矿井“六大系统”建设任务，位于全区前列。强化瓦斯治理工作体系建设。自治区人民政府及时调整新疆煤矿瓦斯集中整治工作领导小组，加强瓦斯治理机构建设。严格标准，大幅提高矿井瓦斯等级鉴定质量。2013年共审查报告49件，审查通过46件，通过率达94%。按期完成煤矿瓦斯治理工作体系建设达标工作目标。全区共有165处矿井、21个县（市、区）达到了瓦斯治理体系建设标准并予以公告，基本实现了主要产煤县（市、区）、正常生产矿井达标的规划目标，瓦斯治理基础工作得到了进一步巩固。强化煤矿瓦斯防治能力建设。制定了《自治区煤矿企业瓦斯防治能力评估管理办法实施细则》；通过现场检查和专家评审，全区17处高瓦斯矿井中14处矿井通过评审并予以公示。持续开展煤矿安全质量标准化工作。2013年全区煤矿安全质量标准化达标矿井137处，达标率94.5%。积极推进煤矿安全质量标准化信息管理系统建设。完成了31个国有重点煤矿和108个乡镇煤矿信息管理系统安装工作，培训系统管理人员366人。加强安全教育培训。培训煤矿主要负责人、安全生产管理人员、特种作业人员等“三项岗位人员”13661人，培训持证率分别达到100%、99.9%和99.8%；培训煤矿安全监管监察人员126人，培训持证率达到100%；培训煤矿总工程师、矿山应急救援人员及煤矿班组长2700人。加强应急管理工作。国家（区域）矿山救援新疆队建设取得实质性进展，救护队质量标准化创建和达标检查验收工作取得实效。自治区矿山救护基地、昌吉回族自治州救护队等6支救援队伍在“12·13”事故中，出色地完成了应急救援任务。加强煤矿职业危害防治。启动煤矿建设项目职业危害“三同时”，强化以粉尘防治、职业健康检查为主的现场检查，推动煤矿企业职业危害防治工作有效开展。

（六）深入开展党的群众路线教育实践活动

深刻领会习近平总书记在中央教育实践活动工作会议和政治局专门会议上的重要讲话精神，自觉把思想和行动统一到自治区党委和国家安全监管总局党组的安排部署上来。加强组织领导，明确目标任务，扎实推进教育实践活动。按照群众路线教育实践活动有关制度建设的要求，制定了6项例会制度及“一矿一策”管理办法、固定资产管理办法等一系列制度，对全局各项制度进行了清理，保留近年来新制定、修订制度85项，清理废止20项，确保全局各项工作在阳光下运行。按照查摆问题“立学立查立改立行”的要求，从群众呼声中找差距、找问题，把解决问题的力度作为衡量教育实践活动取得实效的尺子，以干部职工群众满意作为各项工作的基本标准，深入基层调查研究、征求意见、交流谈心，确保问题找准找全、分析深刻透彻。通过上级点、群众提、自己找，共收集意见和建议203条。局党组针对群众的意见和建议，梳理汇总为4大类、53条，坚持边学边查边改，逐一制定整改任务书，开展专项整治，取消煤炭生产许可和煤炭经营资质认定等4项审批事项，简政放权。局机关、局属各单位、监察分局落实中央八项规定、自治区十条规定和国家安全监管总局六项要求，切实改进工作作风、文风、会风，简化行政审批，取得良好效果。加强扶贫工作，资助贫困地区学生入学、帮助定点帮扶单位实施资源勘探；解决基层问题，多次向自治区专题汇报地县煤炭管理部门体制机制待遇问题，争取自治区财政厅安排500万元专款解决地方煤炭管理部门装备不足问题，落实监管监察岗位津贴，向国家安全监管总局申请免费安排地方煤炭管理人员60人进行执法学习。

新疆生产建设兵团煤矿安全生产工作综述

一、煤矿安全生产总体情况

（一）煤矿安全生产基本情况

新疆生产建设兵团（简称兵团）现有矿井60处，均为国有地方煤矿。其中，生产矿井36处，改扩建矿井16处，其余8处为停产改制矿井。

2013年，兵团煤矿共发生生产安全事故6起，死亡6人，百万吨死亡率为0.5，死亡人数占国家下达控制考核指标的46.15%。与去年同期相比，事故起数、死亡人数增加3起、3人。

2013年，兵团煤矿没有发生较大及以上事故，安全生产形势总体平稳。

（二）煤矿安全监察执法工作开展情况

2013年，兵团煤监分局累计开展“三项监察”178矿次，共下达各类执法文书369份。累计查处各类事故隐患3273条，实际完成整改3188条，隐患整改率达97.4%。其中，挂牌督办重大隐患40条，截至12月底，已销号35条，整改率达87.5%，未整改完毕的5条重大隐患都明确了挂牌督办责任人和整改期限。共作出行政处罚14次，责令停产整顿14矿次，停止采掘工作面或建设施工20个，限期整改144矿次，暂扣煤矿企业安全生产许可证14个，罚款465.6957万元（其中事故罚款159.6957万元），实际收缴465.6957万元，罚款上缴率达100%。

按照国家煤矿安监局批复的2013年监察执法计划，全年总监察工作日为2254天，实际完成2408天，完成全年计划的106.8%。

二、煤矿安全生产重点工作

（一）大力宣传贯彻《七条规定》、“七大攻坚举措”

以国家安全监管总局第八督导组宣贯为契机，组织召开兵团《七条规定》宣贯会，召集全兵团100余名煤矿企业的董事长、总经理、矿长参加，开展了专题培训活动，现场与所有矿长签订承诺书。深入开展“保护矿工生命，矿长守规尽责”主题实践活动。

（二）深入开展煤矿安全生产大检查

按照“全覆盖、零容忍、严执法、重实效”的总要求，以“查找差距、转变作风、明确思路、强化措施”为目标，制定大检查工作实施方案，明确重点内容、标准和要求，采取明察与暗访相结合、重点检查与一般检查相结合、突击检查与常规检查相结合等方式，对兵团所有煤矿进行全面、彻底地检查。

（三）继续深化“打非治违”专项行动

围绕继续深化兵团煤矿“打非治违”专项行动进行专题研究部署，把“打非治违”列入监察执法的重要内容，加强检查指导，开展联合执法，形成“打非治违”工作合力。针对个别煤矿存在重大隐患或治理进展缓慢等问题，对煤矿处以50万元以上、主要负责人3万元以上的经济处罚，及时约谈有关单位的主要负责人，加强挂牌督办和跟踪督办，保持对违法违规行为的高压态势，确保“打非治违”打得快、打得准、打得狠。

（四）加强重点时期、重要节点、重要环节的

煤矿安全监察工作

在两节、两会、“十一”等重大活动和节日期间，加大监察执法力度，督促煤矿企业开展节前安全大检查，安排好节日期间领导值班和停产检修工作。严格执行节后复产验收程序和标准。在融雪季节和雨季，对片区内受水害威胁的矿井进行重点检查，督促煤矿做好水害防治工作，并给师安监局、煤矿企业的主要领导发送安全提醒短信。

（五）坚持监察、指导与服务相结合，加强对各师、煤矿企业安全生产工作的指导

制定下发《关于做好2013年兵团煤矿安全生产工作的指导意见》，加强对各师煤矿安全监管的业务指导。阶段工作完成后，主动向各师分管领导汇报监察情况，反映重大问题，多次随局领导到各产煤师、煤矿企业调研督导，与各师分管领导、安全监管、行业管理部门以及煤矿企业座谈，就进一步加强煤矿安全生产工作提出意见和建议，有效推动制约煤矿安全生产问题的解决，为做好煤矿安全工作提供了坚强有力的保障。

（六）依法严肃查处煤矿事故，坚持用事故教训推动工作

严格按照“四不放过”和“科学严谨、依法依规、实事求是、注重实效”的原则，积极指导和参与事故调查处理工作，与各师有关部门密切配合，对2013年发生的事故进行了调查，仔细分析事故原因，认真总结事故教训，按期批复结案。开展“一矿出事故，万矿受教育”活动，严格执行事故警示通报、诫勉约谈和现场分析制度。组织事故矿井周边各师安监局、煤矿企业参加警示教育现场会，共同讨论反思事故原因及教训，并提出针对性防范措施。

（七）加强学习，提高素质，打造过硬执法监察队伍

按照“照镜子、正衣冠、洗洗澡、治治病”的总要求，联系思想和工作实际，深入查找贯彻落实中央八项规定、反对“四风”和践行党的群众路线方面存在的问题，对查找出来的问题立行立改。在业务知识学习方面，能够主动钻研专业知识，积极参加国家煤矿安监局和局内组织的各类业务培训和视频专题讲座学习，通过自学和集中培训等形式，不断补充更新了专业知识，为更好地履行煤矿安全监察职责奠定基础。

第十二部分

重点中央企业安全生产工作

中国石油天然气集团公司安全生产工作

中国石油天然气集团公司安全环保部

一、安全生产总体情况

2013年，中国石油天然气集团公司（以下简称集团公司）以党的十八大精神和科学发展观为指导，贯彻落实集团公司安全生产工作要求和管理提升活动部署，紧密结合党的群众路线教育实践活动，准确把握当前严格监管阶段的形势特征，以全面推进HSE管理体系建设为主线，通过深刻吸取大连石化“6·2”火灾爆炸事故教训、深入开展安全生产大检查、深化实施HSE管理体系审核、强化隐患排查治理、完善事故预防预警机制等有力措施，大力推动安全生产责任落实，安全生产基础管理不断强化，企业本质安全水平进一步提升，集团公司安全生产形势继续保持总体稳定态势，为集团公司实现可持续发展奠定了良好的基础，做出了积极贡献。

2013年是集团公司安全生产工作极具挑战性、产生重大影响一年，也是集团公司以前所未有的力度重视和加强安全生产工作的一年。集团公司整体把握当前严格监管阶段的形势特征，以风险管控为核心采取了一系列积极防范措施，继续保持了狠抓安全生产工作的高压态势，整体上呈现出以下几个显著特点：一是各级领导重视程度前所未有。集团公司4次召开全系统安全环保视频会议，党组领导全部出席，周吉平董事长、廖永远总经理亲力亲为，参加了2013年所有重大安全生产活动，将安全环保作为头等重要的工作多次进行要求和部署。各专业分公司和企业主要领导都主动践行安全生产第一责任人的职责，切实体现了有感领导的原则。二是各项安全生产制度日趋完备。集团公司制定和修订了《安全生产与环境保护责任制管理办法》《总部安全生产与环境保护管理职责规定》《承包商安全监督管理办法》《特种设备安全管理办法》《动火作业安全管理办法》和《进入受限空间作业安全管理办法》，安全生产基础管理更加规范、考核要求更加严格，是集团公司出台各项安全规章制度最为集中的一年。三是事故升级管理努力做到“零容忍”。对井喷失控着火、炼厂着火爆炸、储油罐区泄漏着火、长输管线火灾爆炸和天然气下游业务爆炸火灾等5类事故实行升级管理，不论是否有人员伤亡，均按照较大及以上事故进行调查处理，以达到见微知著的效果。

二、安全生产重点工作

（一）严格审核检查，完善持续改进机制

按照“全覆盖、零容忍、严执法、重实效”检查要求，集团公司党组领导带队，分10组在全系统深入开展了安全大检查活动，做到了查摆问题不留死角，落实整改雷厉风行，追究责任不留情面。落实国务院部署，组织开展了石油库、油气装卸码头、国储库、海洋石油等安全生产专项检查，将发现的问题挂在公司网页，跟踪整改。扎实开展

全覆盖审核工作，抽调审核员1596人次，组成115个审核组，对124家企业进行了上下半年两次审核。深刻汲取大连石化“6·2”火灾爆炸事故教训，专题召开炼化系统安全环保工作会，组织开展了大连石化等6家炼化企业HSE管理咨询指导工作。各单位深化开展HSE审核工作，塔里木油田明确在审核中严格做到“三不”：即对实际情况不隐瞒、对安全经验不保留、对审核问题不做客观解释并且立即整改；渤海钻探积极开展综合、专项、交叉等多种方式HSE审核，将审核工作覆盖到了每一个作业现场、每一个管理流程；宁夏石化、锦州石化推行审核定级，量化审核结果；西南油气田开展领导干部HSE履职能力评估，促进了自主管理安全文化创建工作。这些好的经验和做法正在逐渐被更多的企业借鉴和推广。

（二）实行挂牌督办，加快隐患治理进度

近两年集团公司共下达安全环保隐患治理资金221.6亿元，计划治理项目3558项。其中，集团公司领导、股份公司管理层挂牌督办9个项目，已完成4项；专业分公司领导挂牌督办27个项目，已完成11项。周吉平董事长亲自到自己挂牌督办的隐患治理项目现场进行督促检查。炼化板块严格履行报批程序，所有隐患项目落实责任、分级管理、挂牌督办。销售板块开发了隐患整改项目进度管理模块，作为隐患项目治理的管理工具，针对销售系统的安全防范重点，对2024座加油站罩棚、714座加油站安全距离隐患进行了彻底整改。西南油气田公司两年来超计划完成161口高危废弃井的整治，有效削减了油气废弃井在城镇化快速发展过程中与周边环境相互形成的安全环保风险。新疆油田对电力系统、压力容器等8大领域重大隐患项目实施公司级挂牌督办，北京天然气管道有限公司对所有隐患治理项目实行动态跟踪、挂牌督办和销号管理，确保了隐患治理效果。认真汲取中石化“11·22”青岛输油管道爆炸事故教训，全面部署彻查管网交叉、管道占压、腐蚀老化等问题。集团公司在役原油、天然气和成品油长输管道有77168公里，炼化厂外烃类管道有4013公里，销售库外管道有549公里。经初步排查，确认存在管道占压7901处、与市政管网交叉3131处、安全距离不足7145处，对重要隐患和突出风险初步做到了心中有数。

（三）突出“三项工作”，提升风险管控能力

突出风险管控核心任务，印发实施了《关于切实抓好安全环保风险管控能力提升工作的通知》，以推动安全环保责任落实、加快风险分级防控机制建设和专兼职应急救援队伍建设三项工作为重点，推进提升企业安全环保风险防控能力。按照“一岗双责”要求，完善修订安全生产责任体系；按照已经明确的安全八大风险，层层细化排查安全风险，分级分层分专业研究制定管控措施；完成井控、海上、管道救援响应中心建设项目论证，持续深化消防队伍专业化达标考核，部分重点企业应急救援基地基本建成，并成功应对了庆铁一线“3·13”泄漏等事件。会同国家安全监管总局、新疆维吾尔自治区政府，首次成功举办了国家级重大危险化学品道路运输事故综合应急演练。各单位强化风险防控能力建设，辽河油田完善建立并有效运行“两级”HSE分委会机制，初步扭转了“安全部门唱独角戏”的局面；长庆油田根据所属单位生产规模、人员数量和作业风险等因素，按照不同风险类别与52个生产单位签订不同的安全环保责任书；兰州石化健全了覆盖所有单位、部门和岗位的安全生产责任制；管道公司对涉及的561条河流编制“一河一案”现场应急处置预案；长城钻探明确了局、处、科、队、班组和岗位等六级风险防控重点；寰球公司建立了HAZOP分析团队，强化了对装置设计阶段的工艺危害分析。

（四）实施升级管理，完善预防预警机制

严格事故管理，按规定对多起着火事故进行了升级调查。尤其针对青海英东油田“4·19”井喷事故，组织召开视频会，深入剖析，举一反三，从严问责。2013年，因各类事故受到行政处分的共422人，其中开除6人、留用察看12人、撤职38人；受到组织处理的50人，其中解除劳动合同11人、解聘10人、免除职务29人。继续组织3次事故教训交流活动，15万人接受教育和培训，努力做到局部事故、系统防范，一厂出事故、万厂受警示。加强事故事件与百万工时安全统计工作，共录入事件起数43000多起，各企业事故事件与百万工时统计数据填报率和填报质量均有较大提升。充分利用“12·23”井喷事故十周年的契机，组织“安全生产警示月”活动，8家工程技术服务企业在“警示月”活动中进行了应急演练，不断深化

对安全环保工作规律性的认识。各单位积极完善预防预警机制，锦西石化充分发挥第三方安全监督作用，严格重点领域和关键环节的现场监管；哈尔滨石化鼓励全体员工查找隐患、关注异常、分享生活中发生的事件；渤海钻探工程公司实施事故事件报送、调查、分享和奖励管理；宝鸡钢管公司以事件管理为抓手，全面强化了安全管理；北京销售总公司落实事故升级管理要求，实施承包商动态管理，施工安全管理水平明显提高。

（五）准确研判形势，保障海外业务安全

集团公司高度重视海外业务安全，根据项目面临的高风险特点和所在国政治经济变化情况，国际部和海外勘探开发公司加强信息分析和安全预警，先后发布尼日利亚、伊拉克、苏丹等国安全预警与提示40余次。针对2013年12月中旬以来南苏丹紧张局势，紧急启动应急预案，甲乙双方共享信息，统筹资源，统一行动，圆满完成近700余人的有序撤离。积极推进涉外单位社会安全管理体系建设，12家单位编写完成社会安全管理手册和有关制度文件。组织海外现场与总部联动的突发事件专项演练，不断完善基于海事卫星电话的应急指挥系统，完成9家单位与现场之间的应急指挥平台联调测试。各海外企业结合所在国实际，不断加强HSE管理，澳大利亚公司箭牌项目成立旅程管理中心，对员工和承包商在边远地区的工作旅程实时监控，降低了交通事故风险；伊拉克鲁迈拉油田推行领导赴现场检查卡程序，强化现场观察沟通，疏导员工异常情绪，推动了安全业绩持续改进。

中国石油化工集团公司安全生产工作

中国石化集团公司安全监管局

2013年，中国石油化工集团公司（以下简称集团公司）认真贯彻落实党中央、国务院关于加强安全生产工作的指示要求，以科学发展观统领安全生产工作全局，始终坚持“安全第一、预防为主、综合治理”的安全生产方针，牢固树立“安全高于一切、生命最为宝贵”的理念，层层落实安全生产责任制，加强重点薄弱环节监管，加大隐患治理力度，切实加强应急能力建设，为公司生产经营和改革发展奠定了坚实基础。

一、强化意识，持续推进安全生产责任落实

一是强化决策层安全意识。按照“谁主管、谁负责”“一岗双责”原则，不断完善安全责任体系，切实将安全责任层层落实到各级领导、职能部门和全体员工。在2013年7月进行的集团公司领导班子成员工作分工调整时，将安全职责纳入班子分工，强化业务分管同志对安全生产的直接领导和管理责任。1月9—10日召开了年度HSE工作会议，全面部署全年安全生产工作。党组领导与各企业主要领导、主管领导签订了安全生产责任状，明确各单位安全考核指标，传递安全工作压力，严格安全业绩考核。

二是落实管理层安全责任。结合集团公司管理体制改革，加快修订完善安全生产责任制和HSE管理体系，进一步明晰各综合管理部门、事业部和专业公司的安全监督管理职责，强化各专业、系统的安全管理。树立“大安全”理念，全面落实生产经营、物资采购、工程设计、项目建设、工艺技术、设备动力、产品储运等主管部门的安全责任，实现齐抓共管。

三是加强执行层安全监管。继续实施全员安全承诺，修订完善各岗位的安全生产责任制，强化自我管理、自我监督、自我约束，将安全标准、要求不折不扣地落实到每一个操作岗位、每一项作业过程，切实提高安全生产保障能力。

二、优化机制，着力夯实安全管理基础

一是全面开展安全管理提升活动。按照国家有关部委和集团公司的统一要求，各事业部、专业公司和各企事业单位围绕承包商管理、建设项目“三同时”管理、HSE信息化应用、井控安全管理四项重点工作，结合实际，查找短板、完善制度、

规范流程、优化措施，全面开展管理提升活动，取得了阶段性成效，2013 年初制定的“四项管理措施提升近期目标”全面实现。

二是不断加强制度建设。以落实责任制为根本，总部制定和修订各类制度 10 项、标准 8 项。按照转变总部职能、做实事业部的要求，全面梳理各项安全监管制度，避免出现监管责任缺失。

三是持续加强安全培训教育。按照国务院安委会《关于进一步加强安全培训工作的决定》，部署落实安全培训工作，促进全员安全素质提升。启动了第二轮企业负责人安全培训，全年办班两期，141 名主要领导、主管 HSE 领导参加了培训；举办安全管理人员培训班 10 期，共 617 名安全处（科）长、基层安全总监参加培训，收到了预期效果。

四是继续推进安全文化建设。在总结企业安全文化建设经验的基础上，研究制定《中国石化安全文化建设指导意见》，指导各企业开展安全文化建设。根据中宣部、国家安全监管总局等 7 部委有关通知精神，围绕主题、结合实际，部署并开展“安全生产月”活动，实现了“员工受到教育，管理者提高认识，领导者强化责任”的活动目标。

三、注重创新，着力增强安全监督实效

一是进一步加大安全检查力度。8 月下旬，总部组成 19 个检查组，对 109 家直属企业开展了为期一个月的 QHSE 大检查，并通过跟踪督办、检查回访等措施，督导企业落实整改。针对井控、海（水）上、高处作业、境外项目、危化品仓储、罐区作业、氯离子污染，组织相关企业开展 7 项安全专项检查。对国务院安委办、国家安全监管总局组织的安全专项检查中查出的问题，认真组织整改，及时消除隐患。对四川等区外石油公司，以及福建森美等合资公司开展安全审核，督导企业强化体系运行。山东省青岛市“11·22”中石化东黄输油管道泄漏爆炸特别重大事故发生后，集团公司迅速启动安全生产大检查和管网隐患排查，全面排查治理隐患，堵塞管理漏洞。

二是加强“两特”情况安全督导。跟踪四川雅安“4·20”地震以及洪涝、泥石流等灾害对企业的影响，督导企业落实防灾减灾和应急处置措施，最大限度地减少了灾害影响和损失。2013 年多起台风袭击浙、琼、粤等地区，有关企业积极采取应对措施，保证了生产安稳运行和人员零伤亡。做好灾害损失理赔，全年安保基金用于灾害理赔达 1.5 亿元。高度重视敏感时期的安全生产工作，超前部署安全防范措施，确保特殊时期安全平稳生产。

三是加强对企业的指导服务。深入管理基础较薄弱的 11 家单位进行调研，指导帮助企业解决安全问题。高度关注重点工程项目建设和装置大修，强化全过程安全监管，督导落实“三同时”措施。跟踪武汉乙烯、安庆炼油改造等工程项目建设，督导落实安全措施，保证了工程安全平稳建设、开车、投产。

四、完善措施，提高本质安全水平

一是加大隐患治理力度。充分发挥安保基金用于隐患治理的政策优势，全年分 3 批共下达隐患治理资金 22.8 亿元，重点治理了海上油气设施等一批隐患，提升了本质安全水平。

二是深刻吸取事故教训。针对罐区施工作业闪爆事故，实行罐区作业现场安全监督升级管理；针对设备配件质量事故，就加强供应商管理和安全保供提出明确要求。“11·22”事故发生后，就改进和加强安全生产工作迅速做出部署，采取一系列非常举措和扎实行动，打响安全生产保卫战。

三是加强安全科技攻关应用。针对井控装置本质安全隐患，开展了防喷器新出厂和检维修气密封检测技术研究。制定了危险与可操作性分析（HAZOP）实施管理规定、安全仪表系统安全完整性等级评估（SIL）管理规定，为提升炼化工艺过程安全管理提供了指导。推行“工厂化预制”“模块化安装”，有效降低了作业现场风险。加快推进 HSE 管理信息化应用，完成了 16 家企业的项目验收和 27 家炼化企业主要功能模块的上线运行。

五、突出重点，抓好高风险环节的安全监控

一是加强井控和海（水）上安全风险管控。强化井控安全意识，加强高压、高产、高含硫“三高”油气井的井控管理，避免井喷失控和硫化氢中毒事故。按照“四个必封”（高含硫化氢井必封、应急抢险困难井必封、环境敏感地区井必封、井口控制装置先天不足井必封）原则，对一批高风险的报废井有计划地进行封井。进一步落实海（水）上安全监管组织机构，全面加强海（水）上石油作业安全监管。强化源头风险控制，建立完善管理制度，在液化天然气业务快速发展的同时，确保新建LNG码头、接收站和储运系统的安全。

二是加强炼油化工危险工艺风险管控。严格执行《中国石化炼油化工危险工艺过程安全管理规定》，加强危险工艺的过程安全管理，不断完善自动化控制措施和长效管理机制，切实提高炼油化工危险工艺的安全水平。全面推行危险和可操作性分析（HAZOP），试行仪表功能安全管理系统，强化炼油化工危险工艺和安全仪表联锁系统的风险评估和控制。

三是加强油库和加油（气）站安全风险管控。适应加气站快速发展的实际，及时制定完善加气站HSE管理制度，分层次开展HSE知识培训，为加气站安全建设、安全运营创造条件。加强设备维护保养，严防油气“跑、冒、滴、漏”，规范防雷防静电设备设施安装、保养与维护，防范油气着火爆炸事故。

四是加强重点建设项目安全风险管控。积极应用新工法、新技术、新装备，全面推行“标准化设计、标准化采购、模块化建设”，加强工厂化预制及模块化施工，切实改变传统、落后、高风险的作业模式，有效降低现场施工作业安全风险。

五是强化直接作业环节安全监管。持续完善高处作业、施工用火、受限空间、临时用电、吊装作业等高危作业管理，升级管理程序，提高标准要求，强化监管措施，为现场作业提供可靠的安全保障。开展高处作业专项检查，全面督导高处作业安全措施的落实。深入推行现场作业“七想七不干”做法，进一步落实“禁令”、狠反“三违”，防范各类安全事故。加强基层安全总监的配备、使用和考核，开展系统性培训，加快提高技能，充分发挥基层安全总监的职能作用，切实加强现场作业安全监督管理。

六是强化承包商安全监管。强化对承包商（含承运商）的安全监管责任，将承包商、分包商纳入甲方HSE监管体系，统一要求、统一管理、严格考核，严禁“以包代管”“以罚代管”和违法分包、转包及挂靠资质等行为。完善承包商队伍准入和考核机制，推行队伍资质分级管理，实施安全业绩备案制度，将承包商的HSE业绩与工程量挂钩，促进承包商完善自身HSE管理。着力培育战略承包商，积极培养企业忠诚度高、员工素质好的承包商队伍。

六、以人为本，着力推进职业健康管理

一是加强职业病危害风险防控。以有毒有害作业现场为重点，全面落实职业病危害防治措施，确保了职业危害风险有效受控。各作业场所职业危害因素综合检测率大于96%，职业危害合同告知率和警示标识设置率达到100%。总部完成了噪声等4项职业危害专题调查，为系统实施职业危害防治措施提供了依据。

二是加强员工劳动防护。全年下达劳保费用21.72亿元，用于劳保用品配备。先后制定了劳动防护用品监督检验管理规定、职业病诊断与职业病人管理规定，同时继续做好外派人员的保险工作。

中国海洋石油总公司安全生产工作

中国海洋石油总公司质量健康安全环保部

2013年，中国海洋石油总公司（简称公司）QHSE管理面对环境复杂、挑战增加、压力增大的严峻形势。在党组的正确领导下，公司认真贯彻落实党中央、国务院的相关要求，全面落实公司安委会的决策部署，稳步推进QHSE重点工作，安全环保管理总体适应生产规模发展。

公司通过管理创新，安全文化得到强化，监管能力不断提升，信息化手段初见成效，海外管理有效深入，应急能力继续加强，有效地避免了重大恶性事故，未发生较大及以上级别的各类事故。公司安全生产形势总体平稳。

结合政府主管部门要求和公司发展实际，主要开展了以下工作：

一、贯彻管理要求，落实主体责任

（一）精心部署，有序推进重点工作

公司组织召开2013年QHSE年度工作会议，会议传达了全国安全生产工作会议精神并专题解析会议具体要求，将落实会议精神作为全年重点工作的指导，分析了2012年总公司整体安全工作形势，部署了2013年重点工作。总公司党组要求广大干部员工努力提升对QHSE工作的认识，探索规律、创新方法，加强建设富有海油特色的健康安全环保文化。

2013年度，根据生产运行特点及关键敏感时期特点，适时组织专题会议。全年共组织全系统电视电话会议4次（春节前、大检查、国庆前、元旦前）、专题会议14次，内容涵盖培训、课程体系建设、直升机、潜水承包商、防爆电器、防台防地质灾害、健康促进、环保、标准化、实物教室建设、储罐、反恐防范、铁路专用线管理等。

（二）落实责任，全面开展安全检查

1. 安全生产大检查

总公司于6月8日召开全系统电视电话会议，传达国务院安全生产委员会全体会议精神和国务院办公厅关于集中开展安全生产大检查的相关文件，随后转发国务院办公厅和各部委相关文件要求；成立以总经理为组长的安全大检查领导小组，制定总体检查方案；部署机关相关部门和各所属单位安全生产大检查安排、跟踪实施情况；组织编制了67个自评检查表，涉及安全、生产、设备和消防等12个专业，指导基层单位开展安全大检查，覆盖各所属单位、各类设备设施和生产经营活动的各个环节；组织检查组对基层单位开展抽查；并配合国家安全监管总局组织的石油天然气行业安全大检查工作安排，抽调精干队伍参加检查、做好所属单位迎检工作。

期间，董事长、总经理和主管副总经理等领导多次带队深入一线调研和检查工作。总公司共对上游4家单位的17个设施、4个所属单位机关及职能部门及3个陆地现场，中下游的14家单位进行抽查。总公司将抽查发现问题及时在所属单位反馈和共享，督促整改落实。

各所属单位结合本单位的实际情况，成立了以单位总经理为组长的领导小组，编制了安全生产大检查方案和计划，有序开展自检自查活动，自检自查覆盖100%。如：天津分公司分专业召开生产系统隐患治理推动会，对隐患治理统一部署；上海分公司细化检查流程，编制安全生产专项检查表并对照逐项检查；国际公司采用图文并茂的形式将隐患进行通报；销售公司按照“五层六查”的要求，组织各级管理人员和专业人员增加对工程施工和生产现场检查的频次。

整体按时完成安全生产大检查总结报告上报国资委、国家安全监管总局。其后针对安全大检查发现的各类问题，积极组织相关单位对照法律法规、标准规范查找问题依据（含海油之外同类企业的问题），明确问题所在，督促所属单位对照问题举一反三，扎实推进隐患排查治理。

2. 管道安全大检查

山东青岛“11·22”中石化东黄输油管道泄漏爆炸特别重大事故发生后，按照政府主管部门的部署，组织开展了油气和危险化学品等输送管道（以下简称管道）现状紧急排查、管道安全大检查、管道安全法规标准解析、管道管理信息系统调研等工作。总部组织相关单位对36个法规标准解析后形成自评检查表供各基层单位自查使用；派出6个检查组，赴广东、福建和海南等地进行抽查。

通过对管道安全状况紧急排查、总公司抽查和各单位检查的情况进行分析，管道完整性管理、合规运营和外部保护等方面还存在一定的不足，有待进一步加强。

3. 石化企业、石油库专项检查

2013年，按照国务院安委会办公室特急明电《关于组织开展石油化工企业石油库和油气装卸码头安全专项检查的通知》要求，结合正在进行的“安全生产大检查”行动，先后检查了15家涉及石油化工、石油库和油气装卸码头的下属单位。

10月，中海油会同国家安全监管总局、工信部、环保部等六部委，以及中石化、中石油等企业，组成6个联合督查组，对辽宁等11个沿海省份开展石油化工企业、石油库和油气装卸码头安全专项督查（第二轮）。中海油负责第六督查组的组织协调工作，刘健副总经理任组长。第六督查组一行16人，负责检查山东省沿海企业。督查组采取不提前通知、不听取汇报、直接进行现场检查、当场考问、查阅资料等方式，抽查和复查位于青岛、

潍坊和东营等地的16家企业，共查出问题465项，提出其他建议148项，完成《国务院安委办第六督查组关于山东省石油化工企业和石油库安全专项督查情况的反馈意见》。并形成《安全专项督查情况发现问题分析报告》，下发相关所属单位。

二、强化体系运行，坚持持续改进

（一）持续改进，开展体系上级审核

按照年度审核计划，先后组织了6家所属单位HSE管理体系上级审核；根据收购NEXEN公司进展，分别组织了HSE管理体系上级审核和对英国北海作业区块的现场检查；组织对伊拉克公司HSE专项检查；针对海外承包作业的QHSE风险控制，组织对中海油赴墨西哥和印尼的海外承包作业的专项检查；组织开展直升机承包商专项审核。通过一系列的审核及专项检查，有效促进了各所属单位QHSE制度建设、完善和执行。

2013年审核重点包括承包商管理、应急管理、防爆电气管理等，并针对具体单位情况，相应增加审核重点，如：矿山管理、自有铁路专用线管理等。

通过审核发现，各单位HSE管理体系要素基本健全，体系能够有效运行，整体风险可控。审核中也指出了各单位存在的问题，提出了改进建议和整改要求，跟踪其整改情况并纳入年度绩效考核。

（二）合规运营，加强HSE前期管理

通过加强内部协调配合与政府主管部门的沟通，进一步优化工作机制，着力规范作业项目及作业单位的行为，强化对各级单位领导层的合规运营要求，收到了明显效果。全年共上报各类“三同时”文件151份，已经获得批复127份。

（三）全面动员，推进企业达标建设

组织各上游单位在达标规范及工作程序出台前即提前开展筹备工作，从自评指导、提前咨询等各方面充分准备，统筹协调评审资源及评审计划。通过上线实施安全生产标准化信息系统和组织培训，密切跟踪逐个落实各所属单位的人员安排和系统登录情况，督促开展自评。加强与海上油气生产专业评审组评审人员研讨交流、自主培训，促进评审人员对标准和评分办法的理解和把握，提升安全生产标准化评审服务质量。

按照国家安全监管总局要求，2013年需要完成企业达标的上游单位共44家，至2013年底前已全部完成应达标上游单位的自评和材料申报，转入后续评审阶段。

继续推动危化品企业达标评审。截至2013年底，有62家实现二、三级达标，4家通过了一级达标评审；但由于地方政府部门要求不明确、相关规章制度调整等原因，系统内还有4家危化品企业未完成政府评审。

三、突出专业重点，落实基层责任

（一）精细管理，全面加强减排管理

1. 制定减排方案，确定重点单位重点项目

一是针对新上项目等因素影响导致的2013—2015年年度污染物（二氧化硫、氮氧化物、COD和氨氮）排放量大幅增加，逐一分析“十二五”规划项目，完成“四项污染物”（二氧化硫、氮氧化物、COD、氨氮）增量分析报告。二是借助环保信息系统，进一步夯实、规范了污染物排放数据统计工作。三是积极开展温室气体统计工作，制定发布《温室气体排放统计管理细则》。

根据“十二五”减排指标任务，在深入调研的基础上，年初发布了《总公司十二五污染物减排方案》，统筹考虑确定4家重点减排单位和7个减排项目，制定减排计划，通过支持重点企业的减排项目，明确落实减排方案相关要求，确保总公司减排指标的完成。

2. 加强污染物排放数据管理，确保数据准确可靠

以环保管理信息系统为依托和切入点，以月度、季度、年度上报国资委和公司污染物排放数据为推动力，梳理了各单位二氧化硫、氮氧化物、COD和氨氮4项主要污染物排放数据的统计工作。2013年，公司四项污染物排放量分别为年计划的87.6%、93.3%、83.8%、86.4%，控制在年度污染物排放指标范围内。

（二）以人为本，加强职业卫生管理

根据国家关于职业卫生管理的要求，全面实施《中国海油职业健康管理系统》。

落实《国家安全监管总局关于开展用人单位职业卫生基础建设活动的通知》（安监总安健〔2013〕38号）要求，指导基层单位开展职业卫生基础建设活动自评估。16家二级单位总计129家存在职业病危害的用人单位完成自评估，其中合格9527项、不合格309项、不适用593项，合格率

96.9%。

促进作业场所职业卫生管理持续提升。2013年，接触职业病危害的员工，职业健康检查应检总人数38308人，实际受检总人数38288人，职业健康检查率99.95%；2013年，职业病危害因素定期检测的应检测场所968个，已实施检测963个，检测实施率99.48%。

开展职业危害风险分级研究。共收集涉及14家企业、39个部门、250个岗位的调查数据，明确了72种职业病危害因素，其中化学因素47种，物理因素8种，粉尘8种，工作相关伤害9种。参照国际、国内已有的标准，根据海油特点，建立海油47种重要职业病危害因素危害程度分级清单。

健康促进方面，开展了“我与健康同行”体重减重及慢病危险因子健康管理和干预计划，旨在组织员工参与有针对性的健康管理和健康教育活动，培养良好的健康行为、良好的生活方式，采取科学的运动方法，以有效地减少健康危险因素指标，提高员工的个人健康状况。

（三）规划引领，系统推动质量管理

1. 完善质量管理制度建设

推动各所属单位建立并实施有效的质量管理体系，是实施全面质量管理的基础，也是总公司“十二五”质量管理的重点工作之一。针对目前总公司各所属单位质量管理体系的建立、执行和维护的进度不平衡，进一步推动质量管理体系建设，开展12家单位质量管理体系的上级审核工作。

2. 组织质量专项活动

积极引导和推动以中下游石油化工企业为主、各所属单位参与的质量管理提升工作，切实分析企业质量管理的建设现状，着力解决企业质量管理工作中存在的不足。共开展了质量管理小组活动、推广先进质量管理方法、“质量月”活动和品牌培育管理四项质量专项活动。2013年，中国海油系统内共获得2个“国优”质量管理优秀小组称号，获得行业优秀QC小组共49个。组织2013年“质量月”活动，涵盖了所属单位22个，制作、张贴宣传画数2736张，制作展板数365个，组织召开质量教育培训会265场，参与人数达90000人次。积极参与2013年石油和化工行业“质量标杆”活动，利用培训研讨、现场交流、对标等方式，开展形式多样、内容丰富、效果显著的主题活动，鼓励所属单位建立品牌培育管理体系，争创行业品牌培育示范企业，持续提升品牌培育能力。

3. 开展质量服务能力调研

结合国家关于加强对检测检验机构、分析化验室的监督管理，不断提高专业检测检验机构的整体服务水平相关要求，全面梳理系统内部质量检验检测机构、分析化验室、实验室的基本情况。中海油系统现有检验检测机构、实验室、化验室152个，其中国家级资质11家、省市级3家、行业级3家，从业人员3217人。

四、加强现场管理，促进本质安全

（一）标本兼治，强化隐患排查治理

按照2013年总公司领导干部会关于“深化‘打非治违’专项行动，进一步落实基层隐患排查责任和各级领导隐患治理责任，在信息化系统的支持下，从设备本质安全的角度入手，加大隐患排查与治理力度”的要求，持续加强基层单位隐患排查治理，强化基层单位隐患排查治理责任，提高现场作业人员隐患排查参与意识；推动总公司“重大危险源及隐患排查系统”应用，督促各所属单位通过“系统”上报统计本单位隐患排查治理情况，坚持将总公司及政府部门历次检查发现的问题纳入“系统”跟踪整改。各所属单位隐患排查治理工作不断深入、隐患报告意识不断提高。

截至2013年12月，“重大危险源及隐患排查系统”涵盖25家所属单位，注册用户1049个，累计上报隐患40553项、已解决40241项，累计整改完成率达到99.2%。

（二）深化监管，开展现场环保检查

1. 环保专项督查

开展了对山东海化、东营石化的督查，并由企业签订承诺书；与安全检查一并开展了对中捷石化、天野化工的环保督查，并形成督查备忘；随环保系统上线，开展了对海油发展监督监理平台管理公司、油服天津化学公司的环保专项督查，分别形成督查通报，跟踪和督促问题整改。

2. 乌干达公司环保专项检查

现场检查与调研乌干达Kingfisher作业区环保情况，形成了检查总结报告与建议，提出的海外环保建议为有限公司领导和国际公司所采纳。

（三）突出重点，加强高风险事项管理

1. 加强涉煤项目安全风险控制

公司煤矿项目处于可研阶段，未进入实质生产。当前重点关注涉煤项目路线选择、风险控制，摸索煤矿安全管理模式。公司专门组织召开煤矿安全管理研讨会，认真分析当前煤矿安全管理面临的形势和任务，对涉煤单位提出要求：安全工作要先行；在安全上持慎重态度，要充分研究、学习和认识煤炭行业存在的各种风险；逐步建立煤矿项目安全管理行动方案，开发煤矿项目伴随式三维应急展示系统，加大投入，从本质安全上杜绝重大恶性事故。

2. 继续推动电气防爆管理

在2012年工作基础上，将防爆电器管理纳入监督检查和管理体系审核。全年各层级共组织防爆电器专题培训41次，培训2453人；收集整理相关规范和先进做法，出版良好作业实践手册并发给所属单位。从防爆电气设备管理认识、原因分析，以及需要进一步做的工作等方面达成共识。

3. 自然灾害治理

为加强中国海油应对台风及防范地质灾害的准备和应急管理，总结交流各单位工作经验，组织召开了“2013年总公司防台工作会”，总结了2012年防台工作，通报了2013年防台形势，对2013年的防台以及防范地质灾害工作提出了要求。各单位就各自在防台、防地质灾害方面所做的有特色工作和经验进行了交流，还结合丽水终端为典型案例，学习研究了预防台风、地质灾害、风暴潮的应急准备情况。

4. 自有铁路专用线管理

2012年以来，总公司将自有铁路纳入监督检查范围，以现有安全管理体系为基础，制定了总公司《自有铁路专用线安全管理指导意见》。2013年9月组织自有铁路安全管理提升会，在落实《自有铁路专用线指导意见》各项要求的基础上，探讨自有铁路安全管理的不足，进一步提升自有铁路的安全管理水平。

5. 加强办公室火灾事故风险控制

针对部分所属单位几起办公室火灾事故，组织专项检查，进一步了解事故情况及事故后安全管理措施落实情况，督促整改。总部组织对《办公场所安全管理要求》解析形成自评估检查表，包括6类69条具体要求，指导开展自评估检查。全年共有121家单位按照自评估检查表对222栋楼宇进行了自我评估。

（四）适应变革，探索非传统领域安全

在国家反恐办的领导下，认真研究反恐工作范围和要求，积极开展防控防范工作。

以四川沥青公司为试点，探索建立中国海油反恐怖防范工作模式。根据“全国反恐怖防范重要目标联系点工作推进会”会议精神和统一部署，总公司组织指导四川沥青公司抓紧落实各项工作，专人专管确保人力保障、整合资源确保物力保障、投入专项经费确保财力保障。上半年完成了联系点人防、物防、技防等方面的工作。初步建立起反恐防范工作考核体系、督导检查机制，防范责任逐级落实到单位领导、具体部门和岗位；完善了重要目标基础信息数据库；建立起反恐防范工作制度（内含12个管理办法，8个处置预案）。一线安保力量防范意识和能力明显提升；反恐应急机制和力量配置进一步规范化，提前完成了国家反恐办对反恐怖防范重要目标联系点工作要求。

公司对所属境内陆上负有生产经营和安全管理责任的基层单位（不含海上作业点和海外陆岸作业地点）进行了反恐防范现状调查，确定69家高风险设施，为构建总公司反恐防范工作总体规划打好了基础。

召开公司首次反恐防范专题会，结合泸州沥青联系点建设进展，推动公司反恐防范工作；针对重点区域和重点部位的物防、技防、人防现状，启动反恐防范专项工作。

通过翻译整理国际组织在安保反恐方面的规范和指南、国内相关法规和中海沥青（四川）有限公司联系点工作实践成果，编制了5册《中外安保反恐资料汇编与实践》，除印发各所属单位，还报送到国家反恐办、商务部、国家邮政局、国资委等政府主管部门，得到国家反恐办的认可和推荐。

五、做好支持促进，控制海外风险

（一）协调组织，完善海外安全管理

2013年，公司及时组织对政府相关要求的解析和识别，一是向相关单位传达，及时跟踪和落实相关要求；二是指导、支持各所属单位按照政府要求开展相关工作；三是按要求上报对相关文件执行情况；四是在完善公司管理制度过程中固化政府管理要求。

（二）支持配合，完成并购交割整合

为应对尼克森交割及整合期间可能出现的HSE日常管理、事故报告以及应急响应等问题，编制了交割整合期间的应急计划、HSE管理桥接文件、事故报告3个主要文件；与尼克森联合开展了首次应急演练，组织各职能组及相关部门针对应急演练情况，梳理总部危机管理预案中的应急组织、启动模式、媒体管理、资金及法律等相关问题，逐一确定解决方案；建立了尼克森整合运营期的事故管理机制并定期跟踪分析事故情况；通过公司高层交流，直面管理缺陷，督促尼克森成立专门小组，针对HSE审核发现的关键问题制定整改计划，尽快采取必要措施，解决重大安全隐患，遏制事故频发现象。

（三）专项检查，完善海外作业管理

组织伊拉克公司进行HSE专项检查。深入了解伊拉克公司的现状，考察生产作业现场，与伊拉克公司的各级人员进行访谈，针对伊拉克米桑油田项目情况复杂、管理结构特殊、受应急资源不足等方面约束较多状况，提出了针对性的改进意见，对于加强伊拉克公司安全管理基础工作的重要意义。开展印尼东南亚公司设施设备完整性专项安全检查，听取了东南亚公司相关部门的汇报，并查阅相关资料与证书，开展高层访谈，登临检查SES区块19个有代表性的海上平台和1个陆地终端。开展海外承包作业专项检查调研。对COSL MEXICO及COSL3和CCF两个作业现场和在印尼的钻井平台、生活支持驳船、仓库等进行了现场检查，在专项检查调研基础上，提出了加强海外承包作业QHSE合同管理的8条要求。

六、重视科技引领，加大安全投入

（一）科技支撑，组织专题技术研究

开展大峪口后评价项目，组织开展现场监测。根据现场情况调整并布设监测点；开展厂区、大峪口选矿厂、王集选矿厂的无组织排放监测、地表水现状监测取样；对厂区内及渣场、尾矿库地下水监测井设置位置进行现场踏勘，根据实际情况调整监测井布设点位；对厂内一期和二期各车间污染处理设施入口及出口进行现场调研等。

（二）强化应用，关注科研成果转化

为了强化前期科研项目成果对公司QHSE管理的规范作用，积极探索科研项目成果转化工作。对环境影响评价工作指南编制进行完善；完成污水处理和回用技术指南编制；完成环保专项督查指南编制。

（三）深化监管，丰富信息辅助手段

按计划2013年总公司先后建设并实施上线了“安全生产标准化管理系统”“事故事件管理系统”“承包商QHSE管理系统”和“全球应急资源管理系统”，上述系统分别从各个专业视角将管理工作深化落地。组织20多家所属单位开展系统培训，明晰管理要求，培养专业人员。希望以信息化为手段，拉动QHSE专项工作不断提升。

七、注重基础建设，提高应急能力

（一）完善布局，提升溢油应急能力

为了应对不断加大的海上溢油风险，加快公司溢油能力建设的步伐，积极推动溢油应急基地建设，惠州溢油应急响应综合基地、珠海高栏基地建设纳入2014年计划。

根据交通部全国重大石油应急能力建设规划编制整体要求，结合公司溢油应急能力建设实际，探讨制定中国海油溢油应急能力建设规划，包括公司溢油应急能力现状、海上溢油风险源现状、海上石油平台分布及发展规划、溢油事故应急能力建设规划思路和方案等。

通过对5个典型区域、10家有代表性石油公司的调研和访谈，针对其溢油应急监管机构、法律法规、管理能力、应急计划、策略和实践、设备和物资配备、良好管理办法等，开展调查比对和评估，形成了《溢油应急能力比对研究报告》。

（二）注重实战，开展综合应急演练

为加强总公司、二级单位、地方政府及周边应急力量的应急联动，总公司在宁波大榭联合组织一次三级联合、周边联动的应急演练，设置了工艺流程应急处置、区域联动、媒体应对等环节，检验了公司与总公司间、公司与地方政府在应急时相互之间的协调、配合能力，以及对公众和新闻媒体的应变能力。

公司各层级坚持开展应急演习，全年完成各层级演练次数19432次，其中综合演练2144次（含二级单位公司级演练37次）、专项演练17288次，参演人次480830人次。

（三）完善应用，突出应急保障能力

针对海上应急系统特点和难点，通过对卫星

通信系统、视频监控系统、无线移动视频系统、视频会商系统、对讲通信远程联网系统、通导预警系统、气象信息采集系统等7项系统的整合与优化，以解决海上特别是复杂海况下的应急信息采集和传送问题，提高应急响应效率起到重要保障作用。

（四）精细组织，防台工作有序开展

密切掌握灾害天气动态，为防范自然灾害做好预测预警准备。全年共应对台风15个，动用船舶669艘次、直升机964架次，安全撤离人员44693人次，台风撤离和复员过程没有发生人员伤害事故。

八、关注队伍建设，提高人员素质

（一）落实决定，推动全员安全培训

为落实《国务院安委会关于进一步加强安全培训工作的决定》（以下简称《决定》）要求，公司组织了《决定》宣贯专题会议，发布了《关于强化全员安全培训工作的通知》，各所属单位制定了培训工作方案。总部全年协调组织各类安全培训31期，培训2162人；各所属单位和培训机构全年累计培训5.5万余人次。

（二）完善课程体系，开发培训平台

公司提出建立HSE培训课程体系的指导意见和工作方案，推动各所属单位开发针对各类岗位的明确培训课程和学时的安全培训课程矩阵，系统科学地优化培训的管理。为实现《决定》关于安全培训“3+1”100%的目标，组织开发安全培训管理信息平台，实现安全人员信息、培训档案、课程体系、安全监督资格等管理功能，在系统中整合培训课程的模块将过去笼统的培训统计落实到每个个体。

（三）加强保障，推动培训机构建设

总公司工作小组加强督促，及时协调解决项目执行的问题；刘健副总经理专程赴应急救援基地建设现场进行指导，推动应急救援基地建设等工作，该基地于2013年底实现了机械完工。

（四）推动“实物培训教室”的建设

加大推动各单位建设“实物培训教室”的力度，通过“实物培训教室”现场会推动各所属单位制定实物培训教室建设规划。至2013年底，海工、气电、销售、国际公司4家单位完成了7个所属单位级实物培训教室建设；各基层单位结合现场需求开设小型有特色的实物培训教室。

（五）加强注册安全工程师管理

公司持续推动HSE管理人员取得国家注册安全工程师资格，以此作为管理人员自主提高管理能力的手段。截至2013年底，总公司范围内已经取得国家注册安全工程师执业资格的人数接近1600人，与总公司系统内安全管理从业人员总数的比例约为1∶3，超过国家按安全管理人员15%比例配备注册安全工程师的要求。为了更有利地开展注册管理和继续教育工作，建立中海油注册安全工程师办事机构，充分利用现有的咨询和培训服务平台，为全体注册安全工程师提供更专业的从业指导和培训服务。

九、创新主题活动，丰富安全文化

（一）精心组织，开展各类主题活动

认真部署公司“安全生产月”活动。各所属单位均成立了以总经理为组长的“安全生产月”活动领导小组，制定了实施方案，明确活动内容及要求，确保了“安全生产月”活动的顺利开展。

（二）推陈出新，组织原创视频大赛

组织2013年安全环保主题影像大赛，号召广大员工以影像的方式宣传中国海油的安全文化，解读公司安全环保理念，展现各单位的成功经验，对企业安全环保责任提供思考和建议。

（三）立足现场，征集安全文化活动

为了解并分享各基层单位安全文化建设现状，组织了“安全在现场”主题活动，主要收集基层生产作业现场、车间、班组涉及安全生产的口号、标语、禁令等文字材料以及基层单位已经开展或正在开展的安全文化主题活动的典型做法和经验。共收到各所属单位安全口号1810条，安全标语2087条，安全禁令2209条，安全文化主题活动574个。将各单位的良好做法汇编成册，编辑出版《“安全在现场”安全文化活动材料汇编》，在公司系统内分享以更好地指导作业实践。

中国核工业集团公司安全生产工作

中国核工业集团公司安全环保部

一、安全生产总体情况

2013年，中国核工业集团公司（以下简称集团公司）认真贯彻落实党中央、国务院科学发展、安全发展的决策部署，紧紧围绕集团公司2013年度安全环保工作会议确定的“三个确保、三个强化、三个落实”九项重点目标，狠抓安全生产责任制落实，强化安全环保生产风险管控，推进安全环保管理提升，排查治理科研生产过程安全隐患，保障了集团公司全年安全环保形势的平稳，安全环保总体受控。

一是核与辐射安全受控。集团公司核电站、核燃料循环设施、放射性废物贮存与处理处置设施，退役核设施、尾矿库、放射源等处于安全受控状态。二是生产安全事故得到有效控制。2013年未发生较大及以上生产安全事故，工伤事故控制在内控指标以内。三是环境安全总体受控。重点核设施流出物排放低于或远低于国家规定的排放限值，运行核电站、核燃料循环设施归一化放射性流出物排放量呈逐年下降趋势，铀矿冶环保状况进一步改善。四是职业危害得到较好控制。全年无超剂量照射发生，全年未发生一般及以上职业病危害事故。

二、安全生产重点工作

（一）高度重视，部署全年安全环保工作

集团公司高度重视安全环保工作，2013年伊始即以集团公司安全生产1号文的形式向全系统印发了《中核集团2013年安全环保工作要点》，对集团公司2013年安全环保工作做出安排部署。2013年1月24日，集团公司在2013年度工作会议期间专门召开安全环保工作会议，总结2012年安全环保工作，分析当前面临的形势和存在的问题，并对2013年安全环保工作做出进一步部署。

2013年，全系统各单位按照年初工作部署，落实安全环保管理责任，加强安全监管，采取有效措施，确保了全年安全环保形势的平稳。

（二）突出重点，推行全面安全环保风险管理

为突出重点，推动隐患整治，中核集团公司自2011年起就在全系统逐步推行全面安全环保风险管理，并对集团公司级重点安全环保风险实行了分级督办。在各级领导督办下，各单位加强监控，定期开展隐患评估，推动隐患整治，集团公司安全环保风险管控和治理取得积极成效。

2013年，对集团公司级重点安全环保风险进行了调整，制定了《集团公司安防环保风险管理规定》，规范了安全环保风险辨识、评估、分级、监控与治理要求，推动全系统进一步深化全面风险管理，抓紧隐患整改，确保了全系统安全环保风险总体安全可控。

（三）进一步加强核安全管理

为进一步加强核安全管理工作，集团公司2013年对多家重点单位的核安全管理状况开展了各层级的专项检查。其中，集团公司领导带队对中国核动力研究设计院等6家单位的重点核设施安全管理状况进行了专项检查；集团公司总部对7家核燃料生产单位组织了核临界安全专项调研检查；各专业板块对本系统重点核安全风险管理情况组织了专项检查，这些检查活动发现了隐患，查找了不足，大大提升了相关单位的核安全管理工作水平。

（四）推动安全环保管理提升

安全环保管理提升是集团公司确定的七项重点管理提升任务之一。2013年，中核集团结合安全环保工作实际，提出“以安全生产标准化建设为抓手推动安全环保管理提升”的总体要求，组织全系统各单位扎实推进安全生产标准化建设，制定和发布了10项安全生产考核评级标准，建立了2支专业标准化评审队伍，组织了276名安全生产标准化建设人员和评审人员的培训，完成了4家试点

单位的标准化现场评定，顺利实现各节点目标。

（五）扎实开展安全生产大检查等活动

2013 年 6—9 月，为贯彻中央领导同志的重要批示、指示精神，落实国务院关于集中开展安全生产大检查工作的决策部署，集团公司按照“全覆盖、零容忍、严执法、重实效”的总要求，在全面深入、细致彻底、不留死角、不留盲区的基础上，重点对核设施、铀矿山、尾矿（渣）库、集团公司级重点安全环保风险点、重大危险源、建筑施工、科研试验场所、放射源库、危险化学品库、人员密集场所等进行了安全大检查。12 月，集团公司按照国家有关要求组织开展了安全生产大检查“回头看”活动。

为认真贯彻习近平总书记、李克强总理等中央领导同志对中石化“11 · 22”特别重大事故的重要指示批示精神，全面落实国资委两次安全生产工作会议要求，集团公司于 12 月 6 日印发《关于进一步加强集团公司安全环保工作的意见》，要求全系统进一步增强各级领导安全环保责任意识，严格责任落实，明确责任追究，突出制度执行，切实守牢安全环保底线，进一步推动安全环保工作落实。

通过安全生产大检查等活动，集团公司排查并消除了大量安全隐患和问题，生产运行中的违规、违章现象得到有效遏制，施工现场的安全文明施工状况得到进一步规范，安全管理水平得到提升。

（六）开展安全活动，弘扬安全文化

为进一步提高广大员工的安全意识和安全技能，巩固安全生产基础，集团公司相继开展了“4 · 6”安全日活动、核应急宣传周活动、“安全生产月”活动、军工核安全文化建设教育实践活动、青年安全生产示范岗创建活动、安康杯竞赛等活动，这些活动在全系统持续不断地宣传安全生产法律法规和规范标准，传播安全生产知识和经验，增强了职工的安全意识，坚定科学发展安全发展的理念，打牢了安全生产思想基础，创造了良好的安全氛围。活动的开展得到了国家有关部门的认可，集团公司以及中核运行、江苏核电、四〇四厂、八一二厂、二〇二厂、八一四厂、原子能院获得了“全国安全生产领域‘打非治违’竞赛优胜单位”称号；福建福清核电有限公司被评为“2013 年全国‘安全生产月’活动先进单位”；江苏核电、浦原公司、蓝铀公司等单位荣获“全国企业应急救援知识竞赛优胜单位”称号。

中国核工业建设集团公司安全生产工作

中国核工业建设集团公司安全质量环保部

2013 年以来，中国核工业建设集团公司（以下简称集团公司）按照国资委、国防科工局对安全生产工作的总体部署和要求，以推进安全生产标准化达标工作为重心，健全安全管理机制，持续完善制度体系，深化隐患排查治理，加大安全考核力度，筑牢安全生产基础，杜绝了较大及以上安全生产死亡事故，减少一般死亡事故。

一、部署 2013 年安全生产工作

2013 年初，集团公司向所属成员单位发出《关于做好 2013 年安全生产工作的通知》，对集团公司 2013 年安全生产工作进行全面部署，提出杜绝较大（含）以上安全生产死亡事故和环境事件，军品科研项目生产死亡事故为零，一般死亡事故发生的频率控制在 0.021 人/亿元以下的目标要求，并与所属成员单位签订了安全生产责任书。

1 月 18 日，集团公司暨股份公司在总部召开 2013 年安委会第一次会议，传达了全国安全生产电视电话会议精神，报告 2012 年集团公司安全生产工作及考核情况，会议要求进一步增强抓好安全生产工作的责任感、使命感和紧迫感，认真分析集团公司安全生产形势，采取更加有力的措施，切实做好安全生产各项工作。

各成员单位在年初也相继召开安全生产工作会议，总结 2012 年安全工作情况、存在的突出问题

及主要风险，部署2013年安全生产工作。

二、开展安全生产标准化达标工作

3月下旬，集团公司暨股份公司在总部召开安全生产标准化达标动员视频会议，部署集团公司安全生产标准化达标工作，进一步明确开展安全生产标准化达标评审工作的意义、任务及目标。为了使参评单位掌握《考评标准》，评审人员掌握评分细则和技巧，提出了全年培训计划。

4月下旬，集团公司在北京顺义举办安全生产标准化达标首期培训，培训重点介绍了标准编制的理论基础、考评工作要求，解析了重点条款，讲解了基本业务流程，并就标准化建设的重点、难点问题展开了讨论。

8月中旬，集团公司组织完成对中核华兴四川项目、中核二三公司四川项目、中核五公司总部的安全生产标准化达标试评工作，验证了《集团公司安全生产标准化达标标准及评分细则》的准确性、实用性，进一步细化完成《评分手册》的编制工作，评估部分参评单位的安全生产标准化建设现状。

9月下旬，集团公司在武汉举办安全生产标准化达标二期培训。培训紧紧围绕评审具体业务，重点讲解《考评标准》，细化《评分手册》及评审组织与方法，中核华兴公司做了评审经验介绍，对参评单位评审工作起到了很好的指导作用。

各参评单位分别召开会议或下发文件对安全生产标准化达标进行工作部署。中核华兴公司、中核二二公司、中核二三公司开展安全生产标准化培训，对安全生产标准化达标扣分项和支持性文件进行详细分析，提高对集团公司《安全生产标准化达标标准及评分细则》理解和认识。参评成员单位均设立了安全生产标准化建设达标联络员和达标骨干队伍，为安全生产标准化达标工作奠定基础。

10月20日—11月10日，评审中心完成2013年度评审受理工作，中核二三公司、中核华兴公司、中核二四公司、中核五公司等单位，完成了单位自评，向评审中心提交了受理申请。

12月12—27日，由评审中心组织，完成了中核二三公司、中核华兴公司达标评审，国防科工局主管领导参加了首评见证，对集团的工作予以肯定。

三、部署开展安全生产大检查及“安全生产月”活动

5月20日，集团公司暨股份公司召开安委会扩大会议和“安全生产月”活动动员视频会议，通报1—5月安全生产情况，部署2013年“安全生产月”活动，公布创建2013年青年安全生产示范岗申报单位名单，要求强化安全生产意识，以月促年，为全年安全生产工作打好基础。

5月27—28日，由集团公司组成的检查组，按照国防科工局安全生产全年工作要求对中船工业集团公司驻上海市的3家军工单位进行了安全生产交叉检查。通过开展安全生产交叉检查，督促军工单位落实安全生产主体责任，全面推进军工安全生产4项重点工作，扎实开展安全生产标准化建设，有效防范安全生产事故。

6月26日，集团公司暨股份公司召开安全生产大检查部署动员视频会议，部署动员集中开展安全生产大检查工作，要求按照“全覆盖、零容忍、严执法、重实效”的工作要求，全面深入开展安全大检查。

7月中旬，集团公司组织检查组对中核二二公司、中核二三公司、中核二四公司和中核华兴公司在甘肃嘉峪关和陕西西安地区承担的7个在建项目进行安全检查。通过检查进一步强化安全质量环保基础工作，推进了安全质量环保各项工作的深入开展。

12月4日，在总经理办公会上学习传达了“中央企业安全生产视频会议、中央企业安全生产和应急管理工作会议”精神，部署安全生产工作，要求所属各单位强化红线意识、责任意识、守法意识、服务意识，夯实制度执行、班组建设，汲取事故教训、分包队伍管控、提升突发事件处置五项基础，做好扩大安全生产大检查工作成果。

12月至年底，集团公司组织开展安全生产专项检查。由安全质量环保部、核电事业部、工程管理部共同参与的联合工作组开展安全专项检查，安全质量环保部完成了对中核五公司、中核混凝土公司、中核二二公司、中核华泰公司、中核二三公司、中核华兴公司、中核二四公司、中核投资公司、中核中原公司等各成员单位总部的考核检查，检查重点包括成员单位的安全生产组织保障、责任体系、资金保障、管理制度、教育培训、应急管理和事故报告、安全隐患整治等方面的工作情况。工

程管理部对甘肃404项目、南京科技园项目、靖江市联合安能液体化工库区项目、烟台万华硝苯装置项目等进行检查，核电事业部对方家山核电项目、红沿河核电项目、海阳核电项目、石岛湾高温气冷堆示范工程4个核电项目进行了专项安全检查，检查内容包括现场安全管理与文明施工情况、成员单位的安全监管情况、危险性较大部位、冬季施工及防火措施、外包队伍管理等，检查完成后将形成检查报告，反馈到了相关单位。

四、创建“AAA级工地”，推进安全文化建设

组织所属单位积极参加中国建筑业协会主办的“AAA级安全文明标准化诚信工地”评选，最终中国核工业二三公司承建的大连红沿河核电站一期核岛安装工程、中国核工业华兴公司承建的南京南大苏富特软件城二期02栋工程等项目被评选为2013年全国“AAA级安全文明标准化诚信工地”。

为进一步激励引导广大青年职工强化安全生产意识，提高安全生产技能，参与安全生产管理，集团公司从2012年12月开始在全集团范围内开展了“青年安全生产示范岗”的创建工作，共有13个集体参与申报创建工作，2013年完成对第一阶段的“青年安全生产示范岗创建单位”的考核和表彰工作，同时启动新一轮的创建工作。

五、完成安全许可证延期报审工作

按照《住房城乡建设部办公厅关于下放中央管理的建筑施工企业安全生产许可行政审批项目的通知》，自7月开始到北京市住建委办理安全生产许可证延期的相关报批工作。8月底完成中央在京建筑企业施工备案；9—10月完善了办证所需相关制度；现已完成了中央在京建筑企业施工备案。11月组织完成了股份公司“三类人员”的培训、考试、取证工作；12月完成了安全许可证延期申报的申报材料及相关手续。

中国航天科工集团公司安全生产工作

中国航天科工集团公司安全保障部

一、安全生产总体情况

2013年，中国航天科工集团公司（以下简称航天科工）高度重视安全生产工作，坚决贯彻习近平总书记等中央领导同志关于安全生产工作的重要指示精神，全面落实国家安全监管总局、国资委、国防科工局等上级部门工作要求，以深入扎实开展党的群众路线教育实践活动为动力，落实安全生产主体责任，强化“铁腕”管控，深化、细化落实各项安全措施，各项工作扎实开展、成效显著。2013年，航天科工集团未发生生产安全死亡事故，安全生产形势持续稳定向好。安全生产专项管理提升对标指标大幅提升并迈入先进行列。航天科工集团及所属单位共荣获20项省部级安全生产奖励，超过了前3年获奖数量的总和；用安全发展的实际成效推进转型升级、二次创业，保护了干部职工生命安全和职业健康，保驾了国防武器装备任务完成，保障了经济发展稳中求进，为全面建成国际一流航天防务公司奠定了坚实的基础。

二、安全生产重点工作

（一）领导高度重视，落实安全生产责任

航天科工集团领导高度重视安全生产工作，高红卫董事长强调“全员抓安全，领导是关键”，主要领导亲自担任安全生产委员会主任，多次对安全生产工作作出重要指示、主持召开会议研究部署工作，向二级单位颁发2013年度安全责任书。曹建国总经理亲自动员部署安全生产大检查，并带队检查指导所属单位安全生产工作。宋欣副总经理多次召开专题会议，策划、布置各项安全生产工作，亲临一线督查指导。各单位通过健全安全生产责任体系、落实“一岗双责”、贯彻《中央企业安全生产禁令》、逐级层层签订安全生产责任书、加强检查考核等落实安全生产责任，推进安全生产管理创新，形成了完整的安全生产责任链条；全系统共兑现奖励2950万元、处罚116万元。

（二）安全生产检查“全覆盖”，隐患问题“零容忍”

以“四不两直”、明察暗访、突击检查、夜间检查、“回头看”检查等方式，创新开展了3轮安全生产大检查，航天科工领导带队督查12次、专项督查28次，督查103家单位和11支靶场试验队；各级领导带队检查5386次、发现隐患问题19914个，其中大检查发现隐患4829个，航天科工集团专项督查发现问题272个、挂牌督办4项，已全部完成整改，全系统共投入整改经费1.62亿元。航天科工集团安全生产大检查成效得到国务院安委会督查组、国资委和国防科工局等上级主管部门的充分肯定，《全国安全生产简报》及国家安全生产宣教网、国资委网站等刊载了航天科工全面彻底开展安全生产大检查工作情况。

（三）夯实基层基础基本功，创新推进规范化管理

在国家安全监管总局、国防科工局和中国安全生产协会的支持和指导下，航天科工集团继续深化安全生产标准化达标，154家主要科研生产单位100%通过第二轮达标；全系统安全生产标准化第二轮达标投入经费2.22亿元，同比增加57%；组织800余人次专家参加评审，抽查档案4600多卷，核查危险点1500余处、尘毒点870余处，抽查各种设备设施1.8万多台套；军工单位安全生产标准化达标提前2年全面实现；2226个（78.3%，共2844个）生产班组安全达标通过了备案审查。

（四）依靠科技兴安，实现本质安全

航天科工集团进一步强化科技兴安工作，编制7项航天行业技术安全标准，审核6个重大危险源、119个Ⅰ级危险点；开展200余次大型试验“四阶段”技术安全评审，组织14次职业病危害较重以上项目专项验收和评审；完成安全评价项目112项、职业病危害评价项目90项，验收53项安全生产重点研究课题，评选35篇技术安全优秀论文；组织产品总装、火化工品作业单位开展专项安全工艺研究，组织建筑施工等安全技术专题交流；结合行业特点开展“本质安全评估体系”研究，鼓励技术安全人员参与课题研究和标准编制。据统计，全系统安全生产技术改造共投入经费2.4亿元，火化工品作业Ⅰ级危险点100%完成安全传感器工程建设并强化运行管理。

（五）狠抓工作落实，实现闭环管理

全系统投入安全生产费用7.29亿元，同比2012年增加了38.9%，着力整治生产作业现场，强化危险点监督管理；以强力推进安全生产闭环管理为主线，以杜绝违章作业、开展班组达标、层层签订零死亡责任状为支撑，着力在落实安全生产主体责任、每月定期开展安全生产形势分析、实施领导危险作业带班和“一岗双责”制度、治理重大事故隐患、安全生产风险控制管理、加大安全生产投入等方面狠抓落实，特别是狠抓生产作业现场、重大危险源和各级危险点的监督管理，坚持定期安全生产大检查；探索高科技条件下的安全生产规律，推动建立单位、岗位日常排查整改制度，进一步构建安全生产长效机制。

（六）突出高科技特色，强化全员安全培训

全系统安全生产培训投入经费1370万元，举办资格培训班82期、颁发资格证书5714本，安全生产管理重点人员资格培训率100%，高危行业从业人员持证上岗率100%，一线作业人员7万余人参加培训；督导安全生产培训中心保持国家二级安全培训资质，统一规范培训大纲和教材，运行培训信息平台；培养国家注册安全工程师担任内部教师，参与编制培训教材和课件，参加国家安全生产教师资格培训并取证。

（七）扎实开展安全宣教，营造浓厚安全氛围

全系统安全生产文化建设共投入经费1600余万元，创新开展专题讲座、知识竞赛、事故警示教育、宣传咨询、应急演练等活动，评选航天科工“安全生产月”先进单位、知识竞赛优秀组织奖，使安全理念和方法内化于心，渐进构建安全文化体系。航天科工集团连续两年荣获“全国安全生产月活动优秀组织单位奖”；在2012年两家所属单位荣获“全国安全生产月活动先进单位奖”的基础上，3家所属单位再次荣获该项殊荣。三院一五九厂被评为“全国安全文化示范企业”，二院、四院各1个集体被评为“全国青安示范岗”，二院、三院各1篇专题报道获全国安全生产“好新闻”奖，〇六一基地2家单位获“全国安全宣教竞赛奖”。

（八）强化监管能力建设，发挥支撑机构作用

全系统21名专家入选国防科技工业安全生产专家库；坚持安全生产总监季度例会报告、年度工作述职制度，专职安全生产管理人员具有国家注册

安全工程师资格的比例保持在90%以上，达到国家2020年安全生产人才发展目标比例的3倍以上；组织骨干赴安全生产先进单位学习交流，积极开展“安全生产总监讲一堂课”活动。完成组建职业病危害评价中心，并通过国家甲级资质预审，与航天科工集团安全生产专家组、职业卫生专家组以及安全生产“三中心”一起，在指导安全工作、开展检查、组织宣教、推进标准化达标、加强安全文化建设、实施“三同时”管理、推动职业病危害因素检测达标等方面发挥了重要作用，成为安全生产的重要支撑力量。

（九）强化应急管理能力，对标提升管理水平

航天科工集团强化生产安全事故应急管理，组织各单位对总装厂房、产品库房、发动机试车台、建筑施工现场等重点区域加大应急管理力度，与驻地政府有关部门联合开展实际演练，加大“一案三制”宣传和教育培训力度。据统计，2013年航天科工集团共组织各类演练近600次，约2.5万余人参加。航天科工集团作为国资委树立的中央企业安全对标学习典型，深入开展专项管理提升，全员贯彻落实《中央企业安全生产禁令》；认真参与国资委组织的专项培训，对标查找问题；制定、实施具体措施推进安全管理创新，夯实安全“三基”；做好节点控制，及时总结阶段性成果；严格对违反《中央企业安全生产禁令》的责任追究，有效解决长期制约安全发展的管理短板和瓶颈问题。

中国航空工业集团公司安全生产工作

中国航空工业集团公司质量安全部

一、安全生产总体情况

2013年，中国航空工业集团公司（以下简称中航工业）全面贯彻国家安全监管总局、国资委、国防科工局关于安全生产工作的各项要求，全面推进安全生产“四项重点工作”及安全生产标准化建设，有力保障了全年安全生产形势的相对稳定。2013年集团公司共发生重伤及以上事故2起，其中死亡1人，重伤1人（中航工业特种所“7·4”死亡事故，中航电测“5·8”重伤事故，中航工业试飞中心“8·20”事故按技术质量事故处理），与2012年持平，全年未发生较大、重大、特大生产安全事故。此外，2013年中航工业共发生轻伤事故171起，伤171人，受伤人数与2012年相比下降12.31%（2012年中航工业共发生轻伤事故194起，伤195人）；2013年未有新增职业病病例。

二、安全生产重点工作

（一）全面推进安全生产标准化建设工作，促进安全生产各项工作的有序进步

1. 编发制度程序文件，规范安全生产标准化创建工作

中航工业在深入研究试点和其他行业安全生产标准化工作经验教训的基础上，结合中航工业实际，精心构建了审核流程，编制印发了《安全生产标准化审核手册》，明确了“1 + X”和“培训指导、预审核、审核”三阶段的工作方式、职责、工作流程、检查审核项目与评判标准等；编发了《审核员管理办法》，明确了相关工作人员的行为和纪律要求。同时积极引导企业培养自身专业力量，主动查找问题，治理隐患，开展自我评价自我完善工作。从实施情况来看，审核评价工作客观、规范，避免了人情分、通融分，保证了创建工作的客观性和真实性。

2. 着力推进安全生产标准化创建工作

自2013年3月起，受国家安全监管总局和国防科工局委托，中航工业率先对行业内取得武器装备生产许可证的单位推进安全生产标准化创建工作。截至2013年底，133家取得武器装备生产许可证的单位，启动安全生产标准化创建工作的单位共有74家，占总数量的55.64%，其中一级14家，二级37家，三级23家，三阶段总审核次数153次；通过最终审核51家，占总数量的38.35%，其中一级11家，二级24家，三级16家，总审核

次数120次。

3. 通过安全生产标准化工作极大的促进安全生产各项工作的提高

一是全面提升了隐患排查治理力度和效果。安全生产标准化审核（检查）专业分工细，检查标准清晰，检查的结果比较客观真实，能够反映出被检查单位当前的安全生产状况，各单位通过开展安全生产标准化工作，在摸清家底的同时发现并整改了一大批不安全问题（已开展安全生产标准化阶段性工作的74家单位共发现问题33604项，平均每次检查发现问题220余项；完成最终审核的51家单位共发现问题23376项，平均每家单位检查发现问题458项），检查发现的许多问题是受检单位未意识和习以为常的问题，部分是以往受检单位安全部门无力推动整改的问题，此次检查这些问题大部分得以曝光，引起了受检单位领导及相关业务部门的高度重视，通过这些问题的整改，在消除管理弱项及空白的同时极大地提高了设备设施的本质安全性，强有力的保障了各项科研生产经营活动的安全进行。

二是推动了《关于印发企业安全生产费用提取和使用管理办法》（财企〔2012〕16号）的执行，专项资金的提取和投入有效地保障了隐患问题的整改。据统计，已完成最终审核的51家单位共投入隐患整改资金约为1.58亿元，平均每家单位投入资金309.80万元，充分的资金保障使得各单位检查问题整改率均达到95%以上。

三是促进了职能部门"一岗双责"的落实。一直以来，实现安全生产"一岗双责"缺乏有效的推手，通过安全生产标准化问题整改阶段任务的分解落实，推动了各单位职能部门把隐患整改、日常检查维护和本部门日常工作相结合，很多单位梳理并合理调整了职责分工，固化了工作流程，使得安全责任落地，落实了"业务谁主管、安全谁负责"的安全生产"一岗双责"要求，提高了安全生产工作的效率和效力。

四是规范了职业卫生管理工作。职业卫生管理是安全生产标准化工作的重要组成部分，通过安全生产标准化创建活动，各单位进一步收集和消化了国家职业卫生相关法律法规及标准，对相关要求进行了逐项落实，许多单位多项职业卫生管理要求实现了从无到有的转变：一是各单位基本明确了管理机构和人员，落实了管理责任；二是最大可能优化了作业现场布局，做到了"有害无害相分离"；三是全面完善了职业危害标识系统，职业危害作业现场基本符合GBZ 158等法规的要求；四是促进了职业危害因素监测和职业健康体检工作的开展，扫除了个别单位存在的职业卫生管理盲区；五是补充配备了劳动防护用品和职业卫生事故应急物资。

五是促进了安全生产管理队伍的建设。中航工业安全生产标准化审核（检查）采取边检查边讲解的方式，在指出问题的同时指出问题的根源和解决办法，通过这种检查方式及后续整改工作的展开，促使专兼职安全生产管理人员提高了安全生产专业知识和技能，建立了一支分工明确、专业精通的专职队伍；中航工业安全生产标准化审核采取培训学习、模拟审核、以老带新、定期总结的方式，迅速建立起一支专业素养较高的安全生产标准化审核员队伍。

（二）广泛开展安全生产各项活动

2013年，中航工业根据国家安全监管总局、国资委、国防科工局等上级主管部门的要求，组织开展落实国防科技工业"四项重点工作"（加强安全生产闭环管理、开展班组达标活动、签订零死亡责任状、杜绝违章作业）"军工系统安全生产交叉检查""安全生产月""应急预案演练周""安全生产大检查"等多项活动。并结合中航工业特点，组织开展了油库及油气输送管线等安全生产隐患排查专项活动。集团公司组织编制下发了《危险化学品安全技术说明书范本》，规范了危险化学品安全技术说明书的格式及内容；评审了各直属单位生产安全事故应急预案（综合预案），完善了各直属单位生产安全事故应急预案的合规性及其与中航工业应急预案的承接关系；由中航工业集团公司领导带队组织航空工业安全生产专家赴内蒙古对兵器工业及核工业集团进行安全检查及工作交流；"安全生产月"期间中航工业组织各类安全生产宣传教育活动10500余次，"应急演练周"期间开展各类应急演练805次，参与职工55000余人。

在全年开展的各项安全生产专项活动中，2013年各直属单位及各成员单位总计排查治理隐患问题4.8万余项，投入资金2.63亿多元；组织各类应急救援演练2800余次，参加人数达7.4万余人；编制安全生产应急救援预案编制294个，分预案

1853个；2013年新增取得注册安全工程师执业资格的25人，全行业累计达到174人。

中航工业航空装备、飞机、直升机、机电、航电、通飞、重机、规划建设、资产、试飞中心和基础院等直属单位均组织了由公司领导或部门领导带队的安全检查活动。中航工业机电系统聘请矿山安全专家组成检查组，对所属单位矿区的安全生产管理及施工作业现场进行了检查；中航工业基础院策划并组织开展了安全生产“飞行检查”，不提前通知、不听汇报、直奔现场，通过“飞行检查”发现和整改各类问题159项；中航工业通飞组织开展了特种设备专项整治活动，重点对电梯、锅炉等特种设备，从注册登记、管理机构等8个方面，编制了《特种设备安全专项整治检查表》并已下发执行；中航工业试飞中心持续开展“打非治违”专项行动，检查治理隐患，治理纠正违规违章行为，督促各项安全措施落实；中航工业航电系统针对安全生产标准化创建工作开创以“典型引路、集成推广”模式的特色活动，组织各单位相关工作人员参加安全生产标准化达标培训与行业研讨会，选择安全生产标准化建设成效显著的单位开展经验交流；中航工业发动机强化安全生产责任制的落实，逐级签订安全生产责任书，逐级分解下达各项安全控制指标，逐月打分，定期公示，年终汇总考核，有效实现以考核带动安全生产责任制的落实。

（三）大力开展安全生产培训教育

2013年，中航工业共举办各类安全生产培训班17期，培训1046人。其中，针对新任“一把手”和主管领导的培训1期共77人；针对安全生产专职管理人员培训10期共520人；针对职业卫生培训1期共65人；通过这些培训加深了各级管理人员对安全生产工作的理解和认识。

2013年，中航工业各单位针对本单位特点累计组织各类安全生产培训4500余次，参加人数达23万余人，有效普及了各级人员安全生产应知应会内容，促进了各单位安全生产从业人员理论知识的丰富和技术水平的提升。

（四）严格事故调查和事故责任追究工作

2013年，中航工业对两个发生生产安全事故的单位派出了事故调查组，认真开展事故调查，查清事故原因，分清事故责任，对有关责任人员进行了追究处理。

中国船舶工业集团公司安全生产工作

中国船舶工业集团公司质量安全部

2013年是中国船舶工业集团公司（以下简称中船集团）深入推进全面转型发展战略的关键之年。一年来，中船集团认真贯彻落实党中央、国务院有关安全生产工作的重要指示精神，紧紧围绕安全管理提升主线，推进安全生产标准化建设，强化安全教育培训，深化隐患排查治理，持续提升企业安全管理水平，确保了安全生产形势总体稳定好转，为中船集团持续健康发展提供了强有力的安全保障。

一、强化组织领导，贯彻落实安全生产重点工作

2013年初，中船集团召开了质量安全专题工作会议，总结2012年安全生产情况，部署2013年安全生产重点工作。中船集团董事长、党组书记与各成员单位签订安全生产责任书，集团公司主管安全生产副总经理作了安全工作报告。成员单位按照集团公司2013年安全生产重点工作要求，细化制定了本单位2013年安全生产工作计划，提前策划、周密部署，落实本年度安全生产各项工作。6月，中船集团召开安全委员会扩大会议，传达了习近平总书记、李克强总理等中央领导同志关于安全生产工作的重要批示以及马凯副总理在全国安全生产电视电话会议上的重要讲话精神。中船集团董事长、党组书记作重要讲话，强调安全工作是“一把手”工程，要坚持人人有责、尽职尽责、铁腕问责，坚守安全生产红线、松不得、碰不得，要以更坚决、

更有力、更积极的措施，扎实推进安全管理提升工程，开展好安全生产大检查。

2013年，中船集团实行安全例会制度，坚持每季度召开安全生产工作会议，及时研究解决安全生产工作中出现的新情况和新问题，交流先进管理经验和做法。

二、推进安全管理提升工程，切实提高安全管理水平

2013年起，中船集团组织所属成员单位开展"安全管理提升工程"。制定并发布了《安全管理提升工程实施方案》，针对造修船企业、配套企业和科研院所，从健全安全管理规章制度和工作标准、量化指标、考核办法、安全信息化、学习和交流平台五个方面推进安全管理提升，通过22项量化指标拉动企业安全管理量化提升。

2013年3月，中船集团分别在上海、广州、九江3个地区召开安全管理提升工程宣贯培训会，对指标定义、统计依据和范围进行了释义；7月，分别在上海、广州召开地区造修船企业安全生产研讨会，总结上半年安全生产工作、安全管理提升工程实施情况，分析存在的问题并提出措施；9月初，召开配套企业安全生产研讨会，总结其安全管理提升推进情况，分析存在的问题及措施；10月底，召开企事业单位安全研讨会，总结三季度安全生产大检查、交叉检查和"回头看"情况，布置四季度安全生产工作要求。

2013年，中船集团组织开发了"安全管理提升工程指标采集系统"，提高了量化指标的采集、分析和处理效率。

三、全面开展企业安全生产标准化达标，夯实企业安全管理基础

为贯彻落实《国务院安委会关于深入开展企业安全生产标准化建设的指导意见》(安委〔2011〕4号）以及国防科工局《关于印发军工系统安全生产标准化建设实施方案的通知》(科工安密〔2012〕269号)，夯实企业安全管理基础，自2013年起，中船集团组织成员单位开展安全生产标准化创建工作。

2013年初，中船集团组织召开了安全生产标准化达标启动暨标准宣贯培训会。会议明确了开展安全生产标准化工作任务和目标，提出"五个到位"工作要求。同时，邀请了有关专家对《安全生产标准化考评标准》及其评审细则进行了释义。

5月，中船集团所属中国船舶工业综合技术经济研究院通过了国防科工局军工安全生产标准化评审机构审核认证，成为中船集团安全生产标准化评审机构，开展成员单位安全生产标准化培训和评审工作。截至2013年底，中船集团共15家企事业单位通过安全生产标准化预评审和正式评审。

四、持续强化安全教育培训，提高员工安全意识和技能

建立一支高素质的员工队伍是安全生产的核心要素，中船集团高度重视并持续推进安全生产教育培训工作，形成了多层次、多专业、多形式的教育培训格局。2013年，中船集团举办企业负责人、安全管理人员、特种作业人员、生产管理人员和班组长等各类培训班204个，培训发证11540人次。

为深刻吸取事故教训，避免同类事故再次发生，中船集团组织拍摄了《血的教训（四)》事故警示教育片，汇编了船舶行业典型事故案例，作为成员单位安全培训资料。

五、深入开展隐患排查治理，有效防范事故发生

中船集团始终把隐患排查治理作为安全管理工作的重要抓手，不断加大隐患排查的深度和力度，强化隐患闭环管理，构筑事故预防的防线。

一是开展安全生产大检查。6月至9月底，组织成员单位按照制定方案和动员部署、边查边改、认真总结并建立长效机制三个阶段，对安全基础管理、安全教育培训和事故易发环节等十个方面进行安全检查，共排查治理隐患6755项。

二是开展安全交叉检查、"回头看"活动。7月24日至8月23日，中船集团组织成员单位开展"一对一"安全交叉检查，共排查9大类，共52项共性事故隐患。9月22—29日，组织开展"回头看"活动，成立20个检查组，对各成员单位大检查、交叉检查发现隐患的整改落实情况进行检查。

三是开展安全专项检查。11月25日，中船集团组织开展岁末年初安全生产大检查，特别是危化品仓库、气体站房、动能源管道、密闭舱室明火和涂装作业等"防火防爆"检查，做到不打折扣、不留死角、不走过场。此外，根据生产安全事故发生规律，组织开展了"防高坠"专项检查、大型起重机械隐患排查、节假日安全检查，实现隐患和问题早发现、早整改，有效防范和遏制了事故的发生。

六、规范职业健康管理，预防和控制职业病危害

2013 年，中船集团认真贯彻落实国家职业健康工作的总体要求，加强集团公司职业卫生设计顶层工作，制定发布了集团公司第一批 4 项职业健康管理标准：《职业健康检查规定》《职业危害岗位劳动防护用品配备要求》《工作场所职业危害因素检测、监测和评价规定》和《职业健康档管理规定》。同时，开展职业病危害因素申报、隐患排查治理、职业危害因素监测等工作，规范职业健康体检、劳防用品配备和使用，加强流动人员的职业健康管理。

七、开展安全生产专题活动，培育优秀的企业安全文化

6 月，中船集团紧密围绕“强化安全基础，推动安全发展”的“安全生产月”活动主题，组织成员单位开展事故警示教育周、应急预案演练周、隐患专项治理等活动，普及安全知识，弘扬安全文化。中船集团所属上海外高桥造船有限公司获评“全国安全生产月活动先进单位”。

中船集团所属成员单位开展了形式多样、内容丰富的安全生产专题活动。如广州船舶工业公司举办了第五届“平安是福”巡回演讲比赛，通过基层员工及其家属的独特视角，以朴素的语言诠释了平安是福的深层含义，获得了企业员工的一致好评；沪东中华造船（集团）有限责任公司、中船动力有限公司开展事故警示日系列活动，强化了员工的安全意识，凝聚企业安全文化。

八、组织应急演练，持续提高应急能力

组织成员单位健全完善三级应急预案体系，强化应急救援队伍建设，保障应急装备和资源配备，持续开展应急培训和演练，提升员工的应急意识和技能，提高企业应对突发事件的应急处置能力。

中国船舶重工集团公司安全生产工作

中国船舶重工集团公司生产经营部

中国船舶重工集团公司（以下简称集团公司）全面贯彻落实党的十八大精神和中央领导同志的批示精神，坚持安全发展理念，坚持“安全第一、预防为主、综合治理”的方针，牢固树立安全生产“红线”意识、“底线”意识，按照国务院及有关部门对安全生产工作的部署和要求，结合实际，以落实安全生产主体责任为主线，以强化安全生产标准化建设为重点，持续加大安全投入，充分发挥集团公司、成员单位的积极性，加强安全生产管理信息交流，上下共同努力，安全生产工作取得了进展，安全管理水平得到有效提升，有力保障了集团公司“强化创新驱动，加快结构调整”经济发展战略的实施，集团公司安全生产形势保持稳定。

一、加强组织领导，落实安全生产主体责任

集团公司高度重视安全生产工作，集团公司安全生产委员会加强统一组织领导，按照国务院及有关部门对 2013 年安全生产的工作部署，以集团公司 1 号文的形式印发《2013 年安全生产工作要点》，对全年安全生产工作进行总体安排。集团公司安委会坚持例会制度、定期召开会议，对重大安全生产工作和活动进行专题研究、部署，检查上季度工作进展落实情况、布置下季度重点工作。

集团公司着重强化了落实成员单位安全生产主体责任的管理力度，2013 年由集团公司李长印总经理与 87 家成员单位行政一把手“一对一”地签订了安全生产责任状，明确了成员单位 2013 年安全生产目标和责任条款，同时按照自评、考评、审议审定的工作程序和 2012《安全生产责任状》，对成员单位 2012 安全生产业绩进行严格考核，并对 9 家落实安全生产责任较好、安全生产业绩比较突出的企事业单位进行了表彰，切实做到了安全责任的闭环。各成员单位对《安全生产责任状》进行了层层分解，最终落实到车间、班组和每位职工。

二、加强制度体系建设

为贯彻落实《危险化学品安全管理条例》(中华人民共和国国务院令第591号)、《危险化学品重大危险源监督管理暂行规定》(国家安全生产监督管理总局令第40号)、《危险化学品生产企业安全生产许可证实施办法》(国家安全生产监督管理总局令第41号)，集团公司制定了《中国船舶重工集团公司危险化学品重大危险源安全管理暂行办法》。结合各单位新形势、新特点，进一步加强了责任制考核、教育培训、隐患排查治理、作业环境治理、班组建设等规章制度的建设，朝着“时时、处处、事事”有章可循、有法可依的方向努力，有效地促进了安全生产长效机制的建立。

三、组织开展安全生产大检查

4月，为深入贯彻落实《国务院安委会关于深刻吸取近期事故教训进一步加强安全生产工作的通知》(安委明电〔2013〕1号)、《国资委关于加强中央企业安全生产工作的紧急通知》(国资发综合〔2013〕48号)文件精神和要求，集团公司以地区公司和指定单位为组长单位，抽调安全生产专家、业务骨干2至4人组成10个交叉检查组，以造修船厂、研究院所产业化生产基地、新增产能、危险点、重点工程项目、重点作业场所、重点工序和重点工艺为重点，对指定单位进行了交叉检查。

6月，根据国务院办公厅、国务院安委会、国家安全监管总局、国资委、国防科工局关于集中开展安全生产大检查的要求，集团公司严格按照“全覆盖、零容忍、严执法、重实效”的总要求，结合实际，认真研究“落实5项检查内容、抓好7个重点环节、做到8个不、实现12个字”的大检查要求，确定了集团公司安全生产大检查“1234”的工作思路：“1”是将“发展决不能以牺牲人的生命为代价，这必须作为一条不可逾越的红线”的安全生产工作要求落实到生产经营全过程；“2”是将安全生产管理责任体系和制度的执行情况作为检查重点；“3”是进一步强化一岗双责、隐患排查治理和全员安全意识；“4”是促进安全标准化建设、安全管理提升、“四项重点工作”“打非治违”工作的深入持续开展，全面开展了安全生产大检查工作。

集团公司下属各地区公司（片长单位）抽调本地区（片区）安全生产专家组成检查组，编制检查方案，对本地区（片区）单位安全大检查工作开展情况进行全面检查、评价。

各成员单位成立了“一把手”负总责，党、政、工、团紧密配合的领导小组。召开会议，认真学习领会精神，统一思想，分析安全生产形势，紧密结合实际，全面梳理安全生产工作中的问题和薄弱环节，借力发力，周密部署，统筹安排，落实责任，狠抓落实，确保做到“全覆盖、零容忍、严执法、重实效”。

集团公司将安全管理提升、标准化建设、职业卫生基础建设活动、起重机械隐患排查治理等工作有机地结合起来，以开展各具特色的安全生产专项活动，开展了“全覆盖、零容忍”的制度建设、隐患排查治理、反“三违”、应急演练、操作规程修订和教育培训等工作；严格落实“严执法”的要求，加大打击、处罚“三违”行为力度。

在大检查期间，领导干部切实做到了把安全生产放在突出位置，“不安全、不生产”“安全防范措施不到位，不下达开工指令”；深入一线现场，与员工和技术人员共同研究保障安全生产的条件措施，保障隐患整改资金；带头宣传“三违”危害，加大治理“三违”力度；组织精干队伍，加强安全检查的督导。通过开展大检查工作，切实起到触及灵魂，惊醒麻痹的作用，促进了安全生产事事有人管、处处有人查的责任落实，为集团公司实现科学发展安全发展进一步夯实了基础。

四、积极推进安全生产标准化建设工作

集团公司扎实推进军工系统安全生产标准化建设工作，成立了标准化评审机构，建立健全安全生产标准化评审工作相关制度和程序，并结合各单位生产科研任务的特点和实际，编制集团公司安全生产标准化达标滚动计划，全面有序推进集团公司安全生产标准化建设工作。

2013年，集团公司共4家单位通过一级达标现场审核，16家通过二级达标现场审核，14家单位完成了摸底排查，7家单位开展了贯标培训。

五、广泛宣传和开展群众性安全活动

3月，开展了以“强化意识，确保安全”为主题的集团公司“安全生产月”活动。6月组织开展了以“强化安全基础、推动安全发展”为主题的全国“安全生产月”活动。在“安全生产月”期间，集团公司从组织策划、宣传教育、隐患排查、应急管理等几方面对集团全系统进行了安全月活动的布置。各成员单位严格按照集团公司的总体部署开展了一系列活动，通过集团公司以及全国“安全生产月”活动的开展，营造了良好的安全生产氛围，对强化全员安全意识、持续加强反“三违”氛围、深挖隐患发挥了积极作用，切实达到了“以月促年”的工作预期。

六、进一步加强安全生产培训教育

集团公司根据实际情况，组织成员单位的安全管理人员开展了相关的专业培训，组织开办了2期测爆培训班，新培和复训了180人，确保了现场测爆人员的持证上岗。8月，开办了1期单位主要负责人、分管安全生产负责人、安全生产部门负责人员培训班，聘请了国家安全监管总局、国防科工局、国资委等部门的资深专家、权威人士进行授课，培训了110人次，并全部取得了由国家一级培训资质机构颁发的培训证书。各成员单位在不断强化专职安技队伍建设的同时，加强了对一般管理人员以及工艺技术人员的安全知识及安全素养的培训，为安全管理工作的全员参与，奠定了良好的基础。

七、以事故预防为主攻方向，加强风险安全防范工作

（一）认真开展重大安全生产风险防控

一是认真组织开展重大危险源摸排工作，确保重大安全风险处于可控受控的状态。二是及时落实灾害预警接警和安全防范工作，严防自然灾害引发生产安全事故。三是及时布置高温天气的安全防范工作，确保平稳度过高温季节。

（二）加强“四防”，严防自然灾害引发的生产安全事故

集团公司根据客观形势发展，高度重视自然灾害可能引发的生产安全事故。在各地进入主汛期前，以防汛、防台、防潮、防雷为重点，立足于防大险、抗大灾，突出预防为主、科学防御、协调联动、统筹兼顾，对暑汛期各项安全防范工作进行安排；进入主汛期后，气候异常，灾害性极端天气事件频发，给安全生产带来巨大压力，集团公司按照国资委、国防科工局要求，对主汛期安全防范、应对灾害风险，迅速进行了布置安排，各单位加强了与当地气象、水文、海洋等部门的联系，早接警、早准备、早防范，组织专兼职应急队伍开展汛期安全检查和排险工作，共有3869人次进行了806次预防性安全检查活动，查出一般隐患2987条，全部整改完毕。

（三）认真组织开展专项检查活动

集团公司组织开展起重设备安全生产检查工作，要求各成员单位从制度、设备日常检查、作业规程、维护保养等方面组织开展起重设备安全检查，全集团公司共检查5681台起重机械设备，排查隐患1339项，已全部整改到位。

八、开展职业卫生基础建设自查自纠工作

按照《国家安全监管总局关于开展用人单位职业卫生基础建设活动的通知》（安监总安健〔2013〕38号）文件精神，为进一步强化集团公司职业卫生基础建设，促进落实职业病防治主体责任，切实保护员工健康权益，防范、减少职业病的发生，集团公司紧密结合管理提升活动和标准化建设工作，制定达标整改计划，开展职业卫生基础建设自查自纠工作，进一步夯实集团公司职业卫生基础。

九、加强应急管理，提高突发事件处置能力

集团公司认真贯彻预防为主、预防与应急相结合的原则，在进一步加强安全生产预防工作的基础上，加大应急管理工作的推进力度。各单位结合自身实际，进一步完善了三级预案体系，加强应急知识的普及和应急预案、措施的告知，以提高危机事态的快速应急响应、先期控制扑救能力和人员避险与逃生技能为重点，积极组织开展应急演练。2013年，全系统累计组织了738次应急演练，其中，综合演练178次，专项演练560次，参演人数达4.8万余人。

各单位全部按照专、兼职两种类型建立了应急救援队伍。其中15家企业依然保有专职消防队，战斗人员1832人。2013年，15家企业专职消防队均接受了当地消防部门的定期检查和专业培训。集团公司所属其他企、事业单位都结合自身实际组建了兼职应急救援队伍，人数达到12100人以上。

2013年，集团公司全系统内未发生较大以上生产安全事故，保持了安全生产总体形势的基本稳定。针对一般事故除按地方政府结案批复对相关责任人进行了处理，所有责任人员还按单位规定给予了经济处罚。

中国兵器工业集团公司安全生产工作

中国兵器工业集团公司质量安全与社会责任部

2013年，中国兵器工业集团公司（以下简称集团公司）认真贯彻落实国资委、国家安全监管总局以及国防科工局重点工作要求，坚持以人为本、安全发展，积极推行安全生产标准化管理体系建设，加强隐患排查治理和过程监管，严厉打击“三违”，严肃责任追究，努力培育“零容忍”的安全文化，全面完成了各项安全生产工作任务，有效防范了较大及以上生产安全事故，生产安全事故控制在国资委和国防科工局的考核范围内，保持了基本平稳的安全生产态势。

一、强化责任落实，严肃责任追究

一是层层落实责任。集团公司与各子集团和直管单位签订了“不发生重伤及以上生产安全事故”的安全生产工作考核指标，各单位层层签订责任书，分解落实安全责任。二是严肃责任追究。集团公司对发生生产安全事故的2家单位领导即时实施责任追究。对24家子集团和直管单位进行了安全生产“飞行检查”，下发了9期检查情况通报，对4家单位安全管理存在突出问题的单位进行了通报批评。对个别管理不到位的单位进行了约谈。对安全问题突出的3家领导进行了责任追究认定。三是强化违章行为处罚。各单位坚持“违章行为视同违章后果”进行处罚。截至11月，处罚违章作业人员3856人次，处罚金额124万元。

二、加大安全检查力度，突出重点单位安全监管

一是认真组织安全生产大检查。按照国家统一部署集中开展全系统安全生产大检查及石化企业和油气管线专项检查，集团公司领导亲自动员部署，带头深入一线检查调研。各子集团和直管单位高度重视，发动员工自查互查，进一步消除了事故隐患。二是组织对民爆企业专项检查调研。吸取保利集团民爆生产事故教训，集团公司及时组织专家对涉及民爆生产的5家子集团、11家生产单位进行了检查和调研，组织召开民爆企业安全管理座谈会，对突出隐患进行了通报和跟踪落实。三是加强废旧弹药销毁工作监管。组织对4家承担废旧弹药销毁任务的单位进行专项检查，及时协调解决有关问题，确保了销毁工作按照计划顺利进行。四是突出重点企业安全管理。针对集团公司民用化工企业安全管理暴露出的问题，组织行业内外专家指导相关企业进行安全管理整顿，达到了预期效果。

三、开展技术改造和隐患治理，不断提高本质安全水平

一是推动安全技术研究。积极推动军工燃烧爆炸品安全技术专项的论证工作，组织专家完成了立项论证报告，为下一步立项和实施奠定基础。二是强化技术改造和隐患治理。集团公司利用国防科工局综合技改落实6个安全技术改造项目，国拨和自筹资金共计5.66亿元，重大事故隐患得到进一步治理。各子集团加强一般事故隐患治理，共计查出安全隐患6310项，同比减少67%，已经整改6235项，隐患整改率为98.8%，落实一般隐患整改资金6561万元，本质化水平进一步提高。三是做好建设项目安全与职业卫生管理。按照国家和集团公司有关建设项目“三同时”管理要求，组织对22个项目进行了竣工验收前的安全评审，对10个项目职业危害状况进行了审查，从源头上提高建设项目本质安全与职业危害防控水平。

四、强化基础管理，不断提升安全生产保障能力

一是提升安全生产标准化水平。按照国防科工局的要求，集团公司组织专家完成了安全生产标准化工作标准、辅导教材和考评办法的修订以及17家单位的安全生产标准化考评工作。二是加强安全生产教育培训。集团公司分五次组织子集团和直管单位主要负责人、分管安全生产的领导和部门负责人672人进行了安全资格培训。各子集团和直管单位采用案例教育，警示教育、观摩学习等方式开展培训教育262274人次。三是积极开展事故易发环节安全生产专项治理工作。在总结集团公司近几年事故教训的基础上，有针对性地开展以治理违章行为，规范科研管理、危险作业管理以及变更作业、临时作业、异常作业为重点的专项治理工作，堵塞事故漏洞。四是强化应急管理。各子集团和直管单位在重点岗位开展了专项应急预案和现场处置方案的演练。全集团共组织安全生产应急演练1984次，参加演练51788人次。五是开展岗位标准化工作试点。集团公司在10个十人以上的岗位开展了岗位安全生产标准化工作试点，兵科院在全系统推行了岗位标准化，制定了每个岗位安全生产工作标准，为集团公司岗位标准化工作提供了借鉴。六是积极开展“安全生产月”活动。围绕“强化安全基础，推动安全发展”主题，继续开展安全生产示范岗创建活动和安全文化建设示范单位创建活动。集团公司2家单位被评为全国安全生产文化建设示范单位，集团公司及6家子集团和直管单位获得全国安全生产领域“打非治违”知识竞赛优胜单位奖。七是加强安全生产信息化建设。集团公司建成了三级安全信息统计报告系统，为安全生产工作决策提供了参考依据。八是组织职业卫生状况调研。选择17家代表性单位进行初步调查摸底，为开展全面普查和制定职业卫生工作规划奠定基础。

中国兵器装备集团公司安全生产工作

中国兵器装备集团公司改革与管理部

2013年，中国兵器装备集团公司（以下简称“集团公司”）紧紧围绕十八大报告提出的“强化企业基础建设”主题，牢固树立“科学发展，安全发展”理念，强化安全红线意识，坚持以“零事故”目标为牵引，以安全生产标准化为平台，推进系统安全管理水平提升；以完善安全生产责任制、持续监管高风险单位为重要手段，确保安全生产责任落实、重大风险受控；以“我要安全”为主题，强化“安全生产月”活动，着力提高员工主动安全能力；以安全生产大检查活动为载体，强化隐患排查治理，确保安全生产形势持续稳定好转。2013年安全生产主要工作如下：

一、组织修订完善安全生产责任制

按照习近平总书记提出的“管生产必须管安全、管行业必须管安全、管业务必须管安全”及“党政同责、一岗双责、齐抓共管”重要指示精神，组织各单位全面修订、完善安全生产责任制，确保安全岗位履职覆盖到各个岗位，各个员工，“党政同责”落实到基层党支部书记层面。

二、持续推进安全生产标准化建设

一是修订完善标准。在一级要素“作业安全”中加入“风险预控管理”“人员不安全行为管控”“班组安全达标建设”等子要素，强化事前风险防范，形成《中国兵器装备集团公司安全生产标准化工作细则（试行）》，涵盖13个一级要素、53个二级要素、374条具体要求。

二是对101名专家开展考评标准及评审流程培训，交流标准化建设经验，促进专家队伍进一步提高对考评标准以及评审流程的认识，确保实施过程的可操作性。

三是对涉及武器装备科研生产许可证的20家军工单位开展达标评审，对非军工单位开展监督评审，确保安全生产标准化工作的有效“落地”。截至2013年底，集团公司有51%的单位已通过安全生产标准化达标评审。

三、全面开展安全生产大检查

集团公司严格落实唐登杰董事长“四直”（直奔基层、直插现场、直接取证、直接问责）重要指示精神，检查前，不发通知，不打招呼，直接进厂对所属单位进行突击检查。

一是集团公司高层高度重视，亲自带队深入重点单位开展安全生产突击检查。

二是结合集团公司实际，针对集团公司安全监管相对较薄弱的环节，明确突击检查的重点内容，制定出安全生产大检查实施方案，受检单位涵盖集团公司全部单位，确保“全覆盖”。

三是在检查过程中，对发现的问题（或隐患）直接取证、直接问责，现场落实相关责任人及其具体责任，提出处理意见，对重大事故隐患严格挂牌督办，确保“零容忍、严执法”。

四是及时通报安全生产大检查总体情况，对隐患排查和整改不到位的单位点名通报批评。

五是“重实效”。安全生产大检查活动期间，各单位自查、专业公司检查、集团公司督查共241次，发现各种安全隐患6624项，整改6336项，整改率达95.65%，目前已全部整改完毕。

四、重点监管高危、易发事故单位

一是对21家单位的Ⅰ级危险点（含重大危险源）进行重点督查，发现问题（或隐患）139项，对检查发现的3项重大事故隐患，下发隐患整改通知，严格执行挂牌督办，整改后方可组织生产。

二是对虽然停产但仍然存有大量危险化学品（已构成重大危险源）的天威硅业进行专项督办，确认管控措施，督促企业完成安全处置，消除重大安全风险。

三是对集团公司成立以来事故发生较多的两家单位开展“安全管理诊断基层行”，对其发生事故的重点场所、要害部位、关键环节全面进行诊断、分析，查出问题和不足共80项，提出改进建议。

五、开展安全生产专项活动

一是开展2013年“安全生产月”活动。围绕“强化安全基础、推动安全发展”主题，结合自身实际，确定了“围绕‘我要安全’，提升全员安全意识，强化全员安全技能，落实全员安全责任，开展隐患排查治理”的活动主题，组织员工全面开展危险源辨识和隐患排查治理活动，并主动参与到安全生产活动中来，提升了全员“我要安全”的意识。活动期间，抽查了11家单位“安全生产月”活动开展情况，确保活动开展扎实有效。

二是为加强合资单位安全监管，明确监管范围，理清监管责任，将控股的合资单位纳入集团公司安全管理体系，推进合资单位安全责任的有效落实。

三是组织对工程施工、维修、靶场、库房、能源动力等非固定作业场所、三边（边缘地带、边缘场所、边缘岗位）进行专项治理，以加强安全管理薄弱作业场所的管理。

六、加强基础管理

一是对各单位在自查、集团公司检查、国防科工局检查过程中发现的各类安全隐患及时进行跟踪，掌握整改落实进度，确保隐患排查治理的闭环管理。

二是组织安全部长专题培训班，聘请国内安全生产领域的资深专家授课，交流安全管理经验，提高所属企（事）业单位安全部长的履职能力。

三是组织危险作业人员（公司领导级、部门中干、安全管理人员）参加国防科工局举办的危险作业人员资质培训班。

四是编辑5期《安全生产简报》，及时报道安全生产领域新的法律法规、标准规程，宣传坚守“红线”的重要意义，通报国内和集团公司所属单位典型事故案例，介绍安全管理先进经验，供各单位安全管理人员相互学习、相互交流、相互借鉴。

五是坚持组织应急演练，组织各单位开展消防、高处坠落、物体打击、机械伤害、氯气泄漏、触电、起重机械事故、放射物质泄漏、成弹包装线及火工品爆炸等演练，单位应急救援综合保障能力持续得到提高。

神华集团公司安全生产工作

神华集团公司安全监察局

2013 年，在国家安全监管总局、国家煤矿安监局和集团公司的正确领导下，在全体员工的共同努力下，全集团安全生产工作取得了新的成果，继续保持“总体稳定、持续向好”的发展态势。

——安全生产总体形势平稳向好。集团公司全年没有发生重特大安全生产事故，各类事故起数和死亡人数仍然是相对较低的年份，其中 98% 以上企业消灭了死亡事故，实现了安全生产。电力、煤化工、铁路、港口、航运板块安全事故得到有效控制，实现了“零死亡”的安全目标。

——原煤生产百万吨死亡率继续保持较低水平。全集团原煤生产百万吨死亡率为 0.004，与 2012 年同比，减少 0.0003，下降 7%；与全国平均水平（0.293）相比，减少 0.289，低 98.6%，继续保持国内领先，国际先进水平。其中，神宁、乌海、包头、神宝、北电胜利等单位杜绝了死亡事故，特别是神宁公司连续 4 年实现“零死亡”，神东公司上半年创造了连续 365 天，产煤超过 2.4 亿吨无死亡的安全生产新纪录。

——安全生产周期进一步延长。截至年底，全集团已经连续实现安全生产 106 天，路港板块安全生产周期超过 4600 天，电力板块达到 377 天，化工板块达到 665 天。有 53 个煤矿安全生产周期超过 1000 天，神宁公司灵新矿、红梁井，乌海公司路天矿，神东公司万利一矿 4 个矿井安全生产周期达到 10 年以上。

——涌现出一批安全生产先进单位和个人。16 个子（分）公司被评为“安康杯”竞赛优胜单位、10 个获得工程质量先进单位称号。390 人被评为安全生产先进个人、57 人被评为职业健康先进个人、88 人被评为工程质量先进个人、87 人被评为安康杯竞赛优秀组织者。这些先进单位和个人在安全生产工作中取得了重要成绩，做出了突出贡献。

2013 年，神华集团公司在安全方面主要开展了以下工作：

一、系统推进本安体系建设，进一步提升体系运行管理水平

集团公司组织完成了 30 项本安体系管理标准的修编工作，开展 12 期 1900 多人（次）的体系知识培训与指导工作，积极推动本安体系与安全质量标准化对标融合。2013 年底，成立 25 个工作组，对 25 个子（分）公司的 278 个单位进行考核验收，评为本安一级的企业 48 个、本安二级 108 个，本安一、二级企业达到 56.1%。

各子（分）公司围绕“本安体系提升年”的目标要求，制定实施方案，强化运行管理，推进体系“落地”，体系建设整体水平有较大提升。神东、神宁、准能、胜利等煤炭企业主要领导亲自参与，机构健全、职责明确、考核严格，一线员工对岗位危险源的辨识、掌握和管控到位；电力板块本安体系建设速度明显加快，对体系的理解和认识进一步深化，国华电力公司将电力企业传统的工作票、操作票和风险预控票“三票”制度与体系流程科学对接，促进了管控标准和措施的有效落实；煤化工单位按照“写所做、做所写、做过要有痕迹”的要求，细化过程管理，狠抓落地运行，提升了体系运行质量；路港板块组织召开了体系建设推进大会，重新修订完善了体系考核标准，开展了危险源“背讲辨用”活动，本安体系建设工作深入开展。

二、持续加大隐患整治力度，全面推进隐患排查治理体系建设

强化隐患治理是贯穿全年安全生产的一项重要工作，集团公司先后 3 次召开安委会会议，11 次召开总经理（总裁）常务会议，反复梳理确认重大安全隐患，认真研究解决安全问题，详细制定整改计划，明确整改任务，跟踪整改进度，及时通报隐患整改情况，促进重大安全隐患从排查整改到验收销号的闭环管理。对集团公司挂牌督办的重大隐患全部落实到子分公司领导和部门具体负责，已经完成整改的隐患逐步检查验收，并按照“谁检查、谁签字、谁负责”的要求，逐项整改销号，对没有完成整改的隐患都制定了严格的防控措施，落实管理责任，坚决防止隐患失控酿成事故。目前，集团公司挂牌督办的重大安全隐患近期整改率达到100%。

同时，加大了重大隐患源头治理和超前预控工作。严格按照“隐患就是事故”的原则，逐步建立重大安全隐患责任追究制度，深入分析原因，吸取教训，追究问责。集团公司严肃追查各子分公司重大安全隐患产生的责任，对部分人为原因产生的重大安全隐患严格查处，各子分公司也按照集团要求加大隐患查处力度，先后对25人（次）因重大隐患责任作出了记过、罚款等行政处罚，并在全集团通报，切实推动了隐患防控工作的关口前移，强化了源头治理。

三、集中组织安全大检查，确保安全生产形势稳定

针对重大节日、重要会议、特殊时期的安全生产规律和特点，集中开展了元旦、春节、“五一”“十一”、两会和十八届三中全会期间，以及“春冬两季”的安全大检查，对重大隐患和问题反复进行拉网式排查。全年累计成立61个督查组，检查生产、建设单位772个（次），查出各类安全隐患20659条，重大隐患和问题76项。为切实做好年底前安全生产工作，集团公司在不到2个月时间内连续6次召开视频会议，通报安全生产情况，研究部署安全工作。冬季安全大检查刚刚结束，集团再次成立5个督查组，以突击夜查的方式对10个重点单位进行“回头看”，突出强化了重大危险源和薄弱环节的集中管控。各子（分）公司领导坚持深入基层、井下和生产一线，靠前指挥，跟班检查，四季度6个以井工开采为主的煤炭公司主要领导月均入井达8.3次，最高达到14次。喜武董事长和玉卓总经理先后5次带队到煤矿、化工等重点单位进行夜查，现场解决安全问题，落实各级领导责任，有力保障了集团公司安全生产形势稳定。

四、积极开展“百日安全生产”活动，深入推进安全生产工作

5月2日，集团公司召开动员大会，制定下发活动方案，分宣传发动、组织实施和考核评比3个阶段，在全集团开展了以“力争零死亡、追求零伤害”为主题的百日安全生产活动。各单位从实际出发，精心部署，周密安排，广泛宣传，迅速行动，不断推动“百日安全生产活动”深入开展，神东、神宁、包头、大雁等煤炭公司以打造“精品工程”为重点，以“四查四找、五个推进”活动为抓手，进一步夯实安全基础工作；国华电力公司、国神集团等电力企业主要领导亲自组织安全调考，集中开展重大隐患整改消除“攻坚战”；煤制油化工企业全面加强群众性安全监督，在生产厂区设立安全举报电话，举办5期安全管理知识与“工艺安全导则”培训班；神朔铁路分公司、朔黄铁路公司、黄骅港、天津煤码头等路港企业多次举办“安全知识竞赛”，重新进行了重大危险源的再辨识、再评估、再管控工作。

集团公司先后成立15个督查组，对25个煤矿、15个电厂、17个煤化工企业、6个路港单位进行重点检查。集团公司5次召开视频推进大会，持续督促跟进活动开展情况，确保“百日安全活动”扎实有序开展。活动结束后，召开了总结表彰大会，对活动中表现出色，成果显著的30个安全生产先进煤矿和100个先进班组进行表彰奖励。

五、强化应急管理体系建设，着力提升安全应急保障能力

组织对集团公司《安全生产事故综合应急预案》，以及37个专项预案和36个子（分）公司的综合预案重新修订完善，开展了应急资源信息普查和应急物资专项检查，建立应急队伍、应急物资、应急装备数据库和应急网络信息平台，实现了应急管理数据的网上共享，加强了应急管理基础工作。各单位积极开展应急培训，强化应急救护知识的宣传教育，全年应急培训3万多人（次），进一步普及事故灾难预防、避险、报警、救助等方面知识，增强了职工应急避险意识和自救互救能力。

全面加强应急救援演练。10月29日，配合国家安全监管总局在神宁公司红梁井开展了国家级瓦斯事故区域综合应急救援演练，取得圆满成功，全年举行了2次集团级、55次子（分）公司级应急演练，三级单位应急救援演练653次，达到了锻炼队伍、提高实战能力的目标。目前，集团公司建立了2个国家级矿山救援基地、1个矿山救援分中心、7支矿山救援队和41支消防队伍，有专兼职队员1787人，这支队伍在安全生产中发挥了重要的救援保障作用。特别是神东、神宁公司两支队伍，全面实施准军事化管理，强化绩效考核，坚持开展常态化演练，队伍素质和能力不断提高。2013年，神东公司消防救护大队累计为相关企业和地方政府处理各类事故166起，挽救35人生命，连续8年被国家、内蒙古自治区和神华集团评为质量标准化特级救护队。

尽管做了大量工作，付出了巨大努力，也取得了一定成绩，但是安全生产仍然面临很多实际问题和严峻挑战。

一是重大灾害防治任务十分艰巨。随着煤矿开采深度的逐年增加，地质条件逐渐复杂，灾害愈加严重，开采难度和安全风险也随之增大。集团公司井工煤矿中有高瓦斯和煤与瓦斯突出矿井12个，水文地质条件复杂、极复杂矿井22个，受火灾严重威胁矿井19个，冲击地压矿井4个。还有部分矿井多种灾害并存，如神东保德煤矿、神宁金能公司、乌海平沟矿和五虎山煤矿、神新乌东和屯宝煤矿，同时受到水、火、瓦斯等重大灾害威胁。此外，部分煤制油化工企业还存在设备日常检修维护不及时，现场无组织排放、监测监控措施不到位等问题；电力、路港企业也面临着装置保护不完善、主变压器不绝缘和机车、设备安全状况差等方面的问题。

二是建设施工单位和外委队伍安全管理问题突出。集团公司组织对24个子（分）公司的157个建设项目和承担铁路各标段施工任务的36家单位进行了检查评价。从检查情况看，普遍存在安全培训制度不健全、不规范，甚至完全照搬甲方培训制度现象；部分施工单位人员流动性较大，个别项目负责人更换频繁或身兼多个项目，不能常驻现场，造成安全管理弱化，责任不够落实，工程质量无法保证等问题。建设项目和外委队伍仍然是安全生产的“重灾区”。

三是部分单位本安体系建设存在较大差距。突出表现在体系文件与现场管理严重“脱节”，各项管理要素没有分解落实到分管领导、业务部门及操作岗位。同时，一些单位体系运行不规范，没有按照“一个流程”的要求，进行系统化的闭环管理，安全工作存在很多漏洞和盲区。

中国中煤能源集团有限公司安全生产工作

中国中煤能源集团有限公司安全监察局

中煤集团认真贯彻落实国家关于安全生产各项决策部署，围绕“环境、素质、责任”建设，持续推进安保型企业创建，完善体系建设，强化责任落实，严格安全监管，安全工作得到持续加强，实现了全年安全生产。

一、打造可靠的安全作业环境

安全环境是安全生产的重要保障。中煤集团视安全生产高于一切、重于一切，全力打造全产业链生产领域的安全环境，实现安全生产稳定向好。

（一）提升技术标准

在煤矿生产方面，颁布实施高于行业和国家标准的《安全高效现代化矿井技术标准》，13处煤矿建成安全高效矿井。在技术优化方面，编制矿井技术优化模板，指导矿井设计、建设和生产。2013年对16处矿井设计方案进行了技术优化，精减采煤工作面2个、掘进工作面8个，井下固定岗位减少2600人。在采掘装备配置方面，根据煤矿地质、煤层赋存、开采技术等条件，编制煤矿采掘装备手册，指导煤矿设备配套选型。在技术体系方面，编制防治水、“一通三防”、采掘、机电运输技术管理体系标准。在煤矿施工建设方面，编制了立井井筒、斜井井筒、井筒冻结、矿井安装、巷道及硐室施工标准。

（二）深化安全质量标准化建设

中煤集团立足于高境界定位、高标准运作，通过搭建抓细节、严过程、控动态的管理平台，全面深化安全质量标准化建设。2013 年，中煤集团组织召开创建安保型企业现场推进会，修订和出台了煤矿、基建矿井安全质量标准化标准，形成涵盖公司各行业的标准体系。累计安全投入 24.7 亿元，完成“一通三防”、机电运输、供电等系统改造工程 3688 项，淘汰、改造老旧设备 1192 台套，生产矿井建成避难硐室 27 处，全部按期完成建设任务，6 处煤矿被评为“国家级安全质量标准化煤矿”，5 家企业被评为安保型企业及特级标准化企业。

（三）实施安全风险控制

以安全风险报告为手段，控制安全风险，根据矿井年度生产计划安排，组织专业技术人员分专业、分系统对矿井可能存在的安全风险进行辨识，编制安全风险报告，并作为日常安全管控和监督检查的重点，2013 年组织 86 个单位编制了安全状态报告，辨识中、高级风险 1093 项。严格红线控制，中煤集团将中央企业安全生产禁令、“双七条”细化分解为安全管理红线 61 条，划定了 2250 条岗位安全红线，形成了涵盖全员、全过程、全方位的安全红线网络，凡违反管理红线的一律停产停工整顿，违反岗位红线的一律解除劳动合同。

二、全面提升员工安全素质

实现安全生产，员工的安全意识和能力是前提。中煤集团积极营造安全文化氛围，努力提高全员安全意识，培养与产业快速发展相匹配的高素质团队。

（一）专业化队伍建设

大力推进专业化队伍建设，2013 年公司所属鄂尔多斯分公司完成了综采、综掘等 9 支自营队伍的组建。把外委队伍纳入本单位管理体系，实行“五统一”（统一体系建设、统一生产调度、统一安全培训、统一监督检查、统一考核奖惩）。依托中煤职业技术学院和平朔集团教育培训中心两个煤炭培训基地，培养了一批高素质煤矿技术工人，通过举办“乌金蓝领精英班”培养技术精英 234 人。

（二）安全培训

树立“培训是一种奖励，培训是一种福利”的理念，坚持一日一题、一周一案、一月一考，把作业规程、操作规程、岗位标准中最核心、最关键的部分提炼出来，浓缩精炼成便于一线员工记忆、掌握的学习材料，简化行为要求，形成朗朗上口的安全谚语。2013 年，集团公司安全培训 17.2 万人次，组织开展各类安全技能比武 384 次，参与员工 25718 人次，员工素质和安全技能不断提高。

（三）营造安全文化氛围

中煤集团积极营造安全文化氛围，着力打造具有中煤特色的安全文化，促进员工从“要我安全”到“我要安全”的转变。2013 年，集团公司“警示三月行”“安全生产月”“百日安全”等活动贯穿全年，不断加大宣传引导力度，召开公司班组建设经验交流会，邀请 200 余名代表现场参观平朔公司先进班组；开展 4 场安全法律法规巡讲活动，3000 余名管理人员及一线员工接受安全教育；组织“敬畏生命”大讨论和“打非治违”知识竞赛活动，累计参与 10 万余人。

三、强化安全责任落实

中煤集团建立健全安全管理体系，严格落实安全责任，切实统一思想和行动，努力保障企业安全发展。

（一）完善制度体系

中煤集团重视安全制度体系建设。2013 年，健全了安委会工作机制，成立了 8 个专业委员会，出台和修订了隐患排查、安全培训、安全红线、安监体系建设等 10 项管理制度，发布了“一通三防”技术体系，体系建设取得了新的进展。建立工作督办机制，编制安全周刊，跟踪调度重点工作进展。

（二）安全考核

推行强激励、严考核、硬约束，突出安保型企业和安全质量标准化考核、安全预奖考核，促进安全责任落实。2013 年，中煤集团用于标准化奖励 2870 万元，4 家企业达到安保型企业，9 家企业达到特级安全质量标准化企业。中煤集团积极推行以正激励为主的安全奖惩机制，2013 年，兑现所属单位安全奖励 1680 万元。

（三）监督检查

2013 年，安全检查的力度、频度和覆盖程度持续加大，党政主要领导多次带队深入一线检查，生产、技术、基建、调度、煤化工等业务部门积极参与，共计成立 52 个督查组，出动 385 人次，开展了两节、两会等重点时段检查 5 次，防治水、

"一通三防"等专项检查6次，安全互查及不定期动态抽查6次，累计检查生产、建设单位266个，查出各类隐患和问题2720条，煤矿、工程处、化工厂实现了全覆盖。各单位累计排查治理隐患86092条，安全罚款864.7万元，达到了"全覆盖、零容忍、严检查、重实效"的总体要求。

（四）落实党管安全责任

2013年，中煤集团党委及各级党组织持续推进安全保障工程，发挥党组织在安全生产中的作用。集团公司党委制定印发《关于落实党管安全责任工作的指导意见》，为全集团落实党管安全责任工作进一步规范和深入持续推进提供指导；组织召开安全保障工程推进会，推动经验交流；面向全集团广泛征集落实党管安全责任工作典型案例，编印了《党旗在这里飘扬——中煤集团落实党管安全责任工作典型案例汇编》，发放到所有基层单位党组织和党群部门，推动党管安全责任在基层单位党组织的落实。各所属企业也结合自身实际开展了一系列特色活动。平朔集团党委系统梳理党管安全制度，优化覆盖党委、支部、班组的三级党管安全管理体系，建立了以34个二级单位、276个厂队、760多个班组为单元的党管安全管理机制。一建公司党委大力实施"5+3"党管安全模式，明确宣传思想教育、安全文化建设，职工教育培训、职工权益保障、干部履职监督五项内容，突出党支部、基层班组、群安组织三大抓手。

中国华能集团公司安全生产工作

中国华能集团公司安全监督与生产部

2013年，中国华能集团公司（以下简称华能集团）系统深入贯彻落实党中央、国务院有关安全生产的方针政策，坚持"以人为本，科学发展、安全发展"理念，以"创建世界一流企业，创造一流安全业绩"为目标，扎实开展安全生产大检查，以及反违章和隐患排查治理活动，深入推进安全生产管理体系建设和标准化达标工作，强化人员培训和外包工程管理，通过管理提升、落实责任、完善制度、强化监督、保证投入等有效手段，较好地完成了年度安全生产各项工作。在246家基层电力企业中，有104家火电厂、44家水电厂、87家风电场实现全年安全生产无事故；在27家基层煤矿中有25个煤矿实现全年安全生产无事故；在123个基建项目有122个实现全年安全无事故。淮阴、邯峰、临沂、漫湾等电厂实现连续安全生产10年以上；马蹄沟煤矿连续安全生产达3546天。

一、安全生产大检查工作取得成效

按照国务院开展安全大检查的统一部署，华能集团制订了实施方案、检查手册，对电力、煤炭、煤化工等70多家基层企业开展了督查，安排专项整改资金5.6亿元；各二级公司对所有基层企业进行了督查。

华能集团针对事故暴露的问题及季节性特点，加大对基层企业现场安全督查频次和力度，对南通、伊敏等45家电厂和灵泉、东峡等30个煤矿开展了脱硫脱硝、防洪度汛、瓦斯防治等专项安全检查，提出整改意见和建议共计4080项。

二、电厂安全生产管理体系建设全面推进

各电力产业公司、区域子公司及基层企业按照公司体系建设现场经验交流会的部署，自上而下推进体系建设，所有火电厂基本完成体系文件编制工作；35家电厂体系建设得到所属产业公司、区域子公司初步确认；集团公司完成铜川、大坝等20家电厂体系现场确认。通过体系初步运转、现场检查评估和确认，发电企业日常安全生产工作逐步实现了规范化、标准化、程序化，真正做到以制度管人、以制度管事。

三、现场风险管控力度进一步加强

基层企业结合实际认真开展作业现场风险识别和评估，严格落实作业现场安全措施和危险点控制措施，安全风险得到有效控制。基层企业持续开展反违章和隐患排查治理工作，系统各单位共发现违

章 11242 起并及时进行了纠正。各单位针对基建项目、脱硫脱硝重大环保改造等安全风险大的工程采取全过程监管。煤炭企业将开展“打非治违”专项行动列入安全生产工作重点。

四、煤矿、煤化工企业安全管理水平得到提高

华能集团印发了《煤化工企业安全生产事故隐患排查治理办法》《煤矿瓦斯综合治理办法》等制度标准，初步形成专业化管理的制度体系。基层企业以管理提升为契机，结合生产实际加强安全管理，认真吸取事故教训，开展瓦斯、顶板、危险化学品等专项整治，强化安全生产规范化建设和基础管理工作，进一步夯实了安全基础。

五、应急管理和处置能力稳步提升

华能集团系统高度重视应急管理工作，各单位认真组织了全厂停电、地质灾害、火灾等应急演练，应对生产事故和自然灾害的能力稳步提升。华能集团四川公司在“4·20”芦山地震、“7·10”特大暴雨泥石流发生后，反应迅速、领导有力，确保了人员安全，及时恢复了生产。认真吸取吉林宝源丰“6·3”特别重大火灾事故教训，华能集团紧急部署开展危险化学品安全检查及液氨使用培训，在海门电厂组织液氨泄漏专项应急演练，使用液氨作为脱硝还原剂的发电企业均制定了切实可行的应急预案并进行专项演练。华能集团大力推进煤矿紧急避险系统建设，生产矿井“六大系统”建设工作基本完成。

华润（集团）有限公司安全生产工作

华润（集团）有限公司董事会办公室

华润集团深入贯彻“安全第一、预防为主、综合治理”的安全生产方针，始终坚持把生命安全放在首位，坚持“不以牺牲人的生命为代价换取企业发展”的理念，严格遵守国家有关安全生产法律法规，认真贯彻落实国务院、国家安全监管总局、国资委等上级主管部门的工作要求，不断总结完善具有华润特色的价值创造型安全生产管理体系，探索建立安全生产的长效机制。2013 年，集团在安全生产、职业健康等方面组织开展了一系列工作，取得一定成效。

一、高度重视，加强安全生产组织领导

华润集团领导十分重视安全生产工作，多次对加强安全生产工作做出批示，并深入饮料、水泥、电力、燃气、五丰、置地、医药等所属多个基层企业检查指导安全生产工作。集团领导对安全生产工作的亲力亲为，有力推动了各级企业安全管理工作的有效开展。集团、各利润中心定期召开安委会工作会议，分析安全生产形势，部署安全生产工作，组织开展安全生产管理活动。集团还通过召开 EHS 大会、EHS 管理人员工作会议，组织学习上级文件、宣贯法规制度、进行经验交流，传达上级有关安全生产工作要求，检查集团安全生产重点工作进展情况。

二、不断梳理和完善具有华润特色的价值创造型安全生产管理体系

华润集团认真落实国资委关于“十二五”期间中央企业安全生产工作要“建立一大特色体系，创造一流安全业绩”的工作要求，不断完善具有华润特色的安全生产管理体系。集团对运行的安全生产管理体系进行系统梳理，并及时进行了发布。华润集团安全生产管理体系包括管理框架、管理工具和项目实施 3 部分，是包含集团和战略业务单元、一级利润中心和基层企业各个层面的完善的、有机的、有自身特点的整体，既体现“集团多元化，利润中心专业化”，又体现全集团上下管理方向及理念的垂直一致性。

三、深入基层，开展形式多样的安全生产监督检查活动

集团各级企业通过采用大检查、抽查与互查、检查与服务、安全管理体系内审等多种形式开展安全生产监督检查活动，推动各项安全生产工作的落实。

集团详细部署和积极推动安全生产大检查工作。集团根据国务院、国资委的有关通知精神，按照《国资委开展中央企业安全生产大检查实施方案》的时间节点和工作要求，制定了集团年度安全生产大检查活动方案并积极实施。集团安全生产大检查的重点单位是基层企业，主要是以基层企业现场隐患排查为主。集团各基层企业认真开展了自查自纠和整改落实，做到了全覆盖。集团在各企业自查的基础上，组织利润中心及基层企业有关安全管理人员成立了8个检查组，对下属利润中心的有关基层企业进行了联合抽查互查，提出问题及建议。通过联合抽查互查，增进了利润中心、基层企业相互之间的交流与学习，增强了集团安全生产管理人员之间协同合作意识。

集团组织有关利润中心安全管理专业人员，成立联合检查服务小组，深入基层企业开展服务性安全检查活动。该检查活动本着服务和支持一线的原则，不评分、不评级、不考核，消除了检查与被检查的心理隔阂，容易被基层企业和员工接受。检查组成员深入查看生产现场，仔细查阅文件制度和历史资料，与一线个体员工在班组当面交流，与部分员工集体座谈互动，探讨或解答员工提出的疑问等，及时反馈对被检查企业的具体意见，在对同一战略业务单元或一级利润中心多个基层企业检查后，分析汇总形成对战略业务单元或一级利润中心总体在安全生产管理方面的系统性意见，既肯定成绩，又指出不足，并给出一定的建议。

集团组织内外部安全生产专家对各战略业务单元、一级利润中心和部分基层企业的安全生产管理履职行为进行审核。通过听取受审核单位安全生产管理工作介绍、查阅相关资料、与相关人员交流、查看现场等，对安全生产管理体系及其运行的各个方面进行全面审核，对照设计的检查表，进行逐项打分并出具审核报告，根据得分率的高低，进行六星评价。通过审核推动集团各单位具有华润特色和行业特点的价值创造型安全生产管理体系的完善和有效运行。

四、加强安全生产教育培训，提高各级人员的安全意识、管理水平和专业能力

集团各级企业结合自身特点，完善安全生产教育培训制度，进行培训需求调查，制定培训计划，精心策划培训课程，并认真组织实施，不断提升各级人员的安全意识、管理水平和专业能力。集团制定了《华润集团安全生产教育培训管理制度》，明确了安全生产教育培训的对象、培训内容、学时，教育培训的组织实施、评估、考核，以及教育培训档案建立与管理等，规范化了集团各级企业的安全生产教育培训工作，保障安全生产教育培训质量。

教育培训工作采取走出去和请进来的办法。集团继续组织各战略业务单元和一级利润中心总部安全管理人员参加国家安全监管总局举办的中央企业安全生产管理人员安全资格初训班和复训班，通过系统地学习法规、案例和安全生产管理理论，在提高安全管理人员专业知识水平的同时，取得从事安全生产管理所必需的资格证书。集团邀请了国家安全生产应急救援指挥中心专家对各利润中心总部安全管理人员进行了安全生产应急预案的编制与评审培训，在培训应急预案编制和评审的原则、方法、流程、关键要素、注意事项和常见问题的基础上，邀请的专家还结合华润集团和华润医药两级安全生产综合应急预案实例，进行了具体的点评培训。

针对基层企业 EHS 管理人员，集团内部举办了3期 EHS 应急管理专题培训，共有270余人参加了培训，培训结合学习国资委颁发的《中央企业应急管理暂行办法》，从应急管理的基本理论、应急管理机制、应急管理内容、危机处置流程等方面进行系统的讲解，就基层企业 EHS 应急预案的编制方法和评审要求进行具体的培训，并附上实际案例分析等，以提高基层企业人员的应急管理水平和应对突发事件的应急处置能力。集团举办了第三、四期“行为安全及本质安全”管理培训，共有基层企业210人参加了培训。培训采用外部专家理论讲解和内部讲师案例分享相结合的方式。从行为学理论、行为观察的工作原理、开展行为观察的工作步骤、行为观察的沟通技巧与要点、本质安全基本原理、危险源识别与评价管理、常见安全防护技术、开展本质安全管理工作步骤，以及行为安全和本质安全实际案例分析等，提高基层安全管理人员专业能力和管理技巧。

各战略业务单元和一级利润中心组织开展适合自身企业特点的安全生产培训。各基层企业在做好提升全员安全意识和安全技能培训的基础上，重点加强了特种作业人员的培训和考证工作，截至2013年底，全集团33664名特种作业人员全部持有效证件上岗。

五、加强应急管理，提高应急处置能力

集团各级企业在加强 EHS 应急知识、应急预案编制和评审培训的同时，加强对各类 EHS 事故事件发生后的应对管理，并注重提高 EHS 应急管理的实际操作能力。

四川雅安发生地震后，集团安全管理人员及时前往灾区了解华润驻川企业受灾情况，向领导报告集团驻川有关企业的人员财产损失情况和灾后生产恢复情况，有关利润中心和基层企业及时启动应急响应程序，有效组织抢救和疏散有关人员，进行灾后重建恢复工作，力争使自然灾害造成的损失最小。2013 年第 23 号强台风“菲特”登陆后，对华润电力（温州）有限公司苍南项目工程建设造成重大影响，集团安全管理人员和华润电力安全管理人员及时前往现场了解苍南项目受灾情况，及时向集团领导报告苍南项目和集团驻浙江、福建有关企业的人员财产损失情况和灾后生产恢复情况，苍南项目及时启动应急程序，应对措施得力，台风未造成人员伤亡。

集团组织部分利润中心 EHS 人员观摩了华润煤业在山西古交原相煤矿举行的煤矿瓦斯燃烧事故应急救援演练，学习应急演练活动的计划、准备、实施、评估总结和改进等的具体做法，亲身感受应急演练的真实场景，起到了较好的学习和交流作用。组织集团和利润中心总部有关安全管理人员，对华润燃气厦门公司和华润万家深圳龙岗店安全应急准备工作分别进行了检验性检查，通过检查，使受检企业和检查人员对安全应急准备有了更深入的认识。

各利润中心根据行业特点和企业实际组织开展了各类 EHS 应急演练，以检验应急救援队伍反映能力、应急物资和装备的保障状态、应急预案的可操作性等，增强各级人员对有关应急预案的熟悉程度，提高其应急处置能力。经统计，集团各级企业 2013 年全年开展应急演练 12544 次，其中实战演练 9769 次，累计参演人员达 93 万余人次。

六、持续开展各种安全生产管理活动

一是严格安全生产责任落实，强化责任追究。华润集团各单位层层分解安全生产目标，通过签订责任书、严格考核和责任追究等一系列措施，增强了集团各级组织和各类人员的责任感，确保各项安全生产工作落实到位。按照《华润集团安全生产管理年度考核办法》，集团对各利润中心上年度安全生产管理工作情况进行了考核，并将考核结果纳入了各战略业务单元、一级利润中心年度业绩合同评价之中。集团所属利润中心、基层企业对发生轻伤及以上生产安全事故的责任人均进行了严肃处理，2013 年全年累计追究责任人 1152 人次，发出通报警示提醒 7448 份。

二是继续深入开展“安全行为观察”和提升设备“本质安全”活动。集团继续大力推动各基层企业深入持久地开展“行为安全和本质安全”管理活动，致力于把员工的主动性、积极性、创造性发挥出来，通过“安全行为观察”推动安全管理方式从严格监管向团队互助管理转变；通过开展“本质安全”消除隐患，改善物的不安全状态，提升本质安全水平。华润雪花、华润燃气、华润水泥、华润微电子、华润化工、华润纺织等利润中心已积累和总结了一系列值得借鉴的成功经验和典型案例。

三是继续抓好安全管理制度建设。集团各单位重视安全管理制度建设，不断制定和完善安全管理制度，使安全管理工作逐步走上制度化、程序化管理的轨道。集团颁布了《安全生产教育培训管理制度》等，共发布有关安全管理制度标准、条例、指引 11 项。截至 2013 年底，各利润中心总部有安全生产与职业健康制度共 532 项。基层企业重点抓好操作层面的制度建设，不断完善基本的安全生产管理制度和操作规程。

四是开展内部协同，组织经验分享和交流。集团通过组织召开 EHS 大会、EHS 管理人员季度会议等，认真分析安全生产形势，反思工作中存在的问题，明确努力和改进的方向。通过《EHS 信息》、EHS 网站以及利用 EHS 管理人员季度会等多种形式，搭建交流学习平台，组织利润中心进行经验分享和交流，互相学习借鉴，共同提高。2013 年，集团组织利润中心开展 EHS 经验交流四期次，共分享 EHS 项目 37 个。

五是大力创建安全生产标准化企业。集团各级企业按照国家有关行业主管部门对安全生产标准化的要求，结合企业实际，加大人力和资金的投入，积极开展企业安全生产标准化创建工作，推动本企业安全生产管理水平的整体提升。如：华润水泥共有14家水泥基地通过安全生产标准化一级企业达标；华润电力有10个火电项目通过安全生产标准化一级企业达标，8个火电项目通过二级企业达标，1个火电项目通过三级企业达标；华润雪花有13家工厂通过安全生产标准化二级企业达标，56家通过三级企业达标；华润煤业的生产矿井及试运行矿井全部通过煤矿安全质量标准化认证，其中国家级1个矿井、省一级18个矿井、省二级8个矿井。

创造环保、健康、安全的工作环境是员工实现体面劳动的基本要求。华润集团将以更高的要求与标准，认真落实国务院有关部门、国资委等上级主管部门关于安全生产的工作要求，坚持以人为本，强化红线意识，深化具有华润特色的价值创造型安全生产管理体系的完善，推动体系有效落地，不断促进安全生产管理规范化、标准化和科学化，为集团各业务的安全发展做出应有的贡献。

第十三部分

安全生产协会、学会工作

中国职业安全健康协会安全生产工作综述

2013年，中国职业安全健康协会认真学习贯彻落实党的十八大、十八届三中全会精神，在国家安全监管总局党组和协会理事会的领导下，在会员单位的大力支持下，以党的群众路线教育活动为动力，以全面深化干部聘用改革为契机，理顺关系，转换机制，认真履责，安全社区建设、职业健康服务、安全科技交流、宣传教育培训、对外交流合作、分支机构活动等重点板块工作持续推进并呈现新的亮点，自身能力建设和综合实力得到提升，对会员单位的服务合作不断加强，对外凝聚力、影响力继续提高。

国家安全监管总局副局长杨元元2013年在无锡召开的中国职业安全健康协会第五届常务理事会第三次会议上肯定协会在几大工作方面“扎实工作、效果显著，走出了一条符合自身实际、富有特色的发展路子，赢得了海内外一致好评，为职业安全健康事业作出了重要贡献”。杨栋梁局长在协会《关于职业病防治工作思路的报告》上批示：“宝明同志工作扎实，积极努力，效果显著。希望协会继续努力，为职业病防治工作取得新突破做出成绩”。这也是对协会工作的肯定和希望。

2013年是中国职业安全健康协会成立30周年，协会在安排工作中，自觉遵守“八项规定”要求，把总结庆祝的内容并入到学术年会当中，只出版了一本纪念册，节约了经费，腾出了精力，重要的是转变了作风。其他各项工作也都是务实、有效地开展：

一、安全社区建设稳步推进

协会在基层推进安全社区建设的实践证明，这是加强安全生产“双基”建设、实现各类事故下降的有效途径。

一是加大启动安全社区建设工作。目前在协会备案、已经启动建设的社区单位共达2335个，涉及人口1.35亿人，其中2013年启动建设的746个。

二是高质量评定、命名安全社区。截至11月17日，全年新命名全国安全社区98个，总数达到458个，其中31个属于农村型或涉农社区，占31.6%，是历年来比例最高的一年。

三是组织召开了全国安全社区工作会议。11月21日在南京召开了2013年度全国安全社区工作会议暨国际安全社区命名仪式，杨元元副局长出席讲话，张宝明理事长做工作报告，260名代表参会。

四是加强与各地安全社区支持中心的合作。全年走访了12家社区支持中心，了解工作情况和计划，听取意见和建议，新发展了天津、中石油2个地区支持中心，各地支持中心总数达到13个。

五是加强专家队伍建设。起草了《安全社区评审员资格确认及管理办法》，规定了评审员申请、确认程序与要求。

六是稳步推进国际安全社区建设。指导16个街道的国际安全社区建设工作，6家已经通过认证，其余10家预计12月底或2014年认证。

七是研究起草并讨论通过了收取证后服务费的试行办法，目的是弥补安全社区建设经费不足，促进安全社区建设事业持续健康发展。

二、职业健康工作取得新进展

加强职业健康工作对于维护职工身体健康、贯彻以人为本科学发展观具有重要意义，这方面的重点工作包括：

一是举办全国职业健康经验交流会。5月13—14日在邯郸成功举办了经验交流和现场参观。国家安全监管总局、中华全国总工会、河北省政府有关领导出席，20多个省级安全监管监察机构负责人、120多个中央企业和各级各类企业负责人等180位代表参加会议。会议授予18家企业“全国职业安全健康先进单位”称号。12家企业交流了职业病危害防治的经验和做法。会议组织的现场观摩，得到了与会代表的好评。

二是延长石油职业安全健康发展规划项目。作为协会2013年度工作的重点项目，按照研究方案、工作计划要求，组织实施了项目论证会、项目启动会和5个工作组的3次现场调研以及各专题的会议研讨工作。9月30日完成了5个专项规划的撰写。

三是煤矿作业场所粉尘管理限值调研。这是协会的另一项重点工作，与国家煤矿安监局、国家安全监管总局职业安全卫生研究中心等单位密切合作，积极组织人员和技术力量，先后完成了广西右江、百色，山西晋城、阳泉等有关煤矿的现场调研工作。先后召开3次研讨会，及时总结调研过程中的问题。目前调研报告的主题内容已经完成，拟召开2次小型研讨会和一次鉴定会。

四是石油行业安全生产标准化工作。对石油行业安全生产标准化评审人员和专家进行资格认定，完成所管理的陆上石油和海上石油共7家一级安全生产标准化评审单位的资质认定和登记工作。目前共受理了中石油、中石化所属的88个单位安全生产标准化一级企业的申报工作。

五是建设项目职业卫生“三同时”审查。共完成国家安全监管总局职业健康司委托的100个建设项目职业卫生“三同时”审查，先后组织专家500余人次对报告进行函审或现场评审。按照国家安全监管总局职业健康司的要求，组织专家调研、起草了建设项目施工期职业病危害编制要求，该文件已由国家安全监管总局正式发布。

六是组织完成了煤矿劳动防护用品安全性调研项目。11月6日，接受了国家煤矿安监局关于煤矿工人劳动防护用品安全性调研项目，组织了4个调研组，分赴黑龙江、辽宁、湖南、江西、山西、陕西、安徽、四川8个省的50余个国有重点、乡镇煤矿进行现场调研，深入了解工人必备的矿灯、安全帽、防尘口罩、工作服、自救器、胶靴等6种防护用品的生产、检测、使用、监管等环节的现状、存在的主要问题和建议措施，总报告将提交国家煤矿安监局。

三、科技交流工作扎实推进

一是2013年协会科学技术奖评奖工作顺利进行。自2012年12月及早发出“通知”以来，经广泛宣传和征集，共收到343个参评项目，经专家评审，最终评出获奖项目102项，其中一等奖14项，二等奖34项，三等奖54项。

二是组织召开了2013年度学术年会。此次年会以“加强交流合作，促进安全健康”为主题，210余人参加，34位专家学者在主会场和安全科技、安全管理、职业卫生3个分会场进行学术交流。会后发放了论文集（光盘版），收录了170篇论文。

三是认真做好科技交流与新技术推广工作。参与了“中国智慧矿山产业技术创新联盟”的筹建工作，主要是智慧矿山示范矿井、示范项目的调研。

组织了“矿井粉尘综合治理新技术措施的研究与应用”国家科技专项计划建议项目的研讨，建议书起草，与国家安全监管总局相关部门和相关单位的沟通协调。

组织开展了在国家安全监管总局立项的《煤矿井下瓦斯事故个体逃生装置》项目开发工作，正在抓紧进行国家安全监管总局技术鉴定会议的准备工作，12月31日通过了技术鉴定。

组织进行了交通行业建设项目（工程）安全评价报告评审备案的筹备工作，组织制定了《中国职业安全健康协会评审中心关于交通行业建设项目（工程）安全评价报告评审备案工作的规定（试行）》，组织筹建了专家库，开展了相关项目的预评审工作。

与北京劳动保障职业学院合作召开“全国城市地下管网安全技术学术研讨会”的策划筹备工

作。

四、大力开展安全培训工作

一是立足职业安全与健康，不断开拓新的培训领域。共举办培训班12期，培训人员1670人。包括4期职业卫生监管执法业务培训班、3期国有重点煤矿企业职业卫生管理人员培训班、3期全国安全社区建设标准和方法培训班、2期内蒙古自治区职业卫生技术服务机构检测和评价人员资质培训班。

二是开展了一系列对外合作交流工作。创新开展与台湾中国劳工安全管理学会和美国安全工程师协会（ASSE）进行职业健康培训和技术交流合作项目；6月，与台湾劳工安全卫生管理学会签订“合作意向框架协议”；11月，与美国安全工程师学会就双方签署的合作意向书相关内容，达成在职业卫生教育培训及学术研讨等领域联合开展活动的共识。

三是建立和完善各项培训制度。2013年初，协会机构调整后，教育培训部从加强制度建设、转变工作作风入手，理清工作思路，相继完善了考勤管理制度，培训证件编号管理制度，培训档案管理制度等。

四是积极开展教育培训工作委员会的前期筹备工作，目前已完成工作条例的起草、委员单位、委员的人选的确定，正积极与这些委员单位联系。

五是与首都经济贸易大学合作，联合举办国内首届安全工程（职业卫生方向）专业硕士研究生班，前期论证工作已完成，目前正按招生简章开展招生工作。

五、充分发挥协会会刊、网站、学报的作用，加强职业安全健康宣传教育和舆论阵地建设

协会充分利用会刊、网站、学报等阵地，切实发挥桥梁和纽带作用，使协会的“政府之桥、会员之家”的服务宗旨落到实处。

一是已经取得国家安全监管总局同意和中国安全生产科学研究院的支持，从2014年1月起，创刊60多年、内容丰富、特色鲜明、发行量大、在业界颇得好评的《劳动保护》杂志，正式冠名为协会会刊，这对宣传职业安全健康事业、扩大协会影响具有重要意义。

二是充分发挥协会网站作用，进一步加强职业安全健康舆论阵地建设。协会充分利用网站、会刊等舆论阵地，切实发挥桥梁和纽带作用，使协会的“政府之桥、会员之家”的服务宗旨落到实处。网站首页栏目位置调换与增加；科技交流部门二级栏目的重新调整变更；新增职业卫生技术服务分会栏目内容的增加；各分支机构内容的变更和活动宣传；2013年成果库内容的补充；专家答疑栏目的解答服务等。

三是高质量办好《中国安全科学学报》。《中国安全科学学报》出版12期，收稿刊出率15%。首次实现并完成了中国科协精品期刊资助项目的申报工作，通过答辩，顺利取得资格，30万资助合同已经签订，首批资助费用已经到账。在由武汉大学中国科学评价研究中心评定的第三届《中国学术期刊评价报告（2013—2014）》中，《中国安全科学学报》被评为“RCCSE中国核心学术期刊”。

六、安创公司积极开展安全咨询服务

与北京经济技术开发区安监局签订了金属和非金属等行业企业分级分类及安全生产审计服务合同，项目正在实施中。与中粮系统的荆门、五常、公主岭、榆树公司等签订了相关合同。完成了沈阳地铁一号线的安全验收评价工作。

协会承担了“平朔矿区煤炭资源开发利用现状与发展研究”项目，经过多次现场对接调研、起草、论证，目前已验收交付。

七、加强协会分支机构建设

完成防尘防毒分技术委员会的协会内部交接工作，下发申报2013年职业卫生行业标准制修订计划项目的通知，累计征集到46项标准的立项申请。

向全国专业标准化技术委员会申请筹建职业健康分技术委员会。承担并完成职业卫生技术服务分会的登记申请工作，并于6月4日获得民政部成立批复，该分会于6月19日在江西省南昌市召开成立大会。

5月21—23日，个体防护专业委员会2013年年会在上海召开。6月，高空服务业分会在拉萨召开会议，讨论颁证标准、工伤保险等相关事宜。防火防爆专业委员会协助组织了2013年大型储罐火灾安全国际研讨会，组织相关人员赴美国、匈牙利参加了2次国际交流活动。

8月15日，工业防毒专业委员会在哈尔滨市召开换届工作会议，产生第五届委员会，首都经贸大学的郭晓宏当选为主任委员。

11月10日，在福州，与中国环境保护产业协会、中国声学学会环境声学分会共同主办召开了第十三届全国噪声与振动控制工程学术会议。

八、积极开展对外交流与合作

一是赴日本参加了日本中灾防举办的职业安全健康研讨会（1月）。

二是赴加拿大出席全美工业卫生年会暨展览会，会后应美国工程师协会邀请，赴美国与该协会签署了合作意向书（5月）。

三是派团赴中国台湾地区与台湾中国劳工安全卫生管理学会签署了合作框架协议（6月）。

四是派团赴印度尼西亚出席了第二十八届亚太地区职业安全健康学术大会（APOSHO）（10月）。

五是派团赴墨西哥出席第二十一届国际安全社区大会（10月）。

六是派团赴香港出席第二十一届海峡两岸、香港及澳门地区职业安全健康学术研讨会（又称两岸四地职业安全健康研讨会）（11月）。

七是先后两次与到访的台湾中国劳工安全卫生管理协会代表团研议合作（4月、10月）。

八是接待美国工程师协会代表团来访（11月）并座谈合作。

九、加强协会自身建设

（一）开展党的群众路线教育实践活动

按照中央和国家安全监管总局党组的统一部署，以“照镜子、正衣冠、洗洗澡、治治病”为总要求，以聚焦“四风”问题为重点，以为民务实清廉为主要内容，着力解决群众对职业安全与健康领域反映强烈的突出问题。

协会党总支专门召开会议，研究了贯彻落实的具体措施，制定下发了贯彻落实中央“八项规定”和国家安全监管总局“六条实施办法”的“四项要求”。

协会始终把学习作为提高工作人员思想素质、业务素质的第一要务。定期组织员工进行理论学习和业务学习，及时传达党中央、国务院以及国家安全监管总局关于安全生产的指示精神和重点工作。

（二）重新聘用了中层干部

为深入学习贯彻十八大有关精神，加强协会的能力建设，激发动力，形成合力，理顺关系，促进干部的年轻化、知识化、专业化，协会秘书处结合干部聘期考核，经民主测评、民主推荐、组织考核、集体研究、任前公示、谈话等程序，重新聘用了中层干部，这是协会最近几年中层干部改革力度最大的一次，但由于严格执行纪律和制度，干部队伍调整平稳有序，多个部门呈现出了新的工作气象。

（三）建章立制，完善制度，不断加强内部管理

协会秘书处建立健全协会及秘书处工作制度13项，已经印发了7项，使工作走向制度化、规范化轨道，使各部门职能明晰、责任明确，使协会全体员工统一思想，心往一处想、劲往一处使、事往一处干。

（四）加强协会组织建设

按章程规定，4月18日，在江苏省无锡市成功召开中国职业安全健康协会第五届常务理事会第三次会议，到会代表113名，其中常务理事97名。会上宣读了协会起草的《关于加强会员服务的若干措施》和《理事守则》并获得通过，进一步明确了对会员服务的若干措施和理事权责。

进一步壮大了协会会员队伍。会员总数为4529个，其中个人会员1906名，单位会员1369家，网站注册会员1254名。

充分发挥专业委员会的作用，把协会逐步建设成为独立公正、行为规范、运作有序、代表性强、公信力高的“学习型”协会。

（五）进一步加强财务管理和统计工作

完成对2012年财务年度决算；完成对2012年税务的汇算清缴；配合会计师事务所对公司法人、协会法人进行离任审计。

承担并完成了“中国科协系统2012年综合统计调查年报”的统计、填报工作，荣获中国科协系统2012年度统计工作二等奖。

2013年，中国职业安全健康协会做了大量工作，取得了显著成绩，但离国家安全监管总局党组的要求和广大会员单位的期望还有差距，“三个服务”水平需进一步提高；科技交流、对外合作的广度和深度还有待加强；协会的人才资源优势和专家作用有待进一步发挥；协会的凝聚力和向心力有待进一步增强。

中国化学品安全协会安全生产工作综述

2013年，在国家安全监管总局党组的关心支持下，在协会理事会的领导下，化学品安全协会深入学习贯彻十八大和十八届三中全会精神，以习近平总书记、李克强总理等中央领导同志关于安全生产的重要指示为动力，紧紧围绕安全监管总局中心工作，紧紧依靠广大会员单位，坚持“团结、敬业、创新”，狠抓工作落实，自身建设得到加强，行业影响力得到进一步提高，协会各项工作迈上新台阶。

一、紧紧围绕“三个服务”，全面加强协会自身建设

2013年，中国化学品安全协会坚持围绕孙华山副局长提出的“服务政府、服务行业、服务企业”的根本任务，从各个层面加强协会自身建设，不断提高做好“三个服务”的水平和能力，在组织及制度建设、人才培养与使用、会员服务、目标（预算）管理等方面取得了较大进展。

（一）*加强组织建设和制度建设，不断提高工作质量和效率*

一是建立秘书长办公会决策机制。组成由两位驻会副理事长及秘书长参加的秘书长办公会，研究决定重大事项，强调集体决策和科学决策，并明确了秘书长办公会组成人员的分工和责任，驻会各位领导在分工的基础上加强沟通合作，保证了各项工作协调和落实。要求领导干部带头执行党风廉政建设和廉洁自律。

二是建立协会党组织和工会组织。根据协会发展需要，为发挥党员的模范带头作用和党组织的战斗堡垒作用，协会向国家安全监管总局请示建立党支部和工会。2013年11月，国家安全监管总局机关党委批准成立化学品安全协会党支部，国家安全监管总局机关工会批准成立化学品安全协会工会委员会。

三是坚持不懈抓作风建设。坚持以制度管人，以纪律约束人，坚持原则，赏罚分明。从改进工作作风入手，要求干部职工“咬定青山不放松”，对重要工作任务要给出一个拿得出手的结果。通过定期评估各项任务完成的效率和质量，建立奖勤罚懒的工作氛围，营造创先争优的工作秩序。

四是加强人才培养与使用。遇有外出学习机会、见识机会，毫不犹豫地将员工派出去。2013年，先后选派2人出国培训，2人参加国际会议，10人次参加国内各类培训班，6人次到企业一线实习锻炼。通过学习与实践，激发全体干部的学习热情和工作责任心，提高综合素质和工作水平。2013年，有多名表现突出的员工被选拔到重要工作岗位上。

五是建立完善各项规章制度，推进工作制度化、规范化建设。修订了《中国化学品安全协会差旅费管理办法》《中国化学品安全协会考核管理办法》《中国化学品安全协会工作人员廉洁自律行为规范》等制度；建立完善了各部室工作职责和各岗位工作职责。

（二）*重视网站等媒体建设，强化对会员单位的信息化服务*

2013年，重点完善了网站设限功能、用户注册功能和在线投稿功能，启动了网站资料库、法规标准栏目设计改版，为宣传安全生产政策、法规，推广安全生产先进技术和方法，提供信息、交流经验提供了一个良好的信息化平台，越来越受到化工企业的欢迎。目前，日均点击量已超过800次，被评为属较受欢迎、较为重要的网站，PR值为6。

此外，协会通过强化管理，认真编辑和完善协会通讯和手机报，增加原创稿件数量，甄选优质新闻资料，并随时新增和更正及时信息，受到了协会会员单位的好评。2013年，协会共编辑12期《化学品安全通讯》和28期手机报，每期向国家安全监管总局机关单位、重点省市安监局、会员单位等寄发。

2013年，协会还加强和巩固了与行业内主要媒体的长期合作关系，将协会主办的会议、活动新闻报道及时向行业主流媒体发送，邀请媒体记者参与，并对会议、活动进行报道，进一步扩大协会影响力。在HAZOP专业培训班、标准审查启动会、硝酸铵会议、第一届中国国际化工过程安全会议暨新技术新产品展览会、国内外对标工作会，预警系统专家评审会等均组织有关媒体进行了及时报道和跟踪。

（三）实施财务预算管理，协会财务收支状况明显好转

协会全年各项收入740.5万，比2012年度增长54.7%，其中：会费收入215.5万：比2012年度下降10.2%，服务收入512.2万，比2012年度上涨122.8%。

全年费用571.3万，比2012年度增加15.1%。其中业务活动成本239.1万，比2012年度增加57.3%；管理费用332.2万比2012年度减少3%。2013年度人员增加5人，人员工资及保险增加37万。全年账面收支结余169.2万，比2012年度增加186.9万。

2013年服务收入增长较快；会费收入有下降趋势，应引起注意；管理费用下降明显，在增加了员工工资及5个人员开支的基础上较2012年下降3%，其中业务招待费、会议费、房租及物业费都有明显下降；业务活动成本虽然较以往年度有较大增加，但是费用/收入的比较值（2013年度46.6%，2012年度66.1%，2011年度95%）呈现下降趋势。

（四）完成8家新单位的入会程序

其中理事单位4家，包括四川省危险化学品质量监督检验所、青岛欧赛斯环境与安全技术有限责任公司、北京海顿新科技术股份有限公司、浙江图讯科技有限公司，一般会员单位4家，包括陕西延长石油榆林煤化有限公司、福陆（中国）工程建设有限公司、山东省化工研究院、四川省机械研究设计院。吸收新会员的工作离总局领导的要求相差很大，2014年将加大这方面的工作力度，实现突破。

二、积极协助政府开展服务工作，充分发挥参谋助手作用

2013年，协会协助国家安全监管总局有关司局，在开展国内外危险化学品安全标准对标工作，加强化工安全人才培养调研，安全行政许可项目调研，开展一级标准化企业培植与评审，法律法规、标准规范的编写修订与宣贯等方面上做了大量工作，取得了较好的成果。

（一）开展国内外化学品安全标准对比研究工作

为系统评价我国化学品安全标准体系的质量与水平，准确判断我国与国外先进标准的差距，国家安全监管总局要求全面开展国内外化学品安全标准对比研究工作（以下简称对标工作），深入查找我国标准与安全生产要求不相适应、滞后于技术进步与行业发展的原因，系统提出完善安全标准体系建设的对策建议，指导和推动化学品行业加强安全生产基础建设。

为更好地开展对标研究工作，设立了对标工作领导小组，办公室挂靠在协会，由协会秘书长路念明担任领导小组办公室主任，领导小组办公室多次召开专题会议，研究讨论开展对标研究工作的方式和方法，对整体工作进行了规划与安排，研究起草了对标工作整体方案、工作制度、财务制度等。按照工作进度安排，认真组织各专业工作组开展研究工作，协助监管三司、四司组织筹备了6月18日标准对比研究工作启动会。对标工作开展以来，共编印了6期情况简报，完成4次工作进展汇报材料的准备，多次参加专业工作组工作会议，及时宣传报道，基本完成既定工作任务。

（二）组织编写《危险化学品企业安全监督管理规定》

我国危险化学品企业数量多、规模差异大、安全管理水平参差不齐。为规范各类危险化学品企业的安全监管，进一步做好安全生产工作提供借鉴和参考依据，2013年4月，国家安全监管总局监管三司要求编制《危险化学品企业安全监督管理规定》(以下简称管理规定)，由协会与山东、河南两省安监局共同完成《管理规定》草案。协会多次联系山东、河南两省安监局有关负责人，就《危险化学品企业安全监督管理规定》的编写工作进行了交流与研讨，提出了工作计划和任务分工。目前，该项管理规定已通过总局监管三司司务会审查，协会根据审查结果进行了进一步修改完善，现已报送总局政策法规司。

（三）协助国家安全监管总局监管三司开展危

险化学品安全生产行政许可项目改革调研工作

为贯彻落实十八大报告提出的“深化行政审批制度改革，继续减政放权”要求，国家安全监管总局监管三司提出开展危险化学品安全生产行政许可项目改革工作，要求协会协助参与。2013年3月底，协会开展了危险化学品行政许可改革的工作，对比研究了国内危险化学品行政许可现状及国外有关行政许可的规定，并根据《国务院机构改革和职能转变方案》提出的深化行政审批制度改革、减少微观事务管理的要求，制定了化学品安全生产行政许可项目改革工作方案及调研提纲提交总局监管三司。

（四）协助国家安全监管总局监管三司组织召开石油化工行业协会安全生产工作座谈会

为充分发挥各行业协会在危险化学品安全生产工作中的作用，国家安全监管总局监管三司每年组织各石油化工行业协会召开工作会议，交流各行业协会安全生产工作好的做法和经验，有针对性地提出对加强和改进当前危险化学品安全生产工作意见和建议。3月5日，协会协助监管三司组织召开了石油化工行业协会第三次安全生产年度工作座谈会，会议充分肯定了监管三司与各石油化工行业协会的联络机制的作用和意义。协会副理事长、监管三司司长王浩水出席会议，认真听取了各行业协会的工作介绍，并对相关行业协会的工作提出了要求。中国石油和化学工业联合会等20家行业协会的有关负责人以及中国安全生产科学研究院、国家安全监管总局化学品登记中心、国家安全监管总局研究中心等技术支撑单位的有关人员参加了会议。

（五）完成了“双十规定”的起草及条文释义编写工作

为进一步规范化工企业的安全生产工作，保障广大化工从业人员的生命安全，2012年底，国家安全监管总局监管三司要求协会组织编写《化工（危险化学品）企业安全生产十条规定》和《化工（危险化学品）从业人员保障安全十条规定》（简称“双十”规定）。2013年，协会组织人员编写了“双十规定”，修改了各条规定的条文解释，包括各项规定的立意、法律法规依据及典型事故案例等，同时还编写了“双十规定”起草说明。2013年7月15日，《化工（危险化学品）企业保障生产安全十条规定》经国家安全生产监督管理总局局长办公会议审议通过，于2013年9月18日以国家安全生产监督管理总局令第64号发布实施。

（六）协助国家安全监管总局相关司局做好危险化学品建设项目安全许可工作

2013年，协会完成了监管三司委托的中化泉州石化年产1000万吨炼油项目设立安全审查等4个危险化学品建设项目安全许可整改后的复核工作；完成了监管四司委托的“首钢迁安钢铁制氧工程竣工验收补正资料”的审核工作。另外，按照《危险化学品建设项目安全监督管理办法》（国务院令第45号）的规定，各地每年都应向国家安全监管总局上报危险化学品建设项目上报的实施情况，2013年，协会已完成了2012年26个省（市、区）上报的危险化学品建设项目实施情况汇总工作。

（七）协助总局做好危险化学品领域本质安全水平专项行动的跟踪督导工作

为着力提升危险化学品领域本质安全水平，有效防范和坚决遏制危险化学品重特大事故的发生，2012年6月，国家安全监管总局、国家发改委、工信部和住建部四部委联合发出“关于开展提升危险化学品领域本质安全水平专项行动的通知”（安监总管三〔2012〕87号），要求在全国组织开展为期3年的提升危险化学品领域本质安全水平专项行动。根据总局监管三司的安排，协会安排专人协助三司做好危险化学品领域本质安全水平专项行动的跟踪督导工作，及时联系和跟踪各地的工作进展情况，定期进行汇总、汇报。2013年，如期完成了各项工作，编制印发了3期专项行动进展情况简报。

（八）协助国家安全监管总局筹备成立中国烟花爆竹协会

为加强和引导烟花爆竹行业自律，充分发挥社团组织在烟花爆竹安全监管工作中的重要作用，2010年12月，总局向民政部提出同意申请成立中国烟花爆竹协会并作为该协会业务主管部门，2012年11月，民政部批复同意筹备成立中国烟花爆竹协会。国家安全监管总局立即组织成立中国烟花爆竹协会筹备成立领导小组，安排化学品协会负责中国烟花爆竹协会的筹备成立工作。2013年1月以来，协会在国家安全监管总局办公厅和监管三司的指导下，先后组织召开了烟花爆竹重点产区监管部门、部分重点烟花爆竹企业座谈会，就中国烟花爆竹协会的组建广泛听取意见，征集各类会员单位500多家，并于4月1日成功召开中国烟花爆竹协会成立大会。协会承担了中国烟花爆竹协会筹备成立的全部工作，在协助政府推进烟花爆竹的安全管理上发挥了重要作用。

三、充分发挥协会的专业优势，开展危险化学品安全生产服务工作

经过多年的发展，协会在开展危险化学品安全生产服务方面积累了丰富的经验，形成了较好的资源、技术和管理优势。为了充分发挥协会自身的优势，更好地为企业、为行业做好安全生产服务，2013年协会主要开展了以下工作：

（一）大力推广危险与可操作性（HAZOP）分析技术

（1）不断完善教学内容，持续改进教学方法，认真做好HAZOP培训工作。2013年，协会已成功举办了12期HAZOP分析方法专业培训班，其中，在京专业培训班为7期203人，上门培训班为5期共674人，培训人数为877人。协会HAZOP培共举办了18期，培训总人数达1219人，每次在京专业培训班均设有调查问卷，经调查，协会服务态度达99%，教师讲课质量达99%，培训效果达99%。HAZOP的培训自开办以来，受到参培人员的一致好评。

（2）大力推进HAZOP分析技术在地方中小化工企业中的应用。2013年年初，协会与淄博市安监局共同研究确定在淄博市33家试点企业中先行开展HAZOP分析应用工作。协会及时组织专家编写了《危险与可操作性分析（HAZOP）培训资料》，制作了培训课件。5月，对33家试点企业的180余位相关专业人员进行了培训；5—6月，协会分两次聘请了专业机构的相关人员任HAZOP主席和记录员，对淄博市沂源鑫泉医药有限公司等5家企业进行HAZOP分析现场实战示范，共有160余位专业人员参加和观摩，HAZOP分析方法在企业实施的工作完成后，形成《推动HAZOP分析方法在企业实施的工作总结》，报送淄博市安监局。此项工作的开展，收到了良好的效果，也为试点企业开展HAZOP分析打下了较为坚实的基础。

（二）筹备召开中国化学品安全协会第二届HAZOP方法研讨会

协会于9月16—17日在宁夏银川，与中国石油宁夏石化公司合作共同举办协会第二届HAZOP方法研讨会，交流HAZOP分析技术及应用经验，参观中国石油宁夏石化公司引进国外先进理念的成果，全面推进过程安全管理。本次研讨会共征集到论文49篇，入选论文集37篇，其中14篇被选为大会演讲论文进行演讲，参会代表达100余名。在大会演讲论文选择上侧重经验分享和在役装置HAZOP分析，参会代表对演讲论文兴趣浓厚，会上互动和会下交流交替展开，交流探讨的气氛较好。

（三）组织专家对涉及重点危险工艺的企业开展隐患排查

山东省淄博市是我国中小化工企业最集中的区域之一。2012年，协会与淄博市安监局开展了多方面的合作，取得了良好的效果。为进一步巩固淄博市中小化工企业安全生产基础，深入地推动淄博市中小化工企业提升本质安全水平，2013年初，协会与淄博市安监局签订了《推进中小化工企业提升本质化安全水平合作协议》。按照协议要求，协会于4月和6月分两次组织10名专家，根据总局《危险化学品企业事故隐患排查治理实施导则》（安监总管三〔2012〕103号）的要求，从企业的安全基础管理、总图布置、工艺、设备、电气、仪表、危化品管理和储运管理等方面进行了较为全面的隐患排查，对排查出的问题当场与企业进行了交流。检查结束，专家集中对检查情况进行总结，淄博市安监局也针对存在的问题，对受检企业提出了尽快整改的要求。同时，为了达到以点带面的效果，协会选派参检专家对全市涉及氯化、氧化工艺企业管理人员进行授课，对检查中发现的普遍性问题进行点评、讲解，对氯化、氧化工艺所涉及的法律法规进行讲解，并列举同类企业发生的事故案例以强化授课效果。两次授课共有来自全市涉及氯化工艺、氧化工艺企业的270余名专业技术和管理人员参加，起到了以点带面的积极效果。隐患排查全部工作结束后，形成《淄博市涉及氯化工艺危化品企业隐患排查总结》《淄博市涉及氧化工艺危化品企业隐患排查总结》，报送淄博市安监局。这些工作的开展，得到了当地政府、企业和相关人员的充分肯定。

（四）组织泸州市开展危化企业事故隐患排查工作

为进一步加强泸州市危险化学品生产安全管理，有效排查危险化学品企业存在的事故隐患，防止重特大安全事故的发生，受国家安全监管总局监管三司委托，按照泸州市政府领导的要求，协会与泸州市安监局组织行业内的21名生产技术及安全管理专家，分5个检查组，于2013年9月对泸州市全部38家危化品企业开展了安全基础管理、总图布置、工艺、设备、电气、仪表、危险化学品管理、消防及事故状态下消防水的收集等7个方面的安全诊断检查，共查处隐患2472项，其中安全基础管理不符合项为779项，现场安全管理不符合项为1693项。诊断检查完成后，认真总结梳理，形成总结报告，上报泸州市政府，受到泸州市政府和企业一致好评。

（五）组织专家对淄博市50家危化企业进行安全操作规程检查

根据《淄博市安监局　中国化学品安全协会推进中小化工企业提升本质化安全水平合作协议》要求，协会于2013年8月4日—10月27日，组织七个专家组共24人（次），采取查阅资料、现场检查、询问及座谈等方式，先后对淄博市管辖的张店区、临淄区、淄川区、博山区、周村区、高新区以及桓台县、高青县、沂源县的50家危化企业进行了安全操作规程专项检查。安全操作规程专项检查依据《淄博市危险化学品企业安全操作规程编制指南（试行）》（淄安监发〔2012〕109号）和相关标准进行，主要对安全操作规程的编制程序、培训、主要内容以及安全操作规程的执行情况进行检查，提出存在的问题并给出整改建议。全部检查工作完成后，选派参检专家对淄博市316家企业和各区县安监局、企业所在乡镇安监站的670余人进行了操作规程专项培训。通过问题讲解、举例示范，为进一步规范淄博市危化企业安全操作规程的编制和执行，对全面提升淄博市危化企业安全管理水平起到了积极的推动作用。

四、继续认真做好安全生产标准化相关工作

（一）修订《危险化学品安全生产标准化评审人员考核工作规定》

为加强危险化学品从业单位安全生产标准化评审人员队伍建设，科学、客观、公正地做好评审人员考核工作，协会接手评审人员考核工作后，依据《危险化学品从业单位安全生产标准化评审工作管理办法》和《危险化学品从业单位安全生产标准化评审人员培训大纲及考核要求》，2012年制定了《危险化学品安全生产标准化评审人员考核工作规定（试行）》。2013年，标准化部根据国家安全监管总局监管三司对考核工作的要求，总结考核工作经验，结合当前考核工作的实际情况，对《危险化学品安全生产标准化评审人员考核工作规定》进行了修订，补充完善了考核工作程序，增强了考核工作的科学性、规范性。

（二）完成了第十一期危险化学品从业单位安全生产标准化评审人员的考核工作

按照《危险化学品从业单位安全生产标准化评审工作管理办法》规定，协会负责危险化学品安全生产标准化评审人员的考核工作。按要求，定期组织对评审人员考核试题库进行了整理和维护，将试题库的试题按考核大纲的章节分类规整，补充了考核试题，提高了考核试题的科学性和准确性。2013年，共完成5套初次培训试题和10套再次培训试题的组卷、校对、测试等工作；完成了第十一期评审人员考核、阅卷、考核结果公告、证书制作和寄送、电子档案建立、纸质档案存档等工作，其中初次培训5期、再次培训6期，参加考核的总人数为1065人，合格人数906人，考核合格率达到85%，符合国家安全监管总局监管三司提出的控制目标范围。截至2013年底，全国持有标准化评审人员资格证书的总人数达7757人，有效地保障了全国危险化学品安全生产标准化工作的开展。

（三）编制了协会标准化一级企业培植诊断序列材料

为了做好标准化一级企业的培植评审工作，高标准完成监管三司交办的标准化一级企业的培植创建工作任务，2013年，标准化部编制了标准化质量保证体系建设、质量管理体系手册及程序文件和过程控制文件，编制了标准化一级企业诊断、培植、评审序列工作指导手册，编制了标准化一级企业诊断计划、诊断记录及评审计划、评审记录、扣分项清单、否决项清单等10余套培植评审支撑附件材料，为开展标准化一级企业的培植评审工作奠定了良好基础。

（四）开展化工企业标准化培植诊断工作

2013年5—6月，协会分两次派员赴山东实地参加了国家安全监管总局化学品登记中心所组织开

展的标准化一级企业及山东省淄博市德安事务所组织开展的标准化二、三级企业的诊断、培植、评审工作，进一步了解了标准化培植评审工作要求的深度和广度，巩固了协会开展标准化一级企业的培植评审工作基础。

2013 年 7 月下旬至 12 月中旬，先后对浙江蓝天环保公司下沙生产基地、中海油广东大鹏 LNG、福建 LNG、中石油宁夏石化四家企业开展了培植诊断工作。当前，培植的中石油宁夏石化、中海油福建 LNG、中海广东大鹏 LNG 三家企业均以优异的成绩通过了 2013 年度全国首批危化品安全生产标准化一级企业的评审。另外，浙江蓝天环保公司下沙生产基地已完成了绝大部分问题的整改，拟定于 2014 年 5 月申请达标评审。

（五）开展化工企业标准化评审工作

2013 年 11 月中旬至 12 月上旬，在监管三司的指导下，中国安全生产协会组织开展了 2013 年度首批危化品安全生产标准化一级企业评审，共评审了上海赛科、宁波万华、中海福建 LNG 等 17 家企业。协会参与了其中 10 家企业的评审工作，不仅对当前国内石油化工行业企业最好的标准化创建工作有了全面了解，对提高协会开展标准化培植评审水平将会发挥重要作用。

（六）组织召开部分硝酸铵生产企业安全生产工作座谈会

硝酸铵是国内实施重点监管的危险化学品。4 月 17 日晚，美国得克萨斯州麦克伦南县一家化肥厂发生爆炸，造成 15 人死亡、60 人失踪、约 200 人受伤。初步调查是存放在工厂里的硝酸铵爆炸所致。事故发生后，总局杨栋梁局长、孙华山副局长高度重视，明确要求要持续跟踪事故调查进展情况，深刻吸取事故教训，引以为鉴。5 月 10 日，协会在监管三司的指导下，组织全国部分硝酸铵生产企业召开了安全生产工作座谈会。国家安全监管总局监管三司、国家安全监管总局化学品登记中心、柳州化工股份有限公司等 17 家国内主要硝酸铵生产企业及其所在地 16 个省市安监局，中国氮肥工业协会、北京理工大学等单位的 50 余名代表出席会议。会议分析了全国硝酸铵生产、储存过程存在的主要安全风险，交流了我国如何借鉴美国得克萨斯州化肥厂事故教训，防范类似事故的意见，并进行了深入研究和讨论。协会常务副理事长、监管三司司长王浩水出席会议，并对落实硝酸铵有关防范措施提出了明确要求。

五、加强对外交流与合作，推进协会创新发展

（一）筹备召开第一届中国国际化工过程安全研讨会暨石油化工安全新技术新产品展览会

为进一步加强国内外政府、企业、科研机构的交流与合作，推动过程安全在国内化工企业的普及和发展，促进危险化学品安全管理先进经验和工艺的推广应用，鼓励危险化学品企业积极采用新技术、新装备和新工艺，国家安全监管总局于 2013 年 9 月在青岛举办了“第一届中国国际化工过程安全研讨会暨石油化工安全新技术新产品展览会”，化学品协会、国家安全监管总局国际交流合作中心、国家安全监管总局化学品登记中心、中国石油大学（华东）、美国化学工程师协会化工过程安全中心（CCPS）负责承办。协会作为第一承办单位，积极协调，加强沟通，并按照大会组委会的安排，承担了大会综合组、学术组的工作。

（二）组团参加第二届亚太区域过程安全国际会议

基于目前中国化工安全发展的现状，亟需开展国际交流，分享安全生产的经验与信息，共同探讨化工安全的最新进展。经国家安全监管总局有关领导同意，由协会协调中国石油、中国石化、中国海油有关企业及国家安全监管总局监管三司、中国安全生产科学研究院、国家安全监管总局化学品登记中心等单位组团赴马来西亚参加第二届亚太区域过程安全国际会议。

（三）参加中欧合作项目——职业安全健康培训师的法国、荷兰培训调研

为进一步提高协会有关培训班的质量，使培训学员能在工作环境中和团队融洽，并熟练运用学习到的专业技能。2013 年 12 月 8—21 日，协会组织了教育培训负责人赴法国、荷兰参加职业安全健康培训班。培训的内容包括预防计划和工作许可、培训师的沟通交流能力和技能组成要素、培训方法及技巧运用等知识。通过教师讲授、提问互动、课堂模拟、现场观摩等教学方式，进一步对法国安全培训工作和特点有了了解和认识，对协会有关培训设计和改进提高具有一定借鉴意义。

（四）参加 2013 亚洲化学品管控会议

根据孙华山副局长在“关于参加亚洲化学品

管控会议的请示”上的批示精神，协会派员参加了会议。会议于9月9—13日在韩国首尔召开，由25个国家近300位化学品管理领域专业人士参加，围绕全球化学品管控的相关法律法规及其实施情况进行了专题讨论和经验分享，国家安全监管总局监管三司刘强应邀出席会议，并在大会上作第一个报告，题目为“中国的危险化学品安全管理”。根据参会情况，协会从基本情况、会议主要内容、会议组织概况、参会收获与建议等5个方面起草了“关于参加2013亚洲化学品管控会议的报告”，华山同志在报告上批示：认真阅研，注意借鉴其好做法，改进我们的办会质量。协会组织相关人员学习了报告，重点学习了会议的收获和建议，路念明秘书长要求各部室要进一步做好各项会议筹备工作，提高办会质量。本次会议的召开，对协会吸收外企会议起到了积极促进作用。

六、认真完成了化学品分标委既定的各项工作

（一）推进标准制修订工作

2013年1月、7月，协助国家安全监管总局监管三司开展《化工企业安全保护措施分析应用指南》《危险化学品道路运输安全管理导则》《化学品危险信息短语与代码》3项标准征求意见工作，共收到国内近30家单位、上百条修改意见与建议。2013年初，化学品分标委还开展了32项未完成标准项目编写进度摸底工作，汇总了各起草单位先后报送的标准编制进度安排，持续进行督促推进。

（二）完成2014年化学品安全标准计划项目申报工作

经过专家评审及监管三司司务会审定，初步确定14项标准项目申报2014年安全生产标准计划项目，其中国家标准4项，行业标准10项；制定标准12项，修订标准2项。分别为《危险化学品重大危险源辨识》（GB 18218—2009）、《化工企业工艺安全管理实施导则》（AQ/T 3034—2010）、《危险化学品生产、储存装置外部安全防护距离标准》《危险化学品二维码标识规范》《危险化学品射频识别（RFID）标识规范》《化工企业泄漏管理导则》《化工过程变更管理导则》《石油化工装置硫铁化合物安全管理规范》《石油化工密闭采样安全要求》《多晶硅生产安全技术规范》《氢氟酸生产安全技术规范》《化工工艺安全评定指南》《化工园区整体性安全评价导则》《电石装置设计安全规范》。

（三）组织召开了标准审查会

化学品分标委分别于3月、12月召开两次标准审查会，完成11项标准审查工作，其中国家标准3项，行业标准8项。分别为《电石生产安全技术规程》《危险化学品道路运输安全管理导则》《液氯钢瓶充装自动化控制系统技术要求》《化工企业保护层分析应用导则》《危险化学品经营企业安全评价细则》《危险化学品使用企业安全评价细则》《危险化学品储运智能安全监控卡系统技术要求》《尿素生产安全技术规范》《纯碱生产安全技术规范》《化学品危险信息短语与代码》《溶解乙炔生产安全技术规程》。

（四）承担《化工过程变更管理导则》等两项标准编写工作

5月31日，协会召开了《化工过程变更管理导则》《化工过程安全管理评价指标体系》2项标准编写工作启动会，会议对此2项标准编写思路及编写提纲进行了讨论研究，并商定了标准名称、编写人员及初步时间安排。

（五）积极开展标准宣贯工作

1. 气雾剂行业标准宣贯

8月5—6日，在北京与中国包装联合会气雾剂专业委员会联合举办了“气雾剂产品运输与安全生产”培训会议。就《气雾剂安全生产规程》（AQ 3041—2011）以及气雾剂产品安全运输要点进行了宣贯，近70人参加了此次培训。

2. 化工行业安全标准宣贯

11月21—22日，在北京举办化工行业安全标准宣贯会。宣贯的主要内容，一是近期发布的新标准，如《化学品作业场所安全警示标志规范》（AQ 3047—2013）、《化工企业劳动防护用品选用及配备》（AQ/T 3048—2013）；二是针对2013年10月国务院安委会办公室组织开展的石油化工企业石油库和油气装卸码头安全专项督查中发现的一些突出问题，为了配合和促进这些问题的解决，有针对性地选择了一部分相关标准。来自天津、河北、辽宁、上海、江苏、浙江等14个省（直辖市）安全生产监督管理局危险化学品安全监管人员及辖区化工企业相关人员，中国化工集团公司、大唐能源化工有限责任公司等有关单位安全生产管理人员和有关技术人员120余人参加了宣贯会。

中煤安全科学技术学会安全生产工作综述

2013年，中煤安全科学技术学会在国家安全监管总局党组和机关党委的领导下，紧紧围绕贯彻党的十八大精神和国家安全监管总局的中心工作，以学会换届为契机，以工作创新、制度创新和机制创新为理念，夯实工作基础，注重工作实效，把"三服务一加强"作为工作的出发点和落脚点，切实有效地推进各项工作，不断提升学会工作的整体水平。实现了发展主线清晰、重点突出、目标明确，一步一步前进的有序发展。2013年具体做了以下几方面工作：

一、积极开展党的群众路线教育实践活动

按照中央和国家安全监管总局党组的总体部署，学会认真组织了各种学习活动，广泛征求群众意见，开展谈心交心，开展批评和自我批评，就遵守党的政治纪律情况、贯彻落实中央"八项规定"精神和国家安全监管总局实施办法、转变作风的基本情况以及"四风"方面存在的问题认真进行了对照检查、深挖思想根源，研究落实整改措施，形成领导班子和个人对照检查材料，成功召开了专题民主生活会，真能刀真枪地开展了批评和自我批评，认真组织了开展"回头看"工作，制定了领导班子及成员的整改方案，并认真抓好建章立制和落实整改工作。

二、顺利完成了学会换届和支部改选

中煤安全科学技术学会于2013年4月召开了第六次会员代表大会，会议审议通过了学会新的章程和会员简则，选举产生了第六届理事会、常务理事会、领导机构和名誉会长。会议总结了学会上一届的工作，明确了学会今后总体的工作思路和任务。学会新一届理事会在建立完善结构合理、专业齐全的煤矿安全科学技术服务体系，进一步转变作风，加强自身建设，强化服务意识，提高服务质量，健全会员单位间的沟通联络机制，加大科研攻关和技术推广力度，促进煤矿安全科技资源高效开发和利用，不断增强煤矿安全科技保障能力开启了新的里程碑。

学会在积极开展党的群众路线教育实践活动之际，于2013年9月进行了支部改选，选举产生了新的支部领导成员，对于加强基层组织建设，健全完善基层组织机构，加强政治思想和党风廉政建设，充分发挥基层党组织的战斗堡垒作用和先锋模范作用奠定了坚实基础，确保学会党建工作更好地为学会业务工作的开展和学会的发展保驾护航。

三、积极探索有利于适应新形势和学会特点的有效机制与途径

2013年以来，特别是学会换届之后，学会新一届领导班子围绕学会发展，找准定位、明确目标、理清思路、积极作为。一是完善机构，充实人员，抓好招聘、网站、专家库、刊物建设和部分专委会备案工作。二是建章立制，加强管理。改革完善薪酬制度、课题管理办法、工作规则、有偿服务项目管理办法等，建立正确的约束和激励机制，确保正确导向。三是加强作风和能力建设，提高自身和队伍人员政治、业务素质。

四、围绕煤矿安全主题，组织开展课题研究

（1）淮北矿业集团"54321"全面安全管理体系课题项目经过课题组认真研读、分析原有淮北矿业集团公司"54321"安全体系，多次召开专家研讨会研讨，深入淮北各矿基层实地调研，结合淮北矿业集团实际从理论的高度对原有的安全体系从框架结构到各要素之间的逻辑关系进行了优化、丰富、完善和创新，取得了阶段性成果，得到了淮北矿业集团的充分肯定。该课题的研究成果将有利于淮北矿业集团构建安全生产长效机制，建立健全体系闭合运转的考核办法和运行机制，进一步增强体系建设的科学性、实效性和可操作性，同时符合煤炭企业安全生产的规律特点，力求创新性、科学性、超前性、针对性和实用性，在全国具有推广价值。

（2）"煤矿安全生产危险源辨识与风险评估指南"专项课题研究项目，可以有针对性地解决煤矿企业在贯彻执行《煤矿安全风险预控管理体系规范》(简称《规范》)过程中的问题与难点，以科学方法对煤矿采、掘、机、运、通等各系统环节、作业现场的危险源进行全面梳理辨识，逐个进行风险评估，并建立一一对应的管理措施和管理标准，对煤矿企业执行《规范》，建立真正发挥安全效益的安全风险预控管理体系，提升煤矿安全管理水平，具有现实意义。

(3) 与中滦科技有限公司签订了全面合作框架协议，开展基于物联网技术的全息矿山技术课题研究。积极谋划与东华软件公司合作开展煤矿安全信息自动化领域的课题研究。

五、积极开展煤矿安全“四新”的推广应用

(1) 组织专家组对湖南江麓矿山装备有限公司生产的“矿山电动应急救援车”进行了技术成果评价。该装备可自行驱动，集生命保障、信息传输工程、环境监测工程于一体，实现了人—机—环境的合理配置，通过计算机终端可以实时监测车内人员的状况和车内外环境参数，并能通过音、视频与外界实时联系、沟通，大大提高了抢险救援过程的抗灾变能力，提高了救援的效率和成功率，对提升我国救援设备领域的设计和制造水平，提高抢险救灾的数量和质量，确保整个救灾过程安全、可靠、可控、高效具有重要意义。

(2) 组织专家组赴山东曲阜东宏管业股份有限公司实地考察、洽谈，就合作推广该公司生产的新型矿用管道达成意向。该公司作为中国管业十强企业，其生产的矿用钢丝网骨架聚乙烯复合管、矿用聚乙烯涂层螺旋焊接波纹复合钢管、矿用聚乙烯涂层复合钢管、矿用聚乙烯管、矿用聚乙烯缠绕结构壁瓦斯抽放管等系列新材料管道，具有抗蠕变性能好、持久机械强度高、耐温性能好、热膨胀系数小、刚柔相济、耐冲击性好、尺寸稳定性好、双面防腐、自示踪性好以及产品结构性能调整方便灵活的优点，对于煤矿降成本、增效益、保安全具有重要意义，具有很大的推广价值。

六、开展煤矿安全生产行业法规、技术标准的制定工作

(1) 参加《煤矿安全规程》修订工作。为搞好《煤矿安全规程》修订工作，中煤安科学会组织专家分赴淮北矿集团、皖北煤电集团、神华集团、职业安全卫生研究中心、中煤能源、中国矿业大学、中煤科工集团、等单位实地调研，组织召开专家座谈会，同时下发了调研通知进行函件调研。通过以上方式和其他途径，共收到15家煤矿监管监察和行业管理部门、32家企事业单位和专家反馈的意见和建议1068条，其中：总则40条，开采125条，通风和瓦斯、粉尘防治174条，安全监控80条，防突74条，防灭火25条，防治水74条，井下爆破44条、运输、提升122条，电气125条，煤矿救护52条，露天开采14条，职业危害54条，其他48条。学会工作组对收集到的资料、意见和建议进行归纳、梳理和提炼，并对国际上主要矿山安全法律法规体系以及新中国成立以来《煤矿安全规程》的各个版本、历史沿革及其特点进行了深入细致的研究，形成了《〈煤矿安全规程〉全面修订前期调研工作的报告》，报告指出了现行《煤矿安全规程》存在的主要问题，并从修订的指导思想、框架结构和内容方面提出建议。

(2) 参加《煤矿井下避险硐室基本要求》的标准制定工作。学会通过深入部分煤炭企业进行调查，普遍反映，在井下建立避险硐室，是煤矿井下工人在工作场所发生意外灾变事故时的有效避险措施。相对于其他方案，具有经济成本较低、易实施的优点。为此，学会承担了“煤矿井下避险硐室基本要求”标准的制定工作，该标准已形成初稿，拟进一步完善后提交主管部门审定。

(3) 参加《矿用二氧化碳防灭火技术规范》的标准制定工作，开展了液态二氧化碳防灭火和煤矿避险救灾技术未来发展的调查研究。针对全国煤矿50%以上具有自然发火威胁倾向，以及发生自燃火灾不但造成重大经济损失，也极易造成中毒或瓦斯爆炸伤亡事故和次生环境污染等实际问题，学会开展了防治煤炭自然发火方面的调研和科学技术研究工作，取得了初步成果，并在山西、陕西有关煤矿多次直接参与指导煤矿防灭火实践。同时，承担了国家安全监管总局下达给中煤安全科学技术学会《二氧化碳防灭火技术规范》的制定工作。

七、围绕煤矿安全技术，开展安全技术培训

2013年，学会举办了两期“液态二氧化碳防灭火技术推广应用”培训班和一期“山西晋煤集团中层以上管理干部灾害防治技术”培训班，收到很好的效果。

八、深入各会员单位、专业委员会和有关单位调研

2013年，学会注重调查研究，加强与会员单位、专委会和有关单位的联系。先后深入瓦斯防治专业委员会、矿井通风专业委员会、粉尘防治专业委员会、火工爆破专业委员会、阻燃抗静电专业委员会、矿井降温专业委员会、矿山救护专业委员会、露天安全专业委员会、中国矿业大学、中国地质大学、山东科技大学、沈阳研究院、西安研究院等多家会属单位、高校及科研院所走访调研，广泛听取他们对学会的意见和建议，进一步找准学会的定位、理清工作思路，改进工作方式和方法。打破在长期的计划经济条件下形成的陈旧的思维模式和简单套用行政管理方式管理学会的做法，积极探索有利于调动各方面积极性、凝聚共识与形成合力、适应新形势和学会特点的有效机制与途径。牢固树立服务的思想，把学会打造成能够真正整合、凝聚煤矿安全科技资源的平台、开展有效合作与协作的平台，为煤炭工业安全发展提供强有力的技术支持。

第十四部分

重特大事故案例

矿山事故

贵州省盘江精煤股份有限公司金佳煤矿金一采区“1·18”重大煤与瓦斯突出事故

2013年1月18日17时25分，贵州省盘江精煤有限责任公司（以下简称盘江股份公司）金佳煤矿金一采区井下211运输石门掘进工作面发生特大型煤与瓦斯突出，造成13人死亡、3人受伤，直接经济损失约1705万元。

一、事故经过

2013年1月18日8点班，金佳煤矿开拓区开三队在井下211运输石门架了一架棚，架抵迎头，底板还存在长10米左右、高0.7~0.8米左右的煤岩体。

18日4点班，总工程师罗××在采区带班。金一采区井下作业人员共有194人，其中211运输石门作业人员共有18人。当日17时左右，开拓区三队8点班与4点班在现场交接班后，4点班当班人员用风镐破右帮硬底。17时25分，211运输石门掘进工作面迎头右下方发生煤与瓦斯突出，造成在211运输石门内13人死亡、3人受伤。这次事故，突出煤矸量约1571吨、突出瓦斯量约33.11万立方米。

二、事故原因及分析

（一）直接原因

该矿在该区域181号煤层具有较强的突出危险性，而实施的石门揭煤区域防突措施存在不足、区域措施效果检验数据测算不合理，未消除突出危险的情况下使用风镐刷右帮硬底时诱发了本次煤与瓦斯突出。

（二）间接原因

一是金佳煤矿安全管理欠缺，特别是防突管理工作不到位。二是盘江股份公司对所属矿井监管工作不到位。三是盘江集团安全监管不到位。集团公司忽视安全生产，总部转入贵阳后，对煤矿安全监管重视不够。四是六盘水市、盘县两级政府对国有及国有控股企业的安全监管工作认识不足。

三、事故处理结果

（1）蒋××，金佳煤矿通风区技术负责人。对事故的发生负主要责任，移送司法机关依法追究刑事责任。

（2）蔡××，金佳煤矿通风区区长。对事故的发生负主要责任，移送司法机关依法追究刑事责任。

（3）罗××，金佳煤矿总工程师。对事故发生负主要责任，事故后已被免职，移送司法机关依法追究刑事责任。

上述人员属中共党员或行政监察对象的，待司法机关作出处理后，按干部管理权限及时给予相应的党、政纪处分。

（4）蒋××，金佳煤矿开拓区副区长。对事故的发生负主要责任，给予撤职处分。

（5）闫××，金佳煤矿开拓区副区长，分管生产。对事故的发生负主要责任，给予撤职、党内严重警告处分。

（6）金××，金佳煤矿开拓区区长。对事故的发生负主要责任，给予降级、党内警告处分。

（7）杨××，金佳煤矿通风区副区长，分管打钻及抽放工作。对事故的发生负主要责任，给予降级、党内警告处分。

（8）刘××，金佳煤矿安监科副科长，分管金一安监站及“一通三防”方面的工作。对事故的发生负主要责任，给予撤职、党内严重警告处分。

（9）施××，金佳煤矿安监科科长。对事故的发生负重要责任，给予记大过处分。

（10）钟××，盘江股份公司安监局副处级安监员，2013年1月16日前任金佳矿通风副总工程师。对事故的发生负主要责任，给予降级、党内警告处分。

（11）夏××，金佳煤矿副矿长，分管安全工作。对事故的发生负主要责任，事故后已被免职，给予撤职、党内严重警告处分，并处9000元的罚款。

（12）王××，金佳煤矿矿长，防突工作领导小组组长。对事故的发生负主要责任，给予撤销党内、外职务处分，处5万元的罚款，并吊销其矿长安全资格证和矿长证；自处分之日起5年内不得担任任何煤矿企业的主要负责人。

（13）金××，盘江股份公司通风部副主任，负责瓦斯治理、防突等工作。对事故的发生负重要责任，给予记大过处分。

（14）麻××，盘江股份公司通风部主任。对事故的发生负主要责任，给予降级、党内警告处分。

（15）徐××，盘江股份公司总工程师。对事故的发生负主要领导责任，给予降级、党内警告处分，并处9000元的罚款。

（16）邓××，盘江股份公司分管安全的副总经理，兼安监局局长。对事故的发生负重要领导责任，事故后已被要求引咎辞职，给予记大过处分，并处9000元的罚款。

（17）孙××，盘江股份公司总经理。对事故的发生负重要领导责任，给予行政记大过处分，并处19万元的罚款。

（18）周××，盘江集团总经理。对事故的发生负重要领导责任，给予行政记过处分，并处19万元的罚款。

（19）张××，盘江集团、盘江股份公司董事长、法定代表人。对事故的发生负重要领导责任，给予行政记过处分，并处19万元的罚款。

（20）依据《安全生产事故报告和调查处理条例》（国务院令第493号）第三十七条的规定，处以金佳煤矿190万元的罚款，并暂扣安全生产许可证、责令全矿停产整顿。

（21）责成盘县人民政府向六盘水市人民政府、六盘水市人民政府向贵州省人民政府作出深刻书面检查。

黑龙江省牡丹江市东宁县永盛煤矿“1·29”重大一氧化碳中毒事故

2013年1月29日10时33分，黑龙江省牡丹江市东宁县永盛煤矿发生一起一氧化碳中毒事故，造成12人死亡（其中，煤矿企业施救人员死亡9人），8人受伤，直接经济损失1149万元。

一、事故经过及救援情况

（一）事故经过

2013年1月29日，当日为农历腊月十八，是东宁县煤矿企业民俗祭井日。当日8时58分，永盛煤矿投资人殷××、高××带领本矿主要管理人员和部分工人拜祭井口，拜祭结束后，殷××、高××及部分煤矿管理人员在矿办公室等待吃饭，机电矿长张××安排主通风机司机李××、登钩工田××、技术矿长（挂名）柳××入井抽水。

9时30左右，李××等3人启动主通风机后入井（该井于1月27日放假时便关停了主通风机）。10时30分左右，3名工人行至左二路时，2人中毒晕倒，李××（当时中毒较轻）从井下打电话求救。

（二）事故救援情况

接到求救电话后，矿长赵××安排技术矿长张××、机电矿长张××、采煤班长马××、常××入井救援。11点多，矿监控室接到井下电话，再次请求救援，赵××又安排地面工人马××、采掘工韩××、后勤矿长陈××、铲车司机刘××、把钩工纪××等人入井救援，同时给住在矿家属区的工人打电话并安排人员去临近矿井找人来帮忙救援，随后赵××带领安全矿长（挂名）朴××入井。12点30分左右，该矿顾问李××在矿翻车房接到井下赵××电话，说赶紧找救护队，里面进不去人，进去的人都中毒了。李××立即给东宁县煤炭局救护队副队长刘××（当时刘××同县煤炭局副局长王××在一起）打电话请求救援，井下遇险人员数量不清。刘××要求谁也别再下井了，他马上就过去。12点50分左右，王××和刘××赶到永盛煤矿，了解情况并向县煤炭局局长宋××报告后入井。企业自救期间，永盛煤矿及附近东隆煤矿人员相继赶来并入井，前后共有20人入井参加救援，其中有5人误入左三路巷道。

13时30分，县政府副县长张××接到宋××报告后，立即赶赴现场，成立了救援领导小组，紧急调动县煤炭局救护队30人赶赴现场施救，同时组织周边煤矿留守矿工50人协助救援。

21时40分，牡丹江市政府接到东宁县事故报告后，副市长带领安监局、煤炭局相关人员连夜赶赴现场，指挥救援，截至1月30日1时，已有12人升井，经抢救5人脱离生命危险，7人经抢救无效死亡，尚有8人被困井下。于是请求沈煤集团鸡西盛隆公司救护队和龙煤集团鸡西救护大队给予支援。

2013年1月30日9时05分，沈煤集团鸡西盛隆公司救护队鸡东中队首先到达事故矿井。经救援，13时15分升井6人，3人生命体征稳定，3人遇难。15时30分又有2名遇难人员升井，抢险救援结束。这起事故共12人遇难，8人受伤。

二、事故原因及性质

（一）直接原因

报废矿井火区（一良煤矿）一氧化碳通过裂隙渗入永盛煤矿8号下煤层左二平巷第四片盘；由于矿井停风，造成井下一氧化碳积聚，作业人员进入左二平巷排水，导致一氧化碳中毒事故发生。

（二）间接原因

（1）煤矿企业违反有关安全法律法规。一是矿井停产期间，不执行省政府要求的“六不停”规定，随意停风。二是矿井采取伪装手段砌筑密闭，躲避监管部门执法检查，私开工作面。三是矿井周边有火区隐患，没有制定有效防范措施。

（2）煤矿应对事故抢险救援措施不力。事故发生后，煤矿未按《生产安全事故报告和调查处理条例》要求及时上报事故，延误了最佳救援时机；煤矿企业有关人员在无防护措施的情况下，盲目组织施救，导致事故伤亡扩大。

（3）该矿违反《七条规定》，煤矿安全管理人员“人、证、岗”不符，实际管理人员无证，职工安全培训、教育不到位。

（4）煤矿主要管理人员安全意识淡薄，今年未开展事故灾害应急演练，职工应急救援常识缺失，不能有效实施自救与互救。

（5）东宁县及煤矿监管部门在得知永盛煤矿发生事故后，没有按照有关规定及时将事故上报省、市有关部门。

（6）东宁县煤矿监管部门监管力量薄弱，安全监管不到位。一是对辖区煤矿的日常监管都是由县和安救护队人员兼职负责；二是驻矿安监员不严格履行工作职责，对该矿违规打开密闭，私开工作面制止不力；三是在日常监管中没有督促永盛煤矿针对矿井周边火区采取防范措施；四是未发现该矿存在的管理人员人、证、岗不符、私开工作面、矿工入井不随身携带自救器、不检查有害气体等问题；五是东宁县煤管局监控中心对永盛煤矿监控系统一氧化碳报警与联网中断问题，没有采取有效措施切实解决。

（7）牡丹江市煤矿监管部门未认真履行2012年监察计划，对永盛煤矿监管缺失，未能发现该矿管理人员“人、证、岗”不符、私开工作面、矿工入井不随身携带自救器、不检查有害气体等问题；市煤矿安全监控中心对永盛煤矿监控系统一氧化碳报警与联网中断问题，没有采取有效措施加以解决。

（三）事故性质

经调查认定，黑龙江省牡丹江市东宁县永盛煤矿“1·29”重大一氧化碳中毒事故是一起责任事故。

三、事故处理结果

（一）对事故责任人的处理结果

1. 不再追究责任人员

（1）李××，永盛煤矿主通风机司机，停风2天后，重新开启主通风机，在没有检测矿井有毒有害气体的情况下，不随身携带自救器，贸然带领抽水工人入井，对事故负有直接责任，鉴于已在事故中死亡，免予追究责任。

（2）赵××，永盛煤矿矿长（无证），负责该矿全面工作，该矿安全生产第一责任者。擅自指挥人员打开密闭，私开工作面，对监控系统存在的超限报警现象，未进行处理，事故发生后不及时上报事故，违章指挥、盲目施救，导致事故扩大，对事故负有直接责任。鉴于已在事故中死亡，免予追究责任。

2. 移交司法机关处理的责任人员

（1）殷××，永盛煤矿投资人，聘用不具备矿长资格人员管理煤矿，事故发生后不及时上报事故，盲目组织施救，导致事故扩大。对事故负有主要责任，移交司法机关依法处理。

（2）高××，永盛煤矿投资人，聘用不具备矿长资格人员管理煤矿，事故发生后不及时上报事故，盲目组织施救，导致事故扩大。对事故负有主要责任，移交司法机关依法处理。

（3）吴××，东宁县煤炭生产安全监督管理局永盛煤矿驻矿安监员兼东宁县煤炭局和安救护队队员，负责该矿日常监管工作。对事故发生负有主要责任，移交司法机关依法处理。

（4）刘××，东宁县煤炭局和安救护队副队长，协助分管领导负责辖区煤矿日常监管工作。对事故的发生负有重要责任，鉴于检察机关已对其立案，待司法机关依法处理后，再给予相应的党政纪处分。

（5）季××，东宁县煤炭局和安救护队副队长，协助分管领导负责辖区煤矿日常监管工作。对事故的发生负有重要责任，鉴于检察机关已对其立案，待司法机关依法处理后，再给予相应的党政纪处分。

（6）王××，东宁县煤炭生产安全监督管理局副局长，负责东宁县老黑山区域煤矿（含永盛煤矿）日常监管工作。对事故的发生负有重要领导责任，鉴于检察机关已对其立案，待司法机关依法处理后，再给予相应的党政纪处分。

上述人员待司法机关依法处理后，再给予相应的党政纪处分。

3. 给予相关处罚的责任人员

（1）李××，永盛煤矿安全矿长（持有矿长证），负责该矿安全工作。对事故负有主要责任，撤销其矿长资格证、矿长安全资格证，终身不得再担任任何煤矿的法定代表人或矿长，并处以人民币9999元罚款。

（2）张××，永盛煤矿技术负责人（无证），负责该矿技术工作。对事故负有主要责任，依据《安全生产违法行为行政处罚办法》第四十四条，对其处以人民币9999元罚款。

（3）张××，永盛煤矿机电矿长，负责该矿机电工作。对事故负有主要责任，撤销其（机电矿长）安全资格证，并处以人民币9999元罚款。

（4）柴××，永盛煤矿生产矿长（挂名），不在本矿工作，为煤矿提供相应资格证明，使煤矿取得合法生产资格，实际未履行职责。撤销其（生产矿长）安全资格证，并处以人民币9999元罚款。

（5）朴××，永盛煤矿安全矿长（挂名），为煤矿提供相应资格证明，使煤矿取得合法生产资格，实际未履行职责。撤销其（安全矿长）安全资格证，并处以人民币9999元罚款。

4. 给予党纪、政纪处分的责任人员

（1）张××，东宁县煤炭生产安全监督管理局监控中心主任，负责东宁县所属煤矿瓦斯监控工作。对事故的发生负有主要领导责任，给予行政撤职处分。

（2）宋××，东宁县煤炭生产安全监督管理局局长，负责县煤炭局全面工作。对事故的发生负有重要领导责任，给予行政记大过处分。

（3）张××，东宁县副县长，分管全县煤矿安全生产工作。对事故的发生负有领导责任，给予行政警告处分。

（4）钟××，牡丹江市煤炭生产安全监督管理局监控中心主任，负责全市煤矿瓦斯监控工作。对事故的发生负有领导责任，给予行政记过处分。

（5）陈××，牡丹江市煤炭生产安全监督管理局监管二科科长，负责全市煤矿日常监管工作。对事故的发生负有领导责任，给予行政警告处分。

（二）对事故矿井的处罚

由证照颁发管理部门吊（注）销该矿相关证照，牡丹江市政府对东宁县永盛煤矿按照关闭矿井的五条标准予以关闭。

（三）责成牡丹江市人民政府向黑龙江省人民政府作出书面检查

以上罚款，由黑龙江煤矿安全监察局哈南监察分局执行收缴。

四、下一步防范和整改措施

（1）要认真贯彻国家法律法规，督导煤矿企业落实《七条规定》（国家监管总局58号令），充分认识当前煤矿安全生产形势的严峻性，坚决克服松懈、麻痹思想，坚持“安全第一、预防为主、综合治理”的方针，以高度的政治责任感，深刻吸取和总结这起事故的教训，针对事故中暴露出的管理问题，认真研究、制定防范措施，以这起事故为典型案例，对煤矿干部、职工开展针对性教育，落实各项责任制度，消除安全管理的死角，确保煤矿安全生产。

（2）各类煤矿企业要切实落实安全生产的主体责任，加强煤矿安全基础管理。要把“一通三防”作为煤矿安全的重中之重，强化矿井通风管理，确保通风系统可靠，严禁无风、微风、循环风冒险作业。加强煤矿火区的治理，严禁在火区周围进行采掘活动。停产矿井必须做到停工不停风，入井工人必须随身携带自救器。

（3）各级煤矿安全管理部门及有关职能部门要加大监管力度，扎实开展“打非治违”专项行动，加强对企业现场的监督检查，严厉打击煤矿非法、违法组织生产行为，督导企业依法依规组织生产，及时发现和整改安全隐患，切实保护矿工生命安全。要针对事故中暴露出煤矿非法生产问题，制定针对性措施和办法，特别要加强对超层越界、隐蔽工程的专项检查和开工验收管理工作。要按部门职能各司其职，各负其责，形成合力，严厉打击煤矿超层越界，盗采资源的违法行为。

（4）各级行管部门要加强对煤矿生产技术和内业管理，定期对煤矿的交换图纸进行核实，防止私开工作面现象发生。

（5）要加强应急救援队伍建设。针对救护队伍技术力量不强，设备落后，经验不足，未进行针对性地救助演练等问题，要加强队伍建设，配齐充实专业人员，配备专业装备，加强日常训练、演练，提高抢险救灾能力。

（6）加强职工安全培训教育。要进一步加强职工的安全教育培训工作，全面提高职工的自主保安意识和安全责任意识，提高管理队伍的素质，杜绝“三违”现象。

（7）要严格执行《生产安全事故报告和调查处理条例》（国务院第493号令），规范煤矿生产安全事故的报告工作，严厉打击和惩处煤矿发生事故后迟报、漏报、谎报和瞒报行为。

河北省冀中能源张矿集团怀来艾家沟矿业有限公司“2·28”重大火灾事故

2013年2月28日19时43分，河北省冀中能源张矿集团怀来艾家沟矿业有限公司（以下简称艾家沟矿业公司）井下发生一起重大火灾事故，造成13人死亡，直接经济损失1425.08万元。

一、事故经过

2013年2月28日7时，艾家沟矿业有限公司井口副主任汤××、瓦斯检查员王××两人下井巡查，发现主井750水平南采区750皮带巷1号密闭和760区段巷2号密闭压裂损坏漏风。约12时两人上井后，汤××向总经理李××汇报了情况。

李××与总工程师王××商量后，准备维修损坏的两处密闭。在制定并贯彻了“矿井密闭维修安全技术措施”后，约15时，陈××等13名工人从主井入井，进行维修密闭作业。约20时，主通风机司机发现风机扩散器出口冒出黑烟，立即向李××汇报。李××听完汇报后，派人到附近的怀来矿业有限公司请求支援，约20时20分，怀来矿业有限公司兼职救护队员从主井入井进行灭火。21时10分许，冀中能源张家口矿业集团有限公司救护大队赶到，救护队员从风井入井开始搜救工作，共发现遇难人员12名，失踪人员1名。

二、事故原因及分析

（一）直接原因

维修密闭作业时使用的无煤安标志的空气压缩机着火，引燃附近区域巷道木支护，产生大量有毒、有害气体，造成下风侧13名工人一氧化碳中毒死亡。

（二）间接原因

（1）艾家沟矿业公司安全主体责任落实不到位。该矿违反规定，擅自组织人员下井维修作业；盲目处理隐患，没有采取严密的安全技术措施；使用无煤安标志的空气压缩机；井下巷道采用木支炉；煤矿消防管路系统不健全；安全培训不到位。

（2）张矿集团对艾家沟矿业公司长期存在的重大安全隐患未能及时排查、管控和处置。未能及时发现艾家沟矿业公司违规维修和使用禁用设备的行为；对整合后小煤矿存在的安全隐患未进行认真排查，对整合煤矿技改前长期存在安全隐患排查不彻底、整改和管控不力。

（3）怀来县、新保安镇政府及其有关部门对艾家沟矿业公司安全监管不力。

（三）事故性质

经调查分析认定，河北省冀中能源张矿集团怀来艾家沟矿业有限公司“2·28”重大火灾事故是一起责任事故。

三、事故处理结果

（1）艾家沟矿业公司总经理李××，副总经理、总工程师王××，对事故的发生负有直接责任，给予其留用察看、开除党籍处分。

（2）艾家沟矿业公司副总经理王××、渠××、王××，对事故的发生负有主要领导责任，给予其撤职、党内严重警告处分。

（3）王××，艾家沟矿业公司机电办公室主任，对事故的发生负有主要责任，给予其撤职、党内严重警告处分。

（4）王××，张矿集团原党委副书记、艾家沟矿业公司董事长、法人代表，对事故的发生负有重要领导责任，按照法定程序撤销其艾家沟矿业公司董事长职务、给予党内严重警告处分。

（5）张矿集团原董事长、党委书记董××等8人，对事故的发生负有主要或重要领导责任，给予记过、降级或记大过处分。

（6）怀来县政府副县长朱××等6人，对事故的发生负有主要或重要领导责任，给予其记过、记大过和党内警告、党内严重警告处分。

黑龙江省龙煤矿业集团股份有限公司鹤岗分公司振兴煤矿“3·11”重大水害事故

2013年3月11日13时43分，黑龙江省龙煤矿业集团股份有限公司鹤岗分公司振兴煤矿发生一起重大水害事故，死亡18人，直接经济损失2281万元。

一、事故经过及救援情况

2013年3月11日8点班，振兴煤矿全矿入井总人数698人。14时左右，生产矿长陈××、一采区带班区长丁××和队长孙××在94组架子附近，忽然感觉一股风，在距他们下边2~3米位置有大量煤、岩、泥浆从顶板溃出，他们赶紧往上跑，跑到无极绳绞车处，陈××安排孙××向矿调度汇报后，向机道打电话，但联系不上。随后他们从回风道出来到2台带式输送机头部查看情况，看到煤、岩、泥浆已经将机轧下山淤满了，陈××领着几个工人在一段机道带式输送机头部将两名在淤泥里往外爬的工人救出。此时，煤、岩、泥浆已淤满工作面机道、腰巷独头上山、一段机道集中巷、-266 米标高石门、二段机道集中巷、机轨下山 -283 米标高联络巷、-283 米标高机轨下山及 -285.9 米标高以下回风下山共 550 米长巷道。通风和通信系统被毁。事故发生后，全矿 673 人安全升井，25 人被困。

事故发生后，鹤岗分公司和振兴煤矿立即启动应急预案，成立抢险救灾指挥部，并迅速制定了抢险救灾方案，按井上、井下两条线，成立了 9 个工作组，全面开展抢险救援工作。于 12 日 3 时 25 分成功救出 7 名矿工。从 3 月 12 日 4 时至 3 月 22 日 16 时，鹤岗分公司抽调精干力量，共分 6 个救援组，共清理巷道 170 米，清淤 1700 立方米，掘进安全通道 73 米，并实现井上、井下打钻探测、抽水等救援工程。振兴煤矿在地面设 13 个观测点，采用 GPS 定位技术对地表沉降及石头河水位变化情况进行了观测。从 3 月 22 日 16 时至 4 月 10 日 23 时，经黑龙江省专家组对救灾工作进行安全评估后，为防止发生次生灾害，暂停清淤工作，改为打钻放水、稳定通风系统等措施，共打钻 1506.7 米，抽水 1.1 万立方米。从 4 月 10 日 23 时起，事故救援指挥部根据黑龙江省专家组对下一步救援工作提出的指导意见，按照科学施救原则，继续实施救援，进入隔氧防火、监测阶段。

在清淤过程中，在一段机道集中巷发现了部分肢体和一具较完整的尸体，经 DNA 比对，认定为 4 名遇难者遗体，经矿山救援队和医疗救护专业人员组成的专家组现场勘查、分析和论证，认为事故失踪的其余 14 名矿工已无生还可能，若继续实施搜救，搜救人员将面临多方面重大危险威胁，生命安全无法保障，救援指挥部决定停止搜救。这次事故共造成 18 名矿工遇难。

二、事故原因及分析

（一）直接原因

在 F40 逆断层下盘放顶煤开采 18 号特厚煤层，致使导水裂隙带发育增大，波及上部 15 号、18 号煤层采空区和 F13 断层带（80～150 米宽），导致工作面发生重大水害事故。

（二）间接原因

（1）振兴煤矿矿井水文地质技术管理存在缺陷。三水平 18 号层中部区左一段属地质构造较复杂区域，同时存在 F40 断层上盘 18 号、15 号层煤采空区，缺少地质构造基础资料。在该矿作业规程制定、审批过程中，应用经验公式，确定覆岩垮落带和导水裂隙带最大高度，对在多条不同力学性质断裂构造相互错动破坏条件下，近距离特厚煤层多煤层放顶煤重复采动导致顶板覆岩抽冒破坏带会出现异常发育高度现象缺乏认识。

（2）鹤岗分公司、振兴煤矿在水害治理上，对多层特厚煤层重复采动条件下断层（带）导（含）水性、采空区积水情况、断层带之间的连通性及其与上覆砾岩含水层之间的水力联系、重复采动影响下基本顶离层空间及积水量、覆岩破坏高度等灾害认识不足，没有采取相关措施。

（3）该矿作为水文地质条件复杂矿井，在 2013 年 3 月 1 日发生溃水溃泥事故后，鹤岗分公司组织相关业务部门进行分析时，在未能有效探明上方采空区积水积泥情况下，制定的防范措施针对性不强，缺少防止再次溃水溃泥的措施。

（4）龙煤集团公司分工负责包保鹤岗分公司全国两会期间煤矿安全工作的相关人员，对振兴煤矿 2013 年 3 月 1 日发生的溃水溃泥整改情况未能实施有效的监督检查。

（三）事故性质

经调查分析认定，这是一起责任事故。

三、事故处理结果

（一）对事故责任人员的处理

（1）振兴煤矿地测科副科长（主持工作），负责振兴煤矿地质工作。对事故的发生负有主要责任，给予行政记过处分。

（2）振兴煤矿采煤副总工程师，负责煤矿采煤系统技术管理工作。对事故的发生负有主要责任，给予行政记过处分。

（3）振兴煤矿规划副总工程师，负责矿井开拓设计、采区设计、地质管理等工作。对事故的发生负有主要责任，给予行政记大过处分。

（4）振兴煤矿安全副矿长，负责煤矿安全管理和隐患整改工作，是煤矿安全管理监督检查主要负责人。对事故的发生负有主要责任，给予行政警告处分。

（5）振兴煤矿总工程师，负责全矿技术管理工作。对事故的发生负有重要责任，给予行政记过处分。

（6）振兴煤矿党委书记，负责全矿党务工作。对事故发生负有主要领导责任，给予党内严重警告处分。

（7）振兴煤矿矿长，党委副书记，负责全矿井安全生产工作，是安全生产第一责任人。对事故的发生负有主要领导责任，给予行政撤职、撤销党内职务处分，撤销其矿长资格证、矿长安全资格证，五年内不得担任任何煤矿的矿长。

（8）龙煤集团鹤岗分公司地测副总工程师。对事故的发生负有重要责任，给予行政记大过处分。

（9）龙煤集团鹤岗分公司生产副总工程师。对事故的发生负有重要责任，给予行政记过处分。

（10）龙煤集团鹤岗分公司安全监察部副部长，分管井下安全监察工作。对事故的发生负有重要责任，给予行政记过处分。

（11）龙煤集团鹤岗分公司副总经理、总工程师，负责分公司技术管理工作。对事故的发生负有领导责任，给予行政记过处分。

（12）龙煤集团鹤岗分公司总经理，负责分公司全面工作，安全生产第一责任人。对事故及迟报负有领导责任，事故后已免职，给予行政记过处分，并处上一年年收入40%罚款。

（13）龙煤集团安全监察部监察一处处长，负责区域煤矿的安全监察工作。对事故的发生负有重要责任，给予行政记过处分。

（14）龙煤集团副总经理、总工程师，负责公司生产技术管理工作。对事故负有重要领导责任，给予行政记过处分。

（15）黑龙江省煤炭生产安全管理局监察一处处长，分管国有煤矿安全监管工作。对事故负有重要领导责任，给予行政记过处分。

（16）黑龙江煤矿安全监察局鹤滨监察分局副局长，分管辖区煤矿安全监察工作。对事故负有领导责任，给予行政记过处分。

（二）对事故单位的处罚

（1）依据《〈生产安全事故报告和调查处理条例〉罚款处罚暂行规定》第十六条第（二）款规定，对振兴煤矿处100万元罚款。

（2）责成黑龙江龙煤矿业集团股份有限公司向黑龙江省人民政府做出书面检查。

贵州省六盘水市水城县玉马能源开发有限公司马场煤矿“3·12”重大煤与瓦斯突出事故

2013年3月12日20时7分，贵州省六盘水市水城县玉马能源开发有限公司马场煤矿（以下简称马场煤矿）13302底板瓦斯抽放进风巷（以下简称底抽巷）发生特大型煤与瓦斯突出，造成25人死亡，22人受伤（其中，重伤3人），直接经济损失2909万元。

一、事故经过

2013年3月12日零点班，马场煤矿井下13302底抽巷施工了25个措施孔；采用手镐掘进，挂网、打锚杆后架了一架棚，打了6个炮眼，未装药便下班。8点班接班后，打了22个5米深的措施孔；对上个班打的6个炮眼装药，12时左右放完炮后，出渣、挂网、打锚杆，打完锚杆后架棚未完成就与4点班交班。

2013年3月12日4点班，安检站副站长邓××在井下带班，当班入井人员共有80人，分别在13302底抽巷掘进工作面等6个掘进工作面及各岗位作业。其中，13302底抽巷8名掘进工、1名安检员（兼瓦检员）、2名钻机工打地质钻孔。

15时10分，工人在参加完班前会后陆续入井作业，15时50分左右到达13302底抽巷。掘进工到迎头后，因上一班的支护工作未完成，当班班长谢××安排将上个班未完成的先做完，19时左右完工后，8人开始到副井车场运料，计划对支护好的巷道进行喷浆。20时7分，迎头发生煤与瓦斯突出，造成25人遇难。此次事故，突出煤矸量约

2051吨，瓦斯量约35.2万立方米。

二、事故原因及分析

（一）直接原因

该矿井下13302底抽巷处于地质构造带，在已揭露煤层有突出预兆的情况下，未采取防突措施，破碎顶板冒落导致发生煤与瓦斯突出事故。

（二）间接原因

一是马场煤矿主体责任不落实，安全管理混乱。二是格目底公司安全管理不到位。三是水矿股份公司管理层级不清，监管工作不力。四是水城县安监局在对马场煤矿的检查中虽查出重大隐患，但在对格目底公司督促马场煤矿隐患整改工作上力度不够。

三、事故处理结果

（1）刘××，贵州玉马能源开发有限公司（马场煤矿）副总工程师（矿安全负责人）。对事故的发生负主要责任，移送司法机关依法追究刑事责任（3月14日，已被刑事拘留），并吊销其安全资格证。

（2）张××，贵州玉马能源开发有限公司（马场煤矿）副总工程师（矿技术负责人）。对事故的发生负主要责任，移送司法机关依法追究刑事责任（3月14日，已被刑事拘留），并吊销其安全资格证。

（3）邓××，贵州玉马能源开发有限公司（马场煤矿）董事长兼总经理。对事故的发生和迟报负直接责任，移送司法机关依法追究刑事责任（3月14日，已被刑事拘留），并吊销其矿长安全资格证和矿长证，终身不得担任任何煤矿企业的主要负责人。

（4）姚××，水矿股份安全管理部部长（2013年1月12日起任职）。对事故的发生负主要责任，移送司法机关依法追究刑事责任。

以上人员待司法机关作出处理后，由有关单位按干部人事管理权限及时给予相应的党纪、行政处分；对这起事故有关部门的国家机关工作人员，涉嫌渎职犯罪的，由检察机关依法查处。

（5）程××，马场煤矿安检站副站长（主持工作）。负责矿井安全隐患排查、治理及报告的日常工作。对事故的发生负主要责任，给予撤职，党内严重警告处分。

（6）蒋××，马场煤矿通防科副科长（主持工作），负责矿井“一通三防”和防突日常工作。对事故的发生负主要责任，给予撤职，党内严重警告处分。

（7）李××，马场煤矿技术科副科长（主持工作）。负责矿井开拓布局计划的编制、防突措施的编制等工作。对事故的发生负主要责任，给予撤职，党内严重警告处分。

（8）赵××，贵州玉马能源开发有限公司（马场煤矿）副总经理，分管全矿生产工作，负责隐患排查整改的安排与落实。对事故的发生负主要责任，给予撤职，党内严重警告处分。

（9）张××，贵州玉马能源开发有限公司（马场煤矿）党总支书记。对事故的发生负主要责任，给予撤销党内职务处分。

（10）潘××，格目底公司安全生产管理部部长。对事故的发生负主要责任，给予降级、党内警告处分。

（11）余××，格目底公司副总经理、总工程师、驻矿安监处处长，负责全公司安全、技术管理、“一通三防”等工作。对事故的发生负主要责任，给予撤职、党内严重警告处分，并处9000元罚款。

（12）高××，格目底公司董事长、总经理（2013年1月12日起任职）。对事故的发生负主要责任，给予降级、党内警告处分，并处5万元罚款。

（13）王××，水矿股份公司安全管理部主任工程师。对事故的发生负主要责任，给予撤职、党内严重警告处分。

（14）晏××，水矿控股公司安全督察部部长，2013年1月17日前任水矿股份公司安全管理部正处级安检员。对事故的发生负主要责任，给予降级、党内警告处分。

（15）俞××，水矿股份公司技术中心（总工办）副主任。对事故的发生负重要责任，给予记大过处分。

（16）黎××，水矿股份公司副总工程师兼技术中心（总工办）主任。对事故的发生负重要责任，给予记大过处分。

（17）蒙××，水矿股份公司通风管理部副部长。对事故的发生负重要责任，给予记大过处分。

（18）冉××，水矿股份公司副总工程师，

2013年1月13日起兼通风管理部部长，马场煤矿包保人。对事故的发生负主要领导责任，给予撤职、党内严重警告处分。

（19）田××，2013年2月22日起任水矿股份公司总工程师，并分管基本建设矿井。对事故的发生负重要领导责任，责令其辞职，给予记大过处分，并处9000元罚款。

（20）郑××，水矿股份公司安全副总经理。对事故的发生负重要领导责任，责令其辞职，给予记大过处分，并处9000元罚款。

（21）阎××，水矿股份公司总经理。对事故的发生负主要领导责任，给予行政降级，并处19万元罚款。

（22）倪××，水矿控股公司总经理，水矿股份公司党委书记。对事故的发生负重要领导责任，给予行政记大过处分，并处19万元罚款。

（23）魏××，水矿控股公司董事长、党委书记。对事故的发生负重要领导责任，给予行政记大过处分，并处19万元罚款。

（24）周××，水城县阿戛镇党委副书记、镇长。给予行政撤职处分。

（25）朱××，水城县安全生产监督管理局党组书记、局长。给予行政撤职处分。

（26）王××，水城县委副书记、政府代理县长。给予行政记过处分。

（27）蔡××，六盘水市安全生产监督管理局党组书记、局长。给予行政记过处分。

（28）尹××，六盘水市人民政府副市长，分管安全生产工作。责令停职检查，给予行政记过处分。

（29）贵州玉马能源开发有限公司马场煤矿对发生的事故负有责任。依据《安全生产事故报告和调查处理条例》（国务院令第493号）第三十七条的规定，处190万元的罚款，并责令其停建整顿。

吉林省吉煤集团通化矿业集团公司八宝煤业公司“3·29”特别重大瓦斯爆炸和“4·1”重大瓦斯爆炸事故

2013年3月29日21时56分，吉林省吉煤集团通化矿业集团公司八宝煤业公司（以下简称八宝煤矿）发生特别重大瓦斯爆炸事故，造成36人遇难（企业瞒报其中7人，经群众举报后核实）、12人受伤，直接经济损失4708.9万元。4月1日，该矿不执行吉林省人民政府禁止人员下井作业的指令，擅自违规安排人员入井施工密闭，10时12分又发生瓦斯爆炸事故，造成17人死亡、8人受伤，直接经济损失1986.5万元。

一、事故经过

2013年3月28日16时左右，－416采区附近采空区发生瓦斯爆炸，该矿采取了在－416采区－380石门密闭外再加一道密闭和新构筑－315石门密闭两项措施。29日14时55分，－416采区附近采空区发生第二次瓦斯爆炸，新构筑密闭被破坏，－416采区－250石门一氧化碳传感器报警，该采区人员撤出。通化矿业公司总工程师宁××、副总工程师陈××接到报告后赶赴八宝煤矿，研究决定在－315、－380石门及东一、东二、东三分层顺槽施工5处密闭。16时59分，宁××、陈××带领救护队员和工人到－416采区进行密闭作业。19时30分左右，－416采区附近采空区发生第三次瓦斯爆炸，作业人员慌乱撤至井底（其中有6名密闭工升井，坚决拒绝再冒险作业）。以上3次瓦斯爆炸事故均发生在－416采区－4164东水采工作面上区段采空区，未造成人员伤亡。该矿不仅没有按规定上报并撤出作业人员，且仍然决定继续在该区域施工密闭。21时左右，井下现场指挥人员强令施工人员再次返回实施密闭施工作业，21时56分，该采空区发生第四次瓦斯爆炸，该矿才通知井下停产撤人并向政府有关部门报告，此时全矿井下共有367人，共有332人自行升井和经救援升井，截至30日13时左右井下搜救工作结束，事故共造成36人死亡（其中1人于3月31日在医院经抢救无效死亡）。

“3·29”事故搜救工作结束后，鉴于井下已无人员，且灾情严重，吉林省人民政府和国家安全监管总局工作组要求吉煤集团聘请省内外专家对井下灾区进行认真分析，制定安全可靠的灭火方案，并决定未经吉林省人民政府同意，任何人不得下井作业。4月1日7时50分，监控人员通过传感器发现八宝煤矿井下－416采区一氧化碳浓度迅速升高，通化矿业公司常务副总经理王××召集副总经理李××、王××和八宝煤矿副矿长王××等人商议后，违抗吉林省人民政府关于严禁一切人员下井作业的指令，擅自决定派人员下井作业。9时20分，通化矿业公司驻矿安监处长王××和王××分别带领救护队员下井，到－400大巷和－315石门实施挂风障措施，以阻挡风流，控制火情。10时12分，该区附近采空区发生第五次瓦斯爆炸，此时共有76人在井下作业，经抢险救援59人生还（其中8人受伤），发现6人遇难并将遗体搬运出井，井下尚有11人未找到，事故共造成17人死亡、8人受伤。

二、事故原因

（一）直接原因

八宝煤矿忽视防灭火管理工作，措施严重不落实，－4164东水采工作面上区段采空区漏风，煤炭自然发火，引起采空区瓦斯爆炸，爆炸产生的冲击波和大量有毒有害气体造成人员伤亡。

（二）间接原因

（1）企业安全生产主体责任不落实，严重违章指挥、违规作业。一是八宝煤矿对井下采空区的防灭火措施不落实，管理不得力；二是八宝煤矿及通化矿业公司在连续3次发生瓦斯爆炸的情况下，违规施工密闭；三是通化矿业公司违抗吉林省人民政府关于严禁一切人员下井作业的指令，擅自决定并组织人员下井冒险作业，再次造成重大人员伤亡事故；四是吉煤集团对通化矿业公司的安全管理不力。

（2）地方政府的安全生产监管责任不落实，相关部门未认真履行对八宝煤矿的安全生产监管职责。一是白山市安全生产监督管理局落实省属煤矿安全监管工作不得力；二是白山市国土资源局组织开展矿产资源开发利用和保护工作不得力；三是白山市人民政府贯彻落实国家有关煤矿安全生产法律法规不到位；四是吉林省安全生产监督管理局组织开展省属煤矿安全监管工作不到位；五是吉林省能源局违规开展矿井生产能力核定工作；六是省政府对煤矿安全生产工作重视不够，对省政府相关部门履行监督职责督促检查不到位。

（3）煤矿安全监察机构安全监察工作不到位。吉林煤监局及其白山监察分局组织开展煤矿安全监察工作不到位，对白山市安监局履行省属煤矿安全监管职责的情况监督检查不到位，对吉煤集团及八宝煤矿的安全监察工作不到位。

三、事故处理结果

（一）因在事故中死亡、免予追究责任人员

通化矿业公司总工程师等7人，对事故的发生负有直接责任，因在事故中死亡、免予追究责任人员。

（二）司法机关已采取措施人员

负责被瞒报死亡人员火化手续的中间人等16人，分别因涉嫌不报、谎报安全事故罪、重大责任事故罪和玩忽职守罪等罪名，被司法机关采取措施。

以上人员属中共党员或行政监察对象的，待司法机关作出处理后，由当地纪检监察机关或负有管辖权的单位及时给予相应的党纪、政纪处分。

（三）给予党纪、政纪处分人员

八宝煤矿通风队长、八宝煤矿通风科副科长等50人，给予党纪、政纪处分。

责成吉林省人民政府向国务院作出深刻检查。

（四）行政处罚建议

（1）依据《〈生产安全事故报告和调查处理条例〉罚款处罚暂行规定》（以下简称《暂行规定》）第十六条和第十七条，对八宝煤矿处以700万元罚款；该矿瞒报事故，依据《暂行规定》第十二条，对八宝煤矿处以200万元罚款；合计罚款900万元。

（2）依据《暂行规定》第十八条，对八宝煤矿总经理韩××处以上一年年收入80%的罚款；依据《暂行规定》第十三条，对韩××处以上一年年收入100%的罚款；合计罚款上一年年收入

180%，终身不得再担任煤炭行业的矿长（董事长、总经理）职务，由颁发证照的部门吊销其矿长资格证、安全资格证。

（3）依据《暂行规定》第十八条，对通化矿业公司董事长兼总经理赵××处以上一年年收入60%的罚款；依据《暂行规定》第十三条，对赵××处以上一年年收入100%的罚款；合计罚款上一年年收入的160%。

吉林省延边朝鲜族自治州和龙市庆兴煤业有限责任公司庆兴煤矿“4·20”重大瓦斯爆炸事故

2013年4月20日13时26分，吉林省延边朝鲜族自治州（以下简称延边州）和龙市庆兴煤业有限责任公司庆兴煤矿（以下简称庆兴煤矿）发生一起重大瓦斯爆炸事故，造成18人死亡、12人受伤，直接经济损失1633.5万元。

一、事故经过

事故发生前，庆兴煤矿在+246米标高新三段暗绞布置了2个掘进工作面。该矿隐瞒位于三段暗绞+285～+74米标高的3处作业地点，其中三段十一路巷道式采煤、三段十二路回撤（回撤前为开两帮出煤）作业、十五路回撤作业。

4月20日白班，矿井入井作业人员72人，其中新三段区域两个掘进工作面27人、注浆队8人；三段暗绞十一路巷道式采煤工作面12人、三段十二路回撤作业地点5人、三段十五路回撤作业地点3人，其他管理和辅助人员17人。作业人员在技术矿长黄××带领下，于8时入井。13时26分，在井下副二段绞车房检修绞车的机电矿长张××听到一声闷响，几秒钟后，绞车房充满灰尘，张××按电话上的呼叫器问发生什么情况，九路人员说发生爆炸了，张××立即向地面调度室报告了事故。井下人员第一时间组织自救，先后在九路主副井交岔点、三段十一路车场、三段十二路、三段十五路救出9名受伤人员，运送到安全区域。庆兴煤业公司矿山救护队15时10分入井救援，经井下侦察确认在九路变电所门口、九路三段暗绞绞车房、三段十一路车场、三段十一路回风道、三段十二路回撤作业地点共有18人遇难，并在三段十二路交岔点处救出3名受伤人员。

二、事故原因分析

（一）直接原因

庆兴煤矿违法违规组织生产，蓄意隐瞒作业地点，在+214米标高三段十一路采用国家明令禁止的巷道式采煤方法，未形成全负压通风系统，造成瓦斯积聚，违章爆破引起瓦斯爆炸。

（二）间接原因

（1）企业安全生产主体责任不落实，违法违规组织生产。一是矿井拒不执行政府指令，违法违规组织生产。二是矿井隐瞒作业区域，逃避监管监察。三是矿井技术管理混乱，采用国家明令禁止的巷道式采煤方法。四是矿井安全生产管理混乱，安全主体责任不落实。五是庆兴煤业公司安全责任制形同虚设，对庆兴煤矿的安全管理不到位。

（2）地方政府安全监管责任落实不到位，相关部门未认真履行对庆兴煤矿的安全生产监管职责。一是有关部门日常监管工作不到位。二是有关部门对停产整顿期间企业违法违规生产问题失察。三是地方政府和有关部门对停产整改期间煤矿火工品监管不力。四是地方政府和有关部门对企业隐患排查监督指导不力、复产验收工作不认真。

三、事故处理结果

（一）因在事故中死亡，免予追究责任人员

庆兴煤矿技术副矿长黄××、事故当班爆破员秦××，因在事故中死亡，免予追究责任。

（二）因涉嫌重大责任事故罪，被公安机关采取强制措施人员

和龙市庆兴煤业公司总经理等10人，因涉嫌重大责任事故罪，被公安机关采取强制措施。

（三）因涉嫌玩忽职守罪，被检察机关立案侦

查人员

和龙市煤炭事业管理局局长等3人，因涉嫌玩忽职守罪，被检察机关立案侦查。

（四）移送公安机关处理人员

和龙市庆兴煤业公司保卫处处长董××，移送公安机关处理。

（五）给予党纪、政纪处分人员

延边州安全生产监督管理局副局长等10人，给予党纪、政纪处分。

和龙市委书记韩××向上级党委作出书面检查；责成延边州人民政府向吉林省人民政府作出深刻检查。

（六）行政处罚

（1）依据《暂行规定》第十六条规定，由吉林煤矿安全监察局对和龙市庆兴煤业公司处以罚款200万元；由吉林省人民政府相关部门及吉林煤监局依法吊销庆兴煤矿有关证照，由和龙市人民政府依法对庆兴煤矿实施关闭。

（2）依据《暂行规定》第十八条规定，由吉林煤监局对庆兴煤矿矿长张××处以上一年年收入60%的罚款，终身不得再担任煤炭行业的矿长（董事长、总经理）职务，由颁发证照的部门吊销其矿长资格证和矿长安全资格证。

（3）依据《暂行规定》第十八条规定，由吉林煤监局对庆兴煤业有限责任公司总经理刘××处以上一年年收入60%的罚款，由颁发证照的部门吊销其主要负责人安全资格证。

（4）依据《暂行规定》第十八条规定，由吉林煤监局对和龙市庆兴煤业有限责任公司董事长葛××处以上一年年收入60%的罚款。

贵州省安顺市平坝县大山煤矿“5·10”重大瓦斯爆炸事故

2013年5月10日19时6分，贵州省安顺市平坝县大山煤矿（以下简称大山煤矿）在越界非法盗采的马四巷采点发生重大瓦斯爆炸事故，造成12人死亡，2人受伤，直接经济损失1462.82万元。

一、事故经过

2013年5月10日晚班，大山煤矿未组织召开班前会，16时至18时，共60名人员陆续入井，其中，M8煤层1182运输巷、回风巷掘进8人，非法区域52人（1193采面22人、巷采点30人）。当班M8煤层掘进工作面由赵××负责；非法生产区域带班领导是安全负责人张××，其中：1193采面由李××负责，巷采点分别由包工头晏××、陈××负责。18时许，孙××入井，换张××出井吃饭，并负责对巷采点马车转运的煤量进行计量。

巷采作业区域由晏××带领14人到马一、马二巷采点作业，陈某带领14人到马三、马四巷采点作业。18时30分，马三巷采点准备爆破，晏××将马一、马二巷采点人员撤至安设的局部通风机处，马三巷采点人员撤至马四巷采点口处，马四巷采点未撤出人员，18时40分马三巷采点爆破；19时6分，马四巷巷采点的作业人员试煤电钻时发生瓦斯爆炸，造成马三、马四巷采点10人当场死亡，4人受伤（2人在医院抢救无效死亡）；在外面躲炮的晏××听到马四巷采点有响声且有震动，感觉可能发生事故，便带领工人沿进风巷道撤出；孙××在马车转运煤场处感觉到里面有震动，就向外跑，到达380米带式输送机机头处打电话告诉主井口的带式输送机司机周××，周××立即报告了生产矿长秦××；其余在非法区域作业的38人安全升井。

二、事故原因及分析

（一）直接原因

非法越界开采，通风系统混乱，风量严重不足，无风微风作业，造成事故地点瓦斯积聚，煤电钻失爆产生火花引爆积聚瓦斯，导致事故发生。

（二）间接原因

一是大山煤矿无视国家法律法规，越界非法组织生产。二是盘龙树公司管理不规范，对所属矿井监管不到位。三是乐平镇人民政府打非治违工作不到位。四是平坝县国土资源部门对煤炭资源开采监管不到位。五是平坝县工业和经济贸易局（煤炭管理局）煤炭产品准销准运管理不到位。六是平坝县安监局执法工作不规范，重大隐患跟踪落实不到位。七是平坝县政府打非治违工作存在漏洞。

三、事故处理结果

（1）陈××，大山煤矿非法盗采区域马三、马四巷采点包工头。鉴于已在事故中死亡，不再追究其责任。

（2）常××，大山煤矿法定代表人。对事故的发生和瞒报负直接责任。已于2013年5月11日，因涉嫌重大责任事故罪被刑事拘留；5月17日，因涉嫌重大责任事故罪被执行逮捕。

（3）孙××，大山煤矿生产安全实际负责人。对事故的发生负直接责任。已于2013年5月11日，因涉嫌重大责任事故罪被刑事拘留；5月25日，因涉嫌重大责任事故罪被执行逮捕。

（4）杨××，大山煤矿矿长。对事故的发生负直接责任。已于2013年5月11日，因涉嫌重大责任事故罪被刑事拘留；5月17日，因涉嫌重大责任事故罪被执行逮捕；依据《安全生产法》第八十一条的规定，吊销其煤矿企业主要责任人安全资格证和矿长证，终身不得担任任何煤矿企业的主要负责人。

（5）秦××，大山煤矿生产矿长。对事故的发生负主要责任。已于2013年5月11日，因涉嫌重大责任事故罪被刑事拘留；5月17日，因涉嫌重大责任事故罪被执行逮捕；吊销其煤矿企业管理人员安全资格证。

（6）张××，2013年3月起为大山煤矿安全负责人，事故当班越界盗采区域带班领导。对事故的发生负主要责任。已于2013年5月11日，因涉嫌重大责任事故罪被刑事拘留；5月17日，因涉嫌重大责任事故罪被执行逮捕。

（7）常××，2013年3月前任大山煤矿安全矿长。对事故的发生负主要责任。依据《煤矿安全监察条例》（国务院令第296号）第四十四条的规定，移送司法机关依法追究刑事责任，并吊销其煤矿企业管理人员安全资格证。

（8）王××，大山煤矿技术负责人。对事故的发生负主要责任。已于2013年5月11日，因涉嫌重大责任事故罪被刑事拘留；5月25日，因涉嫌重大责任事故罪被执行逮捕；吊销其煤矿企业管理人员安全资格证。

（9）晏××，大山煤矿非法盗采区域马一、马二巷采点包工头。对事故的发生负主要责任。已于2013年5月11日，因涉嫌重大责任事故罪被刑事拘留。

（10）尚××，盘龙树公司法定代表人、董事长。对事故的发生负重要责任。依据《安全生产法》第八十一条的规定，处19.9万元的罚款。

（11）刘××，盘龙树公司总经理。对事故的发生负重要责任。依据《安全生产法》第八十一条的规定，处19.9万元的罚款。

（12）邱××，乐平镇安监站工作人员，乐平镇派驻大山煤矿驻矿安监员。对事故的发生负主要责任，乐平镇政府予以解聘。

（13）焦××，乐平镇国土所所长。对事故的发生负主要责任，给予行政撤职处分。

（14）陈××，乐平镇安监站副站长。对事故发生负主要责任，给予行政撤职、党内严重警告处分。

（15）焦××，乐平镇安监站站长。对事故的发生负主要责任，给予行政降级、党内严重警告处分。

（16）何××，中共乐平镇党委委员、副镇长，分管安全生产、国土资源工作。对事故发生负主要责任，给予行政撤职、撤销党内职务处分。

（17）胡××，中共乐平镇党委副书记、镇长，全镇安全生产第一责任人。对事故的发生负主要责任，给予行政撤职、撤销党内职务处分。

（18）马××，安顺市黄果树风景名胜区白水镇党委书记，2013年3月前任乐平镇党委书记。对事故的发生负有重要责任，给予党内警告处分。

（19）赵××，平坝县十字乡国土所负责人，2012年8月前在县国土资源局矿权股工作。对事故的发生负主要责任，给予行政降级、党内严重警告处分。

（20）张××，平坝县国土资源局矿产资源股负责人。对事故发生负主要责任，给予行政降级，党内严重警告处分。

（21）李××，平坝县国土资源局党组书记、局长。对事故的发生负主要责任，给予行政降级、党内严重警告处分。

（22）蒋××，平坝县工业和经济贸易局（煤炭管理局）总工程师，分管安全生产管理股（煤炭安全管理站）、煤炭管理股。对事故发生负有主要责任，给予行政撤职、党内严重警告处分。

（23）刘××，平坝县工业和经济贸易局（煤炭管理局）党组书记、局长。对事故发生负有主要责任，给予行政降级、党内严重警告处分。

（24）喻××，平坝县安全生产监督管理局党组成员、副局长，分管煤矿安全监管工作。对事故的发生负主要责任，给予行政撤职、撤销党内职务处分。

（25）罗××，平坝县安全生产监督管理局党组副书记、局长。对事故的发生负主要责任，给予行政降级、党内严重警告处分。

（26）吴××，中共党员，平坝县人民政府副县长，分管安全生产工作，大山煤矿包保人。对事故的发生负重要领导责任，给予行政记大过、党内警告处分。

（27）刘××，中共党员，平坝县人民政府副县长，分管国土资源工作。对事故的发生负重要领导责任，给予行政记大过、党内警告处分。

（28）陶××，中共平坝县委副书记、县长。对事故的发生负领导责任，由安顺市纪检监察机关对其进行诫勉谈话。

（29）沈××，中共平坝县委书记。对事故发生负有领导责任，由安顺市纪检监察机关对其进行诫勉谈话。

对该起事故中有关国家机关工作人员，涉嫌职务犯罪的，由检察机关依法予以查处。

（30）由省国土资源厅、工商局、能源局和贵州煤监局依法吊销大山煤矿相关证照，由安顺市政府督促平坝县政府按照国家和省的有关规定实施关闭；依据《中华人民共和国矿产资源法》第四十条、《中华人民共和国行政许可法》第八十条规定，没收违法所得1979万元，并处30%的罚款593.7万元；依据《生产安全事故报告和调查处理条例》（国务院令第493号）第三十六条的规定，对大山煤矿瞒报事故处200万元的罚款。

（31）依据《生产安全事故报告和调查处理条例》（国务院令第493号）第三十七条和《安全生产许可证条例》（国务院令第397号）第十四条的规定，对盘龙树公司处100万元罚款，并暂扣其安全生产许可证。

（32）责成平坝县委、县政府分别向安顺市委、市政府作出深刻检查；责成安顺市人民政府向贵州省人民政府作出深刻检查。

四川省泸州市泸县桃子沟煤业有限公司“5·11”重大瓦斯爆炸事故

2013年5月11日14时15分，四川省泸州市泸县桃子沟煤业有限公司发生重大瓦斯爆炸事故，造成28人死亡、18人受伤（其中8人重伤），直接经济损失3747万元。

一、事故经过

2013年5月11日7时10分，桃子沟煤业有限公司集中组织召开班前会。早班作业人员141人入井，其中48人先后到违法作业区域作业。12时许，中班带班副矿长徐××组织召开班前会，随后78名作业人员陆续入井，早班部分人员升井。事故发生时，井下共有作业人员108名，其中违法作业区域有49人作业。3111采煤工作面22个支巷处于无风、微风状态。14时15分，第6支巷爆破后，残药燃烧引爆积聚瓦斯。爆炸波及3111采煤工作面及相邻区域。

3111采煤工作面队长王××见发生事故，立即与瓦斯检查员何××等6人互救到3111采面进风巷，随即到一级提升下车场打电话向地面报告事故。地面检身员随即通知桃子沟煤矿技术负责人陈××、调度室主任谢××赶到井口值班室。此时，在井下的徐××赶到二级提升上车场打电话给地面的陈××询问情况。监控员王××14时30分电话向桃子沟煤矿法人代表罗××报告事故。罗××接到事故报告后，要求矿长组织人员施救，清点人数，并立即向泸县安全监管局局长李××报告事故。随后逐级报告事故。接到事故报告后，四川省人民政府、泸州市及泸县党委政府立即启动煤矿安全生产应急预案，成立泸县桃子沟煤矿“5·11”瓦斯爆炸事故抢险救援指挥部。并先后调集7支专业救护队、147名队员，全力开展抢险救援工作。经自救和救援，至当晚22时30分，共出井82人（其中9人重伤，10人轻伤），发现26名遇难矿工并全部运至井上。5月11日16时和5月12日凌晨3时，先后2名重伤员在医院抢救无效死亡。

二、事故原因及分析

经调查认定，泸州市泸县桃子沟煤业有限公司“5·11”重大瓦斯爆炸事故是一起责任事故。

（一）直接原因

桃子沟煤业有限公司违法违规组织生产的3111采煤工作面6支巷采煤作业点区域处于无风、微风状态，瓦斯积聚达到爆炸浓度；爆破后，残药燃烧，引爆积聚瓦斯。

（二）间接原因

桃子沟煤矿非法组织生产，蓄意逃避监管；非法违法区域通风管理混乱；现场管理混乱，违规爆破；职工培训不到位，安全意识淡薄。泸州市和泸县煤矿安全监管部门履行煤矿日常安全生产监督管理不到位；泸州市经济和信息化委和泸县经济和信息化局履行煤炭行业管理职责不力；泸县国土资源部门未正确履行矿产资源监督管理职能，“打非治违”工作不力；泸县福集镇党委和镇政府贯彻落实上级党委、政府关于煤矿安全生产工作的部署和要求不力；泸县县委、县政府贯彻落实党和国家有关煤矿安全生产方针政策、法律法规不到位，组织“打非治违”工作不深入；泸州市人民政府贯彻落实国家有关煤矿安全生产法律法规不到位，对泸县人民政府及市人民政府有关职能部门煤矿安全生产监管工作督促指导不到位。

三、事故处理结果

按照有关规定，对46名事故责任人进行了处理。其中，21名涉嫌犯罪的事故责任人被移送司法机关依法追究刑事责任，22名党政机关工作人员受到党纪、政纪处分，2名责任人员给予行政处罚，1人因已在事故中死亡不再追究责任。

（一）不再追究责任人员

王××，事故当班3111采煤工作面瓦斯检查员。未严格执行瓦斯检查“一炮三检”“三人联锁”爆破制度，对事故发生负直接责任。鉴于已在事故中死亡，不再追究责任。

（二）司法机关已采取措施人员

（1）何××，泸县安监局矿山管理站福集分站副站长兼桃子沟煤矿驻矿煤监员。因涉嫌玩忽职守罪被执行逮捕。

（2）潘××，泸县安监局矿山管理站原驻桃子沟煤矿煤监员。因涉嫌受贿罪被执行逮捕。

（3）李××，泸县安监局矿山管理站福集分站原站长。因涉嫌受贿罪被执行逮捕。

（4）唐××，泸县安监局矿山管理站副站长。因涉嫌玩忽职守罪被执行逮捕。

（5）罗××，泸县安监局矿山管理站站长。因涉嫌玩忽职守罪被执行逮捕。

（6）周××，泸县安监局副局长。因涉嫌玩忽职守罪被执行逮捕。

（7）马××，泸县国土资源局矿产资源管理股股长。因涉嫌玩忽职守罪被执行逮捕。

（8）李××，桃子沟煤矿实际控制人。因涉嫌重大责任事故罪被刑事拘留。

（9）罗××，桃子沟煤矿法人代表。因涉嫌重大责任事故罪已被刑事拘留。

（10）周××，桃子沟煤矿经理、股东。因涉嫌重大责任事故罪被刑事拘留。

（11）谢××，桃子沟煤矿调度室主任。因涉嫌重大责任事故罪被刑事拘留。

（12）张××，桃子沟煤矿矿长。因涉嫌重大责任事故罪被刑事拘留。吊销其矿长资格证和矿长安全资格证，终身不得担任任何煤矿的矿长。

（13）胡××，桃子沟煤矿前任矿长。因涉嫌重大责任事故罪被刑事拘留。吊销其矿长资格证和矿长安全资格证。

（14）姜××，桃子沟煤矿生产副矿长。因涉嫌重大责任事故罪被刑事拘留。吊销其矿长资格证和矿长安全资格证。

（15）陈××，桃子沟煤矿技术负责人。因涉嫌重大责任事故罪被刑事拘留。吊销其矿长资格证和矿长安全资格证。

（16）徐××，桃子沟煤矿安全副矿长。因涉嫌重大责任事故罪被刑事拘留。吊销其矿长资格证和矿长安全资格证。

（17）杨××，桃子沟煤矿副矿长。因涉嫌重大责任事故罪被刑事拘留。吊销其矿长资格证和矿长安全资格证。

（18）卢××，桃子沟煤矿机电副矿长。因涉嫌重大责任事故罪被刑事拘留。吊销其矿长资格证和矿长安全资格证。

（19）陈××，泸县桃子沟煤矿专职值班副矿长。因涉嫌重大责任事故罪被刑事拘留。吊销其矿长资格证和矿长安全资格证。

（20）王××，桃子沟煤矿采煤队队长。涉嫌重大责任事故罪，移送司法机关追究刑事责任。

（21）何××，桃子沟煤矿当班瓦斯检查员。涉嫌重大责任事故罪，移送司法机关追究刑事责任。

以上人员待司法机关作出处理后，由有关单位按干部人事管理权限及时给予相应的党纪、行政处分。

（三）给予行政处罚人员

（1）黄××，桃子沟煤矿安监科长。对事故发生负有重要责任，给予罚款3万元的行政处罚。

（2）苟××，桃子沟矿技术科长兼掘进队长。对事故发生负有重要责任，给予罚款3万元的行政处罚。

（四）给予党纪、行政处分人员

（1）张××，泸县安监局矿山管理站福集分站站长。给予行政撤职、党内严重警告处分。

（2）李××，泸县安监局党组书记、局长。给予行政降级、党内严重警告处分。

（3）高××，泸县经济和信息化局能源股股长。给予行政降级、党内严重警告处分。

（4）王××，泸县经济和信息化局党委委员、副局长。给予行政记大过处分。

（5）李××，泸县经济和信息化局党委书记、局长。给予行政记过处分。

（6）张××，合江县国土资源局党组书记、局长。给予行政降级、党内严重警告处分。

（7）刘××，泸县福集镇安办主任。给予行政撤职、党内严重警告处分。

（8）陈××，泸县福集镇党委委员、副镇长。给予行政降级、党内严重警告处分。

（9）郑××，泸县福集镇党委副书记、镇长人选。给予党内警告处分。

（10）唐××，泸县福集镇党委书记。给予党内严重警告处分。

（11）蒲××，泸县人民政府党组成员、副县长、县公安局局长。给予行政撤职、撤销党内职务处分。

（12）谭××，泸县县委副书记，县人民政府党组书记、县长。给予行政记大过处分，免去县长职务。

（13）郭××，泸县县委书记。给予党内严重警告处分。

（14）陈××，泸州市经济和信息化委经济运行科副科长。给予行政撤职处分。

（15）马××，泸州市金融办副主任。给予行政撤职、撤销党内职务处分。

（16）周××，泸州市经济和信息化委党组书记、主任。给予行政记大过处分。

（17）包××，泸州市安监局矿山安全监察科科长。给予行政降级处分。

（18）张××，泸州市安监局党组成员、副局长。给予行政记大过处分。

（19）李××，泸州市安监局党组书记、局长。给予行政记过处分。

（20）曹××，泸州市人民政府党组成员、副市长。给予行政记过处分。

（21）张××，泸州市人民政府党组成员、副市长、市公安局局长。给予行政警告处分。

（22）刘××，泸州市委副书记，泸州市人民政府党组书记、市长。给予行政警告处分。

由四川煤监局川南监察分局对桃子沟煤矿处以罚款200万元；由泸州市人民政府没收桃子沟煤矿非法违法所得，并处以罚款；由证照颁发管理部门依法吊销桃子沟煤矿有关证照，由泸州市人民政府依法对桃子沟煤矿实施关闭。

责成泸州市人民政府向省人民政府写出书面检查。

江西省丰城曲江煤炭开发有限责任公司“9·30”重大煤与瓦斯突出事故

2013年9月30日5时43分，江西省丰城曲江煤炭开发有限责任公司（以下简称曲江公司）西二采区603东顺槽煤巷掘进工作面发生一起煤与瓦斯突出事故，造成11人死亡，1人重伤，2人轻伤，事故突出煤量405吨，涌出瓦斯量36480立方米，直接经济损失达854.5万元。

一、事故发生及抢险救援经过

（一）事故发生经过

9月29日晚21时，掘进一队值班副队长李××主持召开晚班进班会，工区支部书记黄××、跟班副队长夏××和陈××、5名班长和14名工人共23人参加了进班会。布置陈××在602带式输送机机头跟班，班长余××带领5名工人到602带式输送机头抄底；夏××在603东顺槽跟班，班长张××带领其余12名工人到603东顺槽掘进（计划掘进3排，每排0.7米）和加装5节刮板输送机中部槽。

22时左右，夏××和张××带领工人运输中部槽和刮板链等设备来到603东顺槽，此时中班人员还在工作面掘进作业，张××便带领工人加装中部槽。30日凌晨2时左右，加装完5节刮板输送机中部槽，开始使用风镐和手镐掘进，掘进1.4米后，2名工人开刮板输送机并运送材料，班长郭××开装煤机，班长张××带领1名工人施工顶部锚杆，班长梁××施工锚索，其余人员施工帮锚。5时22分，瓦斯检查员王××在603东顺槽下部车场向通风调度电话汇报瓦斯检查情况和填写瓦斯检查手册，准备做出班汇报的安全检查员刘××刚走到第二部刮板输送机机头处，此时夏××看到工作面第2排支护工作接近完成，便离开迎头准备向调度室汇报，刚走到第一部刮板输送机机头处。3人都同时听到了类似机枪的“突突突”的响声，夏××跑到风门处，正好两道正向风门被气浪冲开，夏××乘机跑过了风门，逃到了新鲜风流中。听到异常响声的瓦斯检查员王××赶紧向603东顺槽走，在风机附近看到从里面涌出大量煤尘，检查了一下瓦斯浓度，浓度为10%以上。过了一会，夏××、刘××等人往603东顺槽返回，在第二道风门处，发现风门内侧有一只脚，推开风门，看到有2名遇难矿工，从风门开启处用灯向内照看，在风门向里3米左右处还有2名遇难矿工，于是将4名遇难人员搬运到两道风门中间。

（二）事故报告和抢险救援经过

2013年9月30日早上5时43分，地面瓦斯监控员罗××发现监控系统显示603东顺槽瓦斯浓度瞬间上升到85.4%，立即向矿调度室进行了汇报，矿调度室向西二变电所电工邹××核实有关情况后报告矿有关领导：603东顺槽可能发生了煤与瓦斯突出，随后向矿务局调度室进行了报告。曲江公司按规定分别向有关部门报告了事故。江西煤监局接到事故报告后按规定分别向省政府和国家煤矿安监局进行了报告。

事故发生后，矿井成立了现场救灾指挥部，经过核对人数，603东顺槽当班总人数为16人，已有5人安全脱险，11人下落不明。

5时54分，江西救护总队丰城大队接到丰城矿务局调度室事故召请电话后，出动2个小队于6时18分赶到事故矿井进行救援。救护队迅速成立井下救援基地，并进入灾区搜救人员。6时45分，在603东顺槽两道风门之间找到4名遇难人员。救灾指挥部根据救护队侦查情况判断失踪的7名作业人员可能被突出的煤掩埋，于是下达新的救援指令：矿方和救护队密切配合，排放瓦斯，全力清煤救人。

从10月1日6时45分找到失踪的第1名遇难人员后，至当日14时12分，找到了失踪的最后一名遇难人员。历时32小时30分钟，11名遇难人员全部找到。10月2日3时40分，最后1名遇难者遗体升井，救援工作结束。

事故发生后，江西省煤炭集团公司、丰城矿务局、曲江公司全力做好事故善后处理工作，10月3日依照有关规定与遇难矿工家属全部签署了赔偿协议并落实到位，3名受伤矿工得到了有效救治。

二、事故原因及性质

（一）直接原因

603东顺槽因抽采不达标，超出允许控制范围掘进，违章作业造成的煤与瓦斯突出事故。

（二）间接原因

（1）曲江公司安全生产主体责任不落实，未严格执行安全管理制度，是事故发生的主要原因。

（2）丰城分公司对授权管理的矿井监管工作不到位。

（三）事故性质

经调查认定，曲江公司“9·30”重大煤与瓦斯突出事故系一起瓦斯抽采不达标、超强度掘进、违章作业造成的生产安全责任事故。

三、事故处理结果

（一）移送司法机关处理人员

（1）夏××，曲江公司掘进一队副队长，603东顺槽2013年9月29日晚班安全生产跟班干部。对事故负有直接责任，移送司法机关依法查处。

（2）何××，2011年2月任曲江公司掘进一队队长，负责掘进一队全面工作。对事故负有主要责任，移送司法机关依法查处。

（3）熊××，2012年9月任曲江公司通风科科长，负责对防突措施效果检验员进行日常管理。对事故负有主要责任，移送司法机关依法查处。

（4）洪××，2013年1月起，任曲江公司副总经理（分管安全）兼任总工程师，2013年8月任总工程师，公司党委委员，负责生产技术和“一通三防”工作，分管生产科、通风科、抽放队等工作。对事故负有主要领导责任，移送司法机关依法查处。

（5）黄××，2010年9月任曲江公司总经理，公司党委委员，主持公司行政全面工作，安全责任第一负责人，曲江公司主要负责人。对事故负有主要领导责任，移送司法机关依法查处。

上述人员涉嫌犯罪线索已移送公安机关查处，待司法机关依法调查、作出处理后，按管理权限及时给予相应的党、政纪处分。

（二）给予党政纪处分人员

（1）王××，曲江公司瓦斯检查员，603东顺槽事故当班专职瓦斯检查员。对事故发生负有主要责任，给予其留用察看处分。

（2）刘××，曲江公司安全检查员，603东顺槽事故当班专职安全检查员。对事故发生负有主要责任，给予其留用察看处分。

（3）张××，2011年2月任曲江公司通风队队长、支部书记，负责通风队全面工作和瓦斯员的管理。对事故发生负有重要领导责任，给予其降级、党内严重警告处分。

（4）蒋××，2012年9月任曲江公司安全科科长。对事故发生负有主要领导责任，给予其降级、党内严重警告处分。

（5）樊××，2012年5月任曲江公司副总工程师，协助总工程师抓矿井“一通三防”工作，分管通风队。对事故发生负有重要领导责任，给予其记大过处分。

（6）谢××，2011年12月任曲江公司副总经理，公司党委委员，负责矿井掘进工作，分管掘进一队等工作。对事故发生负有主要领导责任，给予其撤销党内外职务处分。

（7）熊××，2013年8月任曲江公司副总经理，负责安全监察、安全培训工作，分管安全科。对事故发生负有重要领导责任，给予其记过处分。

（8）徐××，2010年12月任曲江公司党委书记，主管安全生产教育工作，安全责任第一负责人。对事故发生负有重要领导责任，给予其党内严重警告处分。

（9）徐××，2010年8月任丰城分公司副总工程师兼安全监察局副局长，主持安全监察局全面工作。对事故发生负有重要领导责任，给予其降级、党内严重警告处分。

（10）甘××，2010年8月任丰城分公司副总工程师兼通风处处长，协助总工程师分管丰城分公司“一通三防”技术管理工作。对事故发生负有重要领导责任，给予其降级、党内严重警告处分。

（11）邓××，2010年1月任丰城分公司副总经理，分管全公司生产工作。对事故发生负有重要领导责任，给予其记过处分。

（12）熊××，2012年10月任丰城分公司副总经理，协助总经理分管安全生产工作。对事故发生负有重要领导责任，给予其记过处分。

(13) 舒××，2009年3月任丰城分公司总工程师。对事故发生负有重要领导责任，给予其记大过处分。

(14) 刘××，2011年5月任丰城分公司党委书记，主管安全生产教育工作。对事故发生负有重要领导责任，给予其党内警告处分。

(15) 胡××，2009年11月任丰城分公司总经理（丰城矿务局局长），主持公司行政全面工作，安全责任第一负责人。对事故发生负有重要领导责任，给予其记大过处分。

(16) 胡××，2009年11月任江西省煤炭集团公司党委副书记、江西煤业有限公司总经理，分管安全生产工作。2012年安源煤业聘任其为公司总经理。对事故发生负有重要领导责任，给予其记大过处分。

(17) 李××，2007年8月任江西省煤炭集团公司总经理，2008年8月兼任党委书记、江西煤业有限公司董事长，主持全面工作。2012年安源煤业聘任其为公司董事长。对事故发生负有重要领导责任，给予其记过处分。

(三) 行政处罚

(1) 根据《生产安全事故报告和调查处理条例》第三十七条第三款的规定，对曲江公司处以罚款150万元。

(2) 根据《生产安全事故报告和调查处理条例》第三十八条第三款的规定，对曲江公司总经理黄××处上一年度年收入60%的罚款，计29.28万元。

由于“9·30”重大煤与瓦斯突出事故造成重大财产损失及人员伤亡，责成江西省煤炭集团公司向江西省政府作出书面检查。

四、防范措施

(1) 认真学习宣传贯彻落实习近平总书记重要批示和讲话精神。发展决不能以牺牲人的生命为代价，要以此作为一条红线，必须时刻敲响警钟，绷紧安全生产这根弦。在煤炭经济下行时期，煤炭企业各级领导必须保持清醒头脑，正确处理安全与生产、效益的关系，始终坚持安全第一，做到不安全不生产。要尊重客观规律与事实，严禁超能力下达生产计划，盲目追求产量与效益，严防超能力、超强度、超定员组织生产。

(2) 进一步落实煤矿企业主体责任，加大层级管理力度。

(3) 坚持标本兼治，建立长效机制。

(4) 加强安全质量管理，不断提升管理水平、装备水平和保障能力。

(5) 各级、各有关部门要按照省安委会明确的国有煤矿企业安全生产监管职能，各负其责，加强对国有煤矿企业监管监察，真正形成“国家监察、地方监管、企业负责”的安全生产监管监察体制。

交通运输事故

甘肃省庆阳市宁县“2·1”重大道路交通事故

2013年2月1日，庆阳市宁县境内宁五公路2公里+200米处发生一起重大道路交通事故，造成18人死亡、32人受伤，直接经济损失约1078万元。

一、事故经过及救援情况

(一) 事故经过

2013年1月31日21时25分，河北省衡水运输集团有限公司“合客”牌大型普通旅游客车，从廊坊市文安县滩里镇官营村富门生态酒店载庆阳籍回家过年打工人员54人（其中7名儿童），由河北省廊坊市文安县驶往甘肃省庆阳市宁县，分别由驾驶人姜××和冯××轮换驾驶。从文安县沿省道272线行驶，至22时05分，到达河北省廊坊市大城县平舒镇停车就餐25分钟后，继续沿省道

272 线至崔儿庄驶入国道 307 线。2 月 1 日凌晨 2 时 27 分许驶入省道 204 线至藁城高速公路西口收费站，因大雾高速公路封闭，停车至 7 时 52 分后，返回 307 国道，8 时 46 分到达石家庄傅山医院西 700 米处加油站停留 10 分钟后继续行驶，9 时 01 分到达石家庄鹿泉高速公路入口，停车 30 分钟后上京昆高速。13 时 51 分进入山西省临汾市霍州服务区，停车 15 分钟后沿京昆高速进入青兰高速，17 时 13 分驶入包茂高速，17 时 50 分由陕西黄陵县桥山镇驶出包茂高速后停车 15 分钟，沿黄店复线、黄五公路行驶，20 时 09 分进入甘肃宁县境内，沿宁五公路行驶，21 时 23 分在宁县春荣乡当庄村停车 7 分钟，继续行驶 3 分钟后发生事故，客车从 10 余米高的坡道冲下，随后起火燃烧。

客车全程行驶 1453.4 公里，历时 28 小时 16 分。车辆由陕西黄陵县至事故发生地时由驾驶人姜××驾驶。

（二）事故应急处置情况

2013 年 2 月 1 日 21 时 47 分，宁县公安局交警大队接到群众电话报警后立即赶赴现场，按要求逐级上报了事故情况。庆阳市、宁县政府领导接到报告后，立即组织相关部门在第一时间赶赴现场，全力以赴开展伤者救治工作。死亡、受伤人员的户籍所在地宁县、合水县、庆城县、西峰区政府成立了善后工作小组，协调伤员救治和死者善后处理工作。甘肃省副省长及有关部门领导接到报告后及时赶赴现场，组织指导事故救援工作。国家安全监管总局、公安部、交通运输部也派员赶赴事故现场指导事故救援和处置工作。2 月 2 日，庆阳市人民政府派出市安监局、市运管局、市交警支队、宁县公安局、宁县公安局交警大队等单位 7 名同志赴河北省衡水市相关部门进行前期了解调查，省政府庆阳市宁县“2·1”事故调查组成立后，委托庆阳市政府派员赴河北省进行资料收集和相关取证工作。在事故发生后，河北省衡水市交通局和衡水市运输集团相关人员赶赴庆阳市宁县，参加事故的善后工作。

二、事故原因及性质

（一）直接原因

驾驶人姜××违规使用空白包车证、驾驶超员机动车、行经不熟悉路况的县乡陡坡路段超速行驶、遇急弯时临危采取措施不当，是造成这起交通事故的直接原因。

（二）间接原因

（1）衡水运输集团有限公司及其下属公司安全生产责任制不落实，安全管理制度不健全，安全管理不到位。

（2）衡水市交通运输管理部门组织开展道路运输安全管理和监督检查工作不到位。

（三）事故性质

经调查认定，庆阳市宁县“2·1”重大道路交通事故是一起生产安全责任事故。

三、事故处理结果

（一）责任认定

经调查认定，庆阳市宁县“2·1”重大道路交通事故是由于河北省衡水运输集团有限公司安全生产主体责任不落实、安全管理混乱，交通运输部门履行监管职责不到位，旅游包车违规营运、车辆超载，驾驶员不熟悉路况、超速驾驶临危处置不当导致的一起单方责任事故。

（二）免予追究责任人员

姜××，事故大客车驾驶人。对事故发生负有直接责任，涉嫌交通肇事罪。鉴于其已在事故中死亡，不再追究责任。

（三）移送司法机关处理人员

（1）冯××，事故大客车另一驾驶人，事故中受伤。2013 年 2 月 4 日被甘肃省宁县公安局以涉嫌交通肇事罪立案侦查。3 月 25 日，宁县公安局撤销对其交通肇事罪的立案侦查，以涉嫌伪证罪被指定居所监视居住。5 月 16 日，宁县法院以包庇罪判处其有期徒刑 1 年，缓刑 1 年零 6 个月。

（2）姜××，事故大客车承包人。2013 年 3 月 7 日被甘肃省庆阳市公安局以涉嫌交通肇事罪立案调查，依法采取取保候审措施。3 月 27 日被甘肃省庆阳市公安局移送至宁县检察院。7 月 8 日被宁县检察院以涉嫌交通肇事罪起诉至宁县法院。

（3）庞××，衡水市交通运输局运管处客运科科长。违规批准向衡运集团发放空白包车证，由衡水市桃城区检察院立案侦查，已批准逮捕。

（4）万××，衡水市交通运输局运管处客运科工作人员。违规向衡运集团发放空白包车证，已由衡水市桃城区检察院批准逮捕，现取保候审。

（四）给予党纪、政纪处分人员

（1）邵××，2012年5月任衡水运输集团有限公司阜城分公司安全员，负责车辆安全检查、安全隐患排查、相关证件检查等工作。对事故发生负有直接责任，给予其留用察看处分。

（2）公××，2002年任衡水运输集团有限公司阜城分公司副经理，主管安全生产工作。对事故发生负有直接领导责任，给予其撤职、党内严重警告处分。

（3）魏××，2006年12月任衡水运输集团有限公司阜城分公司经理，负责公司全面工作，安全生产第一责任人。对事故发生负有主要领导责任，给予其撤职处分。

（4）李××，1996年任衡水运输集团有限公司安全技术部副部长，负责集团公司安全管理各项工作的具体实施。对事故发生负有主要领导责任，给予其降级、党内严重警告处分。

（5）王××，2012年3月任衡水运输集团有限公司副总经理兼安全技术部部长，分管集团公司安全生产工作，负责日常车辆技术和安全管理。对事故发生负有主要领导责任，给予其记大过处分。

（6）郭××，2012年3月任衡水运输集团有限公司副总经理兼客运部长，分管客运经营业务，负责各种营运手续的办理。对事故发生负有主要领导责任，给予其记大过处分。

（7）李××，2012年3月任衡水运输集团有限公司董事会董事、总经理，协助董事长抓全面工作，负责公司生产经营，主管法律事务部。对事故发生负有重要领导责任，给予其记过处分。

（8）别××，2011年12月任衡水运输集团有限公司董事长，主持董事会和党委全面工作。对事故发生负有重要领导责任，给予其记过处分。

（9）刘××，2003年12月任阜城县交通运输局运管站副站长，负责客运、机务维修工作。对事故发生负有直接领导责任，给予降低岗位等级、党内严重警告处分。

（10）徐××，阜城县交通运输局运管站站长。对事故发生负有主要领导责任，给予其降低岗位等级处分。

（11）袁××，2012年10月任衡水市交通运输局运管处副处长，分管安全生产和基础建设等工作。对事故发生负有重要领导责任，给予其行政记过处分。

（12）葛××，2003年至2012年5月任衡水市交通运输局副局长，分管道路运输工作；2012年6月至2013年2月18日继续协助局长临时分管运管工作。对事故发生负有一定的领导责任，给予其警告处分。

由河北省人民政府进一步追究运输企业的主体责任；对相关责任人员涉嫌犯罪的，由司法机关依法追究刑事责任。

（五）相关处罚及问责

（1）依据《生产安全事故报告和调查处理条例》第三十七条第三款规定，对衡水运输集团有限公司处以130万元罚款。

（2）依据《安全生产法》《生产安全事故报告和调查处理条例》等有关法律法规的规定，由衡水市相关部门对衡水运输集团有限公司主要责任人给予相应行政处罚。

（3）河北省安委办对衡水市交通运输局进行通报批评。

（4）责成衡水市人民政府向河北省人民政府作出深刻书面检查。

（5）河北省人民政府要将对责任单位和责任人的处理情况及时抄送甘肃省人民政府。

四、整改措施

（1）切实加强客运企业安全管理。

（2）督促客运企业落实安全生产主体责任。

（3）完善客运车辆驾驶人安全教育制度。

（4）严厉打击各类道路交通违法行为。

（5）扎实开展道路交通行业安全生产大检查。

湖北省二广高速荆州长江公路大桥“3·12”重大道路交通事故

2013年3月12日19时左右，湖北省二广高速荆州长江公路大桥（以下简称“大桥”）发生一起双层卧铺客车坠桥重大道路交通事故，造成14人死亡、9人受伤，直接经济损失1002.93万元。

一、事故经过

3月12日16时许，恩施州鹤峰县益通汽运有限公司（以下简称“益通公司”）驾驶员陈××驾驶大型卧铺客车（核载36人，实载22人，含副驾驶员易××），由武汉市硚口区古田客运站驶往恩施州鹤峰县走马镇客运站。16时16分出站并接受客运站人员检查。19时04分，该车行驶至二广高速公路二广向1765公里+200米处大桥路段时，在桥面快速车道以83公里/小时速度超越荆州市公共交通运输总公司第四分公司一辆城市公交车后，遇肇事驾驶员张××驾驶的普通两轮摩托车在快速车道内逆向行驶，陈××向右猛打方向避让，因操作不当，客车右向斜穿大桥并撞毁桥梁防护栏，坠落到距桥面15.45米的桥下长江大堤护坡上，造成肇事驾驶员陈××及卧铺客车上共14人当场死亡，肇事摩托车驾驶员张××及卧铺客车乘坐人共9人受伤，大桥设施受损，事故卧铺客车报废的重大道路交通事故。

二、事故原因及分析

陈××驾驶大型卧铺客车行驶至二广高速公路二广向1765公里+200米处大桥路段，在快速车道超越城市公交车后，遇肇事驾驶员张××驾驶的普通两轮摩托车在快速车道内逆向行驶，驾驶员陈××在避让摩托车过程中向右猛打方向，因操作不当，与摩托车发生轻微刮碰后，撞毁大桥路侧双层隔离护栏，导致卧铺客车坠桥事故的发生。经调查认定，二广高速荆州长江公路大桥“3·12”重大道路交通事故是一起责任事故。

三、事故处理结果

事故摩托车车主、驾驶员张××，涉嫌触犯国家有关法律法规，被移送司法机关依法追究法律责任。事故客车当班驾驶员陈××在事故中死亡，不再追究责任。给予益通公司董事长、经理覃××等11名企事业单位人员、荆州市政府原副市长王××等10名行政机关人员党纪、政纪处分。责成荆州市政府、恩施州政府向省政府作出深刻检查，责成荆州市政府对荆州市交通运输局、大桥局在全市范围内通报批评，责成湖北省公安厅对公安大队在系统内通报批评，责成湖北省交通运输厅对益通公司依法依规予以处理。由湖北省安监局对大桥局、益通公司及其法定代表人覃××、刘××、钟××、谭××，湖南路桥建设集团公司及该公司夏××、唐××、刘××、朱××、彭××，湖南湖大建设监理有限公司及该公司李××、李××等给予规定上限的经济处罚。

云南省保山市隆阳区“3·18”重大道路交通事故

2013年3月18日，云南省保山市隆阳区境内杭瑞高速公路K2689+200米处保山至大理方向发生一起死亡15人、受伤14人的重大道路交通事故，事故的直接经济损失超过694.86万元。

一、事故经过和救援情况

（一）事故经过

2013年3月18日，高××驾驶楚雄州汽车运输公司某牌号大型普通客车，共载乘29人（核载

30人），由德宏州瑞丽市驶往楚雄州南华县（旅游包车返回）。16时18分许，行至杭瑞高速公路（G56）2689公里+200米处时，车辆先与道路中心分隔带水泥隔离墩发生刮擦，随后向右急转撞断道路右侧波形防护栏驶离路面，翻坠下95米深的山崖，造成高××及乘车人共15人死亡（其中：12人当场死亡、3人经抢救无效死亡）、14人受伤、车辆严重受损的重大道路交通事故。

（二）事故救援情况

3月18日16时21分，保山市公安局隆阳分局110指挥中心接电话报警称："在大保高速公路老鹰岩112至113路碑处，有一个满身是血的老妇从路下边爬上来求助，可能是一辆车翻到路下了，具体情况不清。"16时27分，又接到肇事车辆一名女乘客的电话报警。110指挥中心接警后，迅速指令保龙大队、隆阳大队派出巡逻民警赶赴现场核实情况、实施救援；保山市公安局和交警支队领导迅速组织警力赶赴现场，并通知消防、120急救中心等相关部门同步赶往现场实施救援处置。同时，直属大队按指令要求派出警力对城区路口实施管控，确保救援通道畅通。

二、事故原因和事故性质

车辆技术鉴定及调查证实，肇事车在事故发生时制动、转向及其他安全系统齐全有效，作用正常，符合《机动车运行安全技术条件》（GB 7258—2012）规定。事故路段交通标志标线齐全，视线良好，发生事故时，在事故地点无任何行人、车辆等动态物体和障碍物，道路交通情况正常。高××在肇事前无影响安全驾驶的疾病或病史，未服食过影响安全驾驶的食物或药品。

（一）直接原因

高××驾驶车辆在雨后路面湿滑的情况下超速行驶，致使车辆失控与道路中央水泥隔离墩发生刮擦，且操作不当，导致车辆向右急转撞断道路右侧防护栏后驶离路面，坠落95米深的山崖，是事故发生的直接原因。

（二）间接原因

（1）楚雄州汽车运输公司落实主体责任不到位，落实车辆动态监督检查不到位。公司内部安全生产管理制度和操作规程不够完善，领导督促检查不力，公司、车主、驾驶员三者之间存在管理盲区。驾驶员不能自觉地遵守各项制度，存在违法违章行为。部分安全管理人员对安全管理制度落实不到位，GPS值班制度不健全，对车辆和驾驶员的监管不到位。

（2）云南省国际旅行社落实安全管理工作不到位，制度不够健全，动态监控措施不健全，对旅游车辆行驶过程中的违规行为监督提醒不够。

（3）保山市保龙交警大队澜沧江中队对道路巡查不到位。事故当天，中队安排的当班巡警因处理内勤工作而没有按时上路巡查；当班巡警因处理另一起交通事故，中队没有及时安排警力对事故路段巡查，对事故路段客运车辆违法违章行为的执法力度不够。

（三）事故性质

经调查认定，保山市隆阳区"3·18"重大道路交通事故为一起责任事故。

三、事故处理结果

（1）高××，肇事车辆驾驶员，对事故的发生负有直接责任，其行为触犯《中华人民共和国刑法》第一百三十三条之规定，涉嫌交通肇事罪。鉴于其在事故中死亡，不再追究其刑事责任，由公安机关交通管理部门注销其机动车驾驶证。

（2）郑××，楚雄州汽车运输公司客车队队长。对事故的发生负有主要领导责任，由公司免去客车队队长职务、给予党内警告处分，并处以上一年年收入的60%的罚款。

（3）龙××，楚雄州汽车运输公司安全技术科长。对事故的发生负有主要领导责任，由公司免去安全技术科长职务，并处以上一年年收入的60%的罚款。

（4）岩××，楚雄州汽车运输公司副总经理，分管安全生产工作。对事故的发生负有重要领导责任，给予党内警告处分，并处以上一年年收入的60%的罚款。

（5）张××，楚雄州汽车运输公司总经理，负责公司的日常经营管理工作。对事故的发生负有重要领导责任，处以上一年年收入的60%的罚款。

（6）甘××，楚雄州汽车运输公司董事长、法人代表，公司安全生产第一责任人，负责集团的全面工作。对事故的发生负有重要领导责任，处以上一年年收入的60%的罚款。

（7）王××，保山市公安局交通警察支队保龙大队澜沧江中队中队长，负责中队全面工作。落实有关道路规章制度不力，督促中队组织开展高速公路巡查工作力度不够，负有主要领导责任，给予行政警告处分。

（8）普××，保山市公安局交通警察支队保龙大队副大队长，分管澜沧江中队。督促指导澜沧江中队加强对道路管控的力度不够，对事故路段违法违章行为管控不到位，负有重要领导责任，责成向保山公安局交通警察支队写出书面检查。

（9）楚雄州汽车运输公司企业安全生产主体责任落实不到位，教育培训工作针对性不强，公司驾驶人高××驾驶公司车辆发生该事故。由保山市安监局对楚雄州汽车运输公司处100万元的罚款，并承担事故处理相应费用。

（10）云南省国际旅行社落实安全管理不到位，责成云南省国际旅行社向上级主管部门写出深刻书面检查。

（11）楚雄州政府落实道路交通事故预防工作有差距，责成向省政府作出深刻书面检查。

四、事故防范措施

（1）落实企业安全生产主体责任。交通运输企业要进一步加强安全管理工作，认真贯彻执行各级政府对道路交通安全工作的部署和要求，扎实开展运输企业安全生产专项整治，严格落实安全生产责任制，采取有效措施，强化对客运车辆和驾驶人安全管理，有效预防和遏制各类事故的发生。

（2）加强道路隐患排查整改。各级政府和有关部门要深入开展道路交通安全隐患排查整改工作，对事故多发路段进行全面检查，制定整改方案，高速公路管理部门要加大对危险路段、交通事故多发路段的巡查和隐患排查力度，特别是要加强安全防护设施、应急避险车道等建设。

（3）加强道路路面管控。道路交通安全监管部门要进一步优化警力部署，合理安排勤务，严格路面巡查管控，切实加大对道路交通秩序的管理力度，加大对超速超员超载、违法占道行驶、无证驾驶、疲劳驾驶、酒后驾驶等违法行为的执法力度。

（4）强化旅游行业安全监管。旅游行政主管部门要针对旅游团队日程安排过紧，旅行社组织旅游时赶时间、赶行程，旅游车辆行驶过程中的违规行为，积极探索有效的管理手段和办法，对影响旅游安全、旅游环境和旅游市场秩序的突出问题进行全面整顿。

（5）加强培训教育、落实客运车辆管理。交通运输企业要加强对客运驾驶人法制意识、安全意识、驾驶安全责任和安全风险的教育。道路运输主管部门要严格客运包车特别是旅游客运包车的审批和监管，加强客运车辆运营信息调度，督促运输企业严格落实长途客运驾驶人的配备、途中休息、GPS在线监控、超速和特殊天气提醒等制度。

福建省厦蓉高速和溪路段“3·22”重大道路交通事故

2013年3月22日11时25分许，一部满载水泥的重型半挂牵引车，由龙岩开往漳州，行驶至G76线厦蓉高速109公里+524米处，因车辆失控，先后撞上1辆小汽车、1辆卧铺大客车（核载44人、实载45人，其中儿童3人）和1辆大货车，造成12人死亡、34人受伤，直接经济损失达530多万元。

一、事故经过

2013年3月22日，一辆由驾驶员别××驾驶的运载水泥的重型半挂牵引车，开往漳州方向，11时21分许，距事故发生地约7.2公里处，发现刹车失控（肇事前，车辆由福州畅顺汽车修理厂负责人张××，为车辆更换挂车后轴“三无”刹车片、轮毂等汽车配件），车速开始加快，11时25分许，行驶至109公里+610米处，车速已达到119公里/小时，此时肇事车辆右前侧撞刮1辆小轿车（致使小轿车左后轮胎破裂），并继续于快速车道上往前高速行驶约50米，斜碰撞1辆双层卧铺大客车（贵州省遵义汽车运输集团省际客运有限公司车辆）的尾部。大客车被撞后，形成向右旋转，往路右斜撞击防撞栏，并跨越护栏、排水沟至挡土墙，车右侧紧贴挡土墙前行至109公里+475米处交通标志立柱后剪切撕裂。同时，半挂牵引车继续前行又撞击前方1辆重型货车左后角，致使重型货车翻滚在B道109公里+377.6米处。半挂牵引车在碰撞中引擎同时掉落，并继续向左前行撞刮中央隔离水泥护墩，最终停在B道109公里+258.5米处。事故造成4部车辆及道路设施不同程度损坏，12人死亡、34人受伤。

二、事故原因及分析

经车辆技术鉴定和事故调查分析，造成事故发生的原因主要是肇事车辆前轮制动器被人为解除，较长时间车辆维修检查不到位，导致部分制动器机件磨损、损伤或沾油严重影响车辆制动性能。驾驶人别××在车辆技术状况不符合《机动车安全运行技术条件》的情况下，驾驶车辆上路行驶，在下长坡路段未能根据交通条件采取合理措施控制安全行车速度，挂最高前进挡下坡，持续使用制动，导致制动器摩擦过热，制动效能下降，直至制动失效。

三、事故处理结果

（1）对肇事驾驶人别××、江西省鹰潭市顺驰物流有限公司法人李××、肇事车辆实际拥有者黄××、福州畅顺汽车修理厂负责人张××分别给予追究刑事责任，并对李××处以上一年年收入60%的罚款。

（2）对龙岩高速公路交警支队支队长邱××和政委岳××分别给予党内警告处分。

（3）对龙岩高速公路交警支队一大队大队长陈××和漳州高速交警支队二大队一中队长陈××、二中队副主任科员吕××分别给予行政记过处分。

（4）对龙岩高速公路管理分公司征费部主任陈××和龙岩高速公路管理分公司征管所副所长黄××、漳州高速管理分公司副总经理刘××给予党内警告处分。

（5）对省高速公路公司养护处处长陈××给予行政记过处分。

（6）责成有关部门、单位处理其他内部相关责任人员4人。

（7）由于双层卧铺大客车驾驶员徐××拒不服从公司进站接驳运输管理规定，但鉴于其在事故中死亡，不再追究责任。

（8）依法对畅顺汽车修理厂进行取缔，责成有关部门依法对鹰潭市顺驰物流有限公司、福建万集物流公司（畅顺汽车修理厂租用其场地）等2家单位实施处罚，并要求鹰潭市城区交通运输管理所作出书面检查。

新疆维吾尔自治区昌吉市“6·18”重大道路交通事故

一、事故经过

2013年6月18日17时10分许，新疆维吾尔自治区昌吉市庙尔沟乡发生一起重大道路交通事故。新疆安吉达国际旅客运输有限责任公司大型普通客车，承运旅客36人，从索尔巴斯陶景区返回昌吉市时，车辆行驶至庙尔沟乡X125线13公里+620米处（该路正在建设尚未竣工验收），向左侧翻下路基，造成15人死亡，21人受伤，直接经济损失878万元。

经调查认定，新疆昌吉“6·18”重大道路交通事故是一起重大生产安全责任事故。

二、事故处理结果

（1）马××，事故车辆驾驶员，安全意识薄弱，未提醒乘客系好安全带，在对山区路况不熟、雨天路滑的情况下，陟坡转弯超速行驶，因操作不当，导致车辆翻入山沟，对事故的发生负有直接责任。其行为已涉嫌犯罪，移交司法机关追究刑事责任。

（2）马××，原昌吉市市长（现任昌吉国家高新技术开发区管委会主任），对交通运输和旅游工作领导和监督不到位，对事故的发生负有重要领导责任，给予行政警告处分。

（3）庄××，昌吉市副市长，主管交通、旅游等部门，对交通运输和旅游工作领导和监督不到位，对事故的发生负有主要领导责任，给予行政记过处分。

（4）刘××，昌吉州交通运输局局长、党组副书记。对事故的发生负有重要领导责任，给予行政警告处分。

（5）高××，昌吉州交通运输局总工程师、党组成员，具体分管施工路段的建设。对事故的发生负有主要领导责任，给予行政记过处分。

（6）袁××，昌吉州交通运输局公路科科长。对事故的发生负有主要领导责任，给予行政记过处分。

（7）李××，昌吉市交通运输局局长。对事故的发生负有主要领导责任，给予行政记过处分。

（8）邹××，昌吉市旅游局局长。对事故的发生负有重要领导责任，给予行政警告处分。

（9）马××，安吉达公司法人代表,安全生产第一责任人。对事故的发生负有主要责任,给予罚款2.52万元,终身不得担任本行业企业主要负责人。

（10）香××，昌吉分社主要负责人。对事故的发生负有主要责任，给予罚款3万元，终身不得担任本行业企业主要负责人。

（11）吴××，大西部旅行社法人代表、总经理，安全生产第一责任人。对事故的发生负有主要责任，给予罚款7.76万元，终身不得担任本行业企业主要负责人。

（12）张××，大西部旅行社副总经理，分管安全生产工作。对事故的发生负有主要责任，给予罚款3.21万元。

（13）孟××，昌吉飞马财富公司总经理。对事故的发生负有主要责任，给予罚款3.09万元。

（14）夏××,新疆维泰股份有限公司总经理。对事故的发生负有主要责任,给予罚款5.63万元。

（15）龙××，新疆维泰股份有限公司项目经理。对事故的发生负有主要责任，给予罚款3.49万元。

（16）赵××，新疆昆仑工程监理有限责任公司副总经理，分管安全生产工作。对事故的发生负有主要责任，给予罚款6.62万元。

（17）陈××，新疆昆仑工程监理有限责任公司X125线项目监理组主要负责人。对事故的发生负有主要责任，给予罚款3.96万元。

（18）安吉达公司，安全生产管理不到位，制度落实不严，对挂靠车辆监管不力，对驾驶员安全教育不到位，驾驶员安全意识薄弱，对车辆GPS系统安全管理和监控存在缺陷。对事故的发生负有主要责任，给予罚款100万元。

（19）大西部旅行社，安全生产管理混乱，默许无资质的昌吉分社经营相关旅游业务，对昌吉分社在注销期间非法经营行为监管不力，对事故的发生负有主要责任。给予罚款50万元。

（20）新疆维泰股份有限公司，施工现场安全管理不到位，对禁止通行车辆在施工路段通行管控不力，安全警示标志不全，对事故的发生负有主要责任，给予罚款50万元。

（21）新疆昆仑工程监理有限责任公司,对X125线项目施工现场安全监理存在漏洞,对禁止通行车辆在施工路段通行等安全隐患失察,未采取有效措施督促施工单位落实有关安全隐患整改建议,对事故的发生负有主要责任。给予罚款50万元。

安徽省S17线蚌合高速合肥“8·9”重大道路交通事故

2013年8月9日凌晨3时20分许，安徽省S17线蚌合高速合肥市境内111公里+500米处发生一起重大道路交通事故，造成10人死亡、31人不同程度受伤，直接经济损失约1000万元。

一、事故经过及应急处置情况

（一）事故经过

2013年8月9日3时20分左右，程××驾驶某牌号大型普通客车，途经S17线蚌合高速公路由南向北行驶至下行线（合肥往淮南方向）111 公里 +500 米附近时，追尾撞到前方同车道由程××驾驶的重型普通半挂货车的尾部，造成 10 人死亡、31 人受伤，两车及半挂货车上的货物不同程度损坏。

（二）事故应急处置情况

3 时 30 分，合肥市公安局 110 指挥中心接到市交警支队高速四大队执勤民警报警后，立即下达出警指令，3 时 55 分，消防官兵、救护人员、公安交警先后赶到现场，迅速开展事故救援、现场勘查、秩序维护等工作，并对事故现场实施了交通管制。合肥市政府接到事故报告后，立即启动应急预案，成立了由市政府相关领导同志和部门负责同志组成的事故处置指挥部。

二、事故原因及性质

（一）直接原因

客车驾驶人程××驾驶机动车未与前车保持安全距离、超速行驶是造成该起事故的直接原因。

（二）间接原因

（1）上海瑞锦旅游客运有限公司安全生产主体责任不落实。

（2）上海市城市交通运输管理处开展包车运输业务审批把关不严、对旅游客运企业监督检查不到位。

（3）合肥市、滁州市公安交通管理部门开展道路交通安全管理和监督检查工作不到位。

（三）事故性质

经调查认定，这是一起重大安全生产责任事故。

三、事故处理结果

（1）程××，事故大客车驾驶人。对事故发生负有全部责任，鉴于其在事故中死亡，免于追究其刑事责任。

（2）陶××，上海瑞锦旅游客运有限公司董事长、法人代表。对事故发生负有重要管理责任，移送司法机关依法处理。

（3）马××，上海瑞锦旅游客运有限公司经理，分管公司安全生产工作。对事故发生负有直接管理责任，移送司法机关依法处理。

（4）桑××，事故大客车车主。对事故发生负有重要责任，移送司法机关依法处理。

（5）刘××，滁州市公安局交警支队高速一大队大队长。对事故发生负有领导责任，给予其行政记过处分。

（6）王××，滁州市公安局交警支队副支队长，分管高速公路安全管理工作。对事故发生负有领导责任，给予其行政警告处分。

（7）黄××，合肥市公安局交警支队高速二大队教导员，事发当日带班领导。对事故发生负有领导责任，给予其行政警告处分。

（8）殷××，合肥市公安局交警支队高速三大队副大队长，事发当日带班领导。对事故发生负有领导责任，给予其行政警告处分。

（9）李××，合肥市公安局交警支队高速四大队教导员，事发当日带班领导。对事故发生负有领导责任，给予其行政记过处分。

（10）杨××，上海市城市交通运输管理处副处长，分管包车科工作。对事故发生负有重要领导责任，给予其行政记过处分。

（11）孙××，上海市城市交通运输管理处包车科科长。对事故发生负有直接领导责任，给予其行政记过处分。

（12）喻××，上海瑞锦旅游客运有限公司经理。对事故发生负有重要管理责任，对其处以 2012 年个人年收入 60% 的罚款，撤销其经理职务，5 年内不得担任道路运输企业主要负责人。

（13）段××，上海瑞锦旅游客运有限公司车载卫星动态监控员。对此次事故发生负有管理责任，对其处以 2000 元人民币的罚款。

（14）上海瑞锦旅游客运有限公司，对事故发生负有重要管理责任，对该公司处以 70 万元罚款，责令该公司停业整顿，停业整顿后仍不具备安全生产条件，由上海市道路运输管理机构吊销其道路运输经营许可证或吊销相应的经营范围；同时建议上海市道路运输管理机构 3 年内不得受理该公司新增旅游客运车辆和客运班线业务申请。

（15）滁州市公安局交警支队高速一大队，对事故发生负有监管责任，责成其向滁州市公安局交警支队作出深刻的书面检查，认真吸取事故教训。

（16）合肥市公安局交警支队高速二、三、四大队，对事故发生负有监管责任，责成其分别向合肥市公安局交警支队作出深刻的书面检查，认真吸取事故教训。

（17）合肥市公安局交警支队，对事故发生负有监管责任，责成其向合肥市公安局作出深刻的书面检查，认真吸取事故教训。

(18) 合肥市公安局，对事故发生负有监管责任，责成其向合肥市人民政府作出深刻的书面检查，认真吸取事故教训。

(19) 合肥市人民政府，部署落实国家、省有关道路交通安全法律法规规章不到位，组织开展全市道路交通安全工作不力，责成其向省人民政府作出深刻的书面检查，认真吸取事故教训。

(20) 上海市城市交通运输管理处，对事故发生负有监管责任，责成其向上海市交通运输和港口管理局作出深刻的书面检查，认真吸取事故教训。

四、事故防范和整改措施

(1) 切实加强旅游包车客运的安全管理。

(2) 督促客运企业落实安全生产主体责任。

(3) 强化道路交通安全源头管理。

(4) 严厉打击各类道路交通违法行为。

河南省光山县312国道“8·12”重大道路交通事故

2013年8月12日15时58分，河南省光山县境内312国道发生一起重大道路交通事故，造成11人死亡，12人受伤，直接经济损失1260万元。

一、事故经过及应急处置情况

(一) 事故经过

2013年8月10日22时许，李××驾驶重型仓栅式货车装载西瓜从周口市太康县芝麻洼乡出发，沿京港澳高速公路向南行驶。8月11日凌晨1时许行驶至驻马店服务区，途经信阳服务区、湖北省东西湖服务区、湖南省临湘服务区，18时30分到达湖南省邵阳市水果市场。卸完货后到邵东县配完货连夜赶往湖北省武汉市新洲区，路上由张××与李××轮流驾驶。直到8月12日8时许到了武汉市新洲区，11时30分卸货完毕。饭后由李××驾车，12时许到达红安县宋埠境内，改由张××驾驶，途经红安、新县、光山，准备到罗山县竹竿镇去拉沙，15时58分，行驶至光山县境内312国道768公里260米处，越过中心实线，与相向行驶的信阳市运输集团有限责任公司第三客运公司牌号为豫SA0905的大型普通客车发生侧面碰撞，致使两车冲入路边稻田，造成两车严重受损，大客车上乘客11人死亡，12人不同程度受伤，直接经济损失1260万元。

(二) 事故应急处置情况

2013年8月12日15时59分，信阳市光山县公安局指挥中心接到事故报警，16时22分，光山县公安局、消防大队、辖区派出所和医疗机构赶到事故现场开展救援工作。信阳市、光山县人民政府及其有关部门也迅速赶赴事故现场组织施救。接报后，河南省公安厅、交通运输厅、安监局等部门负责同志相继赶到事故现场指挥应急救援和善后处置工作。17时10分，伤员全部转送运往寨河镇卫生院、孙铁铺卫生院和光山县人民医院。19时许，现场施救结束。周口市、川汇区人民政府接报后，立即组织安监、公安、交通等部门负责同志赶赴事故现场，协助做好事故善后赔付和调查工作。8月13日，国家安全监管总局、公安部、交通部等有关人员赶赴信阳市光山县，指导事故救援、调查和善后工作。

二、事故原因和性质

(一) 直接原因

重型仓栅式货车驾驶人张××超速、疲劳驾驶，车辆制动和安全性能不良，越过道路中心实线驶入道路左侧车道，与对向行驶的客车发生侧面碰撞，是事故发生的直接原因。

(二) 间接原因

(1) 周口金豫汽车运输有限公司安全管理混乱，机构不健全，对挂靠车辆漏管失控，没有对车辆实际所有人、驾驶员进行日常安全教育培训；张××所持C1驾驶证与所驾驶车辆不符，未取得从业资格证的情况下，长期违法驾驶大型货车，并且张××从未参加过公司安全教育培训。

(2) 周口市运输集团车辆技术检测有限公司、汽车修理二厂在没有对肇事大货车进行二级维护、未上线检测的情况下，直接出具了二级维护竣工合格证。周口市铭鑫交通设施有限公司未对车辆制动性能做出有效检测即签署合格，使事故大货车通过年度审验。

(3) 周口市川汇区公路运输管理所股室职能不清，人员岗位职责不明，组织开展道路运输安全管理和监督检查工作不力，对周口金豫汽车运输有限公司安全管理的情况监督检查不到位，对货运车辆二级维护作业、检测、备案工作监管不力、把关不严。

(4) 周口市川汇区交通运输局组织开展道路运输安全管理和监督检查工作不到位，对公路运输管理所没有认真履行监督管理职责的情况失察。

(5) 周口市川汇区人民政府贯彻落实道路运输安全法律法规和政策规定不到位，组织开展道路交通安全检查工作不力，对交通运输局履行监管职责的情况检查不到位。

(6) 周口市道路运输管理处组织开展道路运输安全管理和监督检查工作不到位，对周口市汽车运输市场监管不力，对川汇区公路运输管理所安全监管工作指导不力。

(7) 周口市公安局车管所对车辆年度审验把关不严，在未对事故货车制动性能有效检测的情况下，就让其通过了年度审验。

(三) 事故性质

经调查认定，光山县312国道“8·12”重大道路交通事故是一起生产安全责任事故。

三、事故处理结果

(一) 司法机关已采取措施人员

(1) 张××，事故货车车主、驾驶人，8月13日因涉嫌交通肇事罪被刑事拘留，8月21日批准逮捕。

(2) 李××，事故货车驾驶人，8月18日投案自首，8月21日批准逮捕。

(3) 叶××，事故货车驾驶人李××妻子，8月13日因涉嫌包庇罪被刑事拘留，8月18日变更强制措施为监视居住。

(4) 薛××，周口金豫汽车运输公司经理，8月14日因涉嫌重大责任事故罪办理刑事拘留手续，在逃，已上网追逃。

(5) 韩××，周口金豫汽车运输公司安全经理，8月14日因涉嫌重大责任事故罪办理刑事拘留手续，在逃，已上网追逃。

(6) 祁××，周口金豫汽车运输公司安全员，8月14日因涉嫌重大责任事故罪办理刑事拘留手续，在逃，已上网追逃。

(7) 陈××，周口运输集团汽车修理二厂修理车间主任，8月22日因涉嫌重大责任事故罪被刑事拘留。

(8) 刘××，周口运输集团汽车修理二厂修理工，8月22日因涉嫌重大责任事故罪被刑事拘留。

(9) 张××，周口运输集团汽车修理二厂修理工，8月22日因涉嫌重大责任事故罪被刑事拘留。

(10) 蒋××，周口市运输集团车辆技术检测有限公司法人、经理，8月22日因涉嫌重大责任事故罪办理刑事拘留手续，在逃，已上网追逃。

(11) 张××，周口运输集团汽车修理二厂法人代表、经理，8月22日因涉嫌重大责任事故罪办理刑事拘留手续，在逃，已上网追逃。

(12) 郭××，川汇区运管所二维汽车维护股股长，9月3日因涉嫌玩忽职守罪被刑事拘留。

(13) 段××，川汇区公路运输管理所副所长，9月3日因涉嫌玩忽职守罪被刑事拘留。

以上人员均已被司法机关采取刑事强制措施，其中属于中共党员和行政监察对象的，待司法机关作出处理后，由当地纪检监察机关或有管辖权的单位按照管理权限及时给予相应的党纪政纪处分。

(二) 给予党纪政纪处分人员

(1) 李××，任川汇区公路运输管理所货运管理办公室二队队长，负责直接联系管理辖区内包括周口金豫汽车运输有限公司在内的52家货运企业。对事故发生负有主要领导责任，给予降低岗位等级处分。

(2) 徐××，任川汇区公路运输管理所二维检测股股长，负责二维检测股工作。对事故发生负有主要领导责任，给予降低岗位等级处分。

(3) 董××，任川汇区公路运输管理所副所长兼货运管理办公室主任、支部委员，负责川汇区公路运输管理所货运管理办公室工作。对事故发生负有重要领导责任，给予记过处分。

(4) 周××，任川汇区交通运输局党组成员、纪检组长、公路运输管理所所长，分管交通运输局安全工作，负责公路运输管理所行政全面工作。对事故发生负有重要领导责任，给予行政记过处分。

（5）海××，任周口市川汇区交通运输局党组书记、局长，负责川汇区交通运输局全面工作。对事故发生负有重要领导责任，给予行政警告处分。

（6）张××，任周口市川汇区人民政府党组成员、副区长，分管安全生产和交通运输工作。对事故的发生负有领导责任，给予诫勉谈话。

（7）陈××，任周口市道路运输管理处货运科科长，负责货物运输安全监督管理工作。对事故的发生负有重要领导责任，给予记过处分。

（8）司××，任周口市道路运输管理处纪检书记、总支部委员，分管货运科。对事故的发生负有重要领导责任，给予党内警告处分。

（9）王××，任周口市道路运输管理处处长（副处级），负责周口市道路运输管理处行政全面工作。对事故的发生负有领导责任，给予警告处分。

（10）吴××，任周口市公安局车管所远程监控中心主任，负责车辆安全检测的审核把关和监督管理工作。对事故的发生负有主要领导责任，给予行政记大过处分。

（11）李××，任周口市公安局车管所副所长、党支部委员，分管车辆管理科。对事故的发生负有重要领导责任，给予行政记过处分。

（12）周××，任周口市公安局交通警察支队党委委员、车管所所长，负责车管所全面工作。对事故的发生负有重要领导责任，给予行政警告处分。

（13）赵××，任周口市公安局交通警察支队党委委员、副支队长，分管周口市公安局车管所工作（8月19日调任周口市公安局网络安全和技术侦查支队支队长）。对事故的发生负有领导责任，给予诫勉谈话。

（三）对相关单位和人员的行政处罚

（1）周口金豫汽车运输有限公司是事故责任单位，承担安全生产主体责任，对事故发生负有责任，由安监部门对周口金豫汽车运输有限公司予以处罚。

（2）由周口市交通运输、工商行政管理等部门依法吊销周口金豫汽车运输有限公司的相关证照。

（3）周口市交通运输管理部门责令周口运输集团汽车修理二厂、车辆技术检测有限公司停止营业，并依法收回其技术合格证。

（4）周口市公安交警支队依法暂停周口市铭鑫交通设施有限公司的车辆检验业务，质量技术监督部门依法撤销其检验资格。

四、防范事故措施

（1）加强货运企业安全监管，督促落实企业安全主体责任。

（2）加强对货运市场的整顿，清理整顿小弱散货运企业。

（3）加强运输车辆定期维护、检测监管，强化营运车辆技术状况的动态管理。

（4）加强车辆安全技术检测管理，认真做好运输车辆安全技术检验工作。

（5）加强事故多发路段治理，有效消除道路安全隐患。

（6）交通运输部门研究制定运输行业结构调整政策，提高运输市场准入门槛，切实增强运输企业防灾抗灾的能力。

安徽省宿州市G310线“8·26”重大道路交通事故

2013年8月26日16时46分，G310线宿州市砀山县境内305公里+140米处发生一起重大道路交通事故，造成10人死亡、5人受伤，直接经济损失约800万元。

一、事故经过及应急处置情况

（一）事故经过

2013年8月26日16时46分，驾驶人邵××驾驶某牌号大货车，沿G310线由东向西行驶至305公里+140米处，遇到同向行驶的前方车辆制动时，采取措施不当，向左急打方向，驶入道路左侧，与相对方向行驶葛××驾驶的中型普通客车发生正面相撞，造成客车驾乘人员8人当场死亡、2人受伤后经医院抢救无效死亡、5人受伤、两车损坏的重大道路交通事故。

（二）事故应急处置情况

16时49分，砀山县公安局110指挥中心接到报警后，立即下达出警指令，17时05分，消防、救护人员、公安交警先后赶到现场，迅速开展事故救援、现场勘查、秩序维护等工作，并对事故现场实施了交通管制。宿州市政府接到事故报告后，立即启动应急预案，成立了由市政府主要、分管领导同志和部门负责同志组成的事故处置指挥部。

二、事故原因及性质

（一）直接原因

事故货车驾驶人邵××违法驾驶超载货车，遇前车制动时，采取措施不当，驶入对向车道是造成该起事故的直接原因。

（二）间接原因

（1）宿州市通达运输有限公司砀山分公司安全生产主体责任不落实。对事故车辆所有人私自调换与驾驶车型不符的驾驶人和无营运资质的驾驶人从事违法营运行为管理不到位，对事故车辆的日常管理缺失，安全制度形同虚设，存在重大安全生产隐患。

（2）砀山县交通运输管理部门对事故车辆所在运输企业监管不到位，开展道路运输“打非治违”工作不力。

（3）砀山县公安交通管理部门开展道路交通安全管理工作不到位，查处交通违法行为不力。

（4）砀山县政府部署开展道路运输“打非治违”和道路交通安全监管工作不到位。

（5）宿州市公路运输管理局砀山分局开展公路治超工作不力。

（6）宿州市公路运输管理局G310线砀山超限超载检查站开展治超工作不力。

（7）宿州市公安交警支队对砀山县道路交通安全工作检查指导不力。

（8）宿州市交通运输管理部门落实道路运输安全工作不力。

（三）事故性质

经调查认定，这是一起重大安全生产责任事故。

三、事故处理结果

（1）葛××，事故客车驾驶人。非法组织客员从事营运活动，鉴于其在事故中死亡，免于其刑事处罚。

（2）邵××，事故货车驾驶人。对事故的发生负全部责任，移送司法机关依法处理。

（3）曹××，宿州市通达运输有限公司砀山分公司经理。对事故发生负有重要管理责任，移送司法机关依法处理。

（4）王××，宿州市通达运输有限公司砀山分公司安全员，负责公司安全管理工作。对事故发生负有主要管理责任，移送司法机关依法处理。

（5）周××，砀山县道路运输管理所所长。对事故的发生负有主要领导责任，给予其行政记大过处分。

（6）付××，砀山县道路运输管理所副所长，分管货运工作。对事故的发生负有主要领导责任，给予其记过处分。

（7）陈××，砀山县交通运输局局长，负责领导全县道路运输管理工作。对事故发生负有重要领导责任，给予其行政记过处分。

（8）汪××，砀山县公安局交警四中队中队长，负责事发路段交通安全管理工作。对事故发生负有主要领导责任，给予其行政记过处分。

（9）孙××，砀山县公安局交警大队副大队长，分管交警四中队工作。对事故发生负有重要领导责任，给予其行政记过处分。

（10）王××，砀山县公安局交警大队大队长，负责领导全县道路交通安全管理工作。对事故发生负有重要领导责任，给予其行政警告处分。

（11）赵××，砀山县公安局副局长，分管交警大队工作。对事故发生负有重要领导责任，给予其行政警告处分。

（12）周××，砀山县公安局局长。对事故发生负有重要领导责任，给予其行政警告处分。

（13）张××，砀山县委常委、副县长，分管公安、交通运输工作。对事故的发生负有重要领导责任，给予其行政警告处分。

（14）张××，宿州市公路管理局砀山县公路分局党委书记、副局长，负责公路日常执法工作。对事故的发生负有重要领导责任，给予其警告处分。

（15）陈××，宿州市公路管理局砀山县公路分局局长、党委副书记。对事故的发生负有重要领导责任，给予其警告处分。

（16）丁××，宿州市公路管理局国道310砀山超限超载检查站中队长，负责事发当日查处超限超载车辆工作。对事故的发生负有主要领导责任，给予其记过处分。

（17）刘××，宿州市公路管理局国道310砀山超限超载检查站站长。对事故的发生负有主要领导责任，给予其记过处分。

（18）周××，宿州市道路运输管理处处长。对事故的发生负有重要领导责任，给予其行政警告处分。

（19）黄××，宿州市交通运输局副局长，分管安全生产和治超工作。对事故的发生负有重要领导责任，给予其行政警告处分。

（20）许××，宿州市公安局副局长兼交警支队长。对事故的发生负有领导责任，给予其行政警告处分。

（21）宿州市通达运输有限公司砀山分公司，对事故发生负有重要管理责任，对该公司处以70万元罚款。

（22）宿州市通达运输有限公司，对事故发生负有主要管理责任，对该公司处以70万元罚款。

（23）宿州市公安局。部署落实有关道路交通安全管理工作不到位，督促其相关部门加强道路交通安全工作不严格，责成其向宿州市人民政府作出深刻的书面检查，认真吸取事故教训。

（24）宿州市交通运输局。部署落实有关道路运输安全工作不到位，对道路运输“打非治违”工作督促检查不到位，责成其向宿州市人民政府作出深刻的书面检查，认真吸取事故教训。

（25）砀山县人民政府。落实安全生产工作不到位，开展道路运输“打非治违”工作不力，督促其相关部门加强道路交通安全工作不到位，责成其向宿州市人民政府作出深刻的书面检查，认真吸取事故教训。

（26）宿州市人民政府。落实国家、省有关安全生产工作不到位，督促检查全市道路交通安全工作不力，责成其向省人民政府作出深刻的书面检查，认真吸取事故教训。

四、事故防范和整改措施

（1）严厉查处道路交通违法行为。

（2）督促道路运输企业落实安全生产主体责任。

（3）严格落实道路交通安全责任制。

（4）加大道路运输治超工作力度。

四川省达州市渠县“9·15”重大道路交通事故

2013年9月15日，四川省达州市渠县李馥乡境内县道望（溪）石（梯）路发生一起重大道路交通事故，造成21人死亡、7人受伤，直接经济损失1069万元。

一、事故经过及救援情况

（一）事故经过

9月15日9时20分许，达州市亚通运业有限公司驾驶人孙××驾驶某牌号货车在渠县聚力兴石膏矿业有限公司装载46.8吨（核载15.67吨）石膏，运往渠县华新水泥厂。12时许，达州运输（集团）有限公司渠县通林分公司驾驶人罗××驾驶客车从渠县三汇镇汽车站出发前往渠县县城，出站时实载24人（核载24人），途中共上下客5次，至事故发生时，客车实载27人。13时11分许，事故货车行至李馥乡境内渠（县）（三）汇路11公里与望（溪）石（梯）路54公里+60米交叉路口处，在左转弯过程中车辆失控向右侧翻将右侧同向正常行驶的事故客车挤撞翻坠至5.4米高的桥下河沟内，所载约4/5的石膏倾泻于桥下，将客车中后部掩埋，造成21人死亡、7人受伤、客车报废、货车受损的重大道路交通事故。

（二）事故救援及善后情况

事故发生后，达州市、渠县立即启动事故应急救援预案，市、县党政主要领导率相关部门负责人第一时间赶赴现场指挥抢险救援工作。伤员救治和遇难者善后工作得到妥善处理，当地社会秩序稳定。

二、事故原因及性质

（一）直接原因

孙××驾驶非法改装、严重超载的货车上路行驶，车辆在长下坡时制动效能降低，在转弯时孙××处置不当，致使车辆失控向右侧翻，将右侧正常行驶的客车挤撞翻坠至5.4米高的桥下，货车所载货物倾泻于桥下，将客车中后部掩埋。

客车超员3人，是事故伤亡后果加重的原因。

（二）间接原因

（1）事故相关企业安全生产主体责任不落实，安全管理流于形式，非法违法经营。

（2）渠县交通运输管理部门开展道路运输安全管理、路政管理和监督检查工作不到位。

（3）达州市通川区交通运输管理部门开展道路运输安全管理和监督检查工作不到位。

（4）达州市、渠县公安交通管理部门开展道路交通安全管理和监督检查工作不到位。

（5）渠县、达州市通川区人民政府对道路交通安全工作重视程度不够，未有效督促有关职能部门认真履行监管职责。

（三）事故性质

调查认定，达州市渠县“9·15”重大道路交通事故是一起道路交通生产安全责任事故。

三、事故处理结果

（一）司法机关已采取措施人员

（1）孙××，事故货车驾驶人。因涉嫌交通肇事罪，2013年9月16日被公安机关刑事拘留，9月27日被检察机关批准逮捕。

（2）罗××，事故客车驾驶人。因涉嫌重大责任事故罪，2013年9月16日被公安机关刑事拘留，9月27日强制措施由刑事拘留改为取保候审，10月9日被检察机关批准逮捕。

（3）任××，达州市亚通运业有限公司法人。因涉嫌重大责任事故罪，2013年9月16日被公安机关刑事拘留，9月27日被检察机关批准逮捕。

（4）吴××，达州市亚通运业有限公司分管安全的副经理。因涉嫌重大责任事故罪，2013年9月16日被公安机关刑事拘留，9月27日被检察机关批准逮捕。

（5）吴××，达州市亚通运业有限公司安全科科长。因涉嫌重大责任事故罪，2013年9月16日被公安机关刑事拘留，9月27日被检察机关批准逮捕。

（6）李××，达州市亚通运业有限公司业务员。因涉嫌伪造、买卖公文证件印章罪，2013年9月29日被公安机关刑事拘留。

（7）张××，达州运输（集团）有限公司渠县通林分公司法人。因涉嫌重大责任事故罪，2013年9月16日公安机关刑事拘留，9月17日强制措施由刑事拘留改为取保候审。

（8）杨××，达州运输（集团）有限公司渠县通林分公司分管安全的副经理。因涉嫌重大责任事故罪，2013年9月16日被公安机关刑事拘留，9月21日强制措施由刑事拘留改为取保候审。

（9）龙××，达州运输（集团）有限公司渠县通林分公司安全科科长。因涉嫌重大责任事故罪，2013年9月16日被公安机关刑事拘留，9月21日强制措施由刑事拘留改为取保候审。

（10）邓××，渠县多江汽车维修部法人。因涉嫌重大责任事故罪，2013年9月18日被公安机关刑事拘留，9月29日被检察机关批准逮捕。

（11）柏××，达州市通川区山力汽车修理厂法人。因涉嫌重大责任事故罪，2013年10月11日被公安机关刑事拘留。

（12）魏××，达州市通川区山力汽车修理厂负责人。因涉嫌伪造、买卖公文证件印章罪，2013年9月29日被公安机关刑事拘留。

（13）毛××，渠县交通局公路路政管理大队大队长。因涉嫌滥用职权罪，2013年9月28日被司法机关刑事拘留。

（14）张××，渠县交通局公路路政管理大队四中队中队长兼渠县梭梭坪公路超限检测站站长。因涉嫌滥用职权罪，2013年9月26日被司法机关刑事拘留。

（15）宋××，渠县交通局公路路政管理大队工会主席兼三中队中队长。因涉嫌滥用职权罪，2013年9月27日被司法机关刑事拘留。

（16）刘××，渠县交通局公路路政管理大队一中队中队长。因涉嫌滥用职权罪，2013年9月

26日被司法机关刑事拘留。

(17) 章××，渠县交通局公路路政管理大队二中队中队长。因涉嫌滥用职权罪，2013年9月26日被司法机关刑事拘留。

(18) 陈××，渠县人民政府出租车管理办公室主任。因涉嫌滥用职权罪，2013年9月29日被司法机关刑事拘留。

(19) 魏××，渠县总工会机关党委书记、党组成员，原渠县交通局公路路政管理大队副大队长兼一中队中队长。因涉嫌滥用职权罪，2013年10月3日被检察机关立案侦查。

以上人员待司法机关作出处理后，由有关单位按干部人事管理权限及时给予相应的党纪、行政处分。

(二) 给予党纪、政纪处理人员

(1) 赵××，渠县公路运输管理所机动车维修管理办公室主任（事业单位工人），负责辖区内机动车维修企业经营活动的监督检查。对事故发生负有重要领导责任，给予其记过处分。

(2) 赵××，渠县公路运输管理所所长、县交通运输局局党委委员、运输管理所党支部书记，负责公路运输管理所全面工作。对事故发生负有重要领导责任，给予其记大过处分。

(3) 陈××，渠县公路运输管理所城市客运秩序管理办公室主任（事业单位工人）。对未按规定查处非法改装的事故货车从事货物运输负直接责任，给予其降低岗位等级处分，同时给予其党内严重警告处分。

(4) 李××，渠县交通运输局养护股副股长（事业单位工人），主持养护股工作，负责督促公路养护部门做好公路隐患排查和整改工作。对事故发生负有重要领导责任，给予其记过处分。

(5) 卢××，渠县交通运输局局党委委员、局机关党支部书记，分管县公路路政管理大队。对事故发生负有主要领导责任，撤销其渠县交通运输局局党委委员、局机关党支部书记职务。

(6) 刘××，渠县交通运输局副局长、局党委委员，分管县公路运输管理所。对事故发生负有重要领导责任，给予其记过处分。

(7) 李××，2013年7月任渠县交通运输局局长、局党委书记，负责渠县交通运输局全面工作。对事故发生负有重要领导责任，给予其记过处分。

(8) 罗××，达州市通川区公路运输管理所运管股股长，负责通川区货物运输行业管理工作。对事故发生负有主要领导责任，建议给予其撤职处分。

(9) 佘××，达州市通川区公路运输管理所副所长、所党支部委员（事业单位工人），分管运管股。对事故发生负有主要领导责任，给予其撤职处分，同时撤销其运输管理所党支部委员职务。

(10) 王××，达州市通川区公路运输管理所所长、所党支部书记（事业单位工人），负责公路运输管理所全面工作。对事故发生负有主要领导责任，给予其记大过处分。

(11) 尹××，达州市通川区交通运输局副局长、局党委委员，分管通川区公路运输管理所。对事故发生负有重要领导责任，给予其记过处分。

(12) 邓××，达州市通川区交通运输局长、局党委书记，负责区交通运输局全面工作。对事故发生负有重要领导责任，给予其记过处分。

(13) 潘××，达州市公安局交警支队车辆管理所查验员。对事故货车2012年1月通过年审检验负有直接责任，给予其降级处分，同时给予其党内严重警告处分。

(14) 李××，达州市机动车安全技术检测站职工（事业单位工人），从事机动车安全技术检测工作，检测项目包括外观、车辆底盘和底盘动态。对事故货车2012年1月、2013年1月通过年审检测负有直接责任，给予其降低岗位等级处分；同时给予其党内严重警告处分。

(15) 刘××，达州市公安交警支队车辆检测中心主任、达州市机动车安全技术检测站站长、交警支队党委第二党支部副书记，负责检测站全面工作。对事故发生负有主要领导责任，给予其降级处分，同时给予其党内严重警告处分。

(16) 谯××，达州市公安局交警支队车管科科长、达州市公安局交警支队车辆管理所所长、交警支队党委第二党支部书记，负责车辆管理所全面工作。对事故发生负有重要领导责任，给予其记大过处分。

(17) 周××，达州市公安局交警支队副支队长、交警支队党委委员，分管车辆管理所。对事故发生负有重要领导责任，给予其记过处分。

（18）张××，渠县交警大队巡逻五中队中队长。对事故发生负有重要领导责任，给予其降级处分；同时给予其党内严重警告处分。

（19）侯××，渠县公安局交警大队副大队长、交警大队党支部委员，分管巡逻二、三、四、五中队。对事故发生负有重要领导责任，给予其记大过处分。

（20）王××，渠县公安局交警大队大队长、县公安局党委委员，负责县交警大队全面工作。对事故发生负有重要领导责任，给予其记大过处分。

（21）刘××，渠县公安局副局长、局党委委员，分管县交警大队。对事故发生负有重要领导责任，给予其记过处分。

（22）唐××，渠县交警大队巡逻四中队民警。对2012年10月14日未按规定查处事故货车的违法行为负直接责任，给予其记过处分。

（23）庞××，达州市通川区副区长、达州市民盟副主委，2013年4月分管通川区交通运输局。对事故发生负有重要领导责任，给予其记过处分。

（24）刘××，渠县人民政府副县长、县政府党组成员，2013年7月负责交通运输、安全生产工作，分管县交通运输局、县安全生产监管局。对事故发生负有重要领导责任，给予其记过处分。

（25）郝××，渠县人民政府副县长、县政府党组成员、县公安局局长、局党委书记，负责县公安局全面工作。对事故发生负有重要领导责任，给予其警告处分。

（26）荀××，中共渠县县委副书记、县人民政府县长、县政府党组书记，负责县政府全面工作，县安全生产第一责任人。对事故发生负有重要领导责任，对其诫勉谈话。

责成达州市公安局副局长王永立向达州市公安局作书面检查。

责成中共渠县县委书记王善平向中共达州市委作书面检查。

（三）对相关单位行政处罚

（1）达州市亚通运业有限公司未严格履行安全生产主体责任，给予100万元的经济处罚。

（2）达州运输（集团）有限公司渠县通林分公司对驾驶人的安全管理和教育不到位，由达州市渠县公路运输管理所按相关法律法规依法处理。

（3）渠县多江汽车维修部非法改装事故货车，由原许可机关达州市渠县公路运输管理所依法吊销其经营许可并没收其违法所得。

（4）达州市山力汽车修理厂多次为事故货车开具虚假机动车二级维护竣工出厂合格证，由达州市通川区公路运输管理所没收其违法所得并处以2万元的罚款。

责成渠县交通运输局、公安局分别向渠县人民政府写出书面检查。

责成达州市通川区交通运输局向达州市通川区人民政府写出书面检查。

责成达州市公安局向达州市人民政府写出书面检查。

责成渠县、通川区人民政府分别向达州市人民政府写出书面检查。

责成达州市人民政府向省人民政府写出书面检查。

四、事故防范和整改措施

（1）达州市人民政府及其有关部门要高度重视道路交通安全工作，认真贯彻落实相关文件精神，结合实际，明确细化责任分工方案，确保道路运输企业安全生产主体责任、部门监管责任、属地管理责任、道路交通安全工作目标考核和责任追究制度等落到实处。

（2）公安车辆管理部门要加强车辆安全检测、登记上户、年检年审工作，非法拼装、改装和加装的车辆一律不得上户、一律不得年审、一律现场整改。公安交通管理部门要进一步加大路面执法力度，对超载车辆要严格执行《道路交通安全法》规定的罚款、记分、扣车、卸载等行政处罚措施。

（3）交通运输部门要加大对超限运输的打击力度，对超限车辆采取吊销营运证、责令停业整顿等措施；交通运管部门要采取有效措施改变货运企业小、散、弱的状况，鼓励道路货物运输经营业户通过联合、兼并、重组，走规模化、集约化经营的路子，切实改变部分货运企业安全管理制度形同虚设、车辆和驾驶人失管失控的现状；要进一步加强维修企业的监管，严禁超经营许可范围作业、严厉打击非法改装、拼装、加装机动车和只收费不维护、虚开和倒卖维修合格证等违法行为；要督促客运企业强化驾驶人的培训教育和管理，严处超员超速、行驶途中接打移动电话等交通违法行为。

（4）公安、交通运输、安全监管、工商、经信、质监等部门要加强协调配合，进一步落实联合执法机制，强化路面执法，加强源头监管，把道路交通安全法规、制度及各项防范措施真正落实到“操作层面”。

安徽省亳州市利辛县“9·24”重大道路交通事故

2013年9月24日1时15分，安徽省亳州市利辛县城延陵大道与富强北路交叉口发生一起重大道路交通事故，共造成10人死亡，4人重伤、24人轻伤，直接经济损失约800万元。

一、事故经过及应急处置情况

（一）事故经过

2013年9月24日1时15分，雨天路滑，驾驶人江××驾驶重型半挂牵引车，沿利辛县城延陵大道由东往西行驶至富强路交叉路口处，与驾驶人石××驾驶的沿富强路由北往南行驶的大型客车发生接触性碰撞继而发生连续刮碰，致使货车向右侧倾倒；客车向南偏西滑移，轮胎与路缘石发生刮碰后车头撞断延陵大道西南侧路边桥上栏杆，造成客车司乘人员2人当场死亡、8人受伤后经医院抢救无效死亡、28人受伤（重伤4人）、两车及路边桥梁设施严重损坏的重大道路交通事故。

（二）事故应急处置情况

事故发生后，被巡逻至距事故现场约1公里的夜间执勤交警发现，当即赶到现场施救；利辛县公安局110指挥中心接事故报警后，立即出警赴现场处置，同时向县政府及有关部门紧急汇报。利辛县政府接报启动应急预案，1时23分，医疗救护、抢险救援人员先后赶到现场，分批将受伤人员送往医院救治。

二、事故原因及性质

（一）直接原因

驾驶人江××驾驶违法改装货车在未经验收路段上超速、超载行驶；驾驶人石××持实习证驾驶安全设施不全的非法营运大客车超速行驶，双方在通过既无交通信号控制也无交警指挥的交叉路口时，相互间疏于瞭望，是造成此次事故的直接原因。

（二）间接原因

（1）利辛县齐力物流有限公司安全主体责任不落实，安全管理制度形同虚设，日常安全管理严重缺失，对挂靠的事故货车违法改装行为视而不见，存在重大安全隐患。

（2）阜阳市长运汽车租赁服务有限公司不具备基本设立条件（无办公场所、无管理人员），公司法人伙同事故客车车主非法组织跨省线路客运业务；雇佣不具备准驾资格的驾驶人驾驶大型客车上路行驶；伪造道路运输相关证书，经相关部门多次处罚仍不改正；听任挂靠车辆违法营运，并为其通过年审提供虚假证明。

（3）利辛县泰鑫专用汽车制造有限公司，违法转包资质和生产场所，公司法人变更等重大事项不向许可部门报告，公司负责人对在自家生产场所发生的非法改装行为视而不见，并随意提供公司发票和车辆合格证，在监管部门检查时提供虚假信息。

（4）利辛县龙腾置业有限公司，对临时开通在建道路管控不严，未经批准设立道路指示标牌。

（5）省道308利辛超限超载检测站未认真履行检测、查处超限超载车辆职责，对事故车辆长期超载行为失察。

（6）利辛县交通运输管理部门对事故车辆挂靠企业监管不到位，查处道路交通运输违法行为不力。

（7）利辛县公安交管部门对道路交通违法行为处理不及时，查处道路交通违法行为针对性不强，道路交通安全隐患整改期间防范措施不到位。

（8）利辛县市政管理部门擅自批准开通施工路段，且对临时开通路段保持安全通行条件监管不到位。

（9）利辛县经济主管部门对车辆改装企业生产行为的许可一致性监管不到位。

（10）利辛县质量监督部门对车辆改装企业的产品认证监管不到位。

（11）利辛县人民政府部署开展道路运输"打非治违"工作和道路交通隐患排查整治工作不到位，其职能部门之间未形成工作合力。

（12）亳州市交通运输管理部门、公安交管部门对下属地区道路交通安全工作督促检查指导不到位。

（13）阜阳市工商部门对辖区企业注册、年审等环节把关不严。

（14）阜阳市公安交管部门对道路交通安全大检查活动中排查出的隐患整治不彻底。

（三）事故性质

经调查认定，这是一起因非法违法营运、相关部门监管不到位而造成的一起重大道路交通安全生产责任事故。

三、事故处理结果

（一）不追究刑事责任人员

石××，事故客车驾驶人，违反公安部123号令65条规定，实习期内驾驶安全设施不全的非法营运客车；驾驶车辆超速行驶且通过交叉路口未能确保安全驾驶状态，疏于瞭望，对事故发生负有直接责任。其行为涉嫌交通肇事罪，鉴于其在事故中死亡，不追究其刑事责任。

（二）依法追究刑事责任人员

（1）江××，事故货车驾驶人。对事故发生负有直接责任，其行为涉嫌交通肇事罪，移送司法机关依法处理。

（2）任××，事故客车同班驾驶人。对事故发生负有重要责任，其行为涉嫌交通肇事罪，移送司法机关依法处理。

（3）任××，阜阳市长运汽车租赁服务有限公司法定代表人，事故客车车主之一。对事故发生负有重要责任，其行为涉嫌交通肇事罪，移送司法机关依法处理。

（4）赵××，事故客车车主之一。对事故发生负有重要责任，且事故后逃逸（公安机关正在网上追逃），其行为涉嫌交通肇事罪，移送司法机关依法处理。

（5）江××，事故货车车主。对事故发生负有重要责任，且事故后逃逸（公安机关正在网上追逃），其行为涉嫌交通肇事罪，移送司法机关依法处理。

（6）代××，利辛县泰鑫专用汽车制造有限公司实际控制人。对事故发生负有重要责任，其行为涉嫌重大事故责任罪，移送司法机关依法处理。

（7）谭××，利辛县泰鑫专用汽车制造有限公司承包人，对事故发生负有重要责任，其行为涉嫌重大事故责任罪，移送司法机关依法处理。

（8）王××，利辛县齐力物流有限公司法定代表人。对事故发生负有重要责任，其行为涉嫌重大事故责任罪，移送司法机关依法处理。

（三）给予行政处罚的人员

吴××，利辛县龙腾置业有限公司法定代表人。对事故发生负有管理责任，对其处以2012年年收入60%的罚款，计人民币4.32万元整。

（四）给予政纪处分的人员

（1）罗××，亳州市公路局蒙城分局副局长，主持省道308利辛超限超载检测站工作，事故当天带班领导。对事故发生负有责任，给予其降级处分，同时调整其主持省道308利辛超限超载检测站的工作安排。

（2）刘××，省道308利辛超限超载检测站班长，事故当天带班班长。对事故货车超载行为失察，对事故发生负有责任，给予其降低岗位等级的处分。

（3）杨××，利辛县住建委党组副书记，分管市政管理。对事故发生负有管理责任，给予其行政警告的处分。

（4）马××，利辛县市政管理处主持工作副主任。对事故发生负有直接管理责任，给予其行政记大过的处分。

（5）谢××，利辛县质量监督局局长。对车辆改装企业的产品认证监管不到位等问题失察，对事故发生负有管理责任，给予其行政警告的处分。

（6）王××，利辛县经济委员会主任。对事故发生负有管理责任，给予其行政警告的处分。

（7）王××，利辛县交通运输局局长。对事故发生负有领导责任，给予其行政警告的处分。

（8）于××，利辛县交通局副局长，分管公路运输管理。对事故发生负有直接领导责任，给予其行政记过的处分。

（9）黄××，利辛县公路运输管理所所长。对事故发生负有直接管理责任，给予其行政记大过的处分。

(10) 于××，利辛县公安局局长。对事故发生负有领导责任，给予其行政警告的处分。

(11) 国××，利辛县公安局副局长，分管公安交通管理。对事故发生负有分管领导责任，给予其行政记过的处分。

(12) 郑××，利辛县公安交管大队大队长。对事故发生负有主管领导责任，给予其行政记过的处分。

(13) 李××，利辛县公安交管大队副大队长，分管交管大队四中队。对事故发生负有直接领导责任，给予其行政记过的处分。

(14) 姬××，利辛县公安交管大队四中队中队长。对事故发生负有直接监管责任，给予其行政记大过的处分。

(15) 吴××，利辛县政府常务副县长，分管交通、经委工作。对事故发生负有领导责任，给予其行政警告的处分。

(16) 江××，利辛县政府副县长，分管公安、城市管理。对事故发生负有领导责任，给予其行政警告的处分。

(17) 刘××，亳州市交通运输局局长。对事故发生负有领导责任，给予其行政警告的处分。

(18) 蒋××，亳州市公安交管支队支队长。对事故发生负有领导责任，给予其行政警告的处分。

(19) 李××，阜阳市工商局副局长，分管企业注册登记等工作。对事故发生负有领导责任，给予其行政警告的处分。

(20) 张××，阜阳市公安交管支队一大队大队长。对事故发生负有一定的监管责任，给予其行政警告的处分。

(五) 给予行政处罚的单位

(1) 阜阳市长运汽车租赁服务有限公司，弄虚作假取得工商注册登记，由阜阳市工商管理、质量监督部门予以注销。

(2) 淮南市东边家路石料厂，涉嫌违法经营，由淮南市政府组织工商管理、质量监督等有关部门予以关闭。

(3) 利辛县泰鑫专用汽车制造有限公司，非法发包许可资质，由利辛县经济委员会按程序上报，由相关部门取消其资质。

(4) 利辛县齐力物流有限公司，安全生产主体责任不落实，对挂靠车辆“挂而不管”，对事故发生负有责任。由利辛县交通运输部门撤销其道路运输从业资格，利辛县工商部门予以注销。

(5) 利辛县龙腾置业有限公司，未采取有效措施对临时开通的施工路段实施管控，造成延陵大道东段在安全配套措施不完善的情况下车辆可以随意出入，对事故发生负有责任，对其处以70万元罚款。

(六) 给予行政处理的单位

(1) 责成亳州市公安局向亳州市人民政府作出深刻书面检查，并抄报安徽省监察厅、省安监局。

(2) 责成亳州市交通运输局向亳州市人民政府作出深刻书面检查，并抄报安徽省监察厅、省安监局。

(3) 责成利辛县人民政府向亳州市人民政府作出深刻书面检查，并抄报安徽省监察厅、省安监局。

(4) 责成亳州市人民政府向省人民政府作出深刻的书面检查，并抄送安徽省监察厅、省安监局。

(七) 深入调查的情况

责成淮南市人民政府对所属工商管理、质量监督、安全监管等部门对东边家路石料厂日常监管情况展开调查，并形成正式调查报告报安徽省政府安委会办公室。

四、事故防范和整改措施

(1) 深入贯彻落实科学发展观，强化安全发展理念。

(2) 全面整顿客货运经营秩序，强化安全生产主体责任落实。

(3) 突出道路交通监管重点，强化路面秩序管控能力。

(4) 加大道路交通联合执法力度，坚决遏制道路交通违法行为。

(5) 全面落实交通管理责任，强化政府主导全社会参与的管理格局。

火灾爆炸事故

河南省三门峡市连霍高速义昌大桥“2·1”重大运输烟花爆竹爆炸事故

2013 年 2 月 1 日 8 时 57 分，连霍高速三门峡义昌大桥处发生一起运输烟花爆竹爆炸事故，导致义昌大桥部分坍塌，车辆坠落桥下，造成 13 人死亡，9 人受伤，直接经济损失 7632 万元。

一、事故经过及救援处置情况

（一）事故发生经过

2013 年 1 月 29 日中午，石××与在蒲城县经营“小郭货运信息部”的郭××联系，让郭××为其安排货物。1 月 30 日上午，郭××在全国物流信息一点通网站看见“虎子货运信息部”唐××发布的“（发往）河北献县有 10 吨烟花”的信息，便与唐××联络，约定这批货运费 5500 元，给司机 5100 元，郭××、唐××每人赚取中介费 150 元，剩余的 100 元给货物信息提供人唐××。1 月 30 日上午 10 时左右，石××赶到“小郭货运信息部”后，郭××介绍石××与唐××妻子唐××认识，三人签订了《陕西省道路运输服务业合同文本》，合同中运输货物一栏被填写为百货。运输合同签订后，石××与唐××联系后，驾驶货车到蒲城县宏盛花炮制造有限公司院内装运货物。1 月 30 日 21 时左右，李××安排装卸工给该货车装货。装车完毕后，当日并未发车。

1 月 31 日晚，石××从蒲城县宏盛花炮制造有限公司发车，于 23 时 59 分从蒲城东收费站驶入蒲渭（蒲城至渭南）高速向南行驶，抵达渭南市后转入连霍高速，向东行驶。2 月 1 日 1 时 59 分从连霍高速豫陕界收费站进入河南，后行至事发地点。

2 月 1 日 8 时 57 分，石××驾驶装运烟花的货车，沿连霍高速自西向东行驶至连霍高速河南省三门峡市境内 741 公里 900 米义昌大桥上，车上违法装载、运输的烟火药剂爆炸物和烟花爆竹发生爆炸，致使义昌大桥坍塌，车辆坠落桥下，造成 13 人死亡，9 人受伤，直接经济损失约 7632 万元。

（二）救援处置情况

9 时 3 分，三门峡市义马公安局接到事故报警，并于 9 时 18 分到达现场。三门峡市委、市政府迅速启动应急预案，市公安局组织公安、消防、武警、卫生等救援力量，相继赶赴事故现场。义马、渑池等地方政府也迅速组织人员、设备赶赴现场，全力开展现场救援、事故调查、交通疏导等工作。2 月 2 日 19 时，现场伤亡人员搜救工作结束。2 月 3 日，桥梁坍塌现场清理结束。4 月 15 日，老桥南半幅修复、加固完毕，恢复通行。4 月 29 日，北半幅加固完毕，恢复正常通行。修复加固后经河南省公路工程试验检测中心有限公司荷载试验：加固效果满足设计要求，已恢复原来承载能力。

二、事故原因和性质

（一）直接原因

石××、李××等人使用不具有危险货物运输资质的货车，不按照规定进行装载，长途运输违法生产的烟火药剂爆炸物（土地雷）和烟花爆竹（开天雷），途中紧急刹车，导致车厢内爆炸物发生撞击、摩擦引发爆炸，是事故发生的直接原因。

（二）桥梁坍塌原因分析

1. 爆炸对大桥破坏的计算分析

根据烟花爆竹装药量及义昌大桥相关资料，运用《抗偶然爆炸结构设计手册（TM5－1300）》和《常规武器防护设计原理（TM5－855－1）》的计算方法和爆炸毁伤数值模拟通用软件，计算给出了烟花爆炸产生的破片及冲击波对车厢底部桥梁的破坏参数，结果表明：不考虑汽车残片对桥梁的破坏作用，计算的车厢板下面峰值压力分布，可以发现车厢底板处桥面的最高峰值压力为 165.23 兆帕，车厢宽度边缘处为 101.87 兆帕，车厢两端为 0.75 兆帕，车厢四角处为 36.96 兆帕，爆炸导致货车底部3根T形梁发生冲切破坏，其余2根梁也受到一定程度的损失，桥梁发生严重破坏。此外，不考虑破片作用，单纯考虑装药爆炸时，也会造成车厢底部桥梁的冲切破坏。考虑破片和爆炸冲击波作用下，局部破坏更严重。计算得到的冲切破坏区与现场破坏现象相吻合。

2. 倒塌过程

经过对现场坠落桥梁结构（构件）残留部分相对位置分析，桥梁倒塌机理过程为：运送爆炸物车辆由西向东行驶至义昌大桥第3孔桥时发生爆炸；南半幅坍塌桥面处，塌落的桥面及大梁西段部分被炸碎，形成一个明显破碎严重的区域，长9.4米、宽6.8米，即北侧3片T形梁被炸断；被炸断的3片T形梁残存部分（长约30.6米）一端失去支撑，随之坠落；坠落过程中，由于自身重力和爆炸力作用，将南半幅2号墩北立柱撞断；北立柱断裂后，2号墩失去平衡，由于第2孔上部构造和第3孔未炸断的上部结构质量作用，2号墩盖梁北端向下倾斜，南立柱被压弯（向南弯），倾斜到一定程度，南立柱断裂；第2孔上部结构和第3孔剩余上部结构随之坠落。至此，南半幅2号桥墩倒塌，造成第2孔、第3孔上部结构共80米桥面全部坠落。

（三）间接原因

（1）河北省石家庄开发区凯达运输有限公司及有关人员未落实安全生产主体责任，对所属车辆实行挂靠经营，疏于管理，不按规定对所属车辆驾驶员进行安全教育及运输行业相关法律法规的培训，无危险货物道路运输资质、使用普通货运车辆从事危险货物运输。

（2）陕西省蒲城县宏盛花炮制造有限公司违法包给无资质人员生产经营，超标准、超范围违法生产，大量使用不具备从业资格的人员从事危险工序作业，假冒注册商标，违法装载、运输烟火药剂爆炸物和烟花爆竹。

（3）陕西省蒲城县小郭货运部、虎子货运部违反《道路危险货物运输管理规定》为不具有危险货物运输资质的企业和车辆联系介绍运输危险货物，用百货名义替代危险物品填写运输合同。

（4）河北省石家庄市运输管理处作为道路运输管理部门，对石家庄开发区凯达公司落实安全生产主体责任监督不力，对年度信誉考核中发现的问题没有跟踪落实到位。

（5）陕西省蒲城县桥陵镇政府作为蒲城县宏盛花炮制造有限公司安全生产属地监管单位，未能有效落实国家安全生产法律法规，《陕西省安全生产条例》第三条、第四十六条关于安全生产属地管理职责的有关规定和《蒲城县人民政府关于进一步明确政府相关部门安全生产监管职责的意见》的规定，履行安全生产监督管理职责不到位，对安全生产领域非法生产、非法经营等行为监管不力，对蒲城县宏盛花炮制造有限公司存在的事故隐患未及时排查治理。

（6）陕西省蒲城县安全生产监督管理局（烟花爆竹管理局）作为烟花爆竹企业生产安全的监管部门，未按照《烟花爆竹安全管理条例》《陕西省安全生产条例》《蒲城县人民政府关于进一步明确政府相关部门安全生产监管职责的意见》等有关规定有效查处非法生产、及时排除事故隐患，对蒲城县宏盛花炮制造有限公司违法承包转包，超标准、超范围违法生产，大量使用不具备从业资格的人员从事危险工序作业等违法行为监督检查不到位，打击不力。

（7）陕西省蒲城县公安局作为烟花爆竹等危险品公共安全和运输安全的监管部门，未能有效落实国家安全生产法律、法规及国务院《烟花爆竹安全管理条例》《陕西省安全生产条例》《蒲城县人民政府关于进一步明确政府相关部门安全生产监管职责的意见》等有关规定，对辖区烟花爆竹运输的监管存在较大漏洞，致使对蒲城县宏盛花炮制造有限公司和事故车辆违法运输烟花爆竹、超载运输等行为失察，对蒲城县宏盛花炮制造有限公司的违法生产行为打击不力。

（8）陕西省蒲城县交通运输局作为道路交通运输管理部门，未能有效落实《陕西省道路货物运输服务管理实施细则》的相关规定，对县域内蒲城县小郭货运部和蒲城县虎子货运部日常监管不到位。

（9）陕西省蒲城县工商行政管理局作为企业注册登记管理部门，未严格执行《公司法》《公司注册资本登记管理规定》和省工商局关于放宽出资年限的规定，对蒲城县宏盛花炮制造有限公司年检资料审核不严，违规许可其营业执照年检，对该公司超标准、超范围生产和假冒注册商标等违法行为检查不到位。

（10）陕西省蒲城县质量技术监督局作为烟花爆竹质量监督检验部门，对蒲城县宏盛花炮制造有限公司超出该公司《安全生产许可证》许可范围、违反《烟花爆竹安全与质量》规定，超标准、超规格违法生产烟火药剂爆炸物（土地雷）行为检查不到位。

（11）陕西省蒲城县人民政府负责全县的安全生产工作，未有效履行法律、法规、规章和国务院、省政府规定的安全监管职责，对烟花爆竹管理部门履行监管职责情况督促不到位，对重大事故隐患治理工作组织不到位，致使辖区内企业蒲城县宏盛花炮制造有限公司违法生产、经营、运输烟花爆竹等行为没有得到有效制止，安全隐患未能及时排除。

（四）事故性质

连霍高速三门峡义昌大桥“2·1”重大运输烟花爆竹爆炸事故是一起生产安全责任事故。

三、事故处理结果

（一）免于追究刑事责任人员

（1）石××，事故货车车主，已在此次事故中死亡，不再追究其刑事责任。

（2）李××，陕西省蒲城县宏盛花炮制造有限公司非法生产组织者，已在此次事故中死亡，不再追究其刑事责任。

（二）司法机关已采取措施人员

陕西省蒲城县宏盛花炮制造有限公司经理、实际出资控股人张××等20人，因涉嫌非法制造爆炸物罪，已于2013年7月5日移送三门峡市检察院审查起诉。

（三）给予党纪、政纪处分

河北省石家庄运输管理处货运管理科科员贾××等23人，对事故的发生分别负有相应责任，分别给予党纪、政纪处分。

责成蒲城县安监局（烟花爆竹管理局）、桥陵镇政府、公安局、交通运输局、工商行政管理局、质量技术监督局向蒲城县委、县政府写出深刻检查；责成蒲城县委、县政府向渭南市委、市政府作出深刻检查。

（四）给予行政处罚

（1）河北省石家庄开发区凯达运输有限公司安全生产主体责任落实不到位，对事故发生负有主要责任，由河北省石家庄市交通运输部门依法注销其《道路运输经营许可证》，由河北省安全监管部门依法对其进行处罚。

（2）陕西省蒲城县宏盛花炮制造有限公司存在违法承包转包、未按核定范围生产问题，对事故发生负有主要责任，吊销其安全生产许可证等相关证照，由陕西省蒲城县政府依法予以关闭。

（3）陕西省蒲城县虎子货运信息部、小郭货运信息部为不具备有危险货物运输资质的企业和车辆联系介绍运输危险货物以及用百货名义替代危险物品填写运输合同，对事故发生负有重要责任，吊销其有关证照，由陕西省渭南市交通运输部门依法进行处罚。

四、事故防范措施

（1）加强货运企业和货运市场安全监管，督促落实企业安全主体责任。

（2）加强烟花爆竹企业安全监管，严格查处非法违法生产行为。

（3）加强路面管控，严查非法违法运输行为。

（4）加强烟花爆竹产品质量安全，认真落实部门监管职责。

湖北省襄阳市“4·14”重大火灾事故

2013年4月14日5时40分许，襄阳市樊城区前进路158号迅驰星空网络会所发生火灾，建筑物过火面积510平方米，造成14人死亡，47人受伤，直接经济损失达1051.78万元。

一、事故经过及应急处置情况

（一）事故经过

2013年4月14日5时40分许，襄阳市前进路158号襄阳迅驰星空网络会所（以下简称“迅驰网吧”）包房区东南侧包房一的吊顶内因电气线路短路引起电线的绝缘层等可燃物发生缓慢燃烧，烟气通过吊顶内的孔洞向迅驰网吧西侧各房间蔓延。上网人员高××分别于5时50分许、6时07分许在北侧的卫生间、收银台闻到了塑料燃烧的味道，卫生间内的味道较重，但未看到烟、火，离开迅驰网吧时也没有发现异常。因包房内无人，火情一直没有被发现。6时41分许，火先从包房的东南角突破，引燃其下方的沙发、布帘等物品。6时42分至44分有39人陆续从北侧大门离开迅驰网吧，期间无人报警，也无人呼喊。6时46分许，二层最后逃生的一名上网人员从窗口跳出，此时大厅屋顶彩钢板内的聚苯乙烯泡沫板被引燃，东、西两侧的窗口及北侧的通风口冒出大量浓烟。6时47分，正在一层餐厅上班的服务员庹××看到二层迅驰网吧浓烟滚滚，东侧的彩钢板顶棚在燃烧，即拨打119电话报警。火灾迅速蔓延并形成大面积立体燃烧。火灾导致在酒店住宿或娱乐的人员共14人死亡（其中，3人跳楼当场死亡，7人窒息死亡，4人在医院经抢救无效死亡）、47人受伤，一景城市花园酒店、迅驰网吧设施严重受损。

（二）事故应急处置情况

襄阳市公安消防支队指挥中心接到报警后，先后调集特勤一中队、樊东中队、樊西中队、襄城中队、特勤二中队、襄州中队共6个消防中队、1个战勤保障大队，16台消防车、126名官兵到场灭火救人。6时57分，第一台消防车到场后发现，二楼迅驰网吧全部处于猛烈燃烧状态，火势已从西侧4个窗口向外翻卷，三楼以上多间客房浓烟向外翻滚，4间客房、走廊及四楼、五楼部分走廊出现明火，整栋建筑内部已充满浓烟，各楼层房间窗口均有被困人员呼救。根据火场情况，现场指挥员采取“救人与灭火同步展开、内攻与外攻结合”的技战术措施，利用拉梯与挂钩梯联用方式在北面和东面开辟3个救生通道从外部窗口救人，通过西侧、东侧和东南角3部楼梯深入内部疏散、搜寻被困人员，利用云梯车在南侧直接靠近窗口救人，前后开辟7个救生通道，从火场中营救被困人员40人，疏散被困人员28人。同时，在东、南、西、北4个方向铺设6条水带干线，设置9支水枪、1门水炮，深入建筑内部强攻近战，全力控制火势，阻止火势蔓延。8时48分，明火基本扑灭。9时30分，现场清理完毕。

二、事故原因及事故性质

（一）直接原因

经过调查组的现场勘查、调查走访、技术鉴定和综合分析，排除人为放火、遗留火种等原因引起火灾，认定火灾原因为二层网迅驰吧包房区东南侧包房一，即包房区南墙往北0～3.5米、东面玻璃隔墙往西0～3米范围的吊顶内电气线路短路引燃周围可燃物引发火灾。

（二）间接原因

（1）一景酒店管理有限公司及其一景城市花园酒店安全生产主体责任落实不到位。

（2）迅驰网吧安全生产主体责任落实不到位。

（3）中铁七局四公司安全生产主体责任落实不力。

（4）襄阳市文化管理部门违规审批，履行日常监管职责不力。

（5）襄阳市公安消防支队樊城区大队审批把关不严，日常监管不力。

（6）襄阳市樊城区城市管理执法局对违建查处不力。

（三）事故性质

经调查认定，襄阳市“4·14”重大火灾事故是一起责任事故。

三、事故处理结果

（一）公安机关已采取措施人员

（1）刘××，一景酒店管理有限公司法定代表人、执行董事、经理。2013年6月9日，因涉嫌重大责任事故罪，被襄阳市樊城区人民检察院批准依法逮捕。

（2）李××，一景酒店管理有限公司股东、监事。2013年4月14日由襄阳市公安局樊城区分局刑事拘留。2013年6月9日由樊城分局决定对其取保候审。

（3）徐××，襄阳迅驰星空网络会所法定代表人。2013年4月14日由襄阳市公安局樊城区分局刑事拘留，2013年6月9日，因涉嫌重大责任事故罪，被襄阳市樊城区人民检察院批准依法逮捕。

（4）陈××，襄阳迅驰星空网络会所合伙人。2013年4月14日由襄阳市公安局樊城区分局刑事拘留，2013年6月9日，因涉嫌重大责任事故罪，被襄阳市樊城区人民检察院批准依法逮捕。

（5）彭××，襄阳迅驰星空网络会所店长。2013年4月23日由襄阳市公安局樊城区分局刑事拘留，2013年6月9日由樊城分局决定对其监视居住。

（6）程××，襄阳迅驰星空网络会所网管员。2013年4月23日由襄阳市公安局樊城区分局刑事拘留。2013年6月9日由樊城分局决定对其取保候审。

（7）李××，襄阳迅驰星空网络会所收银员。2013年4月24日由襄阳市公安局樊城区分局刑事拘留，2013年6月9日由樊城分局决定对其取保候审。

（二）检察机关已立案调查、采取措施人员

（1）雷××，樊城区城市管理执法局机动中队中队长。对事故发生负有主要领导责任，给予开除党籍处分，待司法机关作出处理以后再给予相应政纪处分。

（2）严××，2007年6月至2011年4月任襄阳市公安消防支队樊城大队政治教导员期间，负责樊城辖区内消防安全许可法制审核，同时牵头负责事发地（中原街道）的消防监督检查工作。对事故的发生负有主要领导责任，给予开除党籍处分，待司法机关作出处理以后再给予相应政纪处分。

（3）王××，市公安消防支队南漳中队政治指导员，2009年6月至2012年6月在襄阳市公安消防支队樊城大队工作，具体负责事发地（中原街道）的消防监督、检查及消防许可申请受理工作。对事故的发生负有主要领导责任，给予开除党籍处分，待司法机关作出处理以后再给予相应政纪处分。

（4）范××，襄阳市文化市场综合执法支队副支队长，负责网吧、娱乐场所等文化行业的执法监管工作。对事故发生负有主要领导责任，给予开除党籍处分，待司法机关作出处理以后再给予相应政纪处分。

（5）凌××，襄阳市体育运动中心工作人员，对事故发生负有主要领导责任，给予开除党籍处分，待司法机关作出处理以后再给予相应政纪处分。

（三）给予党纪、政纪处分的企、事业单位人员

1. 中铁七局四公司相关责任人员

（1）熊××，中铁中产置业有限公司总会计师。对事故发生负有重要领导责任，给予行政警告处分。

（2）李××，中铁七局集团第四工程有限公司劳务中心主任，具体负责中铁四公司在襄阳的资产管理工作。对事故发生负有重要领导责任，给予行政记过处分。

2. 襄阳市文化管理部门相关责任人员

甘××，襄阳市体育运动中心工作人员。对事故发生负有主要领导责任，给予降低岗位等级、留党察看一年处分。

3. 襄阳市樊城区城市管理执法局相关责任人员

（1）杭××，樊城区城市管理执法局法规科工作人员。对事故发生负有重要领导责任，给予行政记过处分。

（2）郭××，樊城区城市管理执法局副局长，党组成员，分管城管综合行政执法工作。对事故发生负有重要领导责任，给予行政警告处分。

（四）给予党纪、政纪处分的行政机关人员

1. 襄阳市文化管理部门相关责任人员

（1）陈××，襄阳市文化市场综合执法支队副支队长。对事故发生负有主要领导责任，给予行政撤职处分。

（2）周××，襄阳市文化市场综合执法支队支队长。对事故发生负有重要领导责任，给予行政记大过处分。

（3）向××，襄阳市文化新闻出版局党组成员、副局长。对事故发生负有重要领导责任，给予行政记过处分。

（4）李××，2012年6月任襄阳市文化新闻出版局党组成员、副局长，分管文化市场日常监管和综合执法工作。对事故发生负有重要领导责任，给予行政记过处分。

（5）陈××，2013年4月任襄阳市质监局党组书记、局长，2008年5月至2013年4月任襄阳市文化新闻出版局党组书记、局长，负责全面工作。对事故发生负有重要领导责任，给予行政记过处分。

2. 襄阳市消防支队樊城区大队相关责任人员

（1）钟××，襄阳市公安消防支队樊城区大队副大队长、大队党委委员、大队部党支部书记，分管事发地（中原街道）的消防监督检查工作。对事故的发生负有主要领导责任，给予撤销襄阳市公安消防支队樊城区大队副大队长职务，撤销大队党委委员、大队部党支部书记职务处分。

（2）陈××，襄阳市公安消防支队后勤处副处长（正营职）对事故的发生负有重要领导责任，给予行政记大过处分。

（3）潘××，襄阳市公安消防支队樊城区大队大队长（副团职）。对事故的发生负有重要领导责任，给予行政记过处分。

（4）刘××，襄阳市公安消防支队副政治委员（副团职）。对事故的发生负有重要领导责任，给予行政记过处分。

（5）陈××，襄阳市公安消防支队樊城区大队副营职参谋、消防监督员。其对事故的发生负有重要领导责任，给予行政警告处分。

（6）陈××，襄阳市公安消防支队樊城大队副连职参谋、消防监督员。其对事故的发生负有重要领导责任，给予行政警告处分。

如发现上述人员涉嫌犯罪，由司法机关依法处理。

（五）对相关人员和单位的行政处罚

（1）责成襄阳市政府向湖北省政府作出深刻检查，并抄报省监察厅、省安监局。

（2）责成襄阳市政府对樊城区政府、襄阳市文化新闻出版局在全市范围内通报批评。

（3）责成湖北省消防总队对襄阳市消防支队在系统内通报批评。

（4）由湖北省安监局对一景酒店管理有限公司及其一景城市花园酒店、迅驰网吧和中铁七局四公司给予规定上限的经济处罚。

四、事故防范和整改措施建议

（1）进一步加强对消防工作的领导，提高社会防控火灾的能力。

（2）进一步加强对消防安全的监管，切实履行部门职责。

（3）进一步督促企业落实消防安全责任，强化消防安全基础。

（4）进一步加强公安消防部门的建设和管理，严格依法实施消防监管。

山东省章丘市保利民爆济南科技有限公司“5·20”特别重大爆炸事故

2013年5月20日10时51分许，位于山东省章丘市的保利民爆济南科技有限公司（以下简称保利民爆济南公司）乳化震源药柱生产车间发生爆炸事故，造成33人死亡、19人受伤，直接经济损失6600余万元。

一、事故经过和应急处置情况

（一）事故经过

2013年5月18日，保利民爆济南公司502工房分甲（事故发生时当班）、乙两班生产。其中甲班上中班（15点30分至24点），共生产15箱（360根）带双雷管座起爆件（含太安药量11克）震源药柱、372箱不带起爆件震源药柱和229箱大直径乳化炸药，并产生了带起爆件震源药柱废药（乳化炸药），存放于502工房当班储物室内。5月19日，该生产线停产1天。

5月20日，甲班上早班（6时00分至15时30分）。5时30分，配料工开始配料；6时10分，班前准备完毕且相关设备正常后，开启1、2号装药机，开始生产直径60毫米的不带起爆件震源药柱；8时，开启4号装药机，同时生产直径70毫米的2号岩石乳化炸药。随后，陆续有技术员、检验员等6名相关人员进入车间内工作。9时43分至9时46分，甲班组长和加料员一起先后从储物间抬了3包废药（经调查核实为该班5月18日的剩余废药）放在敏化机的西侧；9时52分至10时47分，加料员分7次向敏化工序的搅拌机内加入

36铲废药；10时51分，该工房突然发生爆炸。

事故造成33人死亡，其中：车间工人30人，车间外施工人员3人；造成19人受伤，其中：车间工人4人，车间外施工人员9人，其他区域受伤6人（含车间监控室值班员1人，周边其他区域人员5人）。

爆炸时502工房总药量为3.7吨，参与爆炸药量约2.4吨，折算成TNT炸药当量约1.8吨。爆炸造成502工房生产线及设备粉碎性破坏，建筑物大部分整体坍塌，周围建筑物破坏范围约为265米。

（二）事故应急处置情况

事故发生后，保利民爆济南公司负责人立即向山东省济南市民爆行业主管部门及集团公司报告，并请求地方政府救援，随即成立了现场事故救援小组，组织开展人员搜救、疏散撤离和医疗救护等工作。

接到事故报告后，山东省和济南市党委、政府主要负责同志立刻作出批示指示，迅速启动突发事件应急处置预案，省、市有关领导同志率领安全监管、公安、消防、国防科工等相关部门负责同志及时赶往事故现场组织开展抢险救援工作。济南市人民政府组织700余名消防、专业救援人员和60余名医疗救护人员，调集15台（套）大型机械设备、20辆救护车和生命探测仪及搜救犬，迅速赶赴事故现场，紧急开展抢险救援及应急处置工作。

事故发生后2小时内，在抢险救援指挥部领导下，现场救援人员将19名伤员全部救出并及时送往5家医院进行救治。

事故发生后30余小时，通过人工与机械相结合的破解方式分层清理，共搜寻出13具遇难者遗体，事故现场清理处置炸药1吨左右。

在国务院有关部门联合工作组的现场指导下，山东省及济南市组织230余名公安、相关专家和工程技术人员及专业救援人员等，对现场废墟进行第二次筛选清理，两次共计收集DNA检材样本1106份，并全部进行鉴定比对，全部确认了33名遇难人员身份。同时，开展了相关侦破、调查、排查和分析论证工作。通过扎实有效的工作，排除了人为破坏、雷击、装药机热积累和乳化炸药自爆等导致爆炸的可能性。济南市人民政府组织各方成立33个工作组，对遇难者家属进行一对一慰问安抚，迅速开展遇难者家属的接待、心理疏导、赔付等工作。目前，善后处理工作已结束，19名伤员得到有效救治，当地社会秩序稳定。

二、事故原因和性质

（一）直接原因

震源药柱废药在回收复用过程中混入了起爆件中的太安，提高了危险感度。太安在4号装药机内受到强力摩擦、挤压、撞击，瞬间发生爆炸，引爆了4号装药机内乳化炸药，从而殉爆了502工房内其他部位炸药。

（二）间接原因

（1）保利民爆济南公司法制和安全意识极其淡薄，安全管理混乱且长期违法违规组织生产。

（2）保利集团、保利化工公司、保利民爆集团对安全生产工作不重视，对保利民爆济南公司安全生产监督管理不力。

（3）地方民爆行业主管部门工作不扎实，安全监管不得力。

（4）地方政府对民爆行业安全生产工作监管不到位，“打非治违”工作不彻底。

（三）事故性质

经调查认定，山东保利民爆济南科技有限公司“5·20”特别重大爆炸事故是一起生产安全责任事故。

三、事故处理结果

（一）司法机关已采取措施人员

（1）冯××，保利民爆济南公司董事长、保利民爆集团副总经理、保利化工公司副总经理。因涉嫌重大责任事故罪，被司法机关于6月18日刑事拘留，6月28日批准逮捕。

（2）彭××，保利民爆济南公司总经理。因涉嫌重大责任事故罪，被司法机关于6月18日刑事拘留，6月28日批准逮捕。

（3）孟××，保利民爆济南公司副总经理。因涉嫌重大责任事故罪，被司法机关于6月18日刑事拘留，6月28日批准逮捕。

（4）胡××，保利民爆济南公司总经理助理。因涉嫌重大责任事故罪，被司法机关于6月18日刑事拘留，6月28日批准逮捕。

（5）张××，保利民爆济南公司副总工程师兼安全处处长。因涉嫌重大责任事故罪，被司法机关于6月18日刑事拘留，6月28日批准逮捕。

（6）李××，保利民爆济南公司乳化型震源药柱生产车间主任。因涉嫌重大责任事故罪，被司法机关于6月18日刑事拘留，6月28日批准逮捕。

（7）张××，保利民爆济南公司乳化型震源药柱生产车间副主任。因涉嫌重大责任事故罪，被司法机关于6月18日刑事拘留，6月28日批准逮捕。

（8）李××，济南市经信委副主任。因涉嫌玩忽职守罪，被司法机关于7月11日立案调查。

（9）张××，济南市经信委原材料产业处处长。因涉嫌玩忽职守罪，司法机关正在进行立案前调查。

（10）孙××，济南市经信委原材料产业处副处长。因涉嫌玩忽职守罪，被司法机关于7月11日立案调查。

（11）张××，章丘市经信局安全科科长。因涉嫌玩忽职守罪，被司法机关于7月11日立案调查。

以上人员属中共党员或行政监察对象的，待司法机关作出处理后，由当地纪检监察机关或具有管辖权的单位及时给予相应的党纪、政纪处分。对其他人员涉嫌渎职等职务犯罪的，由司法机关依法独立开展调查。

（二）给予党纪、政纪处分人员

（1）陈××，保利集团副总经理、保利化工公司董事长、保利民爆集团董事长，分管保利集团安全生产工作。对事故负有重要领导责任，给予记大过处分。

（2）赵××，保利集团企业发展部主任。对事故负有重要领导责任，给予记大过处分。

（3）唐××，保利集团企业发展部主任助理。对事故负有重要领导责任，给予降级、党内严重警告处分。

（4）安××，保利化工公司总经理。对事故负有重要领导责任，给予记大过处分。

（5）赵××，保利民爆集团总经理。对事故负有重要领导责任，给予党内严重警告处分。

（6）韩××，保利民爆集团副总经理，分管安全生产工作。对事故负有重要领导责任，给予党内严重警告处分。

（7）周××，保利民爆集团企业发展部副主任（主持工作）。对事故负有重要领导责任，给予党内严重警告处分。

（8）赵××，保利民爆济南公司副总经理兼任震源药柱公司经理。对事故负有主要领导责任，给予留党察看1年处分。

（9）宁××，保利民爆济南公司供销公司党支部书记，负责供销公司内部的账目及产量数据统计上报工作。对事故负有主要领导责任，给予撤销党内职务处分。

（10）张××，保利民爆济南公司综合管理处副处长，分管生产计划、综合调度、现场管理、设备管理工作。对事故负有重要领导责任，给予党内严重警告处分。

（11）李××，保利民爆济南公司乳化型震源药柱生产车间502工房带班主任。对事故负有主要领导责任，取消预备党员资格。

（12）苏××，济南市市委常委、副市长，分管济南市经信委和安全生产工作。对事故负有重要领导责任，给予记过处分。

（13）刘××，章丘市市长。对事故负有重要领导责任，给予记大过处分。

（14）赵××，章丘市市委常委、副市长，分管章丘市经信局和安全生产工作。对事故负有重要领导责任，给予降级、党内严重警告处分。

（15）王××，山东省国防科工办主任。对事故负有重要领导责任，给予记大过处分。

（16）于××，山东省国防科工办民用爆破器材管理处处长。对事故负有主要领导责任，给予撤职、党内严重警告处分。

（17）王××，山东省国防科工办民用爆破器材管理处副处长。对事故负有重要领导责任，给予降级、党内严重警告处分。

（18）李××，济南市经信委主任。对事故负有重要领导责任，给予记大过处分。

（19）王××，章丘市经信局局长。对事故负有重要领导责任，给予记大过处分。

（20）郭××，章丘市经信局副局长，分管安全科。对事故负有重要领导责任，给予记大过处分。

（21）徐××，2010年2月至2013年1月任章丘市经信局副局长，分管安全科，2013年1月任章丘市经信局主任科员。对事故负有重要领导责任，给予降级、党内严重警告处分。

鉴于保利民爆集团、保利民爆济南公司赵××、韩××、周××、赵××、宁××、张××、李××等7人不属于行政监察对象，事故调查组只提出党纪处分建议，由国务院国资委责成保利集团依法解除上述7人职务。

（三）相关行政处罚及问责

（1）依据《安全生产法》《生产安全事故报告和调查处理条例》等有关法律法规的规定，责成山东省安全生产监督管理局对保利民爆济南公司处以规定上限的罚款，对保利民爆济南公司董事长冯怀禄、总经理彭汉雷各处以2012年度收入上限的罚款。

（2）由工业和信息化部、国务院国资委督促指导保利集团对保利民爆济南公司进行停产整顿。

（3）责成山东省人民政府向国务院作出深刻检查;责成保利集团向国务院国资委作出深刻检查。

四、事故防范措施

（1）牢固树立和落实科学发展观，坚守安全生产红线。

（2）切实落实安全生产主体责任，进一步强化企业内部的安全管控。

（3）不断健全完善民爆行业安全管理法规制度，着力提高制度执行力。

（4）认真搞好安全生产大检查，深入开展“打非治违”工作。

（5）大力推动民爆行业科技进步，提高企业本质安全水平。

（6）切实落实政府及有关部门的安全监管责任，全面加强对民爆企业的安全监管。

吉林省长春市宝源丰禽业有限公司“6·3”特别重大火灾爆炸事故

2013年6月3日6时10分许，位于吉林省长春市德惠市的吉林宝源丰禽业有限公司（以下简称宝源丰公司）主厂房发生特别重大火灾爆炸事故，共造成121人死亡、76人受伤，17234平方米主厂房及主厂房内生产设备被损毁，直接经济损失1.82亿元。

一、事故经过、应急救援及善后处理情况

（一）事故经过

6月3日5时20分至50分左右，宝源丰公司员工陆续进厂工作（受运输和天气温度的影响，该企业通常于早6时上班），当日计划屠宰加工肉鸡3.79万只，当日在车间现场人数395人（其中一车间113人，二车间192人，挂鸡台20人，冷库70人）。

6时10分左右，部分员工发现一车间女更衣室及附近区域上部有烟、火，主厂房外面也有人发现主厂房南侧中间部位上层窗户最先冒出黑色浓烟。部分较早发现火情人员进行了初期扑救，但火势未得到有效控制。火势逐渐在吊顶内由南向北蔓延，同时向下蔓延到整个附属区，并由附属区向北面的主车间、速冻车间和冷库方向蔓延。燃烧产生的高温导致主厂房西北部的1号冷库和1号螺旋速冻机的液氨输送和氨气回收管线发生物理爆炸，致使该区域上方屋顶卷开，大量氨气泄漏，介入了燃烧，火势蔓延至主厂房的其余区域。

（二）灭火救援及现场处置情况

6时30分57秒，德惠市公安消防大队接到110指挥中心报警后，第一时间调集力量赶赴现场处置。吉林省及长春市人民政府接到报告后，迅速启动了应急预案，省、市党政主要负责同志和其他负责同志立即赶赴现场，组织调动公安、消防、武警、医疗、供水、供电等有关部门和单位参加事故抢险救援和应急处置，先后调集消防官兵800余名、公安干警300余名、武警官兵800余名、医护人员150余名，出动消防车113辆、医疗救护车54辆，共同参与事故抢险救援和应急处置。在施救过程中，共组织开展了10次现场搜救，抢救被困人员25人，疏散现场及周边群众近3000人，火灾于当日11时被扑灭。

由于制冷车间内的高压贮氨器和卧式低压循环桶中储存有大量液氨，消防部队按照“确保液氨储罐不发生爆炸，坚决防止次生灾害事故发生”的原则，采取喷雾稀释泄漏氨气、水枪冷却贮氨器、破拆主厂房排烟排氨气等技战术措施，并组成攻坚组在宝源丰公司技术人员的配合下成功关闭了相关阀门。

事故中，制冷机房内的1号卧式低压循环桶内液氨泄漏，其余3台高压贮氨器、9台卧式低压循环桶及液氨输送和氨气回收管线内尚存储液氨30吨。在国家安全生产应急救援指挥中心有关负责同志及专家的指导下，历经8天昼夜处置，30吨液氨全部导出并运送至安全地点。

当地政府已对残留现场已解冻、腐烂的2600余吨禽类产品进行了无害化处理，并对事故现场反复消毒杀菌，避免了疫情发生及对土壤、水源造成二次污染。

（三）善后处理情况

当地党委政府认真做好事故伤亡人员家属接待及安抚、遇难者身份确认和赔偿等工作，共成立121个包保安抚工作组，对121名遇难者家属实行包保帮扶，保持了社会稳定。121名遇难者遗体已全部经DNA比对确认身份，遗体已全部火化，遇难者理赔已全部完成。

事故发生时共有77名受伤人员入院治疗（其中15名为重症），卫生部门成立了一对一的医疗救治小组，国家卫生计生委向长春派遣了医疗专家组，共有18名国家级专家、52名省市专家、370名医护人员参与治疗，累计会诊392人次。同时，对遇难者家属、受伤人员及其家属分步骤进行了心理疏导，实施了心理危机干预治疗。77名受伤人员中，除1人因伤势过重经抢救无效死亡外，其他受伤人员均可恢复生活和劳动能力。

二、事故原因和性质

（一）直接原因

宝源丰公司主厂房一车间女更衣室西面和毗连的二车间配电室的上部电气线路短路，引燃周围可燃物。当火势蔓延到氨设备和氨管道区域，燃烧产生的高温导致氨设备和氨管道发生物理爆炸，大量氨气泄漏，介入了燃烧。

造成火势迅速蔓延的主要原因：一是主厂房内大量使用聚氨酯泡沫保温材料和聚苯乙烯夹芯板（聚氨酯泡沫燃点低、燃烧速度极快，聚苯乙烯夹芯板燃烧的滴落物具有引燃性）。二是一车间女更衣室等附属区房间内的衣柜、衣物、办公用具等可燃物较多，且与人员密集的主车间用聚苯乙烯夹芯板分隔。三是吊顶内的空间大部分连通，火灾发生后，火势由南向北迅速蔓延。四是当火势蔓延到氨设备和氨管道区域，燃烧产生的高温导致氨设备和氨管道发生物理爆炸，大量氨气泄漏，介入了燃烧。

造成重大人员伤亡的主要原因：一是起火后，火势从起火部位迅速蔓延，聚氨酯泡沫塑料、聚苯乙烯泡沫塑料等材料大面积燃烧，产生高温有毒烟气，同时伴有泄漏的氨气等毒害物质。二是主厂房内逃生通道复杂，且南部主通道西侧安全出口和二车间西侧直通室外的安全出口被锁闭，火灾发生时人员无法及时逃生。三是主厂房内没有报警装置，部分人员对火灾知情晚，加之最先发现起火的人员没有来得及通知二车间等区域的人员疏散，使一些人丧失了最佳逃生时机。四是宝源丰公司未对员工进行安全培训，未组织应急疏散演练，员工缺乏逃生自救互救知识和能力。

（二）间接原因

1. 宝源丰公司安全生产主体责任根本不落实

（1）企业出资人即法定代表人根本没有以人为本、安全第一的意识，严重违反党的安全生产方针和安全生产法律法规，重生产、重产值、重利益，要钱不要安全，为了企业和自己的利益而无视员工生命。

（2）企业厂房建设过程中，为了达到少花钱的目的，未按照原设计施工，违规将保温材料由不燃的岩棉换成易燃的聚氨酯泡沫，导致起火后火势迅速蔓延，产生大量有毒气体，造成大量人员伤亡。

（3）企业从未组织开展过安全宣传教育，从未对员工进行安全知识培训，企业管理人员、从业人员缺乏消防安全常识和扑救初期火灾的能力；虽然制定了事故应急预案，但从未组织开展过应急演练；违规将南部主通道西侧的安全出口和二车间西侧外墙设置的直通室外的安全出口锁闭，使火灾发生后大量人员无法逃生。

（4）企业没有建立健全、更没有落实安全生产责任制，虽然制定了一些内部管理制度、安全操作规程，主要是为了应付检查和档案建设需要，没有公布、执行和落实；总经理、厂长、车间班组长不知道有规章制度，更谈不上执行；管理人员招聘后仅在会议上宣布，没有文件任命，日常管理属于随机安排；投产以来没有组织开展过全厂性的安全检查。

（5）未逐级明确安全管理责任，没有逐级签订包括消防在内的安全责任书，企业法定代表人、总经理、综合办公室主任及车间、班组负责人都不知道自己的安全职责和责任。

（6）企业违规安装布设电气设备及线路，主厂房内电缆明敷，二车间的电线未使用桥架、槽盒，也未穿安全防护管，埋下重大事故隐患。

（7）未按照有关规定对重大危险源进行监控，未对存在的重大隐患进行排查整改消除。尤其是2010年发生多起火灾事故后，没有认真吸取教训，加强消防安全工作和彻底整改存在的事故隐患。

2. 公安消防部门履行消防监督管理职责不力

（1）米沙子镇派出所未能认真履行负责全镇消防安全监管工作的职责，发现宝源丰公司符合《吉林省消防安全重点单位界定标准》后，未将宝源丰公司作为二级消防安全重点单位向德惠市公安消防大队上报，未进行盯防和监控；对劳动密集型生产加工企业等人员密集场所监督检查不力，疏于日常消防安全监管，未对该公司进行实地检查，未及时发现其存在的重大事故隐患并下达《整改通知书》督促整改。尤其是对2010年宝源丰公司多次发生的火灾事故没有会同德惠市消防大队进行认真严肃地查处，致使该企业没有吸取事故教训，加强消防安全管理。事故发生后，与企业有关人员共同对消防检查记录进行作假。

（2）德惠市公安消防大队违规将宝源丰公司申请消防设计审核作为备案抽查项目，在没有进行消防设计审核、消防验收的前提下，违法出具《建设工程消防验收合格意见书》；未发现和督促纠正建设单位擅自更换不符合防火标准的建筑材料的问题；未按照《吉林省消防安全重点单位界定标准》将宝源丰公司列为二级消防安全重点单位，实施重点监控；未指导米沙子镇派出所对宝源丰公司定期进行消防安全教育培训；对2010年宝源丰公司多次发生的火灾事故没有认真严肃地查处，致使该企业没有认真吸取事故教训，加强消防安全工作和对重大事故隐患进行整改消除。

（3）德惠市公安局督促指导开展辖区内劳动密集型生产加工企业火灾隐患排查治理工作不力；对消防安全重点单位界定工作不力；对米沙子镇派出所消防安全监督管理工作疏于监管。

（4）长春市公安消防支队未能发现和纠正德惠市公安消防大队违规将宝源丰公司建设项目作为备案抽查项目、违法办理消防验收手续等问题；监督指导德惠市公安消防大队开展人员密集场所全覆盖安全监督检查不力；对德惠市公安消防大队失职问题失察。

（5）长春市公安局督促指导德惠市开展劳动密集型生产加工企业火灾隐患排查治理工作不得力；对消防安全重点单位界定工作不到位；对德惠市公安局及其消防大队消防安全监督管理工作疏于监督检查。

（6）吉林省公安消防总队宣传贯彻《消防法》及《建设工程消防监督管理规定》（公安部令第106号）《消防监督检查规定》（公安部令第107号）等法律法规不到位；对长春市公安消防支队及其德惠市公安消防大队存在的问题失察；在业务培训、队伍建设、督促干部依法行政方面存在薄弱环节。

（7）吉林省公安厅对全省消防安全监督管理工作检查督促不到位，对长春市公安及其消防机构消防监督管理工作失察。

3. 建设部门在工程项目建设中监管严重缺失

（1）米沙子镇建设分局监管人员没有执法资格证件，责任心不强、监管水平低。工作严重失职，放松安全质量监管甚至根本不监管；对宝源丰公司项目工程建设各方责任主体资格审查不严，未能发现和解决该公司项目建设设计、施工、监理挂靠或借用资质等问题；在工程建设中，未能发现并查处宝源丰公司擅自更改建筑设计、更换阻燃材料等问题。

（2）德惠市建设工程质量监督站对宝源丰公司工程建设监管工作严重失职。该站没有按照国家规定对宝源丰公司项目工程建设各方责任主体资格进行审查，未能发现和纠正宝源丰公司项目建设设计、施工、监理单位挂靠或借用资质等问题；对宝源丰公司项目检查时，未发现和查处工程监理人员没有资质、监理日志和月报等工程资料不全、建设施工方擅改建筑设计更换建筑材料等问题；对竣工验收环节把关不严，在宝源丰公司项目工程建设资料不全、工程各方质量行为不清的情况下，违规办理竣工验收手续，致使存在重大安全隐患的建筑投入使用；对辖区内工程建设的日常监管不扎实、不落实，现场质量检查不认真、不深入、不全面，站负责人工作极不尽责，参与现场检查的次数少，对所负责项目的监管内容和进度不清楚且工作缺乏计划、随意性大。

（3）德惠市住建局对宝源丰公司项目工程建设招投标及工程验收等重点环节监督把关不严，导致该项目出现设计、施工、监理单位和人员挂靠或借用资质的问题；对下属的德惠市建设工程质量监督站工作指导、监督、督促、检查不力；对宝源丰公司项目建设的安全质量问题严重失察。

4. 安全监管部门履行安全生产综合监管职责不到位

（1）米沙子镇安监站工作人员对安全生产工作职责不清，日常监管随意，检查记录残缺不全；对宝源丰公司安全生产监督检查流于形式，未对宝源丰公司特殊岗位操作人员资质和工作情况进行检查，未认真督促企业和镇消防部门对消防安全隐患进行深入排查治理；督促镇有关部门落实吉林省、长春市开展防火专项行动工作不力，且发现宝源丰公司没有开展安全生产培训的问题后未认真督促整改。

（2）德惠市安全生产监督管理局对特种作业人员持证上岗工作监管缺失；发现宝源丰公司使用存储液氨后，未对该公司特种作业人员持证上岗情况进行检查和查处；对重大危险源监控工作监管不力；督促指导辖区企业和消防部门落实吉林省、长春市开展防火专项行动和隐患排查治理工作不认真、不扎实；监督指导市属有关部门履行行业安全监管职责工作不到位。

5. 地方政府安全生产监管职责落实不力

（1）米沙子镇人民政府重经济增速、重财政收入、重招商引资，对宝源丰公司建设片面强调“特事特办、多开绿灯”，要“政绩”而忽视安全生产。由镇经贸办同时代管镇食安办和安监站职责，委任的镇安监站站长和工作人员不具备基本的安全生产监管知识，不了解自己的工作职责；对镇政府有关部门履行安全生产和属地监督管理职责的指导和监督检查不力；未按要求认真深入扎实地开展“打非治违”工作，甚至自身违法违规行政，致使宝源丰公司存在大量的违法违规建设行为；不认真落实吉林省、长春市关于开展人员密集场所消防专项整治的部署和要求，部署工作针对性不强，监督检查措施不得力，没有发现和监控该镇存在的多处重大危险源；隐患排查治理工作不认真、不严肃、不彻底，检查安排随意，没有计划、没有记录，发现隐患后没有跟踪整改和回访，使存在的重大事故隐患和严重问题没有得到及时有效消除和解决。

（2）德惠市人民政府没有牢固树立和落实科学发展观和安全发展理念，片面地追求 GDP 增长，片面地强调为招商引资项目“多开绿灯、特事特办”，忽视安全生产。贯彻执行安全生产法律法规和政策规定以及上级的安全生产工作部署要求以及督促企业、基层政府及其有关部门落实安全生产和质量管理责任制、加强安全和质量监管不得力。2012 年以来，在对人员密集场所消防安全专项整治、冬春防火百日会战以及吉林省吉煤集团通化矿业集团公司八宝煤业公司“3·29”特别重大瓦斯爆炸事故和“4·1”重大瓦斯爆炸事故后的安全隐患大排查治理工作中，市政府只是作了安排部署，但没有对层层落实安全生产措施和隐患排查治理的实际情况进行督促检查；安全生产大排查大整改不深入、不全面、不彻底，致使存在盲区死角，未能发现和解决宝源丰公司存在的重大安全隐患问题；开展“打非治违”工作不力，导致宝源丰公司出现严重违法违规建设行为和基层政府及有关部门违法违规行政；将工程建设审批权下放给米沙子镇人民政府和米沙子工业集中区后，未能督促指导其开展相应的安全和建筑施工质量监督检查工作，导致基层安全生产和质量监督管理工作不落实，企业的重大事故隐患得不到及时发现和整改消除。

（3）长春市人民政府没有正确处理安全与发展的关系，贯彻落实国家和吉林省安全生产法律法规、政策规定、工作部署要求不认真、不扎实、不得力；对有关部门和地方政府的安全及质量监管工作监督检查不到位，对“打非治违”和隐患排查治理工作要求不严、抓得不实；监督指导长春市属有关部门和德惠市人民政府依法履行安全生产监管职责不到位。

（4）吉林省人民政府科学发展观和安全发展理念树立得不牢；贯彻落实国家安全生产法律法规、政策规定、工作部署要求和督促指导有关地区、部门认真履行职责、做好安全生产工作不到位；对全省消防安全工作的领导指导和监督不力。

（三）事故性质

经调查认定，吉林省长春市宝源丰禽业有限公司“6·3”特别重大火灾爆炸事故是一起生产安全责任事故。

三、事故处理结果

（一）免予追究责任人员

（1）蒋××，宝源丰公司工厂厂长，工厂生产管理负责人。对事故发生负有责任，鉴于其已在事故中死亡，免于追究其责任。

（2）周××，宝源丰公司工厂动力部主任，工厂生产车间电气管理负责人。对事故的发生负有责任，鉴于其已在事故中死亡，免于追究其责任。

（二）司法机关已采取措施人员

（1）贾××，宝源丰公司董事长，企业唯一出资人。6月14日被批准逮捕。

（2）张××，宝源丰公司总经理，2011年4月至2013年3月兼任工厂厂长。6月14日被批准逮捕。

（3）贾××，辽宁大河重钢工程有限公司董事。6月20日被批准逮捕。

（4）刘××，长春建工集团职工。6月20日被批准逮捕。

（5）刘××，2005年7月任长春建工集团吉兴管理公司经理，2012年3月病休。6月20日被批准逮捕。

（6）张××，联系经办宝源丰公司违规挂靠瑞城监理公司，签订监理合同，办理相关手续等事项。6月20日被批准逮捕。

（7）姚××，宝源丰公司综合办公室主任，分管生产工厂以外的消防、安全工作。6月20日被批准逮捕。

（8）冷××，宝源丰公司保卫科长。因涉嫌伪造证据罪，6月20日被批准逮捕。

（9）吕××，长春市消防支队净月消防大队大队长，原德惠市公安消防大队大队长。6月27日被报捕。

（10）刘××，长春市消防支队榆树大队参谋，原德惠市公安消防大队副大队长。2013年6月24日，因涉嫌玩忽职守罪被德惠市检察院立案侦查并采取刑事拘留强制措施，6月27日被报捕。

（11）高××，德惠市公安消防大队防火参谋。2013年6月24日，因涉嫌滥用职权罪被德惠市检察院立案侦查并采取刑事拘留强制措施，6月27日被报捕。

（12）兰××，长春市消防支队农安消防大队参谋，原德惠市公安消防大队防火参谋。2013年6月24日，因涉嫌玩忽职守罪被德惠市检察院立案侦查并采取刑事拘留强制措施，6月27日被报捕。

（13）赵××，德惠市公安局米沙子镇派出所所长。2013年6月18日，因涉嫌玩忽职守罪被德惠市检察院、长春市高新区检察院立案侦查并采取刑事拘留强制措施，6月27日被批准逮捕。

（14）孙××，德惠市公安局米沙子镇派出所干警。2013年6月18日，因涉嫌玩忽职守罪被德惠市检察院、长春市高新区检察院立案侦查并采取刑事拘留强制措施，6月27日被批准逮捕。

（15）冯××，德惠市公安局米沙子镇派出所干警。2013年6月18日，因涉嫌玩忽职守罪被德惠市检察院、长春市高新区检察院立案侦查并采取刑事拘留强制措施，6月27日被批准逮捕。

（16）宋××，德惠市米沙子镇建设分局局长。因涉嫌渎职犯罪，6月30日被检察机关立案。

（17）刘××，德惠市建设工程质量监督站副站长，分管土建科、暖卫科和电气科并协助站长负责新建工程的质量监督工作。因涉嫌渎职犯罪，6月30日被检察机关立案。

（18）李××，德惠市米沙子镇经贸办主任兼安监站站长。因涉嫌渎职犯罪，6月30日被检察机关立案。

（19）刘××，德惠市米沙子镇党委副书记、镇长。因涉嫌渎职犯罪，6月30日被检察机关立案。

以上人员属中共党员或行政监察对象的，待司法机关作出处理后，由当地纪检监察机关或负有管辖权的单位及时给予相应的党纪、政纪处分。除上述人员外，对其他涉及事故的人员是否涉嫌犯罪问题，司法机关正在依法独立开展调查。

（三）给予党纪、政纪处分的人员

（1）滕××，德惠市米沙子镇派出所副所长。

对事故发生负有主要领导责任，给予党内严重警告、撤职处分。

（2）王××，德惠市公安消防大队党委副书记、大队长。对事故发生负有主要领导责任，给予撤销党内职务、撤职处分。

（3）宋××，长春市公安消防支队防火处处长。对事故发生负有重要领导责任，给予党内严重警告、降级处分。

（4）赵××，长春市公安消防支队副支队长，分管防火监督管理工作。对事故发生负有主要领导责任，给予党内严重警告、撤职处分。

（5）王××，长春市公安消防支队党委副书记、支队长。对事故发生负有主要领导责任，给予撤销党内职务、撤职处分。

（6）赵××，长春市公安消防支队党委书记、政委。对事故发生负有重要领导责任，给予党内严重警告、降级处分。

（7）刘××，吉林省公安消防总队党委委员、副总队长，分管防火工作。对事故发生负有重要领导责任，给予党内严重警告、降级处分。

（8）李××，吉林省公安消防总队党委书记、总队长。对事故发生负有重要领导责任，给予记大过处分。

（9）邹××，德惠市建设工程质量监督站党支部书记、站长。对事故发生负有主要领导责任，给予撤销党内职务、撤职处分。

（10）刘××，2005年8月至2011年12月任德惠市住建局副局长，分管建设市场管理、市政工程建设、村镇建设管理等工作，2011年12月至今任吉林省德惠市经济局副局长。对事故发生负有主要领导责任，给予党内严重警告、撤职处分。

（11）宋××，德惠市安全生产监督管理局危险化学品监督管理科科长。对事故发生负有主要领导责任，给予党内严重警告、撤职处分。

（12）李××，2003年12月至2013年5月任德惠市安全生产监督管理局监察科长，2013年5月至今任德惠市安全生产监督管理局监察大队大队长。对事故发生负有主要领导责任，给予党内严重警告、撤职处分。

（13）陈××，德惠市安全生产监督管理局党组成员、副局长。对事故发生负有重要领导责任，给予党内严重警告、降级处分。

（14）范××，德惠市安全生产监督管理局党组书记、局长。对事故发生负有重要领导责任，给予记大过处分。

（15）王××，德惠市米沙子镇党委委员、副镇长，分管消防安全领导小组，联系派出所等工作。对事故发生负有主要领导责任，给予撤销党内职务、撤职处分。

（16）裴××，德惠市米沙子镇党委书记、米沙子工业集中区党工委书记、米沙子工业集中区管委会主任，主持米沙子镇党委和米沙子工业集中区全面工作。对事故发生负有主要领导责任，给予撤销党内职务、撤职处分。

（17）王××，德惠市市委常委、副市长。对事故发生负有重要领导责任，给予党内严重警告、降级处分。

（18）王××，德惠市人民政府党组成员、副市长，市公安局党委书记、局长。对事故发生负有主要领导责任，给予撤销党内职务、撤职处分。

（19）刘××，德惠市委副书记、市长。对事故发生负有主要领导责任，给予撤销党内职务、撤职处分。

（20）张××，德惠市委书记。对事故发生负有主要领导责任，给予撤销党内职务处分。

（21）李××，长春市人民政府党组成员、副市长，长春市公安局党委书记、局长。对事故发生负有重要领导责任，给予党内严重警告、降级处分。

（22）姜××，长春市委副书记、市长。对事故发生负有重要领导责任，给予记大过处分。

（23）黄××，吉林省人民政府副省长兼省公安厅厅长。对事故发生负有重要领导责任，给予记大过处分。

（四）相关处罚及问责

（1）由吉林省人民政府责成吉林省安全生产监督管理局对宝源丰公司给予规定上限的经济处罚。

（2）由吉林省人民政府责成有关部门按照相关法律、法规规定，对宝源丰公司依法予以取缔。

（3）由吉林省人民政府责成有关部门对所涉及的工程项目设计、施工、监理单位的违法违规行为作出行政处罚。

（4）对吉林省人民政府予以通报批评，并责成其向国务院作出深刻检查。

四、事故防范措施

（1）要切实牢固树立和落实科学发展观。

（2）要切实强化企业安全生产主体责任的落实。

（3）要切实强化以消防安全标准化建设为重点的消防安全工作。

（4）要切实强化使用氨制冷系统企业的安全监督管理。

（5）要切实强化工程项目建设的安全质量监管工作。

（6）要切实强化政府及其相关部门的安全监管责任。

（7）要切实强化对安全生产工作的领导。

山东省博兴县诚力供气有限公司“10·8”重大爆炸事故

2013年10月8日17时56分许，山东省博兴县诚力供气有限公司焦化装置的煤气柜在生产运行过程中发生重大爆炸事故，造成10人死亡，33人受伤，直接经济损失3200万元。

一、事故经过和应急处置情况

（一）事故经过

山东省博兴县诚力供气有限公司焦化装置的煤气柜自2012年9月28日投用后，运行基本正常。2013年9月25日后，气柜内活塞密封油液位呈下降趋势；9月30日后，气柜内10台气体检测报警仪频繁报警；10月1日后，密封油液位普遍降至200毫米以下（正常控制标准为280±40毫米）。对以上异常，博兴诚力二分厂化产车间操作人员多次报告，二分厂负责人一直没有采取相应措施。10月2日，博兴诚力安全部下达隐患整改通知书，要求检查气柜可燃气体报警仪报警原因等。10月5日11时，化产车间检查发现气柜内东南侧6~7个柱角处有漏点，还有1处滑板存在漏点；二分厂负责人对此也未采取相应安全措施，而是安排于当日16时恢复气柜运行，17时左右报警显示气柜内2~3个监测点满量程报警。10月6日后，气柜内一氧化碳气体检测报警仪继续报警，企业仍未采取有效措施。期间，联系了设备制造厂准备对气柜进行检修。

10月8日凌晨开始，气柜低柜位运行。8时至事故发生前，气柜内10台检测报警仪全部超量程报警，10时54分至13时密封油液位2个监控点出现零液位，13时至15时液位略有回升，15时至17时再次降至零液位。17时45分气柜当班操作人员开始对气柜周围及密封油泵房等区域进行巡检。17时56分34秒左右（校准后的北京时间），气柜突然发生爆炸。爆炸造成气柜本体彻底损毁，周边约300米范围内部分建构筑物和装置坍塌或受损，约2000米范围内建筑物门窗玻璃不同程度受损，同时引燃了气柜北侧粗苯工段的洗苯塔、脱苯塔以及回流槽泄漏的粗苯和电厂北侧地沟内的废润滑油，形成大火。

（二）应急处置情况

气柜爆炸后，博兴诚力供气公司及其周边大面积停电，厂区部分区域燃起大火，现场一片混乱。企业职工立即拨打120、119报警，迅速开展自救，搜寻、撤离伤亡人员，关闭煤气管道和化产系统各单元进出口等。博兴县委、县政府及其安监、公安、消防、环保、卫生、医院等部门单位于18时45分左右陆续赶到事故现场，启动应急预案，组建应急处置领导小组，开展事故救援工作。滨州市委、市政府及其有关部门于20时50分左右陆续赶到事故现场指挥救援，部署开展事故抢救、伤员救治及善后处理工作。当晚21时左右，爆炸引发的5处着火点被成功扑灭，焦化装置全线停车，煤气放散开启并点燃，事故现场部分装置继续采取冷却喷淋等措施，避免了二次事故和次生灾害的发生。

二、事故原因和性质

（一）直接原因

气柜运行过程中，因密封油黏度降低、活塞倾斜度超出工艺要求，致使密封油大量泄漏、油位下降，密封油的静压小于气柜内煤气压力，活塞密封系统失效，造成煤气由活塞下部空间泄漏到活塞上部相对密闭空间，持续大量泄漏后，与空气混合形成爆炸性混合气体并达到爆炸极限，遇气柜顶部4套非防爆型航空障碍灯开启，或者气柜内部视频摄像头和射灯线路带电，或者因活塞倾斜致使气柜导轮运行中可能卡涩，或者与导轨摩擦产生的点火源（能），发生化学爆炸。

（二）间接原因

（1）博兴诚力安全生产法制观念和安全意识淡薄，安全生产主体责任不落实，安全管理混乱，项目建设和生产经营中存在着严重的违法违规行为。

（2）市县安监部门工作不扎实，安全监管不得力。

（3）地方政府履行安全生产属地管理职责不到位，指导督促安全生产工作不力，“打非治违”工作不彻底。

（三）事故性质

经调查认定，博兴县诚力供气有限公司“10·8”重大爆炸事故是一起生产安全责任事故。

三、事故处理结果

（一）司法机关已采取措施人员

（1）张××，博兴诚力董事长、法定代表人。因涉嫌重大责任事故罪，被博兴县公安局于10月15日刑事拘留，博兴县检察院于11月21日批准逮捕。自刑罚执行完毕之日起，五年内不得担任任何生产经营单位的主要负责人，终身不得担任化工企业的主要负责人。

（2）李××，博兴诚力总经理。因涉嫌重大责任事故罪，被博兴县公安局于10月15日刑事拘留，博兴县检察院于11月21日批准逮捕。自刑罚执行完毕之日起，五年内不得担任任何生产经营单位的主要负责人，终身不得担任化工企业的主要负责人。

（3）孟××，博兴诚力副总经理、二分厂厂长。因涉嫌重大责任事故罪，被博兴县公安局于10月15日刑事拘留，博兴县检察院于11月21日批准逮捕。自刑罚执行完毕之日起，五年内不得担任任何生产经营单位的主要负责人，终身不得担任化工企业的主要负责人。

（4）姜××，中国三冶工业炉工程公司施工队队长。因涉嫌谎报安全事故罪，被博兴县公安局于10月15日刑事拘留，博兴县检察院于11月21日批准逮捕。

（5）邱××，滨州洁美经理。因涉嫌谎报安全事故罪，被博兴县公安局于10月15日刑事拘留，于11月8日取保候审。

（6）王××，淄博市少海医院原副院长。因涉嫌帮助毁灭证据罪，被博兴县公安局于10月28日刑事拘留，于11月8日取保候审。

以上人员属中共党员的，待司法机关作出处理后，由当地纪检机关及时给予相应的党纪处分。

（二）检察机关立案追究法律责任人员

（1）左××，滨州市供电公司副总经济师，博兴县供电公司党委委员、经理，策划、实施事故谎报，负直接责任。由主管部门撤销其滨州市供电公司副总经济师、博兴县供电公司经理职务；待司法机关追究其刑事责任后，由纪检机关追究其党纪责任。

（2）李××，博兴县安监局党组书记、局长，主持全面工作。对事故负有重要领导责任；参与、支持事故谎报，核查工作失职失察，应负主要领导责任。待司法机关追究其刑事责任后，由纪检监察机关追究其党纪政纪责任。

（3）聂××，博兴县委常委、县政府党组成员、副县长，分管博兴县安全生产和工业经济工作。对事故负有重要领导责任；参与、支持事故谎报，对事故谎报和核查工作失职失察，应负主要领导责任。待司法机关追究其刑事责任后，由纪检监察机关追究其党纪政纪责任。

（三）给予党纪、政纪处分及组织处理人员

（1）王××，博兴县纯化镇安监办主任，非参照公务员管理的事业单位工作人员（行政机关任命）。对事故负有直接责任，给予撤职、党内严重警告处分。

（2）付××，博兴县安监局安全生产监察大队三中队中队长，参照公务员管理的事业单位工作人员，负责辖区内企业安全生产监督检查工作。对事故负有直接责任，给予撤职、党内严重警告处分。

（3）任××，博兴县安监局危险化学品安全监督管理办公室主任，参照公务员管理的事业单位工作人员（行政机关任命），负责危险化学品安全监督管理办公室工作。对事故负有直接责任，给予撤职、党内严重警告处分。

（4）马××，博兴县安监局安全生产监察大队大队长，参照公务员管理的事业单位工作人员，负责安全生产监察大队的全面工作。对事故负有直接责任，给予降级、党内严重警告处分。

（5）陈××，博兴县安监局党组成员、纪检组长，分管危险化学品安全监督管理办公室。对事故负有主要领导责任，给予党内严重警告处分，免去局党组成员、纪检组长职务。

（6）李××，博兴县安监局副局长，分管安全生产监察大队。对事故负有主要领导责任，给予记大过处分。

（7）张××，滨州市安监局安全生产监察支队二大队副大队长，负责辖区内企业安全生产监察工作。对事故负有重要领导责任，给予记过处分。

（8）韩××，滨州市安监局危险化学品安全监督管理办公室主任，负责危险化学品安全监督管理办公室全面工作。对事故负有重要领导责任，给予记过处分。

（9）孙××，博兴县纯化镇新能源产业园办公室副主任，非参照公务员管理的事业单位工作人员（行政机关任命），分管镇安监办。对事故负有主要领导责任，给予撤职、党内严重警告处分。

（10）郝××，博兴县纯化镇党委副书记、镇长。对事故负有重要领导责任，给予记大过处分。

（11）李××，现任博兴诚力董事、博兴县供电公司副经理。2010年11月至2013年5月任博兴诚力董事长，对企业长期存在的违法违规建设、生产和安全管理混乱问题负有主要领导责任，是事故谎报的知情者。给予留党察看一年处分，由滨州市供电公司撤销其博兴县供电公司副经理职务。

（12）庞××，博兴县卫生局党委书记、局长。对事故谎报负有重要领导责任，给予降级、党内严重警告处分。

（13）李××，滨州市安监局副局长，分管安全生产监察支队。对事故负有重要领导责任，给予记过处分。

（14）李××，滨州市安监局副局长，分管危险化学品安全监督管理办公室。对事故负有重要领导责任，给予记过处分。

（15）殷××，博兴县委副书记、县长。对事故谎报和核查工作失察，应负重要领导责任，给予记大过处分。

（16）焦××，博兴县委书记。对事故谎报和核查工作失察，应负重要领导责任，给予党内警告处分。

（四）相关行政处罚及问责

（1）责成滨州市安监局就重大事故责任对博兴诚力供气有限公司处以200万元的罚款。责成滨州市安监局就谎报事故行为对博兴诚力供气有限公司处以200万元的罚款。总计处以400万元的罚款。

（2）责成博兴县安监局依法对博兴诚力供气有限公司董事长张××、总经理李××各处以2012年度收入上限的罚款。

（3）责成博兴县委、县政府向滨州市委、市政府作出深刻检查；建议责成滨州市委、市政府向山东省委、省政府作出深刻检查，同时抄报省纪委和省直有关部门。

四、事故防范措施

（1）进一步落实企业安全生产主体责任。

（2）进一步强化企业安全生产基础工作。

（3）严厉打击事故谎报和非法建设、生产经营行为。

（4）加快提高应急救援管理水平。

（5）切实加强对“两重点、一重大”企业的安全监管。

（6）认真履行安全生产属地监管责任。

广西壮族自治区梧州市岑溪市三堡镇炮竹厂“11·1”重大烟花爆竹爆炸事故

2013年11月1日15时54分左右，位于梧州市岑溪市三堡镇车河村的岑溪市三堡镇炮竹厂发生烟花爆竹爆炸事故，造成12人死亡、9人重伤、7人轻伤，3栋工房全部炸毁，1栋工房重度破坏，直接经济损失1041.55万元。

一、事故经过和应急处置情况

（一）事故经过

2013年11月1日15时54分左右，三堡镇炮竹厂股东李××在23号插引工房南侧第1间房检修完自动插引机后，叫工人钟××帮他开机。钟××在听到李××招呼后就按下自动插引机的开关，随后就响起爆炸声，李××迅速跑出了23号工房，此后又连续发生了2次大的爆炸。此次事故发生的3次大爆炸，顺序依次为23号、25号和22号插引工房，第一、二次爆炸仅相隔几秒，第二、三次爆炸时间间隔较短。爆炸使22号、23号、25号工房全部炸毁，24号工房靠近23号工房的1间遭到重度破坏。爆炸现场周围分散有抛掷的砖头、石棉瓦碎片和木梁等，部分木梁有被火烧过的痕迹，飞溅物与爆炸现场的最远距离约25米。

（二）应急处置情况

三堡镇、岑溪市、梧州市党委政府在接到事故报告消息后迅速开展安全生产事故应急救援预案。16时20分左右，三堡镇组织的镇安全组、派出所、卫生院、林业站、相关行政村干部等先头救援人员50多人赶到现场，开始应急救援工作。随后岑溪市消防、卫生、安监、公安等救援处置队伍也迅速赶到事故现场，一并投入到救援工作中。此次救援，岑溪市有10个医疗卫生单位、17台救护车以及172名医务人员参加伤亡人员紧急抢救。岑溪市消防部门出动14名消防官兵、2辆水罐消防车，携带切割机、空气呼吸器、撬棍、强光电筒等器材，赶赴现场进行搜救，并在事故砖瓦废墟中找出2具遇难者遗体，同时还对厂区遗留的含药爆竹半成品、引线等采取了水池浸泡、淋水打湿等措施，防止发生次生事故。19时左右，全体救援人员赶在天黑之前，基本完成了事故现场的伤亡人员搜救工作。

二、事故原因和性质

（一）直接原因

企业多股东分包、转包生产线以及出租工位各自组织生产，现场作业管理极其混乱，李××违规检修插引机，在刀片未正确安装到位的情况下，指挥工人钟××带药试机，插引机刀片与引火线金属导管撞击摩擦，引发引火线、爆竹半成品燃爆，继而导致相邻工作间和工房爆炸。

（二）间接原因

（1）岑溪市三堡镇炮竹厂安全生产主体责任不落实，法制观念和安全意识极其淡薄，安全管理混乱，且违法违规组织生产。

（2）安全监管部门履职不到位，对企业存在的违法违规行为监管不严。

（3）县、乡（镇）政府履行安全生产属地管理责任不到位，督促指导相关职能部门履行安全监管职责不严格。

（三）事故性质

经调查认定，岑溪市三堡镇炮竹厂“11·1”烟花爆竹爆炸重大事故是一起生产安全责任事故。

三、事故处理结果

（一）对相关责任单位的行政处罚和处理结果

（1）由梧州市安全生产监督管理局对三堡镇炮竹厂予以相关罚则规定上限的经济处罚；广西壮族自治区安全生产监管部门按照有关法律、法规规定，对岑溪市三堡镇炮竹厂的烟花爆竹安全生产许可证依法予以吊销，并提请当地政府对该企业予以关闭。

（2）责成梧州市人民政府向自治区人民政府做出深刻书面检查；责成岑溪市人民政府向梧州市

人民政府做出深刻书面检查；责成三堡镇人民政府、岑溪市安监局向岑溪市人民政府做出深刻书面检查。

（二）对相关责任人的处理结果

1. 司法机关已采取措施人员

（1）李××，三堡镇炮竹厂股东。因涉嫌重大责任事故罪，移送司法机关处理。

（2）龚××，三堡镇炮竹厂法人代表。2013年11月2日因涉嫌重大责任事故罪被岑溪市公安局刑事拘留。

（3）谢××，三堡镇炮竹厂厂长。2013年11月2日因涉嫌重大责任事故罪被岑溪市公安局刑事拘留。

（4）龚××，三堡镇炮竹厂安全员。2013年11月2日因涉嫌重大责任事故罪被岑溪市公安局刑事拘留。

（5）赵××，三堡镇炮竹厂股东。2013年11月2日因涉嫌重大责任事故罪被岑溪市公安局刑事拘留。

（6）冼××，三堡镇炮竹厂股东。2013年11月2日因涉嫌重大责任事故罪被岑溪市公安局刑事拘留。

（7）陈××，三堡镇炮竹厂股东。2013年11月3日因涉嫌重大责任事故罪被岑溪市公安局采取取保候审。

（8）冼××，三堡镇炮竹厂股东。2013年11月3日因涉嫌重大责任事故罪被岑溪市公安局采取取保候审。

（9）黄××，三堡镇炮竹厂股东。2013年11月3日因涉嫌重大责任事故罪被岑溪市公安局采取取保候审。

（10）高××，三堡镇炮竹厂股东。2013年11月3日因涉嫌重大责任事故罪被岑溪市公安局采取取保候审。

（11）陈××，三堡镇炮竹厂股东。2013年11月3日因涉嫌重大责任事故罪被岑溪市公安局采取取保候审。

（12）冼××，三堡镇炮竹厂股东。2013年11月3日因涉嫌重大责任事故罪被岑溪市公安局采取取保候审。

（13）冼××，三堡镇炮竹厂股东。2013年11月3日因涉嫌重大责任事故罪被岑溪市公安局采取取保候审。

（14）龚××，三堡镇炮竹厂驻厂安监员。2013年11月3日因涉嫌重大责任事故罪被岑溪市公安局刑事拘留。

以上人员属中共党员或行政监察对象的，待司法机关做出处理后，由当地纪检监察机关或负有管辖权的单位及时给予相应的党纪、政纪处分。

2. 给予党纪、政纪处分的人员

（1）曾××，岑溪市三堡镇烟花爆竹生产安全专职管理员。对事故的发生负直接监管责任，给予行政撤职、党内严重警告处分。

（2）徐××，岑溪市三堡镇企业管理站站长。对事故的发生负主要领导责任，给予行政记大过处分。

（3）刘××，岑溪市三堡镇党委委员、副镇长、安监办主任，分管安全生产、企业管理。对事故的发生负主要领导责任，给予行政撤职、党内严重警告处分。

（4）李××，岑溪市三堡镇党委副书记、镇长，三堡镇人民政府安全生产的第一责任人。对事故的发生负主要领导责任，给予行政降级、党内严重警告处分。

（5）黄××，岑溪市三堡镇党委书记。对事故的发生负重要领导责任，给予党内严重警告处分。

（6）黄××，岑溪市安全监督管理局烟花爆竹安全监管股副股长。对事故的发生负重要领导责任，给予行政记大过处分。

（7）覃××，岑溪市安全监督管理局烟花爆竹安全监管股股长。对事故的发生负主要领导责任，给予行政撤职处分。

（8）陈××，岑溪市安全生产监督管理局主任科员（原副局长），分管烟花爆竹安全监管工作。对事故的发生负重要领导责任，给予行政降级、党内严重警告处分。

（9）陈××，岑溪市安全生产监督管理局局长、党组副书记。对事故的发生负重要领导责任，给予行政记过处分。

（10）罗××，岑溪市党委常委、常务副市长，分管市安全监督管理综合工作。对事故的发生负重要领导责任，给予行政记过处分。

（11）覃××，岑溪市党委副书记、市长，岑溪市安全生产第一责任人。对事故发生负重要领导责任，给予行政警告处分。

（12）覃××，中共岑溪市委书记。对事故的发生负有一定的领导责任，给予一次诫勉谈话。

四、事故防范措施

（1）切实落实企业安全生产主体责任，着力提高烟花爆竹安全规章制度的执行力。

（2）彻底清查烟花爆竹生产经营企业转包分包等违法违规行为。

（3）加强烟花爆竹生产机械设备的使用维护和监督管理。

（4）坚决遏制“三超一改”行为。

（5）加大从业人员的安全培训教育力度。

（6）进一步落实地方政府属地管理和部门监管责任。

山东省青岛市中石化东黄输油管道“11·22”特别重大泄漏爆炸事故

2013年11月22日10时25分，位于山东省青岛经济技术开发区的中国石油化工股份有限公司管道储运分公司东黄输油管道泄漏原油进入市政排水暗渠，在形成密闭空间的暗渠内油气积聚遇火花发生爆炸，造成62人死亡、136人受伤，直接经济损失75172万元。

一、事故经过及应急处置情况

（一）原油泄漏处置情况

1. 企业处置情况

11月22日2时12分，潍坊输油处调度中心通过数据采集与监视控制系统发现东黄输油管道黄岛油库出站压力从4.56兆帕降至4.52兆帕，两次电话确认黄岛油库无操作因素后，判断管道泄漏；2时25分，东黄输油管道紧急停泵停输。

2时35分，潍坊输油处调度中心通知青岛站关闭洋河阀室截断阀（洋河阀室距黄岛油库24.5公里，为下游距泄漏点最近的阀室）；3时20分左右，截断阀关闭。

2时50分，潍坊输油处调度中心向处运销科报告东黄输油管道发生泄漏；2时57分，通知处抢维修中心安排人员赴现场抢修。

3时40分左右，青岛站人员到达泄漏事故现场，确认管道泄漏位置距黄岛油库出站口约1.5公里，位于秦皇岛路与斋堂岛街交叉口处。组织人员清理路面泄漏原油，并请求潍坊输油处调用抢险救灾物资。

4时左右，青岛站组织开挖泄漏点、抢修管道，安排人员拉运物资清理海上溢油。

4时47分，运销科向潍坊输油处处长报告泄漏事故现场情况。

5时07分，运销科向中石化管道分公司调度中心报告原油泄漏事故总体情况。

5时30分左右，潍坊输油处处长安排副处长赴现场指挥原油泄漏处置和入海原油围控。

6时左右，潍坊输油处、黄岛油库等现场人员开展海上溢油清理。

7时左右，潍坊输油处组织泄漏现场抢修，使用挖掘机实施开挖作业；7时40分，在管道泄漏处路面挖出2米×2米×1.5米作业坑，管道露出；8时20分左右，找到管道泄漏点，并向中石化管道分公司报告。

9时15分，中石化管道分公司通知现场人员按照预案成立现场指挥部，做好抢修工作；9时30分左右，潍坊输油处副处长报告中石化管道分公司，潍坊输油处无法独立完成管道抢修工作，请求中石化管道分公司抢维修中心支援。

10时25分，现场作业时发生爆炸，排水暗渠和海上泄漏原油燃烧，现场人员向中石化管道分公司报告事故现场发生爆炸燃烧。

2. 政府及相关部门处置情况

11月22日2时31分，开发区公安分局110指挥中心接警，称青岛丽东化工有限公司南门附近有泄漏原油，黄岛派出所出警。

3时10分，110指挥中心向开发区总值班室报告现场情况。至4时17分，开发区应急办、市政局、安全监管局、环保分局、黄岛街道办事处等单位人员分别收到事故报告。4时51分、7时46分、7时48分，开发区管委会副主任、主任、党工委书记分别收到事故报告。

4时10分至5时左右，开发区应急办、安监局、环保分局、市政局及开发区安全监管局石化区分局、黄岛街道办事处有关人员先后到达原油泄漏事故现场，开展海上溢油清理。

7时49分，开发区应急办副主任将泄漏事故现场及处置情况报告青岛市政府总值班室。

8时18分至27分，青岛市政府总值班室电话调度青岛市环保局、青岛海事局、青岛市安全监管局，要求进一步核实信息。

8时34分至40分，青岛市政府总值班室将泄漏事故基本情况通过短信报告市政府秘书长、副秘书长、应急办副主任。

8时53分，青岛市政府副秘书长将泄漏事故基本情况短信转发市经济和信息化委员会副主任，并电话通知其立即赶赴事故现场。

9时01分至06分，青岛市政府副秘书长、市政府总值班室将泄漏事故基本情况分别通过短信报告市长及4位副市长。

9时55分，青岛市经济和信息化委员会副主任等到达泄漏事故现场；10时21分，向市政府副秘书长报告海面污染情况；10时27分，向市政府副秘书长报告事故现场发生爆炸燃烧。

（二）爆炸情况

为处理泄漏的管道，现场决定打开暗渠盖板。现场动用挖掘机，采用液压破碎锤进行打孔破碎作业，作业期间发生爆炸。爆炸时间为2013年11月22日10时25分。

爆炸造成秦皇岛路桥涵以北至入海口、以南沿斋堂岛街至刘公岛路排水暗渠的预制混凝土盖板大部分被炸开，与刘公岛路排水暗渠西南端相连接的长兴岛街、唐岛路、舟山岛街排水暗渠的现浇混凝土盖板拱起、开裂和局部炸开，全长波及5000余米。爆炸产生的冲击波及飞溅物造成现场抢修人员、过往行人、周边单位和社区人员，以及青岛丽东化工有限公司厂区内排水暗渠上方临时工棚及附近作业人员，共62人死亡、136人受伤。爆炸还造成周边多处建筑物不同程度损坏，多台车辆及设备损毁，供水、供电、供暖、供气多条管线受损。泄漏原油通过排水暗渠进入附近海域，造成胶州湾局部污染。

（三）爆炸后应急处置及善后情况

爆炸发生后，山东省委书记姜异康、省长郭树清迅速率领有关部门负责同志赶赴事故现场，指导事故现场处置工作。青岛市委、市政府主要领导同志立即赶赴现场，成立应急指挥部，组织抢险救援。中石化集团公司董事长傅成玉立即率工作组赶赴现场，中石化管道分公司调集专业力量、中石化集团公司调集山东省境内石化企业抢险救援力量赶赴现场。王勇国务委员在事故现场听取山东省、青岛市主要领导同志的工作汇报后，指示成立了以省政府主要领导同志为总指挥的现场指挥部，下设8个工作组，开展人员搜救、抢险救援、医疗救治及善后处理等工作。当地驻军也投入力量积极参与抢险救援。

现场指挥部组织2000余名武警及消防官兵、专业救援人员，调集100余台（套）大型设备和生命探测仪及搜救犬，紧急开展人员搜救等工作。截至12月2日，62名遇难人员身份全部确认并向社会公布。遇难者善后工作基本结束。136名受伤人员得到妥善救治。

青岛市对事故区域受灾居民进行妥善安置，调集有关力量，全力修复市政公共设施，恢复供水、供电、供暖、供气，清理陆上和海上油污。当地社会秩序稳定。

二、事故原因和性质

（一）直接原因

输油管道与排水暗渠交汇处管道腐蚀减薄、管道破裂、原油泄漏，流入排水暗渠及反冲到路面。原油泄漏后，现场处置人员采用液压破碎锤在暗渠盖板上打孔破碎，产生撞击火花，引发暗渠内油气爆炸。

（二）间接原因

（1）中石化集团公司及下属企业安全生产主体责任不落实，隐患排查治理不彻底，现场应急处置措施不当。

（2）青岛市人民政府及开发区管委会贯彻落实国家安全生产法律法规不力。

（3）管道保护工作主管部门履行职责不力，安全隐患排查治理不深入。

（4）开发区规划、市政部门履行职责不到位，事故发生地段规划建设混乱。

（5）青岛市及开发区管委会相关部门对事故风险研判失误，导致应急响应不力。

（三）事故性质

经调查认定，山东省青岛市“11·22”中石化东黄输油管道泄漏爆炸特别重大事故是一起生产安全责任事故。

三、事故处理结果

（一）司法机关已采取措施人员

（1）裘××，中石化管道分公司运销处处长。因涉嫌重大责任事故罪，被司法机关于2013年12月14日刑事拘留，12月27日批准逮捕。

（2）廖××，中石化管道分公司安全环保监察处处长。因涉嫌重大责任事故罪，被司法机关于2013年12月14日刑事拘留，12月27日批准逮捕。

（3）尚××，中石化管道分公司运销处副处长。因涉嫌重大责任事故罪，被司法机关于2013年12月14日刑事拘留，12月27日批准逮捕。

（4）靳××，潍坊输油处处长兼副书记。因涉嫌重大责任事故罪，被司法机关于2013年12月9日刑事拘留，12月23日批准逮捕。

（5）邢××，潍坊输油处副处长。因涉嫌重大责任事故罪，被司法机关于2013年12月9日刑事拘留，12月23日批准逮捕。

（6）黄××，潍坊输油处保卫（反打）科科长。因涉嫌重大责任事故罪，被司法机关于2013年12月9日刑事拘留，12月23日批准逮捕。

（7）王××，潍坊输油处安全环保监察科副科长（主持工作）。因涉嫌重大责任事故罪，被司法机关于2013年12月9日刑事拘留，12月23日批准逮捕。

（8）刘××，潍坊输油处青岛站副站长（主持工作）。因涉嫌重大责任事故罪，被司法机关于2013年12月9日刑事拘留，12月23日批准逮捕。

（9）苏××，潍坊输油处青岛站安全助理工程师。因涉嫌重大责任事故罪，被司法机关于2013年12月14日刑事拘留，12月27日批准逮捕。

（10）汪××，青岛市黄岛区委办、开发区工委管委办公室副主任兼应急办主任，黄岛区政协委员。因涉嫌玩忽职守罪，被司法机关于2013年12月11日立案侦查，12月13日刑事拘留，12月27日批准逮捕。

（11）杨××，开发区应急管理办公室（区长公开电话办公室、总值班室）副主任。因涉嫌玩忽职守罪，被司法机关于2013年12月11日立案侦查，12月13日刑事拘留，12月30日批准逮捕。

（12）李××，开发区安全监管局副局长。因涉嫌玩忽职守罪，被司法机关于2013年12月19日立案侦查，12月21日刑事拘留，2014年1月3日批准逮捕。

（13）李××，开发区安全监管局危化品处负责人兼监察大队负责人。因涉嫌玩忽职守罪，被司法机关于2013年12月11日立案侦查，12月13日刑事拘留，12月30日批准逮捕。

（14）任××，开发区安全监管局副局长兼石化区分局局长。因涉嫌玩忽职守罪，被司法机关于2013年12月19日立案侦查，因病暂未采取拘留措施。

（15）王××，开发区安全监管局石化区分局副局长。因涉嫌玩忽职守罪，被司法机关于2013年12月19日立案侦查，12月21日刑事拘留，2014年1月3日批准逮捕。

以上人员属中共党员或行政监察对象的，待司法机关作出处理后，由当地纪检监察机关或具有管辖权的单位及时给予相应的党纪、政纪处分。对其他人员涉嫌犯罪的，由司法机关依法独立开展调查。

（二）给予党纪、政纪处分人员

（1）傅××，中石化集团公司党组书记、董事长，中石化股份公司董事长。对事故发生负有重要领导责任，给予行政记过处分。

（2）王××，中石化集团公司党组成员、总经理，中石化股份公司副董事长。对事故发生负有重要领导责任，给予行政记大过处分。

（3）李××，中石化集团公司党组成员、副总经理，2013年5月至今任中石化股份公司总裁，分管集团公司安全生产工作。对事故发生负有重要领导责任，给予行政记大过、党内严重警告处分。

（4）王××，2013年7月至今任中石化股份公司副总裁、安全总监，协助中石化集团公司副总经理负责安全生产工作。对事故发生负有主要领导责任，给予行政记大过处分、免职。

(5) 俞××，中石化股份公司生产经营管理部主任。对事故发生负有重要领导责任，给予行政记大过处分。

(6) 段××，中石化股份公司生产经营管理部副主任，分管调度处、国内原油处。对事故发生负有重要领导责任，给予行政降级、党内严重警告处分。

(7) 尚××，中石化股份公司生产经营管理部国内原油处处长。对事故发生负有主要领导责任，给予行政撤职、党内严重警告处分。

(8) 赵××，中石化股份公司炼油事业部主任。对事故发生负有重要领导责任，给予行政记过处分。

(9) 王××，中石化股份公司炼油事业部副主任，分管调度处、设备处。对事故发生负有重要领导责任，给予行政记大过处分。

(10) 王××，中石化股份公司安全监管局局长。对事故发生负有重要领导责任，给予行政记大过处分。

(11) 彭××，中石化股份公司安全监管局副局长，分管安全监督处的油田板块、应急和综合治理处工作。对事故发生负有重要领导责任，给予行政降级、党内严重警告处分。

(12) 寇××，中石化股份公司安全监管局副局长，分管安全监督处、安全技术处的炼化板块。对事故发生负有重要领导责任，给予行政降级、党内严重警告处分。

(13) 杜××，中石化股份公司安全监管局安全监督处处长。对事故发生负有主要领导责任，给予行政撤职、党内严重警告处分。

(14) 田××，中石化管道分公司党委书记。对事故发生负有主要领导责任，给予撤销党内职务处分。

(15) 钱××，中石化管道分公司党委常委、总经理。对事故发生负有主要领导责任，给予行政撤职、撤销党内职务处分。

(16) 杨××，中石化管道分公司党委常委、副总经理，分管工程、设计、质监站和抢维修工作。对事故发生负有重要领导责任，给予行政降级、党内严重警告处分。

(17) 高××，中石化管道分公司党委常委、副总经理，分管运销、安全、管道等工作。对事故发生负有主要领导责任，给予行政撤职、撤销党内职务处分。

(18) 王××，中石化管道分公司安全环保监察处副处长。对事故发生负有重要领导责任，给予行政降级、党内严重警告处分。

(19) 宋××，中石化管道分公司管道管理处党支部书记、处长。对事故发生负有主要领导责任，给予行政撤职、撤销党内职务处分。

(20) 王××，中石化管道分公司管道管理处副处长。对事故发生负有重要领导责任，给予行政降级处分。

(21) 殷××，中石化管道分公司潍坊输油处党委书记兼副处长。对事故发生负有重要领导责任，给予行政撤职、撤销党内职务处分。

(22) 康××，中石化管道分公司潍坊输油处副处长，分管管道科、管道监察巡护中心。对事故发生负有重要领导责任，给予行政降级、党内严重警告处分。

(23) 苏××，中石化管道分公司潍坊输油处副处长，分管安全监察科。对事故发生负有重要领导责任，给予行政降级、党内严重警告处分。

(24) 张××，中石化管道分公司青岛管理处培训中心党支部副书记。对事故发生负有重要领导责任，给予党内严重警告处分。

(25) 张××，青岛市委副书记、市长。对事故发生负有重要领导责任，给予行政警告处分。

(26) 牛××，青岛市委常委、副市长，分管经济和信息化、安全生产等工作。对事故发生负有重要领导责任，给予行政记大过处分。

(27) 张××，青岛市委常委、开发区党工委书记。对事故发生负有重要领导责任，给予党内严重警告处分、免职。

(28) 孙××，开发区党工委副书记、管委会主任。对事故发生负有主要领导责任，给予行政撤职、撤销党内职务处分。

(29) 陈××，青岛市人民政府副秘书长、办公厅党组成员，联系市经济和信息化委员会、市安全监管局。对事故发生负有重要领导责任，给予行政记大过处分。

(30) 庄××，开发区党工委常委、管委会副主任，分管安全生产、应急等工作。对事故发生负有主要领导责任，给予行政撤职、留党察看两年处分。

（31）薛××，黄岛区薛家岛街道党工委书记，2007年1月至2012年2月任青岛市规划局黄岛分局局长。对事故发生负有重要领导责任，给予党内警告处分。

（32）孙××，黄岛区辛安街道党工委书记，2007年1月至2009年11月任开发区行政执法局（市政公用局）局长。对事故发生负有重要领导责任，给予党内严重警告处分。

（33）薛××，黄岛区黄岛街道党工委副书记、办事处主任。对事故伤亡扩大负有责任，给予行政记大过处分。

（34）杨××，山东省油区工作办公室主任。对事故发生负有重要领导责任，给予行政记过处分。

（35）谭××，山东省油区工作办公室副主任，分管综合管理处，兼任省石油天然气管道监督管理中心副主任、省油区和管道监管总队总队长。对事故发生负有重要领导责任，给予行政记大过处分。

（36）孟××，山东省油区工作办公室综合管理处处长。对事故发生负有重要领导责任，给予行政降级、党内严重警告处分。

（37）项××，青岛市经济和信息化委员会主任、党委书记。对事故发生负有重要领导责任，给予行政记大过处分。

（38）宋××，青岛市经济和信息化委员会党委委员、副主任兼经济运行局局长，分管青岛市油区工作办公室。对事故发生负有主要领导责任，给予行政撤职、撤销党内职务处分。

（39）李××，青岛市油区工作办公室主任。对事故发生负有重要领导责任，给予行政撤职、党内严重警告处分。

（40）李××，青岛市油区工作办公室调研员，负责全市石油天然气管道设施保护监督管理工作。对事故发生负有重要领导责任，给予行政降级、党内严重警告处分。

（41）薛××，开发区安全监管局党组书记、局长。对事故发生负有主要领导责任，给予行政撤职、留党察看两年处分。

（42）刘××，青岛市黄岛区城市建设局局长，2010年11月至2013年2月任开发区行政执法局（市政公用局）局长。对事故发生负有重要领导责任，给予行政记大过处分。

（43）马××，开发区行政执法局（市政公用局）副局长，2008年11月至2012年6月任开发区行政执法监察大队队长。对事故发生负有重要领导责任，给予行政降级、党内严重警告处分。

（44）金××，青岛市规划局黄岛分局副局长。对事故发生负有重要领导责任，给予行政记过处分。

（45）李××，青岛市规划局开发区分局规划管理处处长，2007年12月至2011年7月任青岛市规划局黄岛分局建筑管理处处长。对事故发生负有重要领导责任，给予行政记大过处分。

（46）綦××，开发区国有资产管理处处长，2005年12月至2009年9月任开发区行政执法局（市政公用局）公用事业管理处处长。对事故发生负有重要领导责任，给予行政降级、党内严重警告处分。

（47）陈××，开发区公用事业管理中心主任，2005年12月至2012年4月任开发区行政执法局（市政公用局）副科级干部。对事故发生负有重要领导责任，给予行政降级处分。

（48）薛××，开发区行政执法监察大队大队长。对事故伤亡扩大负有责任，给予行政降级、党内严重警告处分。

（三）相关行政处罚及问责

（1）责成山东省安全监管局对中石化管道分公司处以规定上限的罚款，对中石化管道分公司党委书记田以民、总经理钱建华各处以2012年度收入80%的罚款。

（2）责成山东省人民政府、中石化集团公司向国务院作出深刻检查，并抄送国家安全监管总局和监察部；责成青岛市人民政府向山东省人民政府作出深刻检查。

四、事故防范措施

（1）坚持科学发展安全发展，牢牢坚守安全生产红线。

（2）切实落实企业主体责任，深入开展隐患排查治理。

（3）加大政府监督管理力度，保障油气管道安全运行。

(4) 科学规划合理调整布局，提升城市安全保障能力。

(5) 完善油气管道应急管理，全面提高应急处置水平。

(6) 加快安全保障技术研究，健全完善安全标准规范。

其他事故

上海翁牌冷藏实业有限公司“8·31”重大氨泄漏事故

2013年8月31日10时50分左右，位于宝山城市工业园区内（丰翔路1258号）的上海翁牌冷藏实业有限公司，发生氨泄漏事故，造成15人死亡，7人重伤，18人轻伤。

一、事故经过及事故救援情况

（一）事故经过

8月31日8时左右，翁牌公司员工陆续进入加工车间作业。至10时40分，约24人在单冻机生产线区域作业，38人在水产加工整理车间作业。约10时45分，氨压缩机房操作工潘××在氨调节站进行热氨融霜作业。10时48分20秒起，单冻机生产线区域内的监控录像显示现场陆续发生约7次轻微震动，单次震动持续时间为1~6秒不等。10时50分15秒，正在进行融霜作业的单冻机回气集管北端管帽脱落，导致氨泄漏。

（二）事故救援情况

事故发生后，翁牌公司员工立即拨打119、120、110，同时展开自救、互救。10时51分，苏××等5名工人先后从事发区域撤离；在单冻机生产线区域北侧的工人仲××，经包装区域翻窗撤离，打开事发区北门，协助救出3名伤者。同时，厂区其他工人也向事故区域喷水稀释开展救援。

市和区消防、公安、安监、质量技监、环保等部门赶至现场后，立即展开现场处置和人员搜救工作，采取喷水稀释、破拆部分构筑物、加强空气流通等措施，同时安排专人进行大气监测。

二、事故发生的原因和事故性质

（一）直接原因

严重违规采用热氨融霜方式，导致发生液锤现象，压力瞬间升高，致使存有严重焊接缺陷的单冻机回气集管管帽脱落，造成氨泄漏。

（二）间接原因

1. 翁牌公司

(1) 违规设计、违规施工和违规生产。在主体建筑的南、西、北侧，建设违法构筑物，并将设备设施移至西侧构筑物内组织生产。

(2) 主体建筑竣工验收后，擅自改变功能布局。将原单冻机生产线区域、预留的水产精深加工区域及部分水产加工整理车间改为冷库等。

(3) 水融霜设备缺失，无法按规程进行水融霜作业；无单冻机热氨融霜的操作规程，违规进行热氨融霜。

(4) 氨调节站布局不合理。操作人员在热氨融霜控制阀门时，无法同时对融霜的关键计量设备进行监测。

(5) 氨制冷设备及其管道附近，设置加工车间组织生产。

(6) 安全生产责任制、安全生产规章制度及安全技术操作规程不健全；未按有关法规和国家标准对重大危险源进行辨识；未设置安全警示标识和配备必要的应急救援设备。

(7) 公司管理人员及特种作业人员未取证上岗，未对员工进行有针对性的安全教育和培训。

(8) 擅自安排临时用工，未对临时招用的工人进行安全三级教育，未告知作业场所存在的危险因素。

2. 政府监管部门

宝山区政府、宝山城市工业园区、区质监局、区安监局、区规土局以及区公安消防支队履职不力。

（三）事故性质

经调查认定，上海翁牌冷藏实业有限公司“8·31”重大氨泄漏事故是一起生产安全责任事故。

三、事故处理结果

（一）事故责任人员的责任认定及处理结果

1. 翁牌公司人员

（1）翁××，翁牌公司法定代表人、董事长、总经理。对事故发生负有直接责任。

（2）缪××，翁牌公司安全经理。对事故发生负有直接责任。

（3）孙××，技术工程师。对事故发生负有直接责任。

（4）潘××，氨压缩机操作工。对事故发生负有直接责任。

（5）陈××，承接翁牌公司业务的个人。对事故发生负有直接责任。

公安机关已对上述5名人员采取强制措施，由司法机关以涉嫌重大责任事故罪，依法追究刑事责任。

（6）陈××，翁牌公司加工车间实际负责人。对事故发生负有直接责任，鉴于其在事故中重伤，待治疗结束后，视情追究相应的责任。

（7）乐××，翁牌公司加工车间主任。对事故发生负有直接责任，鉴于其在事故中死亡，建议不予追究责任。

（8）虞××，翁牌公司顾问。对事故发生负有责任，由翁牌公司解除与其的劳动关系。

（9）潘××，翁牌公司氨机房主管。对事故发生负有责任，由翁牌公司解除与其的劳动关系。

2. 政府部门人员

（1）袁××，宝山区规土局城市工业园区规土所所长助理（主持工作）。对事故发生负有管理责任，给予行政降级处分。

（2）王××，宝山区规土局副局长，分管监督检查工作，负责联系宝山城市工业园区。对事故发生负有领导责任，给予行政记过处分。

（3）段××，宝山区质监局特种设备监察科科长。对事故发生负有管理责任，给予行政降级处分。

（4）陈××，宝山区质监局副局长，分管特种设备安全监察工作。对事故发生负有领导责任，给予行政记大过处分。

（5）孙××，宝山区质量技监局局长。对事故发生负有领导责任，给予行政记过处分。

（6）赵××，宝山区安监局副局长，分管危险化学品综合监管工作。对事故发生负有领导责任，给予行政记过处分。

（7）周××，宝山区安监局局长。对事故发生负有领导责任，给予行政警告处分。

（8）叶××，宝山区公安消防支队副支队长，分管防火工作。对事故发生负有领导责任，给予行政记大过处分。

（9）徐××，宝山城市工业园区党工委副书记，分管安全生产工作。对事故发生负有管理责任，给予党内严重警告处分。

（10）徐××，宝山城市工业园区党工委副书记、管委会主任。对事故发生负有主要领导责任，给予撤销党内职务、行政撤职处分。

（11）顾××，宝山城市工业园区党工委书记、管委会副主任。对事故发生负有领导责任，给予党内严重警告处分。

（12）秦××，宝山区副区长，分管宝山区安全监管局、质量技监局、城市工业园区工作，负责安全生产工作。对事故发生负有重要领导责任，给予行政记大过处分。

（二）事故责任单位的责任认定及处理结果

1. 翁牌公司

违规设计、违规施工和违规生产；主体建筑竣工验收后，擅自改变功能布局；氨调节站布局不合理；安全生产责任制、安全生产规章制度及安全技术操作规程不健全；未按有关法规和国家标准对重大危险源进行辨识；擅自安排临时用工；未设置安全警示标识和配备必要的应急救援设备；公司管理人员及特种作业人员未取证上岗，未对员工进行有针对性的安全教育和培训。对事故发生负有责任，由政府部门依法予以处理。

2. 宝山城市工业园区

（1）对园区企业使用危险化学品的基本状况和安全隐患排查不认真，未发现翁牌公司存在重大危险源，对企业存在的安全生产风险和事故隐患失察。

（2）日常检查中，对翁牌公司安全生产责任制不落实、安全管理制度不健全、特种作业人员无证上岗、危险化学品安全生产教育培训不到位等问题监管不力。

（3）未认真落实开展安全生产大检查的要求，对翁牌公司存在的安全生产隐患排查和督促整改不力。

（4）未按照市、区政府有关要求，建立园区企业违法建筑巡查制度；在日常检查中对翁牌公司长期存在违法建筑的问题失管。

3. 宝山区质监局

（1）未按照有关法律法规的规定，认真履行辖区内特种设备安全监察的工作职责，对翁牌公司违规改建压力管道的问题失察。

（2）对翁牌公司存在特种设备操作人员无证上岗问题，督促整改不力；未发现翁牌公司特种设备安全操作规程不健全的问题。

（3）开展安全生产大检查期间，未认真落实上级部门关于专项检查的要求，对翁牌公司液氨制冷装置中的压力容器、压力管道检查不到位。

4. 宝山区安监局

（1）对翁牌公司未建立安全生产责任制、安全生产规章制度及操作规程不健全、相关人员无证上岗、危险化学品安全生产教育培训不到位等问题监管不力。

（2）对翁牌公司未按有关法规和国家标准进行重大危险源辨识的问题失察，未实施重点监管。

（3）监督指导区属有关部门履行行业安全监管职责工作不到位；对工业园区管委会履行安全生产监管职责指导、监督不力。

5. 宝山区规土局

（1）对翁牌公司长期存在多处违法建筑的问题失察。

（2）对园区内存量违法建筑底数不清、查处不力。

（3）对园区规土所管理不到位，对工作人员履职不力情况失察。

6. 宝山区公安消防支队

（1）对翁牌公司擅自改变建筑消防设计方案的问题失察。

（2）对企业违反消防法有关规定，搭建违法建筑的行为督促整改不力。

7. 宝山区政府

（1）未认真贯彻落实安全生产法律法规、政策规定，对有关部门依法履行安全生产监管职责领导、检查不到位。

（2）对辖区内生产安全隐患排查及特种设备安全监察工作要求不严、抓得不实。

（3）未认真组织开展安全生产大检查，有效防范和遏制生产安全事故的发生。

责成宝山城市工业园区、宝山区质监局、宝山区安监局、宝山区规土局、宝山区公安消防支队分别向宝山区政府作深刻检查。

吉林“6·3”特别重大火灾爆炸事故后，国家和本市开展了安全生产大检查，宝山区委、区政府未认真落实安全生产大检查的相关要求，安全生产工作组织领导不力，辖区内发生了该起与“6·3”事故相类似的恶性重大安全生产事故。责成宝山区委、区政府分别向市委、市政府作书面深刻检查。

四、事故防范和整改措施

（1）切实落实企业安全生产主体责任。

（2）强化涉氨单位的安全监督管理。

（3）加大对违法建筑的发现和整治力度。

（4）加快完善安全生产法规标准体系。

（5）进一步深化企业安全生产标准化建设。

（6）深化“打非治违”和隐患排查治理。

山东省广饶县润恒化工有限公司“10·18”较大中毒事故

2013年10月18日4时26分，位于广饶县陈官乡政府驻地的广饶县润恒化工有限公司医药中间体生产车间，发生物料泄漏事故。事故共造成3人中毒，经抢救无效死亡，直接经济损失约270.6万元。

一、事故经过及救援情况

（一）事故经过

10月13日，该公司完成工艺设备改造后，开始投料进行氯化、蒸馏工序生产，准备下一步氟化工序反应物料。10月15日至10月17日，进行第一次氟化工序生产。10月17日9时45分，开始投料进行第二次氟化工序生产。10月18日4时22分，氯化岗位操作工于××发现与1号氟化釜连接的截止阀出现异常，发生轻微渗漏现象，并通知氟化岗位操作工张××进行现场查看和确认。4时25分，张××携带维修工具对截止阀进行维修，于××在氯化釜处旁观。张××将工具固定好，两手握住氟化釜上方管道，用脚踩踏工具，整个人站在工具上面加力。4时26分，张××又使用管钳，卡住截止阀阀盖六角，进行紧固。此时，截止阀阀芯突然与阀体分离并在压力作用下弹出，氟化釜内物料瞬间从截止阀阀体与阀盖螺栓接口处大量喷出，将刚来到二层平台查看的武××（处于截止阀阀杆正前方）由二层平台防护栏缺口处冲击到车间地面，同时氟化釜内物料在车间内迅速大面积扩散。

（二）事故救援及处置情况

事故发生后，同班操作工李××、李××、李××等随即将在车间内靠近正门南门口躺着的武××救出。于××、张××随即由车间南侧斜梯疏散到车间外。李××等人把三人架到水管处对三人采取了冲洗措施。李××立即拨打120急救电话。约5时，医院救护人员赶到现场将受害者运往广饶县人民医院并在车上及医院内进行了急救处理。三人经抢救无效死亡，经广饶县人民医院诊断为“氟化氢中毒，死亡”。

车间主任张××于5时20分赶到现场，指挥工人对其他反应釜及系统内的物料进行了排空，并采取了停炉、停电、停水等紧急停车措施，于6时30分左右处置完毕。事故未对周边环境造成明显影响，善后处理工作已结束。

二、事故发生的原因和事故性质

（一）直接原因

氟化岗位操作工张××违章操作，未佩戴必要的劳动防护用品，在氟化釜处于带压状态下，使用管钳对已关闭到位的截止阀进行压紧阀盖作业，致使截止阀连接螺纹受力过大引起结构失稳（滑丝），造成含有氟化氢的有毒物料喷出。

（二）间接原因

1. 润恒公司

（1）非法生产。未依法履行安全生产、环保、消防等许可手续，非法生产危险化学品、非法购买剧毒危化品氯气、非法使用未经登记注册的压力容器；拒不执行相关部门停产指令，擅自生产。

（2）安全生产管理制度缺失。安全生产责任制、安全管理规章制度不符合公司实际并未行文公布，安全操作规程不完善。

（3）不具备基本安全生产条件。安全教育培训不到位，从业人员安全素质差，安全意识淡薄，主要负责人及特种作业人员未取证上岗；设备管理不到位，维护保养不及时；车间内未设置有毒气体检测报警仪，未设置危险化学品安全警示标志，安全生产条件不符合标准。

2. 监管部门

（1）陈官乡党委、政府“打非治违”工作不扎实，安全监管不得力，安全隐患排查不彻底。未按照《广饶县人民政府办公室关于印发全县危险化学品领域打非治违专项行动实施方案的通知》

（广政办字〔2013〕37 号）要求，认真开展“打非治违”和隐患排查治理工作，对企业长期存在非法生产经营行为监管不力，未依法予以取缔。未严格按照属地管理、党政同责的要求对企业进行指导、监督、检查，对润恒公司安全生产工作疏于指导督促、监督管理。2008 年以来，陈官乡政府各相关单位多次到润恒化工公司进行检查，对企业未办理安全生产许可、环评验收督促不到位。

（2）广饶县安监局作为该县安全生产综合监管和危险化学品行业的监管部门，指导、协调、督促相关职能部门落实安全生产管理职责不到位，未能有效地组织开展该县“打非治违”专项行动和安全生产大检查，对企业拒不执行停止生产指令的行为，未进一步采取措施。对企业检查不仔细、不认真，未及时发现企业今年实施的改建、扩建工程，对企业未取得危险化学品安全生产许可证、非法从事生产行为，查处不力、措施不当，跟踪治理不到位。

（3）广饶县质量技术监督局作为辖区内特种设备安全监察部门，未按照有关法律法规规定，认真履行特种设备安全监察的工作职责，未按照全县“打非治违”工作总体部署，认真开展隐患排查治理工作。检查中未发现与发生事故阀门直接相连的压力容器未注册登记，未将该压力容器纳入监管范围。对润恒公司特种设备操作人员无证上岗、特种设备安全操作规程不健全，督促整改不力。

（4）广饶县公安局陈官派出所对辖区内剧毒危险化学品隐患排查不到位，未发现并查处润恒公司非法采购、使用、储存剧毒危险化学品等违法行为。

（5）广饶县人民政府履行安全生产属地监管责任不到位，组织开展“打非治违”工作不深入、不彻底，督促指导本地区相关部门履行安全监管职责不到位。

（三）事故性质

经调查认定，广饶县润恒化工有限公司“10·18”较大中毒事故是一起非法生产安全责任事故。

三、事故处理结果

（1）董××，润恒公司法定代表人、执行董事。对事故发生负有重要责任，因其涉嫌非法存储危险物质罪，已被司法机关于 10 月 24 日刑事拘留，由司法机关进一步依法追究责任。

（2）张××，润恒公司生产车间主任。对事故发生负有责任，由司法机关依法追究责任。

（3）张××，润恒公司氟化岗位操作工。无特种作业资格证书，违章操作，对事故发生负有主要责任。鉴于其在事故中死亡，不再追究责任。

（4）李××，润恒公司生产车间氟化班长。对事故发生负有责任，由润恒公司按照内部管理规定予以处理。

（5）王××，润恒公司总经理。对事故发生负有责任，由润恒公司按照内部管理规定予以处理。

（6）李××，陈官乡政府安监办副主任。对事故负有主要监督管理责任，给予行政记大过处分。

（7）聂××，陈官乡政府副乡长兼安监办主任。对事故负有主要领导责任，给予行政记过处分。

（8）孙××，陈官乡副乡长兼企管办主任、园区办主任，负责该乡企业经济运行的管理与服务。对事故发生负有主要领导责任，给予行政警告处分。

（9）孙××，陈官乡党委副书记、乡长。对事故发生负有重要领导责任，给予行政警告处分。

（10）胥××，陈官乡党委书记。对事故发生负有重要领导责任，给予党内警告处分。

（11）李××，广饶县安监局危险化学品安全监督管理股股长。对事故发生负有监管责任，给予行政记过处分。

（12）高××，广饶县安全监察大队副大队长。对事故发生负有监管责任，给予行政记过处分。

（13）侯××，广饶县安监局副局长。对事故发生负有主要领导责任，给予行政警告处分。

（14）黄××，广饶县安监局局长。对事故发生负有领导责任，给予行政警告处分。

（15）崔××，广饶县质量技术监督局稽查队特种设备安全监察行政执法专职人员，负责对陈官乡区域内特种设备现场安全监察。对事故发生负有责任，给予行政记过处分。

（16）李××，广饶县质量技术监督局纪检组长、特检科科长。对事故发生负有领导责任，给予行政警告处分。

（17）刘××，陈官乡派出所民警，负责辖区内危爆物品的治安管理。对事故发生负有责任，给予行政记过处分。

（18）刘××，陈官乡派出所所长。对事故发生负有责任，给予行政警告处分。

（19）燕××，广饶县政府副县长，广饶县安全生产委员会危化品安委会主任。对事故发生负有重要领导责任，对其诫勉谈话，并进行通报批评。

（20）责成东营市安监局按照《暂行规定》(国家安监总局42号令）第十五条第（一）项规定，对润恒公司处以30万元罚款，对润恒公司执行董事董××、总经理王××处以其2012年度收入的40%的罚款。

（21）责成广饶县人民政府依法取缔润恒公司。

（22）责成陈官乡党委、政府分别向广饶县委、县政府作出书面深刻检查。

（23）责成广饶县人民政府向东营市人民政府作出书面深刻检查。

四、事故防范和整改措施

（1）深刻汲取事故教训，持续深入开展“打非治违”工作。

（2）切实落实企业安全生产主体责任，强化企业内部安全管理。

（3）进一步强化源头管理，切实落实政府及有关部门的安全监管责任。

第十五部分

国务院办公厅、国务院安委会文件，有关部门规章、文件和地方性法规、规章及文件

国务院办公厅和国务院安委会文件（目录）

国家安全生产监督管理总局、国家煤矿安全监察局规章及文件（目录）

1. 部门规章

2. 综合监管

(1) 综合协调

111 号）

国家安全监管总局印发关于控制压缩会议文件“三公”经费和规范办公用房管理若干规定的通知（安监总办〔2013〕114 号）

国务院安委会办公室关于开展安全发展示范城市创建工作的指导意见（安委办〔2013〕4 号）

国务院安委会办公室关于切实加强近期生产安全事故防范应对工作的通知（安委办明电〔2013〕3 号）

国家安全监管总局办公厅关于开展安全生产督导调研推进落实《煤矿矿长保护矿工生命安全七条规定》的通知（安监总厅〔2013〕9 号）

国家安全监管总局办公厅关于总局 2013 年重点工作责任分工的通知（安监总厅〔2013〕17 号）

国家安全监管总局办公厅关于印发国家安全监管总局党员领导干部联系点工作制度（试行）的通知（安监总厅人事〔2013〕117 号）

国家安全监管总局办公厅关于深入推进安全生产信息公开工作的通知（安监总厅〔2013〕119 号）

国家安全监管总局办公厅关于印发总局机关事务工作规则的通知（安监总厅〔2013〕167 号）

（2）政策研究与执法监督

国家安全监管总局关于印发 2013 年立法计划的通知（安监总政法〔2013〕30 号）

国家安全监管总局印发关于保护生产安全事故和事故隐患举报人意见的通知（安监总政法〔2013〕69 号）

国家安全监管总局印发关于生产安全事故调查处理中有关问题规定的通知（安监总政法〔2013〕115 号）

国家安全监管总局办公厅关于切实做好国家取消和下放投资审批有关建设项目安全监管工作的通知（安监总厅政法〔2013〕120 号）

（3）规划科技

国家安全监管总局关于开展安全生产“十二五”规划中期评估工作的通知（安监总规划〔2013〕61 号）

国家安全监管总局关于规范安全监管执法专业装备招标采购工作的通知（安监总规划〔2013〕68 号）

国家安全监管总局关于进一步规范安全评价机构监管工作的通知（安监总规划〔2013〕79 号）

国家安全监管总局关于停止新建楼堂馆所和办公用房的通知（安监总规划〔2013〕97 号）

国家安全监管总局办公厅　国家发展改革委办公厅关于做好安全生产监管部门和煤矿安全监察机构监管监察能力建设规划（2011—2015 年）2013 年实施工作的通知（安监总厅规划〔2013〕7 号）

国家安全监管总局办公厅关于在安全评价等专业服务机构中开展“防范事故见成效”活动的通知（安监总厅规划〔2013〕44 号）

国家安全监管总局办公厅关于确定安全生产科技支撑平台创建单位的通知（安监总厅科技〔2013〕137 号）

国家安全监管总局办公厅关于进一步做好安全监管部门监管执法专业装备建设项目实施工作的通知（安监总厅规划〔2013〕138 号）

（4）应急管理与调度统计

国家安全监管总局关于开展工矿商贸企业职业卫生统计制度试行工作的通知（安监总统计〔2013〕50 号）

国家安全监管总局关于开展职业病危害防治评估工作的通知（安监总统计〔2013〕133 号）

国务院安委会办公室关于 2012 年全国安全生产事故隐患排查治理情况的通报（安委办〔2013〕2 号）

国家安全监管总局办公厅　国家煤矿安监局办公室关于印发煤矿安全监察机构应急预案框架指南的通知（安监总厅应急〔2013〕1 号）

国家安全监管总局办公厅关于进一步加强矿山救援培训工作的通知（安监总厅应急〔2013〕54 号）

3. 安全生产综合监管

（1）工作部署

国家安全监管总局关于印发金属非金属矿山等重点行业领域安全生产大检查工作方案的通知（安监总办〔2013〕73 号）

国家安全监管总局关于开展金属非金属地下矿山防中毒窒息专项整治的通知（安监总管一〔2013〕

32号）

国家安全监管总局等七部门关于印发深入开展尾矿库综合治理行动方案的通知（安监总管一〔2013〕58号）

国家安全监管总局等七部门关于印发全国尾矿库专项整治行动工作总结及下一步尾矿库综合治理行动重点工作安排的通知（安监总管一〔2013〕99号）

国家安全监管总局关于发布金属非金属矿山禁止使用的设备及工艺目录（第一批）的通知（安监总管一〔2013〕101号）

国家安全监管总局　公安部　交通运输部关于印发重庆市道路交通安全工作做法的通知（安监总管二〔2013〕66号）

国家安全监管总局　国家质检总局关于开展客运索道运营企业安全生产标准化建设的通知（安监总管二〔2013〕74号）

国家安全监管总局关于印发危险化学品安全生产监管部际联席会议第五次会议纪要的通知（安监总管三〔2013〕1号）

国家安全监管总局关于公布第二批重点监管危险化工工艺目录和调整首批重点监管危险化工工艺中部分典型工艺的通知（安监总管三〔2013〕3号）

国家安全监管总局　公安部关于加强烟花爆竹安全监管和消防安全工作的通知（安监总管三〔2013〕9号）

国家安全监管总局关于公布第二批重点监管危险化学品名录的通知（安监总管三〔2013〕12号）

国家安全监管总局　住房城乡建设部关于进一步加强危险化学品建设项目安全设计管理的通知（安监总管三〔2013〕76号）

国家安全监管总局关于印发烟花爆竹安全监管部际联席会议第三次全体会议纪要的通知（安监总管三〔2013〕87号）

国家安全监管总局关于加强化工过程安全管理的指导意见（安监总管三〔2013〕88号）

国家安全监管总局　中国气象局关于加强烟花爆竹企业防雷工作的通知（安监总管三〔2013〕98号）

国家安全监管总局　工业和信息化部　公安部交通运输部　国家工商总局国家质检总局关于做好烟花爆竹旺季安全生产工作的通知（安监总管三〔2013〕122号）

国家安全监管总局等部门关于全面推进全国工贸行业企业安全生产标准化建设的意见（安监总管四〔2013〕8号）

国家安全监管总局关于开展用人单位职业卫生基础建设活动的通知（安监总安健〔2013〕38号）

国家安全监管总局关于加强水泥制造和石材加工企业粉尘危害治理工作的通知（安监总安健〔2013〕112号）

国家安全监管总局关于切实加强夏季危险化学品和烟花爆竹安全生产工作的紧急通知（安监总明电〔2013〕6号）

国务院安委会办公室关于开展道路交通安全专项督查的通知（安委办〔2013〕11号）

国务院安委会办公室关于进一步深刻吸取包茂高速陕西延安“8·26”特别重大道路交通事故教训做好重特大事故预防工作的通知（安委办〔2013〕23号）

国务院安委会办公室关于深刻吸取山西襄汾“9·8”特别重大尾矿库溃坝事故教训进一步加强尾矿库安全生产工作的通知（安委办〔2013〕24号）

国务院安委会办公室关于做好汛期安全生产工作的通知（安委办明电〔2013〕8号）

国务院安委会办公室关于组织开展石油化工企业石油库和油气装卸码头安全专项检查的通知（安委办明电〔2013〕20号）

国务院安委会办公室关于2012年工程建设领域预防施工起重机械脚手架等坍塌事故专项整治工作情况的通报（安委办函〔2013〕20号）

国务院安委会办公室关于印发道路和水上交通安全专题会议纪要的通知（安委办函〔2013〕23号）

国务院安委会办公室关于开展金属非金属矿山整顿工作调研督导的通知（安委办函〔2013〕68号）

国务院安委会办公室关于印发金属非金属矿山50个重点县（市、区）安全生产攻坚克难工作方案的通知（安委办函〔2013〕83号）

国家安全监管总局办公厅关于明确非煤矿山建设项目安全监管职责等事项的通知（安监总厅管一〔2013〕143号）

国家安全监管总局办公厅关于规范非煤矿山新建工程项目安全设施竣工验收工作的通知（安监总厅管一函〔2013〕42号）

国家安全监管总局办公厅关于加强烟花爆竹生产机械设备使用安全管理工作的通知（安监总厅管三〔2013〕21 号）

国家安全监管总局办公厅　公安部办公厅关于开展黑火药和引火线专项治理的通知（安监总厅管三〔2013〕43 号）

国家安全监管总局办公厅关于认真贯彻落实国家标准《烟花爆竹安全与质量》的通知（安监总厅管三〔2013〕66 号）

国家安全监管总局办公厅关于全国危险化学品安全生产标准化建设情况的通报（安监总厅管三〔2013〕77 号）

国家安全监管总局办公厅关于进一步推动不具备安全生产条件小化工企业关闭工作的通知（安监总厅管三〔2013〕102 号）

国家安全监管总局办公厅关于公安机关侦破一起涉及烟花爆竹重大刑事案件的通报（安监总厅管三〔2013〕134 号）

国家安全监管总局办公厅关于危险化学品安全监管有关问题的复函（安监总厅管三函〔2013〕65 号）

国家安全监管总局办公厅关于化学品安全监管有关问题的复函（安监总厅管三函〔2013〕76 号）

国家安全监管总局办公厅关于医院自制医用氧及火力发电企业脱硝项目安全监管有关事项的通知（安监总厅管三函〔2013〕114 号）

国家安全监管总局办公厅关于化学品安全监管有关问题的复函（安监总厅管三函〔2013〕120 号）

国家安全监管总局办公厅关于化学实验设备生产危险化学品安全许可等有关问题的复函（安监总厅管三函〔2013〕136 号）

国家安全监管总局办公厅关于加油站采用阻隔防爆技术改造安全距离核定有关问题的复函（安监总厅管三函〔2013〕181 号）

国家安全监管总局办公厅关于工贸企业有限空间作业和铝镁制品机加工企业安全生产专项治理情况的通报（安监总厅管四〔2013〕10 号）

国家安全监管总局办公厅关于 2012 年全国工贸行业企业安全生产标准化建设情况的通报（安监总厅管四〔2013〕20 号）

国家安全监管总局办公厅关于白酒安全生产监管工作有关问题的复函（安监总厅管四函〔2013〕25 号）

国家安全监管总局办公厅关于铝镁制品机加工作业场所粉尘防爆安全标准适用问题的复函（安监总厅管四函〔2013〕117 号）

国家安全监管总局办公厅关于造纸等工贸企业配套危险化学品生产储存装置安全监管有关问题的复函（安监总厅管四函〔2013〕180 号）

国家安全监管总局办公厅关于做好当前职业卫生技术服务机构资质延续工作的通知（安监总厅安健〔2013〕58 号）

国家安全监管总局办公厅关于印发职业卫生技术服务机构丙级资质认可条件及技术评审项目和标准的通知（安监总厅安健〔2013〕112 号）

国家安全监管总局办公厅关于进一步规范职业卫生技术服务机构监管工作的通知（安监总厅安健〔2013〕139 号）

国家安全监管总局办公厅关于职业卫生技术服务机构资质认可有关事项的通知（安监总厅安健〔2013〕151 号）

国家安全监管总局办公厅关于印发职业卫生档案管理规范的通知（安监总厅安健〔2013〕171 号）

（2）事故通报

国家安全监管总局关于吉林省吉林老金厂金矿股份有限公司“1·14”重大火灾事故的通报（安监总管一〔2013〕5 号）

国家安全监管总局　公安部　交通运输部关于近期四起重大事故情况的通报（安监总明电〔2013〕2 号）

国务院安委会办公室关于黑龙江省黑河市“1·28”重大铁路道口事故情况的通报（安委办〔2013〕5 号）

国务院安委会办公室关于湖北省襄阳市“4·14”重大火灾事故情况的通报（安委办〔2013〕9 号）

国务院安委会办公室关于中石油大连石化分公司“6·2”火灾爆炸事故和中储粮黑龙江分公司林甸直属库“5·31”火灾事故情况的通报（安委办〔2013〕17 号）

国务院安委会办公室关于近期两起金属非金属矿山非法开采重大事故的通报（安委办〔2013〕19 号）

国务院安委会办公室关于近期三起重大道路交通事故情况的通报（安委办〔2013〕20 号）

国务院安委会办公室关于近期几起事故情况的通报

（安委办明电〔2013〕1号）

国务院安委会办公室关于近期三起烟花爆竹较大事故的通报（安委办明电〔2013〕45号）

国家安全监管总局办公厅关于近期两起金属非金属矿山较大事故的通报（安监总厅管一〔2013〕106号）

国家安全监管总局办公厅关于湖南省两起较大烟花爆竹事故情况的通报（安监总厅管三〔2013〕146号）

（3）事故处理

国家安全监管总局关于包茂高速陕西延安“8·26”特别重大道路交通事故结案的通知（安监总管二〔2013〕29号）

国家安全监管总局关于吉林省长春市宝源丰禽业有限公司“6·3”特别重大火灾爆炸事故结案的通知（安监总管二〔2013〕86号）

国家安全监管总局关于山东保利民爆济南科技有限公司“5·20”特别重大爆炸事故结案的通知（安监总管二〔2013〕103号）

4. 煤矿安全监察

（1）工作部署

国家安全监管总局　国家煤矿安监局　中国煤炭工业协会　中国能源化学工会关于印发国投塔山煤矿班组建设经验材料的通知（安监总煤行〔2013〕4号）

国家安全监管总局　国家煤矿安监局关于加快推进煤矿井下紧急避险系统建设的通知（安监总煤装〔2013〕10号）

国家安全监管总局　国家煤矿安监局关于印发《煤矿矿长保护矿工生命安全七条规定》宣传提纲的通知（安监总煤行〔2013〕23号）

国家安全监管总局　国家煤矿安监局关于加强煤与瓦斯突出事故监测和报警工作的通知（安监总煤装〔2013〕28号）

国家安全监管总局　国家煤矿安监局关于印发京煤集团昊华能源公司实现复杂地质条件下机械化安全开采经验的通知（安监总煤行〔2013〕48号）

国家安全监管总局　国家煤矿安监局关于在全国国有煤矿开展“敬畏生命”大讨论的通知（安监总煤办〔2013〕51号）

国家安全监管总局　国家煤矿安监局关于公布2012年度国家级安全质量标准化煤矿的通知（安监总煤行〔2013〕59号）

国家安全监管总局　国家煤矿安监局关于印发煤矿安全生产大检查工作方案的通知（安监总煤办〔2013〕71号）

国家安全监管总局　国家煤矿安监局关于加强煤矿井下安全避险“六大系统”监管监察工作的通知（安监总煤装〔2013〕78号）

国家安全监管总局　国家煤矿安监局关于进一步加强和规范煤与瓦斯突出矿井鉴定工作的通知（安监总规划〔2013〕116号）

国家安全监管总局　国家煤矿安监局关于下达2013年煤炭行业标准制修订项目计划的通知（安监总煤装〔2013〕125号）

国家安全监管总局　国家煤矿安监局关于印发煤矿地质工作规定的通知（安监总煤调〔2013〕135号）

国务院安委会办公室关于在全国煤矿开展“保护矿工生命，矿长守规尽责”主题实践活动的通知（安委办〔2013〕6号）

国务院安委会办公室关于印发贯彻落实国务院办公厅进一步加强煤矿安全生产工作意见重点任务分工方案的通知（安委办〔2013〕28号）

国务院安委会办公室关于印发50个煤矿安全重点县（市、区）遏制重特大事故攻坚战工作方案的通知（安委办函〔2013〕82号）

国家安全监管总局办公厅关于印发贯彻落实国务院办公厅进一步加强煤矿安全生产工作意见重点任务内部分工方案的通知（安监总厅煤办〔2013〕162号）

国家安全监管总局办公厅关于煤与瓦斯突出危险性鉴定有关问题的复函（安监总厅煤装函〔2013〕30号）

（2）事故通报

国家安全监管总局　国家煤矿安监局关于近期三起国有重点煤矿较大以上事故的通报（安监总煤调〔2013〕14号）

国家安全监管总局　国家煤矿安监局关于近期三起煤矿事故的通报（安监总煤调〔2013〕90号）

国家安全监管总局　国家煤矿安监局关于近期三起

国有重点煤矿事故的通报（安监总明电〔2013〕4号）

国家安全监管总局　国家煤矿安监局关于吉林省吉煤集团通化矿业公司八宝煤业公司连续发生两起重大瓦斯爆炸事故的通报（安监总明电〔2013〕5号）

（3）事故处理

国家安全监管总局关于四川省攀枝花市西区正金工贸有限责任公司肖家湾煤矿“8·29”特别重大瓦斯爆炸事故结案的通知（安监总煤调〔2013〕34号）

国家安全监管总局关于吉林省吉煤集团通化矿业集团公司八宝煤业公司“3·29”特别重大瓦斯爆炸事故结案的通知（安监总煤调〔2013〕85号）

2013年煤矿一次死亡10～29人重大事故批复目录

5. 宣传教育培训

国家安全监管总局关于公布全国安全培训教师讲课比赛结果的通知（安监总培训〔2013〕15号）

中央宣传部　国家安全监管总局等七部门关于开展2013年全国“安全生产月”活动的通知（安监总政法〔2013〕37号）

国家安全监管总局关于命名全国安全文化建设示范企业的通知（安监总政法〔2013〕49号）

国家安全监管总局关于进一步加强安全培训管理工作的通知（安监总培训〔2013〕84号）

国家安全监管总局关于印发安全生产资格考试与证书管理暂行办法的通知（安监总培训〔2013〕104号）

国家安全监管总局关于进一步加强安全生产宣传教育和信息公开工作的意见（安监总政法〔2013〕132号）

国家安全监管总局办公厅关于做好全国安全文化建设示范企业推荐及复审工作的通知（安监总厅政法〔2013〕111号）

国家安全监管总局办公厅关于广东省东莞市安全监管局原局长陈建国等安全培训违法违规行为的通报（安监总厅培训〔2013〕150号）

6. 机构编制管理

国家安全监管总局办公厅关于通信信息中心信息开发部更名的通知（安监总厅〔2013〕27号）

国家安全监管总局办公厅关于华北科技学院（中国煤矿安全技术培训中心）设立安全工程研究院的通知（安监总厅〔2013〕38号）

国家安全监管总局办公厅转发中央编办等部门关于做好中央国家机关所属事业单位分类工作的通知（安监总厅〔2013〕57号）

国家安全监管总局办公厅关于印发中国煤矿工人北戴河疗养院（国家安全生产监督管理总局北戴河职业病防治院）职责范围机构设置和人员编制规定的通知（安监总厅〔2013〕83号）

国家安全监管总局办公厅关于印发中国煤矿工人大连疗养院（国家安全生产监督管理总局大连职业病防治康复中心）职责范围机构设置和人员编制规定的通知（安监总厅〔2013〕84号）

国家安全监管总局办公厅关于印发中国煤矿工人昆明疗养院（国家安全生产监督管理总局昆明职业病防治康复中心）职责范围机构设置和人员编制规定的通知（安监总厅〔2013〕85号）

国家安全监管总局办公厅关于成立总局防汛工作领导小组的通知（安监总厅〔2013〕99号）

国家安全监管总局办公厅关于调整山东煤矿安全监察局所属监察分局人员编制的通知（安监总厅〔2013〕104号）

国家安全监管总局办公厅关于印发新疆生产建设兵团煤矿安全监察局所属事业单位主要职责内设机构和人员编制规定的通知（安监总厅〔2013〕105号）

国家安全监管总局办公厅关于调整河北煤矿安全监察局所属监察分局人员编制的通知（安监总厅〔2013〕147号）

国务院有关部门规章及文件（目录）

公安部

公安部　中央文明办　教育部　司法部　交通运输部　国家安全监管总局关于印发《“文明交通行动计划”实施方案（2013—2015）》的通知（公通字〔2013〕21号）

公安部　工业和信息化部　交通运输部　商务部　国家工商行政管理总局　国家质量监督检验检疫总局关于开展机动车安全隐患大检查工作的通知（公交管〔2013〕387号）

公安部　中央文明办　教育部　司法部　交通运输部　国家安全监管总局关于开展2013年“全国交通安全日”主题活动的通知（公交管〔2013〕407号）

交通运输部

交通运输部　公安部　国家安全监管总局关于印发2013年“道路客运安全年”活动方案的通知（交运发〔2013〕230号）

交通运输部　公安部　国家安全监管总局关于深入开展城市轨道交通运营安全隐患排查治理专项活动的通知（交运发〔2013〕739号）

国防科工局

国防科工局关于集中开展军工系统安全生产大检查的通知（科工安密〔2013〕736号）

国防科工局关于开展军工系统重大危险源（点）和10人以上危险作业调查摸底工作的通知（科工安密〔2013〕497号）

国防科工局关于调整充实国防科技工业安全生产专家库的通知（局安密函〔2013〕151号）

水利部

水利部关于进一步加强水利安全培训工作的实施意见（水安监〔2013〕88号，2013年2月20日发布）

水利部关于印发《水利安全生产标准化评审管理暂行办法》的通知（水安监〔2013〕189号，2013年4月10日发布）

水利部关于开展全国水利安全生产大检查的通知（水安监〔2013〕266号，2013年6月18日发布）

水利部关于对水利安全生产重大事故隐患挂牌督办的通知（水安监〔2013〕454号，2013年11月27日发布）

水利部关于印发《水利水电建设项目安全预评价指导意见》和《水利水电建设项目安全验收评价指导意见》的通知（办安监〔2013〕139号，2013年5月30日发布）

水利部办公厅关于印发《水利安全生产标准化评审管理暂行办法实施细则》的通知（办安监〔2013〕168号，2013年7月11日发布）

农业部

拖拉机联合收割机牌证业务档案管理规范（农机发〔2013〕1号，2013年1月29日发布）

中国民航局

中国民用航空危险品运输管理规定（中国民用航空局第216号令，2013年9月22日发布，2014年3月1日起实施）

民用航空运输机场航空安全保卫规则（中国民用航空局第218号令，2013年7月16日发布，2013年9月1日起实施）

公共航空运输企业航空安全保卫规则（中国民用航空局第219号令，2013年7月16日发布，2013年9月1日起实施）

民用航空器事故调查员安全防护规范（MH/T 7018—2013，2013年1月16日发布，2013年5月1日起实施）

民用航空器事故征候（MH/T 2001—2013，2013年2月25日发布，2013年3月1日起实施）

民用航空信息安全事件分类分级指南（MH/T 0041—2013，2013年3月13日发布，2013年6月1日起实施）

国家质检总局特种设备局

压力管道元件制造监督检验规则（TSG D7001—2013，2013 年 1 月 16 日发布，2013 年 7 月 1 日起实施）

压力容器使用管理规则（TSG R5002—2013，2013 年 1 月 16 日发布，2013 年 7 月 1 日起实施）

压力容器定期检验规则（TSG R7001—2013，2013 年 1 月 16 日发布，2013 年 7 月 1 日起实施）

特种设备作业人员考核规则（TSG Z6001—2013，2013 年 1 月 16 日发布，2013 年 6 月 1 日起实施）

特种设备无损检测人员考核规则（TSG Z8001—2013，2013 年 1 月 16 日发布，2013 年 6 月 1 日起实施）

特种设备检验人员考核规则（TSG Z8002—2013，2013 年 1 月 16 日发布，2013 年 6 月 1 日起实施）

压力容器监督检验规则（TSG R7004—2013，2013 年 12 月 31 日发布，2014 年 6 月 1 日起实施）

客运索道监督检验和定期检验规则（TSG S7001—2013，2013 年 12 月 31 日发布，2014 年 6 月 1 日起实施）

行业主管单位文件（目录）

中国石油化工集团公司

中国石化安全仪表系统安全完整性等级评估管理规定（试行）（中国石化安〔2013〕259 号）

中国石化安全事故档案管理办法（中国石化办〔2013〕271 号）

中国石化安全生产费用财务管理办法（中国石化财〔2013〕408 号）

中国石油天然气集团公司

关于切实抓好安全环保风险管控能力提升工作的通知（中海安〔2013〕147 号，2013 年 4 月 17 日发布并实施）

中国海洋石油总公司

关于强化全员安全培训工作的通知（海油总安〔2013〕1 号，2013 年 1 月 1 日发布并实施）

关于完善安全环保合理化建议制度的通知（海油总安〔2013〕486 号，2013 年 7 月 12 日发布并实施）

关于加强海外承包合同中 QHSE 条款管理的通知（海油总安〔2013〕508 号，2013 年 7 月 23 日发布并实施）

关于落实企业安全生产主体责任完善领导干部巡视检查现场巡回检查等十条要求的通知（海油总安〔2013〕625 号，2013 年 9 月 17 日发布并实施）

进一步加强承包商安全管理组织做好冬季安全生产工作的通知（海油总安〔2013〕794 号，2013 年 11 月 20 日发布并实施）

关于发布总公司质量健康安全环保滚动规划方案的通知（海油总安〔2013〕820 号，2013 年 12 月 3 日发布并实施）

关于进一步完善安全培训课程体系的通知（海油安字〔2013〕15 号，2013 年 4 月 17 日发布并实施）

关于做好化工项目环保工作的通知（海油安字〔2013〕38 号，2013 年 8 月 6 日发布并实施）

关于进一步加强环境保护管理工作的通知（海油安字〔2013〕62 号，2013 年 11 月 29 日发布并实施）

中国核工业集团公司

中核集团安全生产标准化考核评级标准　第 1 部分：铀矿地质勘查（Q/CNNC GB 1. 1—2013，2013 年 7 月 1 日起实施）

中核集团安全生产标准化考核评级标准　第 2 部分：铀矿采冶（Q/CNNC GB 1. 2—2013，2013 年 7 月 1 日起实施）

中核集团安全生产标准化考核评级标准　第 3 部分：核燃料（Q/CNNC GB 1. 3—2013，2013 年 7 月 1 日起实施）

中核集团安全生产标准化考核评级标准　第 4 部分：核电（GB 1. 4—2013，2013 年 7 月 1 日起实施）

中核集团安全生产标准化考核评级标准　第 5 部分：科研（Q/CNNC GB 1. 5—2013，2013 年 7 月 1 日起实施）

中核集团安全生产标准化考核评级标准　第 6 部分：核设施退役与放射性废物管理（Q/CNNC GB 1. 6—2013，2013 年 7 月 1 日起实施）

中核集团安全生产标准化考核评级标准　第 7 部分：

核仪器设备制造（Q/CNNC GB 1.7—2013，2013年7月1日起实施）

中核集团安全生产标准化考核评级标准　第8部分：核工程建筑施工（Q/CNNC GB 1.8—2013，2013年7月1日起实施）

中核集团安全生产标准化考核评级标准　第9部分：核技术应用（Q/CNNC GB 1.9—2013，2013年8月1日起实施）

中核集团安全生产标准化考核评级标准　第10部分：服务业及其他（Q/CNNC GB 1.10—2013，2013年7月1日起实施）

中国核工业集团公司安全生产检查导则　第1部分：安全生产检查基本程序（Q/CNNC GB 2.1—2013，2013年9月1日起实施）

中国核工业集团公司安全生产检查导则　第2部分：综合安全生产检查（Q/CNNC GB 2.2—2013，2013年9月1日起实施）

中国核工业集团公司安全生产检查导则　第3部分：铀地质矿冶安全生产检查（Q/CNNC GB 2.3—2013，2013年9月1日起实施）

中国核工业集团公司安全生产检查导则　第4部分：核燃料设施安全生产检查（Q/CNNC GB 2.4—2013，2013年9月1日起实施）

中国核工业集团公司安全生产检查导则　第5部分：核电厂安全生产检查（Q/CNNC GB 2.5—2013，2013年9月1日起实施）

中国核工业集团公司安全生产检查导则　第6部分：研究堆和临界装置安全生产检查（Q/CNNC GB 2.6—2013，2013年7月1日起实施）

中国核工业集团公司安全生产检查导则　第7部分：核燃料后处理厂安全生产检查（Q/CNNC GB 2.7—2013，2013年9月1日起实施）

中国核工业集团公司安全生产检查导则　第8部分：放射性废物管理设施安全生产检查（Q/CNNC GB 2.8—2013，2013年7月1日起实施）

中国核工业集团公司安全生产检查导则　第9部分：核技术应用安全生产检查（Q/CNNC GB 2.9—2013，2013年9月1日起实施）

中国核工业集团公司安全生产检查导则　第10部分：放射性物质运输安全检查（Q/CNNC GB 2.10—2013，2013年9月1日起实施）

中国核工业集团公司安全生产检查导则　第11部分：核设施退役安全检查（Q/CNNC GB 2.11—2013，2013年9月1日起实施）

中国核工业集团公司安全生产检查导则　第12部分：核行业锂钙生产设施安全生产检查（Q/CNNC GB 2.12—2013，2013年9月1日起实施）

中国船舶工业集团公司

职业健康检查规定（Q/CSSC 3071，2013年9月13日发布并实施）

职业危害岗位劳动防护用品配备要求（Q/CSSC 3072，2013年9月13日发布并实施）

工作场所职业病危害因素检测、监测和评价管理规定（Q/CSSC 30713，2013年9月13日发布并实施）

职业健康档案管理规定（Q/CSSC 3074，2013年9月13日发布并实施）

中国船舶工业集团公司安全管理提升工程实施方案（船工经〔2013〕139号，2013年2月28日发布并实施）

中国船舶工业集团公司班组安全达标要求（试行）（船质〔2013〕19号，2013年8月29日发布并实施）

中国航空工业集团公司

中国航空工业集团公司安全生产标准化审核员管理办法（质字〔2013〕107号，2013年8月28日发布并实施）

中国兵器装备集团公司

中国兵器装备集团公司安全生产标准化工作细则（试行）（兵改〔2013〕8号）

省、自治区、直辖市及部分计划单列市有关安全生产的地方性法规、规章及文件（目录）

北京市

北京市安全生产监督管理局关于建设项目职业卫生“三同时”行政许可有关工作的通知（京安监发〔2013〕58号，2013年9月11日发布）

北京市安全生产监督管理局关于危险化学品安全使用许可证实施有关工作事项的通知（京安监发〔2013〕69号，2013年11月4日发布）

地下有限空间作业安全技术规范 第2部分：气体检测与通风（DB11/852.2—2013，2013年1月31日发布，2013年5月1日起实施）

机动车维修场所职业卫生技术规范（DB11/947—2013，2013年1月31日发布，2013年5月1日起实施）

液氨使用与储存安全技术规范（DB11/1014—2013，2013年11月1日发布，2014年2月1日起实施）

天津市

天津市安全监管局关于进一步加强烟花爆竹安全监管工作的通知（津安监管三〔2013〕35号，2013年5月2日发布）

天津市危险化学品经营许可证管理办法实施意见（津安监管三〔2013〕45号，2013年6月9日发布）

天津市安全监管局关于印发天津市建设项目安全设施“三同时”监督管理暂行办法的通知（津安监管法〔2013〕64号，2013年9月4日发布）

天津市安全监管局关于印发天津市工贸企业安全生产分类分级监督管理暂行办法的通知（津安监管四〔2013〕68号，2013年9月26日发布并实施）

天津市安全监管局关于印发危险化学品从业单位安全生产标准化评审标准的通知（津安监管三〔2013〕71号，2013年9月27日发布）

河北省

河北省职业卫生技术服务机构管理办法（冀安监管规划〔2013〕77号，2013年5月13日发布，2013年8月5日起实施）

关于印发《安全生产督导检查工作制度（试行）》的通知（冀安监管〔2013〕8号，2013年12月9日发布）

山西省

山西省人民政府关于做好2013年安全生产工作的通知（晋政发〔2013〕1号，2013年1月31日发布并实施）

山西省人民政府办公厅关于印发山西省安全生产考核指标和考核办法的通知（晋政办发〔2013〕26号，2013年3月5日发布并实施）

关于进一步做好生产安全事故报告工作的通知（晋政办发〔2013〕75号，2013年7月3日发布并实施）

关于进一步明确部分行业领域安全生产监管职责的通知（晋政发〔2013〕83号，2013年7月25日发布并实施）

山西省工作场所职业卫生监督管理实施意见（晋安监职监字〔2013〕10号，2013年9月22日发布并实施）

山西省用人单位职业健康监护监督管理实施意见（晋安监职监字〔2013〕11号，2013年9月22日发布并实施）

山西省建设项目职业卫生“三同时”监督管理暂行实施意见（晋安监职监字〔2013〕12号，2013年9月22日发布并实施）

内蒙古自治区

关于进一步加强道路运输危险化学品安全监管的通知（内安委会发〔2013〕44号，2013年6月14日发布）

辽宁省

辽宁省民用机场净空安全保护办法（辽宁省人民政府令第284号，2013年7月12日发布，2013年8月20

日起实施）

辽宁省各级政府及部门安全生产工作职责规定（辽政发〔2013〕37号，2013年11月1日发布并实施）

辽宁省危险化学品建设项目安全监督管理实施细则（辽安监管三〔2013〕4号，2013年1月9日发布并实施）

辽宁省安全生产检测检验机构监督管理办法（辽安监规划〔2013〕46号，2013年3月8日发布并实施）

辽宁省职业卫生技术服务机构监督管理细则（暂行）（辽安监安健〔2013〕138号，2013年6月21日发布并实施）

辽宁省危险化学品登记管理实施细则（辽安监管三〔2013〕155号，2013年7月16日发布，2013年8月1日起实施）

吉林省

中共吉林省委吉林省人民政府关于加快构建安全发展长效机制的意见（吉发〔2013〕12号，2013年7月14日发布并实施）

吉林省人民政府办公厅关于印发吉林省安全生产综合监管办法的通知（吉政办发〔2013〕44号，2013年11月18日发布并实施）

吉林省人民政府办公厅关于印发吉林省安全生产委员会工作规则的通知（吉政办发〔2013〕43号，2013年11月18日发布并实施）

吉林省安全生产委员会关于印发《吉林省煤矿企业停产整顿验收及强化安全监管暂行办法》的通知（吉安委〔2013〕4号，2013年4月16日发布并实施）

吉林省安全生产委员会关于印发《吉林省煤矿企业停产整顿工作实施方案》的通知（吉安委明电〔2013〕4号，2013年4月21日发布并实施）

吉林省安全生产委员会关于印发《吉林省煤矿企业停产整顿复产验收细则》的通知（吉安委明电〔2013〕2号，2013年4月21日发布并实施）

吉林省安全生产委员会关于印发《吉林省安全生产隐患大检查大整改实施细则》的通知（吉安明电〔2013〕20号，2013年6月13日发布并实施）

吉林省安委会关于印发《吉林省安全生产集中检查整治工作制度》的通知（吉安委〔2013〕10号，2013年11月20日发布并实施）

吉林省安全生产事故隐患排查治理责任追究暂行规定（吉监发〔2013〕3号，2013年7月30日发布并实施）

吉林省安全生产监督管理局关于印发《吉林省金属非金属地下矿山矿长保护矿工生命安全十条规定》和《吉林省金属非金属露天矿山矿长保护矿工生命安全十条规定》的通知（吉安监管非煤〔2013〕112号，2013年5月27日发布并实施）

吉林省安全生产监督管理局关于印发《吉林省陆上石油天然气企业安全生产标准化工作实施方案》的通知（吉安监管非煤〔2013〕148号，2013年7月8日发布并实施）

吉林省安全生产监督管理局关于印发《吉林省煤矿安全质量标准化考核评级办法实施细则（试行）》的通知（吉安监管煤监一〔2013〕186号，2013年8月23日发布并实施）

吉林省安全生产监督管理局关于印发《吉林省烟花爆竹零售经营者安全管理规定》的通知（吉安监管危化〔2013〕227号，2013年12月4日发布并实施）

吉林省安全生产监督管理局关于印发《吉林省安全生产专家工作管理办法》的通知（吉安监管规划〔2013〕228号，2013年12月4日发布并实施）

黑龙江省

黑龙江省注册安全工程师和注册助理安全工程师管理工作暂行规定（黑安监发〔2013〕1号，2013年1月4日发布）

关于规范职业卫生检测评价技术服务机构从业行为的通知（黑安监发〔2013〕6号，2013年1月14日发布）

关于印发黑龙江省危险化学品经营许可证管理办法实施意见的通知（黑安监发〔2013〕37号，2013年5月14日发布）

关于危险化学品安全使用许可证实施办法的实施意见（黑安监发〔2013〕52号，2013年9月2日发布）

上海市

危险场所电气防爆安全检测作业规范（DB 31/753—2013，2013年11月27日发布，2014年3月1日起实施）

安全生产特种作业操作证编码技术规范（DB 31/T 754—2013，2013年11月27日发布，2014年3月1日起实施）

上海市人民政府关于印发进一步强化地区安全生产工作责任意见的通知（沪府发〔2013〕76号，2013年10月8日发布，2013年11月1日起实施）

上海市安全监管局关于印发上海市安全生产专家管理办法的通知（沪安监规科〔2013〕94号，2013年9月30日发布，2013年11月1日起实施）

上海市安全监管局关于印发安全生产举报奖励实施办法的通知（沪安监法规〔2013〕95号，2013年9月30日发布，2013年11月1日起实施）

上海市安全生产监督管理局关于印发生产经营单位主要负责人约见谈话实施规定的通知（沪安监法规〔2013〕106号，2013年11月12日发布，2014年1月1日起实施）

江苏省

工贸行业小微企业安全生产标准化基本规范（DB 32/T 2546—2013，2013年11月20日发布，2014年1月1日起实施）

浙江省

浙江省生产安全事故报告和调查处理规定（浙江省人民政府令第310号，2012年12月31发布，2013年3月1日起实施）

工程载货汽车监控系统技术规范（DB 33/T 889—2013，2013年3月29日发布，2013年4月29日起实施）

安徽省

2013年度省安全生产监督管理局安全生产执法计划（皖安监法〔2013〕27号，2013年4月19日发布）

关于印发《安徽省人民政府安全生产委员会工作规则》的通知（皖安〔2013〕11号，2013年6月24日发布并实施）

福建省

福建省人民政府关于表彰2012年度安全生产目标责任制考核先进单位的通报（闽政文〔2013〕52号，2013年2月22日发布，2013年2月28日起实施）

福建省人民政府关于下达2013年安全生产目标责任的通知（闽政文〔2013〕132号，2013年4月17日发布，2013年4月25日起实施）

福建省人民政府办公厅关于印发《福建省2013年至2015年金属非金属矿山整顿关闭工作方案》的通知（闽政办〔2013〕18号，2013年2月7日发布并实施）

福建省人民政府办公厅关于集中开展安全生产大检查的紧急通知（闽政办发明电〔2013〕69号，2013年6月19日发布并实施）

福建省人民政府办公厅关于补充下达2013年全省安全生产控制指标的通知（闽政办〔2013〕83号，2013年6月24日发布并实施）

福建省政府安委会关于做好2013年安全生产标准化建设工作的通知（闽安委〔2013〕5号，2013年6月22日发布并实施）

福建省人民政府安委会印发《关于进一步健全完善安全生产“一岗双责”工作机制的意见》的通知（闽安委〔2013〕14号，2013年5月17日发布并实施）

福建省人民政府安全生产委员会关于开展“安全生产重点整治百日行动”的通知（闽安委〔2013〕18号，2013年6月9日发布并实施）

福建省人民政府安委会关于印发《福建省安全生产大检查工作实施方案》的通知（闽安委明电〔2013〕6号，2013年6月25日发布并实施）

福建省人民政府安全生产委员会关于进一步加强安全生产大检查工作的通知（闽安委明电〔2013〕7号，2013年7月31日发布并实施）

福建省人民政府安全生产委员会关于印发《福建省2013年安全生产目标责任考评办法》的通知（闽安委〔2013〕26号，2013年11月20日发布并实施）

福建省安全监管局关于印发《安全生产暗查抽查工作制度》的通知（闽安监综合〔2013〕164号，2013年11月28日发布并实施）

福建省安全监管局关于印发《强化安全生产科学管理主动服务若干措施》的通知（闽安监综合〔2013〕163号，2013年11月28日发布并实施）

江西省

钨矿山地下开采安全生产规范（GB/T 29521—2013，2013年6月9日发布，2014年2月1日起实施）

危险场所电气安全检测技术规范（DB 36/T 614—2013，2013年12月25日发布，2014年2月1日起实施）

工业企业可燃气体和有毒气体报警系统安全检测技术规范（DB 36/T 759—2013，2013 年 12 月 25 日发布，2014 年 2 月 1 日起实施）

金属非金属矿山采掘施工企业安全生产标准化实施规范（DB 36/T 760—2013，2013 年 12 月 25 日发布，2014 年 2 月 1 日起实施）

山东省

山东省劳动合同条例（2013 年 8 月 1 日山东省第十二届人民代表大会常务委员会第三次会议修订，自 2013 年 10 月 1 日起实施）

山东省公共消防设施管理办法（山东省人民政府令第 259 号，2013 年 2 月 2 日发布，2013 年 5 月 1 日起实施）

山东省生产经营单位安全生产主体责任规定（山东省人民政府令第 260 号，2013 年 2 月 2 日发布，2013 年 3 月 1 日起实施）

山东省火灾高危单位消防安全管理规定（山东省人民政府令第 263 号，2013 年 7 月 11 日发布，2013 年 11 月 1 日起实施）

金属非金属矿山安全生产检测检验报告（DB 37/T 2386—2013，2013 年 9 月 22 日发布，2013 年 10 月 30 日起实施）

金属非金属矿山在用危险性较大设备设施安全检测检验目录（DB 37/T 2387—2013，2013 年 9 月 22 日发布，2013 年 10 月 30 日起实施）

矿山在用电力绝缘安全工器具电气试验规范（DB 37/T 2388—2013，2013 年 9 月 22 日发布，2013 年 10 月 30 日起实施）

矿山在用高压开关设备电气安全检测检验规范（DB 37/T 2389—2013，2013 年 9 月 22 日发布，2013 年 10 月 30 日起实施）

河南省

河南省安全生产监督管理局关于印发《烟花爆竹建设项目安全设施竣工验收实施方案》的通知（豫安监管〔2013〕122 号，2013 年 12 月 11 日发布）

河南省安全生产监督管理局关于进一步规范安全生产监管监察工作行政行为的通知（豫安监管〔2013〕118 号，2013 年 12 月 5 日发布）

关于印发《河南省安全生产监督管理局行政赔偿暂行办法》、《河南省安全生产监督管理局行政复议答辩和行政应诉暂行办法》的通知（豫安监管〔2013〕112 号，2013 年 11 月 22 日发布）

河南省安全生产监督管理局关于在全省推行安全生产责任保险统保工作的通知（豫安监管〔2013〕105 号，2013 年 11 月 11 日发布）

河南省安全生产监督管理局关于印发《安全生产专家经费使用管理办法（试行）》的通知（豫安监管〔2013〕100 号，2013 年 10 月 30 日发布）

河南省安全生产监督管理局关于发布河南省加油站及石油库安全生产标准化评审标准的通知（豫安监管〔2013〕86 号，2013 年 9 月 12 日发布）

关于开展石油天然气企业安全生产标准化建设工作的通知（豫安监管办〔2013〕118 号，2013 年 8 月 5 日发布）

关于印发《河南省金属非金属地下矿山防中毒窒息专项整治工作方案》的通知（豫安监管〔2013〕80 号，2013 年 8 月 26 日发布）

关于尾矿库建设项目安全设施试运行备案有关事项的通知(豫安监管〔2013〕74 号,2013 年 8 月 6 日发布)

关于印发《2013 年全省安全监管系统推进服务型行政执法建设活动方案》的通知（豫安监管〔2013〕45 号，2013 年 5 月 20 日发布）

关于进一步加强危险化学品安全监管工作的通知（豫安监管办〔2013〕68 号，2013 年 4 月 26 日发布）

关于做好金属非金属矿山生产勘探项目安全监管工作的通知（豫安监管〔2013〕35 号，2013 年 4 月 23 日发布）

关于规范尾矿库回采安全监管工作的通知（豫安监管〔2013〕25 号，2013 年 4 月 23 日发布）

关于在全省煤矿企业中推行安全生产责任保险制度的指导意见（试行）（豫安监管〔2013〕26 号，2013 年 3 月 25 日发布）

河南省安全生产监督管理局关于调整我省非煤矿矿山行政许可委托项目的通知（豫安监管办〔2013〕65 号，2013 年 4 月 8 日发布）

关于金属非金属地下开采矿山企业复工复产安全生产条件检查工作的通知（豫安监管办〔2013〕34 号，2013 年 3 月 4 日）

关于规范外省甲级安全评价机构在豫开展安全评价活动备案工作的通知（豫安监管办〔2013〕8 号，2013 年 1 月 10 日发布）

湖北省

湖北省危险化学品安全管理办法（湖北省人民政府令

第364号令，2013年9月9日发布，2013年11月1日起实施）

湖南省

湖南省人民政府办公厅关于印发《湖南省安全生产监督管理职责规定》的通知（湘政办发〔2013〕4号，2013年1月20日发布并实施）

湖南省危险化学品企业主要负责人保护员工生命安全七条规定（湘安监〔2013〕19号，2013年4月26日发布）

湖南省烟花爆竹生产企业负责人保护员工生命安全七条规定（湘安监〔2013〕22号，2013年5月13日发布并实施）

广东省

广东省安全生产条例（广东省第十二届人民代表大会常务委员会公告第3号，2013年9月27日发布，2014年1月1日起实施）

广西壮族自治区

广西壮族自治区实施《危险化学品安全管理条例》办法（2013年修正本）（2013年1月16日自治区第十一届人民政府第115次常务会议修订通过，2013年4月1日起实施）

四川省

四川省人民政府安全生产委员会关于印发《四川省安全事故警示通报制度（试行）》的通知（川安委〔2013〕6号，2013年4月11日发布并实施）

四川省人民政府安全生产委员会关于印发《四川省安全生产约谈制度（试行）》的通知（川安委〔2013〕7号，2013年4月20日发布并实施）

四川省人民政府安全生产委员会关于印发《四川省安全生产目标管理考核办法（试行）》的通知（川安委〔2013〕22号，2013年8月15日发布并实施）

四川省人民政府办公厅关于印发四川省安全事故隐患排查治理监督管理办法的通知（川办发〔2013〕54号，2013年8月9日发布）

四川省人民政府安全生产委员会关于印发《四川省较大安全事故调查处理挂牌督办办法》的通知（川安委〔2013〕34号，2013年10月19日发布并实施）

四川省人民政府安全生产委员会关于印发《四川省安全生产举报奖励办法》的通知（川安委〔2013〕38号，2013年12月5日发布，2014年1月1日起实施）

贵州省

中共贵州省委办公厅　贵州省人民政府办公厅关于加强国有煤炭企业安全生产工作的通知（黔委厅字〔2013〕23号，2013年3月22日发布并实施）

贵州省人民政府办公厅关于印发《贵州省保护煤矿矿工生命安全特别行动方案》的通知（黔府办发电〔2013〕68号，2014年4月15日发布，2014年4月16日起实施）

贵州省人民政府办公厅关于印发《贵州省石油天然气长输管道城市燃气管网油气储存销售危险化学品输送管道安全保护工作机制》的通知（黔府办函〔2013〕163号，2013年12月31日发布，2014年1月1日起实施）

关于进一步规范和加强煤矿安全生产包保责任制的通知（黔安〔2013〕23号，2013年8月30日发布并实施）

贵州省安委会关于建立全省安全生产大检查工作制度的通知（黔安〔2013〕26号，2013年11月5日发布并实施）

关于印发《2013年全省安全生产工作要点》的通知（黔安办〔2013〕1号，2013年2月28日发布并实施）

贵州省安委办关于建立煤矿安全生产联系和包保责任制的实施方案（黔安办〔2013〕28号，2013年4月15日发布并实施）

关于印发《贵州省煤矿企业兼并重组主体企业分级管理办法》的通知（黔煤兼并重组〔2013〕1号，2013年9月3日发布并实施）

贵州省安全监管局关于印发《贵州省煤矿应急救援储备物资管理办法》的通知（黔安监应急〔2013〕21号，2013年2月5日发布并实施）

贵州省安全监管局关于加强全省非煤矿山安全生产工作的通知（黔安监管一〔2013〕48号，2013年3月14日发布并实施）

贵州省安全监管局贵州煤监局关于加强煤矿安全监管监察工作的意见（黔安监办〔2013〕56号，2013年3月26日发布并实施）

贵州省安全监管局关于进一步加强全省危险化学品安全生产工作的通知（黔安监管三〔2013〕70号，2013年4月8日发布并实施）

贵州省安全监管局关于印发《贵州省煤矿安全质量标准化实施细则（试行）》的通知（黔安监煤矿〔2013〕87号，2013年5月6日发布并实施）

贵州省安全监管局关于印发《贵州省工矿商贸企业职业卫生统计制度（试行）》的通知（黔安监职安健〔2013〕107号，2013年6月8日发布并实施）

贵州省安全监管局关于印发《贵州省安全监管监察执法专业装备管理办法》的通知（黔安监规划〔2013〕146号，2013年7月17日发布并实施）

贵州省安全监管局贵州煤监局关于印安《贵州省煤矿安全生产条件确认办法》的通知（黔安监煤矿〔2013〕188号，2013年10月25日发布，2014年4月16日起实施）

贵州省安全监管局关于印发《贵州省煤矿驻矿安全监管员管理暂行办法》的通知（黔安监培训〔2013〕194号，2013年11月6日发布并实施）

贵州省安全监管局贵州煤监局关于印发《安全生产暗查抽查工作制度》的通知（黔安监办〔2013〕199号，2013年11月12日发布并实施）

关于印发《贵州省煤矿驻矿安全监管员分级管理暂行办法》的通知（黔安监办〔2013〕200号，2013年11月15日发布并实施）

贵州省安全监管局贵州煤监局关于印发《贵州省生产安全事故应急预案管理办法实施细则》的通知（黔安监应急〔2013〕216号，2013年10月31日发布，2013年11月1日起实施）

云南省

云南省烟花爆竹安全监管联席会议制度（云安〔2013〕11号，2013年3月8日发布，2013年6月20日起实施）

陕西省

陕西省人民政府关于进一步加强安全生产三基工作的意见（陕政发〔2013〕10号，2013年2月13日发布）

陕西省加油站安全生产标准化评审标准（试行）（陕安监〔2013〕51号，2013年4月1日发布）

陕西省安全生产举报奖励办法（陕安监〔2013〕60号，2013年4月11日发布）

陕西省金属非金属地下矿山矿长保护矿工生命安全八条规定（陕安监〔2013〕71号，2013年5月13日发布）

陕西省省级政府相关部门实施安全生产举报奖励办法工作细则（陕安监〔2013〕98号，2013年6月14日发布并实施）

陕西省工矿商贸企业安全生产标准化工作暂行办法（陕安监〔2013〕58号，2013年4月15日发布并实施）

陕西省烟花爆竹生产企业安全生产许可证实施管理细则（陕安监〔2013〕59号，2013年4月15日发布，2013年8月1日实施）

甘肃省

中共甘肃省委　甘肃省人民政府关于进一步加强安全生产工作的意见（甘发〔2013〕5号，2013年9月30日发布并实施）

甘肃省安全生产委员会关于进一步加强全省安全生产综合监管工作的意见（甘安委发〔2013〕12号，2013年8月1日实施）

甘肃省消防工作考核实施办法（甘政办发〔2013〕119号，2013年7月5日发布并实施）

甘肃省危险化学品经营许可证管理办法实施细则（试行）（甘安监管三〔2013〕90号，2013年4月9日发布并实施）

甘肃省烟花爆竹生产企业安全生产许可证实施细则（试行）（甘安监管三〔2013〕91号，2013年4月9日发布并实施）

青海省

青海省安全监管局2013年度安全生产监管执法工作计划（青安监法规〔2013〕34号，2013年3月6日发布）

关于建立青海省金属非金属矿山整顿工作联席会议制度的通知（青安委〔2013〕12号，2013年4月25日发布）

宁夏回族自治区

企业安全文化建设规范（DB 64/T 879—2013，2013年11月11日发布并实施）

企业班组安全管理规范（DB 64/T 880—2013，2013年11月1日发布并实施）

基层安全生产风险评估导则（DB 64/T 881—2013，2013 年 11 月 1 日发布并实施）

化工园区(聚集区)风险评价与安全容量分析导则（DB 64/T 882—2013，2013 年 11 月 1 日发布并实施）

新疆维吾尔自治区

新疆维吾尔自治区金属非金属矿山选矿厂安全生产标准化评审标准评分表（试行）（新安监非煤〔2013〕79 号，2013 年 5 月 9 日发布）

新疆维吾尔自治区工矿商贸企业职业卫生统计制度试行工作实施方案（新安监统计〔2013〕97 号，2013 年 6 月 20 日发布）

深圳市

深圳市经济特区特种设备安全条例（深圳市第五届人民代表大会常务委员会公告第一三七号，2013 年 11 月 15 日发布，2014 年 1 月 1 日起实施）

大连市

大连市危险化学品经营许可证颁发管理实施细则（试行）实施细则（大安监管三〔2013〕4 号，2013 年 1 月 10 日发布，2013 年 2 月 10 日起实施）

大连市劳务公司外协队伍安全生产管理规定（大安监管一〔2013〕221 号，2013 年 7 月 22 日发布，2013 年 8 月 22 日起实施）

大连市安全生产应急救援队伍管理办法（大安监应急〔2013〕237 号，2013 年 7 月 31 日发布，2013 年 8 月 31 日起实施）

大连市安全生产应急救援队伍有偿服务管理暂行办法（大安监应急〔2013〕242 号，2013 年 7 月 31 日发布，2013 年 8 月 31 日起实施）

青岛市

中共青岛市委　青岛市人民政府印发《关于明确党委政府及其部门安全生产监督管理职责的规定》的通知（青发〔2013〕20 号，2013 年 11 月 28 日发布并实施）

青岛市生产安全事故隐患排查治理办法（青岛市人民政府令第 225 号，2013 年 1 月 21 日发布，2013 年 3 月 1 日起实施）

青岛市人民政府关于加强重中型货运车辆道路交通安全管理的通告（青政发〔2013〕10 号，2013 年 3 月 28 日发布并实施）

青岛市人民政府关于加强餐饮场所燃气使用安全管理的通告（青政发〔2013〕21 号，2013 年 8 月 3 日发布并实施）

青岛市人民政府关于加强涉氨制冷企业安全管理的通告（青政发〔2013〕27 号，2013 年 12 月 21 日发布并实施）

青岛市人民政府办公厅关于预防学生溺水事故加强学生安全工作的通知（青政办发明电〔2013〕10 号，2013 年 7 月 19 日发布）

宁波市

宁波市轨道交通运营管理办法（宁波市人民政府令第 206 号，2013 年 9 月 29 日发布，2014 年 1 月 1 日起实施）

宁波市燃气行业服务规范（DB 3302/T 1051—2013，2013 年 2 月 19 日发布，2013 年 3 月 18 日起实施）

第十六部分

安全生产大事记

2013年安全生产大事记

1 月

1月5日　第十九届全国企业管理现代化创新成果于日前评定揭晓，有197项成果被评为“国家级企业管理现代化创新成果”。其中，煤炭行业13项成果入围，其中一等2项，二等11项。

1月9日　国家安全监管总局、重庆市人民政府共建重庆安全技术职业学院签字仪式在重庆市举行。国家安全监管总局副局长孙华山、重庆市副市长陈和平分别代表国家安全监管总局、重庆市人民政府签署了共建协议并讲话。协议明确：到2020年，将重庆安全技术职业学院打造成为全国“安全应用型人才摇篮”，建成全国安全人才教育培训示范基地和“政产学研用”协同创新基地。

1月9—10日　国家安全监管总局副局长、国家煤矿安监局局长付建华一行在山东省调研期间，深入井下，就千米深井安全生产情况进行调研，实地察看矿井的巷道支护、降温、安全开采、灾害治理等情况。

1月11日　开滦集团国际物流公司和上海铱星船舶公司签订协议，双方合资组建上海开滦海运有限责任公司。从2013年起，开滦集团逐渐恢复已中断60年的海运业务，以上海开滦海运公司为平台，打造航运品牌。

1月14日　吉林省吉林老金厂金矿股份有限公司井下发生重大火灾事故，造成10人死亡、28人受伤（其中1人重伤）。

1月17日　国务院召开全国安全生产电视电话会议。中共中央政治局常委、国务院副总理、国务院安全生产委员会主任张德江在会上总结了2012年全国安全生产工作，部署了2013年的安全生产工作。国家安全监管总局局长杨栋梁、公安部常务副部长杨焕宁在会上分别通报了安全生产和交通安全有关情况。

1月18日　中共中央、国务院在人民大会堂隆重举行国家科学技术奖励大会。煤炭行业有2个项目获国家技术发明奖二等奖，有8个项目获国家科学技术进步奖二等奖。

同日　17时30分，贵州省六盘水市盘江精煤股份有限公司金佳煤矿金一采区211运输石门掘进工作面发生一起重大煤与瓦斯突出事故。事故共造成13人死亡、3人受伤。

1月18—19日　全国安全生产工作会议在北京召开，国家安全监管总局党组书记、局长杨栋梁在讲话中强调，以党的十八大精神为指导，认真学习贯彻中央政治局常委、国务院副总理张德江在全国安全生产电视电话会议上的重要讲话精神，全面落实科学发展观，大力推进实施安全发展战略，攻坚克难，狠抓责任和措施落实，继续深入扎实推动安全生产形势持续好转，加快实现根本好转，为全面建成小康社会创造良好环境。总局副局长王德学、孙华山分别主持会议，副局长、煤矿安监局局长付建华就煤矿安全生产工作作了专题报告，总局总工程师黄毅就即将出台的煤矿矿长保护矿工生命安全8项规定作了介绍。总局副局长杨元元作了总结讲话。

1月24日　国家安全监管总局发布《七条规定》(国家安全监管总局令第58号)，自公布之日起施行。

1月29日　10时30分，黑龙江省牡丹江市东宁县永盛煤矿井下发生气体中毒事故，造成12人死亡。

1月30日　《国务院关于同意建立金属非金属矿山整顿工作部际联席会议制度的批复》(国函〔2013〕19号)发布，同意建立由国家安全监管总局牵头的金属非金属矿山整顿工作部际联席会议制度。

同日　国务院安委会发布《国务院安委会关于深入开展餐饮场所燃气安全专项治理的通知》(安委〔2013〕1号)。通知要求，2013年2月至7月在全国深入开展餐饮场所燃气安全专项治理。

同日　国务院总理温家宝主持召开国务院常务会议，研究部署控制能源消费总量工作。会议同意国家发展改革委提出的预期目标：到2015年，全国能源消费总量控制在40亿吨标准煤左右。

2　月

2月1日　为进一步提高煤矿职业卫生工作水平，国家煤矿安全监察局制定了《煤矿职业卫生专家管理办法》(煤安监司办〔2013〕1号)，并选定了第一批煤矿职业卫生专家。

同日　22时许，一辆由河北省霸州市发往甘肃省宁县的大客车，在途经宁黄公路宁县县城东山弯道时，从10米高的坡道上冲下，车辆起火燃烧。共造成18人死亡，32人受伤。

2月4日　上午，国家安全监管总局召开全国安全生产调度视频会议，国家安全监管总局党组书记、局长杨栋梁出席会议并强调，要认真落实中央领导同志重要批示精神，针对春运期间安全生产特点，吸取事故教训，采取断然措施，有效防范和遏制重特大事故，确保春节和全国“两会”期间安全生产形势稳定。

同日　为推动信息化和工业化深度融合（以下简称两化深度融合），工业和信息化部组织开展了国家级两化深度融合示范企业评定工作。开滦集团、兖矿集团等7家煤炭企业入选。

2月5日　国务院以国发〔2013〕13号文件公布了文化部确定的第七批全国重点文物保护单位，煤炭行业共有5处煤炭近现代重要史迹及代表性建筑名列其中。

2月19日　卫生部发布《职业病诊断与鉴定管理办法》(卫生部令第91号)，自2013年4月10日起施行。

2月20日　国务院安委会印发《国务院安委会关于下达2013年全国安全生产控制指标的通知》(安委〔2013〕3号)。

2月22日　国家安全监管总局局长杨栋梁会见了来访的美国佛罗里达州前州长杰布·布什一行，双方就如何加强应急管理合作，特别是应急人才培养等方面事宜进行了商谈。

2月25日　农业部、国家安全监管总局联合召开全国渔业安全生产暨文明渔港创建工作视频会议，对2013年渔业安全生产工作进行部署安排。沿海各省、自治区、直辖市渔业主管厅、安监部门及农业部各海区渔政局负责人在各地分会场参加会议。

同日　国家煤矿安全监察局印发了《2013年煤矿安全工作要点》。

2月27日　国家安全监管总局、工业和信息化部、人力资源和社会保障部、国资委、工商总局、质检总局、银监会等七部门联合召开全国工贸行业企业安全生产标准化建设工作视频会。国家安全监管总局副局长孙华山出席会议并讲话，国家煤矿安监局副局长彭建勋主持会议。

3　月

3月4日　国家安全监管总局、国家煤矿安监局发布通知，要求建立、完善安全监控和煤与瓦斯突出事故报警系统，建立、完善煤与瓦斯突出事故监测和报警机制，加强对煤与瓦斯突出事故监测和报警系统相关工作的监管监察。

同日　《国务院关于进一步加强淘汰落后产能工作的通知》(国发〔2010〕7号)和《工信部国家发展改革委 国家能源局等部门关于印发淘汰落后产能工作的通知》(工信部联产业〔2011〕46

号）。

3月5日　国务院以国发〔2013〕13号文件公布了文化部确定的第七批全国重点文物保护单位，煤炭行业共有5处煤炭近现代重要史迹及代表性建筑名列其中。

3月11日　国家安全监管总局办公厅关于发布《加强烟花爆竹生产机械设备使用安全管理工作的通知》（安监总厅管三〔2013〕21号）。

同日　甘肃靖远煤业集团主业整体上市顺利完成。增发股份上市后，靖远煤业集团对靖远煤电的持股比率，由原来的47.11%增加为73.83%。通过靖远煤电的融资平台，靖煤集团资源配置、市场竞争和资本运营等方面的能力得到大幅度提高。

3月12日　贵州省水城矿业集团格目底矿业公司格目底一号矿井（马场煤矿）发生煤与瓦斯突出事故。事故发生时井下有80人作业，其中55人安全升井，22人死亡，3人下落不明。

同日　20时07分，贵州省六盘水市水城县贵州格目底矿业有限公司马场煤矿13302底板瓦斯抽放巷发生一起煤与瓦斯突出事故，造成25人死亡。

3月20日　全国危化品和烟花爆竹安全监管工作视频会在国家安全监管总局召开。总局副局长孙华山、监管三司司长王浩水出席会议并讲话。

3月22日　11时25分许，福建厦蓉高速和溪路段一部满载水泥的赣L38239重型半挂牵引车，因车辆失控，先后撞上闽DUM793小汽车、贵C80937卧铺大客车（核载44人、实载45人，其中儿童3人）、闽E63356大货车，造成12人死亡、34人受伤，直接经济损失达530多万元。

3月29日　21时56分，吉林省吉煤集团通化矿业集团公司八宝煤业公司发生特别重大瓦斯爆炸事故，造成36人遇难、12人受伤，直接经济损失4708.9万元。

本月　世界首套快速掘进系统在神华集团公司神东煤炭集团大柳塔煤矿52605连采工作面正式投入使用，52305连采工作面月有效进尺突破1500米。

4　月

4月1日　吉林省通化矿业集团公司违反禁令擅自组织人员进入八宝煤业公司井下作业，发生瓦斯爆炸事故，造成17人死亡、8人受伤，直接经济损失1986.5万元。

同日　中国烟花爆竹协会成立大会暨第一次会员代表大会在京召开。国务院安委会办公室副主任、安全监管总局党组成员、副局长孙华山出席会议并讲话，安全监管总局党组成员、总工程师黄毅主持会议。

4月2日　全国安全生产综合监管工作现场会在湖南省长沙市召开。国家安全监管总局党组成员、总工程师黄毅出席会议并讲话。会议现场交流学习了长沙市安全生产网格化管理和湖南省水上渡口渡船安全动态监管工作，对2013年综合监管工作进行了部署。

4月7—8日　国务委员王勇深入唐钢、开滦集团、达丰焦化、京唐钢铁、三友集团等企业和曹妃甸原油商业储备基地、矿石码头、国家矿山应急救援开滦队，调研检查安全生产工作。国家安全监管总局局长杨栋梁，总局副局长、国家煤矿安监局局长付建华，国家煤矿安监局副局长李万疆等陪同调研。

4月11日　具有我国自主知识产权、达到国际领先水平的流化床煤制芳烃技术，在华电煤业陕西榆林煤化工基地问世并工业试验成功，日前正式通过国家科技成功鉴定。煤制芳烃技术的研发及在陕工业试验成功，标志着煤代石油作原料大批量生产芳烃的实现。

4月14日　6时许，位于湖北省襄阳市的一景城市花园酒店二层迅驰星空网络会所发生火灾事故，导致酒店整栋建筑二层以上大部分过火或过烟，造成14人死亡、47人受伤。

4月16日　全国非煤矿山安全生产工作暨安全生产标准化建设现场会议在河北省邯郸市召开。国家安全监管总局党组副书记、副局长王德学出席会议并讲话。

4月17—18日　全国安全发展示范试点城市创建工作座谈会在山东省东营市召开。国家安全监管总局副局长孙华山出席会议并讲话。

4月20日　8时2分，在四川省雅安市芦山县（北纬30.3度，东经103.0度）发生7.0级地震。截至4月23日，地震共造成193人死亡，25人失踪，12211人受伤，其中968人重伤。地震发生后，国家安全监管总局于8时35分启动应急预案，调集国家矿山应急救援芙蓉队及四川、重庆两省

（市）共计37支矿山救护队、788人赶赴灾区投入抢险救灾。截至4月22日13时，已救出被困群众36名，救治伤员310多人，疏散转移556人。

同日 13时20分，吉林省延边州和龙市庆兴煤矿发生瓦斯爆炸事故，造成18人死亡，12人受伤。

4月23日 国务院安委会办公室在京召开全国"打非治违"推进视频会，国务院安委会副主任、安委办主任、国家安全监管总局局长杨栋梁在会上强调，要认真贯彻落实中央领导同志的重要指示精神，坚持科学发展、安全发展，牢固树立以人为本、安全第一、生命至上的理念，坚持"打非治违"长期抓、反复抓，做到工作深下去、执法严起来、措施落实好、事故降下来，切实维护人民群众生命财产安全。

4月24日 全国安全生产应急管理工作视频会在北京召开，国家安全监管总局副局长、国家安全生产应急救援指挥中心主任王德学指出，要本着布局合理、专兼结合、反应迅速、处置高效的原则，进一步优化应急救援队伍、社会志愿者队伍构成，形成结构合理、互为补充、满足需要的安全生产应急救援体系。

同日 2012—2013年度国家优质投资项目申报、推介、初审、审定工作已经结束。煤炭行业两个项目获国家优质投资项目荣誉称号。

4月26日 2013年"世界安全生产与健康日"主题报告视频会议在北京召开。国家安全监管总局副局长孙华山出席会议并讲话，国际劳工组织中国和蒙古局局长霍百安出席会议并致辞。2013年"世界安全生产与健康日"主题是"预防职业病"。

5 月

5月6日 国家安全监管总局局长杨栋梁会见了来访的美国豪士科集团首席执行官察尔斯·休斯一行。杨栋梁表示，欢迎和支持国外企业以多种方式，参与中国的安全生产保障能力及应急救援能力建设与研究。

5月7日 国务院安委会印发《国务院安委会关于深化工程建设领域预防施工起重机械脚手架等坍塌事故专项整治工作的通知》（安委〔2013〕5号）。

5月8日 由神华集团自主建设的煤炭及化工品电子交易平台正式开市交易，将该集团煤电路港一体化运营优势延伸到了大宗商品电子交易领域。

5月9日 全国安全生产宣传工作会议暨全国安全文化建设现场会在湖北武钢集团召开。国家安全监管总局党组成员、副局长杨元元出席会议并讲话。

5月10日 国家安全监管总局党组书记、局长杨栋梁与最高人民法院院长周强进行工作会谈。双方表示，将进一步加强沟通、共同研究，加强在重特大生产安全事故责任追究方面的协作配合，加大法制宣传力度，严惩危害安全生产犯罪行为，为实现全国安全生产形势根本好转而共同努力。

5月11日 四川省泸州市桃子沟煤矿在批准区域外非法生产发生瓦斯爆炸事故，初步统计，造成28人死亡、8人重伤，直接经济损失3747万元。安全监管总局局长杨栋梁，副局长王德学，副局长、煤矿安监局局长付建华率工作组赶赴事故现场，协助指导地方政府全力做好抢险救援等工作。

5月13日 国家安全监管总局组织申报的国家科技重大课题"煤矿突水、火灾等重大事故防治关键技术与装备研发"项目启动会在京召开。国家安全监管总局副局长杨元元出席会议并讲话。

5月13—14日 全国职业安全健康经验交流会在河北邯郸举行。国家安全监管总局党组成员、总工程师黄毅在会上强调，要以《职业病防治法》为依据，借鉴先进单位的先进经验，采用先进的科学技术，加强职业安全健康监管，全面维护劳动者的生命健康权益。中国职业安全健康协会理事长张宝明、协会副理事长、全国总工会原书记处书记纪明波等出席会议。

5月20日 国家安全监管总局发布《工贸企业有限空间作业安全管理与监督暂行规定》（国家安全监管总局令第59号），自2013年7月1日施行。

同日 10时51分许，位于山东省章丘市的保利民爆济南科技有限公司乳化震源药柱生产车间发生爆炸事故，共造成33人死亡，19人受伤，直接经济损失6600余万元。

5月21日 全国烟花爆竹行业安全生产责任保险统保示范项目签约暨启动会议在北京召开。会上，国家安全监管总局与江泰公司、共保体保险公司共同签署了纺保示范项目框架协议文本。

5月23日　国务院办公厅发布《国务院办公厅关于调整国务院安全生产委员会组成人员的通知》(国办发〔2013〕39号)。

5月25日　在原山西煤炭运销集团与山西国际电力集团的基础上合并重组的晋能有限责任公司在太原揭牌。

5月26—27日　国家煤矿安监局与中国煤炭工业协会联合在山西省晋城市召开了全国煤矿瓦斯抽采与通风安全技术现场会。国家安全监管总局副局长、国家煤矿安监局局长付建华出席会议并发表讲话。

5月27日　国务院安全生产委员会全体会议在北京召开。中共中央政治局委员、国务院副总理、国务院安委会主任马凯，国务委员、国务院安委会副主任郭声琨出席会议并讲话。国务委员、国务院安委会副主任王勇主持会议。国家安全监管总局局长杨栋梁就全国安全生产工作情况作了汇报。

5月31日　全国安全生产月活动动员视频会在京召开。活动组委会副主任、国家安全监管总局副局长杨元元出席会议并讲话。今年全国安全生产月的主题是"强化安全基础，推动安全发展"。

6　月

6月3日　6时10分许，吉林省长春市德惠市吉林宝源丰禽业有限公司主厂房发生火灾爆炸事故，共造成121人死亡、76人受伤，直接经济损失1.82亿元。

6月5日　国务院总理李克强主持召开国务院常务会议，研究部署进一步加强安全生产工作并分析研究了安全生产形势。他指出，当前安全生产领域仍存在不少隐患和问题，主要是：一些地方和企业安全意识淡薄，安全生产隐患排查治理不认真，安全责任不落实，安全监管不到位，打击非法违法和治理违规违章不得力等，必须采取有力措施加以解决。

同日　国家安全监管总局党组书记、局长杨栋梁主持召开总局党组会议，认真传达学习李克强总理等国务院领导同志在国务院第11次常务会议上的重要讲话精神，研究贯彻落实具体措施。会议要求，切实组织开展好安全生产大检查。突出煤矿、消防等重点行业领域，深化安全专项整治。组织开展煤矿安全治本攻坚，严格落实《煤矿矿长保护矿工生命安全七条规定》。

6月6日　中共中央总书记、国家主席、中央军委主席习近平就做好安全生产工作作出重要指示。习近平指出，近期接连发生的重特大生产安全事故，造成重大人员伤亡和财产损失，必须引起高度重视。人命关天，发展不能以牺牲人的生命为代价，这是一条不可逾越的红线。习近平要求，国务院有关部门要将这些事故即发生原因通告各地区、各部门，使大家进一步警醒，吸取教训，举一反三，开展一次彻底的安全生产大检查，坚决堵塞漏洞、排出隐患。习近平强调，要始终把人民生命安全放在首位，以对党和人民高度负责的精神，完善制度、强化责任、加强管理、严格监管、把安全生产责任制落到实处，防范重特大生产安全事故的发生。

6月7日　下午国务院召开全国安全生产电视电话会议。中共中央政治局常委、国务院总理李克强要求会议按照国务院常务会议关于抓好安全生产工作的部署，深刻汲取近期连续发生安全生产事故的沉痛教训，扎扎实实开展好安全生产大检查，认真整改存在的问题，健全各项制度，切实维护人民生命安全。中共中央政治局委员、国务院副总理马凯在会上传达了习近平的重要指示，并对贯彻落实习近平的重要指示和李克强的要求、切实做好安全生产工作进行部署。

6月8日　国家安全监管总局印发《关于保护生产安全事故和事故隐患举报人意见的通知》，以鼓励举报人对瞒报、谎报生产安全事故和重大事故隐患等安全生产非法违法行为举报，保护安全生产举报人的合法权益，坚决制止并严肃处理打击报复、陷害举报人的行为。

6月9日　国务院办公厅印发《国务院办公厅关于集中开展安全生产大检查的通知》(国办发明电〔2013〕16号)。通知要求，2013年6—9月，在全国集中开展安全生产大检查。

同日　北京市安全生产月宣传咨询日活动在中华世纪坛举办。国家安全监管总局党组成员、副局长杨元元，北京市委副书记、市长王安顺，北京市副市长张延昆等出席活动。

6月13日　国内首套最大功率井下智能成套装备地面验收联动试车仪式在山西太重煤机工业园举行。该装备的研发和应用，从安全、高效、集约节能等方面给煤矿生产带来全面提升，并提高了煤层采出率。此次试车成功，标志着我国向实现“无人采煤工作面”迈出了重要一步。

6月17日　上午2013年全国安全生产万里行新疆行、全国安全生产应急预案演练周启动仪式在新疆维吾尔自治区乌鲁木齐市举行。杨元元在启动仪式上讲话并宣布2013年安全生产万里行新疆行出发，全国安全生产应急预案演练周正式启动。

6月19日　国务院安委会印发了《国务院安委会安全生产大检查工作实施方案》。

同日　中国职业安全健康协会职业卫生技术服务分会成立暨第一次会员代表大会在南昌召开。国家安全监管总局副局长杨元元出席会议并讲话。

6月21日　中共中央组织部决定，徐绍川、王树鹤任国家安全生产监督管理总局党组成员。徐绍川任国家安全生产监督管理总局副局长，王树鹤任国家安全生产监督管理总局总工程师。任命杨富、宋元明同志为国家煤矿安全监察局副局长。

6月25日　第四届中国国际安全生产应急管理论坛暨应急技术与装备展览会在北京开幕。国家安全监管总局局长杨栋梁出席开幕式并致辞。开幕式由国家安全监管总局副局长孙华山主持。本次论坛的主题是“以人为本、科学施救”，为期2天。与会人员围绕应急管理体制机制法制建设等6个议题，展开了演讲和讨论。共500余名国内外代表参加了论坛和展览会。

同日　国家安全监管总局在全国农业展览馆举行国家矿山应急救援队授旗仪式。国家安全监管总局局长杨栋梁向7支救援队代表授旗并讲话。国家安全监管总局副局长、国家安全生产应急救援指挥中心主任王德学主持仪式。这标志着7支国家矿山应急救援队将正式履行新的使命。

同日　国家煤矿安全监察局关于印发《国家煤矿安全监察局领导同志工作分工》的通知（煤安监办〔2013〕21号）。

6月26日　国家安全监管总局副局长、国家煤矿安监局局长付建华在京会见来华参加第四届中国国际安全生产应急管理论坛暨展览会的俄罗斯联邦环境、技术与核能监督总局和联邦劳动就业局代表团。双方就煤矿安全许可制度、矿山救护、监察执法、事故调查等共同关注的话题交换了意见。

6月28日　国务院安委会安全生产综合督查动员部署会议在北京召开。国务委员王勇出席会议并讲话。

6月29日　《中华人民共和国特种设备安全法》（中华人民共和国主席令第四号）发布，自2014年1月1日起施行。

同日　第十二届全国人民代表大会常务委员会第三次会议决定，对《中华人民共和国煤炭法》作出修改：将第二十二条修改为：“煤矿投入生产前，煤矿企业应当依照有关安全生产的法律、行政法规的规定取得安全生产许可证。未取得安全生产许可证的，不得从事煤炭生产。”将第六十九条改为第五十九条，并将“吊销其煤炭生产许可证”修改为“责令停止生产”。将第七十条改为第六十条，并删去“吊销其煤炭生产许可证”。将第七十二条改为第六十一条，并删去“可以依法吊销煤炭生产许可证或者取消煤炭经营资格”。

本月　中共中央组织部决定，徐绍川、王树鹤同志任国家安全生产监督管理总局党组成员，黄毅同志不再担任国家安全生产监督管理总局党组成员职务。

国务院决定，任命徐绍川同志为国家安全生产监督管理总局副局长；任命杨富、宋元明同志为国家煤矿安全监察局副局长，王树鹤、彭建勋同志不再担任国家煤矿安全监察局副局长职务。

国家安全监管总局党组决定，王树鹤同志任国家安全生产监督管理总局总工程师，不再担任国家煤矿安全监察局总工程师职务；黄毅同志不再担任国家安全生产监督管理总局总工程师职务。

7　月

7月3日　为了帮助资源枯竭型城市化解历史包袱、加快推进资源枯竭城市转型，2013年中央财政安排对地方资源枯竭城市转移支付总规模为168亿元，比2012年增长5%。

7月5日　2013安全发展高峰论坛在北京举行。国家安全监管总局副局长徐绍川出席论坛，并作了题为《必须依靠科技创新推动安全发展》的主旨发言。

7月10日　国家安全监管总局发布《化学品物理危险性鉴定与分类管理办法》(国家安全监管总局令第60号)，自2013年9月1日起施行。

7月上旬　日前，陕西榆林西部煤炭技术研究中心利用内蒙古呼伦贝尔市的褐煤，采用自主研发的低阶煤微细干粉制备气化用高浓度水煤浆技术，在自制的工业化中试生产线上，成功生产出煤浓度达63.8%、黏度达1200厘帕的水煤浆。这一世界首创生产线的问世，使褐煤在煤化工中应用成为现实。

7月11日　2013年财富世界500强排行榜中，我国共有11家煤炭企业上榜，5家为首次登榜，比上年增加了5家，但大部分煤企年利润降幅较大。

7月17日　国家安全监管总局发布《烟花爆竹企业保障生产安全十条规定》(国家安全监管总局令第61号)，自公布之日起施行。

7月18日　《国务院关于废止和修改部分行政法规的决定》(中华人民共和国国务院令第638号)公布，自公布之日起施行。《决定》废止了《煤炭生产许可证管理法》，并对25件行政法规的部分条款予以修改，本决定自公布之日起施行。

7月24日　我国最大的煤制天然气项目组在内蒙古准格尔奠基，该项目采用国际一流的煤气化技术、净化技术及甲烷化技术，实现煤炭资源高效转化和清洁利用，属于全国煤化工产业示范项目。

7月30日　国家安全监管总局召开全国安全生产工作视频会议，国家安全监管总局党组书记、局长杨栋梁出席会议并讲话。国家安全监管总局副局长杨元元主持会议，副局长王德学通报了上半年全国安全生产形势。

7月31日　国务院总理李克强主持召开国务院常务会议，强调要做好城市桥梁安全检测和加固改造，确保通行安全。

同日　科技部副部长王伟中到国家安全监管总局调研，听取了中国安全生产科学研究院和总局有关部门负责人的工作汇报，并就进一步加强安全科技工作进行了研讨。国家安全监管总局副局长杨元元主持召开了调研座谈会。

本月　山西大同煤矿集团历史上建设规模最大的采煤沉陷区治理和棚户区改造工程全部建设完毕。两项工程共历时8年，投资160亿元，建筑面积1000多万平方米，安置职工10万多户。

8　月

8月1日　盐边县政府与四川省煤炭产业集团有限责任公司举行战略合作签约暨攀枝花川煤华荣红坭有限公司授牌仪式。这标志着四川省首家煤矿企业兼并重组顺利完成。

8月2日　2013年全国“安全生产月”活动总结交流会在浙江省宁波市举行。会上，国家安全监管总局对全国146家“安全生产月”活动先进单位、22家“安全生产月”活动优秀组织单位进行了表彰。

8月3日　由中国铁建重工集团和神华集团联合研发、拥有完全自主知识产权的全球首台长距离大坡度煤矿斜井TBM（硬岩掘进机）在湖南长沙中国铁建重工集团总装车间顺利下线。它的成功研制，填补了全断面隧道掘进机在长距离大坡度煤矿斜井建设领域的应用空白，标志着我国现代化隧道施工装备达到世界一流水平。

8月17日　国务院发布《铁路安全管理条例》(中华人民共和国国务院令第639号)，自2014年1月1日起施行。

8月20日　国务院安委会综合督查工作会在京召开，国务委员王勇出席会议并讲话。他强调，要认真贯彻落实党中央国务院的决策部署和中央领导同志的重要批示指示精神，进一步提高思想认识，强化责任落实，加大查处力度，严格问题整改，建立长效机制，确保大检查工作真正取得实效，确保实现全年安全生产目标任务，确保安全生产形势持续稳定好转。

同日　国务院安全生产委员会办公室召开重点行业领域安全生产工作会议，国务院安委会副主任、国务院安委办主任、国家安全监管总局局长杨栋梁主持会议并讲话，对今年以来各重点行业领域安全生产工作逐一进行点评，对做好下一步重点工作作出部署。

同日　新疆庆华煤制气项目一期工程竣工投产仪式在伊宁县举行。新疆产出第一方煤制天然气，进入西气东输管网，这在新疆能源开发史上具有里程碑意义。

8月22日　国务院安全生产委员会召开全国

生产安全事故调查处理工作视频会，国务院安委会副主任、国务院安委办主任、国家安全监管总局局长杨栋梁主持会议并讲话。国务院安委办副主任、国家安全监管总局副局长、国家煤矿安监局局长付建华，国家煤矿安监局副局长李万疆，公安部治安局副局长闫正斌等相关部门负责人在主会场出席会议。

同日　国家安全监管总局与国家测绘地理信息局在京签署应急联动工作协议。国家安全监管总局副局长、国家安全生产应急救援指挥中心主任王德学，国土资源部副部长、国家测绘地理信息局局长徐德明出席签字仪式并讲话。根据应急联动工作协议，两部门将在信息共享、技术支持、联合行动、共同处置等方面进行合作，从而大幅度地提高应急反应速度和应急处置能力，有效地降低和减少生产安全事故和其他突发事件的影响和损失。

8月23日　国家安全监管总局发布《非煤矿山外包工程安全管理暂行办法》(国家安全监管总局令第62号)，自2013年10月1日起施行。

8月26日　中国安全生产协会劳动防护专业委员会在上海召开第二次会员代表大会，会议选举产生了第二届劳动防护委员会主任委员、副主任委员及秘书长。

8月27日　由中国安全生产协会主办的“第一届中国（上海）国际劳动防护与安全装备展览会”在上海世博展览馆开幕。国家安全监管总局副局长孙华山，中国安全生产协会会长赵铁锤等出席开幕式。

8月29日　国家安全监管总局发布《国家安全监管总局关于修改〈生产经营单位安全培训规定〉等11件规章的决定》(国家安全监管总局令第63号)，自公布之日起施行。

8月30日　《劳动保护》杂志创刊60周年座谈会在北京召开。国家安全监管总局副局长杨元元出席会议并致辞。中国职业安全健康协会理事长张宝明，国务院参事、《劳动保护》杂志编委会顾问闪淳昌出席会议并讲话。

8月31日　10时50分左右，上海市宝山区丰翔路1258号上海翁牌冷藏实业有限公司发生一起重大液氨泄漏事故，造成15人死亡、8人重伤、17人轻伤。

同日　中国企业联合会、中国企业家协会8月31日在云南昆明发布2013中国企业500强，今年共有32家煤炭企业入围，入围总数比去年减少3家；进入前100名的煤炭企业达到13家，数量与去年持平。

8月下旬　浙江省政府按照“依法、科学、安全”的工作要求，对目前省内仅存的浙江长广集团公司七矿进行了有序关闭。这标志着浙江省彻底退出煤炭生产领域，结束产煤的历史。

9　月

9月4日　第一届中国国际化工过程安全研讨会暨石油化工安全新技术新产品展览会在山东省青岛市召开。国家安全监管总局副局长孙华山出席会议并讲话。本届研讨会主题为“化工过程安全在中国”。

9月5日　金属非金属矿山整顿工作视频会议在京召开。会议贯彻落实了金属非金属矿山整顿工作部际联席会议第一次全体会议精神，通报了金属非金属矿山整顿关闭工作进展情况，总结交流经验，剖析存在的问题，并安排部署了下阶段整顿关闭工作。

9月10日　国务院发布《大气污染防治行动计划》(国发〔2013〕37号)，指出到2017年我国煤炭消费比重降到65%以下，禁止进口高灰高硫劣质煤。

9月10—11日　国务委员王勇先后到中国华能天津IGCC电站、中石油大港油田、中建总公司在建开元广场施工现场、中铁三局承建北京地铁7号线广安门站、中石化北京石油分公司和燕山石化等中央企业在天津、北京的部分生产经营建设单位，深入一线检查安全生产工作，了解生产经营情况。

9月12日　国务委员王勇主持召开部分中央企业安全生产座谈会。他在充分肯定取得成绩的同时，要求中央企业清醒认识形势的严峻性，深刻分析事故原因，认真汲取事故教训，痛定思痛，警钟长鸣，全面提升安全生产工作水平。

9月14日　国务院办公厅公开发布《关于进一步加快煤层气（煤矿瓦斯）抽采利用的意见》(国办发〔2013〕93号)，提出将在6个方面加大工作力度，即加大财政资金支持力度、强化税费政策扶持、完善煤层气价格和发电上网政策、加强煤层气开发利用管理、推进科技创新以及加强组织领导，以加快煤层气（煤矿瓦斯）抽采利用。

9月15日　13时20分，四川省达州市渠县李馥乡真武村5组处，一辆客车与货车发生碰撞后翻至桥下，事故造成21人死亡，7人受伤。

9月18日　国务院安委会发布《国务院安委会关于深入开展涉氨制冷企业液氨使用专项治理的通知》（安委〔2013〕6号）。通知要求，2013年9月至12月，在全国深入开展涉氨制冷企业液氨使用专项治理。

同日　国家安全监管总局发布《化工（危险化学品）企业保障生产安全十条规定》（国家安全监管总局令第64号），自公布之日起施行。

9月25日　由江苏省徐州市人民政府、中国矿业大学、中国安全生产科学研究院主办的中国第三届安全科技协同创新推进会暨安全科技成果产学研用对接会，在江苏省徐州市举行。国家安全监管总局副局长杨元元出席会议并讲话。

9月26日　中共中央总书记、国家主席、中央军委主席习近平在北京会见第四届全国道德模范及提名奖获得者，本次全国道德模范评选，共有四名来自煤炭行业职工获得提名奖。

9月28日　世界上目前单套装置规模最大的煤制油项目——神华宁夏煤业集团年产400万吨煤炭间接液化示范项目，在宁夏宁东能源化工基地正式开工建设，这个项目采用了具有我国自主知识产权的成套技术，打破了国外的技术垄断，是我国自主研发煤化工关键技术的一次历史性突破，为我国实现多元化油品来源、提高战略安全探索了新途径。

本月　中煤矿建集团七十一工程处在内蒙古龙王沟煤矿主斜井施工中，不断创新施工技术和工艺，科学组织施工，一举创出了月进尺436米的全国煤矿斜井施工纪录。

10　月

10月2日　国务院办公厅发布《国务院办公厅关于进一步加强煤矿安全生产工作的意见》（国办发〔2013〕99号）。

10月8日　17时56分许，山东省博兴县诚力供气有限公司焦化装置的煤气柜在生产运行过程中发生重大爆炸事故，造成10人死亡，33人受伤，直接经济损失3200万元。

10月9日　第十二届全国人大辽宁团北京小组部分成员，专程来到中国安全生产科学研究院开展调研。最高人民检察院检察长、党组书记、首席大检察官曹建明，全国人大常委、全国人大民族委员会主任委员李景田，全国人大教科文卫委员会委员、科技部党组成员王志学，全国人大常委、全国人大环境与资源保护委员会委员张兴凯作为调研组成员，参加了调研。国家安全监管总局党组书记、局长杨栋梁，总局党组成员、副局长杨元元，国家煤矿安监局副局长李万疆陪同调研。

同日　国家安全监管总局副局长孙华山会见了美国劳联—产联主席理查德·乔姆卡一行，介绍了中国安全生产工作和中美职业安全健康合作情况。

10月10日　在全面修订《煤矿安全规程》启动会上，国家安全监管总局副局长、国家煤矿安监局局长付建华指出，本次《煤矿安全规程》全面修订工作要始终把矿工生命安全和健康放在首位，切实解决制约煤矿安全生产的突出问题。

10月16日　国家安全监管总局发布《烟花爆竹经营许可实施办法》（国家安全监管总局令第65号），自2013年12月1日施行。

10月25日　国务院办公厅发布《国务院办公厅关于印发突发事件应急预案管理办法的通知》（国办发〔2013〕101号），本办法自印发之日起施行。

10月28日　由中国煤炭工业协会和美国劳工部主办的中美煤矿安全合作专题研讨会在京举行。会上交流和探讨了矿工在煤矿安全生产决策中的参与权及作用、提高煤矿经营者的守法程度等内容，为中美下一步合作提出建议和措施。

10月29日　国家知识产权局公布了《国家知识产权局关于第十五届中国专利奖授奖的决定》，煤炭行业7项专利获得中国专利奖。

10月30日　煤炭行业13项目入选2013年电子商务集成创新试点工程。为贯彻落实《电子商务"十二五"发展规划》（工信部规〔2011〕556号）、《工业和信息化部关于推进物流信息化工作的指导意见》（工信部信〔2013〕7号）的有关部署，工业和信息化部在全国范围内组织实施了电子商务集成创新试点工程。

11　月

11 月 12 日　国务院办公厅下发《关于进一步加强煤矿安全生产工作的意见》(国办发〔2013〕93 号，以下简称《意见》)，提出了多项煤矿安全治本攻坚举措。《意见》提出，着力提高煤矿准入门槛，到 2015 年底全国关闭 2000 处以上小煤矿；一律停止核准新建生产能力低于 30 万吨/年的煤矿，一律停止核准新建生产能力低于 90 万吨/年的煤与瓦斯突出矿井。

11 月 15 日　国务院安委会印发《国务院安委会关于进一步加强生产安全事故应急处置工作的通知》(安委〔2013〕8 号)。

11 月 18 日　煤炭开采国家工程技术研究院成立会议在淮南矿业集团举行。煤炭开采国家工程技术研究院的成立，对加强煤炭工业科技创新能力建设、促进煤炭工业结构调整和技术进步具有重要意义。

同日　国务院办公厅印发《关于促进煤炭行业平稳运行的意见》(国办发〔2013〕104 号)，从坚决遏制煤炭产量无序增长、切实减轻煤炭企业税费负担、加强煤炭进出口环节管理、提高煤炭企业生产经营水平、营造煤炭企业良好发展环境 5 个方面，为煤炭行业健康发展做了制度性安排。

11 月 21 日　国家安全监管总局召开煤矿安全生产专题视频会。总局党组书记、局长杨栋梁强调，要深入贯彻落实党的十八届三中全会精神，紧紧扭住煤矿安全“双七条”不放松，改革创新，真抓实干，深入开展 50 个重点县煤矿安全攻坚战，坚决遏制重特大事故。

11 月 22 日　煤矿整顿关闭工作部际联席会议第七次会议在京召开。联席会议召集人、国家安全监管总局局长杨栋梁主持会议并强调，要深入学习贯彻党的十八届三中全会精神，坚定贯彻党中央、国务院决策部署，充分发挥市场作用，强化安全风险评估，加大政策支持力度，齐心协力，确保到 2015 年底全国关闭 2000 处以上小煤矿的任务顺利完成，促进煤矿安全生产形势持续稳定好转。

同日　10 时 25 分，位于山东省青岛经济技术开发区的中国石油化工股份有限公司管道储运分公司东黄输油管道泄漏原油进入市政排水暗渠，在形成密闭空间的暗渠内油气积聚遇火花发生爆炸，造成 62 人死亡、136 人受伤，直接经济损失 75172 万元。

11 月 28 日　国家安全监管总局和国家煤矿安监局在重庆联合召开“煤矿安全科技‘四个一批’项目成果推广现场会”。国家煤矿安监局副局长杨富出席会议。

12　月

12 月 5 日　国务院安委会印发《国务院安委会关于开展油气输送管线等安全专项排查整治的紧急通知》(安委〔2013〕9 号)。

12 月 6 日　国务院安全生产委员会全体会议在北京召开。中共中央政治局委员、国务院副总理、国务院安委会主任马凯，国务委员、国务院安委会副主任郭声琨出席会议并讲话。国务委员、国务院安委会副主任王勇主持会议。会上，国务院安委会副主任、国家安全监管总局局长杨栋梁作了工作汇报。

同日　工业和信息化部、国家能源局联合公布 2012 年淘汰落后产能目标任务完成情况。公告显示，2012 年，电力、煤炭、炼铁、炼钢等 21 个行业均完成淘汰落后产能目标任务。

12 月 13 日　1 时 40 分左右，新疆昌吉州呼图壁县白杨沟煤炭有限责任公司煤矿发生瓦斯爆炸事故，共造成 22 人死亡。

12 月 20 日　2014 年全国安全生产控制指标汇报会在北京召开。国家安全监管总局党组副书记、副局长王德学主持会议并讲话。

同日　国家安全监管总局在江苏省无锡市召开全国安全生产标准化建设现场推进会。会议总结交流了安全生产标准化建设工作经验，并对下一步工作进行了部署。国家安全监管总局副局长孙华山出席会议并讲话。

12 月 23 日　国家卫生计生委、人力资源社会保障部、国家安全监管总局、全国总工会发布《关于印发〈职业病分类和目录〉的通知》(国卫疾控发〔2013〕48 号)，从即日起施行。2002 年 4 月 18 日原卫生部和原劳动保障部联合印发的《职业病目录》同时废止。

12月24日　根据《中华人民共和国科学进步法》和《中国煤炭工业协会科学技术奖励办法》，中国煤炭工业协会、中国煤炭学会组织开展了2013年度“中国煤炭工业协会科学技术奖”评审活动。经过评审专家组网络预评、专业评审、综合评审、评审委员会审定及公示，共评出获奖项目313项，其中一等奖30项，二等奖132项，三等奖151项。

12月31日　国家安全监管总局发布《关于开展职业病危害防治评估工作的通知》(安监总统计〔2013〕133号)。

同日　国家安全监管总局办公厅发布《关于印发职业卫生档案管理规范的通知》(安监总厅安健〔2013〕171号)。

第十七部分

全国事故与职业病统计资料

2013 年全国生产

	总计						较大事故					
	本期		同期对比				本期		同期对比			
	起数/起	死亡/人	起数变化/起	增幅/%	死亡人数变化/人	增幅/%	起数/起	死亡/人	起数变化/起	增幅/%	死亡人数变化/人	增幅/%
合计	309295	69434	-27693	-8.2	-2549	-3.5	1156	4590	-250	-17.8	-954	-17.2
一、工矿商贸合计	6486	8039	-260	-3.9	-421	-5.0	261	1044	-41	-13.6	-166	-13.7
1. 煤矿	604	1067	-175	-22.5	-317	-22.9	46	224	-25	-35.2	-127	-36.2
2. 金属与非金属矿	658	790	-79	-10.7	-139	-15.0	19	74	-15	-44.1	-50	-40.3
3. 建筑施工	2059	2489	111	5.7	58	2.4	88	336	-17	-16.2	-72	-17.6
4. 化工和危险化学品	142	207	-45	-24.1	-60	-22.5	14	47	-1	-6.7	0	0.0
其中：危险化学品	34	70	-10	-22.7	-29	-29.3	9	34	2	28.6	12	54.5
5. 烟花爆竹	55	112	-12	-17.9	-15	-11.8	12	50	8		28	
6. 工商贸其他	2968	3374	-60	-2.0	52	1.6	82	313	9	12.3	55	21.3
其中：冶金机械等8行业	1365	1502	-98	-6.7	-110	-6.8	34	131	-4	-10.5	3	2.3
二、火灾	100268	504					36	144				
三、道路交通	198394	58539	-5802	-2.8	-1458	-2.4	818	3194	-178	-17.9	-672	-17.4
四、水上交通	262	265	-8	-3.0	-12	-4.3	25	109	0	0.0	-10	-8.4
五、铁路交通	1852	1337	-185	-9.1	-83	-5.8			-3	-100	-16	-100
六、民航飞行	9	6	8		5							
七、农业机械	1733	432	-358	-17.1	-260	-37.6			-2	-100	-7	-100
八、渔业船舶	287	275	5	1.8	14	5.4	14	85	0	0.0	-20	-19
九、其他	4	37	-2	-33.3	-5	-11.9	2	14	-3	-60	-8	-36.4

安全事故情况表

重特大事故											
						其中：特别重大事故					
本期		同期对比				本期		同期对比			
起数/起	死亡/人	起数变化/起	增幅/%	死亡人数变化/人	增幅/%	起数/起	死亡/人	起数变化/起	增幅/%	死亡人数变化/人	增幅/%
49	865	-10	-16.9	-54	-5.9	4	252	2		168	
24	431	-2	-7.7	-14	-3.1	3	131	2		83	
14	245	-2	-12.5	-28	-10.3	1	36			-12	-25
3	30	2		17							
1	11	-2	-66.7	-41	-78.8						
1	10	0	0.0	-19	-65.5						
1	10	0	0.0	-19	-65.5						
1	12	0	0.0	-16	-57.1						
4	123	0	0.0	73	146	2	95	2		95	
		-2	-100	-26	-100						
4	163	3		153		1	121	1		121	
16	208	-9	-36.0	-152	-42.2			-1	-100	-36	-100
3	40	-2	-40	-28	-41.2						
		-1	-100	-16	-100						
2	23	1		3							

2012 年全国火灾事故情况*

2012 年，全国共接报火灾 15.2 万起，死亡 1028 人，受伤 575 人，直接财产损失 21.8 亿元，与上年相比，起数上升 21.3%，死亡人数下降 7.2%，受伤人数上升 0.7%，直接财产损失上升 5.8%；其中较大火灾 60 起、同比下降 25%，重大火灾 2 起、同比下降 71.4%。另外，接报森林、草原、矿井地下部分及铁路、交通等行业系统火灾 4156 起，死亡 46 人，受伤 28 人，直接财产损失 5.6 亿元，受灾森林 1.4 万公顷，受灾草原 12.7 万公顷。

一、冬春季节火灾发生率略高于夏秋季节

从全年火灾分布看，由于冬春季节气温偏低、风干物燥、用火用电用油用气增多，火灾发生概率较高，尤其是 10 月、12 月和 1 月、4 月，每月火灾大多在 1.4 万起以上，合计占总数的 52.2%。夏秋季节气温升高、降水较多，火灾发生率相对降低，每月火灾多为 1 万余起，合计占总数的 47.8%，低于冬春季节 4.4 个百分点。

二、农村火灾亡人比重大于城市与县城集镇

从城乡火灾起数及亡人的分布看，农村发生火灾 4.7 万起，死亡 382 人，起数只占总数的 31%，但死亡人数占总数的 37.2%；城市发生火灾 5.2 万起，死亡 298 人，分别占总数的 33.9% 和 29%；县城集镇发生火灾 4.1 万起，死亡 325 人，分别占总数的 27% 和 31.6%。其他区域发生火灾 1.2 万起，死亡 23 人，分别占总数的 8.1% 和 2.2%。

三、住宅、人员密集场所火灾起数及伤亡较多

从各类场所情况看，住宅共发生火灾 4.6 万起，死亡 622 人，受伤 250 人，其中，起数占总数的 30%，死亡和受伤人数分别占死伤总数的 60.5% 和 43.5%；各类人员密集场所共发生火灾 2.8 万起，死亡 222 人，受伤 158 人，分别占总数的 18.3%、21.6% 和 27.5%。此外，交通工具、农副场所、厂房火灾也占一定比例，分别为 10.1%、7.8% 和 4.4%。

四、企业类火灾多数发生在个体私营企业

从各类企业火灾的情况看，国有集体企业共发生火灾 0.5 万起，死亡 16 人，受伤 29 人，直接财产损失 1.2 亿元，分别占总数的 12.9%、7%、11.7% 和 8.7%；个体私营企业共发生火灾 3.5 万起，死亡 212 人，受伤 209 人，直接财产损失 12.4 亿元，分别占总数的 86.6%、92.6%、84.3% 和 88.9%；外资企业发生火灾较少，4 项数字分别只占企业火灾总数的 0.6%、0.4%、4% 和 2.4%。

五、火灾亡人多集中于深夜至凌晨的时段

从时段分布情况看，10 时至 22 时生产经营活动频繁、生活用火用电较多，火灾次数明显高于其他时段。24 时（0 时）以后，虽然火灾发生量明显减少，但由于该时段人员安全防范能力最为薄弱，是亡人火灾特别是较大火灾高发的时段。据统计，0 时至 6 时共发生火灾 2.3 万起，只占火灾总数的 14.9%，但造成 448 人死亡，占死亡总数的 43.6%；有 45 起较大火灾发生在该时段，占较大火灾总数的 75%。

六、用电、用火不慎引发的火灾约占一半

从起火原因的调查结果看，因电线短路、过负荷及电气设备故障等电气原因引起的火灾共 4.9 万起，占火灾总数的 32.2%，生活用火不慎引发火灾 2.7 万起，占 17.9%；此外，吸烟引发的火灾占 6.2%，生产作业不慎占 4.1%，玩火占 3.8%，雷击自燃占 3.2%，放火占 2%，静电等其他原因占 23.3%，原因不明及正在调查的占 7.2%。

七、消防队伍灭火救援任务更加繁重

全国消防队伍共接警出动 75.6 万起，继续呈快速增加趋势，比上年增加 10 万起。其中，火灾扑救 15.1 万起、抢险救援 23.3 万起、社会救助 20.2 万起、公务执勤 1.5 万起、其他出动 15.4 万起，共出动人员 811 万人次，出动消防车辆 131.6 万辆次，成功处置“4·9”广东东莞建晖纸业有

限公司火灾、“9·7”云贵交界5.7级地震等灾害事故，营救遇险被困人员14.3万人，挽回经济损失330多亿元。一年来，共有8名消防员在灭火救援战斗中牺牲、23名消防员受伤。

＊上卷年鉴没有刊登，补报。

（资料来源：公安部消防局）

2013年全国道路交通事故情况

2013年，全国共发生涉及人员伤亡的道路交通事故19.8万起，造成5.9万人死亡、21.4万人受伤。与2012年同期相比，分别下降2.8%、2.4%和4.7%。其中，发生较大道路交通事故818起，同比减少178起；发生重大道路交通事故16起，同比减少9起。未发生特别重大道路交通事故。道路交通事故万车死亡率为2.34，同比减少0.16。实现了“三个首次”：一是实现了重大事故起数首次降至20起以下，创历史最低，是1990年有重特大事故统计以来起数最少的一年。二是实现了全年未发生重火事故的月份首次达到6个，创历史最多。其中，第二季度、第四季度分别取得了连续88天和98天未发生重大事故的好成绩，也是1990年有重特大事故统计以来从未有过的。三是实现了我国实行“黄金周”14年来首次全部节假日均未发生重大事故，创历史“零”纪录。

事故统计数据显示，2013年事故预防工作呈现许多积极进步和向上向好的趋势，主要表现在：一是重点区域大事故防控进展可喜。2013年，全国有21个省（区、市）未发生重大交通事故，较2012年增加8个省份，为历年最多，特别是一些道路环境差、近年来大事故易发多发的省份，都不同程度减少。二是重点车辆安全监管成效明显。客运车辆事故同比下降12.9%，导致重大事故8起，同比减少5起；全年未发生校车、危险品运输车重大事故：农村面包车超员导致的重大事故得到有效遏制；货运车辆导致的较大以上事故同比下降16.7%。三是重点交通违法肇事大幅减少。2013年，全国因“三超一疲劳”严重交通违法行为导致的交通事故同比下降55.8%，其中，超速违法肇事同比下降61.9%。四是重点公路管控有效。2013年，国省道发生重大交通事故8起，同比减少11起，下降57.9%。其中，高速公路发生4起，同比减少4起，下降50%。

（资料来源：公安部交通管理局）

2013年全国特种设备事故情况

一、事故总体情况

2013年，全国共发生特种设备事故227起、死亡289人、受伤274人，全年未发生特种设备重特大事故。与2012年相比，事故起数减少1起，下降0.44%；死亡人数减少3人，下降1.03%；受伤人数减少80人，下降22.60%。全国万台设备死亡人数为0.46，与2012年相比下降11.03%，较好地实现了国务院安委会下达的万台设备死亡人数不超过0.51的控制目标。从总体上看，全国特种设备安全形势总体平稳。

二、事故特点

按照设备类别划分，锅炉事故26起，压力容器事故34起（含气瓶事故16起），压力管道事故9起，电梯事故70起，起重机械事故61起，场（厂）内机动车辆事故18起，大型游乐设施事故9起。其中，电梯和起重机械事故起数和死亡人数所占比重较大，事故起数分别占30.83%、26.87%，死亡人数分别占19.72%、29.07%。

按发生环节划分，发生在使用环节184起，占81.06%；安装装卸环节23起，占10.13%；维修检修环节10起，占4.41%；充装运输环节8起，占3.52%；其他2起，占0.88%。

按照涉及行业划分，发生在制造业88起，占38.76%；发生在建设工地和建筑业40起，占17.62%；发生在交通运输与物流业13起，占5.73%；发生在社会及公共服务业86起，占37.89%。

按照损坏形式划分，承压类设备（锅炉、压力容器、压力管道）事故的主要特征是爆炸或泄漏着火；机电类设备（电梯、起重机械、客运索道、大型游乐设施、厂（场）内专用机动车辆）事故的主要特征是倒塌、坠落、撞击和剪切等。

三、事故原因

（1）锅炉事故。事故锅炉均为1吨/小时以下小型蒸汽或汽水两用锅炉，均发生在使用环节。其中，违章作业或操作不当事故9起，非法生产、使用事故6起，设备缺陷和安全附件失效事故2起。

（2）压力容器事故。其中，设备缺陷和安全附件失效事故9起，违章作业或操作不当事故4起，非法设备使用4起。

（3）气瓶事故。其中，违章作业或操作不当事故5起，设备缺陷和安全附件失效4起，气体泄漏引发事故3起，非法充装事故1起，非法销毁气瓶事故1起。

（4）压力管道事故。事故现象均为管道破裂介质泄漏，或直接造成人员伤害，或引发爆燃造成人员伤害。事故原因主要是设备质量原因或人员违章操作，其中，氨泄漏事故3起，燃气管道泄漏事故4起，蒸汽管道泄漏事故1起。

（5）电梯事故。按照事故发生形态分，人员坠落46起，人员挤压、剪切19起，碰撞5起。按照发生环节分，使用环节48起，安装改造环节13起，修理环节9起。事故原因中，安全附件或保护装置失灵事故35起；违章作业或操作不当事故25起；管理不善事故10起。

（6）起重机械事故。其中，违章作业或操作不当事故33起（其中持证人员违章作业12起），设备隐患导致的事故21起。

（7）场（厂）内专用机动车辆事故。其中，17起为叉车事故，1起为公园景区专用机动车辆，事故原因全部为违章作业或操作不当。

（8）大型游乐设施事故。其中，安全附件或保护装置失灵事故4起，游客自身防护意识和措施缺失事故2起。

（资料来源：国家质检总局特种设备安全监察局网站）

2013年全国职业病防治工作情况

根据全国30个省、自治区、直辖市（不包括西藏）和新疆生产建设兵团职业病报告，2013年共报告职业病26393例。其中尘肺病23152例，急性职业中毒637例，慢性职业中毒904例，其他类职业病1700例。从行业分布看，煤炭、有色金属、机械和建筑行业的职业病病例数较多，分别为15078例、2399例、983例和948例，共占报告总数的73.53%。

一、尘肺病

共报告尘肺病新病例23152例，较2012年减少1054例。其中，煤工尘肺病和硅肺病分别为13955例和8095例。尘肺病报告病例数占2013年职业病报告总例数的87.72%。

二、职业中毒

共报告各类急性职业中毒事故284起，中毒637例，死亡25例。其中重大职业中毒事故（同时中毒10人以上或死亡5人以下）15起，中毒230例，死亡25例。引起急性职业中毒起数和人数最多的化学物质是一氧化碳，共发生80起303人中毒。

共报告各类慢性职业中毒904例，以有色金属、轻工（农副食品加工、电子、制鞋等行业）、冶金、机械和化工行业居多。引起慢性职业中毒的化学物质主要是苯、砷及其化合物和铅及其化合物

(不含四乙基铅)，分别为285例、232例和231例。

三、职业性肿瘤

共报告职业性肿瘤88例，以轻工、化工和冶金行业为主。其中苯所致白血病41例，石棉所致肺癌、间皮瘤共19例，焦炉工人肺癌18例，氯甲醚所致肺癌6例，联苯胺所致膀胱癌2例，铬酸盐制造业工人肺癌2例。

四、职业性放射性疾病

共报告职业性放射性疾病25例。其中放射性肿瘤7例，外照射慢性放射病6例，放射性白内障7例，放射性甲状腺疾病5例。

五、职业性耳鼻喉口腔疾病等疾病

共报告1587例。职业性耳鼻喉口腔疾病716例，其中噪声聋681例；职业性眼病129例，其中职业性白内障75例；物理因素所致职业病233例，其中中暑161例，手臂振动病38例，减压病31例；生物因素所致职业病316例，其中布氏杆菌病297例，森林脑炎19例；职业性皮肤病141例，其中皮炎61例；其他职业病52例，其中职业性哮喘36例。

（资料来源：国家卫生计生委疾病预防控制局网站）

以人为本　安全发展
全力打造国家安全文化建设示范企业
——中交一航局安装工程有限公司

中交一航局安装工程有限公司(以下简称公司)坐落在天津市滨海新区，隶属中国交通建设股份有限公司，是中交第一航务工程局有限公司的全资子公司。公司拥有机电安装工程施工总承包一级、机电设备安装工程专业承包一级等十几项资质，具有GB1、GB2和GC2类压力管道安装许可证，起重机械安装维修A级资质、天津市制冷设备安装一级资质及燃气工程施工企业认定登记证、天津市承装电力设施许可证(35KV)和承试电力设施许可证(10KV)，并具备承包各类安装及其配套施工和规模综合加工的能力。公司通过了中国船级社质量管理体系、职业健康安全管理体系和环境管理体系认证，于2013年通过了GB/T 28001—2011标准的转换及体系换证审核，实行了综合管理体系，各部门分别形成工作手册，进一步规范了公司的管理，每年均接受中国船级社年度审核。

公司荣获“2013年度全国安全文化建设示范企业”称号、“2013年度全国‘安康杯’竞赛优胜单位”、“2012-2013年度全国守合同重信用企业”。公司参建的2011年唐山港曹妃甸港区煤码头续建工程荣获交通运输部“平安工地”示范项目。

公司全面推行安全生产标准化建设，作业现场、危险点源全部设置符合国家规定的安全告示牌、安全警示牌、安全操作规程。施工区、办公区、生活区建立安全文化宣传长廊，基层单位设有安全警示教育室、班组活动室，打造安全文化宣传阵地。

开展“员工家属进工地慰问”活动，员工家属代表宣读了“写给老公的一封安全家书”，员工代表在表态发言中表示，在工作中，要牢固树立安全重于泰山的意识，不断学习和丰富自身的安全技能，做到“懂安全、要安全、会安全、能安全、确保安全”。公司每年组织开展多种形式的应急救援演练活动,提高现场突发事件处置能力。公司开展安全知识竞赛、电工、钢筋工、起重吊装技术比武，提高了现场操作人员的操作技能，有效提升了公司整体的技术实力，达到了技术保证本质安全的根本目的。

湖北省安全生

2013年12月3日，湖北省安监局局长刘旭辉（中）在荆州新生源集团检查安全生产

2013年5月16日，省安监局在鄂州市召开全省安全生产隐患排查治理标准化数字化（两化）建设试点工作推进会

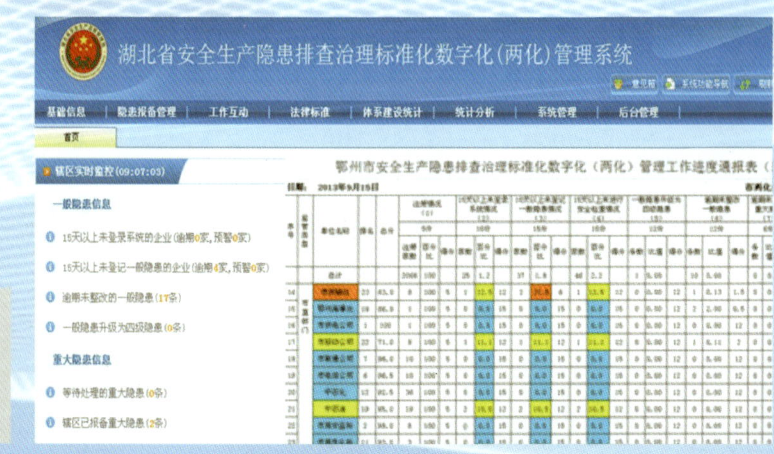

湖北省安全生产隐患排查治理标准化数字化（两化）管理系统

产监督管理局

湖北省安全生产监督管理局成立于2003年11月，现有内设机构15个，直属事业单位4个，管理副厅级的湖北省安全生产执法监察总队，共有在职干部职工138人。现任党组书记、局长刘旭辉。

2013年，全省深入学习贯彻习近平总书记关于安全生产的重要指示，强力推进安全生产，取得显著成效，全省安全生产继续保持总体稳定、逐步好转的态势。全年发生各类生产安全事故11548起，死亡2279人，同比分别下降8.01%和10.02%；较大事故45起，死亡180人，同比分别下降21.05%和13.46%。全省纳入国家考核的四大类事故实际死亡人数比国家下达湖北省控制数少272人。全省各类事故总量连续九年下降，事故起数和死亡人数由2004年的22635起3822人减少到2013年的11548起2279人，分别下降48.98%和40.37%，年均分别下降5.44%、4.49%，为全省经济社会发展提供了良好的安全生产保障。

2013年11月，有关领导到湖北专题调研安全生产长效机制建设，对湖北省强化安全生产党政同责、不断探索完善安全生产责任体系和考核机制、推进隐患排查治理"两化"（标准化、数字化）体系建设给予高度肯定，并在全国推广。

2013年2月22日，湖北省宣贯《煤矿矿长保护矿工生命安全七条规定》，图为宣贯大会会场

2013年5月9日，全国安全生产宣传工作会议暨安全文化建设现场会在湖北武汉召开

最美基层安全卫士发表获奖感言，表示牢记党的嘱托，扎根基层，鞠躬尽瘁，做一辈子人民群众生命安全的忠诚卫士

全省开展"寻找最美基层安全卫士"活动，174.5万人参加投票，评选出10名最美基层安全卫士。图为2013年12月26日湖北省首届最美基层安全卫士授称

2013年6月16日，湖北省巴东县举行安全生产月文艺下乡活动

打造一支业务精湛、思想过硬、作风顽强、执法规范的安全生产监察队伍。湖北省省、市、县三级安全生产监察机构1600多名在编安全生产监察人员配备统一的执法服装，统一着装，规范执法。图为统一着装集训现场

中电投江西电力有限公司上犹江水电厂

【概况】上犹江水电厂是“一五”时期国家建设的重点项目，1957年投产发电，装机容量为4×18兆瓦，在企业领导班子和全体员工努力下，生产规模不断发展壮大，2010年成功收购2×10兆瓦留金坝电站、2010年开工建设3×12兆瓦跃洲电站、3×11.7兆瓦峡山电站，总装机12台容量16.31万千瓦，多年平均发电量为5.65亿千瓦时。2013年，上犹江水电厂在中电投集团和江西公司领导下，认真落实集团和江西公司决策部署，以提升管理为抓手，以强化经营管理为重点，深化改革、优化管理，在企业发展、经营效益、安全生产和文明建设中取得较好成绩，荣获集团“安全生产先进集体”、连续十三届“江西省文明单位”等荣誉称号。

【经营效益】2013年在区域来水相比大幅减少的情况下，通过开展区域“优化水库调度，提高水能利用率”增发电量竞赛活动，上犹江区域全年完成发电量4.49亿千瓦时，区域全年实现主营业务收入15000万元。

【安全生产】认真组织开展安全生产标准化达标、安健环体系建设、新建电站并网安全性评价，全面修订了安全生产管理制度，落实防汛和迎峰度夏措施，抓好设备检修和技术改造，提升设备健康水平。2013年，实现年内区域安全生产365天，上犹江连续安全运行7724天，跃洲、峡山电站工程建设和运营无事故安全目标，上犹江老厂连续保持21年无事故记录，取得华中电监部颁发安全标准化达标二级证书。

【企业管理】按照公司集约化管理要求，创新区域管理方式，推进管理“七统一”，开展对标管理，全面实施“五化”管理，推行全员参与管理，管理方式初步实现生产管理从单纯生产型向生产经营型转变、工程项目从单纯质量型向质量效益型转变、专业管理从分段式管理向一体化管理转变、综合管理从具体事务型向制度机制型管理转变、监督管理从结果型向结果过程型转变，在集团水电13项综合对标指标中，达到先进值 12个，先进达标率92.3%。

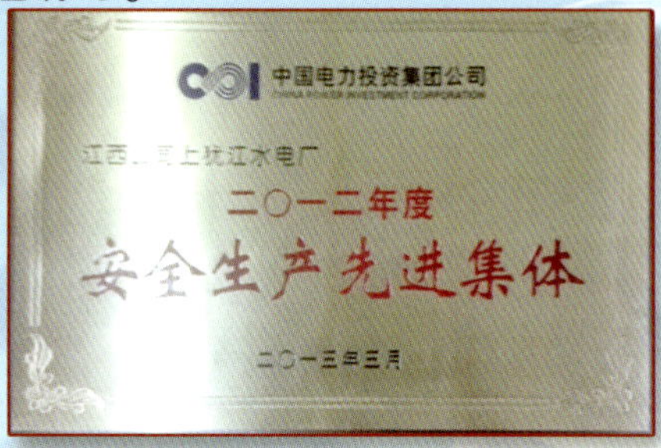

安全先进集体

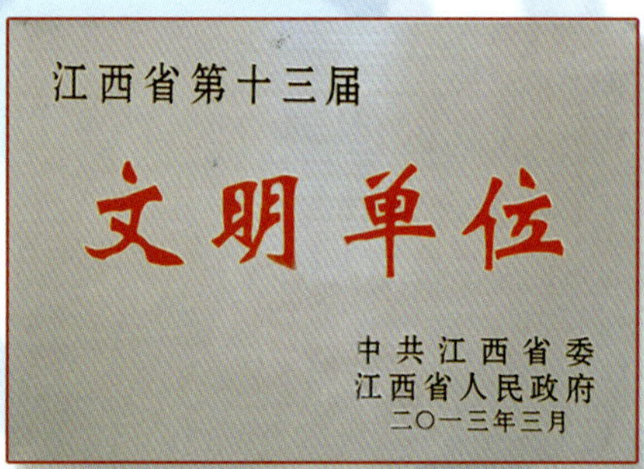

江西省第十三届文明单位

上犹江大厦

留金坝电站

峡山电站

跃洲电站

上犹江水电厂

华北科技学院

华北科技学院是国家安全生产监管部门直属的一所本科院校。学校始建于1984年，其前身是北京煤炭管理干部学院分院，1993年经原国家教育部门批准改建为华北矿业高等专科学校，面向全国招生，1997年，被国家教育部门确定为“全国示范性普通高等工程专科重点建设学校”，1998年合并了原有色金属管理干部学院，2002年经国家教育部门批准升格为本科院校，并更名为华北科技学院。

学校占地面积约 800 亩，建筑面积近45万平方米。教学科研仪器设备总值约1.6亿元。建有省部级重点实验室3个，省级实验教学示范中心1个。计算机网络、多媒体等现代教育技术应用广泛，是中国教育科研网城市节点单位。图书馆现馆藏图书101万余册，电子图书119万种，中外文报刊 1600 余种，各类中外文全文数据库 20 多个，建立了较完备的文献保障体系。

学校现有教职工1096人，其中中国工程院院士1人（外聘），专兼职教师866人。在编教师中正高级职称144人，副高级职称233人，副高级及以上专业技术职务的比例为48.8%；其中博士144人，硕士498人，具有硕士及以上学位的比例为83.1%。享受国务院政府特殊津贴专家13人，有突出贡献的中青年专家 1人，安全生产专家 4人。

学校设有安全工程、环境工程、机电工程、电子信息工程、计算机、建筑工程、管理、人文社会科学、外国语、成人教育10个二级学院和基础、体育2个部，具有工程硕士（安全工程领域）专业学位研究生培养资格，开设37个本科专业和5个专科专业，涉及工、理、文、法、经济、管理、教育、艺术等八大学科，已经形成以全日制本科教育为主，研究生教育、专科教育、成人学历教育、安全培训、函授教育并存的多学科、多层次、多形式的办学体系。安全技术及工程、采矿工程为省级重点学科，安全工程、采矿工程、自动化3个本科专业被国家教育部门列为特色专业建设点，电工电子实验中心是河北省实验教学示范中心。全日制在校生16000余人，毕业生初次就业率始终保持在85%以上，位居河北省高校和原煤炭院校前列。

学校面向素质教育、面向安全生产、面向煤矿行业开展科学研究。年引进科研经费 4000 余万元。现有煤矿安全人机工程重点实验室，煤矿瓦斯、水害预防基础研究重点实验室和河北省矿井灾害防治重点实验室等 3个省部级重点建设实验室。安全学科在瓦斯、水害防治等研究方向形成了一定的特色和优势，安全管理、安全文化、安全法学、安全监测监控等方面的研究全面展开，为学校安全科技办学特色提供了强有力的支撑。

1985年建在学校的中国煤矿安全技术培训中心，具有煤矿和非煤矿山安全生产两个一级培训资质，常年开展煤矿安全监察实务、矿井灾害防治和矿山救护等类型的安全培训，年培训规模5000人次。

学校与联合国开发计划署、国际劳工组织等保持着长期稳定的工作联系，与美国北卡罗来纳大学、加拿大凯普澜诺大学、越南河内地矿大学等高等院校通过多种形式联合培养专业人才。在校留学生100余人，是河北省在校外国留学生人数较多的院校之一。

学校以“自立立人、兴安安国”为校训，形成了“团结、勤奋、求实、创新”的校风，“严谨治学，教书育人”的教风和“勤学、善思、力行、创新”的学风。

学校将努力把学校建设成为以工为主，以安全科技为特色，工、管、文、理、经、法等学科相结合的多科性现代大学；建设成为安全生产领域培养高级专门人才和解决关键科技问题的先进教育培训基地。

学校正门

教育部高等学校本科教学工作合格评估专家组进校考察

矿井灾害防治重点实验室

学校召开第四届教职工代表大会暨工会会员代表大会第四次会议

学校召开中国共产党华北科技学院第三次代表大会

以安全文化建设为引领 以标准化建设为抓手
夯实安全管理基础 提升安全管控水平

广西长洲水电开发有限责任公司

一、公司简介

广西长洲水电开发有限责任公司（简称长洲水电公司）是中国电力投资集团公司全资建设的企业，于2003年10月22日在梧州市注册成立。

长洲水利枢纽坝址位于西江水系干流，距梧州市区12公里，是西江下游广西境内的一个梯级电站。长洲枢纽是一座以发电为主，兼有航运、防洪、灌溉等综合利用效益的大型水利枢纽，是国家"西电东送"计划和广西实施西部大开发战略的重点项目。枢纽横跨两岛三江，大坝总长3.5公里，最大坝高56米，共安装15台42兆瓦的灯泡贯流式机组，总装机容量为630兆瓦，有1000吨级和2000吨级船闸各一线，有34扇泄洪闸和库区内的13座泵站。

二、安全生产工作综述

多年来，长洲水电公司面对水情复杂多变、发电任务面临严重挑战、设备检修任务繁重、通航压力巨大等严峻形势，紧紧围绕年度安全生产目标，从加强"软、硬"实力着手开展安全生产工作，圆满完成了安全生产目标。其中的"软实力"指的是安全文化建设，培养员工的安全意识；"硬实力"指的是深化安全生产标准化建设，提升安全管理水平。

（一）开展安全文化建设，凝聚心力，促进企业安全发展

长洲水电公司紧抓安全生产工作目标，始终以企业安全文化建设为主要工作，公司党政领导大力坚持开展安全文化建设示范企业活动，制定《长洲水电公司安全文化建设示范企业创建活动实施细则》，从制度建设上、人员投入上、资金投入上、应急体系建设上和其他资源上给予保证，使创建活动开展得丰富多彩，且重实效，使得长洲水电公司这个新投产电厂的安全文化建设得到保证，加强了企业的凝聚力和向心力。

开展丰富多彩的安全文化建设活动，切实做到安全教育"入眼、入脑、入心"。长洲水电公司对照《安全文化建设示范企业评价标准》，开展切合公司实际的安全文化建设活动。举办安全摄影比赛，充分发动员工利用照相机和摄像机，纪录下工作中和生活中的安全镜头，让这一瞬间成为永恒，教育和感动着每一位员工；举行安全征文比赛，让每位员工写出自己遇到的安全事件，使每位员工在写的过程中，再次受到教育和明白安全事件对自己及同事的影响；公司每年利用开展"安全生产月"活动的机会，举行不同形式的知识竞赛，让参赛者讲出或写出他们对安全的认识，从各自的角度诠释着"安全"的意义；为加深员工在工作过程中安全意识的培养，在内外江厂房设立安全文化墙和安全文化隔离墙，通过安全漫画的形式，提醒着进入厂房的每一位员工时时刻刻要做到"安全第一"。

GUANGXI
CHANGZHOU

突出安全文化建设重点，营造安全生产氛围，建设安全工作环境。长洲水电公司以安全文化建设为契机，建立健全安全管理制度体系；编制《长洲水电公司安全文化手册》和《长洲水电公司安全生产标准化图册》等手册，大力推进安全文化建设，丰富企业文化内涵；通过加强对长洲水利枢纽的综合治理，进一步夯实安全管理基础，包括：完善设备标志标号、安全标识，对孔洞、电缆桥架及电缆盖板、各种平台和爬梯进行安全防护，治理设备“三漏”，以及厂区封闭管理和美化厂区等等；在公司员工中，开展多种形式的技术比武活动，加大对抗练习，同时，发动员工集思广益为公司安全生产工作建言献策；持续开展“查死角、堵漏洞，排查隐患、消除缺陷”活动，对危险点（源）做到“早分析、早控制”，对安全隐患和设备缺陷做到“早发现、早治理”，同时，利用“两票两卡”实现生产全过程的安全监控。

（二）深化安全生产标准化建设工作，夯实安全生产基础，提升安全管理水平

深入开展建设工作，重在“细”字。2012年，长洲水电公司就已获得“电力安全生产标准一级达标企业”称号，但长洲水电公司没有停止标准化建设的步伐，而是自我加压，提高标准，进一步深入开展安全生产标准化建设工作。在此基础上，公司继续细化安全生产标准化建设工作，根据长洲水利枢纽的实际，制定出适用于长洲水电公司的安全生产标准，将好的经验和科学的方法用标准固化下来，形成良好实践。如：2013年，长洲水电公司相继编制了《防汛手册》《消防手册》《设备检修手册》等手册或标准。

享用标准化建设成果，重在“实”字。成果是丰富的，如何让成果为安全生产服务？长洲水电公司坚定不移地将成果运用到安全生产管理工作中去。特别是在设备维护检修工作中推行“两卡”（即《典型作业开工卡》和《检修作业开工前检查卡》）管理。“两卡”是长洲水电公司在安全生产管理工作中摸索出的成功管理经验，它们是“两票”（即工作票和操作票）管理的自然延伸，与“两票”相辅相成。《检修作业开工前检查卡》成功堵住了检修维护工作开工前的安全防护漏洞；《典型作业开工卡》成功堵住了电焊、气焊、脚手架、施工用电等特种作业开工前的安全防护漏洞。

长洲水电公司安全生产工作取得的每一点成绩都来之不易，靠的是“软、硬”实力。“硬实力”为企业提供了安全的发展环境，“软实力”为公司的安全发展提供源源不断的内在动力，长洲水电公司将继续深耕“软、硬”实力，夯实安全生产基础，为企业的发展提供安全保证。

重庆科技学院安全工程学院

重庆科技学院安全工程学院2006年经重庆市教育部门批准，由重庆市安全生产监管部门和重庆科技学院共同组建，是集人才培养教育、科学研究、科技服务于一体的安全工程人才培养基地、安全技术研究开发中心以及安全生产技术服务中心。2008年，重庆市安全生产科学研究院（中国安科院重庆分院）在学院挂牌成立。

学院现设有安全工程、消防工程两个本科专业，其中，安全技术及工程学科为重庆市高等学校“十二五”市级重点学科。2011年，学院成功获得“服务国家特殊需求人才培养项目”安全工程硕士专业学位授予权。学院现有全日制在校学生600余人，学生一次性就业率达95%以上。现有教职工53人，其中教授6人，硕士生导师7人，副教授12人，博士10人。国家安全检测检验专家2人，重庆市安全评价专家2名，注册安全工程师8名，安全评价人员16名。

学院拥有国家职业危害实验基地1个，“重庆市非矿山安全与重大危险源监控实验室”和“重庆市职业危害检测与鉴定实验室” 国家安全生产科技支撑体系省级实验室2个，中国科学院批准的重庆安全工程及地质灾害监测预警技术研发中心1个，安全工程专业实验室5个，学院教学科研仪器设备总值达到1000万元。学院还拥有经国家安全生产监督管理部门认定的国家安全评价甲级资质和安全技术培训二级资质。

近年来，学院与中石油、中石化、中海油、重庆市安监部门等17家单位签署了合作协议，共建稳定的实习实训基地。与中石油合作共建“石油工程综合实践教学平台”，与重庆市安监部门合作共建“安全工程综合实践教学平台”等实践平台。充分利用拥有的国家甲级资质安全评价所，不仅为政府安全监管、企业安全生产提供技术服务，同时为教师实践能力提升和学生实习实训、毕业设计等提供良好的实践条件。学院组织申报了市级科研项目10余项，横向科研项目100余项，项目经费突破1500万元；出版著作5部，发表论文120余篇，其中核心80篇；省部级科研成果奖2项。

学院将以科学发展观为统领，以“培养人才、发展科学、服务社会”的办学宗旨和“特色立校、文化兴校、人才强校”的发展战略为指导，紧紧围绕我国安全工程专业发展的特点和安全工程应用型人才培养的要求，坚定不移地走特色发展之路，努力建设“政产学研用”一体化平台，为实施“科技兴安”和“人才兴安”战略，为国家和重庆市安全生产提供强大的智力支撑。

团结奋进的领导班子

相关领导到学院检查实验室建设情况

学院与中加项目办举办职业危害与健康论坛

联合办学签字仪式

奖、助学金颁奖大会

安全技术装备展

毕业生合影

地址：重庆市沙坪坝区重庆科技学院安全工程学院　　电话：023-65023099 65023098（传真）

山东百年电力发展股份有限公司

以安全生产促效益连创佳绩

山东百年电力发展股份有限公司是由华电国际电力股份有限公司控股的大型股份制发电企业。公司前身为山东龙口发电厂，是全国早批国家和地方集资办电企业，为山东电网骨干电厂。原有6台机组，装机容量110万千瓦，分三期建成。其中：一期工程2×11万千瓦机组分别于1984年8月和12月投产；二期工程2×22万千瓦机组分别于1988年1月和12月投产；三期工程2×22万千瓦机组分别于1995年7月和1996年7月投产。为落实国家“上大压小”政策，扩建四期工程，原一期两台机组已分别于2007年、2012年关停。公司现有4台机组，总容量88万千瓦，职工2017人。

多年来，该公司认真贯彻落实各级党委、政府及上级公司关于安全生产的重要部署，以安全生产“双基年”、全国安全文化建设示范企业和华电集团五星级发电企业创建等活动为载体，秉承“用文化管理企业安全，让安全管理成为一种文化”的理念，坚持以人为本提素质，重心下移抓基层，关口前移强基础，构建了“人、设备、环境”相统一的“基石”安全管理体系。通过狠抓安全责任全员化、制度建设规范化、安全管理精细化、教育培训常规化，进一步筑牢了安全生产“基石”，取得显著安全效益。2012年、2013年企业效益连创建厂以来新高，截至2013年底，公司累计发电1393亿千瓦时，实现利税77亿元。先后荣获全国精神文明建设工作先进单位、全国安全标准化一级企业、全国安全文化建设示范企业、全国安康杯竞赛优胜单位等荣誉称号。公司4号机组连续3年保持了华电集团公司标杆机组的称号，22万千瓦机组能耗指标达到30万千瓦机组水平；在中电联组织的全国火电机组能效对标及竞赛中，4、5、6号机组囊获200兆瓦级纯凝机组前三名。截至2014年5月底，公司实现连续安全生产5700天。

建立现代安全管理系统
推进武船本质安全发展

武昌船舶重工有限责任公司

武船始建于1934年6月6日。当时名为武昌机厂，“一五”期间被国家列为156个重点建设项目，2009年2月改制为武昌船舶重工有限责任公司，2011年3月实施军民分立，设立武昌造船厂集团有限公司和新的武昌船舶重工有限责任公司。武船总占地面积600万平方米，拥有员工万余人，下设16个子公司，1个特种船舶制造部，形成了武昌总部、青岛海西湾、武汉双柳三大制造基地和军品军贸、民船、桥梁装备、海洋工程装备、大型成套设备及建筑钢结构六大产品板块，是军民融合、有限相关多元化发展的大型现代化综合性企业。

武船董事长、总经理 杨志钢

武船自2001年7月开始，根据国标GB/T 28001—2001建立了职业健康安全管理体系，并于2002年12月30日通过了中国安全生产科学研究院认证中心的认证审核,取得职业安全健康管理体系认证证书，2004年开始建立并取得环境管理体系证书，是国内船舶行业早批建立并获取认证的企业。2010年根据公司化改制的要求，8个实体子公司先后取得了独立体系证书。通过十多年体系化管理，公司将PDCA思想融入各项管理过程中，公司各类风险得到了有效的控制，体系正常有效运行并持续改进，为公司的持续发展提供了有效的保障。为改进作业环境，从2003年在公司范围内推行“5S”管理活动，促使公司员工逐步养成遵章守纪的习惯，为公司的稳步发展打下坚实的基础，2011年公司出台《“6S”目视管理标准》，推行可视化管理，2011年至今，公司共计投入上千万对现场“6S”实施可视化改造，取得了突破性成果，公司面貌焕然一新，作业现场一目了然，极大地改善了公司生产作业环境，创建了文明、整洁的作业环境。为推进本质安全发展，从源头消除和减少事故发生，全面提升安全管理水平。公司从2009年开始推行源头化安全管理，从承接建造任务安全准备要求、安全生产工艺设计、船体下料加工安全技术规范、分段制造安全技术规范、船台总装安全技术规范等全过程制定源头化管理规范。通过几年来本质化安全工作的推进，公司本质化安全工作不断的强化，在专项产品上，建立了比较完善的安全保障体系。通过几年来本质化安全工作的推进，公司本质化安全工作不断的强化，在专项产品上，建立了比较完善的安全保障体系，公司水下、水上等主要船舶产品都编制了安全生产保障大纲，对产品全过程建造做好了策划，明确了安全保障措施并严格实施；重型装备公司承制的水工产品、大型舞台设备、压力容器产品都进行了本质安全策划并严格实施；涂装作业方面，重新修订了涂装作业安全标准，涂装作业过程中实现了严格审批制度和完善的安全保障措施，改善了涂装作业安全；不断对产品通风和照明工艺进行研究，深化推进舱室通风和照明安全要求。深入推进本质安全发展，为公司获得更多的订单打下了安全基础，取得了无法衡量的经济效益和社会效益。2012年公司按照开展安全生产标准化达标创要求，开展安全生产标准化对标建设，并于2013年3月份通过了安全生产标准化一级企业现场审核，也是国内船厂早批通过安全生产标准化一级企业审核的单位。

武船安全管理工作多次获得先进单位称号。2007年至2012年连续5年获得全国“安康杯”竞赛先进单位，公司董事长、总经理杨志钢获得全国“安康企业家”称号。

重庆安全技术职业学院

Chongqing Vocational Institute of Safety & Technology

重庆安全技术职业学院2011年3月经重庆市批准设立的公办全日制安全类高等职业学校，2011年5月在教育部门备案，由重庆市安全生产监督管理部门主管，市教育部门进行业务指导。学院是国家安全监管部门与重庆市共建学院，也是全国两所安全技术高职院校之一。

学院位于三峡库区重庆第二大城市——万州城区内，紧邻万州机场、达万铁路、宜万铁路和渝宜高速公路，交通便利。学院占地近300亩，规划用地900亩。学院现有教职工173人，其中专任教师148人，副高以上职称43人，在校生近5000人，其中高职学生2000余人。

学院以地方产业（如化工、矿山、金融、加工制造、建筑、信息技术等）发展及其变化趋势为导向设置专业，在学校原有优势专业（信息技术、机电工程、旅游管理）的基础上重点突出安全类专业特色，现开设有安全技术管理、应用化工技术（安全技术方向）、建筑工程技术（安全技术方向）、信息安全技术等15个专业。2014年新增消防工程技术、安全技术与文秘、电气工程技术、建筑可视化设计与制作、移动互联应用技术5个专业,专业总数达20个。

学院借助主管部门的优势平台，与多家行业企业建立了合作关系，建立了校外实习就业基地，为学院与企业开展专业建设、企业员工培训、教师实践、互派专家、实习就业、科研等搭建了良好的平台。

同时加大力度建设校内实训基地，新建了矿井通风仿真理实一体室、食品营养与检测试验室、筑测量仪器室、发动机电路实验室、电子电路综合实验室、PCB制版室、信息安全实训室、物联网实验室、数控维修考核实训室等近20个。

创新人才培养模式　打造安全职教特色

学院遵循“安全急需、全国领先 ”的办学要求，恪守“致大尽微、育才兴安”的办学理念，打造“学生对路、成果管用”的办学品质，紧紧围绕“政产学研用”，坚持走“工学校企结合、素质技能并重”的办学之路，采用“订单式”人才培养和“双证书”教育，以就业为导向、专业建设为龙头、课程建设为核心，以全面素质教育和专业技术应用能力培养为主线，以优化课程体系为保证的专业人才培养方案，不断增设新

有关领导到实训室视察调研

学院召开校企合作浅谈会

重庆市安监部门召开毕业生就业工作座谈会

2014届毕业生就业双选会

学院信息工程系学生参加
2013年全国职业院校技能大赛并获奖

安全保障型城市示范区人才服务基地
先进的安全生产监管监察执法实训基地

专业，创建精品专业，打造学院品牌。

——**专业建设突出安全特色**。学院现设有安全工程系、信息工程系、机电工程系、商务管理系、公共基础部五个系部，将重点建设安全技术管理、建筑工程技术、应用化工技术、食品营养与检测、矿井通风与安全、矿井运输与提升、信息安全技术、物联网应用技术、机电一体化、汽车电子技术、数控设备应用与维护、导游、金融管理、移动互联应用技术等核心骨干专业，引领环保与安全类、矿业工程类、化工技术类、食品类、汽车与自动化类、信息技术类、旅游类、土建施工类等相关专业群建设，形成特色鲜明的专业群体系。

——**安全教育提升职业素质**。学院将思想品德和良好的职业道德教育贯穿人才培养全过程，将专业能力培养与职业素质培养深度融合，将安全通识教育纳入各专业公共课教学，培养具有过硬专业知识、良好团队精神、交流沟通技巧、创新意识、社会适应能力、吃苦耐劳作风、遵守纪律等职业素质，同时具有牢固的安全生产理念、能立足岗位实际的逃生、救援等安全类的高素质特色技能人才。

——**教科研促进模式创新**。教师在国家级期刊上发表17篇，省级期刊发表28篇。课题研究方面，2013年立项在研市级课题5个，其中市安全科技项目2个，教改项目3个，新增高教学会立项课题1个，共有市级课题6个。开展学术讲座，请重庆市高教学会执行会长张宗荫教授、重庆工业职业学院院长李时雨教授、重庆工程职业技术学院副院长李慧民教授及其他院内外专家和教师举办了8次学术讲座，浓厚了学术氛围。

——**素质教育取得可喜成绩**。2013年6月26日，学院信息工程系学生郭明博、乐正飞、陈攀在“2013年全国职业院校技能大赛”高职组信息安全技术应用赛项中获得全国三等奖，这是重庆市近五年来新设立的高职院校首次在此赛项上获等级奖。

——**就业安置畅通“出口”**。学院自成立以来，重庆市安监局和学院高度重视首届毕业生就业工作，采取有效措施，积极搭建校企合作就业平台，为毕业生充分就业创造条件。

2013年11月15日，学院成功举办首届毕业生就业双选会，80多家用人单位到会，其中有央企、国企、机关事业单位、合资企业、大型民营企业等，地域分布包括重庆、上海、广东、江苏等地区，提供了近600余个就业岗位，同学们积极应聘，同用人单位签订了就业合同。学院培养的安全类人才对用人单位产生了极大的吸引力，不少企事业单位纷纷录用学院的毕业生从事安全管理工作，以填补企事业单位无专门管理人才的空白，安全类专门管理和技能人才供不应求，毕业生实现了100%就业。

学院发展前景广阔

学院的发展迎来了职业教育发展的最好机遇：一是学院成为国家安全监管部门和重庆市政府共建学院；二是十八届三中全会为职业教育改革指明了方向——“加快现代职业教育体系建设，深化产教融合、校企合作，培养高素质劳动者和技能型人才”，国务院2月26日召开国务院常务会议，部署加快发展现代职业教育，将发展职业教育作为促进转方式、调结构和民生改善的战略举措。

学院将在2020年建成全国规模较大、专业齐全、功能完善、环境优美的现代化安全高职院校，实现专任教师850人、在校学生15000人办学规模；建成特色鲜明、水平领先的安全生产监管监察执法综合实训基地和安全模拟实景教育基地；建成全国安全人才教育培训示范基地和“政产学研用”协同创新基地；成为全国“安全应用型人才摇篮”。部市共建为学院的发展开辟了广阔的前景。

在新形势下，学院将深入贯彻党的十八大、十八届三中全会精神，以部市共建为契机，继续深入开展党的群众路线教育实践活动，深化作风建设，进一步提升内涵，牢牢把握“把学院办成安全特色鲜明，用人单位满意”的办学宗旨，努力在提升形象、内涵建设、队伍建设、品牌打造等方面取得新的更大的成绩。

地址：重庆市万州区百安坝安庆路583号
邮编：404020
电话：023-58567778　58567750　58567750
公众网址：www.cqvist.net

学生在企业实习

校外实习基地挂牌

夯实基础 强化监管
努力打好危险化学品安全生产攻坚战

杭州湾上虞经济技术开发区位于杭州湾南岸的海涂围垦区，嘉绍跨江大桥以东，绍兴市上虞区北部，其前身为创建于1998年的杭州湾上虞精细化工园区。2013年11月经批复升格为国经济技术开发区。目前，开发区已纳入浙江省环杭州湾海洋经济产业带，是全省十四个产业集聚区之一——绍兴滨海集聚区的重要组成部分，聚集国内外投资企业200余家，总投资超过600亿元。2013年开发区实现工业总产值700亿元，同比增长27.3%；实现利税60.8亿元，同比增长10.5%；税收18.8亿元，同比增长7.3%；自营出口10.3亿美元，同比增长20.9%；工业投入121.2亿元，同比增长24.4%；完成实到外资1.1亿美元，综合考评位居绍兴省级以上开发区前列。

由于精细化工行业的特殊性，杭州湾上虞经济技术开发区安全生产责任重大、压力巨大，开发区管委会一直将安全生产作为开发区的生命线工程来抓。2014年，绍兴市上虞区被列为全国60个危化品重点区。作为全区危化工作重点区域，开发区管委会高度重视、强化措施、落实责任，将从“四个强化”入手，全力确保打倒危化品安全生产攻坚战。

一、强化源头管理

1. 实施风险评价

在2014年10月底前完成开发区区域性安全风险评价（安全规划），科学评估开发区安全风险，落实对策措施，降低安全风险程度。开发区原则上不再引进新的化工企业入区建设，同时通过改造、重组和淘汰等方式，提升企业安全生产条件，合理调整建成区现有化工企业布局，明确危险化学品建设项目禁止设立区域。

2. 严格项目准入

提高危险化学品建设项目准入门槛，严格控制规模小、效能低、风险高、安全投入保障薄弱、环境污染大的项目入区。。

3. 规范项目审查

杜绝项目未批先建、边批边建、擅自改建等违法现象。严格按照《浙江省危险化学品建设项目安全监督管理实施细则（试行）》（浙安监管危化〔2012〕66号）规定，实施安全“三同时”。

二、强化主体责任

1. 推进企业开展危险与可操作性分析（HAZOP）

对涉及“两重点、一重大”的化工生产装置开展危险与可操作性分析（HAZOP）。危险化学品新、改、扩建项目在项目设计阶段开展危险与可操作性分析（HAZOP）；已建成投产的危险化学品建设项目，在2015年底前完成危险与可操作性分析（HAZOP）。

2. 推进安全生产标准化达标

到2014年底，危险化学品生产企业三级安全生产标准化达标全覆盖，力争二级安全生产标准达标率达到20%。

3. 推进企业诚信机制建设

开展以安全生产分类管理为基础、“黑名单”制度为载体的诚信管理，推动和督促企业落实安全生产主体责任，夯实安全生产基层基础工作。

三、强化安全监管

1. 强化监管队伍建设和深化网格化安全监管

充实安全生产监管队伍，定期开展安全监管业务培训，进一步提高安全监管人员的业务能力。到2014年8月底前，完成危险化学品企业安全生产网格化管理实施方案。2014年底前，危险化学品企业基本形成安全生产网格化管理。

2. 进一步加大危险化学品安全生产执法力度

定期组织安监、质监、卫生等职能部门实施安全生产联合大检查，全年开展安全生产联合大检查不少于2次。同时计划开展打非治违、危险作业、安全设施等专项检查不少于4次。

3. 推进未经正规设计在役危险化学品生产、使用、储存装置的安全设计诊断工作

到2014年底，完成5家以上企业的设计诊断及整改工作。2014年6月底前，进一步排摸未经正规设计的危险化学品生产、使用、储存装置，对排摸出的企业制定整改计划。2015年底前，完成所有未经正规设计的在役化工装置的安全设计诊断，2016年底前完成整改。

四、强化安全基础

1. 推进安全生产一体化管理

（1）完善安全监管体制机制。建立完善安监、质监、卫生等合署办公、统一领导的一体化安全监管体制，并继续推行完善对危险化学品企业的网格化安全监管机制。

（2）完善安全生产信息化管理平台。在现有安全生产信息化管理平台基础上，到2014年底，进一步完善危险化学品企业基础信息采集录入、隐患排查管理、行政许可事项转递审报等功能。到2015年底，初步建立安全生产信息化管理平台和特种设备数据库管理平台，实现行政许可、重大危险源管理、隐患数据报送、诚信管理、事故报送等系统适时与省市联网。

（3）加强应急保障能力建设。进一步加强开发区消防中队的装备和人员配置，规范设立企业义务消防队，努力构建“以专职消防队为主力，义务消防队为补充”的安全防御体系，建立一支应急救援功能健全、统一指挥、响应灵敏、运转高效、专业化的危险化学品专业应急救援队伍；到2015年底，依托企业建立服务全区、辐射全区的气体防护站。

2. 继续深化和推进“五个强制”工作

继续深化和推进以“项目强制改造、设备强制淘汰、设施强制安装、隐患强制整改、人员强制培训”为主要内容的“五个强制”工作。2014年底前，完成4家企业4个项目的整体改造，完成10家企业95台在用反应类压力容器的淘汰更新，完成41家企业70个项目的危险化工工艺企业的安全自动化控制系统的完善、升级改造工作。完成45家企业的重点监管危险化学品储罐设置温度、压力、液位远传报警及管道自动紧急切断系统。

3. 推广实施安全规范化管理

在2013年安全规范化试点的基础上，总结经验，完善开发区企业安全规范化管理验收标准，完成第二批20家企业安全规范化管理创建验收工作。对于未能在规定时间内完成整改并通过验收的企业，采取停产整改措施直至强制淘汰或退改。通过每年排定创建计划，逐步完成面上企业规范化建设。

山东新巨龙能源有限责任公司

山东新巨龙能源有限责任公司是山东能源新矿集团投资开发建设特大型矿井，设计生产能力600万吨/年，核定能力780万吨/年，配套建有特大型炼焦煤选煤厂。矿井位于巨野煤田中南部，井田面积约142平方公里，地质储量14.8亿吨，煤种以肥煤和1/3焦煤为主，属低灰、低硫、低磷、高发热量、强粘结性的优质稀缺性炼焦煤。

新巨龙公司以“人企合一、生命至上”为安全价值观，以“建设安全的生态绿色矿井”为安全愿景，以“人智强安、技高固安、环优育安”为安全理念，以“文化引领、科技治灾、蓝领工程”为安全战略，以零事故、零伤害为目标，构建安全管控八个体系，深入实施“6S+6”管理，实施降尘、降噪、降湿、降温“四降”工程，打造本质安全型企业。持续推进高端装备集结、先进技术集成、前沿管理集优，构建装备技术“八化模式”，形成千米深千万吨矿井成套开采核心技术。实施“八全管理”，构建现代企业管控模式。坚持“八不”理念，打造国家级矿产资源综合利用示范基地和绿色矿山，坚持“博学、善思、笃行”，打造“两站两基地一中心一馆”学习平台，实施五级“金蓝领”工程，全力构筑安全高效、创新提升、稳定和谐、基业长青的先进企业。先后荣获全国安全文化建设示范企业、全国煤炭工业双十佳煤矿等荣誉称号。

现代化安全生产指挥中心

WAT制冷系统

MH-620型奥钢联硬岩综掘机

千米垂深应急救援车

特大型综放工作面

创新卓越 引领行业

至臻品质 成就品牌

- 2003年　通过ISO9001：2000质量管理体系认证
- 2007年　通过欧洲CE认证
- 2013年　荣获浙江省工商企业信用AAA级“守合同重信用”单位
  中国劳动防护行业50强第三名、台州市“质量先锋”单位
- 2014年　荣膺浙江省“省级平安创建工作先进单位”

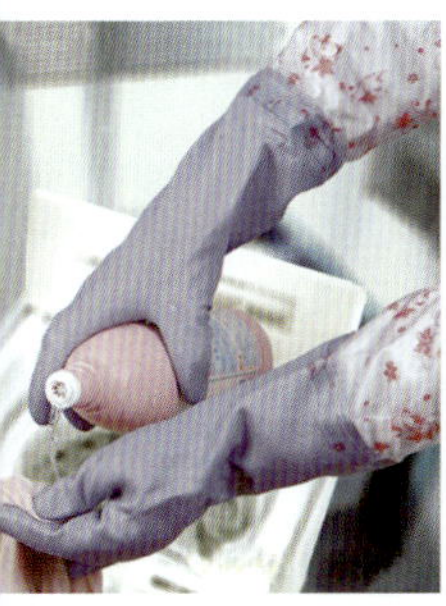

中国化工新材料（嘉兴）园区

中国化工新材料（嘉兴）园区位于美丽的杭州湾北岸，是浙江省乍浦经济开发区主要功能区块之一，该园区于2002年经浙江省经贸部门批准设立，是浙江省重点发展的三个重点化工园区之一，一期规划面积4.5平方公里。2006年被列为"浙江省生态化建设与改造试点园区"；2007年被列为"浙江省循环经济重点项目"；2008年被命名为"中国化工新材料(嘉兴)园区"；2009年被列为"浙江省工业循环经济试点园区"；2010年被列为"浙江省工业循环经济示范园区"和"浙江省块状经济向现代产业集群转型升级示范区"；2011年被列为"浙江省外商投资新兴产业示范基地"和"浙江省产业集群两化深度融合试验区"；2012年被评为"全国循环经济工作先进单位"；2013年被列为"国家新型工业化产业示范基地"。近期，在中国石油和化学工业联合会公布的2014年中国化工园区20强名单中，中国化工新材料（嘉兴）园区位列第10位。

近年来，中国化工新材料（嘉兴）园区始终坚持"科学发展、协调发展、可持续发展"的理念，认真执行国家产业政策，大力发展高科技、高附加值、低污染的环保型、科技型、集约型项目。经过几年的努力，园区取得了跨越式的发展，区内基础配套日益完善，目前各项基础配套累计投入已达30亿元，道路、供水、供电、供热、供气、排污等配套设施完善；公用管廊、热网蒸汽、原辅料管道等管内运输系统齐全；河道改造、集中绿化得以进一步优化。化工新材料产业集群已初步形成、知名企业云集。到2013年，入区的主要化工企业近30家，其中外商投资企业涉及日本、英国、荷兰、韩国、香港等多个国家和地区，如英荷壳牌、日本帝人、德山化工、湖石化学等一批国际知名企业已相继落户，总投资已超过10亿美元；国内知名企业三江化工、信汇合成新材料等一批投资在10亿人民币左右的项目也陆续竣工投产。2013年，园区实现规上工业总产值532.63亿元，顺利突破500亿元大关，连续第四年实现百亿级增长。园区产业上下游配套紧密，已成为国内化工行业发展循环经济的典型模式，2011年被列为全国发展循环经济典型模式案例。

中国化工新材料（嘉兴）园区一直视安全环保为生命线，近年来，不断加大安全环保投入，实施了安全环保本质水平提升三年行动计划，安全环保形势保持稳定，并正以创建国家生态示范园区为抓手，全力打造生态、绿色、环保、安全的智慧园区。下一步，我们将借鉴国内外知名化工园区先进管理模式，大力推进工业化、信息化深度融合，对化工园区道路加密安装监控设备，对新建、扩建项目的每个风险点、污染排放口全面实施实时监控，并全部接入园区应急响应中心，实现企业危险源、污染源和园区道路实时监控全覆盖，确保事故隐患第一时间发现、第一时间预警、第一时间处置；我们将本着总体规划、分步实施、软硬相结合的原则实行封闭式管理，在核心控制区和关键控制区实现硬封闭管理，在安全风险较小的一般控制区实现软封闭管理，确保园区企业在一个相对封闭和可控的状态下进行安全生产；今后我们将以打造"智慧园区"为目标，努力实现政府对园区管理的"一体化"，园区企业管理"标准化"、生产装置"自动化"、事故隐患排查"信息化"，全力提升园区应急管理水平，确保园区安全发展、生态发展、科学发展。

神华乌海能源有限责任公司

神华乌海能源有限责任公司（以下简称“乌海能源公司”）是神华集团公司的全资子公司，由原神华集团乌达矿业公司、海勃湾矿业公司、乌海煤焦化公司、蒙西煤化公司于2008年10月26日整合重组而成，隶属于神华集团有限责任公司。

神华乌海能源公司是一个集煤炭生产、洗选、焦化、煤化工及矸石发电为一体的多业并举、综合开发、循环发展的综合性能源企业，也是内蒙古大型的焦煤生产基地。公司设职能部室22个，生产、基建单位40个，员工24000余人，总资产201亿元。公司总部位于乌海市海勃湾区。公司名列自治区13家产值超百亿企业，是全国“五·一”劳动奖荣获单位。

神华乌海能源公司各生产单位分布在乌海各区及鄂尔多斯、阿拉善境内。公司所辖矿井11座(其中生产矿井9座)、洗煤厂12座、焦化厂5座、电厂5座、煤焦油加工厂1座、甲醇厂2座、苯加氢厂1座。煤炭生产能力1650万吨，洗煤生产能力1630万吨，焦炭生产能力600万吨，煤焦油深加工能力30万吨，粗苯深加工能力8万吨，焦炉煤气制甲醇生产能力40万吨，发电量8.5亿度。产品主要是主焦煤、1/3焦煤、高热混、二级冶金焦及煤焦油，是冶金、化工等行业的优良原料，市场前景十分广阔。

公司本着产业关联度强、生产集约度高的原则，全力创建本质安全型、质量效益型、科技创新型、资源节约型、和谐发展型的“五型企业”，以打造神华先进煤炭综合能源企业为目标，以“安全、稳定、发展”为主要任务，坚持走产业循环经济发展之路，至“十二五”末，逐渐形成煤—电—化工和煤—焦—化工的产业链，打造成了产能稳定、绿色环保、具有较强竞争力、特色鲜明的大型综合能源企业。

在未来的改革发展中，乌海能源公司将继续按照“科学发展循环经济，打造千万吨级煤焦化板块，五年实现经济总量翻番”的战略目标，调整优化，科学发展，在保持产能稳定、绿色环保、管理先进的冶金化工原材料生产基地，煤、焦、化、电一体化的循环经济示范基地的基础上，建设成为神华独特的产业明珠。

华能伊敏煤电有限责任公司

华能伊敏煤电有限责任公司（以下简称伊敏煤电公司）位于内蒙古自治区呼伦贝尔市鄂温克族自治旗境内，是全国早批煤电一体化企业，是中国华能集团公司全资企业，前身是成立于1976年的伊敏河矿区建设指挥部，因成功打造了具有典型循环经济特点的煤电一体化“伊敏模式”，在边疆少数民族地区树立起能源央企“资源节约、环境友好、科学发展、安全发展”的典范。

企业因煤而生，因电而兴，目前拥有发电装机340万千瓦，煤炭产能2200万吨，总资产176.06亿元，在职职工3996人，两大主营业务板块中的伊敏电厂是东北地区第二大火力发电厂，伊敏露天矿是全国五大露天煤矿之一。2013年，企业完成发电量164.1亿千瓦时，生产原煤2071万吨，外销煤炭865万吨，实现主营业务收入52亿元。

培育安全文化。伊敏煤电公司严格遵循“安全就是效益、安全就是信誉、安全就是竞争力”，把电力系统“两票三制”移植到煤炭生产作业中，从职工安全观念、安全行为和安全管理制度入手，大力推行电力、煤炭安全文化理念的融合，把培育具有煤电一体化特色的安全文化贯穿企业经营发展全过程，有力促进了企业安全生产形势持续稳定。

强化责任落实。严格执行国家安全生产法律法规，认真履行企业安全主体责任，不断健全完善安全生产责任体系，持续开展安全管理专项提升活动，完善制度，健全机制，足额投入安全生产费用，持续改善安全生产条件，实现各级安全生产责任体系全覆盖，为企业安全发展提供了有力保障。

打造本质安全。扎实开展本质安全型企业创建活动，加强作业危害分析和安全审核，强化安全生产标准化工作，把小缺陷当作大隐患来处理，把小隐患当作大事故去追究，坚持隐患排查治理常态化，对违章现象“零”容忍，下大力气培养懂安全、会管理、敢负责的班组长队伍，筑牢安全生产防线，认真开展外包工程安全专项整治年活动，把常驻外包队伍和劳务派遣用工纳入企业安全管理范畴，实现安全生产可控在控。

安全生产只有起点，没有终点。伊敏煤电公司将继续把安全生产作为伊敏煤电一体化的品牌去打造，去经营，去维护，在创建先进煤电企业进程中，创造更坚实、更持久的安全生产业绩，实现更有质量、更有效益的发展。

神华宝日希勒能源有限公司

神华宝日希勒能源有限公司（简称神宝能源公司）始于1980年开发建设的宝日希勒煤矿，2005年12月并入神华集团公司，属国有控股，社会法人、自然人参股的股份制煤炭企业。截至2014年6月末，公司有在岗员工2502人，总资产65亿元。下设15个机关部门和9个二级单位。

神宝能源公司已经取得资源总量23亿吨。现有生产矿一号露天煤矿，国家核定产能3500万吨/年；筹建中的二号露天煤矿，设计生产能力1000万吨/年，已取得核准所需各类支持性要件21个，目前正在推进环评等工作，力争2014年上报国家进行项目核准。有两套地面生产系统，煤炭破碎能力5000吨/小时，23公里的自备铁路专用线与国铁滨州线接轨，铁路装车能力1200节/日以上，运输能力3000万吨/年以上。

近年来，神宝能源公司在神华集团的正确领导下，在各级党委、政府的大力支持下，煤炭产销规模持续增长，综合实力全面增强，企业发展呈现出蓬勃向上、充满活力、稳定和谐的良好局面，先后获得“全国五一劳动奖状”“全国煤炭工业优秀企业”“全国精神文明建设先进单位”等荣誉称号。2013年，公司克服煤炭市场低迷、竞争加剧、价格下滑等不利因素，煤炭产销完成3136万吨，利润完成15.87亿元，上缴税费13.03亿元，安全生产实现“零伤害”目标。

神宝能源公司以打造“环境友好型”企业为目标，以抓好生态文明建设为主线，坚持做到认识到位、措施到位、资金到位，从生产各个环节和企业发展全过程入手，追求高碳产业、低碳发展、美丽与发展双赢，走出一条具有神宝特色的绿色矿山建设之路。截至2013年末，已累计投资2.6亿元，完成工业厂区和排土场整形、绿化1230万平方米，腐殖土回填300万立方米，植树5.9万棵，勘查治理小煤窑采空区538万平方米，建设防风抑尘网4200米，成为本地区践行科学发展观，切实履行社会责任的典范企业。

面向未来，神宝能源公司将按照神华集团总体部署，大力推进“打造五千万吨级煤炭生产基地”的发展战略，加快转变经济发展方式，增强可持续发展能力，努力为本地区经济社会繁荣发展和神华集团“建设世界先进煤炭综合能源企业”做出新的更大的贡献。

中国矿业大学（北京）

China University of Mining & Technology, Beijing

办学理念：办精、办强、办特色　发展思路：强化特色、提高质量、充实内涵、外向发展

党委书记　徐孝民

校长　杨仁树

美丽的校门

学十楼外景

中国矿业大学（北京）是一所具有矿业和安全特色，以工为主，理、工、文、管、法、经相结合的全国重点大学，是列入国家“211工程”“985工程”“优势学科创新平台”建设以及全国早批具有博士和硕士授予权的高校之一，是教育部门与国家安全生产监管部门共建高校。学校现有学院路校区和沙河校区两个校区。

学校距今已有100多年的历史。学校的前身是创办于1909年的焦作路矿学堂；1952年全国高校院系调整时，清华大学、原北洋大学和唐山铁道学院的相关科系调整到中国矿业学院，为学校的发展奠定了良好的基础；1953年学校迁至北京，成为北京学院路著名的“八大学院”之一；1970年，学校迁至四川；1978年，学校迁至江苏徐州，并在北京学院路原址设立北京研究生部，恢复招收和培养研究生；1997年，成立了中国矿业大学（北京）；2000年2月，学校整体成建制划归国家教育部门管理，成为国家教育部门直属高校。

学校积极构建能源工业精英教育教学体系。现设有研究生院和资源与安全工程学院等12个学院，有2个一级学科国家重点学科，8个国家重点学科；60个本科专业。建有2个国家重点实验室、1个国家工程研究中心，1个国家级大学科技园。学校现有中国工程院院士6人，中国科学院院士1人。2000年至2013年，有8篇博士论文被评为全国百篇优秀博士论文；共有8个专业荣获国家“第一类特色专业建设点”项目，8个专业荣获北京市高等学校特色专业项目。几年来，学校共获得国家科技奖励21项。现有学生近15000人，其中研究生6256人，本科生5515人，成人教育本专科生3143人。

中国矿业大学（北京）秉承“办精、办强、办特色”的办学理念，按照“强化特色、提高质量、充实内涵、外向发展”的总体发展思路，努力向特色鲜明、国际知名的高水平矿业大学迈进。

甘肃省安全生产科学研究院

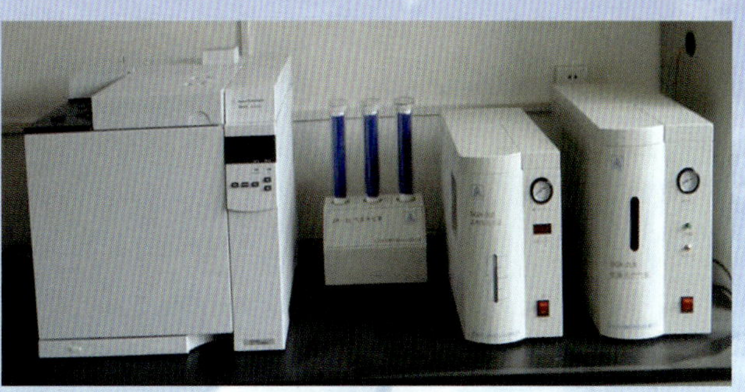

甘肃省安全生产科学研究院（以下简称甘肃省安科院）成立于1980年3月，隶属于甘肃省安全生产监督管理部门，是从事安全生产科研、安全评价、检测检验、安全生产标准化评审、职业危害因素检测评价防治、煤矿灾害防治等业务的专业性机构。

甘肃省安科院现已建成和正在建设的有“矿山安全检测实验室”“非矿山及重大危险源监控实验室”“职业危害因素检测实验室”“烟花爆竹检测实验室”“劳动防护用品检测实验室”“煤矿灾害防治测试分析实验室”及“煤矿建设工程质量检测实验室”共7个实验室。

甘肃省安科院已经取得的资质主要有：国家安监部门安全生产技术支撑体系省级专业中心实验室资质，安全评价甲级资质，安全生产检测检验乙级资质，职业病危害因素检测与评价职业卫生技术服务乙级资质，非煤矿山、危险化学品、烟花爆竹及冶金等工贸行业安全生产标准化二级、三级评审单位资质，煤矿生产能力核定资质，计量认证（CMA）资质和煤矿职业经理人培训资质等。

甘肃省安科院先后为中石油兰州石化公司、金川集团股份有限公司、白银有色集团股份有限公司、酒泉钢铁(集团)有限责任公司、甘肃烟草公司等大型企业提供了检测检验、安全生产标准化评审、职业危害因素评估评价、安全评价等技术咨询服务工作。

甘肃省安科院积极开展安全生产理论、政策研究，大力推进安全生产新产品、新技术、新装备等的研发，《基于航天技术的矿山应急避险及应急救援装备研发》《新型高泡灭火装备》《机（人）载应急救援安全防护全站仪》《甘肃省煤矿灾害防治技术创新服务平台》等项目处于全国领先地位。

地址：甘肃省兰州市城关区天水南路333号　邮编：730000
电话：0931-8834112　传真：0931-8824451
网址：www.gansusafety.com　邮箱：gsaky@sina.com

中国石油宁夏石化公司

宁夏石化公司位于宁夏回族自治区省会银川市西夏区，东踞鄂尔多斯西缘，西依贺兰山。企业前身是始建于1985年的国家“七五”计划重点建设项目中国石化宁夏化工厂。多年的跨越式建设发展，目前已成长为以炼油、化肥为主营业务的炼化一体化企业，拥有500万吨/年炼油装置和三套大型化肥生产装置，是中国石油西部地区重要的炼化基地和安全管理的典范企业，引领宁夏工业发展的旗舰企业。

多年来，宁夏石化公司秉承奉献能源、创造和谐的企业宗旨，以及诚信、创新、业绩、和谐、安全的经营管理理念，以人为本、依法治企、科学发展，坚持把安全生产作为企业的核心价值、作为天字号工程、作为第一要求，科学引入国际先进管理方法，将本质安全作为安全管理的最高标准，坚定信心、持之以恒，在探索中实践，在实践中创新，全面构建符合宁夏石化发展实际的安全管理体系。

安全是大局，安全是责任。宁夏石化公司在安全管理上，坚持用结果验证效果，用效果改变观念，用观念引导行动，企业将HSE战略目标作为安全管理的最高标准，以“转变观念、养成习惯、提高能力”为工作重点，坚定信心、持之以恒，在探索中实践，在实践中创新，持续改进和提升安全管理工作，强化生产受控、对标管理，努力实现经济效益跨越式增长目标；持续推进先进管理模式，狠抓节能减排管理，实施低碳经济发展战略；持续开展以岗位达标、专业达标和企业达标为内容的安全生产标准化建设和安全文化示范企业创建，通过强化安全主体责任，完善安全管理制度和操作规程，始终保持生产过程“规范操作、可靠运行”，始终确保“只有规定动作，没有自选动作”，企业实现了安全生产形势稳定，生产管理、现场管理、后勤服务管理都保持了高效、协调发展，员工队伍面貌蓬勃向上，企业发展后劲十足，连续多年获得“安康杯”劳动竞赛先进单位称号，2014年企业获得了全国“安全文化示范企业”称号。

在实现“十二五”规划的征程里，宁夏石化公司将高举科学管理大旗，以国家新一轮西部大开发战略实施为契机，稳中求进，奋发有为，以建设具有核心竞争力的先进石化企业为目标，努力为中国石油建设综合性国际能源公司、为国家农业建设、能源保障、西部大开发和宁夏自治区经济社会发展做出新的更大贡献！

内蒙古自治区特种设备检验院

内蒙古自治区特种设备检验院是内蒙古自治区质量技术监督部门直属的从事综合性安全生产与机电类特种设备检验检测的科研事业单位。前身是1986年成立的“内蒙古自治区劳动安全卫生检测中心站”“内蒙古自治区劳动防护用品监督检验站”“内蒙古自治区矿山检测中心站”“内蒙古自治区劳动保护宣传教育中心”四块牌子一套人员机构，原隶属于自治区劳动人事部门，2000年整体划转到自治区质量技术监督部门，2012年正式更名为内蒙古自治区特种设备检验院，简称内蒙古特检院。

内蒙古特检院具有国家核准的机电类特种设备检验资质和内蒙古安监部门颁发的职业卫生检测与评价乙级资质，是全国较早开展职业卫生检测与评价的单位之一。业务范围主要有三大块，涵盖安全生产的各个领域，其一是安全生产检测的金属、非金属矿采选业和工程建筑业、冶金、建材业、化工、石化及医药业、轻工、纺织、烟草加工制造业、机械、设备、电器制造业、电力、燃气及水的生产和供应业；其二是机电类特种设备电梯、起重机械、厂内机动车辆、大型游乐设施等设备检验和无损检验；其三是电气安全、防静电、防雷、气体报警系统、消防电气及设备、烟花爆竹、劳动防护用品、加油机防爆、防坠安全器、汽车举升机等的检验检测。

内蒙古特检院下设办公室、总工办、业务管理部、职业卫生有害因素检测部、职业卫生评价部、职业卫生质控部、防爆电气检测部、电梯检验部、起重游乐厂车检验部、护品烟花爆竹检验部等10个部室。全院现有职工108人，专业技术人员82人，其中高级职称11人，中级职称52人。博士生2人，研究生15人，在读工程硕士5人，大学本科75人，大专8人。国家注册安全工程师13人，国家安全评价师6人，电梯、起重、游乐设施等国家级检验师27人，国家职业卫生评价人员15人、检测人员17人，国家游乐设施检验员14人，无损检测人员8人，省级检验员80人。并建有技术专家库和各类数据库，拥有一支雄厚的技术力量人才队伍。现拥有职业卫生检测实验室、防坠安全器检测实验室、劳保防护用品检测试验室、烟火爆竹检测、防雷防静电检测实验室、消防电气及消防设施检测等6个实验室，有各种高、精、尖检验检测仪器设备600余台（套），涉及现场检测设备530台（套），实验室固定大型检测设备70台（套），固定资产4500多万元。

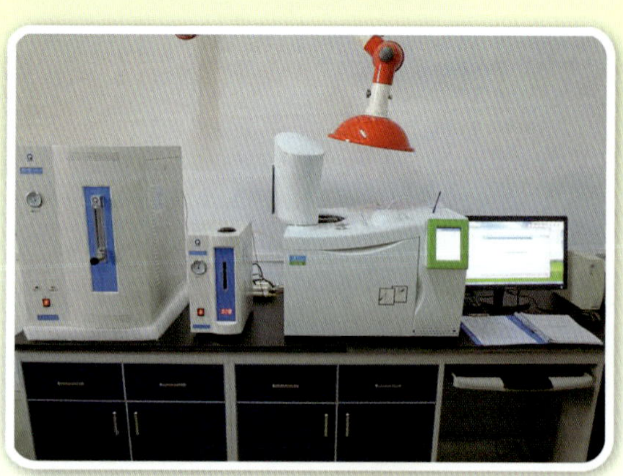

内蒙古特检院自成立以来，为确保安全生产，保障人民身体健康和生命财产安全，发挥着保驾护航的重要作用。未来的几年内我院将紧紧围绕党的十八大精神和自治区“8337”工作思路，本着“民生为本、民信为天”的核心理念，构建“电梯、起重、职业卫生、重大危险源”检验检测四轮发展框架，打造“四型团队”（既开拓进取的经营管理团队；科学创新的科研专家团队；公正严谨的技术检验团队；优质服务的后勤保障团队），提升人员能力素质；不断加大仪器设备投入，提升检验检测基础能力，切实为企业的安全生产把好关，做好对行政监察部门的技术支撑，进而为内蒙古自治区“8337”发展思路的落实提供强有力的保障。

宁夏回族自治区安全生产监督管理局

自治区安监局开展群众路线教育活动

自治区安监局检查烟花爆竹企业安全管理

刘慧主席视察安全生产工作

曹志斌局长检查企业安全生产现场

自治区安监局组织开展危化事故应急演练

近年来，在自治区党委、政府的高度重视和正确领导下，在国家安全监管部门的大力关心支持下，宁夏安全生产监督管理局始终坚持科学发展、安全发展理念和“安全第一、预防为主、综合治理”方针，以控压事故为目标，以强化责任落实为抓手，着力提升公共安全保障能力，大力夯实企业安全生产基础，有力地促进了安全生产工作，全区安全生产形势持续稳定好转。2013年与2008年相比，事故总量从5876起降到3161起，下降46.2%；死亡人数从659人下降到473人，连续两年控制在500人以内，下降28.2%；较大及以上事故从20起降到6起，下降70%；杜绝了特别重大事故。主要指标实现了自2002年以来的“十一连降”。安全生产工作在以下方面取得突出成效。

一是狠抓责任落实，“大安全”工作格局基本建立。持续推进政府监管责任和企业主体责任落实，2010年报请自治区出台了两个责任规定，将217条安全生产职责分解落实到51个部门，明确了企业17个方面主体责任具体内容。并把生产安全事故控制指标和重大事故作为各级政府和各有关部门效能目标考核重要指标，严格落实“一票否决”。开展了“落实企业主体责任年”试点活动，计划在全区全面实施，解决企业安全生产的基础性、普遍性问题。积极总结责任规定实践经验，研究制定了《自治区安全生产行政责任规定》，拟上报自治区以政府主席令发布，实现政府监管职责法定化。全区“党委政府领导、安委会统筹协调、部门依法监管、企业全面负责”的“大安全”工作格局基本形成。

二是狠抓建制和改革，法制建设和职能转变取得进展。6年来制定实施了一系列政策法规和标准规范，形成了由4项地方法规、9项政府规章、11项政府规范性文件、10余项地方标准及近百项部门文件构成的较为完善的安全生产法规标准体系。2012年以来连续开展了两轮行政审批制度改革，将96%的审批事权调整由政务大厅直接办理，将40%的审批事项调整为备案；将80%的行政审批、审查事权，调整或委托下放至市级安监局，安全监管职能进一步转变。

三是狠抓专项整治，重点行业领域安全形势明显改善。坚持把道路交通作为控压事故伤亡的着力点，把消防火灾作为压减事故起数的重点领域，把煤矿、人员密集场所、城市运行作为防范群死群伤事故的重中之重，把危险化学品、火工品作为预防事故危害的重点领域，督促指导各地、各部门持续开展重点领域专项整治行动。6年来，全区共排查治理各类隐患30余万条，重点行业领域安全形势稳定趋好，道路交通、消防火灾、煤矿事故起数和死亡人数下降幅度均超过20%，工商贸事故起数、死亡人数年均下降近10%。

四是狠抓执法监察，安全生产秩序进一步规范。坚持深化“打非治违”专项行动，始终保持高压态势，六年来打击各类非法违法、违规违章生产经营建设行为超过百万起。坚持强化隐患查治，不断改进工作方式，认真实施重大隐患挂牌督办制度，积极建设隐患自查自报自改信息系统。坚持“四不放过”原则严肃查处生产安全事故，严厉追究相关责任单位和人员的责任，事故调查报告和处理决定全文在网站、报纸等媒体公告，大力提升震慑作用，

五是狠抓长效机制，企业安全生产基础进一步夯实。严格危化、非煤矿山、烟花爆竹等高危行业安全许可程序和条件，强力推进建设项目安全设施“三同时”，强化企业主要负责人、安全管理人员和特种作业人员培训，6年规范受理许可审查6000余项。加快安全达标进程，大力推进建成企业开展安全技术改造，规范安全管理，提升本质安全水平，累计创建三级以上安全达标企业1200余家。着力解决共性问题，全区“两客一危”车辆全部安装了GPS监控，涉及危险化工工艺及重大危险源的50余户企业完成了远程监控、自动化控制和自动联锁装置改造，在产矿热炉超过60%安装了循环冷却水泄漏失压自动报警装置和自动化控制系统，人员密集区域的30余家加油站完成了防爆阻隔技术改造，推行了小矿山爆破作业一体化服务管理模式，企业安全生产条件得到积极改善。

六是狠抓宣教培训，公众安全意识明显提升。按照“有载体、能坚持、广覆盖”思路，以提升公众安全意识为目标，自2012年起，每年实施以演一场戏、赠一本书、讲一堂课、设一个专栏、建一个站“五个一”活动为内容的公众安全教育工程。《平安是福》舞台剧累计巡演100余场，观众12万多人次；《公民安全生产生活知识读本》免费发放50万册；安全专家全区巡讲200余场，听讲人员5万多人次；在宁夏电视台设置电视专栏“安全第一线”并开播了公益广告，在《宁夏日报》开辟了“聚焦安全生产”专栏；组建乡村、街道安全服务站501个。安全生产舞台剧和电视专栏均为全国首创，公众安全教育工程被国务院安委会在全国推广。不断强化安全培训，6年共培训特种作业、企业负责人、安全管理人员以及农民工近25万多人。

七是狠抓自身建设，履职能力稳步提高。持续开展作风制度能力“三项建设”活动，共清理规章制度151项，清理界定行政事权93项；建立健全了内部管理、行政执法和党风廉政“三大”制度体系；成立了专门的“行政执法案卷审查委员会”和“行政审批审查委员会”。以“安全发展周五大讲坛”和“大学习大轮训”为平台，每年开展安监干部全员轮训。抓紧实施监管能力建设工程，2011年以来，协调自治区财政每年安排1000万元、争取中央资金2千余万元，为基层配备了执法车辆和必需的监管装备，完成了标准化配备的基本配置，全区安全监管能力明显提升。不断加强党的建设、惩防体系建设和勤政廉政建设，认真开展党的群众路线教育实践活动，全系统工作作风明显转变。

惠州大亚湾石化园区建设与安全管理
惠州大亚湾经济技术开发区安监分局

惠州大亚湾经济技术开发区于1993年5月成立。石化区位于开发区东部，南临南海，毗邻深圳，总规划面积65平方公里，被广东省列为五个重点发展的石油化工基地之一，2014年综合排名位居中国化工园区20强中的第2位。石化区以中海油炼油一期1200万吨项目和中海壳牌95万吨乙烯项目为依托，目前，石化区已落户项目共计76宗，总投资1604亿元。2013年，石化区实现工业总产值约1373.8亿元。石化区炼化一体化产业链已初步形成，已建成的配套公用工程基本适应目前需求，管理、协调、服务体系正逐步完善。

大亚湾石化区是危险化学品企业高度集中的园区，是当地安全生产监管工作的重中之重，园区安全生产监管工作在石化园区产业项目一体化、公用工程一体化、物流运输一体化、管理服务一体化建设的基础上，实施安全环保与消防应急一体化建设：

一、明确园区安全管理机构。惠州市安全监管大亚湾区分局作为石化区安全生产综合监管机构，是统筹协调石化区安全资源和应急救援工作，构建石化区安全生产一体化管理信息平台，解决重大安全问题，对企业实行分级监管、分类指导，督促企业落实安全生产主体责任，定期组织安全生产检查的机构。

二、强化园区安全风险控制。委托专业机构对大亚湾石化区进行区域安全评估，对石化区整体安全状况进行现状评定，对各个企业和不同区域的风险可接受程度进行定量化，同时对石化区的应急准备情况作出整体评估。对加强园区风险管理，有效指导石化区安全规划，提高园区整体安全管理、应急救援能力和水平具有非常重要的指导意义。

三、实施入驻项目安全管理。制定了《大亚湾石化区危险化学品企业安全准入要求》，在准入预审、安全承诺和准入监管等方面严格要求，把符合安全生产标准、园区产业链安全和安全风险容量要求作为危险化学品企业入园的前置条件，并建立了石化区企业准入和退出机制。

四、深入开展隐患排查治理。从2010年起，连续4年组织国内石化行业知名权威专家对石化企业、油气输送企业、重点工贸企业进行全面检查和分析评估，并建立部门联动整改机制，依据专家意见进行整改，实现监管、指导、服务三位一体的安全隐患检查治理模式。同时，编制了《大亚湾石化区危险化学品企业事故隐患排查内容指引表》，列出各专业各类隐患排查内容共410项，供企业对照进行日常排查，督导企业落实安全生产主体责任。

五、打造园区应急救援中坚力量。大亚湾石化区于2012年3月被国家安监部门确定为全国早批安全生产应急管理创新试点化工园区，投资约1.8亿元建设了石化区危险化学品应急救援基地，具备应急值守、指挥处置、应急物资储备保障、安全应急培训、模拟应急演练等综合性功能。试点工作明确了“政府主导、部门协同、企业参与、共建共享”的基本原则，全力推进一个危险化学品应急救援基地（队伍）、一个化工园区安全生产应急能力考核评估标准和一套安全生产应急管理制度建设，积极探索利用“企办政助”模式，进行市场化运行的化工园区安全生产应急保障能力建设和管理新模式。该基地已于2014年9月投入使用，并已获批为危险化学品实训演练试点基地。同时，整合石化区消防特勤中队、荃湾港区消防中队以及5支企业专职消防队等应急资源，设立“惠州大亚湾开发区消防指导中心”，督促区内所有企业签订相应的联防协议，实现统一管理、统一训练、统一考核、统一调度、统一指挥，进一步优化石化区内应急救援资源和提升应急处置能力。

六、推进园区安全文化建设。先后推出安全生产宣传电教片《红线》、卡通人物安全形象大使，自主设计编辑安全生产科普读本和安全生产宣传海报，并采用微电影、微宣传和“大亚湾安监”微信等平台广泛宣传我区安全生产知识，相继推出《大亚湾安全文化建设丛书》，固化大亚湾安全生产文化建设研究成果。同时，积极开展安全培训与教育，组织开展石化区开放日、组建石化科普志愿宣讲团、张贴安全宣传画、悬挂横幅标语、制作安全生产宣传栏、放映安全警示教育片等活动，进一步提升社会各界对安全生产的认识，营造我区“关注安全，关爱生命”的浓厚氛围。在推进安全文化交流方面，邀请中海壳牌、巴斯夫等具有国际先进管理水平的企业向全区企业介绍安全文化建设经验，并每年组织危化品企业安全管理人员及一线专业人员开展交叉检查和经验交流活动，不断提升石化区企业安全文化意识，夯实企业安全生产基础。

中海油安全技术服务有限公司

CNOOC SAFETY & TECHNOLOGY SERVICES CO,.LTD.

中海油安全技术服务有限公司是经中国海洋石油总公司批准设立的独立法人机构，隶属于中海油能源发展股份有限公司人力资源服务分公司，是一所集安全评估评价、安全管理咨询、安全监督服务、安全技术研发、安保产品服务为主导的综合性专业安全技术服务机构，为石油石化行业提供QHSE一体化技术支撑服务。

公司成立于2004年，注册资金5000万元，具有“海洋石油安全评价机构”“安全评价机构”“海上设备维修资格”“海上石油安全生产标准化评审单位资质”及“职业卫生技术服务机构”等31项资质。多年来，公司凭借资深的专业优势、人才储备、行业资源、人脉网络，整体规模持续扩大，先后为中海油、中石油、中石化等公司以及伊朗、缅甸、伊拉克、科威特、苏丹等国家的众多工程项目提供了大量的安全技术服务。2010年3月，公司实现整合改制，一跃成为中海油能源发展股份有限公司的两大朝阳产业之一。

公司自成立以来，一方面加强内部员工的专业技术培养，另一方面注重引进石油、石化行业及安全管理高端技术人才，聘请业内技术专家，加强内部管理，逐步形成了一支专业化的QHSE技术支持和服务团队。目前，公司拥有员工400余人，本科及以上学历员工占员工总人数的95%以上。

公司业务板块简介（The Company Services Overview）

公司始终追求“以市场为导向，以专业为方向，以客户满意为志向”的服务理念，不断创新发展、开拓进取，努力打造全面而专业的业务板块，竭诚为客户提供“一站式”服务。目前，公司的主要的业务请见“安技服客户化的综合性QHSE解决方案”。

安技服客户化的综合性QHSE解决方案

- 研发与信息服务
  - 重点实验室
  - 国家委派—检查机构
  - 课题组
  - 信息类
- 法定服务
  - 安全评价
  - 安全标准化达标
  - 职业卫生
  - 法规符合性
  - 标准规范
  - 环境评价
  - 节能评价
- 安全产品
  - 安全救逃生装备
  - 个人防护用品
  - 环保设施
  - 防爆防静电产品
  - 监测器具、安全工具
  - 应急抢险装备
  - 消防装备
  - 安全可视化产品
- 应急与消防
  - 应急管理体系建设
  - 应急综合响应能力
  - 事故调查管理
  - 安保管理
  - 消防专项服务
- 管理咨询
  - 管理建设
  - QHSE审核
  - 设施完整性
  - 安全文化
- 风险评估评价
  - 设施运行前（投产前）法定评价
  - 作业风险分析
  - 设施风险专项技术分析：RBI、RCM
  - 工艺安全：HAZOP、PHA、LOAP、SIL、ORA
- 监督监理
  - 监督外派
  - 工程建造监理
  - 质量监督站

中海油安全技术服务有限公司
CNOOC SAFETY & TECHNOLOGY SERVICES CO.,LTD.

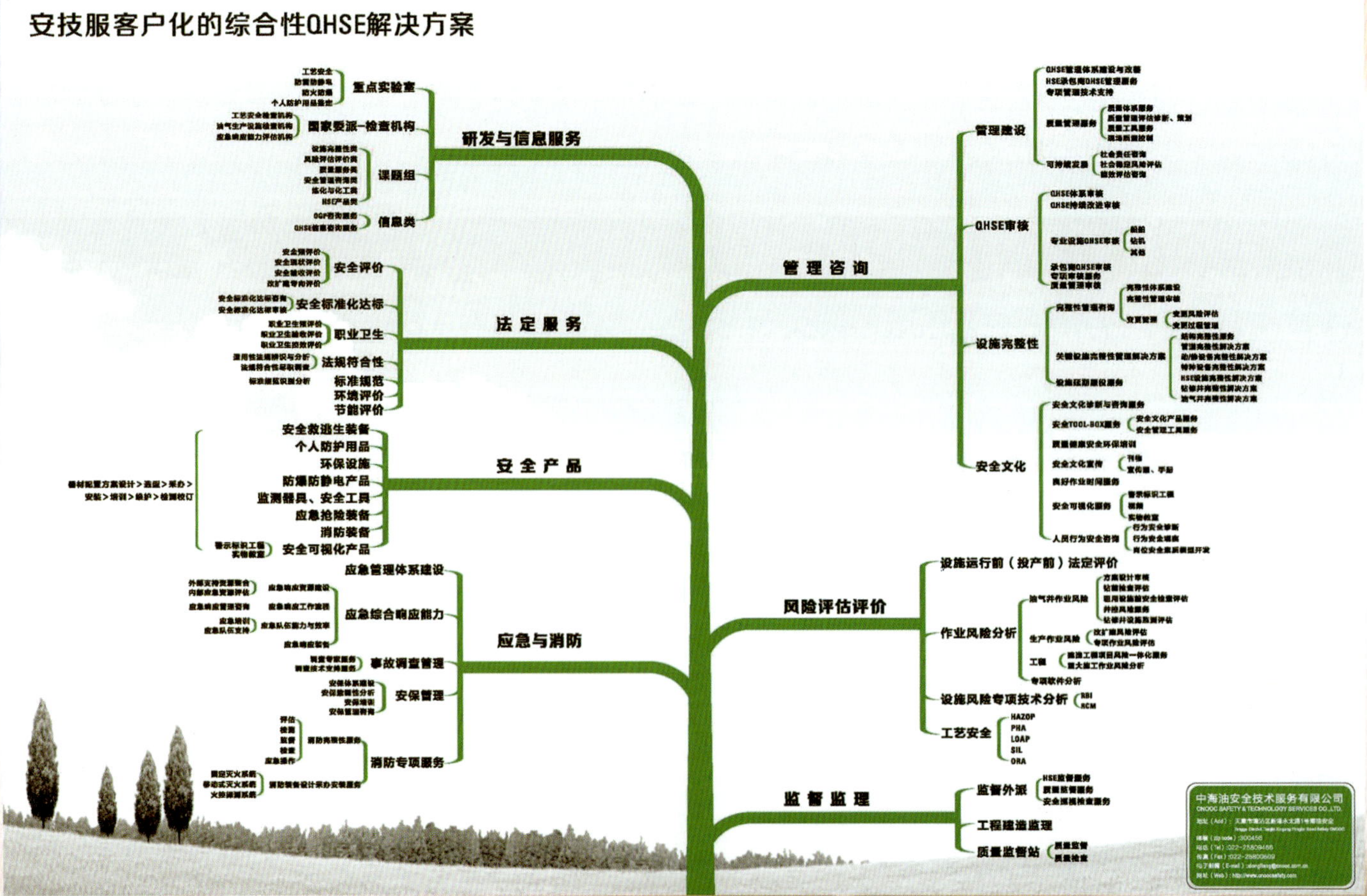

河北省安全生产协会

Work Safety Association of Hebei Province

河北省安全生产协会是一个特殊的社会组织，是面向河北省安全生产各领域，由相关企业、事业单位、社会团体、科研机构、大专院校自愿组成的非盈利的社会团体，在全省安全生产工作中具有独特的地位。它是政府联系企业的桥梁和纽带，是协调、沟通、润滑政府部门和企业之间关系的有益平台，是服务安全生产大局，实现“经济强省和谐河北”不可缺的重要力量。

作为行业社会组织，河北省安全生产协会以其自治性、组织性、公益性决定了它具有超脱的身份、灵活的组织形式、丰富的人才优势、强大的服务能力和特殊的社群情节。协会的主要作用是整合和有效利用全社会安全生产领域的闲置资源、凝聚各方力量、开展各种公共服务、协调各种利益主体的关系、弥补政府和市场的缺位、促进社会和谐。

河北省安全生产协会成立于2010年1月，在业务上接受河北省安监部门的领导，其常设办事机构—秘书处设在石家庄市国泰街18号，社团登记证书为：冀民社证字第0781号。

第一届理事会由144名理事组成，其中常务理事76名，副会长单位29家。目前协会已接纳会员单位388家。

协会工作的核心是服务，基本职责为宣传、交流、自律、维权四个方面。既是政府部门职能转变委托授权的接受者，又是会员和行业权益的维护者和代表者。为充分调动各行业的积极性，形成合力，更好地推动安全生产工作的深化，协会理事会下设7个分支机构：安全生产标准化专业委员会、职业健康专业委员会、冶金建材专业委员会、工贸行业专业委员会、非煤矿山专业委员会、安全评价工作委员会、危险化学品烟花爆竹专业委员会。常设办事机构秘书处，内设四个部门：综合管理部、宣传交流部、咨询服务部（安全生产标准化办公室）、保险推进部。

宣传 Publicity

交流 Communication

自律 Self-discipline

维权 Right-safeguarding

肩负安全生产使命 提升企业本质安全

阿坝水电开发有限公司

阿坝水电开发有限公司（以下简称阿水公司）是2004年中国水电建设集团公司兼并阿坝水电开发总公司后重组的。目前公司由中电建水电开发集团公司控股（67%）、四川远通水电开发有限公司参股（33%）组成。

厉兵秣马强化事故预想，防微杜渐彻除设备隐患。阿坝水电开发有限公司密切联系自身实际，将安全文化建设融入到管理提升、增效提质生产经营中，通过五个强化树立安全生产价值观，提升企业本质安全。

一、强化安全管理体系建设，构筑安全责任防线

公司建立健全了安全生产工作4项责任体系。一是以总经理为组长的安全保障体系；二是以安全总监为组长的安全监督体系；三是以副总经理为组长的安全实施体系；四是以总工程师为组长的安全技术体系。4项责任体系的建立构筑了安全责任防线，为电力安全生产持续稳定提供了基础保障。

公司建立了安全生产《管理标准》《工作标准》《技术标准》的三大标准体系。完善了85个应急预案。通过建章立制，进一步规范了员工的工作行为，做到工作有标准、管理有制度、考核有依据，事事有章可循。

二、强化宣传教育培训，明确肩负的安全使命

“两票三制”保安全，从我做起；“红线意识”促发展，明镜高悬。通过安全文化的渗透，广泛宣传，形成强大的安全生产舆论氛围，营造安全有序、团结紧张的生产环境。采用“请进来、送出去、师带徒”的方式，进行各类专业安全培训，不断提升一线员工的技能水平。广泛开展安全知识竞赛、安全知识宣传等活动，明确了员工安全使命，体现了企业社会责任。

三、强化安全隐患排查治理，增效提质打造本质安全

安全是员工的生命线，员工是安全的负责人。公司充分发挥各类技术监督在设备管理中的预控作用，深入开展隐患排查治理，设备评级，全面确保设备健康、安全、稳定；对隐患排查实行分级、分类管理，排查工作横向到边、從向到底、全员参与、全厂覆盖。治理工作实行整改单督办制，真正将公司打造成为本质安全、环境优美的综合示范企业。

四、强化安全监督管理，开展应急演练提高应急处理水平

防患于未然，关爱生命，杜绝违章。公司按照6个心中有数定期进行安全标准化检查，不定期进行各种专项检查，严格查处“三违”行为，强化安全监督管理，杜绝违章。加强应急救援演练，与地方政府紧密联系，突出重点、注重实效、整合资源，带动社会各界共同参与演练和处置。开展“防汛及防地质灾害演练”“火灾消防演练”“特种设备专项应急演练”及各类“反事故演习”等，通过有针对性的事故演练活动，检验了预案的针对性、科学性、可操作性，提高了员工风险意识和应对突发事件处理能力。

五、强化电力安全标准化建设，打造行业先进企业

磨璞见玉，励剑生辉。2013年公司以93.8的得分通过国家安全生产标准化一级达标评审。通过达标评级，企业安全管理得到全面升华。安全标语、标识，安全警示及温馨提示语随处可见，生产现场更加标准化、制度化、规范化。逐步实现了“规章制度标准化，业务流程科学化，管理服务精细化”，提高了企业安全管理水平。使公司达到了行业平均先进企业水平。

海纳百川，有容乃大；壑壁千仞，无欲则刚。公司大力弘扬“以人为本，生命至上，安全发展”的安全文化理念，形成浓厚的安全文化氛围，全面完成安全责任目标。并在企业文化建设和安全文化建设方面不断探索、不断提升、不断丰富安全文化的内涵，使安全文化植根于全体员工的日常工作生活中，不断升华安全文化理念，为公司安全发展保驾护航。

文化引领 品牌铸魂 超越自我 科学发展

——山东能源淄矿集团岱庄煤矿连续安全生产14年

山东能源淄矿集团岱庄煤矿位于孔孟之乡山东济宁北郊，是淄矿集团在济（宁）北矿区建设的第二对现代化矿井，年核定生产能力300万吨，现有在册职工2580人。配有年入洗量150万吨的洗煤厂以及装机容量为2×12兆瓦的矸石热电厂。

矿井自2000年1月投产以来，牢固树立和认真落实科学发展观，以建设本质安全型矿井为目标，以提高经济效益为中心，以科技进步为依托，大力加强企业文化建设，促进了矿井持续、安全、科学、高效发展。突出理念引领，以企业发展战略文化为重点，不断地进行理念创新、思路创新。实践中逐步构建形成了“三零六力”安全文化、群众安全“泰”文化、廉洁文化和保卫文化四个子文化支撑体系，统一了职工对企业的认同感和归属感。突出管理创新，以“六力”安全文化为基础，创新形成了“十大模块管理法”。以风险预控为核心，大力创建本质安全管理体系，实现了由传统的经验型管理，向主动预控型安全管理模式的转变，创新实施了安全作业自我岗位描述，实现了职工素质提升由“要我学”向“我要学”的转变。突出破解难题，大力开展科技创新，先后创新实施了创新实践了膏体充填置换开采、弧形掘进、旋转开采、同一工作面无缝对接和工作面沿空留巷等施工工艺和开采技术，矿井实现了健康稳定持续发展。

截至2014年7月，矿井累计生产原煤3684万吨，连续实现安全生产14年。先后获得全国科技进步“十佳矿井”“特级安全高效矿井”“全国文明煤矿”“全国双十佳煤矿”等称号。

辽宁省安全生产协会

LIAO NING PROVINCE ASSOCIATION OF WORK SAFETY

辽宁省安全生产协会（以下简称协会）于2010年11月经辽宁省有关部门批准登记成立的全省性、非营利性、具有法人资格的社会团体。业务主管单位是辽宁省安全生产监督管理部门。

协会现有会员单位470家，个人会员157人。第一届理事会由102名理事组成，其中常务理事54名，副会长17名。

协会常设办事机构为秘书处，现有工作人员9人，其中秘书长1人，副秘书长1人，内设综合管理部和组织联络部2个部门，办公地点位于沈阳市大东区联合路19号，办公面积340平方米。

根据开展工作需要，协会设立职业安全健康分会，教育培训、安全评价2个工作委员会，危险化学品、非煤矿山、劳动防护用品和冶金等工贸行业4个专业委员会共7个分支机构。

协会是面向全省安全生产领域，由相关企业、事业单位、社会团体、科研机构、大专院校及专家、学者自愿组成的。其宗旨是：遵守宪法、法律和社会道德规范，认真贯彻安全生产方针政策和法律法规；贯彻“安全发展”战略，加强与国内外的交流与合作，支持新成果、新技术的推广与开发，为建立安全生产长效机制，构建和谐社会服务；发挥协会在企、事业单位、社团组织、安全生产工作者和政府部门之间的桥梁和纽带作用，团结和组织社会力量，大力推动安全生产与职业健康事业的发展，为促进全省经济社会又好又快发展、保护人民群众生命财产安全、减少职业危害贡献力量。

协会作为推动和促进辽宁省安全生产和职业健康事业持续、健康、稳定发展的重要社会力量，始终坚持以科学发展观为指导，以推动“平安辽宁”建设为己任，以强化服务功能为根本，以创新发展为动力，紧紧围绕全省安全生产大局开展工作。几年来，协会主要承担了全省非煤矿山、危险化学品和冶金等工贸企业安全生产标准化二级企业评审组织工作，承办了“辽宁省落实企业安全生产主体责任经验交流会”，主办了“2013年东北国际工业安全生产及劳动保护用品展览会”，编辑出版了《落实安全责任 促进安全发展论文集》和《强化安全基础 推动安全发展论文集》。2013年底，被辽宁省民政部门评为“4A级”社会组织和辽宁省诚信单位。

河南理工大学始创于1909年，其前身焦作路矿学堂是我国早批建立的矿业高等学府。学校先后历经焦作路矿学堂、福中矿务大学、私立焦作工学院、西北工学院、国立焦作工学院、焦作矿业学院、河南理工大学等重要历史时期，是河南省与国家安全生产监管部门共建高校、中西部高校基础能力建设工程高校、河南省重点建设骨干高校和教育部门本科教学工作评估优秀学校。

学校占地面积4000亩，建筑面积120万平方米，设有20个教学学院和1个成人教育学院、1个应用技术学院暨高等职业学院、1个后备军官学院、1个独立学院、1个安全技术培训学院。现有专任教师1912人，其中具有高级职称教师713人，具有博士学位教师708人，占专任教师总数的37%。学校安全、地矿特色鲜明，理学、人文等学科协调发展，拥有4个博士后科研流动站，26个博士点，81个硕士点，4个硕士专业学位授权点，17个工程硕士授权领域，75个本科专业覆盖理、工、管、文、法、经、教、艺、医9大学科门类，全日制在校生达3.6万人，毕业生就业率达93%以上；建有国家重点实验室培育基地和省（部）级重点实验室、协同创新中心、人文社科基地41个，省部级创新团队15个，本科教学工程项目51个，省一级重点学科21个，其中4个博士授权学科在2012年国家学科评估中居全国前十位，年度科研经费突破2.7亿元。

百年理工，世纪风华。今天的河南理工大学，正以党的十八大和十八届三中全会精神为指导，按照学校第一次党代会和“十二五”事业发展规划确定的目标任务，解放思想，深化改革，全面推进发展方式转变，着力提升人才培养质量、科学研究水平、服务经济社会发展和文化传承创新能力，奋力开创特色鲜明高水平大学建设新局面，为服务中原经济区和郑州航空港经济综合实验区建设，实现中华民族伟大复兴的中国梦做出新的更大的贡献。